电机电气控制系统与线路图集

（下册）

金续曾　主编

中国水利水电出版社
www.waterpub.com.cn

内 容 提 要

本书主要内容有：常用高、低压电器的型号、性能及用途，单、三相异步电动机，调速电动机，同步电动机，交直流电焊机的内部绕组接线图及其手动、自动控制下的各种常用电气控制线路图，以及电机的节电、检测与试验线路。每幅电气控制线路图均有简要文字说明，以利阅图。附录中收录了常用高、低压电器和交直流电机的技术数据，以备查阅。全书完全采用新国标的图形符号和文字符号，以适应新形势下的要求。

本书可供工矿企业、乡镇企业的广大安装、维修电工和专业技术人员使用，也可供大、中专院校及技工学校师生参考。

图书在版编目（CIP）数据

电机电气控制系统与线路图集. 下册 / 金续曾主编
. -- 北京 : 中国水利水电出版社, 2015.6
ISBN 978-7-5170-3377-6

Ⅰ. ①电… Ⅱ. ①金… Ⅲ. ①电机－电气控制系统－电路图－图集 Ⅳ. ①TM3-64

中国版本图书馆CIP数据核字(2015)第160567号

书　名	电机电气控制系统与线路图集（下册）
作　者	金续曾　主编
出版发行	中国水利水电出版社 （北京市海淀区玉渊潭南路1号D座　100038） 网址：www.waterpub.com.cn E-mail：sales@waterpub.com.cn 电话：（010）68367658（发行部）
经　售	北京科水图书销售中心（零售） 电话：（010）88383994、63202643、68545874 全国各地新华书店和相关出版物销售网点
排　版	中国水利水电出版社微机排版中心
印　刷	北京纪元彩艺印刷有限公司
规　格	184mm×260mm　16开本　44.75印张　1548千字
版　次	2015年6月第1版　2015年6月第1次印刷
印　数	0001—3000册
定　价	**148.00**元

凡购买我社图书，如有缺页、倒页、脱页的，本社发行部负责调换

版权所有·侵权必究

前　　言

随着我国科学技术进步和国民经济的快速发展，各行各业电气化、自动化程度日益提高，高、精、尖自动化电气设备的普遍应用，微电子技术、计算机技术也被广泛用于机械设备的电气控制系统中，致使电机电气控制技术愈来愈复杂。因此对电气设备安装、运行、维修技术的要求也越来越高，这就迫切需要电气维修人员加快提高自身的专业技术水平，以适应新形势的要求。

《电机电气控制系统与线路图集》详细介绍了电机及其电气控制系统、三相异步电动机、同步电动机、单相电动机、直流电机和交直流电焊机的工作原理、结构、特性及其电气控制。认真选编、精心绘制了上述各类电机的电气控制线路图、绕组接线图、节电控制线路图和检测与试验线路图近1500幅，以及详尽齐全的高低压电器技术数据、交直流电机技术数据。

全书分为5篇，每篇均配置有根据机械设备各种控制要求绘制的电气控制线路图及其简短说明，附录中并附有详细的各类技术数据。

第1篇："电机及电气控制线路图识读"中全面介绍了电机电气控制系统、常用高、低压电器、交直流电动机的原理、结构、特性、系列和型号等，以及怎样识读电气线路图、怎样看交直流电机、电焊机电气控制线路图；普通机床及机械装置电气控制线路图；怎样看工矿企业供配电系统电气线路图；电气仪表检测与试验线路图等，附录中则附有高低电器的主要技术数据。全篇共计有300幅各类电气线路图。

第2篇："三相异步电动机电气控制线路"以简明清晰的电气控制线路图，配上精要短文解说的形式，绘集了如锅炉、空气压缩机、立式磨机、水泵、水塔等常用机械设备大量的电气控制线路图，及三相异步电动机的全压起动、降压起动、可逆运行，各种方式的自动控制运行，高压电动机（6kV）异步电动机的全压、降压起动和保护电气控制线路图；以及常用起重机械及机床电气控制线路图等共计271幅，附录中附有常用系列电动机铁芯、绕组技术数据，以备选用查阅。

第3篇："三相异步调速电动机、同步电动机电气控制线路"中简要介绍了三相变极调速电动机的变极调速原理、绕组及其联接、二速及多速变极调速电气控制线路，以及三相变频调速电动机、三相电磁调速电动机、三相交流并励调速电动机的电气控制线路图。同时还简要介绍了同步发电机、同步电动机的基本概况及其电气控制线路图。全篇共计绘集343幅图，附录中还附有三相调速、减速电动机技术数据及中小型交流发电机技术数据，以备选用查阅。

第4篇："单相电动机及家用电器电气控制线路"详细介绍了单相异步电动机，单相同步电动机、单相串励电动机的原理、结构、类型、特性及单相电动机的起动、应用、调速、反转和绕组联接，以及单相异步电动机的电气控制线路图。此外，还精心绘制了家用照明电气控制线路，以及电风扇、空调器、电冰箱、洗衣机等家用电器控制线路图，全篇共计绘集了326幅图，附录中还附有各系列单相异步电动机技术数据。

第5篇："直流电机及交直流电焊机电气控制线路"主要介绍了直流电机及交直流电焊机的原理、结构、特性、用途和类型，及直流电动机的起动、运行、调速、制动；以及直流电机和交直流电焊机的电气控制线路图、直流电机检测线路图、交直流电焊机节电线路图等。全篇共计绘集了231幅各类电气控制线路图，附录中还附有各系列直流电机技术数据，以供选用查阅。

读者在熟读并掌握全书内容的基础上，只需参考书中各类电机电气控制线路图和附录中的技术数据及资料，根据生产实际中被拖动机械设备的工作性质、功能，以及生产工艺对电气拖动性能的要求等，就能方便、快速地做到：

1　能选用合适的电机电气控制线路图作为参考，迅速去检修电气机械、设备的电气故障。

2　为非标、自制的生产机械、设备选择适用电机、电器及电气控制线路图，设计并选配相应的高低压电器去组成非标或自制机械、设备的电气控制系统。

作者

2015年3月18日

篇 章 目 录

目　　录

第 2 篇　三相异步电动机电气控制线路

下　册

第 3 篇　三相异步调速电动机、同步电机电气控制线路

第 6 章　中小型交流发电机绕组接线图 …………………………… 796

附录 1　三相调速、减速异步电动机技术数据 …………………………… 799

第 4 篇　单相电动机及家用电器电气控制线路

第5篇 直流电机及交直流电焊机电气控制线路

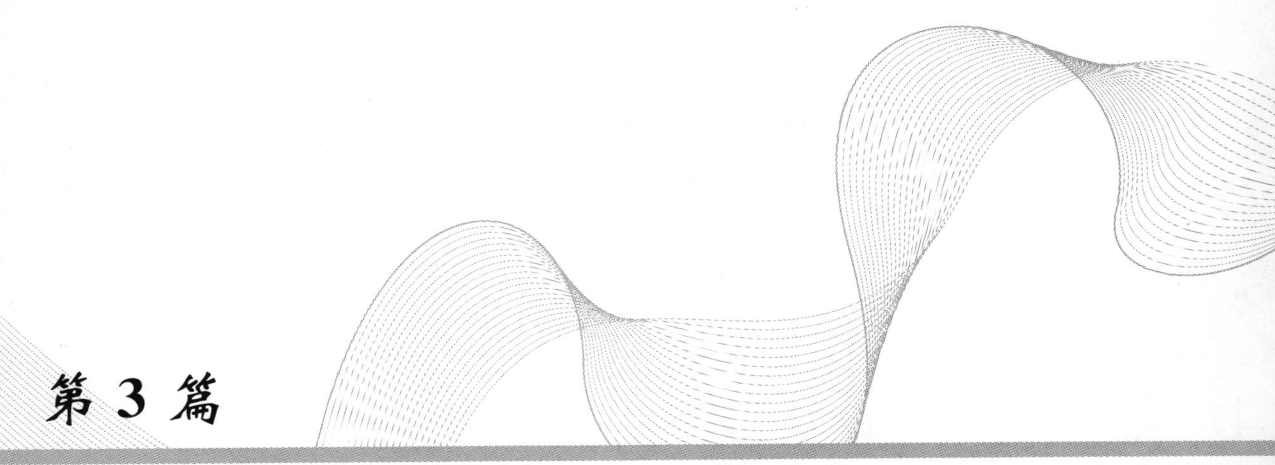

第 3 篇

三相异步调速电动机、同步电机电气控制线路

第 1 章　三相异步调速电动机概述

在现代工业生产中，有相当数量的机械、设备均要求在不同生产环境下，采用不同的速度进行工作，用以保证生产机械、设备能高效、节能和合理运行，并提高产品的质量。在很多情况下，都要求选定的电动机转速能不受负载变化和电源波动等因素的影响，而自动稳定在所需要的转速上。例如普遍应用的各种金属切削机床就要根据工件的材料、尺寸、切削量和刀具性质等诸多因数，去选择最佳的工作速度。

电动机的调速，也即电动机的速度调节或速度控制，是指在电力拖动系统中，为适应生产机械、设备对不同转速的特定要求，去采取人为地或自动地改变电动机转速的方法。这种调速可以采用机械的方法，比如各种形式的齿轮调速系统，它以改变机械传动装置的传动比来达到调速目的。而电气调速则是通过变极、变压、变频等方法去改变电动机的机械特性来进行调速。在现代化的生产企业中，由于电气调速方法具有简化机械结构、提高设备效率、操作非常简便和易于进行自动控制等很多优点，因此电气调速方式已越来越得到广泛的应用。

通常，电动机的调速有以下几种类型。

（1）无级调速，也称连续调速。它是指电动机的转速能够平滑地进行调节。无级调速时的转速变化均匀，适应性强且容易实现速度调节自动化，因此而得到广泛使用。异步电动机变频调速系统、晶闸管整流器-直流电动机调速系统等，均属于无级调速方式。

（2）有级调速，也称分级调速。这种调速方法的转速只能是有限的几种，如两速、三速或更多一些转速。普通车床、风扇等只要求有几种转速的时候，则采用有级调速形式即可满足要求。

（3）恒功率调速，在异步电动机以改变磁极对数进行调速时，如从一路角形（△）接法改为两路星形（Y）接法时即属于恒动率调速。当直流电动机在电枢电压不变时，若采用减弱励磁磁通的调速方法，则也属于恒功率调速。

（4）恒转矩调速，当异步电动机采取变更磁极对数调速时，如从一路星形（Y）接法改为两路星形（Y）接法时，即属于恒转矩调速。若直流电动机励磁磁通不变时，调节电枢电压或电枢回路电阻调速，即属于恒转矩调速。

选择恒动率调速或恒转矩调速，均应以负载机械、设备等要求而定，若为恒功率负载的生产机械、设备则采用恒功率调速方法；而恒转矩负载则使用恒转矩调速方法。这种既能满足生产机械的要求，又能使电动机的功率得到充分发挥。

近年来由于电子技术、计算机技术的飞速发展，至使三相异步电动机调速技术也日新月异，其调速方法也是丰富多彩，正在许多方面迅速取代了传统的直流调速体系。

三相异步电动机常用的调速方法主要有：

（1）变极调速，利用电动机绕组的特殊接法，改变定子绕组的极对数调速。

（2）变频调速，改变进入电动机的电源频率，调节电动机转速。

（3）调压调速，改变进入电动机的电源电压，以在小范围内调节电动机转速。

（4）电阻调速，在转子绕组中串入电阻，以在小范围内调节电动机转速。

（5）电磁调速，在输出轴上装转差离合器，以得到在一定范围内的无极调速。

（6）串级调速，将电动机的转差功率经整流、逆变反馈回电网进行调速。

实践证明，三相变极调速在异步电动机的诸多调速方法中，具有简单、经济、高效、实用、可靠等优点。但三相变极调速方法属于一种有级调速方法，调速不是均匀无级，而是有级变速。不过，它对许多情况下生产机械的变速要求大多都能满足，所以三相变极调速电动机仍得到广泛的应用。

第 1 节　三相变极调速电动机简介

三相变极调速电动机有单绕组和双绕组两种结构，及双速、三速、四速等多种转速的区别。单绕组是利用一套采取特殊接法的定子绕组，经变换外部接线来获得多种转速。双绕组则是在定子铁芯槽内嵌放两套相互独立、且具有不同极对数的绕组，以获得多种不同的转速。

一、YD 系列变极多速电动机

YD 系列变极多速电动机是 Y 系列（IP44）的派生产品，它是通过改变定子绕组的显、庶极接法来改变电动机极数，使电动机能够用一套或两套绕组来得到两种或两种以上转速的有级调速电动机。全系列有 11 个机座号和 9 种速比，共计有 103 个不同规格。YD 系列的双速电动机为单套绕组型式；三速以上电动机则采用两套绕组的设计结构。电动机转速有双速、三速和四速三种，极比则有 4/2、6/4、8/6、12/6、6/4/2、8/4/2 和 12/8/6/4 等 9 种。与 JDO2 老系列相比，YD 系列变极多速异步电动机的效率、功率因数和起动性能均有提高，而其体积平均缩小 15%左右，重量平均降低 12%。该系列电动机额定电压、额定频率、使用条件、绝缘等级、防护等级、冷却方法和安装及外形尺寸等均与 Y 系列（IP44）相同。

变极多速三相异步电动机由于具有可随负责性质的要求而分级地变化转速，并达到功率的合理匹配和变速系统得以简化的特点。所以该电动机能广泛适用于纺织、印染、矿山、冶金及各式万能、组合、专用切削机床等需要分级调速的各种传动机构。

二、JDO3、JDO2、JDO 系列变极调速三相异步电动机

JDO3、JDO2、JDO 系列变极调速三相异步电动机分别是 JO3、JO2、JO 系列老产品上的派生产品，故这几个系列变极调速三相异步电动机的额定电压、额定频率、使用条件、绝缘等级、防护等级、冷却方法和外形及安装尺寸等均与 JO3、JO2、JO 系列完全相同。

三、单绕组变极调速电动机双速接法时的特性

三相变极调速异步电动机在通过变换绕组接法以得到不同极数下的转速时，因接线方法及定子绕组排列方式的改变，至使电动机在不同极数下的输出功率、输出转矩不同，通常可分为以下三种情况：

（1）恒功率输出。恒功率是指电动机在各种极数下的输出功率基本接近，其输出功率近似等于输出转矩与转速的乘积，即转速高时，转矩小；转速低时，转矩大。

（2）恒转矩输出。恒转矩则是指电动机在各种极数下的输出转矩基本接近，即转速高时，功率大；转速低时，功率小。

（3）可变转矩输出。可变转矩输出则是介于恒功率与转矩之间的一种工作状况。

根据各种不同的生产环境和工作场合，许多生产机械对电动机有着不同的变速要求。例如，车床拖动用双速电动机其在低速时负载重，因而要求转矩大；高速时则负载轻，故转矩可以小些，这就需要变速具有恒功率特性。而风机型机械它所需要的转矩是随转速的降低而减小。这种变速需要具有可变转矩。此外有些机械，不论其转速如何变化，它的负载却始终是不变的，这就要求变速具有恒转矩的特性。因此，在改变绕组接法时，应该根据对电动机使用时的变速要求来决定双速变极调速电动机所应具有的性能特点。

倍极比和非倍极比单绕组双速电动机的特性则如表 1-1、表 1-2 所示。

表 1-1　　倍极比双速电动机的特性

序　　号	接　　法		转矩比 $T_{低}/T_{高}$	功率比 $P_{低}/P_{高}$	特　　性
	低速	高速			
1	Y	2Y	1	0.5	恒转矩
2	2Y	2Y	2	1	恒功率
3	△	2Y	1.732	0.856	可变转矩
4	2Y	△	2.3	1.15	可变转矩
5	Y	2△	0.577	0.288	可变转矩

表 1-2　　非倍极比双速电动机的特性

序　号	接　法		功率比 $P_{低}/P_{高}$	特　性
	低速	高速		
1	Y	2Y	0.5	可变转矩
2	2Y	2Y	1	恒功率
3	△	2Y	0.866	可变转矩
4	2Y	△	1.154	可变转矩
5	Y	2△	0.288	可变转矩

第 2 节　单绕组变极调速原理

电动机的同步转速是由电源频率和电动机的极对数决定的，即

$$n=\frac{60f}{P} \tag{1-1}$$

从式（1-1）得知，若要改变电动机的转速只要改变绕组极数或电源频率便可。变极多速电动机就是用改变绕组极数进行调速的。

一、变极调速原理

前面曾谈到庶极接法有一个特点，即它产生的极数双倍于显极接法。也就是说当异步电动机在显极接法时，若极数为 $2p$，转速为 n，如将绕组改接成庶极接法，极数便增加到 $4p$，转速则减少一半，即 $\frac{1}{2}n$。若将定子绕组接成可以使一半极相组反向，并能通过变换其外部引出线端来转换显、庶极接法，这样就能使单绕组的单速电动机变成双速以上的多速电动机。

下面以倍极比 4/2 极电动机为例来说明反向变极原理，图 1-1 表示一相绕组两个极相组联接的情况。从图 1-1 中可以看出，显极接法时，电流由第一个极相组首端流进而从尾端流出，第二个极相组则由尾端流进而从首端流出，两极相组产生的 S、N 磁极构成一对极。而庶极接法时，两个极相组的电流都是由首端流进从尾端流出，构成了相同磁极极性，迫使磁力线从两极相组之间通过而形成两对极，比显极接法时增加了一倍。因此，电动机的变极是通过改变相绕组中半数极相组（可以是奇数极相组或偶数极相组）内电流方向来达到的，所以这种方法叫反向变极法。

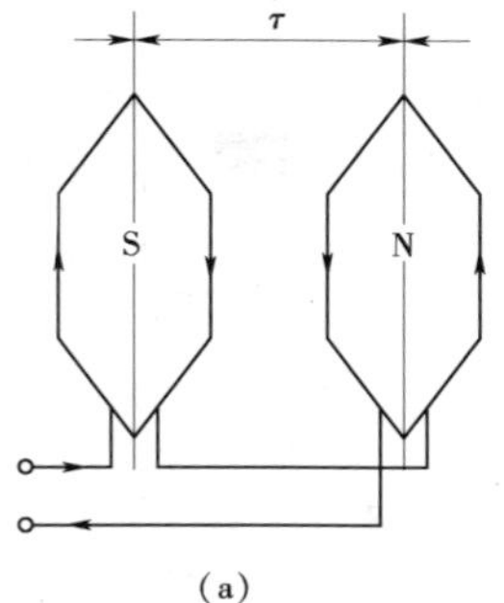

(a)

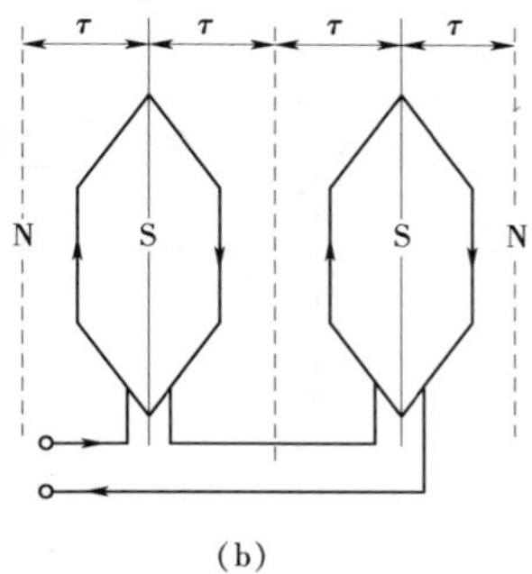

(b)

图 1-1　显极接法与庶极接法
(a) 显极接法；(b) 庶极接法

利用反向变极法除了能得到倍极比，如 4/2、8/4极等双速绕组外，也可以得到近极比的变速，例如 6/4、8/6 极等双速绕组。图 1-2（a）所示即为一台 4 极电动机一相绕组的接线示意图，而图 1-2（b）中所示其第 3、4 极相组线圈电流反向（一半），就形成 6 极。

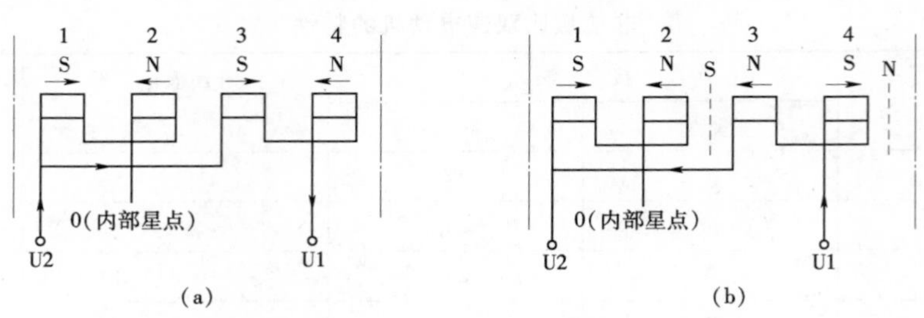

图 1－2　非倍极比 6/4 极一相绕组的联接

(a) 4 极时的接法；(b) 6 极时的接法

二、极相组间的越极联接

为达到变极调速的要求，相绕组内极相组间的联接还须作相应改变。图 1－3 所示为单速电动机极相组联接成相绕组的接法，可以看出，第一个极相组的尾端是与邻近的本相第二极相组的尾端相接。但是，这种联接不适应变极多速电动机，不能在外部简便地变换绕组的极数。因为，如按这样联接，其绕组的引出端线将不是几根而会是几十根，实质上是行不通的。图 1－4 所示的“越极接法”则较好地解决了这个问题，它是目前在双速电动机中普遍使用的极相组间的联接方法。所谓“越极接法”就是进行相绕组内极相组间联接时，极相组不是与本相绕组内相邻极相组联接，而是跳越一个极相组去联接。从图 1－4 中可以看出，当电流从 U1 流入时，各相邻极相组内的电流方向相反，它与图 1－3 中极相内电流方向完全一样，即产生 4 个极，故为显极接法。如果电流由 U2 流入，则各极相组内的电流均会相同，即如图 1－4 中虚线箭头所示，此时绕组变为了庶极接法，将产生一个 8 极磁场，但电动机的引出线却仍为 6 根。

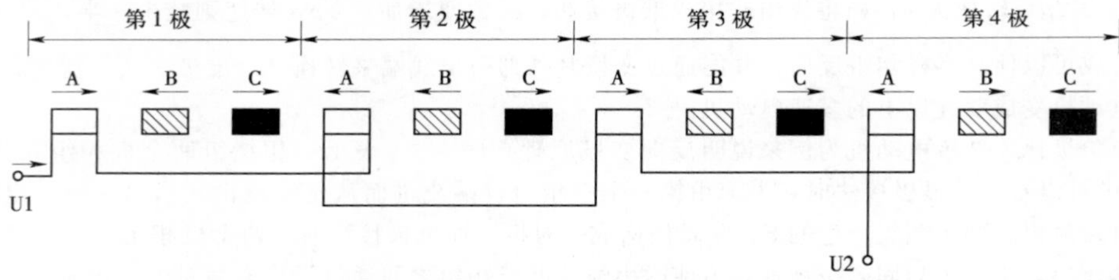

图 1－3　单速电动机极相组联接成相绕组

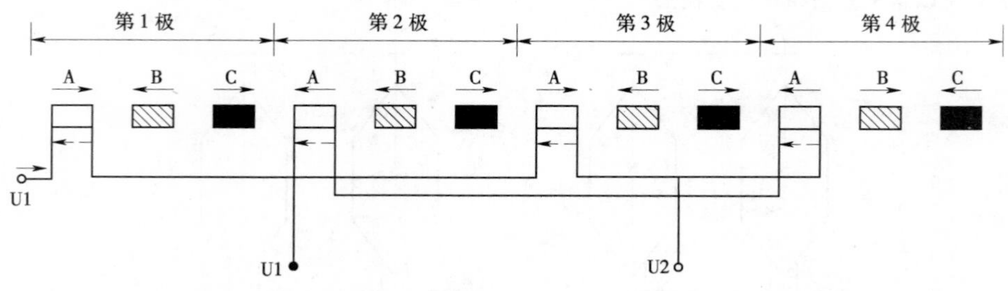

图 1－4　极相组间的越极联接

第 3 节　三相变极调速电动机的绕组及其联接

三相变极调速电动机的变极方法有反向法、换相法和变节距法，其中反向法和换相法应用得较普遍。此外，根据电动机变极调速绕组的实际联接，则又可分为倍极比双速接法、非倍极比双速接法和三速及以上的变极多速接法三种。

一、倍极比双速接法

倍极比双速电动机绕组的接法，即指电动机在高低速变换中其极数相差一倍时的接法。例如 2/4、4/8 极等。今以一台 $m=3$、$Y=1\sim10$、2/4 极、2Y/△接法的双速电动机为例来说明其绕组的联接。这种绕组的变极接法是采用反向法排列绕组得出的，即是在不改变各槽线圈相号的情况下，仅通过改变绕组联接，使每相的一半线圈反向，从而使电动机得到另一极数下的转速。该种联接实际上也就是在同一套绕组中变换显极和庶极两种接法。

从表 1-3 和图 1-5 所示可以看出，当电动机变为 4 极时各相绕组都有一半线圈反向，这种反向就是通过显极和庶极两种接法变换实现的。如图 1-5（b）中所示，当按 2Y 接法联接时，可将出线端 1、2、3 短接，引出线端 4、5、6 接三相电源。此时从表 1-3 中可以看出，a 相绕组的 1～6、9～24 槽的两极相组线圈内电流方向相反，电动机即做 2 极运行。当按图 1-5（c）△形联接时，其引出线端 1、2、3 的短接点拆开，改为与三相电源相联接。这时 a 相绕组的 1～6、19～24 槽的两极相组线圈内的电流方向相同，即成为庶极接法，至使电动机按 4 极运转。b、c 相绕组内各极相组的电流方向也都完全相同，但变换极数后电动机的旋转方向则将相反。此外，也可将该双速电动机绕组设计成高、低速下同转向。图 1-6 所示为 36 槽 2/4 极 2Y/△接法接线示意图。

表 1-3　　36 槽 2/4 极 2Y/△接法绕组排列表

槽号	1	2	3	4	5	6	7	8	9	10	11	12	13	14	15	16	17	18
2 极	a	a	a	A	a	a	-c	-c	-c	-c	-c	-c	b	b	b	b	b	b
4 极	a	a	a	A	a	a	c	C	c	c	c	c	b	b	b	b	b	b
反向指示							*	*	*	*	*	*						
槽号	19	20	21	22	23	24	25	26	27	28	29	30	31	32	33	34	35	36
2 极	-a	-a	-a	-a	-a	-a	c	C	c	c	c	c	-b	-b	-b	-b	-b	-b
4 极	a	a	a	A	a	a	c	C	c	c	c	c	b	b	b	b	b	B
反向指示	*	*	*	*	*	*							*	*	*	*	*	*

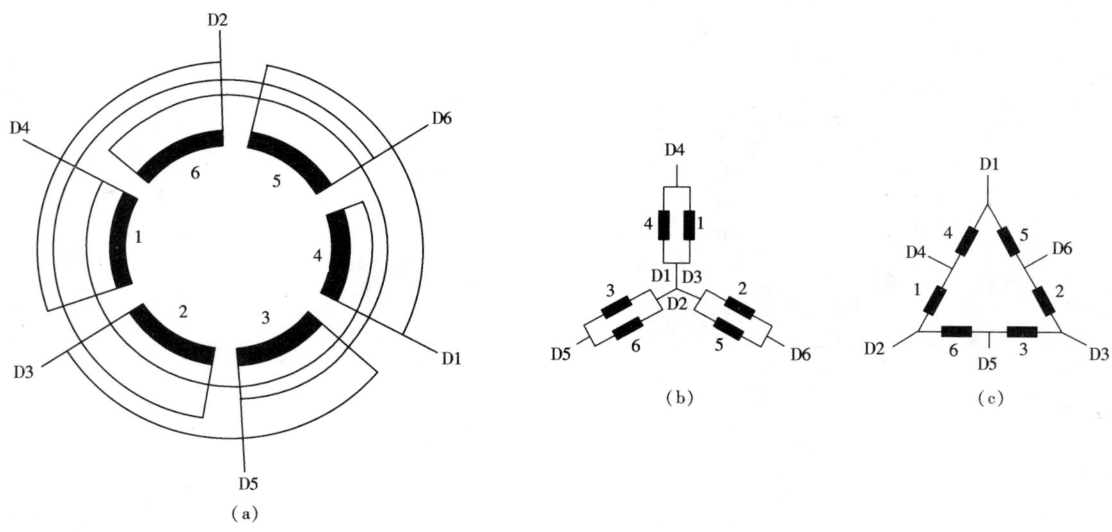

图 1-5　36 槽 2/4 极 2Y/△接法绕组接线原理图

（a）接线原理图；（b）2 极时外部接线示意图；（c）4 极时外部接线示意图

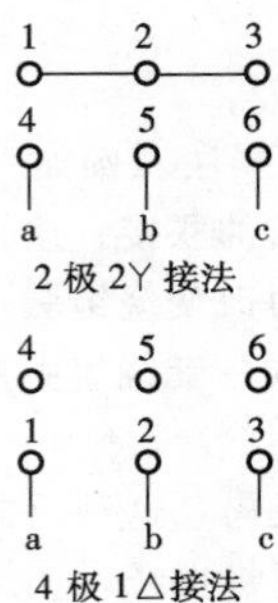

图 1-6　36 槽 2/4 极 2Y/△接法绕组接线示意图

二、非倍极比双速接法

非倍极比双速接法是指电动机在高低速变换时，其变换到接近的极数或较远的极数时的接法。例如 4/6 极、2/8 极等。下面以一台 $m=3$，$Z=36$，$Y=1\sim7$，4/6 极，2Y/△接法的电动机为例来说明这种联接。非倍极比双速电动机绕组有正规分布和非正规分布两种排列方式。正规分布时，双速电动机绕组排列的每槽电动势分布都是有规则的。非正规分布则是将原来正规分布的方法按一定的方式重新布置，这样做的目的是提高某种极数下的分布系数。该例绕组的联接如表 1-4 和图 1-7 所示，此例为正规分布绕组。

从图 1-7 中我们可以看出，正规分布时 4 极绕组为 60°相带绕组。比较 4 极和 6 极的绕组就可知，只要将 4 极相应槽号的一半线圈使其电流反向，即可得到 6 极的绕组。而且 6 极时绕组的相序与 4 极时相同，故该电动机的双

表 1-4　36 槽 4/6 极 2Y/△接法绕组排列表

槽号	1	2	3	4	5	6	7	8	9	10	11	12	13	14	15	16	17	18
4 极	a	a	a	−c	−c	−c	b	B	b	−a	−a	−a	c	c	c	−b	−b	−b
6 极	a	a	a	−c	−c	−c	b	B	b	−a	−a	−a	c	c	c	−b	b	B
反向指示															*		*	*
槽号	19	20	21	22	23	24	25	26	27	28	29	30	31	32	33	34	35	36
4 极	a	a	a	−c	−c	−c	b	B	b	−a	−a	−a	c	c	c	−b	−b	−b
6 极	−a	−a	−a	c	c	c	−b	−b	−b	a	a	a	−c	−c	c	b	−b	−b
反向指示	*	*	*	*	*	*	*		*	*	*	*	*	*		*		

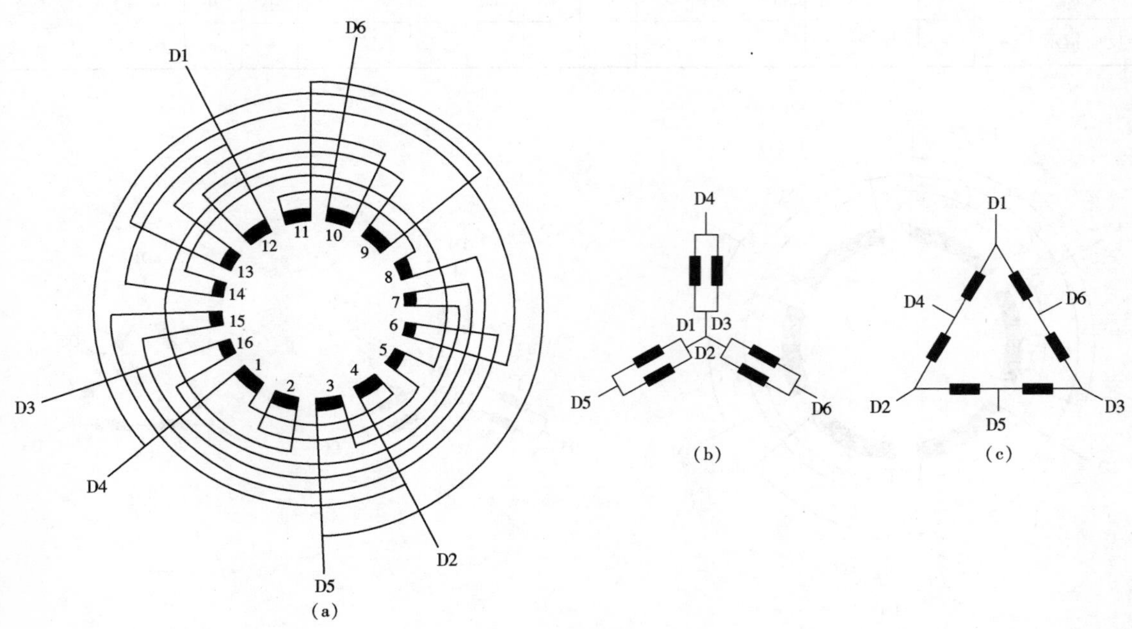

图 1-7　36 槽 4/6 极 2Y/△接法绕组接线原理图

(a) 接线原理图；(b) 4 极时外部接线示意图；(c) 6 极时外部接线示意图

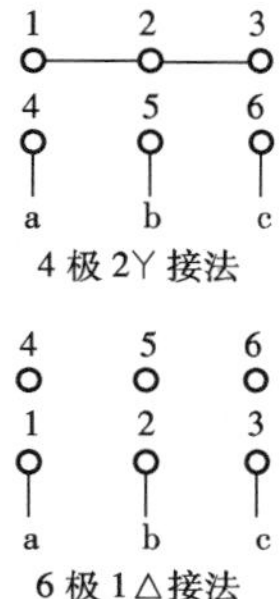

图 1－8　36 槽 4/6 极、2Y/△接法接线示意图（Y＝1～7）

速将同方向运转。正规分布绕组的起动性能都比较好；其缺点是 6 极时绕组的分布系数较低，绕组的有效匝数减少较多，使功率因数过低。如果为照顾 6 极时的功率因数而增加匝数，则又会使 4 极时的输出功率降低。故正规分布方式只适用于 4 极时性能要求高，而 6 极时要求不太高的场合。非正规分布的绕组则须将各相绕组的线圈相序打乱，重新确定各槽号的排列和相绕组的组成，这将在稍后的换相法中谈及。图1－8 所示为 36 槽 4/6 极 2Y/△接法接线示意图。

因双速电动机所拖动的机械负载性质的不同，致使对电动机的性能要求也就随着不同，这一点不论是对倍极比或非倍极比电动机而言都是如此。例如金属切削机床，其高、低速时均要求有相同的功率，就应使用恒功率双速电动机；而鼓风机、风扇类机械则要求电动机在不同速度时有几乎相同的转矩，则应选用恒转矩双速电动机。

当要求电动机两个极下为恒功率输出时，可采用 2Y/△的接法；而要求电动机两个极下为恒转矩输出时，则可采用 2Y/Y 的接法。表 1－5 和图 1－9 所示为上例电动机恒转矩接法时的联接。图 1－10 所示则为该例电动机绕组接线示意图。

表 1－5　　36 槽 4/6 极 2Y/Y 接法绕组排列表

槽号	1	2	3	4	5	6	7	8	9	10	11	12	13	14	15	16	17	18
4 极	—b	—b	a	a	—c	—c	—c	b	b	—c	—a	b	B	—a	—a	—a	c	c
6 极	—b	—b	a	a	—c	—c	—c	b	b	c	—a	—b	—b	a	a	a	—c	—c
反向指示										*		*	*	*	*	*	*	*
槽号	19	20	21	22	23	24	25	26	27	28	29	30	31	32	33	34	35	36
4 极	—b	—b	a	a	—c	—c	—c	b	b	—c	—a	b	B	—a	—a	—a	c	c
6 极	b	b	—a	—a	c	c	c	—b	—b	—c	a	b	B	—a	—a	—a	c	c
反向指示	*	*	*	*	*	*	*	*	*		*							

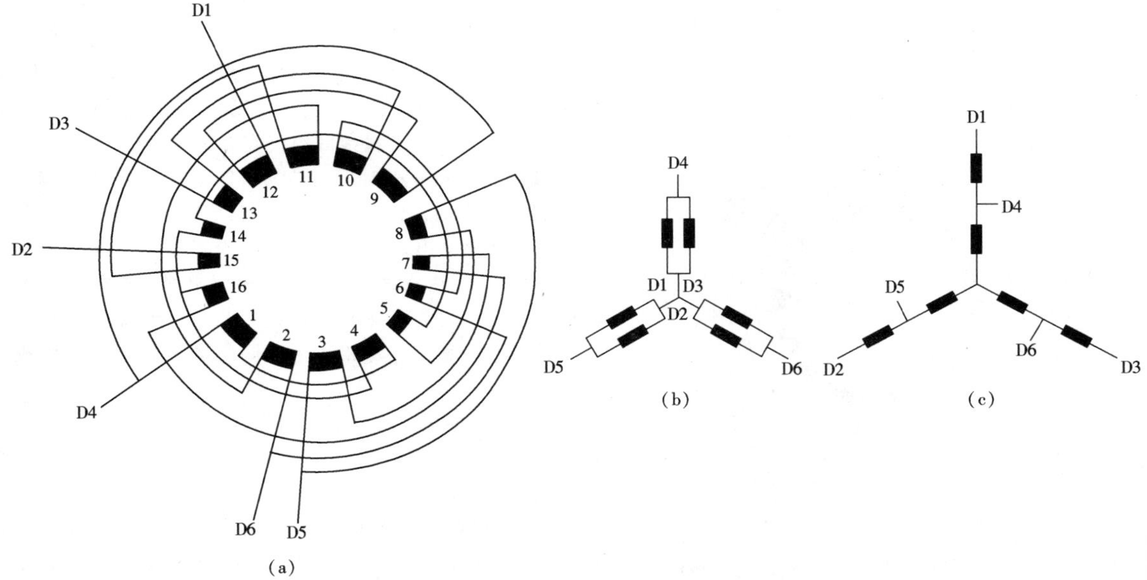

图 1－9　36 槽 4/6 极 2Y/Y 接法绕组接线原理图

(a) 接线原理图；(b) 4 极时外部接线示意图；(c) 6 极时外部接线示意图

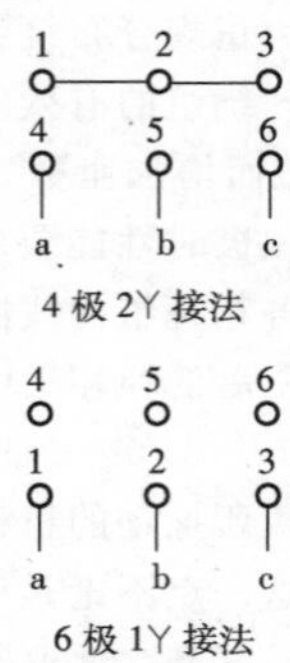

图 1-10　36 槽 4/6 极、2Y/Y 接法接线示意图（$Y=1\sim10$）

三、反向法三速绕组接法

下面以一台三速电动机为例，其有关技术数据为，$m=3$、$Z=36$、$6Y=1\sim6$、4/6/8 极、2Y/2Y/2Y 接法。从表 1-6 和图 1-11 所示接法展开示意图可以看出，它与双速电动机的接法相似，其绕组的联接仍采用反向法，只不过绕组反向的特点有些不同而已。

表 1-6　　　　36 槽 4/6/8 极 2Y/2Y/2Y 接法绕组排列表

槽号	1	2	3	4	5	6	7	8	9	10	11	12	13	14	15	16	17	18
4 极	a	a	a	－c	－c	－c	b	b	b	－a	－a	－a	c	c	c	－b	－b	－b
6 极	a	a	a	－c	－c	－c	b	b	b	－a	－a	－a	c	c	－c	－b	b	b
8 极	a	a	a	c	c	c	b	b	b	a	a	a	c	c	c	b	b	b
槽号	19	20	21	22	23	24	25	26	27	28	29	30	31	32	33	34	35	36
4 极	a	a	a	－c	－c	－c	b	b	b	－a	－a	－a	c	c	c	－b	－b	－b
6 极	－a	－a	－a	c	c	c	－b	－b	－b	a	a	a	－c	－c	－c	b	－b	－b
8 极	a	a	a	c	c	c	b	b	b	a	a	a	c	c	c	b	b	b

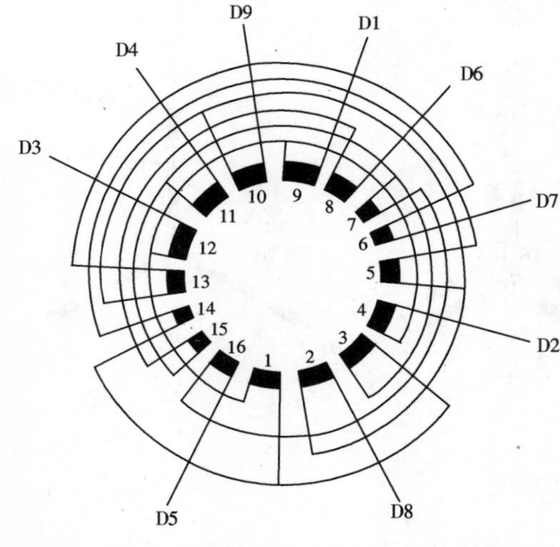

图 1-11　36 槽 4/6/8 极 2Y/2Y/2Y 接法绕组接线原理图

电动机每相 12 个槽的线圈均分成 4 个线圈组。以 a 相为例，a 相的 1、2、3 槽线圈组无论在 6 极或 8 极时都不反向；10、11、12 槽线圈组仅在 8 极时反向；19、20、21 槽线圈组仅在 6 极时反向；28、19、30 槽线圈组则在 6、8 极时都反向。为了实现三相各线圈组不同的反向要求，同时又要使电动机引出线端不至过多。因此采用了 2Y/2Y/2Y 的接法，该接法仅需 9 根引出线端即能满足电动机三速变换的全部要求。从图1-12 所示绕组外部接线图中我们可以看出，每相 4 个线圈组的不同组合可构成三种接法。

（1）4 极接法。将电动机引出线端 1 和 2，4 和 5，7 和 8 分别并接起来接三相电源，而将引出线端 3、6、9 短接成星形点。如图 1-12（b）所示。

（2）6 极接法。将电动机引出线端 1 和 3、4 和 6、7 和 9 分别并接起来接三相电源，而将引出线端 2、5、8 短接成星形点。如图 1-12（c）所示。

（3）8 极接法。将电动机引出线端 2 和 3，5 和 6，8 和 9 分别并接起来接三相电源，而将引出线端 1、4、7 短接成星形点。如图 1-12（d）所示。

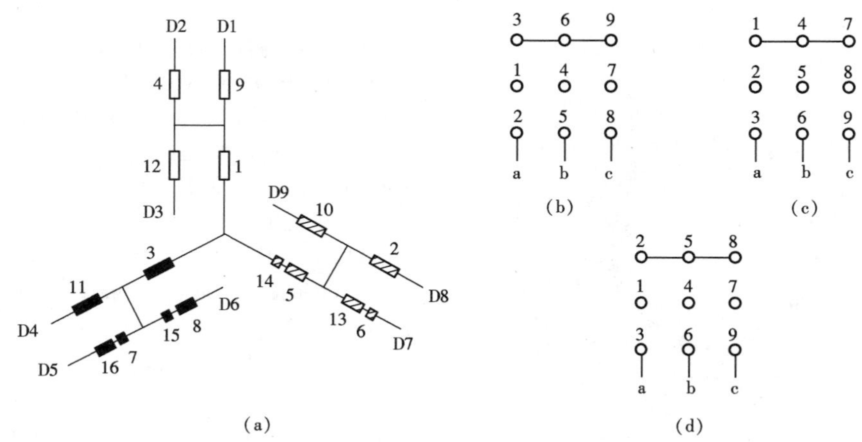

图 1-12　36 槽 4/6/8 极、2Y/2Y/2Y 接法外部接线图

(a) 三相接线示意图；(b) 4 极接法；(c) 6 极接法；(d) 8 极接法

图 1-12 (a) 所示则为该例电动机三相绕组的接线示意图。从图 1-12 中我们可以看出，绕组在其内部联接时已接成一个星形点，通过外部引出线端再接一个星形点而构成 2 路 Y 形接法。

四、换相法三速绕组接法

三相变极调速电动机要求变换三速或三速以上的速比时，若不变更线圈组所属相号，而仅靠变换绕组内部分线圈的电流方向（即反向法）则是很难办到的。并且往往其中某两种极数的绕组系数均特别低，使整个电动机的性能很不理想。因此，采用改变线圈组相位的接法则能提高电动机的绕组系数，这种特殊的接法称为换相法变极。下面以一台 $m=3$，$Z=36$，$Y=1\sim7$，2/4/8 极、2△/2△/2Y 接法的三速电动机为例来说明接法。表 1-7 所示为该例接法的绕组排列表，图 1-13 所示为其绕组原理接线图。

表 1-7　　36 槽 2/4/8 极 2△/2△/2Y 接法绕组排列

槽号	1	2	3	4	5	6	7	8	9	10	11	12	13	14	15	16	17	18
2 极	a	a	A	a	a	a	−c	−c	−c	−c	−c	−c	b	b	b	b	b	b
4 极	a	a	A	−c	−c	−c	b	b	b	−a	−a	−a	c	c	c	−b	−b	−b
8 极	a	a	A	c	c	c	b	b	b	a	a	a	c	c	c	b	b	b
槽号	19	20	21	22	23	24	25	26	27	28	29	30	31	32	33	34	35	36
2 极	−a	−a	−a	−a	−a	−a	c	c	c	c	c	c	−b	−b	−b	−b	−b	−b
4 极	a	a	A	−c	−c	−c	b	b	b	−a	−a	−a	c	c	c	−b	−b	−b
8 极	a	a	A	c	c	c	b	b	b	a	a	a	c	c	c	b	b	b

从表 1-7 的绕组排列可以看出，绕组的 36 槽线圈分为 12 个线圈组。以 4 极时 a 相绕组而言，它有一半线圈组（1、2、3 槽和 19、20、21 槽线圈组）在 2 极时为 a 相，而另一半线圈（如 10、11、12 槽和 28、29、30 槽线圈组）则在 2 极时为 c 相；以 4 极时 b 相绕组来看，也有一半线圈组（如 16、17、18 槽和 34、35、36 槽线圈组）在 2 极时仍为 b 相，而另一半线圈组（如 7、8、9 槽和 25、26、27 槽线圈组）在 2 极时也为 c 相；对 4 极时的 c 相绕组而言，则有一半线圈组（如 4、5、6 槽和 22、23、24 槽线圈组）在 2 极时变为 a 相，而另一半线圈组（如 13、14、15 槽和 31、32、33 槽线圈组）则在 2 极时变为 b 相。因此，当三相变极调速电动机绕组由 4 极变换为 2 极时，必须通过一定的接法将绕组的线圈组进行换相。此外，当一线圈组从某相变为另一相时，其中有一半线圈组仍须按接法要求进行反向。例如上面所述构成 4 极 a 相的 10、11、12 槽和 28、29、30 槽线圈组，当变换成 2 极从 a 相变为 c 相时，10、11、12 槽线圈组从 −a 相变为 −c 相。而 28、29、30 槽线圈组则从 −a 相变为 c 相（即 +c 相）。为此，这两部分线圈不能串接在一起，而要接成双路

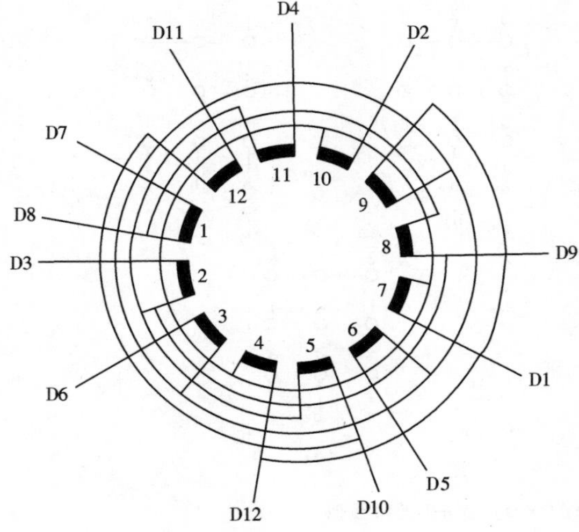

图1-13　36槽2/4/8极、2△/2△/2Y接法绕组接线原理图

△形接法。其余b、c两相也要进行类似变换。

从其绕组外部接线图1-14所示，当作为2极2△形接法［图1-14（b）］时，引出线端8、10、12断开，1和3，4和5，6和2分别短接，7、9、11接三相电源；若作4极2△形接法［图1-14（c）］时，引出线端7、9、11断开，1、5、12及2、4、8和3、6、10分别短接起来后，接三相电源；如作8极2Y接法［图1-14（d）］时，引出线端7、9、11断开，8、10、12短接成星形点，1和2，3和4，5和6并接后，分别接三相电源。

上述换相法变极调速绕组的三速接法，仅用12根引出线端便可进行2/4/8极的三速变换，而且电动机在三种极数下的绕组系数均比较高，故该种接法在三相变极调速的三速电动机中得到广泛采用。该例的变极接线方案实际上是在2/4极中用换相法，而8极则通过反向法由4极变换获得。该电动机2/4极时为同转向，8极时则为反转向。

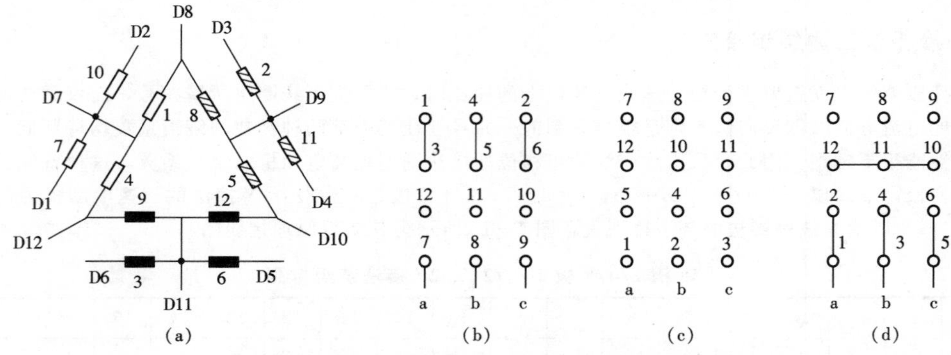

图1-14　36槽2/4/8极、2△/2△/2Y接法外部接线图

（a）示意图；（b）2极2△接法；（c）4极2△接法；（d）8极2Y接法

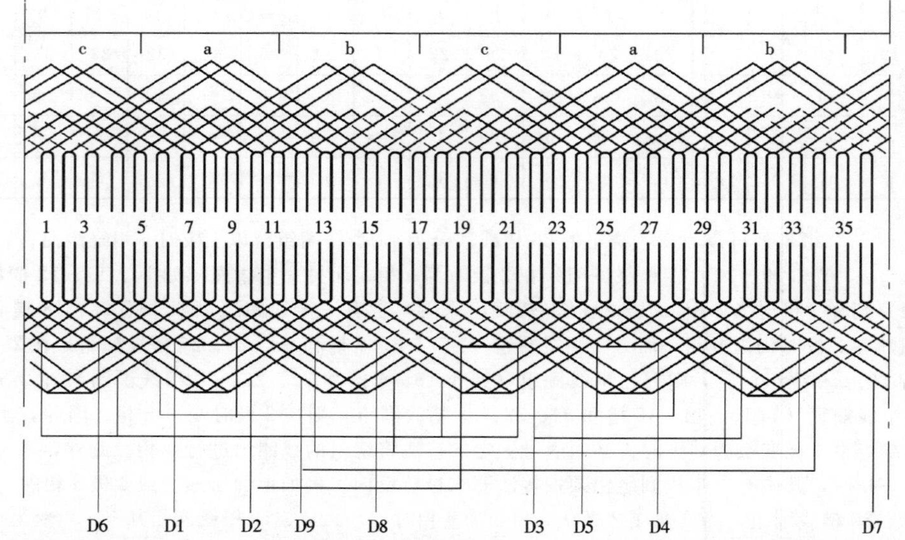

图1-15　36槽2/4/8极、2△/2△/2Y接法展开图（$Y=1\sim7$、$Y=1\sim13$，2、8极同转向，4极反转向）

五、变节距法三速绕组接法

在三相对称条件下绕组采用两种不同节距相结合也可以达到变极调速目的，这种变极调速方法就称为变节距法。用这种方法获得的电动机绕组三速接法其出线端仅为 9 根，比换相法要减少 3 根，且其绕组分布系数还比较高，因而它在三速及以上的变极调速中受到重视。

用变节距法获得的多速电动机绕组，其不同节距只是体现在绕组的绕制和线圈嵌放上，而其绕组的反向方法与前述反向法仍相同，故它的接线方法与反向法也完全一致。图 1－15 所示为 2/4/8 极、2△/2△/2Y 接法展开图。图 1－16 所示为其外部接线图，从图中我们可以看出，该接法采用两种不同节距线圈的绕组，利用反向法在 60°相带的 2 极绕组上获得 4 极绕组，用变节距法则得到 8 极绕组。其 2、4 极同转向，8 极反转向。

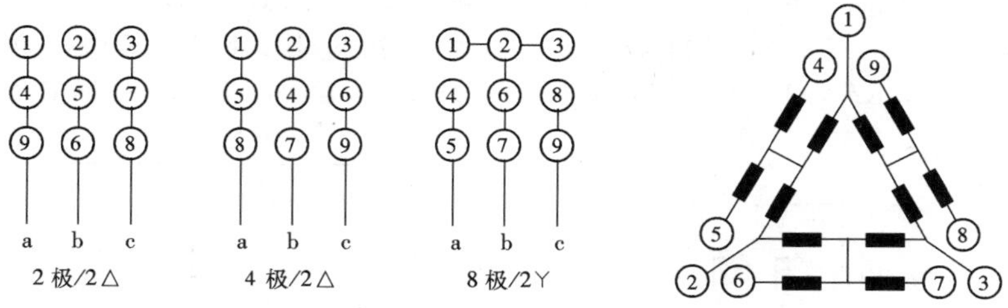

图 1－16　36 槽 2/4/8 极、2△/2△/2Y 接法外部接线图

第 4 节　双速电动机的电气控制线路

三相变极调速电动机有单绕组变极调速和双绕组变极调速两种形式。单绕组只在定子铁芯槽内嵌放一套绕组即可变换 2～5 速等多种联接，但电动机变换的转速越多，各种速度下的性能越难兼顾，一般单绕组变速最好以三速为限。双绕组，因在槽内嵌放两套绕组，使电动机体积增大，经济性也很差；但其多速下的性能明显优于单绕组变速，双绕组变极调速以用于三速以上电动机为宜。

三相变极调速电动机是通过变换其外部引出线端的接法来实现变极调速的。因此，对变极调速电动机进行安全可靠、灵活方便的控制是极为重要的。双速变极调速电动机均为单绕组，其联接方法主要有 2Y/△和 2Y/Y 两种。即电动机高速时（少极数）用 2Y 接法，低速时（多极数）用△或 Y 接法，出线端均为 6 根。

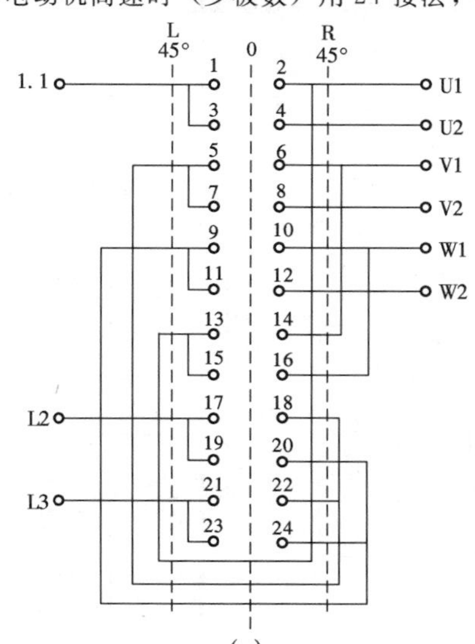

(a)

位置		L(左) 45°	0	R(右) 45°
作用		2Y	停	△
接点	1～2			×
	3～4	×		
	5～6			×
	7～8	×		
	9～10			×
	11～12	×		
	13～14	×		
	15～16	×		
	17～18	×		
	19～20			×
	21～22			×
	23～24	×		

注　×表示接通。

(b)

图 1－17　单绕组双速电动机 2Y/△接法开关控制线路

(a) 开关接线图；(b) 开关各位置接点通断图

一、双速电动机 2Y/△接法开关控制线路

图 1－17 所示为单绕组双速电动机 2Y/△接法开关控制线路图，这种 2Y/△接法双速电动机可用组合开关、万能开关及交流接触器等进行控制。该控制线路采用 LW5 型万能转换开关改装的电气控制线路，其控制开关体积小、可靠性好。图 1－17（a）为它的开关接线图，图 1－17（b）为开关在各位置上接点的通断情况，图中“×”表示接通。起动时，转换开关拨到左边 45°位置时，电动机接成 2Y 接法，作高速运行；转换开关拨到右边 45°位置时，电动机接成△形接法，作低速运行；转换开关拨到“0”位置时，则停止运转。

二、双速电动机 2Y/△接法接触器控制线路

图 1－18 所示为单绕组双速电动机 2Y/△接法接触器控制线路。该线路由两只交流接触器 KM1、KM2，中间继电器 KA 及三只按钮 SB1、SB2、SB3 等组成。起动时，按下 SB1，KM2、KA 获电闭合。电源接通电动机绕组 U2、V2、W2，KA 将 U1、V1、W1 短接，电动机接 2Y 运行，以辅助触点而自保。

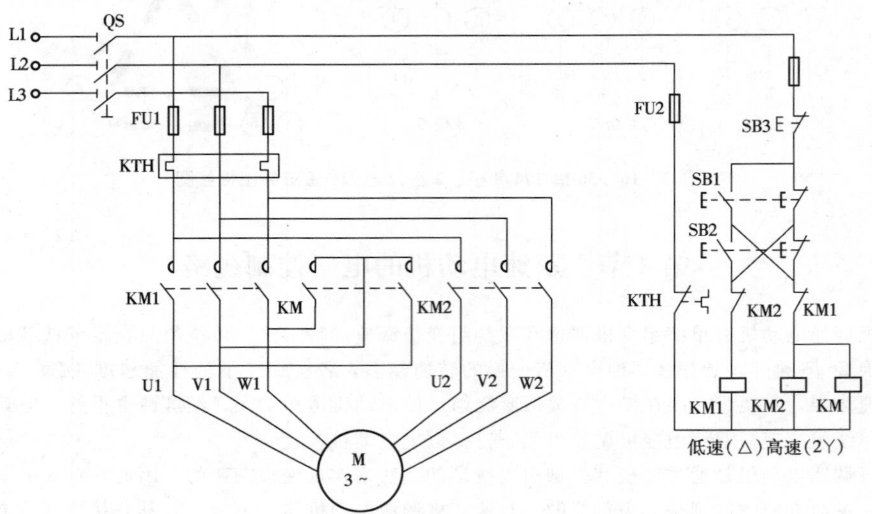

图 1－18　单绕组双速电动机 2Y/△接法接触器控制线路

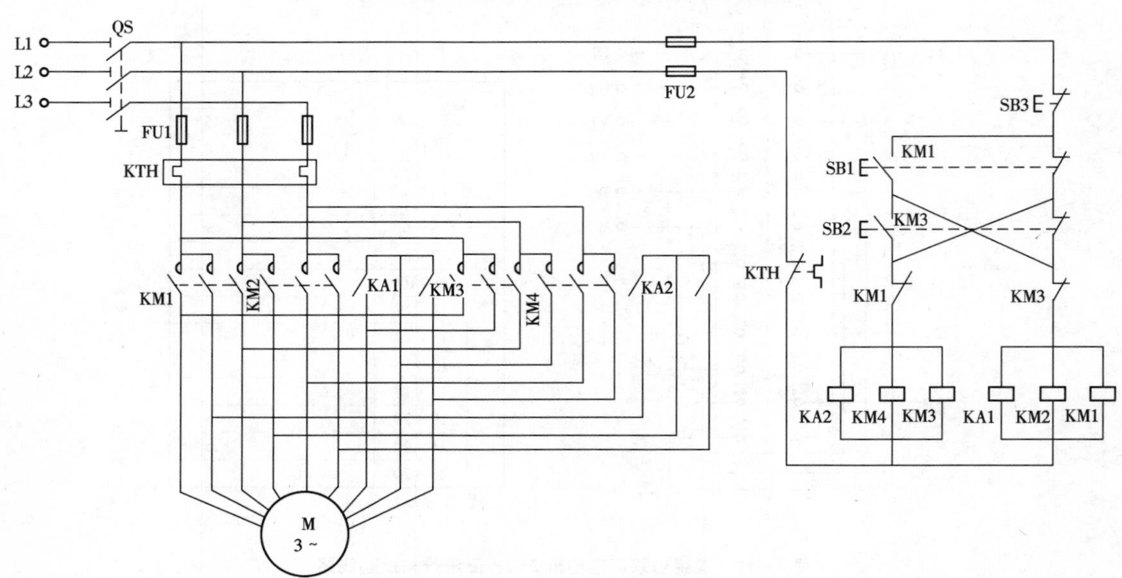

图 1－19　单绕组双速电动机 2Y/Y 接法接触器控制线路

三、双速电动机 2Y/Y 接法接触器控制线路

图 1－19 所示为单绕组双速电动机 2Y/Y 接法控制线路，该线路采用交流接触器和按钮控制。当按下起动按钮 SB1 时，接触器 KM1 得电接通电路，电动机绕组作 Y 形联接；而按下 SB2 时，接触器 KM2、KM3 同时得电接通电路，电动机绕组作 2Y 联接，SB3 则为总停止按钮。

第 5 节　三速电动机的电气控制线路

一、三速电动机 2Y/2Y/2Y 接法接触器控制线路

图 1－20 所示为单绕组三速电动机 2Y/2Y/2Y 接法接触器控制线路。该线路的操作如下：首先接通电源开关 QS，按下按钮 SB1，接触器 KM1、KM2 及中间继电器 KA1 获电闭合，电源 L1、L2、L3 分别接通电动机引出线端 U1、U2，V1、V2，W1、W2，引出线端 U3、V3、W3 被短接。此时电动机绕组被接成第一种 2Y 接法。该控制线路变换转速时，须先按动停止按钮 SB4，然后才能按动需要变换转速的那挡按钮。

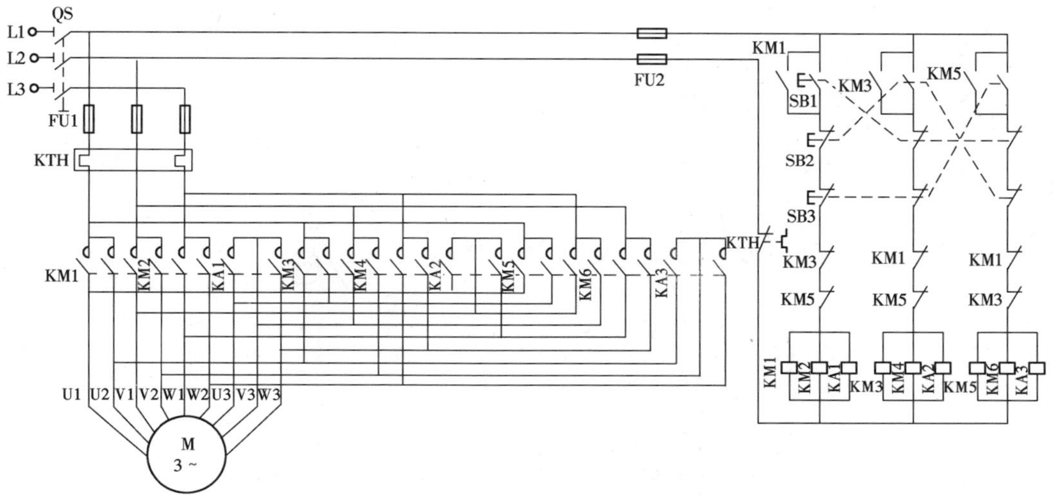

图 1－20　单绕组三速电动机 2Y/2Y/2Y 接法接触器控制线路

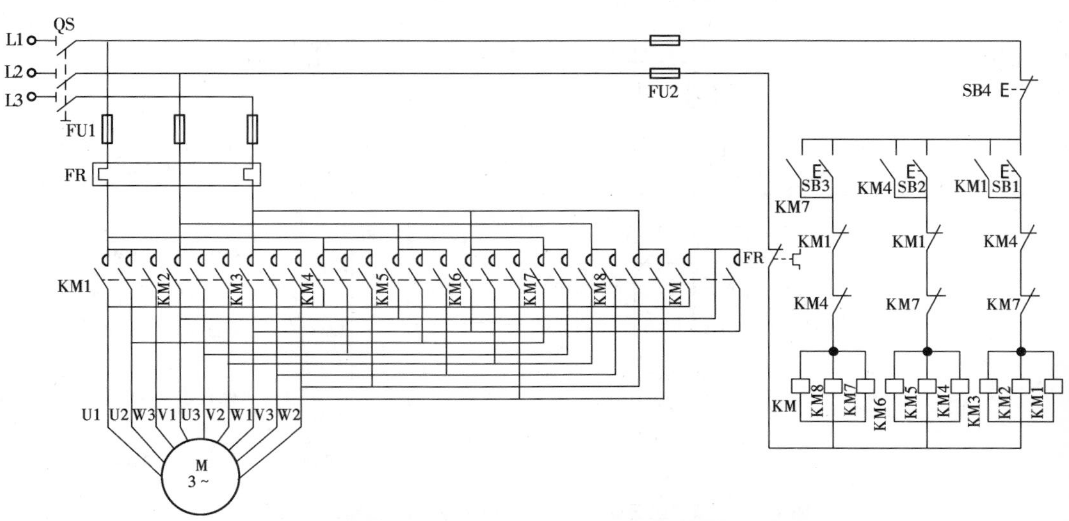

图 1－21　单绕组三速电动机 2△/2△/2Y 接法接触器控制线路

二、三速电动机 2△/2△/2Y 接法接触器控制线路

图 1-21 所示为单绕组三速电动机 2△/2△/2Y 接法接触器控制线路。该线路的操作如下，首先接通电源开关 QS 并按下按钮 SB1。这时接触器 KM1、KM2、KM3 获电闭合，电源 L1、L2、L3 分别接通 U1、U2、W3，V1、U3、V3，W1、V2、W2，电动机接成第一种 2△接法。该线路不能直接变换转速，它必须先按停止按钮 SB4 后方可变换转速挡。

三、双绕组三速电动机△/Y/2Y 接法控制线路

图 1-22 所示为双绕组三速电动机△/Y/2Y 接法接线原理图。该线路中的电动机具有两套定子绕组，分别嵌放在定子铁芯槽内。第一套绕组为双速绕组，它有 7 根引出线端，即 U1、V1、W1、U2、V2、W2 及 U3，它可以作△形和 2Y 接法的速度变换联接。而第二套绕组则有 3 个引出线端 U4、V4、W4，它只能作单速运转。当改变第一套绕组的接法时就改变了电动机的极对数，因此加上第二套绕组的一种转速，该电动机就可以得到三种不同的转速。双绕组三速电动机也可以采用开关、接触器进行手动、自动控制，图 1-23 所示即为双绕组三速电动机△/Y/2Y 接法接触器控制线路。

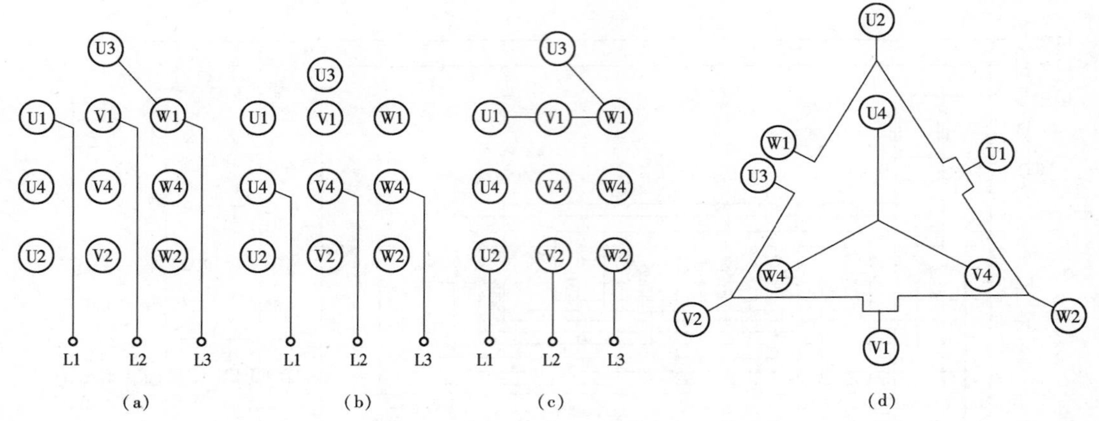

图 1-22　双绕组三速电动机△/Y/2Y 接法接线原理图

(a) △形接法外部连接；(b) Y 形接法外部连接；(c) 2Y 接法外部连接；(d) 内部绕组接线原理图

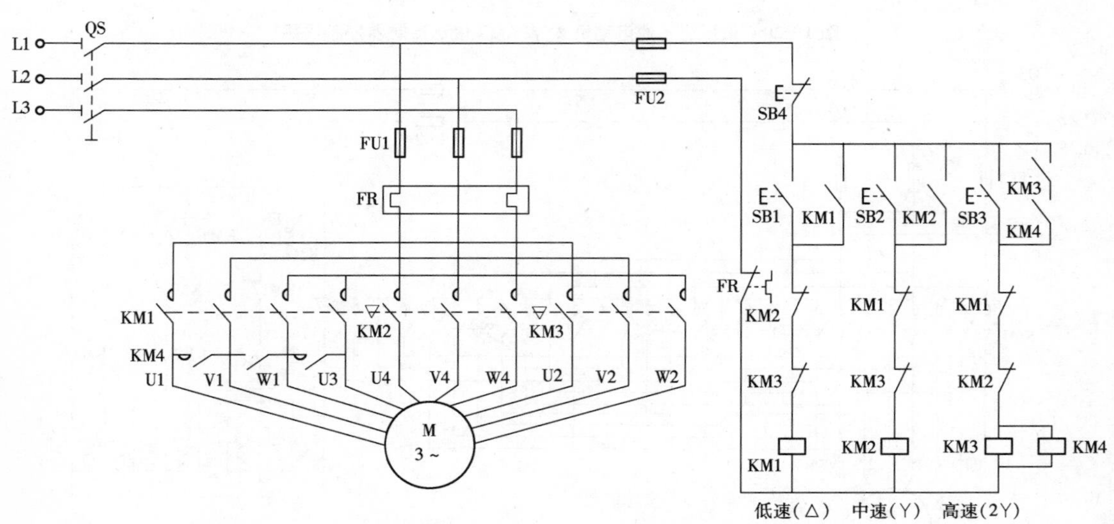

图 1-23　双绕组三速电动机△/Y/2Y 接法接触器控制线路

第 6 节　三相变频调速电动机及电气控制线路

近年来，由于电力电子技术和控制技术的飞跃发展，新型高电压、大功率电力晶体管的不断涌现，至使交流变频调速技术日新月异获得快速发展，变频器已经广泛应用于交流电动机的速度控制。现在，交流变频调速已成为电气传动的主流，正越来越多地取代传统而高质量的直流调速系统。

交流变频调速的最大特点是，高效节能、无级调速及良好的控制特性。此外，它还具有体积小、重量轻、可靠性高、通用性强和操作简便等优点。而且其调速平稳、范围宽广、精度极高。同时在转差补偿、低频转矩、效率及功率因数等方面均显示出极大的优势，因而深受用户欢迎。现已广泛应用到机械、轻工、纺织、石油、化工、医药、造纸、钢铁、建材等社会各行业各部门中。

三相异步电动机因其具有结构简单、运行可靠、操作方便、价格低廉等一系列优点，故成为交流变频调速系统中的首选电动机。目前在美国市场有近 50％的调速电动机均为三相变频调速异步电动机，且其市场份额仍呈上升趋势。国内市场三相变频调速异步电动机的应用也表现出强劲的上升势头。因此，专用的三相变频调速异步电动机将具有良好的发展前景和极其广阔的市场。

一、三相变频调速异步电动机概况

因变频调速异步电动机的电源不是通常电网电源固定频率的正弦交流电，而是由变频器供给频率变动的非正弦交流电。这种频率变动的非正弦交流电则对异步电动机的正常运行带来诸多不利影响，因而对从异步电动机基本系列电气派生出来的变频调速异步电动机原主体电动机，须作相应必要的设计调整及工艺加强等措施。以使变频调速异步电动机能够在变频器不利供电的条件下，仍能保持高效率、高性能、高可靠性地运行。在变频器供电条件下异步电动机受到的不利影响及解决措施主要有：

1. 高次谐波对异步电动机温升及效率的影响与对策

当采用变频器给异步电动机供电时将导致产生有害的高次谐波，从而引起异步电动机定、转子绕组的铜、铝损耗、铁耗和附加损耗等的明显增加。这些损耗将使异步电动机发热量增加、输出功率下降、效率降低等。通常由变频器输出的非正弦电流供电的普通异步电动机，其温升约将增加 10％～12％，效率也将下降许多。

对此情况，在设计三相变频调速异步电动机时应十分重视对谐波的抑制，例如应尽量选择能增加定子阻抗的槽形设计、以抑制高次谐波的不利影响；考虑谐波对转子绕组所产生集肤效应的作用，其转子槽形宜选择槽面积大、浅而不深的上宽下窄槽形，以及采用半闭口槽等。

2. 谐波对电磁声、振动的影响及对策

异步电动机采用变频器供电时，作为变频器电源内所含的各次谐波与异步电动机电磁场固有谐波的相互影响，将会形成多种电磁激振力，当这些电磁力波的频率与异步电动机结构件的原始振动频率接近或一致时，则会产生共振现象，致使异步电动机的噪声和振动均将增大。一般情况下采用变频器电源向普通三相异步电动机供电时，其噪声比用电网电源约增加 10～15dB，振动亦会有所增大。

对此情况，变频调速异步电动机则将根据自身的特点及要求，对电动机定、转子的槽配合进行精心合理选择。

3. 冲击电压对电动机绝缘结构的影响及对策

现在中小容量变频器大多数均采用 PWM 控制方式。其载波频率从几千赫兹到十几千赫兹，这样就使异步电动机线圈要承受极高的电压上升率，即相当于对异步电动机线圈反复施加一波接一波的冲击电压，致使异步电动机匝间绝缘承受着严峻考验。此外，PWM 变频器还将产生一种矩形斩波冲击电压叠加到异步电动机运行电压上，将对电动机的对地绝缘构成损害，在这种高电压的反复冲击下则会加速绝缘的老化。

对此情况，加强变频调速异步电动机绝缘可靠性就十分必要，故应对电动机的整体绝缘结构采取加强措施，通常做法是将绝缘等级选用 F 级但按 B 级考核。为此：

（1）选用变频调速异步电动机绕组专用导线，即 3 层绝缘漆包线；以及使用耐电晕聚酰亚胺薄膜导线，用以提高绕组电磁线的绝缘性能。

（2）加强槽绝缘及相间绝缘，槽绝缘可选用含云母层的新型槽绝缘，使绝缘耐电晕性能有较大提高；相间绝缘则可优先采用表面贴有聚酯绒布的NHN、NMN，或F级DMD与薄膜组成的组合绝缘材料。

(3) 选用合理浸渍漆和浸渍工艺；采取合理有效的绕线、嵌线、接线、浸渍工艺；提高电动机绝缘的整体绝缘性能及机械强度。

4. 变频调速异步电动机所产生的冷却问题

当变频调速异步电动机处于低频低速运转时，将使电动机的空载电流大量增加，致使电动机温升过高。普通异步电动机的自带风扇则因转速降低而致冷却风量大幅减少，这必将使异步电动机在低速运转时温升急剧增加；而在异步电动机的高速区，其风耗和噪声则又将会处于很高的地步。

对此情况，变频调速异步电动机为确保在高、低速整个调速范围内的冷却效果，均采用独立供电的冷却通风机，用以对变频调速异步电动机进行强制风冷。

二、YSP系列三相变频调速异步电动机

YSP系列三相变频调速异步电动机是一种交流、高效、节能并与变频器配套使用的新型无级调速异步电动机，是极有前途的机电一体化调速新产品。本系列电动机效率高、噪声低、调速范围广、调速精度高、运行稳定、使用及维护十分方便。

YSP系列三相变频调速异步电动机的定额是以连续工作制（ST）为基准的连续定额；其安装尺寸符合国际电工协会（IEC）标准，外壳防护等级有IP23、IP44、IP54和IP55；其电压则有380V、660V、6kV和10kV；额定频率为50Hz，可在5～67Hz范围内连续调速，5～50Hz为恒转矩运行，50～67Hz为恒功率运行；YSP 225以上型号电动机均配有独立的强风冷却系统。

YSP系列三相变频调速异步电动机可广泛应用于矿山、机械、石油、化工、纺织、造纸等各种工矿企业中，以驱动各种通用机械设备，如作为切削机床、运输机械、水泵、压缩机及通风机等。本系列异步电动机的型号说明如下：

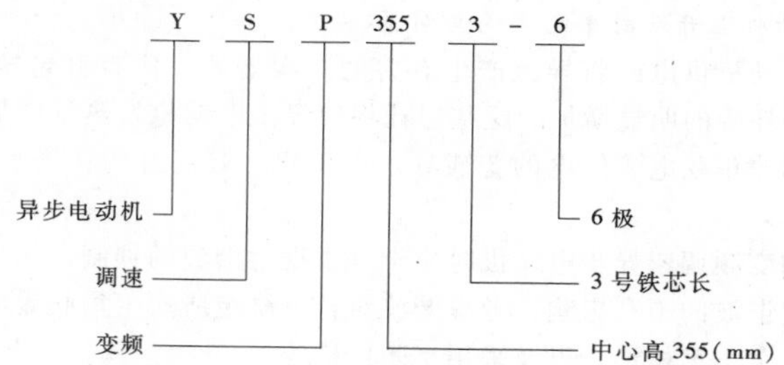

三、三相变频调速异步电动机绕组及联接

因三相变频调速异步电动机系从基本系列Y2三相异步电动机电气派生而来，故其在机械结构、绕组型式等诸方面均与Y2系列基本一致。只是在电动机设计上进行了特殊优化处理，并且在工艺、材料方面也采取了许多加强措施，以适应变频器非正弦电流电源供电对变频调速异步电动机机械结构、定子绕组所造成的各种损害和不利影响，确保变频调速异步电动机的使用寿命及运行可靠性。

图1-24所示即为一台YSP280M-4、90kW三相4极60槽变频调速异步电动机的定子绕组展开图，该绕组为双层叠绕组型式，采用显极接法4路并联。

图1-25所示则为一台YSP200L1-6、18.5kW三相6极54槽变频调速异步电动机的定子绕组展开图，该绕组亦为双层叠绕组，采用显极接法3路并联。

四、三相变频调速异步电动机电气控制线路

变频调速是通过改变交流电动机定子绕组供电频率来改变同步转速实现调速的，在其调速过程中从高速到低速均可以保持有限的转差率，因而它具有效率高、精度高、调速范围宽等优良性能。可以说，变频调速是异步电动机比较合理和理想的调速方法。

近年来由于可控元件及变流技术的长足发展，用晶闸管、电力晶体管等变频装置构成的变频器对异步电动机进行调速已被广泛使用，下面将以一台采用变频器控制的异步电动机调速电路为例，来简介变频调速技术。

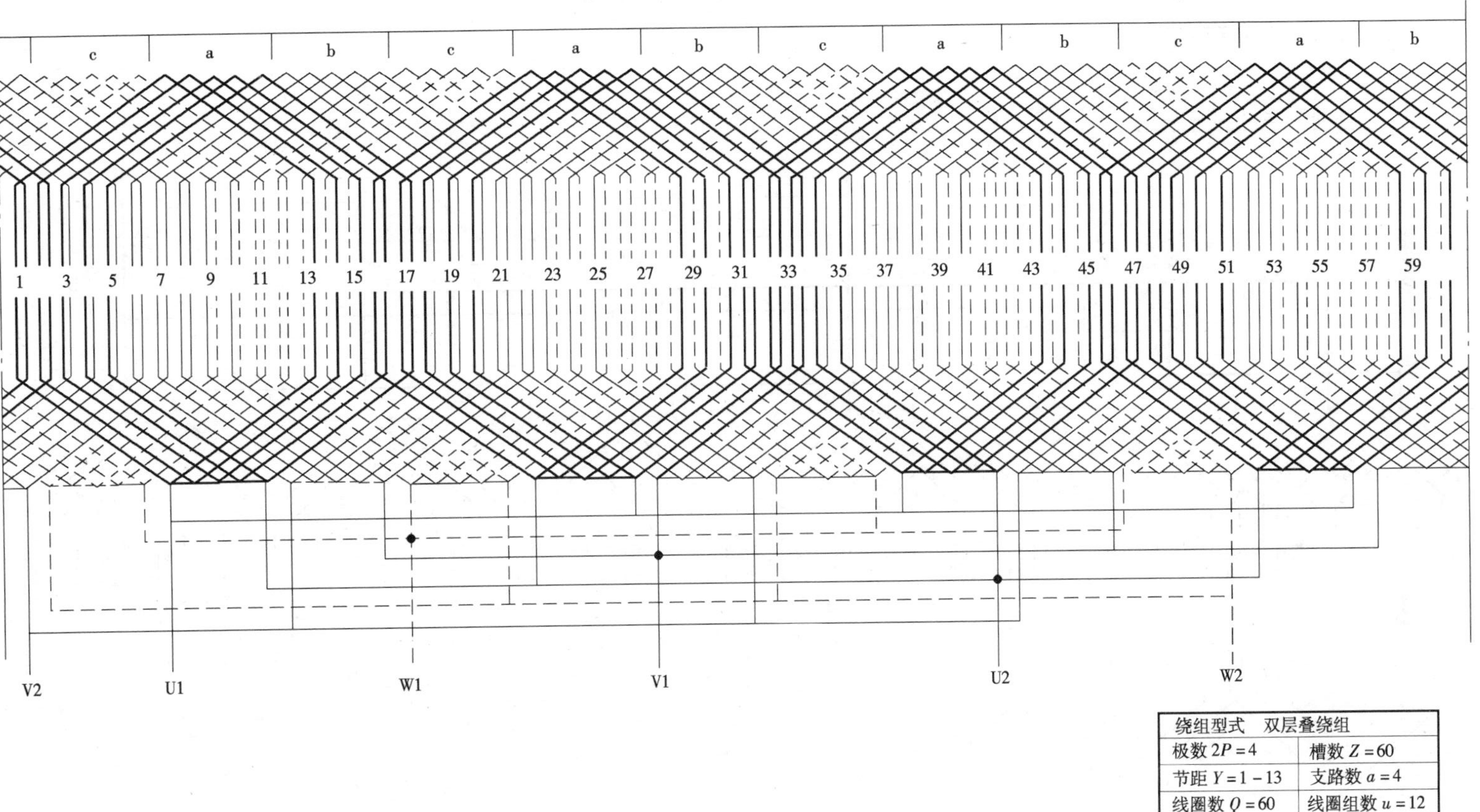

图 1-24　4 极 60 槽双层叠绕组 4 路接法展开图

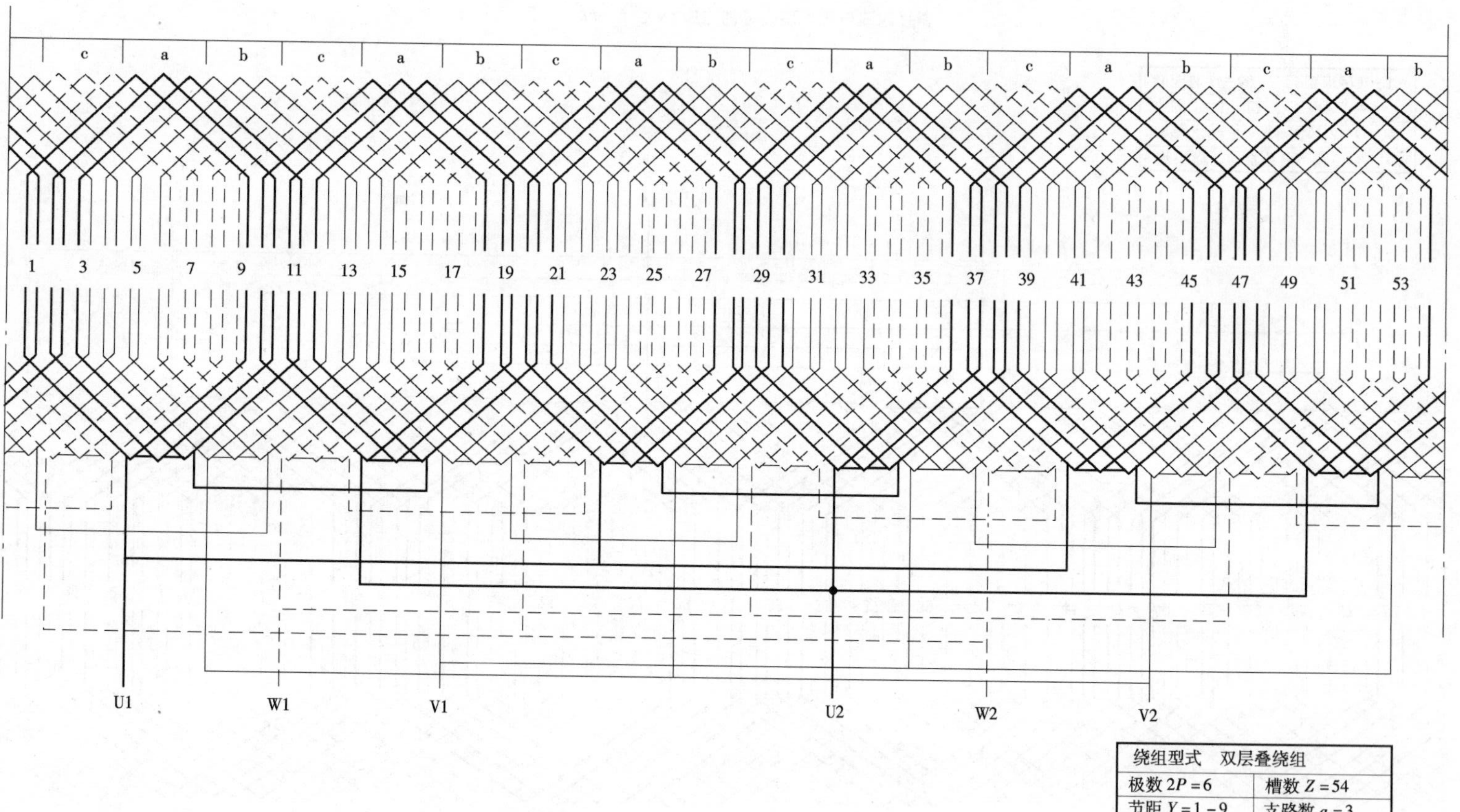

图 1-25　6 极 54 槽双层叠绕组 3 路接法展开图

1. 具有比率设定箱的变频器调速电路

图 1-26 所示为具有比率设定箱的变频器调速电路。该线路中的 FR-FH 为比率设定箱，它可以接多达 5 台变频器。当多台变频器输出需要与主控速度保持不同的比率时，则可以通过比率设定箱来进行设定。该线路适用于生产流线物料输送中工段间有速度的要求，并且其主速也要求可以变化的场所。

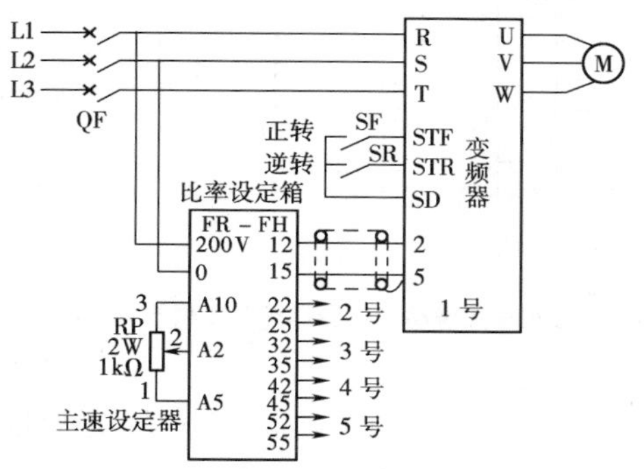

图 1-26　具有比率设定箱的变频器调速电路

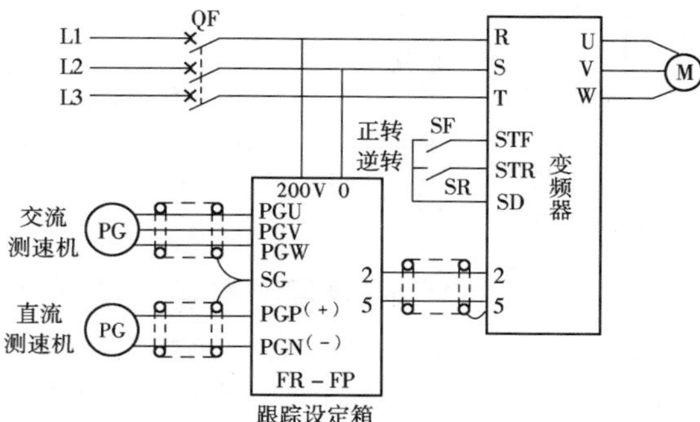

图 1-27　具有跟踪设定箱的变频器调速电路

2. 具有跟踪设定箱的变频器调速电路

图 1-27 所示即为具有跟踪设定箱的变频器调速电路。该线路中的 FR-FP 为跟踪设定箱，当一台电动机需要跟踪另一台电动机的转速控制时，可通过测速机并配上 FR-FP 来实现正、反转双向调速跟踪控制。

3. 具有遥控设定箱的变频器调速电路

图 1-28 所示即为具有遥控设定箱的变频器调速电路。该线路中的 FR-FK 为遥控设定箱，当变频器不能就地操作或无法实现集中控制时，均可以采用本电路。

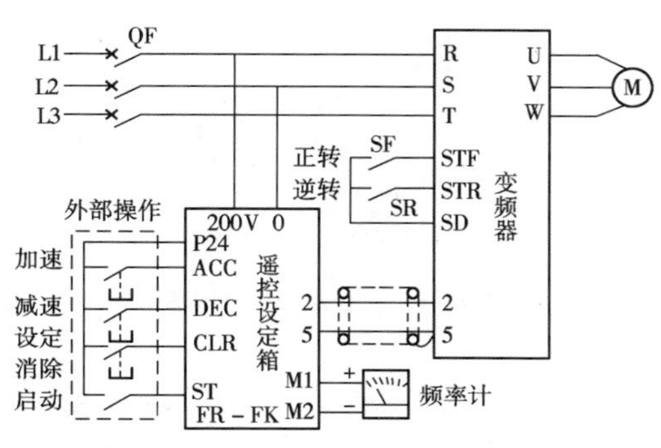

图 1-28　具有遥控设定箱的变频器调速电路

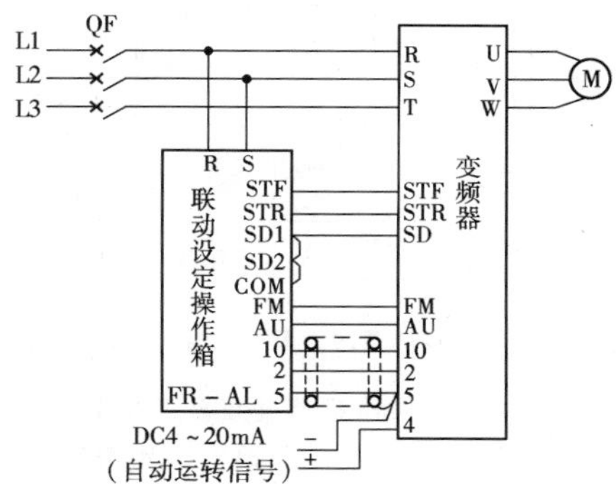

图 1-29　具有联动设定箱的变频器调速电路

4. 具有联动设定箱的变频器调速电路

图 1-29 所示即为具有联动设定箱的变频器调速电路。该线路适应于利用外来运转信号对变频器进行的联动控制，如图中变频器从 5、4 脚引入一个 4～20mA 直流信号的运转信号，即可对电动机 M 进行转速控制。而 4～20mA 直流信号可来自许多自动化一次仪表，如速度传感器、力敏器件等。

5. 带频率计操作箱的变频器调速电路

图 1-30 所示即为带频率计操作箱的变频器调速电路。该线路中的 FR-AX 为频率计操作箱，利用此操作箱所带的频率计与频率设定电位器（未画出），对变频器进行手动、自动控制，并实现电动机正、反转的转速调节。

6. 具有主速设定箱和联动设定操作箱的变频器调速电路

图 1-31 所示即为具有主速设定箱和联动设定箱的变频器调速电路。该线路中的 FR-FC 为主速设定箱，FR-AL 为联动设定操作箱。图中示出了可以接至多只 FR-AL 联动设定箱和多只变频器的 NFB，它能实现数台三相电动机同步运转，也可以同时加速、减速。其主设定则通过电位器 RP 调定。

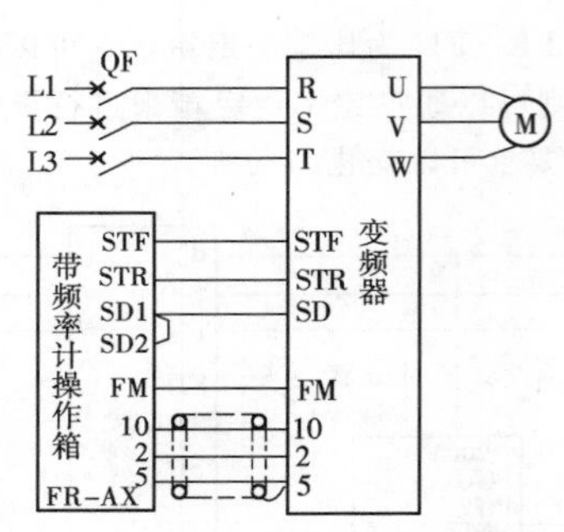

图 1-30　带频率计操作箱的变频器调速电路

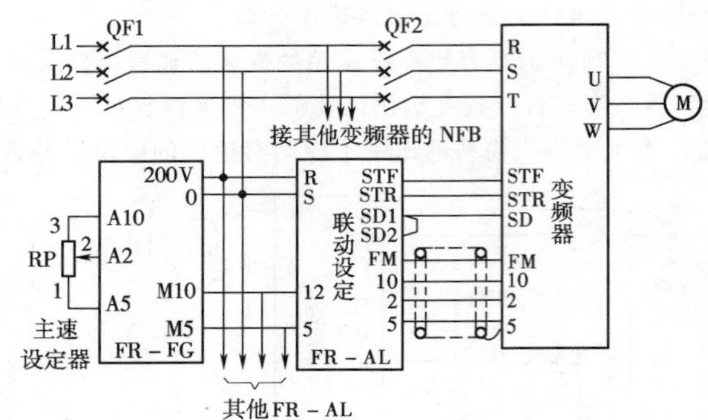

图 1-31　具有主速设定箱和联动设定操作箱的变频器调速电路

7. 具有前置放大器箱的变频器调速电路

图 1-32 所示即为具有前置放大器箱的变频器调速电路。该线路中的 FR-FA 为前置放大器，它可以作为电流/电压信号变换或进行运算放大，即由联动设定操作箱 FR-AL 输出信号给变频器，再由变频器去控制电动机 M 作调速运行。

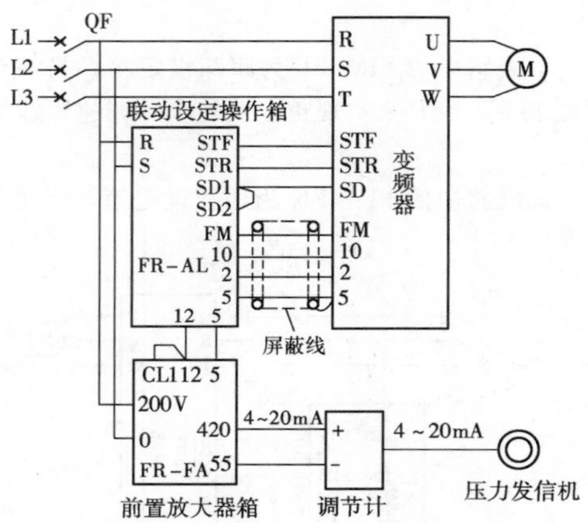

图 1-32　具有前置放大器箱的变频器调速电路

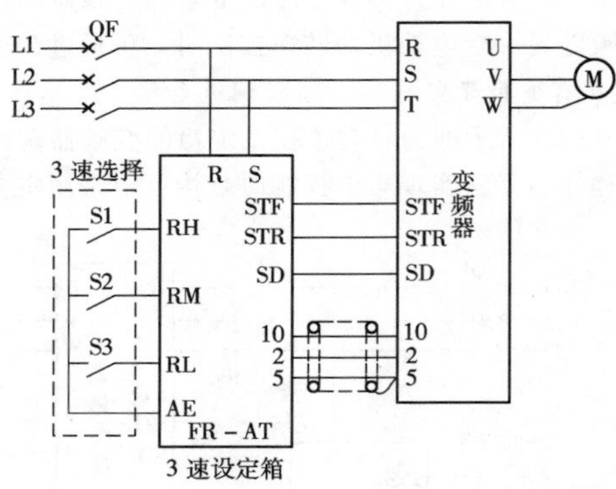

图 1-33　具有三速设定操作箱的变频器调速电路

8. 具有三速设定操作箱的变频器调速电路

图 1-33 所示即为具有三速设定操作箱的变频调速电路。该线路中的 FR-AT 为三速设定操作箱，当电动机 M 在运转过程中的某一时间段需要不同速度时，本线路即可提供三种转速的选择，通过三只手动开关 S1、S2、S3 进行控制。

第7节　三相电磁调速电动机及电气控制线路

三相电磁调速异步电动机（也称滑差电动机），是一种交流恒转矩无级调速的三相异步电动机。它具有调速范围广、无失控区域、起动转矩大，可以强励起动，频繁起动时对电网无冲击，以及有较硬的机械特性和较高的调速精度等许多优点。因而在矿山、冶金、机械、轻工、化工、建材、纺织等部门得到广泛应用。此外，三相电磁调速异步电动机特别适用于运行中转矩递减的风机、水泵负载场合，以通过转速的调节来控制流量或压力的变化，来达到显著的节能效果。

一、三相电磁调速异步电动机概况

电磁调速异步电动机是由图 1-34 所示电磁转差离合器与三相笼型异步电动机组合而成，从图 1-34 中可以看出，电磁离合器主动部分为一圆筒形结构，它与三相笼型异步电动机的转子相连接；而电磁离合器的

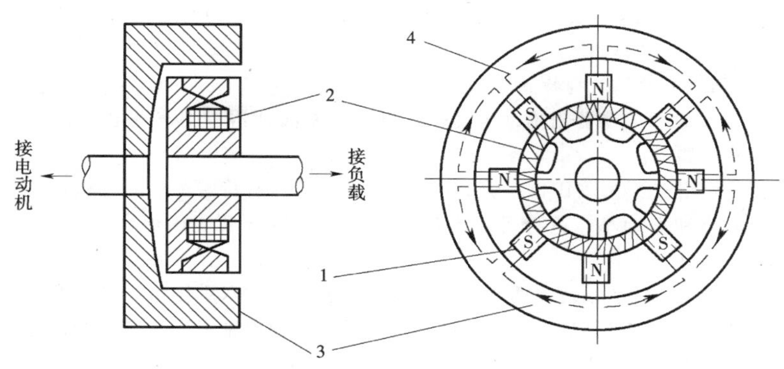

图 1-34　电磁离合器结构示意图

1—磁极；2—励磁线圈；3—电枢；4—磁通

从动部分为爪形结构，被安置于另一根与负载相接的输出转轴上。当电磁离合器爪形结构的励磁线圈通入直流电流时，沿气隙周围表面爪形结构就将会形成若干对极性相互交替的磁场。此时如电磁离合器的电枢（即主动部分）被笼型异步电动机转子拖动着旋转，就会因电枢与磁场间的相对运动，将在电枢内产生感应电动势和短路电流（即涡流）；而这股短路电流与磁场相互作用即产生了电磁转矩，于是其从动部分的磁极便跟随主动部分的电枢一起旋转起来，以使其转速在低于电枢转速的情形下运转。这样就只需通过调节电磁离合器磁极线圈的励磁电流即可调节从动部分的转速，图 1-35 所示即为电磁离合器直流电源的单相全波整流电路。

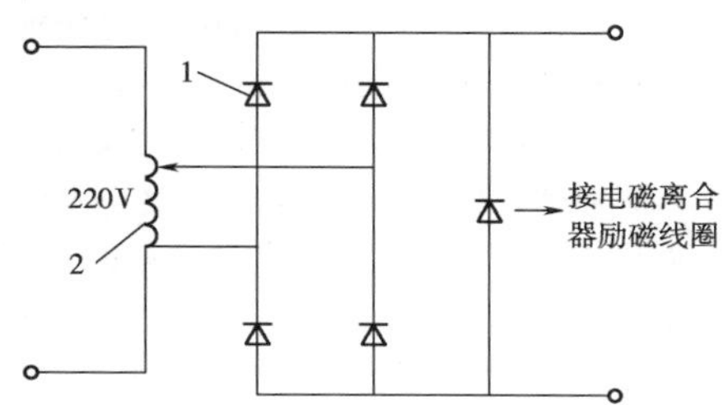

图 1-35　单相全波整流电路示意图

1—调压器；2—硅整流器

二、YCT、JZT 系列三相电磁调速异步电动机

具有恒转矩无级调速的 YCT 系列电磁调速异步电动机是由基本系列电动机为主体并附加部分装置而构成的，它具有与基本系列电动机不同的外形尺寸、安装尺寸、内部结构及性能等。YCT 系列三相电磁调速异步电动机，即由 Y 系列（IP44）基本系列电动机与电磁转差离合器所共同组成。

1. YCT 系列三相电磁调速异步电动机

YCT 系列电磁调速电动机由拖动电动机、电磁转差离合器、测速发电机和控制装置组成。在整个装置中电动机是作为拖动的原动力；电磁转差离合器作为转矩的传输装置，用以将电动机的输出转矩传递至

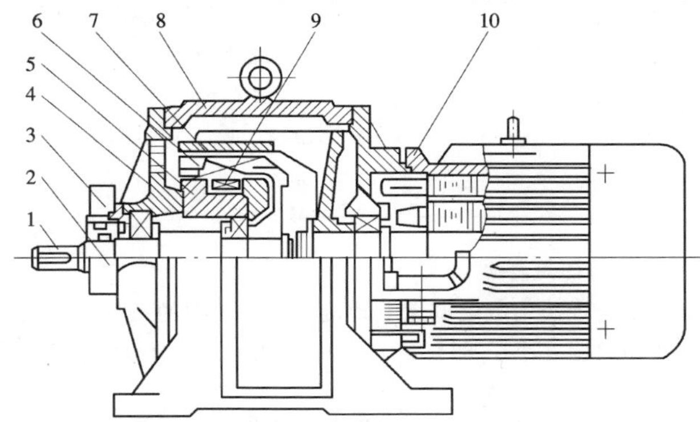

图 1-36　YCT 系列电磁调速三相异步电动机的结构图

1—输出轴；2—测速发电机；3—接线盒；4—端盖；5—导磁体；6—磁极；7—电枢；8—机座；9—励磁绕组；10—三相异步电动机

负载端；测速发电机和控制装置作为电磁离合器励磁电流的供给和自动调整装置，其典型结构则如图1-36所示。

2. YCT系列电磁调速电动机结构特点

YCT系列电磁调速电动机它主要由拖动电动机、电磁转差离合器、测速发电机和电控装置所组成，现对其主要组件及作用简述如下。

(1) 拖动电动机。采用Y系列（IP44）的IMB5型对安装尺寸有特殊要求的三相异步电动机。由于该型电动机具有效率高、噪声和振动小、运行可靠等许多优点，经组合后能确保电磁调速电动机整体性能的提升。

(2) 电枢。用圆筒形实心低碳钢铸制而成，它具有导磁和导电的双重作用，在其表面还铸有散热筋以增加有效的散热效果。电枢经校正平衡后直接固定在拖动电动机的输出轴上，与拖动电动机作等速旋转。运行时，电枢中感应产生的涡流将作用于磁极而完成转差转矩的输出。

(3) 磁极。磁极为低碳钢铸成的两个相互交叉的爪形轮，它作为从动转子经动平衡被安装在输出轴上而输出转矩。

(4) 励磁绕组。励磁绕组为采用B级绝缘材料的磁极线圈构成，它与导磁体和磁轭组合于一体，因而具有较好的电气、机械性能。运行时，在励磁绕组中通入直流励磁电流后就将在气隙中产生一个固定的磁场，该磁场即与被拖动旋转的电枢共同完成转差转矩的输出。

(5) 测速发电机。测速发电机是电磁调速电动机中测量转速信号的自控元件，它的输出电压与转速成正比。在电磁调速电动机的整个调速系统中，测速发电机提供一个校正量，以提高系统的静态精度和动态稳定性。

3. YCT系列电磁调速电动机的性能特点

(1) 电磁调速电动机。电磁调速电动机的额定电压为380V，额定频率为50Hz，连续工作方式，防护等级为IP21，使用环境不超过40℃，海拔不超过1000m，使用环境条件为无爆炸、无腐蚀金属和破坏绝缘的气体。

(2) 电磁转差离合器的机械特性。电磁转差离合器的自然机械特性较软。当负载在额定转矩的5%～100%范围内变化时，经控制装置的自动调整可使其输出转速基本不变，转速变化率将小于3%。

(3) YCT系列电磁调速电动机的型号说明。YCT系列电磁调速电动机采用统一的控制器方案和参数，并规定了Y系列拖动电动机与离合器之间的配套尺寸，从而增加了电磁调速电动机部件互换性。此外，还扩大了其功率与机座号的范围和提高了额定最高转速；并将电磁转差离合器励磁绕组的绝缘等级提高到B级；还增加了对电枢温升的限制和规定了振动、噪声的限值。YCT系列电磁调速电动机的型号说明如下所示：

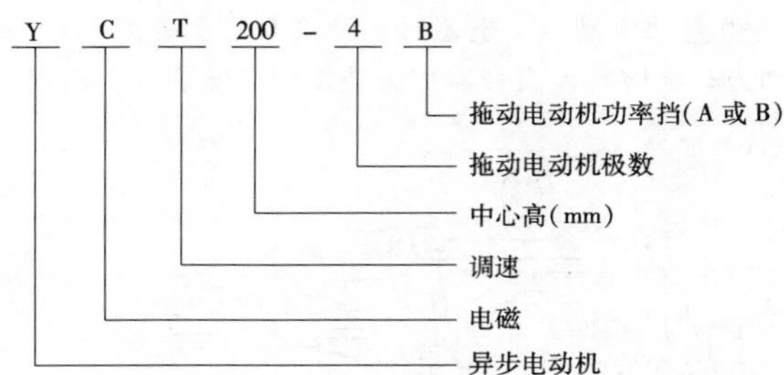

4. 三相电磁调速异步电动机的使用要点

(1) 调速范围及调速精度是合理选用电磁调速电动机时必须考虑的条件，应按表1-8选用。

(2) 电动机应在少灰尘和相对湿度小于85%的环境中使用，并且不允许有剧烈震动。在多粉尘环境中使用时，应采取防尘措施。

(3) 由于离合器存在摩擦转矩和剩磁而导致控制性恶化或失控，负载转矩不应小于10%额定转矩。

(4) 离合器效率近似为$1-S$（S为转差率，$S=\frac{n_s-n_m}{n_s}$。其中n_s为电机同步转速，n_m为电机转速）。低速时效率较低，应予注意。

表 1-8　　三相电磁调速异步电动机对负载适应表

负载特性		举例	转矩（功率）、转速特性	适用程度
恒转矩	转矩一定，输出功率与转速成正比	造纸机、皮带运输机等摩擦负荷及动力负荷	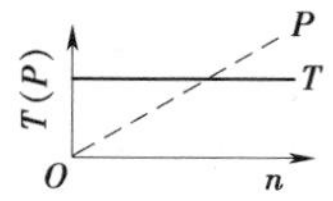	最合适
递减转矩	转矩随转速降低而减小	流体负荷	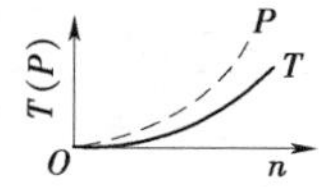	最合适
恒功率	功率一定，转矩与转速成反比	卷扬机	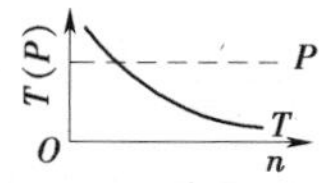	不合适
递减功率	功率随转速的降低而减小，转矩随转速的减小而增加	工作机床	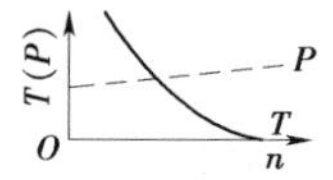	须慎重考虑
惯性体	与电动机惯性相比较，其负荷的惯性较大者	离心式分离机		合适
负恒转矩	电动机转矩方向与负荷旋转方向相反	起重机的松卷下落	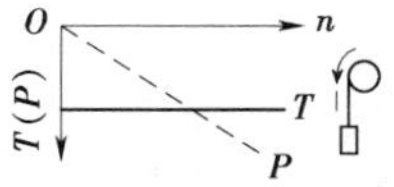	须与电磁调速制动装置并用

三、三相电磁调速异步电动机的绕组及其联接

由于三相电磁调速异步电动机是由三相笼型异步电动机与电磁转差离合器组合而成，故其绕组在结构形式、联接方法等均基本一致。例如图 1-37 所示即为 JZTT81-4/6 极电磁调速电动机中一套 6 极绕组的接线展开图，该绕组为双层叠绕组、采用显极接法 2 路并联、Y 形接线。

四、三相电磁调速异步电动机的电气控制线路

图 1-38 所示为三相电磁调速异步电动机控制线路。该线路采用普通三相笼型异步电动机与电磁转差离合器、晶闸管调压直流励磁电流组成。当调节供给电磁转差离合器励磁线圈直流电流的大小，即可对电磁调速异步电动机进行一定范围的无级调速。

图 1-39 所示为采用 ZTK1 型电磁转差离合器控制装置电气线路。该线路采用的 ZTK1 型控制装置主要由给定电压、速度负反馈、前置放大器、锯齿波发生器、触发脉冲形成回路及晶闸管励磁回路等多个环节所组成。当改变给定电压和测速反馈电压的差值信号，即可达到改变晶闸管的导通角，从而改变励磁电压的高低。若连续调节给定电压，就可使晶闸管的导通角在 0～180°范围内变化，因而实现了对电磁转差离合器的无级调速。

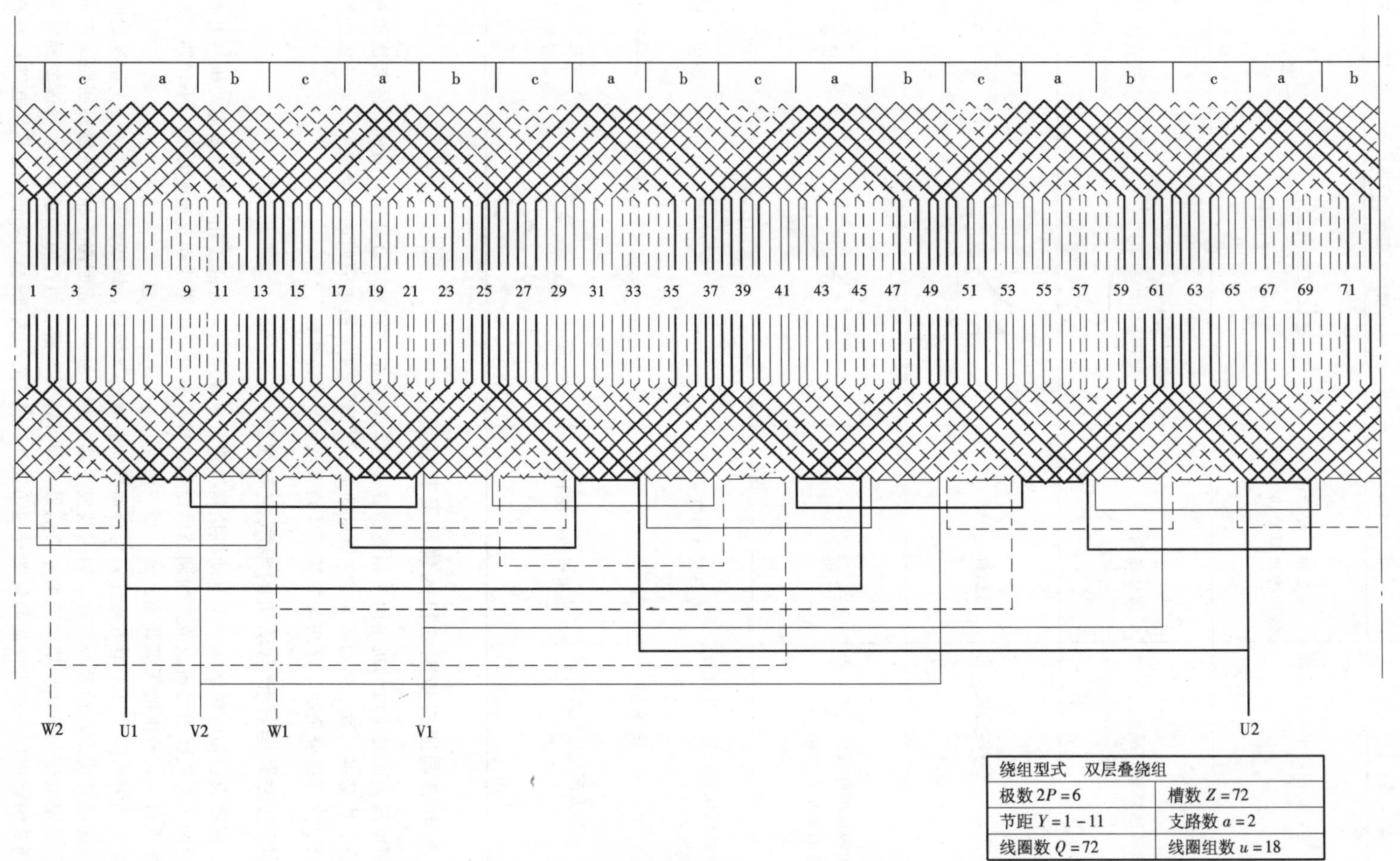

绕组型式　双层叠绕组	
极数 $2P=6$	槽数 $Z=72$
节距 $Y=1-11$	支路数 $a=2$
线圈数 $Q=72$	线圈组数 $u=18$

图 1－37　6 极 72 槽双层叠绕组 2 路接法展开图

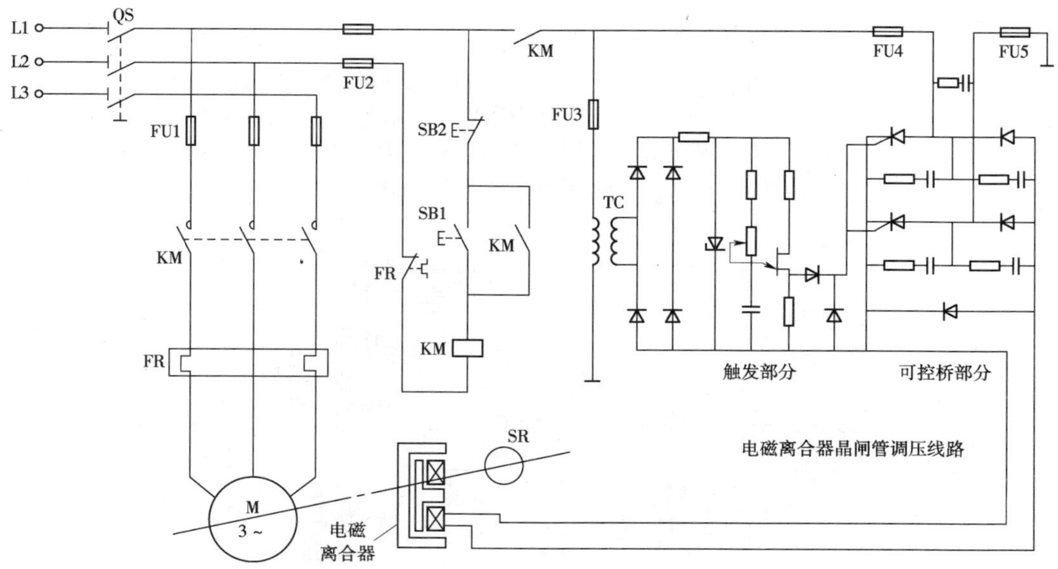

图 1－38　电磁调速异步电动机控制线路

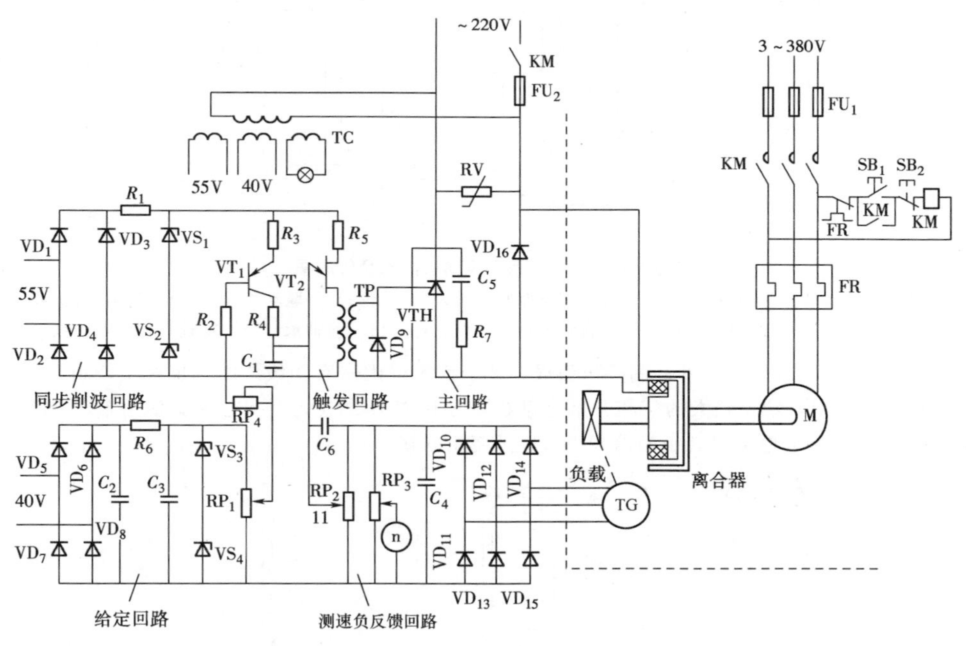

图 1－39　ZTK1 型电磁转差离合器控制装置电气线路

第 8 节　三相交流并励调速电动机及电气控制线路

三相交流并励电动机是一种运行在交流电网上能在规定的较大范围内连续而均匀的无级调速、结构上具有换向器及移刷装置的三相交流电动机（也称交流换向器式电动机），该电动机可以用来代替所有恒转矩的变速机组。由于三相交流并励电动机具有调速范围广、速度调节精细平滑、起动性能好、负载功率因数和效率高以及经济效益好等一系列优点，因而被广泛使用于纺织、印染、造纸、水泥、橡胶、印刷和制糖等诸多工业部门和试验设备等要求均匀无级调速的场合。

一、三相交流并励调速电动机概况

三相交流并励调速电动机的结构及外形图如图 1－40 所示，它的定子铁芯与普通交流异步电动机基本相同，都是由 0.5mm 硅钢片冲制叠压而成，定子铁芯槽中嵌置的定子绕组称为次级绕组，或叫副绕组。它是一种多相双层叠绕短距绕组，根据电动机功率大小来选择相数的多少，通常小功率电动机多选三相、中等功率选 5 相，大功率电动机选 7 相。总之，相数越多则换向后的电流波形越接近正弦。

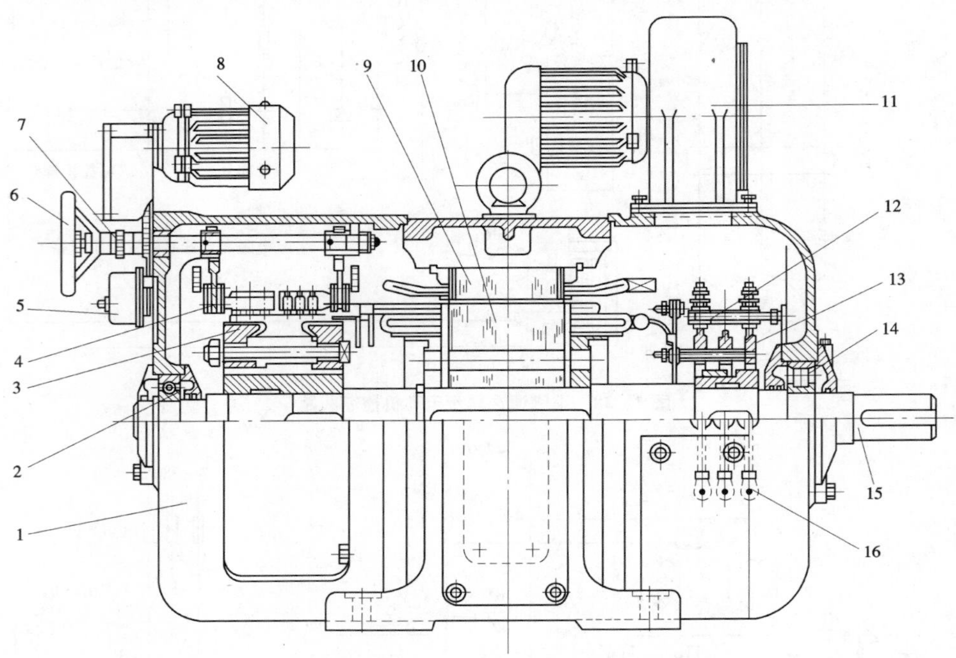

图 1－40　JZS2 系列电动机结构及外形图

1—机座；2—后轴承；3—换向器；4—转盘；5—测速发电机；6—手轮；7—联动齿轮；8—遥控电动机；9—定子；10—转子；11—冷却风机；12—电刷装置；13—集电环；14—前轴承；15—转轴；16—电源线

转子铁芯也由 0.5mm 厚硅钢片冲制叠压而成。转子铁芯槽内嵌有初级绕组（也称主绕组）以及和直流电动机相似的调节绕组，功率较大的三相并励电动机则还嵌置有放电绕组，它主要是用来改善换向的。图 1－41 所示即为 JZS2 系列电动机转子槽内绕组布置及绕组联接示意图。

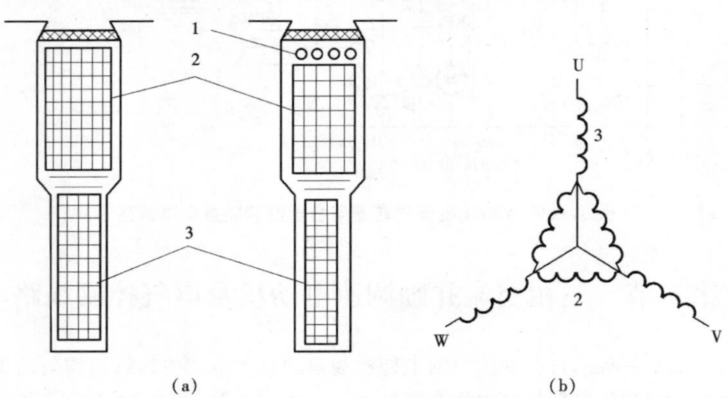

图 1－41　JZS2 系列电动机转子槽内绕组布置及绕组连接

(a) 转子槽内绕组布置；(b) 主绕组及调节绕组连接示意

1—放电绕组；2—调节绕组；3—主绕组

换向器结构、电刷及刷架等均与普通直流电动机的结构相同。三相交流并励调速电动机的型号说明如下：

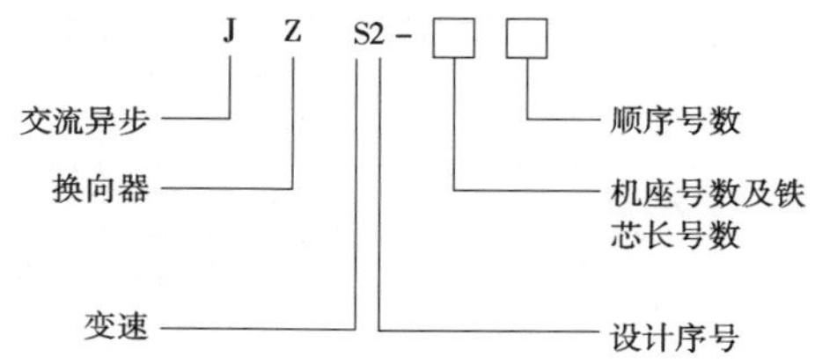

二、JZS2 系列三相交流并励调速电动机

JZS2 系列三相交流并励调速电动机亦称三相异步换向器电动机，它是一种恒转矩交流调速电动机。采用转子供电式结构，经适当变换设计后还可用作交流测功机和三相低频发电机的励磁电源。

三相交流并励调速电动机相当于一台反装式绕线转子异步电动机与一台换向器变频机的结合体。在这里由调节绕组所产生的电动势经换向器与电刷进入定子绕组，然后通过改变换向器上两组电刷的相对位置，用以调节这个电动势的大小及相位，就可调节电动机的空载和负载转速，使电动机能平滑地运行在同步转速之上或以下。它的最高和最低转速之比通常可达到 3∶1、6∶1 和 10∶1。如有需要，甚至还可将其最高空载转速提高到 2 倍同步转速，或者将其空载转速降到零即电动机停止不转。

在不需要双向运行的三相交流并励调速电动机上，还可利用移刷机构上齿数不同的两个调速齿轮，让电动机在调节转速的同时，相应补偿低于同步转速运行时的功率因数，使低于同步转速时的负载功率因数得到提高。当最高额定转速时的满载功率因数，则在无补偿时也可达到 0.98 左右。

三相交流并励调速电动机应在最低转速下全压起动，这是因为与普通三相笼型异步电动机相比，它具有较小的堵转电流和较大的堵转转矩，只是满载效率稍低；如与三相电磁调速异步电动机相比，则它不仅能在空载情况下进行调速，并且还有着较大的调速范围，其性能指标与应用可控硅直流电源的直流电动机极其相似。该型电动机的最大缺点就是结构太过复杂，致使维护修理极不方便。正因为这一缺点，也就限制三相交流并励调速电动机在更大范围的推广和应用。

三、三相交流并励调速电动机的绕组及其联接

三相交流并励调速电动机具有和反装式异步电动机（即一次绕组嵌置于定子、二次绕组嵌在转子）一样的分布式绕组以及和直流电动机相似的调节绕组，用来调节转速和低速时的功率因数。功率较大的电动机则还在其槽顶部嵌置有一套改善换向的放电绕组。

1. 基本原理及运行特性

交流并励调速电动机的初级绕组和调节绕组均嵌在同一转子槽内，两者可以制成相互绝缘的或成为串联连接的型式；一次绕组则与电网相连，用来产生由电网频率和电动机极数决定转速的旋转磁场，进而使二次绕组内产生具有转差频率的次级感应电势；并使调节绕组内产生具有电网频率的感应电势。然后经换向器和电刷的作用得到与次级频率相同，且在相位数量上均能随换向器上的电刷位置不同，并在适当范围内可作任意调节的外电势。若将这个外电势引入二次绕组内与二次电势作矢量加减，便会形成二次合成电势及产生二次回路电流，而这个电流又与旋转磁场相作用并产生电磁转矩，从而使三相交流并励调速电动机正常地旋转起来。

三相交流并励调速电动机之能够调速，是因为定子二次绕组（亦称副绕组）中加入了一个附加电动势 E_k，而这个附加电动势是由调节绕组供给的。由于 E_k 是通过换向器电刷引出的，因此 E_k 的频率与定子副绕组中感应电动势（SE_2）的频率是相同的，E_k 的大小及方向与各相每对电刷间的位置有关，如表 1-9 所示。调节 E_k 的大小及方向，以使定子副绕组的合成电动势发生变化，电流发生变化和电磁转矩也发生变化，从而电动机转速发生了变化。当转速稳定到一定值时，合成电动势就恢复到原值，副绕组电流相应恢复到原值，电磁转矩也就恢复到原值，因此这种调速为恒转矩调速。从表 1-9 位置 1 中可以看出，同相的电刷都处在同一换向片上，则加于副绕组的电动势 $E_k=0$，此时相当于一台普通异步电动机，运行在稍低于同步速度的转速上。改变同相电刷间的位置，如表 1-9 位置 2、3 等所示，E_k 的大小及方向发生变化，三

相交流并励调速电动机则将运行在不同的转速下。

表 1-9　　JZS2 系列三相交流并励调速电动机换向原理参数

	位置 1	位置 2	位置 3	位置 4	位置 5
电刷位置	$\alpha=0$	α 为正值	α 为负值	α 为负值	α 为负值
	$E_k=0$	E_k 为正值	E_k 为负值	E_k 为负值	E_k 为负值
		$\|E_k\|<\|SE_2\|$	$\|E_k\|<\|SE_2\|$	$\|E_k\|=\|SE_2\|$	$\|E_k\|>\|SE_2\|$
	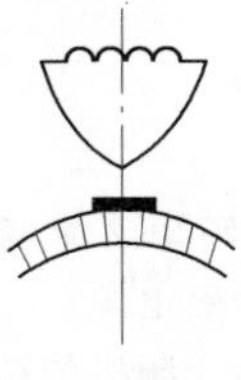	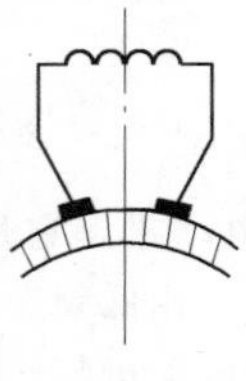	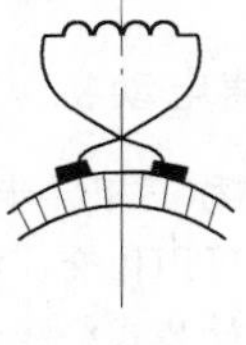	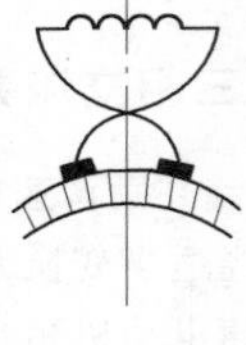	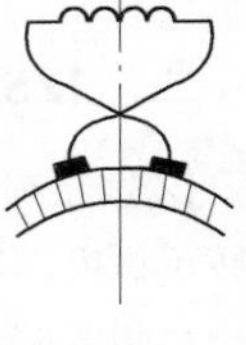
简化的次级电动势相量图	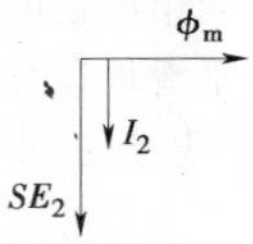 ϕ_m I_2 SE_2	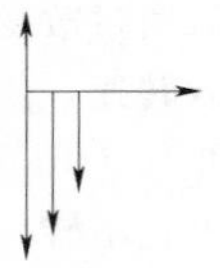	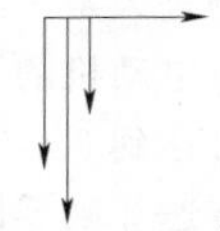	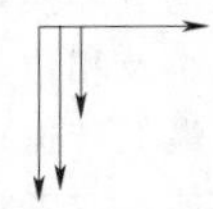	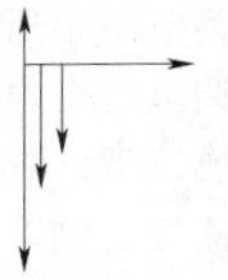
运行工况	$s_k=s$ $s>0$ $n<n_1$ 运行在比同步转速低或稍低的转速上	在次级回路中 E_k 与 E_2 反向 $s_k>s$ $n<n_1$ 运行在同步速度以下	在次级回路中 E_k 与 E_2 同向 $s_k<s$ $n<n_1$ 运行在同步速度以下，但速度比 $E_k=0$ 时为高	在次级回路中 E_k 与 E_2 同向 $s_k=0$ $n=n_1$ 运行在同步速度	在次级回路中 E_k 与 E_2 同向 $s_k<0$ $n>n_1$ 运行在同步速度以上

在空载情况下，如果不考虑由电刷偏移所引起的补偿电压，以及空载电流在次级回路引起的电压降，那么在一定的外加电压下二次电压将随电动机的速度变化而自动调整其数值，使二者达到完全平衡为止。因此，依靠换向器端的移刷机构可以任意变动换向器上的电刷位置，从而改变调节电压的大小以得到相应的速度控制，这就是二次回路用插入电压来调节转速的三相交流并励调速电动机的基本原理。

在外加调节电压为零时，三相交流并励调速电动机与一般异步电动机性能相似，此时电动机将运行在比同步速度稍低的转速下；如果外加调节电压和二次电压的相位相反（即两个电压相减），电动机便将降低转速并运行在同步转速以下；当外加调节电压和二次电压的相位相同（即两电压相加）时，电动机便增加转速并可运行在同步转速以上。

三相交流并励调速电动机在高速区段附近具有良好的负载功率因数，转速越低则其功率因数越差。若适当地改变调节电压的相位，即可使低速时负载功率因数得到比较显著的改善。

2. 定、转子绕组的联接

三相交流并励调速电动机是在负载不变的情况下，将一个与转子感应电动势同相或反相的电压引入转子绕组内，使电动机转速在同步转速的上下任意变动，以获得均匀、恒转矩的无级调速。

这种电动机对转速调节和电压控制所采用的绕组接法主要有以下两种，即：

(1) 用控制器来改变所接变压器的分接端，也就是改变电动机的外施调节电压，图 1-42 所示即为带感应调压器的定子供电式三相交流并励调速电动机绕组接线图。

(2) 移动该电动机换向器上电刷的位置来改变调节电压的大小以得到相应的转速控制。这种方法结构简单且造价便宜，因而得到较多采用。图 1-43 所示即为转子供电式三相交流并励调速电动机绕组接线图，JZS2 系列也为这种设计结构。

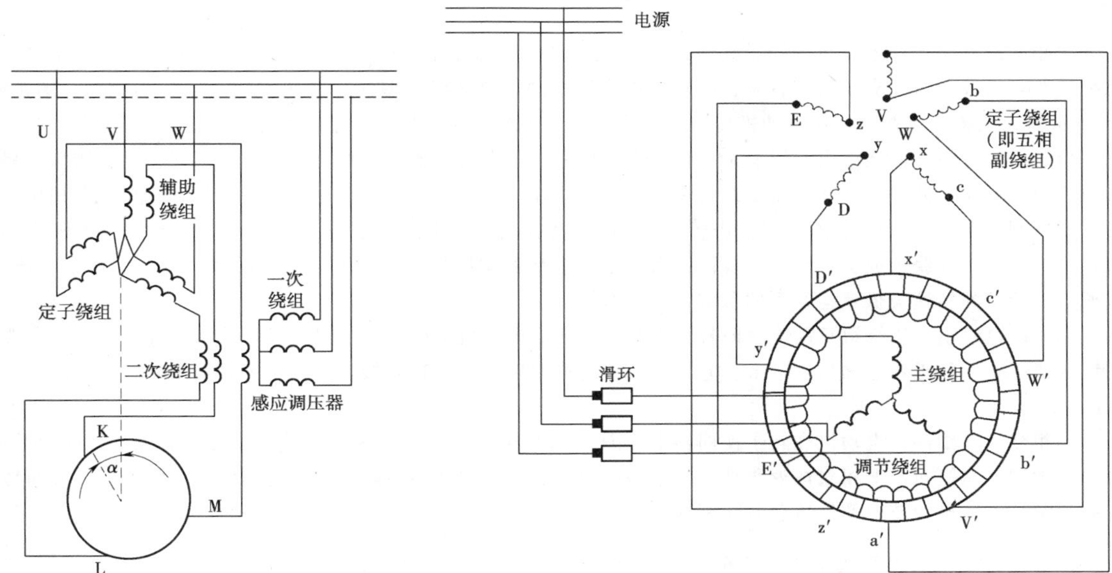

图 1-42　定子供电式三相异步换向器电动机绕组接线图（带感应调压器）

图 1-43　转子供电式三相并励调速电动机绕组接线图（为 5 相副绕组）

三相交流并励调速电动机的定子绕组为按显极接法或庶极接法的多相双层或单层叠绕组，它的相数可以根据电动机功率和换向情况去选用 3、4、5、6 或 7 相等数种。每相绕组的首、尾端与换向器上的电刷相联，其转子铁芯槽内则嵌置有 2～3 套转子绕组。

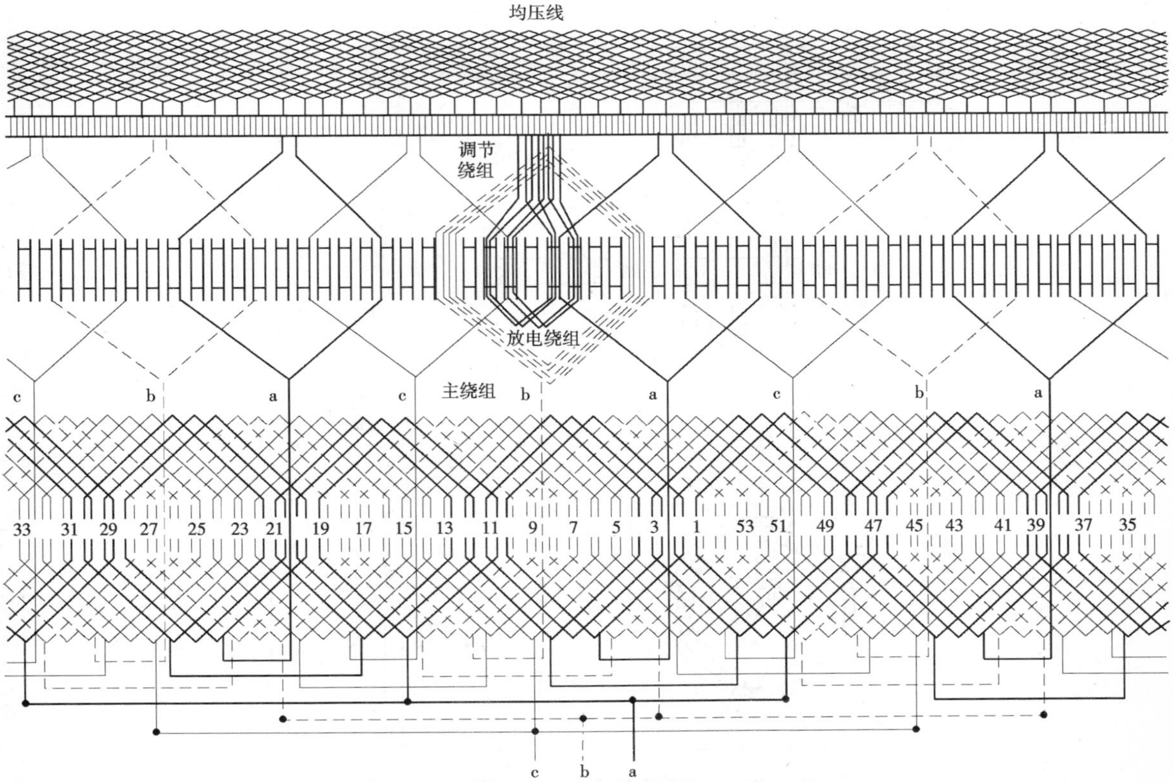

图 1-44　三相交流并励调速电动机转子绕组接线图

3. 转子绕组

三相交流并励调速电动机的转子绕组即为主绕组（也称一次绕组）、调节绕组及放电绕组（大功率电动机才设置）组成。这几套绕组因各自在电动机中作用不同，故其绕组型式、联接方法也就各不相同，图 1-44 所示即为三相交流并励调速电动机转子绕组接线图。从图中可以看出这几套绕组的布置及联接。

(1) 一次绕组。该绕组由双层短距叠绕组组成并被嵌放在转子槽的底部，其绕组联接则为显极接法，星形或三角形联接。此外，它还与调节绕组串联联接。这套绕组经三只集电环通过电刷与外部三相电源相接。

(2) 调节绕组。该套绕组嵌放在转子槽的上部并与换向器相联接，它与直流电动机的电枢绕组极为相似，也可以联接波绕组或叠绕组。其上面还备有必要数量的均压线。调节绕组主要用来产生外加调节电压，以调节电动机的转速及低速运行下的负载功率因数。

(3) 放电绕组。该绕组只用于换向较困难的较大功率电动机上面，其绕组一般均采用叠绕组，嵌放布置在调节绕组上面靠近铁芯槽口的地方。它与调节绕组按并联接法进行联接，其作用主要是用来减少换向过程中的火花。

三相交流并励调速电动机在转子换向器上每隔 120°电气角度配置有两组电刷，各接于初级绕组的两端，每相电刷均可在换向器上相对往返移动。当电动机起动后，只须移动换向器上的电刷位置，就可以很方面地控制和调节电动机的转速及低负载时功率因数。

四、三相交流并励调速电动机的电气控制线路

三相交流并励调速电动机与电源线间的联接，与普通异步电动机稍有不同。它的三相电源是接在转子绕组集电环侧的三根引出线上，也就是转子供电式结构。图 1-45 所示即为三相交流并励调速电动机的电气控制线路。从图中可以看出来该电动机是采取全压直接起动的，完全没有使用任何一种降压起动或限制起动电流的方式及措施，这也是三相交流并励调速电动机的一大优点。因为，当并励调速电动机处在最低转速的电刷位置下时，不仅其起动电流最小和起动转矩最大，而且换向器上的火花也最小，所以三相交流并励电动机使用时应尽可能在最低转速情况下起动。

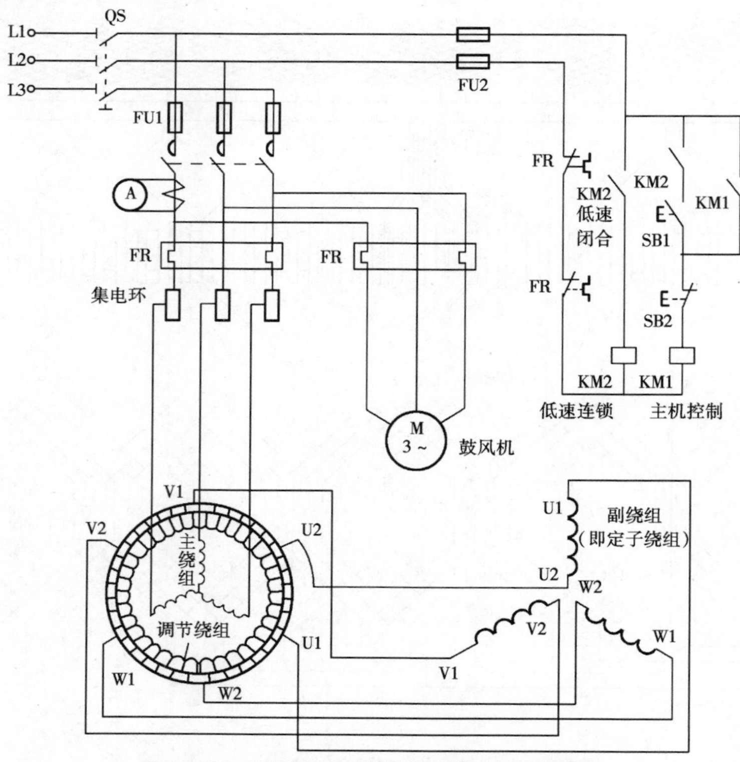

图 1-45　三相交流并励调速电动机电气控制线路

第 2 章　三相异步调速电动机的电气控制线路图

本章调速电动机主要包括：三相交流变极多速电动机，三相交流电磁调速电动机，三相交流并励电动机，晶闸管串极调速电动机等。本章选绘了这些电机的多种控制线路。

1. 三相交流变极多速电动机电气控制线路图

变极多速电动机有单绕组和双绕组两种型式，单绕组是在定子铁芯槽内嵌放一套绕组，双绕组则嵌放两套绕组。调速是通过改变定子绕组接法来使电动机极数变更，从而达到变速目的，它是一种有级调速方法，常见的有双速、三速、四速等几种型式。图 2-1～图 2-37 所示即为这些接法的电气控制线路图。

2. 电磁调速三相异步电动机电气控制线路图

该电机是一种交流恒转矩无级调速电动机，它具有调速范围广、起动转矩大，频繁起动对电网无冲击，以及有较硬的机械特性和较高的调速精度等优点，因而在纺织、化工、轻工、冶金等工业部门得到广泛应用。图 2-38～图 2-41 所示为其电气控制线路图。

3. 三相交流并励电动机电气控制线路图

三相交流并励电动机亦称三相异步换向器电动机，它也是一种恒转矩调速电动机，具有调速范围广、并能无级调速和功率因数较高等优点，广泛用于纺织、印染、印刷、造纸、制糖等工业部门。图 2-42～图 2-46 即为这种电动机的电气控制线路。

4. 晶闸管串极调速电动机系统原理图

串极调速是采用调节绕线转子电动机的转子电压以改变转差率，从而达到调节电动机转速的一种调速方法。该调速方法是将电动机转子电压经整流器 VC 变为直流，再由晶闸管逆变器把直流逆变为交流电压，其功率则经变压器 TU 反馈给交流电网。这时逆变器电压可视为加到绕线转子电动机转子绕组上的电势，因而就实现了三相绕线转子异步电动机的晶闸管串极调速。该种调速方法在生产实际仍多有采用，图 2-47 所示为其调速系统原理图。

第 1 节　三相交流变极多速电动机电气控制线路图

图 2－1 所示为单绕组双速电动机 2Y/△接法接线原理图。三相异步电动机的调速有很多种方法，变换绕组内、外部接法，通过改变绕组极数来进行调速的就是其中一种，这种调速方法又分为单绕组变极调速和双绕组变极调速。由于电动机在不同极数时输出功率和输出转矩的不同，单绕组变极调速又可分为恒功率、恒转矩和可变转矩三种情况。恒功率是指电动机在各种极数时的输出功率基本接近，而可变转矩则转速高时，转矩小；转速低时，转矩大。恒转矩则各极数转矩相同。

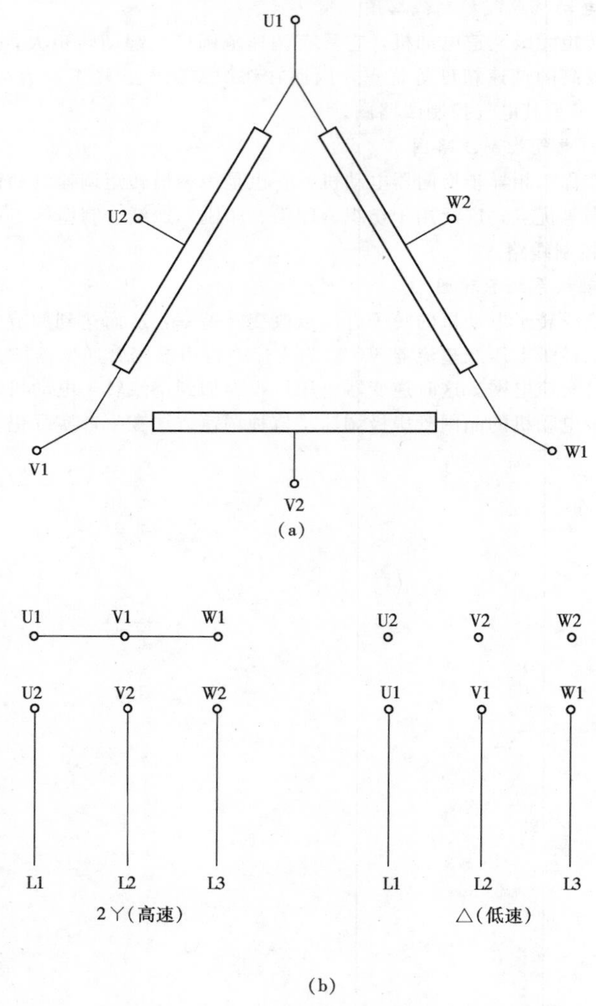

图 2－1　单绕组双速电动机 2Y/△接法接线原理图

（a）绕组接线原理图；（b）引线端接线示意图

图 2-2 所示为单绕组双速电动机 2Y/△接法开关控制线路（1）。该线路用改装后的 LW5 万能转换开关进行控制，开关额定电压 500V，额定电流 15A，这种开关体积小，可靠性很高。转换开关扳到左边 45°位置时，三相电源接通电动机引线 U2、V2、W2，引线 U1、V1、W1 短接成星点，电动机接成 2Y 联接作低速运行；开关扳到右 45°则作△连接，电动机作高速运行。

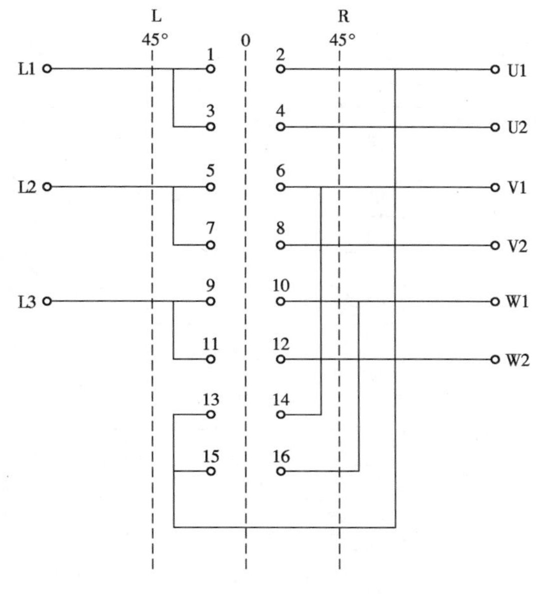

(a)

位 置		L(左) 45°	0	R(右) 45°
作 用		2Y	停	△
接点	1～2			×
	3～4	×		
	5～6			×
	7～8	×		
	9～10			×
	11～12	×		
	13～14	×		
	15～16	×		

注　×表示接通（下同）。

(b)

图 2-2　单绕组双速电动机 2Y/△接法开关控制线路（1）

（a）开关接线图；（b）开关各位置接点通断图

图 2-2（a）即为它的开关接线图，图 2-2（b）则是开关在各位置上接点的通断图（“×”号表示接通）。转换开关的操作如下：先将转换开关拨到左边 45°位置时，开关接点 3～4、7～8、11～12、13～14、15～16 接通。电源 A 接通引出线 4，电源 B 接通引出线 5，电源 C 接通引出线 3，引出线 1、2、3 空接，此时双速电动机绕组即接成 2Y 接法正常运行。

当转换开关拨到右边 45°位置时，开关接点 1～2、5～6、9～10 被接通，电源 A 接通引出线 1，电源 B 接通引出线 2，电源线则接通引出线 3，引出线 4、5、6 空接，此时双速电动机绕组将接成△形接法正常运行。

转换开关拨到 0 位置时，开关的各个接点均已断开，故双速电动机将停止运转。

图 2-3 所示为单绕组双速电动机 2Y/△接法开关控制线路（2）。在图 2-2 的接法中，如电动机绕组为反转向方案，而运转时却要求两种转速不同转向，它则无法做到这一点，遇到这种情况就要对开关进行改装、改接。这时应该将其中一种转速下电动机的相序调换过来，这可以在开关控制器中增加 4 对触头来达到，开关接线见图 2-3（a），触点通断见图 2-3（b）。

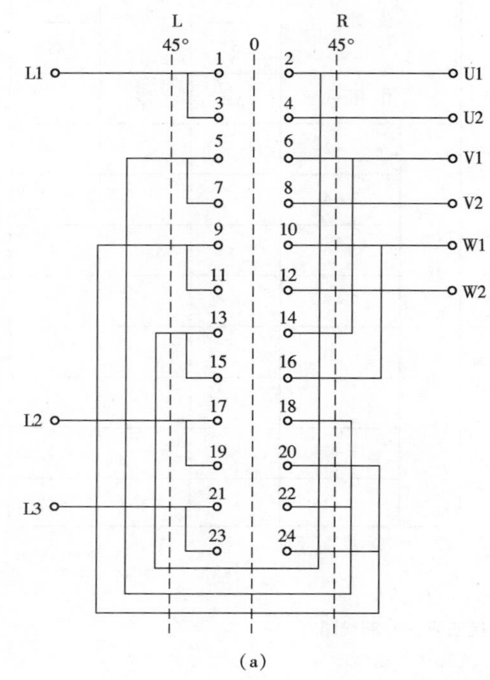

(a)

位置		L(左) 45°	0	R(右) 45°
作用		2Y	停	△
接点	1～2			×
	3～4	×		
	5～6			×
	7～8	×		
	9～10			×
	11～12	×		
	13～14	×		
	15～16	×		
	17～18	×		
	19～20			×
	21～22			×
	23～24	×		

注　×表示接通。

(b)

图 2-3　单绕组双速电动机 2Y/△接法开关控制线路（2）

（a）开关接线图；（b）开关各位置接点通断图

该单组双速电动机的开关操作如下：将转换开关拨到左边 45°位置时，其接线相序与图 4-2 相同。转换开关拨到右边 45°位置时，其接点 1～2、5～6、9～10、19～20、21～22 被接通，电源 A 接通引出线 1，电源 B 经接点 19～20 通至接点 9，然后再接通引出线 3，电源 C 则经 21～22 通至接点 5，再接通引出线 2，引出线 4、5、6 则散开空着不接。从图 4-2 和图 4-3 接线图相比较，可以看出两者的区别仅在于电源线 B、C 作了对换，因而三相的相序颠倒了过来，从而保证了双速电动机在两种极数时的旋转方向相同。因此，凡采用 LW5 万能转换开关时均可以用这种方法来颠倒相序，以满足双速电动机在各种转速下的转向要求。

图 2-4 所示为单绕组双速电动机 2Y/△接法接触器控制线路（1）。该线路由 KM1、KM2、KM3 三只交流接触器及 SB1、SB2、SB3 控制按钮组成。按钮 SB1 和接触器 KM2、KM3 控制电动机作高速（2Y）运行，而由按钮 SB2 和接触器控制电动机作低速（△）运转，SB3 为停止按钮，KTH 为过载保护。

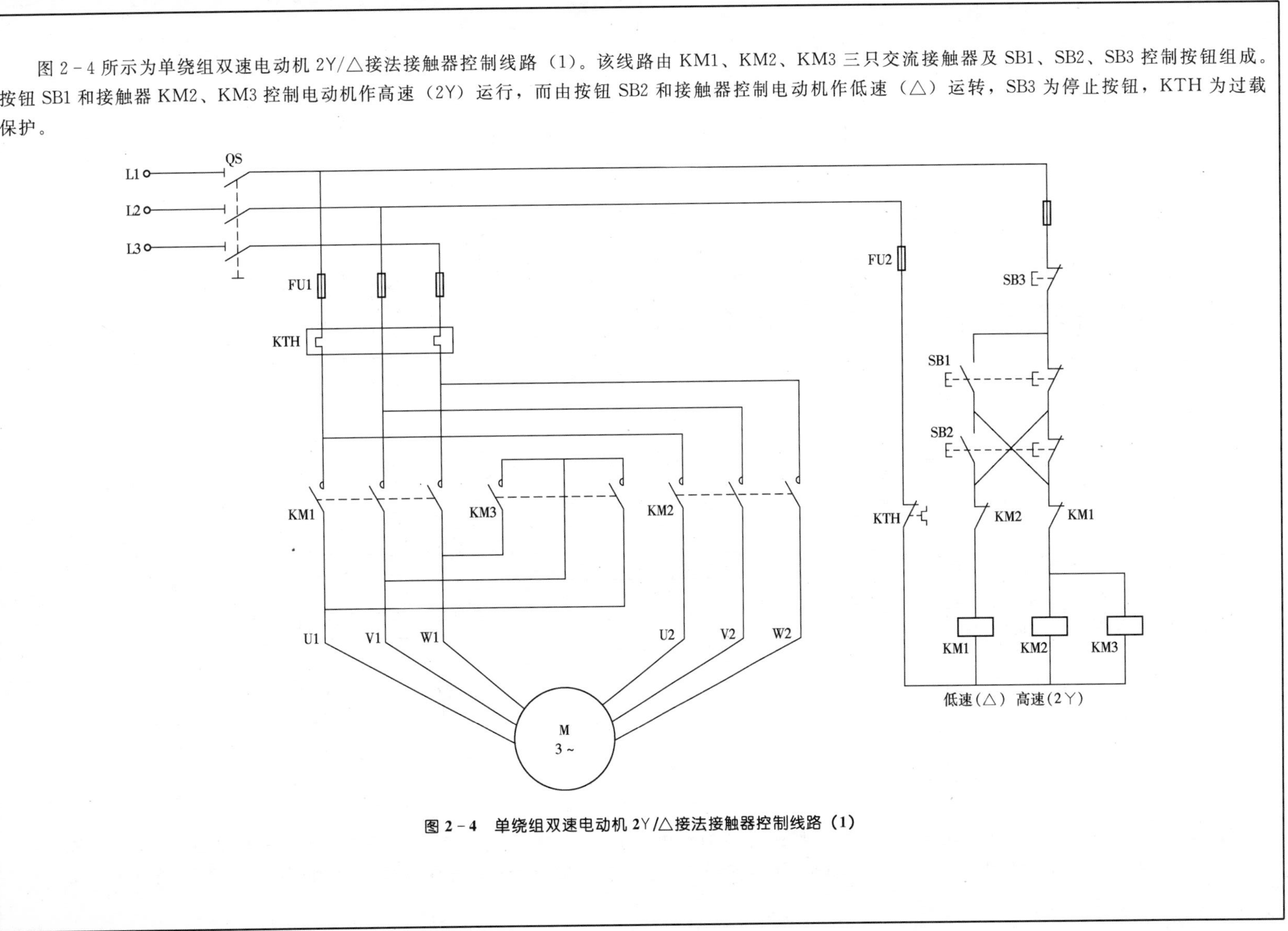

图 2-4　单绕组双速电动机 2Y/△接法接触器控制线路（1）

图2-5所示为单绕组双速电动机2Y/△接法接触器控制线路（2）。该线路由三只交流接触器KM1、KM2、KM3和控制按钮SB1、SB2、SB3等组成。它由接触器KM1、按钮SB1控制电动机低速运转，而由KM2、KM3、SB1控制电动机作高速运转，按钮SB3则为停止按钮，KTH为电动机过载保护。

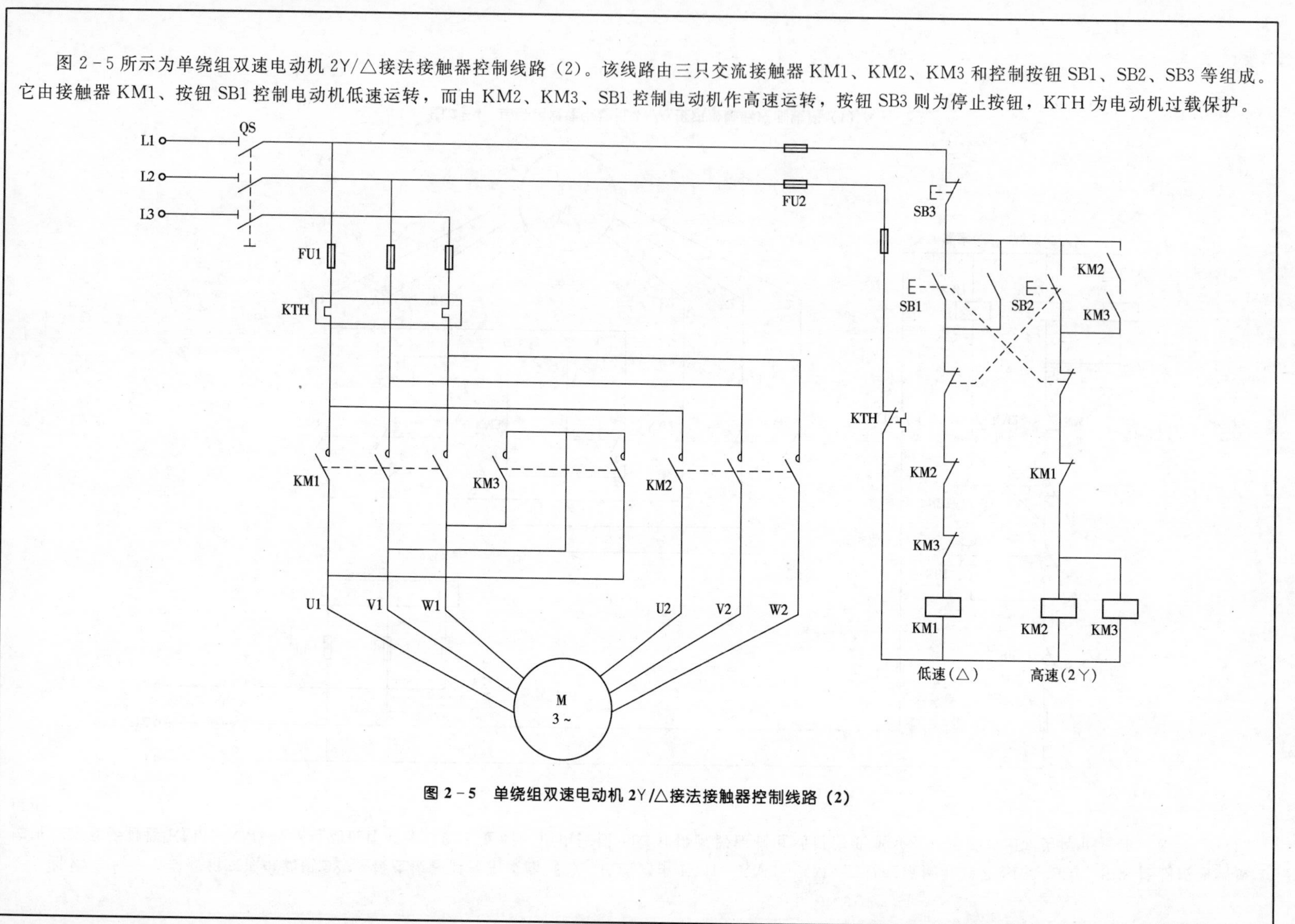

图2-5 单绕组双速电动机2Y/△接法接触器控制线路（2）

图 2－6 所示为单绕组双速电动机 2Y/△接法三接触器控制线路。该线路由接触器 KM1 和起动按钮 SB1、停止按钮 SB3 控制电动机绕组作△接低速运行，而由接触器 KM2、KM3 和起动按钮 SB2、停止按钮控制电动机绕组作 2Y 高速运行，为提高可靠性采用两只 KTH 保护。

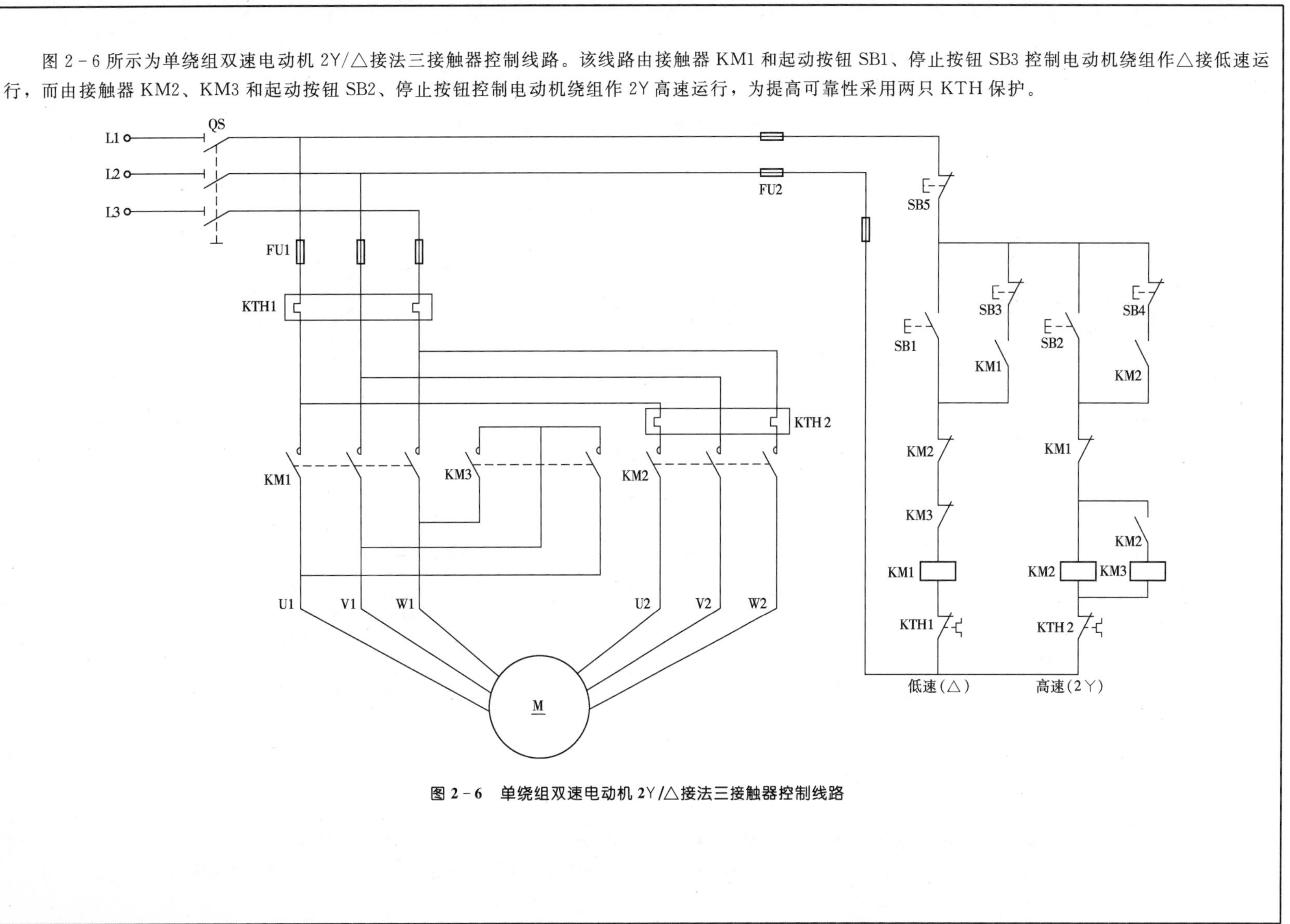

图 2－6　单绕组双速电动机 2Y/△接法三接触器控制线路

图 2－7 所示为单绕组双速电动机 2Y/△接法手动控制线路。该线路主要由交流接触器 KM1、KM2、KM3 和控制按钮 SB1、SB2、SB3 及指示灯、过载保护等电气元件组成。线路中的电动机无论运行在哪一种转速，线路中均有信号指示。该线路每台接触器的辅助触点均为两对。

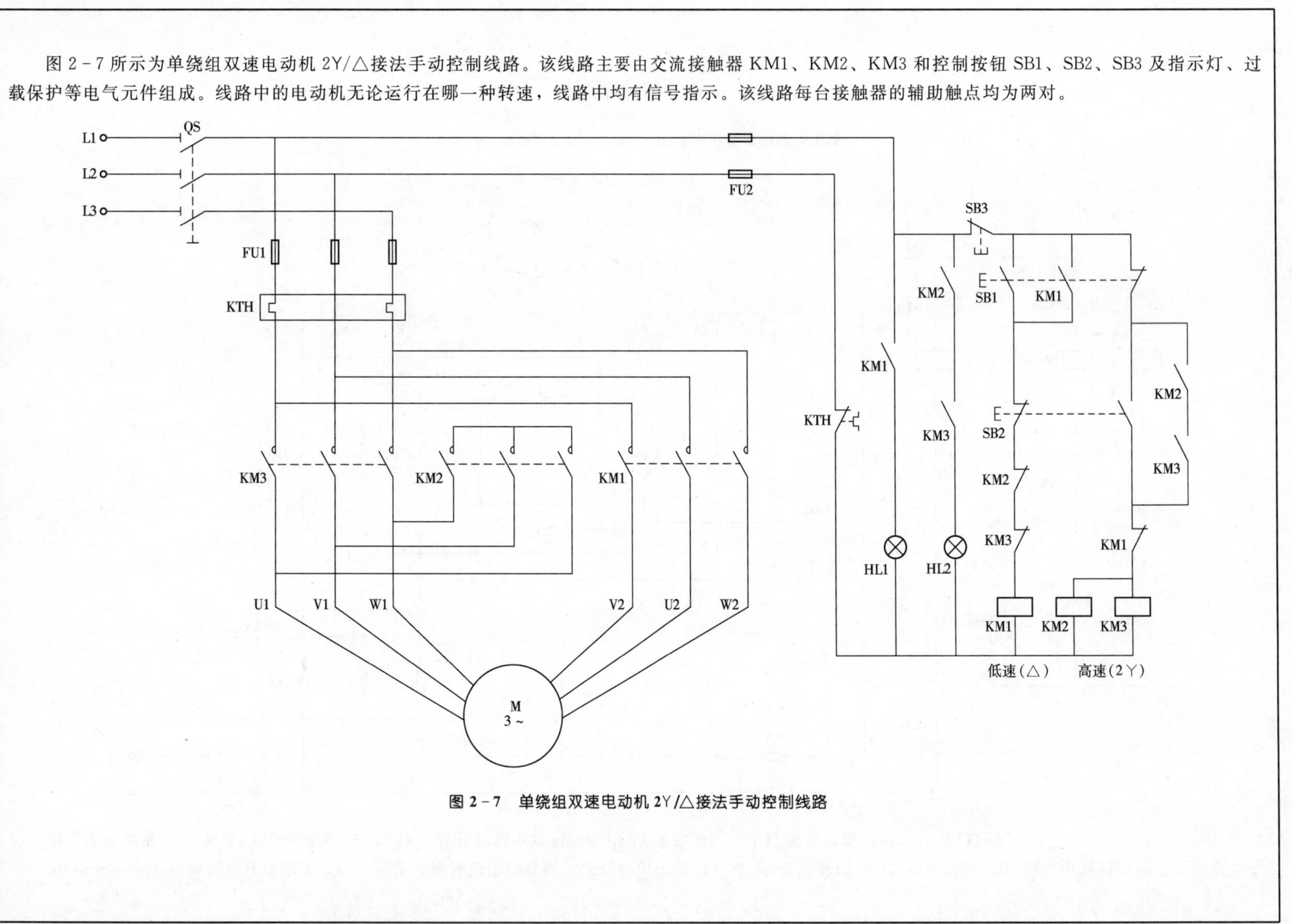

图 2－7　单绕组双速电动机 2Y/△接法手动控制线路

图 2-8 所示为单绕组双速电动机 2Y/△接法自动控制线路。该线路由交流接触器 KM1、KM2、KM3 和时间继电器 KT、万能转换开关 SA 等组成。接触器 KM1 控制电动机定子绕组接成低速△接运行，KM2、KM3 控制电动机接成高速 2Y 运转，时间继电器 KT 控制电动机起动时间和△/2Y 的转换。

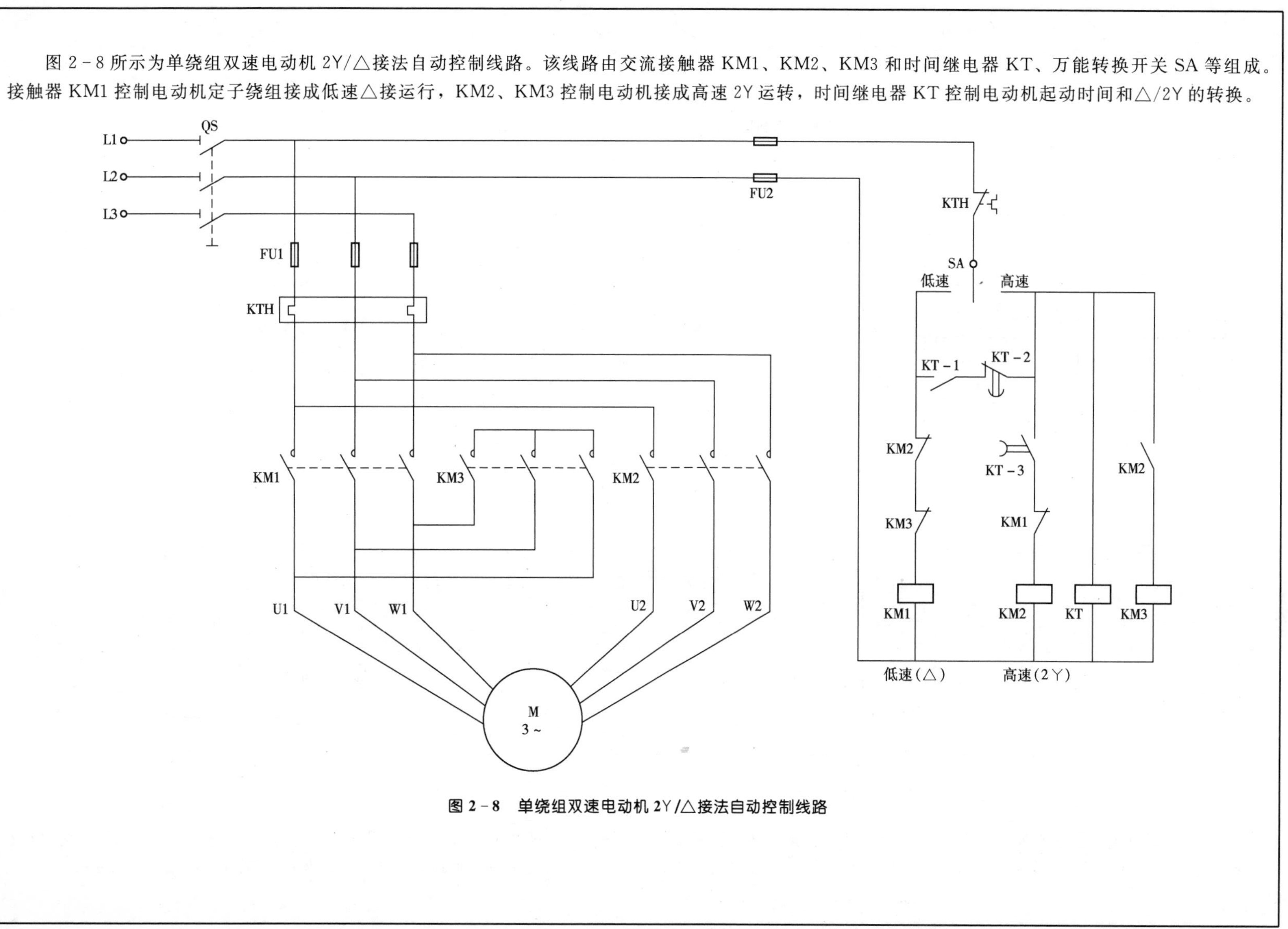

图 2-8　单绕组双速电动机 2Y/△接法自动控制线路

图 2-9 所示为单绕组双速电动机 2Y/△接法带中间、时间继电器控制线路。该线路配置有中间继电器 KA 和时间继电器 KT。起动时，按下起动按钮 SB1，经时间继电器 KT 控制接触器 KM1，接通 U1、V1、W1 的电源，电动机绕组接成△形作低速运行，后由中间继电器 KA 控制接法转换。

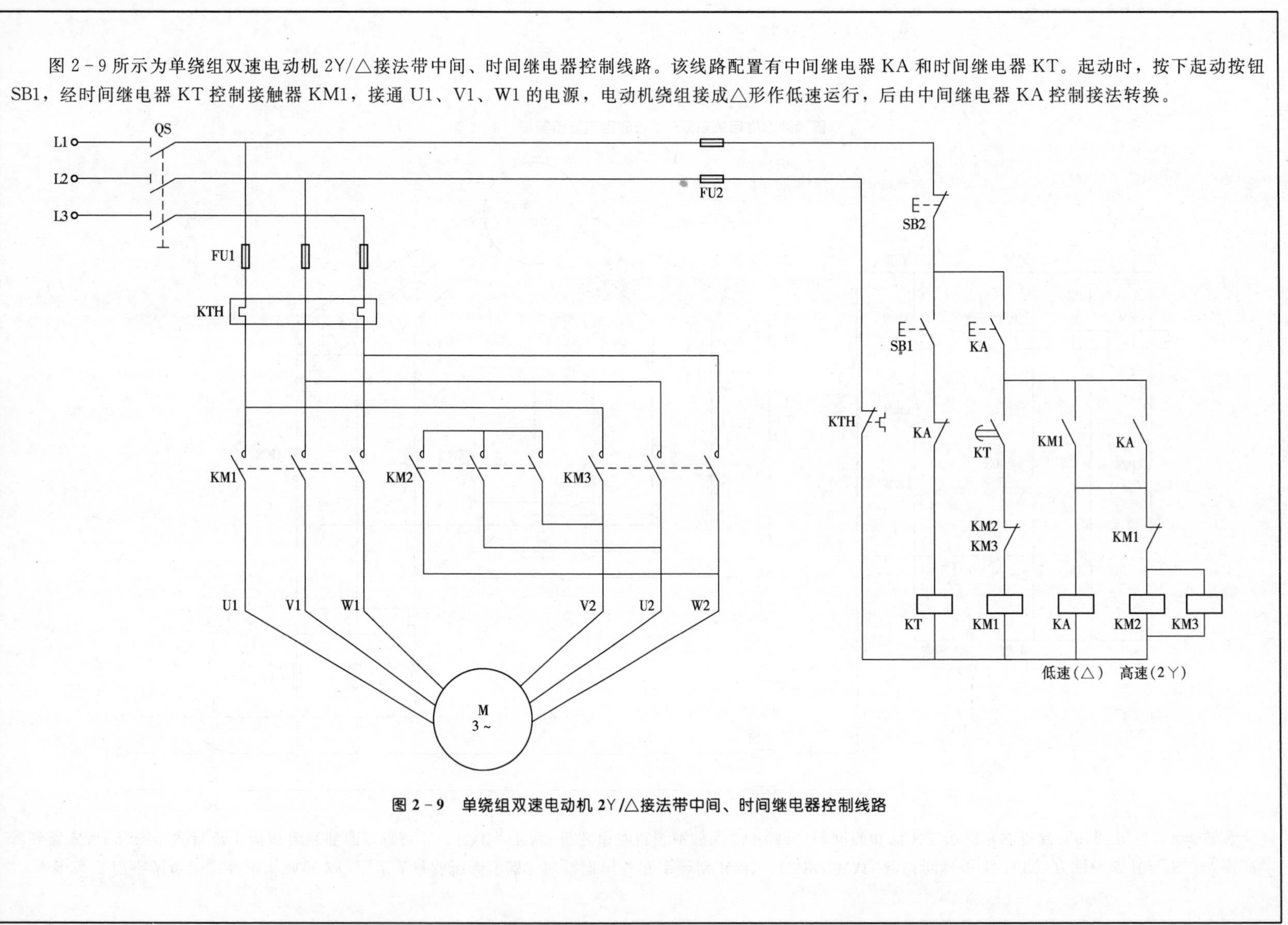

图 2-9　单绕组双速电动机 2Y/△接法带中间、时间继电器控制线路

图 2－10 所示为单绕组双速电动机 2Y/△接法手动、自动控制线路（1）。该线路手动调速与自动调速的两种运行方式，是通过控制开关 SA 两种不同位置来选择的。当控制开关 SA 在自动调速位置时，按下起动按钮 SB1 后，电动机能从低速△接自动转换到高速 2Y 接法。SA 在手动位置，则可经 SB1、SB2 手动操作转换。

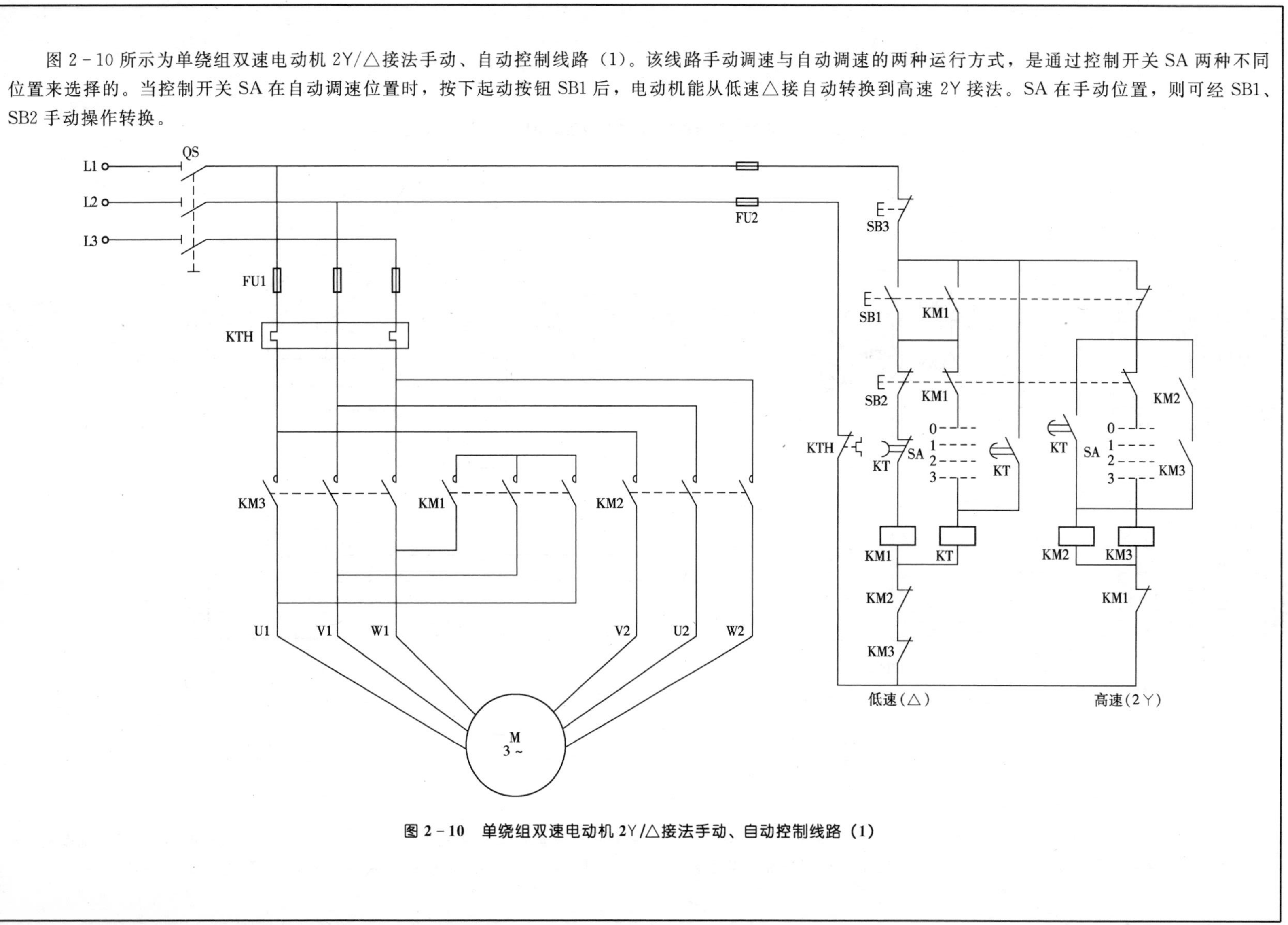

图 2－10　单绕组双速电动机 2Y/△接法手动、自动控制线路（1）

图 2－11 所示为单绕组双速电动机 2Y/△接法手动、自动控制线路（2）。该线路主要由 3 只接触器 KM1、KM2、KM3 和时间继电器 KT、转换开关 SA 及控制按钮、过载保护等电器元件组成。其手动调速与自动调速的两种运行方式是通过控制开关 SA 来实现的，电动机在两种转速下均有信号指示。

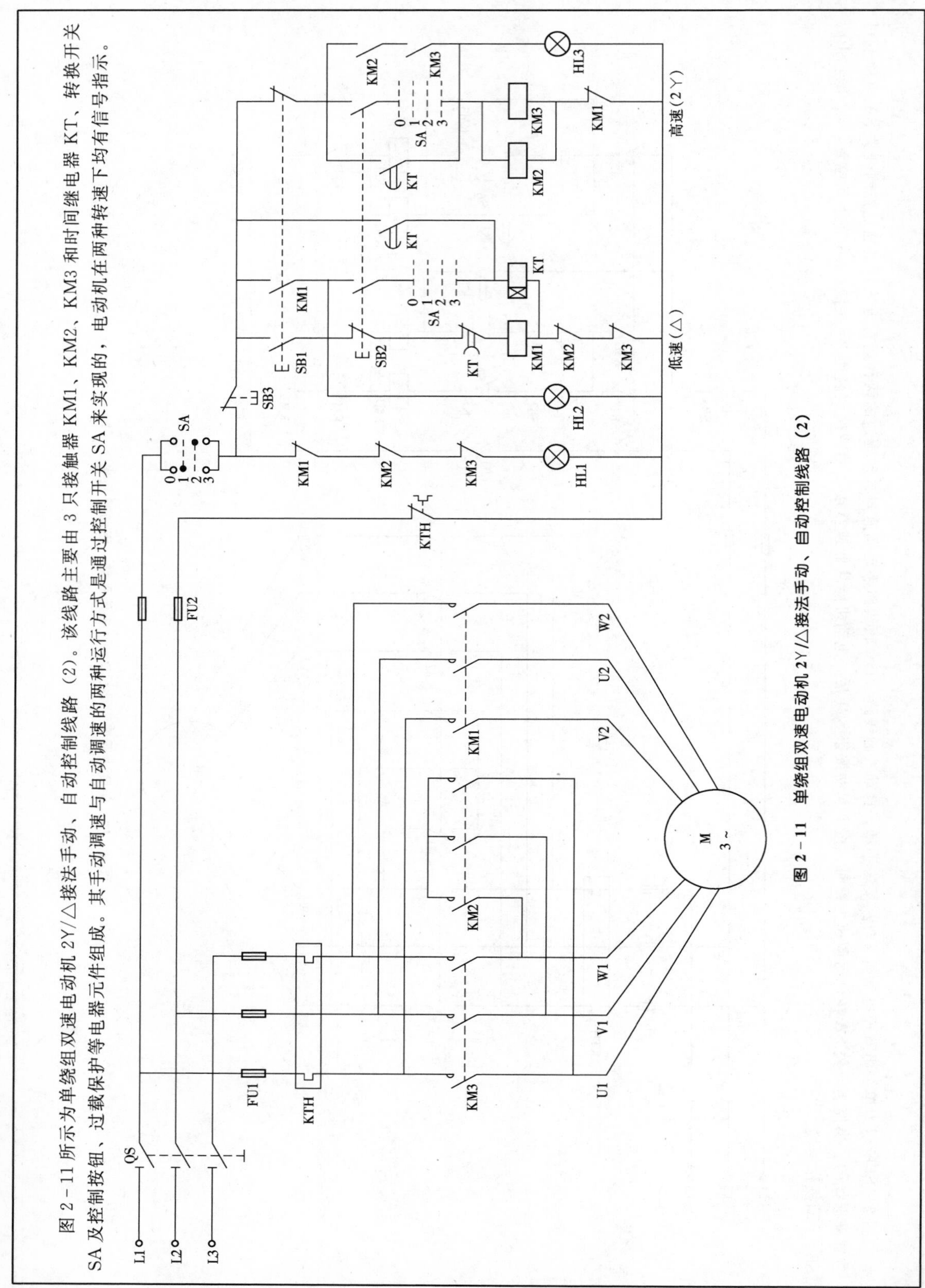

图 2－11　单绕组双速电动机 2Y/△接法手动、自动控制线路（2）

图 2-12 所示为单绕组双速电动机 2Y/Y 接法接线原理图。该线路中当电源 L1、L2、L3 相分别依次接通引出线 U2、V2、W2，而 U1、V1、W1 短接时，电动机绕组接成 2Y 联接；当将引出线端 U1、V1、W1 分别与电源 L1、L2、L3 相接通，而 U2、V2、W2 空着不接时，电动机绕组接成 Y 联接。这种 2Y/Y 接法的双速电动机，也可以用开关控制和交流接触器组合控制，开关接线和控制电路均和 2Y/△接线方法相同。

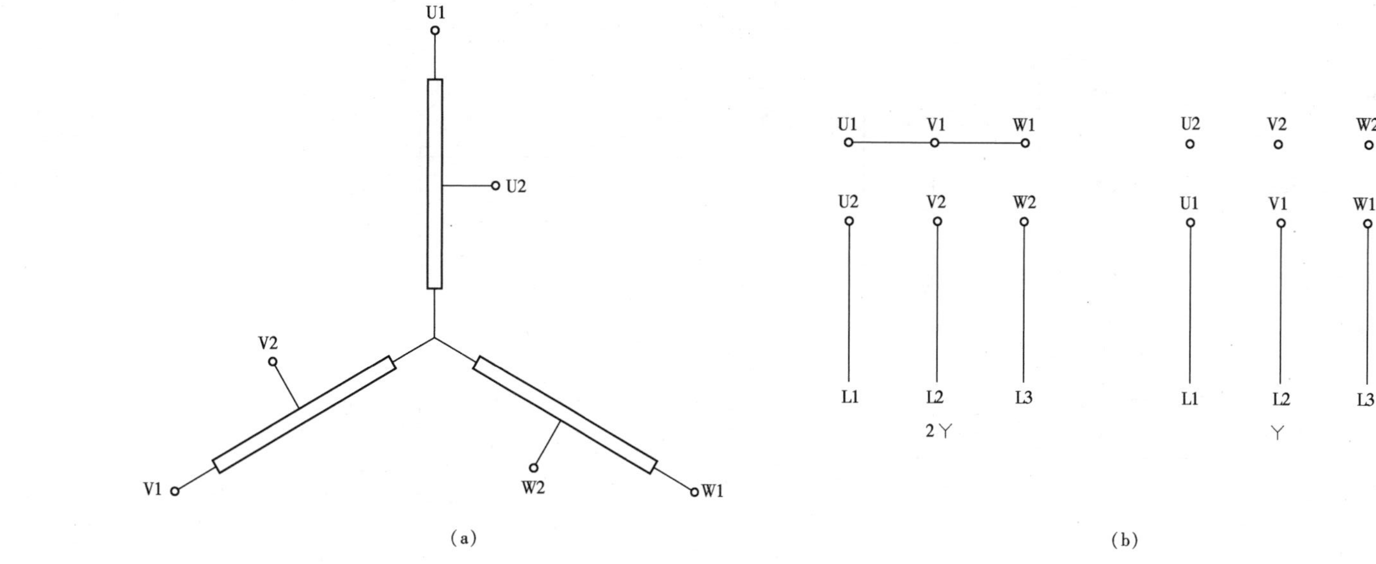

图 2-12 单绕组双速电动机 2Y/Y 接法接线原理图

(a) 绕组接线原理图；(b) 引线端接线示意图

从图 2-12 中可以看出，单绕组多速电动机是利用改变定子绕组的连接来改变电动机的极数，从而使电动机用一套绕组获得两种以上转速的多速异步电动机。

图 2-13 所示为单绕组双速电动机 2Y/Y 接法控制线路。该线路用交流接触器和按钮控制。当按下起动按钮 SB1 时，接触器 KM1 得电接通电路，电动机绕组作 Y 形联连；而按下 SB2 时，接触器 KM2、KM3 同时得电接通电路，电动机绕组作 2Y 联接。SB3 为总停止按钮。

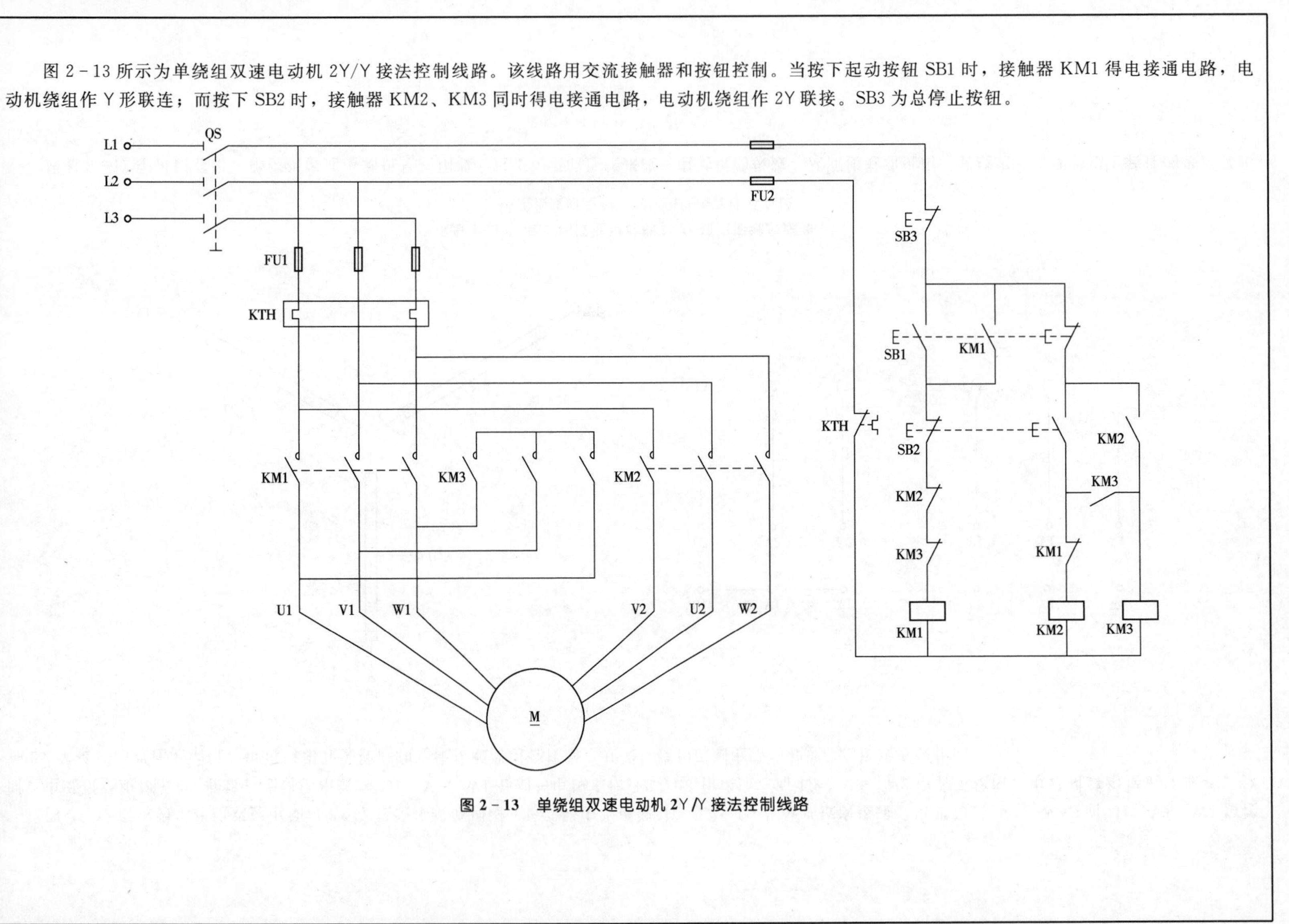

图 2-13　单绕组双速电动机 2Y/Y 接法控制线路

图 2－14 所示为单绕组双速电动机 2△/Y 接法接线原理图。单绕组变极调速是一种有级调速，它只适用笼型转子异步电动机，常见的有双速、三速、四速等几种型式，还有采用两套绕组作三速以上的调速。这种 2△/Y 双速电动机可用控制开关和交流接触器两种方法控制。从图 2－14（b）可看出，当电源 L1 相接通引线 W1、U3、U1；L2 相接通 V3、V1、U2；L3 相接通 W2、V2 时，电动机绕组接成 2△联接。绕组 Y 接时也如图 2－14 所示。

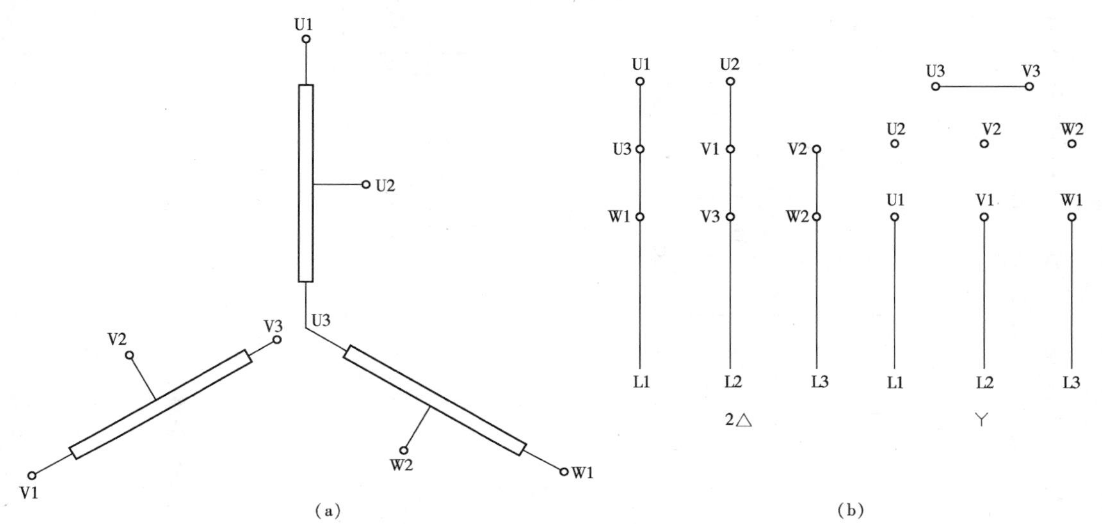

图 2－14　单绕组双速电动机 2△/Y 接法接线原理图

（a）绕组接线原理图；（b）引线端接线示意图

图 2－15 所示为单绕组双速电动机 2△/Y 接法开关控制线路。该线路采用 LW5 万能转换开关经改装后控制，其接线见图（a），各位置接点的通断情况则见图（b）。当转换开关拨到左边 45°位置时，接点1～2、3～4、5～6、7～8、9～10、11～12、13～14、15～16 接通，电源 L1 接通引出线 U1、U3、W1，L2 接通 U2、V1、V3，L3 接通 V2、W2，这时电动机绕组接成 2△接法作高速运行。同理，当转换开关拨到右边 45°位置时，电动机接成 Y 形接法作低速运行，图中的“×”表示为接通。

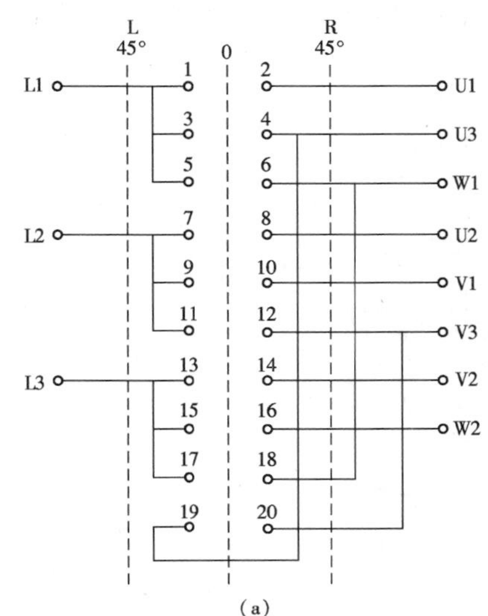

位置		L(左) 45°	0	R(右) 45°
作用		2△	停	Y
接点	1～2	×		×
	3～4	×		
	5～6	×		
	7～8	×		
	9～10	×		×
	11～12	×		
	13～14	×		
	15～16	×		
	17～18			×
	19～20			×

注　×表示接通。

(b)

图 2－15　单绕组双速电动机 2△/Y 接法开关控制线路

（a）开关接线图；（b）开关各位置接点通断图

如图 2－16 所示线路起动时，按下起动按钮 SB1，这时接触器 KM1、KM2、KM3 均得电闭合，电源 L1 接通引出线 U1、U3、W1，L2 接通 U2、V1、V3，L3 接通 V2、W2，电动机绕组接成 2△联接，接触器辅助触点起自保和连锁作用。按动 SB2，电动机绕组作 Y 形联接。

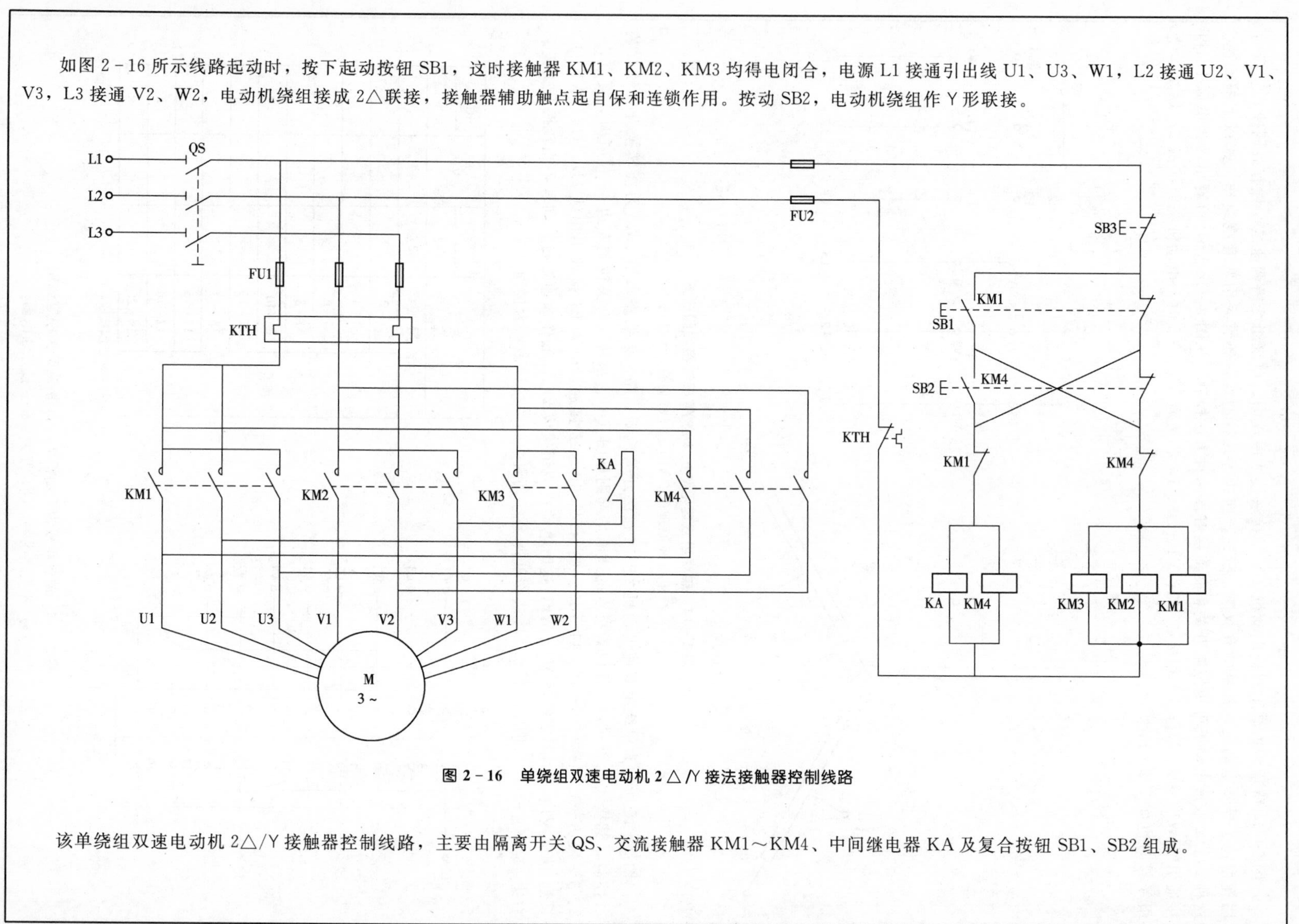

图 2－16　单绕组双速电动机 2△/Y 接法接触器控制线路

该单绕组双速电动机 2△/Y 接触器控制线路，主要由隔离开关 QS、交流接触器 KM1～KM4、中间继电器 KA 及复合按钮 SB1、SB2 组成。

图 2-17 所示为单绕组双速电动机 2Y/2Y 接法接线原理图。该线路利用反向法获得双速电动机绕组。变极时绕组的每相线圈都有一半电流反向，这个反向是通过适当的接线变换来实现，其出线端有 6 根和 9 根，本接线为 9 根。如图所示，当电源 L1 接通引出线 U1、U2，L2 接通 V1、V2，L3 接通 W1、W2，而 U3、V3、W3 短接时，电动机绕组接成 2Y 联接；接成另一种 2Y 接法时，则 L1 接通 U1、U3，L2 接通 V1、V3，L3 接通 W1、W3，而引出线 U2、V2、W2 则予以短接。

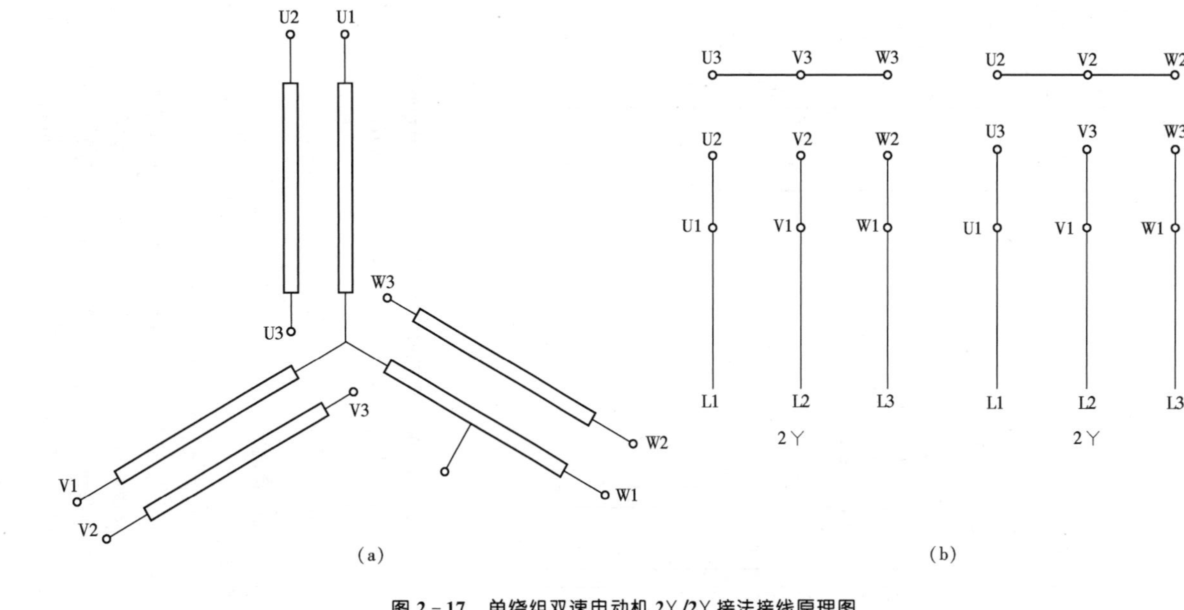

图 2-17　单绕组双速电动机 2Y/2Y 接法接线原理图

(a) 绕组接线原理图；(b) 引线端接线示意图

从图 2-17 中可以看出，单绕组双速电动机是利用一套定子绕组改变其外部引出线的连接，以改变电动机的极数和转速。

图 2－18 所示为单绕组双速电动机 2Y/2Y 接法开关控制线路。该线路采用 LW5 万能转换开关经改装后进行控制，其接线图见图 2－18（a），各位置接点的通断情况见图 2－18（b）。当转换开关拨到左边 45°时，电源 L1 接通引出线 U1、U2，L2 接通 V1、V2，L3 接通 W1、W2，引出线 U3、V3、W3 短接时，电动机绕组接成第 1 种 2Y 联接；转到右边 45°则为第 2 种 2Y 联接。

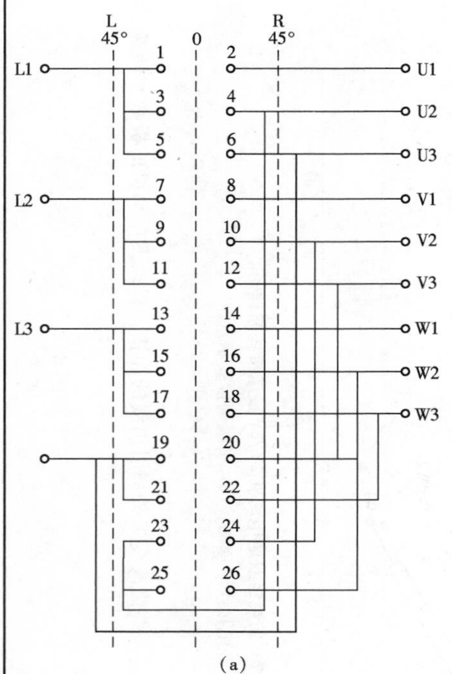

(a)

位置		L(左)	0	R(右)
		45°		45°
作用		2Y	停	2Y
接点	1～2	×		×
	3～4	×		
	5～6			×
	7～8	×		×
	9～10	×		
	11～12			×
	13～14	×		×
	15～16	×		
	17～18			×
	19～20	×		
	21～22	×		
	23～24			×
	25～26			×

注　×表示接通。

(b)

图 2－18　单绕组双速电动机 2Y/2Y 接法开关控制线路

（a）开关接线图；（b）开关各位置接点通断图

当转换开关拨到右边 45°的位置时，接点 1～2、5～6、7～8、11～12、13～14、17～18、23～24、25～26被接通，电源 A 将接通引出线 1、3，电源 B 接通引出线 4、6，电源 C 则接通引出线 7、9，引出线 2、5、8 予以短接起来，该双速电动机已被接成第二种 2Y 连接。

若转换开关拨到 0 位置，开关处于空档各接点均已断开，双速电动机处于停转。

单绕组多速电动机的控制有多种方式，通常可以采用按钮、接触器、继电器等组合控制，也可以使用万能转换开关及其他特殊组合开关进行控制。但这些控制线路仅满足了单绕组多速电动机变换极数调速时对绕组接线的要求。为求得更完善、更先进的控制，则还可以产品制造工艺的需要，进一步设置如延时、极数自动变换等功能。

如图 2－19 所示线路起动时，按下起动按钮 SB1，这时 KM1、KM2，KA1 得电闭合，电源 L1、L2、L3 分别接通引出线 U1、U2，V1、V2，W1、W2，引出线 U3、V3、W3 短接，电动机绕组接成第一种 2Y 联接。联接第二种 2Y 接法时，L1、L2、L3 分别接 U1、U3，V1、V3，W1、W3，短接 U2、V2、W2。

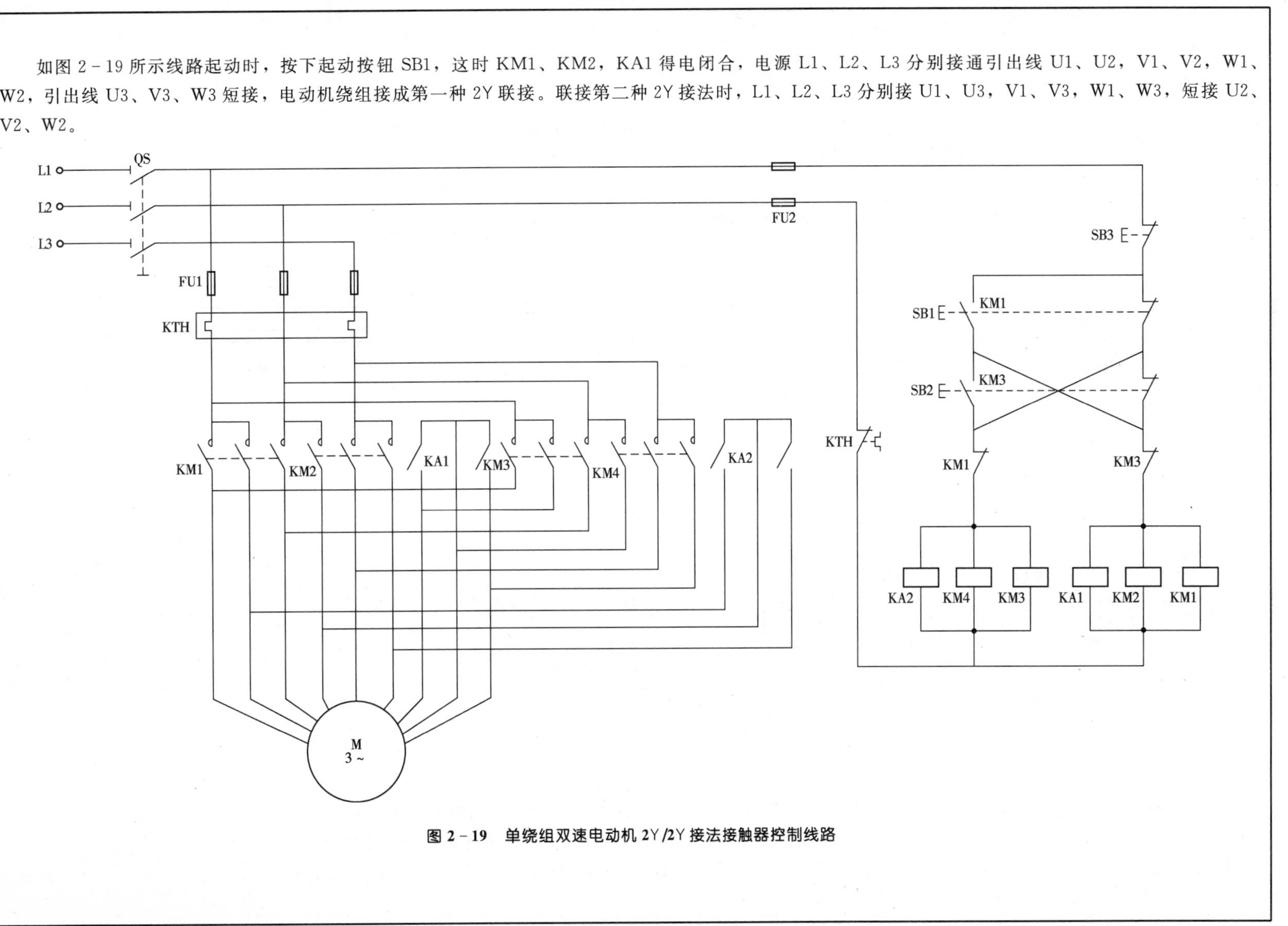

图 2－19　单绕组双速电动机 2Y/2Y 接法接触器控制线路

图 2－20 所示为单绕组双速电动机△/△接法接线原理图。该线路在两种速度下，电动机绕组均按△联接。当电源 L1 接通引出线 U2、U3，L2 接通 V2、V3，L3 接通 W2、W3，引出线 U1、V1、W1 空着不接时，电动机绕组接成第一种△联接。而当电源 L1 接通引出线 V1、U3，L2 接通 U1、W3，L3 接通 W1、V3，引出线 U2、V2、W2 空着不接时，则电动机绕组接成第二种△联接。这种△/△接法双速电动机也可分别用开关和接触器控制。

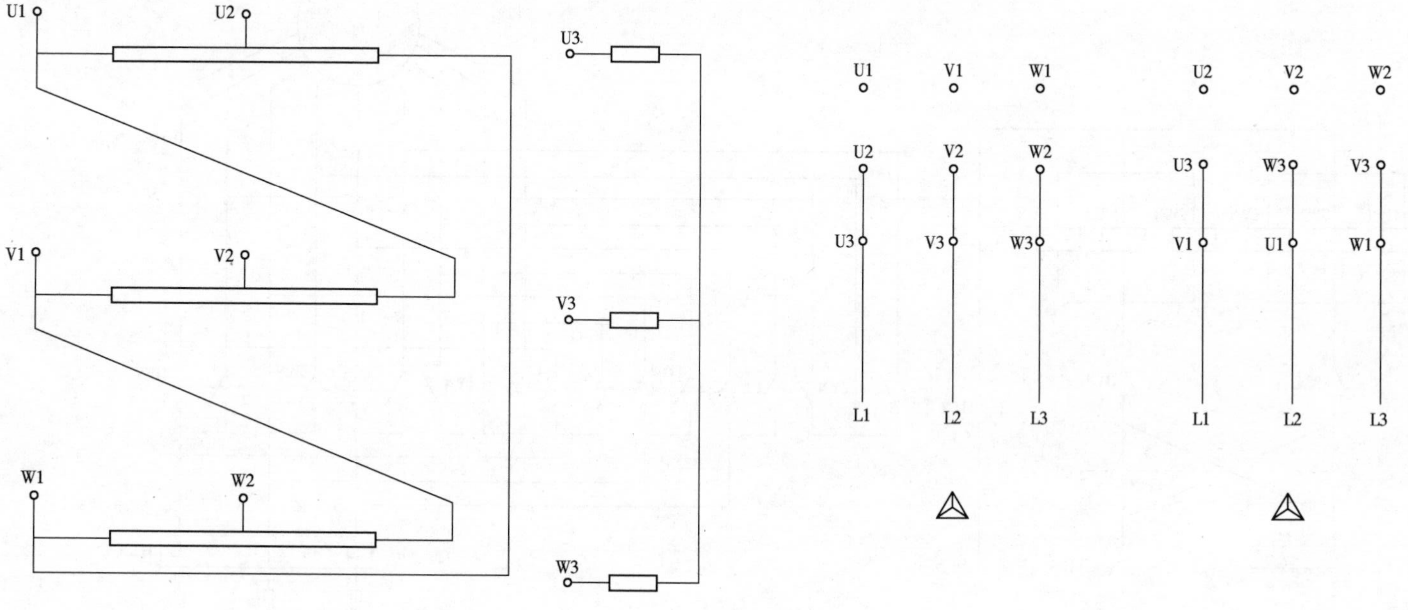

（a）

（b）

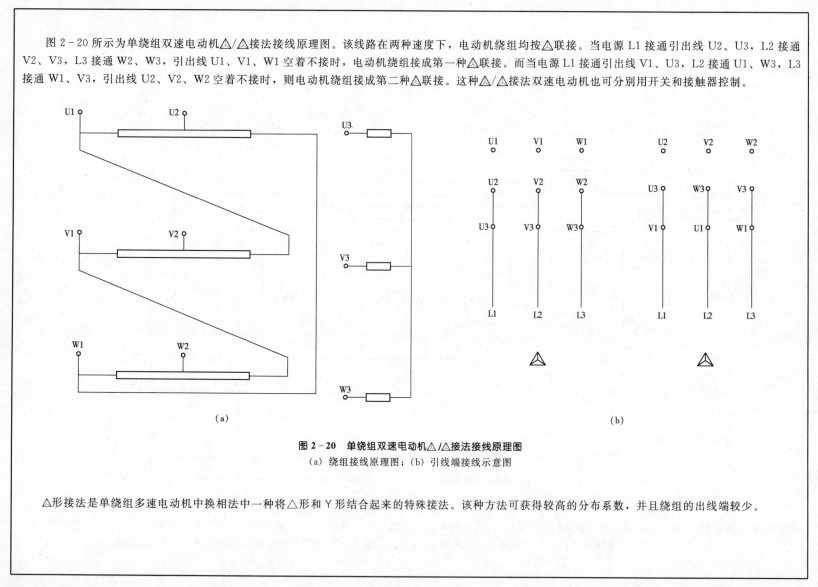

图 2－20 单绕组双速电动机△/△接法接线原理图

（a）绕组接线原理图；（b）引线端接线示意图

△形接法是单绕组多速电动机中换相法中一种将△形和 Y 形结合起来的特殊接法。该种方法可获得较高的分布系数，并且绕组的出线端较少。

图2-21所示为单绕组双速电动机△/△接法开关控制线路，该线路采用LW5万能转换开关经改装后进行控制，其接线图见图2-21（a），各位置接点的通断情况见图2-21（b）。当转换开关拨到左边45°位置时，电源L1、L2、L3分别接通引出线U2、U3，V2、V3，W2、W3，引出线则空着不接，这时绕组接成第1种△接法；转换开关拨到右边位置时则接成第2种△接法。

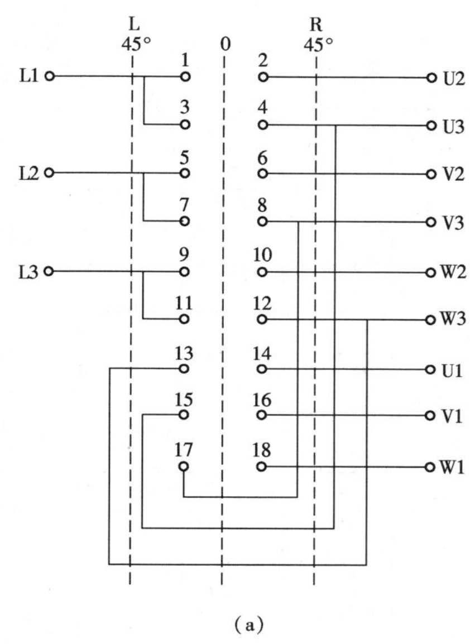

（a）

位置		L(左)	0	R(右)
		45°		45°
作用		△	停	△
接点	1～2	×		
	3～4	×		×
	5～6	×		
	7～8	×		×
	9～10	×		
	11～12	×		×
	13～14			×
	15～16			×
	17～18			×

注　×表示接通。

（b）

图2-21　单绕组双速电动机△/△接法开关控制线路（两种转速反转向）

（a）开关接线图；（b）开关各位置接点通断图

将转换开关拨到右边45°位置时，接点3～4、7～8、11～12、13～14、15～16、17～18被接通，电源A、B、C分别接通引出线2、7，3、8，1、9，引出线4、5、6则空接，此时，单绕组双速电动机已接成第二种△形接法。但是其相序将与图2-20相反（即B、C两相电源线对接）。△形接法的特点是一相绕组所含的全部线圈中部分作△连接，部分作Y联接。由于接法不同就带来了与一般接法不同的特点。即一相绕组全部线圈的电流在时间及相位上将不一致，其Y部分线圈电流在时间上比△部分线圈电流要滞后30°相位角。△形接法绕组除了在时间上同一相绕组不同部分线圈的电流有30°相角差外。在空间上Y部分线圈合成电势也滞后于△形部线圈合成电势30°相位角（系由绕组排列决定）。因此，用△形接法这种方法可以获得较高的分布系数，而且电动机绕组的引出线头也较少。故而这种接法有着明显的优势。

图 2－22 所示为单绕组双速电动机△/△接法开关控制线路。在图 2－21 中，电动机在两种转速下其旋转方向相反，这是因为电动机绕组接成第 2 种△接法时，其 L1、L2 两根电源线已对换，因而相序改变了，所以旋转方向也就反过去了。如果要使第 2 种△接法保持与第 1 种△接法中相同的相序，即可如图 2－22所示，增加 4 对触头，把相序再反过来进行联接。

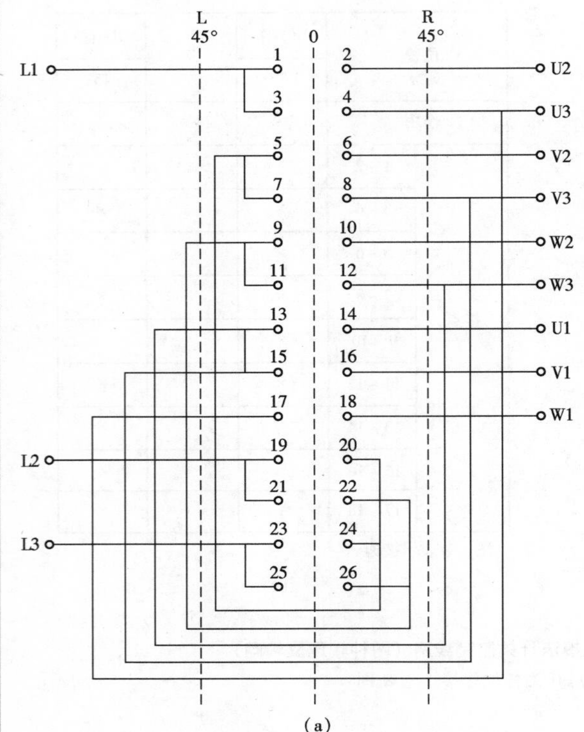

(a)

位置		L(左) 45°	0	R(右) 45°
作用		△	停	△
接点	1～2	×		
	3～4	×		×
	5～6	×		
	7～8	×		×
	9～10	×		
	11～12	×		×
	13～14			×
	15～16			×
	17～18			×
	19～20	×		
	21～22			×
	23～24			×
	25～26	×		

注　×表示接通。

(b)

图 2－22　单绕组双速电动机△/△接法开关控制线路（两种转速同转向）

(a) 开关接线图；(b) 开关各位置接点通断图

单绕组多速异步电动机绕组的变极调速方法有很多种，常用的主要有反向变极法、换相变极法、变节距变极法三种，而反向变极法则是单绕组多速异步电动机变极方法中应用最普遍的一种。反向变极法的优点是变极方式简单、直观，因只须在连接中将相绕组线圈的一半电流反向，其极数就加倍，所以这种变极调速法就称为反向变极法。该种方法的缺点有两个：多种转速下绕组的分布系数差；绕组在多转速时的引出线端数量较多。而换相变极法中的△形接法就有效地克服了这两个缺点。△形接法是将一相绕组所含的全部线圈中部分作△形连接，部分作 Y 形连接。由于接法不同的特点，就使△形接法在多种极数下均具有较高的分布系数。

该线路起动时，按下起动按钮 SB1，接触器得电闭合，电源 L1、L2、L3 分别接通引出线 U3、U2，V3、V2，W3、W2，引出线 U1、V1、W1 空着不接，电动机绕组接成第一种△联接。接成第二种△联接时，电源 L1、L2、L3 分别接通引出线 V1、U3，U1、W3，W1、V3，而 U2、V2、W2 空着。

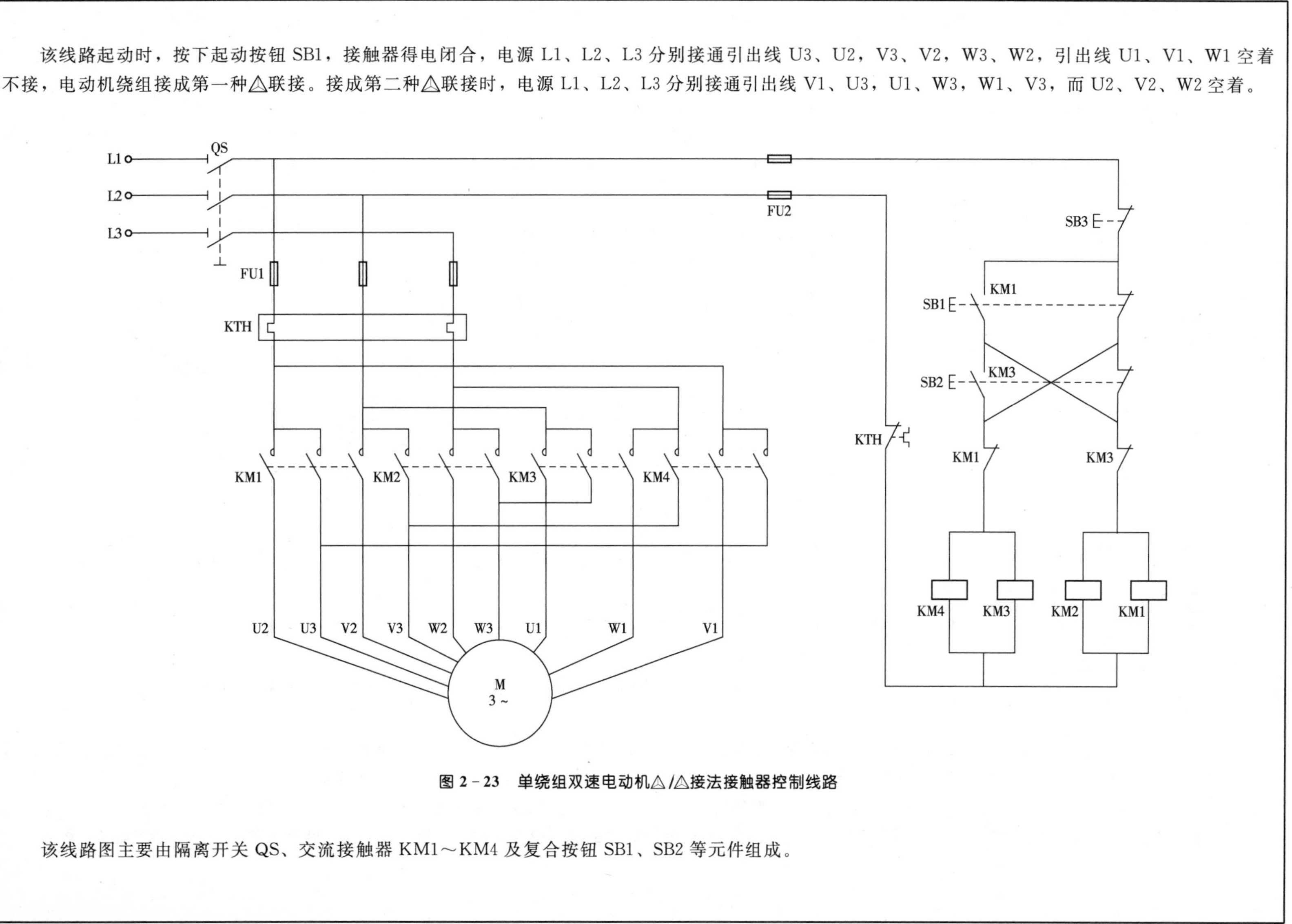

图 2-23　单绕组双速电动机△/△接法接触器控制线路

该线路图主要由隔离开关 QS、交流接触器 KM1～KM4 及复合按钮 SB1、SB2 等元件组成。

图 2-24 所示为单绕组三速电动机 2Y/2Y/2Y 接法接线原理图。该线路在三种转速下均接成 2Y 联接。当电源 L1、L2、L3 分别接通引出线 U1、U2，V1、V2，W1、W2，引出线 U3、V3、W3 短接时，电动机绕组接成第一种 2Y 联接。当电源 L1、L2、L3 分别接通引出线 U2、U3，V2、V3，W2、W3，引出线 U1、V1、W1 短接时，电动机绕组接成第二种 2Y 联接。当电源 L1、L2、L3 分别接通引出线 U1、U3，V1、V3，W1、W3，引出线 U2、V2、W2 短接时，电动机绕组接成第三种 2Y 联接。这种 2Y/2Y/2Y 接法的三速电动机，也可用开关和接触器组合两种方法控制。

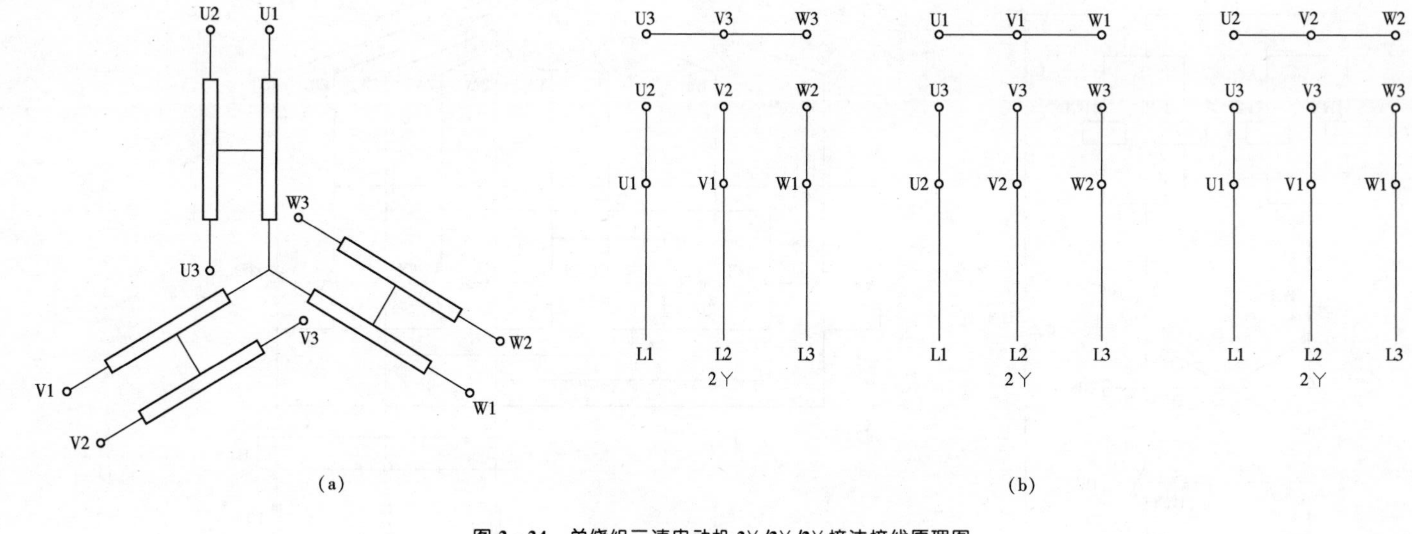

图 2-24　单绕组三速电动机 2Y/2Y/2Y 接法接线原理图

(a) 绕组接线原理图；(b) 引线端接线示意图

该原理图的绕组是利用反向变极法来获得三速电动机绕组的，其特点是变极时每相绕组的线圈都有一半的电流反向，从而使绕组的极数加倍达到反向变极，它可通过适当的接线变换来予以实现。

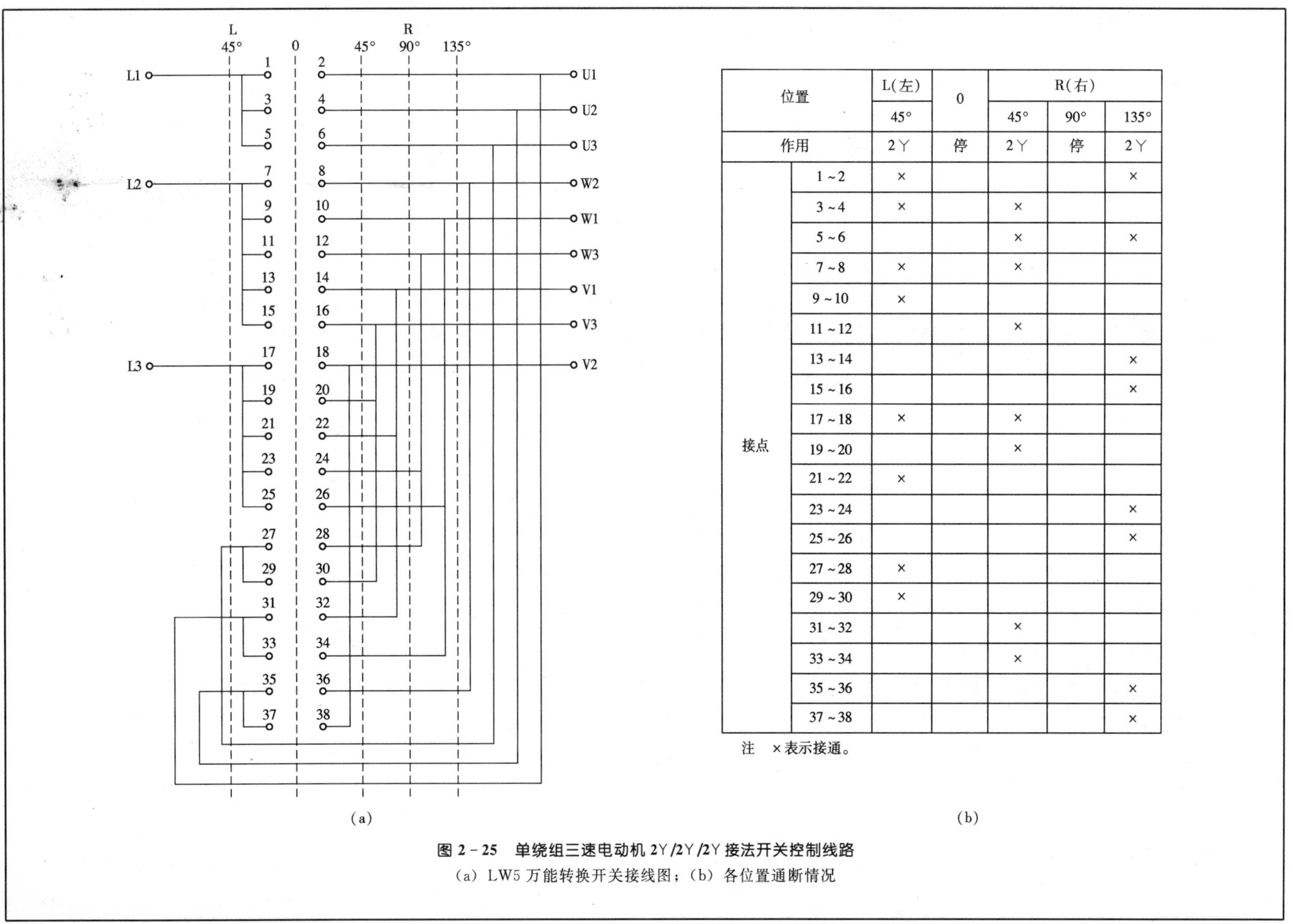

位置		L(左)	0	R(右)		
		45°		45°	90°	135°
作用		2Y	停	2Y	停	2Y
接点	1~2	×				×
	3~4	×		×		
	5~6			×		×
	7~8	×		×		
	9~10	×				
	11~12			×		
	13~14					×
	15~16					×
	17~18	×		×		
	19~20			×		
	21~22	×				
	23~24					×
	25~26					×
	27~28	×				
	29~30	×				
	31~32			×		
	33~34			×		
	35~36					×
	37~38					×

注　×表示接通。

(b)

图2-25　单绕组三速电动机2Y/2Y/2Y接法开关控制线路

(a) LW5万能转换开关接线图；(b) 各位置通断情况

图 2－26 所示为单绕组三速电动机 2Y/2Y/2Y 接法接触器、双向按钮控制线路，该线路用接触器和双向按钮组成，因而在变换转速时无须先按停止按钮，可以直接变换。

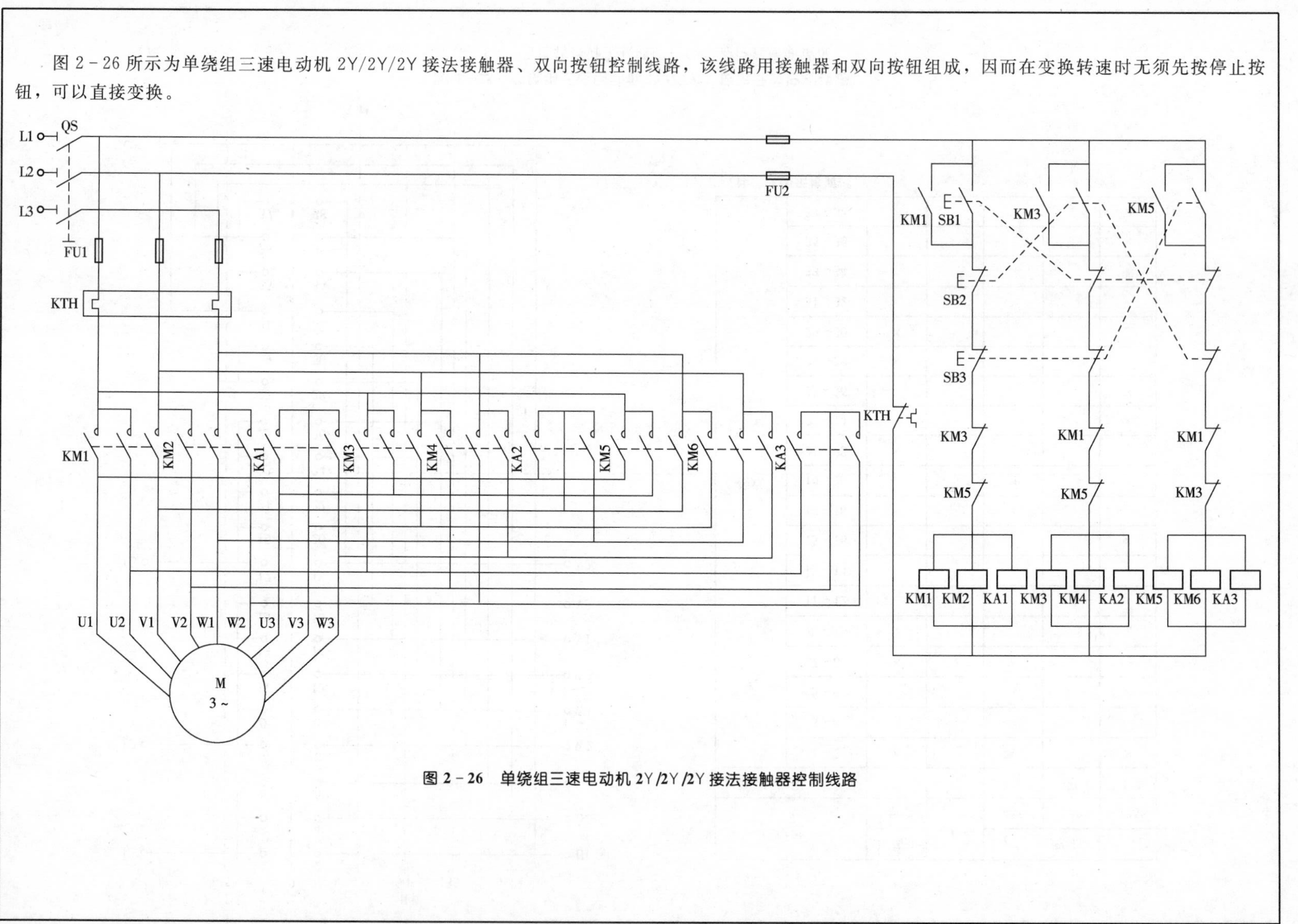

图 2－26　单绕组三速电动机 2Y/2Y/2Y 接法接触器控制线路

图 2－27 所示为单绕组三速电动机 2△/2△/2Y 接法接线原理图。该线路在三种转速下分别按 2△、2△、2Y 联接，当电源 L1、L2、L3 分别接通引出线 W3、U2、U1，V2、U3、V1，W2、V3、W1 时，电动机绕组接成第一种 2△联接。当电源 L1、L2、L3 分别接通引出线 W2、U3、U1，V3、U2、V1，W3、V2、W1 时，电动机绕组接成第二种 2△联接。当电源 L1、L2、L3 分别接通引出线 U3、U2，V3、V2，W3、W2，而引出线 U1、V1、W1 短接时，电动机绕组则接成 2Y 联接。这种 2△/2△/2Y 接法的三速电动机，也可用开关和接触器两种方法控制。

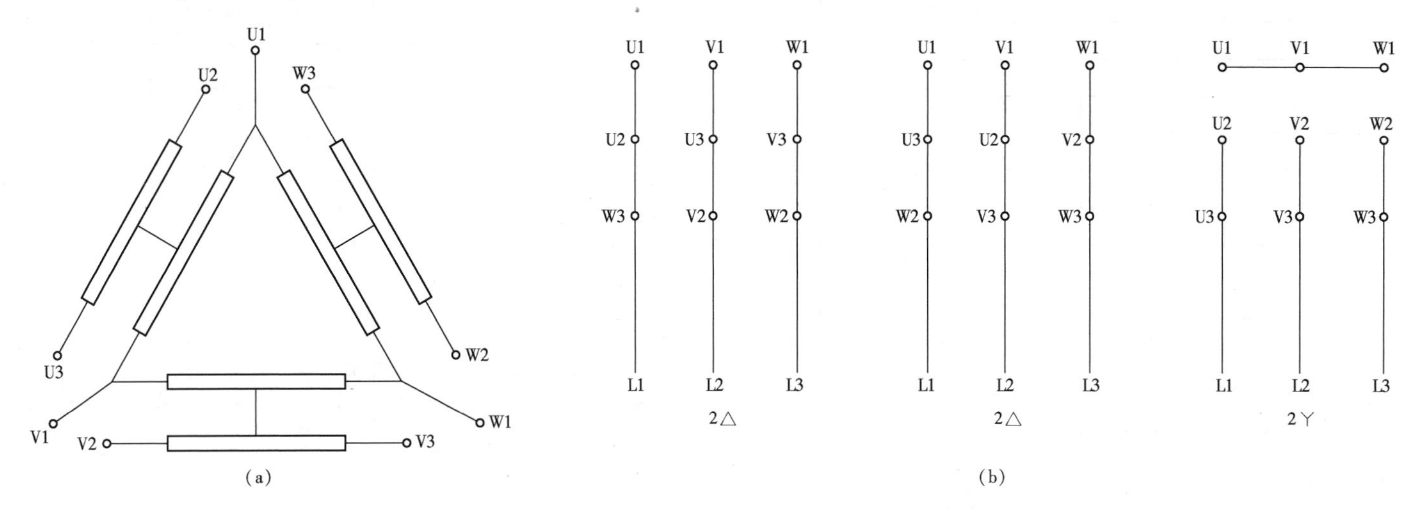

图 2－27　单绕组三速电动机 2△/2△/2Y 接法接线原理图

(a) 绕组接线原理图；(b) 引出线端接线示意图

该原理图的绕组是利用反向变极法来获得三速异步电动机绕组的。

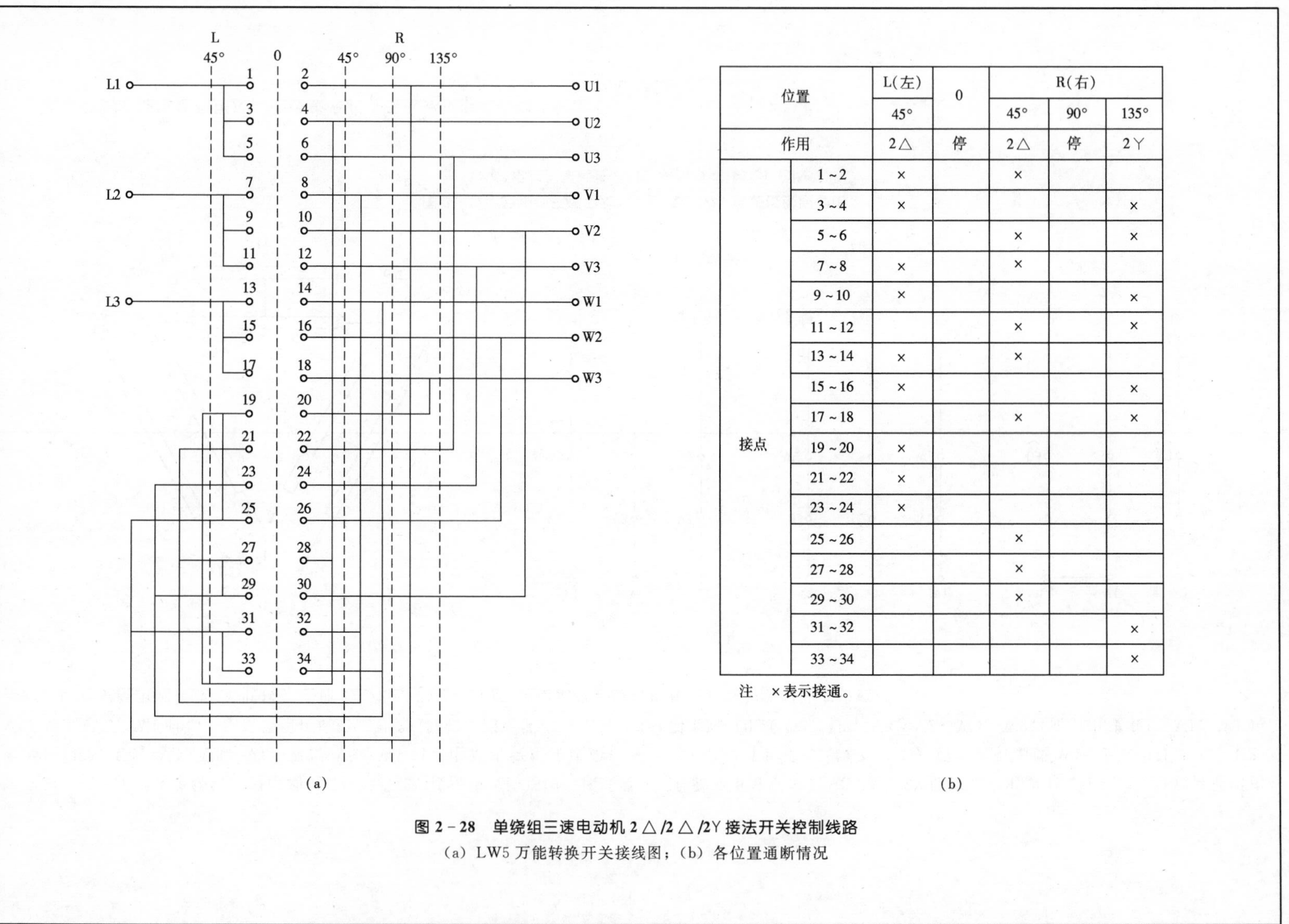

位置		L(左)	0	R(右)		
		45°		45°	90°	135°
作用		2△	停	2△	停	2Y
接点	1~2	×		×		
	3~4	×				×
	5~6			×		×
	7~8	×		×		
	9~10	×				×
	11~12			×		×
	13~14	×		×		
	15~16	×				×
	17~18			×		×
	19~20	×				
	21~22	×				
	23~24	×				
	25~26			×		
	27~28			×		
	29~30			×		
	31~32					×
	33~34					×

注　×表示接通。

(b)

图 2-28　单绕组三速电动机 2△/2△/2Y 接法开关控制线路

(a) LW5 万能转换开关接线图；(b) 各位置通断情况

图 2－29 所示为单绕组三速电动机 2△/2△/2Y 接法时间继电器控制线路，该线路中其电动机轴上安装了速度继电器 SR，同时还配置有时间继电器 KT1、KT2，它是一种具有自动加速的控制线路。此线路中的时间断电器 KT1、KT2 两只线圈的断电时间，不由接触器的常闭触点来控制，而分别取决于 KT2 和速度继电器 SR 常闭触点的打开与否。

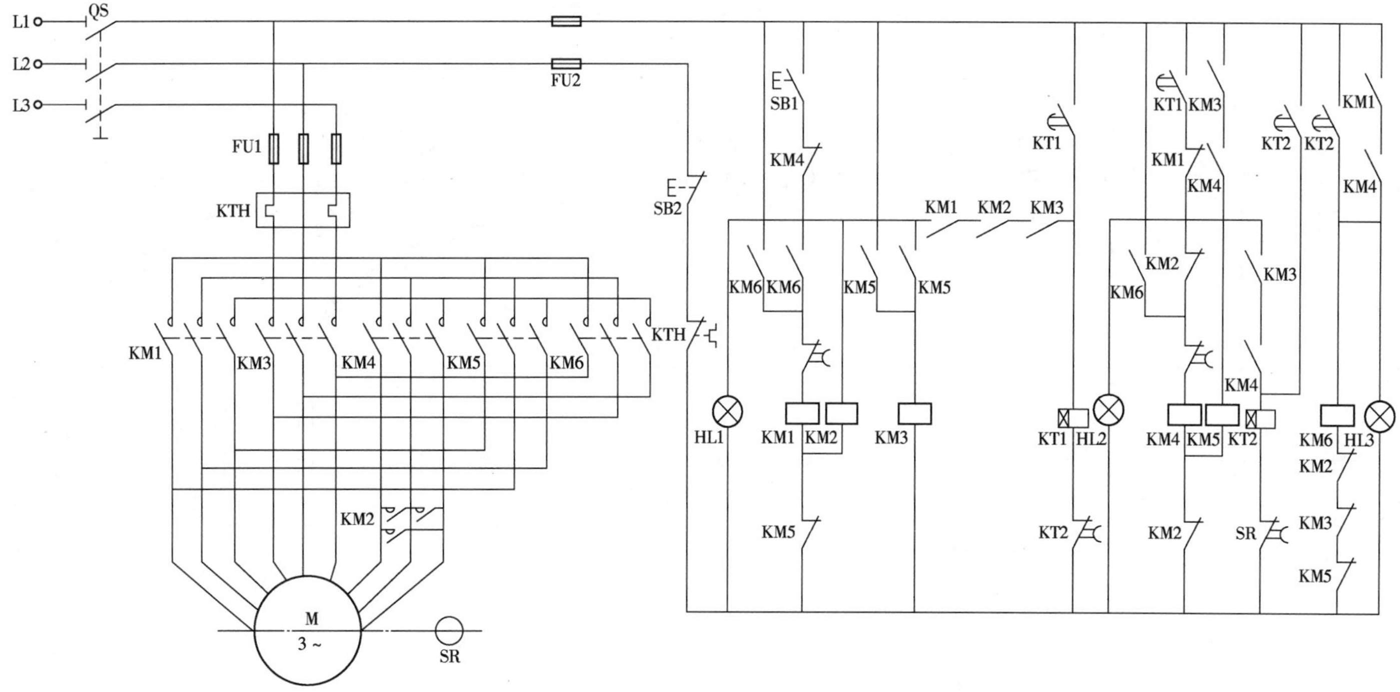

图 2－29　单绕组三速电动机 2△/2△/2Y 接法时间继电器控制线路

图 2－30 所示为单绕组三速电动机 2△/2Y/2Y 接法接线原理图。该线路在三种转速下分别按 2△、2Y、2Y 接法。当电源 L1、L2、L3 分别接通引出线 U1、U2、W3、W4，U3、U4、V1、V2，V3、V4、W1、W2 时，电动机绕组接成 2△联接。当电源 L1、L2、L3 分别接通引出线 U2、U3，V2、V3，W2、W3，引出线 U1、V1、W1 和 U4、V4、W4 分别短接时，电动机绕组接成第一种 2Y 联接。而当电源 L1、L2、L3 分别接通引出线 U1、U3，V1、V3，W1、W3，引出线 U2、V2、W2 和 U4、V4、W4 分别短接时，电动机绕组接成第二种 2Y 联接。该电动机可用开关和接触器两种控制。

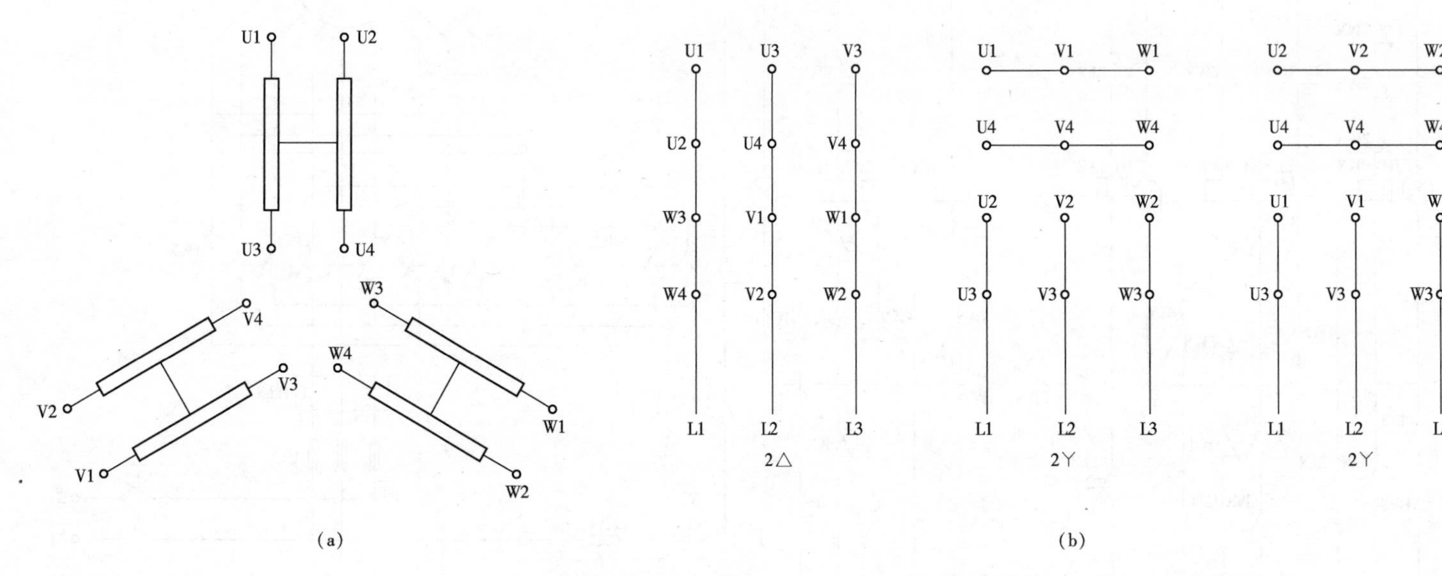

图 2－30　单绕组三速电动机 2△/2Y/2Y 接法接线原理图

（a）绕组接线原理图；（b）引出线端接线示意图

该原理图的绕组是利用反向变极法来获得三速异步电动机绕组的。

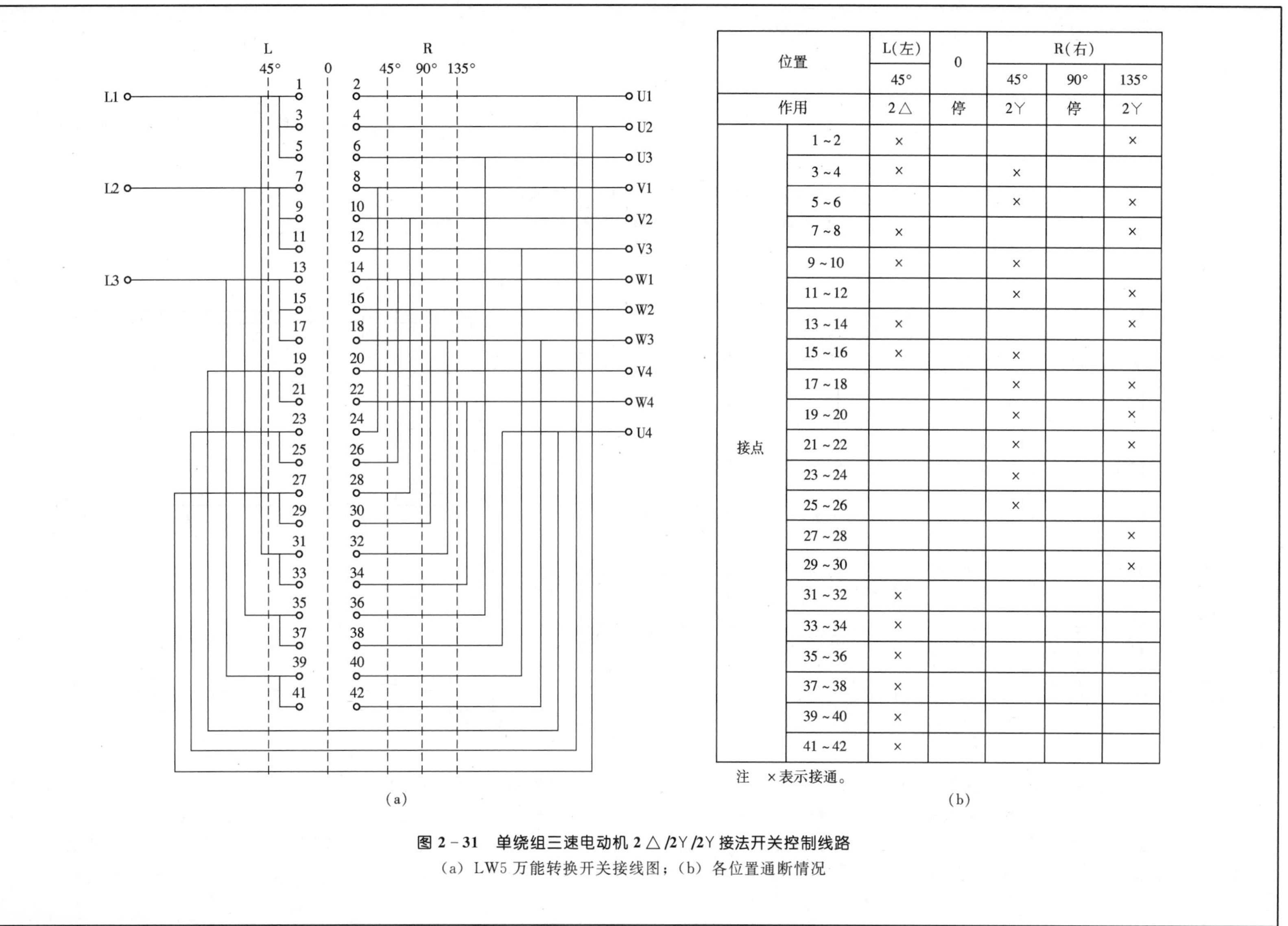

位置		L(左)	0	R(右)		
		45°		45°	90°	135°
作用		2△	停	2Y	停	2Y
接点	1~2	×				×
	3~4	×		×		
	5~6			×		×
	7~8	×				×
	9~10	×		×		
	11~12			×		×
	13~14	×				×
	15~16	×		×		
	17~18			×		×
	19~20			×		×
	21~22			×		×
	23~24			×		
	25~26			×		
	27~28					×
	29~30					×
	31~32	×				
	33~34	×				
	35~36	×				
	37~38	×				
	39~40	×				
	41~42	×				

注　×表示接通。

(b)

图2-31　单绕组三速电动机2△/2Y/2Y接法开关控制线路

(a) LW5万能转换开关接线图；(b) 各位置通断情况

图 2－32 所示为单绕组三速电动机△/△/3Y 接法接线原理图。该线路在三种转速下分别接成△、△、3Y 接法。当电源 L1、L2、L3 分别接通引出线 U2、U3，V2、W3，W2、V3，引出线 U1、V3，V1、W3，W1、U3 分别短接，引出线 13 空着时，电动机绕组接成第一种△联接。当电源 L1、L2、L3 分别接通引出线 U4、W3、V1，W4、V3、U1，V4、U3、W1，引出线 U2、V2、W2、U5 空着不接时，电动机绕组接成第二种△联接。当电源 L1、L2、L3 分别接通引出线 U5，W3、V3、U3，W1、V1、U1，引出线 U2、U4，V2、V4，W2、W4 分别短接时，电动机绕组这时接成 3Y 接法。

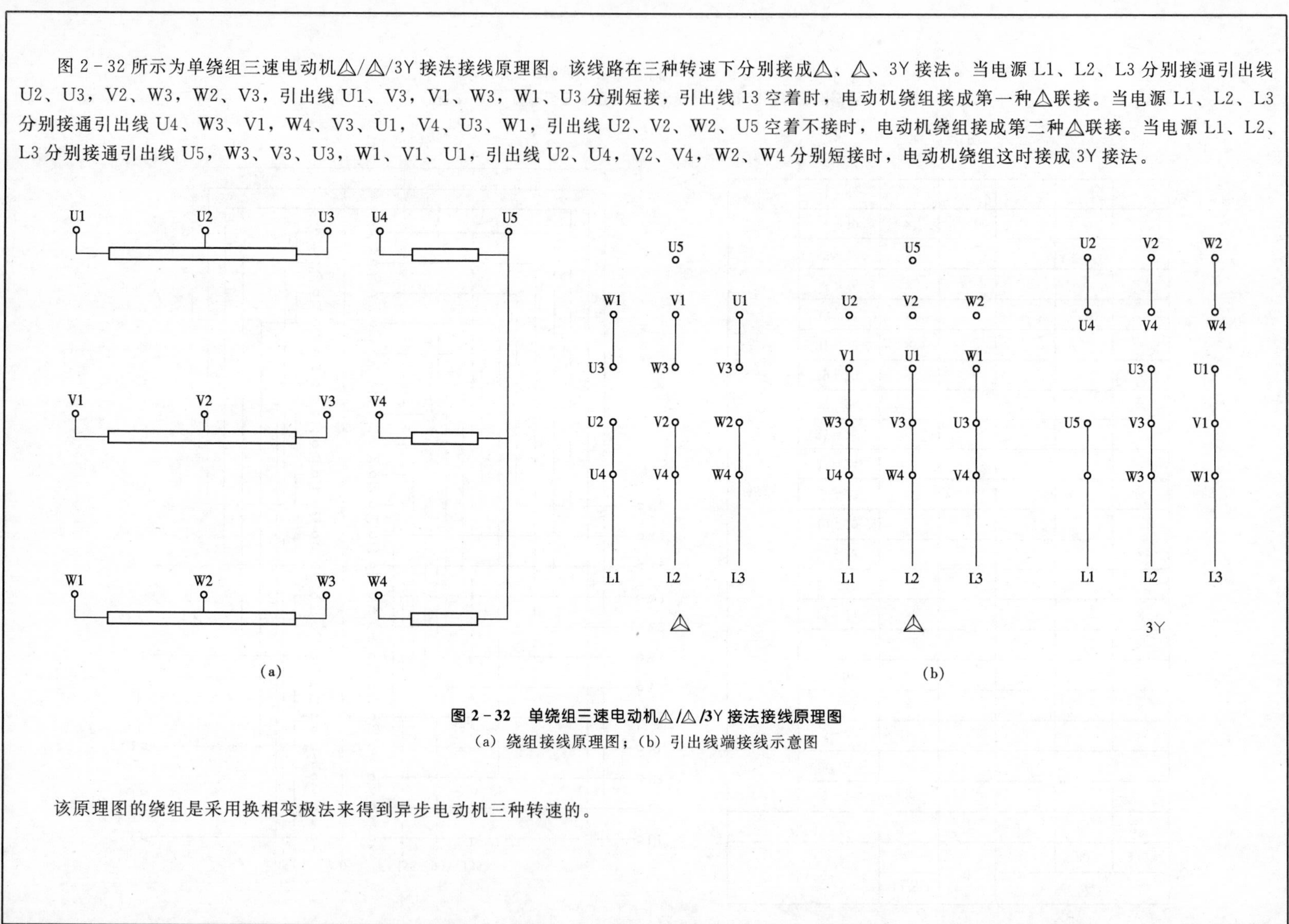

图 2－32　单绕组三速电动机△/△/3Y 接法接线原理图

(a) 绕组接线原理图；(b) 引出线端接线示意图

该原理图的绕组是采用换相变极法来得到异步电动机三种转速的。

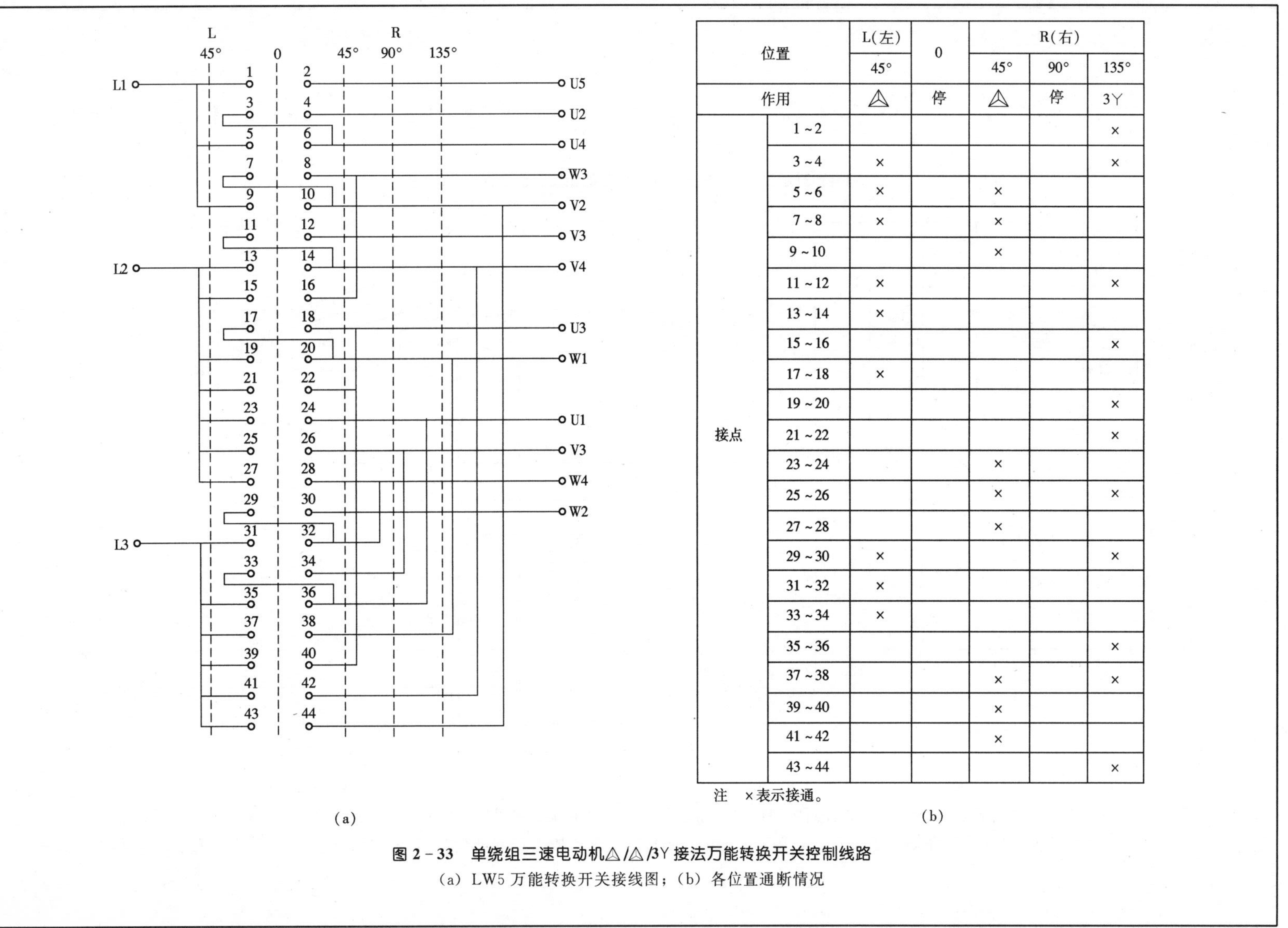

位置		L(左)	0	R(右)		
		45°		45°	90°	135°
作用		△	停	△	停	3Y
接点	1~2					×
	3~4	×				×
	5~6	×		×		
	7~8	×		×		
	9~10			×		
	11~12	×				×
	13~14	×				
	15~16					×
	17~18	×				
	19~20					×
	21~22					×
	23~24			×		
	25~26			×		×
	27~28			×		
	29~30	×				×
	31~32	×				
	33~34	×				
	35~36					×
	37~38			×		×
	39~40			×		
	41~42			×		
	43~44					×

注　×表示接通。

(b)

图2－33　单绕组三速电动机△/△/3Y 接法万能转换开关控制线路

(a) LW5万能转换开关接线图；(b) 各位置通断情况

图 2-34 所示为双绕组三速电动机△/Y/2Y 接法时间继电器控制线路。该线路采用时间继电器进行控制，使电动机的转速从低速到中速、高速实现了自动变换。起动时首先合上电源开关 QS，按下 SB1 后因中间继电器得电动作，使接触器 KM1、时间继电器 KT1、接触器 KM2、KM3 相继得电动作，电动机接成△形低速运行，需停止时按下 SB2 即可。

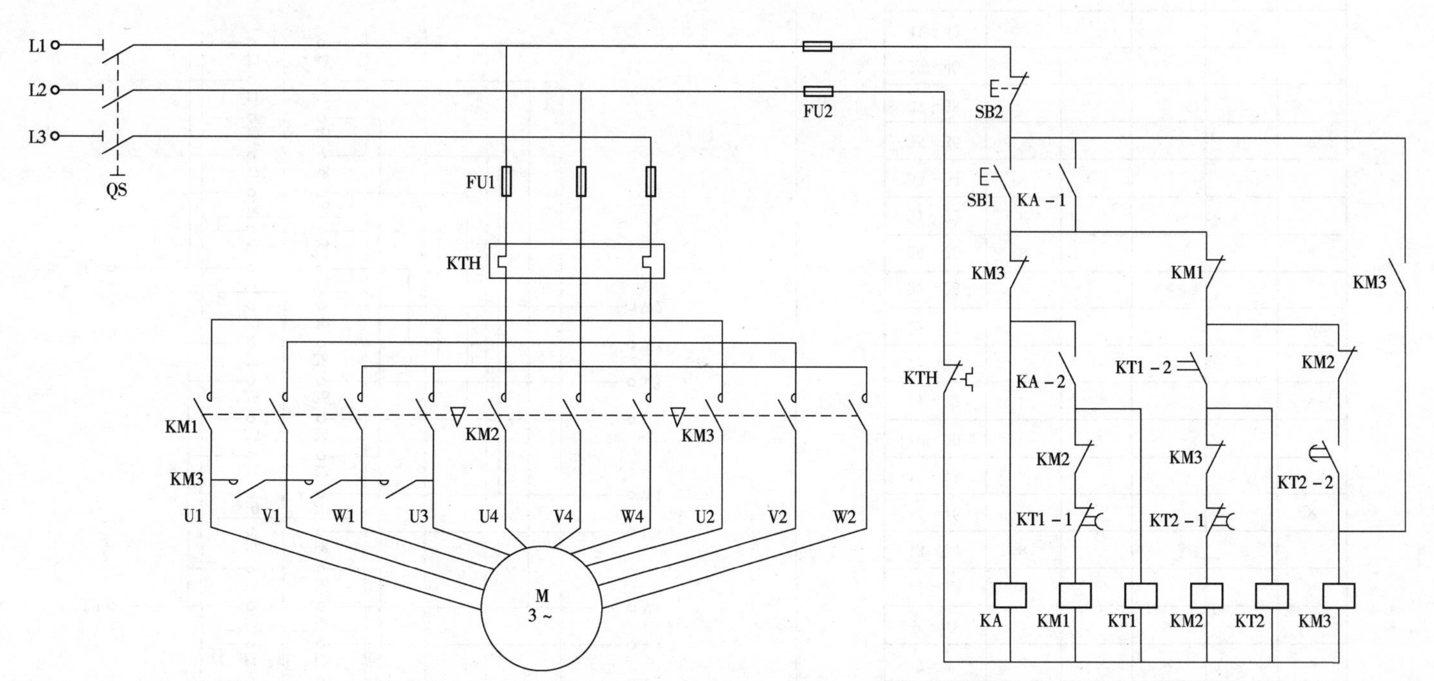

图 2-34　双绕组三速电动机△/Y/2Y 接法时间继电器控制线路

该控制线路主要由交流接触器 KM1～KM3、时间继电器 KT1 和 KT2、中间继电器 KA 以及控制按钮 SB1、SB2 等电气元件组成。

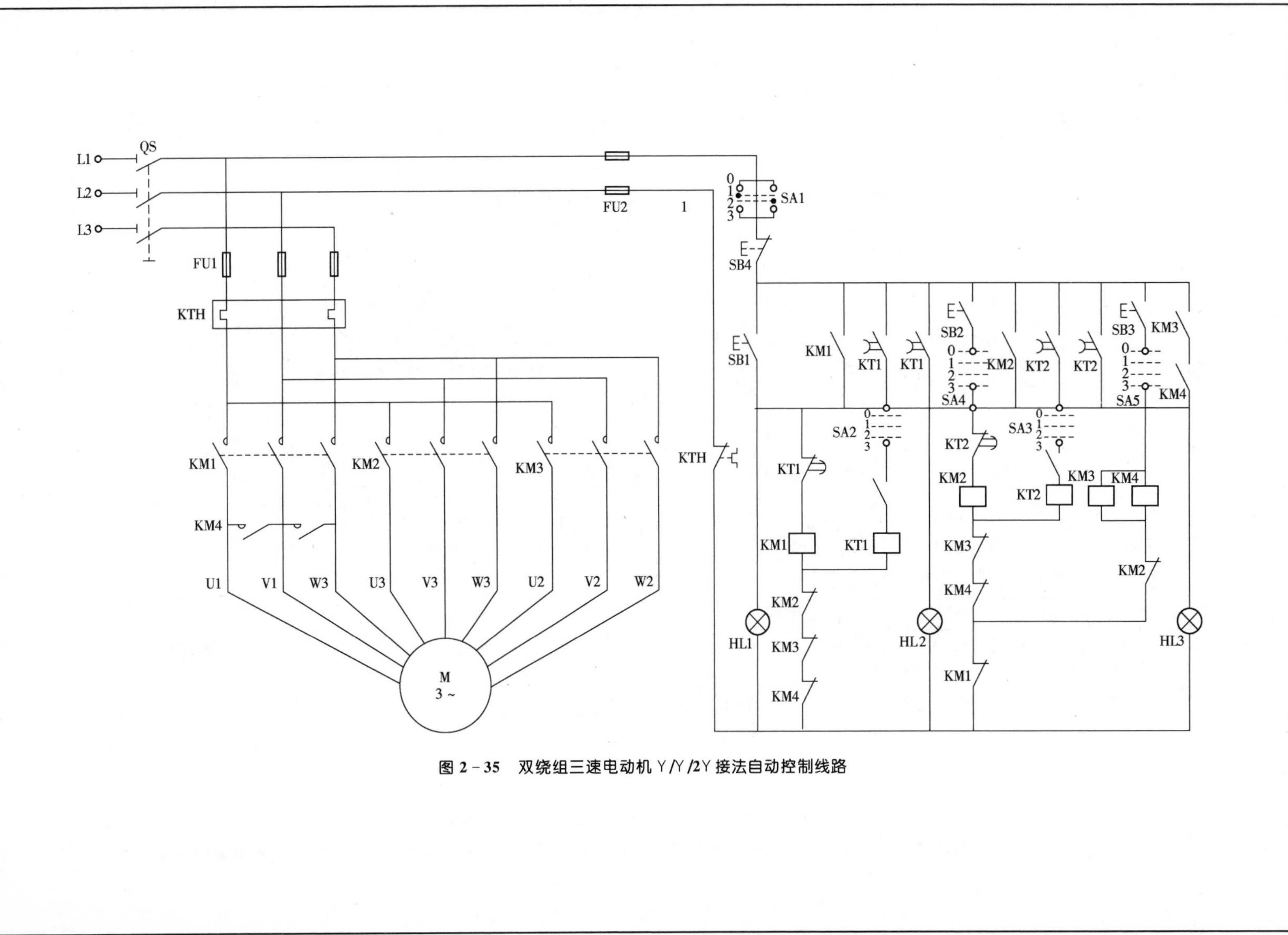

图 2-35　双绕组三速电动机 Y/Y/2Y 接法自动控制线路

图 2-36 所示为双绕组四速电动机△/2Y/△/2Y 接法手动、自动控制线路。该线路采用组合开关 SA 进行手动与自动控制的变换。手动控制时，可根据电动机 4 种速度的选择，按下 SB1—SB4 中相应的按钮即可。利用时间继电器 KT 进行自动控制。

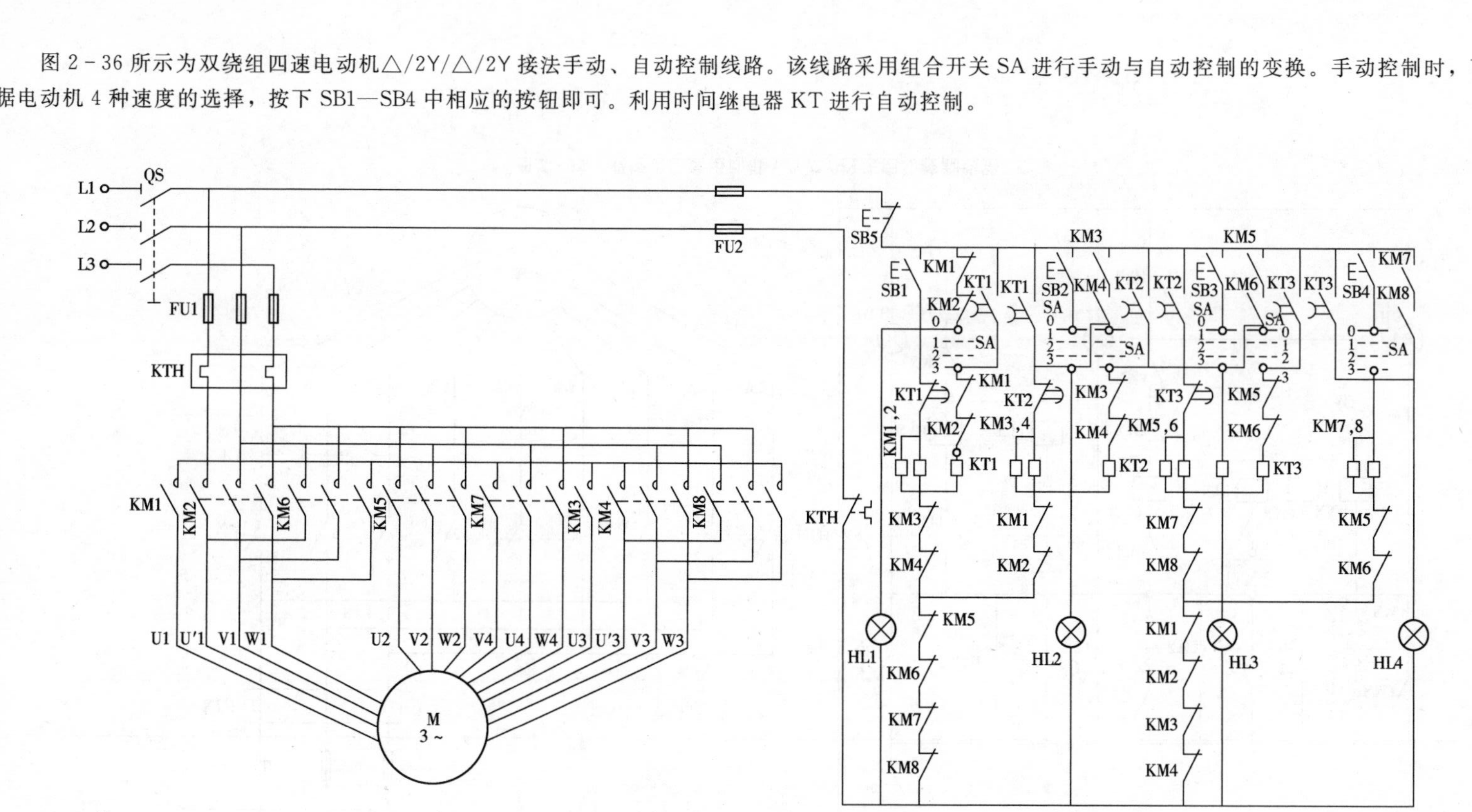

图 2-36　双绕组四速电动机△/2Y/△/2Y 接法手动、自动控制线路

该控制线路主要由接触器 KM1～KM8、时间继电器 KT1～KT3、选择开关 SA1～SA4 及控制按钮 SB1～SB4 等电气元件所组成。

图2-37所示为双绕组4速电动机△/2Y/△/2Y接法接触器控制线路。该线路采用接触器、按钮进行手动控制，并备有4组指示灯HL1～HL4，用以指示4种转速下电动机的工作状态。电动机在运行中要改变转速时，须先按停止按钮。

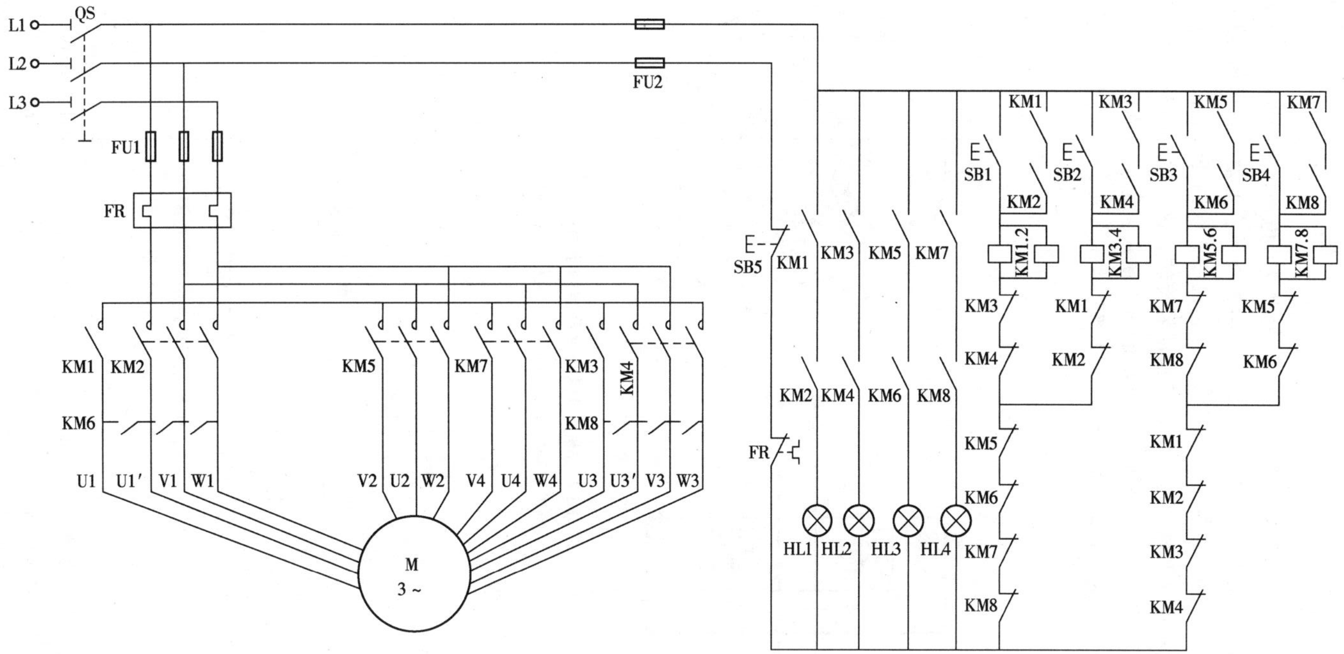

图2-37　双绕组四速电动机△/2Y/△/2Y接法接触器控制线路

该控制线路主要由交流接触器KM1～KM8、控制按钮SB1～SB4等元件所组成。

第 2 节　电磁调速三相异步电动机电气控制线路图

图 2－38 所示为电磁离合器结构示意图。它与三相笼型异步电动机组合即构成电磁调速异步电动机。从图中可以看出，离合器的主动部分为圆筒形结构，它与笼型异步电动机转子相连接，而离合器的从动部分做成爪形结构，安装于另一根转轴上。当爪形结构上的励磁线圈通入直流电流时，爪形结构便形成很多对磁极。此时若是电枢被笼型异步电动机转子拖动着旋转，这时便切割磁场而感应电动势和产生涡流。涡流与磁场相互作用，产生转矩，于是从动部分的磁极便跟着主动部分的电枢一起旋转，使转速低于电枢的转速。调节磁极线圈的励磁电流即可调节从动部分转速。图 2－39 为离合器直流电源的单相全波整流电路。

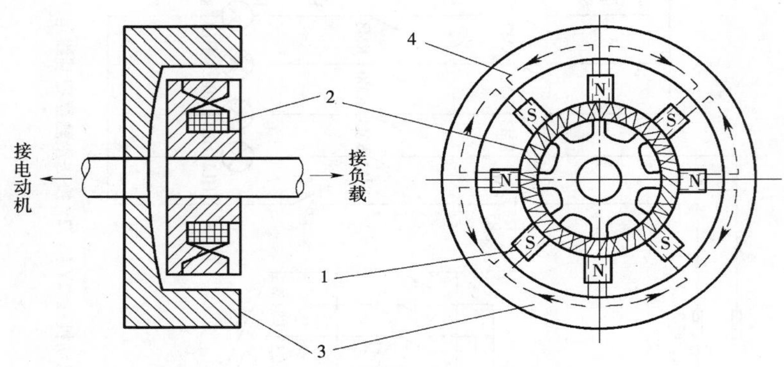

图 2－38　电磁离合器结构示意图

1—磁极；2—励磁线圈；3—电枢；4—磁通

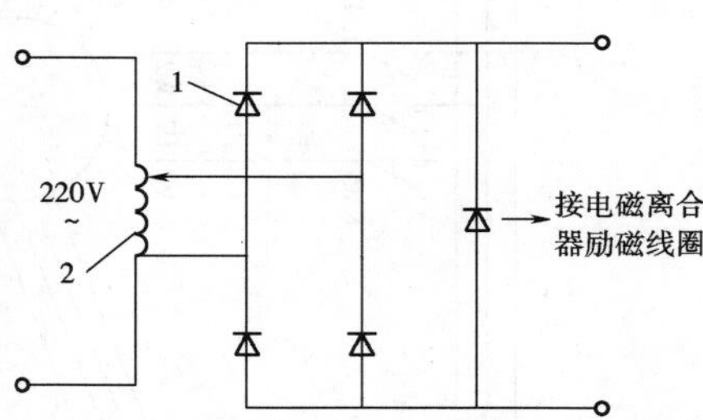

图 2－39　单相全波整流电路示意图

1—调压器；2—硅整流器

电磁调速三相异步电动机（即滑差电动机），是一种交流恒转矩无须调速电动机。它的调速特点是调速范围广，无失控区，起动力矩大，可以强励起动，频繁起动时对电网无冲击。由于采用了由测速发电机作为速度反馈的自身调节系统，因而控制功率小，速度变化率小，使电动机有较硬的机械特性和较高的调整精度。

图 2－40 所示为电磁调速异步电动机控制线路。该线路采用普通三相笼型电动机与电磁离合器、晶闸管调压直流励磁电源组成。调节供给电磁离合器励磁线圈的直流电流的大小，即可对电动机进行一定范围的调速。

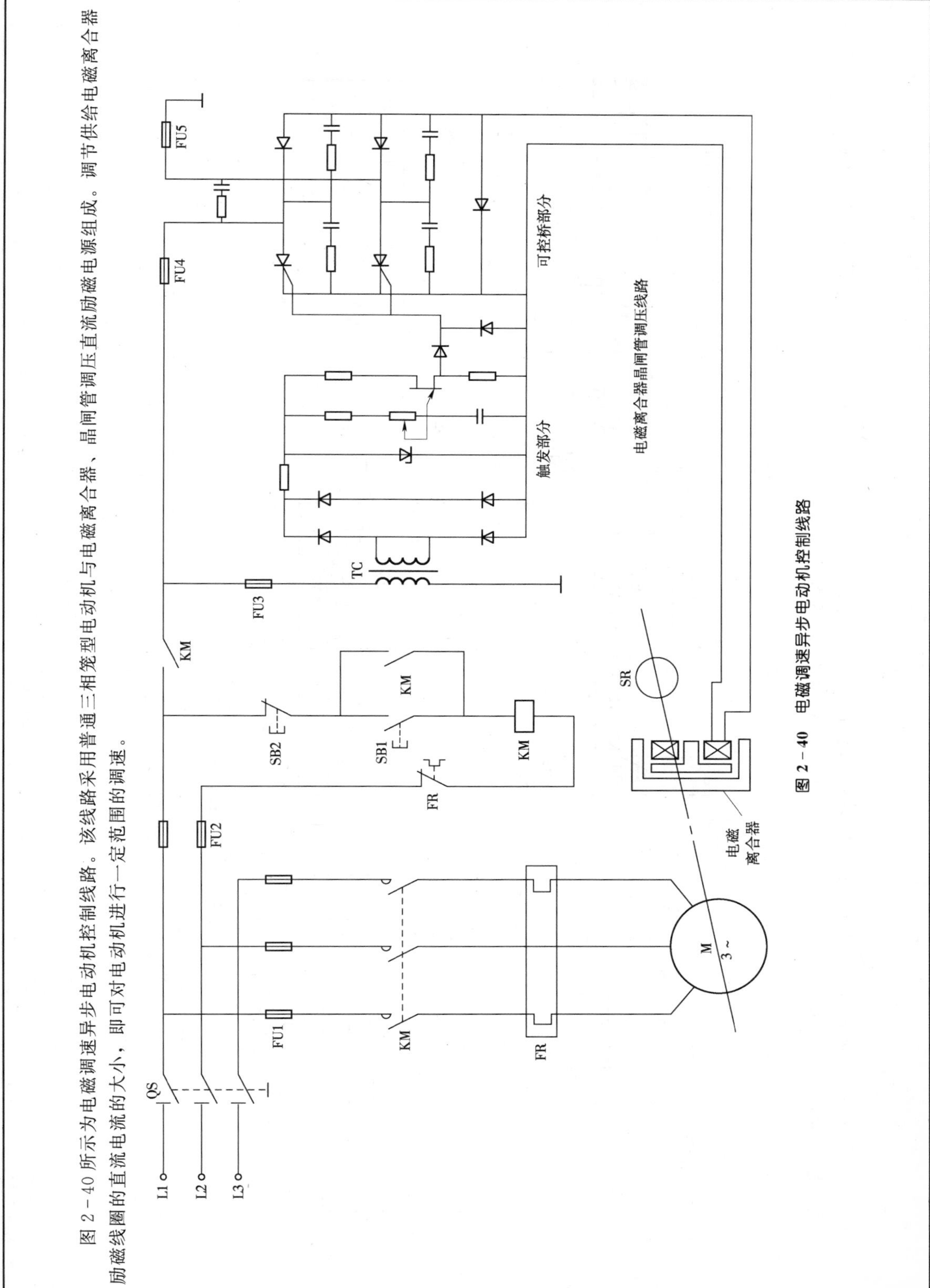

图 2－40　电磁调速异步电动机控制线路

图 2－41 所示为电磁调速异步电动机自动换极控制线路。该线路采用一台单绕组双速电动机来拖动电磁离合器，线路能够使电动机定子绕组自动变换极数，从而克服了电磁离合器低速运行时效率过低的缺点，扩大了电动机有效调速范围。

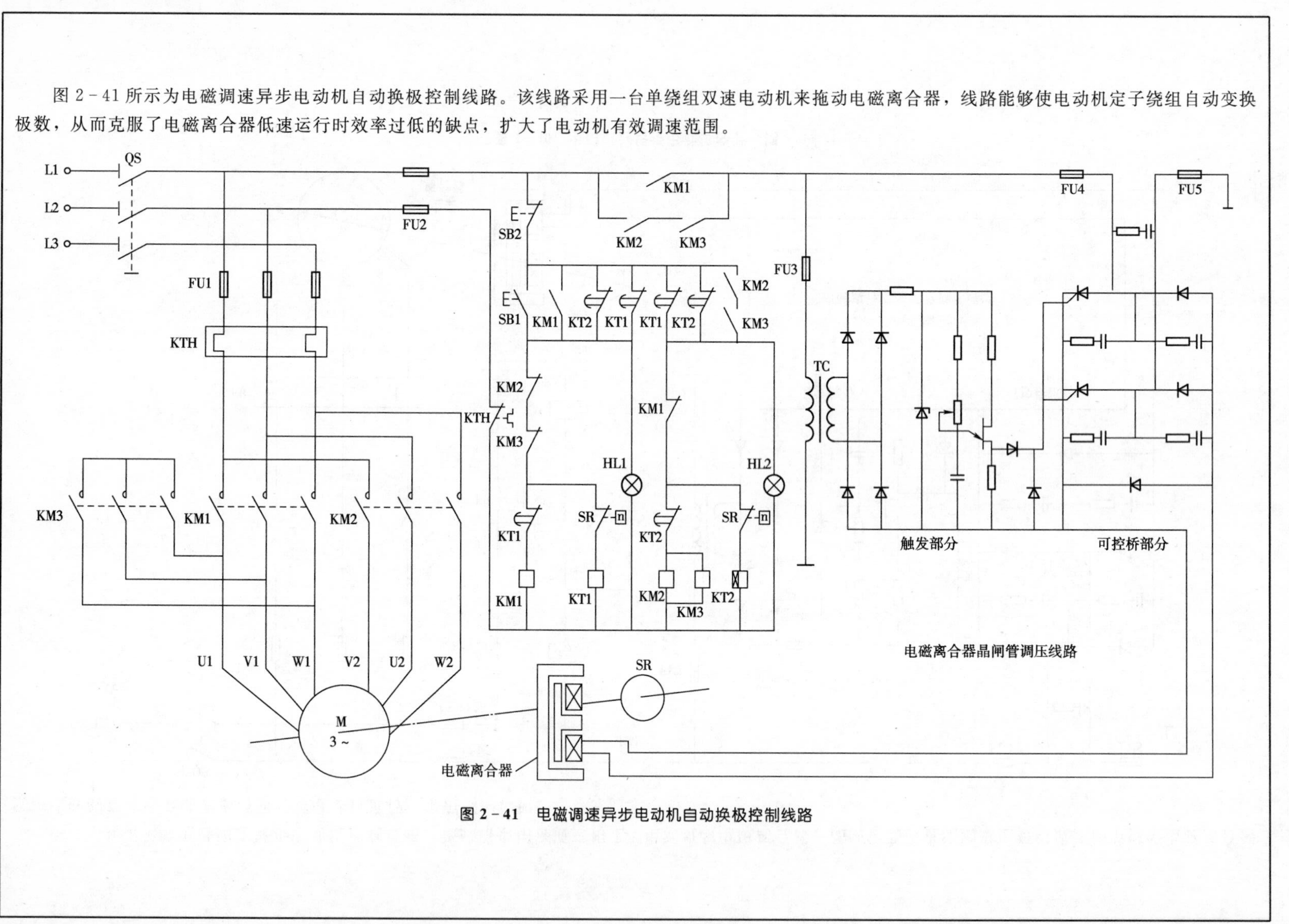

图 2－41　电磁调速异步电动机自动换极控制线路

第 3 节　三相交流并励电动机控制线路图

图 2－42 所示为三相交流并励电动机绕组接线原理图。该电动机为转子供电式，能在恒定转矩和规定的调速范围内作均匀地连续无级调速。它与机械变速、电气变速相比，具有调速范围广、起动性能好、功率因数和效率高以及安装方便经济等优点。其主要缺点为结构较复杂，维修比较困难。

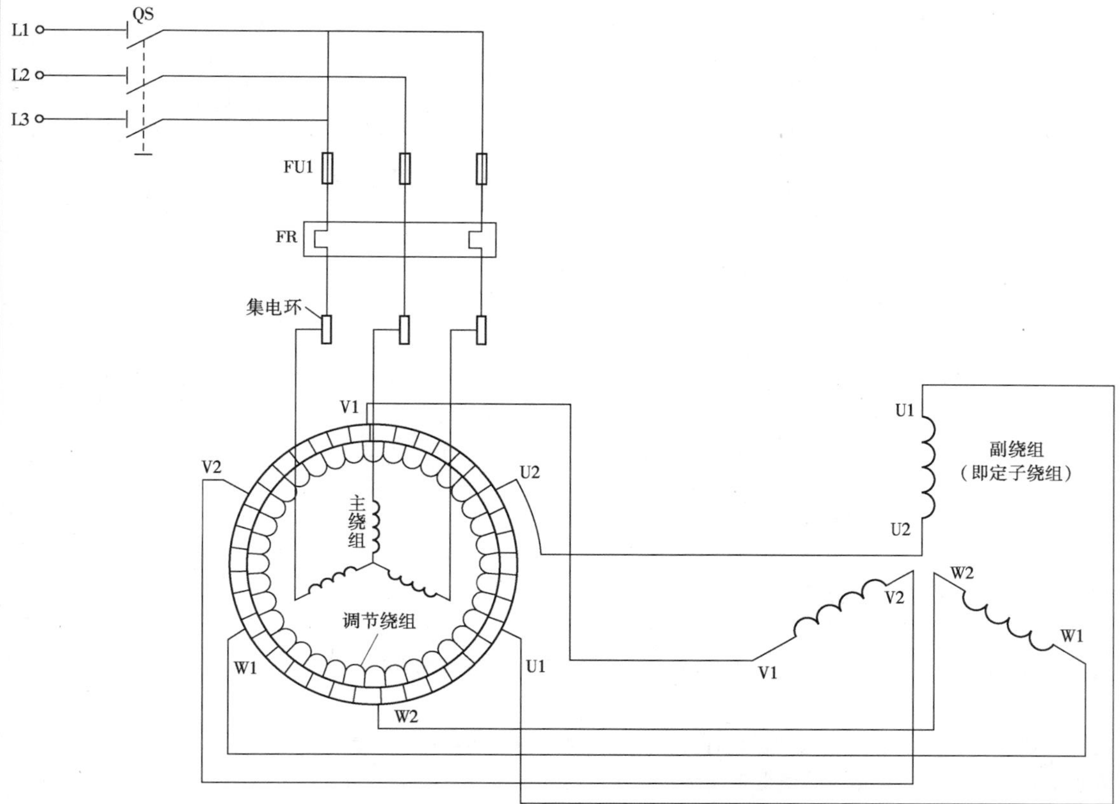

图 2－42　三相交流并励电动机绕组接线原理图

三相交流并励电动机，由于具有无级调速及功率因素较高的显著优点，因而被广泛应用于印染、印刷、造纸、纺织、橡胶、制糖、塑料等工业以及作为通风和各种试验设备中的动力机械。如经适当改装，还可用作交流测功机和三相低频发电机的励磁电源。

图 2－43 所示为三相交流并励电动机控制线路。所有三相交流并励电动机都可直接起动。在最低转速的电刷位置下，不仅起动电流最小，起动转矩最大，而且换向器上的火花也最小，因此在使用时，应尽可能在最低转速位置情况下起动。

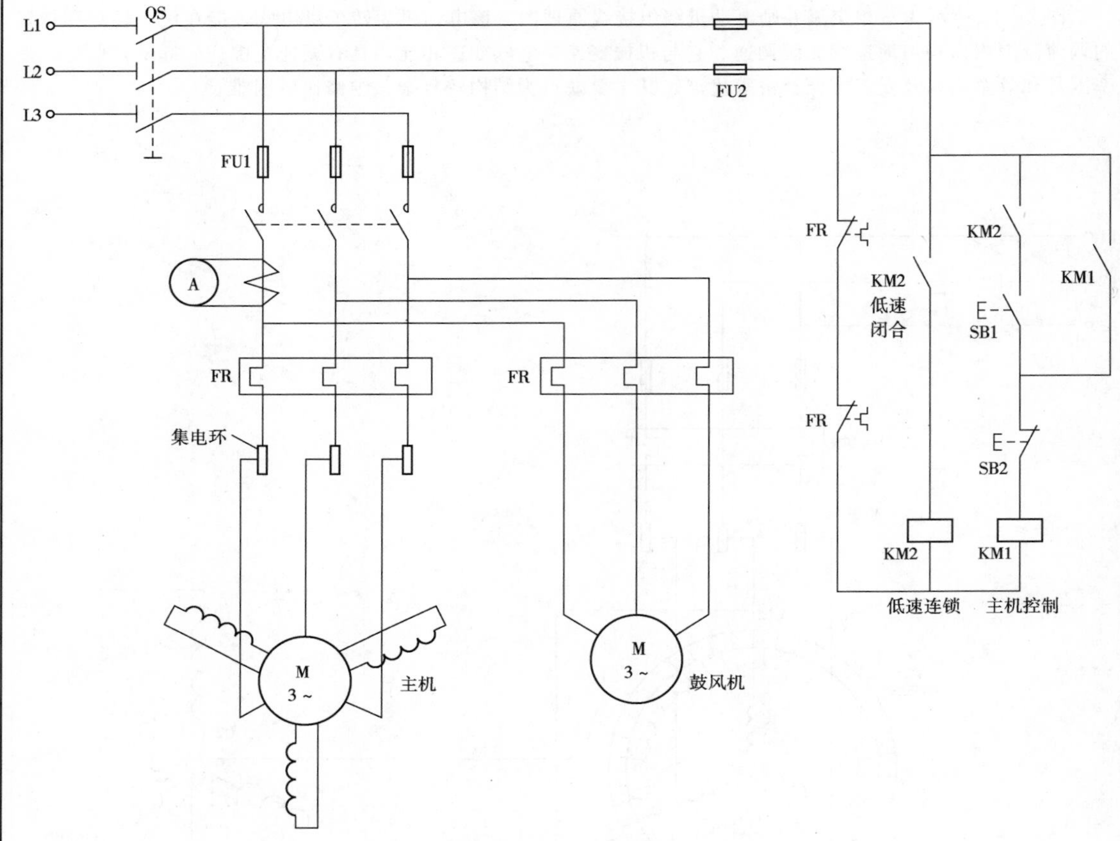

图 2－43　三相交流并励电动机控制线路

三相交流并励电动机在不需要双向运转时，则可利用移刷机构上齿数不同的两个设速齿轮，使电动机在调节转速的同时，齿相应补偿低于同步转速运行时功率因数，使低于同步转速时的负载功率因数得到提高。三相交流并励电动机最高额定转速时的满载功率因数，在无补偿时也能达到 0.98 左右。该电动机应在最低转速下满压起动。它将会具有较小的堵转电流和较大的堵转转矩，但其满载效率稍低。与电磁调速电动机相比，它不仅能在空载情况下进行调速，而且有较大的调速范围。其性能指标和应用可控硅直流电源的直流电动机相近。主要缺点是结构较复杂、维修不方便。

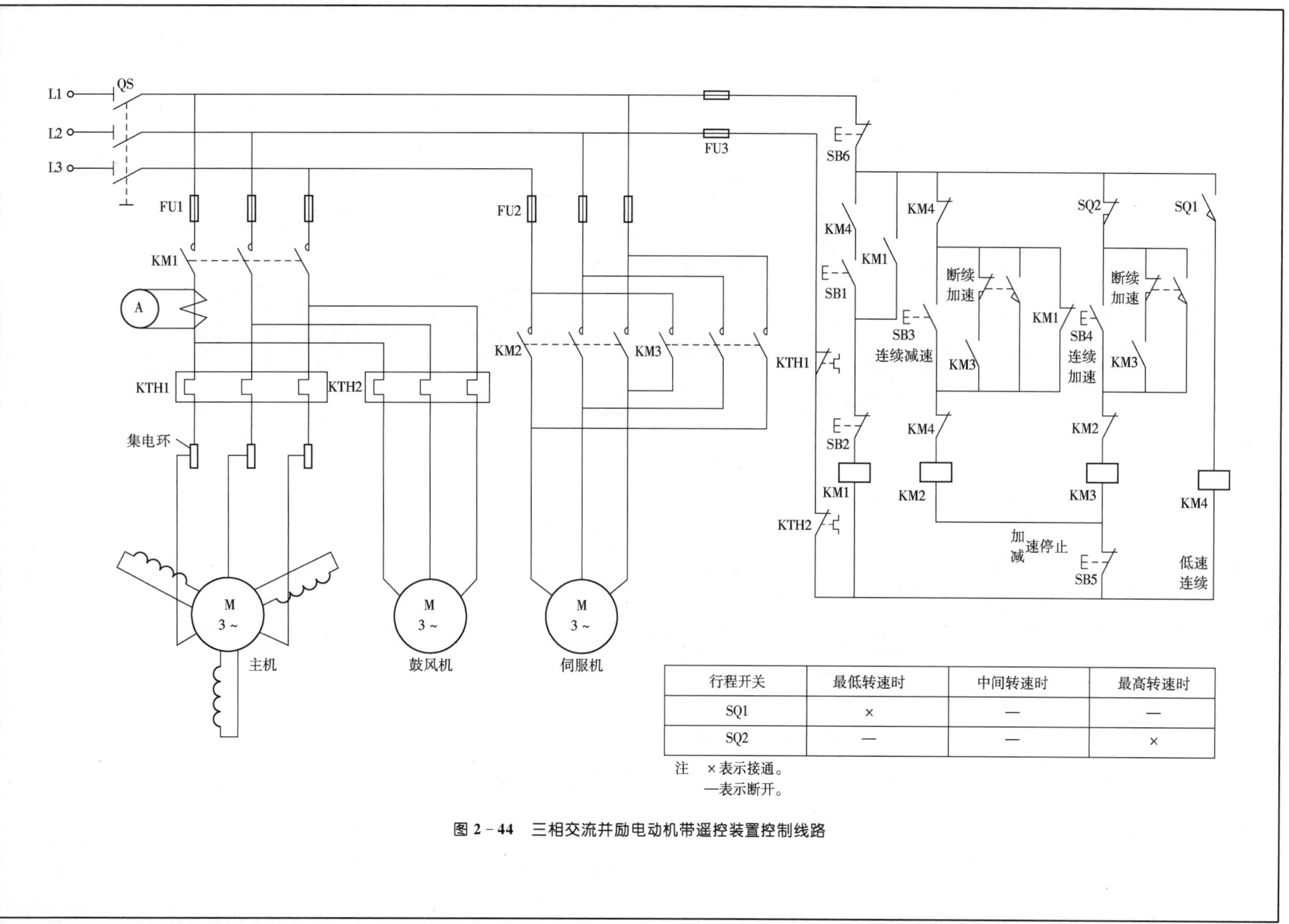

行程开关	最低转速时	中间转速时	最高转速时
SQ1	×	—	—
SQ2	—	—	×

注　×表示接通。
　　—表示断开。

图 2-44　三相交流并励电动机带遥控装置控制线路

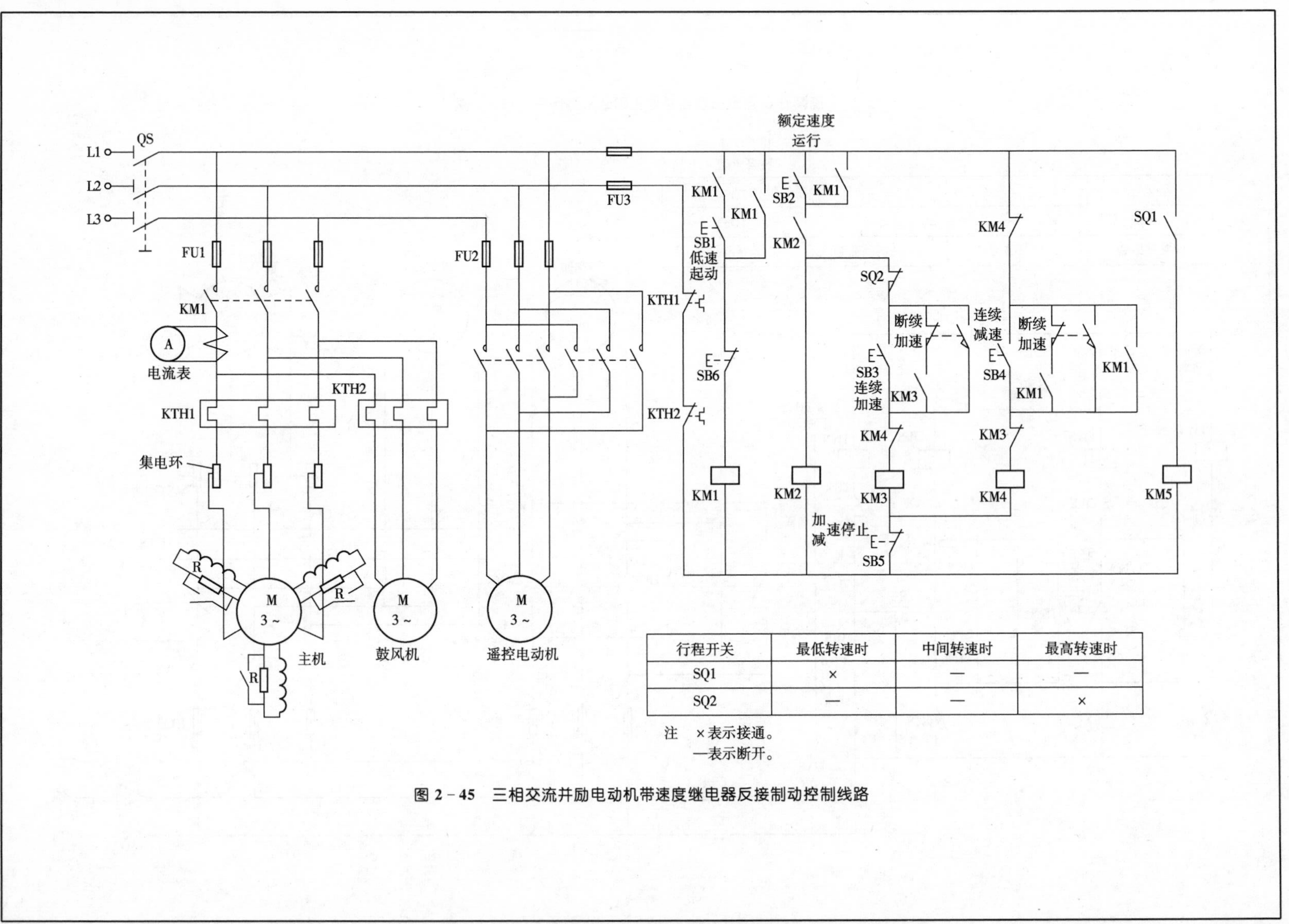

行程开关	最低转速时	中间转速时	最高转速时
SQ1	×	—	—
SQ2	—	—	×

注　×表示接通。
　　—表示断开。

图 2－45　三相交流并励电动机带速度继电器反接制动控制线路

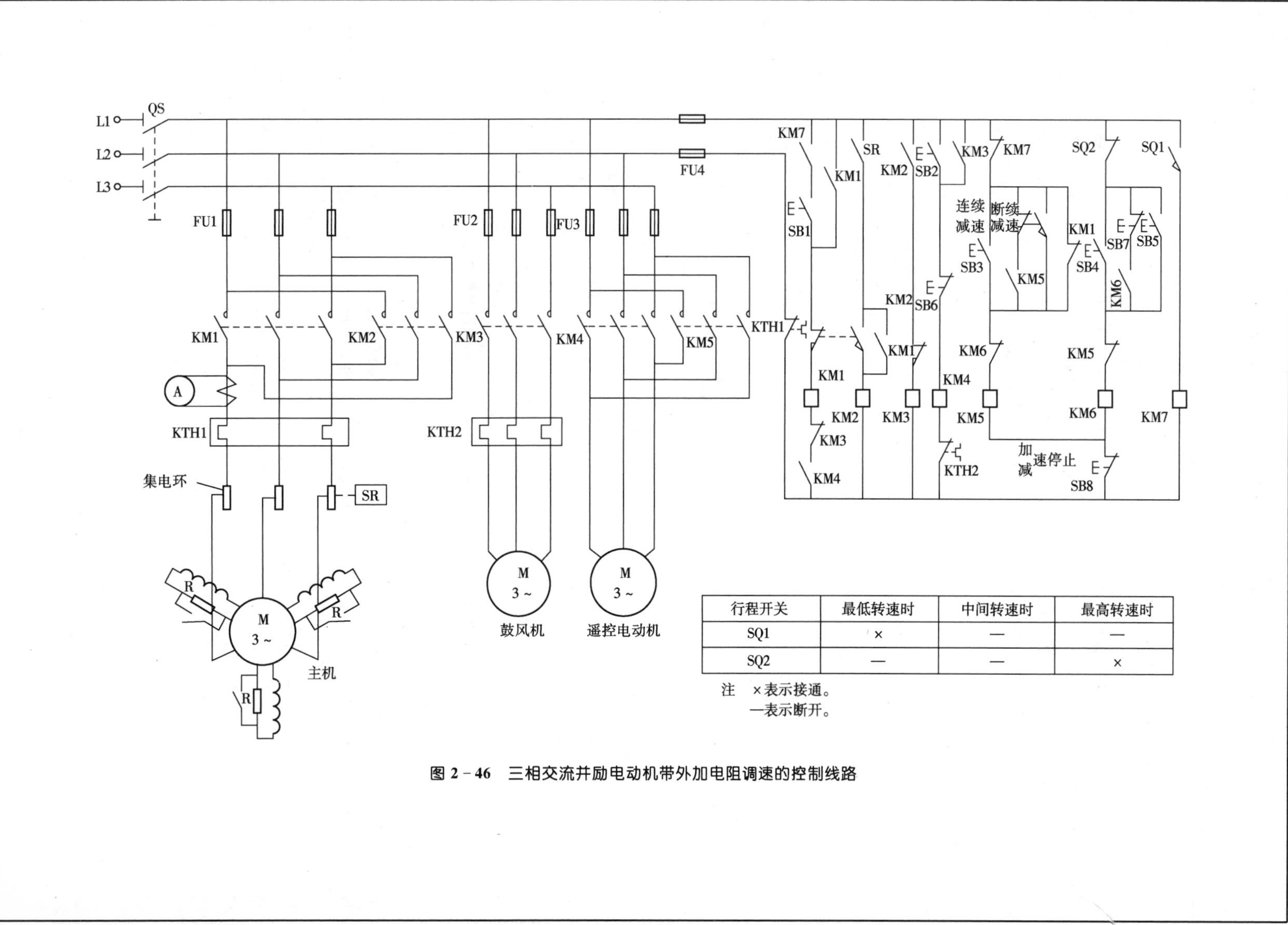

行程开关	最低转速时	中间转速时	最高转速时
SQ1	×	—	—
SQ2	—	—	×

注　×表示接通。
　　—表示断开。

图 2－46　三相交流并励电动机带外加电阻调速的控制线路

第 4 节　晶闸管串级调速电动机系统原理图

图 2-47 所示为绕线转子异步电动机晶闸管串级调速系统原理图。串级调速是调节绕线转子电动机的转子电压以改变转差率，从而达到调节转速的目的。图中电动机的转子电压经整流器 VC 变为直流，再由晶闸管逆变器将直流逆变为交流电压，其功率经变压器 TU 反馈给交流电网。这时逆变器电压可视为加到电动机转子绕组的电势，从而实现了异步电动机的晶闸管串极调速。

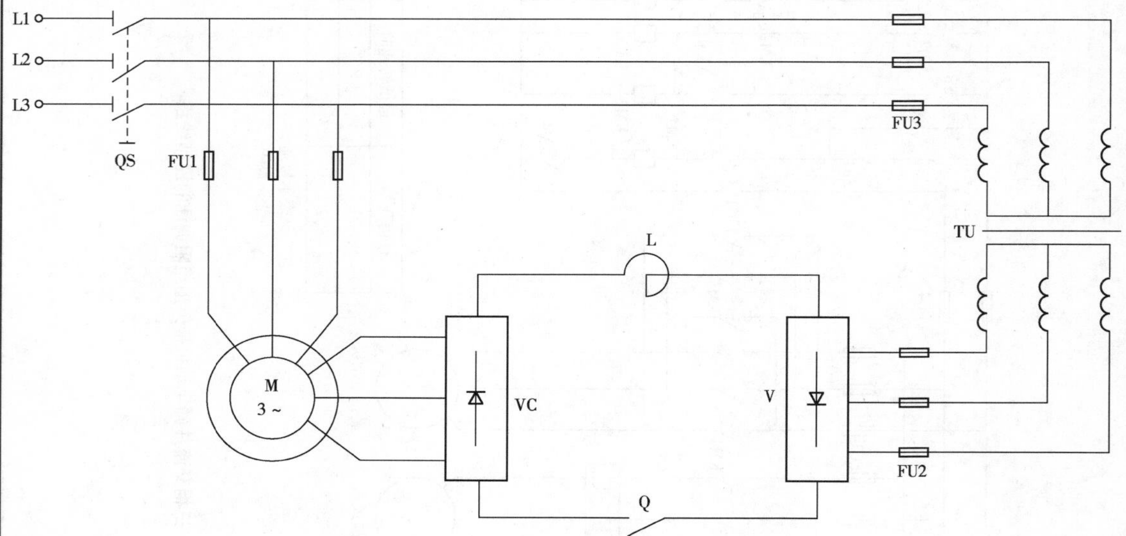

图 2-47　绕线转子异步电动机晶闸管串级调速系统原理图

绕线转子异步电动机的串级调速方式为无级调速，其转差功率可通过逆变器变为交流返回电网或另加利用。它效率高，故特别适合中、大型绕线转子异步电动机的调速运行。串级调速主要有两种形式：一种是电气式串极调速；另一种即是晶闸管式串级调速。电气式串级调速时，其主电动机 M1 由频敏变阻器 PF 起动，起动过程结束即调换到调速系统。而主电动机的输出功率，一部分传送给了生产机械，另一部分则通过整流器 U 和辅助机组转变为电能反馈回电网。晶闸管式串级调速方式，则是将绕线式异步电动机在不同转速下感应出的转子电压，经桥式三相整流器变直流后，再经逆变器变为交流电并回馈给电网。绕线转子异步电动机晶闸管串极调速系统即如图 2-47 所示。

第3章　同步电机概述

同步电机是交流电机的一种，主要被用作发电机。在现代电力工业中，无论是火力发电、水力发电、柴油机发电或原子能发电，几乎全部采用三相交流同步发电机。不过近年来在大力发展新能源中，许多风力电场却大量采用三相异步电机发电。

同步电机除主要用作发电机外，还作为同步电动机广泛应用于拖动不要求调速和功率较大的机械设备中，如压缩机、鼓风机、工业泵、轧钢机和变流机组等。但是由于电力电子器件的飞速发展，现在采用变频器调速的同步电动机也日益增多。

同步电机还被用作同步调相机，用以向大型电网输送电容性或电感的无功功率，以提高电网经济效率和供电电压的稳定性。因此，同步电机在国民经济各领域中占有极其重要的作用，被广泛应用于发电、采矿、运输、机械制造等许多部门。

我们知道，电机是一种机电能量相互转换的电磁机械，其作用原理都是依据电工学的两条基本定律，即发电机右手定则（感应电动势、磁场与导体运动方向三者之间的相互垂直关系）；电动机左手定则（电磁力或导体运动与电流、磁场方向三者之间的相互关系）。这两条定律是所有电机进行能量转换时的基本条件。也就是说电机必须具有构成相对运动的两大功能部件，即一个是提供励磁磁场的部件；另一个则是流过工作电流的被感应部件。

同步电机进行机电能量转换的过程是可逆的，从理论上讲每一台同步电机只要改变其运行方式，就既可以作同步发电机使用而也可以作电动机运行。但在实用中由于对发电机与电动机的参数与性能所提出的要求是不同的，因此同一台电机在改变其运行状态后，其参数与性能往往难以完全满足新条件下电机的运行需要。只有重新经过专门设计，变换运行方式后的同步电机才能正常而良好地运行。

同步电机与异步电机的最大区别在于其转速 n(r/min) 与电流频率 f(Hz) 之间有着严格的关系，即

$$n=\frac{60f}{p}$$

式中　p——电机的极对数。

下面将分别简述同步发电机、同步电动机的基本工作原理、结构和类型。

第1节　同步发电机简介

一、同步发电机的工作原理及结构

交流同步发电机是根据电磁感应原理制成的。即根据导体在磁场中切割磁力线而产生感应电势的原理而制造。图3-1所示为同步发电机原理示意图，从图中可以看到，线圈 ab—cd 在永久磁铁或电磁铁的磁场内作顺时针旋转时，线圈的 ab 边和 cd 边将会不断地切割磁力线，线圈也就会产生大小和方向按周期变化的交变电势。这个交变电势和气隙中的磁通密度成正比，而气隙中的磁通密度则是按正弦规律来分布的，因此线圈中感应的交变电势也是按正弦规律变化的。如果用电刷和滑环将这个线圈与外电路连接起来，该电路就会有正弦交流电产生。

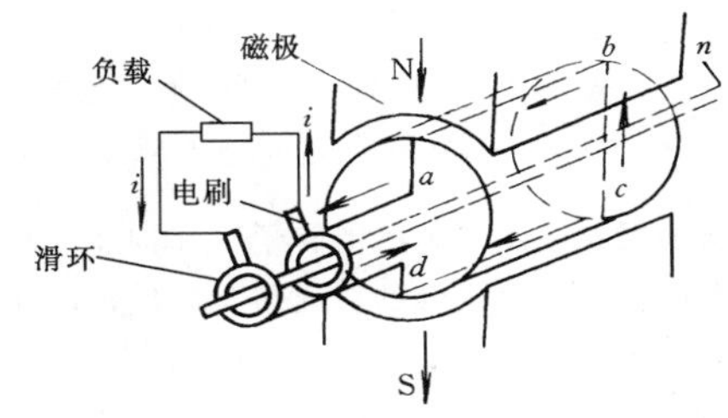

图3-1　同步发电机原理示意图

为了获得较大的感应电势，根据公式

$$E=Biv\sin\alpha$$

因而只有在增强磁感应强度 B、加长切割磁力线的导体有效长度 i 和增大导体切割磁力线的速度 v 的情况

下，才能得到较大的感应电势。

在实际应用的发电机内线圈是绕在铁芯上的，其磁场一般也是用线圈励磁的电磁铁来形成的。这时磁感应强度 B 增强了；线圈也由一匝改为许多匝连在一起，从而使切割磁力线的导体 i 增长了；并且线圈旋转得也更快了，致使导体以很高的速度 v 切割磁力线。

通常将绕在铁芯上用来产生感应电势的线圈叫做电枢，而将形成磁场的永久磁铁和电磁铁称做磁场。当发电机的磁场不动而电枢转动时，称为旋转电枢式发电机。如果将磁场放在电枢中间，使磁场旋转而电枢不动，则这种发电机就称做旋转磁场式发电机。

图 3-2 所示为旋转电枢式发电机示意图，这种发电机的额定电压都不高（一般均不超过 500V），主要原因是：电枢线圈中的电流必须通过滑环与电刷接入外电路，而当滑环间的电压（也即电刷间的电压）很高时，容易因打火而引发火灾；并且由于电枢所占的空间有限而线圈匝数增多，因此导致绝缘层加厚而限制了电枢电压的增高；当电机高速旋转时由于振动和离心力作用使电枢极易损坏；同时，电枢的构造比较复杂故制造成本高、销售价格贵。因而采用这种设计的同步发电机极少，只偶而在小功率同步发电机中才能看到。

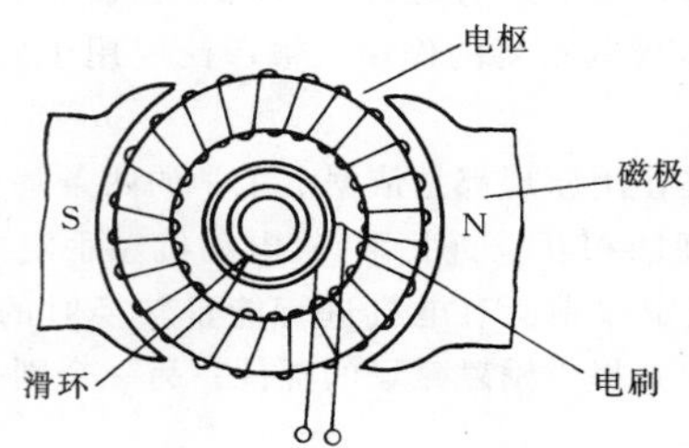

图 3-2 旋转电枢式同步发电机示意图

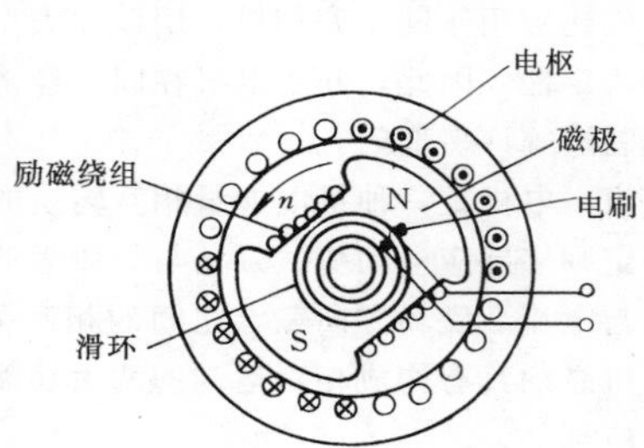

图 3-3 旋转磁场式同步发电机示意图

旋转磁场式同步发电机则如图 3-3 所示，这种设计结构的同步发电机可以避免旋转电枢式发电机所存在的主要缺点，能够获得极好的运行特性和优良的性能价格比，并且还可以将发电机的容量和电压提高很多。由于磁场励磁线圈所需要的电压均在 250V 以下，故其构造和绝缘要求均比电枢要简单得多。在这种旋转磁场式发电机转子铁芯上每极都绕有励磁线圈，励磁所需要的直流电由直流电源经过滑环和电刷供给。当同步发电机转子在原动机的拖动下旋转时，它的磁场也将随着一起转动，这时磁场（即磁力线）将切割嵌置在定子槽中的绕组（即电枢），从而在定子绕组内产生感应电势。而这个感应电势最高却可达到 35000V，所以大型同步发电机均采用旋转磁场式。

旋转磁场式同步发电机根据其转子结构的不同分为凸极和隐极两种结构型式。图 3-3 所示为凸极旋转磁场式同步发电机，该种发电机的定子铁芯是由硅钢片冲成的叠片压装而成，在铁芯槽内嵌放有绕组，硅钢片的外面是一个由铸钢或铸铁制成的外壳（也有用钢板焊接而成）。在靠近外壳处开有径向通风孔，在叠片间相隔一定的距离，还设置有部分幅向的通风孔。凸极同步发电机的转子常具有很多的磁极，每一个磁极均用鸠尾形楔榫装固在铸钢的轴幅上。在小型同步发电机中，也有用螺钉固装磁极的。在转子转轴的一端，还装置有引进励磁电流的滑环。

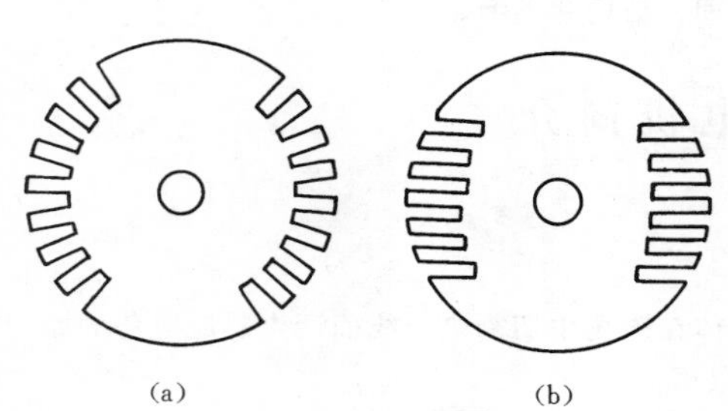

图 3-4 隐极同步发电机的转子槽形

(a) 辐射式；(b) 平行式

隐极式同步发电机的转子，在构造上有整块式和组合式两种。通常在发电机转速不高的情况下，转子材料多用含硫、磷很低的普通碳钢制成；而在转速较高的情况下则需要用铬、镍、钼合金钢制成。转子槽采用铣刀铣出，槽形则如图 3-4 所示分为辐射式和平行式两种，辐射式的应用比较多些。转子上没有槽的部分称为大齿，同步发电机的磁通大部分均通过大齿，从而使它成为磁极。

二、同步发电机的型号

中小型同步发电机有很多不同型式，如按相数可分为三相和单相；按磁极和电枢的相对位置又可分为旋转电枢式及旋转磁场式；按磁路构造则又可分为凸极式、隐极式、爪极式；按拖动发电机的原动机来划分，则可分为水轮发电机、汽轮发电机、柴油发电机及汽油发电机等。

由于中小型同步发电机具有结构简单、维护方便、性能优异、运行可靠等一系列优点，在其与柴油机配套成发电机组或移动电站后，就被广泛应用于城镇、农村、建筑、地质、矿山、医院及电讯等国民经济的各部门。

同步发电机的产品型号，一般来说应能区别产品的性能、用途和结构特征等。我国同步发电机的产品型号，仍是以汉语拼音大写字母和阿拉伯数字组成。中小型同步发电机的型号，通常包括以下几部分内容。

1. 产品代号

根据标准规定同步发电机的产品代号为 TF，在紧跟 TF 之后还可以加上有表示结构特点的字母，如表示单相的 D（无 D 标示即为三相发电机），W 则表示采用无刷励磁装置等。

2. 中心高度

均用数字表示，单位为 mm。

3. 机座长度

用字母表示，例如 M 表示中机座；L 表示长机座；S 表示短机座。

4. 铁芯长度

以数字来表示，为铁芯的号数，如 2 即指 2 号铁芯的长度。

5. 极数

用数字表示，指电机磁极的个数，如 4 即为 4 个极（也就是 2 对极）。

6. 型号说明

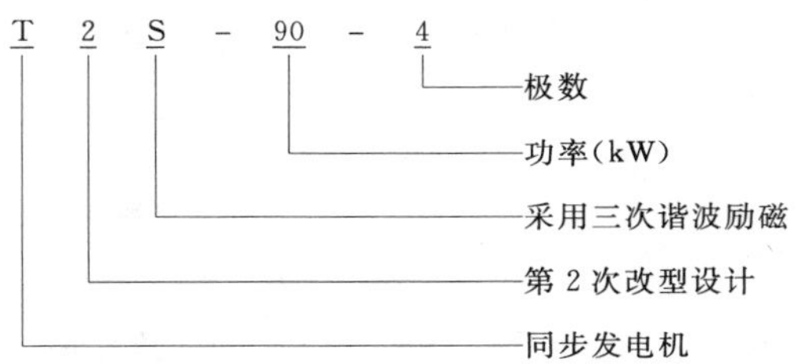

T2 系列小型有刷自励恒压三相同步发电机是目前国内常用的基本系列发电机，这种发电机的励磁方式有三次谐波励磁、相复励励磁和可控硅励磁三种，分别用字母 S、X 和 K 来表示，并标注在产品代号 T2 的后面，在代号之后其他规格的表示法与标准型号相同。

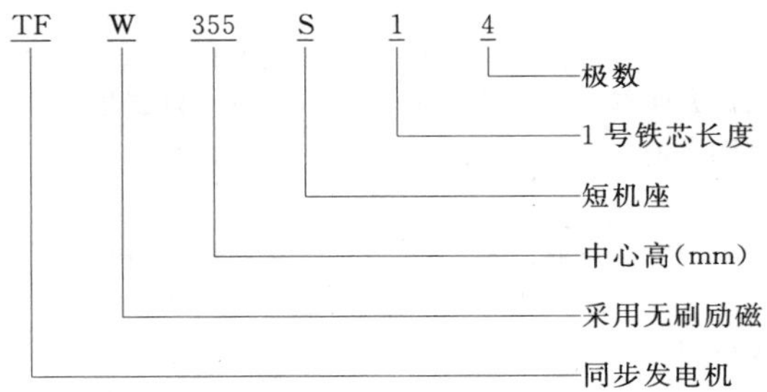

TFW 系列无刷三相同步发电机是在 T2 系列发电机基础上发展起来的换代产品。TFW 系列与 T2 系列发电机比较，它具有以下一些优点：

(1) 采用了省去电刷、集电环或换向器等部件的无刷励磁结构，减少了对发电机的繁琐维护，并提高了发电机的运行可靠性。

(2) 增加了转速范围，从 T2 系列唯一的转速 1500r/min 基础上，新增加了 1000r/min 和 750r/min 两种转速，以便于与不同转速的柴油机配套。

(3) 扩大了功率等级，全系列从 180～355 共有 6 个机座号，其规格也由 T2 系列的 15 个增加到 27 个规格，提供了更多的选择。

(4) 提高了发电机的稳态电压调整率，已达到±(1%～2.5%)。

(5) 增设了阻尼绕组，从而极大地提高了系统稳定性和可靠性，并且既改善了发电机并联运行性能，又抑制发电机的瞬时过电压和转子回路的过电压。

(6) 励磁系统的过载能力加大，一般在稳态短路情况下，它能使发电机维持3倍额定电流达3s之久。

(7) 电压波形比较好，空载电压波形畸变率不大于5%。

(8) 动态性能好，发电机在空载额定电压U_N和额定转速时，突加60%额定电流的三相负载（功率因数不超过0.4滞后），当稳定后再突然甩掉此负载，其电压变化则在（85%～120%）U_N的范围内，从突然加载到突然甩掉负载瞬间，其电压恢复至（1%～3%）U_N所需时间将不超过1s。

(9) 型号举例。

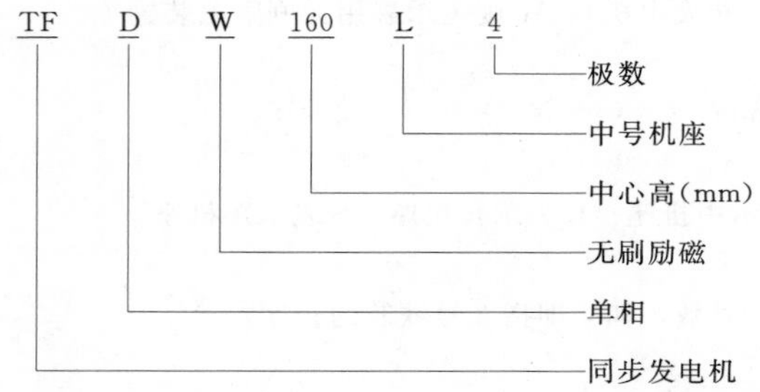

单相同步发电机一般均在三相同步发电机基础上派生设计而成，通常多为隐极式。其定子上嵌置有两套绕组，主绕组占有2/3槽数，辅助绕组则占1/3槽数。单相同步发电机的效率、稳态电压调整率和波形畸变率等电气性能均不及三相同步发电机，所以单相同步发电机的功率都比较小，不然其经济性能将会很差。

(10) 型号举例。

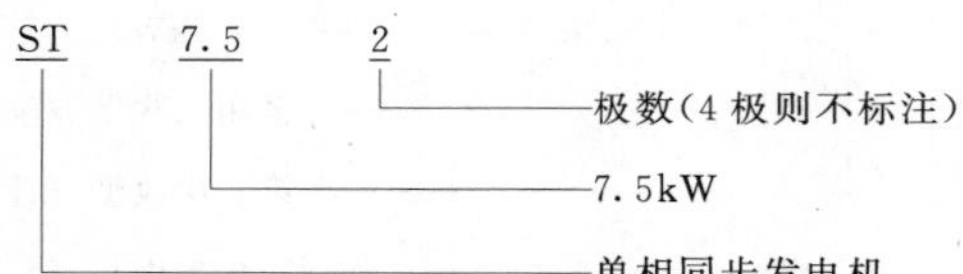

ST系列小型单相同步发电机多与小型汽油机（或柴油机）配套组成小型单相交流发电机组，被广泛应用于小型船舶、城镇和农村家庭中。它具有体积轻巧、使用简单、运行可靠等优点。

三、同步发电机的铭牌数据

发电机的铭牌是电机制造厂向用户介绍该台发电机的特点和额定运行数据用的。铭牌上标出的额定值及内容在选配、使用和维护发电机方面都是非常重要的，故应注意很好去理解和掌握这些数据，下面将简介同步发电机铭牌上常见的内容和额定值。

1. 型号

同步发电机的型号，一般来说应能区别产品的性能、用途和结构特征等，如前所述。

2. 相数

同步发电机主要为三相或单相。

3. 额定功率

指发电机在额定运行条件下所输出的电功率。有的发电机用有功功率（单位kW）表示，也有的用视在功率（单位kVA）表示。

4. 额定电压

指发电机长期正常运行时的最高工作电压，通常规定的是指定子绕组的线电压（单位V或kV）。

5. 额定电流

指发电机长期正常运行且温升在额定范围时可输出的最大电流，单位为A。

6. 额定频率

指发电机在正常运行时所发出交流电的频率，单位为Hz。我国规定的额定工业频率为50Hz。

7. 额定转速

指发电机转子在额定条件下正常运行时的转速，单位为 r/min。当同步发电机在一定的极数下以规定的频率运行时，其转子的转速就是同步转速 n_1，即

$$n_e = \frac{bofe}{p}$$

8. 额定效率

指发电机在额定工作状态下运行时的效率。

9. 额定功率因数

指发电机在额定功率输出时，其定子绕组中相电流和相电压之间相角差的余弦值。一般规定发电机额定功率因数为 0.8，但在大型发电机中额定功率因数也有规定为 0.85 或 0.9 的。

10. 额定温升

指发电机长期正常运行时，电机某部分的最高温度与规定入口处风温的差值。由于发电机在运行中其绝缘物会逐渐老化，而对绝缘老化影响最大的就是绝缘物所处的温度。绝缘材料受热后所受温度越高则老化越快、寿命越短。因此，必须严格规定发电机的允许温度和额定温升，使之不超过允许值，以保证发电机能安全正常运行而不致影响使用寿命。

11. 额定励磁电压

指发电机正常发电时，其励磁绕组两端应保证的电压值。

12. 额定励磁电流

指发电机正常发电时，应进入其励磁绕组内电流的保证值。

13. 额定励磁功率

指发电机正常满负载发电时，应提供其励磁绕组足够的励磁功率。

14. 绝缘等级

规定以发电机所使用绝缘材料耐热等级作为发电机的绝缘等级。同步发电机常用的绝缘材料有 E 级、B 级、F 级，其允许温度依次分别为 115℃、130℃、155℃。

第2节　同步电动机简介

从上面我们已经知道同步电机它具有可逆性，就是说一台同步电机既可作发电机使用却又可作同步电动机运行。因此，同步电机不论是同步发电机还是同步电动机其结构都是完全相同的，下面将简述同步电动机的工作原理、结构、型号及用途。

一、三相同步电动机的工作原理

同步电动机的工作原理如图 3-5 所示，在该图（a）中的 N 极下有一根接入电流的导体，其电流方向为从书内流向读者，根据电动机左手定则可知该导体的运动方向是由左边向右边。假设这根导体在固定磁极下所通过的是交变电流，则将会因下半周时电流的方向相反，从而使导体受到反方向的力，因此在该交变电流的整个周期中导体所受的合成力矩为零，故电动机不能转动。如果电机的磁极由直流电产生固定的极性，同时在电枢绕组中引入交变电流，此时我们发现仍不能使电动机转动，这也就是说同步电动机它本身并不具有起动转矩。

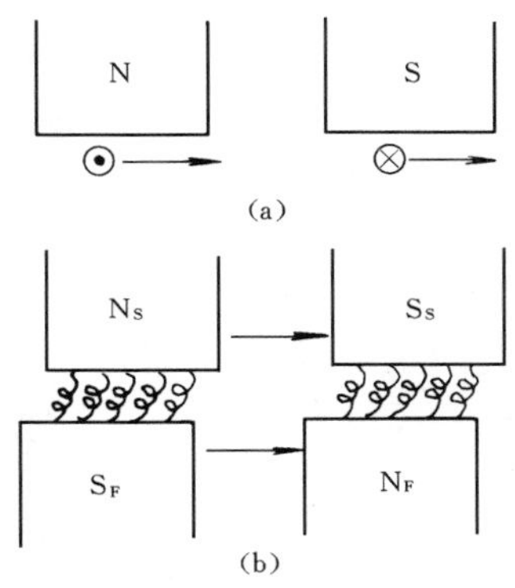

图 3-5　同步电动机的工作原理
（a）根据电动机左手定则；（b）根据异性磁极间的吸力

假如我们设法把该导体在 N 极下顺着作用力方向推动，并且使导体在进入 S 极下的时候恰好改变其电流方向，那么在 S 极下作用力的方向可保持不变，这就是同步电动机工作时的情形。当导体以这样每半周转一磁极的速率向前移动时，导体与磁场间就可连续产生方向不变的电磁力矩。

同步电动机的运行，也可以理解为是由于经定子电流产生的旋转磁场和转子磁极间的吸力所至，如图3-5（b）所示，N_s、S_s表示交变电流在定子绕组中所产生的旋转磁场，当转子以同步的速率转动时，这些定子旋转磁场的磁极和转子上异性磁极N_F、S_F间的吸力，可以使转子被定子旋转磁场拖带着保持同步的转速而旋转。

三相同步电动机则具有定子上对称的三相绕组，它的转子则是由与定子绕组有相同极数的固定极性磁极组成，该固定极性磁极是由接入磁极励磁绕组中的直流电流所产生的，图3-6所示即为一台三相4极同步电动机的结构示意图。当该电机定子上的对称三相绕组接上对称三相电源，并流过对称三相电流后，就会在电动机的气隙中产生一个与转子同极数的旋转磁场，旋转磁场的磁极将根据异性相吸的原则吸引转子磁极以相同的同步转速旋转。

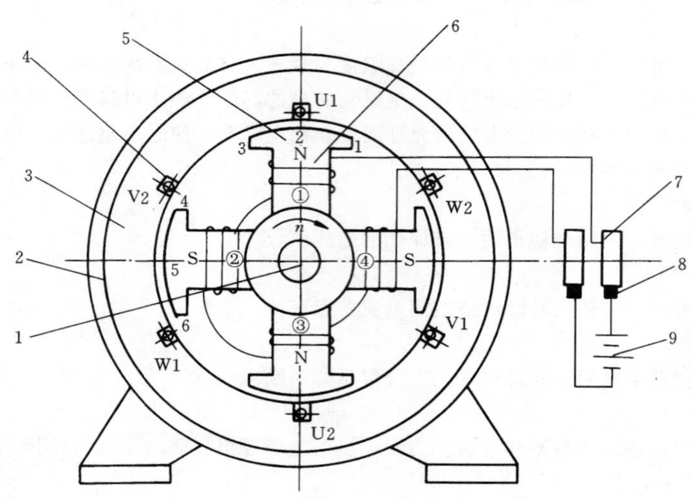

图3-6　三相4极同步电动机的结构示意图

1—转轴；2—机座；3—定子铁芯；4—定子绕组；5—磁极铁芯；
6—磁极绕组；7—集电环；8—电刷；9—直流电源

二、三相同步电动机的型号、结构和用途

三相同步电动机的型号、结构及用途简介如下。

（1）产品型号说明：

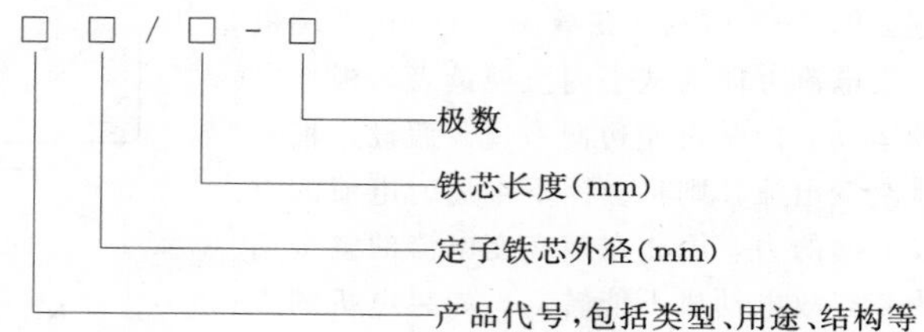

例如：

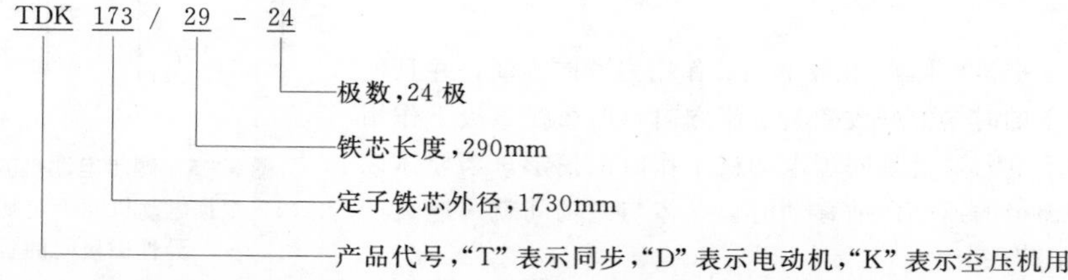

其含意是：空压机用同步电动机，24 极，定子铁芯外径为 1730mm，铁芯长度为 290mm。

（2）结构和用途。常用三相同步电动机的结构和用途如表 3－1 所示。

表 3－1　　三相同步电动机的结构和用途

名　称	型号	型号含义	结构型式	用　途
TD 系列同步电动机	TD	同　动	防护式、卧式结构、单（双）轴伸、直流励磁机或可控励磁装置	通风机、水泵、电动发电机组等
TDK 系列同步电动机	TDK	同动压	一般为开启式、必要时制成防爆安全型或管道通风型，可控硅励磁装置	空压机、棒磨机、磨煤机等
TDQ 系列球磨机用同步电动机（包括老系列 CTZ）	TDQ	同动磨	开启式、自冷通风、卧式结构，设有两个轴承座及整块电机座架，用直流发电机励磁或可控硅励磁	球磨机、棒磨机、磨煤机等
TDZ 系列轧钢机用同步电动机（包括老系列 TZ）	TDZ	同动轧	一般为管道通风卧式结构，直流发电机励磁或可控硅励磁	拖动各种类型轧钢设备
TDG 系列高速同步电动机	TDG	同动高	封闭式轴向分区通风隐极结构、异步起动，直流发电机或可控硅励磁	化工、冶金或电力部门拖动空式机、水泵等用
TDL 系列立式同步电动机	TDL	同动立	立式、开启式自冷通风、悬吊式结构、单独励磁机用异步电动机拖动	拖动立式轴承泵或离心式水泵
TT 系列同步调相机	TT	同　调	卧式、户内、全封闭式气体闭路循环冷却结构	改善电网功率因数，调整电网电压

三相同步电动机由于具有在电源电压波动或负载转矩变化时，仍可保持其转速恒定不变的良好特性，因而被广泛应用于驱动不要求调速和功率较大的机械设备中。如轧钢机、透平压缩机、鼓风机、各种泵和变流机组等；或者用于驱动功率虽不大但转速较低的各种磨机和往复式压缩机；还可用于驱动大型船舶的推进器等。近年来，由于晶闸管变频装置技术日渐成熟和大型化，使同步电动机能够通过变频而作调速运行。因此，在一定的控制方式下三相同步电动机的运行特性与他励式直流电动机的工作特性相近，从而更扩大了它的使用范围。

第 3 节　同步发电机的电气线路

同步发电机有很多类型和不同结构，因而其绕组的内部连接与外部的电气控制线路种类繁多性能各异。特别是近年来随着科学技术的不断进步和电工电子技术的迅速发展，同步发电机的励磁系统、自动调控技术的不断更新，使其电气控制线路日新月异，从而型式更多、性能更强。

交流发电机根据定、转子转速的相同或不同，可以分为同步发电机和异步发电机（主要为同步发电机）；按照磁场与电枢的相对位置不同又可分为旋转磁场式和旋转电枢式发电机；根据励磁方式的不同则可分为他励式和自励式发电机；若根据拖动发电机原动机的不同则又可分为汽轮发电机、水轮发电机、柴油发电机等，但发电机的励磁方式及励磁系统与其电气控制线路关系最为紧密。

一、同步发电机励磁系统及电气线路

同步发电机的励磁系统，一般包括励磁机（或整流器）、手调励磁装置、自动励磁调节器、灭磁装置等。下面将选介几种同步发电机励磁系统及电气线路。

1. 直流发电机并励式励磁机电气线路

图 3－7 所示即为三相同步发电机采用直流发电机并励式励磁机的电气线路。并励式励磁机的工作特性

为：当负载增加时其端电压下降较大，故它仅适用于小容量同步发电机中作励磁机。励磁机的电压则可用磁场变阻器 R_C 进行调节。

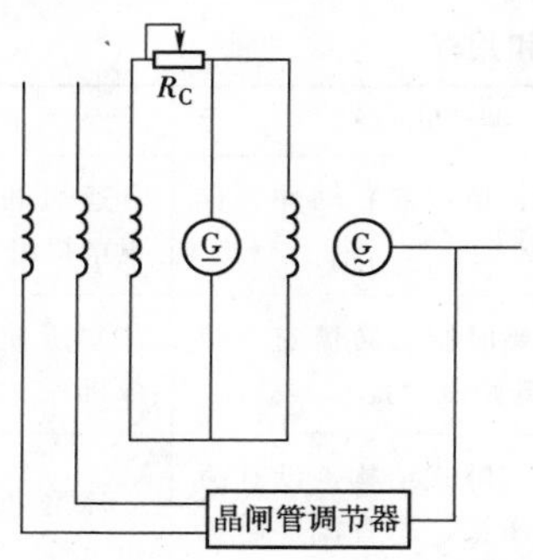

图 3-7 直流发电机并励式励磁机电气线路

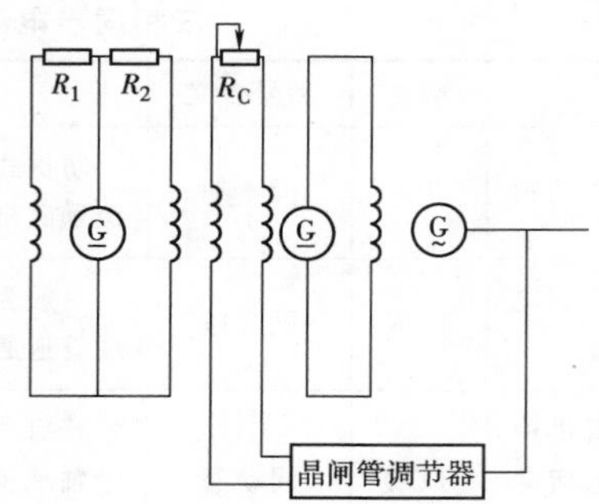

图 3-8 直流发电机复励式励磁机电气线路

2. 直流发电机复励式励磁机电气线路

图 3-8 所示即为直流发电机复励式励磁机的恒压特性较好，在负载变化时其端电压较为平稳，因而多用于中大容量发电机中作为励磁机。

3. 自励整流器励磁的直流侧并联自复励系统

图 3-9 所示即为自励整流器励磁的直流侧并联自复励系统。它是从同步发电机输出端的电压及电流取得励磁能量的一种自励系统，可适用于各级容量的同步发电机。

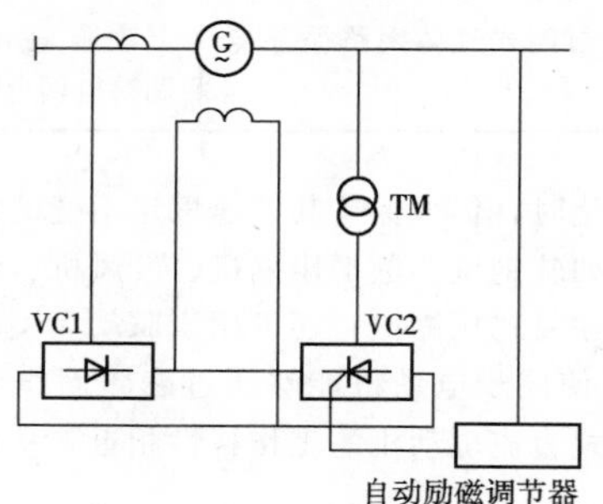

图 3-9 自励整流器励磁的直流侧并联自复励系统

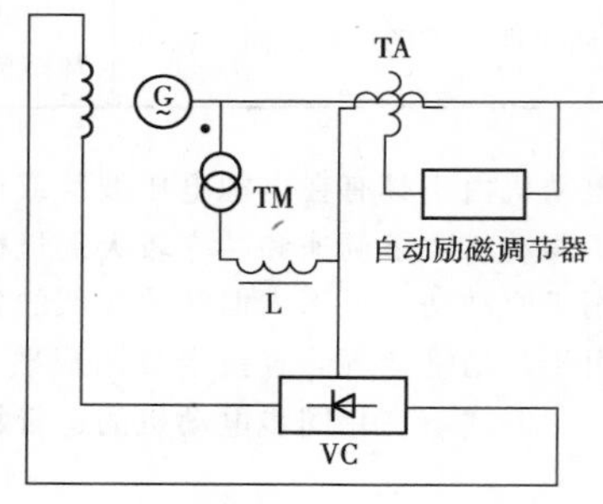

图 3-10 自励整流器可控相复励励磁系统

4. 自励整流器可控相复励励磁系统

图 3-10 所示即为自励整流器可控相复励励磁系统。该线路利用电抗移相，使同步发电机电压的励磁分量滞后于发电机端电压，其输出电压随发电机负载的大小而增减。

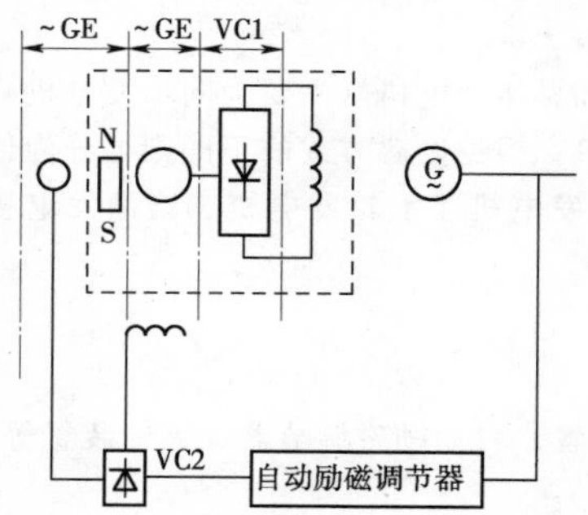

图 3-11 他励整流器无刷励磁系统

5. 他励整流器晶闸管励磁系统

图 3-11 所示即为他励整流器晶闸管励磁系统。该系统由交流励磁机及晶闸管整流器所组成，它适用于对励磁峰值电压倍数高的大、中型同步发电机的励磁。

6. ZLTQ-2S 型晶闸管调节器直流电机励磁系统

图 3-12 所示即为 ZLTQ-2S 型晶闸管调节器直流电机励磁系统。该励磁系统的主同步发电机端电压在额定值附近变化时，ZLTQ-2S 型调节器只有与主励磁绕组电流同向的正接输出电流，此电流随主发电机端电压的降低或上升相应地自动增减，以维持主发电机端电压为一定水平。当发电机端电压严重下降时，变阻器 R_C 将会短接而实现强

行励磁。

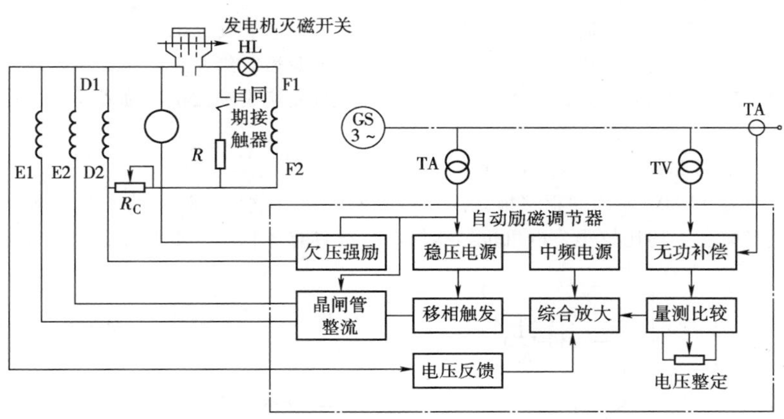

图 3-12　ZLTQ-2S 型晶闸管调节器直流电机励磁系统

7. KGT-3 型晶闸管调节器直流电机励磁系统

图 3-13 所示即为 KGT-3 型晶闸管调节器直流电机励磁系统。该励磁系统是在发电机端电压过分升高时，其正接电流截止，反接电流则出现，从而实现减磁；而当发电机端电压严重下降时，则欠压强励单元动作，将变阻器 R_C 短接而实现强行励磁。

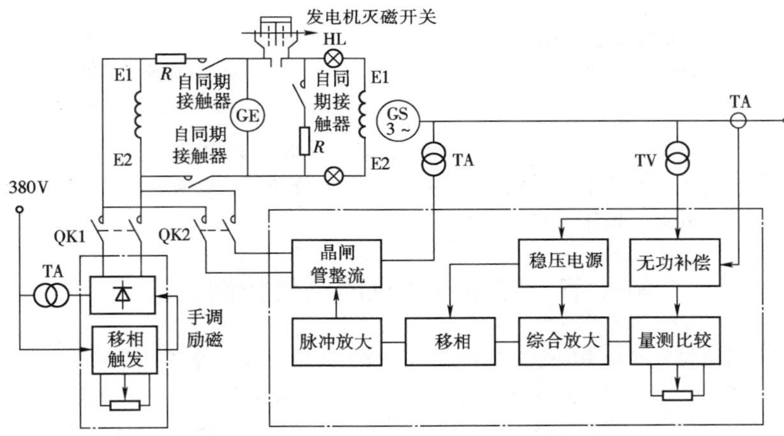

图 3-13　KGT-3 型晶闸管调节器直流电机励磁系统

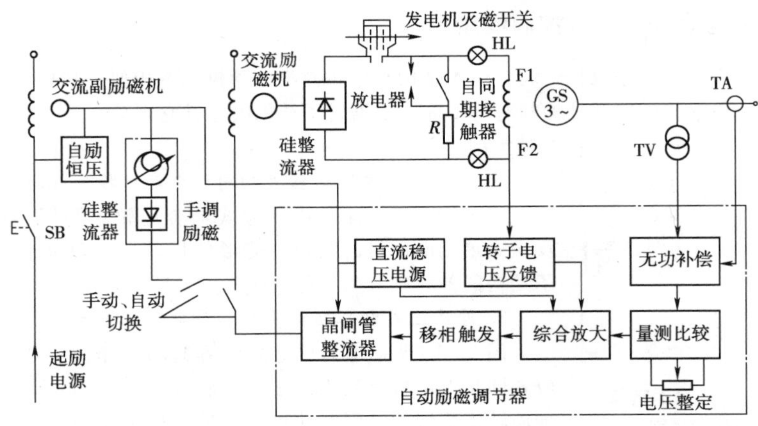

图 3-14　他励静止整流器励磁系统

8. 他励静止整流器励磁系统

图 3－14 所示即为他励静止整流器励磁系统。该系统为由感应子发电机组成的交流副励磁机经晶闸管整流供给同轴的交流励磁。当主发电机起动时，先由外部直流电源短时给交流副励磁机提供励磁电流，以建立起始电压，当发电机建立电压后，外部电源即自动切除。此时交流副励磁机的励磁功率将由永磁式发电机或交流励磁机本身提供。

9. TFDW 系列同枢倍极式逆序磁场励磁电气线路

图 3－15 所示即为 TFDW 系列同枢倍极式逆序磁场励磁电气线路。该线路不带电容器，起励简单，稳态电压调整率和波形畸变率均比较小。电机也结构简单，故具有体积小、重量轻、成本低等许多优点。

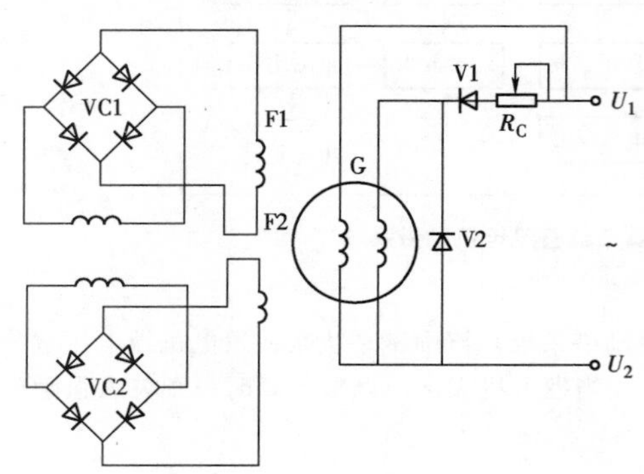

图 3－15 TFDW 系列同枢倍极式逆序磁场励磁电气线路

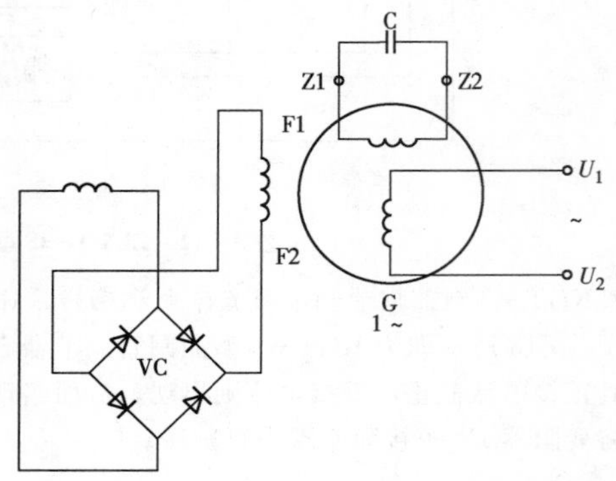

图 3－16 TFDW 系列电容式逆序磁场励磁电气线路

10. TFDW 系列电容式逆序磁场励磁电气线路

图 3－16 所示即为 TFDW 系列电容式逆序磁场励磁电气线路。该 TFDW 系列为小型无刷单相同步发电机，它主要与汽油机配套组成小容量发电机组。本线路具有造价较低、效率较高、线路简单、起励迅速、动态性能好等许多优点，但其电容器体积却比较大。

第 4 节 同步电动机的电气控制线路

同步电动机因其转速恒定和功率因数高的特点，而被主要用于拖动许多需要恒速运转的大型机械设备，如空压机、球磨机、离心式水泵等。同步电动机的电气控制线路比异步电动机要稍显复杂，常见电气控制线路主要为：单相同步电动机电气控制线路；三相同步电动机电气控制线路；三相同步电动机励磁系统电气线路。本节选绘了部分这方面的电气控制线路图。

一、单相同步电动机的电气控制线路

单相同步电动机多为小功率电机，它的定子结构与单相异步电动机基本相似，其功能也是用来产生一个旋转磁场。单相同步电动机的转子结构却有所不同，根据转子结构的差异它则分为反应式、磁滞式和永磁式 3 种类型。

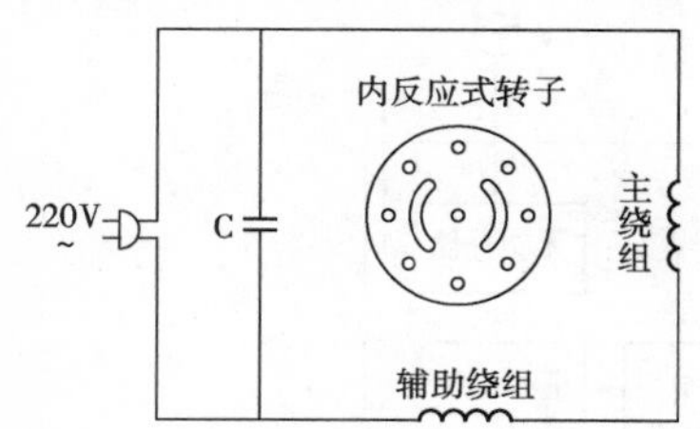

图 3－17 内反应式电容运转单相同步电动机控制线路

1. 内反应式电容运转单相同步电动机控制线路

图 3－17 所示即为内反应式电容运转单相同步电动机控制线路。反应式单相电动机的结构与笼形单相异步电动机基本相同，依据其转子结构的差异则分为：外反应式、内反应式及内、外反应式 3 种型式。

2. 外反应式电容起动单相同步电动机控制线路

图 3－18 所示即为反应式电容起动单相同步电动机控制线路。反应式同步电动机是利用转子上交轴和直轴磁阻不等，从而产生转矩去推动转子旋转的。因电动机产生的系磁阻转矩，故又称为单相磁阻式同步电动机。

3. 内、外反应式电容起动与运转同步电动机控制线路

图 3-19 所示即为内、外反应式电容起动与运转同步电动机控制线路。反应式同步电动机的转子上无激磁绕组，因而作用在转子上的转矩平均值为零，故这种单相同步电动机在转子槽中需增设供起动用的笼形绕组。

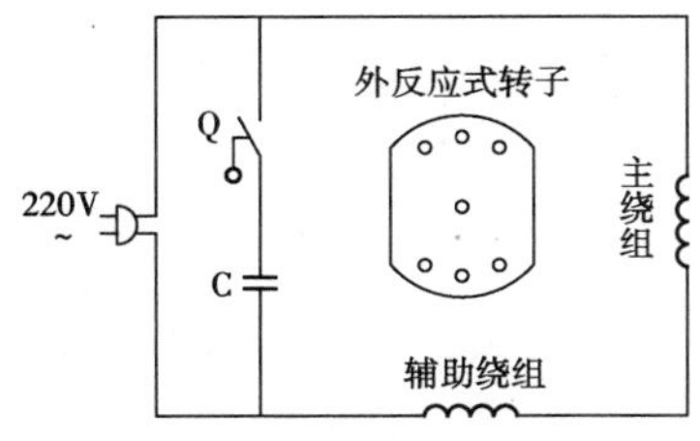

图 3-18　外反应式电容起动单相同步电动机控制线路

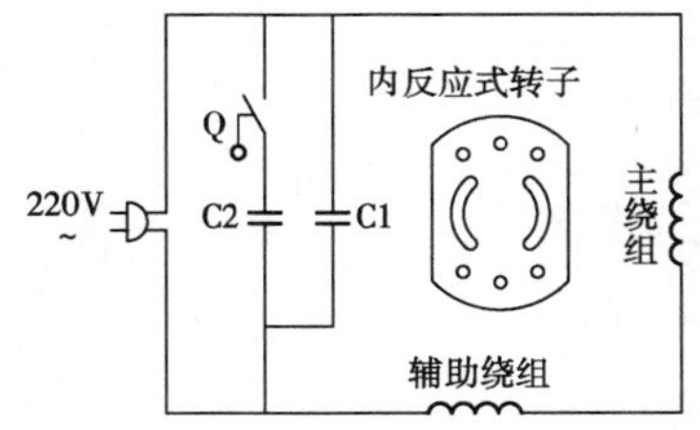

图 3-19　内、外反应式电容起动与运转同步电动机控制线路

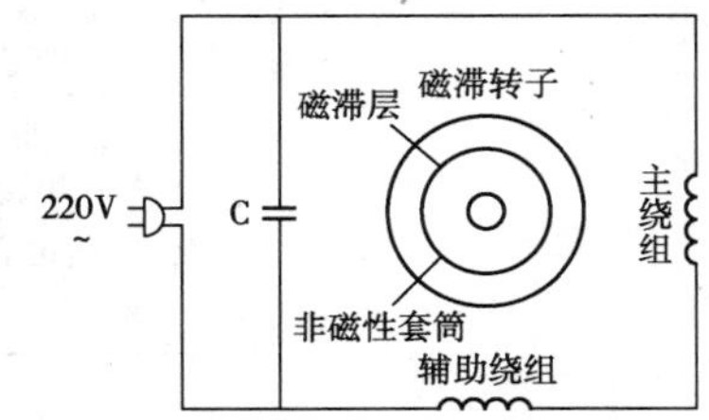

图 3-20　磁滞式单相同步电动机控制线路

4. 磁滞式单相同步电动机控制线路

图 3-20 所示即为磁滞式单相同步电动机控制线路。这种单相同步电动机是一种利用磁滞作用产生转矩的电动机。其主要特点是本身具有起动转矩，能自行进入同步并稳定地运转，而且其结构简单可靠。

二、三相同步电动机电气控制线路

三相同步电动机由于本身不具有起动转矩，因此它基本上都采用异步起动法起动。该种起动方法是在电机设计制造时即在其转子磁极铁芯圆周的表面上，加装有一套笼形绕组作为起动绕组，以用作电动机异步起动。待电动机转速接近同步转速 95%以上时，即给转子绕组供给励磁电流，从而将电动机牵入同步。该笼状绕组也称阻尼绕组，它同时还起着稳定电动机同步转速的作用。

1. 三相同步电动机的几种异步起动法

图 3-21 所示即为三相同步电动机的几种异步起动法。图 3-21（a）为全压起动，其起动转矩、起动电流都很大，附属设备少、操作简单、维护方便，是广泛使用的一种起动方法，但要求电网容量大。(b)、(c) 为电阻及电抗降压起动，其转矩的大小能够适当调节，但一般均比较低，起动时加速平滑，通常适用于空载起动的场合。由于电阻器、电抗器结构简单，因而故障少可靠性较高。

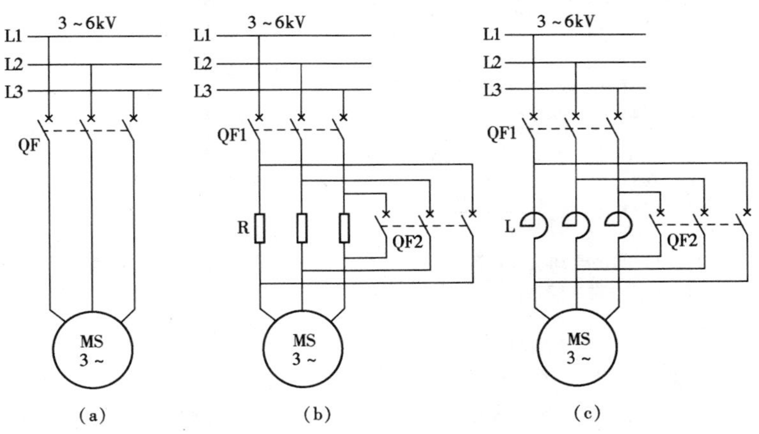

图 3-21　三相同步电动机的几种异步起动法

(a) 全压起动；(b) 电阻降压起动；(c) 电抗降压起动

2. 三相同步电动机定子全压起动控制线路

图 3-22 所示即为三相同步电动机定子全压起动控制线路。同步电动机的起动可根据需要采用全压起动或降压起动。一般要求重载起动的电动机多为全压起动，因其具有较大的起动转矩，但缺点是对电源的冲击

较大。降压起动则适用于空载、轻载起动场合。

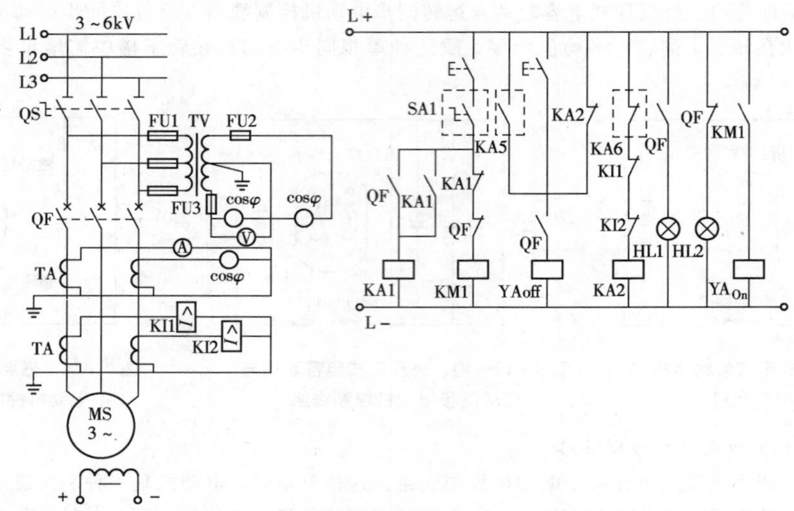

图3－22 三相同步电动机定子全压起动控制线路

3．同步电动机按电流原则加励磁的原理图

图3－23所示即为同步电动机按电流原则加励磁的原理图。在同步电动机作为异步起动时，其定子电流都会很大，而当转速达到同步时则电流将下降。因此，可利用定子电流值的变化来反映电动机的转速状况，并以此为依据来加入励磁电流。

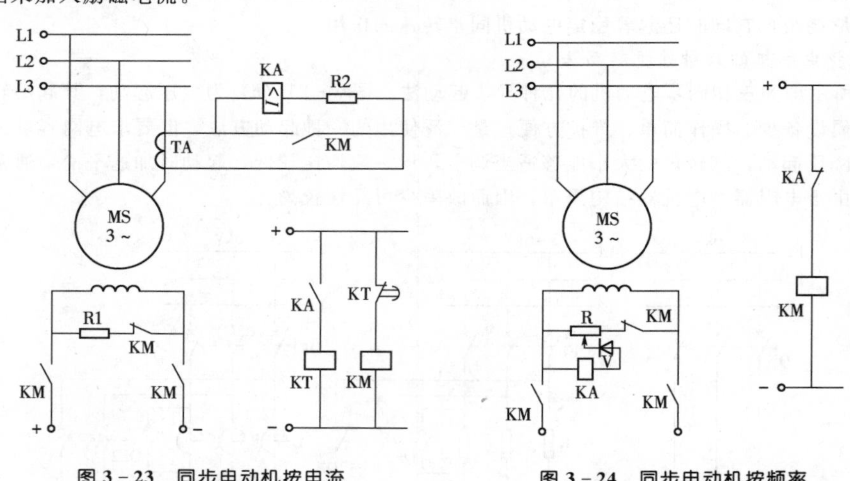

图3－23 同步电动机按电流原则加励磁的原理图

图3－24 同步电动机按频率原则加励磁的原理图

4．同步电动机按频率原则加励磁的原理图

图3－24所示即为同步电动机按频率原则加励磁的原理图。同步电动机起动时，要待其转速达到准同步转速及以上时才投入励磁。转速监测则可从定子回路电流值的变化来反映，也可由转子频率参数来控制，以适时加入转子的励磁电流。

5．三相同步电动机按频率原则加入励磁的控制线路

图3－25所示即为三相同步电动机按频率原则加入励磁的控制线路。该线路采取在电动机定子侧用自耦变压器降压起动，转子部分则为按频率原则加入励磁。励磁电源则由直流发电机供给，线路主要由极性继电器、时间继电器、过电流继电器、交流接触器等组成。降压起动则设有联锁保护，过流继电器用作过载保护。

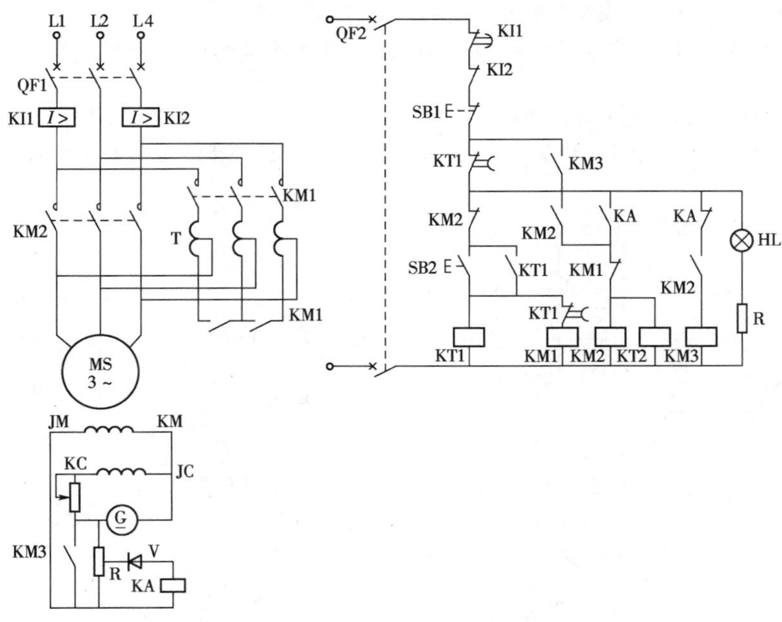

图 3-25　三相同步电动机按频率原则加入励磁的控制线路

6. 三相同步电动机按定子电流原则加入励磁的主电路

图 3-26 所示即为三相同步电动机按定子电流原则加励磁的主电路。从图中可以看出，当同步电动机的转速达到准同步速时，其定子电流下降到使电流继电器 KA 释放，使时间继电器 KT 释放，在经过一段延时后，延时闭合的动断触点闭合，使接触器 KM 通电吸合，切除放电电阻 R1，并投入励磁电流。

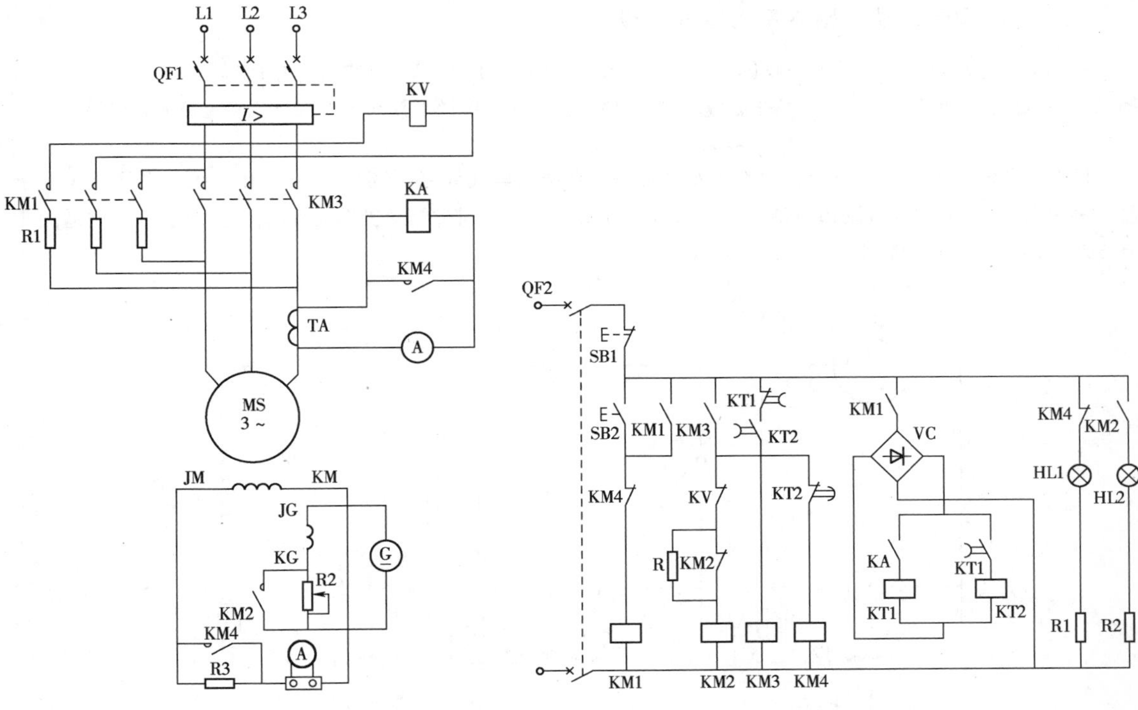

图 3-26　三相同步电动机按定子电流原则加入励磁的主电路

图 3-27　三相同步电动机按定子电流原则加入励磁的控制线路

7. 三相同步电动机按定子电流原则加入励磁的控制线路

图 3-27 所示即为三相同步电动机按定子电流原则加入励磁的控制线路。从图中可以看出，该线路中还设有一级强励磁环节。

8. 按定子电流原则加入励磁的电抗降压起动控制线路

图 3-28 所示即为按定子电流原则加入励磁的电抗降压起动控制线路。该线路中增加 3 组电抗器用作电动机降压起动。

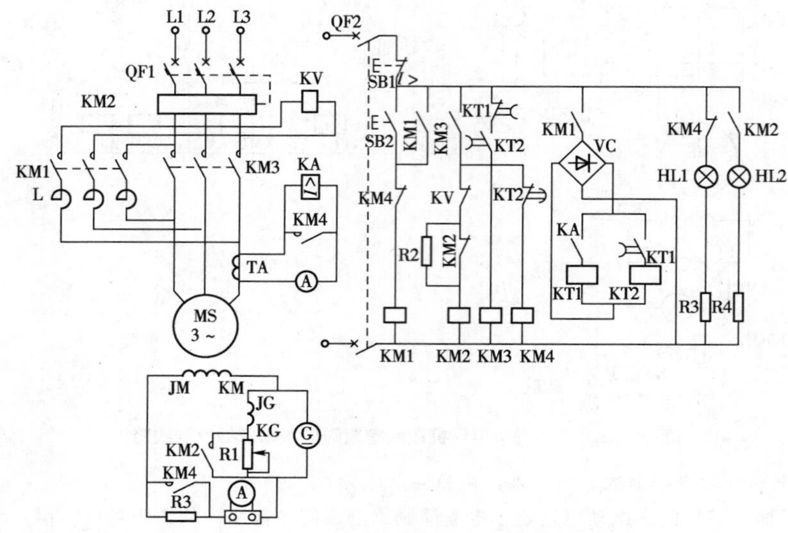

图 3-28 按定子电流原则加入励磁的电抗降压起动控制线路

三、三相同步电动机励磁系统电气线路

三相同步电动机的励磁系统一般包括励磁机（或整流器）、手调励磁装置、自动励磁调节器、灭磁装置等。同步电动机的励磁电流可由直流励磁机直接供给，也可由交流电源经可控或不可控整流器整流后再供给。

1. 同步电动机用直流发电机励磁系统的电气线路

图 3-29 所示即为同步电动机用直流发电机励磁系统的电气线路。线路（a）适用于无自动再同步要求且为轻负载的三相同步电动机；线路（b）适宜带较重负载三相同步电动机作励磁电源；线路（c）则适用于有自动再同步要求且带有重负载的三相同步电动机。

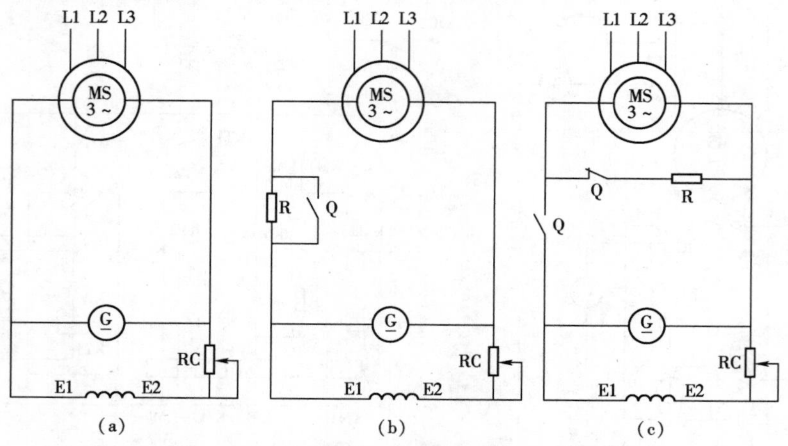

图 3-29 同步电动机用直流发电机励磁系统的电气线路

（a）磁场变阻器的电气线路；（b）电阻器串联电气线路；（c）电阻器并联电气线路

2. 自励整流器励磁的自并励系统电气线路

图 3－30 所示即为自励整流器励磁的自并励系统电气线路。它从同步电动机的电压及电流两者取得能量。

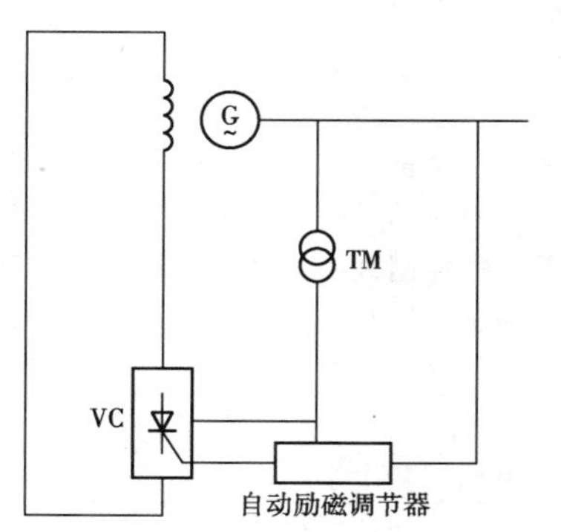

图 3－30　自励整流器励磁的自并励系统电气线路

图 3－31　自励整流器励磁的直流侧并联自复励系统

3. 自励整流器励磁的直流侧并联自复励系统

图 3－31 所示即为自励整流励磁的直流侧并联自复励系统。它是从同步电动机的电压及电流取得能量的一种自励系统，能适用于各级容量的同步电动机。

4. 三相同步电动机晶闸管励磁系统方框图

图 3－32 所示即为三相同步电动机晶闸管励磁系统方框图。该线路整个励磁系统由励磁变压器 TM、自动励磁调节器、晶闸管整流器及灭磁装置等组成。系统的励磁电源能保持电动机固有的启动特性，并具有在降压启动时自动窃取启动电抗器及电动机加速至准同步转速时自动投入励磁，以及手动调节励磁电流，强励，过电压保护等功能。

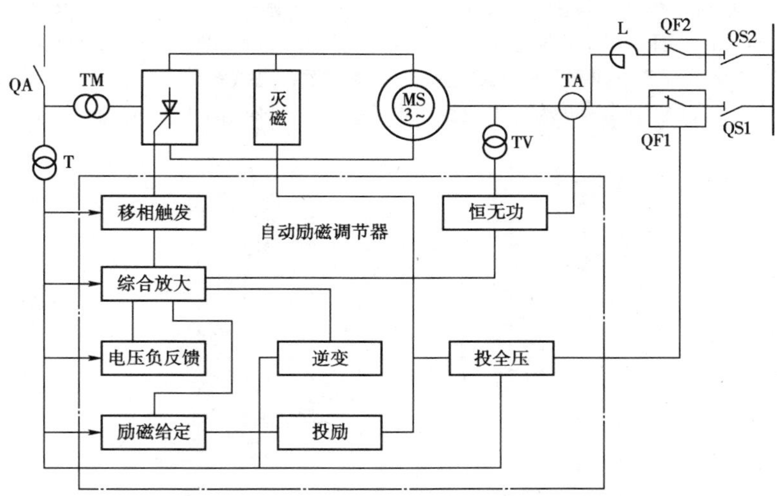

图 3－32　三相同步电动机晶闸管励磁系统方框图

第 4 章　同步、异步电机电气控制线路

同步电机是一种交流电机，现代工业中的各种交流发电机几乎全部采用同步发电机。同步电机除主要用作发电机外，也用作电动机。同步电动机因其转速恒定和功率因数高的特点，被主要用于拖动恒速运转的大型机械设备，如空压机、球磨机、离心式水泵等。同步电机的电气控制线路比异步电机要稍显复杂，同步电机常见的控制线路主要有以下几种，即：同步电动机电气控制线路、同步电机励磁系统电气线路、同步发电机电气控制线路等。本章选绘了这方面的部分电气控制线路图。

1. 同步电动机电气控制线路图

同步电动机分为单相同步电动机和三相同步电动机两类。单相同步电动机多为小功率电机，它的定子结构与单相同步电动机相似，用来产生旋转磁场；其转子结构却有所不同，根据转子结构的差异单相同步电动机可分为反应式、磁滞式和永磁式三种类型，图 4-1～图 4-4 所示即为其电气控制线路图。三相同步电动机基本上都采用异步起动法起动，该法是在电机设计、制造时在电动机转子磁极圆周的表面上，加装有一套笼状绕组作为起动绕组，用作异步起动。待电动机转速接近同步转速的 95%以上时，给转子绕组供给励磁电流，将电动机牵入同步运行，图 4-5～图 4-12 即为这些控制线路图。

2. 同步电机励磁系统电气线路图

同步电机的励磁系统一般包括励磁机（或整流器)、手调励磁装置、自动励磁调节器、灭磁装置等。同步电动机的励磁电流可由直流励磁机直接供给，也可由交流电源经可控或不可控整流器整流后再供给。图 4-13～图 4-41 即为这些电气控制线路。

3. 同步、异步发电机电气控制线路图

中小容量同步发电机有很多类型和不同的结构，按相数可分为单相和三相；根据磁场和电枢的相对位置可分为旋转磁场式和旋转电枢式；按励磁方式可分为自励式、他励式等。图 4-42～图 4-66 为这类发电机电气控制线路；图 4-67～图 4-72 为发电机并列法电气线路及三相双电源自投电气线路。图 4-73～图 4-77 为异步电动机同步化运行节电线路及同步发电机异步调相运行电气线路。图 4-78～图 4-87 为三相异步发电机电气线路。图 4-88～图 4-89 为发电机稳压电路。图 4-90～图 4-100 则为三相交流发电机控制屏电气线路。

第 1 节　同步电动机电气控制线路图

图 4-1 所示为外反应式电容起动单相同步电动机控制线路。反应式同步电动机是由于转子上交轴和直轴磁阻不等，而产生转矩去推动转子旋转的。因系磁阻转矩，故又称磁阻式同步电动机。

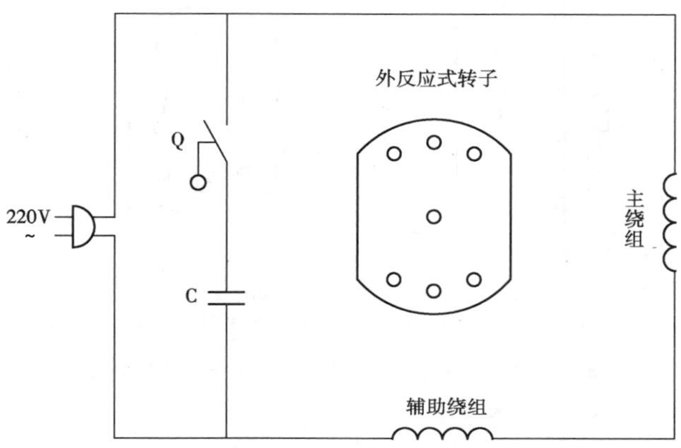

图 4-1　外反应式电容起动单相同步电动机控制线路

图 4-2 所示为内外应式电容运转单相同步电动机控制线路。反应式单相同步电动机的结构与笼型异步电动机基本相同，依据其转子结构的不同分为：外反应式，内反应式，内、外反应式三种型式。

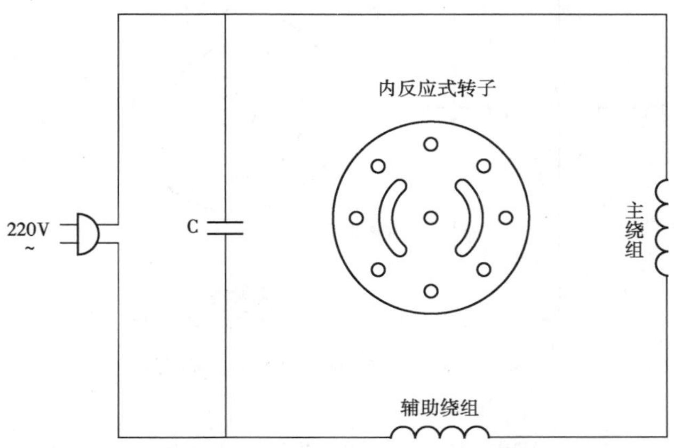

图 4-2　内外应式电容运转单相同步电动机控制线路

反应式单相同步电动机的转子是用本身无磁性的导磁材料制造的。转子的磁极是由定子磁场磁化而来，所以称为“反应式”同步电动机。同时又因为它转子上交轴和直轴磁阻不等，因而产生磁阻转矩来驱动转子旋转，故又称为磁阻式单相同步电动机。

图 4－3 所示为内外应式电容起动与运转同步电动机控制线路。反应式同步电动机的转子上无激磁绕组，因而作用在转子上的转矩平均值为零，故这种电机在转子槽中需增设供起动用的笼形绕组。

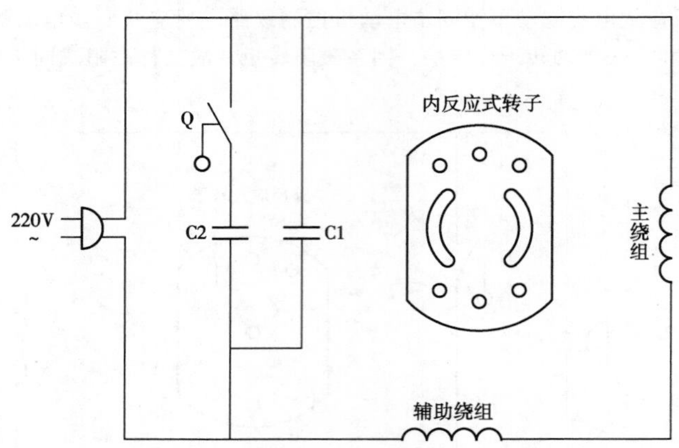

图 4－3　内外应式电容起动与运转同步电动机控制线路

图 4－4 所示为磁滞式单相同步电动机控制线路。这种同步电动机是一种利用磁滞作用产生转矩的电动机，其主要特点是具有起动转矩，能自行进入同步，并稳定地同步运转，而且结构简单可靠。

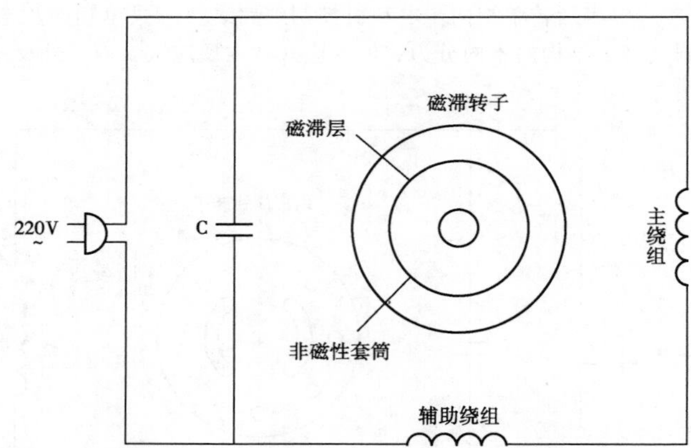

图 4－4　磁滞式单相同步电动机控制线路

磁滞式单相同步电动机是一种利用磁场滞后作用产生转矩的电动机。这类电动机的定子结构与单相异步电动机相似。转子用磁滞材料做成光滑表面的圆柱体，这种磁滞材料在进行反复磁化时，磁分子不能按外磁场的方向及时作相应的排列，因而在时间上有一个较大的滞后，产生较明显的磁滞现象。磁滞电动机的主要特点是具有较大的起动转矩。因此它不需要任何起动绕组就能进入同步，并稳定地在同步转速下运行。而且其结构简单、运行可靠，故而被广泛地应用于传真、录音、自动控制、自动记录的装置中。

图 4－5 所示为三相同步电动机的几种异步起动法，(a) 为全压起动，其起动转矩、起动电流都很大，附属设备少、操作简单、维护方便，是广泛使用的起动方法，但要求电网容量大。(b)、(c) 为电阻及电抗降压起动，其转矩的大小能够适当调节，但一般比较低，起动加速平滑，适用于空载起动的场合。由于电阻器、电抗器结构简单，故可靠性较高。

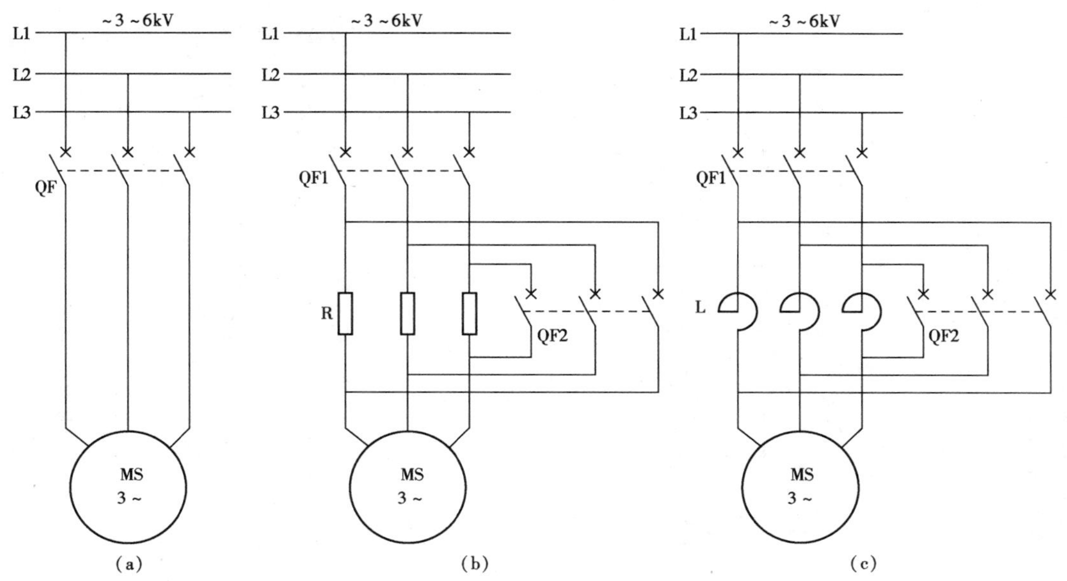

图 4－5　三相同步电动机的几种异步起动法

(a) 全压起动；(b) 电阻降压起动；(c) 电抗降压起动

同步电动机起动方法常见的有图 4－5 所示的三种。同步电动机的起动方式必须从电网容量、电动机的特性以及负载机械的特性这三方面来选择才行。一般除了高速大功率的以外，同步电动机大多采用全压异步起动；在条件允许时，均应优先考虑全压起动。当同步电动机的起动达到亚同步转速（即约达同步转速 95%）时，就应切除起动电阻而通入适当的励磁电流，随即转子磁极将建立起不变的极性。这时电动机转子将会在同步速度附近作周期性振荡，经过几个衰减振荡之后即被牵入同步，从而完成起动全过程。除上述三种同步电动机起动法以外，还有自耦变压器降压异步起动法和调频同步起动法两种，但终因起动技术及设备较为复杂，而只应用于电网容量不够大而又要求起动转矩较高或大功率高速同步电动机中。同步电动机转子采用阻尼环时可以改善小转差范围内的转矩特性（约可提高转矩 15～20%）。

图 4－6 所示为三相同步电动机定子全压起动控制线路，同步电动机的起动，根据需要可以采用全压起动或降压起动。一般要求重载起动的电动机多为全压起动，因它有较大的转矩，缺点是对电源冲击大。降压起动则适用轻载起动场合。

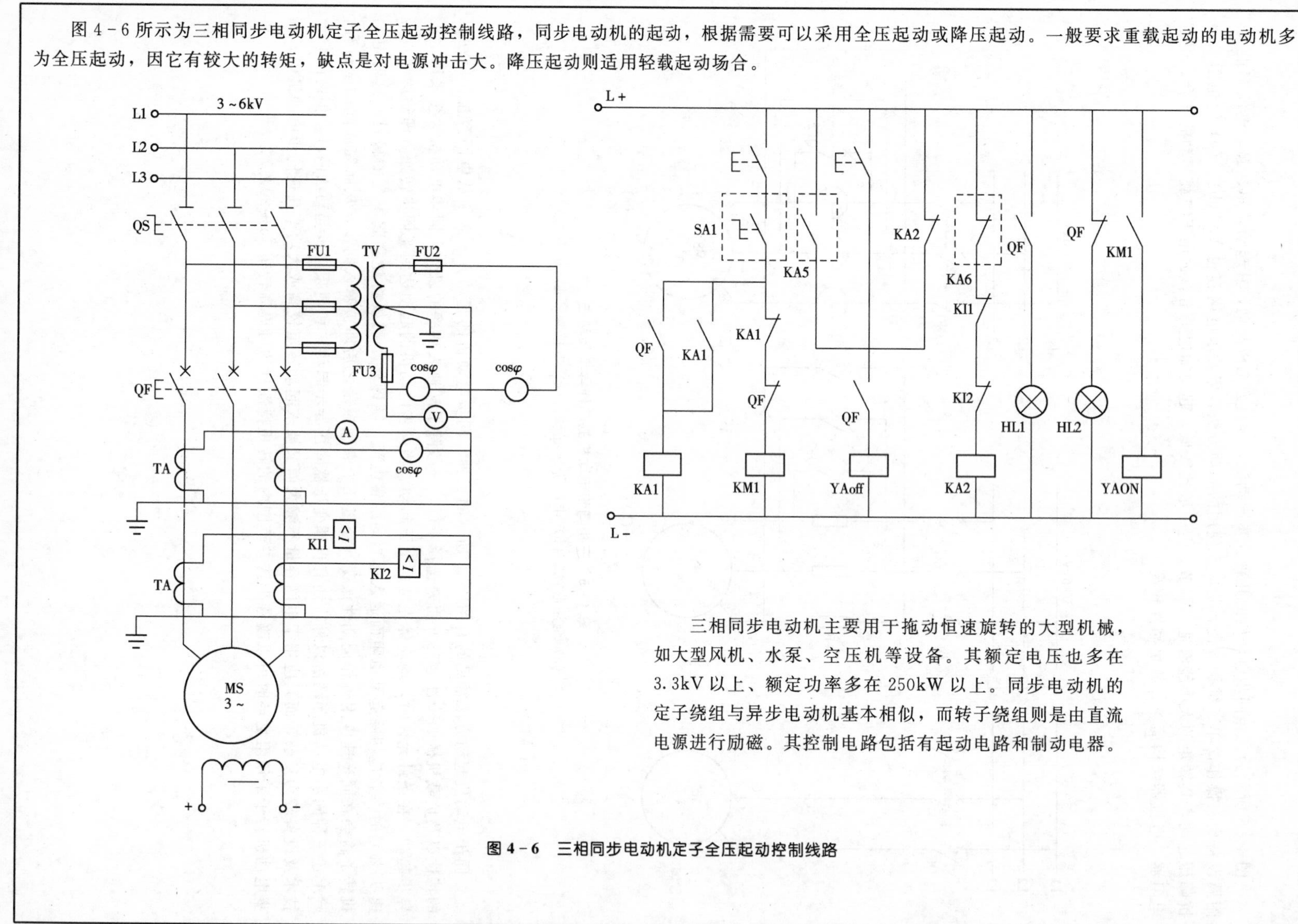

三相同步电动机主要用于拖动恒速旋转的大型机械，如大型风机、水泵、空压机等设备。其额定电压也多在 3.3kV 以上、额定功率多在 250kW 以上。同步电动机的定子绕组与异步电动机基本相似，而转子绕组则是由直流电源进行励磁。其控制电路包括有起动电路和制动电器。

图 4－6　三相同步电动机定子全压起动控制线路

图 4－7 所示为同步电动机按电流原则加励磁原理，同步电动机作为异步起动时，定子电流都很大，而当转速达到准同步时，则电流将下降，因此，可用定子电流值的变化来反映电动机的转速状况，并以此为依据来加入励磁。

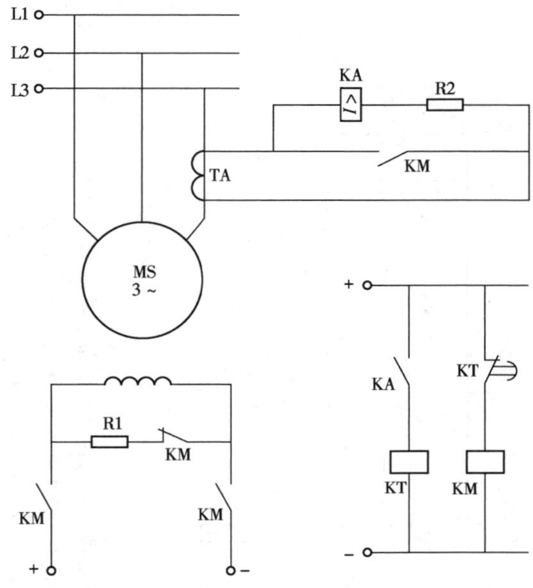

图 4－7　同步电动机按电流原则加励磁的原理图

图 4－8 所示为同步电动机按频率原则加励磁原理，同步电动机起动时，要待转子转速达到准同步转速及以上时才投入励磁，其转速监测可由定子回路的电流值变化来反映，也可由转子频率参数来控制，以适时加入转子励磁电源。

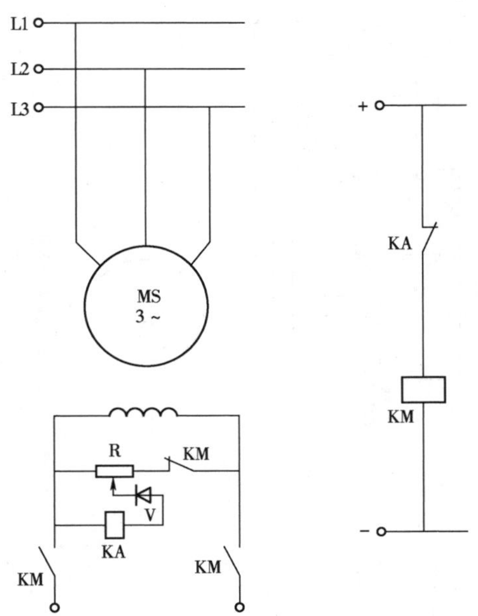

图 4－8　同步电动机按频率原则加励磁的原理图

图 4－9 所示线路采取在电动机定子侧用自耦变压器降压起动，转子部分则为按频率原则加入励磁，励磁电源由直流发电机供给，线路主要由极性继电器、时间继电器、过电流继电器、交流接触器等组成。降压起动设有联锁保护，过电流继电器则作过载保护。

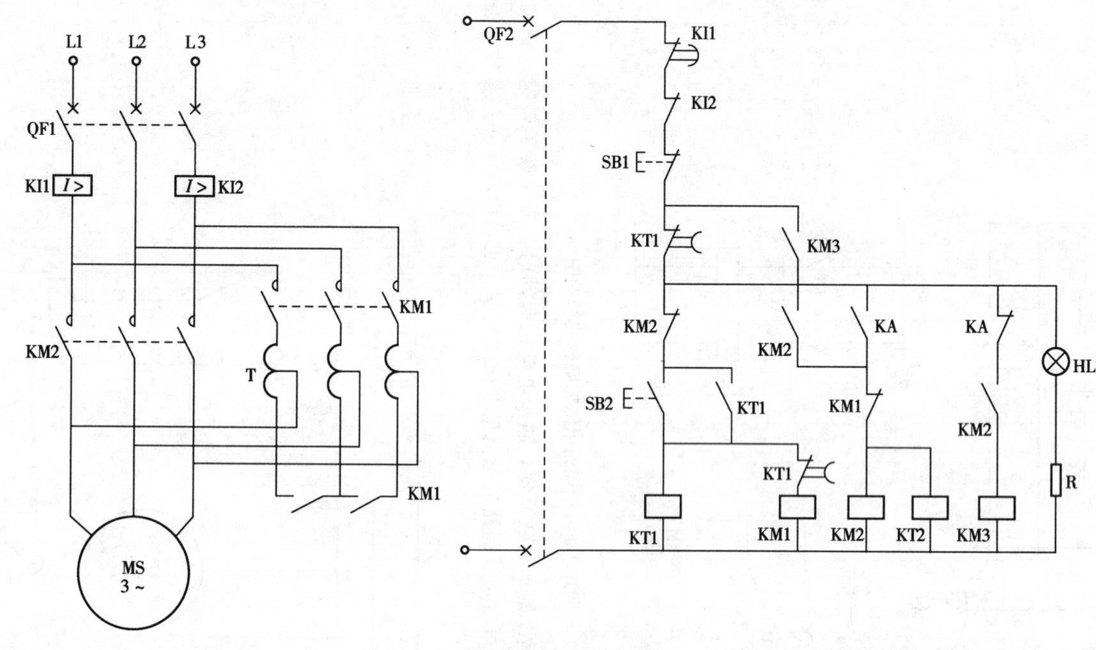

同步电动机起动时，先合上主回路断器器 QF1 及控制回路断路器 QF2，这时指示灯 H 亮，按下起动按钮 SB2，接触器 KM1 得电吸合并自锁，接着时间继电器 KT1 得电动作，电动机经自耦变压器降压起动。极性继电器 KA 得电吸合，为全压起动做好准备。经一段延时后 KT1 断开，KM1 失电至接触器 KM2 接通自锁，电动机在全压下升速，接着 KA 释放，KM3 吸合后切除放电电阻 R，电动机牵入同步运行，起动过程结束。

图 4－9　三相同步电动机按频率原则加入励磁的控制线路

图4－10所示为三相同步电动机按定子电流原则加入励磁的控制线路。当同步电动机采取异步起动时，定子电流会很大，其转速达到准同步速时，电流就将下降，因而可以根据定子电流的数值为反映电动机的转速情况。图中的KT为时间继电器，KA为电流继电器，TA为电流互感器，KM为直流励磁接触器。同步电动机起动时，定子绕组中强大的起动电流使电流互感器TA二次侧回路中的电流继电器KA吸合，时间继电器也予吸合，延时闭合的动断触点则瞬时断开，切断接触器KM线圈的回路，因而在励磁绕组中没有电流，且通过放电电阻R1短接。当同步电动机的转速达到准同步速时，定子电流下降到使电流继电器KI释放，使时间继电器KT释放，经一段延时后，延时闭合的动断触点闭合，使KM通电吸合，切除放电电阻R1，并投入励磁电流。

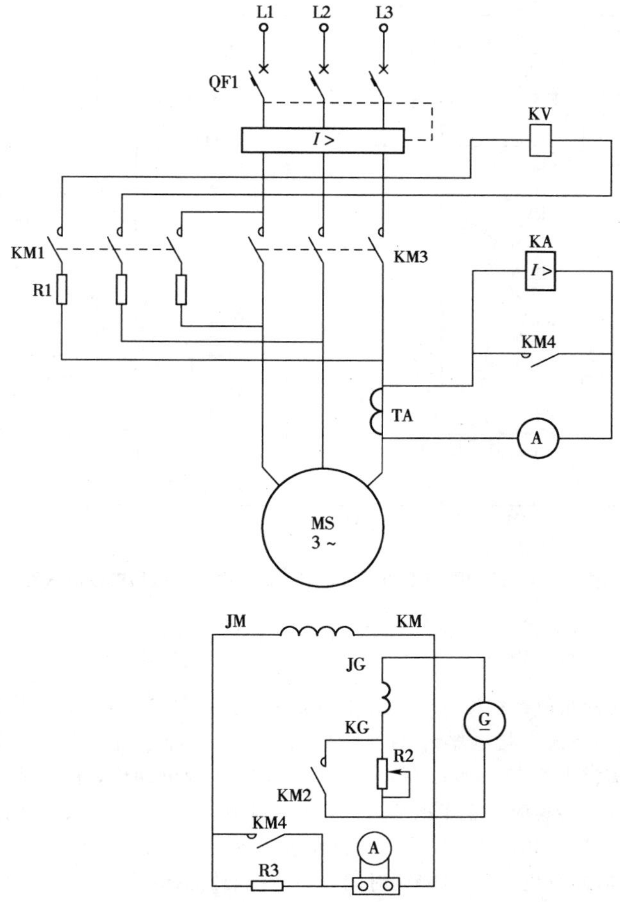

图4－10　三相同步电动机按定子电流原则加入励磁的主电路

该三相同步电动机按定子电流原则加入励磁的主电路，主要由断器器QF1、直流励磁接触器KM1～KM4、时间继电器KT、电流继电器KA、电流互感器TA等电气元件共同组成。

图 4－11 所示为三相同步电动机按电流原则投入励磁电流的控制线路，该线路中还设有一级强励磁环节。

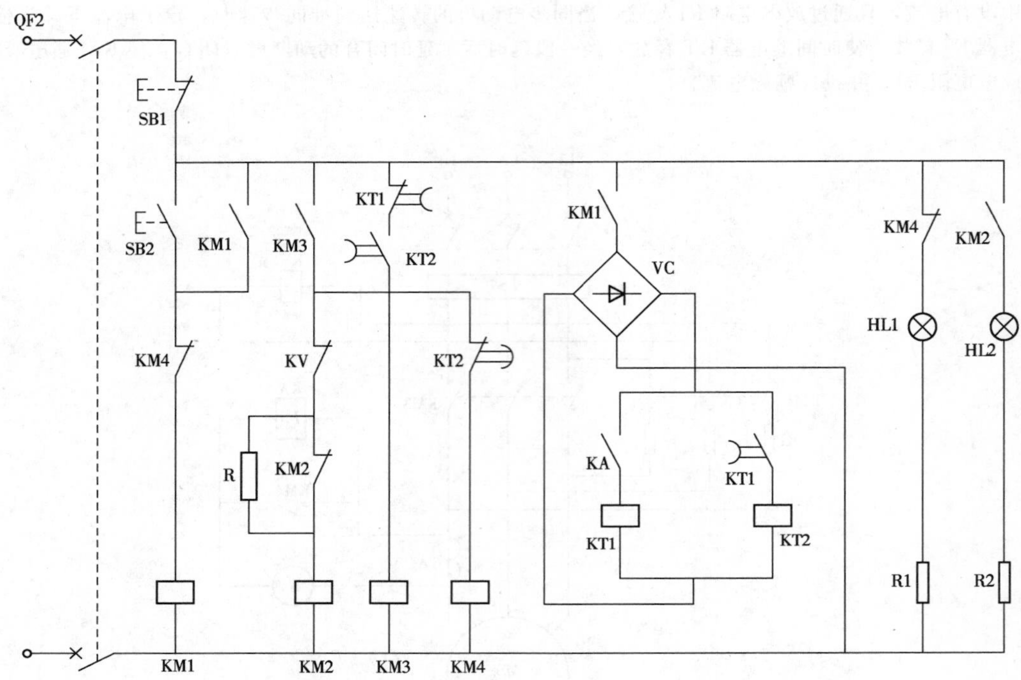

图 4－11　三相同步电动机按定子电流原则加入励磁的控制线路

图 4－11 所示为三相同步电动机按定子电流原则加入励磁的控制线路。该线路起动时分别合电源开关 QF1、QF2，按下起动按钮 SB2，接触器 KM1 通电吸合，电动机经电阻 R 作降压异步起动。由于定子回路的起动电流很大，电流继电器 KA 动作至使时间继电器 KT1 通电动作，经延时后又使时间继电器 KT2 吸合。当电动机转速接同步转速时，定子电流下降，使电流继电器 KA 释放、时间继电器 KT1 随之释放，经一定延时后将接通接触器 KM3，此时同步电动机在全压下断续起动。随即时间继电器 KT1 断开时间继电器 KT2 的线圈电路。时间继电器 KT2 经延时闭合，使接触器 KM4 通电吸合，短接电阻 R2，并给同步电动机投入励磁，KM4 的另一对常开触点短接电流继电器 KT 的线圈，而 KM4 的一对常闭触点断开至使接触器 KM1 释放，并切断定子起动回路及 KT1、KT2 线圈的电源，至此起动过程结束。时间继电器 KT1 和 KT2 分别用于控制降压起动和直流投励的时间。停机时，按下停止按钮 SB1 即可。

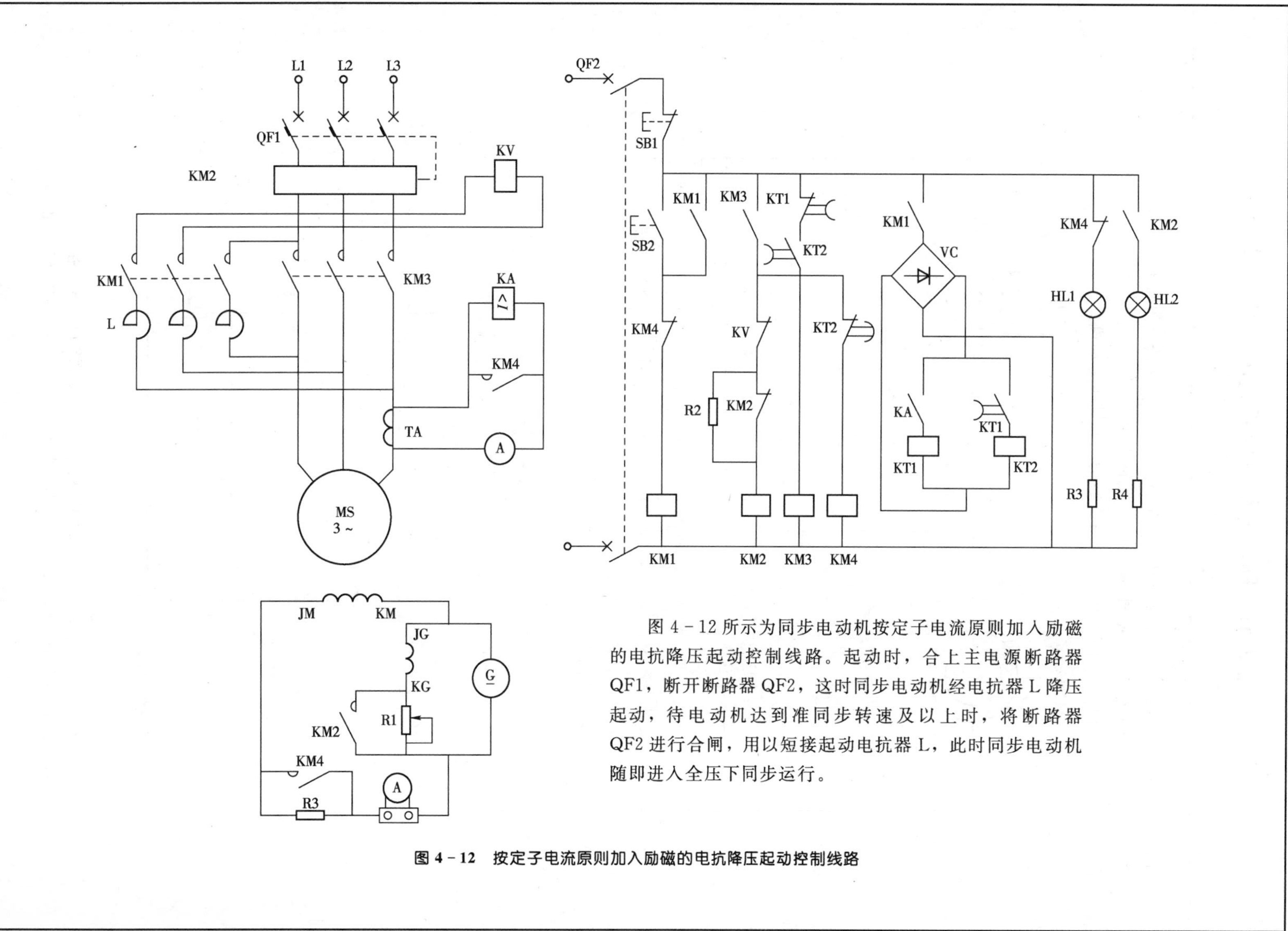

图 4－12 所示为同步电动机按定子电流原则加入励磁的电抗降压起动控制线路。起动时，合上主电源断路器 QF1，断开断路器 QF2，这时同步电动机经电抗器 L 降压起动，待电动机达到准同步转速及以上时，将断路器 QF2 进行合闸，用以短接起动电抗器 L，此时同步电动机随即进入全压下同步运行。

图 4－12　按定子电流原则加入励磁的电抗降压起动控制线路

第2节　同步电机励磁系统电气线路图

图4-13所示线路（a）适用于无自动再同步要求且为轻负载的三相同步电动机。

线路（b）适宜带较重负载三相同步电动机作励磁电源用。

线路（c）适用于有自动再同步要求且带有重载的三相同步电动机。

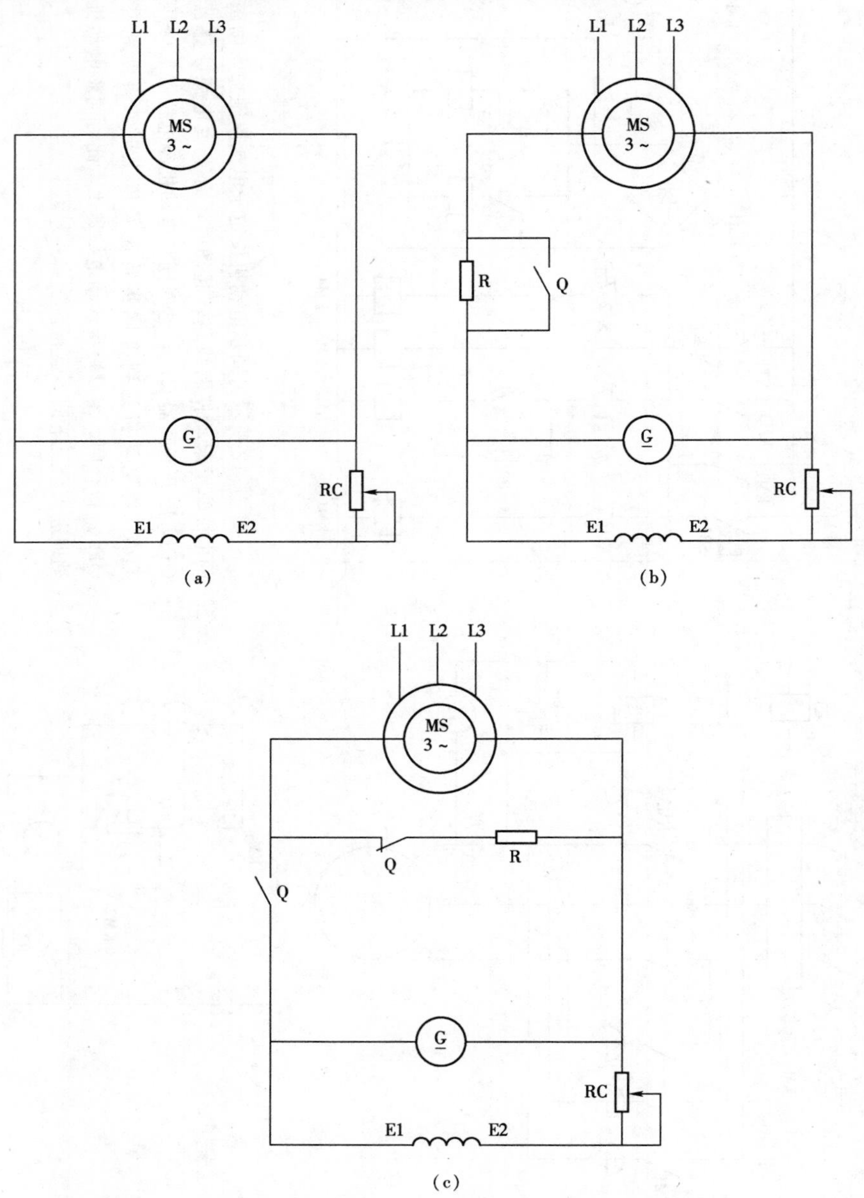

图4-13　同步电动机用直流发电机励磁系统的电气线路

（a）磁场变阻器的电气线路；（b）电阻器串联电气线路；（c）电阻器并联电气线路

图 4－14 所示为三相同步电动机晶闸管励磁系统，整个励磁系统由励磁变压器 TM、自动励磁调节器、晶闸管整流器及灭磁装置等组成，该系统的励磁电源能保持电动机固有的起动特性，它还具有在降压起动时自动切除起动电抗器及电动机加速至准同步转速时自动投入励磁，以及手动调节励磁电流、强励、过电压保护等。

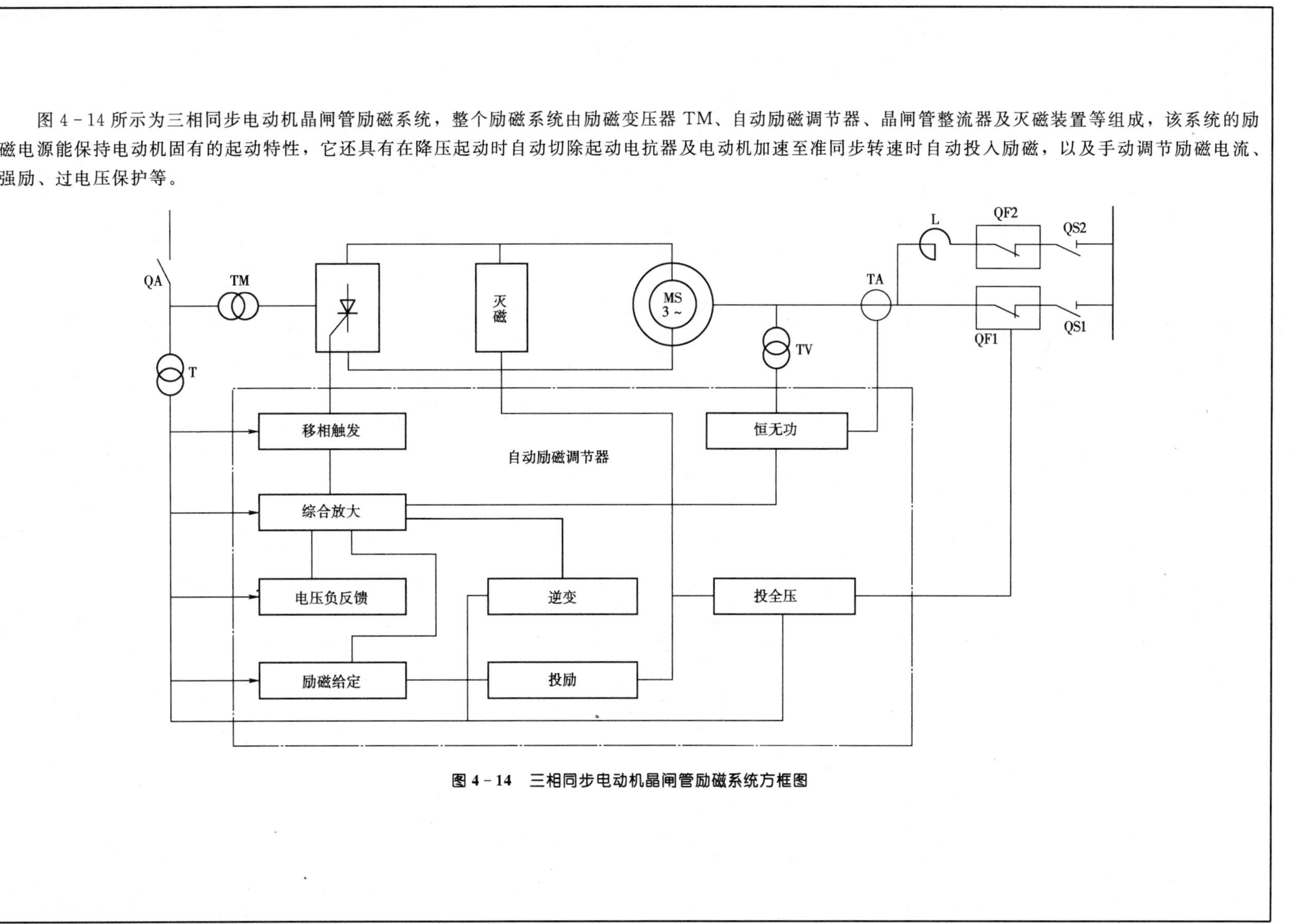

图 4－14　三相同步电动机晶闸管励磁系统方框图

图 4-15 所示为直流发电机并励式励磁机电气线路，并励式励磁机在负载增加时，端电压下降较大，故仅用于小容量发电机，励磁电压可用磁场变阻器 RC 调节。

图 4-16 所示为直流发电机复励式主励磁机电气线路，复励式主励磁机的励磁机恒压特性较好，在负载变化时端电压较平稳，多用于中大容量发电机中。

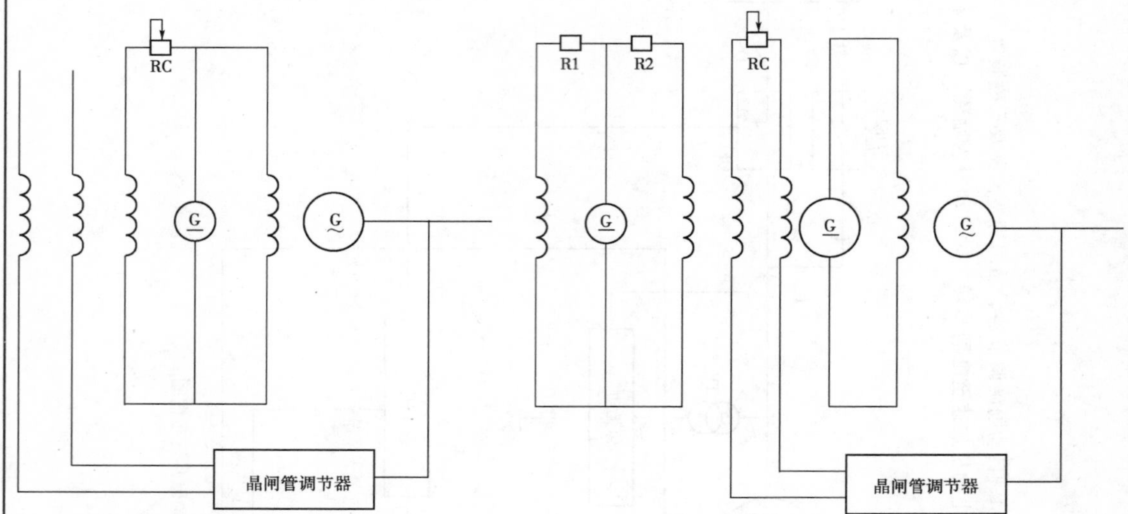

图 4-15 直流发电机并励式励磁机电气线路

图 4-16 直流发电机复励式主励磁机电气线路

图 4-17 所示为直流励磁机与整流器的混合励磁系统电气线路。(a) 为带功率电流互感器的混合励磁系统，(b) 则为带励磁变压器的混合励磁系统。这种混合励磁系统多用于改善老式直流励磁机的恒压特性。

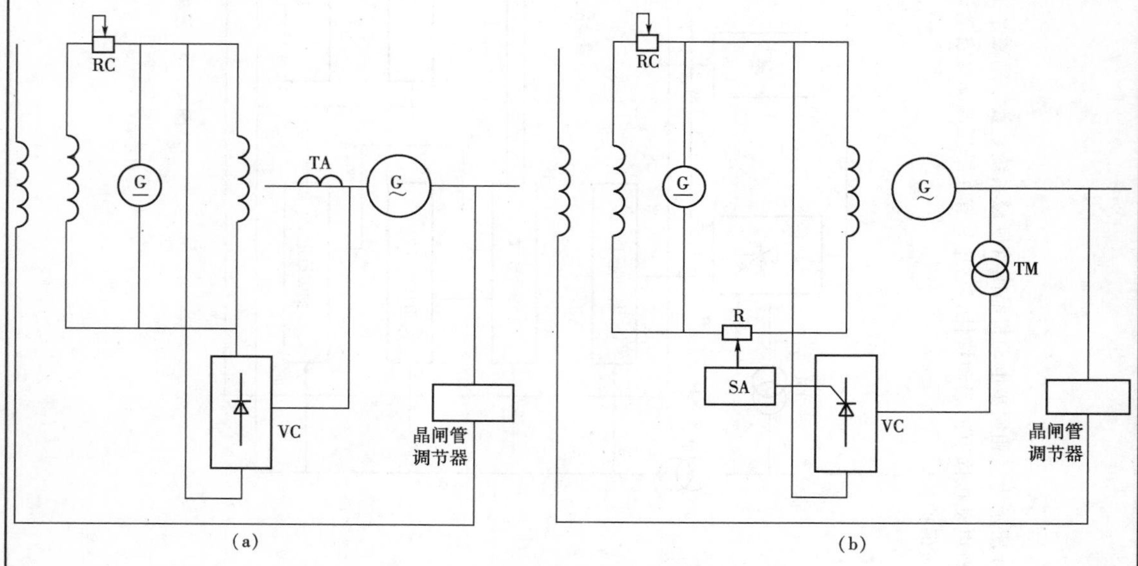

图 4-17 直流励磁机与整流器的混合励磁系统电气线路

(a) 直流励磁机带功率电流互感器的混合励磁系统；(b) 直流励磁机带励磁变压器混合励磁系统

图 4－18 所示为自励整流器励磁的自并励系统电气线路。它从同步电机的电压及电流两者取得能量，适用于各级容量的同步发电机、电动机、调相机等。

图 4－19 所示为自励整流器励磁的直流侧并联自复励系统电气线路，它是从同步电机的电压及电流取得能量的一种自励系统，适用于各级容量的同步电机。

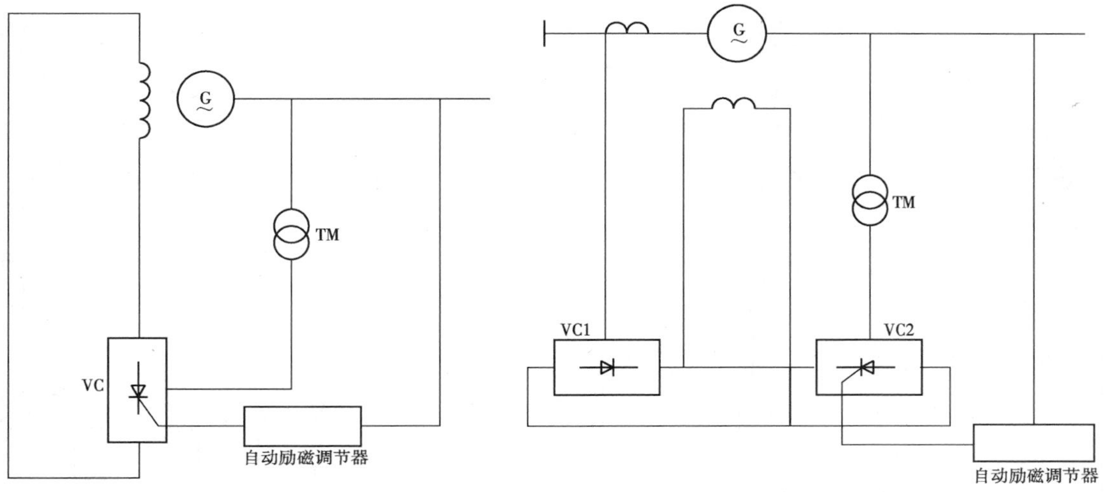

图 4－18　自励整流器励磁的自并励系统电气线路

图 4－19　自励整流器励磁的直流侧并联自复励系统

图 4－20 所示为自励整流器不可控相复励励磁系统。其输出电压随同步电机的电压、电流、功率因数而变化，它属自复励系统的一种，适用于低压小型发电机。

图 4－21 所示为自励整流器可控相复励励磁系统。该线路利用电抗移相，使发电机电压励磁分量滞后于发电机端电压，其输出电压随发电机负载大小而增减。

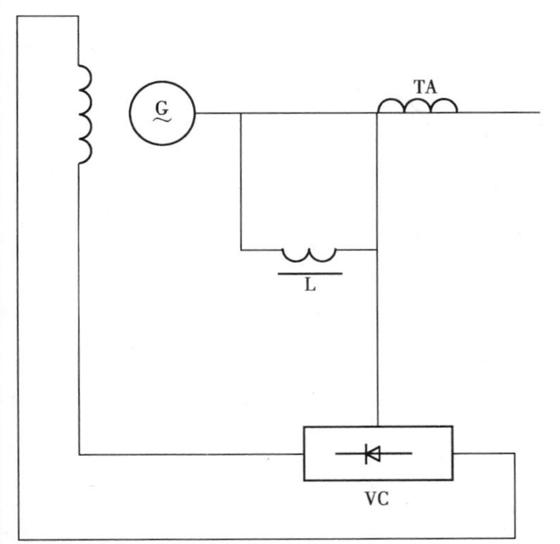

图 4－20　自励整流器不可控相复励励磁系统

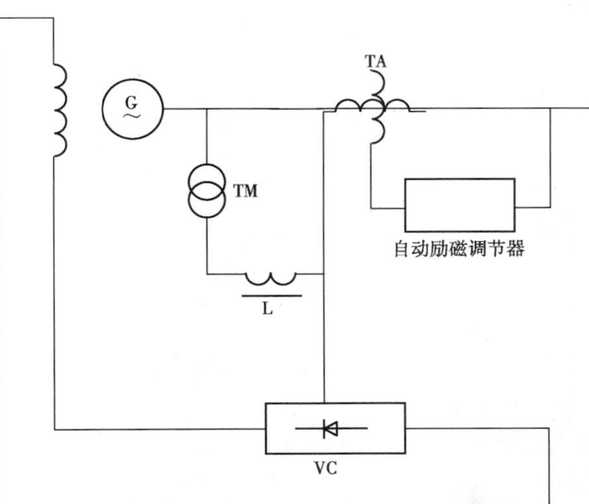

图 4－21　自励整流器可控相复励励磁系统

图 4－22 所示为双绕组电抗分流式励磁系统电气线路。该线路利用双绕组电抗分流发电机转子绕组的励磁电流，是由定子附加绕组中的感应电流和部分定子负载电流叠加并经整流后供给的，因而具有复励作用。

图 4－23 所示为交流侧串联自复励系统电气线路。它是从同步电机的电压及电流两部分取得能量的自励系统，用于要求励磁顶值电压倍数较高的大容量发电机。

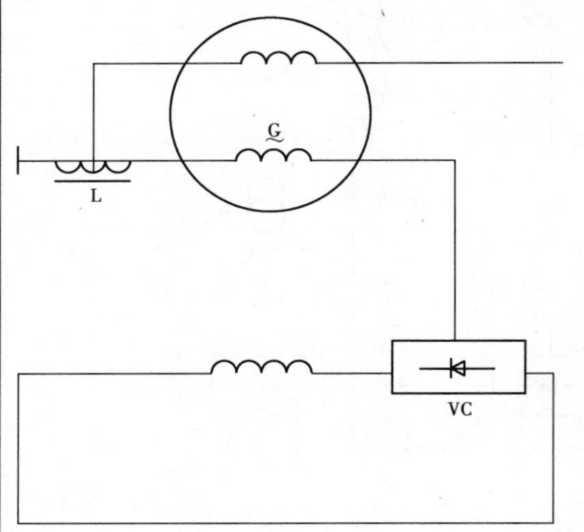

图 4－22　双绕组电抗分流式励磁系统电气线路

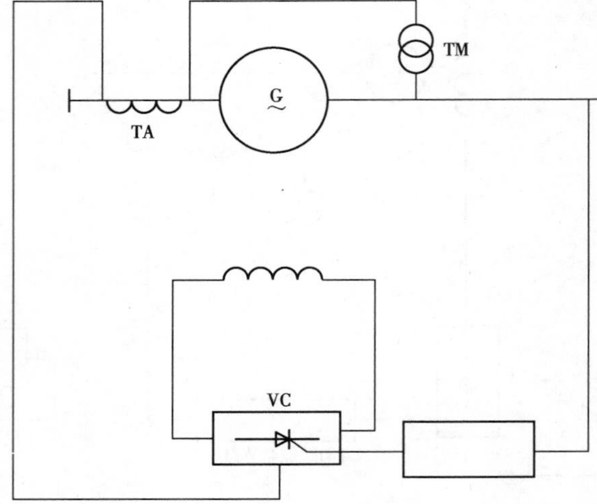

图 4－23　交流侧串联自复励系统电气线路

图 4－24 所示为直流侧串联自复励系统电气线路。它是一种由同步电机的电压及电流两者取得励磁能量的自励励磁系统，其适用于大、中容量同步发电机。

图 4－25 所示为自励整流器谐波励磁系统电气线路。在定子线槽内增设与主绕组相绝缘的谐波绕组，当发电机运行时，在谐波绕组中产生谐波电势，此电势经整流后供发电机励磁绕组，适于低压小型发电机。

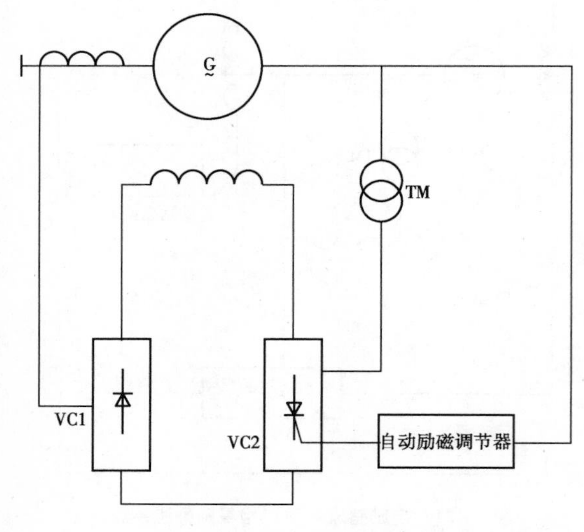

图 4－24　直流侧串联自复励系统电气线路

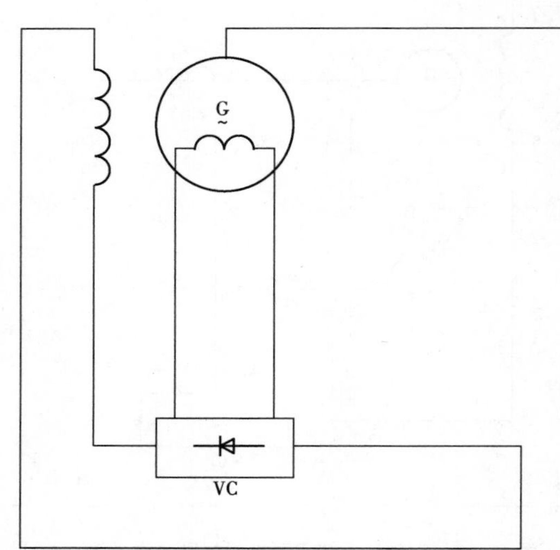

图 4－25　自励整流器谐波励磁系统电气线路

图 4-26 所示为他励不可控静止整流器励磁系统电气线路。他励式励磁一般由直流发电机（又叫直流励磁机）供给励磁电流，或者由小型交流发电机（又称交流励磁机）经静止整流器整流后供给励磁电流。图（a）中的交流副励磁机备有自励恒压装置，图（b）则为永磁式交流副励磁机，两图备有自动励磁调节器。

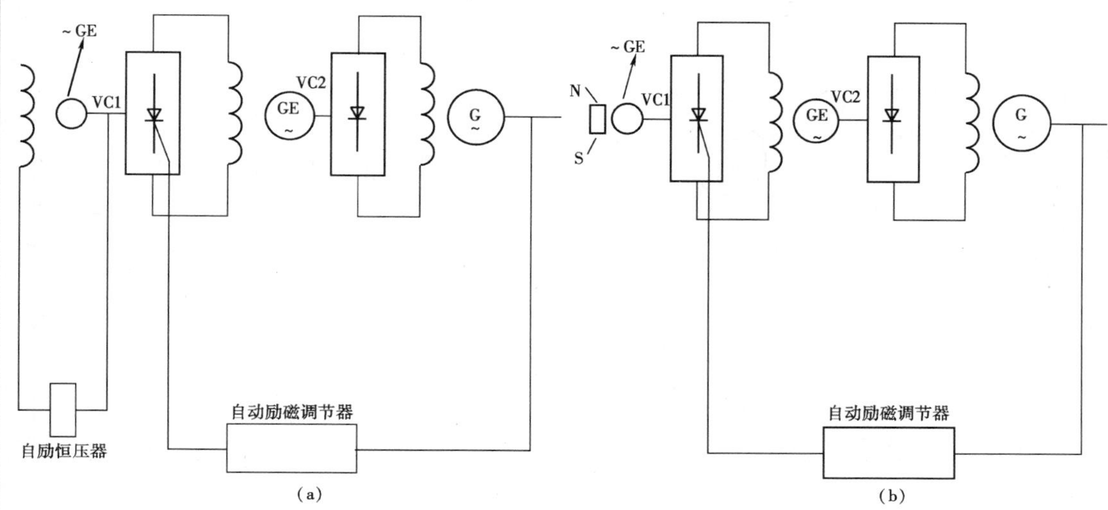

图 4-26　他励不可控静止整流器励磁系统电气线路

图 4-27 所示为他励整流器晶闸管励磁系统电气线路。它由交流励磁机及晶闸管整流器组成励磁电源，适于对励磁峰值电压倍数高的大、中型发电机。

图 4-28 所示为他励整流器无刷励磁系统电气线路，交流无刷励磁系统由两台交流励磁机及晶体管整流器组成，因而具有无换向器、无电刷、无滑环的优点，其励磁电流由交流励磁机励磁电流进行调节，结构紧凑。

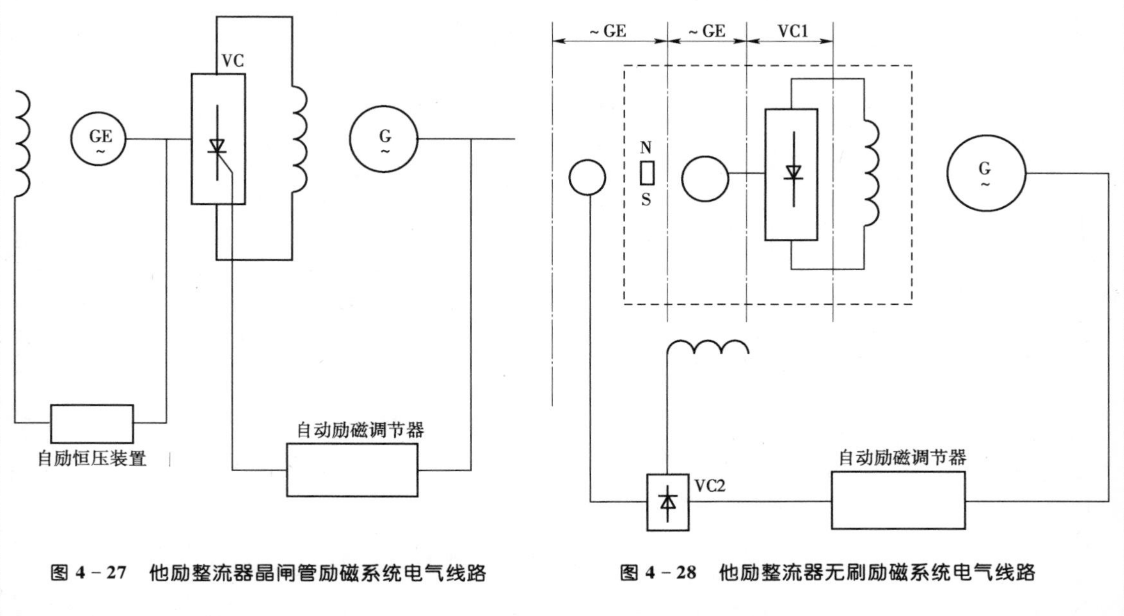

图 4-27　他励整流器晶闸管励磁系统电气线路　　**图 4-28　他励整流器无刷励磁系统电气线路**

图 4 - 29 所示为直流并励式主励磁机电气线路，磁场电阻 RC 用来调节励磁电压，同时自动励磁调节器还可对励磁进行自动控制。它适用于中容量发电机、调相机。

图 4 - 30 所示为直流他励式主、副励磁机电气线路，由于采用主、副直流发电机励磁，因而对励磁可作较精细的调整。它主要用于大容量发电机、调相机。

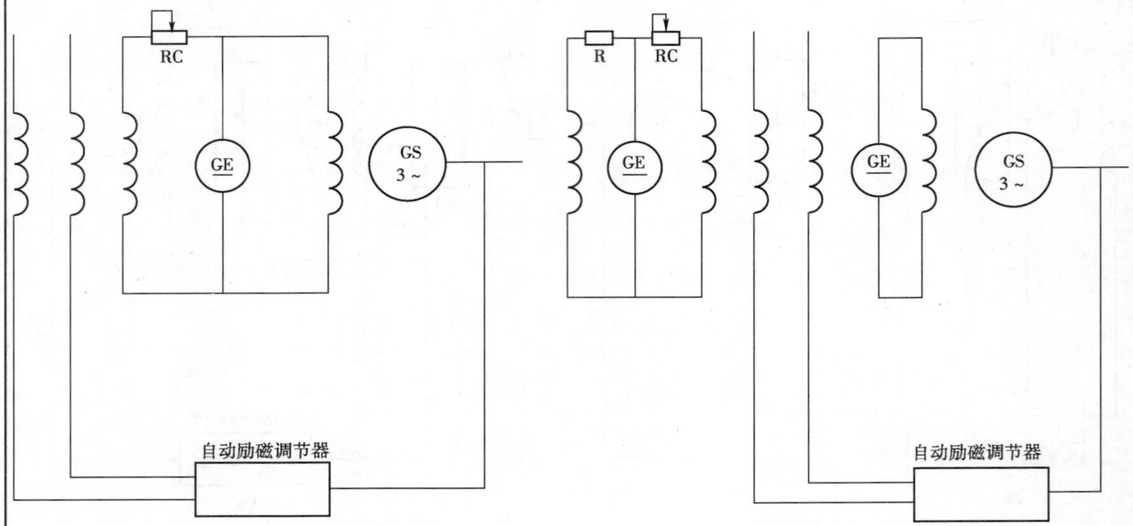

图 4 - 29　直流并励式主励磁机电气线路　　**图 4 - 30　直流他励式主、副励磁机电气线路**

图 4 - 31 所示励磁装置是直接利用发电机本身的剩磁进行自励起压，和直接利用发电机本身负载电流的大小及负载电流与电压的相位关系进行相复励，来调整发电机的励磁电流，以此调整发电机的端电压，故称为相复励自励恒压励磁系统。

图 4 - 32 所示装置由电流互感器 CT 提供整流器交流侧的电流分量，电容器 C 则提供超前端电压 U90°的电流，其合成电流经整流器整流后向主发电机励磁绕组提供励磁电流。当负载电流、功率因数变化时，以改变电流、电压分量来改变励磁电流的大小，从而达到调控电压的目的。

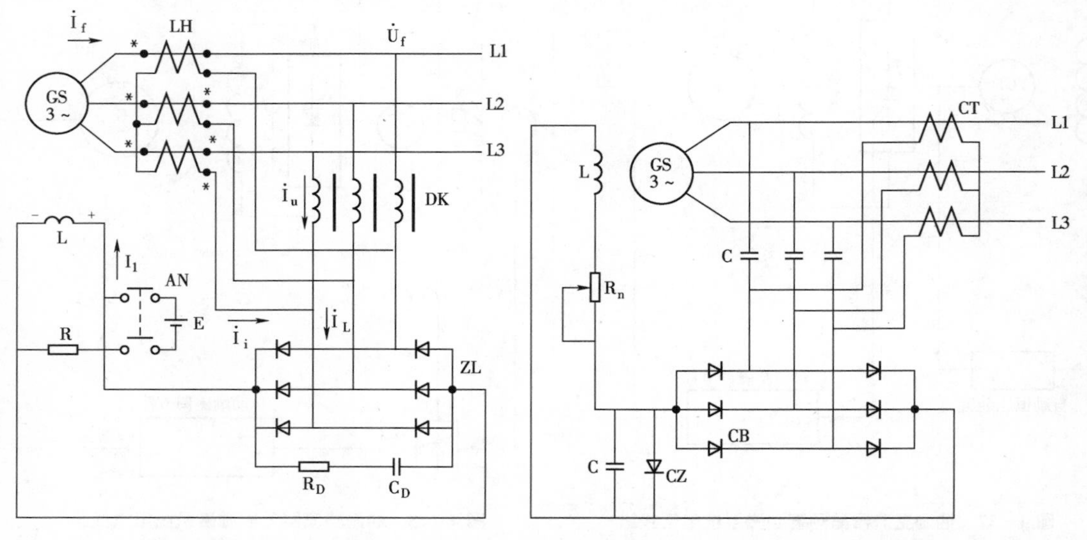

图 4 - 31　电抗器移相电流迭加相复励自励恒压装置　　**图 4 - 32　电容器移相电流迭加相复励自励恒压装置**

图 4－33 所示为带 ZLTQ－2S 型晶闸管调节器直流电机励磁系统。该励磁系统的主机端电压在额定值附近变化时，ZLTQ－2S 型调节器只有与主励磁绕组电流同向的正接输出电流，此电流随主机端电压的降低或上升相应地自动增减，以维持机端电压为一定水平。机端电压严重下降时，电阻 RC 将会短接而实现强行励磁。

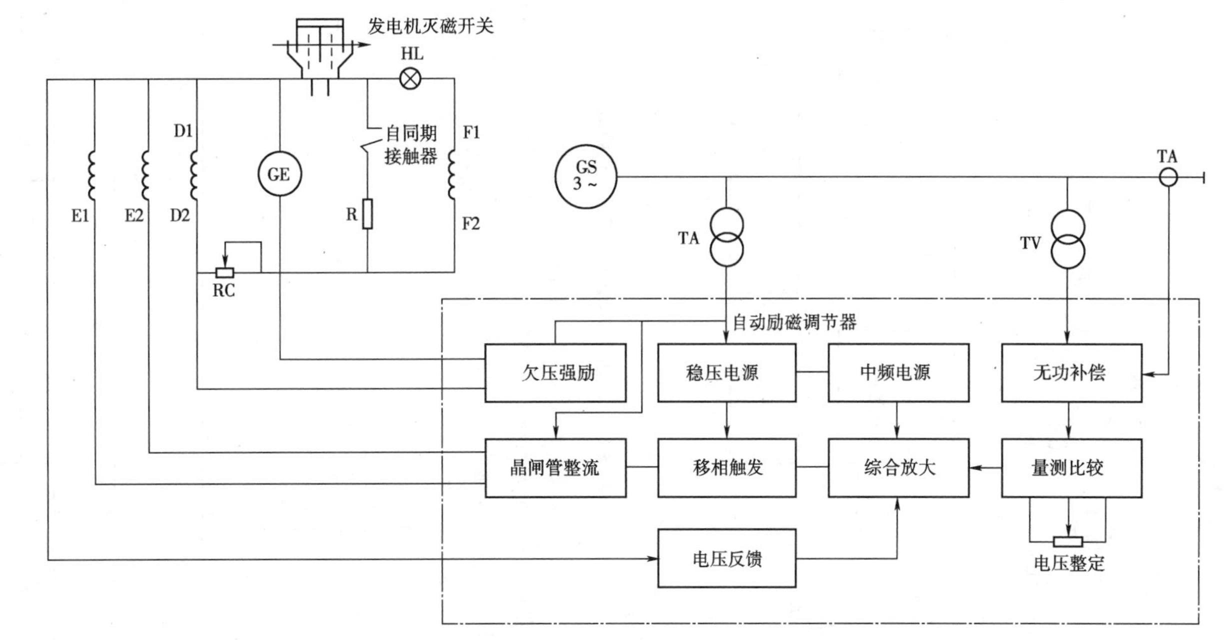

图 4－33　ZLTQ－2S 型晶闸管调节器直流电机励磁系统

图 4－33 中使用自动励磁调节器为半导体型，晶闸管以开关状态工作，多用于中、小容量的各种同步发电机。

图 4-34 所示为 KGT-3 型晶闸管调节器直流电机励磁系统。该系统与图 4-33 所示 ZLTQ-2S 型调节器的接线基本相同，是在机端电压过分升高时，正接电流截止，反接电流出现，从而实现减磁。机端电压严重下降时，欠压强励单元动作，将电阻 RC 短接而实现强行励磁。该系统只有一个输出并采用了继电强行励磁接线。

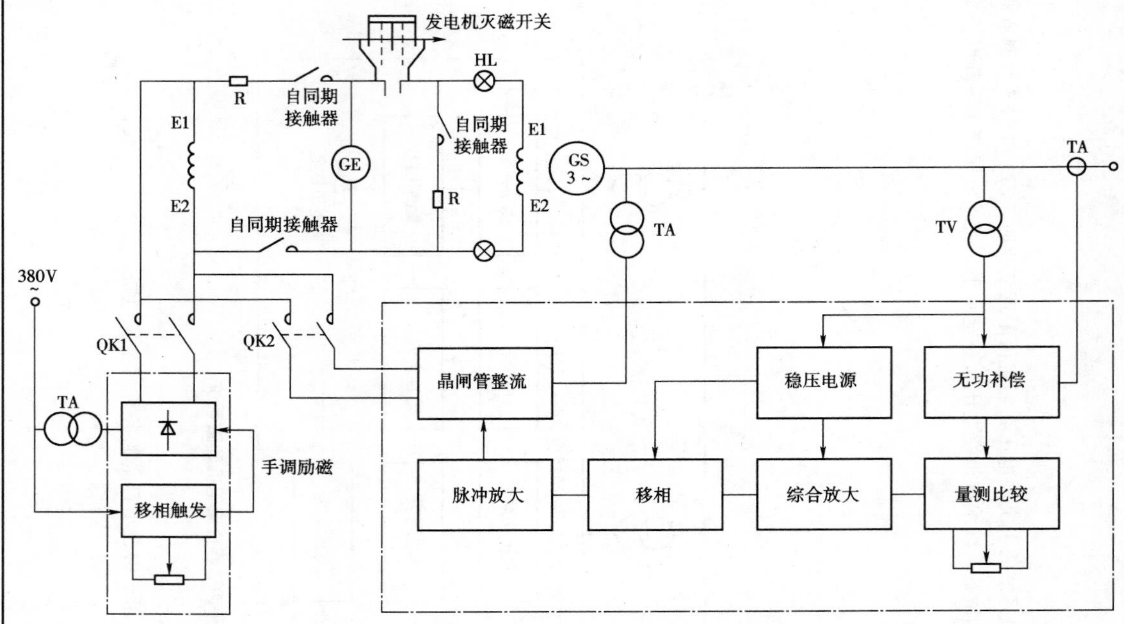

图 4-34　KGT-3 型晶闸管调节器直流电机励磁系统

图 4-35 所示为 ZLT-2 型开关式晶闸管调节器的直流电机励磁系统。该调节器利用晶闸管的开关特性进行工作，晶闸管整流器相当于一个无触点开关，它串接于励磁机 GE 的励磁回路中，借改变晶闸管整流的导通时间与关断时间的比值，以改变励磁电流，实现主机的励磁调节。晶闸管整流器每秒恒定开关 50 次。

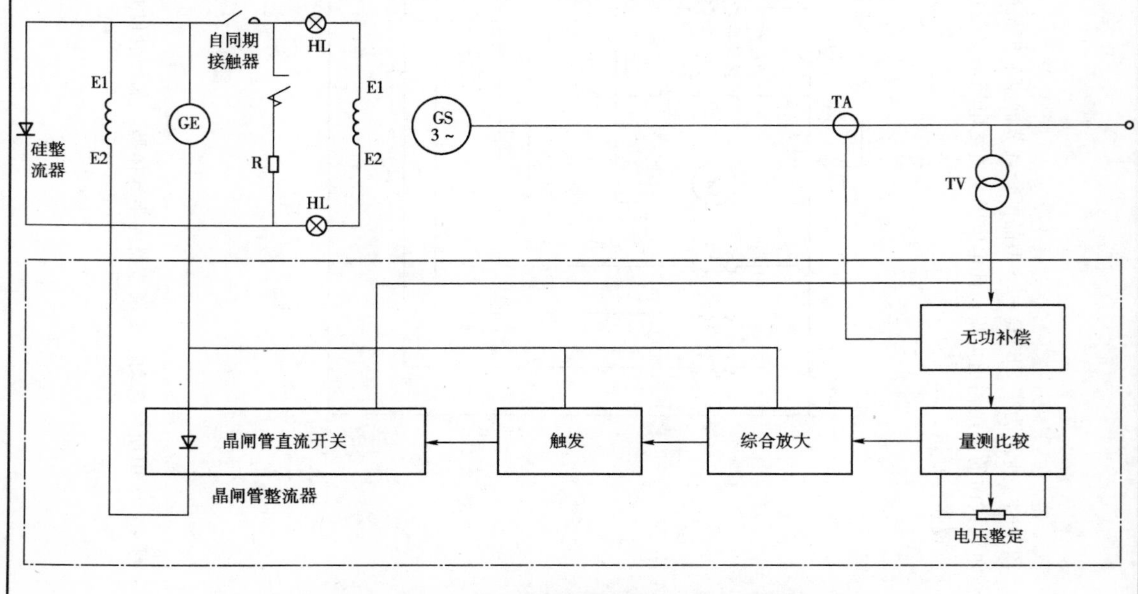

图 4-35　ZLT-2 型开关式晶闸管调节器的直流电机励磁系统

图 4－36 所示为他励静止整流器励磁系统，该系统由感应子发电机组成的交流副励磁机，经晶闸管整流后供给同轴的交流励磁机。发电机起动时，由外部直流电源短时给交流副励磁机提供励磁电流以建立起始电压，当发电机建立电压后，外部电源即自动切除。交流副励磁机的励功率也有由永磁式发电机或交流励磁机本身提供的。

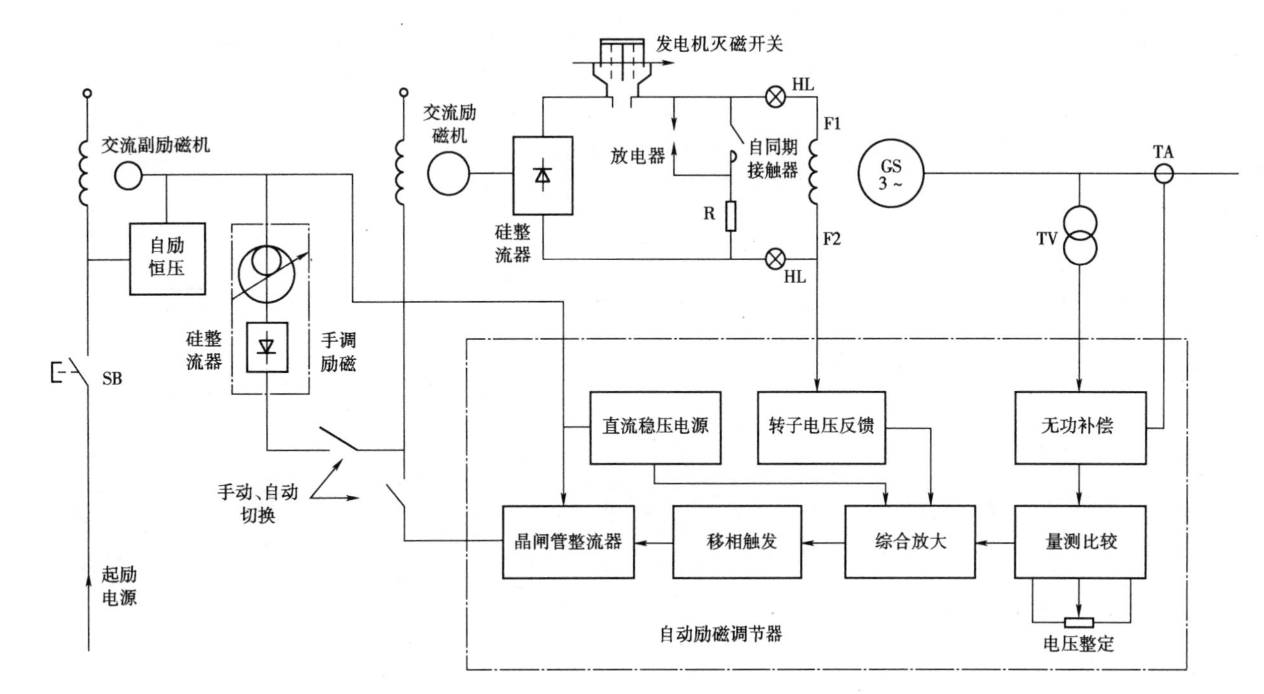

图 4－36　他励静止整流器励磁系统

在图 4－36 中，其交流励磁机的励磁功率也有由同轴的永磁式交流发电机或由交流励磁机本身提供的。

图 4－37 所示为大、中容量同步发电机无刷励磁系统。该系统中的交流励磁机为旋转电枢型结构，电枢电流经装在同一轴上的旋转整流环整流后直接引至主机转子励磁绕组，不需要电刷和集电环装置。装在整流环上的硅元件、快速熔断器、电阻、电容等在运行中处于高速旋转状态，故要求能承受大的离心力。交流副励磁机为一小功率永磁机。

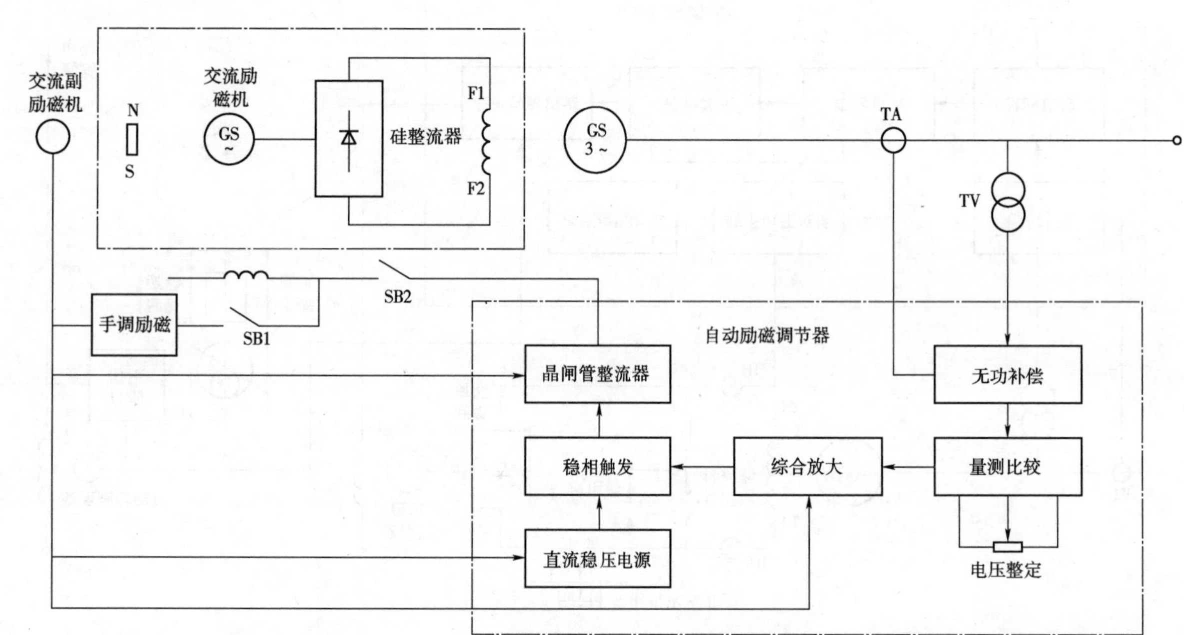

图 4－37　大、中容量同步发电机无刷励磁系统

为了简化结构，低压小型发电机及变频机的无刷励磁系统中一般不设置副励磁机，交流励磁机的励磁由自动励磁调节器直接提供。

图 4－38 所示为他励晶闸管励磁系统。该系统的交流励磁机为一带自励恒压装置的三相交流发电机，主机各种运行状态下由自动励磁调节器改变晶闸管整流器的控制角以实现励磁调节。系统控制原理简单，反应速度快，并可利用晶闸管的逆变状态实现快速灭磁和减磁，因而可以取消励磁系统中常用的灭磁开关，简化了系统结构。

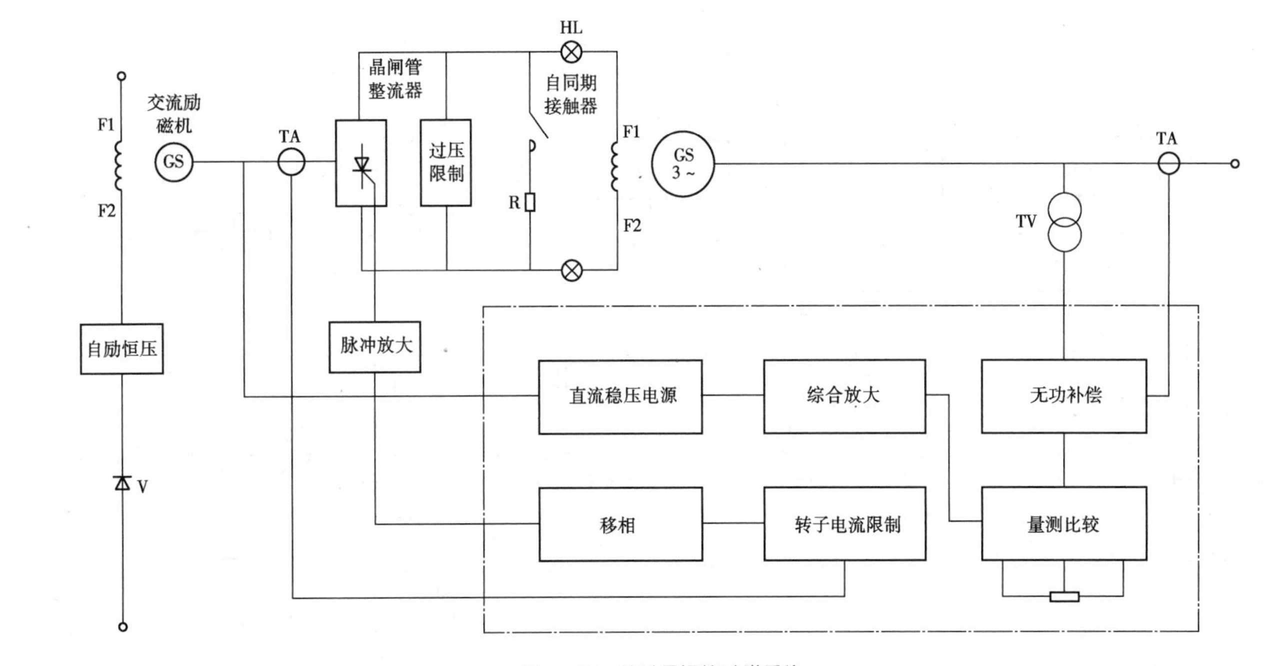

图 4－38　他励晶闸管励磁系统

图 4－38 系统多用于要求励磁顶值电压倍数及电压增收速度较高的大容量同步发电机，能适应该类电机对励磁系统的诸多要求。

图 4－39 所示为自并励整流器励磁系统。该套励磁系统的主机励磁由接在机端的励磁变压器经晶闸管整流器整流后供给，各种运行状态下由自动励磁调节器改变控制角以实现励磁调节。这种系统性能良好，但当电力系统短路时，供电电压将严重下降，这是该系统的弱点。为此，调节器中应装设不受端电压影响的电源装置或低压触发装置。

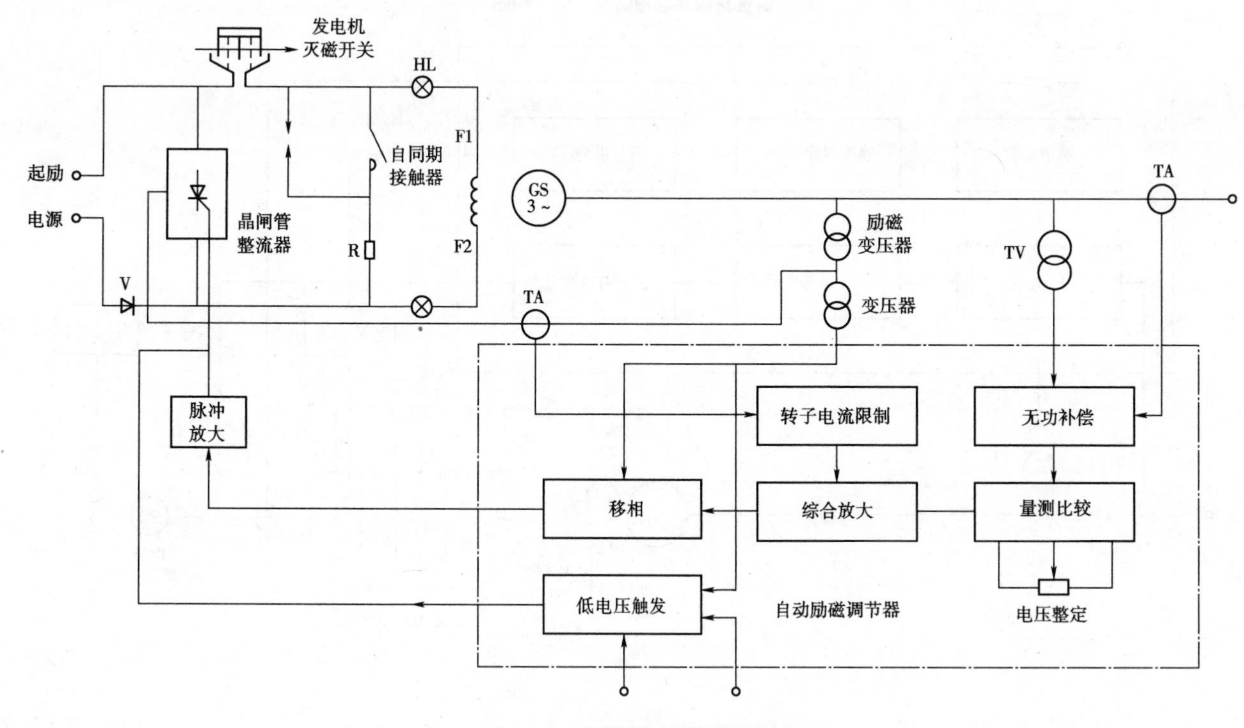

图 4－39　自并励整流器励磁系统

图 4－39 系统应对其自并励发电机采取适当的后备保护措施，以保证能可靠地切除在电网近端发生的短路故障。

图 4－40 所示为串联自复励整流器励磁系统。该励磁系统的主机励磁由接在机端的励磁变压器和接在中性点侧的串联变压器串联，而经晶闸管整流器整流后提供。本系统具有较高的运行独立性，由于串联变压器二次侧电压的补偿作用，当电力系统发生三相短路时，仍可使晶闸管整流器的阳极电压基本不变，避免了对励磁系统的影响。

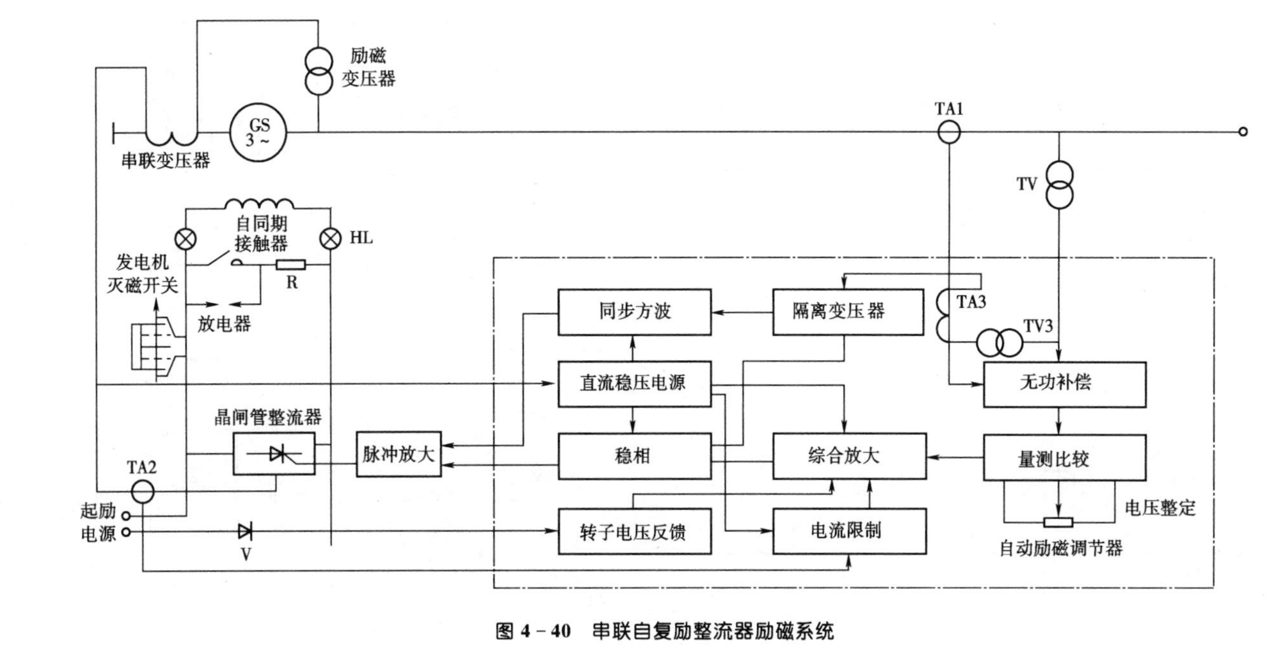

图 4－40　串联自复励整流器励磁系统

该串联自复励整流器励磁系统多应用于要求励磁顶值电压倍数及电压增长速度较高的大容量同步发电机能适应该类电机对励磁系统的储多要求。

图 4－41 所示为并联自复励整流器励磁系统。该系统主机的励磁由接在机端的励磁变压器，及接在中性点一侧的功率电流互感器，分别经晶闸管整流器和硅整流器整流后在直流侧并联提供。主机空载时，其励磁电流励磁变压器单独供给，负载时则加上功率电流互感器共同供给。正常运行时，由自动励磁调节器实施励磁调节。

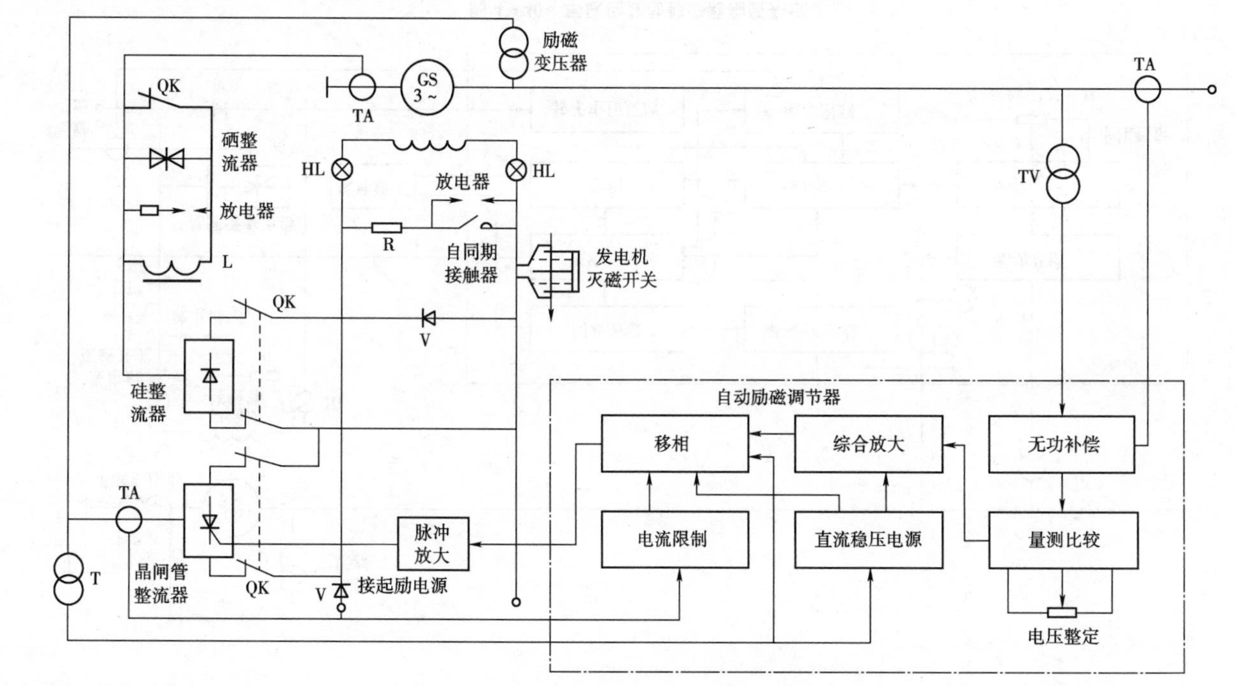

图 4－41　并联自复励整流器励磁系统

该并联自复励整流器励磁系统线路中装置有短路开关 KD，在灭磁开关断开前必须 KD 短接，以防励磁回路出现过电压。

第 3 节　同步、异步发电机电气控制线路

图 4－42 所示为用晶闸管调节器改造带直流励磁机的电气线路。目前在我国农村及边远地区，仍使用着一些老式带直流励磁机的中、小型同步发电机，它们还是靠手动调节磁场变阻器来进行电压调整，很难保证供电质量，对此类发电机如其直流励磁机尚好，则可按本图加晶闸管调节器改造。

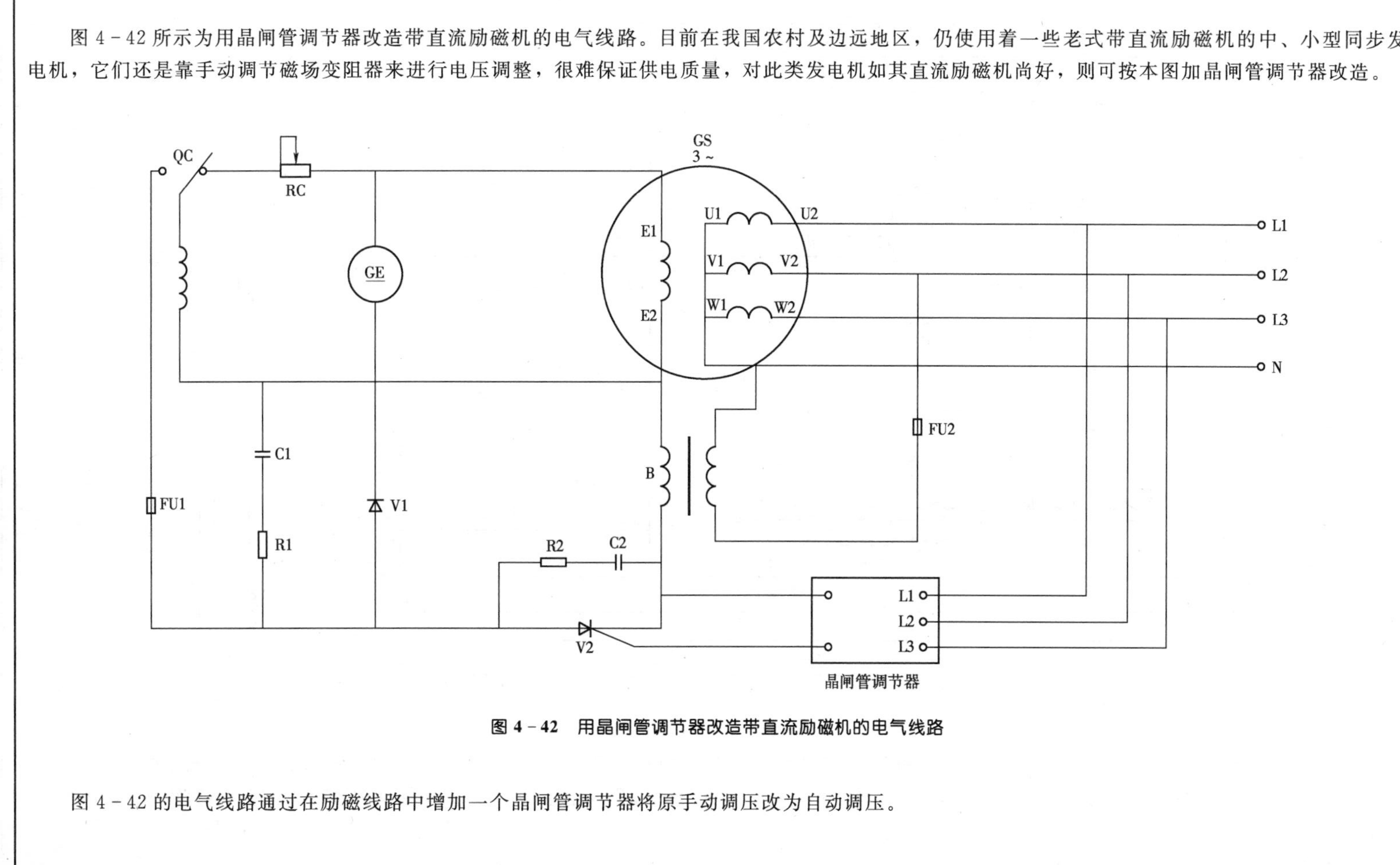

图 4－42　用晶闸管调节器改造带直流励磁机的电气线路

图 4－42 的电气线路通过在励磁线路中增加一个晶闸管调节器将原手动调压改为自动调压。

采用直流发电机励磁的励磁机损坏而无法修复时，可利用发电机本身的端发压来作为励磁电源，用晶闸管与二极管组成的整流电路来实现自励恒压。图 4－43 所示即为带 TLG－1 型调节器的励磁系统，为防止因过电流损坏整流元件，停机时应先按 SB2。

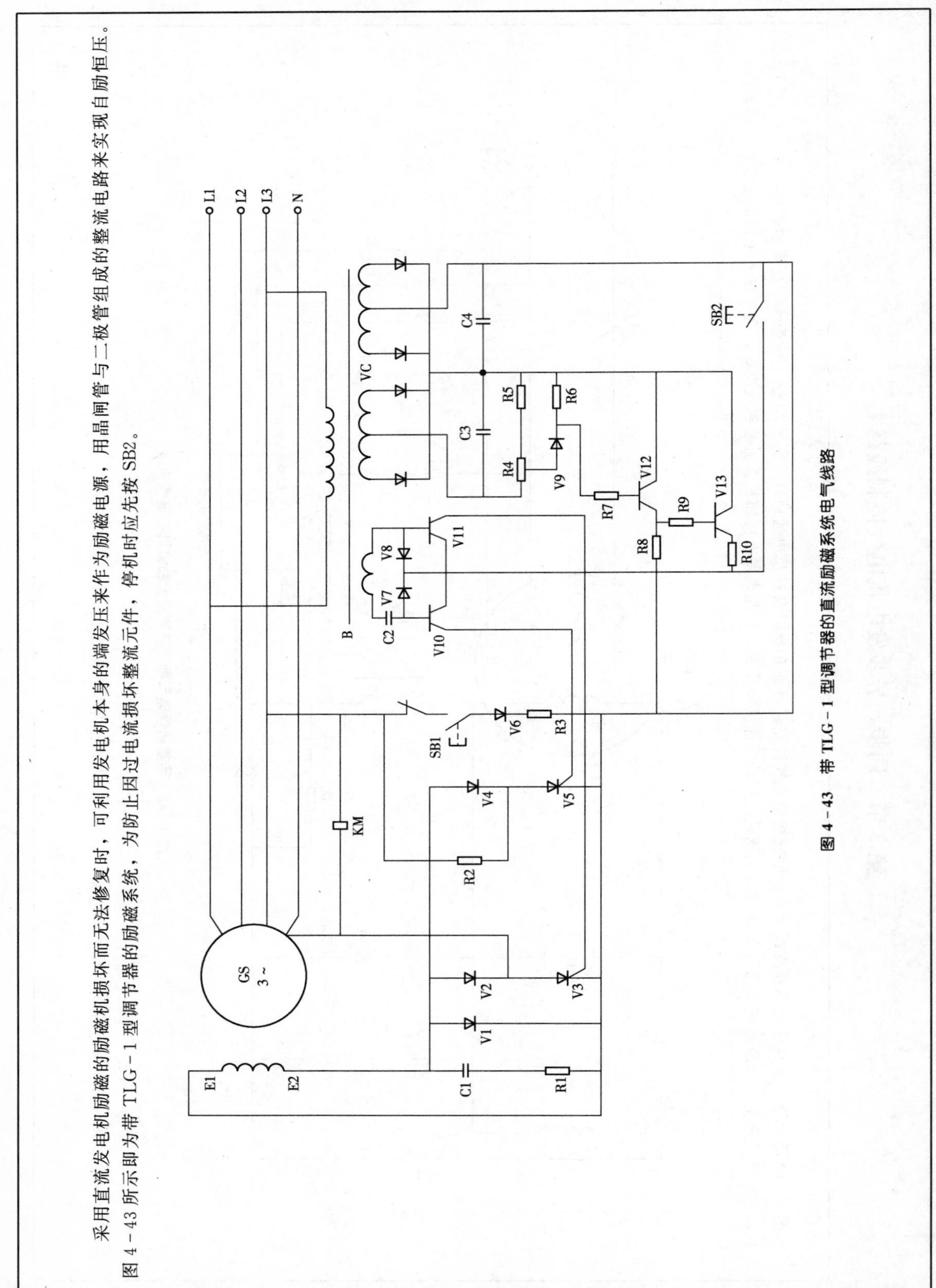

图 4－43　带 TLG－1 型调节器的直流励磁系统电气线路

对小容量发电机可将直流励磁机去掉不用，再将交流发电机磁场绕组进行改绕，其电压以 40～80V 为宜，经图 4-44 所示线路及 CJ-12 调节器使发电机作自励运行。

中容量发电机改绕磁场绕组后，即可采用图 4-45 所示线路及 CJ-12 调节器而改作交流自励运行，改绕时的励磁电压以 80～120V 为宜，它适用于 50～200kW 发电机。

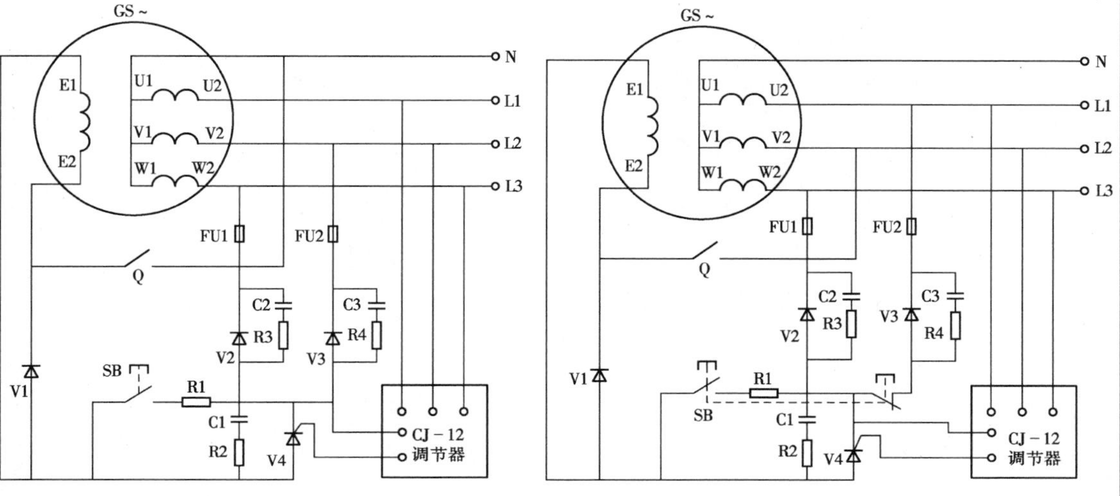

图 4-44　小容量发电机直流励磁机电气改造线路　　**图 4-45　中容量发电机直流励磁机电气改造线路**

图 4-46 所示为不可控电抗移相自励恒压发电机电气线路。该线路在负载时，由发电机定子绕组抽头或定子辅绕组出线端，经线性电抗器 L 提供的和由功率互感器提供的两个交流分量合成，并经硅整流器整流后供给发电机励磁。电抗器提供落后于端电压 90°相位的电流分量，电流互感器则提供与负载电流相位相同的电流分量。

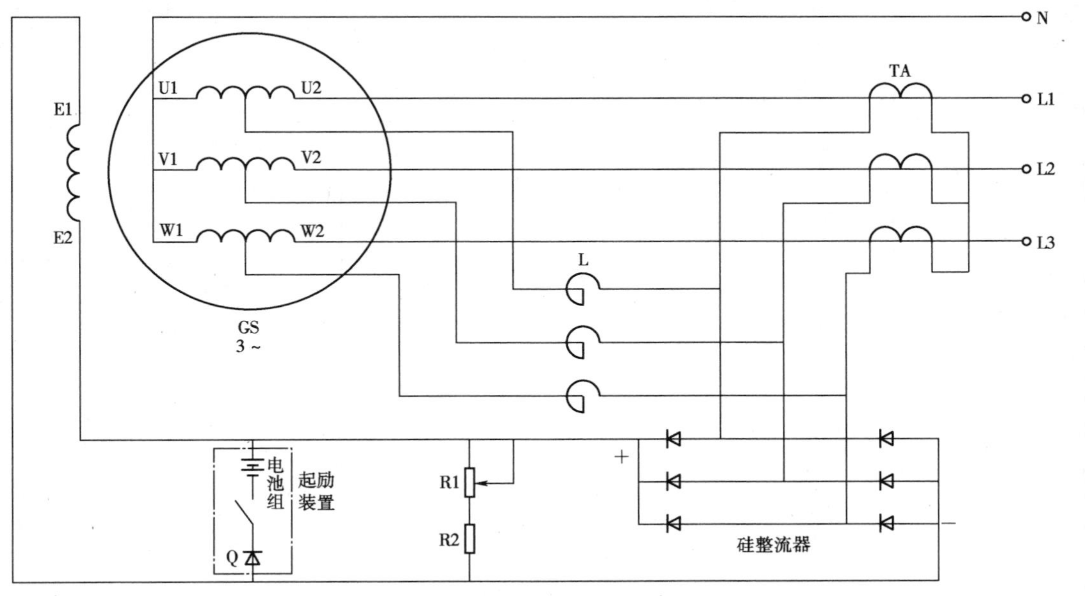

图 4-46　不可控电抗移相自励恒压发电机电气线路

图 4－47 所示为谐振式电抗移相相复励发电机电气线路。该线路主要由三相相复励变压器、三相带气隙的线性电抗器 L、谐振电容器 C1，硅整流器和作过电压保护的阻容元件 R、C2 等组成。这种励磁方式自激可靠，温度补偿性能好，功率因数随负载的变化而变化，发电机端电压稳定，工作可靠，维护简单，故使用较多。

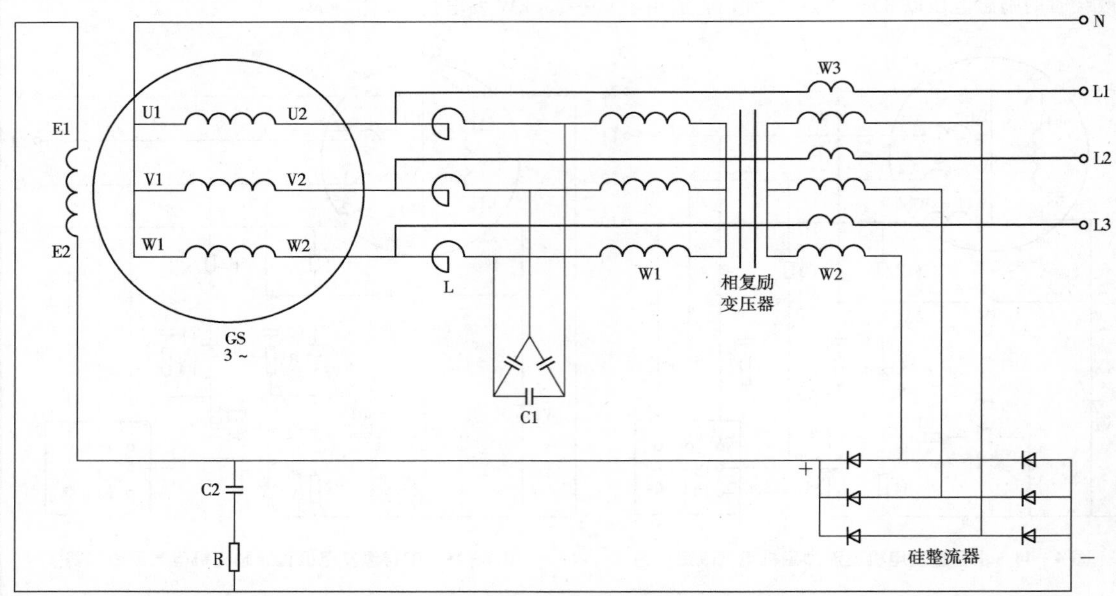

图 4－47　谐振式电抗移相相复励发电机电气线路

图 4－48 所示为简化相复励变压器恒压励磁发电机电气线路。该线路的工作原理与电抗移相自励恒压方式类似。空载时，W3 中无电流通过，变压器如同双绕组变压器一样，由 W1 经变压器降压后输出励磁电流供发电机励磁，但首先是借助电池组进行他励建压。负载后激磁电流则由 W1 和 W3 两个电流叠加供给。

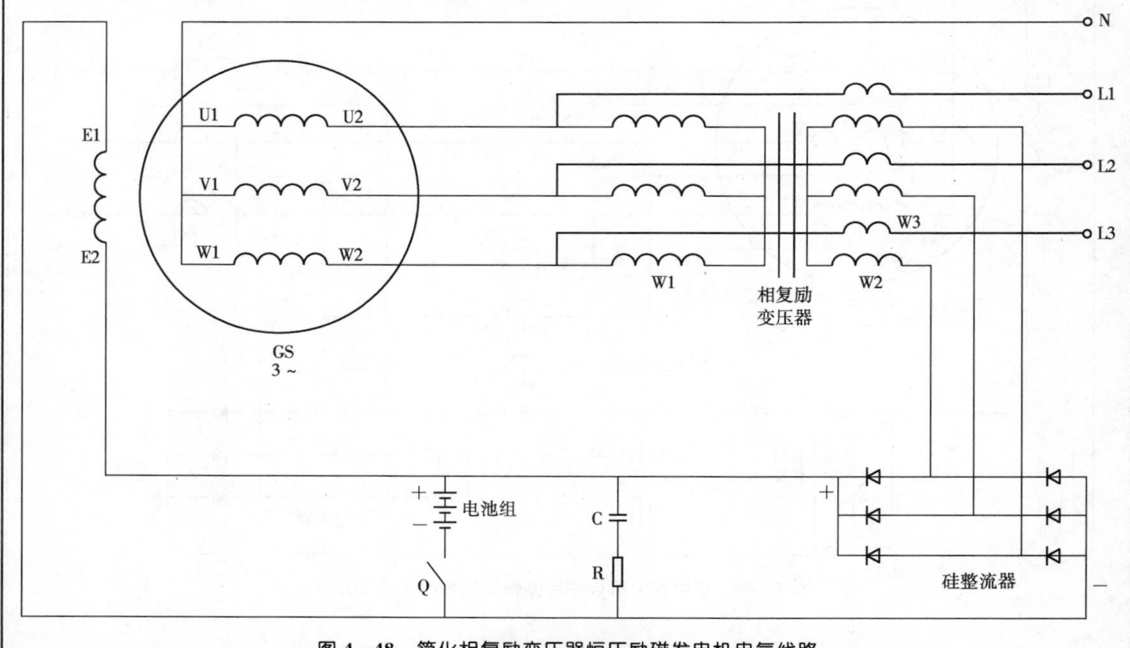

图 4－48　简化相复励变压器恒压励磁发电机电气线路

图 4-49 所示为双绕组电抗分流自励恒压发电机电气线路。该线路由发电机定子中的副绕组、三相线性电抗器、硅整流器及励磁绕组等组成。发电机的励磁电流由定子副绕组和部分定子负载电流叠加，并经整流后供给。这种励磁方式具有工艺简单、效率高、成本低的优点，其电压稳定度可达±5%，配以晶闸管调压则可达±1%。

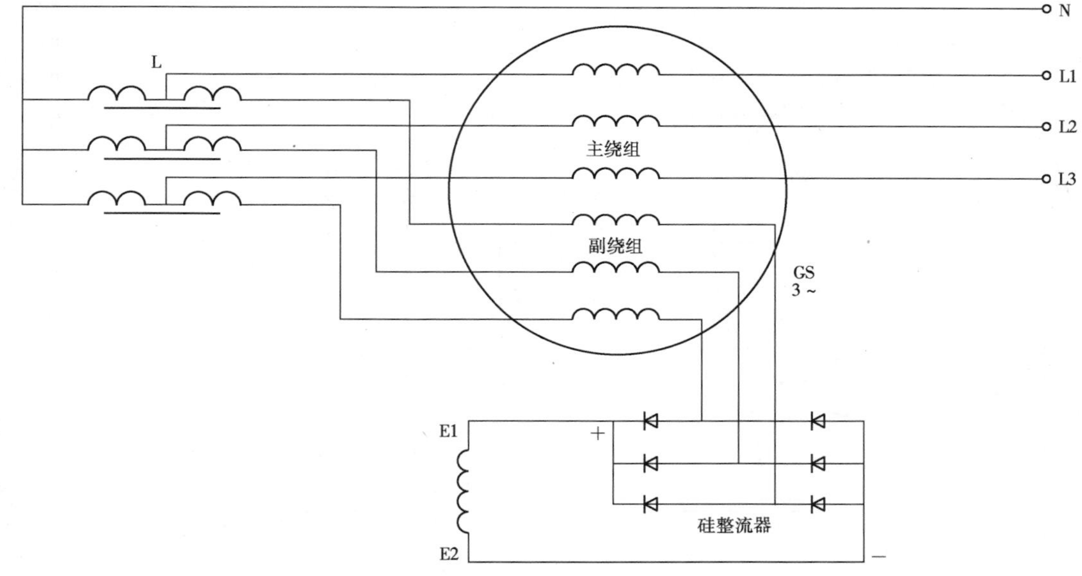

图 4-49　双绕组电抗分流自励恒压发电机电气线路

图 4-50 所示为磁路耦合电抗移相相复励发电机电气线路。该线路中，由剩磁感应产生的电势，经线性电抗器 L 移相 90°施加在三绕组变压器的电压绕组 W2 上，二次侧绕组 W3 感应产生电势经整流后给励磁绕组励磁，以增强励磁绕组的磁势，建立空载励磁电压。绕组 W1 与发电机出线端相串联，流经 W1 的电流随发电机负载电流而变化。

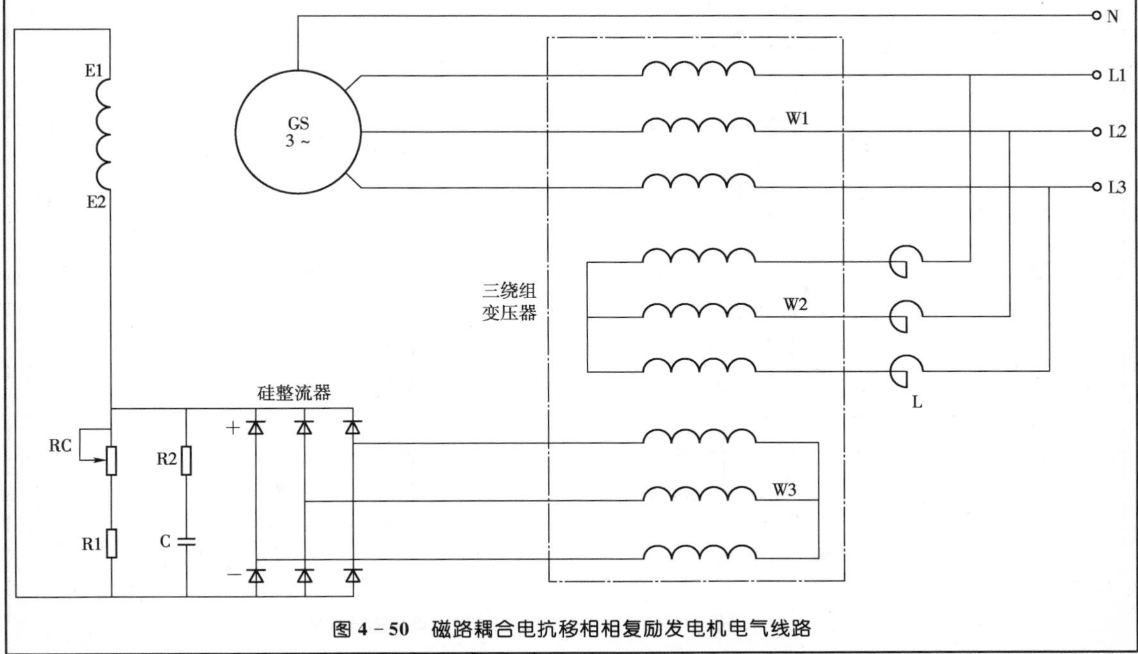

图 4-50　磁路耦合电抗移相相复励发电机电气线路

图 4－51 所示为三次谐波励磁发电机电气线路。该种励磁方法是在定子槽内增设与主绕组 W1 绝缘的三次谐波绕组 W2，当发电机运行时，在三次谐波绕组中产生三次谐波电势，将这三次谐波电势整流后供发电机励磁绕组 W3 励磁。这种励磁方式具有结构简单、制造方法简便、价格便宜、运行可靠、维护方便、端电压变化小等许多优点。

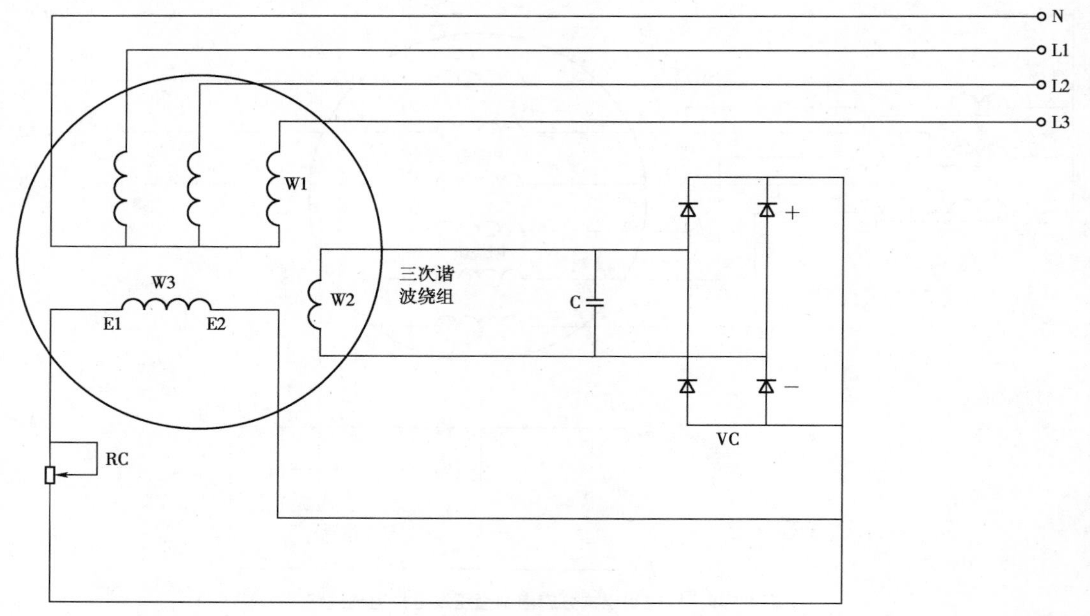

图 4－51　三次谐波励磁发电机电气线路

图 4－52 所示为带晶闸管调压器的三次谐波励磁发电机电气线路。该线路中的晶闸管起分流作用。当发电机电压偏高时，电压测量单元使移相脉冲相位提前，晶闸管提前导通，其电流增加，分流也增加，而励磁电流则变小，电压降低。当电压偏低时，电压测量单元使移相脉冲相位滞后，励磁电流增加，电压升高。

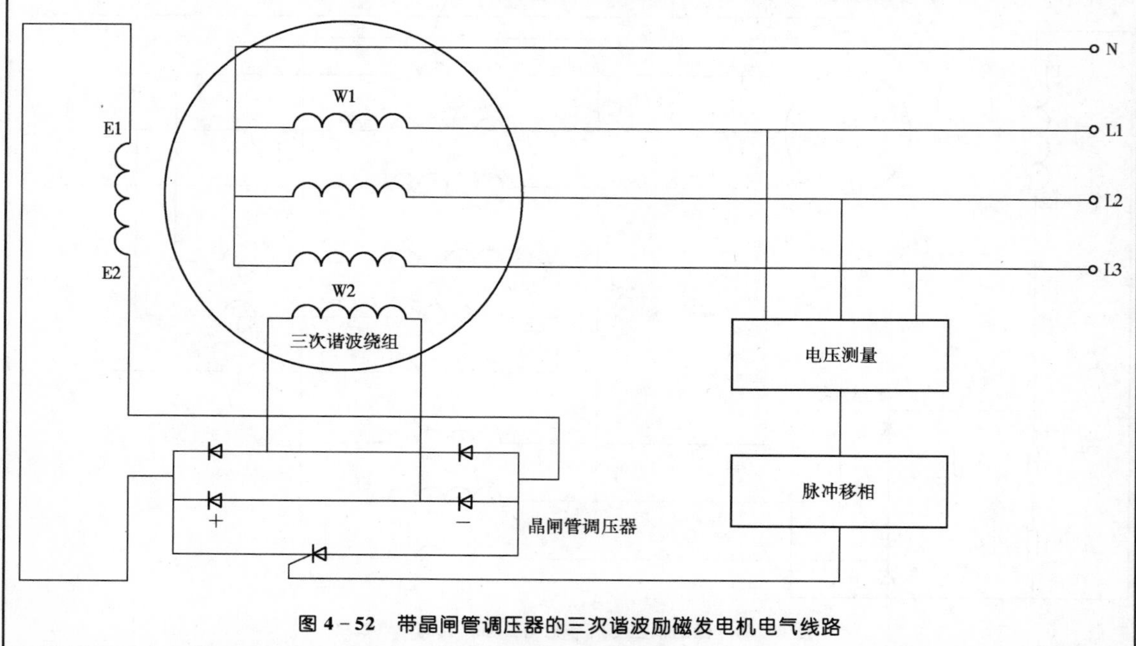

图 4－52　带晶闸管调压器的三次谐波励磁发电机电气线路

图 4－53 所示为交流无刷励磁发电机电气线路。该线路中的发电机定子有主绕组 W1 和附加绕组 W2 两套绕组，W2 由剩磁产生电势经整流器 VC2 整流后供交流励磁机的励磁绕组励磁，电枢产生的电势经整流器 VC1 整流后供发电机转子绕组励磁，W2 感应产生电势，经整流后加强了交流励磁机磁场，最后建立正常电压。

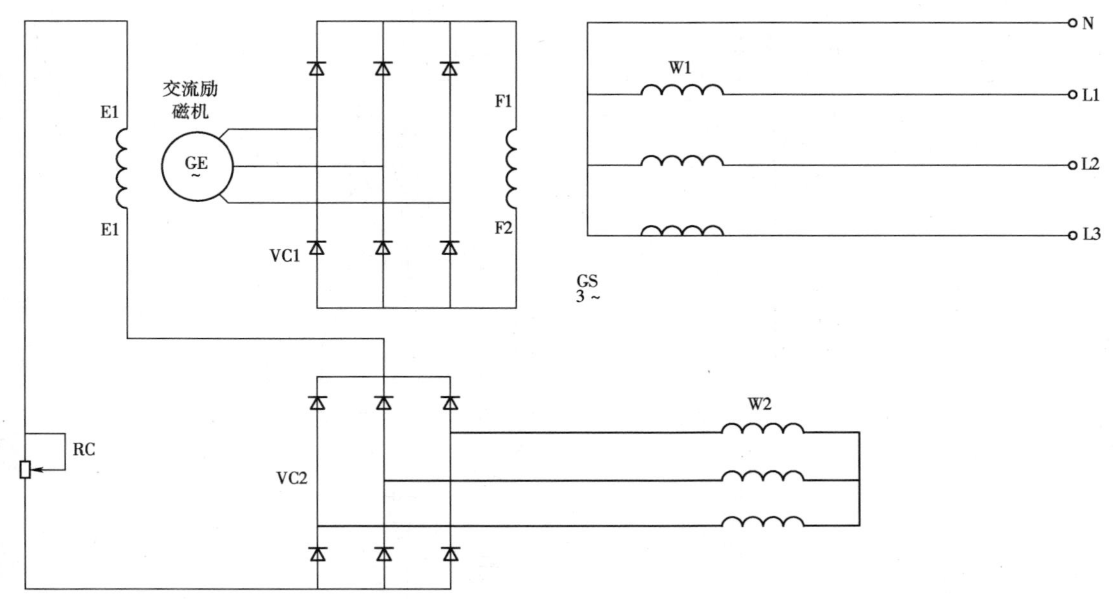

图 4－53　交流无刷励磁发电机电气线路

图 4－54 所示为晶闸管自励恒压发电机电气线路。该线路的励磁方式，由励磁主回路及自动调压调节回路两部分组成。励磁回路的作用是将发电机输出的一部分电能，通过硅整流器以及晶闸管整流器变换成直流电压，供给发电机励磁。自动电压调节回路的作用为根据发电机端电压的变化，自动调节发电机的励磁电压。

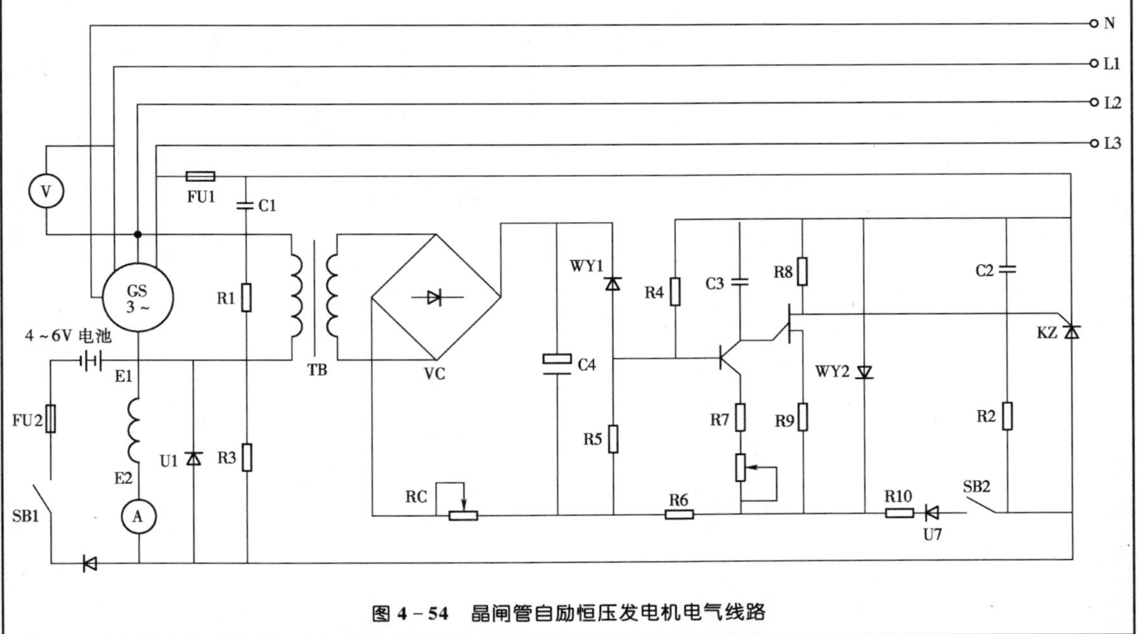

图 4－54　晶闸管自励恒压发电机电气线路

图 4 - 55 所示为采用晶闸管分流的谐波励磁发电机电气线路。该励磁线路在励磁回路直流侧与励磁绕组并联一个晶闸管分流调节器，按主机端电压的偏差自动调节励磁电流。谐波励磁发电机并联运行时，因外特性不一致等原因，常会出现中性线电流过大和负载分配不稳定等现象，这是该线路的一大缺点。

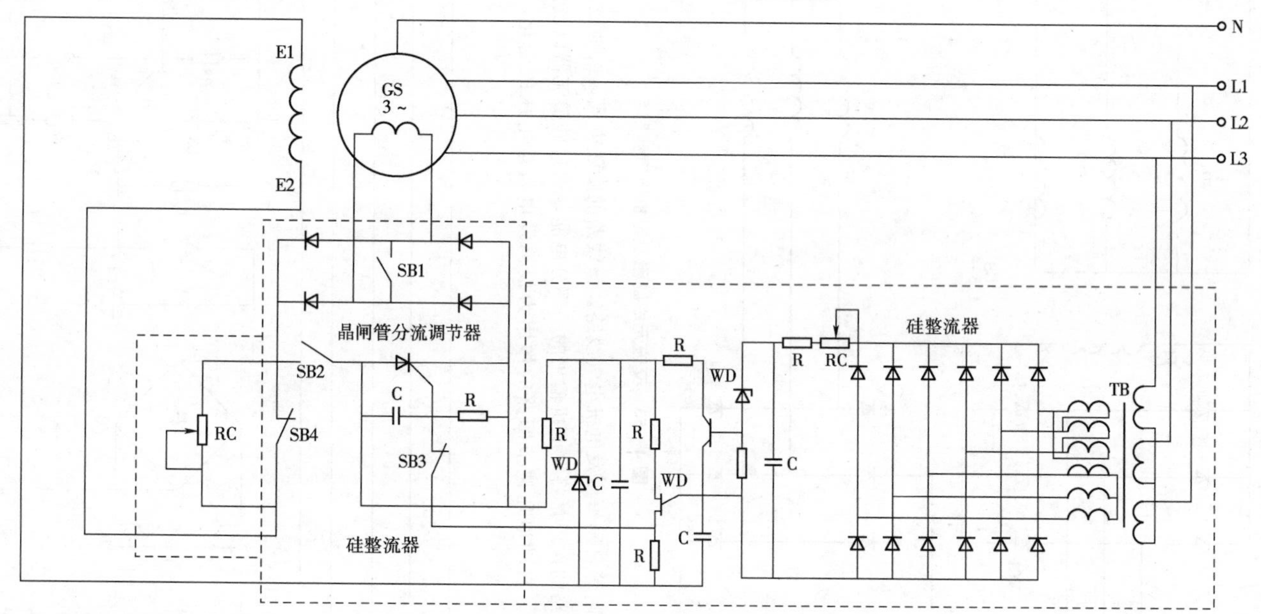

图 4 - 55　晶闸管分流的谐波励磁发电机电气线路

图 4 - 55 电气线路的特点是线路较复杂，但结构简单、制造方便、成本较低、并联运行不稳定。

图 4－56 所示为 TKL－1Q 型自并励励磁发电机电气线路。该线路多用于小型低压发电机中，为简化线路，降低造价，其自并励系统的励磁电源一般直接引自发电机出线端，而不另行装设励磁变压器。为此，设计时励磁电压必须与发电机定子电压相匹配，并应使励磁系统的顶值电压满足笼型电动机直接起动的需要。

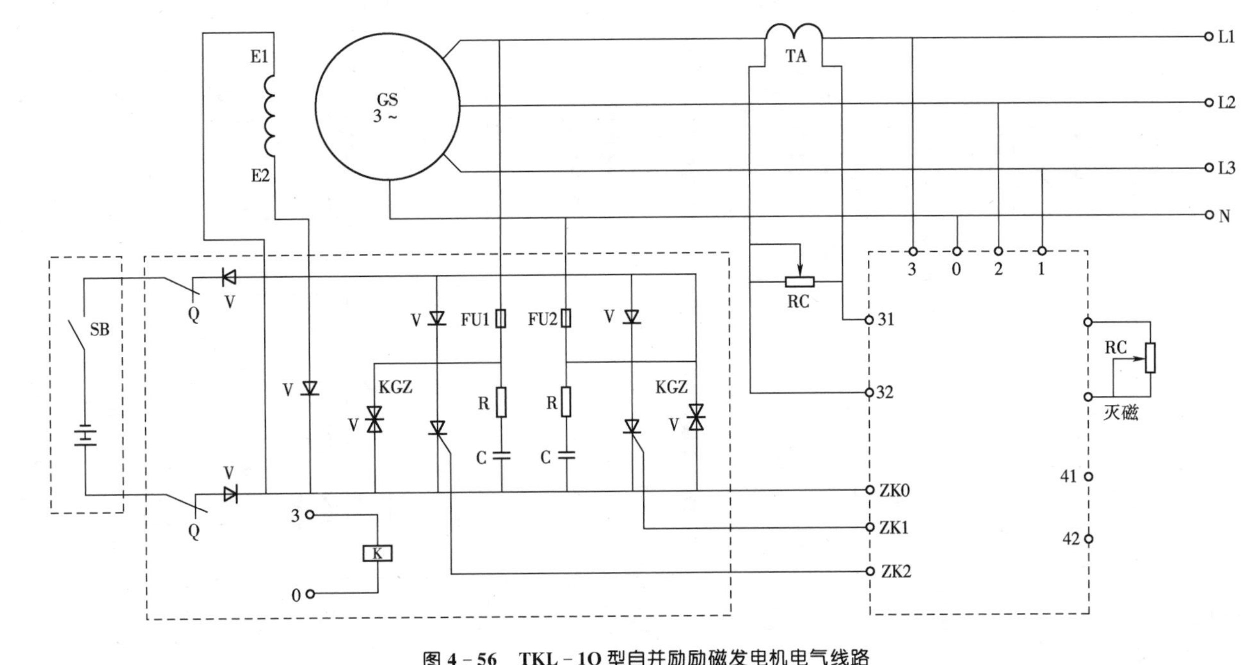

图 4－56　TKL－1Q 型自并励励磁发电机电气线路

图 4－56 电气线路正常运行时，这种系统的性能良好，但电力系统短路时，供电电压将会严重下降，这是该系统的一大弱点。

图 4－57 所示励磁系统主要由嵌放在定子槽内，与主绕组相绝缘的三次谐波绕组 S1、S2，以及电刷、硅整流器、晶闸管分流器等组成。当发电机运行时，将三次谐波绕组产生的三次谐波电势经整流后供给发电机励磁绕组 E1、E2 励磁。三次谐波励磁具有结构简单、制造方便、价格便宜、运行可靠、维护容易等优点，而且其运行性能也较好。

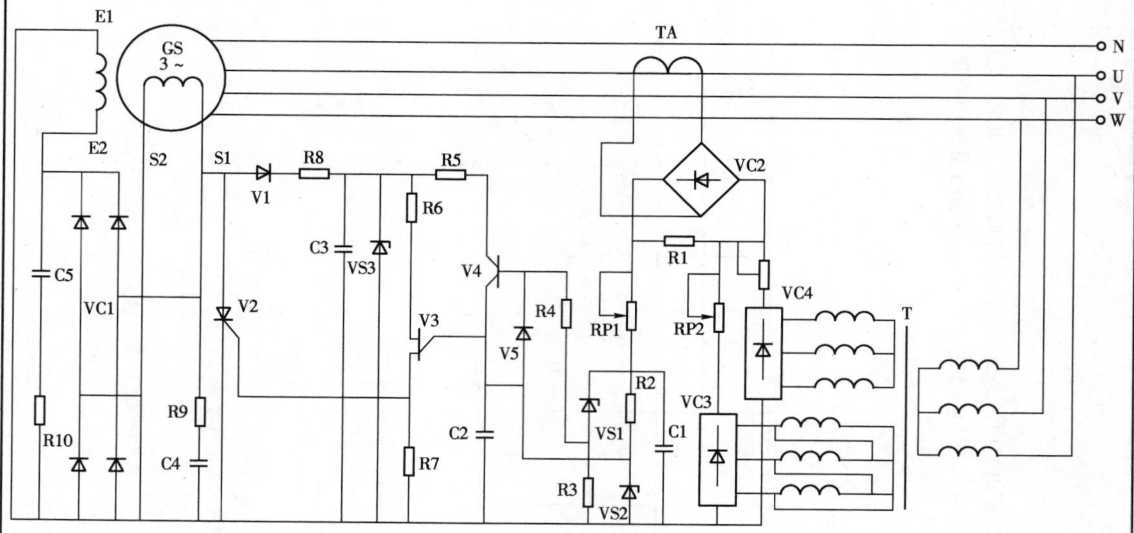

图 4－57　T2 系列三相同步发电机三次谐波励磁电气线路

晶闸管励磁系统主要由励磁变压器、串联变压器、电刷、晶闸管整流器等组成。该励磁系统的接线方式较多，图 4－58 所示仅为其中的一种。它具有技术先进，自动化程度高，体积小，重量轻，并网性能好，调节范围广，反应速度快等一系列优点及完好性能。但其线路较复杂，调整、试验、维护较困难，价格也高于其他励磁系统。

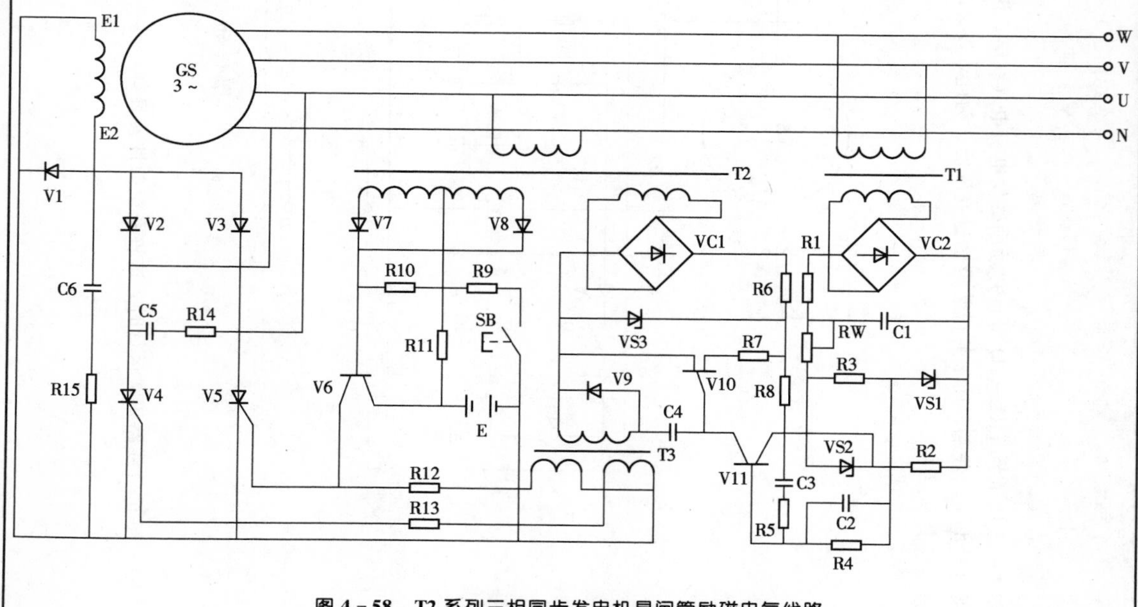

图 4－58　T2 系列三相同步发电机晶闸管励磁电气线路

相复励励磁是目前应用较普遍的一种励磁方式，它利用电抗器 L 产生的移相作用，使发电机电压励磁分量滞后于发电机端电压 90°，电流互感器 TA 的二次电流励磁分量随发电机负载大小而增减，从而较好地满足了发电机恒压运行的要求。图 4-59 所示励磁系统线路简单、制造和维护较为方便，励磁装置稳定，工作可靠。

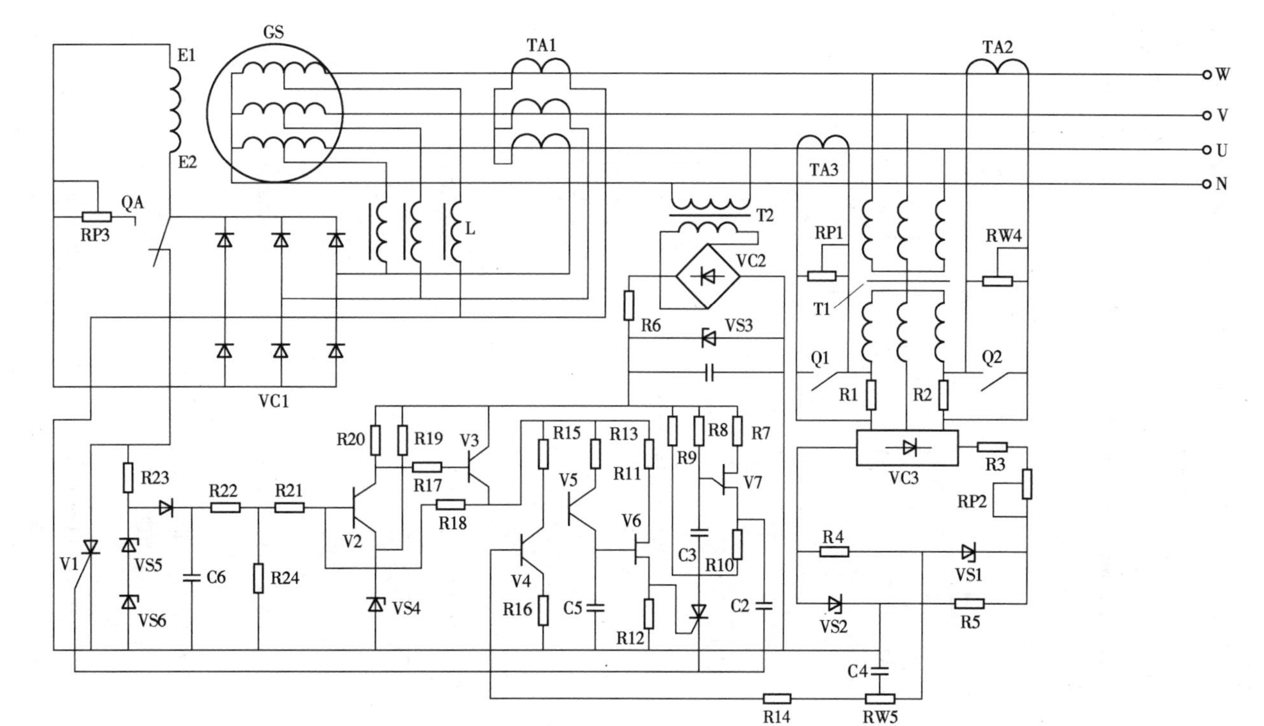

图 4-59　T2 系列三相同步发电机相复励励磁电气线路

图 4-59 的电气线路具有线路简单、元器件少、可靠性好、低温性能好、过载能力强等一系列优点。

图 4-60 所示为 TFW 系列三相同步发电机无刷励磁电气线路。TFW 系列三相同步发电机的励磁方式与 T2 系列不同，它是采取对交流励磁机进行励磁的方式。该发电机的励磁由同轴连接的交流励磁机发出的交流电，经旋转整流器整成为直流后，再供给发电机励磁绕组。交流励磁机为旋转电枢式的三相中频发电机，其频率为发电机频率的三倍左右，励磁绕组则是静止的，由电压调节器控制励磁。旋转整流器采用三相半波或三相全波桥式整流，元件牢固地固定在转子上，并附有电流测定和故障指示装置。交流励磁机的所有元件和发电机的励磁绕组均在转子上，故不需要电刷等来联通，所以称为无刷励磁。这种励磁分为直接晶闸管励磁、三次谐波励磁和晶闸管复励励磁三种方式。无刷励磁结构紧凑、维护方便、对通信干扰小，如整流器质量良好，则运行较为可靠。其缺点是对负载变化反应慢，对转子回路无法监视。

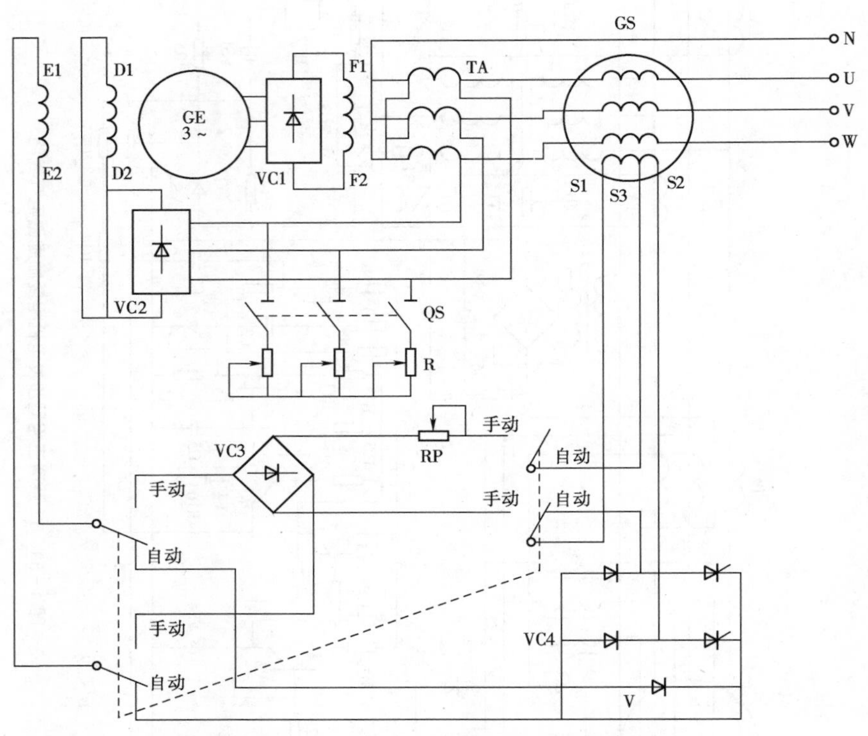

图 4-60　TFW 系列三相同步发电机无刷励磁电气线路

与 T2 系列同步发电机不同，所谓 TFW 系列同步发电机的励磁方式是指对交流励磁机的磁场进行励磁的方式。实际上它有直接晶闸管励磁、三次谐波励磁和晶闸管复励励磁三种方式。它们各具优缺点，以适应不同技术要求和使用环境。

TFW 系列小型无刷三相同步发电机是在 T2 系列基础上发展起来的产品，它与内燃机，主要是柴油机进行配套使用，以组成三相发电机组，作为电站、应急电源用。TFW 系列发电机使用在海拔不超过 1000m、环境温度不超过 40℃最低为－15℃的场所。

图 4-61 所示为 TSWN、TSN 系列小容量水轮发电机双绕组电抗励磁线路。双绕组电抗分流发电机转子绕组的励磁电流，是由定子附加绕组中的感应电流和部分定子负载电流叠加，并经整流后供给的。当负载电流增加时，负载电流通过电抗器产生复励作用，使励磁电流能随不同负载及功率因数变化而相应增减。该系统具有用料省、重量轻、体积小、性能好、运行稳定可靠等一系列的优点。

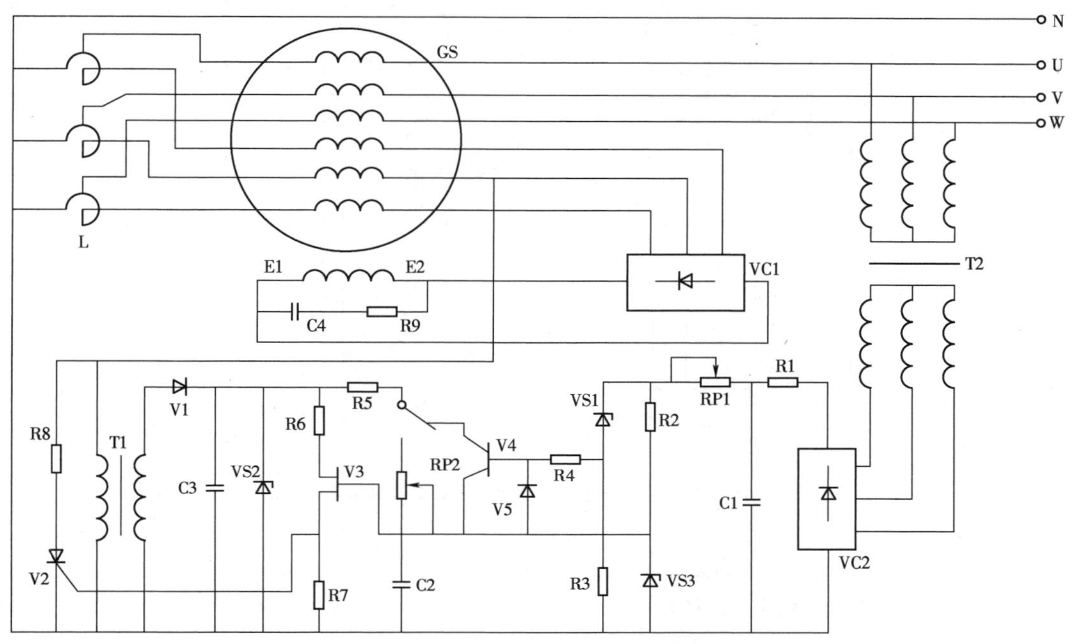

图 4-61　TSWN、TSN 系列小容量水轮发电机双绕组电抗励磁线路

图 4-62 所示 TFW 系列三相同步发电机采用的直接晶闸管励磁是交流励磁机无刷励磁方式的一种，它具有线路简单，接线方便，不需另嵌绕组的优点，但不具复励作用，励磁调节速度慢。

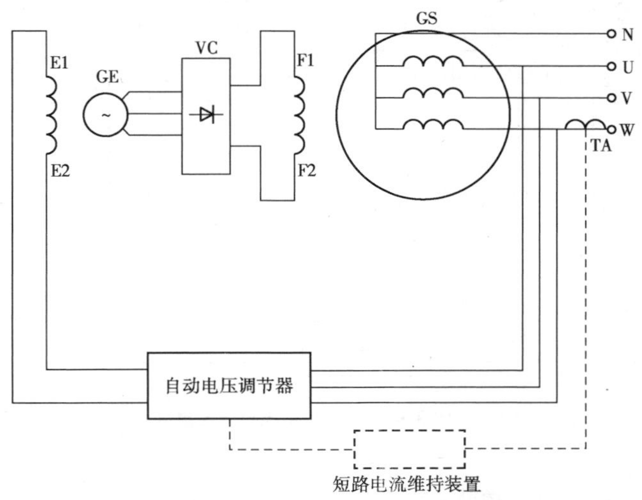

图 4-62　TFW 系列三相同步发电机直接晶闸管励磁电气线路

图 4－63 所示三次谐波励磁也属交流无刷励磁，它具有运行可靠，维修方便，动态性能好，有维持短路电流能力，并且具有自复励作用。但增加一套绕组后，使嵌线工艺过于复杂。

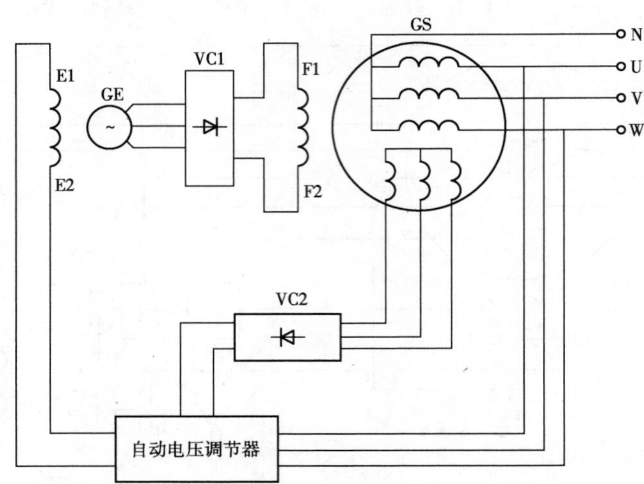

图 4－63　TFW 系列三相同步发电机三次谐波励磁电气线路

图 4－64 所示为 TFW 系列三相同步发电机可控复励励磁线路。它是交流无刷励磁方式的一种，其动态性能优良，有短路电流补偿作用，稳态电压调整率达±0.5%，可维持 3 倍额定电流的短路电流，但成本高，体积大。

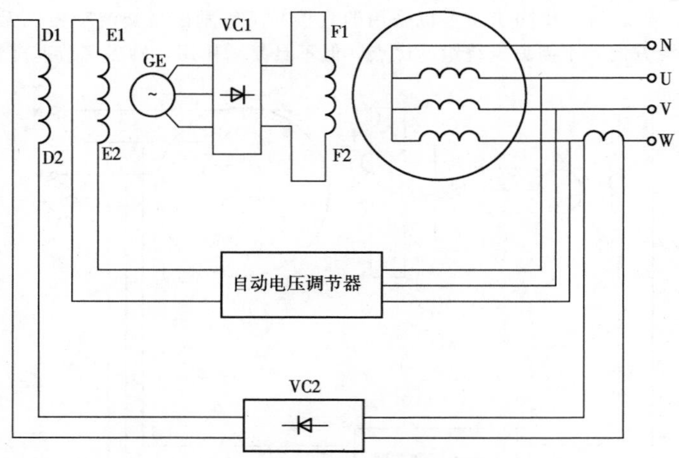

图 4－64　TFW 系列三相同步发电机可控复励励磁线路

TFW 系列无刷三相同步发电机的励磁是由同轴连接的交流励磁机发出的交流电经过旋转整流器整流为直流电，然后送到发电机的励磁绕组，用以作为励磁电源。

图 4-65 所示 TFDW 系列为小型无刷单相同步发电机，它主要与汽油机配套，组成小容量发电机组。电容式逆序磁场励磁线路具有造价较低、效率较高、线路简单、起励迅速、动态性能好等优点，但其电容器体积较大。

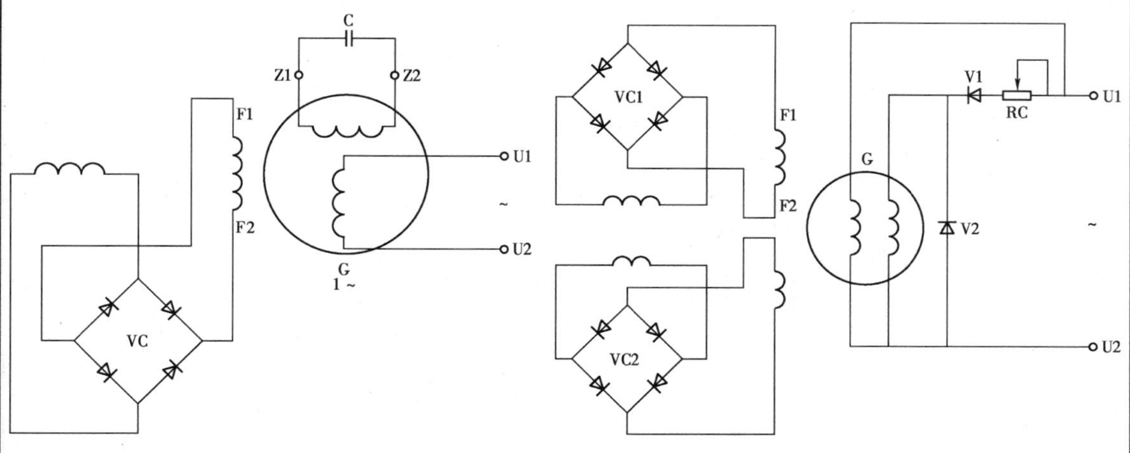

图 4-65　TFDW 系列单相同步发电机电容式逆序磁场励磁线路

图 4-66　TFDW 系列同枢倍极式逆序磁场励磁电气线路

图 4-66 所示为 TFDW 系列单相同步发电机同枢倍极式逆序磁场励磁电气线路。该线路不带电容器，起励简单，稳态电压调整率和波形畸变率都比较小，电机结构较简单，而且具有体积小、重量轻、成本较低的优点。

图 4-67 所示为 TFDW 系列单相同步发电机交流励磁机励磁电气线路。该线路所用电机的设计和调试简单、方便，可从三相同步发电机派生，配上自动电压调整器后，稳态电压调整率可达±2.5%，但电机结构复杂。

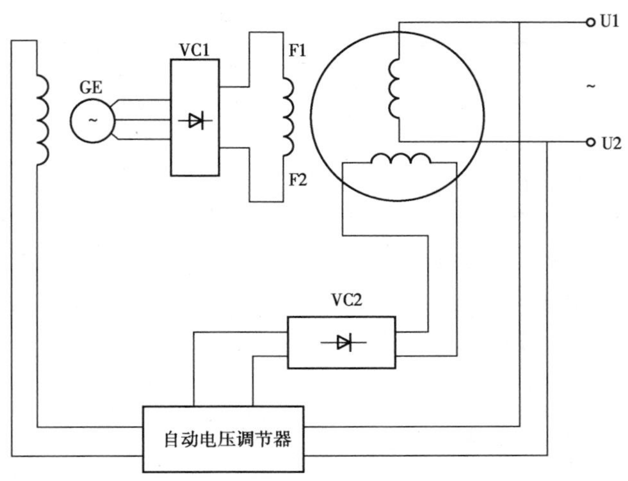

图 4-67　TFDW 系列交流励磁机励磁电气线路

图 4-67 的电气线路与汽油机配套，组成小容量单相发电机组。

图 4－68 所示为发电机组准同期灯光熄灭并列法电气线路，在中、小容量的自备电源系统中常采用该线路。因为这种方法装置简单、操作方便，只要掌握好合闸时间是完全可以满足并列要求的。图中 1 号机组是向负载正常供电的机组，2 号机组是待并入的发电机组。当三组灯光同时亮灭时，说明两机组相序一致，即可合闸。

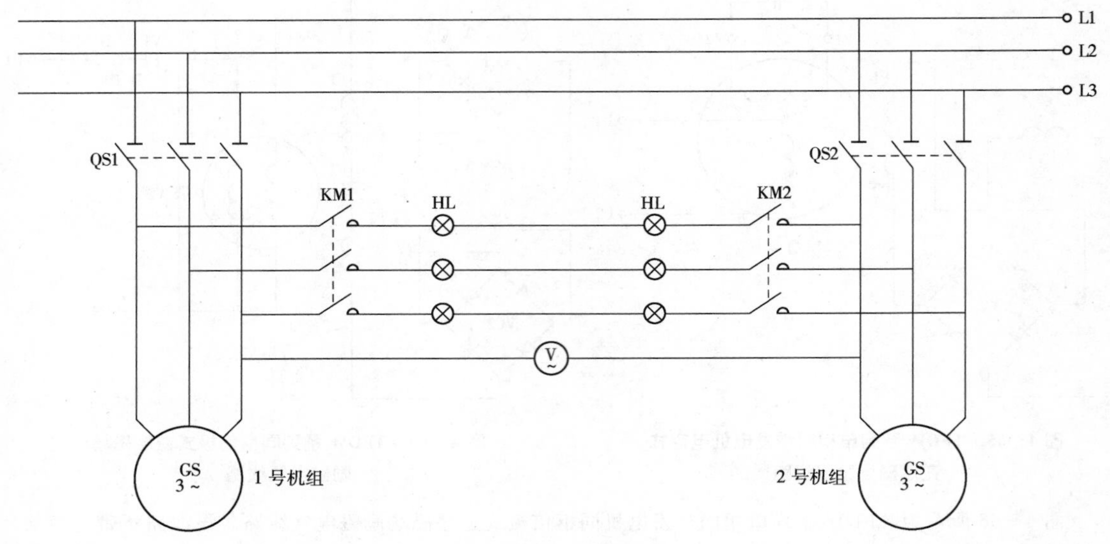

图 4－68　发电机组准同期灯光熄灭并列法电气线路

图 4－69 所示为发电机组准同期灯光旋转并列法电气线路。该接法又称一灭两明法，其灯光旋转的快慢表示两发电机频率差的大小。当调整发电机的转速使 L3 相跨过并列开关 KM1、KM2 两端的相灯熄灭，另外两相间的相灯有相同亮度，并且灯光旋转速度很低时，说明两发电机组频率已非常接近，迅速合上 QS2 即完成并列。

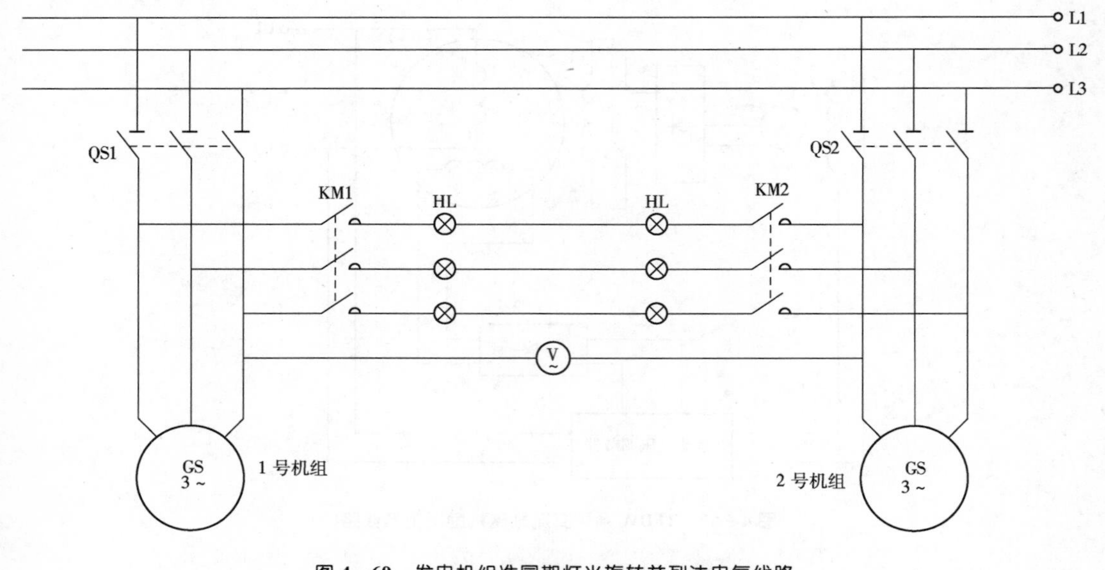

图 4－69　发电机组准同期灯光旋转并列法电气线路

图 4 - 70 所示为发电机组准同期变压器单灯并列法电气线路。该线路中变压器 TD1、TD2 的变比一般为 220V/6V，对于发电机电压为 400V 并有中性点引出线时，用这种方法较为合适。并列中指示灯将随着两台发电机的频率差而亮暗，灯最亮时表示相角差为 180°，灯灭时表示相角差为零，这时可迅速合上开关 QS2 进行并列。

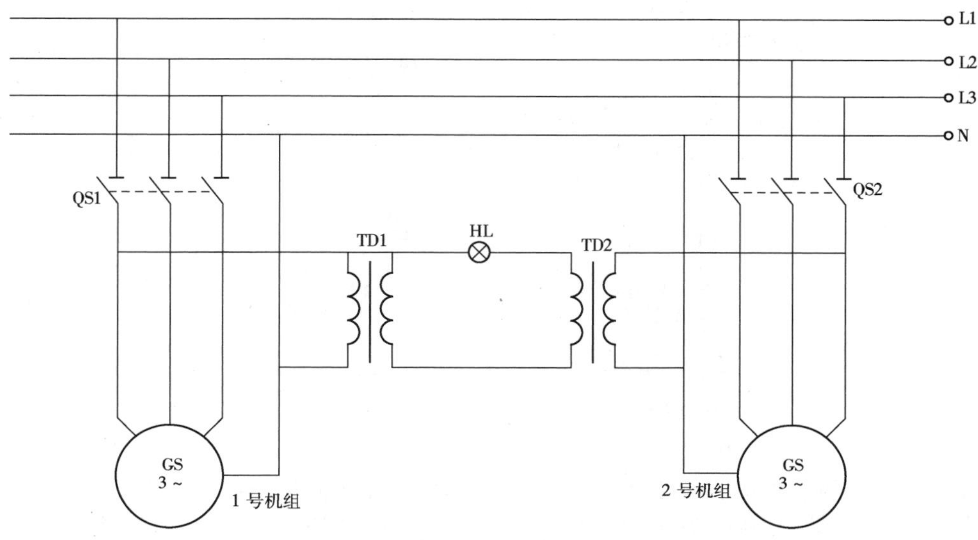

图 4 - 70　发电机组准同期变压器单灯并列法电气线路

图 4 - 71 所示即为发电机准同期同步指示表并列法电气线路。该并列法就是利用装于控制屏上的同步指示表来进行并列操作。当待并发电机电压和频率变动时，同步表的指针将会转动，即发电机转速高时指针指向快的一边；发电机转速低时指针则指向慢的一边。当待并发电机被调整到与运行发电机频率一致，且指针将指向中间线（红或黑线）时，即可进行并列操作。

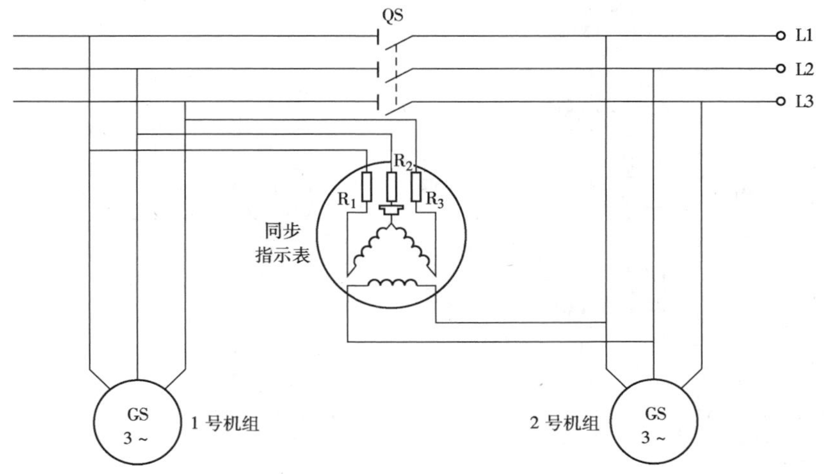

图 4 - 71　发电机准同期同步指示表并列法电气线路

图 4－72 所示即为发电机自同期并列法电气线路。该线路是在发电机起动后不合上励磁开关，而是将磁场可变电阻器调到发电机对应的空载电压位置处，当发电机达到或接近同步转速时，即合上发电机主开关，然后迅速合上励磁开关给发电机励磁。这样待并发电机就将很快被运行发电机拉入同步而并列运行。

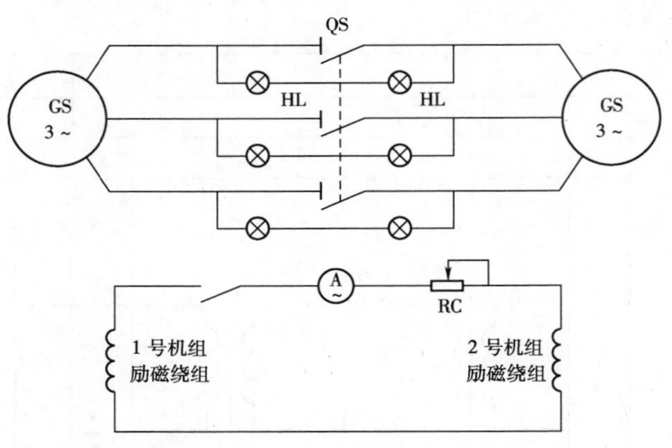

图 4－72　发电机自同期并列法电气线路

图 4－73 所示即为三相双电源自投电气线路。该线路能将甲、乙双电源自动切换投入，省去了人工操控切换备用电源的麻烦，达到自动切换电源迅速恢复供电的目的。线路主要由隔离开关 QS1、QS2、交流接触器 KM1、KM2、时间继电器 KT 等电气元件所组成。线路简单可靠、经济实用，在需要有双电源要求的宾馆、酒店、医院、车站及重要工厂等场所均得到广泛采用。线路能自动、安全、准确地转换电源。

图 4－74 所示即为异步电动机同步化运行转子绕组带整流器的变换节电线路。该线路采用的接触器容量最小。但在异步转换为同步的瞬间，转子绕组的一相将开路，因此要求硅二极管具有较高的反向电压特性。线路主要由交流接触器 KM1、KM2，整流变压器 TR，晶体管整流器 VC 及起动电阻器等共同组成。异步电动机经过同步化运行的改接，可大幅提高电动机的功率因数，节电运行及降低损耗提高电能效率。

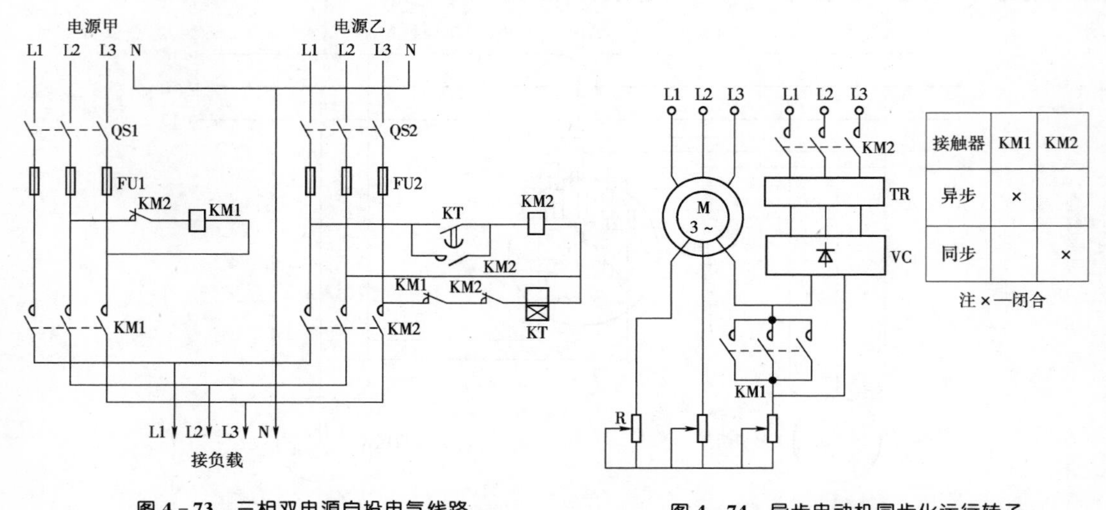

图 4－73　三相双电源自投电气线路

图 4－74　异步电动机同步化运行转子绕组带整流器的变换节电线路

图 4－75 所示为异步电动机同步化运行转子绕组接触器变换节电线路。由于绕线转子异步电动机的转子绕组是三相对称绕组，故为三相均匀分布。而直流励磁电源却只有正、负两极，因此必须变换转子绕组的接法，使其于起动时按三相连接并同时将起动电阻串接进转子绕组内。而在同步化运行时，又能使三相绕组接受正、负极性直流的励磁电流，并把起动电阻切除出转子绕组电路。本图就是采用接触器变换的异步电动机同步化运行节电线路。该线路能有效提高电力效率并降低无功损耗。

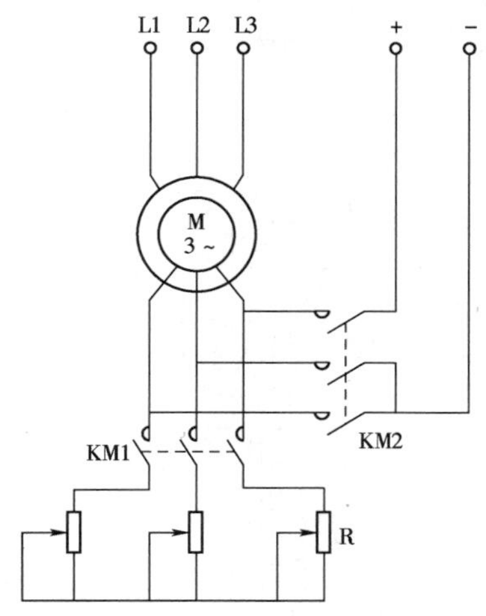

接触器	KM1	KM2
异步	×	
同步		×

注 ×—闭合

图 4－75　异步电动机同步化运行转子绕组用接触器变换的节电线路

图 4－76 所示即为异步电动机同步化运行转子绕组用双接触器变换的节电线路。该线路为一相起动电阻回路和直流正、负极均串联接触器的变换接线。这种接线能提高接触器的利用率，接触器 KM1 的容量可减少$\frac{2}{3}$。线路主要由交流接触器 KM1、KM2，起动电阻 R，以及外加励磁直流电源等电气原件所组成。此线路简单实用操作方便可靠，能有效降低无功损耗和提高电力效率，是工厂中节能降耗十分有用的一项措施。

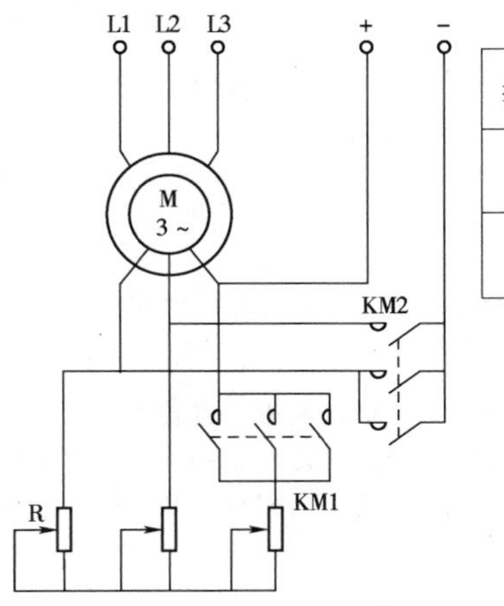

接触器	KM1	KM2
异步	×	
同步		×

注 ×—闭合

图 4－76　异步电动机同步化运行转子绕组用双接触器变换的节电线路

图 4－77 所示即为异步电动机同步化运行的主要电气线路。异步电动机的同步化运行可以减少电网无功功率的损失，甚至还有可能将电动机变成电容性负载，从而向电网输送无功功率。这种措施属于就地补偿形式，可以得到较好的节电效果。本图即为异步电动机同步化运行的主电气线路。该线路主要由交流接触器 KM1～KM4、频敏变阻器 RF、电流互感器 TA、电流继电器 KA、整流变压器 TR 及晶体管整流组件等电气元器件所共同构成。线路结构设计合理、操作简单灵便、自动安全运行。此异步电动机同步化运行电气线路，在企业节能挖潜改造中得到重视并被普遍采用，收到较好的节电减耗的明显效果。线路改造的投资不多，可在很短时间内从节电中收回。

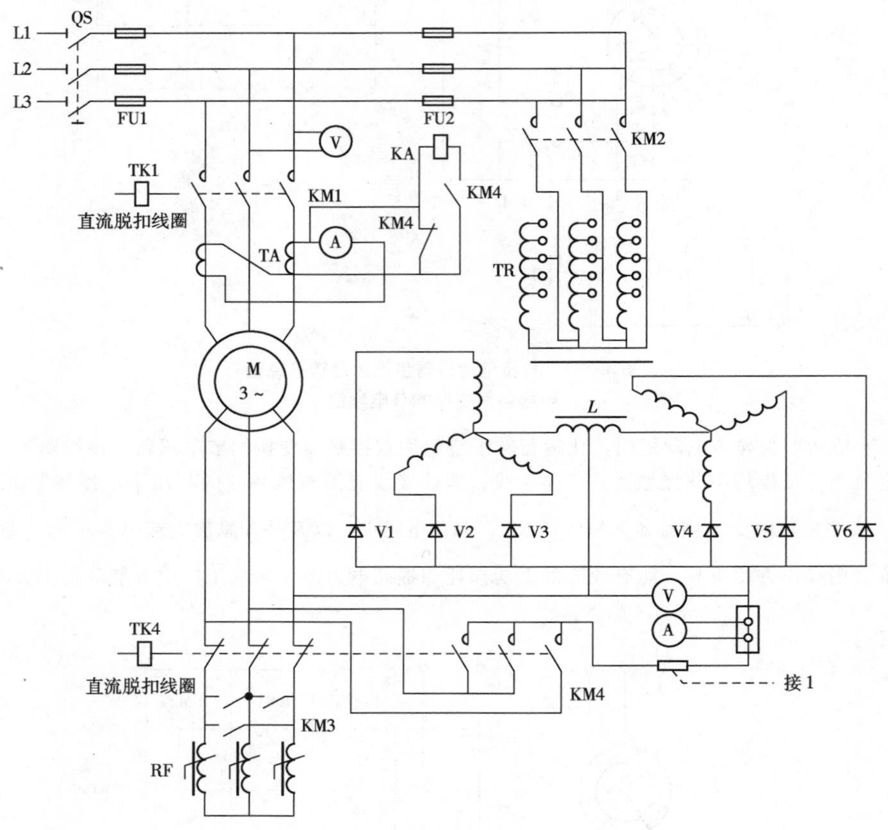

图 4－77　异步电动机同步化运行的主电气线路

绕线式异步电动机的转子，在起动完毕、通入直流励磁电流，将转子牵入同步、并且作为同步电动机以同步转速运行，就称为异步电动机同步化。异步电动机同步化运行可以使电动机的无功功率损耗减少，甚至还可以向电网回馈无功功率，用以提高电网的电压质量，而且节约电能。异步电动机负荷率愈低、容量愈大，则异步电动机同步化运行的经济效果愈显著。

图 4－78 所示即为同步发电机异步起动调相运行的电气线路。该线路可按照电网要求，服从统一调度，及时向电网发送无功功率，做到就地调相、就地补偿。做到使供电网减少无功功率的损耗，增加有功功率的输出以提供电效率。线路主要由交流接触器 KM1～KM6、电感器 L、晶体管全波整流器、水电阻等电气元器件所共同组成。线路结构设计简单，发电机作调相运行时输送无功功率效果极为明显，供电效率大幅提升，是节能挖潜技术改造中一条切实可行的有效措施。

图 4－79 所示即为三相三线制异步发电机 Y 接、电容 Y 接的电气线路。该线路中采用三相笼型异步电动机加装励磁电容后作发电机运行，靠电容器提供励磁用无功功率。异步电动机的额定功率不同，则空载时所配置的电容器容量也不同。线路主要由交流接触器 KM1、KM2，热继电器 KTH，按“Y”形接法的励磁电容器组 C1－3，以及控制按钮 SB1～SB4 等电气原器所共同组成。因无中性线引出，异步发电组不能提供单相电源电压。

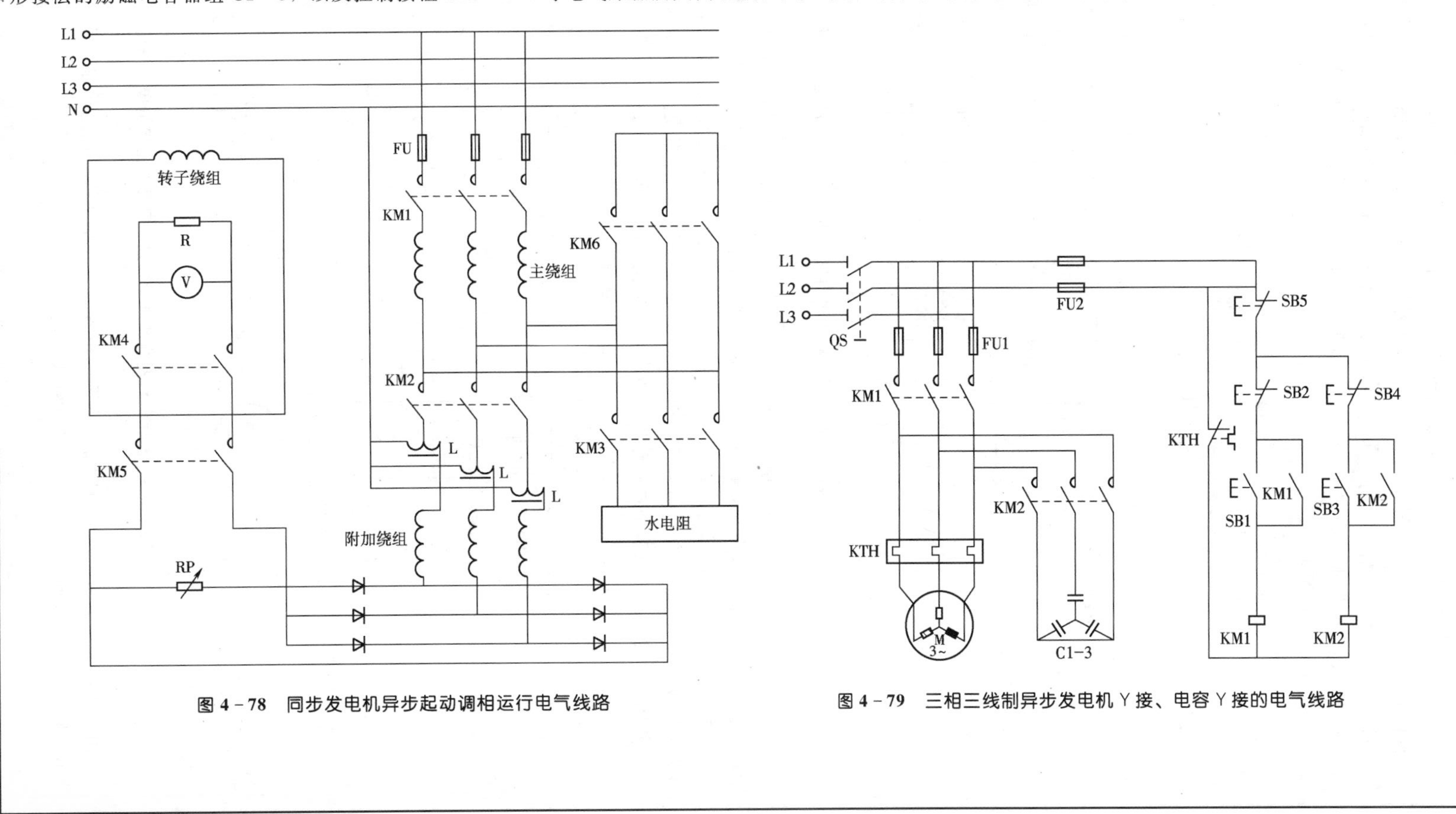

图 4－78　同步发电机异步起动调相运行电气线路

图 4－79　三相三线制异步发电机 Y 接、电容 Y 接的电气线路

图 4－80 所示即为三相三线制异步发电机 Y 接、电容△接的电气线路。该线路采用三相笼型异步电动机加装励磁电容进行发电。异步发电机具有起动容易、并网方便、价格低廉、运行可靠、对转速要求没有同步发电机严格等许多优点，因而在一定范围内也得到应用。线路主要由交流接触器 KM1、KM2，热继电器 KTH，按“△”形接法的励磁电容器组 C1～3，以及控制按钮 SB1～SB4 等电气元器件所共同组成。该机组只能提三相电源电压。

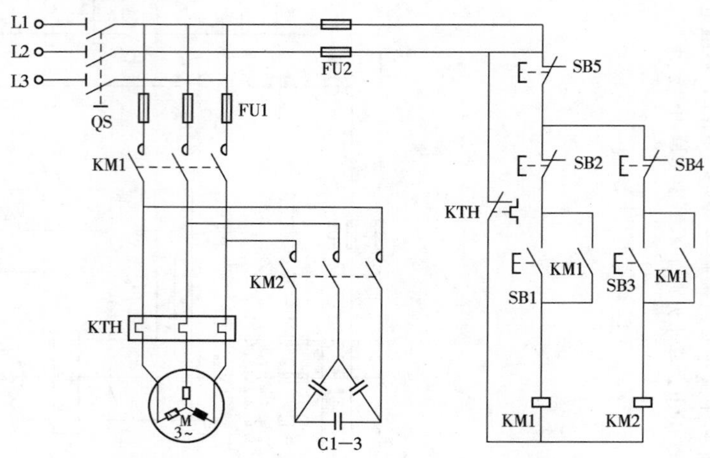

图 4－80　三相三线制异步发电机 Y 接、电容△接的电气线路

图 4－81 所示即为三相三线制异步发电机及电容均为△接的电气线路。它由三相笼型异步电动机加装励磁电容器而改成异步发电机，经动力机械拖动即可发电。熔断器 FU1、FU2 和热继电器 KTH 作短路与过载保护，该线路构造简单、应用方便。线路主要由交流接触器 KM1、KM2，热继电器 KTH，按“△”形接法联接的励磁电容器组，以及控制按钮 SB1～SB4 等电气原件组成。由于异步发电机绕组及励磁电容器组均为△形接法，故没有中性线输出，所以只能提供三相电源。

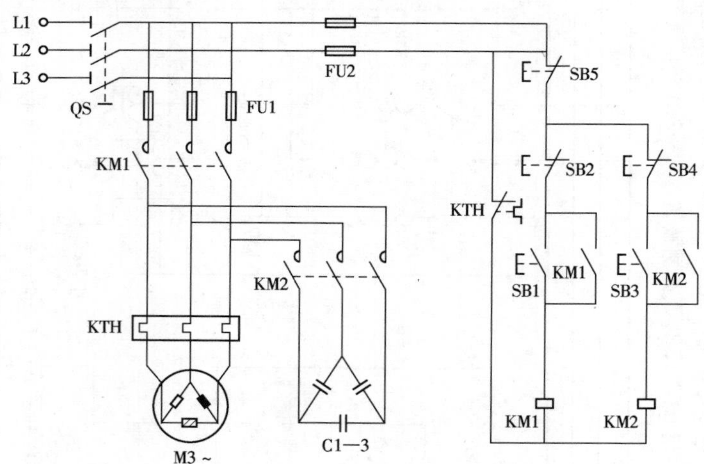

图 4－81　三相三线制异步发电机及电容均为△接的电气线路

由于三相笼型异步电动机只须加装匹配的电容器，并用动机机械拖动即可发电，因而得以在一定范围使用，例如在时下发展很快的风电场中用作发电机。

图 4－82 所示即为三相四线制异步发电机 Y 接并带中性线、电容 Y 接的电气线路。该线路由三相笼型异步电动机加装励磁电容而成，它不需要专用励磁机来励磁，而全由电容器提供励磁电流。线路主要由交流接触器 KM1、KM2，热继电器 KTH，按“Y”形联接的励磁电容器组，以及控制按钮 SB1～SB4 等电气元器件所共同组成。由于异步发电机绕组为“Y”形接法，并且带中性线引出，因此该发电机及其机组可提供单、三相电源电压，可为负载提供全面的供电。

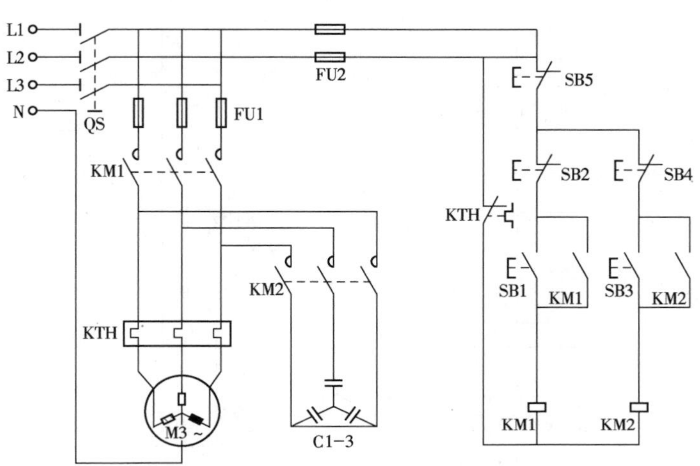

图 4－82　三相四线制异步发电机 Y 接并带中性线、电容 Y 接的电气

图 4－83 所示即为三相四线制异步发电机、电容 Y 接并带中性线的电气线路。该线路由三相笼型异步电动机加装一组三相电容器而成，其中性线由三相电容器组引出。异步发电机无须专用励磁机来励磁，而由电容器提供励磁电流。线路主要由交流接触器 KM1、KM2，热继电器 KTH，按“Y”形联接并带中性线接线的三相励磁电容器组 C1－3，以及控制按钮 SB1～SB4 等电气元器件所共同组成。该异步发电机可作为独立电源为小范围提供单、三相交流电源电压，以带动单、三相负载。

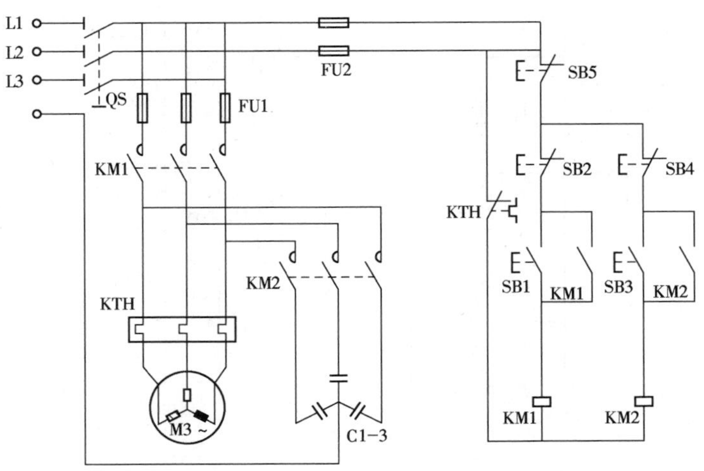

图 4－83　三相四线制异步发电机、电容 Y 接并带中性线电气线路

图 4－84 所示即为三相四线制异步发电机 Y 接、电容△接的电气线路。该线路中的异步发电机是在三相笼型电动机上并接一组三相电容器而成，电容器是用来供给励磁的无功功率，因此省去了励磁机。线路主要由交流接触器 KM1、KM2，热继电器 KTH，按“△”形联接的三相励磁电容器组 C1－3，以及控制按钮SB1～SB4 等电气元器件所共同组成。由于异步发电机为“Y”接法且带有中性线，因此它能同时提供单、三相电源电压，以在小范围内提供单、三相负载使用。

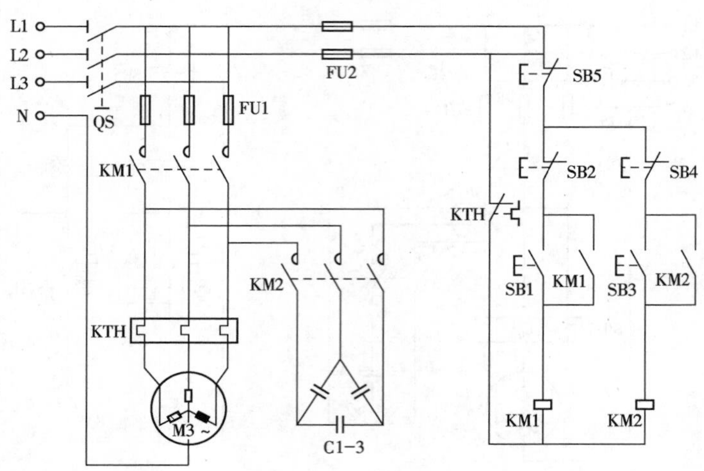

图 4－84　三相四线制异步发电机 Y 接、电容△接的电气线路

图 4－85 所示即为三相四线制异步发电机△接、电容 Y 接并带中性线的电气线路。该线路由作“Y”形联结电容器组的星形点接出中性线，因为作为“△”形联结的异步电动机绕组是无法抽出中性线的。异步发电机发电时，其电压与频率将由电容值、原动机转速及负载大小等多种因素来决定。线路主要由交流接触器 KM1、KM2，热继电器 KTH，“Y”形联接电容器组及控制按钮等电气原件共同组成。该异步发电机可提供单、三相电源电压。

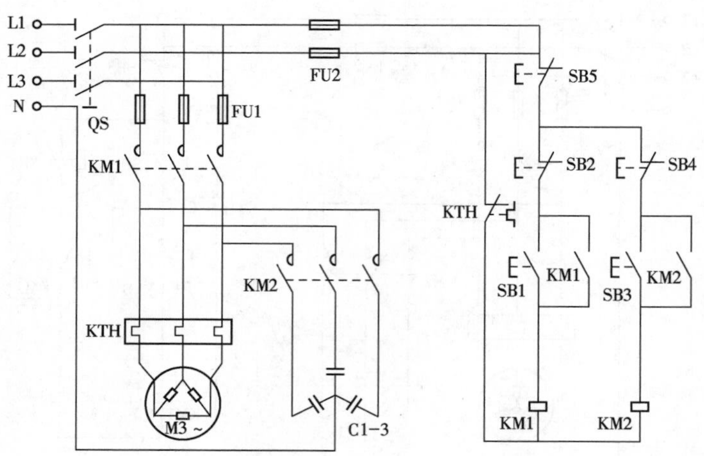

图 4－85　三相四线制异步发电机△接、电容 Y 接并带中性线的电气线路

图 4－86 所示即为三相四线制异步发电机作独立电源运行时的电气线路。该线路由原动机、异步发电机、电容器组、开关电器、保险装置等构成。因为输电线路存在着电压降，所以异步发电机的输出电压应为 400V/230V，发电机可同时用于单、三相负载。线路主要由隔离开关 QS、热继电器 KTH、电容器组、击穿保险等电子原器件共同组成。可作独立工作电源为局部范围提供单、三相电源电压。可解决边远山区野外的用电。

图 4－87 所示即为三相异步电动机改作发电机的负载集中配电电气线路。该线路适于负载集中、或需起动较大容量的电动机采用，这时可对三相电感性负载及单相电阻性负载分别进行补偿。即如图中所示，将补偿电容器 C2 与电动机 M 并联；把辅助电容器 C3 与集中的电灯照明线路并联。此外，为防止因柴油机飞车或负载被突然甩掉而产生的过电压击穿异步发电机绕组的绝缘，故此在主电容器 C1 的前端装上了击穿保险 F，以确保线路的安全运行。

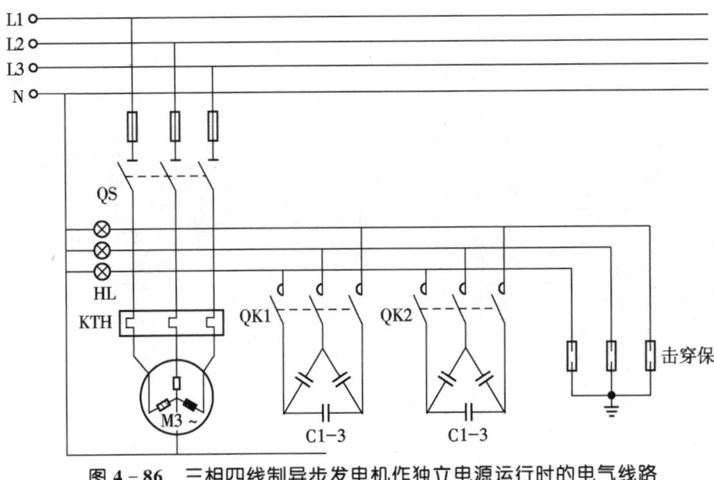

图 4－86　三相四线制异步发电机作独立电源运行时的电气线路

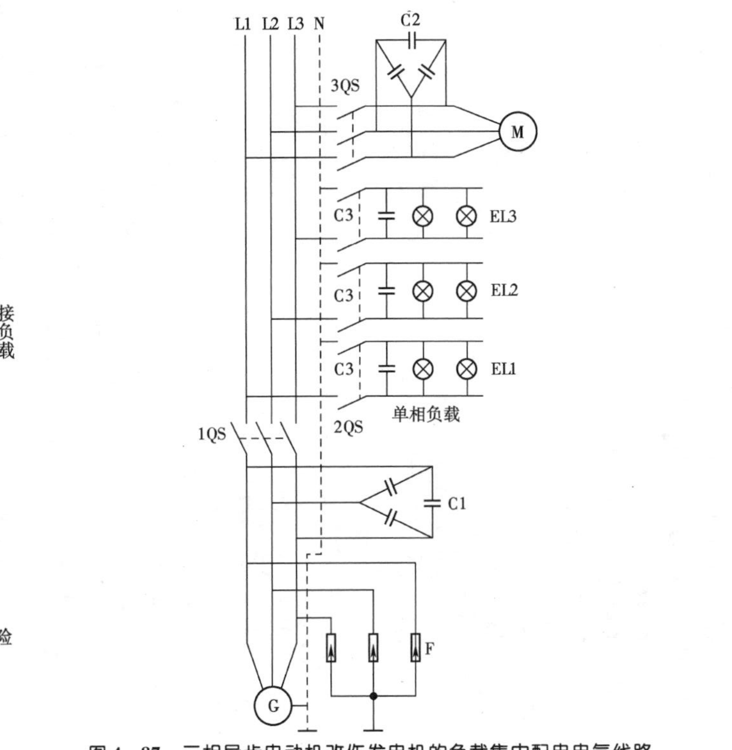

图 4－87　三相异步电动机改作发电机的负载集中配电电气线路

图 4-88 所示即为三相异步电动机改作发电机的负载分散配电电气线路。该线路适于负载分散且容量较小时采用，这时可将主电容器 C1、辅助电容器 C2 及补偿电容器 C3 集中装置于异步发电机控制屏上。屏上还可安装避雷器等避雷、过电压保护装置。

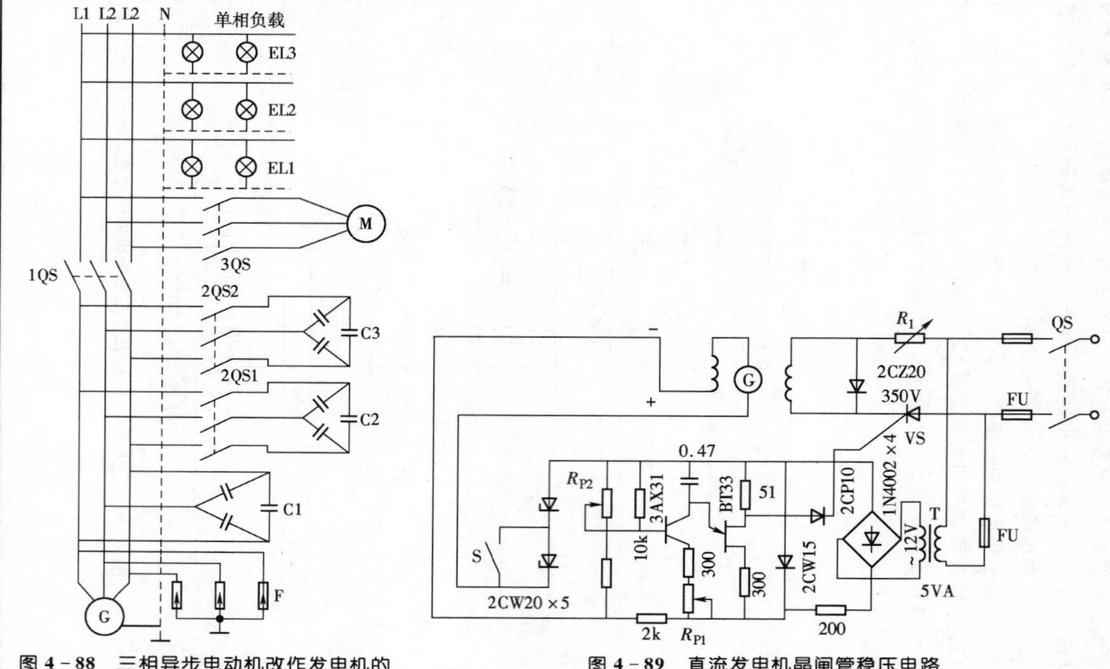

图 4-88　三相异步电动机改作发电机的负载分散配电电气线路

图 4-89　直流发电机晶闸管稳压电路

图 4-89 所示即为直流发电机晶闸管稳压电路。该线路的主电路为单向半波晶闸管整流，并带续流二极管和调节电阻 R_1；控制电路则采用三极管 3AX31、电容器 0.47μF、单结晶体管 BT33 组成的同步触发电路；反馈回路则由电阻 300Ω、电位器 RP1(2.2kΩ) 和 5 只稳压管 2CW20 组成。使用时，调整调节电阻 R_1，使输出电压稳定到额定值即可。

图 4-90 所示即为汽油发电机稳压电路。该线路是采用 UC3842 脉宽调制芯片制成的自动稳压电路。图中 L1 为同步发电机 G 的主绕组，其输出端外接负载，L2 则为自励电流绕组，经二极管整流通过 RP1 向励磁绕组 L3 提供电流，RP1 为人工调压电阻器。线路设计合理稳性能良好，使用方便可靠，在汽油发电机控制线路中得到广泛使用。

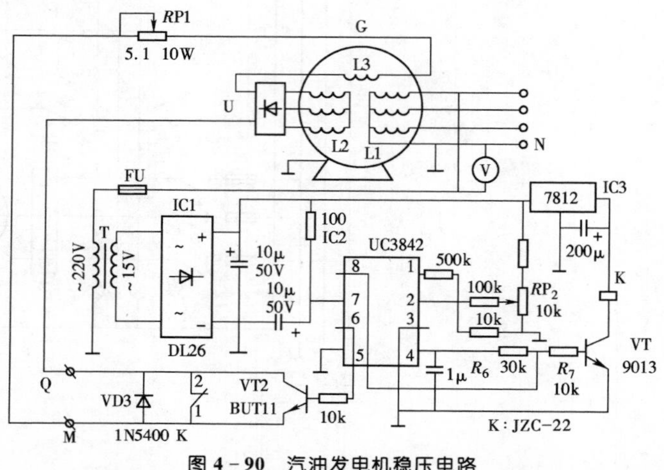

图 4-90　汽油发电机稳压电路

图 4－91 所示即为无刷励磁控制屏电气线路。该线路中的同步发电机 GS 与励磁机为同轴结构，在柴油机的拖动下，发电机绕组靠切割剩磁逐渐建立起电压。为稳定负载起动时引起的电压波动，线路中设置了自动电压调节器 AVR，以自动控制发电机 GS 的输出电压，使其迅速稳定。

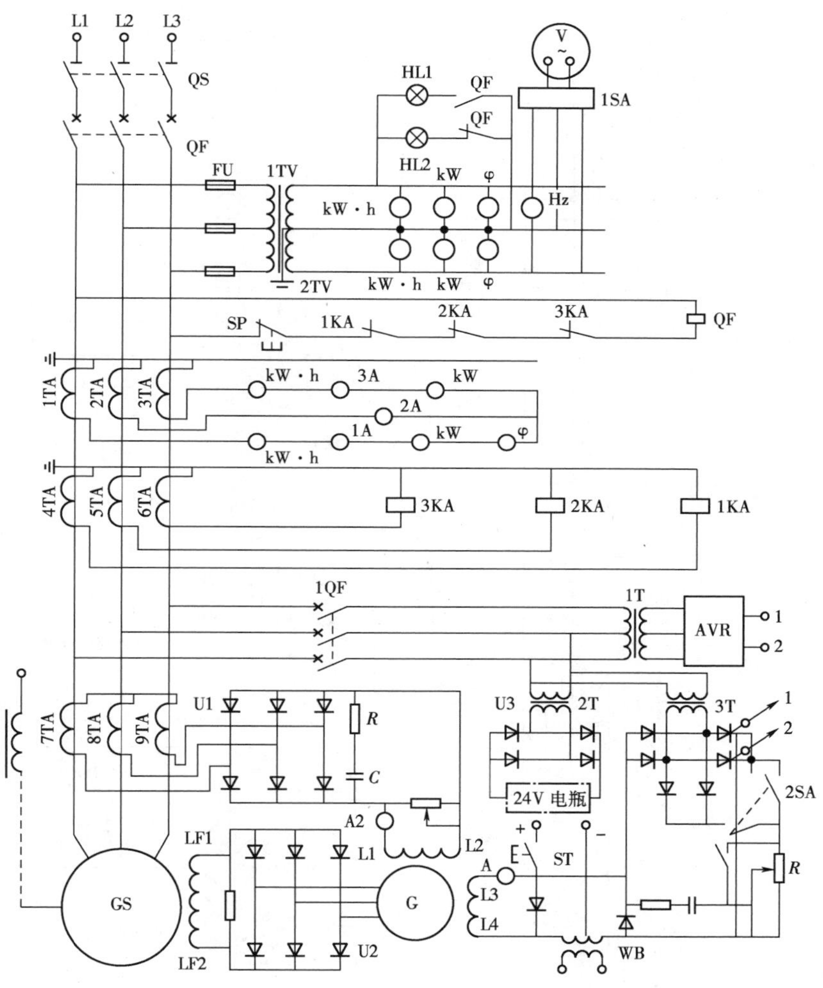

图 4－91　无刷励磁控制屏电气线路

该无刷励磁控制屏电气线路中的无刷励磁同步发电机，它与有刷三相同步发电机不同之处在于用交流励磁机和旋转整流器组取代集电环。交流励磁机则是一台磁极铁芯和磁绕组在定子上，电枢在转子上的感应三相交流电的转枢式同步发电机，电枢及旋转硅整流器组与发电机转子同轴安装。旋转整流器与电枢三相绕组引出线连接，直流侧与发电机磁极绕组引出线连接。

图 4－92 所示即为炭阻调压控制屏电气线路。该线路中配置了炭阻自动电压调节器来自动调节发电机端电压，当同步发电机在运行中因负载增加或负载功率因数下降时，其输出的端电压即会随之降低；而当发电机的负载减小或负载功率因数提高时，则发电机端电压便会升高。这时炭阻自动电压调压器将自动控制炭片柱电阻值的减小或增加。从而使直流励磁机的励磁电流增大或减小，以达到控制同步发电机端电压的增减，确保发电机输出电压质量。

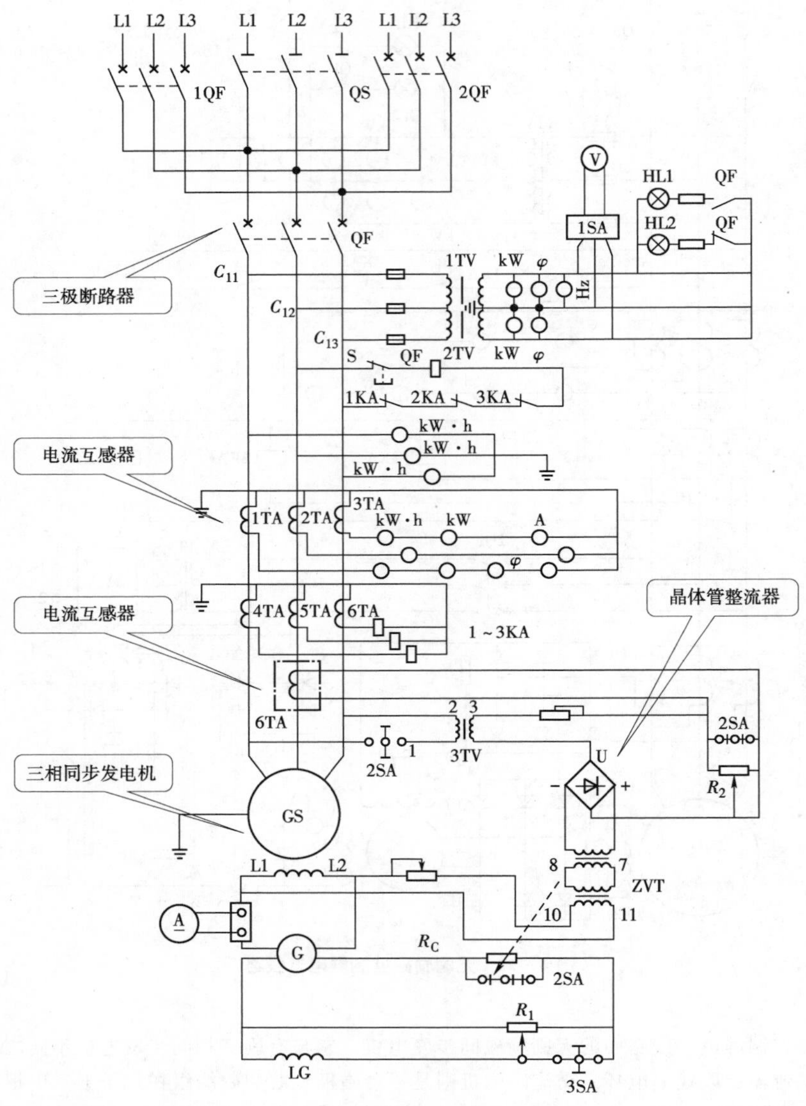

图 4－92　炭阻调压控制屏电气线路

图 4－92 的电气线路中采用炭阻调压器是较早时期的自动调压器，它调压可靠、价格便宜，生产实际中多有采用。

图 4－93 所示即为 HF－4－81－□A 型发电机控制箱电气线路。该线路适合 40～120kW 小型三相同步发电机的控制，其励磁系统采用相复励调压。这是一种将发电机端电压经线性电抗器 L 移相，然后与发电机负载电路中的电流互感器 TA 进行二次电压合成，再经三相桥式整流器 U 整流后，即提供同步发电机 GS 的励磁自动调压。线路设计合理，使用简单灵便。由于采用相复励调压的励磁系统，至使同步发电机输出主电源的电压调整率能达到较高精度。该发电机控制箱电气线路得到较多的采用。

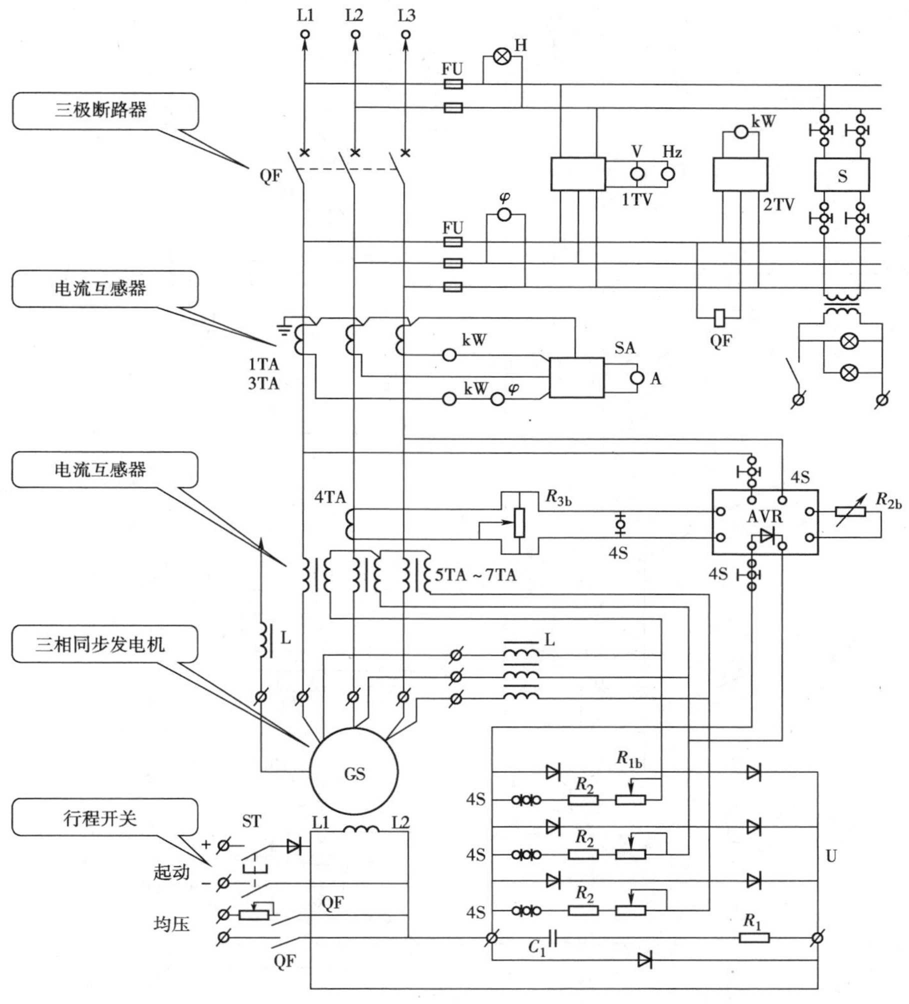

图 4－93　HF－4－81－□A 型发电机控制箱电气线路

该型验电机控制电气线路能自动调压，进行线路设计管理，适用于小容量三相同步发电机的控制。

图 4－94 所示即为 HF－4－81－□B 型发电机控制箱电气线路。与图 4－93 相比，本线路在中性线上减少了电抗器，在自动调压器 AVR 的电源线端省去了调节电阻 R_{3b}。图中 SA 为电流换相开关、TA 为电流互感器、TV 为电压互感器、R_{3b} 为可调电阻器。线路采用的相复励调压调磁的励磁方式，该励磁电源系统使同步发电机输出主电源的电压调整率能达到比较高的精度。该发电机控制箱电气线路及励磁方式受到重视并得到较多采用。

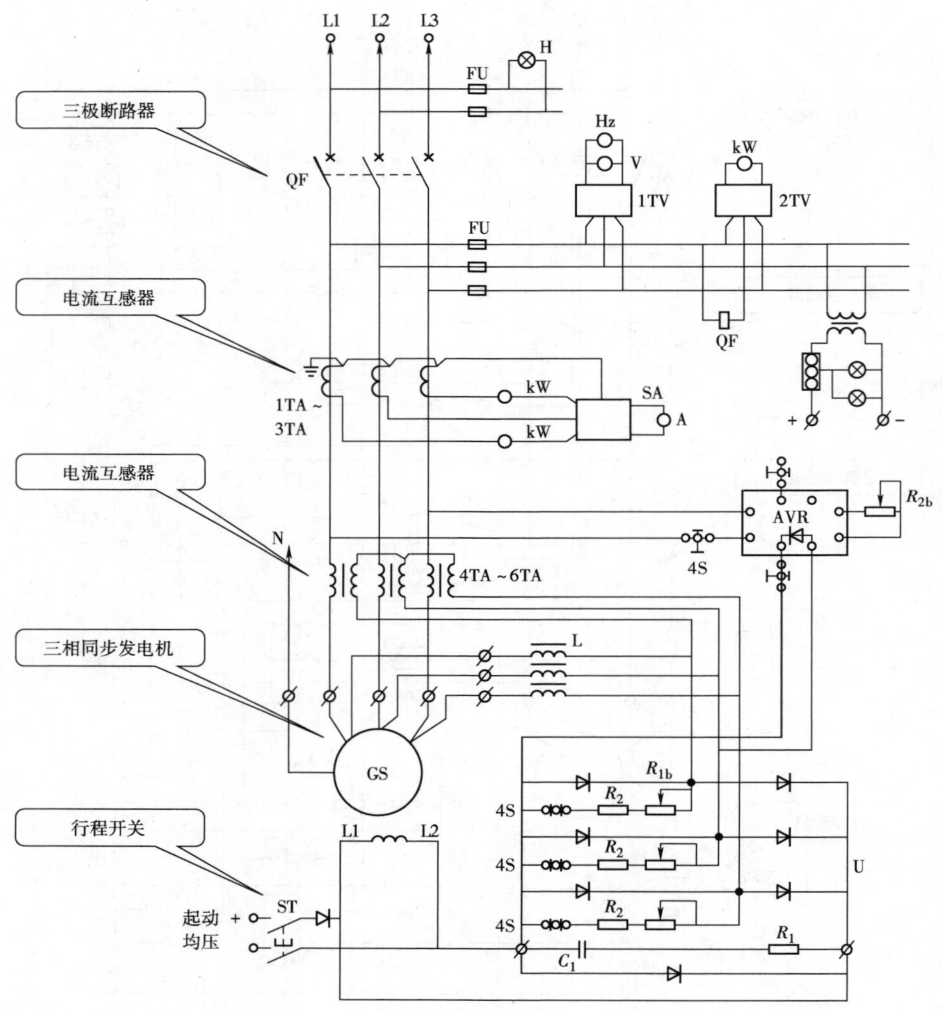

图 4－94　HF－4－81－□B 型发电机控制箱电气线路

图 4－94 的电气线路为相复励调压调磁控制方式，故其调节精度高、电能质量好。

图 4－95 所示即为 HF－4－81－□C 型发电机控制箱电气线路。该型控制箱是专为上海柴油厂生产的 135 系列柴油机及上海革新电机厂生产的 T2XV 系列小型三相同步发电机的配套产品。T2XV 系列小型三相同步发电机的励磁系统采用的是相复励调压励磁方式，该线路能对同步发电机 GS 的励磁进行自动调压。线路设计合理操作灵便，由于采用的相复励调压励磁方式的励磁电源系统，使得同步发电机输出主电源的电压调整率能达到较高的精度。该发电机控制箱电气线路及励磁方式得到较多采用。

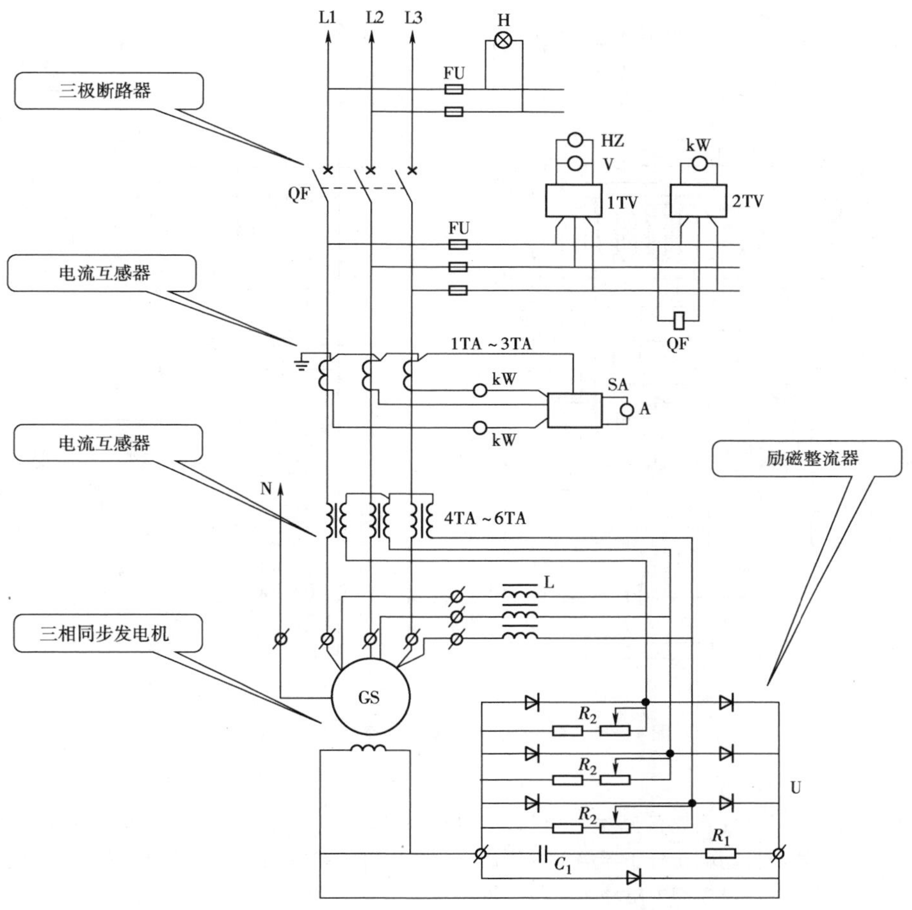

图 4－95　HF－4－81－□D 发电机控制箱电气线路

该型发电机控制箱电气线路采用的相复励调压调磁的励磁方式，这种励磁方式是直接利用发电机本身的剩磁电压进行自励起压；直接利用发电机本身负载电流的大小及负载电流与电压的相位关系进行相复励，来调整发电机的励磁电流，以调整发电机的端电压，故此称为相复励恒压励磁系统。该系统调压非常迅速、动态特性极为良好。

图 4－96 所示即为 XFK2－2A 型发电机控制屏电气线路。该线路适用于 200～300kW 柴油发电机的电气控制，其励磁部分采用的是可控相复励励磁方式。其仪表检测、计量及过电流控制等与炭阻调压控制屏基本相同。线路设计合理，操作方便可靠，由于其励磁部分采用的是可控相复励励磁方式，因而调压精准、灵便、快速，致使同步发电机输出的主电源的电压调整率精度很高。

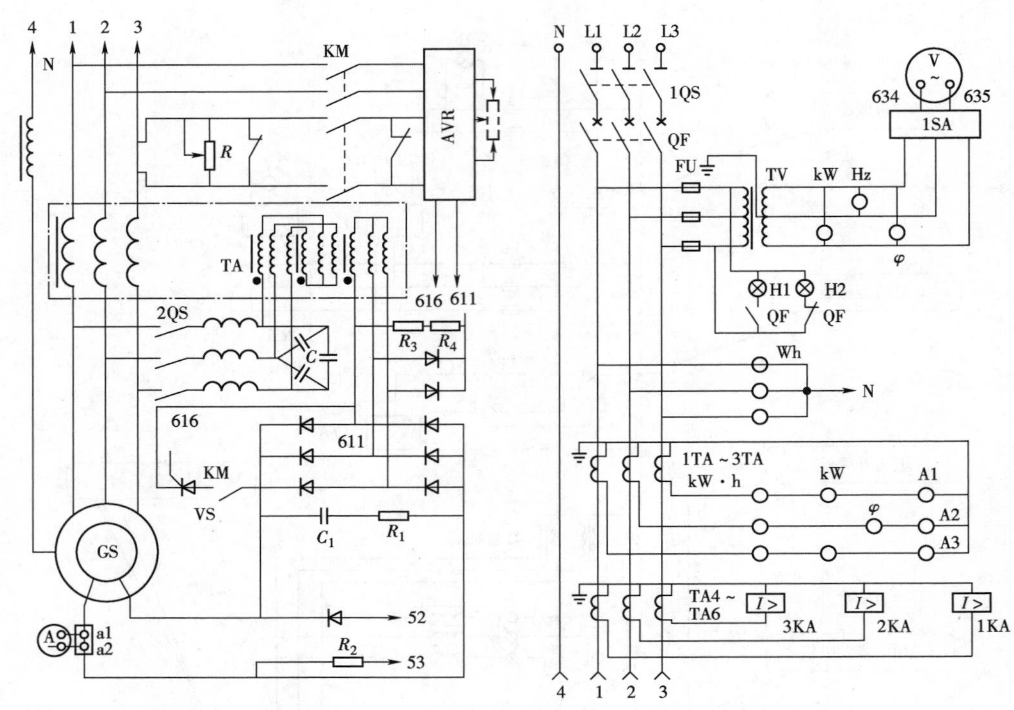

图 4－96　XFKZ－2A 型发电机控制屏电气线路

该型发电机控制屏电气线路的励磁采用的是可控相复励系统。其装置由可控变流器 TA、线性电抗器、三相桥式整流器和自动电压校正器等部件组成。实质上可控相复励就是在不可控相复励的基础上，增加自动电压校正器部分，以控制主电路中可控变流器铁芯的饱和程度，从而提高同步发电机的调压精度。正常运行时，这种系统的性能良好，但当电力系统短路时，供电电压严重下降，这是该系统的弱点。不过在现有快速保护及同样的顶值电压倍数下，可控相复励发电机与采用直流励磁机励磁的发电机具有相近的动稳定极限。可控相复励励磁发电机必须采取适当的后备保护措施以保证能可靠地切除在电网近端发生的短路故障，相复励励磁的调压作用是借助于电流互感器 TA 组成的复励回路来实现的，有了该回路也就满足了调压的要求。

图 4－97 所示即为 75GF1 型发电机控制屏电气线路。该线路采用的是直流励磁机励磁，利用炭阻自动调压器进行调压。线路具有手动和自动调压两档，当拨到自动调压位置时，则由 ZVT 和 WD 控制炭阻器 RC 自动调压。由直流励磁机与炭阻自动调压器组成的发电机控制屏电气线路，搭配合理、优势互补、调压灵便、操控简单，因而常得到采用。特别是在提升老式直流励磁机励磁的三相同步发电机性能上可收到极好效果。

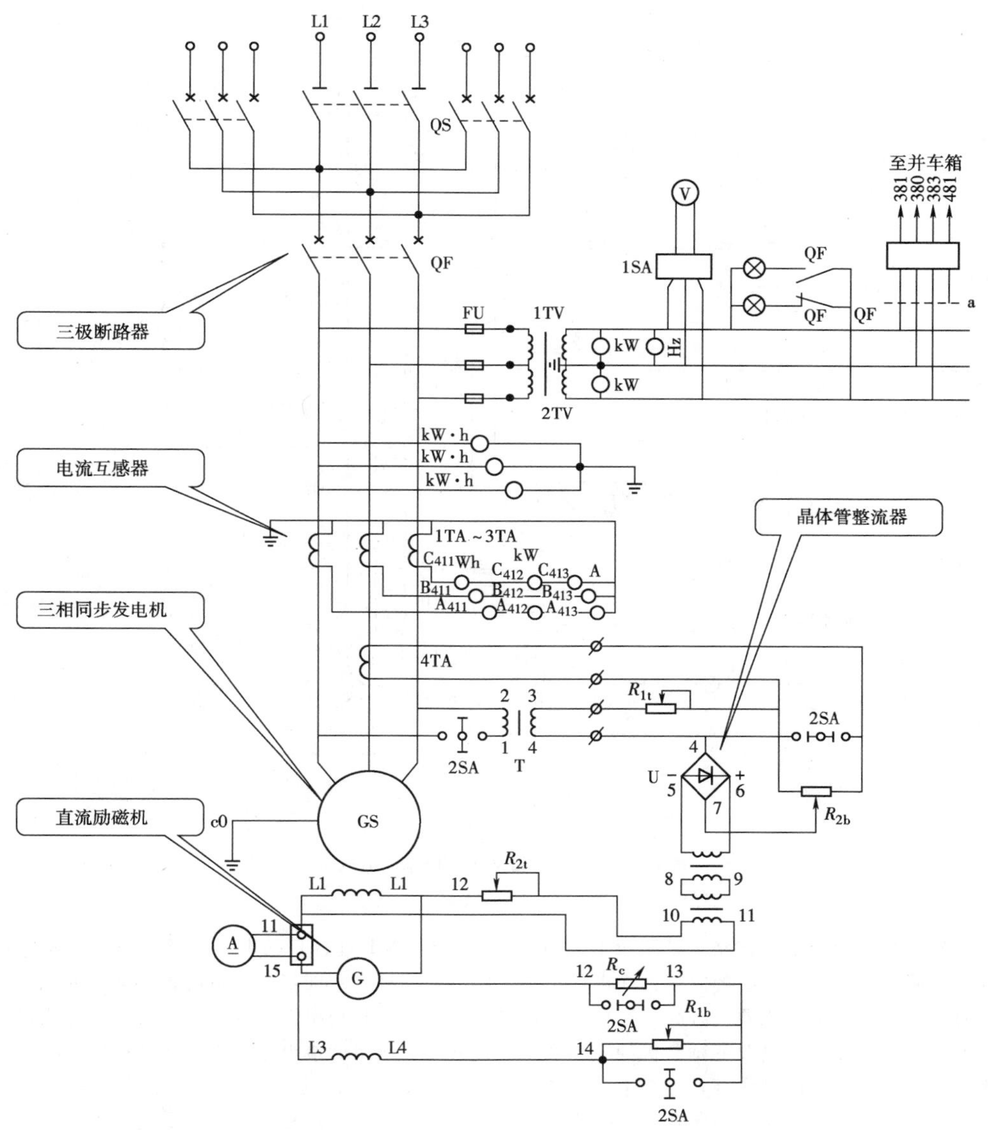

图 4－97　75GF1 型发电机控制屏电气线路

图 4－97 的电气线路是采用直流励磁机加炭阻自动调压器的电气线路，由于它是一种自动调压系统，因而可有效保证同步发电机优良的电压调整率和高质电能。

图 4－98 所示即为 40GF1 型发电机控制箱电气线路。该线路适用于各种型号同步发电机，它与原动柴油机、同步发电机 GS 安装在同一底盘上。发电机励磁采用炭阻电压自动调节器 ZVT。线路设计合理，由于使用了炭阻电压自动调节器 ZVT，励磁电压调节灵敏从而使同步发电机主电源输出电压调整率达到设计的额定值，同步发电机整体性能均十分出色，因而被广泛使用在各个部门。

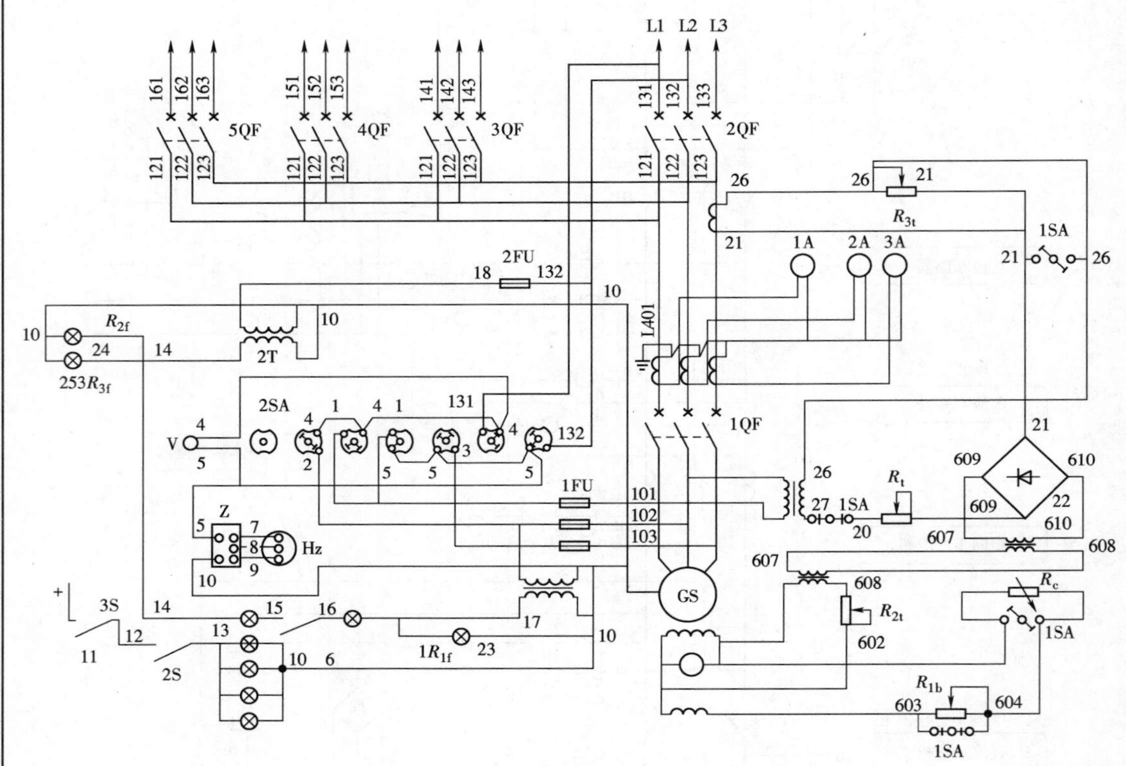

图 4－98　40GF1 型发电机控制箱电气线路

该型发电机控制箱电气线路是采用炭阻自动电压调节器 ZVT 进行自动电压调控。当同步发电机的负载增加或负载功率因数因数下降时，其端电压将随之降低；同样，若同步发电机的负载减小或负载功率因数提高时，发电机的端电压便会升高。这样一来，当负载的大小和功率因数发生变化时，炭阻式自动电压调节器就能自动地迅速通过改变励磁机的磁场强度，使同步发电机的端电压基本上维持恒定。在调节过程中若炭阻自动调压器灵敏度太高，即其电阻值的变化太大，则发电机的端电压会出现周期性波动。为此，炭阻式自动电压调节器设置有稳定环节，以确保电压不是产生波动，以提高电压的稳定。

图 4－99 所示即为 50GF、75GF 型发电机控制屏电气线路。该线路中同步发电机的励磁系统采用相复励调压方式，TV 为电压互感器、TA 为电流互感器、SA 为电流换相开关。线路主要由三相断路开关 QF、电流互感器 TA、电压互感器 TV、电抗器 L、电流换相开关 SA、行程开关 ST 等电气元器件所共同组成。同步发电机所采用的相复励调压的励磁系统，其调压精度高、响应速度快，使同步发电机主电压的电压调整率能达到设计额定值。

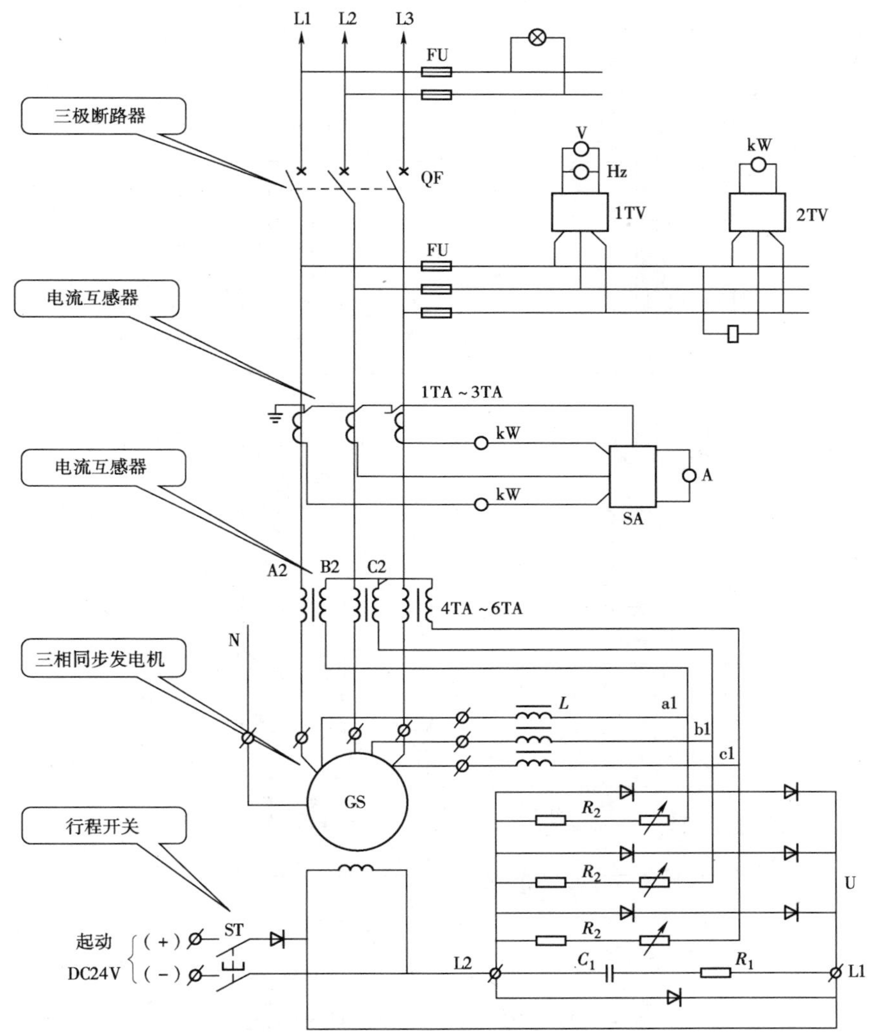

图 4－99　50GF、75GF 型发电机控制屏电气线路

该型发电机控制屏电气线路是采用相复励调压的励磁系统。此系统具有：系统稳定；线路简单、元件较少；过载能力强；电压调整率±3%。缺点是：体积较大、重量较重；需要选用较高励磁电压；起动性能较差；转速产生偏差时，电压调整率有所下降。

图 4－100 所示即为 75GF2 型发电机控制屏电气线路。该线路中的同步发电机励磁系统采用的是三次谐波励磁系统。由于同步发电机磁极在气隙的磁场中包含有基波磁场和一系列的高次谐波磁场，其中三次谐波磁场的分量较大。发电机在运行时，磁场的基波和谐波均可同时在发电机电枢绕组中感应产生电动势。三次采用的是直流励磁机励磁，利用炭阻自动调压器进行调压。线路具有手动和自动调压两档，当拨到自动调压位置时，则由 ZVT 和 WD 控制炭阻器 RC 自动调压。

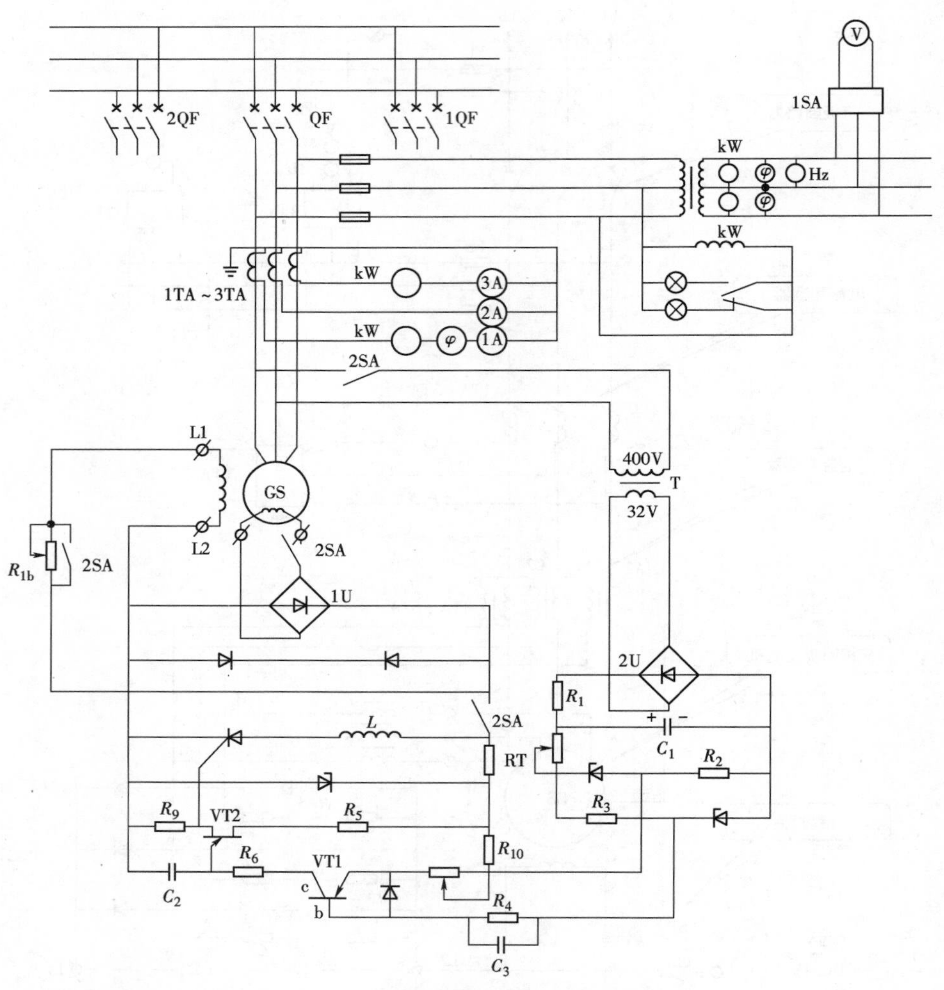

图 4－100　75GF2 型发电机控制屏电气线路

该型发电机控制屏电气线路是采用三次谐波励磁系统。由于在磁场中含有三次谐波，所以在发电机定子绕组中所感应的电势中同样含有三次谐波，它使发电机的损耗增大、温升增高、波形畸变、电性变差。但若变害为利，将三次谐波能量引导出来，就可将其作为发电机的励磁电源。

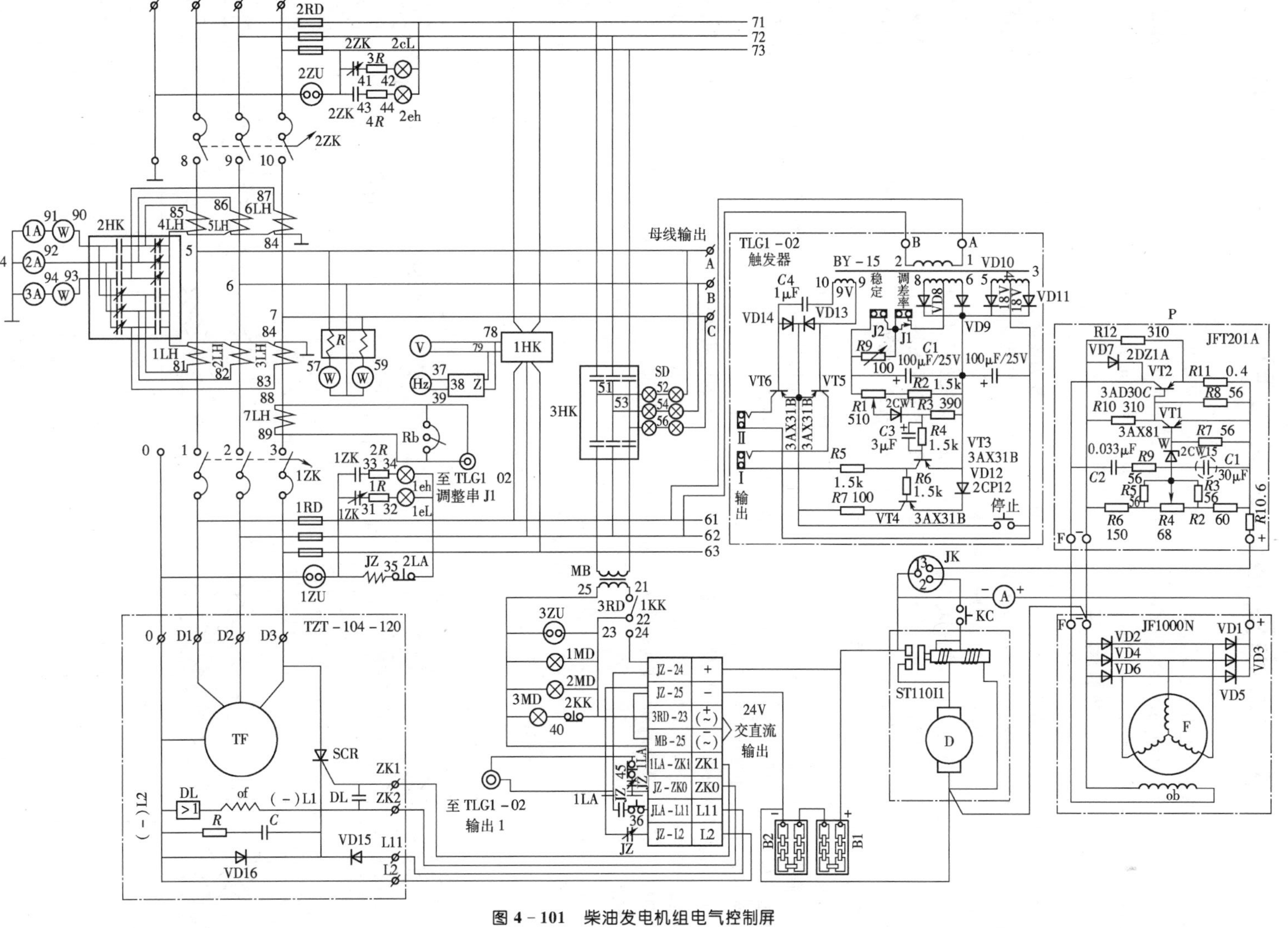

图 4-101　柴油发电机组电气控制屏

第 5 章　三相变极调速异步电动机绕组接线图

三相变极调速电动机为有级调速电动机，它是利用改变定子绕组的接法来改变电动机极数，再通过外部接线端的变换，使电动机用一套或两套绕组来获得两种或两种以上的转速。同时，三相变极调速电动机还具有可随负载性质的要求来分级地变化转速，从而达到功率、转矩的合理匹配，以及调速简单、工作可靠、易于绕制和价格便宜等优点，因而被广泛用于机床、纺织、制革、制糖、电梯、轧钢等许多工业企业的变速拖动机械中。

(1) 三相变极调速电动机的变极原理和绕组的实际联接都较为复杂，因此，在绕组的每种接法中，均采用绕组展开图、接线原理图、接线示意图来表示。将这三种图对应起来看，就可以加深加快对变极调速接法的理解，从而迅速准确地掌握好绕组的联接规律和方法。

(2) 三相变极调速电动机在选择绕组接法时，应根据电动机负载的特性及使用要求而定，如要求电动机在两种转速下转矩接近的就可采用 2Y/Y 接法，也就是通常所说的恒转矩接法。如要求电动机在两种转速下具有接近的输出功率时，则可采用 2Y/△接法，也即恒功率接法。此外，为了获得两种转速下输出功率都较高的恒功率输出，还可采用换相法变极的$\triangle$/$\triangle$接法。

(3) 本附录绘制了 YD、JDO3、JDO2 三个系列三相变极调速电动机各种极数的全套绕组接线图。JDO2 系列为单绕组调速电动机，其 3 速以上的转速仍然是靠一套绕组的接法变换来达到的。YD、JDO3 系列则为双绕组变极调速电动机，其 3 速、4 速电动机则是靠采用两套绕组来获得的。电动机绕组的变极调速有反向法、换相法和变节距法等几种方法。

(4) 电动机绕组出线端的标志，因考虑到 JDO3、JDO2 系列电动机生产日久且使用量大，故对绕组出线端标志未作改变，仍沿用 D1、D2、D3、D4、D5、D6、…的标志。同时为求全书统一，YD 系列也按 D1、D2、D3、…不变，其线端新、老标志的对应则如下所示。

a 相：U1＝D1、U2＝D4、U3＝D7、U4＝D10；

b 相：V1＝D2、V2＝D5、V3＝D8、V4＝D11；

c 相：W1＝D3、W2＝D6、W3＝D9、W4＝D12。

(5) 各种三相变极调速电动机绕组接线图例见图 5－1～图 5－110。

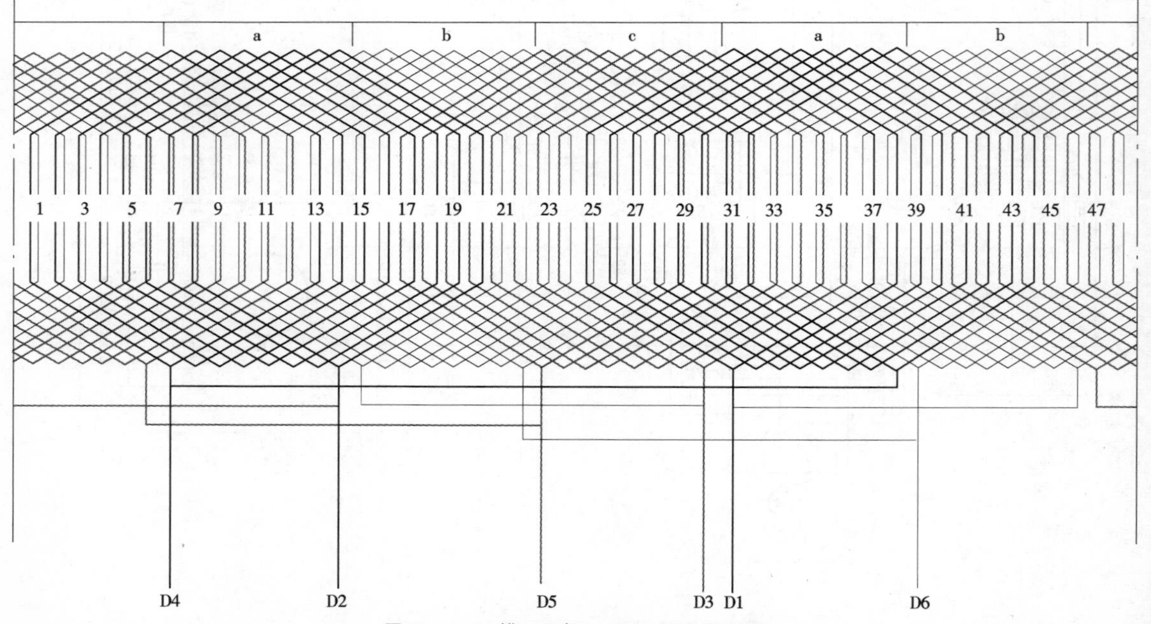

图 5－1　48 槽 2/4 极，2Y/△接法展开图

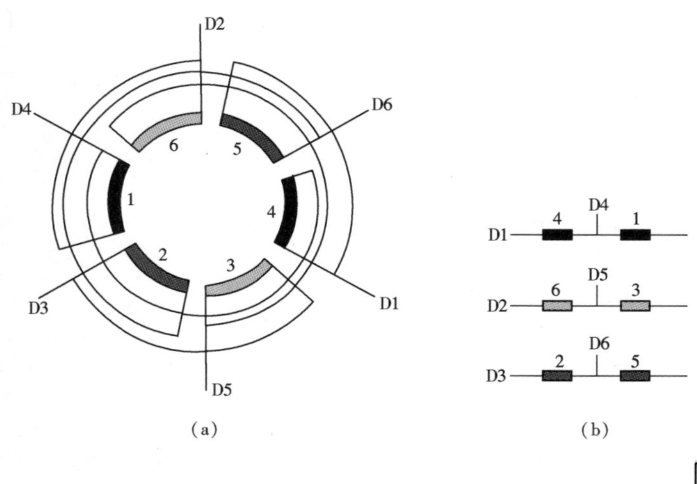

本接法 2 极为 60°相带绕组,用庶极接法获得 4 极	
槽数 $Z=48$	节距 $Y=1-13$
极数 $2P=2/4$	接法 2Y/△
引线数 6	转向　反转向

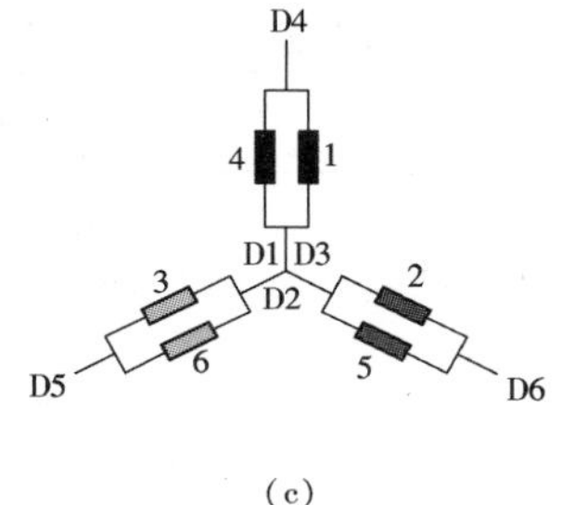

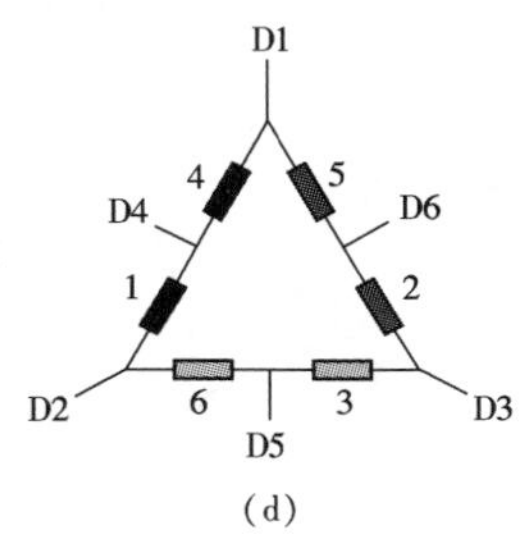

图 5-2　48 槽 2/4 极，2Y/△接法接线原理、示意图

(a) 接线原理图；(b) 内部接线示意图；(c) 2 极时外部接线示意图；(d) 4 极时外部接线示意图

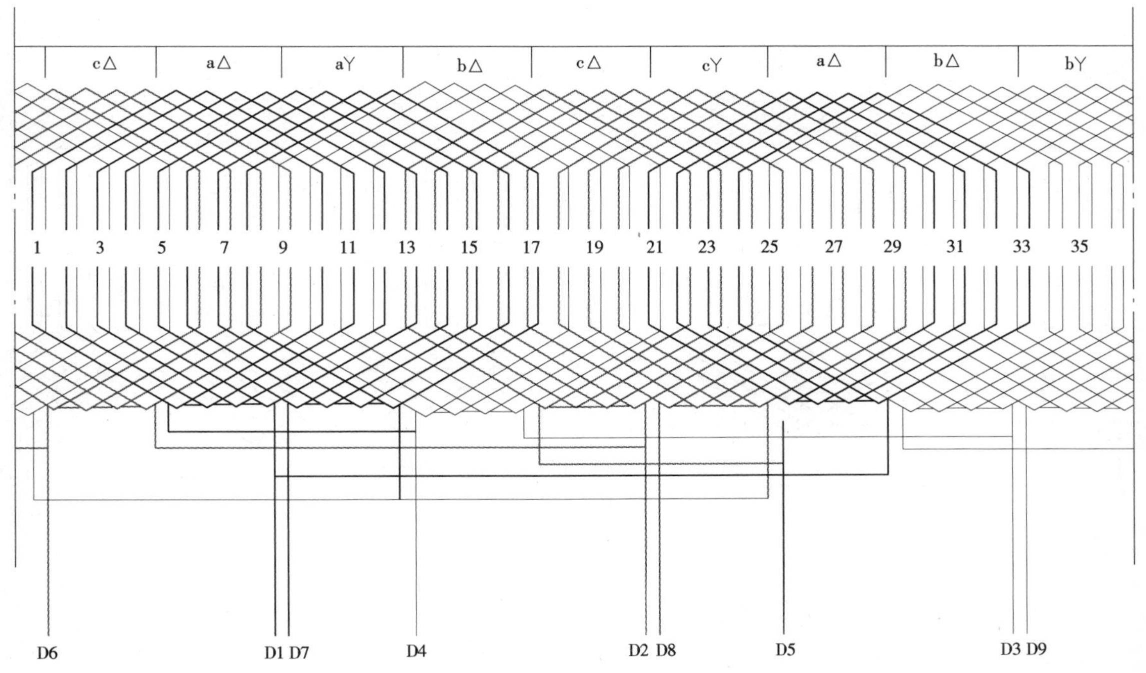

图 5-3　36 槽 2/4 极，△/△接法展开图

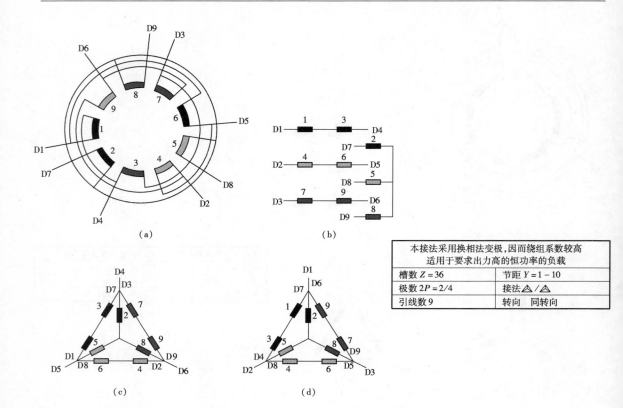

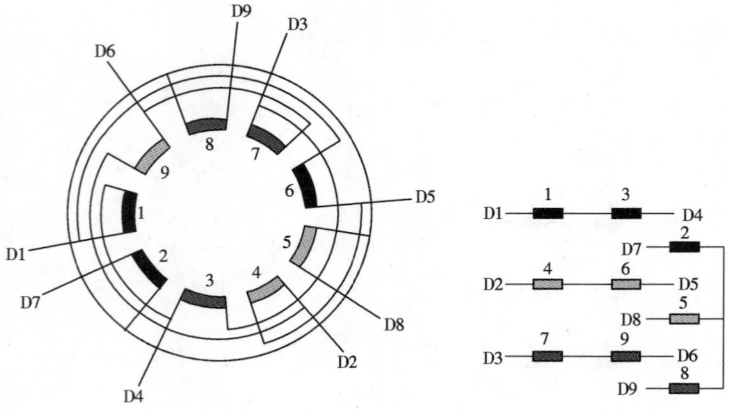

本接法采用换相法变极，因而绕组系数较高适用于要求出力高的恒功率的负载	
槽数 $Z=36$	节距 $Y=1-10$
极数 $2P=2/4$	接法△/△
引线数 9	转向　同转向

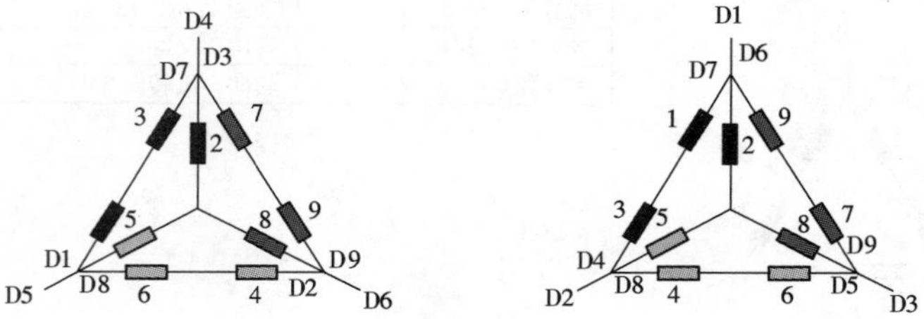

图 5-4　36 槽 2/4 极，△/△接法接线原理、示意图

(a) 接线原理图；(b) 内部接线示意图；(c) 2 极时外部接线示意图；(d) 4 极时外部接线示意图

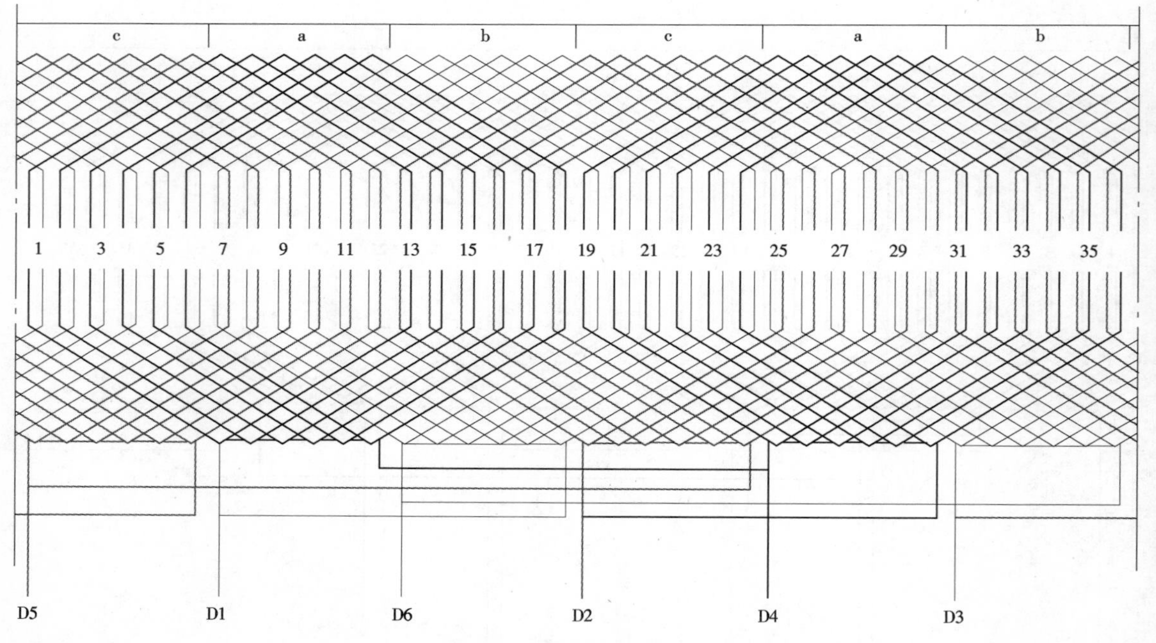

图 5-5　36 槽 2/4 极，2Y/△接法展开图 (1)

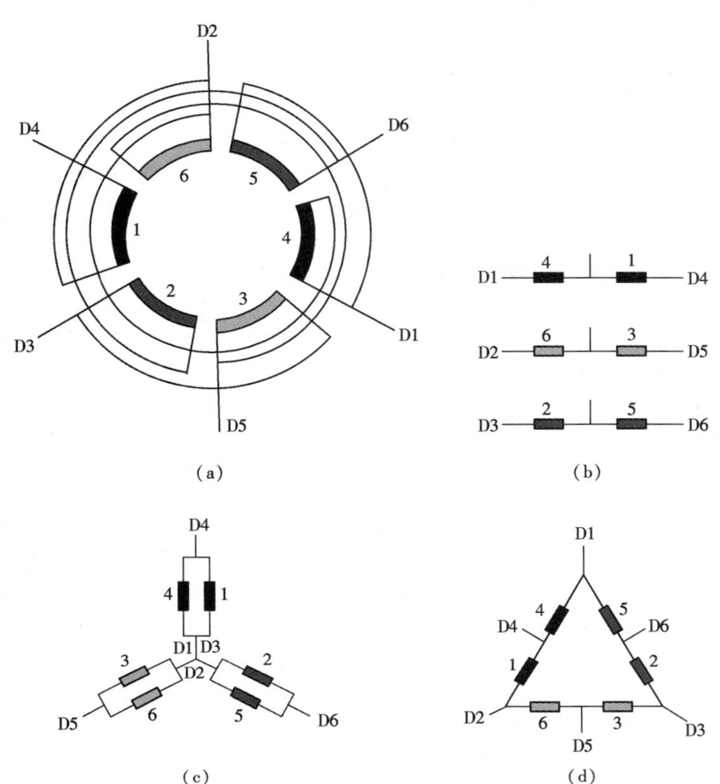

本接法 2 极为 60°相带绕组,用庶极接法获得 4 极	
槽数 $Z=36$	节距 $Y=1-13$
极数 $2P=2/4$	接法 2Y/△
引线数 6	转向　反转向

图 5-6　36 槽 2/4 极，2Y/△接法接线原理、示意图（1）

(a) 接线原理图；(b) 内部接线示意图；(c) 2 极时外部接线示意图；(d) 4 极时外部接线示意图

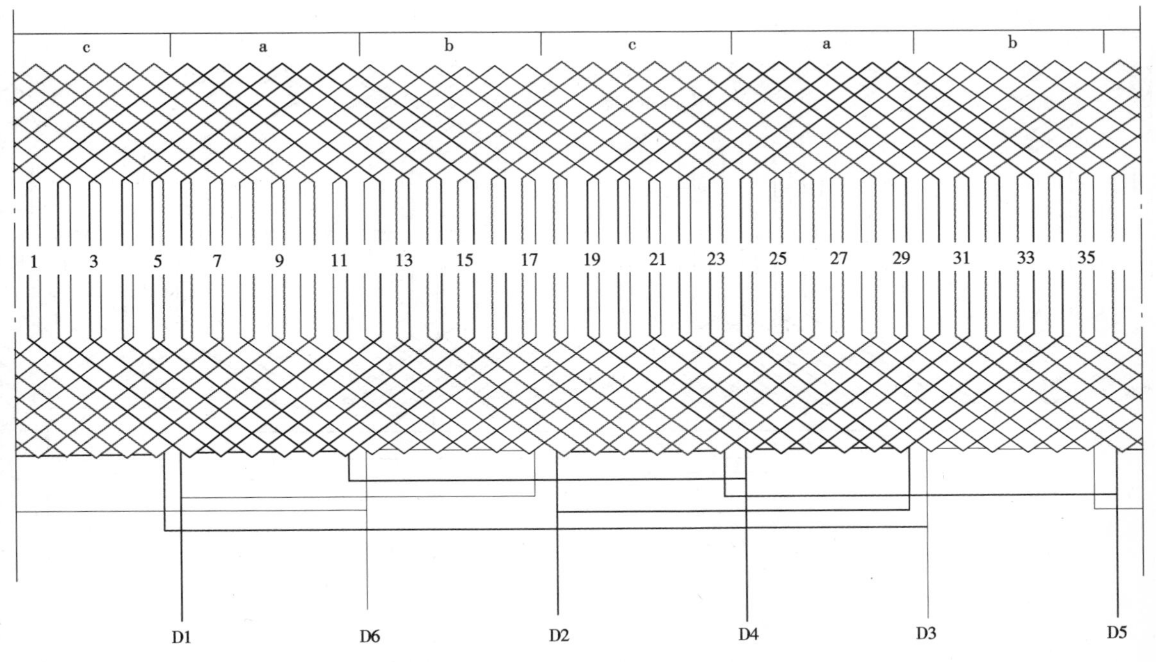

图 5-7　36 槽 2/4 极，2Y/△接法展开图（2）

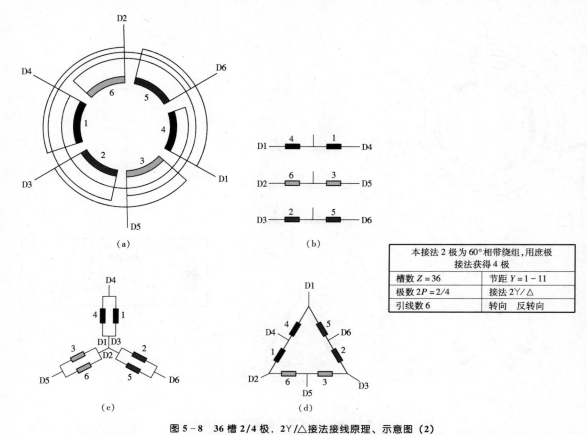

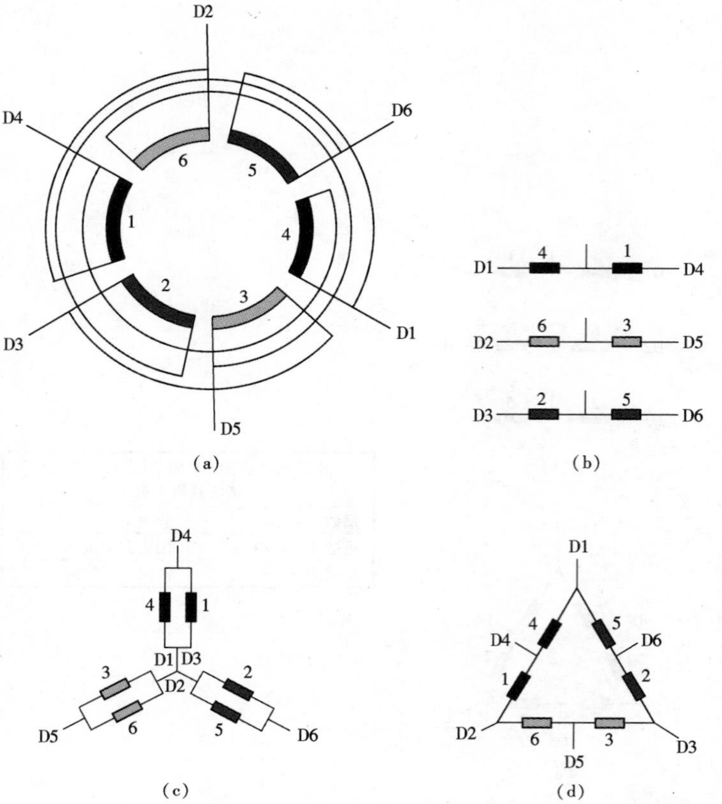

本接法 2 极为 60° 相带绕组，用庶极接法获得 4 极	
槽数 $Z=36$	节距 $Y=1-11$
极数 $2P=2/4$	接法 2Y/△
引线数 6	转向　反转向

（a）　　（b）　　（c）　　（d）

图 5-8　36 槽 2/4 极，2Y/△接法接线原理、示意图（2）

（a）接线原理图；（b）内部接线示意图；（c）2 极时外部接线示意图；（d）4 极时外部接线示意图

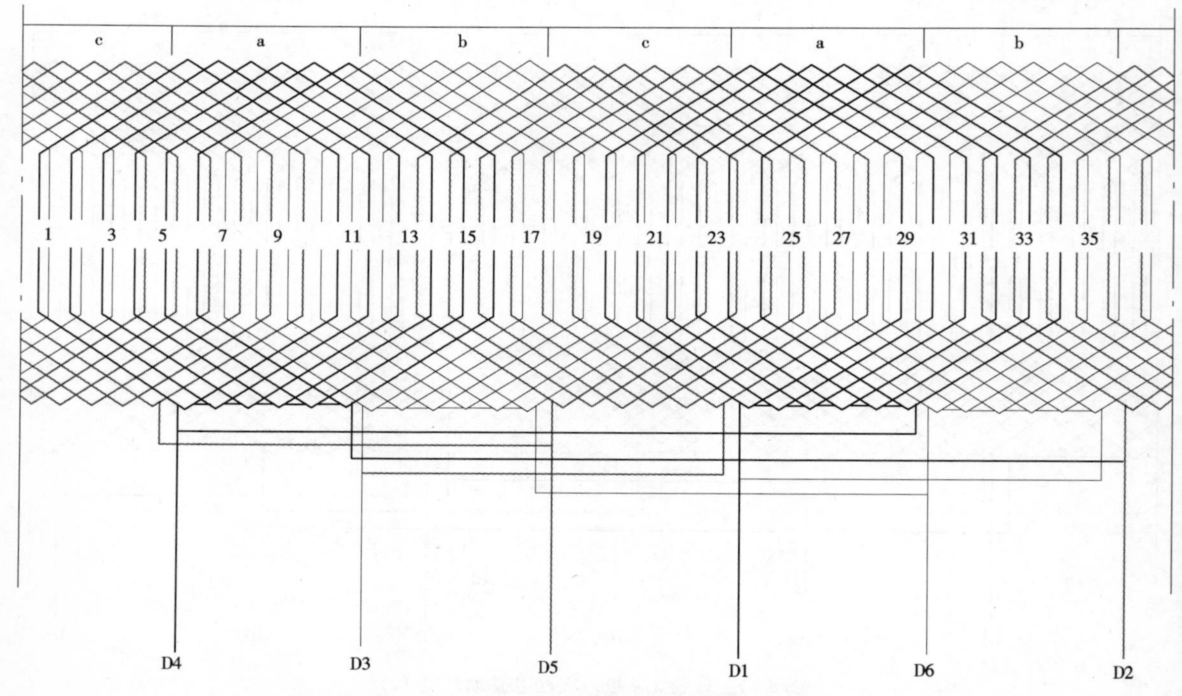

图 5-9　36 槽 2/4 极，2Y/△接法展开图（3）

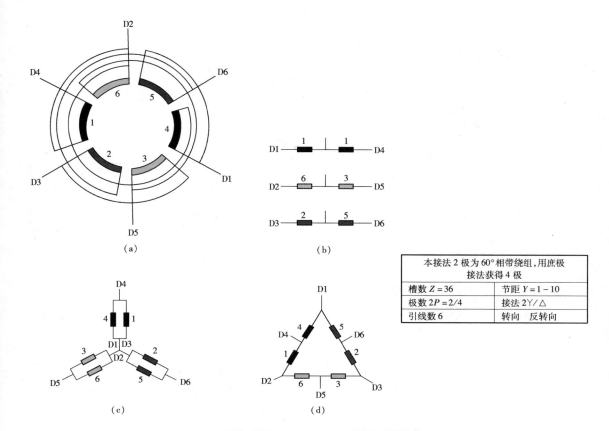

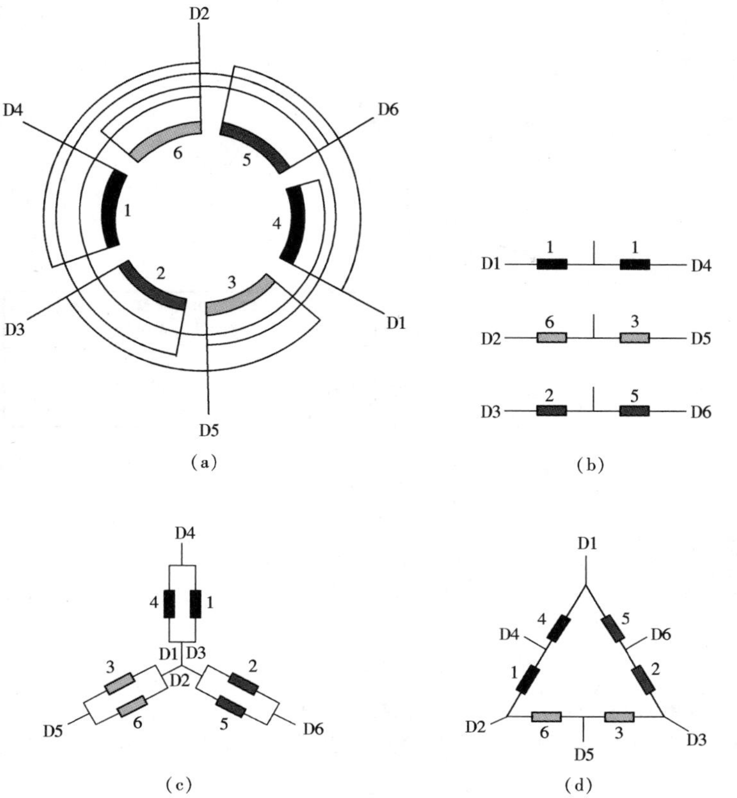

(a)　　(b)

(c)　　(d)

本接法 2 极为 60°相带绕组，用庶极接法获得 4 极	
槽数 $Z=36$	节距 $Y=1-10$
极数 $2P=2/4$	接法 2Y/△
引线数 6	转向　反转向

图 5-10　36 槽 2/4 极，2Y/△接法接线原理、示意图（3）

（a）接线原理图；（b）内部接线示意图；（c）2 极时外部接线示意图；（d）4 极时外部接线示意图

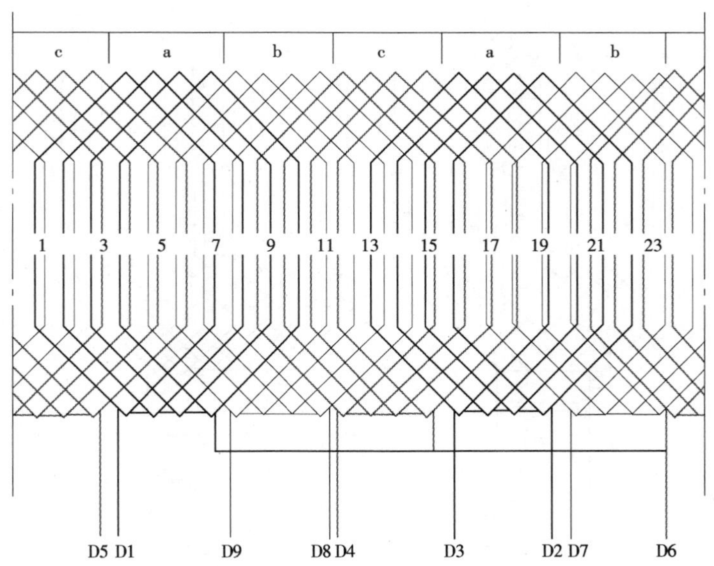

图 5-11　24 槽 2/4 极，2Y/2Y 接法展开图（Y=1～7，反转向）

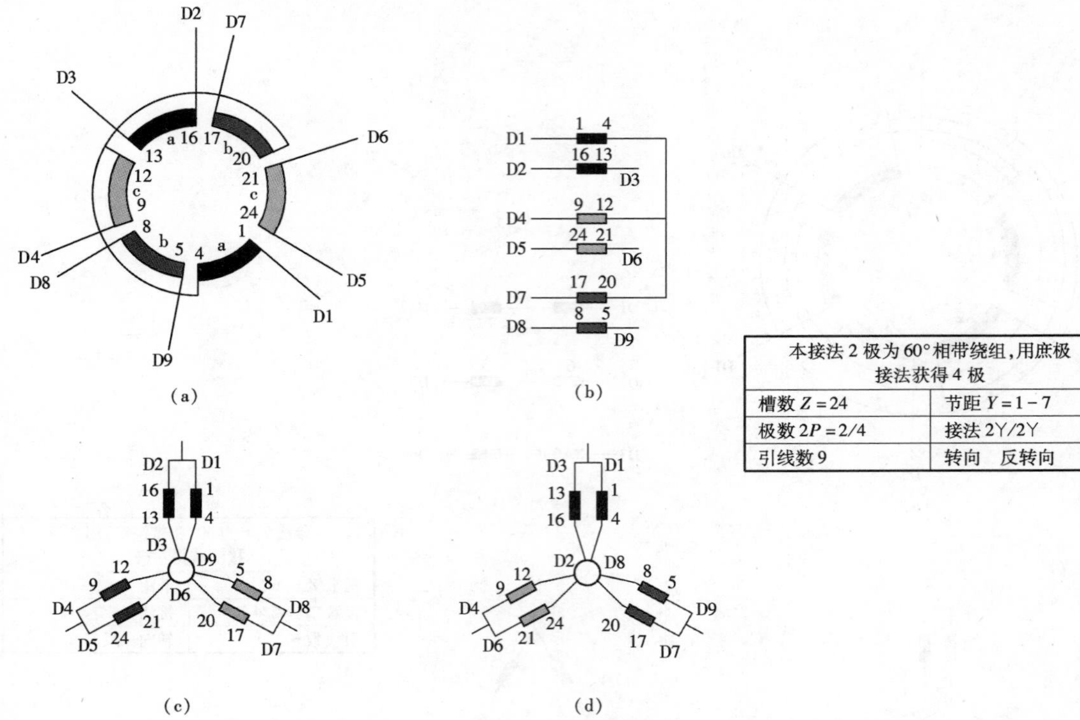

本接法 2 极为 60°相带绕组，用庶极接法获得 4 极	
槽数 $Z=24$	节距 $Y=1-7$
极数 $2P=2/4$	接法 2Y/2Y
引线数 9	转向　反转向

图 5-12　24 槽 2/4 极，2Y/2Y 接法接线原理、示意图

(a) 接线原理图；(b) 内部接线示意图；(c) 2 极时外部接线示意图；(d) 4 极时外部接线示意图

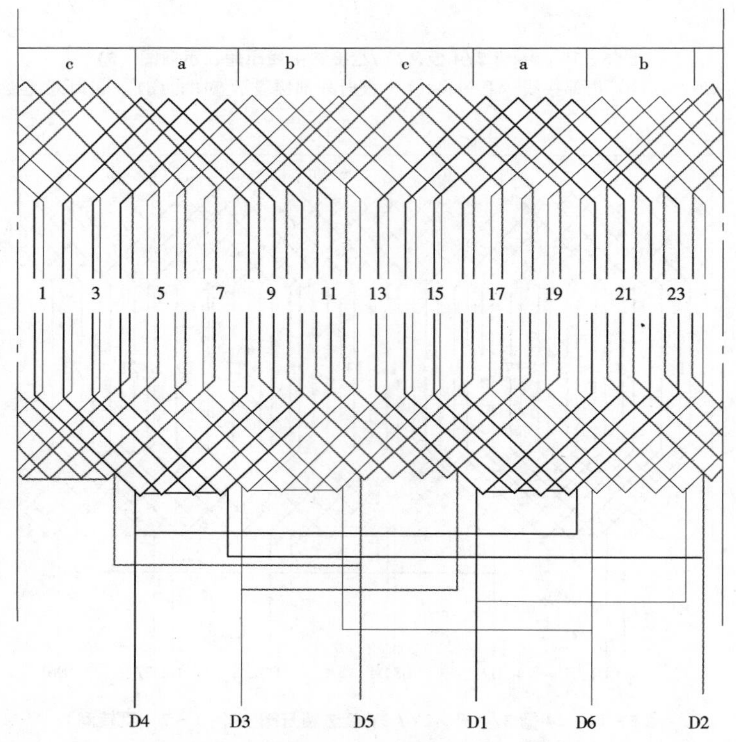

图 5-13　24 槽 2/4 极，2Y/△接法展开图（1）

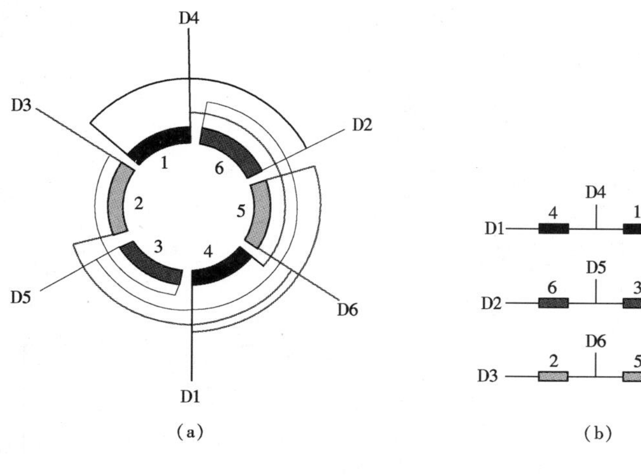

本接法 2 极为 60°相带绕组，用庶极接法获得 4 极	
槽数 $Z=24$	节距 $Y=1-8$
极数 $2P=2/4$	接法 2Y/△
引线数 6	转向　反转向

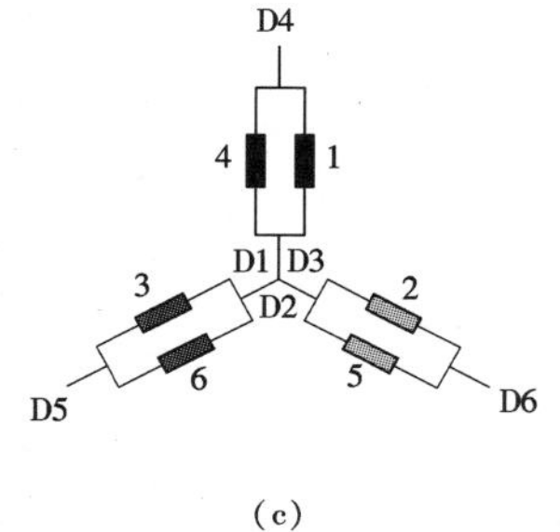

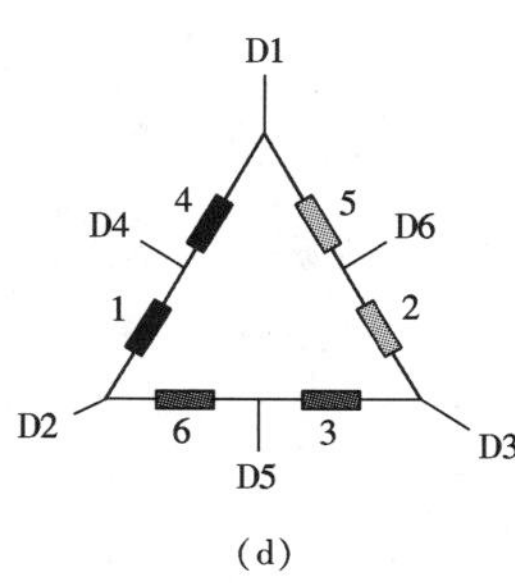

图 5-14　24 槽 2/4 极，2Y/△接法接线原理、示意图（1）

（a）接线原理图；（b）内部接线示意图；（c）2 极时外部接线示意图；（d）4 极时外部接线示意图

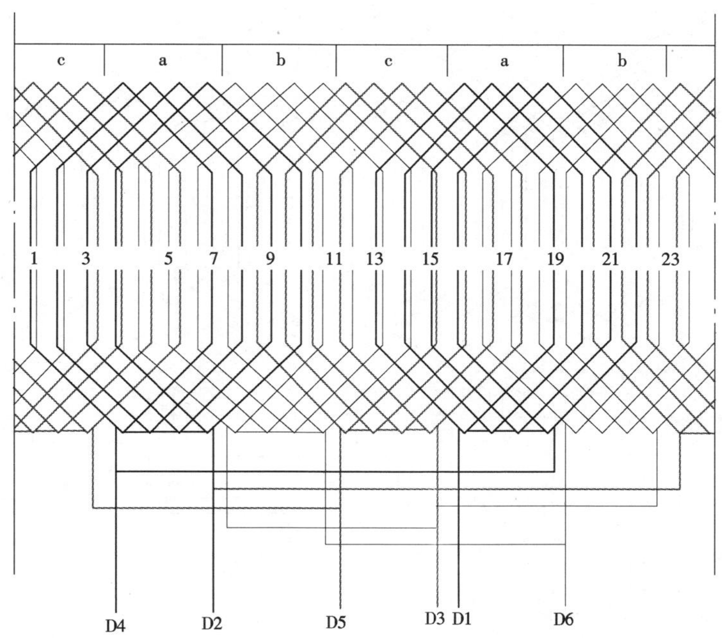

图 5-15　24 槽 2/4 极，2Y/△接法展开图（2）

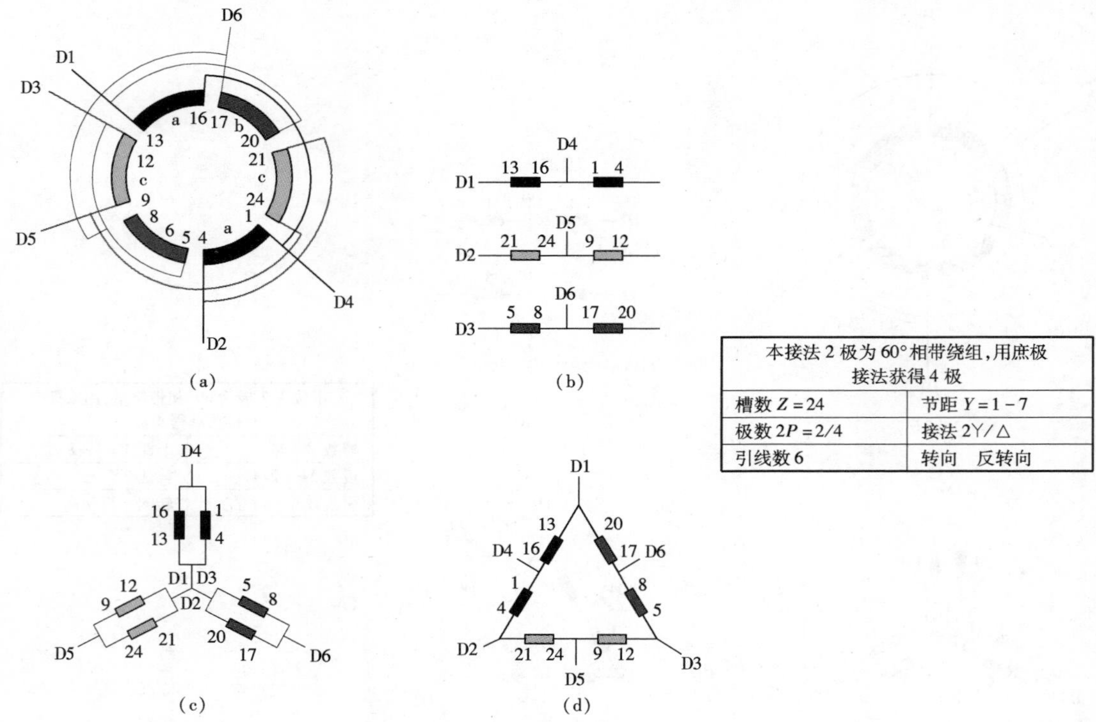

本接法 2 极为 60°相带绕组，用庶极接法获得 4 极	
槽数 $Z=24$	节距 $Y=1-7$
极数 $2P=2/4$	接法 2Y/△
引线数 6	转向　反转向

图 5-16　24 槽 2/4 极，2Y/△接法接线原理、示意图（2）

（a）接线原理图；（b）内部接线示意图；（c）2 极时外部接线示意图；（d）4 极时外部接线示意图

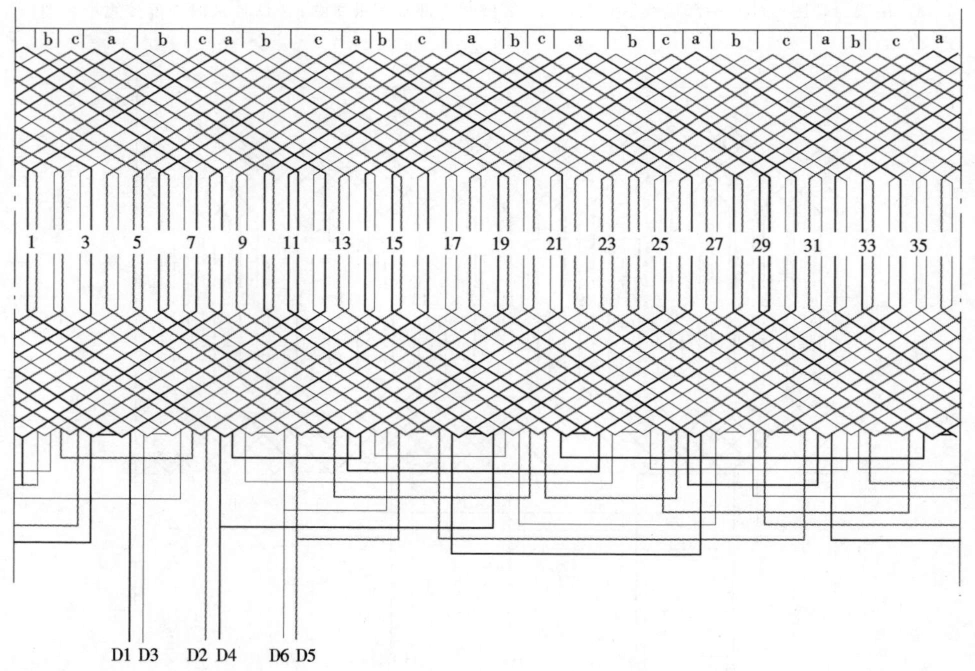

图 5-17　36 槽 2/8 极，2Y/Y 接法展开图（1）

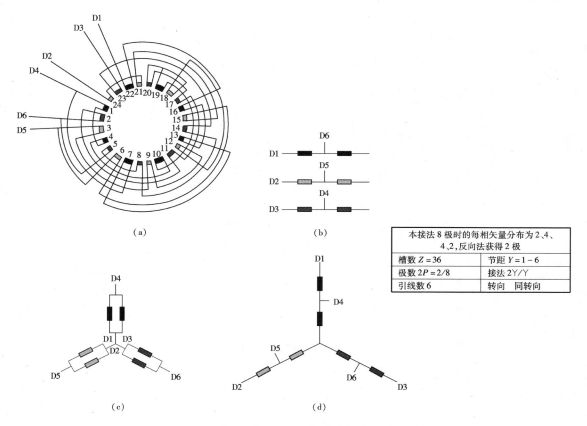

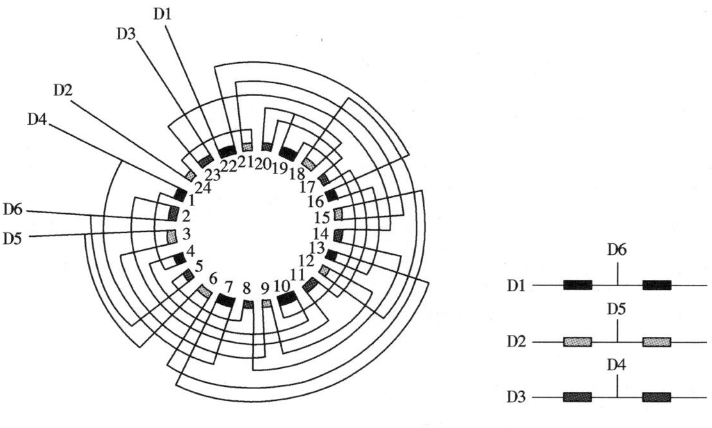

(a)　　(b)

本接法 8 极时的每相矢量分布为 2、4、4、2，反向法获得 2 极	
槽数 $Z=36$	节距 $Y=1-6$
极数 $2P=2/8$	接法 2Y/Y
引线数 6	转向　同转向

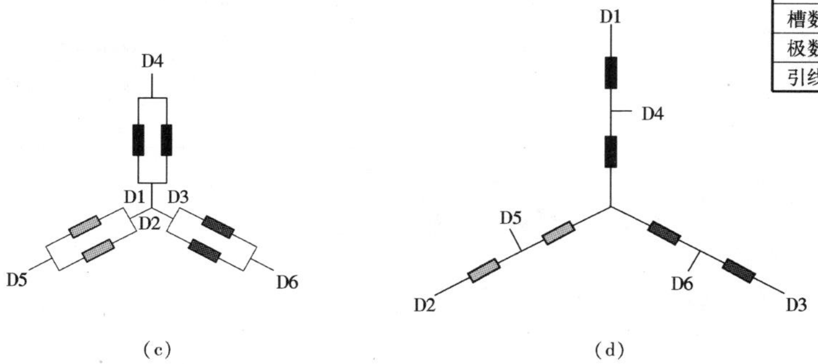

(c)　　(d)

图 5－18　36 槽 2/8 极，2Y/Y 接法接线原理、示意图（1）

（a）接线原理图；（b）内部接线示意图；（c）2 极时外部接线示意图；（d）8 极时外部接线示意图

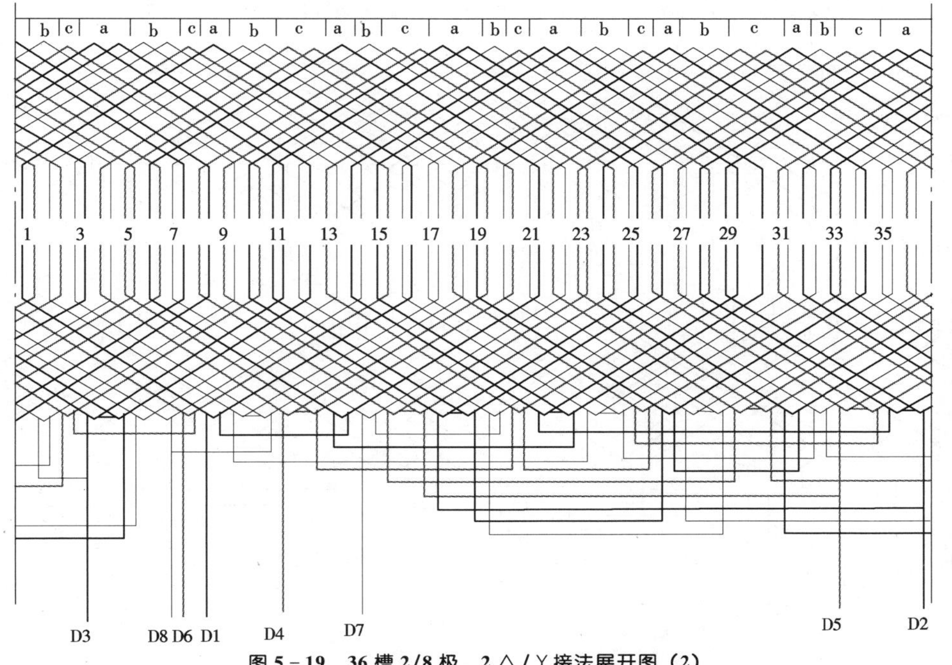

图 5－19　36 槽 2/8 极，2△/Y 接法展开图（2）

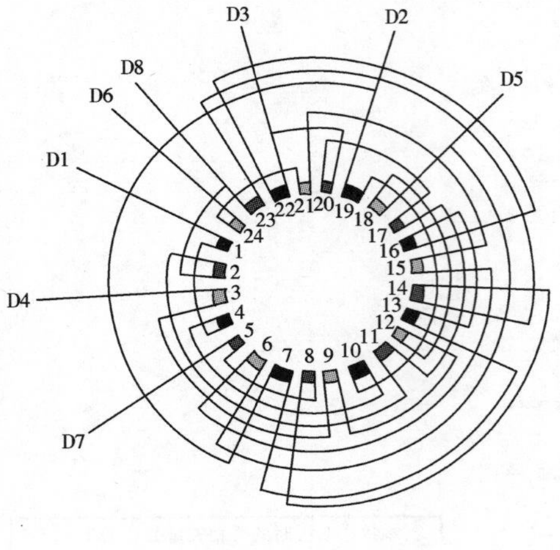

(a) 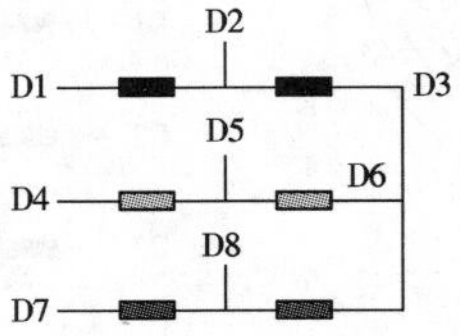　(b)

本接法 8 极时的每相矢量分布为 2、4、4、2，反向法获得 2 极	
槽数 $Z=36$	节距 $Y=1-16$
极数 $2P=2/8$	接法 2△/Y
引线数 8	转向　同转向

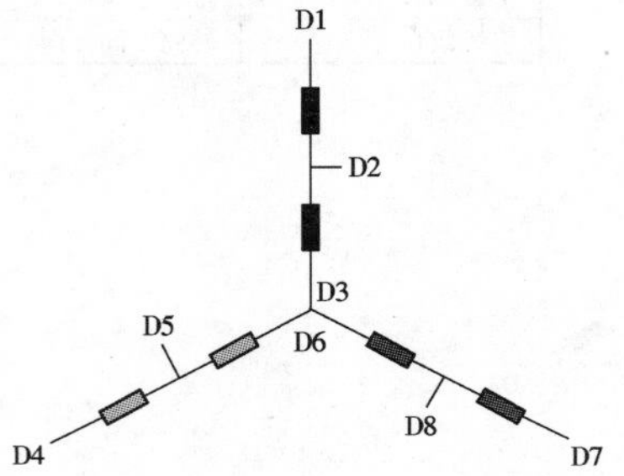

(c) 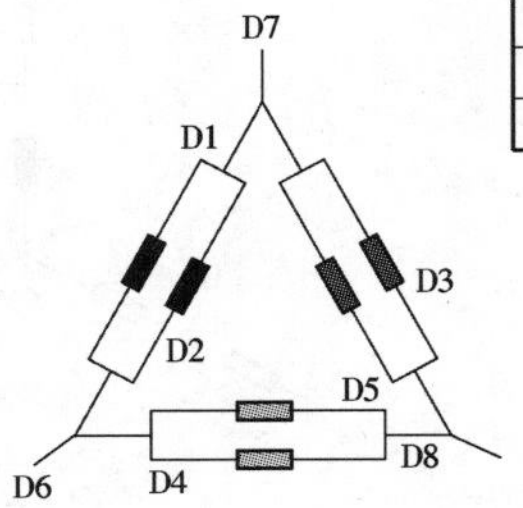　(d)

图 5-20　36 槽 2/8 极，2△/Y 接法接线原理、示意图（2）

（a）接线原理图；（b）内部接线示意图；（c）8 极时外部接线示意图；（d）2 极时外部接线示意图

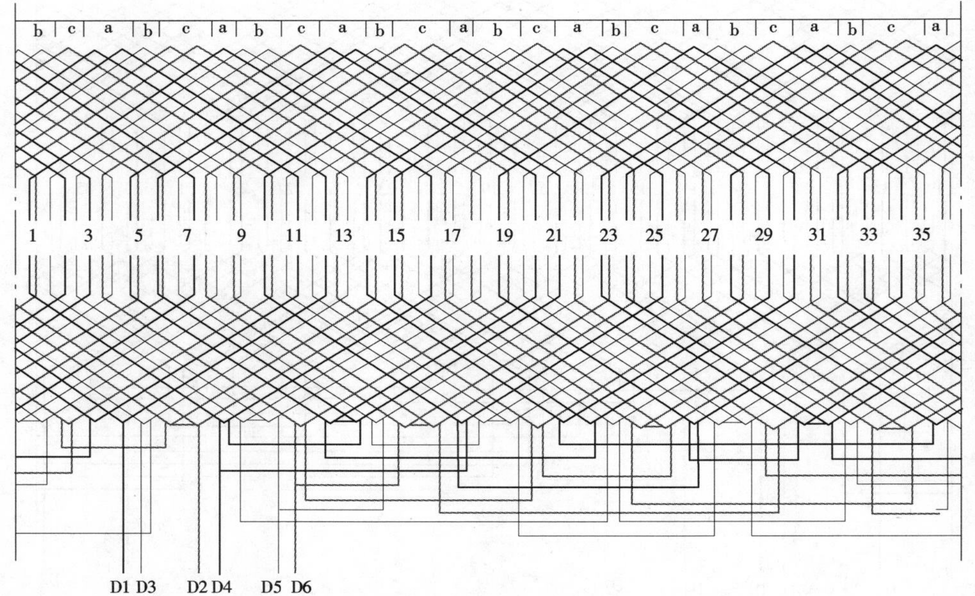

图 5-21　36 槽 2/8 极，2Y/Y 接法展开图（3）

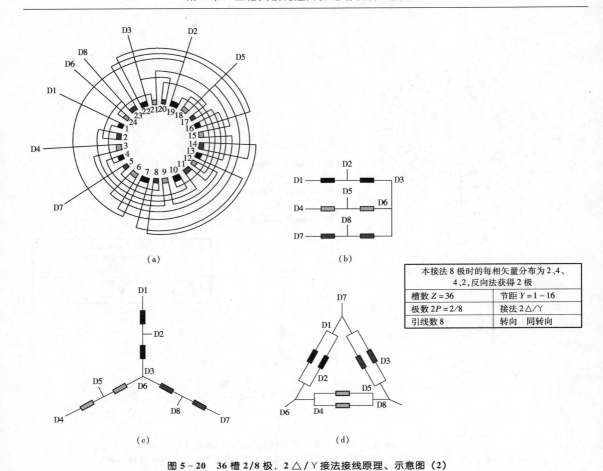

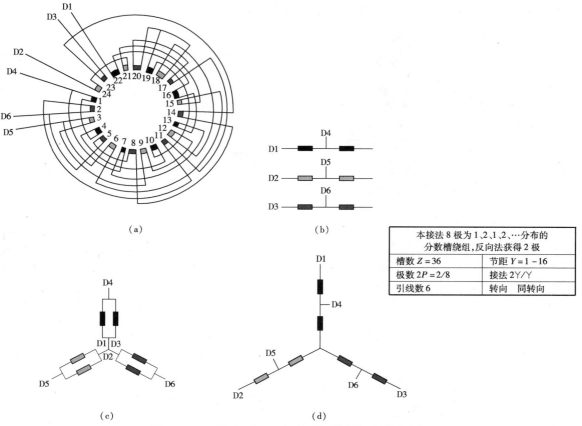

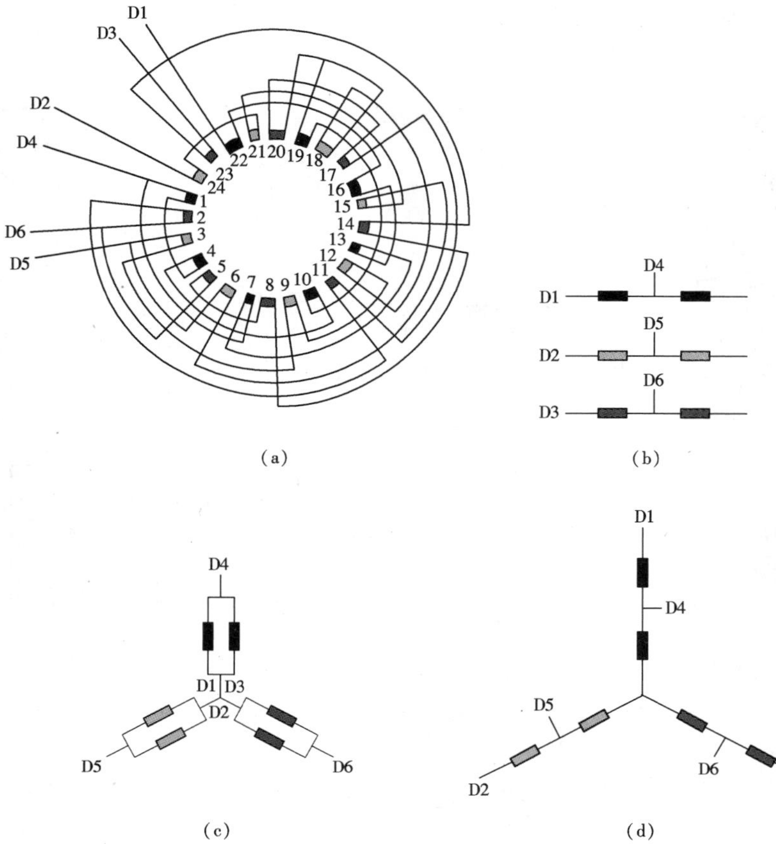

(a)　　(b)

本接法 8 极为 1、2、1、2、…分布的分数槽绕组,反向法获得 2 极	
槽数 $Z=36$	节距 $Y=1-16$
极数 $2P=2/8$	接法 2Y/Y
引线数 6	转向　同转向

(c)　　(d)

图 5-22　36 槽 2/8 极，2Y/Y 接法接线原理、示意图（3）

(a) 接线原理图；(b) 内部接线示意图；(c) 2 极时外部接线示意图；(d) 8 极时外部接线示意图

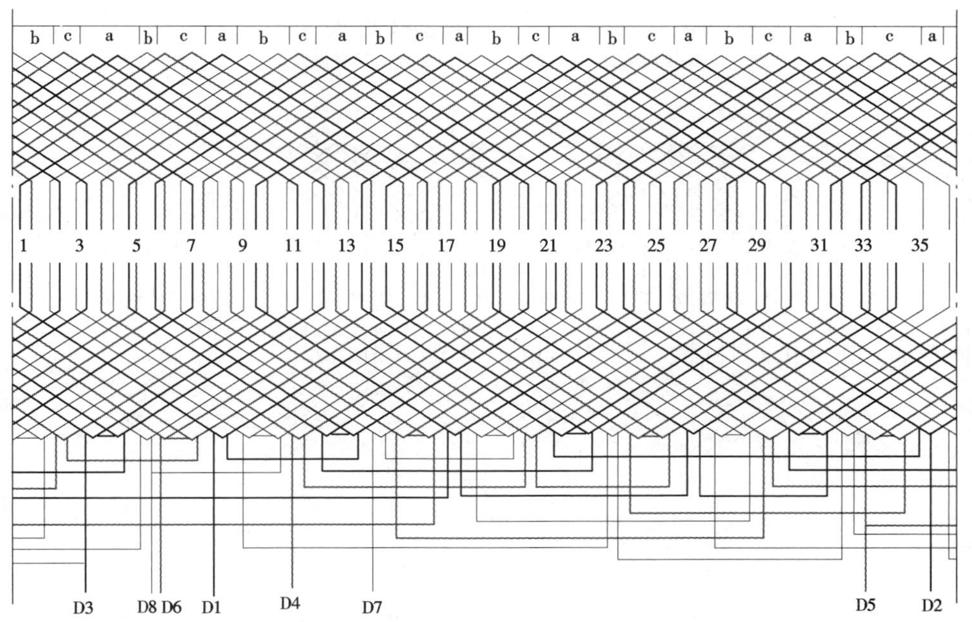

图 5-23　36 槽 2/8 极，2△/Y 接法展开图（4）

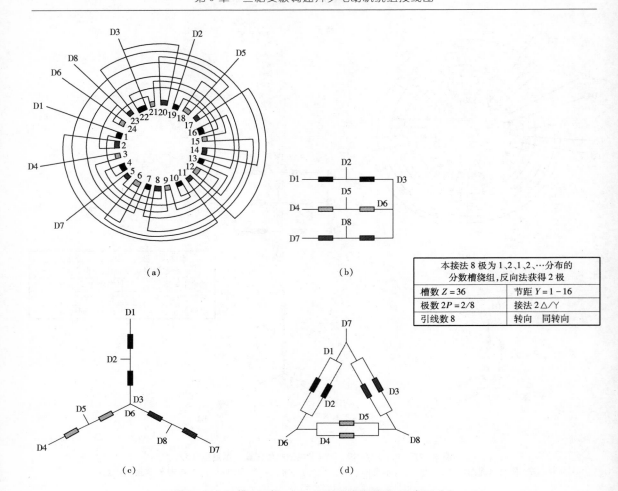

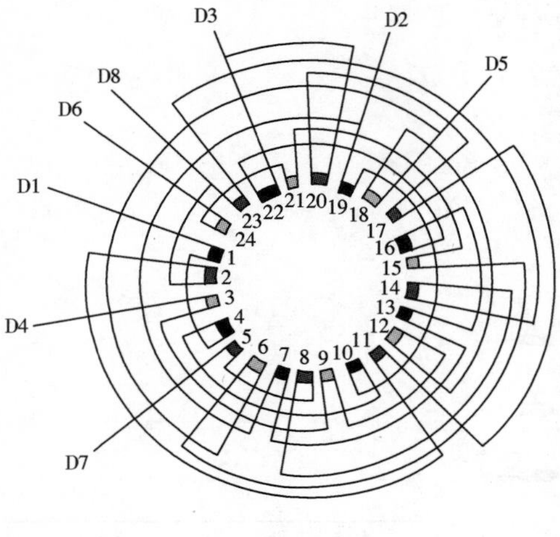

(a) 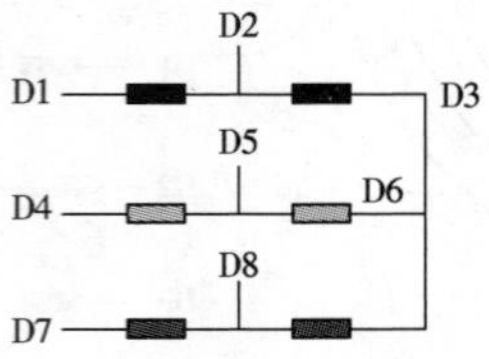　(b)

本接法 8 极为 1、2、1、2、…分布的分数槽绕组,反向法获得 2 极	
槽数 $Z=36$	节距 $Y=1-16$
极数 $2P=2/8$	接法 2△/Y
引线数 8	转向　同转向

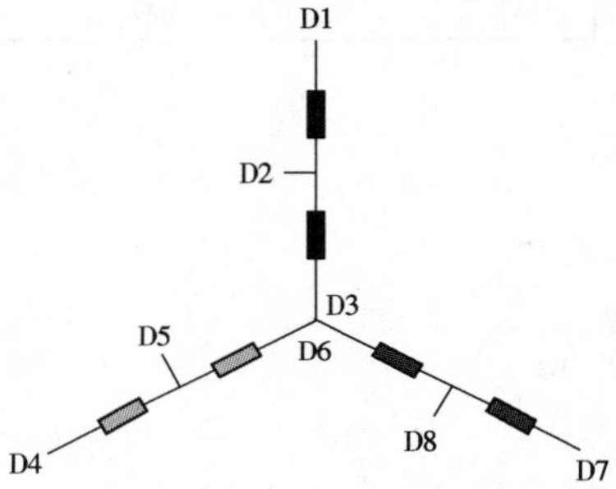

(c) 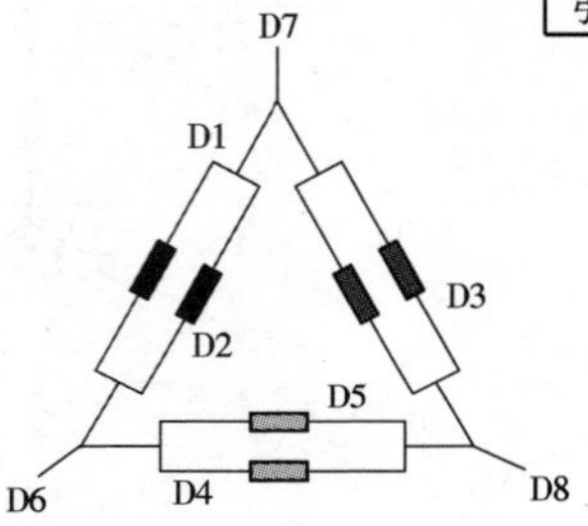　(d)

图 5-24　36 槽 2/8 极，2△/Y 接法接线原理、示意图（4）

（a）接线原理图；（b）内部接线示意图；（c）8 极时外部接线示意图；（d）2 极时外部接线示意图

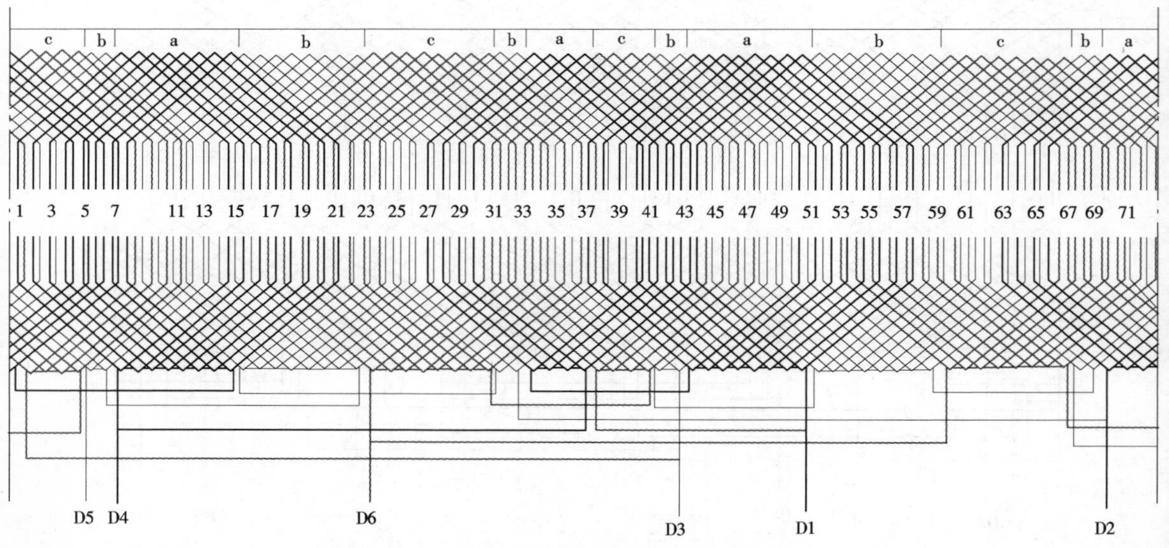

图 5-25　72 槽 4/6 极，2Y/△接法展开图

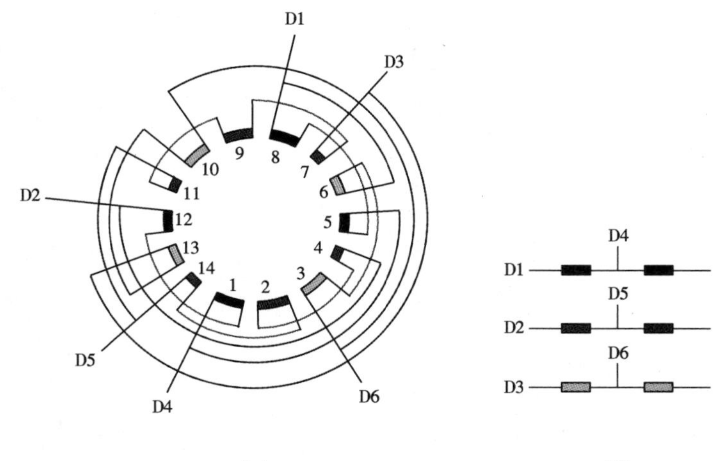

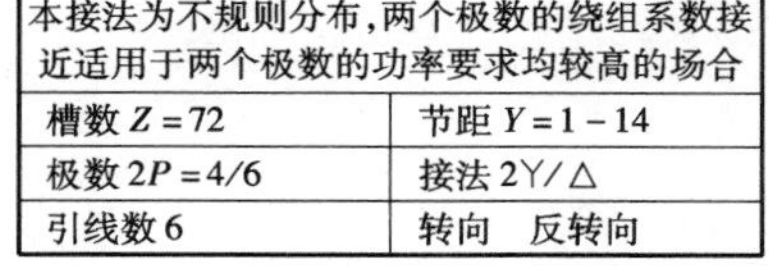

本接法为不规则分布，两个极数的绕组系数接近适用于两个极数的功率要求均较高的场合	
槽数 $Z=72$	节距 $Y=1-14$
极数 $2P=4/6$	接法 2Y/△
引线数 6	转向　反转向

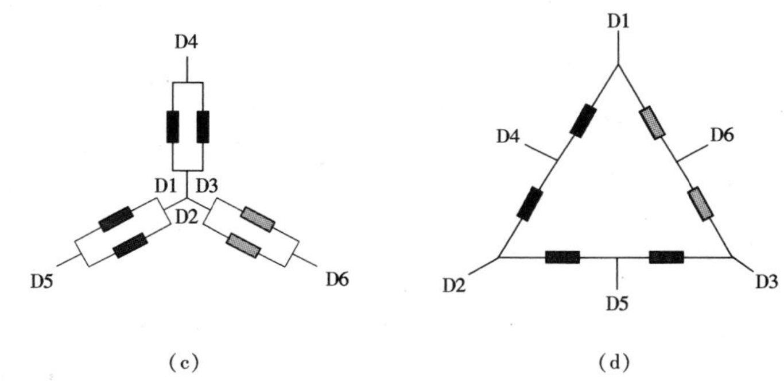

图 5-26　72 槽 4/6 极，2Y/△接法接线原理、示意图

(a) 接线原理图；(b) 内部接线示意图；(c) 4 极时外部接线示意图；(d) 6 极时外部接线示意图

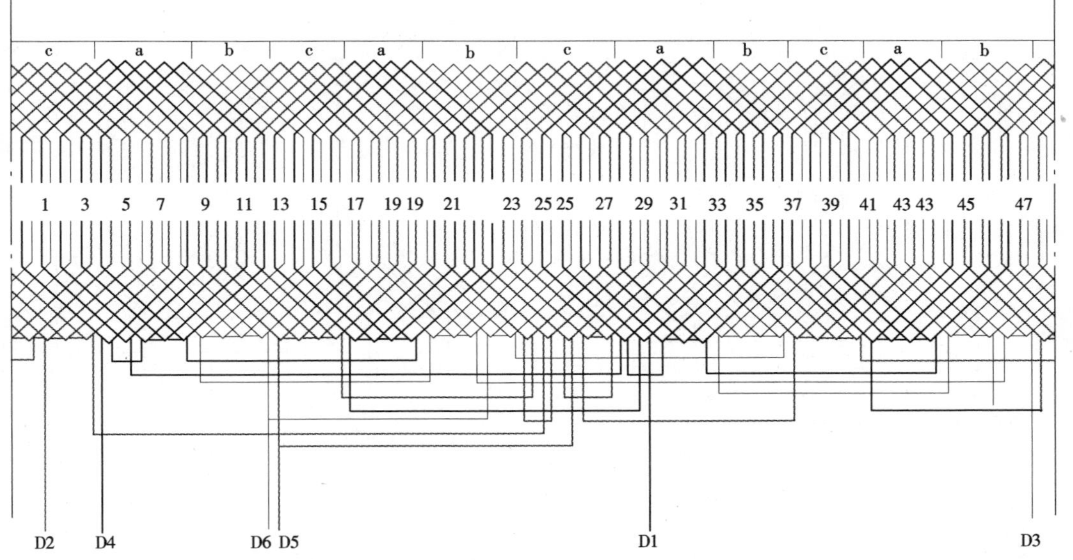

图 5-27　48 槽 4/6 极，2Y/Y 接法展开图

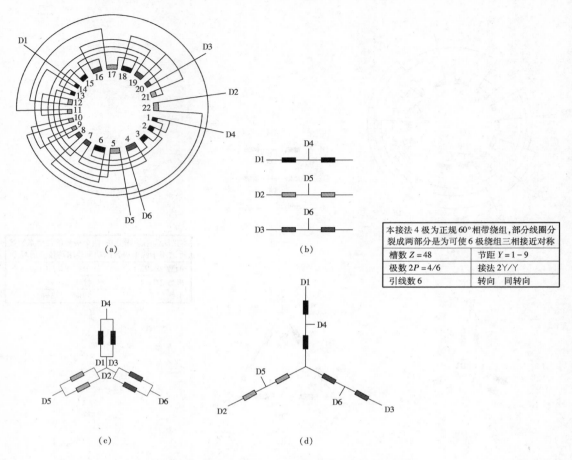

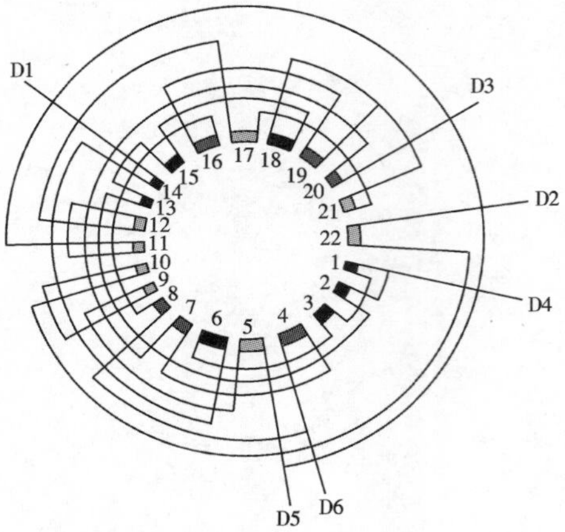

(a) 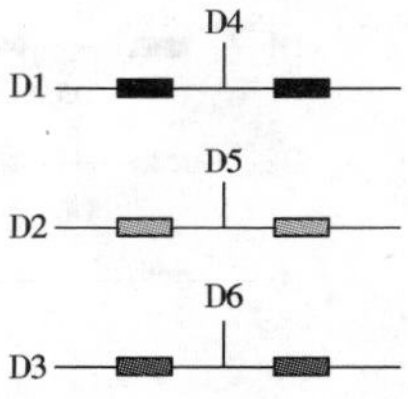　(b)

本接法 4 极为正规 60°相带绕组，部分线圈分裂成两部分是为可使 6 极绕组三相接近对称	
槽数 $Z=48$	节距 $Y=1-9$
极数 $2P=4/6$	接法 2Y/Y
引线数 6	转向　同转向

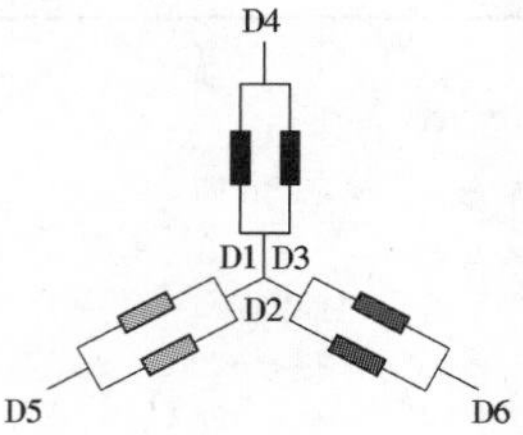

(c) 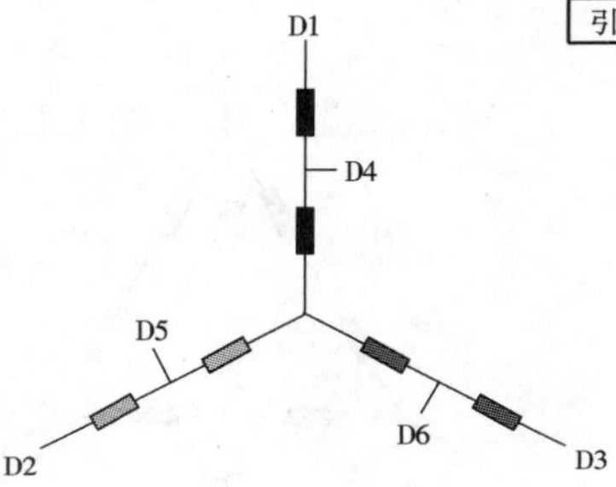　(d)

图 5-28　48 槽 4/6 极，2Y/Y 接法接线原理、示意图

(a) 接线原理图；(b) 内部接线示意图；(c) 4 极时外部接线示意图；(d) 6 极时外部接线示意图

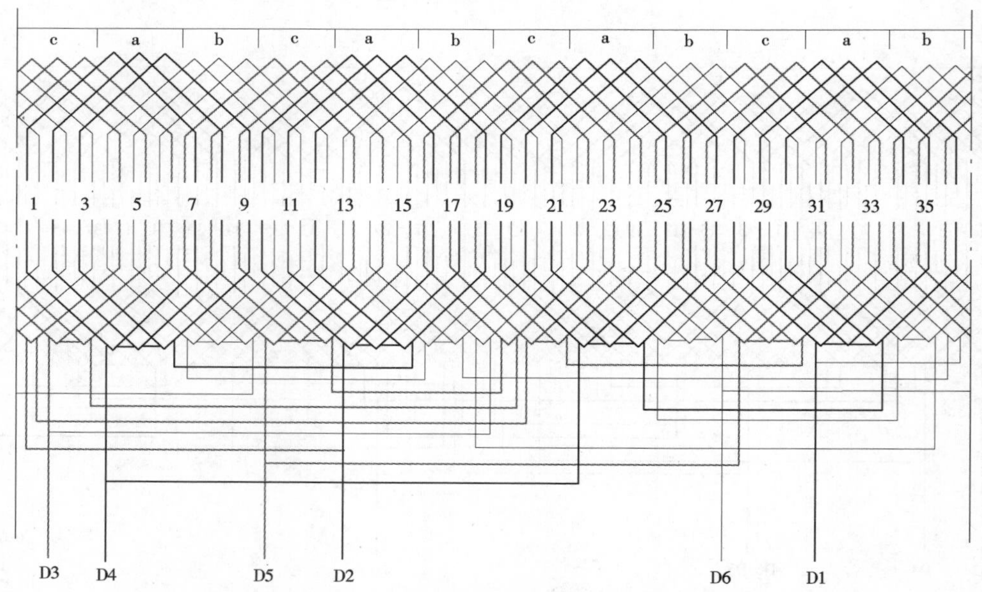

图 5-29　36 槽 4/6 极，2Y/△接法展开图（1）

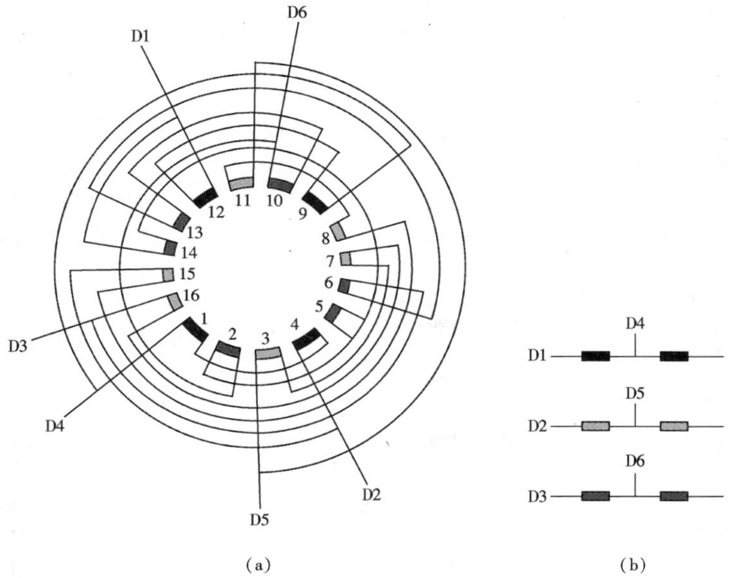

（a）

（b）

本接法 4 极为 60°相带绕组，用反向法获得 6 极	
槽数 $Z=36$	节距 $Y=1-7$
极数 $2P=4/6$	接法 2Y/△
引线数 6	转向　同转向

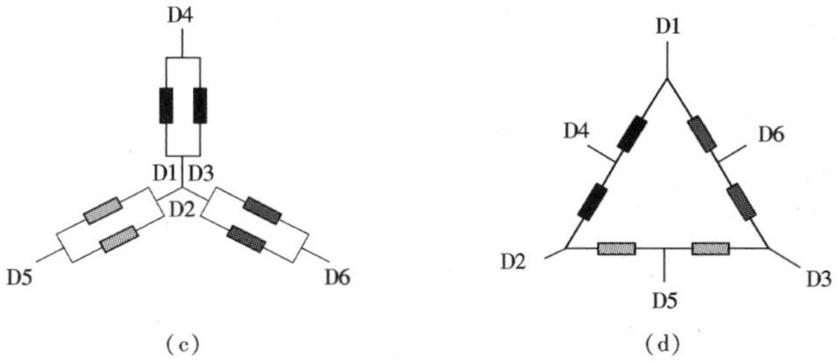

（c）

（d）

图 5－30　36 槽 4/6 极，2Y/△接法接线原理、示意图（1）

（a）接线原理图；（b）内部接线示意图；（c）4 极时外部接线示意图；（d）6 极时外部接线示意图

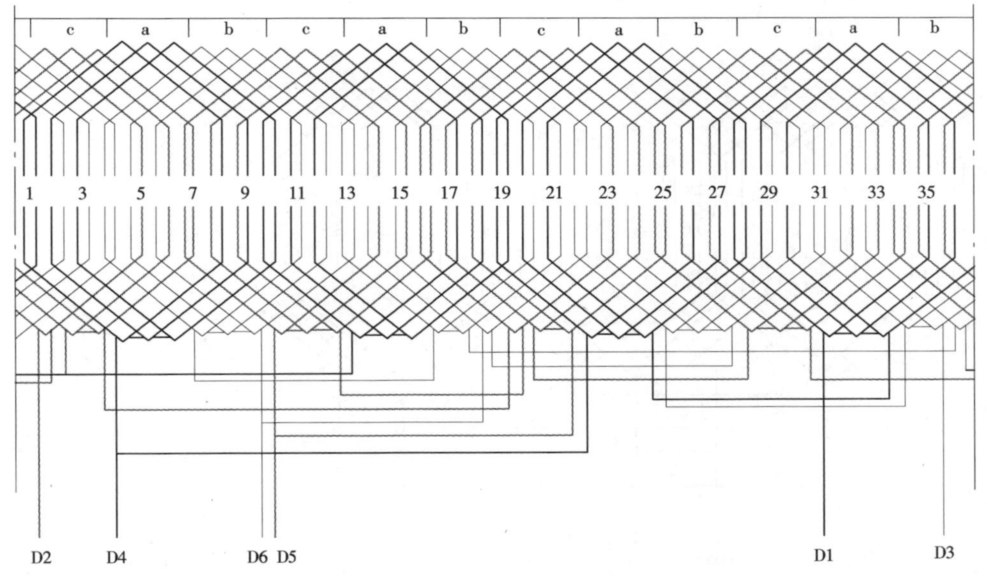

图 5－31　36 槽 4/6 极，2Y/Y 接法展开图（2）

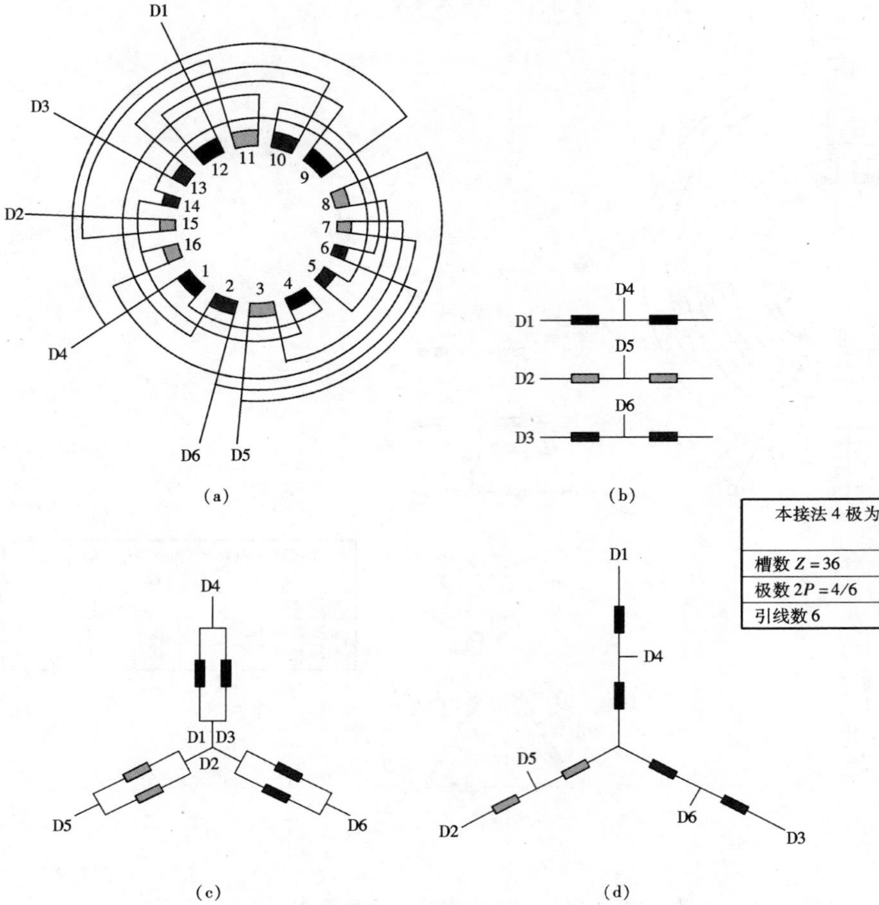

(a)

(b)

本接法 4 极为 60° 相带绕组，用反向法获得 6 极	
槽数 $Z=36$	节距 $Y=1-8$
极数 $2P=4/6$	接法 2Y/Y
引线数 6	转向　同转向

(c)

(d)

图 5-32　36 槽 4/6 极，2Y/Y 接法接线原理、示意图（2）

(a) 接线原理图；(b) 内部接线示意图；(c) 4 极时外部接线示意图；(d) 6 极时外部接线示意图

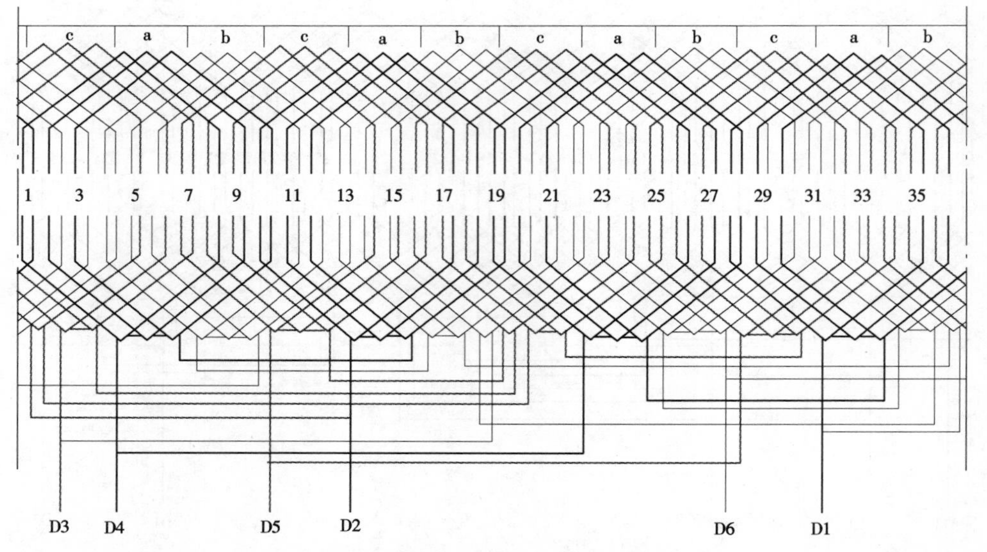

图 5-33　36 槽 4/6 极，2Y/△接法展开图（3）

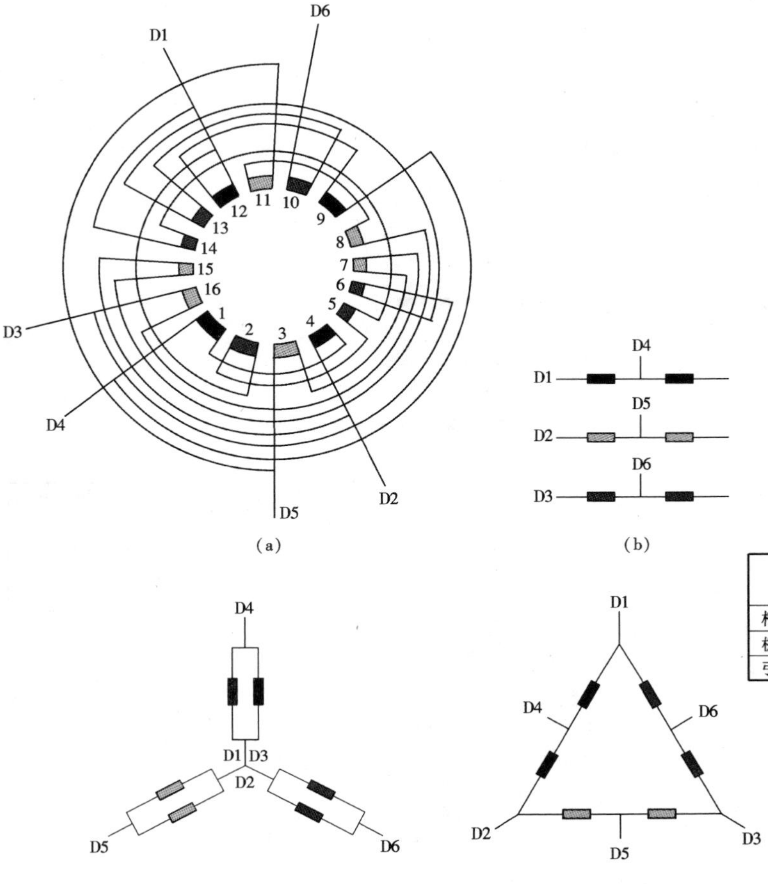

(a)

(b)

本接法 4 极为 60°相带绕组,用反向法获得 6 极	
槽数 $Z=36$	节距 $Y=1-8$
极数 $2P=4/6$	接法 2Y/△
引线数 6	转向　同转向

(c)

(d)

图 5-34　36 槽 4/6 极，2Y/△接法接线原理、示意图（3）

（a）接线原理图；（b）内部接线示意图；（c）4 极时外部接线示意图；（d）6 极时外部接线示意图

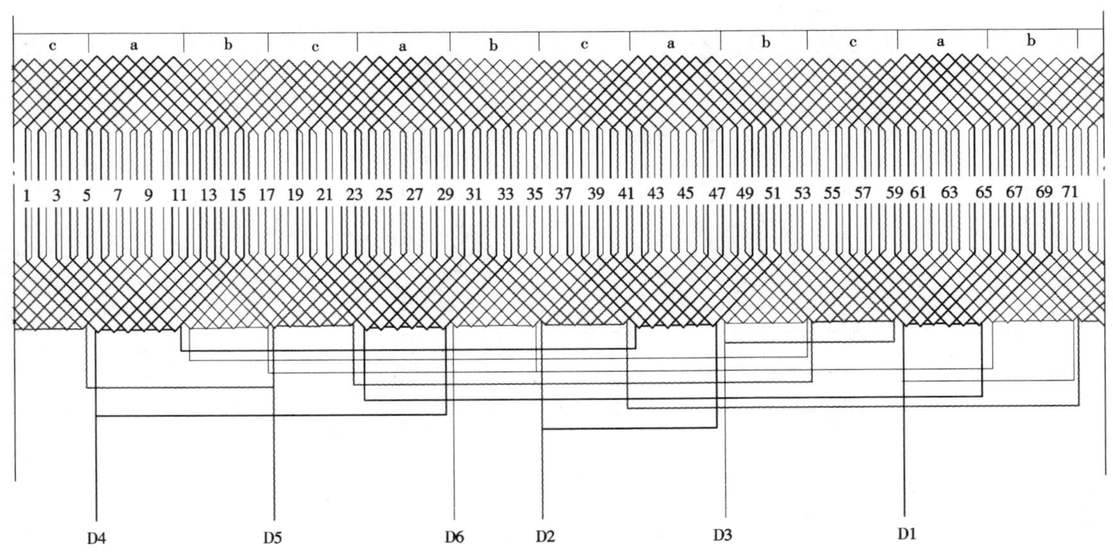

图 5-35　72 槽 4/8 极，2Y/△接法展开图

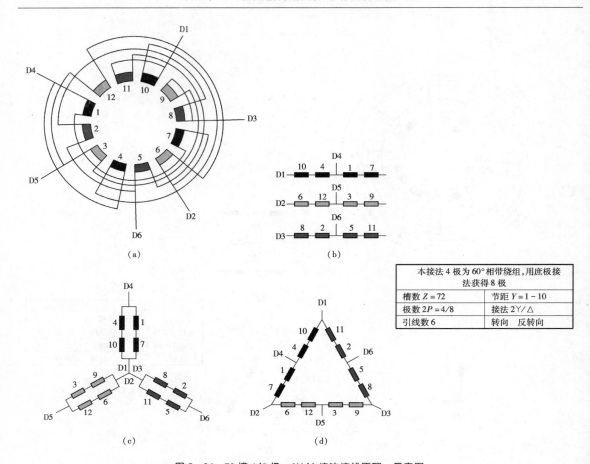

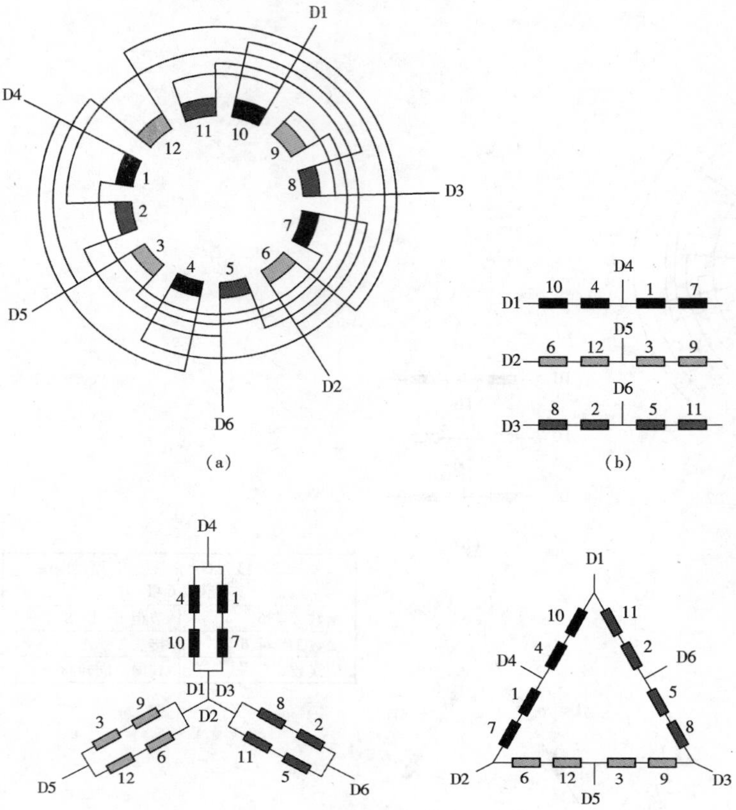

本接法 4 极为 60°相带绕组,用庶极接法获得 8 极	
槽数 $Z=72$	节距 $Y=1-10$
极数 $2P=4/8$	接法 2Y/△
引线数 6	转向　反转向

图 5-36　72 槽 4/8 极，2Y/△接法接线原理、示意图

(a) 接线原理图；(b) 内部接线示意图；(c) 4 极时外部接线示意图；(d) 8 极时外部接线示意图

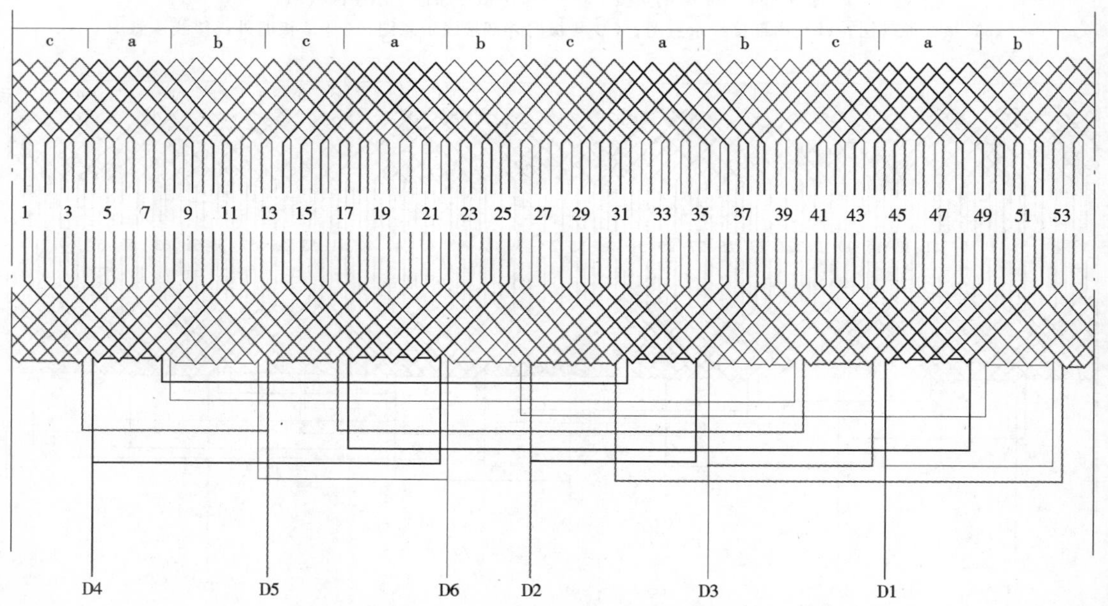

图 5-37　54 槽 4/8 极，2Y/△接法展开图

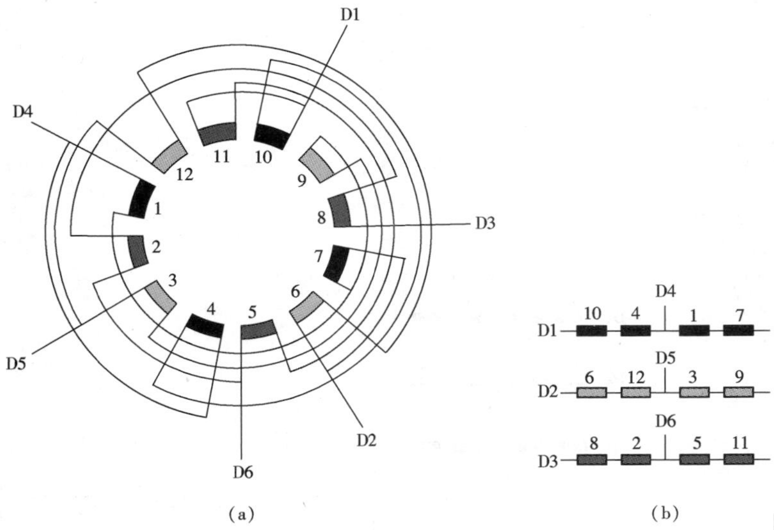

本接法4极为60°相带绕组,用庶极接法获得8极	
槽数 $Z=54$	节距 $Y=1-8$
极数 $2P=4/8$	接法 2Y/△
引线数 6	转向　反转向

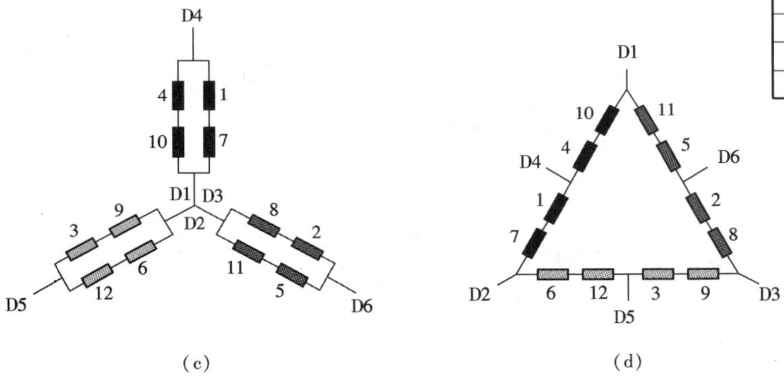

(a)　(b)　(c)　(d)

图 5-38　54 槽 4/8 极，2Y/△接法接线原理、示意图

(a) 接线原理图；(b) 内部接线示意图；(c) 4 极时外部接线示意图；(d) 8 极时外部接线示意图

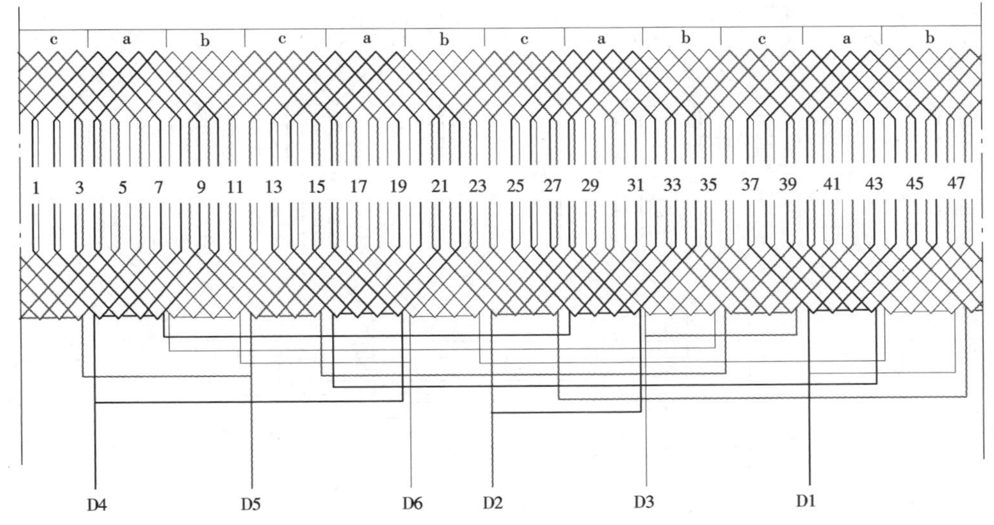

图 5-39　48 槽 4/8 极，2Y/△接法展开图

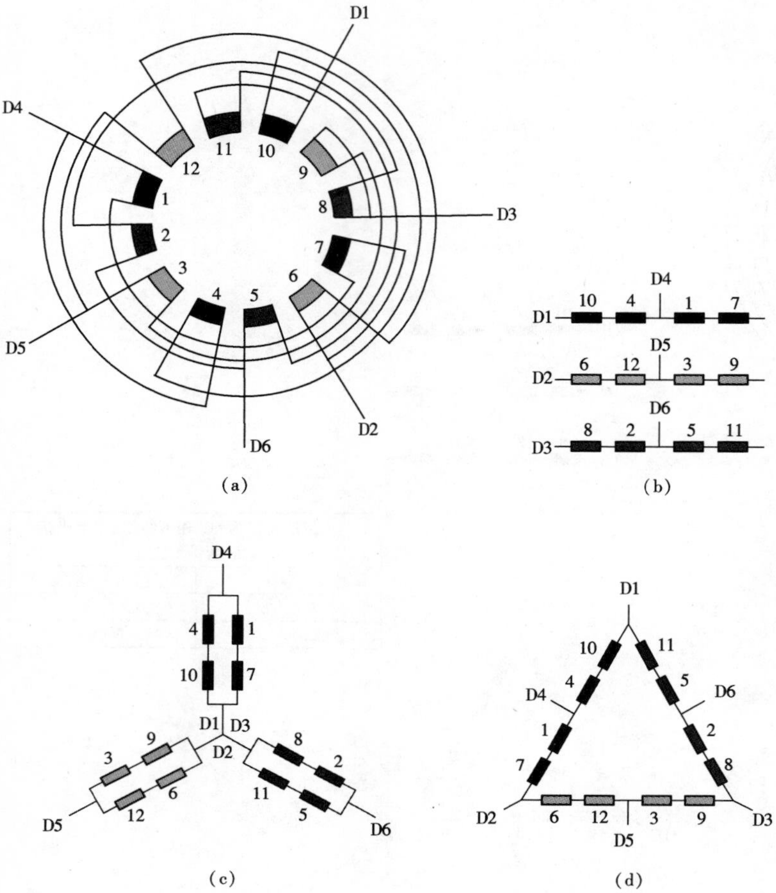

(a)　　(b)

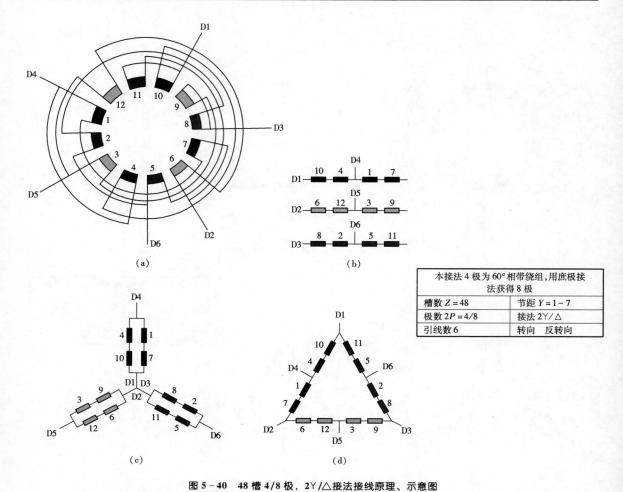

本接法 4 极为 60° 相带绕组，用庶极接法获得 8 极	
槽数 $Z=48$	节距 $Y=1-7$
极数 $2P=4/8$	接法 2Y/△
引线数 6	转向　反转向

(c)　　(d)

图 5－40　48 槽 4/8 极，2Y/△接法接线原理、示意图

(a) 接线原理图；(b) 内部接线示意图；(c) 4 极时外部接线示意图；(d) 8 极时外部接线示意图

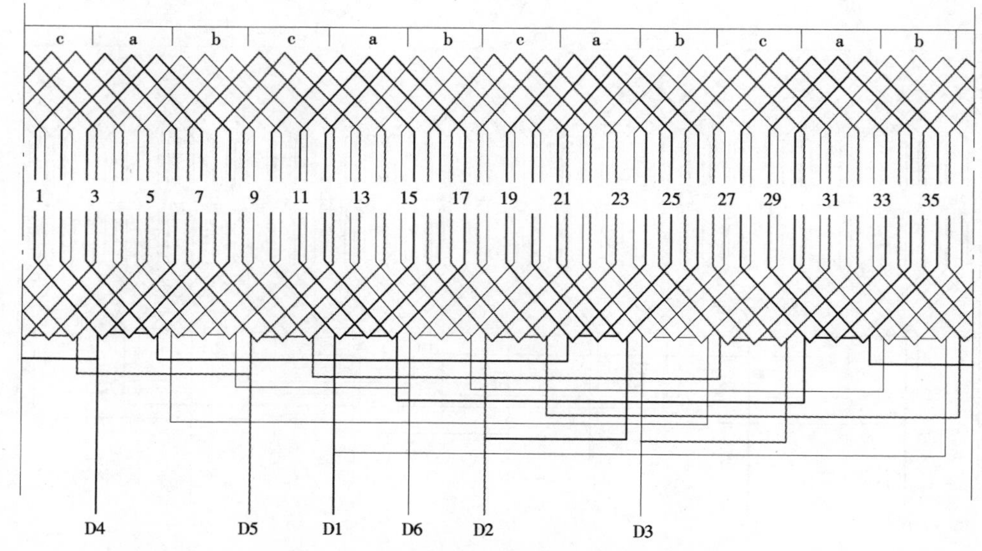

图 5－41　36 槽 4/8 极，2Y/△接法展开图

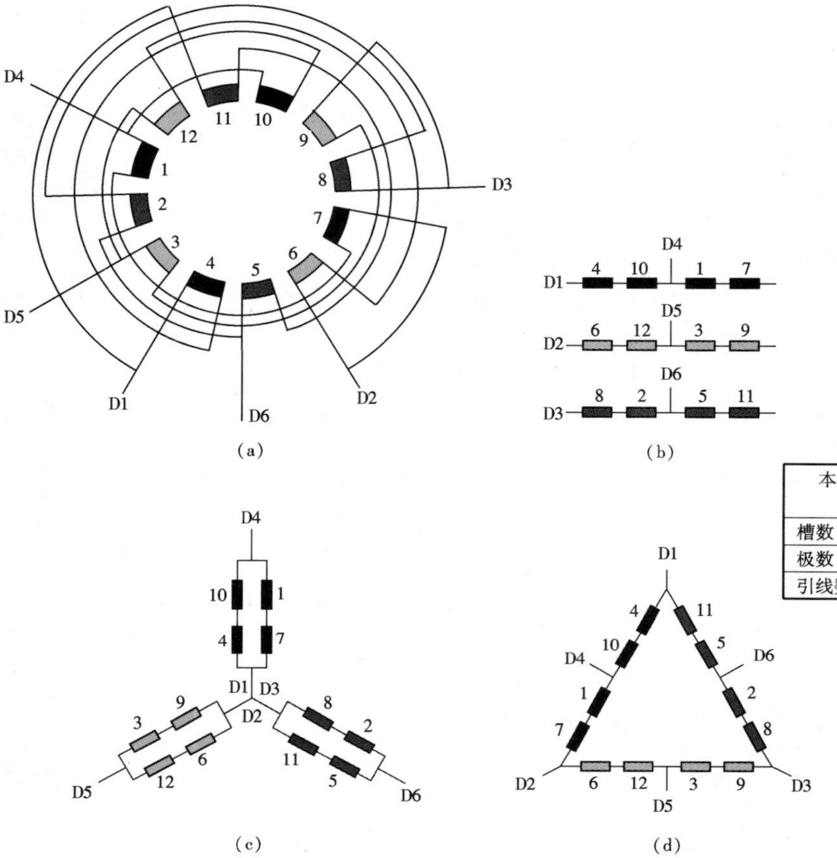

(a)　　(b)

本接法 4 极为 60° 相带绕组，用庶极接法获得 8 极	
槽数 $Z=36$	节距 $Y=1-6$
极数 $2P=4/8$	接法 2Y/△
引线数 6	转向　反转向

(c)　　(d)

图 5-42　36 槽 4/8 极，2Y/△接法接线原理、示意图

(a) 接线原理图；(b) 内部接线示意图；(c) 4 极时外部接线示意图；(d) 8 极时外部接线示意图

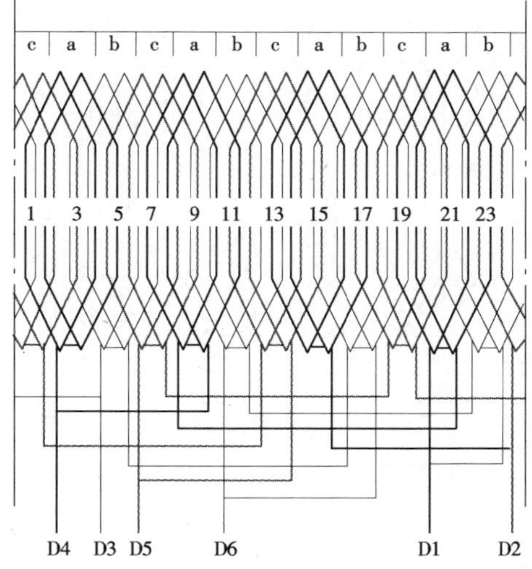

图 5-43　24 槽 4/8 极，2Y/△接法展开图

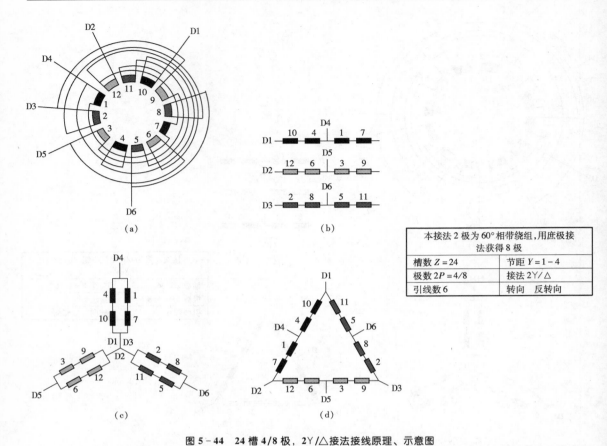

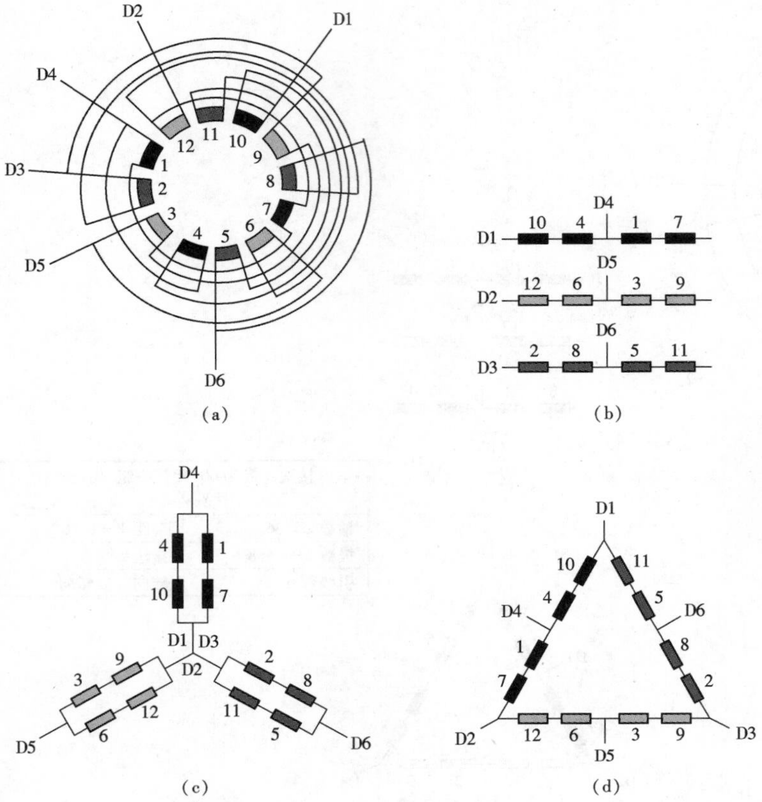

(a)　　(b)

本接法 2 极为 60°相带绕组，用庶极接法获得 8 极	
槽数 $Z=24$	节距 $Y=1-4$
极数 $2P=4/8$	接法 2Y/△
引线数 6	转向　反转向

(c)　　(d)

图 5-44　24 槽 4/8 极，2Y/△接法接线原理、示意图

(a) 接线原理图；(b) 内部接线示意图；(c) 4 极时外部接线示意图；(d) 8 极时外部接线示意图

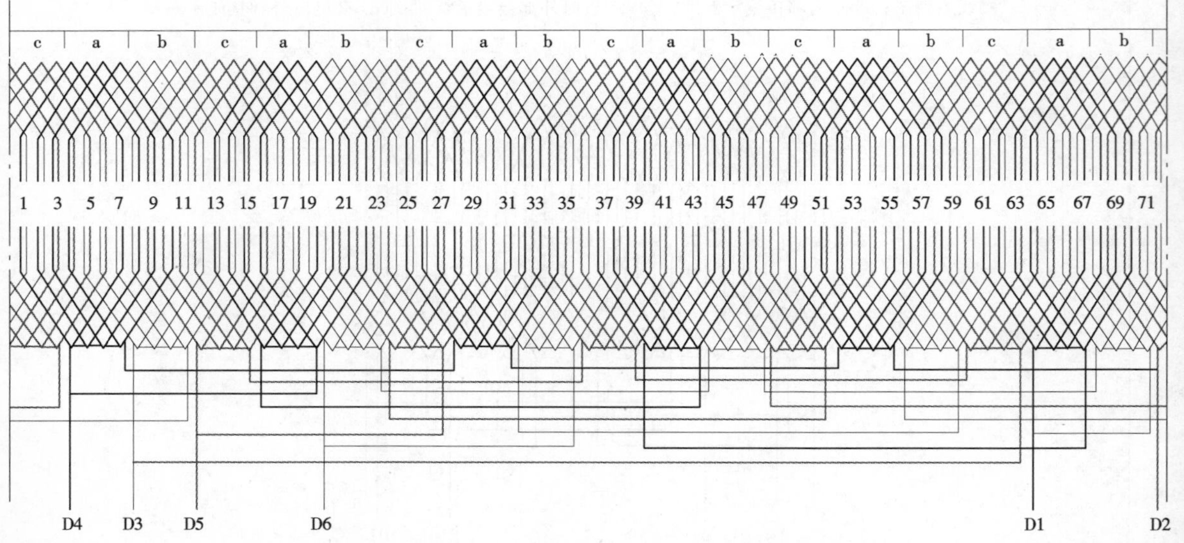

图 5-45　72 槽 6/12 极，2Y/△接法展开图

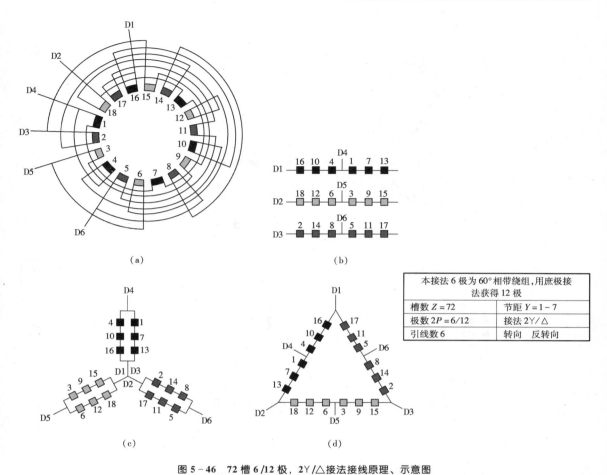

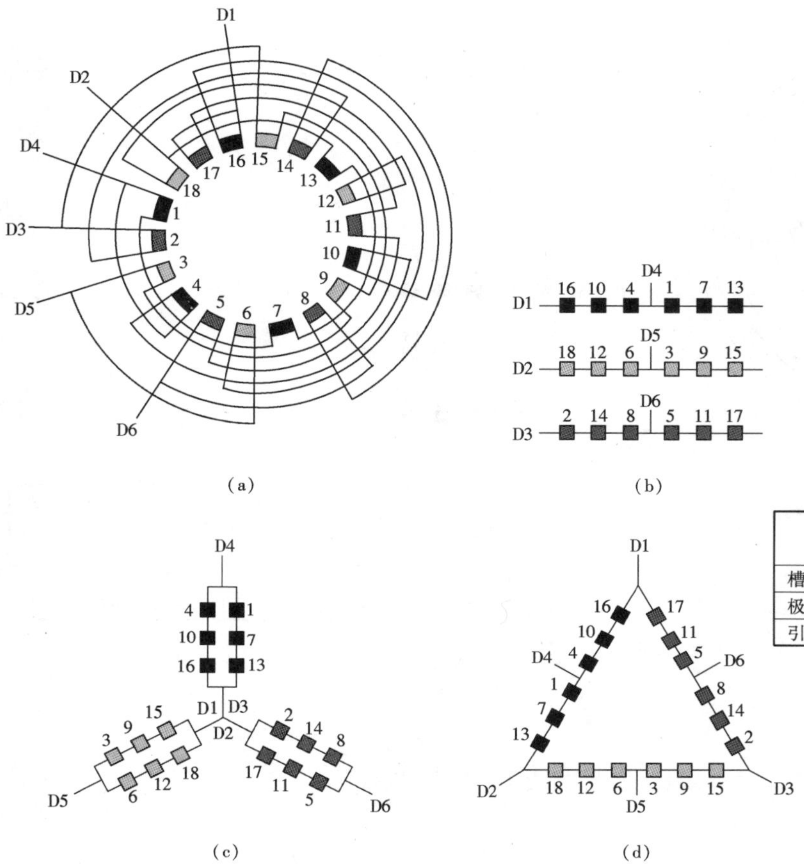

本接法 6 极为 60°相带绕组,用庶极接法获得 12 极	
槽数 $Z=72$	节距 $Y=1-7$
极数 $2P=6/12$	接法 2Y/△
引线数 6	转向　反转向

图 5-46　72 槽 6/12 极，2Y/△接法接线原理、示意图

(a) 接线原理图；(b) 内部接线示意图；(c) 6 极时外部接线示意图；(d) 12 极时外部接线示意图

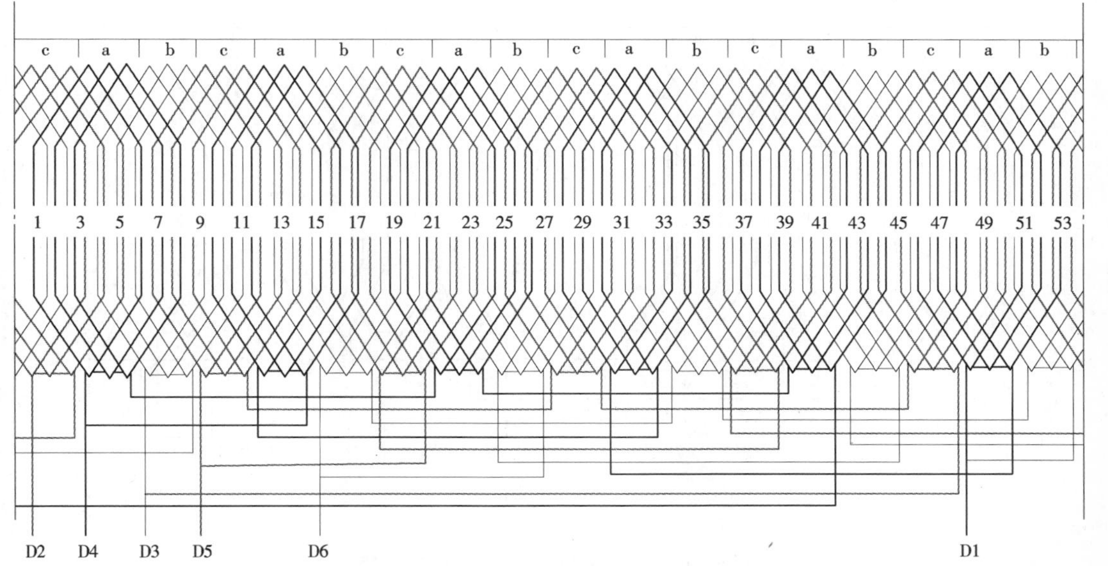

图 5-47　54 槽 6/12 极，2Y/△接法展开图

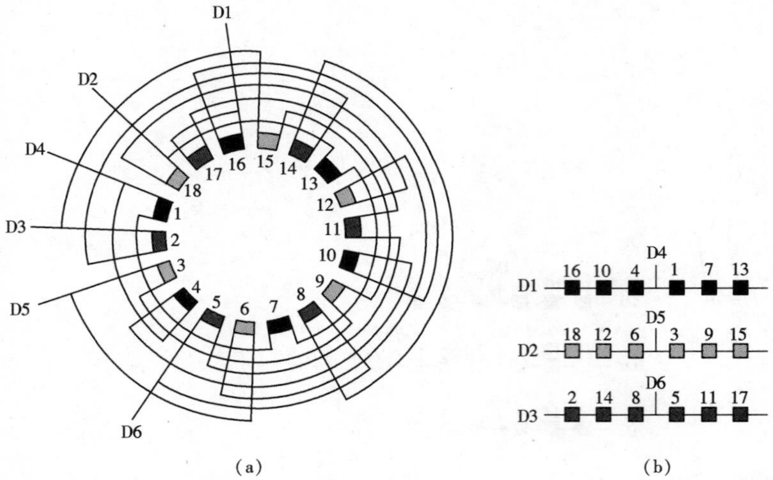

本接法 6 极为 60°相带绕组，用庶极接法获得 12 极	
槽数 $Z=54$	节距 $Y=1-6$
极数 $2P=6/12$	接法 2Y/△
引线数 6	转向　反转向

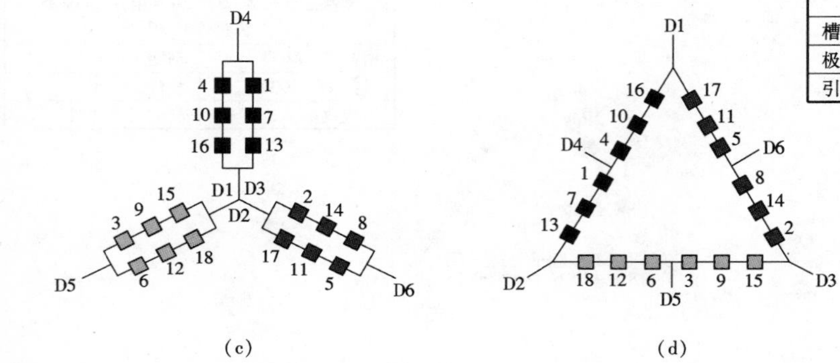

图 5－48　54 槽 6/12 极，2Y/△接法接线原理、示意图

(a) 接线原理图；(b) 内部接线示意图；(c) 6 极时外部接线示意图；(d) 12 极时外部接线示意图

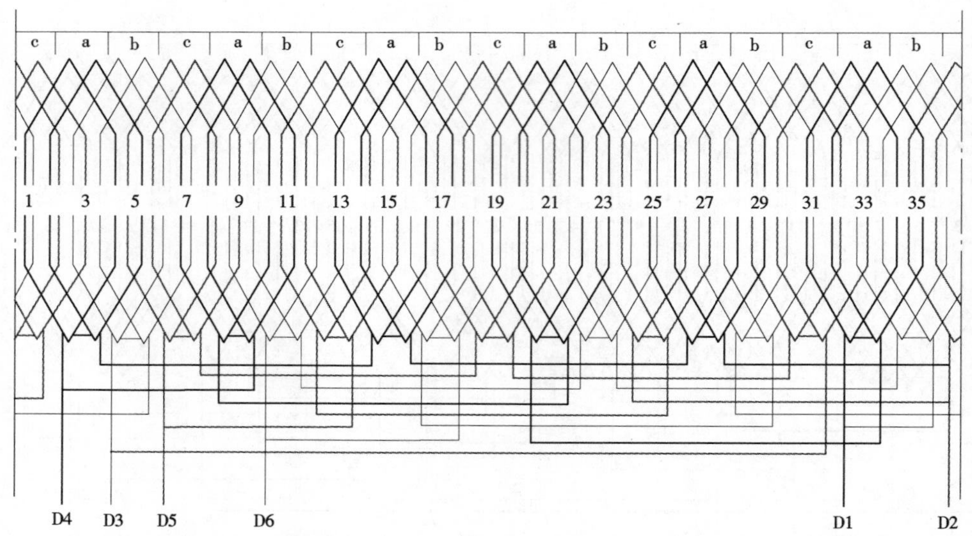

图 5－49　36 槽 6/12 极，2Y/△接法展开图

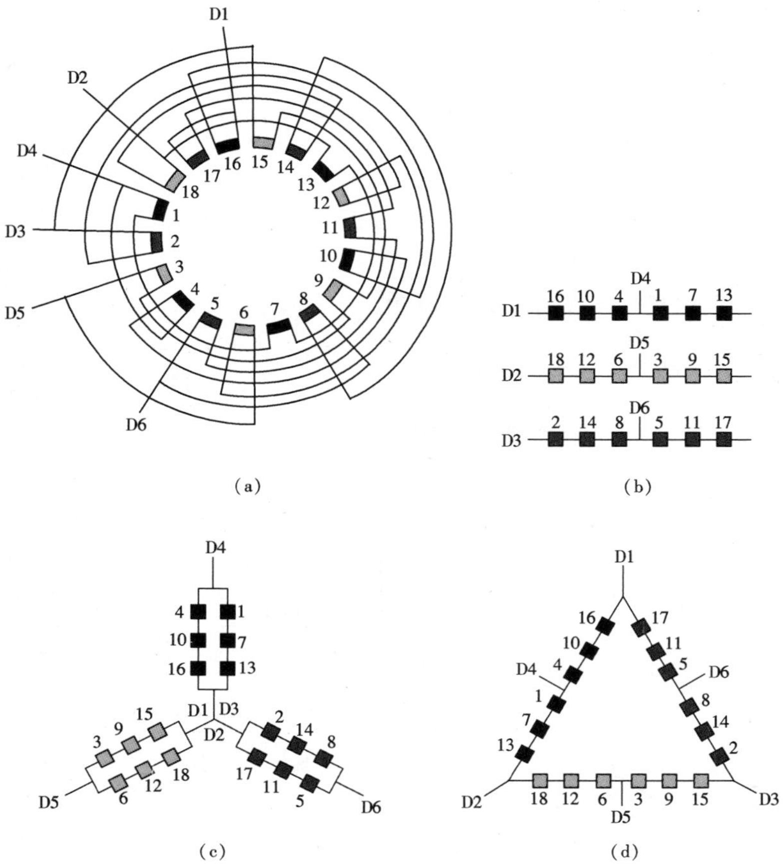

(a)　　(b)

本接法 6 极为 60° 相带绕组，用庶极接法获得 12 极	
槽数 $Z=36$	节距 $Y=1-4$
极数 $2P=6/12$	接法 2Y/△
引线数 6	转向　反转向

(c)　　(d)

图 5-50　36 槽 6/12 极，2Y/△接法接线原理、示意图

(a) 接线原理图；(b) 内部接线示意图；(c) 6 极时外部接线示意图；(d) 12 极时外部接线示意图

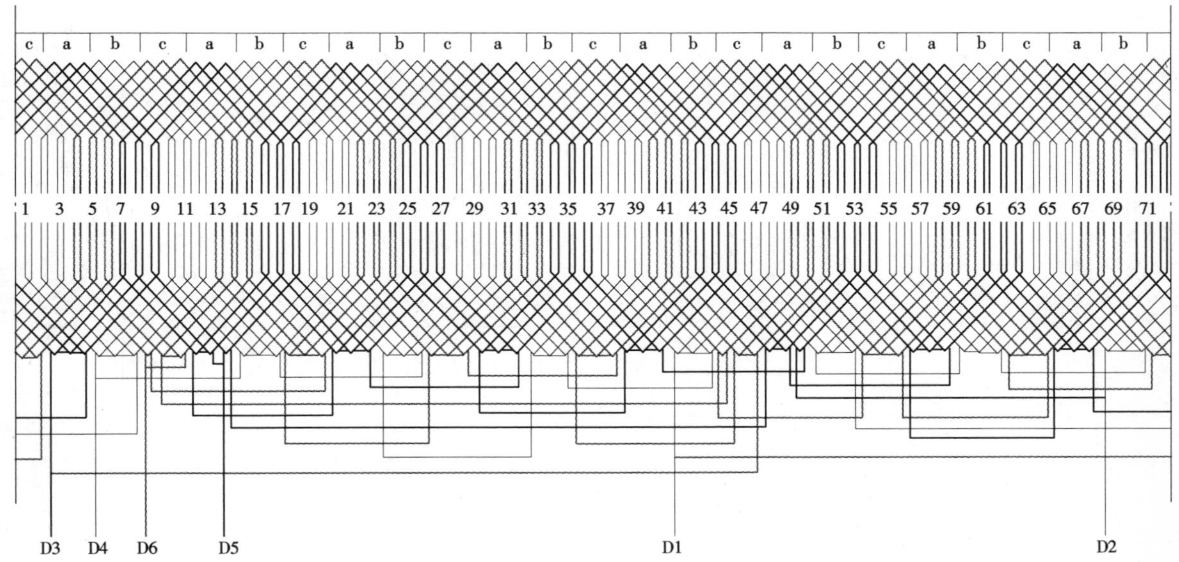

图 5-51　72 槽 6/8 极，2Y/△接法展开图 (1)

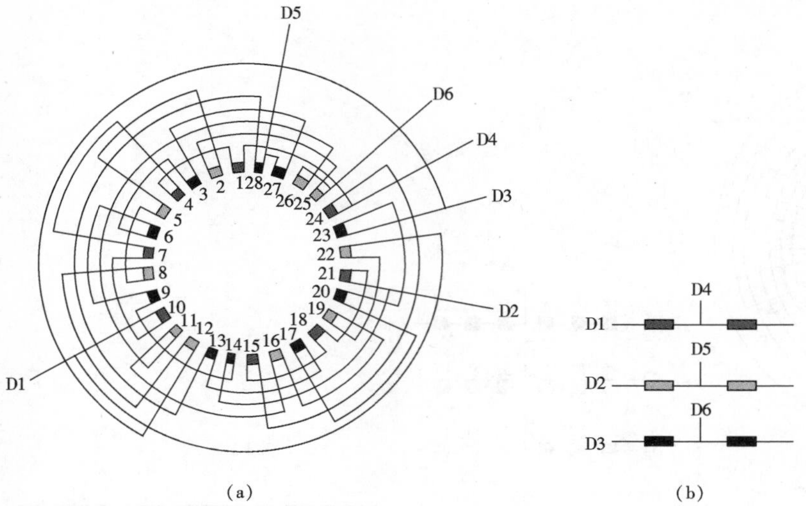

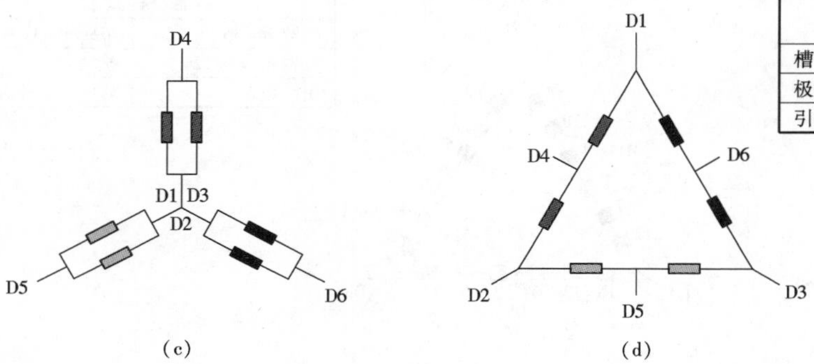

(a)　　(b)

本接法 8 极为正规 60°相带绕组，反向得到 6 极	
槽数 $Z=72$	节距 $Y=1-10$
极数 $2P=6/8$	接法 2Y/△
引线数 6	转向　同转向

(c)　　(d)

图 5-52　72 槽 6/8 极，2Y/△接法接线原理、示意图（1）

（a）接线原理图；（b）内部接线示意图；（c）6 极时外部接线示意图；（d）8 极时外部接线示意图

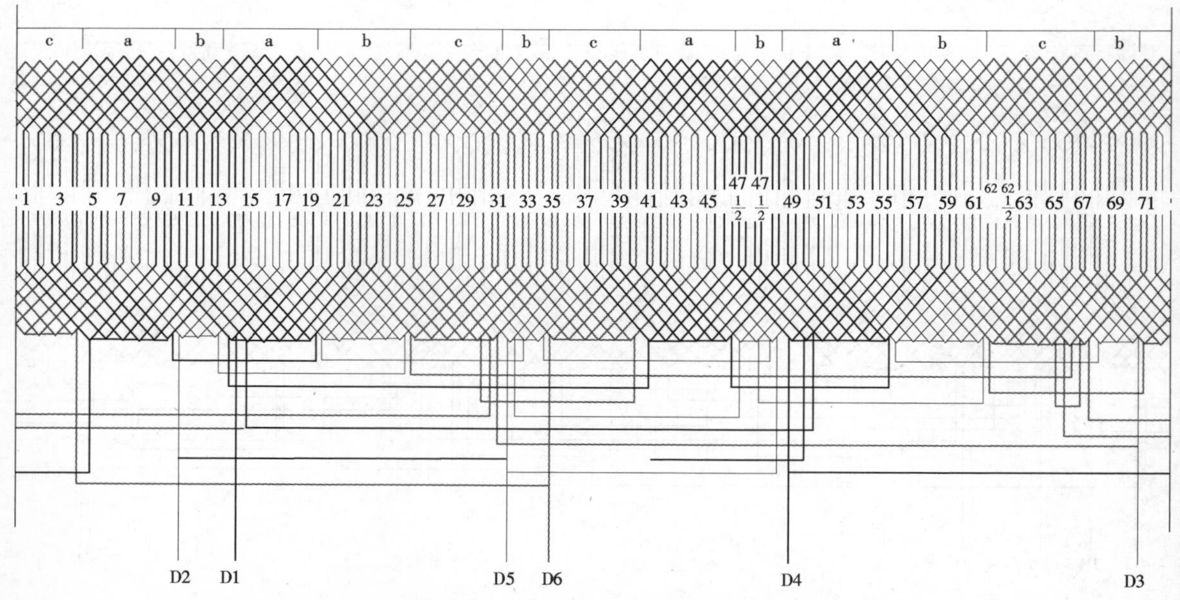

图 5-53　72 槽 6/8 极，2Y/△接法展开图（2）

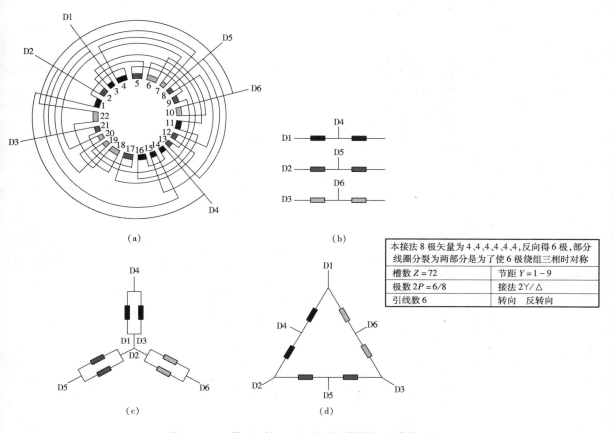

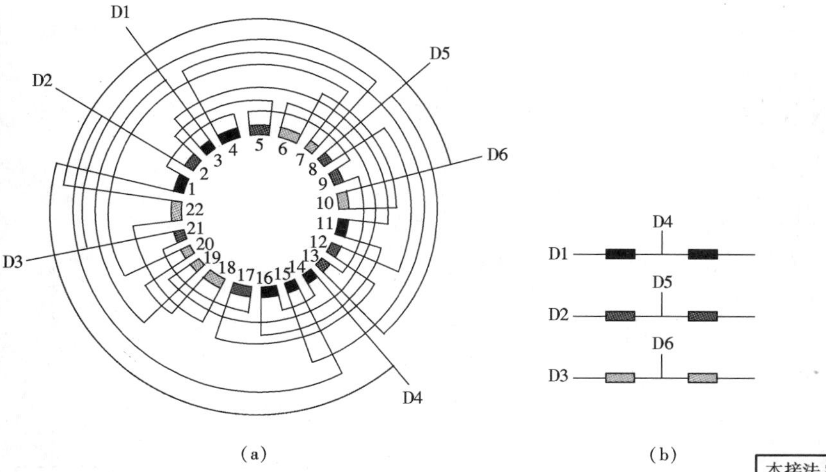

本接法 8 极矢量为 4、4、4、4、4、4，反向得 6 极，部分线圈分裂为两部分是为了使 6 极绕组三相时对称	
槽数 $Z=72$	节距 $Y=1-9$
极数 $2P=6/8$	接法 2Y/△
引线数 6	转向　反转向

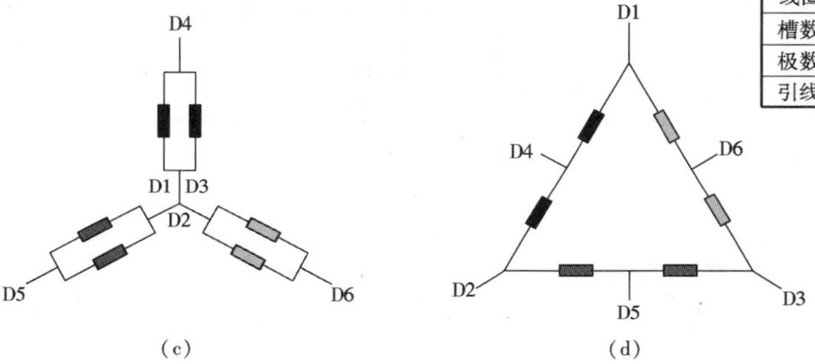

(a)　　(b)　　(c)　　(d)

图 5-54　72 槽 6/8 极，2Y/△接法接线原理、示意图（2）

(a) 接线原理图；(b) 内部接线示意图；(c) 6 极时外部接线示意图；(d) 8 极时外部接线示意图

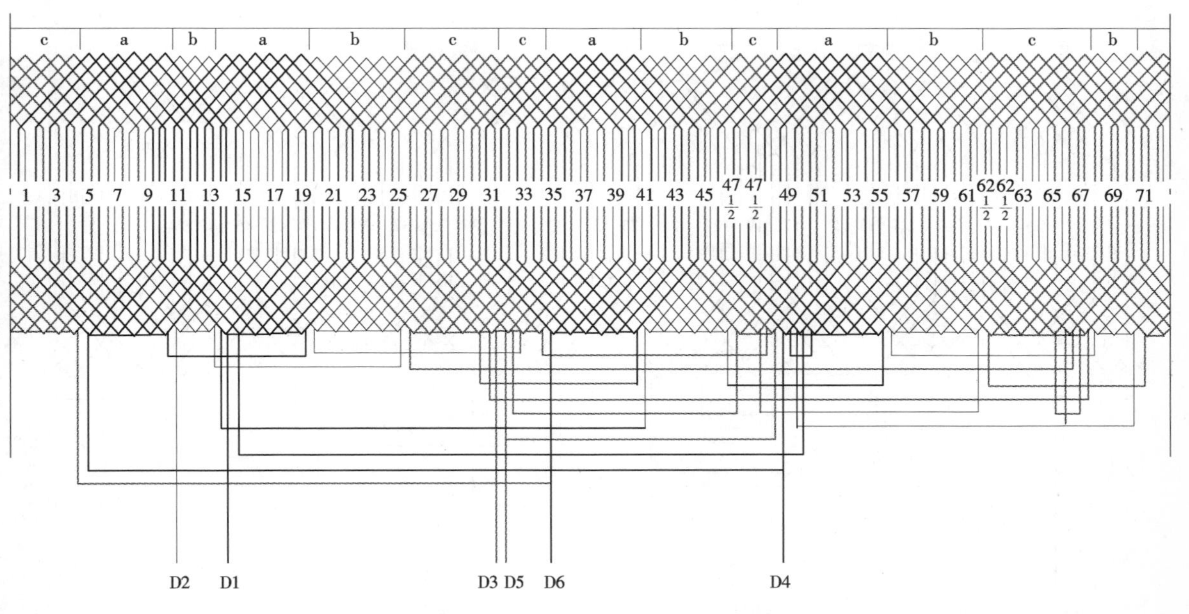

图 5-55　72 槽 6/8 极，2Y/Y 接法展开图

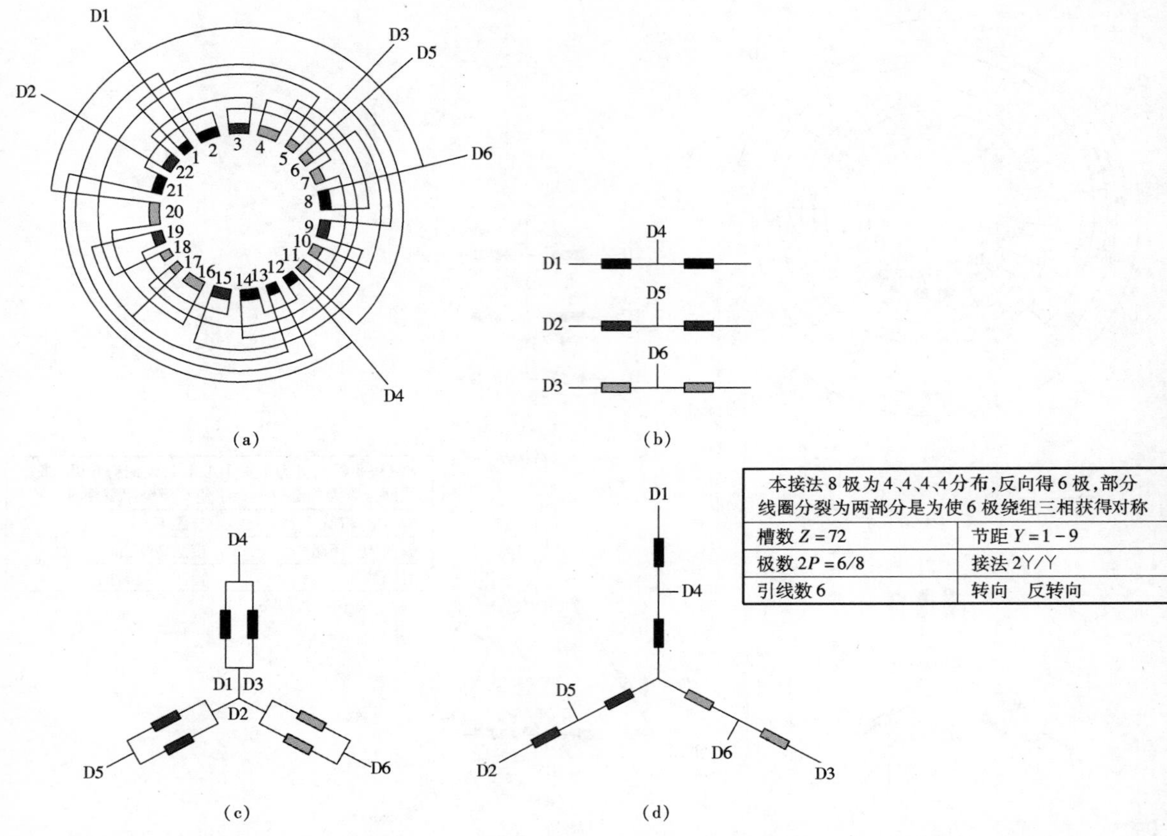

本接法 8 极为 4、4、4、4 分布，反向得 6 极，部分线圈分裂为两部分是为使 6 极绕组三相获得对称	
槽数 $Z=72$	节距 $Y=1-9$
极数 $2P=6/8$	接法 2Y/Y
引线数 6	转向　反转向

图 5－56　72 槽 6/8 极，2Y/Y 接法接线原理、示意图

(a) 接线原理图；(b) 内部接线示意图；(c) 6 极时外部接线示意图；(d) 8 极时外部接线示意图

c a b c a b c a b c a b c a b c a b

1 3 5 7 9 11 13 15 17 19 21 23 25 27 29 31 33 35 37 39 41 43 45 47 49 51 53

D3 D4 D6 D5 D2 D1

图 5－57　54 槽 6/8 极，2Y/△接法展开图

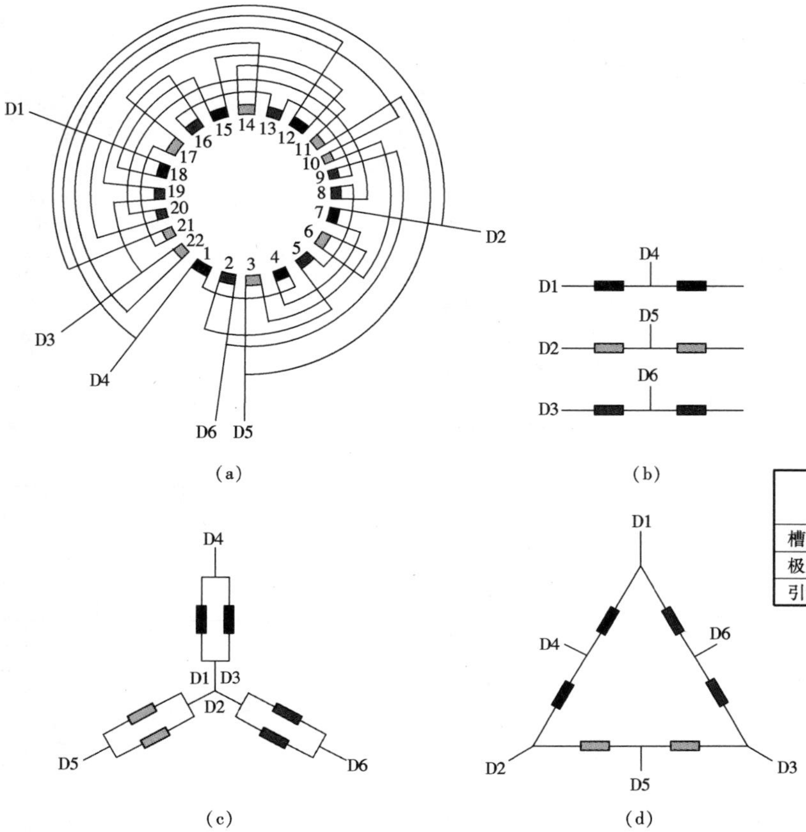

(a)

(b)

本接法 6 极为正规 60°相带绕组，用反向法获得 8 极	
槽数 $Z=54$	节距 $Y=1-7$
极数 $2P=6/8$	接法 2Y/△
引线数 6	转向　同转向

(c)

(d)

图 5-58　54 槽 6/8 极，2Y/△接法接线原理、示意图

(a) 接线原理图；(b) 内部接线示意图；(c) 6 极时外部接线示意图；(d) 8 极时外部接线示意图

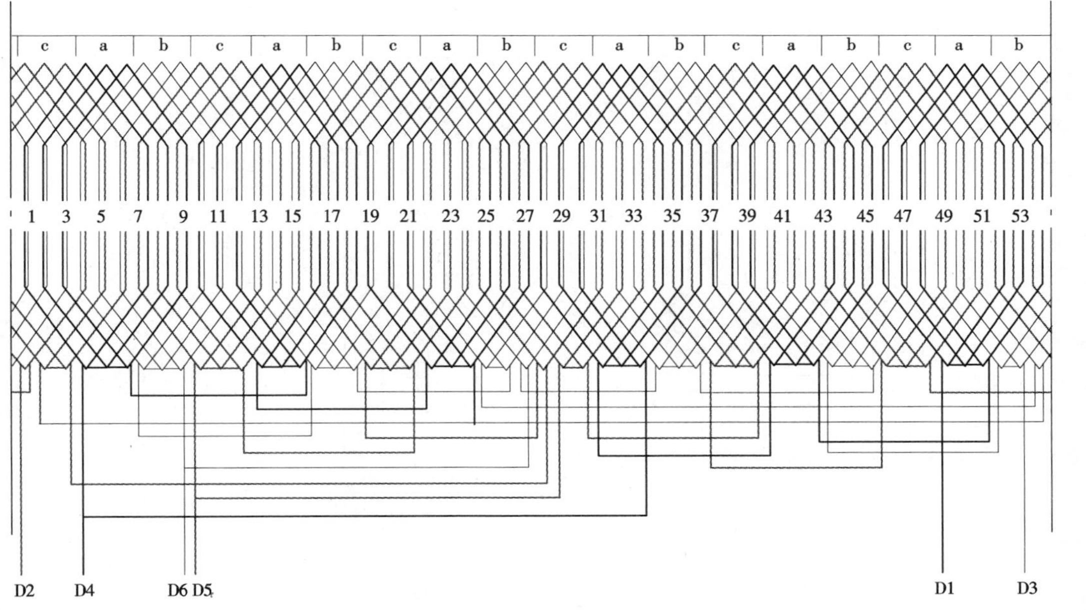

图 5-59　54 槽 6/8 极，2Y/Y 接法展开图

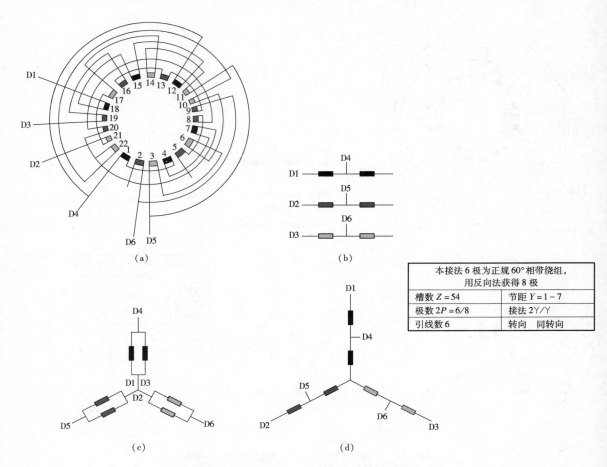

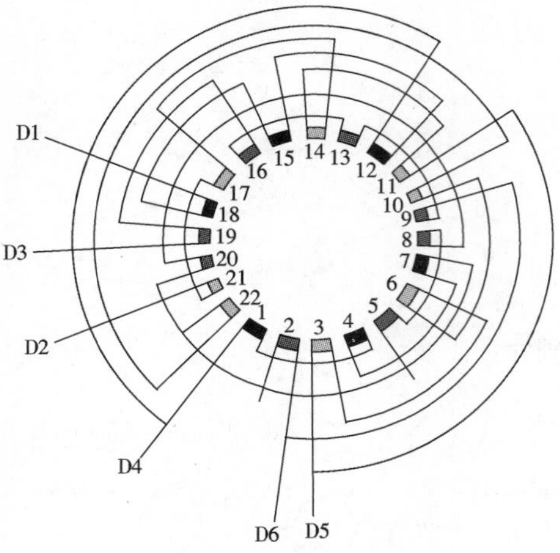

(a) 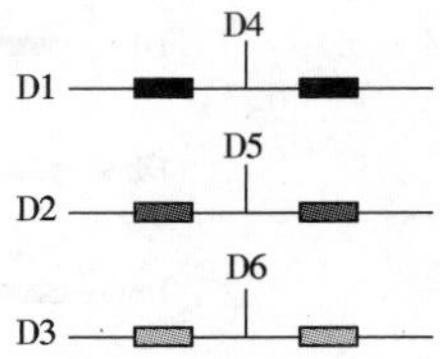　　(b)

本接法 6 极为正规 60°相带绕组，用反向法获得 8 极	
槽数 $Z=54$	节距 $Y=1-7$
极数 $2P=6/8$	接法 2Y/Y
引线数 6	转向　同转向

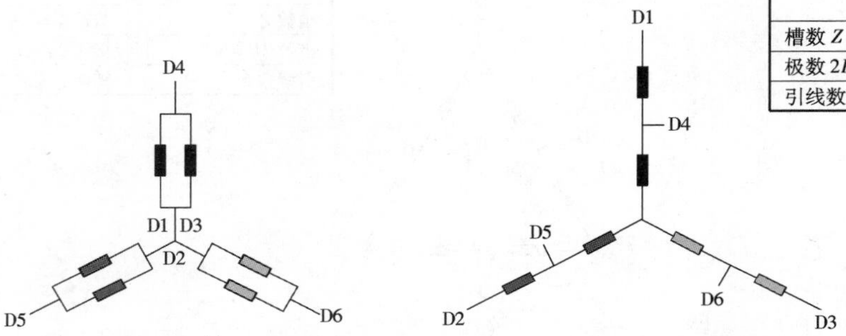

(c)　　(d)

图 5-60　54 槽 6/8 极，2Y/Y 接法接线原理、示意图

(a) 接线原理图；(b) 内部接线示意图；(c) 6 极时外部接线示意图；(d) 8 极时外部接线示意图

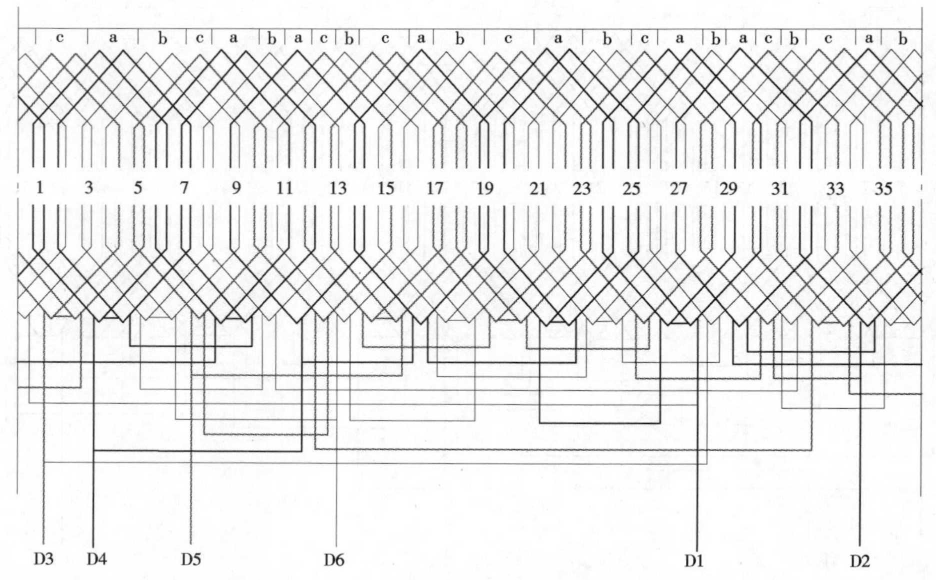

图 5-61　36 槽 6/8 极，2Y/△接法展开图 (1)

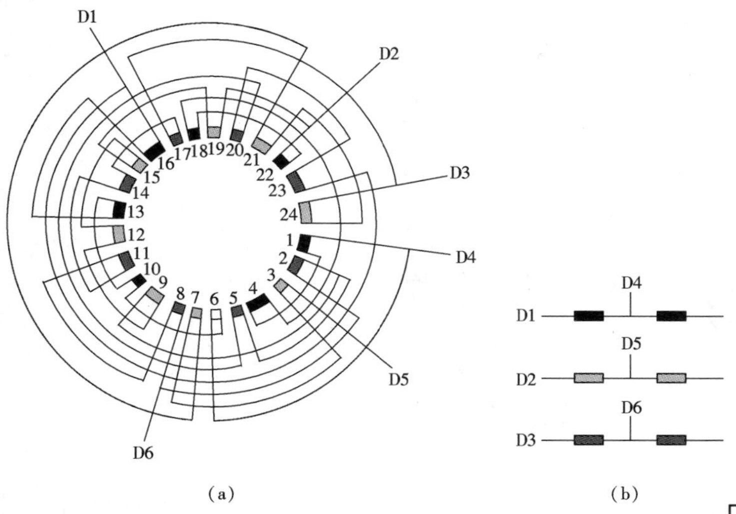

本接法为不规则分布绕组,两个极数均有较高的绕组系数,适合于要求两个极数功率接近的场合	
槽数 $Z=36$	节距 $Y=1-6$
极数 $2P=6/8$	接法 2Y/△
引线数 6	转向　同转向

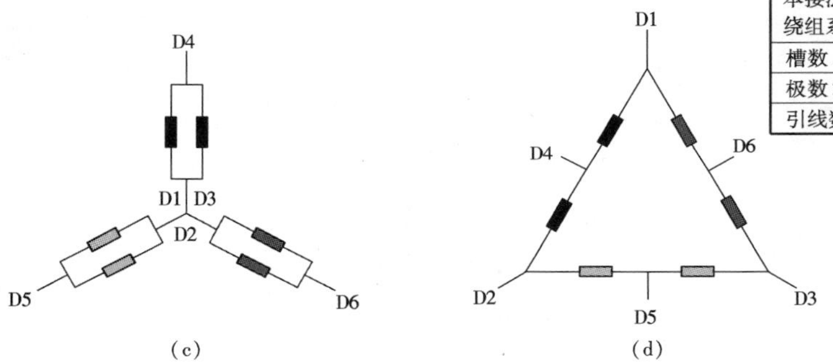

图 5-62　36 槽 6/8 极，2Y/△接法接线原理、示意图（1）

(a) 接线原理图；(b) 内部接线示意图；(c) 6 极时内部接线示意图；(d) 8 极时内部接线示意图

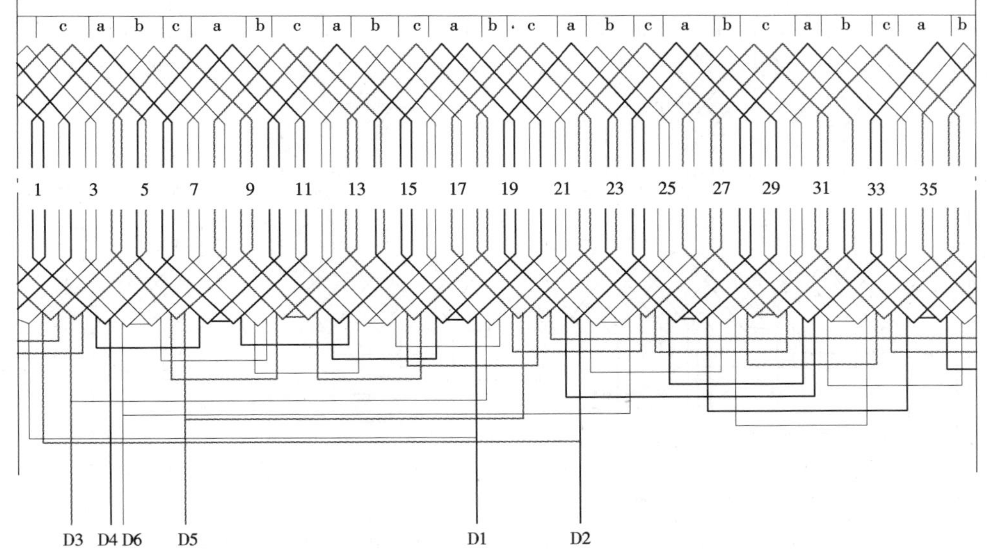

图 5-63　36 槽 6/8 极，2Y/△接法展开图（2）

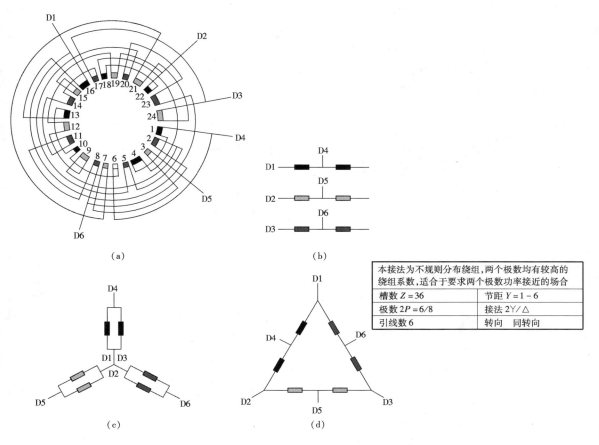

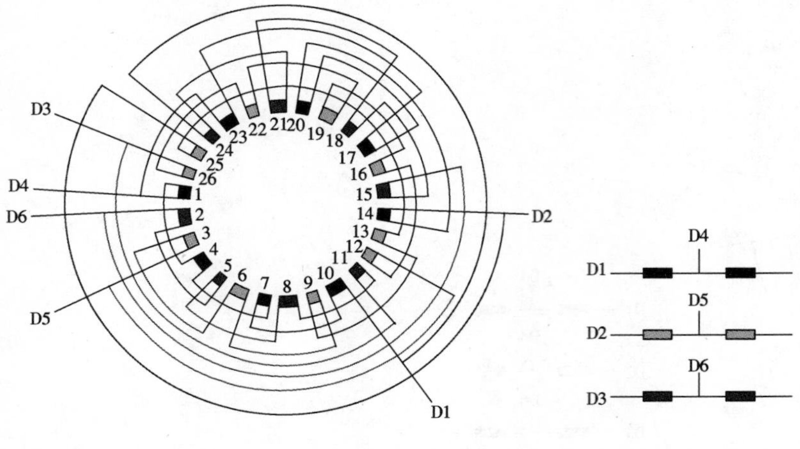

(a)　　　　(b)

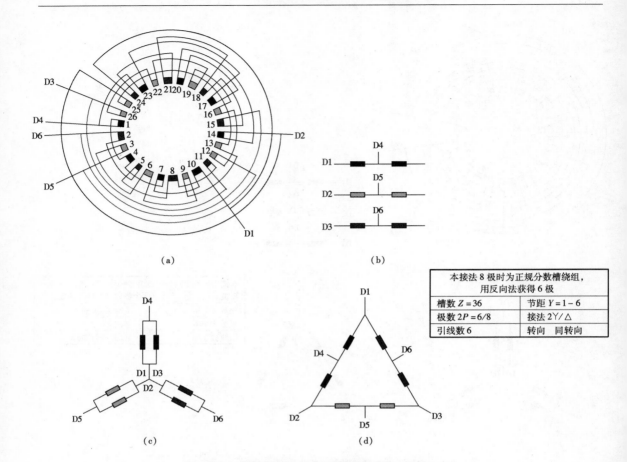

<table>
<tr><td colspan="2">本接法 8 极时为正规分数槽绕组，
用反向法获得 6 极</td></tr>
<tr><td>槽数 $Z=36$</td><td>节距 $Y=1-6$</td></tr>
<tr><td>极数 $2P=6/8$</td><td>接法 2Y/△</td></tr>
<tr><td>引线数 6</td><td>转向　同转向</td></tr>
</table>

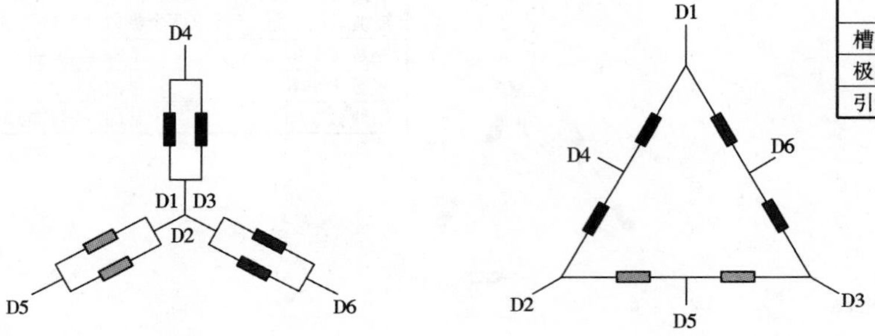

(c)　　　　(d)

图 5－64　36 槽 6/8 极，2Y/△接法接线原理、示意图（2）

（a）接线原理图；（b）内部接线示意图；（c）6 极时外部接线示意图；（d）8 极时外部接线示意图

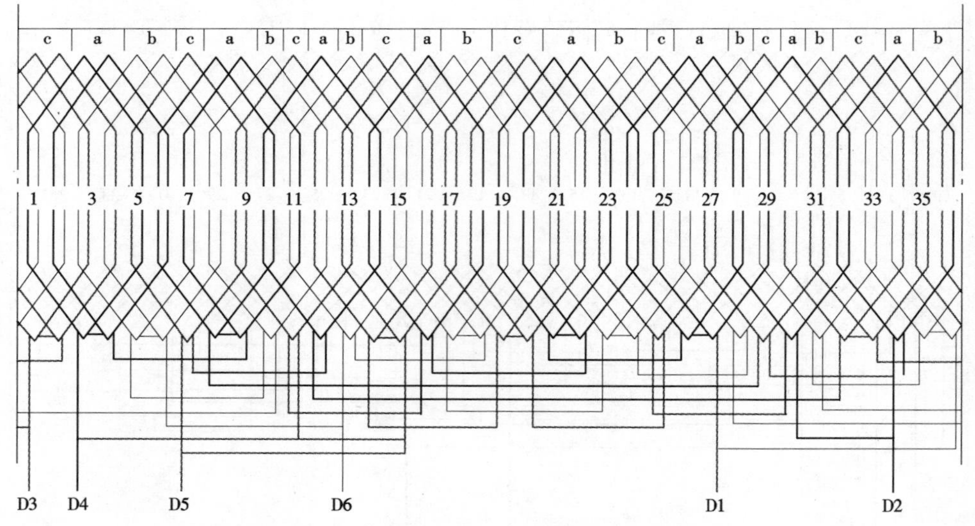

图 5－65　36 槽 6/8 极，2Y/△接法展开图（3）

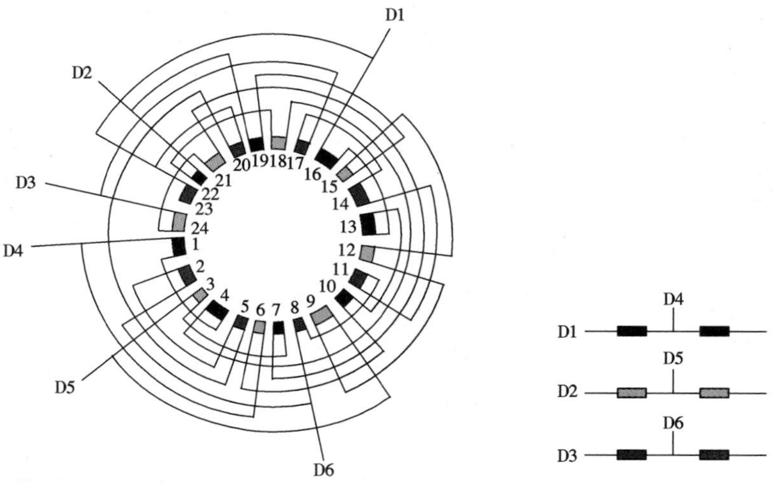

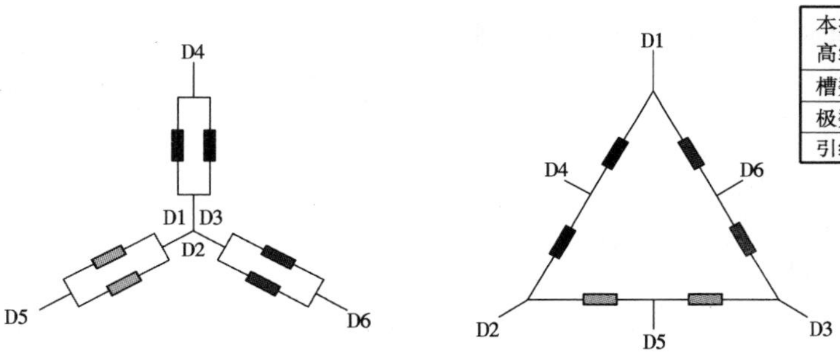

(a)

(b)

(c)

(d)

本接法绕组为不规则分布，两个极数均有较高绕组系数，适合于两极数功率接近的场合	
槽数 $Z=36$	节距 $Y=1-5$
极数 $2P=6/8$	接法 2Y/△
引线数 6	转向　同转向

图 5-66　36 槽 6/8 极，2Y/△接法接线原理、示意图（3）

（a）接线原理图；（b）内部接线示意图；（c）6 极时外部接线示意图；（d）8 极时外部接线示意图

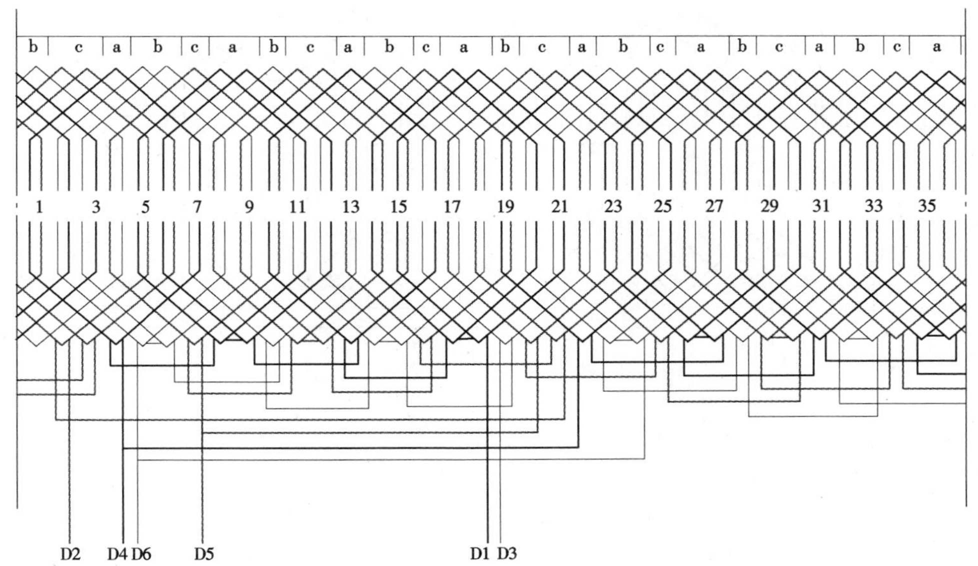

图 5-67　36 槽 6/8 极，2Y/Y 接法展开图

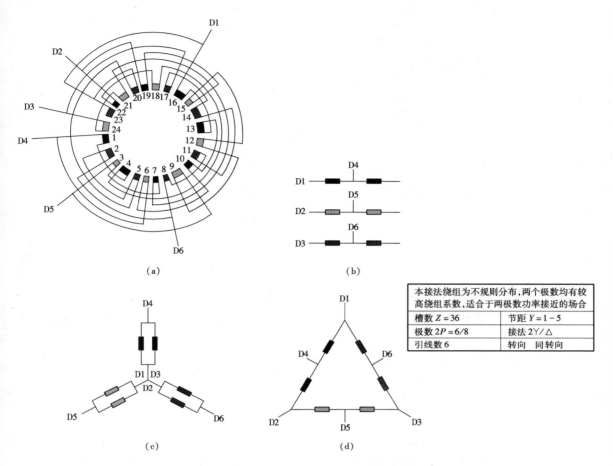

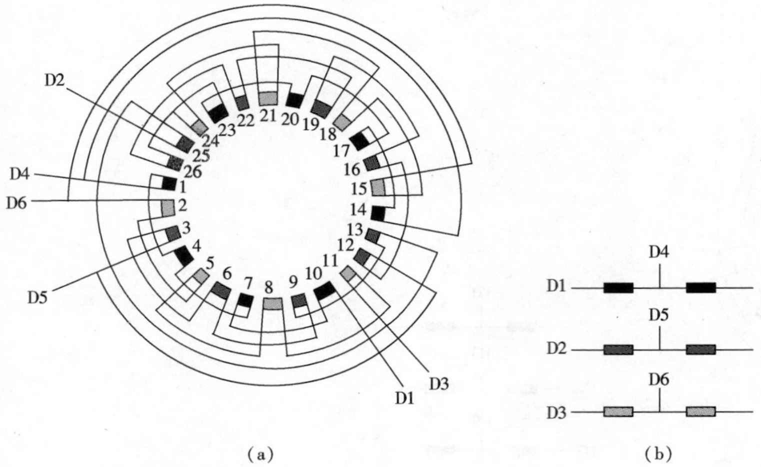

(a)　(b)　(c)　(d)

本接法 8 极为正规分数槽绕组，用反向法获得 6 极	
槽数 $Z=36$	节距 $Y=1-7$
极数 $2P=6/8$	接法 2Y/Y
引线数 6	转向　同转向

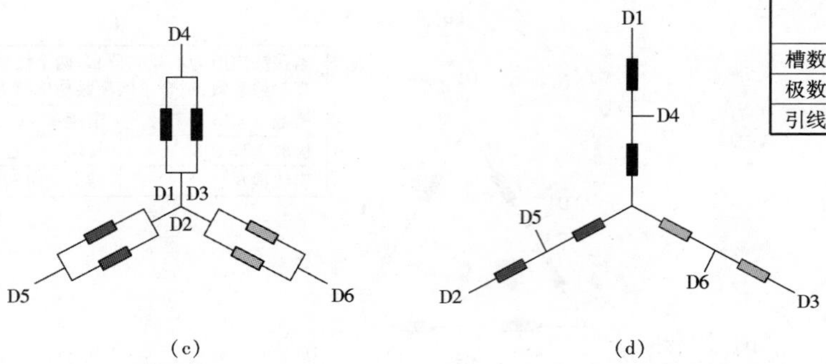

图 5-68　36 槽 6/8 极，2Y/Y 接法接线原理、示意图

(a) 接线原理图；(b) 内部接线示意图；(c) 6 极时外部接线示意图；(d) 8 极时外部接线示意图

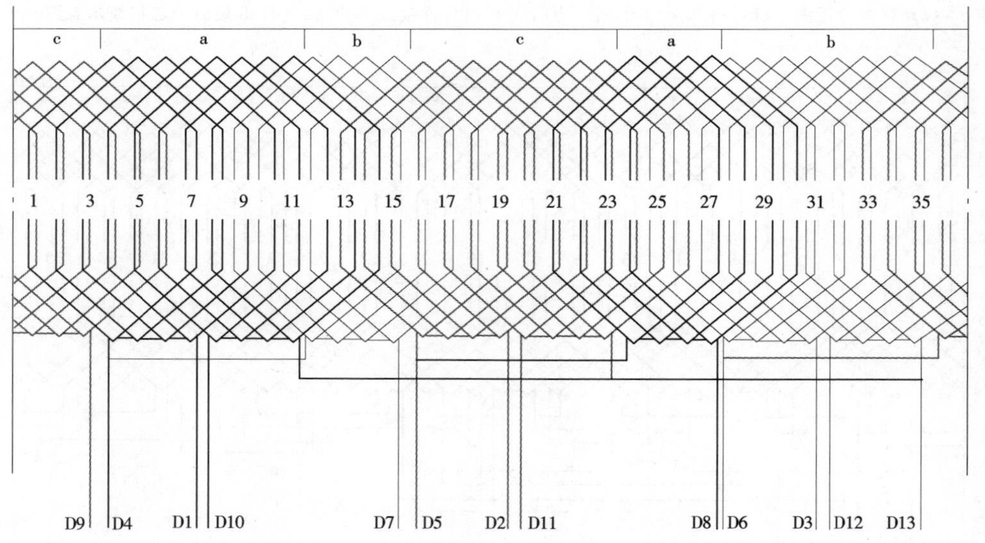

图 5-69　36 槽 2/4/6 极，△/△/3Y 接法展开图

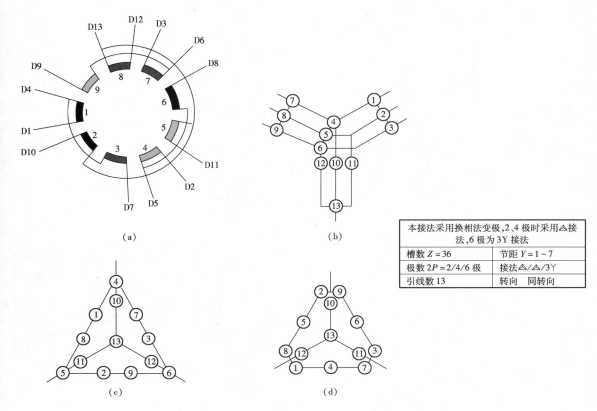

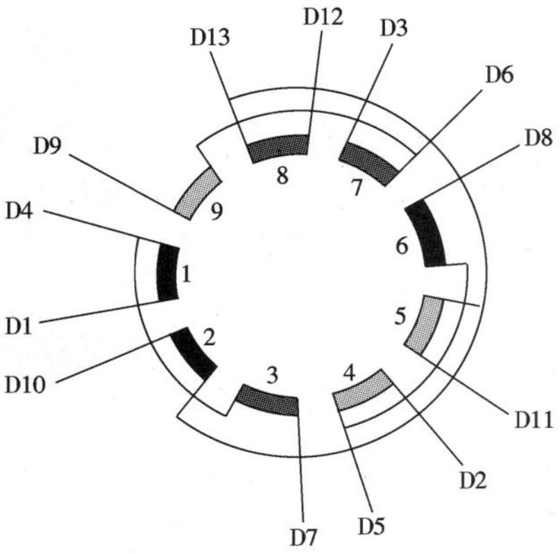

(a) 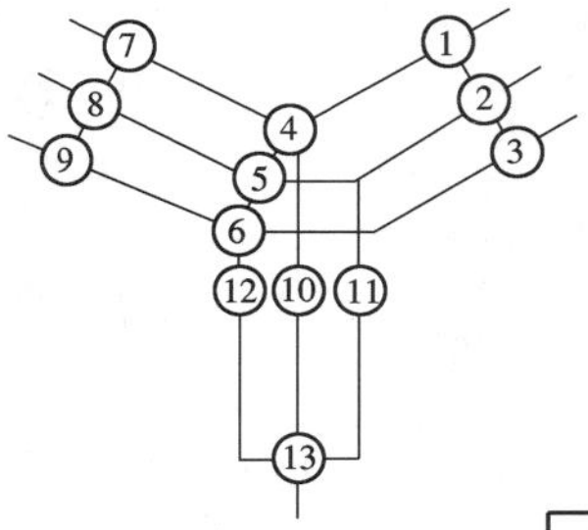　　(b)

本接法采用换相法变极，2、4 极时采用△接法，6 极为 3Y 接法	
槽数 $Z=36$	节距 $Y=1-7$
极数 $2P=2/4/6$ 极	接法△/△/3Y
引线数 13	转向　同转向

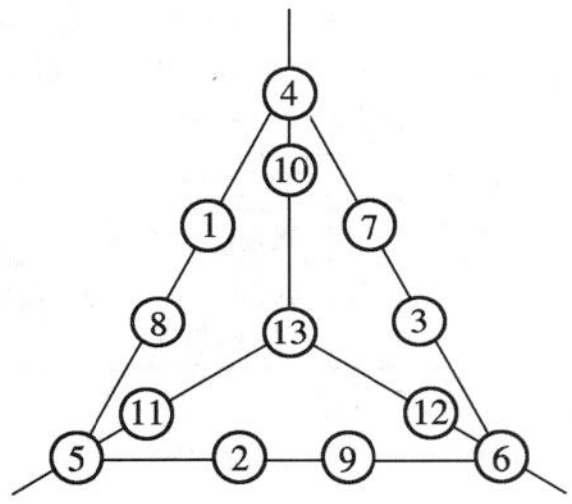

(c) 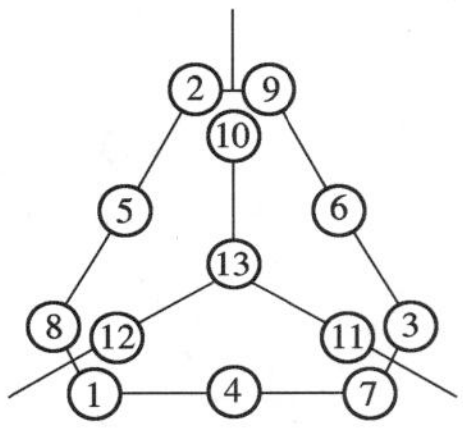　　(d)

图 5-70　36 槽 2/4/6 极，△/△/3Y 接法接线原理、示意图

(a) 接线原理图；(b) 6 极时外部接线示意图；(c) 2 极时外部接线示意图；(d) 4 极时外部接线示意图

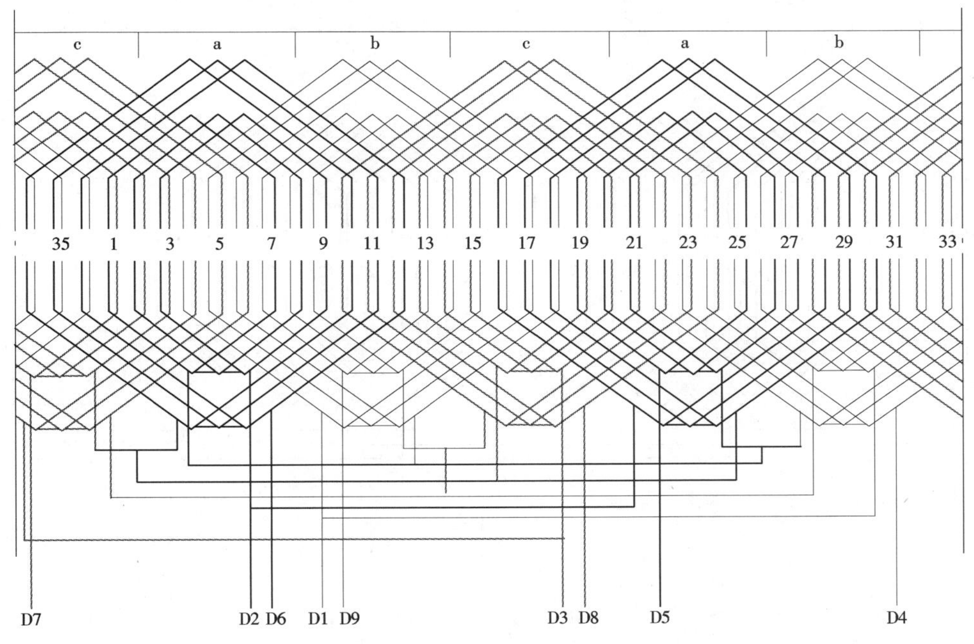

图 5-71　36 槽 2/4/8 极，2△/2△/2Y 接法展开图 (1)

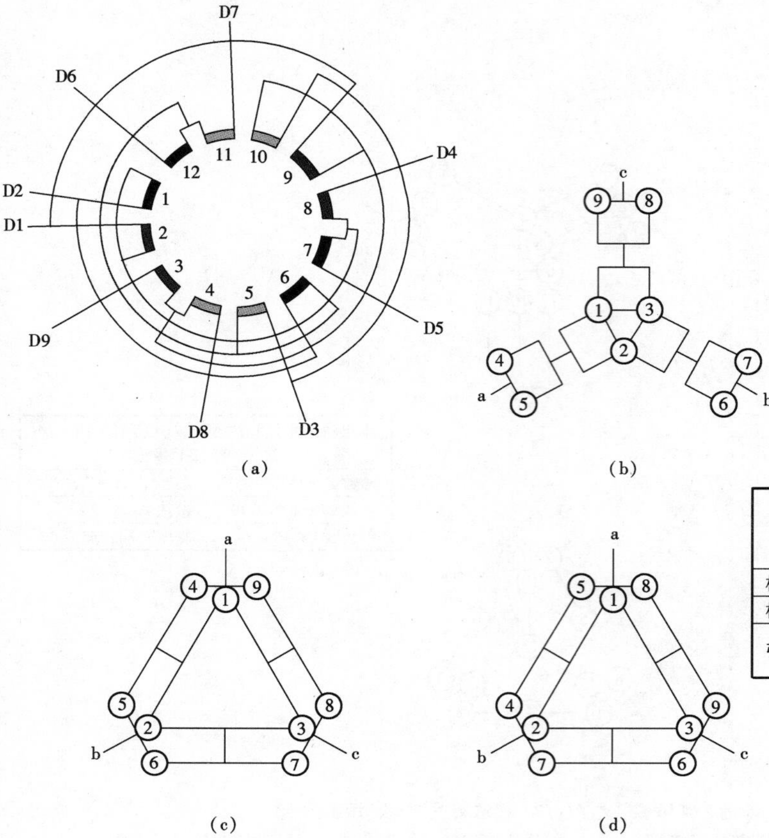

(a)　　(b)

本接法采用两种不同节距线圈的绕组,利用庶极接法在60°相带的2极绕组上获得4极,8极则用变节距获得	
槽数 $Z=36$	节距 $Y=1-7、1-13$
极数 $2P=2/4/8$ 极	接法 2△/2△/2Y
引线数 9	转向　2、8 极同转向,4 极反转向

(c)　　(d)

图 5－72　36 槽 2/4/8 极，2△/2△/2Y 接法接线原理、示意图（1）

(a) 接线原理图；(b) 8 极时外部接线示意图；(c) 2 极时外部接线示意图；(d) 4 极时外部接线示意图

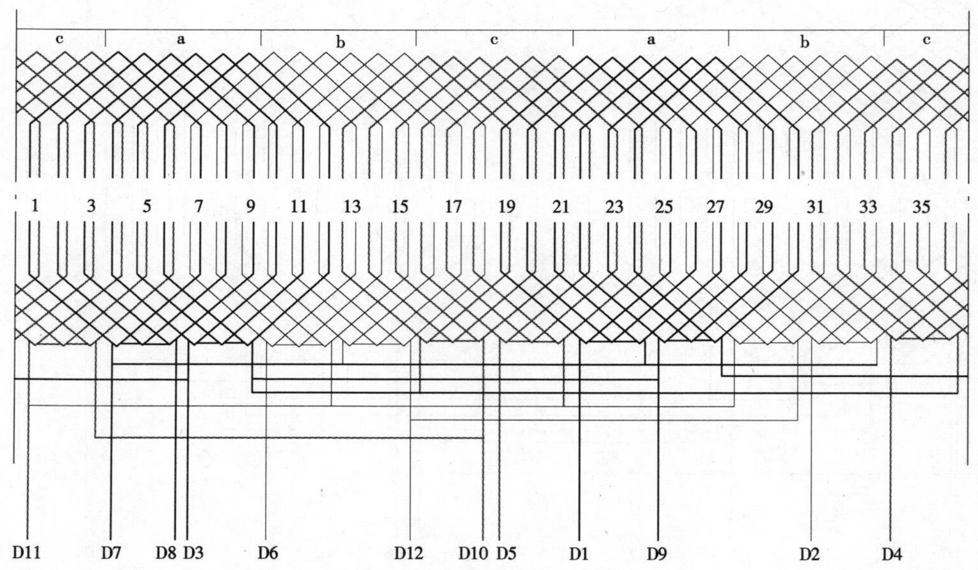

图 5－73　36 槽 2/4/8 极，2△/2△/2Y 接法展开图（2）

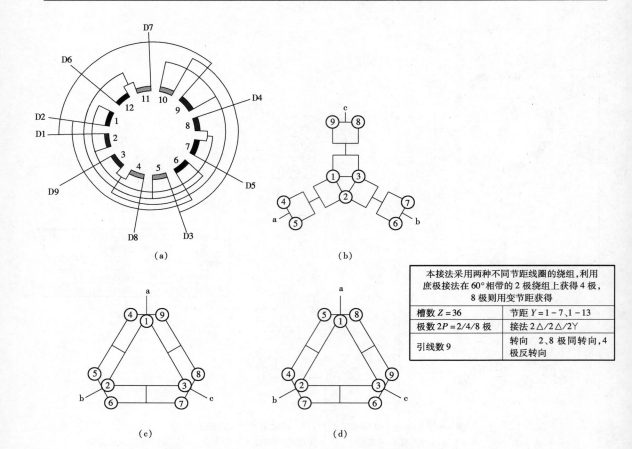

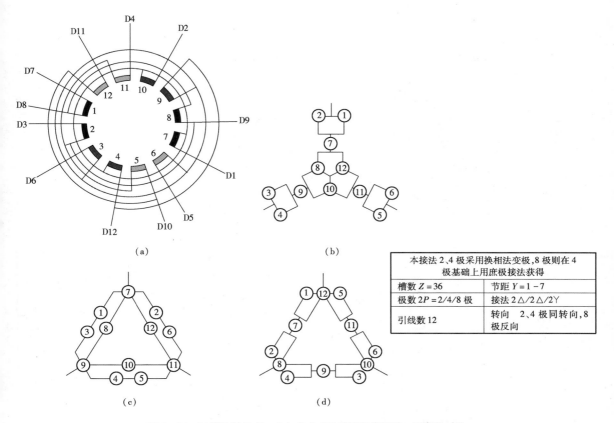

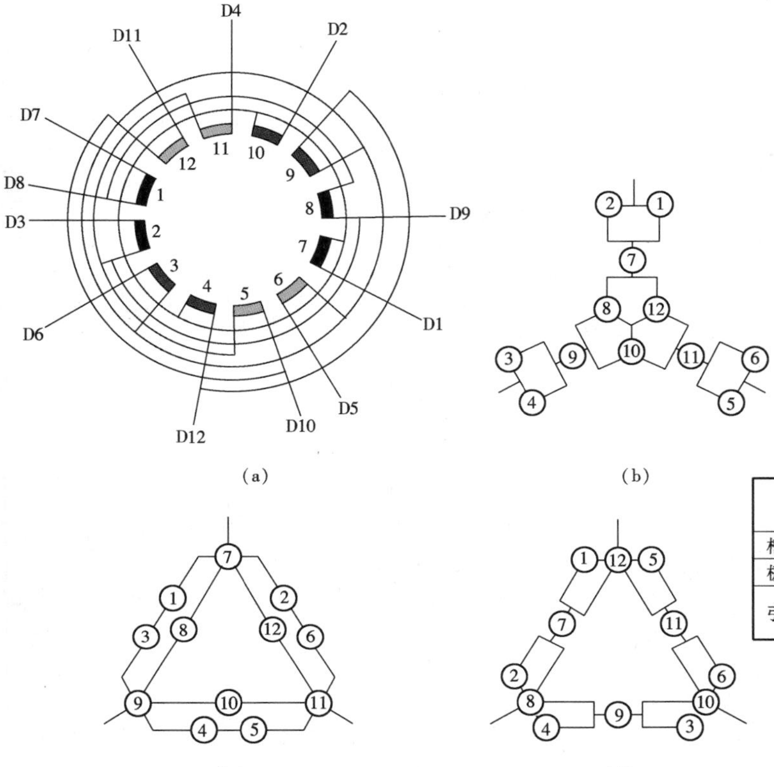

(a)　　(b)

本接法 2、4 极采用换相法变极，8 极则在 4 极基础上用庶极接法获得	
槽数 $Z=36$	节距 $Y=1-7$
极数 $2P=2/4/8$ 极	接法 2△/2△/2Y
引线数 12	转向　2、4 极同转向，8 极反向

(c)　　(d)

图 5-74　36 槽 2/4/8 极，2△/2△/2Y 接法接线原理、示意图（2）

(a) 接线原理图；(b) 8 极时外部接线示意图；(c) 2 极时外部接线示意图；(d) 4 极时外部接线示意图

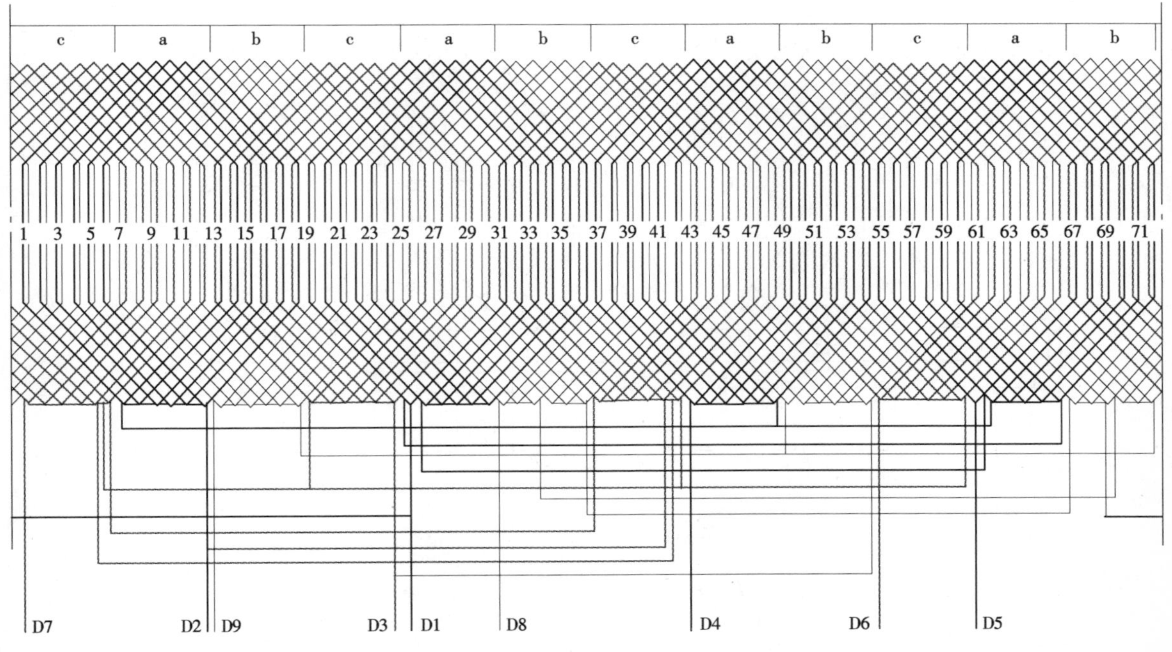

图 5-75　72 槽 4/6/8 极，2△/2△/2Y 接法展开图

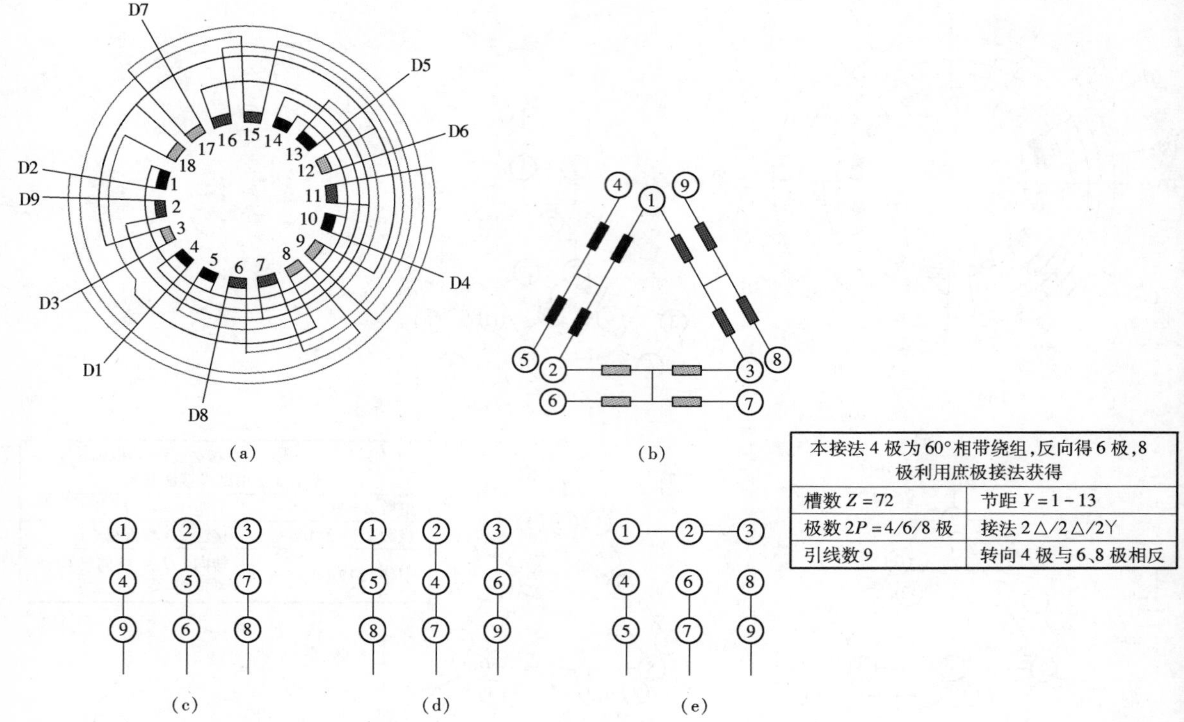

本接法 4 极为 60° 相带绕组，反向得 6 极，8 极利用庶极接法获得	
槽数 $Z=72$	节距 $Y=1-13$
极数 $2P=4/6/8$ 极	接法 2△/2△/2Y
引线数 9	转向 4 极与 6、8 极相反

图 5－76　72 槽 4/6/8 极，2△/2△/2Y 接法接线原理、示意图

(a) 接线原理图；(b) 内部接线示意图；(c) 4 极时外部接线图；(d) 6 极时外部接线图；(e) 8 极时外部接线图

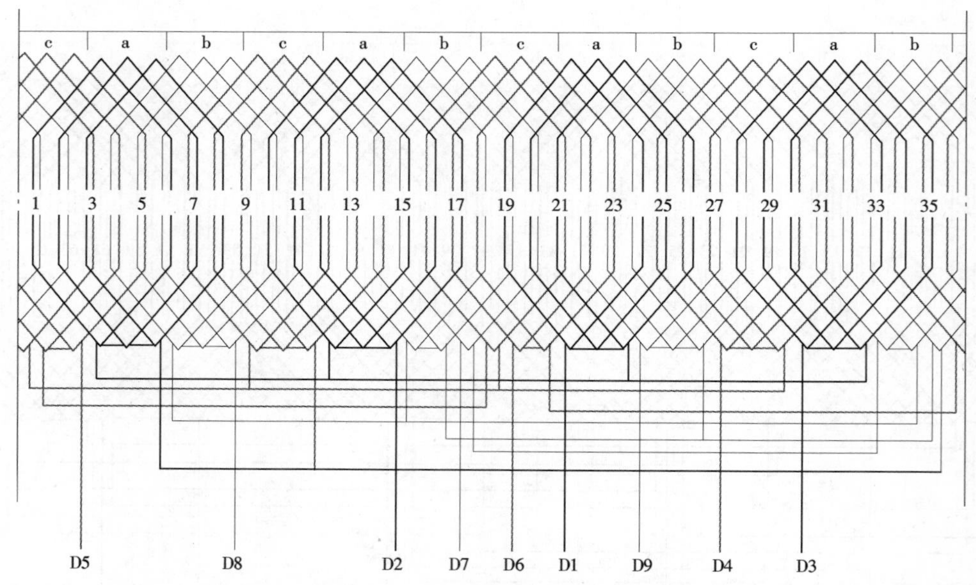

图 5－77　36 槽 4/6/8 极，2Y/2Y/2Y 接法展开图

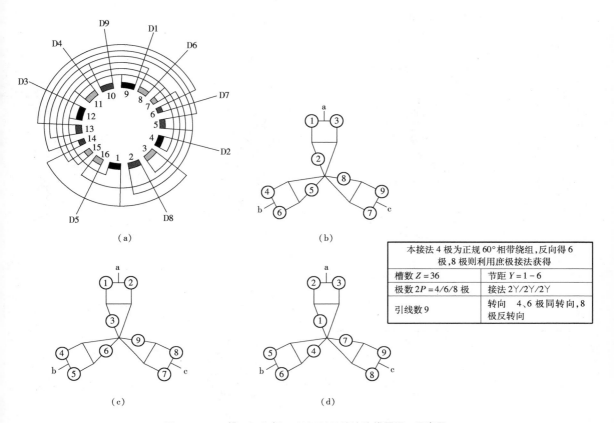

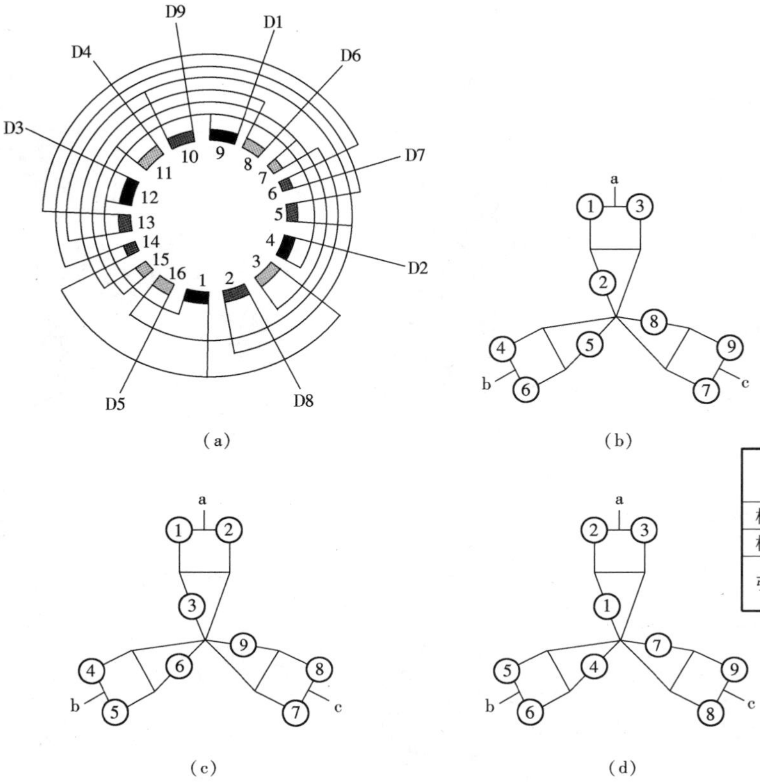

(a)　　(b)

本接法 4 极为正规 60°相带绕组，反向得 6 极，8 极则利用庶极接法获得	
槽数 $Z=36$	节距 $Y=1-6$
极数 $2P=4/6/8$ 极	接法 2Y/2Y/2Y
引线数 9	转向　4、6 极同转向，8 极反转向

(c)　　(d)

图 5－78　36 槽 4/6/8 极，2Y/2Y/2Y 接法接线原理、示意图

(a) 接线原理图；(b) 8 极时外部接线示意图；(c) 4 极时外部接线示意图；(d) 6 极时外部接线示意图

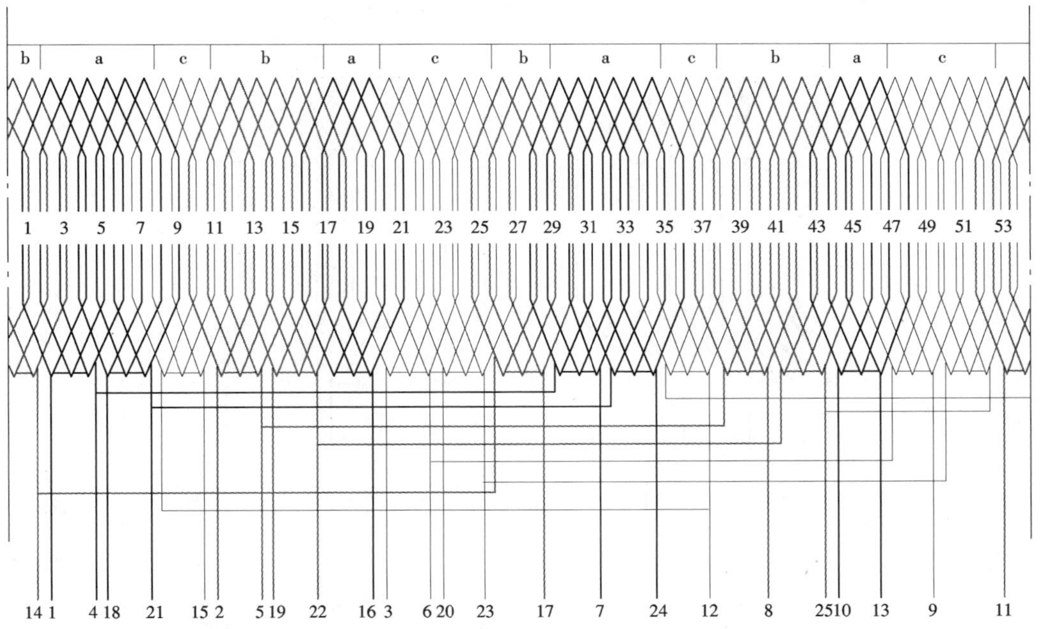

图 5－79　54 槽 4/6/8/12 极，△/2△/△/3Y 接法展开图

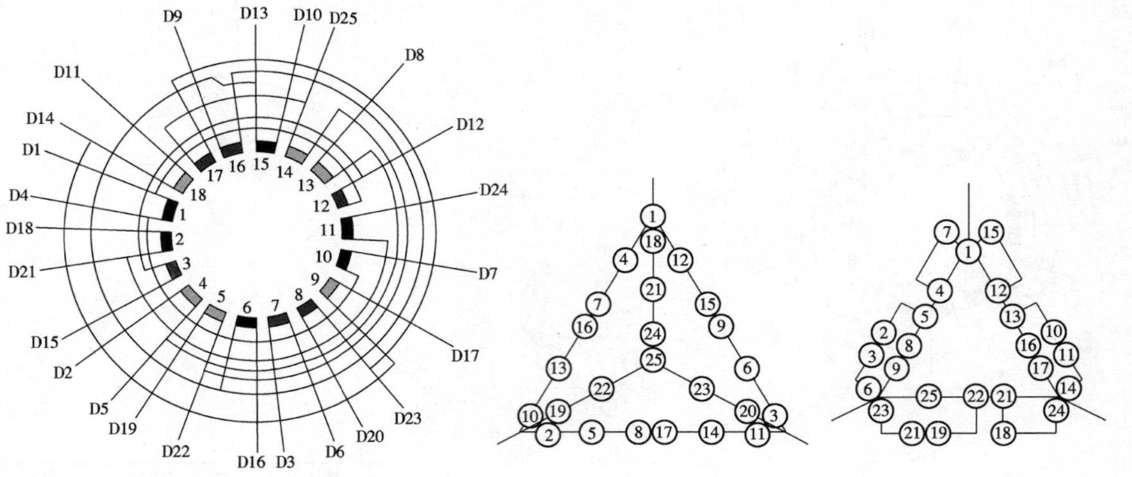

本接法 4、6、8 极采用换相法获得，12 极采用庶极接法	
槽数 $Z=54$	节距 $Y=1-4$
极数 $2P=4/6/8/12$ 极	接法▲/2△/▲/3Y
引线数 25	转向　4 个极数转向相同

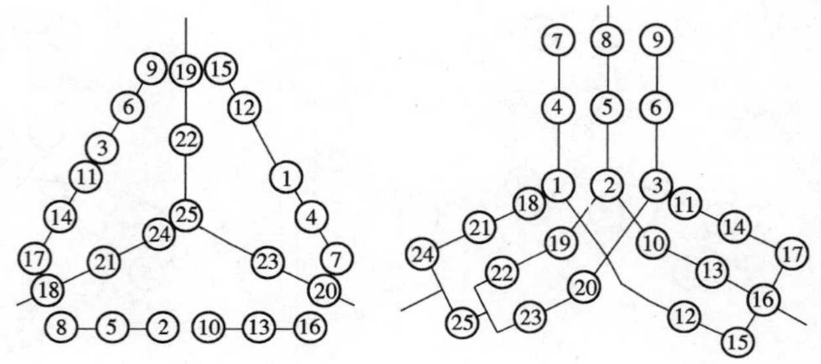

图 5-80　54 槽 4/6/8/12 极，▲/2△/▲/3Y 接法接线原理、示意图

(a) 接线原理图；(b) 4 极时外部接线示意图；(c) 6 极时外部接线示意图；(d) 8 极时外部接线示意图；(e) 12 极时外部接线示意图

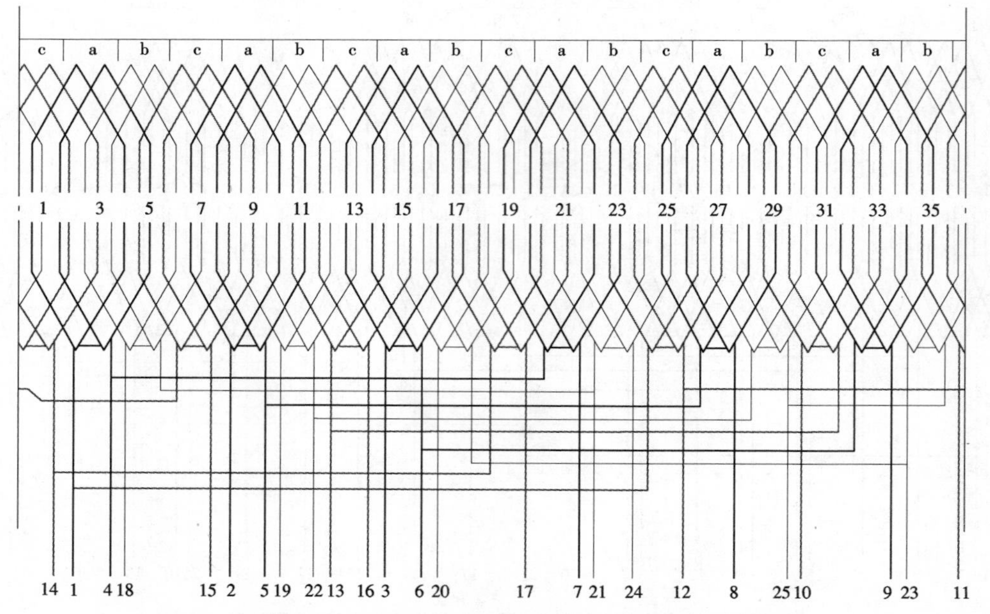

图 5-81　36 槽 4/6/8/12 极，▲/2△/▲/3Y 接法展开图

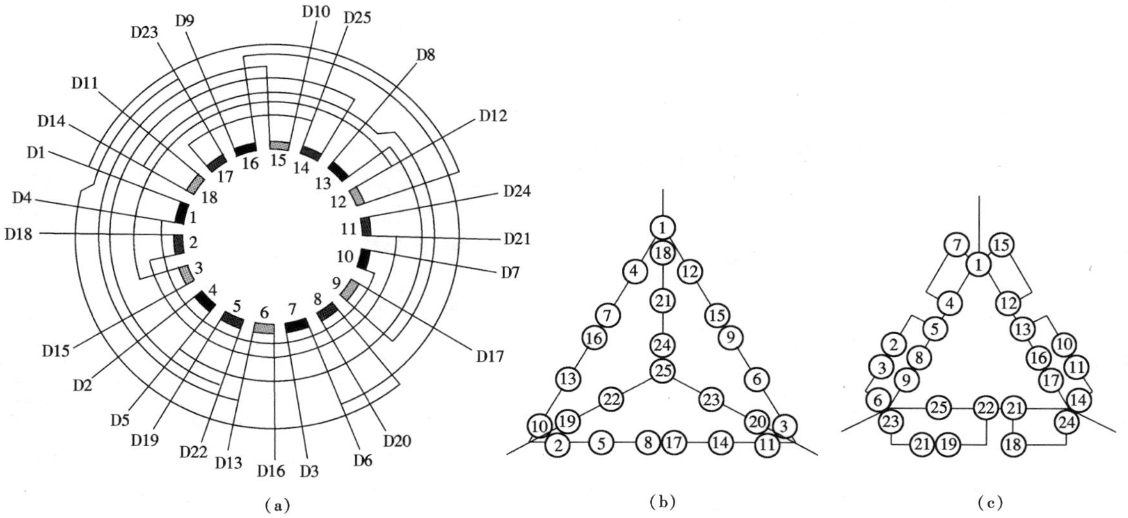

<table>
<tr><td colspan="2">本接法 4、6、8 极采用换相法获得，
12 极采用庶极接法</td></tr>
<tr><td>槽数 $Z=36$</td><td>节距 $Y=1-4$</td></tr>
<tr><td>极数 $2P=4/6/8/12$ 极</td><td>接法△/2△/△/3Y</td></tr>
<tr><td>引线数 25</td><td>转向　4/8/12 极与 6 极反向</td></tr>
</table>

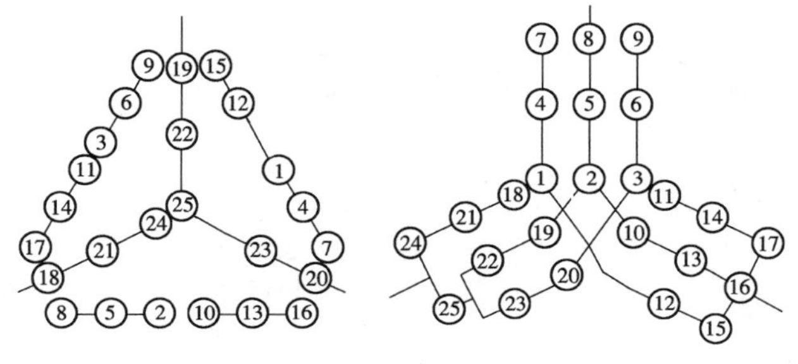

图 5－82　36 槽 4/6/8/12 极，△/2△/△/3Y 接法接线原理、示意图

（a）接线原理图；（b）4 极时外部接线示意图；（c）6 极时外部接线示意图；
（d）8 极时外部接线示意图；（e）12 极时外部接线示意图

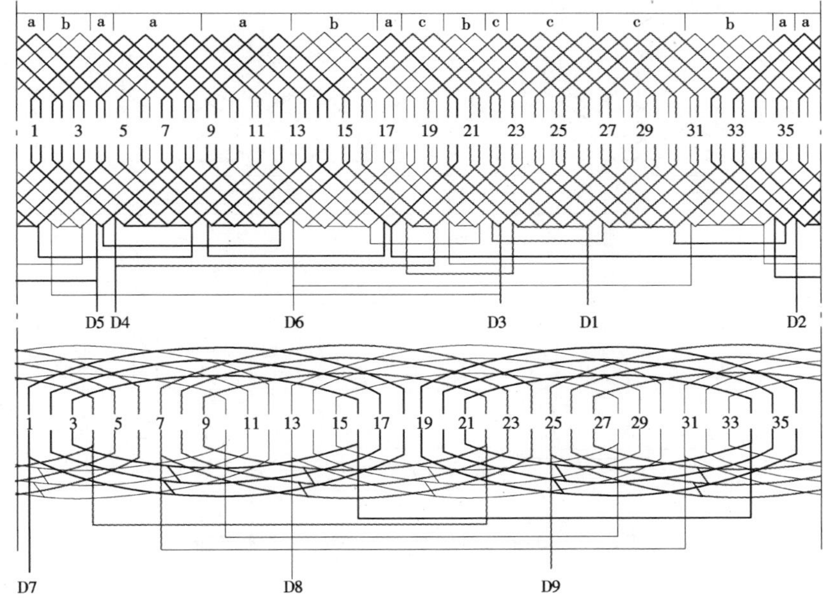

图 5－83　36 槽 2/4/6 极，Y/2Y/△接法展开图

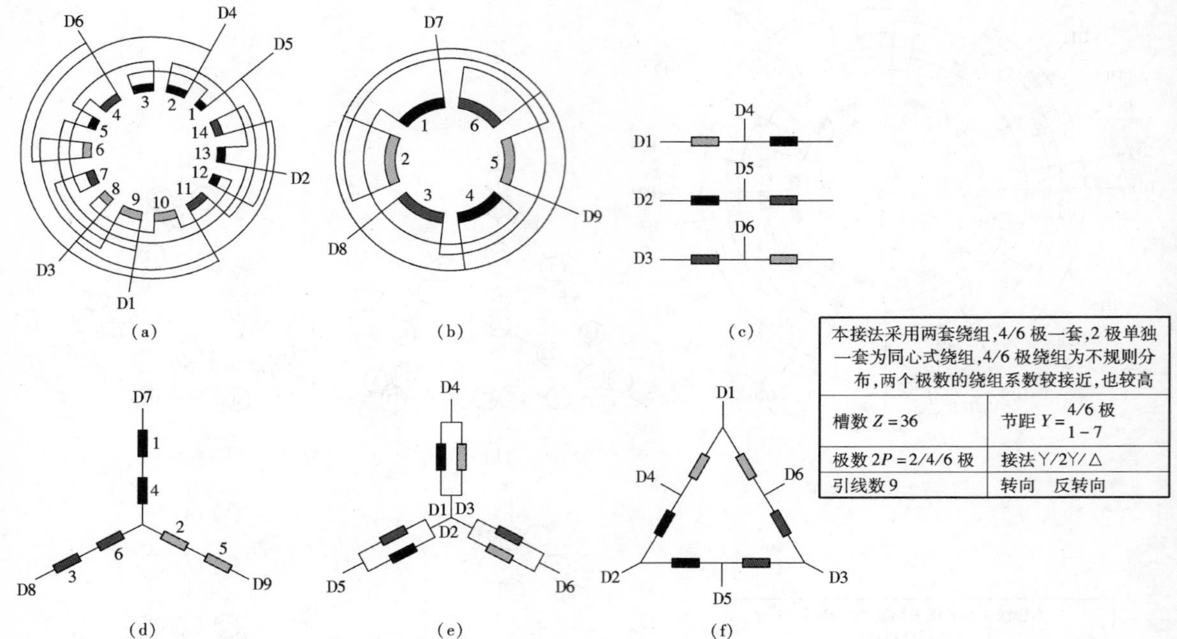

本接法采用两套绕组,4/6 极一套,2 极单独一套为同心式绕组,4/6 极绕组为不规则分布,两个极数的绕组系数较接近,也较高	
槽数 $Z=36$	节距 $Y=$ 4/6 极 1－7
极数 $2P=2/4/6$ 极	接法 Y/2Y/△
引线数 9	转向　反转向

图 5－84　36 槽 2/4/6 极，Y/2Y/△接法接线原理、示意图

（a）4/6 极接线原理图；（b）2 极接线原理图；（c）内部接线示意图；（d）2 极时外部接线示意图；（e）4 极时外部接线示意图；（f）6 极时外部接线示意图

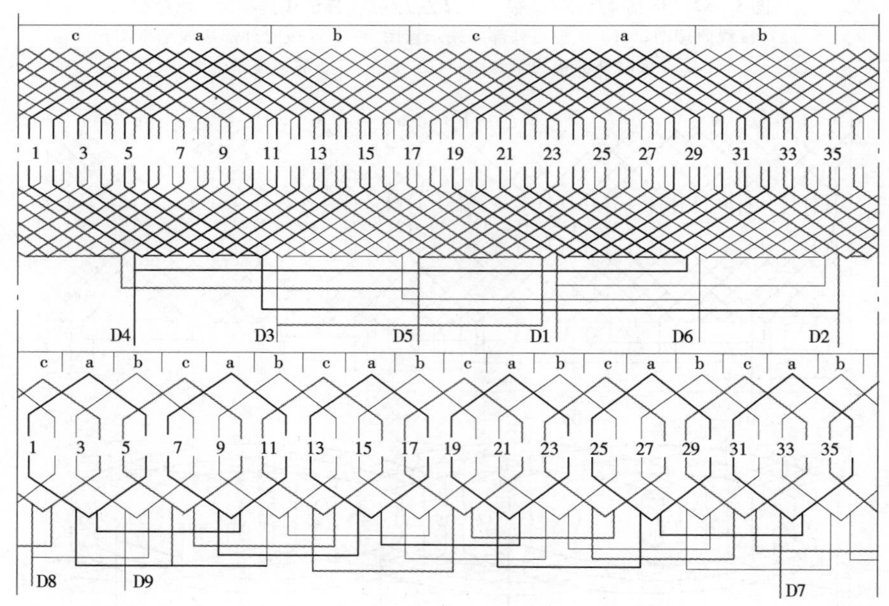

图 5－85　36 槽 2/4/6 极，2Y/△/Y 接法展开图

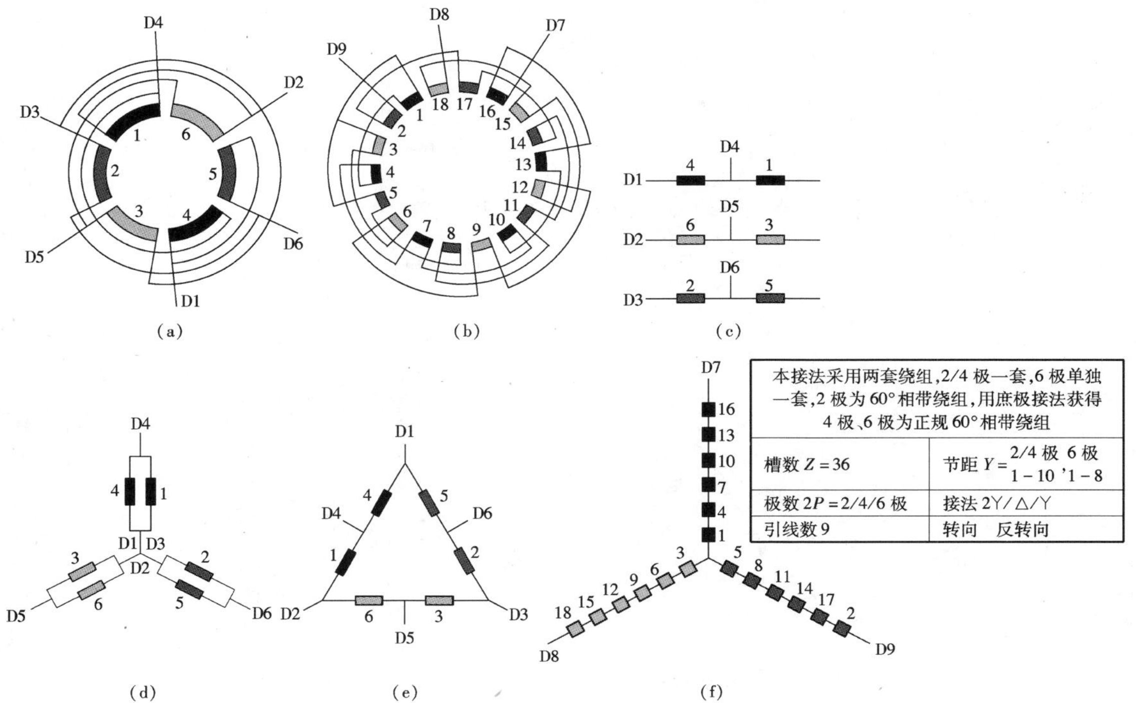

图 5 - 86　36 槽 2/4/6 极，2Y/△/Y 接法接线原理、示意图

(a) 2/4 极接线原理图；(b) 6 极接线原理图；(c) 2/4 极内部接线示意图；(d) 2 极时外部接线示意图；(e) 4 极时外部接线示意图；(f) 6 极时外部接线示意图

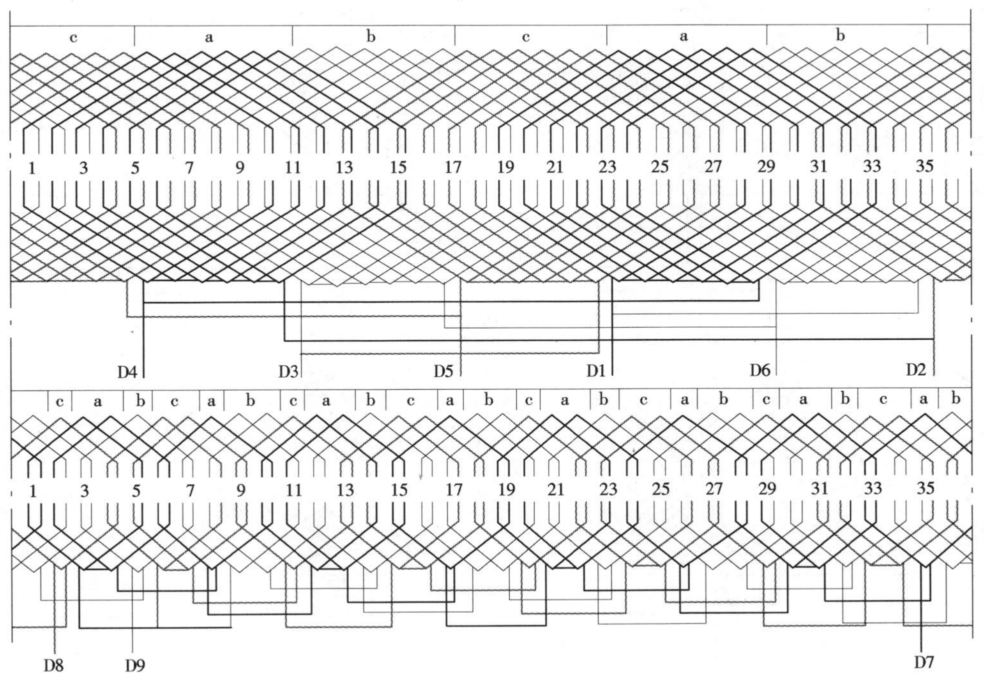

图 5 - 87　36 槽 2/4/8 极，2Y/△/Y 接法展开图

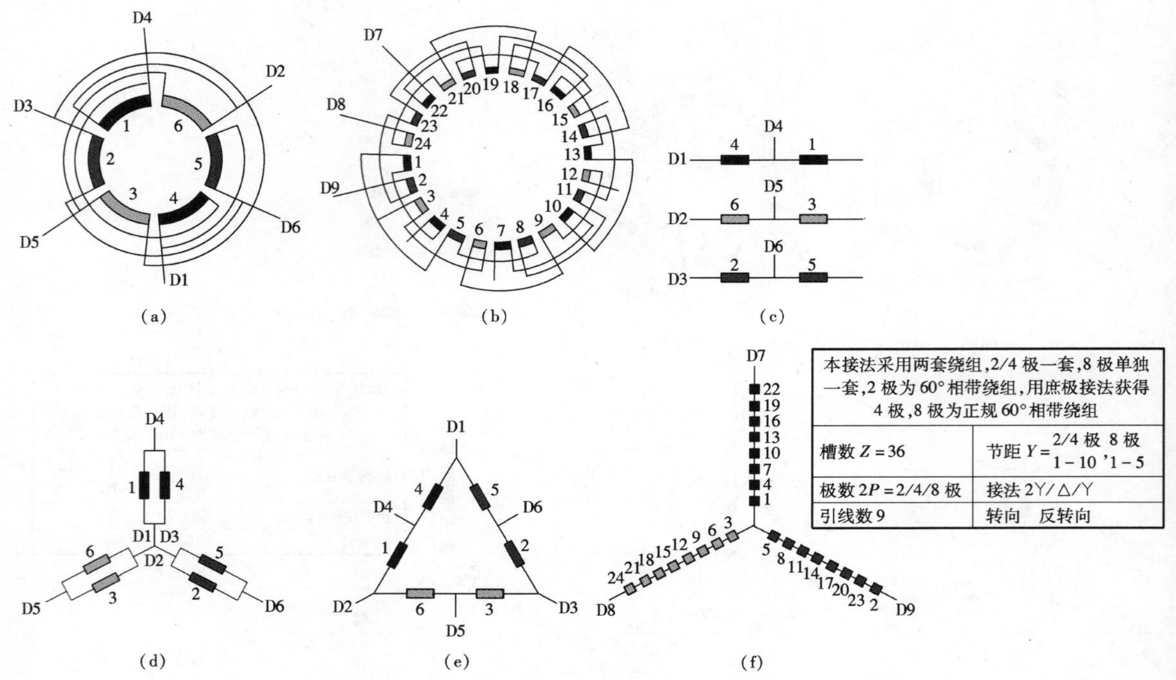

图 5－88　36 槽 2/4/8 极，2Y/△/Y 接法接线原理、示意图

(a) 2/4 极接线原理图；(b) 8 极接线原理图；(c) 2/4 极内部接线示意图；(d) 2 极时外部接线示意图；(e) 4 极时外部接线示意图；(f) 8 极时外部接线示意图

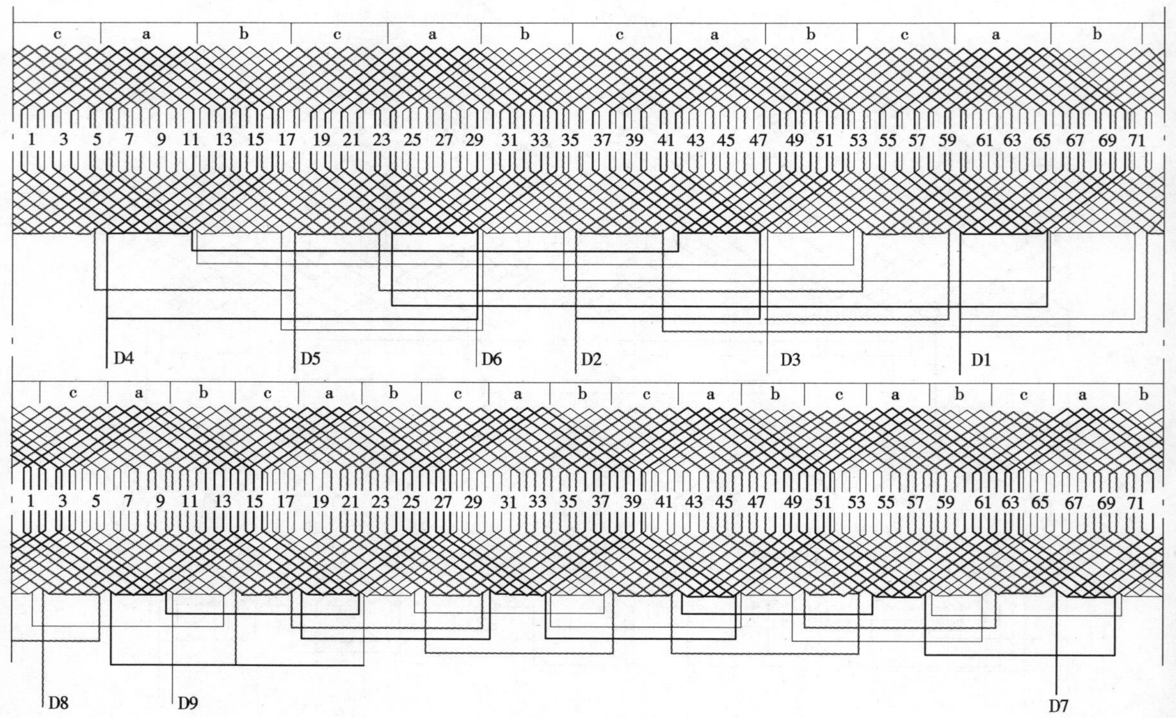

图 5－89　72 槽 4/6/8 极，2Y/Y/△接法展开图

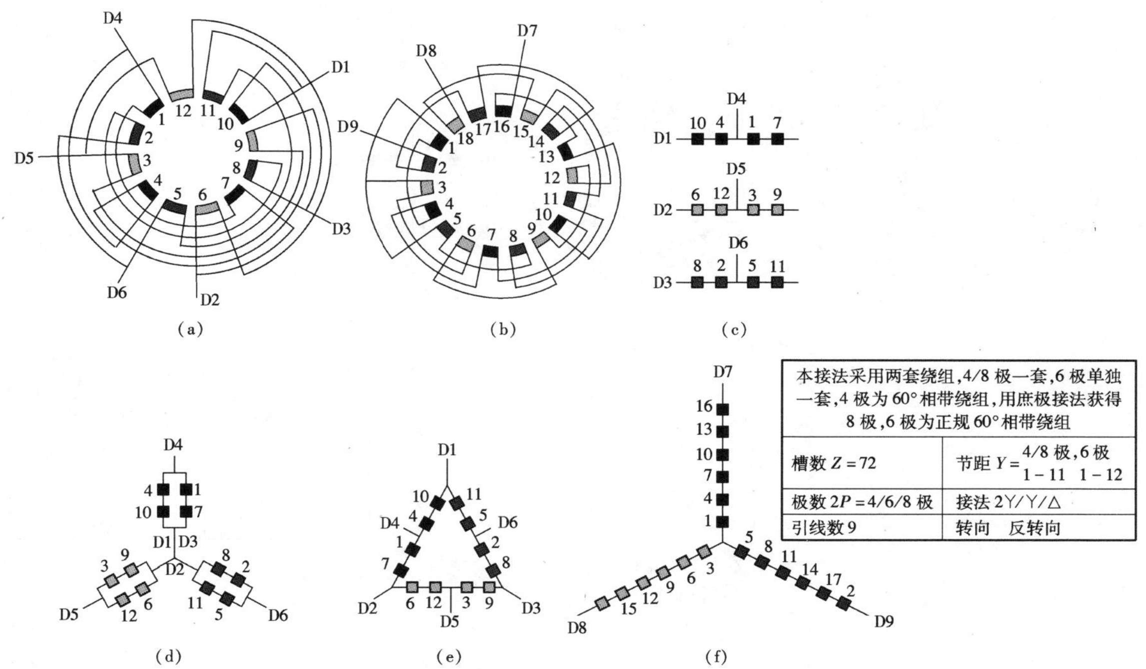

本接法采用两套绕组，4/8 极一套，6 极单独一套，4 极为 60° 相带绕组，用庶极接法获得 8 极，6 极为正规 60° 相带绕组	
槽数 $Z=72$	节距 $Y=\frac{4/8\text{ 极}}{1-11}\ \frac{6\text{ 极}}{1-12}$
极数 $2P=4/6/8$ 极	接法 2Y/Y/△
引线数 9	转向　反转向

图 5-90　72 槽 4/6/8 极，2Y/Y/△接法接线原理、示意图

(a) 4/8 极接线原理图；(b) 6 极接线原理图；(c) 4/8 极内部接线示意图；(d) 4 极时外部接线示意图；(e) 8 极时外部接线示意图；(f) 6 极时外部接线示意图

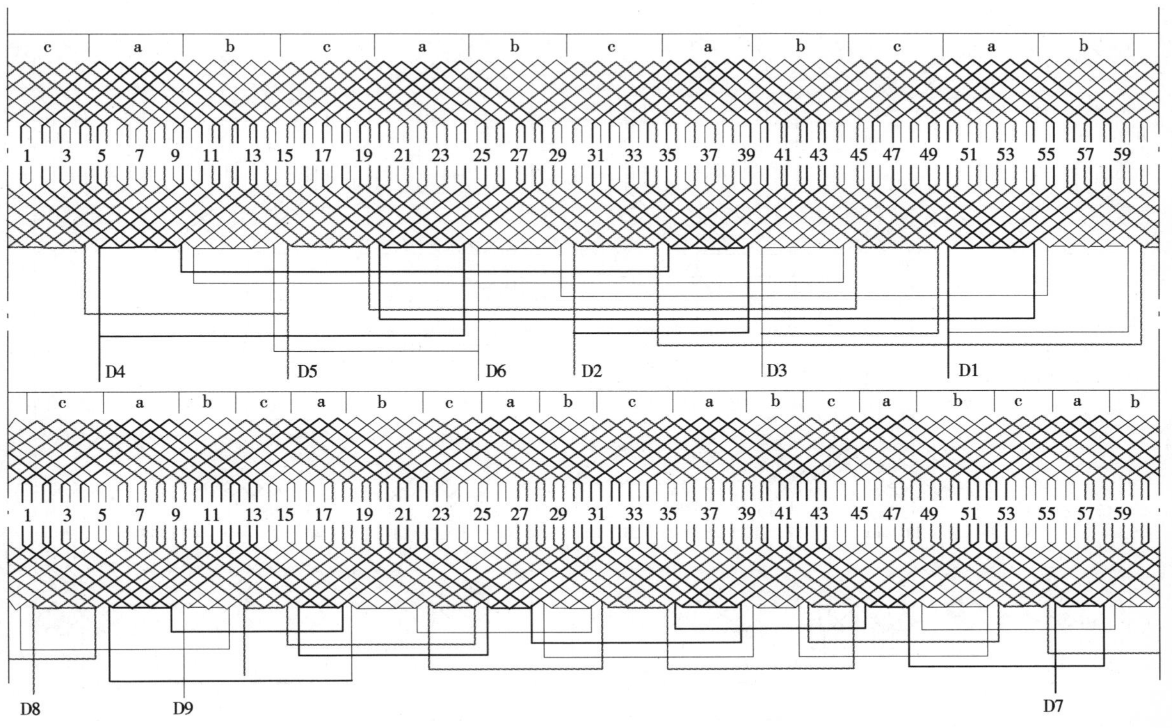

图 5-91　60 槽 4/6/8 极，2Y/Y/△接法展开图

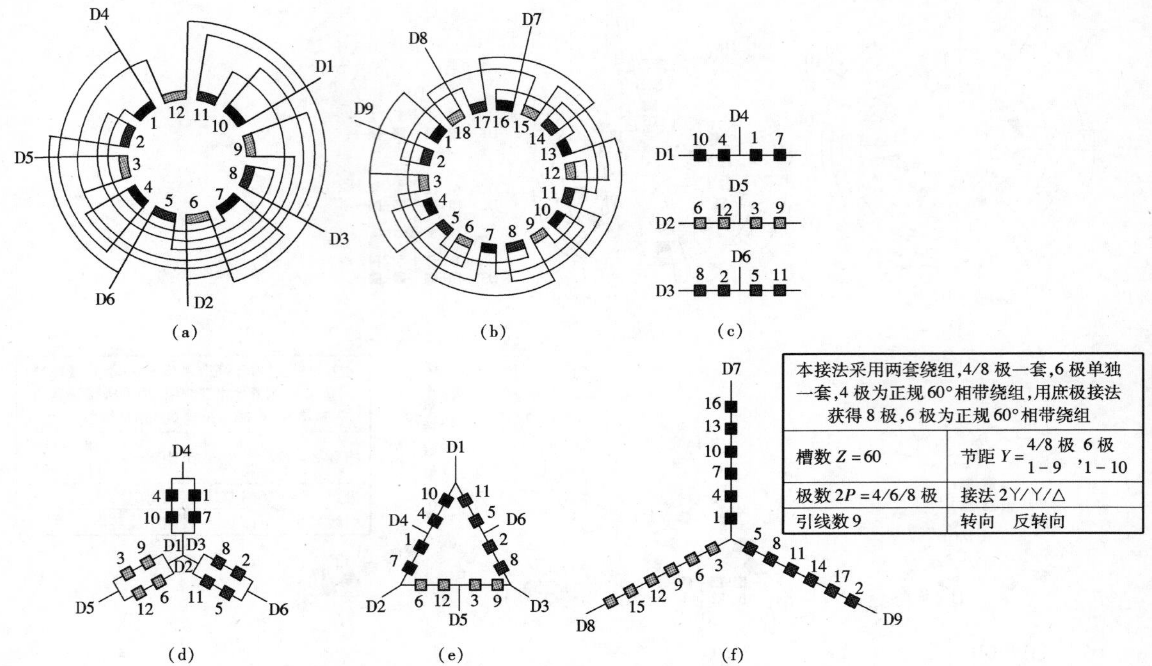

本接法采用两套绕组,4/8 极一套,6 极单独一套,4 极为正规 60°相带绕组,用庶极接法获得 8 极,6 极为正规 60°相带绕组	
槽数 $Z=60$	节距 $Y=$ 4/8 极 1－9　6 极 1－10
极数 $2P=4/6/8$ 极	接法 2Y/Y/△
引线数 9	转向　反转向

图 5－92　60 槽 4/6/8 极，2Y/Y/△接法接线原理、示意图

(a) 4/8 极接线原理图；(b) 6 极接线原理图；(c) 4/8 极内部接线示意图；(d) 4 极时外部接线示意图；(e) 8 极时外部接线示意图；(f) 6 极时外部接线示意图

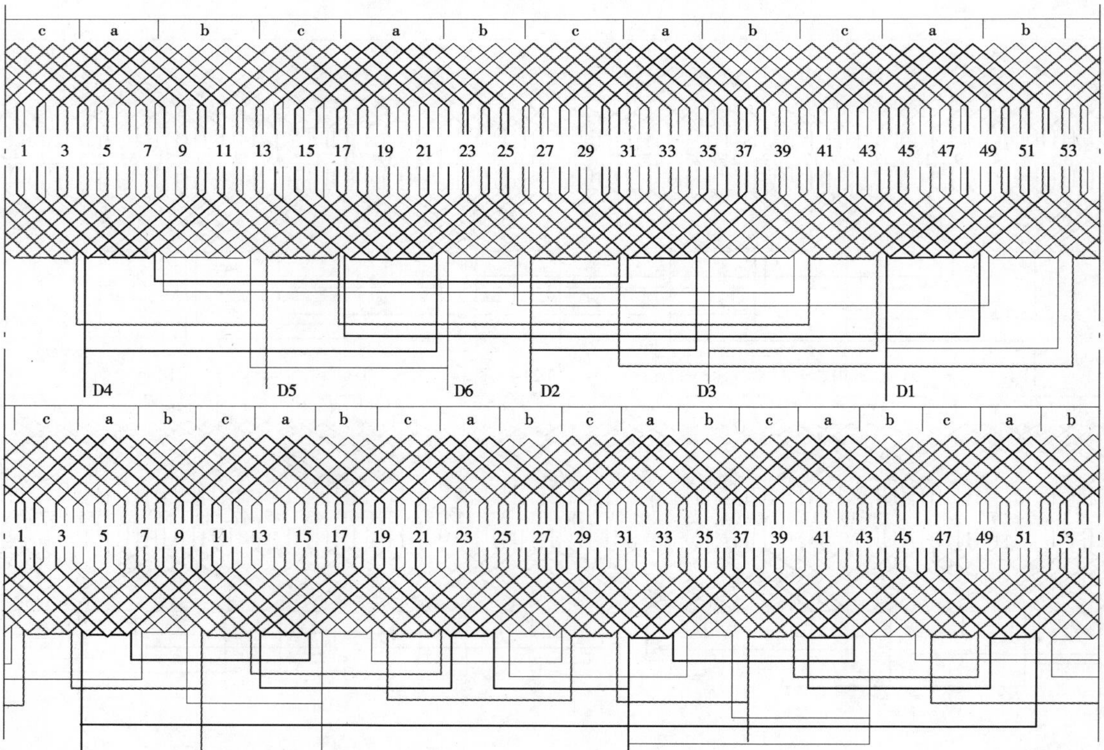

图 5－93　54 槽 4/6/8 极，2Y/2Y/△接法展开图

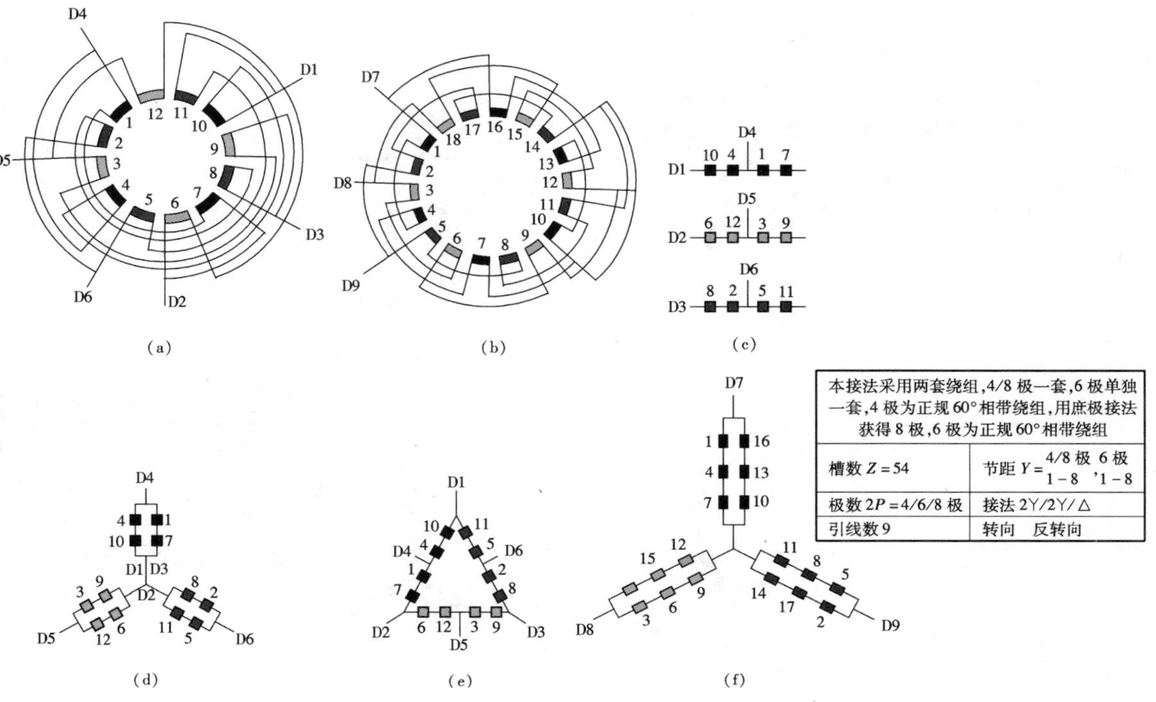

本接法采用两套绕组,4/8 极一套,6 极单独一套,4 极为正规 60°相带绕组,用庶极接法获得 8 极,6 极为正规 60°相带绕组	
槽数 $Z=54$	节距 $Y=$ 4/8 极 1-8　6 极 1-8
极数 $2P=4/6/8$ 极	接法 2Y/2Y/△
引线数 9	转向　反转向

图 5-94　54 槽 4/6/8 极，2Y/2Y/△接法接线原理、示意图

(a) 4/8 极接线原理图；(b) 6 极接线原理图；(c) 4/8 极内部接线示意图；(d) 4 极时外部接线示意图；(e) 8 极时外部接线示意图；(f) 6 极时外部接线示意图

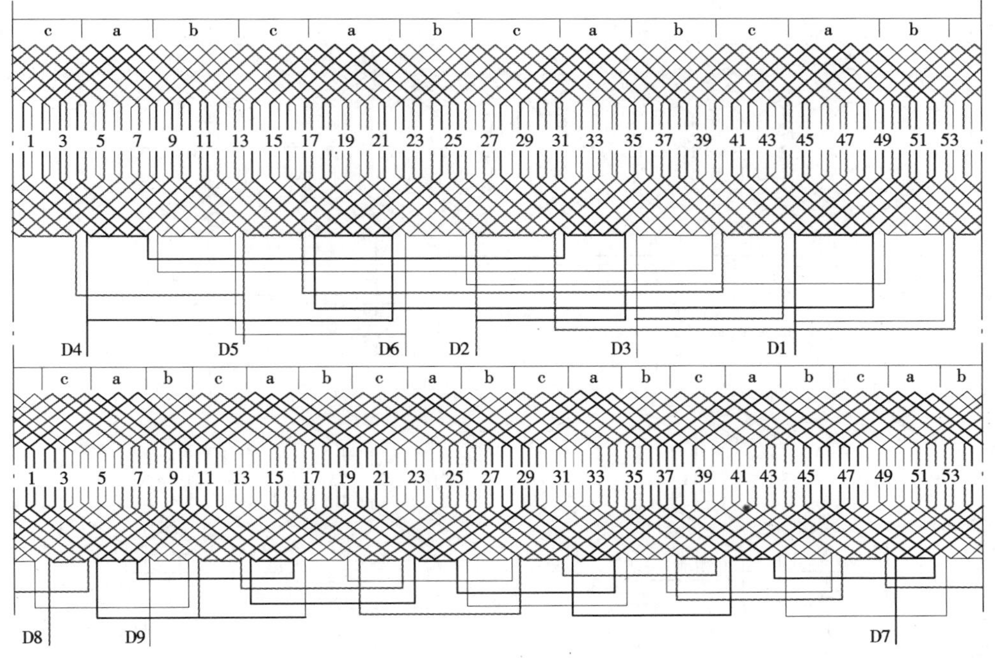

图 5-95　54 槽 4/6/8 极，2Y/Y/△接法展开图

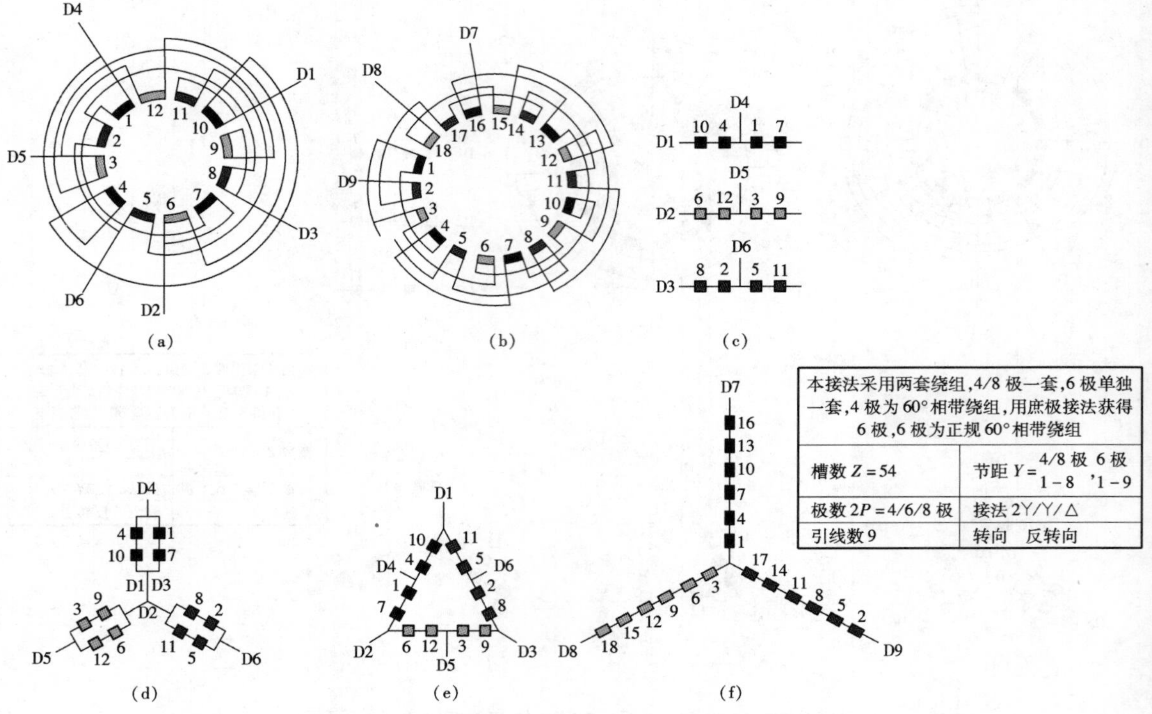

本接法采用两套绕组,4/8 极一套,6 极单独一套,4 极为 60°相带绕组,用庶极接法获得 6 极,6 极为正规 60°相带绕组	
槽数 $Z=54$	节距 $Y=\frac{4/8\text{ 极}}{1-8}\ \frac{6\text{ 极}}{1-9}$
极数 $2P=4/6/8$ 极	接法 2Y/Y/△
引线数 9	转向　反转向

图 5－96　54 槽 4/6/8 极，2Y/Y/△接法接线原理、示意图

(a) 4/8 极接线原理图；(b) 6 极接线原理图；(c) 4/8 极内部接线示意图；(d) 4 极时外部接线示意图；(e) 8 极时外部接线示意图；(f) 6 极时外部接线示意图

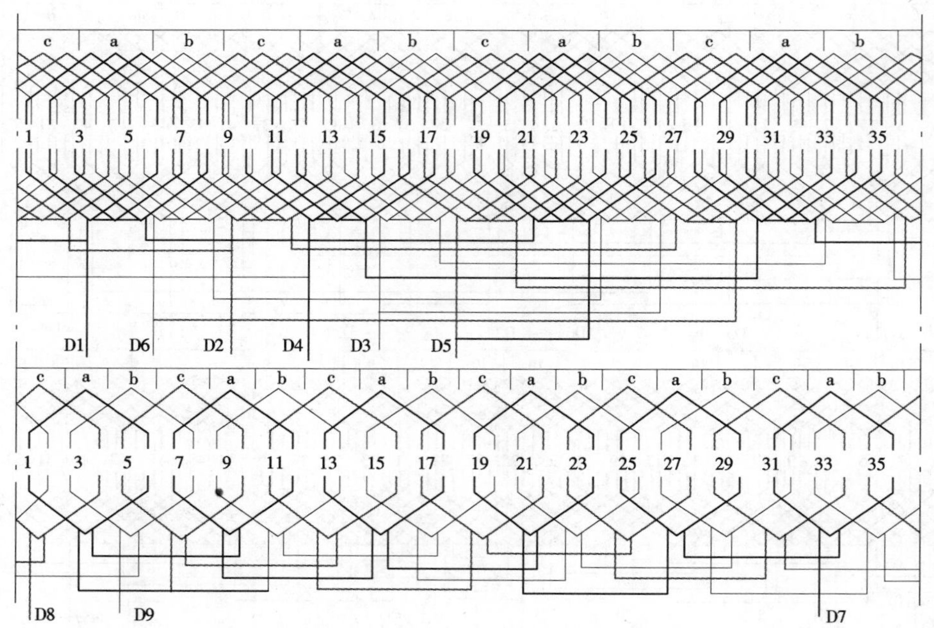

图 5－97　36 槽 4/6/8 极，2Y/Y/△接法展开图

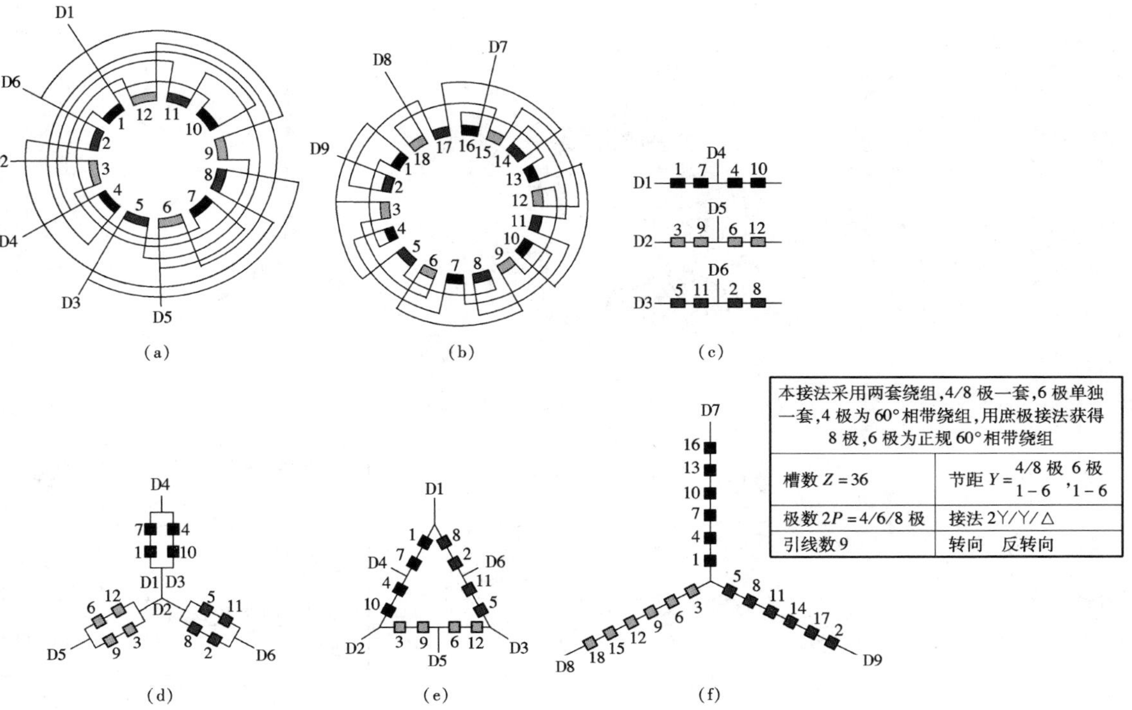

本接法采用两套绕组，4/8 极一套，6 极单独一套，4 极为 60°相带绕组，用庶极接法获得 8 极，6 极为正规 60°相带绕组	
槽数 $Z=36$	节距 $Y=\frac{4/8\text{极}}{1-6}, \frac{6\text{极}}{1-6}$
极数 $2P=4/6/8$ 极	接法 2Y/Y/△
引线数 9	转向　反转向

图 5-98　36 槽 4/6/8 极，2Y/Y/△接法接线原理、示意图

(a) 4/8 极接线原理图；(b) 6 极接线原理图；(c) 4/8 极内部接线示意图；(d) 4 极时外部接线示意图；(e) 8 极时外部接线示意图；(f) 6 极时外部接线示意图

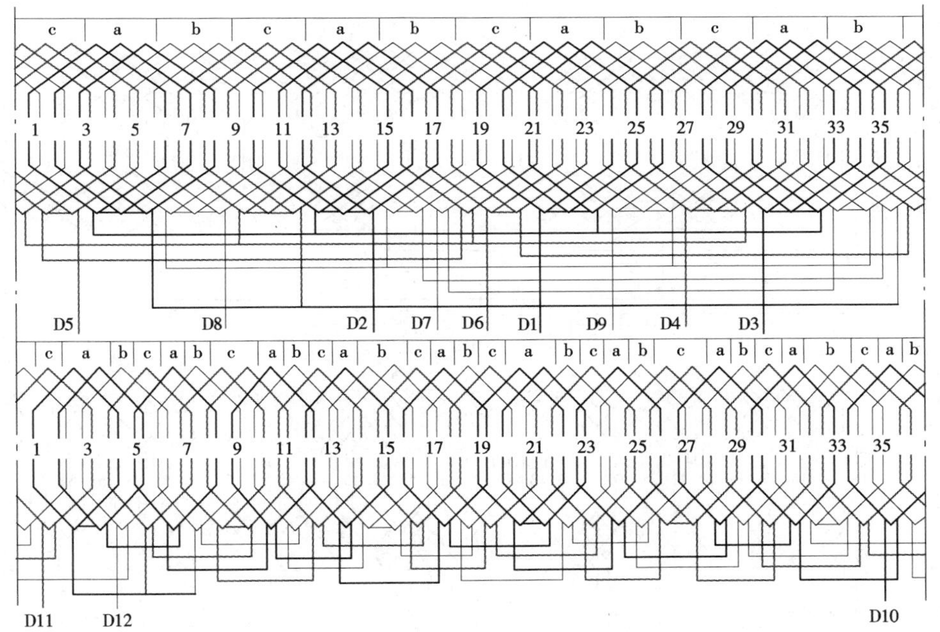

图 5-99　36 槽 4/6/8/10 极，2Y/2Y/2Y/Y 接法展开图

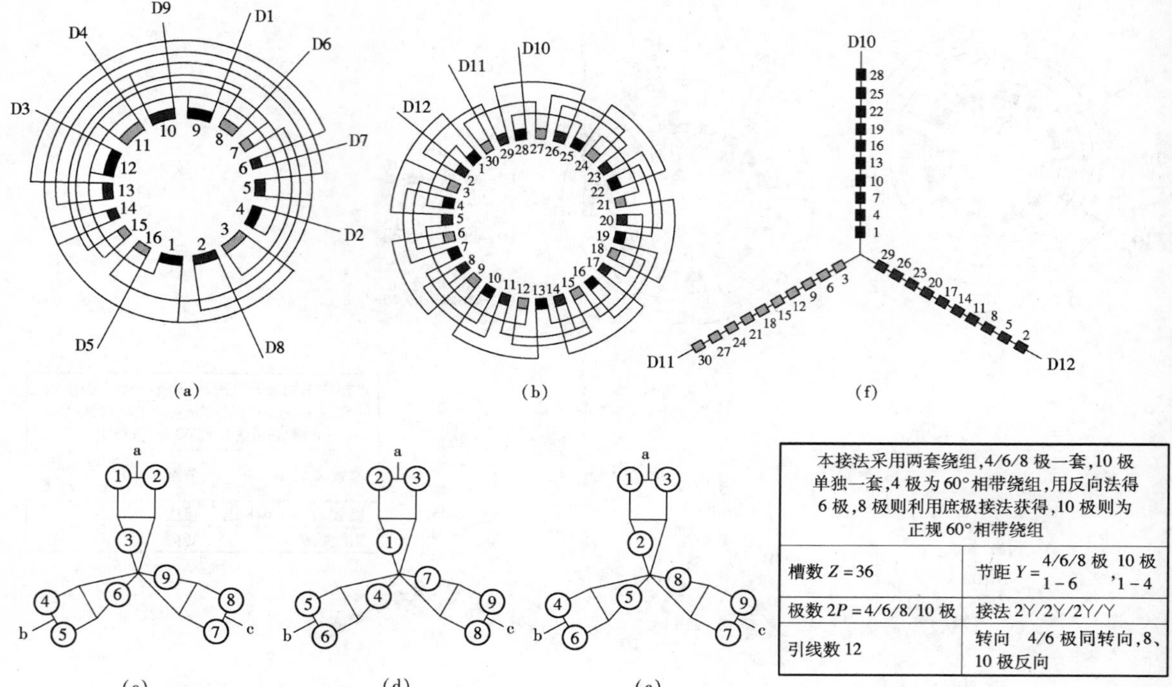

本接法采用两套绕组，4/6/8 极一套，10 极单独一套，4 极为 60°相带绕组，用反向法得 6 极，8 极则利用庶极接法获得，10 极则为正规 60°相带绕组	
槽数 $Z=36$	节距 $Y=$ 4/6/8 极 1－6，10 极 1－4
极数 $2P=4/6/8/10$ 极	接法 2Y/2Y/2Y/Y
引线数 12	转向 4/6 极同转向，8、10 极反向

图 5－100　36 槽 4/6/8/10 极，2Y/2Y/2Y/Y 接法接线原理、示意图

（a）4/6/8 极接线原理图；（b）10 极接线原理图；（c）4 极时外部接线示意图；（d）6 极时外部接线示意图；（e）8 极时外部接线示意图；（f）10 极时外部接线示意图

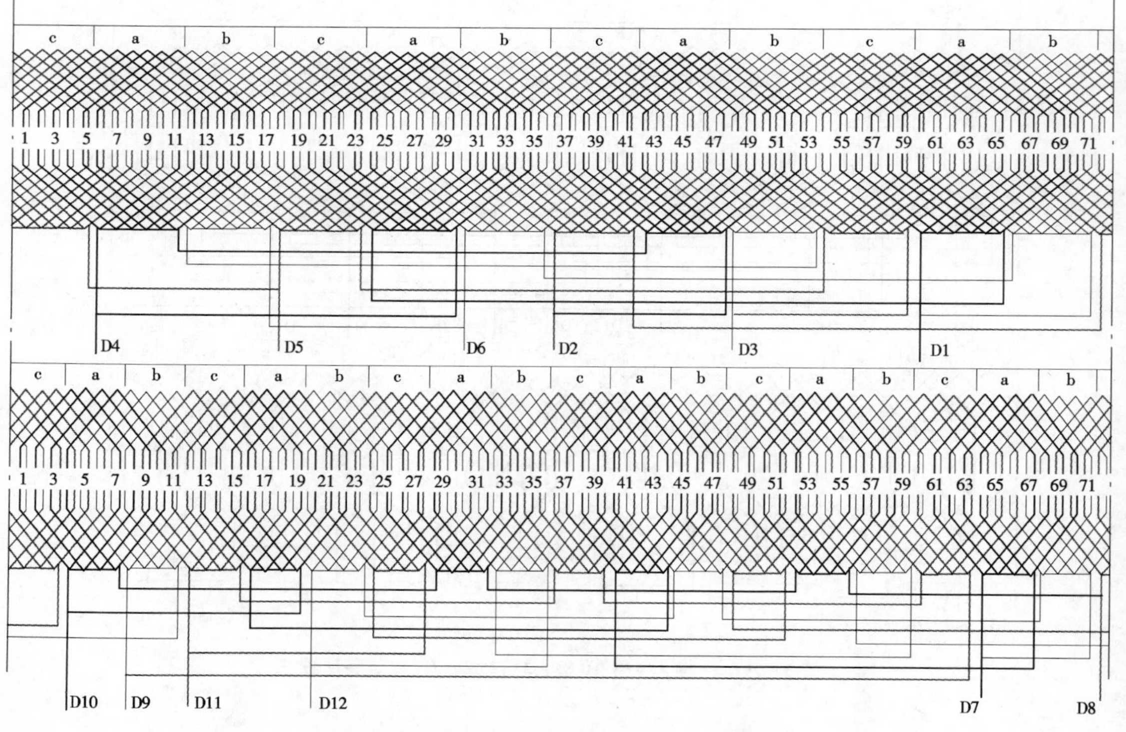

图 5－101　72 槽 4/6/8/12 极，2Y/2Y/△/△接法展开图

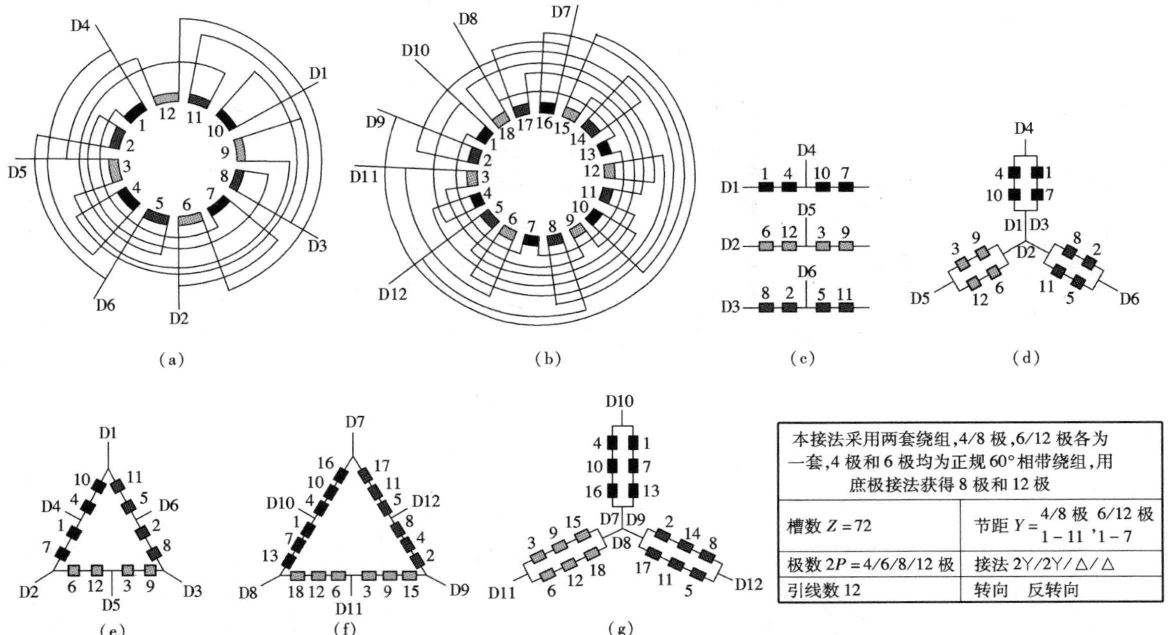

本接法采用两套绕组,4/8 极,6/12 极各为一套,4 极和 6 极均为正规 60°相带绕组,用庶极接法获得 8 极和 12 极	
槽数 $Z=72$	节距 $Y=\frac{4/8\text{ 极}}{1-11}, \frac{6/12\text{ 极}}{1-7}$
极数 $2P=4/6/8/12$ 极	接法 2Y/2Y/△/△
引线数 12	转向 反转向

图 5-102 72 槽 4/6/8/12 极，2Y/2Y/△/△接法接线原理、示意图

(a) 4/8 极接线示意图；(b) 6/12 极接线原理图；(c) 4/8 极内部接线示意图；(d) 4 极时外部接线示意图；(e) 8 极时外部接线示意图；(f) 12 极时外部接线示意图；(g) 6 极时外部接线示意图

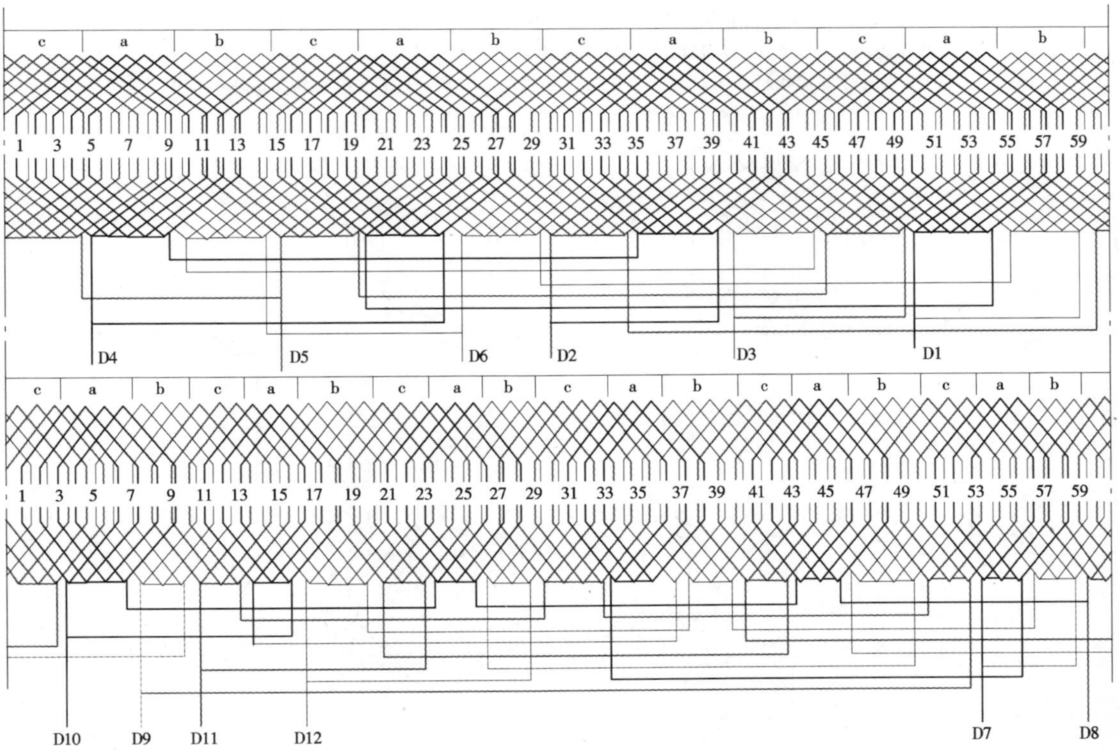

图 5-103 60 槽 4/6/8/12 极，2Y/2Y/△/△接法展开图

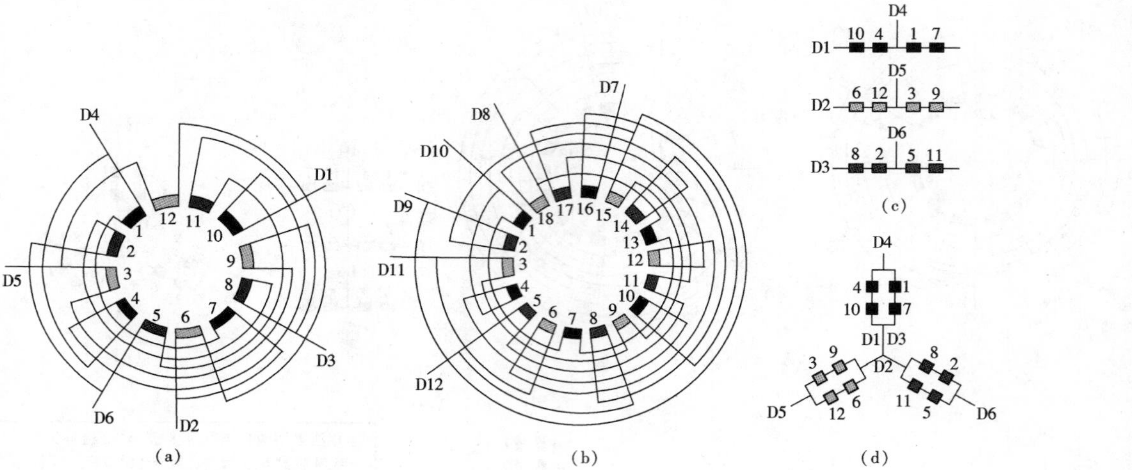

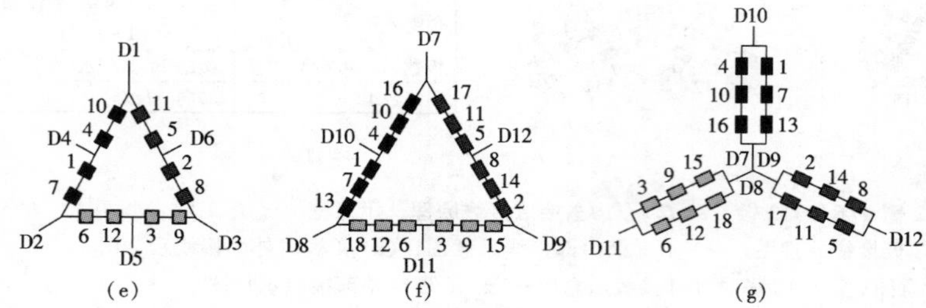

本接法采用两套绕组，4/8 极，6/12 极各为一套，4 极和 6 极均为正规 60°相带绕组，用庶极接法获得 8 极和 12 极	
槽数 $Z=60$	节距 $Y=\frac{4/8\text{极}}{1-9}\ \frac{6/12\text{极}}{1-6}$
极数 $2P=4/6/8/12$ 极	接法 2Y/2Y/△/△
引线数 12	转向　反转向

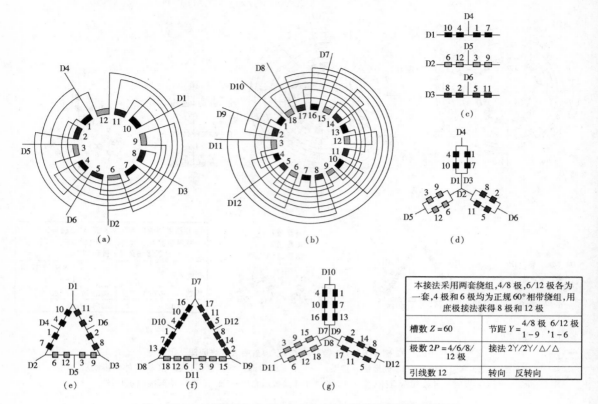

图 5－104　60 槽 4/6/8/12 极，2Y/2Y/△/△接法接线原理、示意图

（a）4/8 极接线原理图；（b）6/12 极接线原理图；（c）4/8 极内部接线示意图；（d）4 极时外部接线示意图；（e）8 极时外部接线示意图；（f）12 极时外部接线示意图；（g）6 极时外部接线示意图

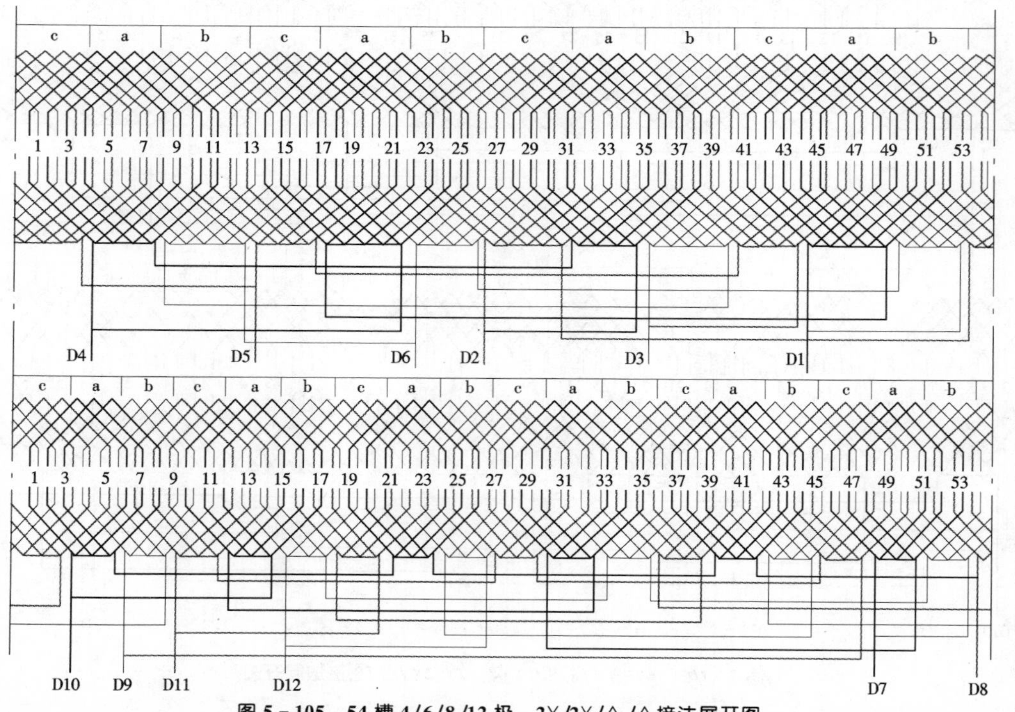

图 5－105　54 槽 4/6/8/12 极，2Y/2Y/△/△接法展开图

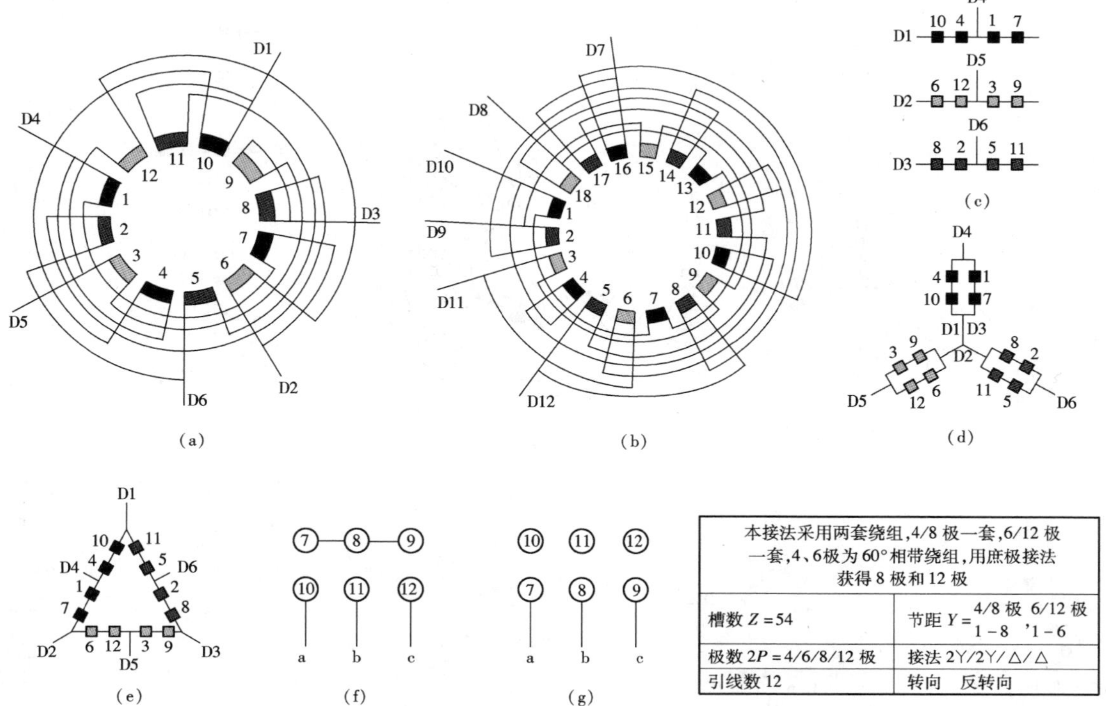

本接法采用两套绕组,4/8 极一套,6/12 极一套,4、6极为60°相带绕组,用庶极接法获得8极和12极	
槽数 $Z=54$	节距 $Y=$ 4/8 极 1－8　6/12 极 1－6
极数 $2P=4/6/8/12$ 极	接法 2Y/2Y/△/△
引线数 12	转向　反转向

图 5－106　54 槽 4/6/8/12 极，2Y/2Y/△/△接法接线原理、示意图

(a) 4/8 极接线原理图；(b) 6/12 极接线原理图；(c) 4/8 极内部接线示意图；(d) 4 极时外部接线示意图；(e) 8 极时外部接线示意图；(f) 6 极时外部接线示意图；(g) 12 极时外部接线示意图

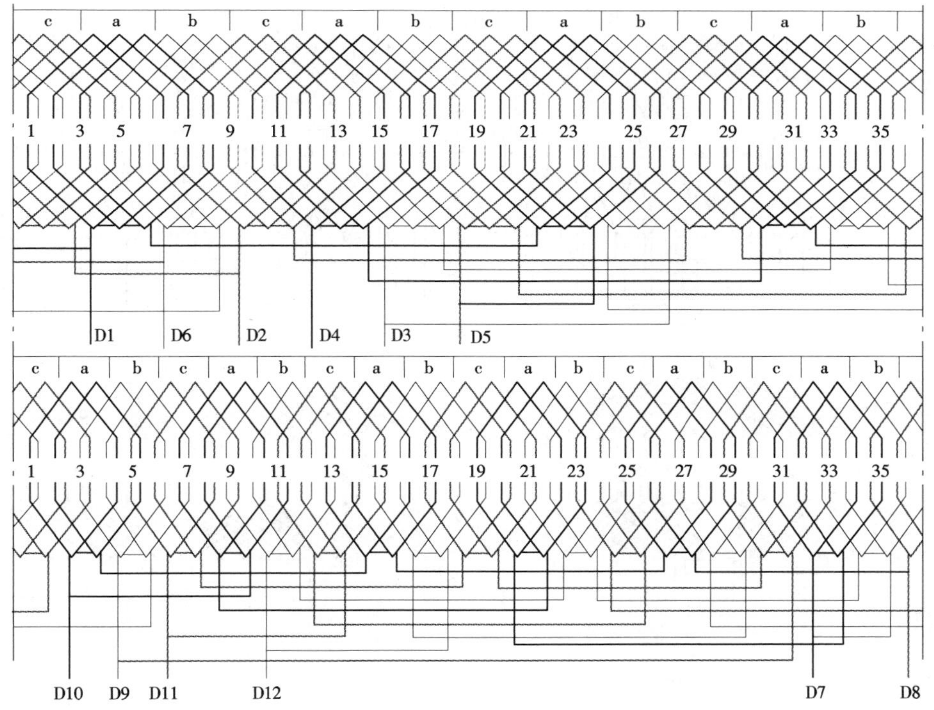

图 5－107　36 槽 4/6/8/12 极，2Y/2Y/△/△接法展开图

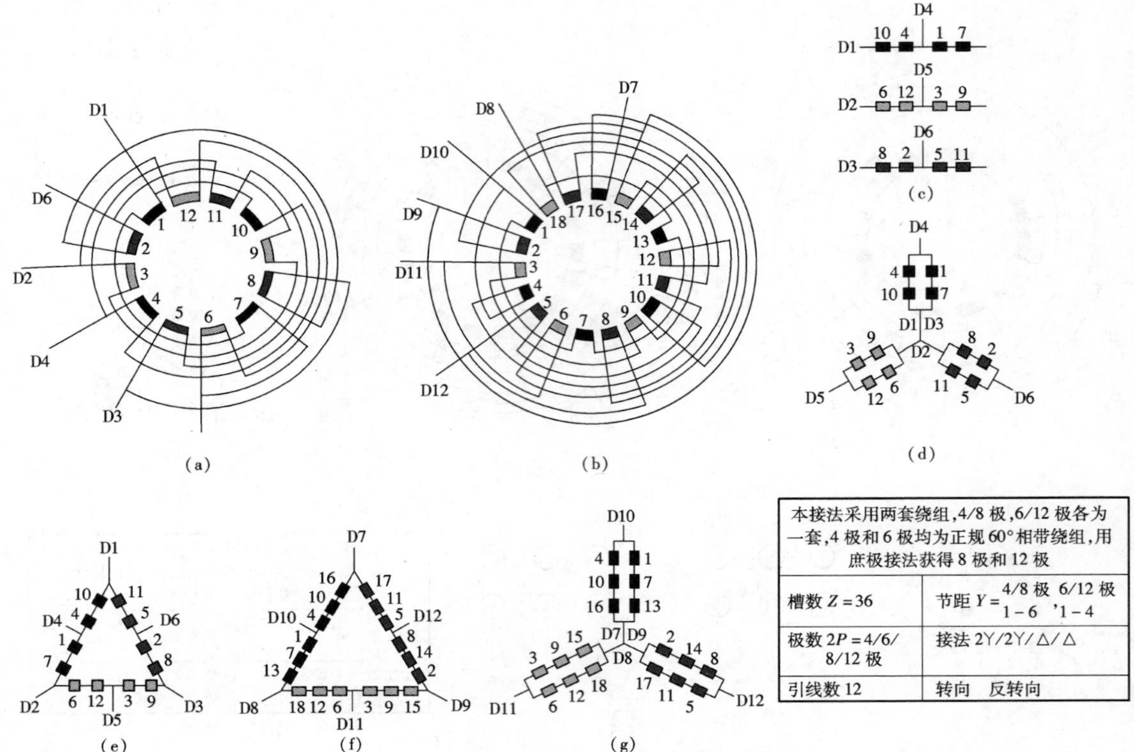

本接法采用两套绕组，4/8 极，6/12 极各为一套，4 极和 6 极均为正规 60°相带绕组，用庶极接法获得 8 极和 12 极	
槽数 $Z=36$	节距 $Y=\frac{4/8\text{ 极}}{1-6}\ \frac{6/12\text{ 极}}{1-4}$
极数 $2P=4/6/8/12$ 极	接法 2Y/2Y/△/△
引线数 12	转向　反转向

图 5-108　36 槽 4/6/8/12 极，2Y/2Y/△/△接法接线原理、示意图

(a) 4/8 极接线原理图；(b) 6/12 极接线原理图；(c) 4/8 极内部接线示意图；(d) 4 极时外部接线示意图；(e) 8 极时外部接线示意图；(f) 12 极时外部接线示意图；(g) 6 极时外部接线示意图

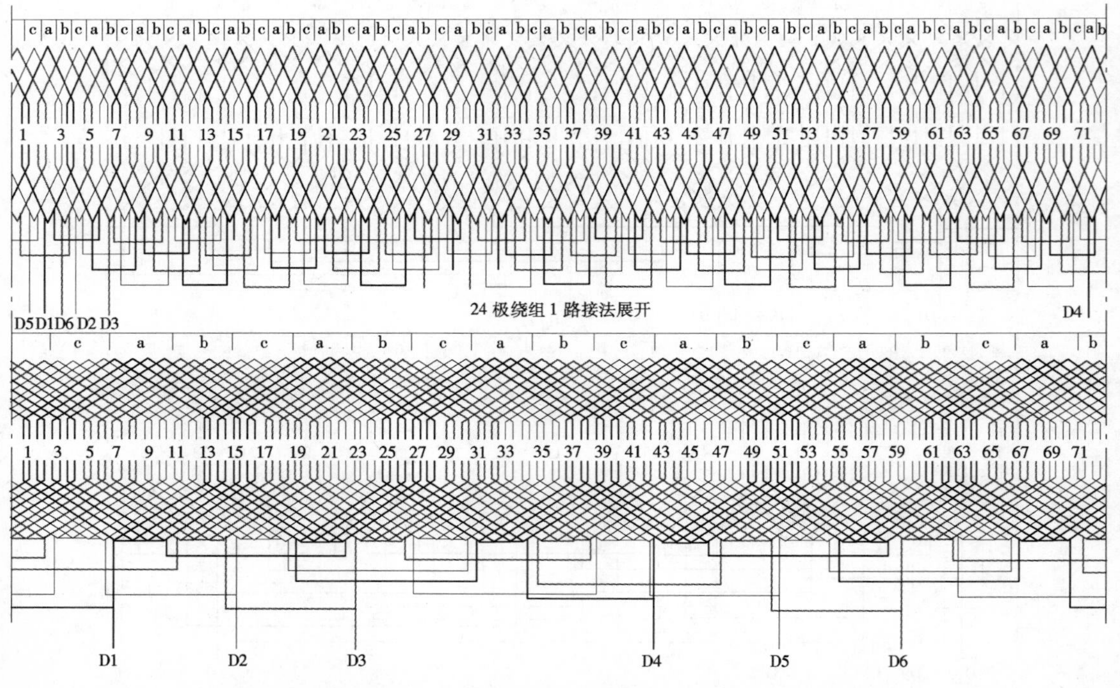

图 5-109　JTD 系列电梯电动机 72 槽 6/24 极，2Y/Y 接法展开图

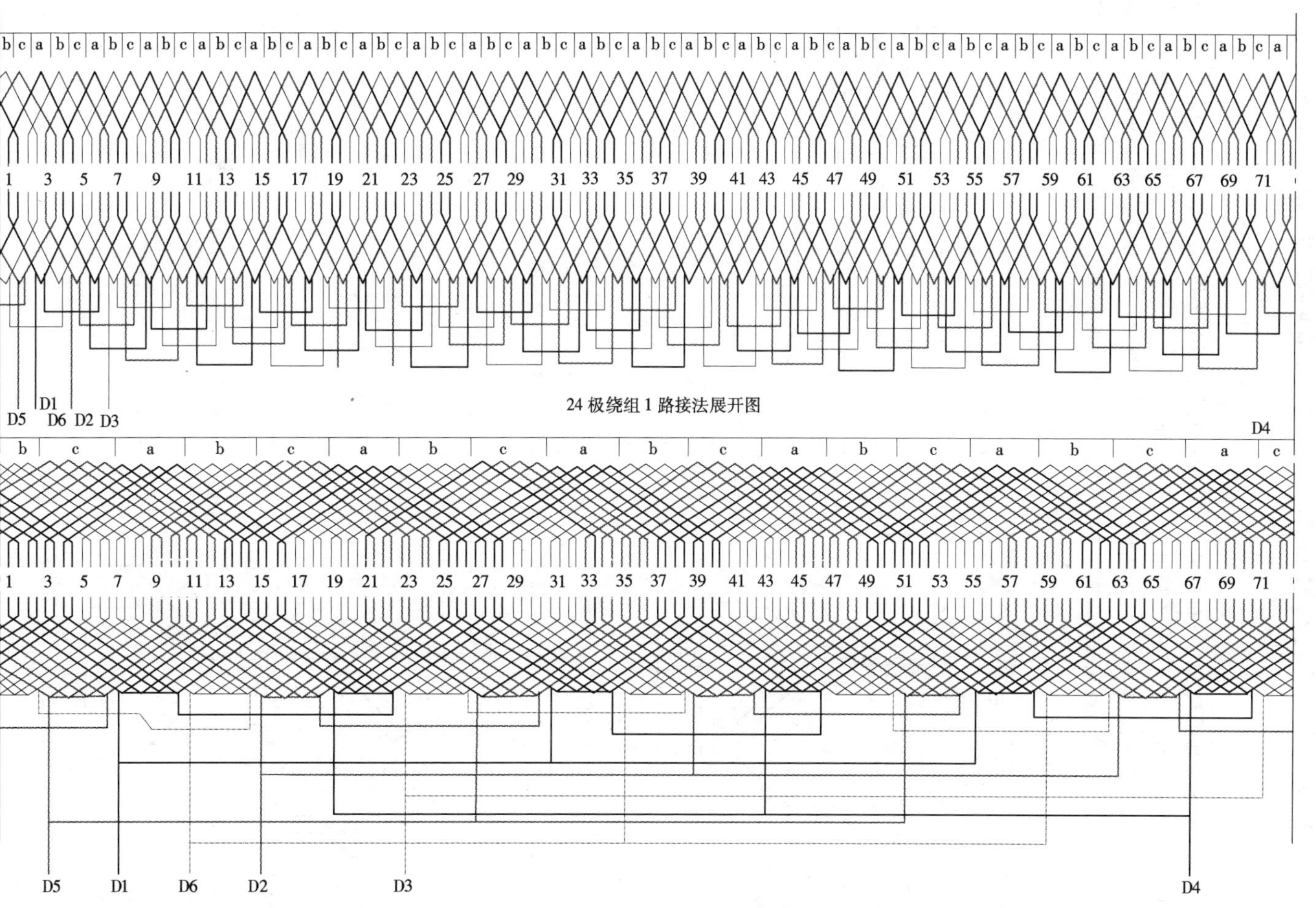

图 5－110　JTD 系列电梯电动机 72 槽 6/24 极，3Y/Y 接法展开图

第 6 章　中小型交流发电机绕组接线图

中小型交流发电机绕组是交流发电机内机电能量变换的直接参与部件，因此它在交流发电机内具有极其重要的作用。交流发电机绕组可分为定子绕组和转子绕组两大部分，定子绕组多采用分布式绕组，主要有单层、双层、单、双层等几种绕组型式。转子绕组则多采用集中式绕组，该种绕组是将每极内所需串连匝数集中绕制一起，它多用于转子凸极式磁极线圈。本章选绘了中小型交流发电机绕组接线图从图 6－1～图 6－8。

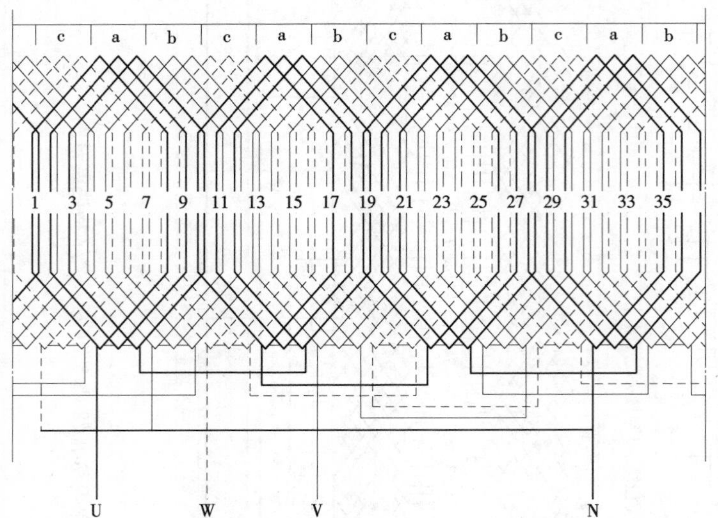

绕组型式　双层叠绕组	
极数 $2P=4$	槽数 $Z=36$
节距 $Y=1-9$	支路数 $a=2$
线圈数 $Q=36$	线圈组数 $u=12$

图 6－1　4 极 36 槽双层叠绕组 1 路接法展开图

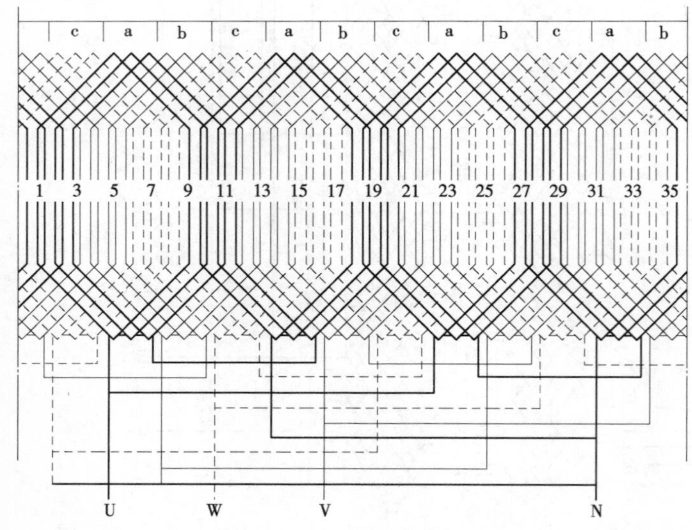

绕组型式　双层叠绕组	
极数 $2P=4$	槽数 $Z=36$
节距 $Y=1-8$	支路数 $a=1$
线圈数 $Q=36$	线圈组数 $u=12$

图 6－2　4 极 36 槽双层叠绕组 2 路接法展开图

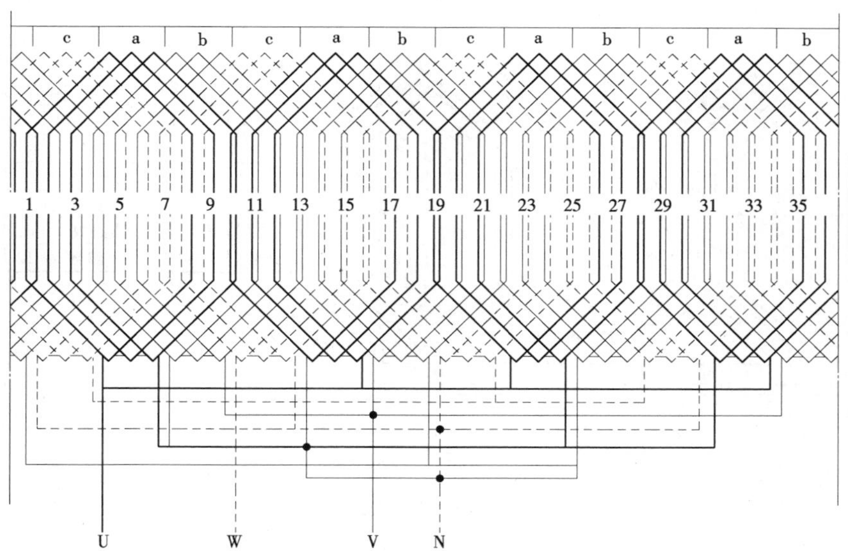

绕组型式	双层叠绕组
极数 $2P=4$	槽数 $Z=36$
节距 $Y=1-8$	支路数 $a=4$
线圈数 $Q=36$	线圈组数 $u=12$

图 6-3　4 极 36 槽双层叠绕组 4 路接法展开图

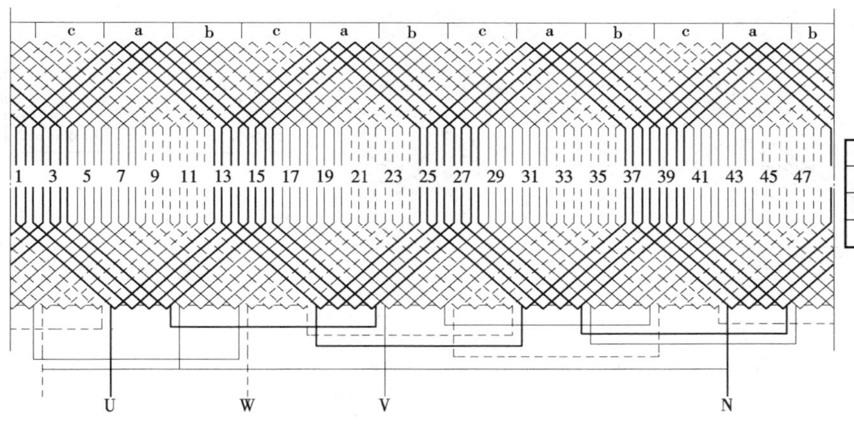

绕组型式	双层叠绕组
极数 $2P=4$	槽数 $Z=48$
节距 $Y=1-12$	支路数 $a=1$
线圈数 $Q=48$	线圈组数 $u=12$

图 6-4　4 极 48 槽双层叠绕组 1 路接法展开图

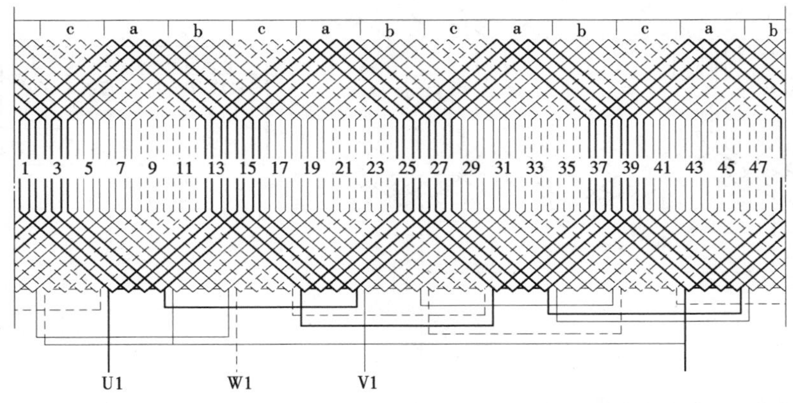

绕组型式	双层叠绕组
极数 $2P=4$	槽数 $Z=48$
节距 $Y=1-12$	支路数 $a=2$
线圈数 $Q=48$	线圈组数 $u=12$

图 6-5　4 极 48 槽双层叠绕组 2 路接法展开图

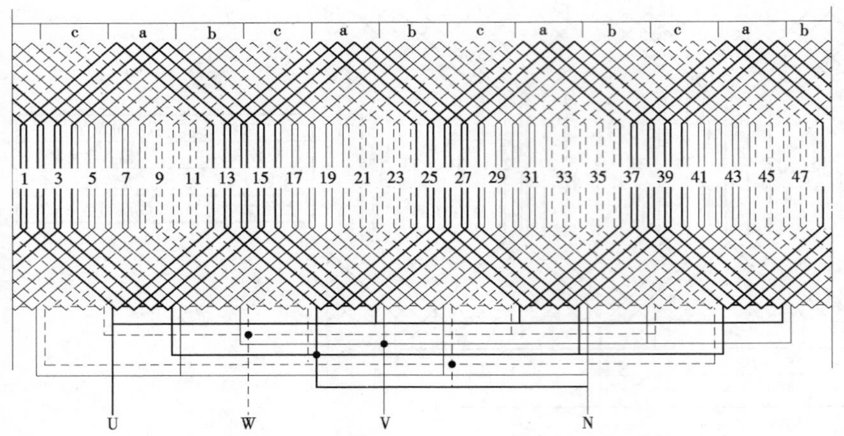

绕组型式	双层叠绕组
极数 $2P=4$	槽数 $Z=48$
节距 $Y=1-12$	支路数 $a=4$
线圈数 $Q=48$	线圈组数 $u=12$

图 6-6　4 极 48 槽双层叠绕组 4 路接法展开图

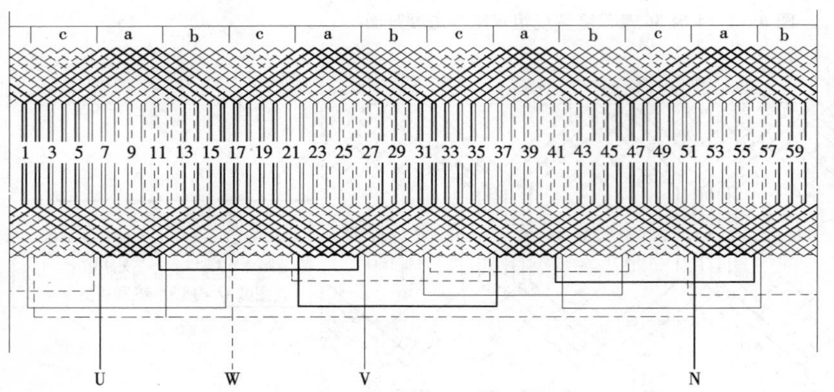

绕组型式	双层叠绕组
极数 $2P=4$	槽数 $Z=60$
节距 $Y=1-13$	支路数 $a=1$
线圈数 $Q=60$	线圈组数 $u=12$

图 6-7　4 极 60 槽双层叠绕组 1 路接法展开图

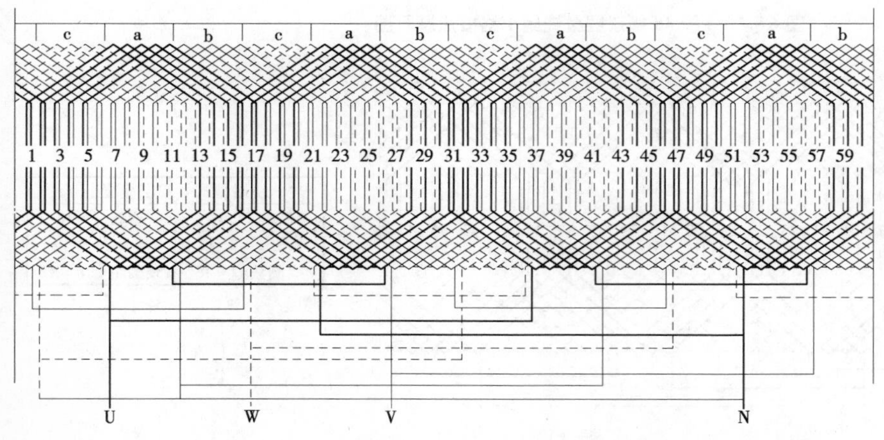

绕组型式	双层叠绕组
极数 $2P=4$	槽数 $Z=60$
节距 $Y=1-13$	支路数 $a=2$
线圈数 $Q=60$	线圈组数 $u=12$

图 6-8　4 极 60 槽双层叠绕组 2 路接法展开图

附录1 三相调速、减速异步电动机技术数据

附表1-1 **YD系列变极多速三相异步电动机技术数据（一）**

型号	功率（kW）	电流（A）	极数	接法	转速（r/min）	定子铁芯（mm）			定、转子槽数 Z_1/Z_2	定子绕组			
						外径	内径	长度		绕组型式	线规（mm）	线圈匝数	线圈节距
YD-801-4/2	0.45 0.55	1.4 1.5	4 2	△ 2Y	1420 2860	120	75	65	24/22	双层叠绕	1-ϕ0.38	260	1-8/1-7
YD-802-4/2	0.55 0.75	1.7 2.0	4 2	△ 2Y	1420 2860	120	75	80	24/22	双层叠绕	1-ϕ0.42	210	1-8/1-7
YD-90S-4/2	0.85 1.1	2.3 2.8	4 2	△ 2Y	1430 2850	130	85	90	24/22	双层叠绕	1-ϕ0.47	166	1-7
YD-90L-4/2	1.3 1.8	3.3 4.3	4 2	△ 2Y	1430 2850	130	80	120	24/22	双层叠绕	1-ϕ0.56	128	1-7
YD-100L1-4/2	2.0 2.4	4.8 5.6	4 2	△ 2Y	1430 2850	155	98	105	36/22	双层叠绕	1-ϕ0.71	80	1-11
YD-100L2-4/2	2.4 3.0	5.6 6.7	4 2	△ 2Y	1430 2850	155	98	135	36/32	双层叠绕	1-ϕ0.77	68	1-11
YD-112M-4/2	3.3 4.0	7.4 8.6	4 2	△ 2Y	1450 2890	175	110	135	36/32	双层叠绕	1-ϕ0.95	56	1-11
YD-132S-4/2	4.5 5.5	9.8 11.9	4 2	△ 2Y	1450 2860	210	136	115	36/32	双层叠绕	1-ϕ1.18	58	1-11
YD-132M-4/2	6.5 8.0	13.8 17.1	4 2	△ 2Y	1450 2880	210	136	160	36/32	双层叠绕	1-ϕ0.95	44	1-11
YD-160M-4/2	9 11	18.5 22.9	4 2	△ 2Y	1460 2920	260	170	155	36/32	双层叠绕	1-ϕ1.18	36	1-10
YD-160L-4/2	11 14	22.3 28.8	4 2	△ 2Y	1460 2920	260	170	195	36/32	双层叠绕	2-ϕ0.95	30	1-10
YD-180M-4/2	15 18.5	29.4 36.7	4 2	△ 2Y	1470 2940	290	187	190	48/44	双层叠绕	1-ϕ1.18 1-ϕ1.12	20	1-13
YD-180L-4/2	18.5 22	35.9 42.7	4 2	△ 2Y	1470 2940	290	187	220	48/44	双层叠绕	4-ϕ1.12	18	1-13
YD-90S-6/4	0.65 0.85	2.2 2.3	6 4	△ 2Y	920 1420	130	86	100	36/33	双层叠绕	1-ϕ0.45 1-ϕ0.55	152/146	1-7/1-8
YD-90L-6/4	0.85 1.1	2.8 3.0	6 4	△ 2Y	930 1400	130	86	120	36/33	双层叠绕	1-ϕ0.50 1-ϕ0.53	126/116	1-7/1-8
YD-100L1-6/4	1.3 1.8	3.8 4.4	6 4	△ 2Y	940 1440	155	98	115	36/32	双层叠绕	1-ϕ0.63	100	1-7
YD-100L2-6/4	1.5 2.2	4.3 5.4	6 4	△ 2Y	940 1440	155	98	135	36/32	双层叠绕	1-ϕ0.69	86	1-7
YD-112M-6/4	2.2 2.8	5.7 6.7	6 4	△ 2Y	960 1440	175	120	135	36/33	双层叠绕	1-ϕ0.80 1-ϕ0.85	76/76	1-7/1-8
YD-132S-6/4	3.0 4.0	7.7 9.5	6 4	△ 2Y	970 1440	210	148	125	36/33	双层叠绕	1-ϕ1.0 1-ϕ0.95	68/66	1-7/1-8
YD-132M-6/4	4.0 5.5	9.8 12.3	6 4	△ 2Y	970 1440	210	148	180	36/33	双层叠绕	2-ϕ0.75 2-ϕ0.8	52/48	1-7/1-8

续表

型　号	功率 (kW)	电流 (A)	极数	接法	转速 (r/min)	定子铁芯 (mm)			定、转子 槽数 Z_1/Z_2	定　子　绕　组			
						外径	内径	长度		绕组型式	线规 (mm)	线圈 匝数	线圈 节距
YD-160M-6/4	6.5 8	15.1 17.4	6 4	△ 2Y	970 1440	260	180	145	36/33	双层叠绕	1-ϕ1.06 1-ϕ1.0	48/46	1-7/1-8
YD-160L-6/4	9 11	20.6 23.4	6 4	△ 2Y	970 1440	260	180	195	36/33	双层 叠绕	2-ϕ1.18 2-ϕ1.18	36/34	1-7/1-8
YD-180M-6/4	11 14	25.9 29.8	6 4	△ 2Y	980 1470	290	205	200	36/32	双层叠绕	1-ϕ1.25 1-ϕ1.30 3-ϕ0.95 1-ϕ0.90	32/30	1-7/1-8
YD-180L-6/4	13 16	29.4 33.6	6 4	△ 2Y	980 1470	290	205	230	36/32	双层叠绕	3-ϕ0.95 1-ϕ1.0 2-ϕ1.18 1-ϕ1.12	28/26	1-7/1-8
YD-90L-8/4	0.45 0.75	1.9 1.8	8 4	△ 2Y	700 1420	130	86	120	36/33	双层叠绕	1-ϕ0.42	172	1-6
YD-100L-8/4	0.85 1.5	3.1 3.5	8 4	△ 2Y	700 1410	155	106	135	36/33	双层叠绕	1-ϕ0.56	114	1-6
YD-112M-8/4	1.5 2.4	5.0 5.3	8 4	△ 2Y	700 1410	175	120	135	36/33	双层叠绕	1-ϕ0.71	94	1-6
YD-132S-8/4	2.2 3.3	7.0 7.1	8 4	△ 2Y	720 1440	210	148	125	36/33	双层叠绕	1-ϕ0.85	84	1-6
YD-132M-8/4	3.0 4.5	9.0 9.4	8 4	△ 2Y	720 1440	210	148	180	36/33	双层叠绕	1-ϕ0.67 1-ϕ0.71	60	1-6
YD-160M-8/4	5.0 7.5	13.9 15.2	8 4	△ 2Y	730 1450	260	180	145	36/33	双层叠绕	1-ϕ1.40	54	1-6
YD-160L-8/4	7 11	19 21.8	8 4	△ 2Y	730 1450	260	180	195	36/33	双层叠绕	2-ϕ1.12	40	1-6
YD-180L-8/4	11 17	26.7 32.6	8 4	△ 2Y	730 1470	290	205	260	54/58	双层叠绕	2-ϕ1.30	22	1-8
YD-90S-8/6	0.35 0.45	1.6 1.4	8 6	△ 2Y	700 930	130	86	100	36/33	双层叠绕	1-ϕ0.40	208	1-6
YD-90L-8/6	0.45 0.65	1.9 1.9	8 6	△ 2Y	700 920	130	86	120	36/33	双层叠绕	1-ϕ0.45	170	1-6
YD-100L-8/6	0.75 1.1	2.9 3.1	8 6	△ 2Y	710 950	156	106	135	36/33	双层叠绕	1-ϕ0.53	116	1-6
YD-112M-8/6	1.3 1.8	4.5 4.8	8 6	△ 2Y	710 950	175	120	135	36/33	双层叠绕	1-ϕ0.67	98	1-6
YD-132S-8/6	1.8 2.4	5.8 6.2	8 6	△ 2Y	730 970	210	148	110	36/33	双层叠绕	1-ϕ0.53 1-ϕ0.56	94	1-5
YD-132M-8/6	2.6 3.7	8.2 9.4	8 6	△ 2Y	730 970	210	148	180	36/33	双层叠绕	1-ϕ0.67 1-ϕ0.71	62	1-5
YD-160M-8/6	4.5 6	13.3 14.7	8 6	△ 2Y	730 980	260	180	145	36/33	双层叠绕	2-ϕ0.95	56	1-5
YD-160L-8/6	6 8	17.5 19.4	8 6	△ 2Y	730 980	260	180	195	36/33	双层叠绕	3-ϕ0.90	42	1-5
YD-180M-8/6	7.5 10	21.9 24.2	8 6	△ 2Y	730 980	290	205	200	36/32	双层叠绕	2-ϕ1.0 1-ϕ0.95	36	1-5
YD-180L-8/6	9 12	24.7 28.3	8 6	△ 2Y	730 980	290	205	230	36/32	双层叠绕	1-ϕ1.30 1-ϕ1.25	32	1-5

续表

型　号	功率（kW）	电流（A）	极数	接法	转速（r/min）	定子铁芯（mm）外径	定子铁芯（mm）内径	定子铁芯（mm）长度	定、转子槽数 Z_1/Z_2	定子绕组 绕组型式	定子绕组 线规（mm）	定子绕组 线圈匝数	定子绕组 线圈节距
YD－160M－12/6	2.6 5	11.6 11.9	12 6	△ 2Y	480 970	260	180	145	36/33	双层叠绕	1－ϕ0.80 1－ϕ0.85	74	1－4
YD－160L－12/6	3.7 7	16.1 15.8	12 6	△ 2Y	480 970	260	180	205	36/33	双层叠绕	1－ϕ1.40	52	1－5
YD－180L－12/6	5.5 10	19.6 20.5	12 6	△ 2Y	490 980	290	205	230	54/58	双层叠绕	1－ϕ1.06 1－ϕ1.12	32	1－6
YD－100L－6/4/2	0.75	2.6	6	Y	950	155	98	135	36/32	单层链式		54	1－6
	1.3 1.8	3.7 4.5	4 2	△ 2Y	1450 2900					双层叠绕	1－ϕ0.53	68	1－10
YD－112M－6/4/2	1.1	3.5	6	Y	960	175	110	135	36/32	单层链式	1－ϕ0.67	45	1－6
	2.0 2.4	5.1 5.8	4 2	△ 2Y	1450 2920					双层叠绕	1－ϕ0.60	62	1－10
YD－132S－6/4/2	1.8	5.1	6	Y	970	210	136	115	36/32	单层链式	1－ϕ0.83	45	1－6
	2.6 3.0	6.1 7.4	4 2	△ 2Y	1460 2910					双层叠绕	1－ϕ0.80	64	1－10
YD－132M1－6/4/2	2.2	6	6	Y	970	210	136	140	36/32	单层链式	1－ϕ0.90	37	1－6
	3.3 4.0	7.5 8.8	4 2	△ 2Y	1460 2910					双层叠绕	1－ϕ0.85	56	1－10
YD－132M2－6/4/2	2.6	6.9	6	Y	970	210	136	180	36/32	单层链式	2－ϕ0.75	30	1－6
	4.0 5.0	9 10.8	4 2	△ 2Y	1460 2910					双层叠绕	1－ϕ0.90	44	1－10
YD－160M－6/4/2	3.7	9.5	6	Y	980	260	170	155	36/26	单层链式	2－ϕ0.90	27	1－6
	5.0 6.0	11.2 13.2	4 2	△ 2Y	1470 2930					双层叠绕	2－ϕ0.75	40	1－10
YD－160L－6/4/2	4.5	11.4	6	Y	980	260	170	195	36/32	单层链式	3－ϕ0.80	22	1－6
	7 9	15.1 18.8	4 2	△ 2Y	1470 2930					双层叠绕	1－ϕ1.18	32	1－10
YD－112M－8/4/2	0.65	2.7	8	Y	700	175	110	135	36/32	单层链式	1－ϕ0.53	68	1－5
	2.0 2.4	5.1 5.8	4 2	△ 2Y	1450 2920					双层叠绕	1－ϕ0.60	62	1－10
YD－132S－8/4/2	1.0	3.6	8	Y	720	210	136	115	36/32	单层链式	1－ϕ0.75	62	1－5
	2.6 3.0	6.1 7.1	4 2	△ 2Y	1460 2910					双层叠绕	1－ϕ0.75	64	1－10
YD－132M－8/4/2	1.3	4.6	8	Y	720	210	136	160	36/32	单层链式	1－ϕ0.85	48	1－5
	3.7 4.5	8.4 10	4 2	△ 2Y	1460 2910					双层叠绕	1－ϕ0.85	48	1－10
YD－160M－8/4/2	2.2	7.6	6	Y	720	260	170	155	36/26	单层链式	2－ϕ0.71	36	1－5
	5.0 6.0	11.2 13.2	4 2	△ 2Y	1440 2910					双层叠绕	2－ϕ0.75	40	1－10
YD－160L－8/4/2	2.8	9.2	8	Y	720	260	170	195	36/26	单层链式	1－ϕ1.18	30	1－5
	7.0 9.0	15.1 18.8	4 2	△ 2Y	1440 2910					双层叠绕	1－ϕ1.18	32	1－10
YD－112M－8/6/4	0.85 1.0 1.5	3.7 3.1 3.5	8 6 4	△ Y 2Y	710 950 1440	175	120	135	36/33	双层叠绕 单层链式 双层叠绕	1－ϕ0.53 1－ϕ0.56	100 46	1－6 1－6
YD－132S－8/6/4	1.1 1.5 1.8	4.1 4.2 4.0	8 6 4	△ Y 2Y	730 970 1460	210	148	120	36/33	双层叠绕 单层链式 双层叠绕	1－ϕ0.60 1－ϕ0.71	98 41	1－6 1－6

续表

型　号	功率 (kW)	电流 (A)	极数	接法	转速 (r/min)	定子铁芯 (mm)			定、转子槽数 Z_1/Z_2	定　子　绕　组			
						外径	内径	长度		绕组型式	线规 (mm)	线圈匝数	线圈节距
YD－132M1－8/6/4	1.5 2.0 2.2	5.2 5.4 4.9	8 6 4	△ Y 2Y	730 970 1460	210	148	160	36/33	双层叠绕 单层链式 双层叠绕	1－ϕ0.67 1－ϕ0.85	78 32	1－6 1－6
YD－132M2－8/6/4	1.8 2.6 3.0	6.1 6.8 6.5	8 6 4	△ Y 2Y	730 970 1460	210	148	180	36/33	双层叠绕 单层链式 双层叠绕	1－ϕ0.71 1－ϕ0.90	66 27	1－6 1－6
YD－160M－8/6/4	3.3 4.0 5.5	10.2 9.9 11.6	8 6 4	△ Y 2Y	720 960 1440	260	180	145	36/33	双层叠绕 单层链式 双层叠绕	2－ϕ0.75 2－ϕ0.75	58 25	1－6 1－6
YD－160L－8/6/4	4.5 6.0 7.5	13.8 14.5 15.6	8 6 4	△ Y 2Y	720 960 1440	260	180	195	36/33	双层叠绕 单层链式 双层叠绕	2－ϕ0.85 3－ϕ0.80	44 18	1－6 1－6
YD－180L－8/6/4	7 9 12	20.2 20.6 24.1	8 6 4	△ Y 2Y	740 980 1470	290	205	260	54/50	双层叠绕	2－ϕ1.0 2－ϕ1.12	22 10	1－8 1－9
YD－180L－12/8/6/4	3.3 5.0 6.5 9.0	13 16 14 19	12 8 6 4	△ △ 2Y 2Y	480 740 970 1470	290	205	260	54/50	双层叠绕	2－ϕ0.75 1－ϕ0.80 1－ϕ0.75 同12极 同8级	36 24	1－6 1－8

附表1－2　　YD系列变极多速三相异步电动机技术数据（二）

型　号	额定功率 (kW)	参考价格 (元)	型　号	额定功率 (kW)	参考价格 (元)	型　号	额定功率 (kW)	参考价格 (元)
YD－801－4/2	0.45/0.55	544	YD－112M－8/4	1.5/2.4	1206	YD－160M－8/4/2	2.2/5/6	2820
YD－802－4/2	0.55/0.75	579	YD－112M－4/2	3.3/4	1229	YD－160M－8/6/4	3.3/4/5.5	2820
YD－90S－8/6	0.35/0.45	662	YD－112M－8/6/4	0.85/1/1.5	1340	YD－160L－4/2	11/14	3030
YD－90S－6/4	0.45/0.85	662	YD－112M－8/4/2	0.85/2/2.4	1365	YD－160L－6/4	9/11	3030
YD－90S－4/2	0.85/1.1	674	YD－112M－6/4/2	1.1/2/2.4	1365	YD－160L－8/4	7/11	3030
YD－90L－4/2	1.3/1.8	709	YD－132S－4/2	4.5/5.5	1666	YD－160L－8/6	6/8	3030
YD－90L－6/4	0.85/1.1	709	YD－132S－6/4	3/4	1666	YD－160L－6/4/2	4.5/7/9	3260
YD－90L－8/4	0.45/0.75	709	YD－132S－8/4	2.2/3.3	1666	YD－160L－8/6/4	4.5/6/7.5	3260
YD－90L－8/6	0.45/0.65	709	YD－132S－8/6	1.8/2.4	1666	YD－180M－4/2	15/18.5	3915
YD－100L－4/2	2/2.4	898	YD－132S－6/4/2	1.8/2.6/3	1851	YD－180M－6/4	11/14	3915
YD－100L－6/4	1.3/1.8	898	YD－132S－8/4/2	1/2.6/3	1851	YD－180M－8/6	7.5/10	3915
YD－100L－8/4	0.85/1.5	945	YD－132S－8/6/4	1.1/1.5/1.8	1851	YD－180L－4/2	18.5/22	4010
YD－100L－8/6	0.75/1.1	945	YD－132M－6/4	4/5.5	1997	YD－180L－6/4	13/16	4010
YD－100L－6/4	1.5/2.2	992	YD－132M－8/6/4	1.8/2.6/3	2219	YD－180L－8/4	11/17	4010
YD－100L－4/2	2.4/3	992	YD－160M－4/2	9/11	2620	YD－180L－8/6	9/12	4010
YD－100L－8/4/2	0.4/0.55/0.77	998	YD－160M－6/4	6.5/8	2620	YD－180L－8/6/4	7/9/12	4320
YD－100L－6/4/2	0.75/1.3/1.8	1103	YD－160M－8/4	5/7.5	2620	YD－180L－12/8/6/4	3.3/5/6.5/9	4320
YD－112M－8/6	1.3/1.8	1206	YD－160M－8/6	4.5/6	2620			
YD－112M－6/4	2.2/2.8	1206	YD－160M－6/4/2	3.7/5/6	2820			

附表1-3　　**JDO3系列变极多速三相异步电动机技术数据**

型　号	功率（kW）	电流（A）	极数	接法	转速（r/min）	定子铁芯（mm）			定、转子槽数 Z_1/Z_2	定　子　绕　组			
						外径	内径	长度		绕组型式	线规（mm）	线圈匝数	线圈节距
JDO3-801-4/2	0.5 0.7	1.45 1.82	4 2	△ 2Y	1500 3000	130	80	75	24/22	双层叠绕	1-ϕ0.44	250	1-8
JDO3-802-4/2	0.7 1.0	1.9 2.46	4 2	△ 2Y	1500 3000	130	80	100	24/22	双层叠绕	1-ϕ0.53	190	1-8
JDO3-90S-4/2	1.1 1.5	2.82 3.58	4 2	△ 2Y	1500 3000	145	90	100	24/22	双层叠绕	1-ϕ0.59	158	1-8
JDO3-100S-4/2	1.3 1.7	3.06 3.86	4 2	△ 2Y	1500 3000	167	104	85	36/26	双层叠绕	1-ϕ0.64	124	1-10
JDO3-100L-4/2	2.1 2.8	4.81 6.28	4 2	△ 2Y	1500 3000	167	104	115	36/26	双层叠绕	1-ϕ0.77	90	1-10
JDO3-112S-4/2	2.8 3.5	6.18 7.66	4 2	△ 2Y	1500 3000	188	118	110	36/32	双层叠绕	1-ϕ0.86	80	1-10
JDO3-112L-4/2	3.5 4.5	7.49 9.55	4 2	△ 2Y	1500 3000	188	118	140	36/32	双层叠绕	1-ϕ1.0	62	1-10
JDO3-140S-4/2	5 7	10 14.9	4 2	△ 2Y	1500 3000	245	162	120	36/26	双层叠绕	1-ϕ1.20	50	1-10
JDO3-140M-4/2	7 10	14 20.8	4 2	△ 2Y	1500 3000	245	162	170	36/26	双层叠绕	2-ϕ1.0	36	1-10
JDO3-160S-4/2	9 12	17.8 23.6	4 2	△ 2Y	1500 3000	280	180	170	36/26	双层叠绕	2-ϕ1.25	32	1-10
JDO3-160M-4/2	13 17	25.5 32.6	4 2	△ 2Y	1500 3000	280	180	210	36/26	双层叠绕	2-ϕ1.35	26	1-10
JDO3-90S-8/4	0.55 1.1	2.39 2.77	8 4	△ 2Y	750 1500	145	94	105	36/33	双层叠绕	1-ϕ0.53	160	1-6
JDO3-100S-8/4	0.75 1.5	2.82 3.48	8 4	△ 2Y	750 1500	167	114	95	36/33	双层叠绕	1-ϕ0.59	148	1-6
JDO3-100L-8/4	1.1 2.2	3.84 4.88	8 4	△ 2Y	750 1500	167	114	130	36/33	双层叠绕	1-ϕ0.69	108	1-6
JDO3-112S-8/4	1.5 3.0	4.82 6.70	8 4	△ 2Y	750 1500	188	128	115	36/32	双层叠绕	1-ϕ0.80	104	1-6
JDO3-112L-8/4	2.2 3.6	6.44 7.76	8 4	△ 2Y	750 1500	188	128	150	36/32	双层叠绕	1-ϕ0.93	80	1-6
JDO3-140S-8/4	3.2 4.5	7.8 9.8	8 4	△ 2Y	750 1500	245	174	120	48/44	双层叠绕	1-ϕ1.04	62	1-7
JDO3-140M-8/4	4.5 7	11 15.3	8 4	△ 2Y	750 1500	245	174	170	48/44	双层叠绕	1-ϕ1.25	44	1-7
JDO3-1801M-8/4	11 15	24 28	8 4	△ 2Y	750 1500	328	230	175	48/44	双层叠绕	2-ϕ1.35	28	1-7
JDO3-1802M-8/4	15 22	32.4 40.7	8 4	△ 2Y	750 1500	328	230	250	48/44	双层叠绕	3-ϕ1.30	20	1-7
JDO3-200M-8/4	22 30	46.4 55.5	8 4	△ 2Y	750 1500	368	260	240	48/44	双层叠绕	4-ϕ1.35	18	1-7
JDO3-225S-8/4	28 40	62.6 74	8 4	△ 2Y	750 1500	368	245	270	48/44	双层叠绕	6-ϕ1.45	18	1-7
JDO3-250S-8/4	40 55	86 100	8 4	△ 2Y	750 1500	405	275	320	48/58	双层叠绕	4-ϕ1.56	26	1-7

续表

型　号	功率 (kW)	电流 (A)	极数	接法	转速 (r/min)	定子铁芯 (mm)			定、转子 槽数 Z_1/Z_2	定　子　绕　组			
						外径	内径	长度		绕组型式	线规 (mm)	线圈 匝数	线圈 节距
JDO3－100S－6/4	1.1 1.5	3.22 3.61	6 4	△ 2Y	1000 1500	167	104	85	36/32	双层叠绕	1－ϕ0.64	132	1－7
JDO3－100L－6/4	1.5 2.2	4.22 5.23	6 4	△ 2Y	1000 1500	167	104	115	36/32	双层叠绕	1－ϕ0.74	98	1－7
JDO3－112S－6/4	2.2 3.0	5.7 6.78	6 4	△ 2Y	1000 1500	188	118	110	36/32	双层叠绕	1－ϕ0.83	84	1－7
JDO3－112L－6/4	3 4	7.4 8.72	6 4	△ 2Y	1000 1500	188	118	140	36/32	双层叠绕	1－ϕ0.96	66	1－7
JDO3－140S－6/4	3.5 5.0	7.9 11	6 4	△ 2Y	1000 1500	245	162	120	36/28	双层叠绕	1－ϕ1.3	62	1－7
JDO3－140M－6/4	4.5 7.0	10.8 15	6 4	△ 2Y	1000 1500	245	162	170	36/28	双层叠绕	2－ϕ1.0	48	1－6
JDO3－160S－12/6	3.5 7	10.7 14.4	12 6	△ 2Y	500 1000	280	200	180	54/63	双层叠绕	1－ϕ1.25	46	1－6
JDO3－160M－12/6	4.5 10	13.6 20.4	12 6	△ 2Y	500 1000	280	200	240	54/63	双层叠绕	2－ϕ1.0	36	1－6
JDO3－1801M－12/6	6.5 11	17.4 22	12 6	△ 2Y	500 1000	328	230	175	54/44	双层叠绕	2－ϕ1.08	32	1－6
JDO3－1802M－12/6	9 15	24.3 30	12 6	△ 2Y	500 1000	328	230	250	54/44	双层叠绕	2－ϕ1.30	22	1－6
JDO3－200M－12/6	14 22	36.5 42.5	12 6	△ 2Y	500 1000	368	260	260	54/44	双层叠绕	3－ϕ1.35	18	1－6
JDO3－225S－12/6	18 28	49 53.3	12 6	△ 2Y	500 1000	368	260	305	72/58	双层叠绕	2－ϕ1.25	44	1－7
JDO3－250S－12/6	25 40	70.7 75.9	12 6	△ 2Y	500 1000	405	275	320	72/58	双层叠绕	1－ϕ1.56 1－ϕ1.62	40	1－7
JDO3－100S－8/4/2	0.4 1.1 1.5	2.05 2.61 3.34	8 4 2	2Y 2△ 2△	750 1500 3000	167	104	85	36/32	双层叠绕	1－ϕ0.47	240	1－7 1－13
JDO3－100L－8/4/2	0.6 1.5 2.2	2.76 3.56 5.0	8 4 2	2Y 2△ 2△	750 1500 3000	167	104	115	36/32	双层叠绕	1－ϕ0.53	184	1－7 1－13
JDO3－112S－8/4/2	0.8 2.2 3	3.76 4.8 6.5	8 4 2	2Y 2△ 2△	750 1500 3000	188	118	110	36/32	双层叠绕	1－ϕ0.64	150	1－7 1－13
JDO3－112L－8/4/2	1.3 3 4	5.25 6.4 8.35	8 4 2	2Y 2△ 2△	750 1500 3000	188	118	140	36/32	双层叠绕	1－ϕ0.72	116	1－7 1－13
JDO3－100S－6/4/2	0.7 1.0 1.3	2.64 3.10 3.06	6 4 2	△ 2Y Y	1000 1500 3000	167	104	85	36/32	双层叠绕	1－ϕ0.47	128	1－7
										单层同心	1－ϕ0.74	48	1－18 2－17 3－16
JDO3－100L－6/4/2	1 1.3 2	3.61 3.86 4.52	6 4 2	△ 2Y Y	1000 1500 3000	167	104	115	36/32	双层叠绕	1－ϕ0.57	96	1－7
										单层同心	1－ϕ0.83	32	1－18 2－17 3－16

续表

型　号	功率（kW）	电流（A）	极数	接法	转速（r/min）	定子铁芯（mm）			定、转子槽数 Z_1/Z_2	定　子　绕　组			
						外径	内径	长度		绕组型式	线规（mm）	线圈匝数	线圈节距
JDO3－112S－6/4/2	1.3 2 2.6	4.05 4.92 5.9	6 4 2	△ 2Y Y	1000 1500 3000	188	118	110	36/32	双层叠绕 单层同心	1－ϕ0.64 1－ϕ0.93	86 27	1－7 1－18 2－17 3－16
JDO3－112L－6/4/2	2 2.6 3.2	5.8 6.33 7.1	6 4 2	△ 2Y Y	1000 1500 3000	188	118	140	36/32	双层叠绕 单层同心	1－ϕ0.74 1－ϕ1.0	68 22	1－7 1－18 2－17 3－16
JDO3－140S－6/4/2	2.5 3 3.5	6.8 6.5 9.1	6 4 2	3Y ◬ ◬	1000 1500 3000	245	150	120	36/26	双层叠绕	1－ϕ0.80	140	1－7
JDO3－140M－6/4/2	3 3.8 4.5	8 8 11.3	6 4 2	3Y ◬ ◬	1000 1500 3000	245	150	170	36/26	双层叠绕	1－ϕ0.90	108	1－7
JDO3－100S－8/6/4	0.6 0.8 1.1	2.4 2.92 2.63	8 6 4	2Y 2Y 2Y	750 1000 1500	167	114	90	36/26	双层叠绕	1－ϕ0.53	176	1－6
JDO3－100L－8/6/4	1 1.3 1.7	3.64 4.34 4	8 6 4	2Y 2Y 2Y	750 1000 1500	167	114	125	36/32	双层叠绕	1－ϕ0.64	128	1－6
JDO3－112S－8/6/4	1.3 1.5 2.0	4.37 4.71 4.41	8 6 4	2Y 2Y 2Y	750 1000 1500	188	128	115	36/32	双层叠绕	1－ϕ0.74	120	1－6
JDO3－112L－8/6/4	2.0 2.2 2.8	6.43 6.51 6.05	8 6 4	2Y 2Y 2Y	750 1000 1500	188	128	150	36/32	双层叠绕	1－ϕ0.86	92	1－6
JDO3－140S－8/6/4	2.0 2.8 3.5	6.06 7.9 7.7	8 6 4	2Y 2Y 2Y	750 1000 1500	245	162	120	36/26	双层叠绕	1－ϕ0.90	98	1－5
JDO3－140M－8/6/4	3 4 5	9.1 11.6 10.6	8 6 4	2Y 2Y 2Y	750 1000 1500	245	162	170	36/26	双层叠绕	1－ϕ1.04	70	1－5
JDO3－160S－8/6/4	4.5 5.5 7.5	13 14.5 15.8	8 6 4	2Y 2Y 2Y	750 1000 1500	280	180	170	36/26	双层叠绕	1－ϕ1.30	62	1－6
JDO3－160M－8/6/4	5.5 7 10	15 17.5 20.5	8 6 4	2Y 2Y 2Y	750 1000 1500	280	180	210	36/26	双层叠绕	1－ϕ1.40	52	1－6
JDO3－1801M－8/6/4	7.5 11 10	17.4 22.2 23	8 4 6	△ 2Y Y	750 1000 1500	328	230	175	54/44	双层叠绕	1－ϕ1.35 2－ϕ1.35	26 14	1－8 1－8

续表

型　号	功率 (kW)	电流 (A)	极数	接法	转速 (r/min)	定子铁芯 (mm)			定、转子 槽数 Z_1/Z_2	定子绕组			
						外径	内径	长度		绕组型式	线规 (mm)	线圈 匝数	线圈 节距
JDO3-1802M-8/6/4	10 15 13	23 30 25.7	8 4 6	△ 2Y Y	750 1000 1500	328	230	250	54/44	双层叠绕	2-ϕ1.16 3-ϕ1.25	18 10	1-8 1-8
JDO3-200M-8/6/4	15 22 18.5	32.8 41.7 35.6	8 4 6	△ 2Y Y	750 1000 1500	368	260	260	54/44	双层叠绕	2-ϕ1.40 4-ϕ1.30	16 8	1-8 1-8
JDO3-225S-8/6/4	20 28 25	45.2 52 48.4	8 4 6	△ 2Y Y	750 1000 1500	368	250	290	72/58	双层叠绕	4-ϕ1.40 2-ϕ1.45	21 16	1-11 1-12
JDO3-250S-8/6/4	28 40 36	61.5 71.6 68.9	8 4 6	△ 2Y Y	750 1000 1500	405	275	320	72/58	双层叠绕	5-ϕ1.40 3-ϕ1.35	10 13	1-11 1-12
JDO3-140S- 12/8/6/4	1.5 3 1 2.2	4.65 7.4 3.6 6	8 4 12 6	△ 2Y △ 2Y	500 750 1000 1500	245	162	120	36/44	双层叠绕	1-ϕ0.80 1-ϕ0.74	78 114	1-6 1-4
JDO3-140M- 12/8/6/4	2.2 4 1.3 3	9 8.4 6 8	8 4 12 6	△ 2Y △ 2Y	500 750 1000 1500	245	162	170	36/44	双层叠绕	1-ϕ0.93 1-ϕ0.93	60 90	1-6 1-4
JDO3-160S- 12/8/6/4	3.5 5.5 2.2 4.5	10.2 12.5 8 10.4	8 4 12 6	△ 2Y △ 2Y	500 750 1000 1500	280	200	180	60/34	双层叠绕	1-ϕ1.08 1-ϕ0.93	38 50	1-9 1-6
JDO3-160M- 12/8/6/4	4.5 7.0 2.8 5.5	12.2 15 9.2 12.5	8 4 12 6	△ 2Y △ 2Y	500 750 1000 1500	280	200	240	60/34	双层叠绕	1-ϕ1.20 1-ϕ0.93	30 38	1-9 1-6
JDO3-1801M- 12/8/6/4	7 10 5 7.5	16.5 20.5 14.3 15.4	8 4 12 6	△ 2Y △ 2Y	500 750 1000 1500	328	230	175	54/44	双层叠绕	1-ϕ1.30 1-ϕ0.20	26 36	1-8 1-6
JDO3-1802M- 12/8/6/4	9 13 6.5 11	22 26.5 18 22.3	8 4 12 6	△ 2Y △ 2Y	500 750 1000 1500	328	230	250	54/44	双层叠绕	2-ϕ1.08 2-ϕ1.0	18 26	1-8 1-6
JDO3-200M- 12/8/6/4	12 18.5 9 15	28.6 36.7 25 29.7	8 4 12 6	△ 2Y △ 2Y	500 750 1000 1500	368	260	260	54/44	双层叠绕	2-ϕ1.25 2-ϕ1.16	16 22	1-8 1-6
JDO3-225S- 12/8/6/4	17 25 12 20	41.4 48 34.5 37.8	8 4 12 6	△ 2Y △ 2Y	500 750 1000 1500	368	250	290	72/58	双层叠绕	3-ϕ1.35 3-ϕ1.35	12 18	1-11 1-7
JDO3-250S- 12/8/6/4	24 36 17 28	57.7 67.8 44.8 56	8 4 12 6	△ 2Y △ 2Y	500 750 1000 1500	405	275	320	72/58	双层叠绕	4-ϕ1.45 3-ϕ1.56	10 16	1-11 1-7

附表 1-4　　JDO2 系列变极多速三相异步电动机技术数据（方案 1）

型号	功率（kW）	电流（A）	极数	接法	转速（r/min）	定子铁芯（mm）			定、转子槽数 Z_1/Z_2	定子绕组			
						外径	内径	长度		绕组型式	线规（mm）	线圈匝数	线圈节距
JDO2-21-4/2	0.8 1.1	2.1 2.55	4 2	△ 2Y	1450 2890	145	90	80	24/22	双层叠绕	1-ϕ0.51	196	1-7
JDO2-22-4/2	1.5 1.8	3.5 4.1	4 2	△ 2Y	1410 2860	145	90	110	24/22	双层叠绕	1-ϕ0.62	128	1-7
JDO2-31-4/2	1.5 2.2	3.9 5.2	4 2	△ 2Y	1445 2875	167	104	95	36/26	双层叠绕	1-ϕ0.67	84	1-10
JDO2-32-4/2	2.2 3.0	5.4 7.0	4 2	△ 2Y	1435 2880	167	104	135	36/26	双层叠绕	1-ϕ0.77	64	1-10
JDO2-41-4/2	3.3 4.0	7.6 9.1	4 2	△ 2Y	1430 2860	210	136	100	36/26	双层叠绕	1-ϕ0.93	64	1-10
JDO2-42-4/2	4.0 5.5	9.3 12.5	4 2	△ 2Y	1440 2870	210	136	125	36/26	双层叠绕	1-ϕ1.08	52	1-10
JDO2-51-4/2	5.5 7.5	12.3 16.6	4 2	△ 2Y	1460 2880	245	162	120	36/26	双层叠绕	2-ϕ0.96	48	1-10
JDO2-52-4/2	7.5 10	16.8 22.2	4 2	△ 2Y	1450 2880	245	162	160	36/26	双层叠绕	1-ϕ1.45	38	1-10
JDO2-61-4/2	10 11	20.5 21.1	4 2	△ 2Y	1470 2910	280	180	155	36/28	双层叠绕	2-ϕ1.12	34	1-10
JDO2-62-4/2	13 15	26.4 28.3	4 2	△ 2Y	1465 2940	280	182	190	36/28	双层叠绕	2-ϕ1.25	28	1-10
JDO2-21-6/4	0.6 0.8	2.0 2.4	6 4	△ 2Y	960 1465	145	94	85	36/33	双层叠绕	1-ϕ0.50	150	1-7
JDO2-22-6/4	0.8 1.0	2.6 2.8	6 4	△ 2Y	960 1465	145	94	115	36/33	双层叠绕	1-ϕ0.57	116	1-7
JDO2-31-6/4	1.3 1.7	4.0 4.3	6 4	△ 2Y	930 1430	167	104	95	36/32	双层叠绕	1-ϕ0.59	104	1-7
JDO2-32-6/4	1.7 2.5	5.0 6.1	6 4	△ 2Y	930 1450	167	104	135	36/32	双层叠绕	1-ϕ0.60	76	1-7
JDO2-41-6/4	2.8 3.0	7.5 7.6	6 4	△ 2Y	930 1430	210	148	110	36/32	双层叠绕	1-ϕ0.90	82	1-7
JDO2-42-6/4	3.5 4.0	9.4 10	6 4	△ 2Y	930 1440	210	148	140	36/32	双层叠绕	1-ϕ1.04	66	1-7
JDO2-51-6/4	6.0 8.0	13.9 18.7	6 4	△ 2Y	960 1460	245	162	160	36/32	双层叠绕	1-ϕ1.35	44	1-7
JDO2-52-6/4	8.0 10	18.4 21.5	6 4	△ 2Y	955 1450	245	162	195	36/32	双层叠绕	2-ϕ1.08	36	1-7
JDO2-61-6/4	8 10	18.6 22	6 4	△ 2Y	970 1460	280	182	155	36/32	双层叠绕	1-ϕ1.50	38	1-7
JDO2-62-6/4	10 13	23.8 28.7	6 4	△ 2Y	970 1460	280	182	190	36/32	双层叠绕	2-ϕ1.20	30	1-7
JDO2-71-6/4	13 17	28.4 34.1	6 4	△ 2Y	970 1470	327	230	200	36/32	双层叠绕	2-ϕ1.56	28	1-7
JDO2-72-6/4	15 19	32.8 40	6 4	△ 2Y	970 1460	327	230	250	36/33	双层叠绕	3-ϕ1.40	24	1-7
JDO2-81-6/4	22 28	46.4 56.7	6 4	△ 2Y	970 1470	368	260	240	72/56	双层叠绕	4-ϕ1.45	12	1-14
JDO2-12-8/4	0.3 0.6	1.6 1.6	8 4	△ 2Y	690 1400	120	75	100	24/22	双层叠绕	1-ϕ0.38	146	1-4
JDO2-21-8/4	0.3 0.75	1.7 2.0	8 4	△ 2Y	680 1360	145	94	90	36/26	双层叠绕	1-ϕ0.41	190	1-6

续表

型　号	功率(kW)	电流(A)	极数	接法	转速(r/min)	定子铁芯(mm)			定、转子槽数 Z_1/Z_2	定　子　绕　组			
						外径	内径	长度		绕组型式	线规(mm)	线圈匝数	线圈节距
JDO2-22-8/4	0.45 0.75	2.0 1.8	8 4	△ 2Y	680 1360	145	94	110	36/26	双层叠绕	1-ϕ0.49	156	1-6
JDO2-31-8/4	0.9 1.5	3.3 3.8	8 4	△ 2Y	685 1365	167	114	95	36/26	双层叠绕	1-ϕ0.62	146	1-6
JDO2-32-8/4	1.1 2.2	4.1 5.4	8 4	△ 2Y	685 1370	167	114	135	36/26	双层叠绕	1-ϕ0.72	106	1-6
JDO2-41-8/4	1.8 3.0	6.0 6.8	8 4	△ 2Y	710 1410	210	148	110	36/26	双层叠绕	1-ϕ0.86	92	1-6
JDO2-42-8/4	2.5 4.0	8.3 9.0	8 4	△ 2Y	710 1410	210	148	140	36/26	双层叠绕	1-ϕ1.0	74	1-6
JDO2-51-8/4	3.5 5.5	10.8 12.5	8 4	△ 2Y	720 1430	245	174	130	36/26	双层叠绕	1-ϕ1.16	64	1-6
JDO2-52-8/4	4.5 7.5	13.9 15.8	8 4	△ 2Y	720 1430	245	174	170	36/26	双层叠绕	2-ϕ0.96	50	1-6
JDO2-61-8/4	7.5 10	21.4 20	8 4	△ 2Y	720 1460	280	200	230	54/44	双层叠绕	2-ϕ1.04	30	1-8
JDO2-62-8/4	8.5 13	24.2 26.1	8 4	△ 2Y	720 1460	280	200	230	54/44	双层叠绕	2-ϕ1.16	26	1-8
JDO2-71-8/4	11 17	29.8 33.4	8 4	△ 2Y	720 1460	327	230	200	54/44	双层叠绕	1-ϕ1.35 1-ϕ1.40	22	1-8
JDO2-72-8/4	15 22	40.4 43.2	8 4	△ 2Y	720 1460	327	230	250	54/44	双层叠绕	1-ϕ1.56 1-ϕ1.50	18	1-8
JDO2-91-8/4	40 55	85.4 106	8 4	△ 2Y	740 1480	423	300	320	72/56	双层叠绕	7-ϕ1.40	9	1-10
JDO2-31-8/6	0.8 1.3	3.4 3.5	8 6	△ 2Y	720 950	167	114	95	36/33	双层叠绕	1-ϕ0.59	140	1-6
JDO2-32-8/6	1.3 1.8	4.2 4.3	8 6	△ 2Y	720 950	167	114	135	36/33	双层叠绕	1-ϕ0.72	106	1-6
JDO2-41-8/6	1.8 2.5	5.5 5.9	8 6	△ 2Y	730 970	210	148	110	36/33	双层叠绕	1-ϕ0.83	92	1-6
JDO2-42-8/6	2.5 3.5	7.5 8.2	8 6	△ 2Y	730 960	210	148	140	36/33	双层叠绕	1-ϕ0.93	76	1-6
JDO2-51-8/6	3.0 4.0	9.4 9.9	8 6	△ 2Y	720 950	245	174	130	54/44	双层叠绕	1-ϕ1.04	60	1-7
JDO2-52-8/6	4.5 6	13.5 13.7	8 6	△ 2Y	720 950	245	174	170	36/33	双层叠绕	1-ϕ1.35	56	1-7
JDO2-61-8/6	6 8.5	17.9 18.6	8 6	△ 2Y	725 975	280	200	175	36/32	双层叠绕	1-ϕ1.56	44	1-6
JDO2-71-8/6	10 15	28.3 32.8	8 6	△ 2Y	730 970	327	230	200	36/32	双层叠绕	2-ϕ1.50	30	1-6
JDO2-81-8/6	17 24	45.7 51.9	8 6	△ 2Y	740 980	368	260	240	72/56	双层叠绕	4-ϕ1.45	12	1-10
JDO2-51-12/6	2.2 3.5	7.7 8.3	12 6	△ 2Y	480 960	245	174	130	54/44	双层叠绕	1-ϕ0.96	68	1-6
JDO2-61-12/6	3.5 7.5	14.2 16.7	12 6	△ 2Y	480 970	280	200	200	54/58	双层叠绕	1-ϕ1.35	36	1-6
JDO2-72-12/6	4 14	13.6 31.3	12 6	△ 2Y	480 970	327	230	250	54/44	双层叠绕	2-ϕ1.35	24	1-6
JDO2-81-12/6	12.5 20	35.5 40.6	12 6	△ 2Y	480 970	368	260	260	72/56	双层叠绕	3-ϕ1.40	18	1-7

续表

型　号	功率（kW）	电流（A）	极数	接法	转速（r/min）	定子铁芯（mm）			定、转子槽数 Z_1/Z_2	定子绕组			
						外径	内径	长度		绕组型式	线规（mm）	线圈匝数	线圈节距
JDO2－91－12/6	19 33	58 67.8	12 6	△ 2Y	480 960	423	300	320	72/56	双层叠绕	6－φ1.30	12	1－7
JDO2－31－8/2	0.5 1.5	2.3 3.3	8 2	△ 2Y	690 2900	167	104	110	36/26	双层叠绕	1－φ0.67	84	1－16
JDO2－42－8/2	1.4 4	5.3 8.9	8 2	△ 2Y	690 2920	210	136	140	36/26	双层叠绕	1－φ1.12	46	1－16
JDO2－22－6/4/2	0.6 0.8 1.1	2.6 1.9 2.9	6 4 2	3Y △Y △Y	975 1450 2880	145	94	110	36/33	双层叠绕	1－φ0.41	200	1－7
JDO2－31－6/4/2	0.8 1.1 1.5	2.7 3.8 4.3	6 4 2	Y △ 2Y	965 1470 2940	167	104	115	36/26	单层链式 双层叠绕	1－φ0.57 1－φ0.53	53 66	1－6 1－10
JDO2－41－6/4/2	1.8 2.2 2.8	6.7 5.2 6.8	6 4 2	2Y △Y △Y	970 1430 2890	210	136	100	36/33	双层叠绕	1－φ0.67	126	1－7
JDO2－51－6/4/2	5.0 5.5 5.5	12.9 11.6 12.2	6 4 2	3Y △Y △Y	950 1420 2890	245	162	120	36/33	双层叠绕	1－φ0.86	96	1－7
JDO2－52－6/4/2	6.0 6.5 7.5	15.5 13.1 16.5	6 4 2	3Y △Y △Y	950 1420 2890	245	162	160	36/33	双层叠绕	1－φ1.04	70	1－7
JDO2－32－8/4/2	0.8 2.2 2.5	3.6 5.0 6.9	8 4 2	2Y 2△ 2△	730 1440 2910	167	104	135	36/26	双层叠绕	1－φ0.55	140	1－7
JDO2－41－8/4/2	1.3 3.0 3.5	5.1 6.6 9.1	8 4 2	2Y 2△ 2△	730 1440 2920	210	136	110	36/33	双层叠绕	1－φ0.67	132	1－7
JDO2－42－8/4/2	1.5 4.5 5.0	5.9 9.9 12.8	8 4 2	2Y 2△ 2△	710 1420 2910	210	136	150	36/33	双层叠绕	1－φ0.74	104	1－7
JDO2－51－8/4/2	2.2 5.5 6.6	9.3 12.2 16.5	8 4 2	2Y 2△ 2△	710 1420 2910	245	160	140	36/33	双层叠绕	1－φ0.90	96	1－7
JDO2－52－8/4/2	3.0 6.5 8	10.9 13.7 19.1	8 4 2	2Y 2△ 2△	730 1420 2920	245	160	175	36/26	双层叠绕	1－φ1.04	78	1－7
JDO2－31－8/6/4	0.9 1.0 1.2	2.9 3.1 2.8	8 6 4	2Y 2Y 2Y	700 950 1390	167	114	95	36/33	双层叠绕	1－φ0.55	190	1－6
JDO2－32－8/6/4	1.3 1.5 1.8	4.2 4.7 4.2	8 6 4	2Y 2Y 2Y	700 950 1390	167	114	135	36/33	双层叠绕	1－φ0.67	122	1－6
JDO2－41－8/6/4	2.0 2.2 2.8	6.6 7.1 6.1	8 6 4	2Y 2Y 2Y	720 970 1420	210	148	110	36/33	双层叠绕	1－φ0.77	106	1－6

续表

型　号	功率 (kW)	电流 (A)	极数	接法	转速 (r/min)	定子铁芯 (mm) 外径	内径	长度	定、转子槽数 Z_1/Z_2	定子绕组 绕组型式	线规 (mm)	线圈匝数	线圈节距
JDO2－42－8/6/4	2.6 2.8 3.8	7.9 8.4 8.0	8 6 4	2Y 2Y 2Y	720 970 1410	210	148	140	36/33	双层叠绕	1－ϕ0.90	84	1－6
JDO2－51－8/6/4	3.5 3.5 5.0	10.4 10.2 10.4	8 6 4	2Y 2Y 2Y	720 960 1400	245	174	130	36/33	双层叠绕	1－ϕ1.04	72	1－6
JDO2－52－8/6/4	4.5 5.0 7.0	13.4 14.5 14.4	8 6 4	2Y 2Y 2Y	730 980 1430	245	174	170	36/33	双层叠绕	1－ϕ1.16	56	1－6
JDO2－61－8/6/4	5 7 9	14.9 21 19.2	8 6 4	2Y 2Y 2Y	730 980 1450	280	200	185	36/33	双层叠绕	1－ϕ1.35	48	1－6
JDO2－62－8/6/4	8 8 11	23.2 23 21.7	8 6 4	2Y 2Y 2Y	730 980 1450	280	200	220	36/33	双层叠绕	2－ϕ1.16	38	1－6
JDO2－71－8/6/4	10 10 15	28.7 28.4 30.1	8 6 4	2Y 2Y 2Y	730 985 1450	327	230	200	36/33	双层叠绕	2－ϕ1.40	36	1－6
JDO2－72－8/6/4	13 13 19	37 36.5 37.7	8 6 4	2Y 2Y 2Y	735 985 1465	327	230	250	36/33	双层叠绕	2－ϕ1.30 1－ϕ1.35	28	1－6
JDO2－52－10/8/6/4	2.5 3.0 3.0 4.5	7.3 9.5 10.5 9.1	10 8 6 4	Y 2Y 2Y 2Y	580 725 980 1440	245	174	170	36/33	双层叠绕	1－ϕ1.04 1－ϕ0.93	38 60	1－4 1－6
JDO2－61－10/8/6/4	2.5 3.5 4.0 5.5	9.2 12 12.4 12.1	10 8 6 4	Y 2Y 2Y 2Y	580 730 980 1450	280	200	185	36/33	双层叠绕	1－ϕ1.08 1－ϕ1.04	30 48	1－4 1－6
JDO2－62－10/8/6/4	3.5 5.0 5.5 7.5	12.4 15.7 15.8 16.8	10 8 6 4	Y 2Y 2Y 2Y	578 730 985 1445	280	200	220	36/33	双层叠绕	1－ϕ1.35 1－ϕ1.12	26 44	1－4 1－6
JDO2－72－10/8/6/4	6.5 8.5 10 13	21 26 30 28	10 8 6 4	Y 2Y 2Y 2Y	580 735 980 1460	327	230	250	36/33	双层叠绕	2－ϕ1.30 1－ϕ1.56	18 30	1－4 1－6
JDO2－61－12/8/6/4	2.2 3.5 4 5.5	8 11 8.9 12.5	12 8 6 4	△ △ 2Y 2Y	480 730 960 1460	280	200	175	55/44	双层叠绕	1－ϕ0.83 1－ϕ0.93 1－ϕ0.83 1－ϕ0.93	52 32 52 32	1－6 1－8 1－6 1－8
JDO2－62－12/8/6/4	3 5 5.5 7.5	10.9 14 11.6 15.8	12 8 6 4	△ △ 2Y 2Y	475 730 960 1460	280	200	200	55/44	双层叠绕	1－ϕ1.0	42 28 42 28	1－6 1－8 1－6 1－8

附表 1-5　　JDO2 系列变极多速三相异步电动机技术数据（方案 2）

型　号	功率 (kW)	电流 (A)	极数	接法	转速 (r/min)	定子铁芯 (mm)			定、转子 槽数 Z_1/Z_2	定　子　绕　组			
						外径	内径	长度		绕组型式	线规 (mm)	线圈 匝数	线圈 节距
JDO2-21-4/2	0.45 0.6	1.32 1.5	4 2	△ 2Y	1450 2890	145	90	70	36/27	双层叠绕	1-ϕ0.41	162	1-10
JDO2-22-4/2	0.75 1	2.02 2.38	4 2	△ 2Y	1430 2870	145	90	100	36/27	双层叠绕	1-ϕ0.49	120	1-10
JDO2-31-4/2	1.3 1.7	3.15 3.85	4 2	△ 2Y	1450 2880	167	104	100	36/26	双层叠绕	1-ϕ0.69	106	1-10
JDO2-32-4/2	2.1 2.8	4.91 6.20	4 2	△ 2Y	1450 2880	167	104	100	36/26	双层叠绕	1-ϕ0.86	74	1-10
JDO2-52-4/2	5.2 7.0	11.1 14.9	4 2	△ 2Y	1460 2880	245	150	140	36/26	双层叠绕	1-ϕ1.40	46	1-10
JDO2-62-4/2	10 13	21.8 26	4 2	△ 2Y	1450 2870	280	150	160	36/26	双层叠绕	2-ϕ1.45	36	1-10
JDO2-21-8/4	0.25 0.37	1.11 0.9	8 4	△ 2Y	690 1400	145	90	70	36/27	双层叠绕	1-ϕ0.35	290	1-6
JDO2-21-8/4	0.3 0.75	1.72 1.95	8 4	△ 2Y	680 1360	145	94	90	36/26	双层叠绕	1-ϕ0.41	190	1-6
JDO2-22-8/4	0.45 0.75	2.04 1.8	8 4	△ 2Y	680 1360	145	94	110	36/26	双层叠绕	1-ϕ0.49	156	1-6
JDO2-32-8/4	0.7 1.2	2.5 2.65	8 4	△ 2Y	685 1365	167	104	140	36/34	双层叠绕	1-ϕ0.64	136	1-6
JDO2-32-8/4	1.0 1.5	3.4 3.6	8 4	△ 2Y	685 1370	167	104	140	36/34	双层叠绕	1-ϕ0.64	120	1-6
JDO2-41-8/4	1.5 2.2	5 4.88	8 4	△ 2Y	710 1410	210	136	100	48/38	双层叠绕	1-ϕ0.77	92	1-8
JDO2-42-8/4	2.0 3.0	6.3 6.46	8 4	△ 2Y	710 1410	210	136	130	48/38	双层叠绕	1-ϕ0.90	70	1-8
JDO2-51-8/4	1.5 2.5	4.6 5.9	8 4	△ 2Y	720 1430	245	174	80	48/44	双层叠绕	1-ϕ0.80	88	1-7
JDO2-52-8/4	2.5 3.5	7.3 7.9	8 4	△ 2Y	720 1430	245	174	110	48/44	双层叠绕	1-ϕ0.96	62	1-7
JDO2-61-8/4	3.5 5.0	8.8 10.3	8 4	△ 2Y	720 1460	280	200	120	48/44	双层叠绕	1-ϕ1.16	56	1-7
JDO2-62-8/4	5 7	12.3 14.2	8 4	△ 2Y	720 1460	280	200	160	48/44	双层叠绕	1-ϕ1.35	42	1-7
JDO2-71-8/4	7 10	16 19.2	8 4	△ 2Y	720 1460	328	230	125	54/44	双层叠绕	1-ϕ1.45	34	1-8
JDO2-72-8/4	10 14	22.6 26.5	8 4	△ 2Y	720 1460	328	230	175	48/44	双层叠绕	2-ϕ1.20	28	1-7
JDO2-61-12/6	2 3.5	6.3 7.18	12 6	△ 2Y	480 970	280	200	120	54/63	双层叠绕	1-ϕ1.04	74	1-6
JDO2-62-12/6	3 5	9.45 10.25	12 6	△ 2Y	480 970	280	200	160	54/63	双层叠绕	1-ϕ1.16	52	1-6
JDO2-71-12/6	4.5 7	13 14.5	12 6	△ 2Y	480 970	328	230	125	54/44	双层叠绕	1-ϕ1.20	50	1-6

续表

型　号	功率 (kW)	电流 (A)	极数	接法	转速 (r/min)	定子铁芯 (mm)			定、转子 槽数 Z_1/Z_2	定　子　绕　组			
						外径	内径	长度		绕组型式	线规 (mm)	线圈 匝数	线圈 节距
JDO2-72-12/6	6.5 10	18 20	12 6	△ 2Y	480 970	328	230	175	54/44	双层叠绕	1-ϕ1.40	36	1-6
JDO2-31-6/4/2	0.6 0.75 1	1.91 2.1 2.8	6 4 2	Y △ 2Y	965 1470 2940	167	104	100	36/27	双层叠绕	1-ϕ0.55 1-ϕ0.44	80 114	1-6 1-10
JDO2-32-6/4/2	1 1.3 1.7	2.84 3.4 4.25	6 4 2	Y △ 2Y	965 1470 2940	167	104	125	36/27	双层叠绕	1-ϕ0.67 1-ϕ0.55	57 88	1-6 1-10
JDO2-41-8/4/2	0.5 1.2 1.5	2.66 2.92 3.12	8 4 2	2Y 2△ 2△	730 1440 2920	210	136	120	36/26	双层叠绕	1-ϕ0.64	158	1-7 1-13
JDO2-42-8/4/2	1.1 1.7 2.2	4.08 4 4.9	8 4 2	2Y 2△ 2△	710 1420 2910	210	136	140	36/26	双层叠绕	1-ϕ0.72	124	1-7 1-13
JDO2-52-8/4/2	1.8 4 4.5	6.5 9.0 9.6	8 4 2	2Y 2△ 2△	730 1450 2920	245	162	140	36/46	双层叠绕	1-ϕ0.96	102	1-7 1-13
JDO2-51-8/6/4	1.2 1.75 2.1	4.2 4.87 5.0	8 6 4	△ Y 2Y	730 960 1400	245	174	80	36/44	双层叠绕	1-ϕ0.72 1-ϕ0.96	122 52	
JDO2-62-8/6/4	3.5 4.5 5.0	9.1 10.2 10.5	8 6 4	△ Y 2Y	730 980 1450	280	200	150	60/48	双层叠绕	1-ϕ1.3 1-ϕ1.0	18 42	1-10 1-9
JDO2-71-8/6/4	5 6.5 7.0	12.3 13.8 14.7	8 6 4	△ Y 2Y	730 985 1450	328	230	125	54/44	双层叠绕	1-ϕ1.12 1-ϕ1.56	40 20	1-8
JDO2-72-8/6/4	7 9 10	17.3 18.5 19.8	8 6 4	△ Y 2Y	735 985 1465	328	230	175	54/44	双层叠绕	1-ϕ1.30 1-ϕ1.25	28 14	1-8
JDO2-61-8/4/12/6	2 3 1.3 2.5	5.8 6.9 4.9 5.8	8 4 12 6	△ 2Y △ 2Y	730 1460 480 960	280	200	120	60/34	双层叠绕	1-ϕ0.83 1-ϕ0.74	56 80	1-9 1-6
JDO2-62-8/4/12/6	3 4.5 2 3.5	8.1 10 7.4 8	8 4 12 6	△ 2Y △ 2Y	730 1460 475 960	280	200	160	60/34	双层叠绕	1-ϕ0.96 1-ϕ0.93	42 58	1-9 1-6
JDO2-71-8/4/12/6	4 6.5 3 5	10.7 14 9.3 11.2	8 4 12 6	△ 2Y △ 2Y	730 1460 475 960	328	230	125	54/44	双层叠绕	1-ϕ1.08 1-ϕ0.96	40 58	1-8 1-6
JDO2-72-8/4/12/6	6 9 4 7	15 18.3 12.4 14.6	8 4 12 6	△ 2Y △ 2Y	730 1460 475 960	328	230	175	54/44	双层叠绕	1-ϕ1.25 1-ϕ1.12	28 42	1-8 1-6

附表 1-6　　JDO 系列变极多速三相异步电动机技术数据

型　号	功率(kW)	电流(A)	极数	接法	转速(r/min)	定子铁芯(mm)			定、转子槽数 Z_1/Z_2	定　子　绕　组			
						外径	内径	长度		绕组型式	线规(mm)	线圈匝数	线圈节距
JDO-71-8/4	10 14	22.5 26.5	8 4	1△ 2Y	720 1450	328	230	175	54/44	双层叠绕	2-ϕ1.2	12	1-8
JDO-82-8/4	14 20	30.9 39.1	8 4	1△ 2Y	725 1450	429	310	120	54/44	双层叠绕	2-ϕ1.62	13	1-8
JDO-83-8/4	20 28	44 52.5	8 4	1△ 2Y	720 1450	429	310	220	60/58	双层叠绕	4-ϕ1.45	7	1-9
JDO-82-12/6	9 14	27 28	12 6	1△ 2Y	470 950	429	310	120	54/44	双层叠绕	2-ϕ1.35	18	1-6
JDO-83-12/6	12.5 20	32 39	12 6	1△ 2Y	480 970	429	310	180	54/44	双层叠绕	2-ϕ1.62	12	1-6
JDO-71-8/6/4	5 6.5 7	12.3 13.8 14.7	8 6 4	1△ 1Y 2Y	730 965 1460	328	230	125	54/44	双层叠绕	1-ϕ1.12 1-ϕ1.56 1-ϕ1.12	20 10 20	1-8 1-9 1-8
JDO-72-8/6/4	7 9 10	17.3 18.5 19.8	8 6 4	1△ 1Y 2Y	730 965 1460	328	230	220	54/44	双层叠绕	1-ϕ1.4 2-ϕ1.3 1-ϕ1.4	12 6 12	1-8 1-9 1-8
JDO-82-8/6/4	10 12.5 14	22 25 27.5	8 6 4	1△ 1Y 2Y	730 965 1460	429	310	120	54/44	双层叠绕	1-ϕ1.62 2-ϕ1.56 1-ϕ1.62	15 7 15	1-8 1-9 1-8
JDO-83-8/6/4	14 18 20	30 36 39	8 6 4	1△ 1Y 2Y	730 965 1460	429	310	180	54/44	双层叠绕	2-ϕ1.35 4-ϕ1.35 2-ϕ1.35	10 5 10	1-8 1-9 1-8
JDO-82-12/8/6/4	6 8.5 10 12.5	18.8 20.3 20.2 24.7	12 8 6 4	1△ 1△ 2Y 2Y	475 730 960 1460	429	310	120	54/44	双层叠绕	1-ϕ1.4 1-ϕ1.56 1-ϕ1.4 1-ϕ1.56	21 15 21 15	1-6 1-8 1-6 1-8
JDO2-83-12/8/6/4	8.5 11 14 18	25.6 25.6 27.7 35.1	12 8 6 4	1△ 1△ 2Y 2Y	480 730 965 1465	429	310	180	54/44	双层叠绕	2-ϕ1.2 2-ϕ1.3 2-ϕ1.2 2-ϕ1.3	14 10 14 10	1-6 1-8 1-6 1-8

附表 1-7　　JTD、YTD 系列电梯专用变极多速三相异步电动机技术数据

型　号	功率(kW)	电流(A)	极数	接法	定子铁芯(mm)			定、转子槽数 Z_1/Z_2	气隙(mm)	定　子　绕　组				
					外径	内径	长度			线规(mm)	线圈匝数	线圈节距	绕组型式	并联支路数
JTD-430-24/6	6.4	21.5	24 6	1Y 3Y	430	305	100	72/113	0.8	1-ϕ1.35 1-ϕ1.45	40 40	1-4 1-13	双层叠绕	1 3
JTD-430-24/6	7.5	23.7	24 6	1Y 3Y	430	305	125	72/113	0.8	1-ϕ1.56 1-ϕ1.56	32 32	1-13 1-13	双层叠绕	1 3
JTD-430-24/6	11.2	35	24 6	1Y 3Y	430	305	165	72/113	0.8	1-ϕ1.81 1-ϕ1.81	24 24	1-13	双层叠绕	1 3
JTD-560-24/6	15	41.1	24 6	1Y 2Y	560	410	135	72/113	0.8	1-ϕ1.81 2-ϕ1.81	22 14	1-13	双层叠绕	1 2
JTD-560-24/6	19	51.3	24 6	1Y 2Y	560	410	150	72/113	0.8	1-ϕ2.02 2-ϕ2.02	20 12	1-13	双层叠绕	1 2
JTD-333-24/6	6.4	18	24 6	1Y 2Y	340	230	100	72/86	0.7	1-ϕ1.56	36	1-10	双层叠绕	1 2

续表

型 号	功率(kW)	电流(A)	极数	接法	定子铁芯(mm)			定、转子槽数 Z_1/Z_2	气隙(mm)	定 子 绕 组				
					外径	内径	长度			线规(mm)	线圈匝数	线圈节距	绕组型式	并联支路数
JTD-333-24/6	7.5	21	24 6	1Y 2Y	340	230	120	72/86	0.7	1-ϕ1.62	32	1-10	双层叠绕	1 2
JTD-333-24/6	11.2	30	24 6	1Y 2Y	340	230	175	72/86	0.7	2-ϕ1.40	22	1-10	双层叠绕	1 2
JTD-430-24/6	15	41	24 6	1Y 2Y	440	305	145	72/113	1	3-ϕ1.62	22	1-10	双层叠绕	1 2
JTD-430-24/6	19	48.6	24 6	1Y 2Y	440	305	165	72/113	0.8	3-ϕ1.74	20	1-10	双层叠绕	1 2
YTD-225M-24/6	1.5 7.5	22 17	24 6	1Y 2Y	368	250	120	72/58	0.7	2-ϕ1.30	28	1-10	双层叠绕	1 2
YTD-225M2-24/6	2.3 11	32 24.8	24 6	1Y 2Y	368	250	180	72/58	0.7	3-ϕ1.25	20	1-10	双层叠绕	1 2

附表1-8　YCT系列（联合设计）电磁调速电动机技术数据

型 号	额定转矩(N·m)	调速范围(r/min)	调速变化率(不大于)	励磁线圈（直流）					轴承型号	拖动电动机	
				电压(V)	电流(A)	线规(mm)	匝数	铜质量(kg)		型号	功率(kW)
YCT112-4A YCT112-4B	3.60 4.91	1250～125 1250～125	3% 3%	 45.5	 1.01	 ϕ0.57	 1456	 1.22	205 204	Y801-4 Y802-4	0.55 0.75
YCT132-4A YCT132-4B	7.14 9.73	1250～125 1250～125	3% 3%	 48.4	 1.32	 ϕ0.63	 1296	 1.5	205 306	Y90S-4 Y90L-4	1.11 1.5
YCT160-4A YCT160-4B	14.12 19.22	1250～125 1250～125	3% 3%	 53.8	 1.51	 ϕ0.71	 1350	 2.32	206 307	Y100L1-4 Y100L2-4	2.2 3
YCT180-4A	25.20	1250～125	3%	80	1.19	ϕ0.71	1534	2.96	306 307	Y112M-4	4
YCT200-4A YCT200-4B	35.10 47.75	1250～125 1250～125	3% 3%	 72	 1.63	 ϕ0.83	 1400	3.85	309 308	Y132S-4 Y132M-4	5.5 7.5
YCT225-4A YCT225-4B	69.13 94.33	1250～125 1250～125	3% 3%	 80	 1.91	 ϕ0.9	 1355	5.49	309 310	Y160M-4 Y160L-4	11 15
YCT250-4A YCT250-4B	115.75 137.29	1320～132 1320～132	3% 3%	 70	 2.88	 ϕ1.02	 1104	6.54	312 311	Y180M-4 Y180L-4	18.5 22
YCT280-4A	189.26	1320～132	3%	80	2.46	ϕ1.16	1326	9.41	312 313	Y200L-4	30
YCT315-4A YCT315-4B	232.41 282.43	1320～132 1320～132	3% 3%	 73	 3.39	 ϕ1.2	 1100	 10.4	314 313	Y225S-4 Y225M-4	37 45

注　一个机座号内有两个规格的励磁数据。联合设计时未曾计算。后来各厂设计的可能有出入，但也可用同一励磁线圈，仅电流略小。

附表1-9　JZTT系列电磁调速电动机技术数据（双速4/6极）

型 号	额定转矩(N·m)	调速范围(r/min)	调速变化率(不大于)	励磁线圈（直流）				轴承型号	拖动电动机（4/6极）					
				电压(V)	电流(A)	线规(mm)	匝数		功率(kW)	定子槽数	线规(mm)	匝数	线圈节距	接法
								306	1.1	36	1-ϕ0.4	179	1-7	4Y/3Y
JZTT-21-4/6	7.06	1200～	2.5%	30	0.6	ϕ0.6	2088	307	0.75					
JZTT-21-4/6	9.61	700～60	2.5%	35	0.1	ϕ0.6	2088	307	1.5					
								32205	1.0	36	1-ϕ0.5	112	1-7	4Y/3Y
								307	2.2	36	1-ϕ0.5	112	1-7	4Y/3Y
JZTT-31-4/6	13.73	1200～	2.5%	45	0.6	ϕ0.5	2250	115	1.5					
JZTT-32-4/6	19.62	700～60	2.5%	65	0.1	ϕ0.63	2074	32208	3.0					
								32210	2.0	36	1-ϕ0.6	81	1-7	4Y/3Y

续表

型号	额定转矩（N·m）	调速范围（r/min）	调速变化率（不大于）	励磁线圈（直流）				轴承型号	拖动电动机（4/6极）					
				电压（V）	电流（A）	线规（mm）	匝数		功率（kW）	定子槽数	线规（mm）	匝数	线圈节距	接法
								308	4					
JZTT-41-4/6	25.51	1200～	2.5%	55	1.0	φ0.6	1827	115	2.7	36	1-φ0.71	86	1-7	4Y/3Y
JZTT-42-4/6	35.32	700～60	2.5%	58	2.0	φ0.8	1410	32208	5.5	36	1-φ0.85	64	1-7	4Y/3Y
								32212	3.7					
								309	7.5					
JZTT-51-4/6	47.09	1200～	2.5%	55	1.0	φ0.67	2016	119	5.0	36	1-φ1.0	64	1-7	4Y/3Y
JZTT-52-4/6	70.63	700～60	2.5%	58	2.0	φ0.83	1740	32208	11	36	1-φ1.18	44	1-7	4Y/3Y
								32213	7.5					
								311						
		1200～	2.5%					122	15	36			1-7	4Y/3Y
JZTT-61-4/6	94.18	700～60	2.5%	65	1.4	φ0.8	1924	32210	10	36	1-φ1.4	37	1-7	4Y/3Y
								32215						
								314	22					
JZTT-71-4/6	137.34	1320～	2.5%	80	2.0	φ0.85	1360	132	15	36	2-φ1.18	33	1-7	4Y/3Y
JZTT-72-4/6	186.39	700～66	2.5%	90	3.2	φ1.06	1368	32222	30	36	2-φ1.35	25	1-7	4Y/3Y
								32313	20					
								314	40		4-φ1.5	6	1-14	
JZTT-81-4/6	245.25	1320～	2.5%	54	2.2	φ1.06	1224	132	26	72	3-φ1.45	9	1-11	2Y/1Y
JZTT-82-4/6	343.35	800～440	2.5%	70	3.2	φ1.18	1196	32226	55	72	5-φ1.56	5	1-15	2Y/1Y
								32314	37		4-φ1.45	7	1-11	
								317	75		4-φ1.56	7	1-16	
JZTT-91-4/6	470.88	1320～	2.5%	50	2.4	φ1.4	1638	134	50	72	3-φ1.56	9	1-11	2△/1Y
JZTT-92-4/6	627.84	800～440	2.5%	50	2.72	φ1.5	1638	32228	100	72	5-φ1.56	6	1-16	△/3Y
								32316	67		4-φ1.56	7	1-11	

附表 1-10　　JZT 系列（有失控）电磁调速电动机技术数据

型　号	额定转矩（N·m）	调速范围（r/min）	转速变化率（不大于）	励磁线圈（直流）					拖动电动机	
				电压（V）	电流（A）	线规（mm）	匝数	铜质量（kg）	型号	功率（kW）
JZT-31-4	13.7	1200～120	10%	50	1.1	1-φ0.51	2250	1.7	JO3-100S-4	2.2
JZT-32-4	19.6	1200～120	10%	55	1.6	1-φ0.64	2040	2.75	JO3-100L-4	3
JZT-41-4	25.5	1200～120	10%	50	1.2	1-φ0.55	2090	2.8	JO3-112S-4	4
JZT-42-4	35.3	1200～120	10%	45	1.6	1-φ0.74	1540	3.8	JO3-112L-4	5.5
JZT-51-4	47.1	1200～120	10%	60	1.6	1-φ0.64	2100	4	JO3-140S-4	7.5
JZT-52-4	70.6	1200～120	10%	65	2.1	1-φ0.74	1920	5	JO3-140M-4	11
JZT-61-4	94.2	1200～120	10%	60	1.3	1-φ0.8	1920	6.8	JO3-160S-4	15
JZT-71-4	137.3	1200～120	10%	52	1.5	1-φ0.86	1332	5.8	JO3-180S-4	22
JZT-72-4	186.4	1200～120	10%	50	1.6	1-φ1.04	1364	9.7	JO3-180M-4	30

附表 1-11　　JZT2 系列电磁调速电动机技术数据

型　号	额定转矩（N·m）	调速范围（r/min）	转速变化率（不大于）	励磁线圈（直流）				轴承型号	拖动电动机	
				电压（V）	电流（A）	线规（mm）	匝数		型号	功率（kW）
JZT2-12-4	4.9	1150～115	2.5%	50	1.01	1-φ0.53	1378	306 205	Y802-4	0.75
JZT2-22-4	9.8	1150～115	2.5%	40	1.1	1-φ0.63	1296	307 306	Y90L-4	1.5
JZT2-31-4	13.7	1200～120	2.5%	50	1.03	1-φ0.50	2250	307 207	Y100L1-4	2.2
JTZ2-32-4	19.6	1200～120	2.5%	55	1.55	1-φ0.63	2074	307 207	Y100L2-4	3.0
JTZ2-41-4	25.5	1200～120	2.5%	40	1.2	1-φ0.60	1327	308 208	Y112M-4	4.0

续表

型　号	额定转矩（N·m）	调速范围（r/min）	转速变化率（不大于）	励磁线圈（直流）				轴承型号	拖动电动机	
				电压（V）	电流（A）	线规（mm）	匝数		型号	功率（kW）
JZT2-42-4	35.3	1200～120	2.5%	45	1.4	1-ϕ0.67	1410	308 208	Y132S-4	5.5
JZT2-51-4	47.1	1200～120	2.5%	56	1.6	1-ϕ0.85	1540	32209 209	Y132M-4	7.5
JZT2-52-4	70.6	1200～120	2.5%	60	2.0	1-ϕ0.85	1540	32209 209	Y160M-4	11
JZT2-61-4	94.2	1200～120	2.5%	60	1.2	1-ϕ0.8	1924	32311 211	Y160L-4	15
JZT2-71-4	137.3	1200～120	2.5%	50	1.4	1-ϕ0.85	1360	32313 213	Y180L-4	22
JZT2-72-4	186.4	1200～120	2.5%	45	1.5	1-ϕ1.06	1360	32313 213	Y200L-4	30

附表1-12　　JZS2系列三相交流并励调速电动机技术数据（380V、50Hz）

型　号	铭牌主要数据				初　级　绕　组								
	功率（kW）	调速范围（r/min）	初级电压（V）	次级电压（V）	极数	槽数	线规（mm）	线圈匝数	线圈节距	并联支路数	每组线圈数	接法	线质量（kg）
JZS2-51-1	3-1	1410～470	380	26.5	6	36	2-ϕ1.3	21	1-6	1	2	Y	9.4
JZS2-51-2	4-0	2600～0	380	21	4	36	1-ϕ1.08 （1-ϕ1.06）	30	1-8	2	3	Y	4.8
JZS2-52-1	5-1.67	1410～470	380	37.1	6	36	3-ϕ1.2 （3-ϕ1.18）	15	1-6	1	2	Y串联	9.5
JZS2-52-2	7-1.7	2200～550	380	44.3	4	36	1-ϕ1.4	22	1-8	1	3	Y串联	7.1
JZS2-52-3	7.5～0	2650～0	380	28	4	36	1-ϕ1.4	22	1-8	2	3	Y串联	7.1
JZS2-61-1	10～3.3	1440～470	380	35.5	6	36	1-ϕ1.45	41	1-6	3	2	Y串联	13
JZS2-61-2	12～3	2200～550	380	67.1	4	36	2-ϕ1.4	20	1-8	2	3	Y串联	14
JZS2-61-3	15～5	1410～470	380	52.5	6	36	2-ϕ1.2 （2-ϕ1.18）	29	1-6	3	2	Y串联	14.5
JZS2-62-1	24～4	2400～400	380	51.6	4	36	3-ϕ1.5	11	1-8	2	3	Y串联	16.3
JZS2-71-1	17～0	1800～0	380	31	6	45	3-ϕ1.25	20	1-7	3	2、3、2、3	Y串联	21.2
JZS2-71-2	22～7.3	1410～470	380	61.5	6	45	3-ϕ1.25	20	1-7	3	2、3、2、3	Y串联	21.2
JZS2-8-1	30～10	1410～470	380	76	6	54	3-ϕ1.3	10	1-9	3	3	Y串联	17
JZS2-8-2	40～4	1600～160	380	50.6	6	54	3-ϕ1.45	10	1-9	3	3	Y串联	21
JZS2-8-3	40～13.3	1410～470	380	76	6	54	4-ϕ1.3	10	1-9	3	3	Y串联	21
JZS2-9-1	55～18.3	1050～350	380	56.7	8	48	4-ϕ1.3	16	1-6	4	2	Y串联	30.6
JZS2-9-2	60～6	1200～120	380	50.7	8	48	4-ϕ1.45 单玻漆包	14	1-6	4	2	Y串联	38
JZS2-9-3	75～25	1050～350	380	74.3	8	48	3-ϕ1.5 2-ϕ1.56 聚酯亚氨	14	1-6	4	2	Y串联	30.9 22.3
JZS2-10-1	100～33.3	1050～350	380	103.4	8	72	6-ϕ1.45 单玻聚氨酯	9	1-9	4	3	Y串联	59
JZS2-10-2	100～16.7	1200～200	380	72.5	8	72	6-ϕ1.45 单玻聚氨酯	9	1-9	4	3	Y串联	59
JZS2-10-3	125～41.7	1050～350	380	103.4	8	72	4-ϕ1.45 4-ϕ1.5	9	1-9	4	3	Y串联	38 40
JZS2-11-1	160～53.3	1050～350	380	104	8	72	8-ϕ1.5	9	1-9	4	3	Y串联	76

续表

型　号	次级（定子）绕组										调节绕组				
	相数	槽数	线圈数	每组线圈数	线圈匝数	并联支路数	线圈节矩	接法	线规（mm）	线质量（kg）	换向片数	换向器节距	接法	线圈数	每槽根数
JZS2－51－1	3	54	54	3	5	3	1－9	$\frac{180^\circ}{m_2}$	2－ϕ1.56	6	107	1－36	双波	108 $D=1$	3
JZS2－51－2	5	50	50	5	4	2	1－11	$\frac{180^\circ}{m_2}$	2－ϕ1.2（1－ϕ1.18）	3	108	1－2	单叠	108	3
JZS2－52－1	3	54	54	3	5	3	1－9	$\frac{180^\circ}{m_2}$	3－ϕ1.25	6.5	107	1－36	双波	108 $D=1$	3
JZS2－52－2	5	50	50	5	3	1	1－11	$\frac{360^\circ}{m_2}$	3－ϕ1.4	4.5	108	1－2	单叠	108	3
JZS2－52－3	5	50	50	5	4	2	1－10	$\frac{360^\circ}{m_2}$	2－ϕ1.35	4	108	1－2	单叠	108	3
JZS2－61－1	4	48	48	4	8	3	1－8	$\frac{360^\circ}{m_2}$	2－ϕ1.3 1－ϕ1.35	6.24 3.36	144	1－2	单叠	144	4
JZS2－61－2	6	48	48	4	10	2	1－12	$\frac{360^\circ}{m_2}$	2－ϕ1.4	10.7	144	1－2	单叠	144	4
JZS2－61－3	4	48	48	4	8	3	1－8	$\frac{360^\circ}{m_2}$	2－ϕ1.3 1－ϕ1.35	6	144	1－2	单叠	144	4
JZS2－62－1	6	48	48	4	4、5、4、5	2	1－10	$\frac{360^\circ}{m_2}$	4－ϕ1.45	11.5	144	1－3	双叠	144	4
JZS2－71－1	5	60	60	2	8	6	1－8	$\frac{180^\circ}{m_2}$	2－ϕ1.3	8.8	180	1－2	单叠	180	4
JZS2－71－2	5	60	60	2	15	6	1－9		1－ϕ1.56	12	180	1－2	单叠	180	4
JZS2－8－1	6	72	72	4	6	3	1－11	$\frac{360^\circ}{m_2}$	3－ϕ1.25	13.5	216	1－2	单叠	216	4
JZS2－8－2	6	72	72	4	4	3	1－11	$\frac{360^\circ}{m_2}$	3－ϕ1.62（1.6）	14.5	216	1－2	单叠	216	4
JZS2－8－3	6	72	72	4	6	3	1－11	$\frac{360^\circ}{m_2}$	3－ϕ1.35	14.6	216	1－2	单叠	216	4
JZS2－9－1	5	60	60	3	6	4	1－8	$\frac{360^\circ}{m_2}$	4－ϕ1.45 单玻漆包	21	240	1－3	双叠	240	5
JZS2－9－2	5	60	60	3	5	4	1－7	$\frac{360^\circ}{m_2}$	5－ϕ1.45 单玻漆包	22.4	240	1－3	双叠	240	5
JZS2－9－3	5	60	60	3	7	4	1－8	$\frac{360^\circ}{m_2}$	5－ϕ1.56	35.2	240	1－3	双叠	240	5
JZS2－10－1	7	84	84	3	5	2	1－10	$\frac{360^\circ}{m_2}$	6－ϕ1.45	37	360	1－3	双叠	360	5
JZS2－10－2	7	84	84	3	7	4	1－10	$\frac{360^\circ}{m_2}$	4－ϕ1.45 聚酰亚胺	35	360	1－3	双叠	360	5
JZS2－10－3	7	84	84	1、2、1、2	5	2	1－11	$\frac{180^\circ}{m_2}$	4－ϕ1.56 2－ϕ1.62	32.5 16.2	360	1－3	双叠	360	5
JZS2－11－1	7	84	84	3	10	4	1－10	$\frac{360^\circ}{m_2}$	4－ϕ1.56	54	360	1－3	双叠	360	5

型　号	调节绕组			放电绕组							换向器电刷			集电环电刷		
	节距	线规（mm）	线质量（kg）	换向器节距	接法	线圈数	每槽极数	线规（mm）	节距	线质量（kg）	牌号	尺寸（厚×宽×高）（mm）	块数	牌号	尺寸（厚×宽×高）（mm）	块数
JZS2－51－1	1－7	2.26×3.28（2.24×3.35）双玻	4.85	—	—	—	—	—	—	—	D376n	7×15×30	18	J164	6×25×40	3
JZS2－51－2	1－10	1.81×2.83 双玻	4.1	—	—	—	—	—	—	—	D376n	7×15×30	40	J164	6×25×40	3

续表

型号	调节绕组			放电绕组							换向器电刷			集电环电刷		
	节距	线规 (mm)	线质量 (kg)	换向器节距	接法	线圈数	每槽极数	线规 (mm)	节距	线质量 (kg)	牌号	尺寸 (厚×宽×高) (mm)	块数	牌号	尺寸 (厚×宽×高) (mm)	块数
JZS2-52-1	1-7	2.26×3.28 (2.24×3.35) 双玻	5.7	—	—	—	—	—	—	—	D376n	7×15 ×30	18	J164	6×25 ×40	3
JZS2-52-2	1-10	1.81×2.83 (1.8×2.8) 双玻	4.3	—	—	—	—	—	—	—	D376n	7×15 ×30	40	J164	6×25 ×40	3
JZS2-52-3	1-10		4.3	—	—	—	—	—	—	—	D376n	7×15 ×30	40	J164	6×25 ×40	3
JZS2-61-1	1-6	1.95×3.8 (2×3.75) 双玻	7.5	—	—	—	—	—	—	—	D376n	7×15 ×30	48	J164	8×25 ×40	6
JZS2-61-2	1-9		9	—	—	—	—	—	—	—	D376n	7×15 ×30		J164	8×25 ×40	6
JZS2-61-3	1-6		8.2	—	—	—	—	—	—	—	D376n	7×15 ×30		J164	8×25 ×40	6
JZS2-62-1	1-10 (3根) 1-11 (1根)	1.95×3.05 (2×3) 双玻	8.3	1-2	单叠	72	2	1-ϕ1.68 (1-ϕ1.70) 单玻漆	1-4	0.6	D376n	7×20 ×30		J164	8×25 ×40	6
JZS2-71-1	1-5	1.95×44 (2×4.5) 双玻	11.9	—	—	—	—	—	—	—	D376n	7×15 ×30	60	J164	8×25 ×40	6
JZS2-71-2	1-5		11.9	—	—	—	—	—	—	—	D376n	7×15 ×30	60	J164	8×25 ×40	6
JZS2-8-1	1-10 (3根) 1-11 (1根)	1.35×4.4 (1.32×4.5) 双玻	12	1-2	单叠	108	2	1-ϕ1.56 单玻漆	1-4	1.5	D376n	7×20 ×30	72	J164	12×32 ×40	6
JZS2-8-2 JZS2-8-3	1-10 (3根) 1-11 (1根)	1.56×4.4 (1.6×4.5) 双玻	14	1-2	单叠	108	2	1-ϕ1.56 单玻漆	1-4	1.5	上海 电碳 制品 厂生 产	7×20 ×30	72	上海 电碳 制品 厂生 产	12×32 ×40	6
			14	1-2	单叠	108	2		1-4	1.5		7×20 ×30	72			6
JZS2-9-1 JZS2-9-2 JZS2-9-3	1-7 (4根) 1-8 (1根)		16	1-2	单叠	240	5		1-3	4		7×20 ×30	120		16×32 ×40	6
		1.95×4.4 (2×4.5) 双玻	20.5	1-2	单叠	240	5		1-3	4		7×20 ×30	120		16×32 ×40	6
			20.8	1-2	单叠	240	5		1-3	4		7×20 ×30	120		16×32 ×40	6
JZS2-10-1	1-10 (4根) 1-11 (1根)	1.35×4.4 (1.32×4.5) 双玻	22.5	1-2	单叠	360	5	1-ϕ1.68 (1-ϕ1.7) 单玻漆	1-4	6.5		7×15 ×30	168		16×32 ×40	12 12
JZS2-10-2		1.56×4.4 (1.6×4.5) 双玻	25	1-2	单叠	360	5		1-4	6.5		7×15 ×30	168		16×32 ×40	12
JZS2-10-3			25	1-2	单叠	360	5		1-4	6.5		7×15 ×30	168		16×32 ×40	12
JZS2-11-1		1.95×4.4 (2×4.5) 双玻	32	1-2	单叠	360	5		1-4	6.5		7×15 ×30	168		16×32 ×40	12

注　1. “线视”一列中，括号内数值是等效新线规。
2. 调节绕组“线圈数”一列中，D=1是表示虚设线圈一只（即假元体），线圈二头均不与换向器相联。
3. “线规”一列中，除注明材质外，全为聚酯漆包线。
4. 表中所列为上海先锋电机厂产品规格。

附表1-13　　JZS2系列三相交流并励调速电动机初级绕组数据

型号	功率（kW）	调速范围（r/min）	极数	槽数	线圈数	每组圈数	每圈匝数	并联路数	节距	联接	线规 ϕ（mm）	线重（kg）
JZS2-51-1	3～1	1410～470	6	36	36	2	21	1	1-6	Y	2-1.3 1.08（1.06）	9.4
JZS2-51-2	4～0	2600～0	4	36	36	3	30	2	1-8		3-1.2 （3-1.16）	4.8
JZS2-52-1	5～1.67	1410～470	6	36	36	2	15	1	1-6			9.5
JZS2-52-2	7～1.7	2200～550	4	36	36	3	22	1	1-8	Y串联（为图9-40联结）	1-1.4	7.1
JZS2-52-3	7.5～0	2650～0	4	36	36	3	22	2	1-8		1-1.4	7.1
JZS2-61-1	10～3.3	1410～470	6	36	36	2	41	3	1-6		1-1.45	13
JZS2-61-2	12～3	2200～550	4	36	36	3	20	2	1-8		2-1.4	14
JZS2-61-3	15～5	1410～470	6	36	36	2	29	3	1-6		2-1.2（1.16）	14.5
JZS2-62-1	24～4	2400～400	4	36	36	3	11	2	1-8		3-1.5	16.3
JZS2-71-1	17～0	1800～0	6	45	45	2，3 2，3	20	3	1-7		3-1.25	21.2
JZS2-71-2	22～7.3	1410～470	6	4.5	45	2，3 2，3	20	3	1-7	Y串联（为图9-40联结）	3-1.25	21.2
JZS2-8-1	30～10	1410～470	6	54	54	3	10	3	1-9		3-1.3	17
JZS2-8-2	40～4	1600～160	6	54	54	3	10	3	1-9		3-1.45	21
JZS2-8-3	40～13.3	1410～470	6	54	54	3	10	3	1-9		4-1.45	21
JZS2-9-1	55～18.3	1050～350	8	48	48	2	16	4	1-6		4-1.3	30.6
JZS2-9-2	60～6	1200～120	8	48	48	2	14	4	1-6		4-1.45	38
JZS2-9-3	75～25	1050～350	8	48	48	2	14	4	1-6		3-1.5 （3-1.56）	30.9 22.3
JZS2-10-1	100～33.3	1050～350	8	72	72	3	9	4	1-9		6-1.45	59
JZS2-10-2	100～16.7	1200～200	8	72	72	3	9	4	1-9		6-1.45	59
JZS2-10-3	125～41.7	1050～350	8	72	72	3	9	4	1-9		4-1.45 4-1.5	38 40
JZS2-11-1	100～53.3	1050～350	8	72	72	3	9	4	1-9		8-1.5	76

附表1-14　　JZS2系列三相交流并励调速电动机次级绕组数据

型　号	功率（kW）	相数	槽数	线圈数	每组圈数	每圈匝数	并联路数	节距	联接	线规 ϕ（mm）	线重（kg）
JZS2-51-1	3～1	3	54	54	3	5	3	1-9	180°/m_2	2-1.56	6
JZS2-51-2	4～0	5	50	50	5	4	2	1-11		2-1.2 （1.18）	3
JZS2-52-1	5～1.67	3	54	54	3	5	3	1-9		3-1.25	6.5
JZS2-52-2	7～1.7	5	50	50	5	3	1	1-11	360°/m_2	3-1.4 2-1.35 2-1.3 1-1.35 2-1.4 2-1.3 1-1.35	4.5 4 6.24 3.36 10.7 6
JZS2-52-3	7.5～0	5	50	50	5	4	2	1-10			
JZS2-61-1	10～3.3	4	48	48	4	8	2	1-8			
JZS2-61-2	12～3	6	48	48	4	10	3	1-12			
JZS2-61-3	15～5	4	48	48	4	8	2	1-8			
JZS2-62-1	24～4	6	48	48	4	4.5 4.5	2	1-10	360°/m_2	4-1.45	11.5
JZS2-71-1	17～0	5	60	60	2	8	6	1-8	180°/m_2	2-1.3	8.8
JZS2-71-2	22～7.3	5	60	60	2	15	6	1-9		1-1.56	12

续表

型　号	功率 (kW)	相数	槽数	线圈数	每组 圈数	每圈 匝数	并联 路数	节距	联接	线规 φ (mm)	线重 (kg)
JZS2-8-1	30～10	6	72	72	4	6	3	1-11		3-1.25	13.5
JZS2-8-2	40～4	6	72	72	4	4	3	1-11		3-1.62 (1.6)	14.5
JZS2-8-3	40～13.3	6	72	72	4	6	3	1-11	$\frac{360^\circ}{m_2}$	3-1.35	14.6
JZS2-9-1	55～18.3	5	60	60	3	6	4	1-8		4-1.45①	21
JZS2-9-2	60～6	5	60	60	3	5	4	1-7		5-1.45①	22.4
JZS2-9-3	75～25	5	60	60	3	7	4	1-8		5-1.56	35.2
JZS2-10-1	100～33.3	7	84	84	3	5	2	1-10	$\frac{180^\circ}{m_2}$	6-1.45	37
JZS2-10-2	100～16.7	7	84	84	3	7	4	1-10		4-1.45②	35
JZS2-10-3	125～41.7	7	84	84	1.2 1.2	5	2	1-11	$\frac{360^\circ}{m_2}$	4-1.56 2-1.62 (1.6)	33.5 16.2
JZS2-11-1	160～53.3	7	84	84	3	10	4	1-10		4-1.56	54

① 单玻漆包线。

② 聚酯亚胺漆包线，其余为高强度漆包线。

附表1-15　　JZS2系列三相交流并励调速电动机调节绕组数据

型号	换向 片数	换向 片节距	接法	线圈数	每槽根数	节距	线规 (mm)（$n—a\times b$）	线重 (kg)
JZS2-51-1	107	1～36	双波	108 $D=1$		1-7	2.26×3.28 (2.24×3.53)	4.85
JZS2-51-2	108	1～2	重叠	108		1-10	1.81×2.83	4.1
JZS2-52-1	107	1～36	双波	108 $D=1$	3	1-7	2.26×3.28 (2.24×3.53)	5.7
JZS2-52-2	108			108		1-10	1.81×2.83	4.3
JZS2-52-3	108					1-10	(1.8×2.8)	4.3
JZS2-61-1	144	1～2	单叠	144		1-6	1.95×3.8 (2×3.75)	7.5
JZS2-61-2					4	1-9		9
JZS2-61-3						1-6		8.2
JZS2-62-1		1～3	双叠			1-10（3根） 1-11（1根）	1.95×3.05 (2×3)	8.3
JZS2-71-1	180		单叠	180	4	1-5	1.95×4.4	11.9
JZS2-71-2						1-5	(2×4.5)	11.9
JZS2-8-1		1～2					1.35×4.4 (1.32×4.5)	12
JZS2-8-2	216			216	4	1-10（3根） 1-11（1根）		
JZS2-8-3								14
JZS2-9-1							1.56×4.4 (1.6×4.5)	14
JZS2-9-2	246			240		1-7（4根） 1-8（1根）		16
JZS2-9-3			双叠				1.95×4.4 (2×4.5)	20.5 20.8
JZS2-10-1		1～3			5		1.35×4.4 (1.32×4.5)	22.5
JZS2-10-2	360			360		1-10（4根） 1-11（1根）	1.56×4.4 (1.6×4.5)	25
JZS2-10-3								25
JZS2-11-1							1.95×4.4 (2×4.5)	32

注　线规栏中 $a\times b$ 扁铜导体均为双玻璃丝包扁铜线。

附表 1－16　　JZS2系列三相交流并励调速电动机放电绕组数据

型　号	放　电　绕　组							换向器上电刷			集电环上电刷		
	y_K	联结	线圈数	每极槽数	线规 ϕ (mm)	节距	线重 (kg)	牌号	尺寸 (mm) $\delta\times b\times h$	块数	牌号	尺寸 (mm) $\delta\times b\times h$	块数
JZS2－51－1	—	—	—	—	—	—	—	D376n	7×15×30	18	J164	6×25×40	3
JZS2－51－2										40			
JZS2－52－1										18			
JZS2－52－2										40			
JZS2－52－3													
JZS2－61－1										40		8×25×40	6
JZS2－61－2													
JZS2－61－3													
JZS2－62－1	1－2	单叠	72	2	ϕ1.68 (ϕ1.7)	1－4	0.6		7×20×30				
JZS2－71－1	—	—	—	—	—	—	—		7×20×30	60			
JZS2－71－2													
JZS2－8－1	1－2	单叠	108	2	ϕ1.56 单玻浸漆圆铜线	1－4	1.5	上海电碳制品厂产品		72		12×32×40	6
JZS2－8－2													
JZS2－8－3													
JZS2－9－1			240	5		1－3	4			120		16×32×40	6
JZS2－9－2													
JZS2－9－3													
JZS2－10－1			360	5	ϕ1.68 (ϕ1.7) 单玻漆	1－4	6.5		7×15×30	168			12
JZS2－10－2													
JZS2－10－3													
JZS2－11－1													

注　表中 $\delta\times b\times h$ 为厚×宽×高。

附表 1－17　　三相交流换向器电动机空载电气数据（380V）

容量（kW）	空载主电流（A）		空载副电流（A）		空载调速（r/min）	
	高速	低速	高速	低速	高速	低速
3/1	4～5.5	2.5～3.5	2～6	8～15	1500～1530	570～580
4/1	3.5～4.5	3～4	3～8	5～10	3000～3050	
5/1.67	5～7	3.3～4.5	6～10	15～28	1500～1520	570～580
7/1.7	6～9	3.5～5	2～5	12～20	2300～2400	640～650
7.5/0	5～8	4.5～6.5	4.5～8	4～10	3000～3200	
10/3.3	8.5～11	4.5～5.5	6～10	25～40	1500～1520	560～580
12/3	7～10	3～5	3～6	25～30	2300～2400	600～680
15/5	8～12	2～4	4～8	30～45	1500～1520	570～590
24/4	20～30	8～13	7～15	55～75	2500～2600	530～550
17/0	8～14	8～10	10～20	8～18	1900～2000	
22/7.3	15～20	4～6	5～9	45～60	1500～1520	570～580
30/10	15～20	4～8	3～7	40～50	1500～1510	570～580
40/4	35～45	20～25	13.5～25	105～120	1680～1740	220～280
40/13.3	25～35	6～10	8～15	65～85	1480～1500	570～580

附录2　中小型交流发电机技术数据

附表 2-1　　T2 系列小型三相同步发电机技术数据（400V、50Hz）

型号	额定功率（kW）	定子铁芯（mm）				气隙（mm）	定子绕组					励磁绕组		
		外径	内径	长度	槽数		绕组型式	节距	线规（mm）	每槽导体数	并联支路数	线规（mm）	每极匝数	线圈数
T2-160S1	3	270	190	57	36	0.5	双层叠绕	1-8	1-φ0.9	42	1	1-φ1.16	290	4
T2-160S2	5	270	190	90	36	0.5	双层叠绕	1-8	1-φ1.16	26	1	1-φ1.30	230	4
T2-180S1	10	300	210	120	36	0.65	双层叠绕	1-8	2-φ1.16	18	1	1.25×2.26	147	4
T2-180S2	12	300	210	135	36	0.65	双层叠绕	1-8	2-φ1.25	16	1	1.25×2.26	155	4
T2-200S	20	350	245	155	36	0.75	双层叠绕	1-8	1-φ1.56	22	2	1.81×3.28	95	4
T2-200M	24	350	245	190	36	0.75	双层叠绕	1-8	2-φ1.25	18	2	1.81×3.28	95	4
T2-200L	30	350	245	225	36	0.75	双层叠绕	1-8	1-φ1.35	30	4	1.81×3.28	99	4
T2-225M	40	385	270	210	48	1.1	双层叠绕	1-10	2-φ1.62	12	2	1.95×3.53	115	4
T2-225L	50	385	270	250	48	1.1	双层叠绕	1-10	3-φ1.45	10	2	1.95×3.53	115	4
T2-250M	64	430	290	240	60	1.1	双层叠绕	1-12	2-φ1.45	14	4	2-φ1.50	180	4
T2-250L	75	430	290	280	60	1.1	双层叠绕	1-12	4-φ1.56	6	2	2-φ1.50	180	4
T2-280S	90	498	330	255	60	1.25	双层叠绕	1-14	3-φ1.45	10	4	3-φ1.40	162	4
T2-280L	120	498	330	320	60	1.25	双层叠绕	1-14	7-φ1.50	4	2	3-φ1.40	162	
T2-350M	200	590	400	30+2×10	60	1.25	双层叠绕	1-13	6-φ1.50	6	4	4-φ1.35	180	

附表 2-2　　TSWN、TSN 系列 12～75kW 三相水轮发电机技术数据（400V、50Hz）

型号	额定功率（kW）	定子铁芯（mm）				气隙（mm）	定子绕组					励磁绕组		
		外径	内径	长度	槽数		绕组型式	节距	线规（mm）	每槽导体数	并联支路数	线规（mm）	每极匝数	线圈数
36.8/14-4	18	368	265	140	48	1.1	双层叠绕	1-11	1-φ1.50	20	2	1.56×3.28	111	4
36.8/20-4	26	368	265	200	48	1.1	双层叠绕	1-11	2-φ1.40	14	2	1.56×3.28	121	4
36.8/12.5-6	12	368	285	125	54	0.7	双层叠绕	1-9	1-φ1.30	28	2	1.56×3.28	77	6
36.8/16-6	18	368	285	180	54	0.7	双层叠绕	1-8	1-φ1.56	20	2	1.45×3.05	78	6

续表

型　号	额定功率(kW)	定子铁芯(mm)				气隙(mm)	定子绕组					励磁绕组		
		外径	内径	长度	槽数		绕组型式	节距	线规(mm)	每槽导体数	并联支路数	线规(mm)	每极匝数	线圈数
42.3/20.5-4	40	423	305	205	48	1.45	双层叠绕	1-11	3-ϕ1.40	12	2	2.83×4.1	69	4
42.3/27-4	55	423	305	270	48	1.45	双层叠绕	1-11	2-ϕ1.40	18	4	2.83×4.1	69	4
42.3/19-6	26	423	327	190	54	0.8	双层叠绕	1-9	2-ϕ1.35	16	2	1.56×3.28	90	6
42.3/25-6	40	423	327	250	54	0.8	双层叠绕	1-9	3-ϕ1.35	12	2	2.44×4.1	47	6
49.3/25-6	55	493	384	250	72	1.0	双层叠绕	1-11	3-ϕ1.30	12	3	2.44×4.1	61	6
49.3/30-6	75	493	384	300	72	1.0	双层叠绕	1-11	4-ϕ1.35	10	3	2.44×4.1	72	6
49.3/25-8	40	493	384	250	72	1.0	双层叠绕	1-9	3-ϕ1.35	10	2	2.44×4.1	46	8
49.3/30-8	55	493	384	300	72	1.0	双层叠绕	1-9	4-ϕ1.40	8	2	2.44×4.1	52	8

附表 2-3　TSWN、TSN 系列 125～630kW 三相同步发电机技术数据（400V、50Hz）

型　号	额定功率(kW)	定子铁芯(mm)				气隙(mm)	定子绕组					励磁绕组		
		外径	内径	长度	槽数		绕组型式	节距	线规(mm)	每槽导体数	并联支路数	线规(mm)	每极匝数	线圈数
74/29-6	200	740	560	290	72	3.5	双层叠绕	1-12	2-1.35×4.4	14	6	1.56×22	47.5	6
74/36-6	250	740	560	360	72	3.5	双层叠绕	1-10	2-1.68×4.4	12	6	1.56×22	47.5	6
74/29-8	160	740	590	290	84	2.6	双层叠绕	1-11	2-1.81×3.8	10	4	1.95×15.6	39.5	8
74/36-8	200	740	590	360	84	2.6	双层叠绕	1-11	2-2.26×3.8	8	4	1.95×15.6	39.5	8
74/29-10	125	740	590	290	84	2.0	双层叠绕	1-9	2-2.83×3.8	6	2	2.26×15.6	31.5	10
74/36-10	160	740	590	360	84	2.0	双层叠绕	1-8	4-1.81×3.8	5	2	2.26×15.6	32.5	10
85/31-6	320	850	620	310	72	3.5	双层叠绕	1-12	2-2.26×4.1	10	6	1.45×32	48.5	6
85/39-6	400	850	620	390	72	3.5	双层叠绕	1-12	2-2.38×4.1	8	6	1.45×32	49.5	6
85/31-8	250	850	660	310	84	2.6	双层叠绕	1-10	4-1.35×5.8	8	4	1.95×22	37.5	8
85/39-8	320	850	660	390	84	2.6	双层叠绕	1-11	4-1.81×5.8	6	4	1.95×22	39.5	8
85/31-10	200	850	660	310	84	2.2	双层叠绕	1-8	4-2.26×3.8	5	2	2.63×15.6	30.5	10
85/39-10	250	850	660	390	84	2.2	双层叠绕	1-9	4-3.05×3.8	4	2	2.63×15.6	30.5	10
85/31-12	160	850	700	310	108	2.0	双层叠绕	1-9	1-1.35×6.4	14	6	2.63×15.6	27.5	12
85/39-12	220	850	700	390	108	2.0	双层叠绕	1-8	1-1.81×6.4	12	6	2.63×15.6	27.5	12
85/31-14	125	850	700	310	108	1.8	双层叠绕	1-7	2-1.68×6.4	6	2	3.05×15.6	22.5	14
85/39-14	160	850	700	390	108	1.8	双层叠绕	1-8	4-1.08×6.4	4	2	3.05×15.6	24.5	14
99/37-6	500	990	705		72	4.5	双层叠绕	1-11	1-1.68×6.9	22	1	1.45×22	61.5	6
99/46-6	630	990	705		72	4.5	双层叠绕	1-11	1-2.1×6.9	18	1	1.45×22	62.5	6
99/37-8	400	990	740	370	84	3.0	双层叠绕	1-11	1-1.35×6.4	28	1	1.95×22	44.5	8
99/46-8	500	990	740	400	84	3.0	双层叠绕	1-11	1-1.81×6.4	18	1	1.95×22	44.5	8
99/37-10	320	990	740		84	2.5	双层叠绕	1-9	1-1.08×6.4	26	1	2.26×22	67.5	10

续表

型号	额定功率（kW）	定子铁芯（mm）				气隙（mm）	定子绕组					励磁绕组		
		外径	内径	长度	槽数		绕组型式	节距	线规（mm）	每槽导体数	并联支路数	线规（mm）	每极匝数	线圈数
99/46－10	400	990	740		84	2.5	双层叠绕	1－9	1－1.35×6.4	22	1	2.26×22	67.5	10
99/37－12	250	990	825		126	2.3	双层叠绕	1－11	1－2.1×6.9	10	6	1.95×22	40.5	12
99/46－12	320	990	825		126	2.3	双层叠绕	1－11	1－2.63×6.9	3	6	1.95×22	39.5	12
99/29－14	200	990	825		126	2.1	双层叠绕	1－9	1－1.45×6.9	14	7	1.95×22	33.5	14
99/37－14	250	990	825	290	126	2.1	双层叠绕	1－8	1－1.81×6.9	12	7	1.95×22	34.5	14
99/29－16	160	990	850	370	132	2.0	双层叠绕	1－8	1－1.95×6.9	10	4	2.26×15.6	32.5	16
99/37－16	200	990	850		132	2.0	双层叠绕	1－8	1－2.63×6.9	8	4	2.26×15.6	32.5	16
99/29－20	125	990	850		132	2.0	双层叠绕	1－7	1－1.56×6.9	12	4	3.05×15.6	34.5	20
99/37－20	160	990	850		132	2.0	双层叠绕	1－7	1－2.1×6.9	10	4	3.05×15.6	34.5	20

附表 2－4　TFW2/JWW（TZH2/JWX）系列无刷三相交流发电机技术数据

型号	中心高（mm）	额定功率（kW）	定子槽数 Z_1	定子主绕组						转子绕组			
				绕组型式	节距	线规（mm）	每组线圈匝数	绕组接法	并联支路数	线规（mm）	每极匝数	转子磁极形式	交流励磁机代号
180S	180	16	36	双层叠绕	1－8	2－ϕ1.18 1－ϕ1.12	6，7，7	Y	1	2－ϕ1.0	250	凸极式转子	1
180M	180	20	36	双层叠绕	1－8	4－ϕ1.12	5，6，5	Y	1	2－ϕ1.0	250	凸极式转子	1
180L	180	24	36	双层叠绕	1－8	3－ϕ1.12 2－ϕ1.06	4，5，5	Y	1	2－ϕ1.0	250	凸极式转子	2
200S	200	30	36	双层叠绕	1－8	3－ϕ1.12	11，11，11	Y	2	1－ϕ1.5	330	凸极式转子	2
200M	200	40	36	双层叠绕	1－8	4－ϕ1.12	8，9，9	Y	2	1－ϕ1.5	350	凸极式转子	3
200L	200	50	36	双层叠绕	1－8	4－ϕ1.25	7，8，7 8，7，8	Y	2	1－ϕ1.5	350	凸极式转子	3
225S	225	64	48	双层叠绕	1－11	3－ϕ1.25 2－ϕ1.30	4，5，5，5	Y	2	1－ϕ1.74	320	凸极式转子	3
225M	225	75	48	双层叠绕	1－11	6－ϕ1.25	4，5，4，4 —4，5，4，4	Y	2	1－ϕ1.90	284	凸极式转子	3
225L	225	100	48	双层叠绕	1－11	4－ϕ1.30 3－ϕ1.25	3，4，4，4 —4，4，4，4	Y	2	1－ϕ1.90	292	凸极式转子	4
280S	280	120	48	双层叠绕	1－11	6－ϕ1.25 4－ϕ1.18	3，4，3，4	Y	2	1－ϕ2.36	238	凸极式转子	4
280M	280	150	48	双层叠绕	1－11	12－ϕ1.25	2，3，3，3 —3，3，3，3	Y	2	1－ϕ2.36	240	凸极式转子	4

续表

型号	中心高 (mm)	额定功率 (kW)	定子槽数 Z_1	定子主绕组						转子绕组			
				绕组型式	节距	线规 (mm)	每组线圈匝数	绕组接法	并联支路数	线规 (mm)	每极匝数	转子磁极形式	交流励磁机代号
280L	280	200	48	双层叠绕	1-11	12-φ1.30 2-φ1.25	2，2，3，2 —2，2，3，2	Y	2	2×3.55	181	凸极式转子	5
315M	315	250	48	双层叠绕	1-11	3-φ1.30 7-φ1.25	4，4，4，4	Y	4	2×3.55	195	凸极式转子	5
315L	315	300	48	双层叠绕	1-11	4-φ1.30 8-φ1.25	3，4，4，3	Y	4	2×3.55	206	凸极式转子	5
400S	400	400	60	双层叠绕	1-13	8-φ1.40 6-φ1.30	2，3，3，3，3	Y	4	2×3.55	270	凸极式转子	6
400M	400	500	60	双层叠绕	1-13	13-φ1.40 4-φ1.30	2，2，2，2，3	Y	4	2×3.55	270	凸极式转子	6
400L1	400	560	60	双层叠绕	1-13	15-φ1.40 4-φ1.30	2，2，2，2，2	Y	4	2×3.55	272	凸极式转子	6
400L2	400	630	60	双层叠绕	1-13	23-φ1.30	2，2，2，2，2	Y	4	2×3.55	272	凸极式转子	6

附表 2-5　TFW2/JWW 系列三相发电机用交流励磁机绕组技术数据

主发电机型号	额定功率 (kW)	电枢槽数	电枢绕组						定子绕组				交流励磁机代号
			绕组型式	节距	线规 (mm)	线圈匝数	绕组接法	并联支路数	线规 (mm)	每极匝数及排列		定子绕组形式	
										每极匝数	排列		
180 S M L	0.75	18	单层叠式	1-4	2-φ0.85	35	Y	1	2-φ0.70	230	散绕	凸极式定子	1
200 S M L	0.80	18	单层叠式	1-4	2-φ0.85	32	Y	1	2-φ0.70	230	散绕	凸极式定子	2
225 S M L	1.50	18	单层叠式	1-4	1-φ0.80 1-φ0.85	37	Y	1	2-φ0.70	230	散绕	凸极式定子	3
280 S M L	2.80	30	单层叠式	1-4	1-φ1.25 1-φ1.18	21	Y	1	1-φ1.12	230	散绕	凸极式定子	4
315 M L	3.54	30	单层叠式	1-4	3-φ1.18	15	Y	1	1-φ1.12	230	散绕	凸极式定子	5
400 S M L1，2	4.45	30	单层叠式	1-4	1-φ1.18 2-φ1.12	16	Y	1	1-φ1.12	230	散绕	凸极式定子	6

附表 2-6　**TSWN、TSN 系列小容量水轮发电机（12～57kW）技术数据**

型号	额定功率（kW）	额定电压（V）	额定频率（Hz）	额定转速（r/min）	满载时 电流（A）	满载时 功率因数（滞后）	满载时 效率（%） TSWN 系列	满载时 效率（%） TSN 系列	满载时 励磁电压（V）	满载时 励磁电流（A）	空载励磁电流（A）	定子铁芯 外径（mm）	定子铁芯 内径（mm）	定子铁芯 长度（mm）	定子铁芯 槽数	定子铁芯 硅钢板牌号	磁极 极距（mm）	磁极 铁芯长度（mm）	气隙长度（mm）
TSWN 或 TSN 36.8/14-4	18	400	50	1500	32.5	0.8	85.1	84.2	32.2	24.5	9.73	368	265	140	48	0.5D21	208	140	1.1
TSWN 或 TSN 36.8/20-4	26				46.9		88.5	87.6	41.6	24	9.8			200				200	
TSWN 或 TSN 36.8/12.5-6	12			1000	21.7		84.3	83.5	27.9	23.7	8.8		285	125	54		149	125	0.7
TSWN 或 TSN 36.8/18-6	18				32.5		85.5	85	41.2	24.2	9.06			180				180	
TSWN 或 TSN 42.3/20.5-4	40			1500	72.2		88.3	87.4	24.7	51.2	19.5	423	305	205	48		240	210	1.45
TSWN 或 TSN 42.3/27-4	55				99.1		89.7	89	30.8	51.6	19.6			270				280	
TSWN 或 TSN 42.3/19-6	26			1000	46.9	8.8	87.5	86.8	42.4	23.7	8.32		327	190	54		171	190	0.8
TSWN 或 TSN 42.3/26-6	40				72.2		88.6	88	30	49.1	16.4			250				260	
TSWN 或 TSN 49.3/25-6	55				99.1		89.5	88.9	37	46.5	15.5	493	384	250	72		201	250	1.0
TSWN 或 TSN 49.3/30-6	75				135.5		91	90.4	43.3	40.6	13			300				300	
TSWN 或 TSN 49.3/25-8	40			750	72.2		88.2	87.8	36	47	18.6			250			151	250	
TSWN 或 TSN 49.3/30-8	55				99.1		89.5	89.1	45.6	45.5	17.1			300				310	

续表

型号	磁极冲片 (mm)						磁极压板 (mm)	磁轭内径 (mm)	定子绕组					励磁绕组		
	材料	极靴宽	极靴高	极身宽	极身高	极弧半径			线规 (QZ) n_c-d_c	每槽导体数	每相串联匝数	节距	并联支路数	槽斜度 (mm)	线规 (SEBCB) $a\times b$	每极匝数
TSWN 或 TSN 36.8/14-4	锻钢 45	140	24	75	44	128		75	1-ϕ1.56	20	80	1-11	2	17.35	1.56×3.28	111
TSWN 或 TSN 36.8/20-4					50				2-ϕ1.4	14	56					121
TSWN 或 TSN 36.8/12.5-6	1.5 钢板 A3	105	16	55	50.8	137.7	47×6		1-ϕ1.3	28	126	1-9		16.6		77
TSWN 或 TSN 36.8/18-6									1-ϕ1.56	20	90	1-8			1.45×3.05	78
TSWN 或 TSN 42.3/20.5-4	锻钢 45	160	27.1	80	53	146.4		90	3-ϕ1.4	12	48	1-11		20	2.83×4.1	69
TSWN 或 TSN 42.3/27-4								95	2-ϕ1.4	18	36		4			
TSWN 或 TSN 42.3/19-6	1.5 钢板 A3	120	20.7	62	52	157.1	54×6	90	2-ϕ1.35	16	72	1-9	2	19	1.56×3.28	90
TSWN 或 TSN 42.3/26-6								95	3-ϕ1.35	12	54				2.44×4.1	47
TSWN 或 TSN 49.3/25-6		136	23	70	60	183.7	62×6	105	3-ϕ1.3	12	48	1-11	3	16.75		61
TSWN 或 TSN 49.3/30-6									4-ϕ1.35	10	40					72
TSWN 或 TSN 49.3/25-8		112	22	62	60	180.4	54×6	105	3-ϕ1.35		60	1-9	2	16.75		46
TSWN 或 TSN 49.3/30-8									4-ϕ1.4	8	48					52

续表

型　号	参　数							定子线圈						定子铜重 (kg)
	定子电阻 (Ω)	励磁电阻 (Ω)	短路比	漏抗	直轴同步电抗	交轴同步电抗	电机常数	A	B	R	r	X	b	
			标幺值											
TSWN 或 TSN 36.8/14－4	0.278	0.81	0.775	0.055	1.8	1.502	65.6	178.5	165	18	3.5	34.4	6.8	6.35
TSWN 或 TSN 36.8/20－4	0.14	1.09	0.854	0.0455	1.79	1.22	64.7	179	225	17	3.75	34.3	7.7	8.32
TSWN 或 TSN 36.8/12.5－6	0.525	0.724	0.673	0.0655	1.946	0.961	67.7	135.1	150	17	3.9	22.2	7.2	5.74
TSWN 或 TSN 36.8/18－6	0.289	1.07	0.684	0.0542	1.96	0.96	65	117	205	18	3.5	17	6.81	6.6
TSWN 或 TSN 42.3/20.5－4	0.088	0.291	0.7	0.0594	2	0.944	57.2	204.7	235	17	3.2	42.3	7.4	11.78
TSWN 或 TSN 42.3/27－4	0.0561	0.354	0.7	0.0537	2.02	0.95	54.7	204.7	300	17	3	42.3	7.7	13.4
TSWN 或 TSN 42.3/19－6	0.18	1.128	0.6	0.0602	2.18	0.945	62.5	154.1	220	17	3.1	27.4	7.5	9.2
TSWN 或 TSN 42.3/25－6	0.1043	0.376	0.577	0.0637	2.404	1.039	53.5	154	280	17	3	27.6	7.5	11.9
TSWN 或 TSN 49.3/25－6	0.0693	0.497	0.541	0.0551	2.445	1.067	53.6	170.4	280	17	3.2	33	7.2	15.5
TSWN 或 TSN 49.3/30－6	0.0443	0.571	0.482	0.0573	2.738	1.188	47	170	330	17	3.1	33	7.5	20.5
TSWN 或 TSN 49.3/25－8	0.1105	0.475	0.707	0.055	1.75	0.92	55	136.3	280	17	3.8	22.3	7.5	12.7
TSWN 或 TSN 49.3/30－8	0.085	0.634	0.676	0.0555	1.866	0.971	48.3	136.2	330	17	3.75	22.3	7.7	16.2

续表

型号	磁极线圈																			磁极线圈数	转子铜重 (kg)
	n_1	n_2	n_3	n_4	m_1	m_2	m_3	m_4	B_1	B_2	B_3	B_4	H_1	H_2	H_3	H_4	L_1	L_2	A_1	A_2	R		
TSWN 或 TSN 36.8/14-4	1	1	3	2	18	17	16	14	3.73	3.73	11.2	7.46	36.1	34.1	32.1	28.1	200	148	131	79	14	4	9.85
TSWN 或 TSN 36.8/20-4	1	2	2	2	21	19	17	14	3.73	7.46	7.46	7.46	42.2	38.2	34.2	28.2	260	208	131	79	14	4	13.2
TSWN 或 TSN 36.8/12.5-6	1	2	1		23	19	16		3.73	7.5	3.73		46.1	38.1	32.1		175	145	89	59	10	6	8.83
TSWN 或 TSN 36.8/18-6	1	2	1		24	19	16		3.5	7	3.5		45.5	36	30.2		228	200	87	59	10	6	9.51
TSWN 或 TSN 42.3/20.5-4	1	2	2	1	13	12	11	10	4.6	9.2	9.2	4.6	43.4	40	36.8	33.4	273	218	139	84	14	4	18
TSWN 或 TSN 42.3/27-4	1	2	2	1	13	12	11	10	4.6	9.2	9.2	4.6	43.4	40	36.8	33.4	243	288	139	84	14	4	21.9
TSWN 或 TSN 42.3/19-6	3	1			24	18			11.2	3.72			48.1	36.1			240	210	96	66	10	6	13.7
TSWN 或 TSN 42.3/25-6	2	1			16	15			9.16	4.58			46.8	43.9			307.5	280	93.5	66	10	6	17.2
TSWN 或 TSN 49.3/25-6	2	2	1		17	10	7		9.2	9.2	4.6		49.7	29.3	20.5		316	270	120	74	10	6	22.7
TSWN 或 TSN 49.3/30-6	2	2	1		18	13	10		9.2	9.2	4.6		52.7	38	29.3		366	320	120	74	10	6	30.6
TSWN 或 TSN 49.3/25-8	2	1			17	12			9.2	4.6			49.7	35			298	270	94	66	10	8	21.7
TSWN 或 TSN 49.3/30-8	2	1	1		17	10	8		9.2	4.6	4.6		52.7	29.3	17.6		367	330	104	66	10	8	28.9

附表 2-7　TSWN、TSN系列小容量水轮发电机（75～160kW）技术数据

型号	额定功率（kW）	额定电压（V）	额定频率（Hz）	额定转速（r/min）	满载时					飞逸转速（r/min）	定子铁芯			
					电流（A）	功率因数（滞后）	效率（%）	励磁电压（V）	励磁电流（A）		外径（mm）	内径（mm）	长度（mm）	槽数
TSWN或TSN 59/27-6	100	400	50	1000	180.5	0.8	90	22.2	113.5	2400	590	440	270	72
TSWN或TSN 59/34-6	125				226		89.5	25.6	113				340	
TSWN或TSN 59/41-6	160				289		91.3	30.2	114.5				410	
TSWN或TSN 59/27-8	75			750	135.5		89.9	22.35	112.6	1800			270	
TSWN或TSN 59/34-8	100				180.5		89.8	26.8	112.8				340	
TSWN或TSN 59/41-8	125				226		90.4	31	113				410	

附表 2－8　　TSWN、TSN 系列小容量水轮发电机（125～630kW）技术数据

型号	额定功率(kW)	额定电压(V)	额定频率(Hz)	额定转速(r/min)	满载时					定子铁芯					磁极(mm)			气隙长度(mm)	磁极冲片					
					电流(A)	功率因数(滞后)	效率(%)	励磁电压(V)	励磁电流(A)	外径(mm)	内径(mm)	长度(mm)	槽数	硅钢板牌号	极距	铁芯长度	压板厚度		极弧系数	极靴宽(mm)	极靴高(mm)	极身宽(mm)	极身高(mm)	极弧半径(mm)
TSWN 或 TSN 74/29－6	200	400	50	1000	361	0.8	92.3	29	145	740	560	290	72	0.5 D31	393.2	290	20	3.5	0.676	198	32	104	104	254
TSWN 或 TSN 74/36－6	250				451		93.2	32.3	143.5			360				360								
TSWN 或 TSN 74/29－8	160			750	288		91.6	30.4	135	740	590	290	84		231.5	290	16	2.6	0.682	158	22	88	105	263
TSWN 或 TSN 74/36－8	200				361		92.1	35.5	134			360				360								
TSWN 或 TSN 74/29－10	125			600	225		90.9	26.8	147			290			185	290	12	2	0.714	132	20	68	100	260
TSWN 或 TSN 74/36－10	160				288		91.6	31.3	141.5			360				360								
TSWN 或 TSN 85/31－6	320			1000	577		93.9	29.3	169	850	620	310	72		324.5	330	22	3.5	0.718	233	41	120	101	284
TSWN 或 TSN 85/39－6	400				722		94.4	34.2	165.2			390				420								
TSWN 或 TSN 85/31－8	250			750	451		93.2	29.4	173.5		660	310	84		259	310	18	2.6	0.656	170	28	98	110	301
TSWN 或 TSN 85/39－8	320				577		93.6	36.8	168			390				410								
TSWN 或 TSN 85/31－10	200			600	361		92.2	29.7	180			310			207	310	16	2.2	0.701	145	25	82	106	305
TSWN 或 TSN 85/39－10	250				451		93.0	34.4	173.5			390				390								
TSWN 或 TSN 85/31－12	160			500	288		91.3	29	163.2		700	310	108		183.1	310	12	2	0.715	131	22	75	98	308
TSWN 或 TSN 85/39－12	200				361		91.9	34	162			390				390								
TSWN 或 TSN 85/31－14	125			428	225		90.7	23.3	165.5			310			157	310	10	1.8	0.735	115.5	20	65	98	303

续表

型号	额定功率 (kW)	额定电压 (V)	额定频率 (Hz)	额定转速 (r/min)	满载时 电流 (A)	满载时 功率因数 (滞后)	满载时 效率 (%)	满载时 励磁电压 (V)	满载时 励磁电流 (A)	定子铁芯 外径 (mm)	定子铁芯 内径 (mm)	定子铁芯 长度 (mm)	定子铁芯 槽数	定子铁芯 硅钢板牌号	磁极 (mm) 极距	磁极 (mm) 铁芯长度	磁极 (mm) 压板厚度	气隙长度 (mm)	磁极冲片 极弧系数	磁极冲片 极靴宽 (mm)	磁极冲片 极靴高 (mm)	磁极冲片 极身宽 (mm)	磁极冲片 极身高 (mm)	磁极冲片 极弧半径 (mm)
TSWN或TSN 85/39-14	160	400	50	428	288	0.8	91.2	31.3	165	850	700	390	108	0.5 D31	157	410	10	1.8	0.735	115.5	20	65	98	303
TSWN或TSN 99/37-6	500	6300		1000	57.2		94	40.8	167	990	705	370	72		369	370	24	4.5	0.656	242	40	135	125	317
TSWN 99/46-6	630				72.2		94.4	47	165			460				460								
TSWN或TSN 99/37-8	400	6300 (400)		750	45.9 (722)		93	42.7	180		740	370	84		291	370	20	3	0.696	202	35	120	116	332
TSWN或TSN 99/46-8	500	6300			57.2		93.8	48.3	175			460				460								
TSWN或TSN 99/37-10	320	6300 (400)		600	36.8 (577)		92.9	39.7	183			370			233	390	18	2.5	0.731	170	28	98	110	301
TSWN或TSN 99/46-10	400	6300 (400)			45.9 (722)		93.3	43.3	177.5			460				460								
TSWN或TSN 99/29-12	250	400		500	451		92.3	39.1	154.5		825	290	126		216	290	16	2.3	0.672	145	25	82	106	305
TSWN或TSN 99/37-12	320				577		93.2	44.1	152			370				370								
TSWN或TSN 99/29-14	200			428	360		91.8	37.2	150			290			185	310	12	2.1	0.709	131	22	75	98	308
TSWN或TSN 99/37-14	250				451		93	40.3	139			370				370								
TSWN或TSN 99/29-16	160			375	288		90.4	41.4	134		850	290	132		167	290	16	2	0.692	115.5	20	65	98	303
TSWN或TSN 99/37-16	200				361		91.4	47.7	133			370				370								
TSWN或TSN 99/29-20	125			300	225		88.9	33.4	157			290			133.6	310			0.734	98	17	55	98	314
TSWN或TSN 99/37-20	160				288		90	39.6	155.8			370				390								

续表

型号	定子绕组						励磁绕组		飞逸转速 (r/min)	参数							
	线规 (SEBCB) $n_c-a\times b$	每槽导体数	每相串联匝数	节距	并联支路数	每极每相槽数	线规 (TDR) $a\times b$ (mm×mm)	每极匝数		励磁电阻 (Ω)	短路比	漏抗	直轴同步电抗	直轴瞬变电抗	零序电抗	逆序电抗	电机常数 (×10⁴)
											标幺值						
TSWN 或 TSN 74/29-6	2-1.35×4.4	14	28	1-12	6	4	1.56×22	47.5	2400	0.141	0.813	0.0894	1.55	0.21	0.0971	0.405	36.4
TSWN 或 TSN 74/36-6	2-1.68×4.4	12	24	1-10						0.158	0.837	0.0722	1.52	0.19	0.03926	0.381	36.1
TSWN 或 TSN 74/29-8	2-1.81×3.8	10	35	1-11	4	$3\frac{1}{2}$	1.95×15.6	39.5	1800	0.1585	0.863	0.0864	1.52	0.20	0.1079	0.397	37.9
TSWN 或 TSN 74/36-8	2-2.26×3.8	8	28							0.184	0.876	0.0783	1.51	0.19	0.1077	0.384	37.6
TSWN 或 TSN 74/29-10	2-2.83×3.8	6	42	1-9	2	$2\frac{4}{5}$	2.26×15.6	31.5	1440	0.1285	1.025	0.087	1.397	0.212	0.1061	0.422	38.6
TSWN 或 TSN 74/36-10	4-1.81×3.8	5	35	1-8				32.5		0.156	0.99	0.0804	1.44	0.218	0.0702	0.436	36.7
TSWN 或 TSN 85/31-6	2-2.26×4.1	10	20	1-12	6	4	1.45×32	48.5	2400	0.122	0.912	0.0813	1.409	0.197	0.0807	0.404	29.8
TSWN 或 TSN 85/39-6	2-2.38×4.1	8	16					49.5		0.146	0.924	0.0731	1.412	0.192	0.0892	0.400	30.0
TSWN 或 TSN 85/31-8	4-1.35×5.8	8	28	1-10	4	$3\frac{1}{2}$	1.95×22	37.5	1800	0.119	0.845	0.089	1.55	0.199	0.088	0.401	32.3
TSWN 或 TSN 85/39-8	4-1.81×5.8	6	21	1-11				39.5		0.154	0.893	0.081	1.51	0.20	0.1109	0.404	31.8
TSWN 或 TSN 85/31-10	4-2.26×3.8	5	35	1-8	2	$2\frac{4}{5}$	2.63×15.6	30.5	1440	0.116	0.870	0.0925	1.465	0.243	0.0838	0.471	32.4
TSWN 或 TSN 85/39-10	4-3.05×3.8	4	28	1-9						0.1395	0.818	0.1055	1.5765	0.262	0.1332	0.502	32.6
TSWN 或 TSN 85/31-12	1-1.35×6.4	14	42	1-9	6	3	2.63×15.6	27.5	1200	0.1242	0.924	0.0923	1.4123	0.239	0.1040	0.46	38.0
TSWN 或 TSN 85/39-12	1-1.81×6.4	12	36	1-8						0.148	0.887	0.082	1.472	0.242	0.06495	0.477	38.1
TSWN 或 TSN 85/31-14	2-1.68×6.4	6	54	1-7	2	$2\frac{4}{7}$	3.05×15.6	22.5	1030	0.099	0.937	0.1003	1.342	0.268	0.0678	0.500	41.7

续表

型号	定子绕组						励磁绕组		飞逸转速 (r/min)	参数							
	线规 (SEBCB) $n_e-a\times b$	每槽导体数	每相串联匝数	节距	并联支路数	每极每相槽数	线规 (TDR) $a\times b$ (mm×mm)	每极匝数		励磁电阻 (Ω)	短路比	漏抗	直轴同步电抗	直轴瞬变电抗	零序电抗	逆序电抗	电机常数 (×10^4)
											标幺值						
TSWN或TSN 85/39-14	4-1.08×6.4	4	36	1-8	2	$2\frac{4}{7}$	3.05×15.6	24.5	1030	0.1335	1.315	0.0781	1.062	0.208	0.0775	0.392	41.0
TSWN或TSN 99/37-6	1-1.68×6.9	22	264	1-11	1	4	1.45×22	61.5	1800	0.1724	0.823	0.1036	1.5236	0.2216	0.0821	0.418	29.4
TSWN或TSN 99/46-6	1-2.1×6.9	18	216					62.5		0.201	0.79	0.0987	1.5837	0.2222	0.0857	0.421	29
TSWN或TSN 99/37-8	1-1.35×6.4	22	308			$3\frac{1}{2}$	1.95×22	44.5		0.167	0.885	0.105	1.49	0.223	0.1174	0.473	30.4
TSWN或TSN 99/46-8	1-1.81×6.4	18	262							0.194	0.885	0.0935	1.533	0.256	0.1211	0.473	30.2
TSWN或TSN 99/37-10	1-1.08×6.4	26	364	1-9		$2\frac{4}{5}$	2.26×22	37.5	1440	0.153	1.16	0.0955	1.1665	0.212	0.1090	0.384	30.4
TSWN或TSN 99/46-10	1-1.35×6.4	22	308							0.172	1.035	0.098	1.275	0.225	0.1186	0.415	30.2
TSWN或TSN 99/29-12	1-2.1×6.9	10	35	1-11	6	$3\frac{1}{2}$	1.95×22	40.5	1200	0.178	1.03	0.0901	1.335	0.205	0.1050	0.373	31.6
TSWN或TSN 99/37-12	1-2.63×6.9	8	28	1-11		$3\frac{1}{2}$	1.95×22	39.5	1200	0.205	0.97	0.0863	1.386	0.203	0.1097	0.378	31.4
TSWN或TSN 99/29-14	1-1.45×6.9	14	42	1-9	7	3	1.95×22	33.5	1030	0.175	1.02	0.091	1.282	0.217	0.0959	0.402	33.8
TSWN或TSN 99/37-14	1-1.81×6.9	12	36	1-8				34.5		0.204	0.939	0.0874	1.342	0.217	0.0599	0.41	34.4
TSWN或TSN 99/29-16	1-1.95×6.9	10	55	1-8	4	$2\frac{3}{4}$	2.26×15.6	32.5	900	0.211	0.895	0.1049	1.385	0.2449	0.0933	0.439	39.3
TSWN或TSN 99/37-16	1-2.63×6.9	8	44							0.252	0.884	0.1006	1.396	0.253	0.095	0.48	40
TSWN或TSN 99/29-20	1-1.56×6.9	12	66	1-7		$2\frac{1}{5}$	3.05×1.56	24.5	720	0.150	1.08	0.1151	1.1451	0.308	0.1147	0.442	40.3
TSWN或TSN 99/37-20	1-2.1×6.9	10	55							0.179	0.963	0.1263	1.276	0.342	0.1297	0.546	40.1

注 括号内数据为400V级的水轮发电机。

附表 2-9　　TSWN 系列小容量水轮发电机安装及外形尺寸

<table>
<tr><th rowspan="2">机座号</th><th colspan="9">安装尺寸（mm）</th><th colspan="11">外形尺寸（mm）</th></tr>
<tr><th>A</th><th>B</th><th>C</th><th>D</th><th>E</th><th>F</th><th>G</th><th>H</th><th>K</th><th>b</th><th>b_1</th><th>b_2</th><th>b_3</th><th>L</th><th>L_1</th><th>L_2</th><th>L_3</th><th>L_4</th><th>h</th><th>h_1</th></tr>
<tr><td>59</td><td>660</td><td>700</td><td>250</td><td>90</td><td>170</td><td>24</td><td>83</td><td>400</td><td>35</td><td>780</td><td>535</td><td>390</td><td>115</td><td>820</td><td>1491</td><td>600</td><td>721</td><td>200</td><td>928</td><td>65</td></tr>
<tr><td>74</td><td>790</td><td>660</td><td>190</td><td>100</td><td>210</td><td>28</td><td>92</td><td>500</td><td>35</td><td>950</td><td>640</td><td>510</td><td>160</td><td>800</td><td>1465</td><td>520</td><td>735</td><td>190</td><td>1120</td><td>80</td></tr>
<tr><td>85</td><td>940</td><td>770</td><td>180</td><td>110</td><td>210</td><td>32</td><td>101</td><td>560</td><td>42</td><td>1100</td><td>688</td><td>570</td><td>160</td><td>910</td><td>1535</td><td>565</td><td>760</td><td>175</td><td>1262</td><td>100</td></tr>
<tr><td>99</td><td>1100</td><td>720</td><td>221</td><td>120</td><td>210</td><td>32</td><td>111</td><td>630</td><td>43</td><td>1280</td><td>790</td><td>660</td><td>170</td><td>880</td><td>1561</td><td>581</td><td>770</td><td>175</td><td>1450</td><td>100</td></tr>
</table>

附表 2-10　　ST 系列小型单相同步发电机主要规格

<table>
<tr><th rowspan="2">型　号</th><th rowspan="2">额定功率
（kW）</th><th colspan="2">额定电流（A）</th><th rowspan="2">极　　数</th></tr>
<tr><th>串联</th><th>并联</th></tr>
<tr><td>ST-1-2</td><td>1</td><td>4.35</td><td>8.7</td><td>2</td></tr>
<tr><td>ST-2-2</td><td>2</td><td>8.7</td><td>17.4</td><td>2</td></tr>
<tr><td>ST-3-2</td><td>3</td><td>13</td><td>26</td><td>2</td></tr>
<tr><td>ST-5-2</td><td>5</td><td>21.7</td><td>43.5</td><td>2</td></tr>
<tr><td>ST-7.5-2</td><td>7.5</td><td>32.6</td><td>65.2</td><td>2</td></tr>
<tr><td>ST-2</td><td>2</td><td>8.7</td><td>17.4</td><td>4</td></tr>
<tr><td>ST-3</td><td>3</td><td>13</td><td>26</td><td>4</td></tr>
<tr><td>ST-5</td><td>5</td><td>21.7</td><td>43.5</td><td>4</td></tr>
<tr><td>ST-7.5</td><td>7.5</td><td>32.6</td><td>65.2</td><td>4</td></tr>
<tr><td>ST-10</td><td>10</td><td>43.5</td><td>87</td><td>4</td></tr>
<tr><td>ST-12</td><td>12</td><td>52.2</td><td>104</td><td>4</td></tr>
<tr><td>ST-15</td><td>15</td><td>65.2</td><td>130</td><td>4</td></tr>
<tr><td>ST-20</td><td>20</td><td>87</td><td>174</td><td>4</td></tr>
</table>

附表 2-11　　ST 系列小型单相同步发电机安装及外形尺寸

<table>
<tr><th rowspan="2">型　号</th><th colspan="9">安装尺寸（mm）</th><th colspan="6">外形尺寸（mm）</th><th rowspan="2">重量
（kg）</th></tr>
<tr><th>A</th><th>B</th><th>C</th><th>D</th><th>E</th><th>F</th><th>G</th><th>H</th><th>K</th><th>a</th><th>b</th><th>h_1</th><th>h</th><th>L_1</th><th>L_2</th></tr>
<tr><td>ST-1-2</td><td rowspan="2">190</td><td rowspan="2">159</td><td rowspan="2">70</td><td rowspan="2">28</td><td rowspan="2">60</td><td rowspan="2">8</td><td rowspan="2">23.5</td><td rowspan="2">112</td><td rowspan="4">13</td><td rowspan="2">30</td><td rowspan="2">220</td><td rowspan="2">15</td><td rowspan="2">335</td><td rowspan="2">410</td><td rowspan="2">235</td><td>35</td></tr>
<tr><td>ST-2-2</td><td>40</td></tr>
<tr><td>ST-3-2</td><td rowspan="2">216</td><td rowspan="2">178</td><td rowspan="2">89</td><td rowspan="2">32</td><td rowspan="10">80</td><td rowspan="2">10</td><td rowspan="2">26.8</td><td rowspan="2">132</td><td rowspan="2">34</td><td rowspan="2">250</td><td rowspan="2">18</td><td rowspan="2">385</td><td rowspan="2">480</td><td rowspan="2">270</td><td>60</td></tr>
<tr><td>ST-5-2</td><td>65</td></tr>
<tr><td>SA-7.5-2</td><td>254</td><td>254</td><td>108</td><td>38</td><td>12</td><td>32.8</td><td>160</td><td>16</td><td>50</td><td>310</td><td>25</td><td>440</td><td>580</td><td>325</td><td>115</td></tr>
<tr><td>ST-2</td><td rowspan="2">216</td><td rowspan="2">178</td><td rowspan="2">89</td><td rowspan="2">32</td><td rowspan="2">10</td><td rowspan="2">26.8</td><td rowspan="2">132</td><td rowspan="2">13</td><td rowspan="2">34</td><td rowspan="2">250</td><td rowspan="2">18</td><td rowspan="2">385</td><td rowspan="2">480</td><td rowspan="2">270</td><td>65</td></tr>
<tr><td>ST-3</td><td>70</td></tr>
<tr><td>ST-5</td><td rowspan="2">254</td><td rowspan="2">254</td><td rowspan="2">108</td><td rowspan="2">38</td><td rowspan="4">12</td><td rowspan="2">32.8</td><td rowspan="2">160</td><td rowspan="4">16</td><td rowspan="2">50</td><td rowspan="2">310</td><td rowspan="4">25</td><td rowspan="2">440</td><td rowspan="2">580</td><td rowspan="2">325</td><td>120</td></tr>
<tr><td>ST-7.5</td><td>130</td></tr>
<tr><td>ST-10</td><td rowspan="2">279</td><td rowspan="2">203</td><td rowspan="2">121</td><td rowspan="2">42</td><td rowspan="2">36.8</td><td rowspan="2">180</td><td rowspan="4">60</td><td rowspan="2">339</td><td rowspan="2">480</td><td rowspan="2">610</td><td rowspan="2">365</td><td>140</td></tr>
<tr><td>ST-12</td><td>155</td></tr>
<tr><td>ST-15</td><td rowspan="2">318</td><td rowspan="2">228</td><td rowspan="2">133</td><td rowspan="2">48</td><td rowspan="2">110</td><td rowspan="2">14</td><td rowspan="2">42.2</td><td rowspan="2">200</td><td rowspan="2">20</td><td rowspan="2">378</td><td rowspan="2">30</td><td rowspan="2">540</td><td rowspan="2">660</td><td rowspan="2">400</td><td>192</td></tr>
<tr><td>ST-20</td><td>202</td></tr>
</table>

注　轴伸尺寸为老标准。

附表 2-12　　TFDW 系列小型无刷单相同步发电机功率、效率、振动速度、噪声

机座号	同步转速（r/min）											
	3000						1500					
	cosφ=1		cosφ=0.9(滞后)		振动速度（mm/s）	噪声（声功率级）[dB(A)]	cosφ=1		cosφ=0.9(滞后)		振动速度（mm/s）	噪声（声功率级）[dB(A)]
	功率（kVA）	效率（%）	功率（kVA）	效率（%）			功率（kVA）	效率（%）	功率（kVA）	效率（%）		
112L1	1	70	1.1	67	1.8	84	—					
112L2	2	72	2.2	69		88						
132M1	3	74	3.3	71		92	2	73	2.2	70	1.8	83
132M2	5	78	5.6	75			3	76	3.3	73		87
160L1	—						5	80	5.6	77	2.8	87
160L2							7.5	81	8.3	78		91
180S1							10	82	11.1	79		
180S2							12	83	13.3	80		95
200S							15	84	16.7	81		

附表 2-13　　TFDW 系列小型无刷单相同步发电机励磁方式比较表

励磁方式	工作原理图	特点
电容式逆序磁场励磁	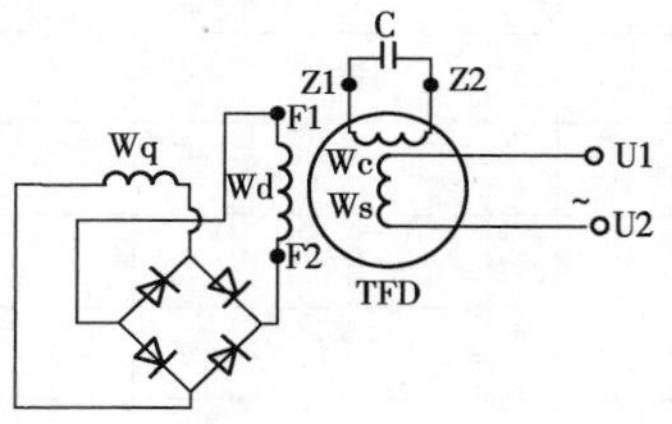	线路简单，造价较低，起励迅速，动态性能好，负载时的电压波形畸变率小，效率较高，稳态电压调整率在 cosϕ=1 时为±2.5%，在 cosϕ=1～0.8 时，可达±5%。但是电容器体积大，对原动机的调整特性要求较高
同枢倍极式逆序磁场励磁	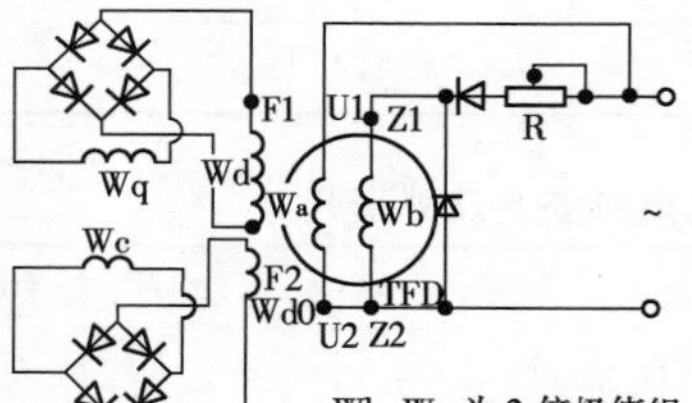 Wb、Wc 为 2 倍极绕组	不带电容器，起励简单可靠，稳态电压调整率小，波形畸变率小，电机结构比交流励磁机励磁的发电机简单，成本较低，体积小，重量轻，但电机绕组的设计和结构复杂，效率较低，负载时电磁噪声大
交流励磁机励磁	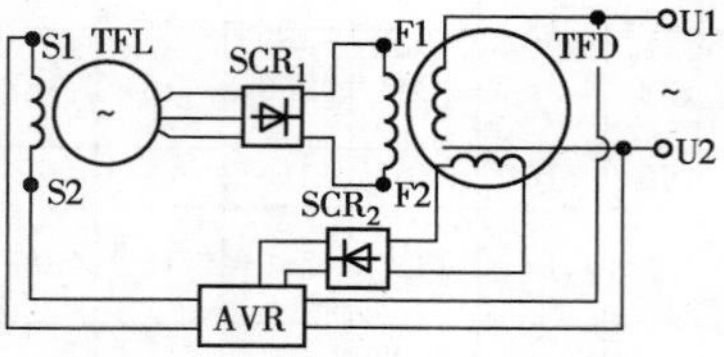	电机的设计、调试简单、方便，可以从三相同步发电机派生，配上自动电压调节器时，稳态电压调整率可达±2.5%，但电机结构复杂，发电机轴向尺寸大，成本高

注　AVR—自动电压调节器。

SCR_1、SCR_2—可控硅整流装置。

TFD—单相同步发电机。

TFL—交流励磁机。

附表 2-14　　TFDW 系列小型无刷单相同步发电机（B3、B34）安装尺寸　　单位：mm

机座号	安装尺寸 B3、B34											安装尺寸 B34					
	A	$A/2$	B	C	D	E	F	G	H	K	底脚螺栓	M	N	P	$n-s$	α	T
112L	190	95	159	70	28	60	8	24	112	12	M10	130	110	160	4-M8	45°	3.5
132M	216	108	178	89	32	80	10	27	132			165	130	200	4-M10		
160L	254	127	254	108	38			33	160	15	M12	215	180	250	4-M12		4
180S	279	139.5	203	121	42	110	12	37	180			265	230	300			5
200S	318	159	228	133	48		14	42.5	200	19	M16	300	250	350	4-M16		

附表 2-15　　电机常用电刷新旧型号对照

类别	新型号	旧型号	类别	新型号	旧型号
石墨电刷	S—3	S—3	电化石墨电刷	D104	DS—4
	S—6M	SQF—6		D172	DS—72
金属石墨电刷	J102	TS—2		D213	DS—13
	J105	TSQ—A		D214	DS—14
	J164	TS—64		D252	DS—52
	J201	T—1		D308	SS—8
	J203	T—3		D312	DH—112
	J204	TS—4		D374B	DS—74B
	J205	TSQ—5		D376	DS—76
	J213	TS—103			

附表 2-16　　国产电刷与国外电刷型号对照

序号	国产	苏联	英国	东德	西德	捷克斯洛伐克	日本	其他
1	TS—64	MΓ—64	CM1	M603				MC—2666
	TS—2	MΓ—2	CM2	M509	EN10	G75		OMC
	TS	MΓ	CM0				MH—30	MC—0
	TS—51	MΓC	CM				MH—31	53（美），MC—2
2	TS4	MΓ—4	GM5H	M594	FN150	CG—4	MH—33 MH—34	
3	TSQ—4	MΓC—17	CM5	M604	EN60	CG—50	MH—33	MM63R
	TSQ—5	MΓC—5						
	T—1	M—1						
	T—6	M—6						

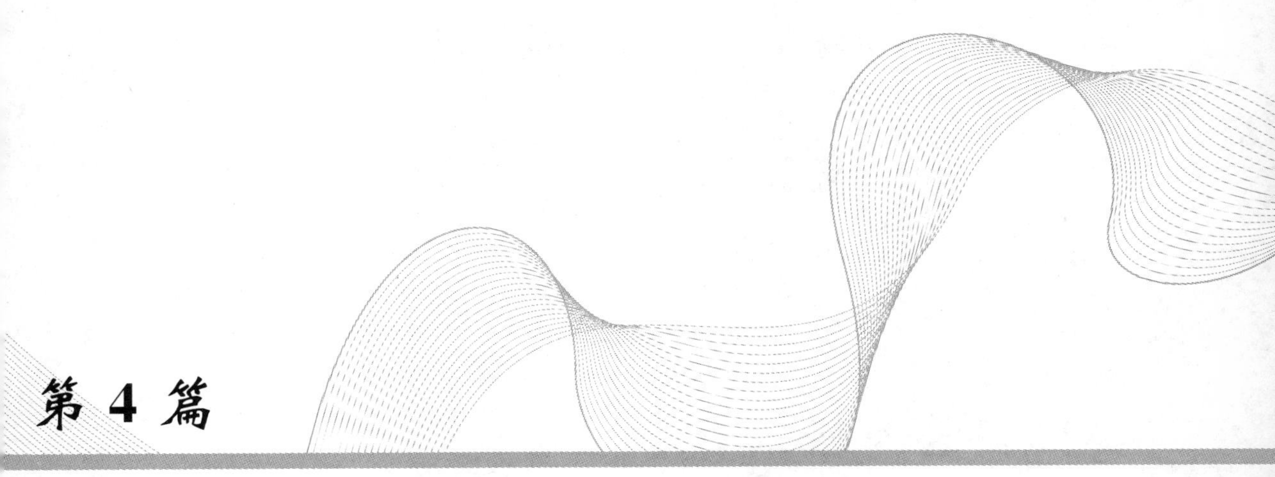

第 4 篇

单相电动机及家用电器电气控制线路

第 1 章　单相电动机的工作原理、结构及类型

单相电动机是一种使用于工频单相交流电源上，将电能转换成机械能的拖动机械。由于它具有结构简单、价格便宜、工作可靠、维修方便等一系列优点，因而被广泛应用于小型机床、电动工具、家用电器、办公设备和医疗器械中作为动力源。因工作性质及使用范围的限制，单相电动机的功率都比较小，一般均在750W 以下。为更深入地认识单相电动机，下面将对其工作原理、结构及类型作简要叙述。

第 1 节　单相异步电动机的工作原理

单相异步电动机的种类繁多、构造各异，使用条件也各不相同，但某工作原理却极为相近。因单相异步电动机具有只需要单相正弦交流电即可正常运行的特点，所以它被大量用于洗衣机、电冰箱、电风扇、空调器等家用电器中，是一种使用量大、应用面广的单相电动机，现将其工作原理简述如下。

一、异动电动机的基本原理

异步电动机的基本原理，可以用图 1-1 来说明。如图 1-1 所示，马蹄形磁铁借助手柄可在支架上旋转，即构成一个手动旋转磁场。在马蹄形磁铁两极之间的磁场中，安放有一个笼形转子，在转子圆周上均匀地分布着很多根细导条，导条的两端分别用两个铜环把它们接起来成为一个闭合回路，这个笼形闭合导体就称为转子绕组。如果转动手柄使磁铁转动起来，这时旋转的磁场就会切割转子的导体，并在转子导体中产生感应电动势，感应电动势的方向可用发电机右手定则来确定。假设磁场的旋转是按图 1-1 中所指的方向，则这时在 N 极下转子导体中的感应电动势方向都是垂直进入纸面的，用符号⊗表示。而在 S 极下转子导体中的感应电动势方向都是垂直从纸面流出的，用符号⊙表示。由于转子导条都是互相连接而成的闭合回路，所以当转子导体中一旦有感应电动势存在便会在转子内产生自成回路的短路电流，这电流的方向则与感应电动势方向相同。接着，转子中的电流与气隙磁场相互作用就产生了电磁转矩。于是，转子就运转起来了。电磁转矩的方向则可以用电动机左手定则来确定。由此可知，电磁转矩的方向和旋转磁场的方向相同。在电磁转矩的作用下，转子以 n 转速随着旋转磁场方向旋转，这就是所有异步电动机的基本运行原理。

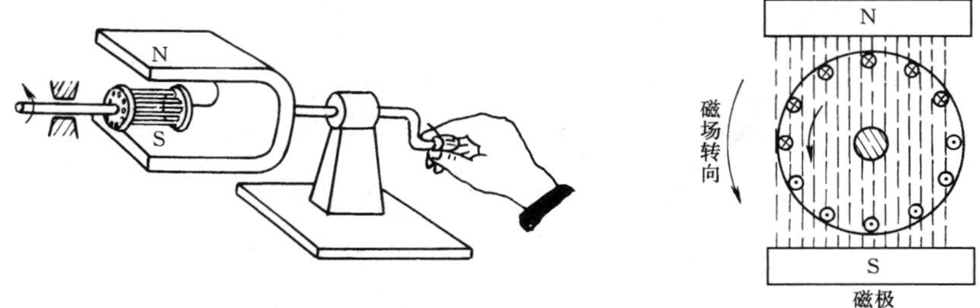

图 1-1　异步电动机的原理图

电动机在运行时，要克服本身的摩擦和负载转矩，因而转子导体中就需要存在一定大小的电流，以产生足够的电磁转矩。所以异步电动机转子的转速 n 总是以低于旋转磁场转速 n_1 的速度旋转。这样，旋转磁场才能够切割转子导体使其产生感应电动势和建立转子电流。实际应用的异步电动机旋转磁场不是一个靠外力转动的磁铁，而是依靠交流电源和嵌放在电动机定子上的绕组所产生自行旋转的磁场。

二、单相绕组的脉振磁场

我们知道，单相交流电是一个随时间按正弦规律变化的电流。因此，它所产生的磁场将是一个脉振磁

场。即某一瞬间电流为零时，电机气隙中的磁感应强度也等于零，如图1-2所示，而当电流增大时磁感应强度也随着增强。在电流方向相反时，则磁场方向也跟着反过来。但是在任何时刻，磁场在空间的轴线并不移动，只不过是磁场的强弱和方向像正弦电流一样，在随时间按正弦规律作周期性变化。

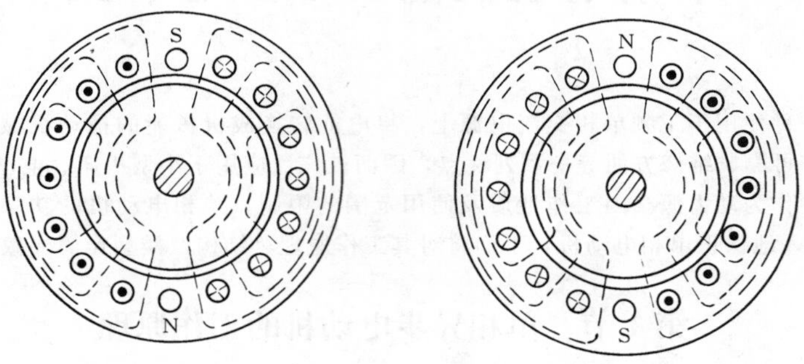

图 1-2 单相异步电动机的脉振磁场

为了便于分析问题，通常可以把这个脉振磁场分解成两个旋转磁场来看待，这两个磁场的旋转速度相等，但旋转方向相反。每个旋转磁场的磁感应强度的幅值等于脉振磁场磁感应强度幅值的一半，即 $B_1=B_2=B_m/2$。

这样一来，任一瞬间脉振磁场的磁感应强度都等于这两个旋转磁场磁感应强度的向量和。如图 1-3 所示，在 t_0 瞬时，两个旋转磁场的磁感应强度的向量方向相反，所以合成磁应强度 $B=0$。在 t_1 瞬时，两个旋转磁场的磁感应强度向量都对水平轴偏转了一个角度，即 $\alpha=\omega t_1$。从图 1-3 中 $t=t_1$ 瞬时的矢量图上看，B_1 和 B_2 的合成磁感应强度为

$$\begin{aligned} B &= B_1\sin\alpha + B_2\sin\alpha \\ &= \frac{B_m}{2}\sin\omega t_1 + \frac{B_m}{2}\sin\omega t_1 \\ &= B_m\sin\omega t_1 \end{aligned}$$

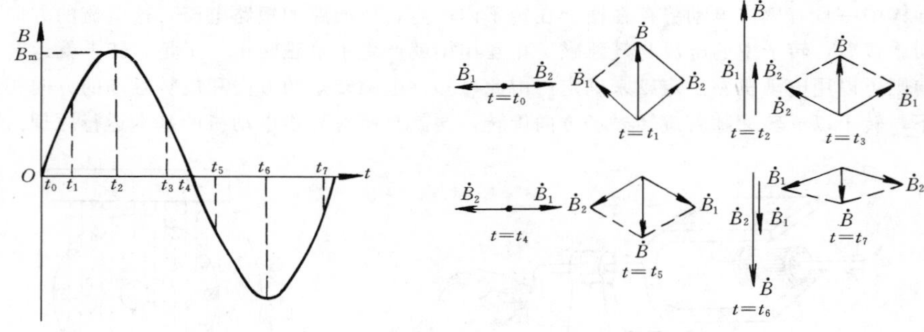

图 1-3 脉振磁场分解为两个旋转磁场

同样也可以证明，在其他任何瞬时，这两个旋转磁场的磁感应强度 B_1 和 B_2 的合成磁感应强度，就是脉振磁场磁感应强度的瞬时值。

既然可以把一个单相的脉振磁场分解成两个磁感应强度幅值相等、转向相反的旋转磁场，因而也就可以认为，单相异步电动机的电磁转矩也是分别由这两个旋转磁场所产生转矩合成的结果。当电动机静止时，由于两个旋转磁场的磁感应强度大小相等而转向相反，因此，在转子绕组中感应产生的电动势和电流也将大小相等而转向相反，于是合成转矩等于零，电动机将无法起动。也就是说，单相异步电动机的起动转矩为零。这既是它的一个特点，也是它的一大缺点。但是，如果用外力使单相异步电动机转动一下，则不论是朝顺时针方向转动或逆时针方向转动，这时电磁转矩都将会逐渐增加，使电动机继续不断地沿着外力作用方向旋转，直至达到稳定的转速为止。

三、两相绕组的旋转磁场

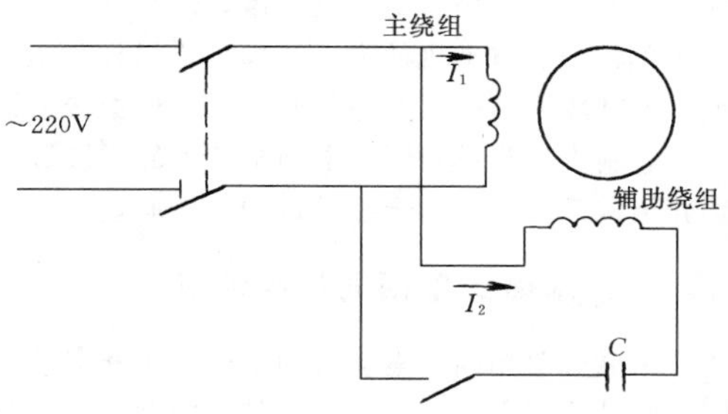

图 1-4 单相电容起动电动机接线原理图

如上所述。单相绕组产生的是一个脉振磁场，其起动转矩等于零，即不能自行起动，因而不具实用价值。要使单相异步电动机得到应用，首先必须解决它的起动问题。因此，一般单相异步电动机（除集中式罩极电动机外）均采用两相绕组。一相为主绕组（又称工作绕组或运行绕组），另一相为辅助绕组（又称副绕组或起动绕组）。主、辅绕组在定子空间布置上相差90°电角度，同时使两相绕组中的电流在时间上也不同相位，如在辅助绕组内串联一个适当电容值的电容器或将辅助绕组采用比主绕组细小些的导线绕制，如图 1-4 所示，即为串接电容的单相电容起动电动机接线原理图。这样，一个接近相差90°电角度的两相旋转磁场就使单相异步电动机旋转起来。电动机运行起来后，当接近额定转速附近时起动装置将会适时地自动把辅助绕组从电源脱开，只留下主绕组在线路上工作。

下面来具体分析一下，为什么在空间布置上互差 90°电角度的两相绕组，在引入相位互差 90°电角度的两个电流后，能建立起一个自行旋转的旋转磁场。

如图 1-5（a）所示，i_1 与 i_2 两个电流在相位上相差 90°电角度，图 1-5（b）所示为在空间布置相差 90°电角度的定子两相绕组。如将 i_1 电流引入绕组 A—X，i_2 电流引入绕组 B—Y，并以绕组线端 A、B 为首端，绕组线端 X、Y 为末端。以正电流以绕组的首端 A、B 流入，负电流从绕组的末端流入，则图 1-5（c）所示的各图显示了 i_1 与 i_2 两个电流 5 个瞬时所产生的磁场情况，从图中可以看出，当电流变化一周时，磁场也旋转变化了一周。

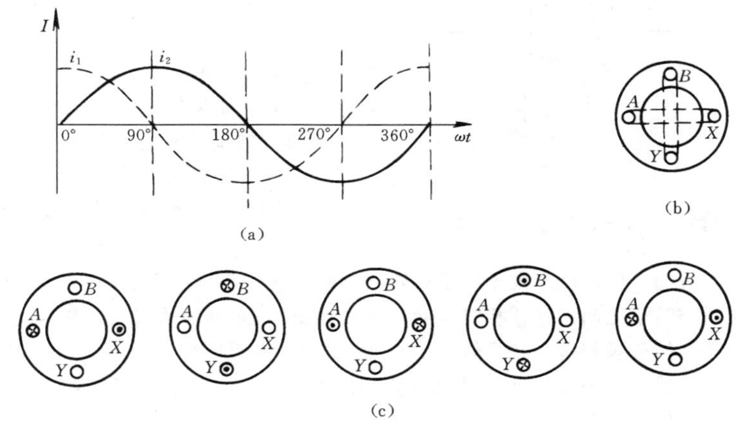

图 1-5 两相绕组产生的两相旋转磁场

综上所述，只要将相位上相差 90°电角度的两个电流，引入在空间上也相差 90°电角度的两相绕组（即主、辅两套绕组），就能使单相异步电动机产生一个两相旋转磁场。在这个旋转磁场的作用下，转子将产生电磁转矩而转动起来，这就是除罩极式以外所有单相异步电动机的运行原理。

第 2 节 单相同步电动机的工作原理

同步电动机是依靠同步转矩工作的交流电机，由于这种电动机的转速和旋转磁场的速度同步，因而称为同步电动机。

单相同步电动机则是用于单相交流电源的电动机。这种电动机的功率一般都比较小，其额定功率多从零点几瓦到几百瓦。单相同步电动机由于具有在电源电压波动或负载转矩变化时仍可保持转速恒定不变的特性，因而被大量用于复印机、传真机、打印机和各种精确计时装置中。

单相同步电动机的定子结构与单相异步电动机基本相似，其作用也是用来建立一个自行旋转的旋转磁场。但其转子结构的差异却非常大。根据转子结构的不同，单相同步电动机可分为永磁式、反应式和磁滞式三类。制成这些单相同步电动机转子的磁极材料也有很大的差别，因而其工作原理也就不尽相同，下面将分别介绍这几种单相同步电动机的工作原理。

一、永磁式单相同步电动机

永磁式单相同步电动机的定子与单相异步电动机定子基本相同，其作用为产生旋转磁场。而转子则不同，它是采用永久磁铁制成，其结构型式有凸极式和隐极式两种。这类电动机的特点是功率因数和效率较高，有效材料的利用较好，比同体积其他类型单相同步电动机的输出功率要大。

永磁单相同步电动机是依靠定子旋转磁场与永磁转子磁场的相互作用而工作的。因此，只有在转速等于定子旋转磁场转速时，它才能形成稳定的同步转矩去驱动转子工作。其工作原理如图 1-6 所示，当单相同步电动机定子绕组引入单相交流电源后，就将产生一个旋转磁场，图中是用旋转磁极来表示这个磁场的。在定子旋转磁场以同步转速朝着图示的逆时针方向旋转时，根据磁场异性相吸的原理使得 N 极与 S 极互相吸引，定子的旋转磁极就将与转子的永久磁极紧紧吸住，并带着转子一起旋转。因转子是由旋转磁场拖带着旋转的，故其转子的转速应该与定子旋转磁场的转速同步。但当转子上的负载转矩增大时，定子磁极轴线与转子磁极轴线间的夹角 α 就会相应增大。而负载转矩减小时，夹角又会减小，虽然负载变化时电动机定、转子磁极间的夹角会有增大或减小的变化，但只要负载不超过一定限度，转子就将会始终跟着定子旋转磁场以恒定的同步转速运转，即转子转速为

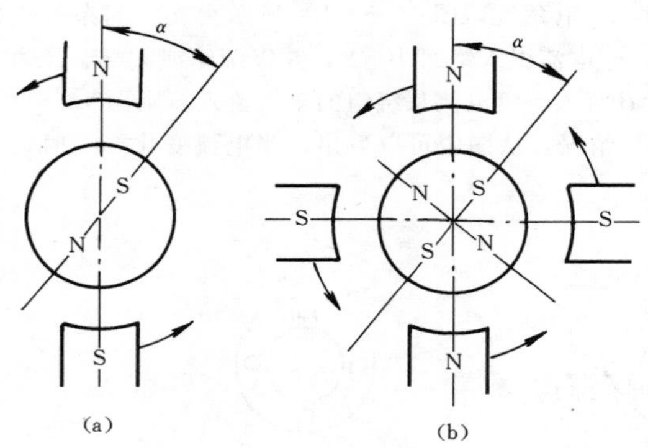

图 1-6 永磁式单相同步电动机的工作原理

$$n=\frac{60f}{p}(\text{r/min})$$

由此可见，转子转速只决定于电源频率 f 和电动机极对数 p。但是如果轴上负载转矩超出一定限度，转子就将不再按同步转速运行而发生失步现象，严重时甚至停转。这个最大限的转矩称为最大同步转矩。因此，使用单相同步电动机时，其负载转矩不能大于最大同步转矩，否则它就不能正常运行。电动机转子是否有可能仍沿着旋转磁场的方向，但却以不同于定子旋转磁场的转速旋转呢？这也是不可能的。因为，如果这样的话，则定子旋转磁场与转子之间将存在相对运动，例如在图 1-6 所示的瞬间，转子上会受到逆时针方向的电磁转矩。而当定子旋转磁场相对于转子转过 180°或 90°时，作用在转子上的电磁转矩则变成了顺时针方向。因而定子旋转磁场相对于转子每转过一周，转子所受电磁转矩的平均值就将为零。这就说明转子不可能在这种电磁转矩的作用下以不同于定子旋转磁场的转速稳定运行。所以，转子稳定运行时的转速只能等于定子旋转磁场转速，即等于同步转速 n_1。

上述电磁转矩的形式也可以用磁力线的性质来说明。从电工学中我们知道，磁力线具有尽量收缩其长度使自己所经磁路的磁阻为最小的性质。如图 1-7 所示，在 $0°<\alpha<90°$时，磁力线被扭曲和拉长了，由于磁力线的收缩使转子产生了电磁转矩。而当 $\alpha=90°$时，磁力线被扭曲和拉长得最为厉害，而产生的电磁转矩也最大。假设电动机的磁极对数 $p=2$，从图 1-7（a）中也不难看出，在 $\alpha=0°$时，转子都只受到径向力的作用，磁力线没有被扭曲加长，故不会产生电磁转矩。而 $\alpha=45°$时，磁力线被扭曲拉长得最厉害，因而产生的电磁转矩也就最大。如磁极对数 p 为其他数值，则可依此类推。由此可见，无论电动机的磁极对数 p 等于多少，当定、转子间轴线的电角度等于 0°时，电磁转矩为零；而电角度由 0°向 90°增加时，电磁转随之增加；当电角度为 90°时，则电磁转矩为最大，此时所对应的机械角度 $\alpha=90°/p$。因此，当电动机的负载转矩增加时，稳定后的转速虽然不变，但电角度却相应增大。如果负载转矩超过最大同步转矩，电动机就会因带不动负载使转速下降而出现失步现象，直至停止运转。

永磁式单相同步电动机在转速比较高，转子惯性又比较大的情况下，单靠永磁式转子本身是无法顺利起

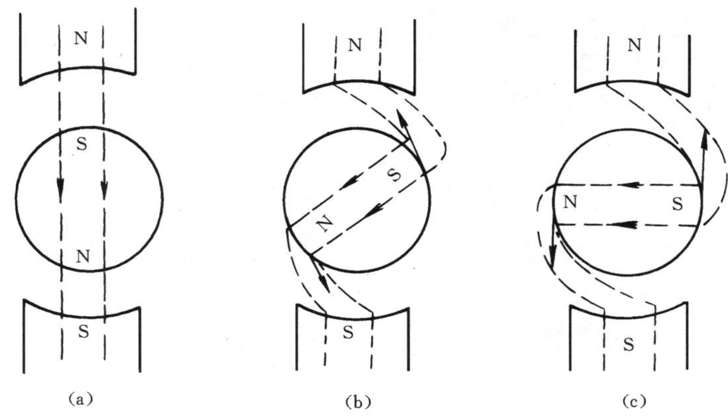

图 1-7　永磁式同步电动机的电磁转矩

(a) $\alpha=0°$；(b) $0°<\alpha<90°$；(c) $\alpha=90°$

动的。因为在刚起动时，转子不可能立即从静止状态跟上并达到定子旋转磁场的转速，两者间就将存在相对运动，如前所述，这时作用在转子上的电磁转矩的平均值为零。也就是说，永磁式单相同步电动机这时不产生起动转矩，因而不能自行起动。为此，通常需要在转子上加装鼠笼式绕组。这样，起动时依靠鼠笼式起动绕组，像异步电动机那样产生起动转矩，使转子旋转起来。当转速上升到接近同步转速时，定子旋转磁场与转子永久磁铁相互吸引，从而将转子拉入同步运行，一起以同步速度旋转。这时由于定子旋转磁场与转子永久磁场之间已无相对运动，故鼠笼式起动绕组便不起作用。

二、磁滞式单相同步电动机

磁滞式单相同步电动机是一种利用磁场滞后作用产生电磁转矩的电动机。这类电动机的定子结构与单相异步电动机相似，转子则用磁滞材料做成具有光滑表面的圆柱体。这种磁滞材料在进行反复磁化时，磁分子不能按外磁场的方向及时作相应的排列，因而在时间上有一个较大的滞后，产生较明显的磁滞现象。

磁滞单相电动机的主要特点是具有较大的起动转矩，因此它不需要任何起动绕组就能进入同步，并稳定地运行于同步转速。而且它结构简单、运行可靠，故广泛应用于传真机、复印机、录音机和自动控制、自动记录等装置中。磁滞单相电动机的工作原理如图 1-8 所示，当磁滞单相电动机的定子绕组接通电源后将产生旋转磁场，使转子材料的磁滞层磁化。在转子磁滞层磁化的过程中，由于转子磁场的磁滞作用，以致转子磁化磁场跟不上定子旋转磁场的变化而落后一个角度 θ。于是，定子旋转磁场与转子磁滞磁场之间的相互作用，就产生了一对径向分力 f_T 和一对切向分力 f_r，其中，径向 S—S 为定子旋转磁场轴线，切向 R—R 为转子磁化磁场轴线，两轴线间夹角为 θ。磁滞式单相同步电动机的矩角特性如图1-9所示，在磁滞角为 90°时，转矩达到最大值。如负载转矩等于磁滞转矩，则转子的转速将从零一直增加到等于同步转速。这时转子相对于定子旋转磁场将不会产生相对运动，转子被恒定地磁化，使得转子上各处磁感应强度也是恒定的。于是硬磁性材料制成的转子将类似一个永磁转子，从而被牵入同步运行。

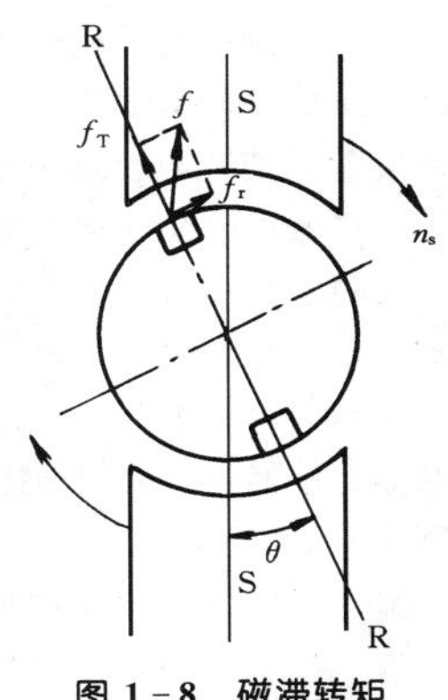

图 1-8　磁滞转矩的形成

三、反应式单相同步电动机

反应式单相同步电动机的转子是用本身无磁性的导磁材料制造。转子的磁极是由磁场磁化而产生，所以称为“反应式”同步电动机。同时又因为其转子上交轴和直轴磁场的磁阻不等，而产生磁阻转矩来驱动转子旋转，故又称为磁阻式单相电动机。

图 1 - 10 所示为反应式单相同步电动机的基本结构。其定子通电后将产生旋转磁场，当该旋转磁场的轴线与转子直轴（顺凸极方向）重合时，此刻定、转子之间气隙最小，故气隙磁阻也最小；当定子旋转磁场轴线与转子交轴（垂直于凸极方向）重合时，定、转之间气隙最大，因而气隙磁阻也最大。

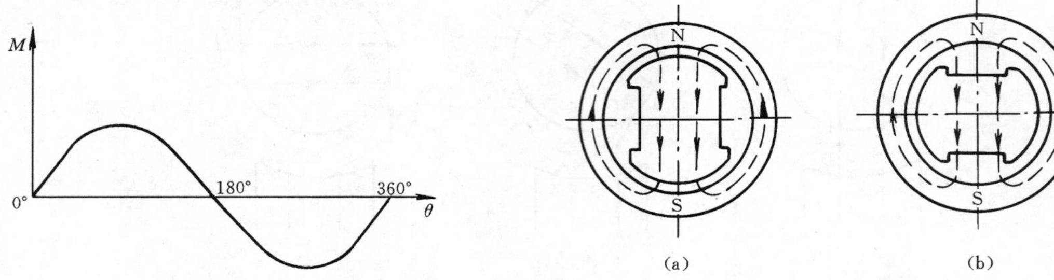

图 1 - 9　磁滞式同步电动机的矩角特性

图 1 - 10　反应式同步电动机结构示意图

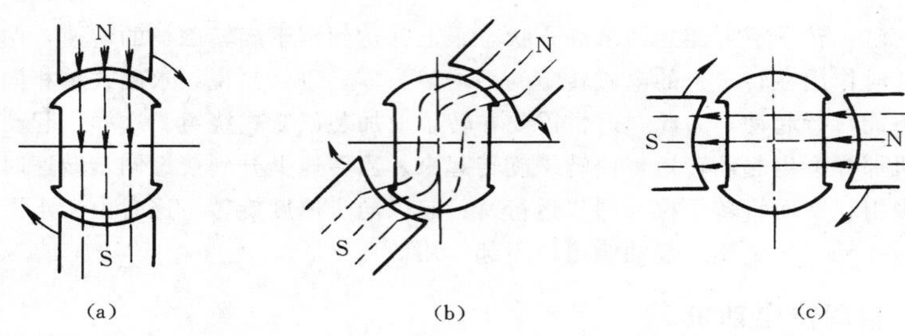

图 1 - 11　反应式同步电动机的工作原理

(a) $\theta=0°$；(b) $\theta=45°$；(c) $\theta=90°$

图 1 - 11 所示为反应式单相同步电动机工作原理。电动机转子的直轴和交轴磁阻不等为什么就能产生电磁转矩呢？原来，导磁材料在外磁场的作用下将被磁化而感应出暂时的极性，从而会受到外磁场的作用力。同理，当不励磁的凸极转子放在旋转磁场里（这里是用同一对旋转磁极表示），在电动机同步运行时，当转子凸极轴线（即直轴）与定子旋转磁场轴线间的夹角为零时，磁路的磁阻最小而磁力线最短，气隙磁场没有扭曲现象至使磁阻转矩为零，如图 1 - 11（a）所示，这时电动机处于理想的空载状态。当转子带上负载后，转子凸极轴线对定子磁场轴线滞后一个夹角 θ，气隙磁场因而被扭曲使磁力线所经路径被拉长，以至磁阻增大。被拉长的磁力线则力图缩短以减小磁阻，于是产生磁阻转矩。这个转矩与负载转矩相平衡，反应式同步电动机就将处于稳定运行状态。当外负载增大时，转子凸板轴线与定子旋转磁场轴线夹角也将随之增大。当夹角 $\theta=45°$电角度时，电动机的磁阻转矩为最大值，如图 1 - 11（b）所示。当外负载继续增大时，磁阻的同步转矩将会减小，在 $\theta>45°$时，电动机将因失步而进入异步运行状态。反应式单相同步电动机的矩角特性则如图 1 - 12 所示。

显然，反应式单相同步电动机与永磁式单相同步电动机产生电磁转矩的原理不同。永磁式同步电动机转子具有固定的磁极，其极性与定子旋转磁场无关，电磁转矩是由具有固定极性的定、转子磁极相互作用产生的。而反应式同步电动机的转子则没有固定磁极，其转子磁极极性是由定子旋转磁场磁化而形成的。只有在直轴和交轴磁阻不等时，才能在定、转子间产生电磁转矩。

反应式单相同步电动机通常均由普通异步电动机派生而来，它的定子结构与异步电动机基本相同，转子结构则有较大差异。常见的转子结构有以下三种，即：①外反应式；②内反应式；③内外反应式。

由于反应式单相同步电动机转子上面无励磁绕组，当转子转速未达到旋转磁场同步转速时，作用在转子上的电磁转矩平均值等于零。因此，这种单相电动机在其转子中也需增设鼠笼式起动绕组才能正常起动。

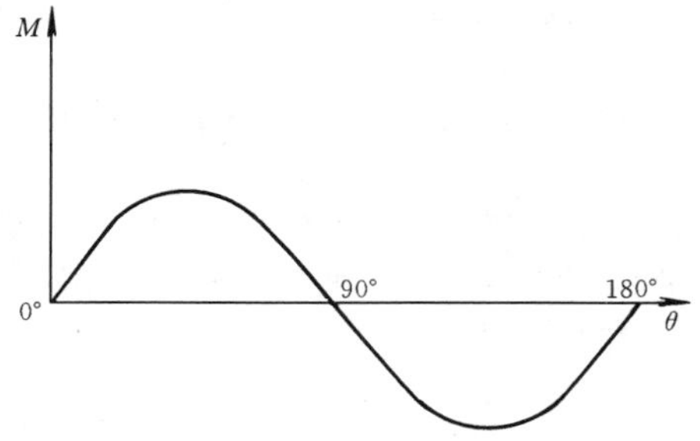

图 1-12　反应式同步电动机的矩角特性

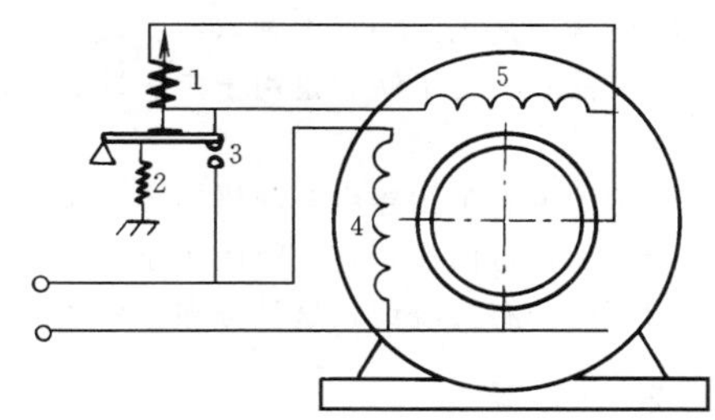

图 1-13　单相异步电动机的结构示意图
1—电压线圈；2—弹簧；3—常闭触头；
4—工作绕组；5—起动绕组

第 3 节　单相异步电动机的结构

单相异步电动机主要由定子、转子和起动装置三部分组成，其基本结构如图1-13所示，下面将作简要介绍。

一、定子部分

单相异步电动机的定子主要由机壳、铁芯和绕组三部分组成，现简要分述如下：

(1) 机壳。采用铸铁、铸铝或钢板制成，其结构型式则视电动机的使用环境及冷却方式而定。单相异步电动机的机壳型式一般分为开启式、防护式和封闭式等几种。开启式结构的定子铁芯和绕组大部分外露，由周围空气进行自然冷却，多用于一些电动机与被拖动机械整装一体的使用场合，例如洗衣机用电动机等。防护式结构则是在电动机的通风路径上开些必要的通风孔道，而铁芯和绕组这些重要部分则被机壳和端盖保护起来。封闭式结构则是将整个电动机采取密闭起来的方式，使电机的内部与外界基本隔绝，以防止外部的侵蚀与污染。电机内部的热量则由机壳与端盖向外散发，当散热能力不足时可在外部加装风扇冷却。

此外，有些专用单相电动机可以不用机壳，而是直接将电动机与被拖动机械整体设计在一起，例如电风扇和电钻、电锤等手提式电动工具就是采用这种设计结构。

(2) 铁芯。定子铁芯多用铁损小、导磁性能好，厚度为 0.35mm 的硅钢片冲槽后叠压而成，定、转子冲片都均匀冲得有槽。由于单相异步电动机定、转子之间的气隙比较小，一般在 0.2～0.4mm 以内。为减小定、转子开槽所引起的电磁噪声和齿谐波附加转矩的影响，定子铁芯多采用半闭口槽形状。转子则多为闭口或半闭口槽，并且还采取转子斜槽的方法来降低齿谐波所带来损耗的影响。集中绕组罩极式单相异步电动机的定子铁芯则为凸极磁极形状，它也用硅钢片冲制后叠压而成。

(3) 绕组。单相异步电动机的定子绕组均采取两相绕组的形式，即嵌置有主绕组和辅助绕组这样两套绕组。主绕组和辅绕组的轴线在定子空间相差 90°电角度，两相绕组的槽数、槽形和线圈匝数可以相同，也可以不相同。一般主绕组占定子总槽数的 2/3，辅助绕组占定子总槽数的 1/3，但应根据各种电动机的技术要求而定。

单相异步电动机常用的定子绕组型式主要有单层同心式绕组、单层链式绕组、正弦绕组和双层叠绕组等。罩极式单相异步电动机的定子绕组则多为集中式磁极绕组，在磁极极面的一部分上面嵌放有短路铜环式的罩极线圈。

单相异步电动机定子绕组的导线均采用高强度聚酯漆包线，线圈在线模上绕好后，嵌放在备有槽绝缘的定子铁芯槽内。经浸漆、烘干等绝缘处理，以提高绕组的机械强度、电气强度和耐热性能。

二、转子部分

单相异步电动机的转子主要由转轴、铁芯、绕组三部分组成，现分述如下：

(1) 转轴。转轴用含碳轴钢车制而成，轴的两端安置有用于支撑转子转动的轴承。单相异步电动机常用的轴承有滚动轴承和滑动轴承两类，小容量单相电动机则采用含油滑动轴承，这种轴承结构简单、噪声也很小，因而得到普遍使用。轴承由轴承室、轴承盖装固在端盖上。

(2) 转子铁芯。转子铁芯是用于定子铁芯相同的硅钢片进行冲制，然后将冲有齿槽的转子冲片叠装后压入转轴而成。

(3) 转子绕组。单相异步电动机的转子绕组一般有两种型式，即鼠笼型和电枢型。鼠笼型转子绕组是用铝或铝合金一次铸造而成，它广泛应用于各种单相异步电动机的转子绕组中。电枢型转子绕组则采用与直流电机绕组相同的分布式绕组，这种分布式转子绕组主要用于单相串励电动机的电枢。

三、起动装置

除单相电容运转式电动机和单相罩极电动机外，一般单相异步电动机在起动时要将辅助绕组接入电路，协同主绕组将电动机正常起动起来。而当电动机起动过程结束后必须将辅助绕组脱离电源，以免烧坏不能长时间运行的辅助绕组。因此，为保证单相异步电动机的正常起动和安全运行，就需配有相应的起动装置。

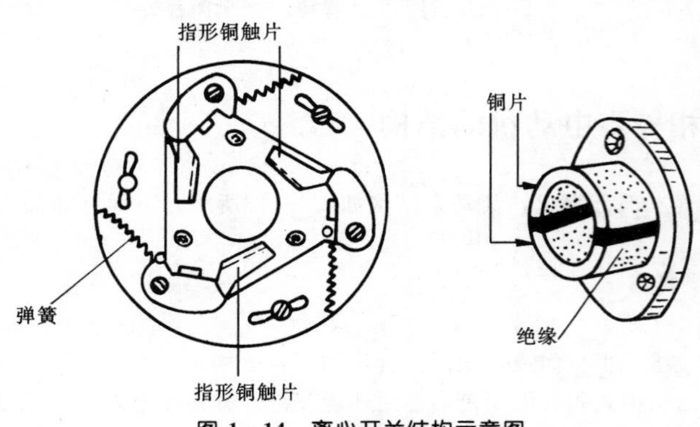

图 1-14　离心开关结构示意图

单相电动机起动装置的类型有很多，主要可分为离心开关和起动继电器两大类。图 1-14所示为离心开关的结构示意图。离心开关主要包括旋转和固定两部分，旋转部分装在转子转轴上，随转子一起旋转。固定部分则装在前端盖内，其工作原理如图 1-15 所示，它利用一个随转轴一起转动的部件——离心块来进行工作。单相电动机起动后，当转子转速达到额定转速的 70%～80%时，离心块的离心力将大于拉紧弹簧对动触点的压力，至使动触点与静触点脱开，从而切断辅助绕组与电源的连接，仅让电动机的主绕组单独在电源上运行。

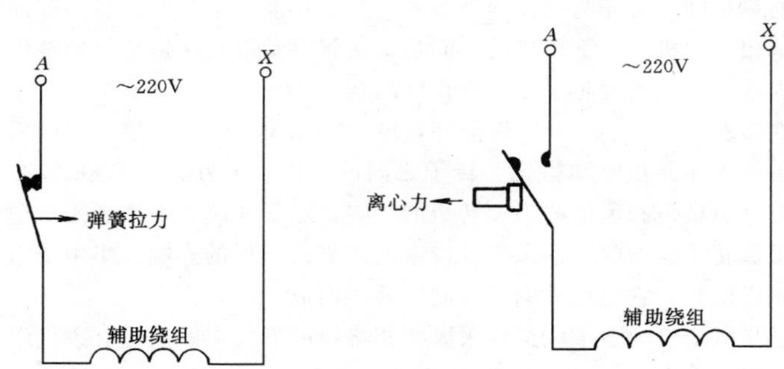

图 1-15　离心开关工作原理图

因离心块的结构较为复杂，容易发生故障，严重时甚至烧毁辅助绕组，并且离心开关又整体安装在电动机内部，出故障时检查、修理都极为不便，故现在的单相电动机已较少采用离心开关来作为起动装置，转而使用多种类型的起动继电器。单相电动机一般均将起动继电器装在自身的机壳上面，这样就使电动机的检查、修理都极其方便。常用的继电器有电压型、电流型和差动型等几种，下面分别介绍其工作原理。

(1) 电压型起动继电器。电压型起动继电器的接线如图 1-16 所示，继电器的电压线圈跨接在单相电动机的辅助绕组上，其常闭触点串联接在辅助绕组电路中。接通电源后，主、辅绕组中均有电流通过，这时电动机开始起动。由于跨接在辅助绕组上的电压线圈，其阻抗比辅助绕组大，故电动机低速状况时，流过电压线圈中的电流很小。但随着转速的不断升高，辅助绕组中的反电动势逐渐增大，使得电压线圈内的电流也随之增大，当达到一定数值时，电压线圈产生的电磁力克服弹簧的拉力使常闭触点断开，从而切断了辅助绕组与电源的连接。由于起动用辅助绕组内的感应电动势使电压线圈中仍有电流流过，故仍能保证单相电动机在正常运行时辅助绕组不会接入电源。

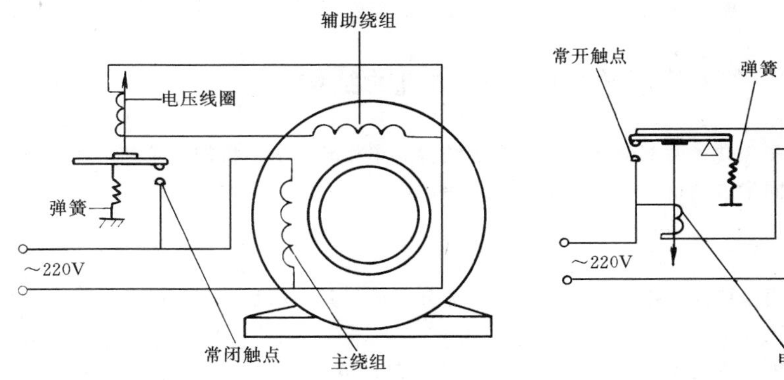

图 1－16　电压型起动继电器原理接线图

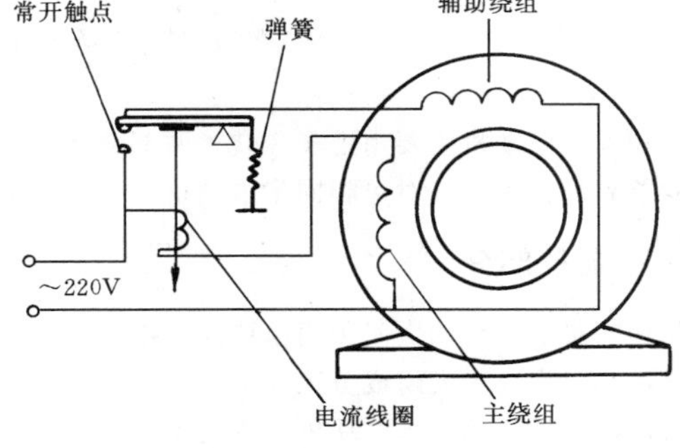

图 1－17　电流型起动继电器原理接线图

（2）电流型起动继电器。电流型起动继电器的接线如图 1－17 所示，起动继电器的电流线圈与单相电动机的主绕组串联，常开触点则与电动机辅助绕组串联。电动机未接通电源时，常开触点在弹簧压力的作用下处于断开状态。而当电动机接通电源进入起动阶段时，此时比额定电流大几倍的起动电流将流经继电器线圈，至使继电器铁芯产生极大的电磁力。该电磁力足以克服弹簧压力使常开触点闭合，从而将辅助绕组与电源接通，使电动机顺利起动。随着电动机转速的不断上升其电流则随着逐渐减小，而当电动机转速达到额定转速的 70%～80%时，主绕组内的电流迅速减小，这时起动继电器电流线圈产生的电磁力将会小于弹簧压力，常开触点又被断开于是辅助绕组与电源被切断。至此，电动机的起动过程结束，随后即进入运行阶段。

（3）差动型起动继电器。差动型起动继电器的接线如图 1－18 所示，差动式起动继电器具有电流和电压两个线圈，因而工作更为准确、可靠。它的电流线圈与电动机的主绕组串联，电压线圈则经过常闭触点后与电动机的辅助绕组并联。当单相电动机接通电源时，主绕组和电流线圈中的起动电流都很大，使电流线圈产生的电磁力足以保证触点能可靠地吸合。起动以后因电流逐步减小至使电流线圈产生的电磁力也随之减小。于是，电压线圈所产生的电磁力使触点断开，从而切除了辅助绕组的电源。于是，电动机的起动过程完毕。

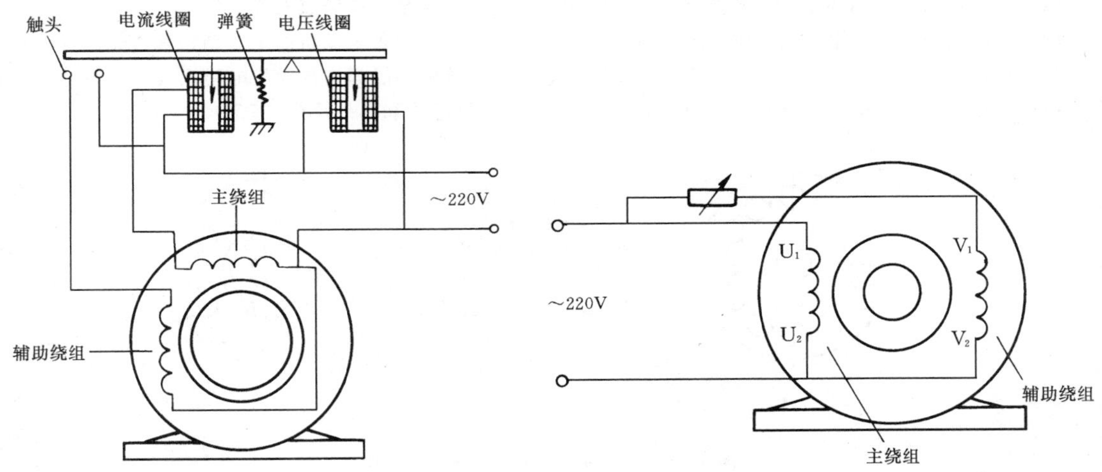

图 1－18　差动型起动继电器原理接线图

图 1－19　用 PTC 起动的单相电动机接线图

近年来，在电冰箱压缩机电动机和电风扇等小功率单相电动机中，还逐渐使用一种PTC无触点起动器。由于PTC元件具有体积小、无电弧和使用方便等优点，因而日益受到重视。图1－19所示为采用PTC起动器的单相电动机接线图。PTC元件的工作原理为，通电前，PTC的温度低于居里点，处于“通”的状态。因而在接通电源的瞬间，电源电压基本上全部加在辅助绕组上，故电动机得以起动。同时由于起动电流瞬间通过

PTC元件，使元件自身发热后温度急剧升至居里点以上，从而进入高阻状态。这时，当单相电动机已顺利起动后，PTC元件实际上已处于“断路”状态，电流也下降到极小的程度，而整个起动时间则仅为2s左右。

第 4 节　单相同步电动机的结构

单相同步电动机主要由定子和转子两部分组成，其定子结构与单相异步电动机的定子基本相同。但转子结构的差异却很大，现对单相同步电动机结构作如下简要介绍。

一、定子部分

单相同步电动机的定子主要由机壳、铁芯和绕组这三大部分构成，其作用是在接入电源后建立一个定子旋转磁场，现将这三大组成分述如下。

(1) 机壳。单相同步电动机的机壳型式有开启式、防护式和封闭式等几种，以适应不同工作环境的要求，机壳通常用铸铝、铸铁或钢板制成。

(2) 铁芯。单相同步电动机的定子铁芯多采用高导磁、铁损小，厚度为 0.35～0.50mm 的硅钢片冲制叠压而成。大多制成用于嵌放分布式绕组的冲槽铁芯，以及用于集中式绕组的凸极式铁芯。

(3) 绕组。单相同步电动机的定子绕组也采用主绕组、辅助绕组这样两相绕组型式，主绕组和辅助绕组在定子铁芯的空间轴线相差 90°电角度，分布式绕组和集中式绕组均有采用。

二、转子部分

单相同步电动机的转子主要由转轴、铁芯、绕组构成。根据转子结构的不同，单相同步电动机可分为反应式、永磁式和磁滞式三类，并且制成这些转子的磁极材料也因结构型式的不同而有较大差异，现分别简述如下。

(1) 转轴。单相同步电动机的转轴采用含碳轴钢车制而成，轴两端装置有支撑转子并使其能转动的轴承。保护轴承的轴承盖则紧固在两端的端盖上面。容量稍大的单相电动机多用滚动轴承，小容量电动机则普遍使用含油滑动轴承。

(2) 铁芯。转子铁芯用与定子铁芯相同的硅钢片冲槽以后，经叠压装配再压入转轴。

(3) 转子绕组。单相同步电动机的转子绕组是用金属铝或铝合金一次铸成的笼形绕组。

(4) 反应式单相同步电动机通常由笼形异步电动机派生而来，两种电动机的定子结构基本相同，差别主要在转子结构上。如图 1－20 所示，反应式单相同步电动机的转子一般都是在异步电动机转子铁芯冲片上加开反应槽而制成。常见的转子结构有外反应式（凸极式）、内反应式和内外反应式三种。

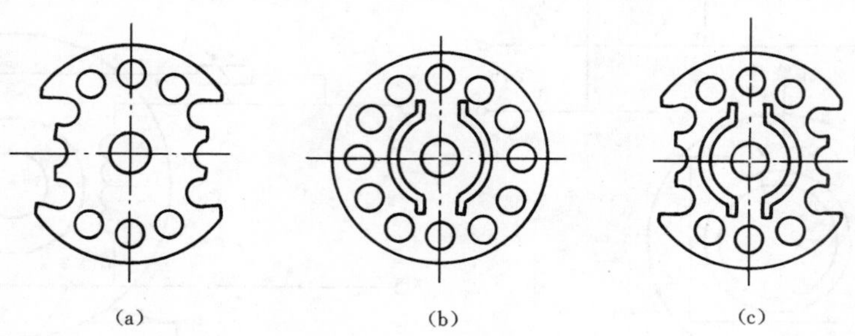

图 1－20　反应式同步电动机的转子冲片

(a) 外反应式；(b) 内反应式；(c) 内外反应式

外反应式转子冲片的反应槽多数开在外圆，故结构简单、易于加工。内反应式的反应槽通常均开在转子内部，由于转子极弧较大因而其同步运行性能比外反应式结构要好些。内外反应式的转子铁芯结构因直轴磁场、交轴磁场的磁阻差别大，所以它与相同尺寸的外反应式转子结构的电动机相比，其功率可提高一倍，但其制造工艺则要麻烦复杂得多。

综上所述可以得知，反应式单相同步电动机转子上无励磁绕组，当转子转速达到定子旋转磁场的同步转速时，作用在转子上的转矩平均值等于零，即没有起动转矩。因此，反应式单相同步电动机需设置供起动用的起动绕组，实用中是在转子铁芯槽中以金属铝铸制笼形转子绕组。

（5）永磁式同步电动机的转子结构。永磁式单相同步电动机的定子与异步电动机定子基本相似，其作用也是用来产生一个旋转磁场，不同之处则是转子由永久磁铁制成。单相永磁同步电动机它是依靠永磁转子磁场和定子旋转磁场的相互作用而工作的，只有在转子转速达到定子旋转磁场速度时，它才可能形成稳定的同步转矩去驱动转子工作。如果转子一旦在异步状态下运行，电动机则将会因定、转子磁场相互作用而出现平均转矩为零，从而不能正常运行。因此，永磁式单相同步电动机为了解决起动和同步运行的问题，需要在永磁转子上设置笼形绕组或磁滞材料环，其结构如图1－21所示。为了增大永磁单相同步电动机在同步状态下的最大功率，可将笼形转子铁芯部分按反应式单相同步电动机的型式制成凸极式磁极，如把这种结构单相电动机磁钢磁极的轴线沿凸极位移45°电角度，则可产生最大的合成同步转矩。图1－22所示为永磁式单相同步电动机凸极转子结构。

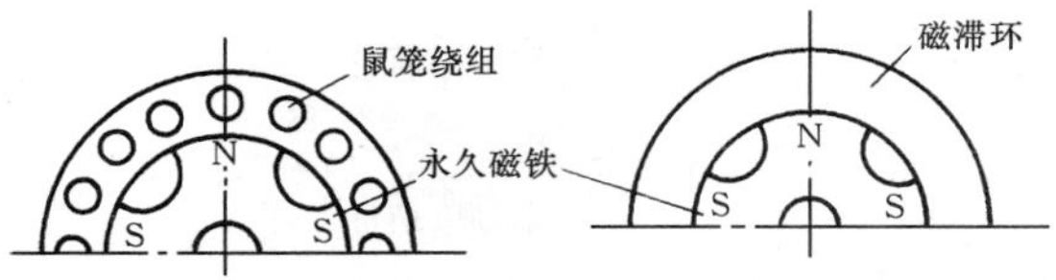

图1－21　永磁式单相同步电动机转子结构

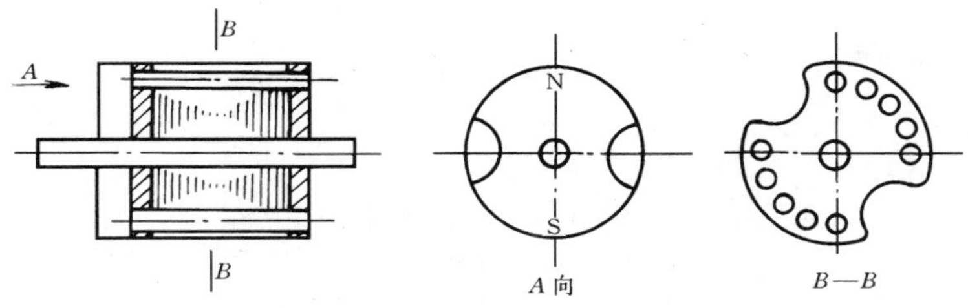

图1－22　凸极式永磁转子结构

永磁式单相同步电动机转子上设置的笼形绕组，它只在起动过程中起作用，当电动机转速达到同步转速时笼形绕组产生的异步转矩为零，此时笼形转子绕组就失去了作用。磁滞型永磁转子同步电动机达到同步后，其磁滞转矩仍然存在，它将使同步转矩增大。因此，永磁和凸极组合转子在起动时磁阻转矩为零，而在进入同步运行后磁阻转矩将使同步转矩增大。

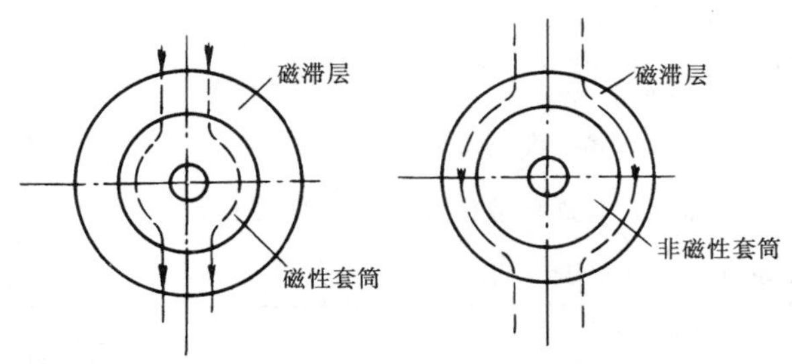

图1－23　磁滞式单相同步电动机转子结构

（6）磁滞式单相同步电动机的转子结构。磁滞式单相同步电动机是利用磁性材料磁滞作用产生转矩的单相同步电动机。这种电动机的定子与单相异步电动机的定子结构相似，其作用均为产生一个定子旋转磁场。转子则采用磁滞材料做成具有光滑表面的圆柱体，其结构如图1－23所示。磁滞式单相同步电动机既可在同步状态下运行，它也可以在异步条件下工作，这是因为在异步状态时它也能产生电磁转矩。当负载转矩大于磁滞转矩时，此时磁滞单相电动机将工作在异步状态。不过磁滞单相同步电动机在异步条件下运行的情况极少，这是因为在异步运行时，转子铁芯会交变磁化，将产生很大的磁滞损耗和涡流损耗，因而很不经济。磁滞同步电动机的最大优点是具有很大的起动转矩，因而它无需设置任何额外的起动装置就能很快自行起动。

第5节　单相电动机的类型

单相电动机的用途极为广泛，从工农业生产到家用电器均大量使用着单相电动机。为了适应各种用途的技术要求，厂家设计、制造了各种类型、繁多规格的单相电动机。常用单相电动机可按其工作原理、结构和起动方式分类见表1－1。

表 1-1　　　　单相电动机分类表

单相电动机	异步电动机	电阻分相起动电动机 电容分相起动电动机 电容运转电动机 电容起动与运转电动机 罩极式电动机
	同步电动机	反应式电动机 磁滞式电动机 永磁式电动机
	串励电动机	单相串励电动机 交直流两用电动机

从表 1-1 中可以看出，单相电动机的类型的确非常多，因而它能适应各方面的需要。

一、型号、系列

单相电动机的产品型号由系列代号、设计序号、机座代号、特征代号及特殊环境代号等组成，下面将简述这些代号及其含义。

1. 单相异步电动机的型号

型号含义如下：

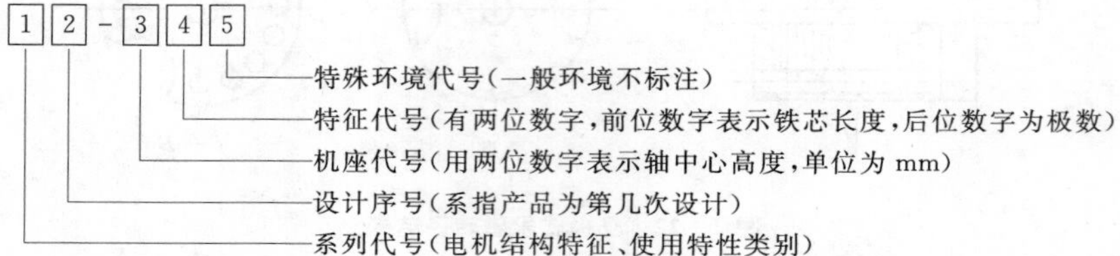

例如：BO2-6312 的电动机，其含义为：

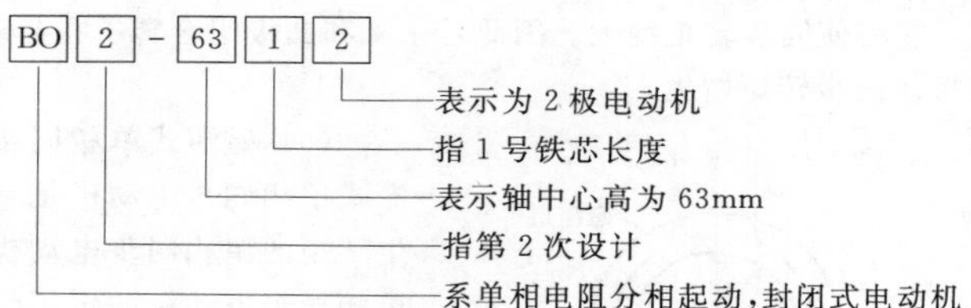

单相异步电动机的基本系列代号如表 1-2、表 1-3 所示，特殊环境代号则如表 1-4 所示。

表 1-2　　　　单相异步电动机系列产品代号表 (1)

序号	系列产品名称	代　号
1	单相电阻分相起动异步电动机	BO、BO2
2	单相电容分相起动异步电动机	CO、CO2
3	单相电容运转异步电动机	DO、DO2
4	单相电容起动与运转异步电动机	E
5	单相罩极式电动机	F

表 1-3　单相异步电动机系列产品代号表 (2)

序号	系列产品名称	代　号
1	单相电阻分相起动异步电动机	JZ
2	单相电容分相起动异步电动机	JY
3	单相电容分相异步电动机	JX

表 1-4　　单相异步电动机特殊环境代号表

适用环境	汉语拼音代号	适用环境	汉语拼音代号
船　用	H	湿热带用	TH
热带用	T	高原用	G
干热带用	A	化工用 (防腐用)	F

2. 单相同步电动机的型号

单相同步电动机是依靠同步转矩以恒定的同步转速而工作的电机。它适用于严格保持同步或有恒速要求的各种机构，如传真机、录音机、热工仪表和自动记录装置中作为驱动元件。单相同步电动机常见的型式有反应式（又称磁阻式）、永磁式和磁滞式三种，近年来还发展了电磁减速和一些混合式结构。单相同步电动机的型号及其含义如下：

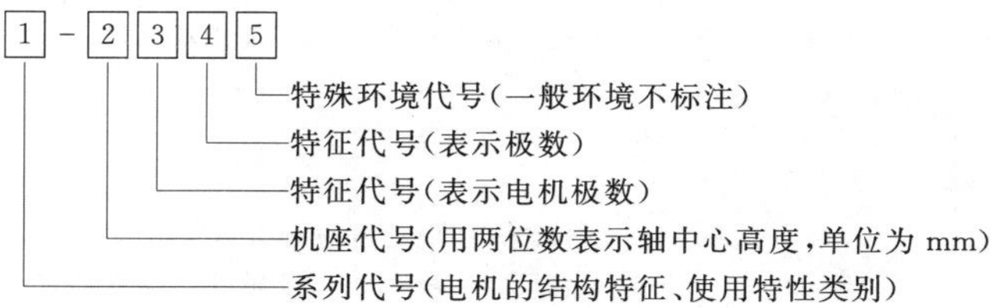

例如，JUC－8024：

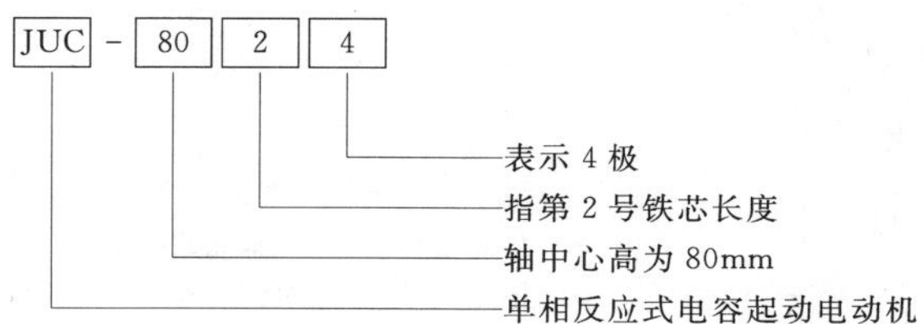

3. 单相串励电动机的型号

单相串励电动机也称为单相异步换向器电动机。由于它具有转速高、体积小、质量轻、效率高、起动转矩大和过载能力强等一系列优点，因而被广泛应用于小型机床、医疗器械、家用电器和电动工具等许多方面。目前我国生产的是 1970 年开发设计的 G 系列单相串励电动机，其型号含义如下：

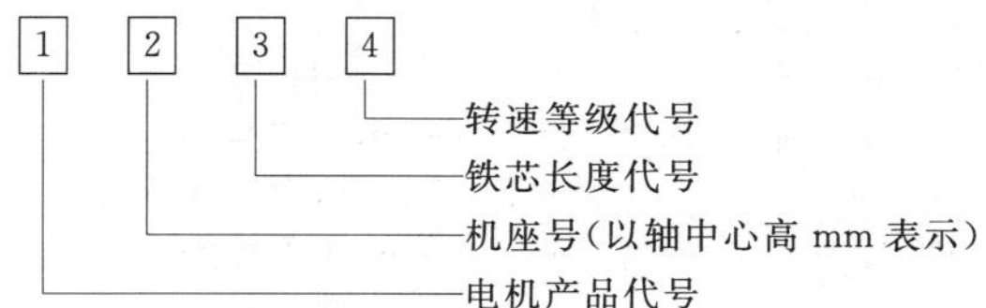

例如，G3638：

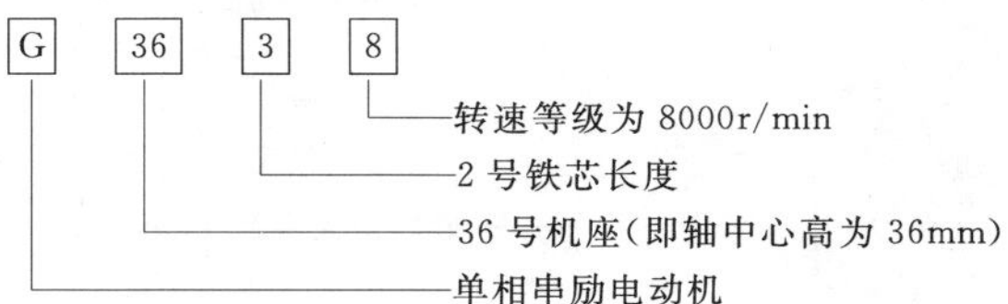

4. 家用电器用单相电动机型号

家用电器用单相电动机种类繁多，型号编制标准也不统一，既有按国际标准编制的，如电风扇、洗衣机用电动机；也有由生产厂家自定标准的，如电冰箱、空调器用电动机等。下面将简介几种常用家用电器用单相电动机的型号。

（1）电风扇用单相电动机的型号。

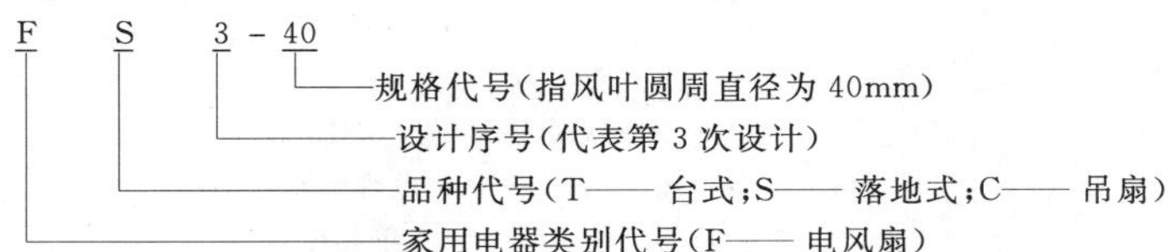

（2）空调器用单相电动机型号。

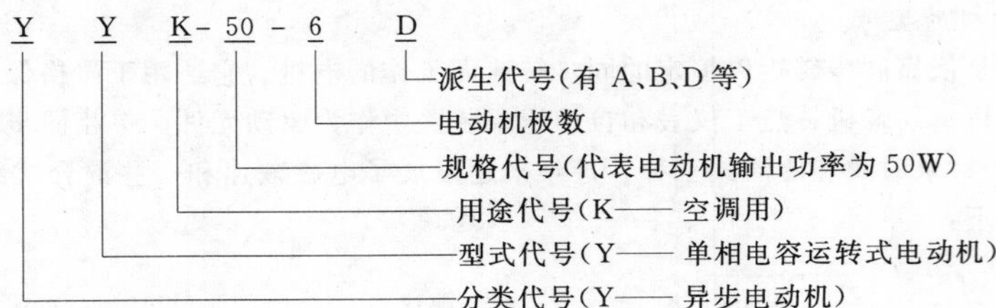

(3) 洗衣机用单相电动机型号。

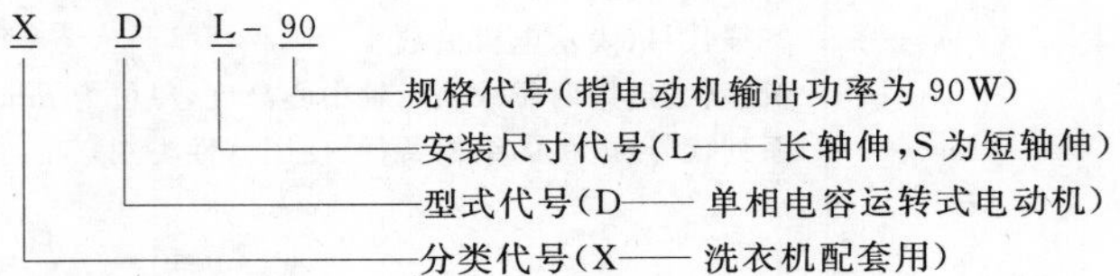

(4) 电吹风用单相电动机型号。

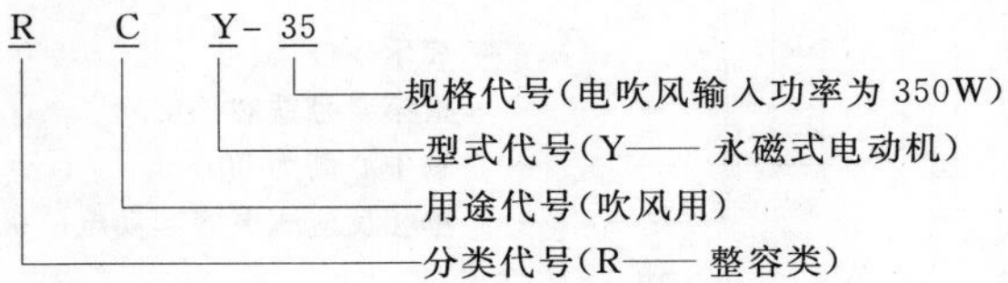

(5) 电动工具用单相电动机型号。手提式电动工具用单相电动机有各种类型，目前应用最多的为交直流两用单相串励电动机，其型号通常是以其带动工具的型号作为代用型号，常用单相电动工具型号的构成如下：

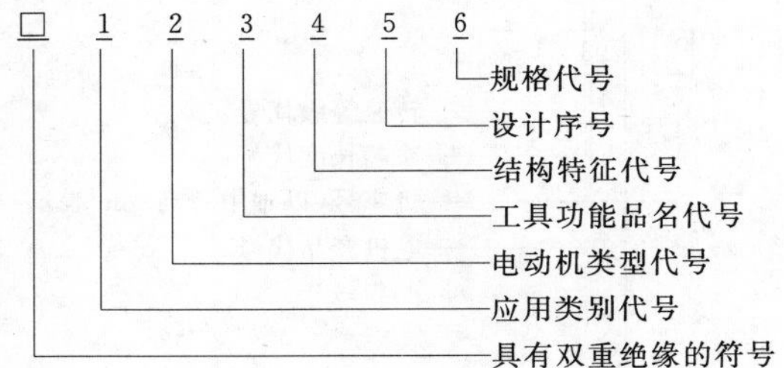

例如，□ S 1 S S-100：

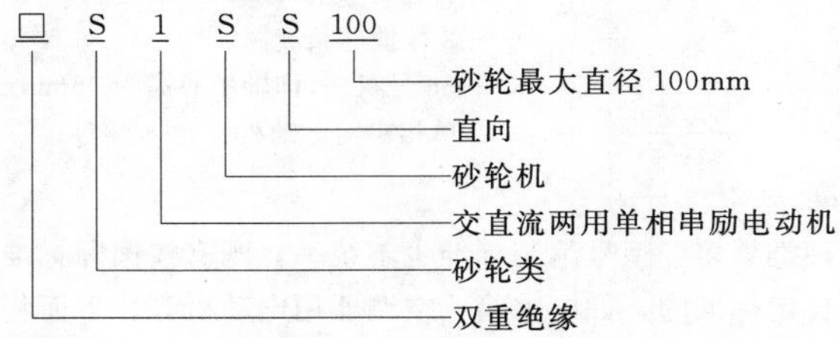

(6) 轴流式通风机配套的单相异步电动机系列的型号，配用的FZ系列多采用电容运转式单相电动机。其代用型号则有以下两类：

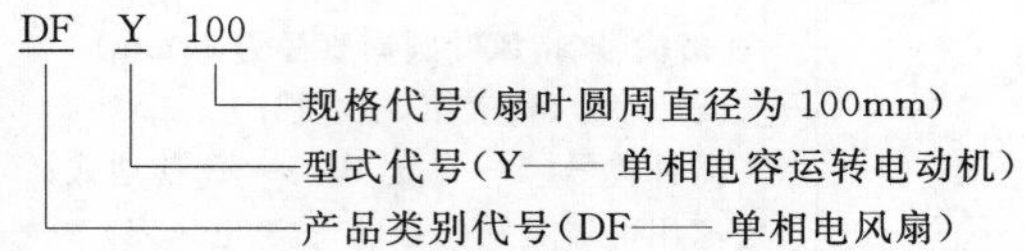

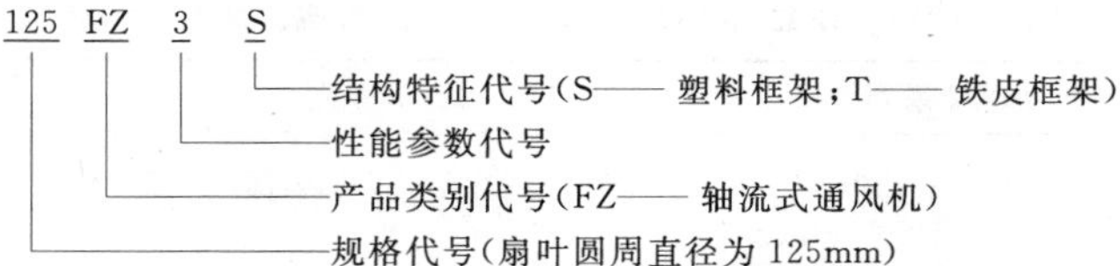

(7) 泵用单相电动机系列的型号。微型同轴泵用单相电动机均采用代用型号，常见系列型号有以下两类：

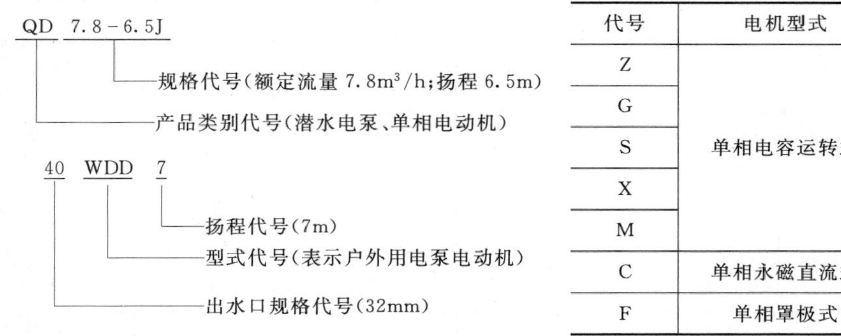

表 1-5　静电复印机配用单相电动机的型式及功能代号

代号	电机型式	功能电机名称
Z	单相电容运转式	主传动电动机
G		可逆光学驱动电动机
S		纸张传送电动机
X		吸尘电动机
M		毛刷电动机
C	单相永磁直流式	搓纸电动机
F	单相罩极式	风扇电动机

(8) 静电复印机配套用单相电动机型号（表 1-5）。

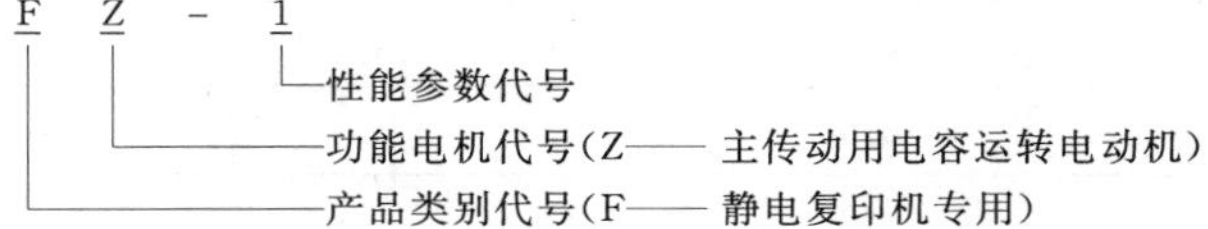

二、功率等级

单相异步电动机的功率范围为 8～750W，其额定功率与机座号的对应关系如表1-6～表 1-9 所示。单相串励电动机额定功率与机座号的对应关系则如表1-10所示。

表 1-6　BO、CO、DO 系列单相异步电动机功率、机座对应表

机座代号	铁芯代号	BO 系列		CO 系列		DO 系列	
		$n_1=3000$ r/min	$n_1=1500$ r/min	$n_1=3000$ r/min	$n_1=1500$ r/min	$n_1=3000$ r/min	$n_1=1500$ r/min
		额定功率（W）		额定功率（W）		额定功率（W）	
45	1					15	8
	2					25	15
50	1					40	25
	2					60	40
56	1	60	40			90	60
	2	90	60			120	90
63	1	120	90			180	120
	2	180	120	180	120		180
	3	250	180	250	180		
71	1	370	250	370	250		
	2		370	550	370		
80	1			750	550		
	2				750		

表 1-7　　BO2、CO2、DO2 系列单相异步电动机功率、机座对应表

机座代号	铁芯代号	BO2 系列		CO2 系列		DO2 系列	
		$n_1=3000$ r/min	$n_1=1500$ r/min	$n_1=3000$ r/min	$n_1=1500$ r/min	$n_1=3000$ r/min	$n_1=1500$ r/min
		额定功率（W）		额定功率（W）		额定功率（W）	
45	1					10	6
	2					16	10
50	1					25	16
	2					40	25
56	1					60	40
	2					90	60
63	1	90	60			120	90
	2	120	90			180	120
71	1	180	120	180	120	250	180
	2	250	180	250	180		250
80	1	370	250	370	250		
	2		370	550	370		
80	1	370	250	370	250		
	2		370	550	370		
90	1			750	550		
	2				750		

表 1-8　　JX、JY、JZ 新系列单相异步电动机功率、机座对应表

机座代号	铁芯代号	JX 系列		JY 系列		JZ 系列	
		$n_1=3000$ r/min	$n_1=1500$ r/min	$n_1=3000$ r/min	$n_1=1500$ r/min	$n_1=3000$ r/min	$n_1=1500$ r/min
		额定功率（W）		额定功率（W）		额定功率（W）	
45	1	15	8				
	2	25	15				
50	1	40	25				
	2	60	40				
56	1	90	60			60	40
	2	120	90			90	60
63	1					120	90
	2					180	120
71	1			250	180	250	180
	2			370	250	370	250
	3			550	370		370

表 1－9　　YC 系列单相电动机与 Y 系列三相电动机功率等级对应表

机座代号		铁芯代号	转速 3000r/min		转速 1500r/min		转速 1000r/min	
			YC 系列	Y 系列	YC 系列	Y 系列	YC 系列	Y 系列
			额定功率（W）		额定功率（W）		额定功率（W）	
90	L	0.75	1.5	0.55	1.1	0.25	0.75	
			1.1	2.2	0.75	1.5	0.37	1.1
100	L	1	1.5	3	1.1	2.2	0.55	1.5
		2	2.2	3	1.5	3	0.75	1.5
112	M		3	4	2.2	4	1.1	2.2
132	S	1	3.7	5.5	3	5.5	1.5	3
		2	3.7	7.5	3	5.5	1.5	3
	M	1			3.7	7.5	2.2	4
		2			3.7	7.5	2.2	5.5

表 1－10　　单相串励电动机功率、机座对应表

额定功率（W） / 转速（r/min） / 机座代号		4000	6000	8000	12000
36	1	8	15	25	40
	2	15	25	40	60
	3	25	40	60	90
45	1	40	60	90	120
	2	60	90	120	180
	3	90	120	180	250
56	1	120	180	250	—
	2	180	250	370	—
	3	250	370	550	—
71	1	370	550	750	—
	2	550	750	—	—
	3	750	—	—	—

第 6 节　单相电动机的铭牌数据

单相电动机的机壳上都备有一块铭牌，它给使用者提供了该台电动机简略而准确的重要数据，要正确使用和维修好电动机就必须了解和掌握铭牌上的内容。下面以一台单相电动机的铭牌为例，来逐项说明铭牌上各数据的含义。单相电动机的铭牌如表 1－11 所示。

表 1－11　　单相电动机的铭牌

	单相电容运转异步电动机	
型号 DO_2－6312	功率 120W	频率 50Hz
电压 220V	电流 0.91A	转速 2800r/min
定额连续	绝缘等级 E	重量 kg
标准编号	出厂编号	出厂日期
	×××电机厂	

1. 型号

产品型号是表示产品名称、规格、型式等内容的代号，我国产品型号一律采用大写汉语拼音字母及数字组成。

2. 功率

系指单相异步电动机在额定运行条件下，其转轴上输出的机械功率。

3. 频率

指交流电源电压在每秒钟内按正负周期变化的次数，我国规定的工频为50Hz。

4. 电压

指在额定运行条件下，供电电源加在单相电动机定子绕组上的端电压。

5. 电流

指单相电动机在额定电压下输出额定功率时，其定子绕组内的线电流。

6. 转速

指电动机在额定技术条件下运行的旋转速度，单相异步电动机一般在略低于同步转速的情况下运行；单相同步电动机则运行于同步转速；而单相串励电动机则以远高于同步转速的速度运行。

7. 定额

是指电动机的工作方式，定额一般分为“连续”、“短时”、“断续”三种。“连续”是表示该电动机可以在符合各项额定值下作连续运行；“短时”则表示电动机只能在限定的时间内作短时运行；“断续”则表示电动机只能短时运行，但可以多次断续使用。“短时”和“继续”运行的电动机其运行时间都有明确的规定。如短时运行制电动机运行时间限制有10min、30min、60min和90min几种，电动机工作到规定时间后就应停车，待电动机完全冷却后才能再次投入运行。

8. 绝缘等级

绝缘等级是指电动机所用绝缘材料的耐热等级，电动机工作温度主要受绝缘材料耐热性能的限制。绝缘材料根据其耐热性能通常分为7级，如表1-12所示。

表1-12　　绝缘材料耐热等级

耐热等级	O	A	E	B	F	H	C
允许长期使用最高温度（℃）	90	105	120	130	155	180	>180

9. 标准编号

所有产品均应符合国家规定的产品标准，并根据该标准对电动机产品进行生产、检查、验收和使用。

10. 出厂编号与出厂日期

电动机铭牌上均标有产品的出厂编号与出厂日期，从出厂编号和出厂日期可以判断该产品的新旧程度和使用年限。同时也便于厂方查找产品的生产批次，较易找出电机质量问题。在某些电动机的铭牌上还会标上效率、功率因数及绕组接法等，技术资料就更为详尽。

第 2 章　单相电动机的起动、应用及选择

从前面我们已经知道，单相异步电动机本身不具有起动转矩，故不能自行起动，而必须依靠外力来完成起动全过程。不过，单相异步电动机它一旦起动，即可朝起动方向连续不断地运转下去。

根据起动方式的不同，单相异步电动机可以分为许多不同的型式，常见的有：

(1) 罩极式电动机（又分为：①凸极式；②隐极式两种）；

(2) 电阻分相式电动机；

(3) 电容分相式电动机（又分为：①电容起动式；②电容运转式；③电容起动与运转式三种）。

下面将分述这些电动机的结构、特性及其起动方法等。

第 1 节　单相罩极式电动机的起动与运转

单相罩极式电动机其结构最简单，它主要分为定子和转子两大部分，均由硅钢片冲制叠压而成。罩极式电动机的转子均采用笼型结构，在用硅钢片叠成的转子铁芯槽中用铝铸有笼型短路绕组。定子铁心亦用硅钢片冲压而成，主要制成凸极式和隐极式（即齿槽式）两种形式。

一、凸极式定子

容量较小的罩极电动机多采用这种形式的定子，如图 2-1 所示。凸出的磁极上装有集中式磁场线圈。每个磁极的极掌上面开有小槽，在小槽内嵌放有一个短路铜环，它罩住磁极的 1/2～1/3，这个短路铜环叫做罩极线圈。在磁极间还装有一种导磁的薄钢片，它称为漏磁片。是用来减少气隙中磁场分布曲线畸变的。

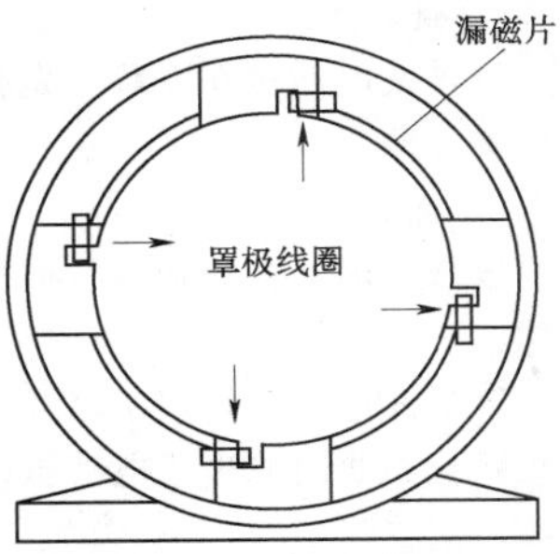

漏磁片

罩极线圈

图 2-1　单相罩极式电动机定子结构图

二、隐极式（齿槽式）定子

功率较大的罩极电动机常采用这种隐极齿槽式定子。在这种定子铁芯中，其绕组为分布式绕组。部分线槽内除嵌有主绕组外，还同时嵌入几匝用粗铜线绕成并自行短接的罩极线圈。一些老式风扇和鼓风机就采用这种结构，如图 2-2 所示，即为 4 极 24 槽采用罩极分布绕组的布置图。

其他型式的罩极电动机一般功率都极小，如圆盘形、框形定子的罩极电动机，它们多用于不需要多大输出功率的电度表、电唱机中。

罩极式电动机的工作原理如图 2-3 所示，定子上有凸出的磁极，主绕组就安置在这个磁极上。在磁极表面的 1/3 处开有一个凹槽，将磁极分成为大小两部分，磁极小的部分套着一个短路铜环，将磁极的一部分

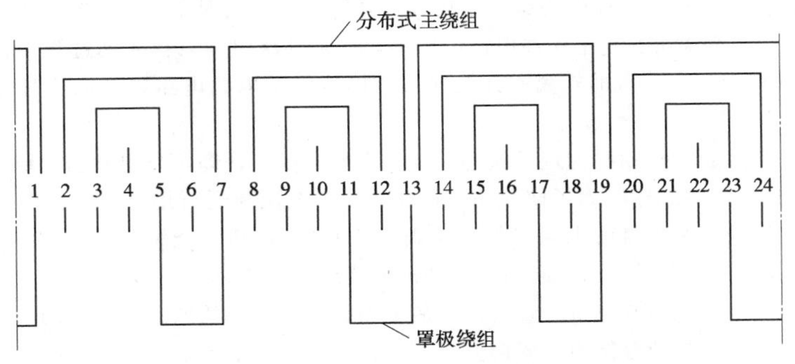

图 2-2　罩极式电动机结构示意图

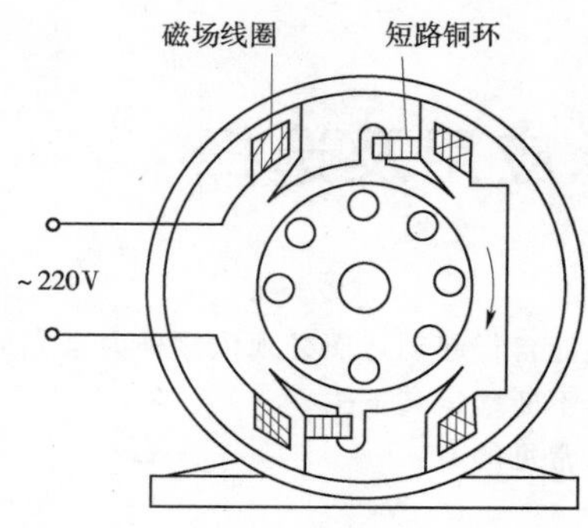

图 2-3　单极罩极式电动机结构示意图

罩了起来，即罩极线圈，它相当于一个辅助绕组。当定子绕组中接入单相电源后，磁极中将会产生交变磁通，穿过短路铜环的磁通，在铜环内产生一个相位滞后的感应电流。由于这个感应电流的作用，磁极被罩部分的磁通不但在数量上与未罩部分不同，而且在相位上也滞后于未罩部分的磁通。这两个在空间位置不一致，而在时间上又有一定相位差的交变磁通，就在电机气隙中构成脉动变化的一个近似的旋转磁场。这个旋转磁场切割转子后，就使转子绕组中产生感应电流。载有电流的转子绕组与定子旋转磁场相互作用的结果，转子得到起动转矩，从而使转子由磁极未罩部分向被罩部分的方向旋转。

罩极式电动机具有结构简单、制造方便、造价低廉、使用可靠、故障率低的特点。其主要特点是效率低、起动转矩小、反转比较困难等。罩极式电动机的主要特性如下。

1. *起动转矩*

罩极式电动机的起动转矩都很小，通常只有满载转矩的 30%～50%。因此，这种电动机应用于不需要满载起动的场合，而且只能用于带动轻负载起动的机电器械。

2. *效率*

罩极式电动机的效率很低，与其他型式的单相电动机比较，大约要低 8%～15%。但由于罩极式电动机的输出功率都比较小，因而效率虽低些，对运行却不会构成多大影响。

3. *功率因数*

由于效率低，故功率因数就比较低。但同样因电动机功率较小，所以，提高功率因数对经济运行也起不了多大作用。

4. *额定电流*

罩极式电动机在空载、满载和堵住时，电流的变化很小。因此，就是将转子堵住不转，电动机也不会发生任何故障。

5. *额定转速*

罩极式电动机的转速是根据所接电源的频率及电动机定子的极数而定，其实际转速则略低于电机的同步转速。

罩极式电动机多用于轻载起动的负荷。其中，凸极式集中绕组罩极式电动机常用于电风扇、音响设备。隐极式分布绕组罩极式电动机则用于小型鼓风机及油泵中。

第 2 节　单相电阻分相式电动机的起动与运转

单相电阻分相式起动电动机又称为分相式电动机。它构造简单，主要由定子、转子和离心开关三部分组成。转子为铝铸笼型结构，定子采用齿槽式。如图2-4 所示，定子铁芯内布置有两套绕组，运行用的主绕组使用较粗的导线绕制，起动用的辅助绕组则用较细的导线绕成。一般主绕组占定子总槽数的 2/3，辅助绕组占定子总槽数的 1/3。主绕组长期工作在电源电路中，而辅助绕组则只在起动过程中接入电路，待电动机起动后达到额定转速的 70%～80%时，离心开关就将辅助绕组从电源电路脱开，这时电动机即进入正常运行状态。

单相异步电阻分相式起动电动机的定子铁芯上嵌置有两套绕组，即主绕组和辅助绕组。这两套绕组在空间位置上相差 90°电角度，在起动时为了使起动用辅助绕组内电流与运行用主绕组内电流，在时间上产生相位差。通常都用增大辅助绕组本身的电阻（如采用细导线），或在辅助绕组回路中串联电阻的方法来达到。如图 2-5 所示即为单相异步电阻分相式起动式电动机的绕组接线图。

由于在这两套绕组中的电阻与电抗分量不同，故电阻大、电抗小的辅助绕组内的电流，将比主绕组中的电流先期达到最大值。因而在两套绕组之间产生了一定的相位差，形成了一个两相电流。从而就建立起一个旋转磁场，使转子因电磁感应作用而旋转。

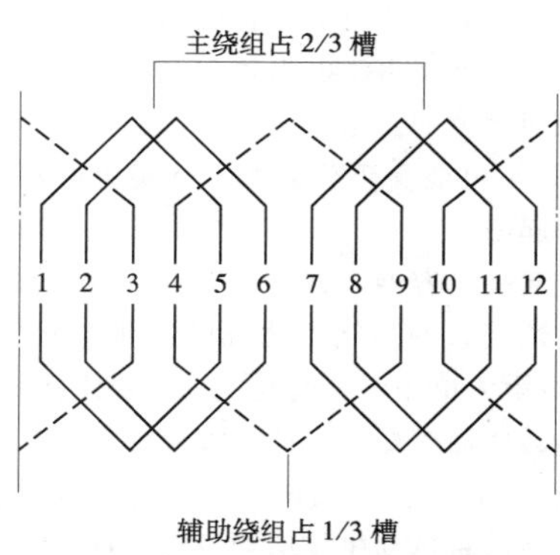

图 2-4　单相分相式电动机绕组布置图

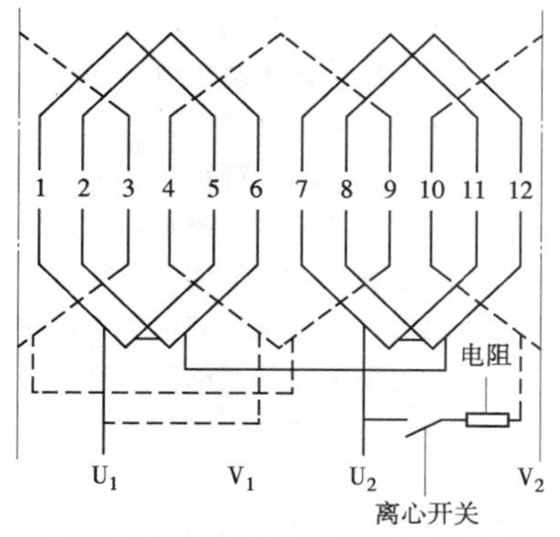

图 2-5　单相电阻分相电动机绕组接线图

从上面我们已经知道，单相电阻分相式起动电动机的起动，是依赖于定子铁芯上相差 90°电角度的主、辅助绕组来完成的。由于要使主、辅助绕组间具有足够大的相位差，就要辅助绕组选用比主绕组细的导线来增加电阻。这就将引起辅助绕组导线的电流密度比主绕组大。因此，辅助绕组都只能短时工作。起动过程完毕后必须立即与电源电路切断，如超过一定时间仍未切断，辅助绕组就有可能因绕组发热而烧毁。

单相电阻分相式起动电动机的起动，可以用离心开关或各种类型的起动继电器去完成。如图 2-5 所示即为用电流型起动继电器起动的电阻分相起动接线图。

单相电阻分相式起动电动机具有构造简单、价格低廉、故障率低和使用方便的特点，其主要特性如下。

1. 起动转矩

电阻分相式起动电动机的起动转矩一般是满载转矩的两倍，因此它的应用范围非常广，如电冰箱、空调器等的配套电动机，均大量采用该种电动机。

2. 额定转速

电阻分相式起动电动机的转速很稳定，它的转速高低随电动机极数和电源频率而变。同时，电动机负载的大小也能使转速起到微弱的影响。并且其加速过程很快，不到一秒钟即可达到额定转速。

3. 效率

电阻分相式起动电动机的效率因设计性能、容量大小和转速高低而异。通常约为 50%～60%。

4. 功率因数

电阻分相式起动电动机的功率因数，也随电机的设计性能、容量大小、转速高低而不同，一般在满载时约为 0.5～0.6。因此，电动机在接近满载时运行最经济。

5. 起动电流

起动电流大则是电阻分相式起动电动机的一大缺点，其起动电流一般约为满载电流的6～7 倍。对电源网路有一定的冲击。

6. 过载容量

电阻分相式起动电动机过载时其温升都很高，将对电动机的运行带来不利影响。因此，一般过载容量不得超过满载转矩的 25%，时间不超过 5 分钟。

单相电阻分相起动电动机具有中等起动转矩和过载能力，它适用于低惯量负载、不经常起动、负载可变而转速要求基本不变的场合，如小型车床、鼓风机、电冰箱压缩机、医疗器械等。

第 3 节　单相电容式电动机的起动与运转

单相电容电动机分为三种：①电容起动式；②电容运转式；③电容起动与运转式。电容式电动机和相同功率的电阻分相起动电动机，在外形尺寸、定子铁芯、转子铁芯、绕组、机械结构等方面都基本相同，只是在绕组的设计参数上有所调整，以及增加了 1～2 只电容器而已。

从前面所述我们知道，单相异步电动机中，它的定子有两套绕组，且在空间位置上相隔 90°电角度。因此在起动时，接入在时间上具有不同相位的电流后，产生了一个近似两相的旋转磁场，继而使电动机转动。

在电阻分相起动电动机中，主绕组电阻较小而电流较大，辅助绕组则电阻较大而电流较小，也就是为了利用这个原理。因此，辅助绕组中的电流大致与线路电压是同相位的。但在实际上，每套绕组的电阻和电抗不可能完全减少为零。因此，两套绕组中电流的 90°相位差是不可能真正获得的。从实用出发则只要相位差足够大时，就能产生近似的两相旋转磁场，从而使转子转动起来。

而如果在单相异步电容式电动机的辅助绕组中串联一只起动电容器，这时辅助绕组内电流的相位就会比电源线路的电压相位超前。如将绕组和电容器的电容量设计适当，两套绕组就可以达到真正意义上 90°相位差的最佳状况，这样就改进了电动机的起动性能。图 2－6 所示为单相电容起动电动机绕组接线图。

但在实际上，起动时定子绕组内的电流大小还随转子的转速而改变。因此，如要使它们在这段时间内仍保有 90°电角度的相位差，那么电容器电容量的大小就必须随转速和负载而改变。显然，这种办法实际上是做不到的。基于这个原因，根据单相电动机所拖动的负载特性而将电动机作适当设计，这样就有了上面提到的几种型式的单相异步电容式电动机。

单相异步电容分相式电动机根据其起动和运行方式的不同，分为以下三种类型。

1. 电容起动式电动机

如图 2－7 所示，电容器经过离心开关后接入起动用辅助绕组。主绕组的出线端 U_1、U_2 与辅助绕组的出线端 V_1、V_2 经并联后接通电源，电动机即行运转。当转速达到额定转速的 70％～80％时，离心开关动作，切断辅助绕组的电源，只留下主绕组继续工作在电源电路上。

在这种电动机中，电容器一般装在机座顶上，由于电容器只在极短的几秒钟起动时间内工作，故可采用电容量较大、价格较便宜的电解电容器作起动电容器。为加大起动转矩，其电容量可适当选大些。

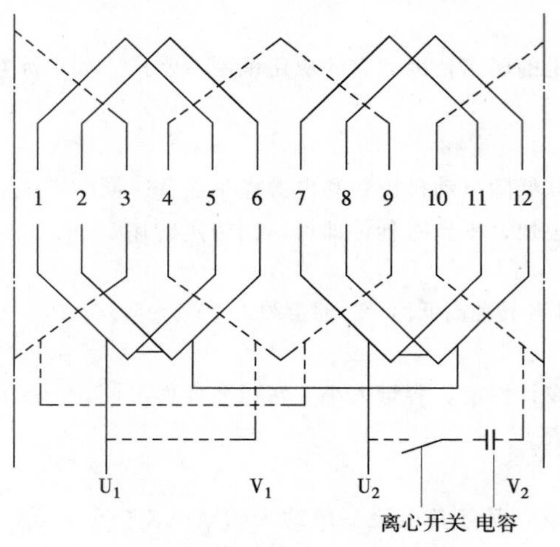

图 2－6　单相电容起动电动机绕组接线图

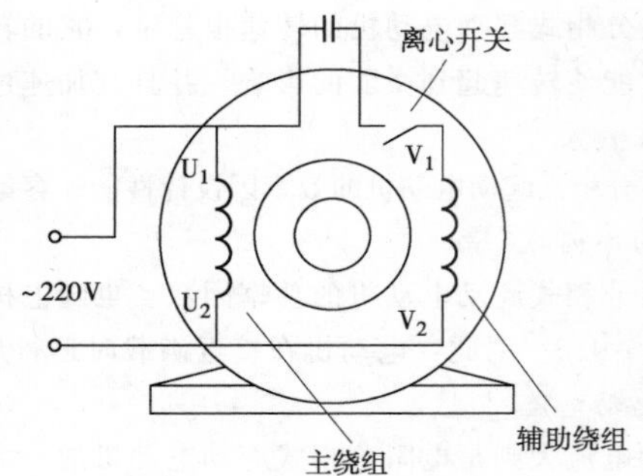

图 2－7　单相电容起动式电动机接线图

2. 电容运转式电动机

如图 2－8 所示，电容器与起动用辅助绕组中没有串接起动装置。因此，电容器与辅助绕组将和主绕组一道长期运行在电源线路上。

在这类电动机中，要求电容器能长期耐较高的工作电压，故必须使用价格较贵的纸介或油浸纸介电容器，而绝不能采用电解电容器。

电容运转式电动机省去了起动装置，从而简化了电动机的整体结构，降低了综合成本，提高了运行可靠性。同时由于辅助绕组也参与长期运行，这样也就实际增加了电动机的输出功率。

3. 电容起动与运转式电动机

如图 2－9 所示，这种电动机兼有电容起动和电容运转两种电动机的特点，起动用辅助绕组经过运行电容 C_1 与电源接通，并经过离心开关与容量较大的起动电容 C_2 并联。接通电源时，电容器 C_1 和 C_2 串接在起动用辅助绕组回路中。这时电动机开始起动，当转速达到额定转速的 70％～80％时，离心开关 S 动作，将

起动电容 C_2 从电源线路切除，而运行电容 C_1 则仍留在电源线路上运行。显然，这种电动机需要使用两只电容器，并且还要装设起动装置，因而结构复杂、也增加了成本，这是它最大的缺点。但其优良的起动与运转特性却也是其他型式单相异步电动机无法达到的。

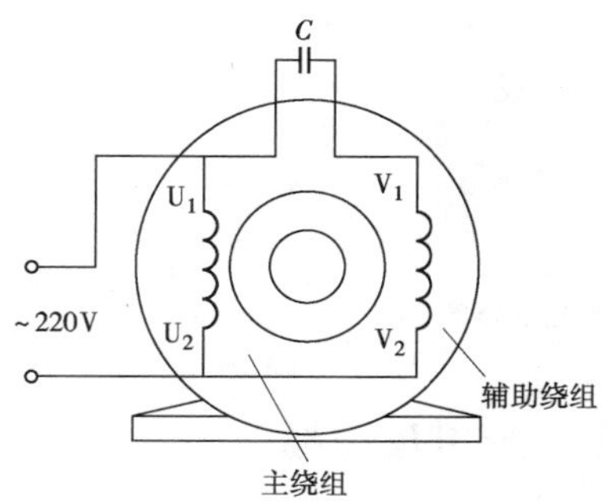

图 2－8　单相电容运转式电动机接线图

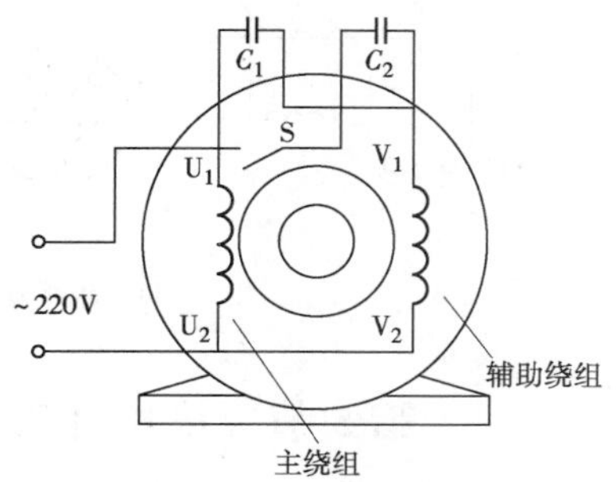

图 2－9　单相电容起动与运转式电动机接线图

在电容起动与运转式电动机中，也可以不用两只电容量不同的电容器，而改用一只电容器和一只自耦变压器。如图 2－10 所示，起动时跨接于电容器两端的电压增高，使电容器的有效电容量比运转时大 4～5 倍，正好符合起动时对大电容量的需要。这种电机用的离心开关是双掷式的，电动机起动后，离心开关接至 S 点，从而降低了电容器的电压和等效电容量，以适应电动机正常运行的需要。

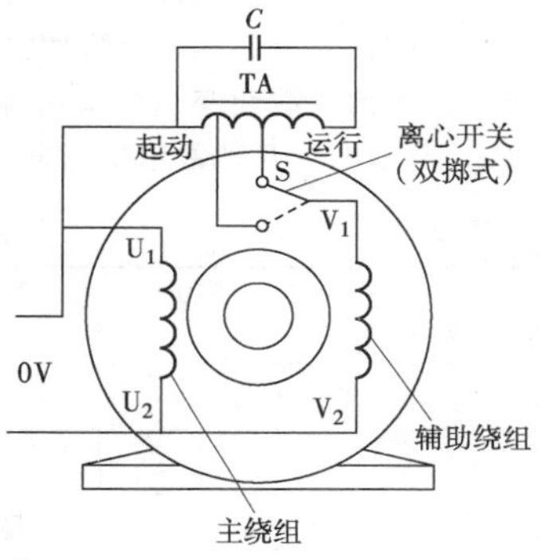

图 2－10　电容器和自耦变压器组合起动接线图

单相异步电容式电动机三种类型的特性及用途如下所述。

（1）单相电容起动式电动机。

这种电动机具有较高的起动转矩，一般能达到满载转矩的 3～5 倍，故可适用于需要满载起动的场合。由于它的电容器和辅助绕组只在起动时接入电源电路，所以它的运转特性均与同等功率并有相同设计的电阻分相起动电动机基本相同。例如转速因负载不同而变化，以及功率因数、效率、过载容量的变化等。

单相电容起动式电动机多用于电冰箱、水泵、小型空气压缩机，以及其他需要满载起动的电器和机械。

（2）单相电容运转式电动机。

这种电动机的起动转矩较低，但功率因数和效率均比较高。它体积小、重量轻、运行平稳、振动与噪声小、可反转和能调速。因而适用于直接与负载联接成一个整体的机械、电器，如电风扇、通风机、录音机及各种空载或轻载起动的机械。但不适于空载或轻载运行的负载。

（3）单相电容起动与运转式电动机。

这种电动机具有较好的电动性能，以及较高的功率因数、效率和过载能力，并且可以调速。它适用于要求带负载起动和低噪声的场合，如小型机床、水泵、家用电器等。

单相电容式电动机的起动电容及运转电容的电容量可参考表 2－1 所示的数据进行选配。

表 2－1　单相电容式电动机起动电容及运转电容选配表

功率（W）	15		25		40		60		90		120		180		250	370	550	750
极数	2	4	2	4	2	4	2	4	2	4	2	4	2	4				
运转电容（μF）	1	1	1	2	2	2	2	4	4	4	4	4	6	6				
起动电容（μF）											75	75	75	75	100	100	150	200

第 4 节　单相同步电动机的起动与运转

从前面我们已经知道，单相同步电动机的定子结构和单相异步电动机相似，并且其作用也是用来产生一个旋转磁场，它们的差异仅存在于转子结构上。因此，单相同步电动机的起动方式与单相异步电动机也是相同的，即也可以采取电阻或电容分相起动。常用的起动与运行方式如图 2－11 所示，分为：①电容起动式；②电容运转式；③电容起动与运转式三种。

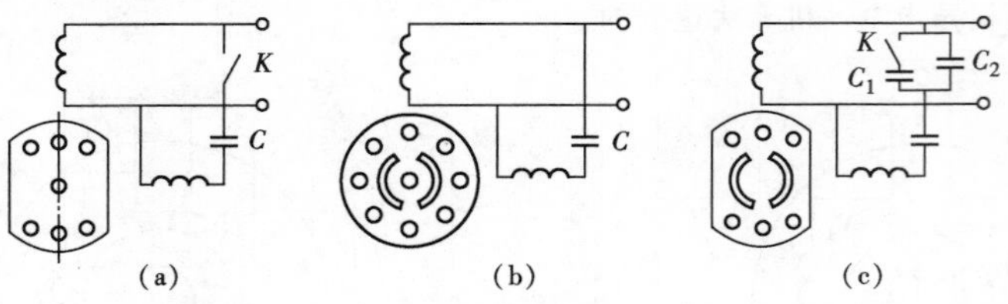

图 2－11　单相同步电动机的运行线路图

第 5 节　单相电动机的特性、应用及选择

合理选择和正确使用各种类型的单相电动机是保证正常运行的两个重要环节。所谓合理选择，就是指按照电动机负载的特定运行条件，去选定能满足其要求的最经济的电动机；而正确使用，则是指应根据电动机的使用、维护要求和其运行特性去进行安装、运行和维护。因此，熟悉和掌握单相电动机的特性，使其与起动不同定额的负载和变速、调速等负载条件相适应，就能更有效地使用电动机和避免发生故障。表 2－2、表 2－3 所示即为几种常用单相电动机的性能、应用对比表。

表 2－2　　　　几种常用单相电动机的性能、应用对比表（1）

比较项目 \ 电动机		分相电动机	电容起动式电动机	电容运转式电动机
电动机结构	定子绕组的组成	主绕组、辅助绕组	主绕组、辅助绕组	主绕组、辅助绕组
	转　　子	鼠笼式	鼠笼式	鼠笼式
	起动装置	起动继电器或离心开关	起动继电器或离心开关	—
	辅助装置	—	起动用电容器	运转用电容器
	等效电路	起动 主 U～ K	起动 C 主 U～ K	C 主 U～
电动机特性	起动电流 I_n/I_H	6～7	4～5	3～5
	转矩特性曲线	M O n	M O n	M O n
	起动转矩 M_n/M_H	1.2～2	2.5～3.5	0.3～1
	功率因数	0.4～0.75	0.4～0.75	0.7～1
主要优缺点		1. 价格低，应用广泛； 2. 起动电流大，起动转矩较小	1. 造价稍高； 2. 起动电流较大，起动转矩较大	1. 无起动装置，构造较简单，工作可靠； 2. 功率因数较高； 3. 起动转矩小
应用范围		1. 单相鼓风机； 2. 用作起动转矩较小的一般动力，如钻床、研磨机、搅拌机等	1. 起动转矩要求大的场合； 2. 用于井泵、冷冻机、压缩机等	1. 起动转矩小的场合，如电风扇； 2. 起动与停止频繁的场合； 3. 需要正反转的机械

表 2-3　　几种常用单相电动机的性能、应用对比表（2）

比较项目 \ 电动机		电容起动电容运转式电动机	罩极式电动机	单相串励式电动机
电动机结构	定子绕组的组成	主绕组、辅助绕组	主绕组、罩极绕组	励磁绕组
	转　子	鼠笼式	鼠笼式	鼠笼式
	起动装置	起动继电器或离心开关	—	—
	辅助装置	起动和运转用电容器	—	—
	等效电路	副；C_1 C_2；主；U~；K	罩；主 U~	U~；D
电动机特性	起动电流 I_n/I_H	4～5	2～4	6以上
	转矩特性曲线	M；O；n	M；O；n	M；O；n
	起动转矩（M_n/M_H）	2.5～3.5	0.3～0.8	3～6
	功率因数	0.8～1	0.4～0.75	0.7～0.8
主要优缺点		1. 附件多，结构复杂，价格较高； 2. 起动电流较大； 3. 功率因数高	1. 结构最简单，价格低，工作可靠； 2. 起动转矩最小； 3. 效率低	1. 起动转矩很大，起动电流大； 2. 转速高，体积小； 3. 转子结构复杂； 4. 价格贵
应用范围		1. 要求起动转矩大的机械； 2. 要求功率因数高的场合	1. 功率小，要求起动转矩小的场合； 2. 多用于电风扇、电唱机、仪器仪表等	1. 要求起动转矩大，或转速高的机械； 2. 多用于吸尘器、手提电动工具等

正确选择、使用单相电动机除应掌握电动机的基本性能外，还必须了解电动机的运行条件。即电动机工作的环境条件、电源条件和负载条件，现分述如下。

1. 环境条件

环境条件是指电动机工作地点的海拔高度、环境温度必须符合技术条件的规定。其防护能力也应与其工作场所的周围环境条件相适应。

2. 电源条件

单相电动机铭牌上标示的频率、相数和电压均应与电源基本相符。当电压为额定值时，频率与额定值的偏差不得超过±1%。在频率为额定值时，电压与其额定值的偏差不允许超过±5%。当电源电压额定而频率低于额定值时，电动机的最大转矩将会增大，起动转矩也将增大。但功率因数将降低，转速和效率均将下降，温升也会稍有升高。当电源频率为额定值而电压低于额定值时，电动机的最大转矩和起动转矩都将减小，但温升也将增高。

3. 负载条件

为了防止单相电动机发生不必要的故障。在选定电动机时，对于负载还必须仔细考虑以下事项：

(1) 负载的工作类型（连续工作、短时工作、断续工作、变负载工作等）。

(2) 负载的转速—转矩特性。

(3) 负载所需功率、转速的大小。

(4) 负载转动惯量的大小，制动方式（是否需要快速制动）等。

(5) 负载所需要的起动方式（全压起动、降压起动，以及是否手动或自动或遥控等）。

总之，只有严格按照负载的特定运行条件，去选择性能符合要求的单相电动机，才能确保电动机长期、安全、经济地运行。

第 6 节　单相电动机的系列产品

单相电动机由于具有体积小、重量轻、效能高和小巧、方便、灵活等许多优点，因而被广泛应用于工农业生产及人们的日常生活中。特别是近时期来在洗衣机、电风扇、空调器、电冰箱、电吹风等家用电器和电锤、电钻、电剪、电锯、电铯等小型电动工具，以及小型机床、医疗器械、微型水泵和计算机、打印机、复印机等办公自动设备中，无一不使用着各式各样的单相电动机。下面将对单相电动机几种常用系列产品作简要介绍。

一、YU 系列单相电阻起动式异步电动机

YU 系列单相电阻起动式异步电动机是一种结构简单、操作容易、维护方便和适用于单相电源的小功率电动机。它还具有较高的起动转矩和过载能力，因而被普遍用于拖动各类小型机械、器具。该系列单相异步电动机有 4 个机座号、16 个规格；功率范围从 90～1100W；全系列采用 E 级或 F 级绝缘。

二、YC 系列单相电容起动式异步电动机

YC 系列单相电容起动异步电动机，它具有起动电流小、起动转矩大和使用维护方便等特点。因而多用于空压机、微型水泵等需要满载起动或有较大起动转矩要求的小型机械。该系列单相异步电动机共有 6 个机座号、28 个规格；功率范围从 120～3700W；全系列采用 E 级或 F 级绝缘。

三、YY 系列单相电容运转式异步电动机

YY 系列单相电容运转式异步电动机，由于其具有过载能力强、效率和功率因数均较高。以及空载电流较大和起动转矩较小等特点，因而被广泛用于微型水泵、电风扇、医疗器械等，适于轻载或空载起动的小型设备。该系列单相异步电动机有 7 个机座号、28 个规格；功率范围从 10～2200W；全系列采用 E 级或 F 级绝缘。

四、TVB、TYC、TYZ、TRY 系列永磁式单相同步电动机

永磁式单相同步电动机的定子与单相异步电动机定子基本相同，其作用都是经外加电源产生旋转磁场。而它的转子由永久磁铁加工制成，结构型式则有凸极式和隐极式两种。以上各系列电动机均具有转速恒定、转矩较大和温升低、噪音小的优点。

五、单相串励电动机的系列产品

单相串励电动机是一种运行在交流单相电源上的直流串励电动机。它具有转速高、体积小、重要轻、效率高、起动转矩大、过载能力强和调速方便等许多优点，因而被大量应用于电动工具、家用电器、小型机床、医疗器械等生产、生活的各个方面。

第3章　单相电动机的绕组及其联接

单相电动机的定子铁芯上通常均安置有两套绕组（罩极式、串励式除外），一套为运行用的主绕组，另一套为起动用的辅助绕组，它们都称为定子绕组。接入电源后，定子上的主、辅两套绕组共同在气隙中建立起一个旋转磁场，并在转子绕组内感应产生电势和电流，与转子作用后再产生电磁转矩，完成电能与机械能的转换。因此，绕组是电动机中最复杂而又最易损坏的极重要部件。

单相电动机的定子绕组除罩极式和串励式电动机多采用集中绕组外，其他类型的单相电动机均使用分布绕组。常用的绕组型式有单层绕组、双层绕组、单双层混合绕组和正弦绕组等类型。下面将分述绕组的常用名词、含义以及各类绕组的构成、特点和接法。

第1节　绕组的基本概念及名词含义

一、机械角度

用于嵌置定、转子绕组的定、转子铁芯均为圆形，它们均具有不变的360°机械角度，如图3-1所示。牢记这一点对我们了解机械角度与电角度的关系，以及掌握绕组的构成规律都是极为有益的。

二、电角度

如图3-2所示，单相正弦交流电正负变化一周或经过磁场N～S一对磁极，它们都具有360°电角度。现从磁场来看，由图中A点旋转一周回复到A点，即经过了360°空间机械角度，同时从电的方面来说它也完成了正负一周的变化，就是说也经过了360°电角度。由此可知，在这种一对磁极的情况下，电角度和空间机械角度是相等的。

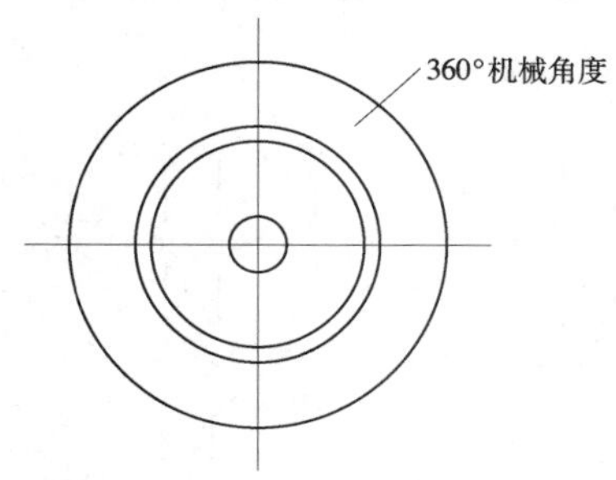

图3-1　定转子铁芯机械角度示意图

如果是4极电动机，就是指在定子铁芯内圆上均匀分布着两对磁极，如图3-3所示，当沿铁芯内圆转动时，每经过一对磁极，从电的方面来看就完成了正负一个周期的变化，即转过了360°电角度。在沿铁芯内圆转一周时，转过的空间机械角度虽仍是360°。但从电的方面却完成了两周的变化，其转过的电角度就应该是：

$$\alpha=360°\times2=720°$$

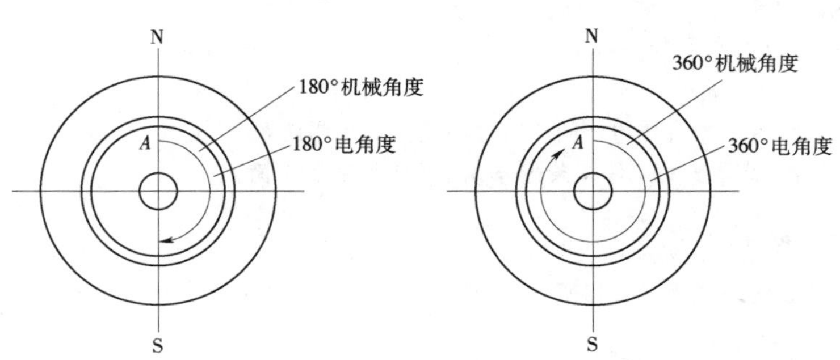

图3-2　2极磁场电角度示意图

因此，对于有p对磁极的电动机来说，铁芯圆周的空间机械角度虽然仍为360°，而对应的电角度则将是

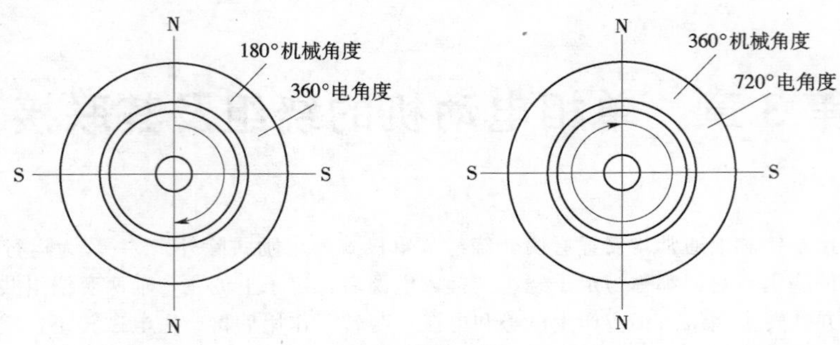

图 3-3　4 极磁场电角度示意图

$$\alpha=360°\times p$$

由上式求得的电角度 α 是铁芯整个圆周的电角度。而在绕组的分析中我们还常用到“槽间电角度”，即指铁芯相邻两槽中心间隔的电角度。它也等于每槽所占的电角度，其计算公式为：

$$\alpha'=\frac{360°\times p}{z}$$

式中　α'——槽间电角度（也叫每槽电角度）；

p——磁极对数；

z——定子铁芯总槽数。

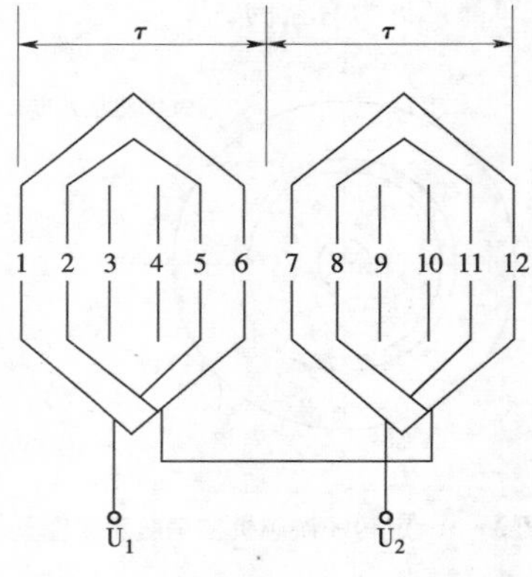

图 3-4　单相电动机极距示意图

三、极距 τ

极距是指两个相邻磁极轴线之间的距离，用字母“τ”表示。极距的大小有两种表示方法：一种是以每磁极所占铁芯圆周表面长度（cm）表示；另一种则以在铁芯上所占槽数来表示。即：

$$\tau=\frac{\pi D}{2p}\ \text{(cm)}$$

$$\tau=\frac{z}{2p}\ \text{(槽)}$$

式中　D——定子铁芯内径，转子铁芯外径；

z——定、转子槽数；

p——极对数。

当以槽数表示极距时，习惯上以从第×槽至×槽来表示。例如一台 4 极 24 槽的电动机的极距为 24÷4=6 槽，即极距为 6 槽，就是从第 1 槽至第 7 槽。图3-4 所示为单相电动机极距示意图。

四、节距 y

节距是指单个线圈元件两条有效边之间所跨占的槽数（也叫跨距），其表示方法与极距相似。例如节距 $y=6$ 槽，即节距为 6 槽，就是线圈元件两条边分嵌在第 1 槽和第 7 槽。

五、每极每相槽数 q

每极每相槽数是指在每一磁极下每相所占有的槽数，用字母 q 表示。每极每相槽数等于：

$$q=\frac{z}{2pm}$$

式中　z——定子槽数；

$2p$——磁极数；

m——相数。

六、线径

指绕制电动机线圈所用电磁线的直径。用符号 Φ 表示。

七、并绕根数

指依电动机绕线模同时并行绕制的电磁线根数，如 2 根并绕、3 根并绕等。

八、线匝

指一根或若干根电磁线绕电动机绕线模一周为一线匝。如一根电磁线绕线模一周为一线匝，而两根或若干根电磁线同时绕线模一周则仍为一线匝。

九、线圈

由一线匝或若干线匝串绕而成的一束线匝叫做线圈，线圈是电动机绕组的基本元件。图 3 - 5 所示为电动机分布式绕组中常用的梭形线圈示意图。图中线圈的两条直线部分称为线圈的有效边，它嵌入铁芯槽内直接参与电机的电磁能量转换。而线圈的两个端接部分则仅起联接两有效边的作用。

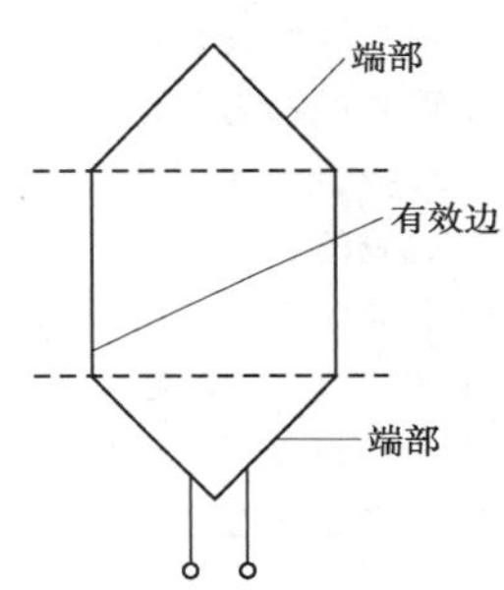

图 3 - 5　梭形线圈示意图

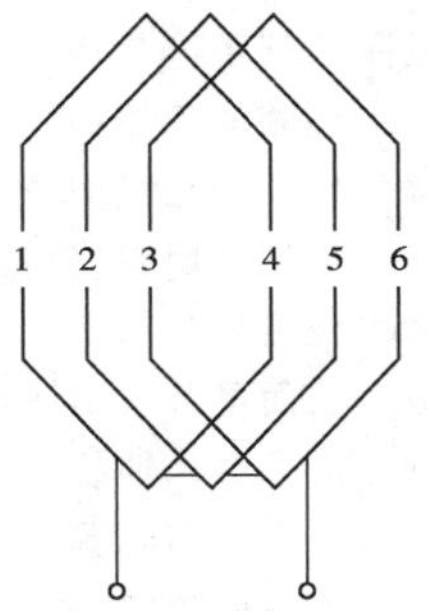

图 3 - 6　极相组示意图

十、极相组

又称线圈组，指在一相中形成同一个磁极的一个线圈、或若干个线圈串联而成的线圈组，就称为极相组。如图 3 - 6 所示为三个线圈组成的极相组示意图。

十一、并联支路

指由一个或若干个极相组联接而成的部分绕组。在单相电动机中由于其额定功率均比较小，通常在采用支路后即能达到要求。图 3 - 7 所示为 4 极 2 路接法的示意图。图中 U 相的 4 个极相组被分接成两条支路，而再并联起来接成相绕组。

图 3 - 7　并联支路示意图

十二、相绕组

指由一条或若干条并联支路联接而成的一大部分绕组。在单相电动机中通常具有主、辅助两套绕组，分别作为起动与运行用。个别类型的单相电动机还另外增加有第三套绕组作为调速绕组。

第 2 节　单相电动机绕组的类型

从前面我们已经知道，单相电动机的转子绕组多采用鼠笼绕组，而定子绕组则有集中式和分布式两类。在单相罩极式电动机中采用的就是集中式绕组，它的定子铁芯上有凸出的磁极，定子绕组就绕在这些凸极上，如图 3 - 8 所示。集中式绕组结构简单，接线也很容易。但它所产生的磁场在电机内的分布很不理想，对电动机的工作性能有很坏的影响。因而除在小功率电动机中还有所采用外，多数单相电动机均已很少采用这种绕组型式。现在单相电动机中应用最多的则为分布式绕组。这种绕组的线圈按照一定的规律分布嵌放在定子铁芯圆周的槽内，然后按规定的接法联接起来。现将分布式绕组常用的类型简述如下。

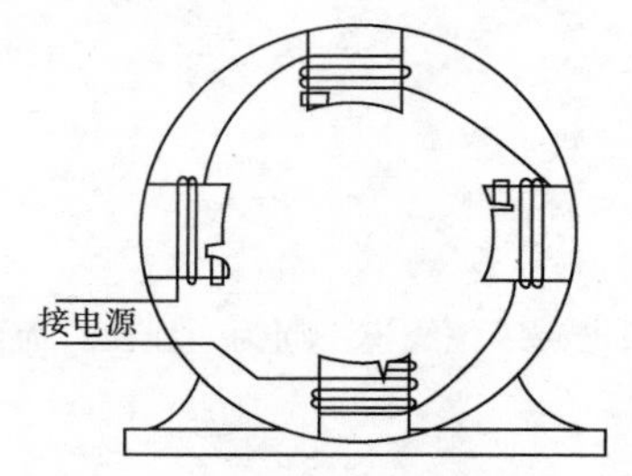

图 3-8　罩极式 4 极电动机绕组示意图

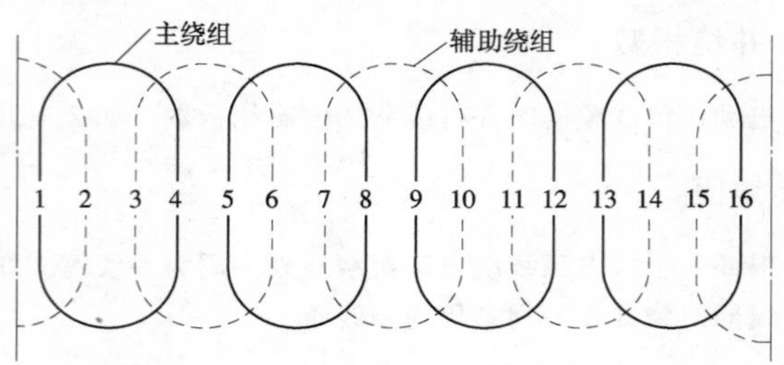

图 3-9　单层叠绕组线圈布置图

一、单层叠绕组

单层叠绕组就是在每个槽内只嵌入一个线圈的一条有效边，所以这种绕组的线圈数是电动机定子槽数的一半。单层叠绕组各个线圈的节距都是相等的，因而绕组的每一个线圈其形状大小均相同，并且它每个线圈的末边都返回邻近的下一个线圈的起始边，整个绕组形成相互重叠的形态，所以把这种绕组称为叠绕组或等元件绕组。又因其绕组端部环环相扣极似链条，故又称单层链形绕组，如图 3-9 所示。

与三相绕组不同的是，单相单层叠绕组没有自动消除三次谐波的能力，而三次谐波对单相电动机来说又危害极大。但如果我们将主绕组只分布于 2/3 的定子槽中，则主绕组中的三次谐波将自动消除，同时还可大大提高其绕组的分布系数，从而可节省电磁线的用量近 20%，而绕组承受电压的能力和磁效应均无重大影响。因此，在单相电动机中定子主、辅绕组所占槽数的比例通常均按 2∶1 分配。对于电容运转式电动机因其辅助绕组在电动机起动后并不脱离电源，而是仍将继续运行。故这种电动机的主、辅绕组所占定子槽数可以是相等的，即主、辅绕组各占槽数的一半。

单相单层叠绕组根据其绕组布置不同又稍有区别，现以一台 4 极 24 槽单相电动机的一半绕组为例来说明其绕组的布置。

图 3-10 所示为采用全节距时的绕组布置图，其节距为 $Y=24$ 槽 $\div 4=6$ 槽，为偶数。图中可见，主绕组应占有 24 槽 $\times \frac{2}{3} \div 2=8$ 槽的定子槽数，具有 4 个线圈。辅助绕组占有 24 槽 $\times \frac{1}{3} \div 2=4$ 槽的定子槽数，具有 2 个线圈。因节距为偶数，所以在嵌线时，应先把同一极相组的两个线圈边依次嵌入相邻的两槽内，然后顺序隔两个槽嵌入两个主绕组线圈，直至嵌完主绕组全部 4 个极相组。接下来再将辅助绕组的 4 个线圈，分别嵌入留下的 1/3 定子槽中。

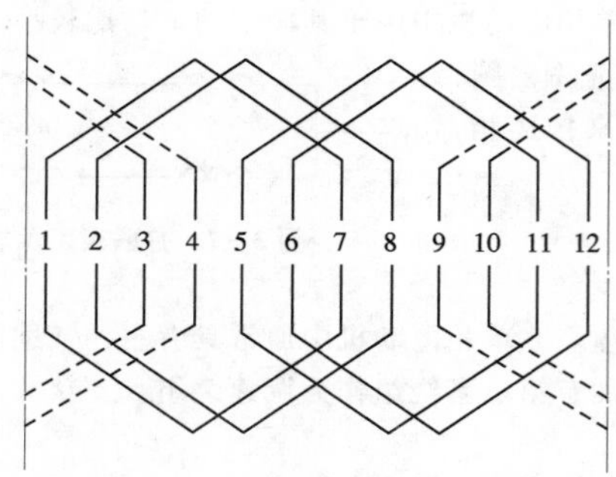

图 3-10　全节距单层叠绕组布置图

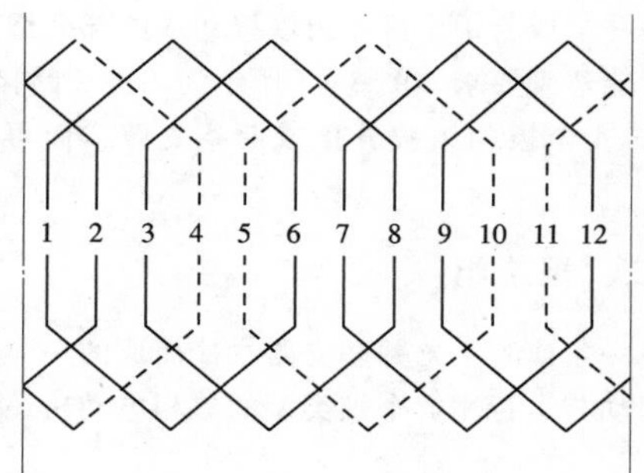

图 3-11　短节距单层叠绕组布置图

为了缩短绕组的端接部分以提高电动机电气性能，常采用短距绕组。如图 3-11 所示为采用短距绕组时的展开布置图，仍以 4 极 24 槽单相电动机为例，其节距取 $Y=5$，即比全节距时缩短了 1 槽而成为矩距绕组。由于线圈节距 5 为奇数，嵌线则要求取隔槽嵌线方法。即嵌 1 个线圈入槽后，要隔 1 个空槽后再嵌入下个线圈，这样依次进行直至嵌完全部线圈。

这台单相 4 极 24 槽的电动机绕组还可以采用如图 3 - 12 所示的分离式布置形式。此时，电动机的绕组排列明显地分为两部分，其端部分布也不像图 3 - 10、图 3 - 11 那样均匀，但这种绕组却可以使电动机方便地制成分割式定子，以用于某些特定的场合。

上述几种单相单层叠绕组的布置形式虽各有差异，但它们的电磁作用却都是相同的。

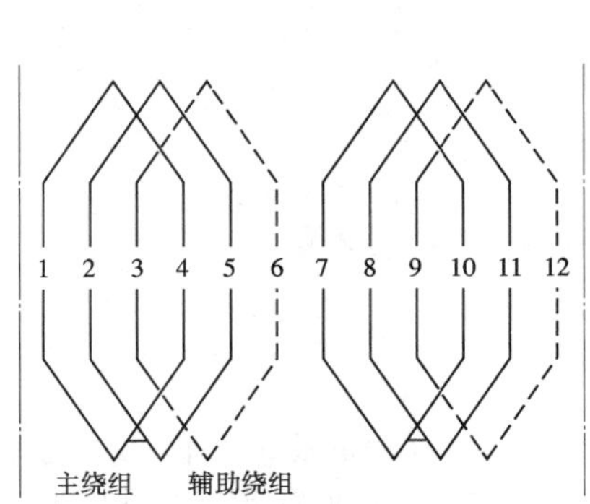

图 3 - 12　分离式单层叠绕组布置图

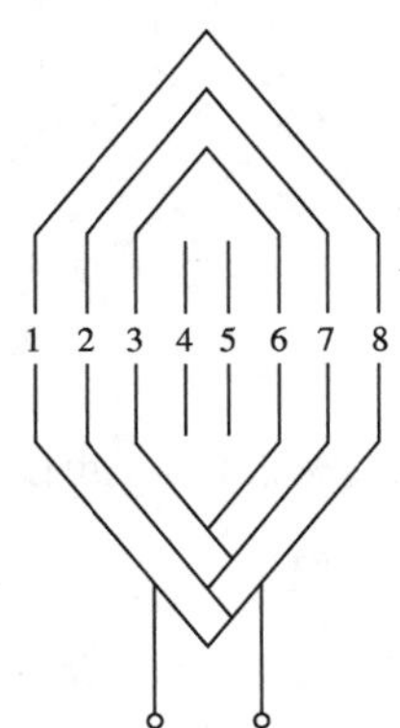

图 3 - 13　单层同心式绕组的极相组

二、单层同心式绕组

如图 3 - 13 所示，同心式绕组是由几个节距不同而轴线相互重合的线圈串接组成。它是一种采用短距线圈的全距绕组。其主、辅绕组分别布置在槽的上下层，一般都将辅助绕组嵌放于上层。这种绕组由于在嵌线时不用将部分线圈边吊把，所以嵌线较为简便，修理辅助绕组也较为容易。因此，在单相电动机中同心式绕组是应用比较多的绕组。根据布置和联接方式的不同，单相同心式绕组可以分成图 3 - 14 和图 3 - 15 两种型式。前者为老式同心绕组，其明显的缺点是线圈端部较长，因而耗料多增加了成本，并且使定子绕组的电阻和漏抗增大，导致电动机的性能变差。而分组同心式绕组则由于端部的缩短，正好克服了老式同心绕组的上述缺点。因此，单相电动机中现在更多采用的是这类同心绕组。

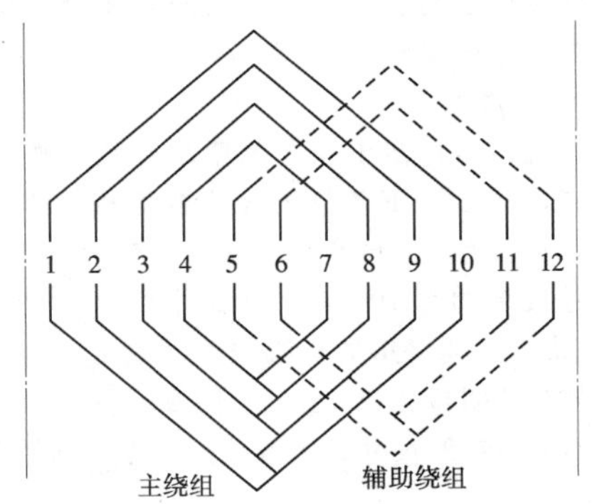

图 3 - 14　单层同心式绕组布置图

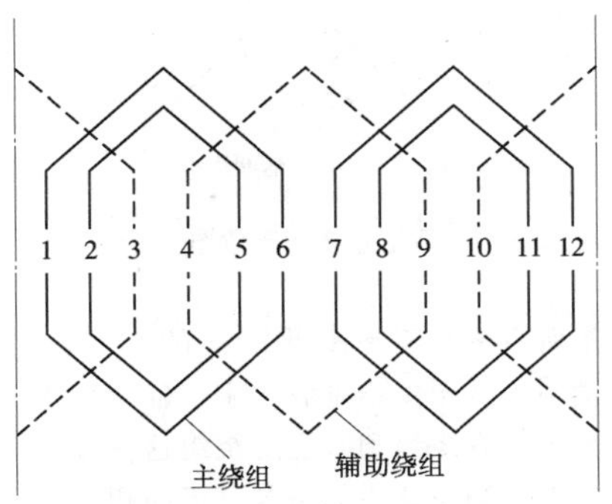

图 3 - 15　单层分组同心式绕组布置图

三、单层交叉式绕组

当单相电动机每极每相槽数 q 等于奇数时，还经常用到一种单层交叉式绕组，如图 3 - 16 所示。现仍以一台 4 极 24 槽单相电动机为例来说明这种绕组的布置。从图中可以看出，其主、辅绕组均由两组两个线圈和 1 个线圈的极相组构成。主、辅绕组均按每嵌一组两个线圈的极相组以后，再接着嵌一组一个线圈的极相组。以这样交叉嵌置的方式分别先后嵌完全部主、辅绕组。

这种单层交叉式绕组具有端部较短的优点，因而它节省电磁线降低了成本，同时还因减少了线圈电阻而

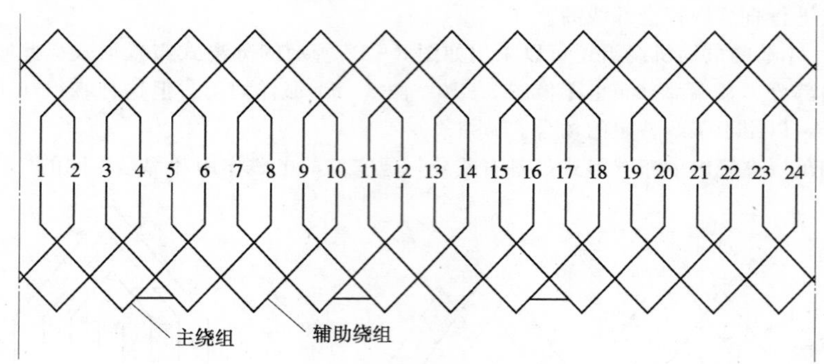

图 3－16　单层交叉式绕组布置图

降低铜损。在电容运转式电动机中该类绕组得到广泛使用。

四、双层叠绕组

如图 3－17 所示为单相双层绕组展开图，今仍以 4 极 24 槽单相电动机为例来说明。通常为消除磁场中三次谐波的不利影响，单相双层叠绕组均应采用缩短 1/3 节距的短距绕组，即如图中线圈节距由全节距时的 6 槽（1—7 槽）缩短至 1/3 短距时的 4 槽（1—5 槽）。这种绕组虽具有较好的起动性能，但由于单相电动机都比较小，其定子铁芯内径也小，致使绕组嵌线较为困难，故在单相电动机所用绕组中已较少采用。

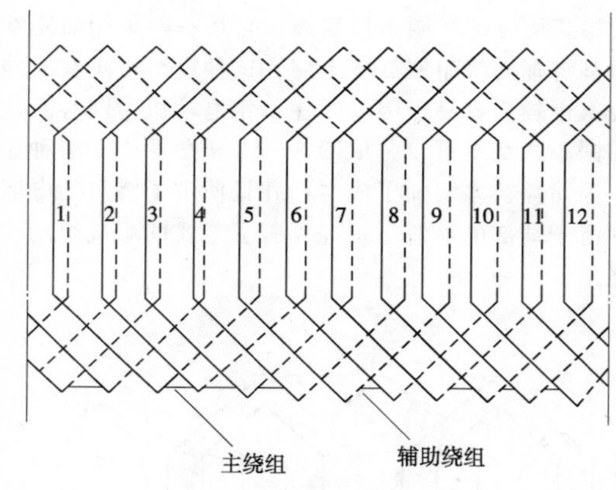

图 3－17　双层叠绕组布置图

五、正弦绕组

正弦绕组是一种高精度的特殊绕组，早期仅应用于自动控制用电动机。近年来已逐渐普及于一般用途的单相电动机中，正弦绕组能消除三次谐波，并能有效地削弱 5、7 次谐波，使气隙磁通的分布尽可能接近正弦形，从而降低杂散耗、提高效率、改善起动性能，保证电动机具有优良的运行特性。下面将对正弦绕组的构成及其匝数分配作些简要介绍。

1. 绕组构成

正弦绕组是将定子铁芯槽中的导线数按照一定的规律来分布，同一极下各槽的导线数不相等来达到的。如图 3－18 所示为正弦绕线各槽导线分布情况（以主绕组槽内导线数最多的为 100%）。从图中可以看出，正弦绕组的主、辅绕组所占槽数不是按照 2∶1 的比例来分布，而是将主、辅绕组的导线按不同数量比例分布于定子铁芯圆周的槽中。从图中不难看出主、辅绕组依正弦规律分布的明显特征。图 3－19 所示为与其对应的绕组展开图。由于单层叠绕组和双层叠绕组这些等元件绕组，不能在线圈尺寸、匝数分配等方面满足正弦绕组的要求，因此，正弦绕组使用的是与其极为相似的同心式绕组。

2. 匝数分配

由上面我们知道，在正弦绕组中组成一极的各个同心线圈的匝数是不相等的，各同心线圈的匝数可按下述方法计算。

（1）计算各同心线圈节距之半的正弦值。

$$\sin(x-x)=\sin\frac{y(x-x)}{2}\times\frac{\pi}{\tau}$$

式中　$\sin(x-x)$——某一同心线圈的正弦值；

$y(x-x)$——该同心线圈的节距；

π——每极电角度（$\pi=180°$）；

τ——极距，槽；

$\frac{\pi}{\tau}$——每槽电角度。

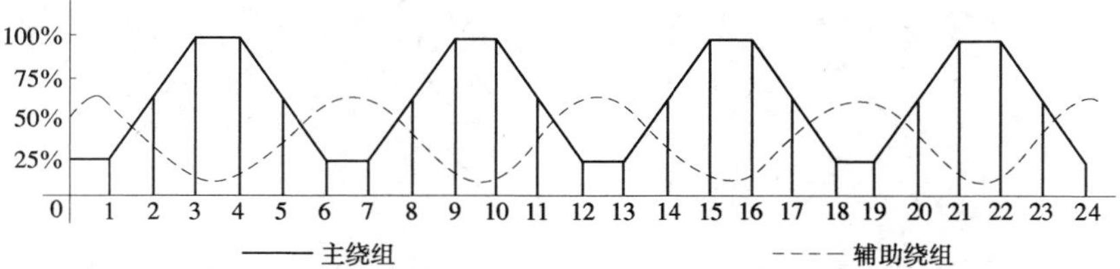

图 3-18　4 极 24 槽正弦绕组各槽导线的分布

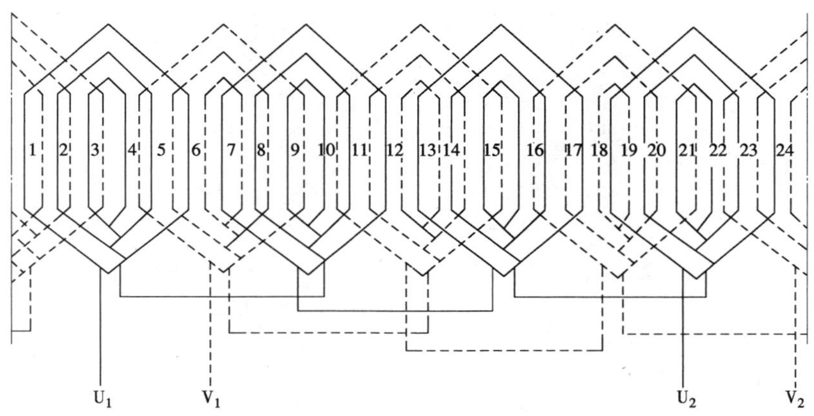

图 3-19　4 极 24 槽正弦绕组展开图

（2）每极内各线圈节距之半的总正弦值。

$$\sum\sin(x-x)=\sin(x_1-x_1)+\sin(x_2-x_2)+\cdots+\sin(x_n-x_n)$$

式中　$\sum\sin(x-x)$——每极线圈总正弦值。

（3）各同心线圈占每极线圈的百分数。

$$n(x-x)=\frac{\sin(x-x)}{\sum\sin(x-x)}\times100\%$$

式中　$n(x-x)$——某一同心线圈占每极线圈的百分数，%。

（4）每个同心线圈的匝数。

$$w(x-x)=w_{\Sigma}\times\frac{\sin(x-x)}{\sum\sin(x-x)}（匝）$$

式中　$w(x-x)$——每个同心线圈的匝数；

w_{Σ}——一个极相组内同心线圈的总匝数。

现以一台 4 极 24 槽单相电动机为例，来说明上述计算方法。

如图 3-20、图 3-21 所示正弦绕组可分为同心式和单双层混合式。此时电动机的极距 τ 应为：

$$极距\ \tau=\frac{z}{2p}=\frac{24}{4}=6（槽）$$

在图 3-20 中，每极由 3—4 槽、2—5 槽、1—6 槽内的三个同心线圈组成，其节距分别为 $Y=1$（3—4 槽）、$Y=3$（2—5 槽）、$Y=5$（1—6 槽）。各同心线圈占每极线圈匝数的百分数计算如下：

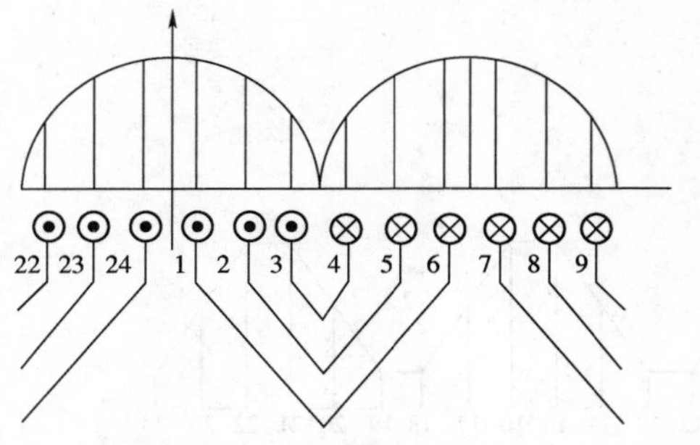

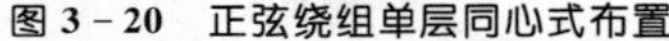
图 3-20　正弦绕组单层同心式布置

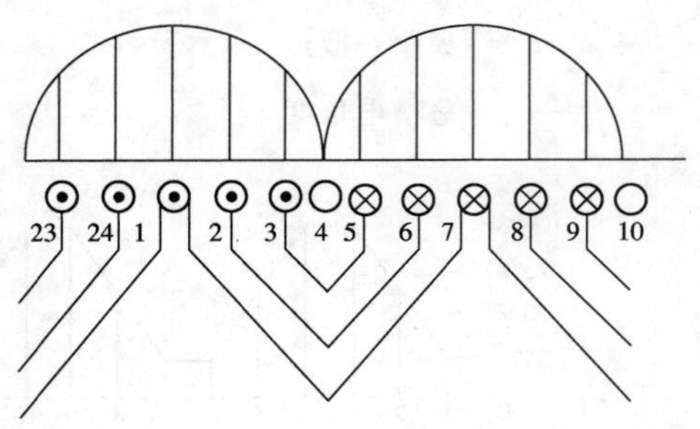

图 3-21　正弦绕组单双层混合式布置

(1) $\sin(x-x)$

$$\sin(3-4)=\frac{Y(3-4)}{2}\times\frac{\pi}{\tau}=\sin\frac{1}{2}\times\frac{180^\circ}{6}$$

$$=\sin15^\circ=0.259$$

$$\sin(2-5)=\sin\frac{3}{2}\times\frac{180^\circ}{6}=\sin45^\circ=0.707$$

$$\sin(1-6)=\sin\frac{5}{2}\times\frac{180^\circ}{6}=\sin75^\circ=0.966$$

(2) $\sum\sin(x-x)$

$$\sum\sin(x-x)=\sin(3-4)+\sin(2-5)+\sin(1-6)$$

$$=0.250+0.707+0.966=1.932$$

(3) $n(x-x)$

$$n(3-4)=\frac{\sin(3-4)}{\sum\sin(x-x)}\times100\%=\frac{0.259}{1.932}\times100\%$$

$$=13.4\%$$

$$n(2-5)=\frac{\sin(2-5)}{\sum\sin(x-x)}\times100\%=\frac{0.707}{1.932}\times100\%$$

$$=36.6\%$$

$$n(1-6)=\frac{0.966}{1.932}\times100\%=50\%$$

从上述计算可见，最中间两槽（3—4 槽）所占的比例不多，为简化绕线工艺和提高槽满率，可以将这两槽空出来专供嵌放辅助绕组，而 1 槽和 6 槽则全部嵌放主绕组。这样每极就只有（2—5 槽）、（1—6 槽）两个同心线圈，总正弦值为：

$$\sum\sin(x-x)=0.707+0.966=1.673$$

则各同心线圈占每极线圈匝数的百分数应为：

$$n(2-5)=\frac{0.707}{1.673}\times100\%=42.3\%$$

$$n(1-6)=\frac{0.966}{1.673}\times100\%=57.7\%$$

同样，也可以计算出图 3-21 所示的各同心线圈占每极线圈匝数的百分数。但是应注意同心线圈 $n(1-7)$ 的匝数只能占计算值的一半，另一半应放在相邻的极面下，即：

$$\sin(3-5)=\sin\frac{y(3-5)}{2}\times\frac{\pi}{\tau}=\sin\frac{2}{2}\times\frac{180^\circ}{6}$$

$$=\sin30^\circ=0.5$$

$$\sin(2-6)=\sin\frac{y(2-6)}{2}\times\frac{\pi}{\tau}=\sin\frac{4}{2}\times\frac{180^\circ}{6}$$

$$=\sin60^\circ=0.866$$

$$\sin(1-7)=\frac{1}{2}\sin\frac{y(1-7)}{2}\times\frac{\pi}{\tau}=\frac{1}{2}\sin\frac{6}{2}\times\frac{180^\circ}{6}$$

$$=\frac{1}{2}\sin 90^\circ=0.5$$

$$\sum\sin(x-x)=0.5+0.866+0.5=1.866$$

$$n(3-5)=\frac{0.5}{1.866}\times 100\%=26.8$$

$$n(2-6)=\frac{0.866}{1.866}\times 100\%=46.4\%$$

$$n(1-7)=\frac{0.5}{1.866}\times 100\%=26.8\%$$

在极距 $\tau=6$ 槽的单相电动机中，采用图 3-21 的布置比较适合。正弦绕组每个同心线圈的匝数均可通过上述公式求出，同时也可以根据表 3-1 所示的常用正弦绕组分布表来查出。

表 3-1　　常用正弦绕组分布表

序号	绕组系数	每极槽数	每极绕组分布																		
			槽号																		
			1	2	3	4	5	6	7	8	9	10	11	12	13	14	15	16	17	18	19
1	0.75	3	50	50	5	50															
2	0.828	4	41.4	58.6		58.6	41.4														
3	0.856	6	57.7	42.3			42.3	57.7													
4	0.775	6	50	36.6	13.4	13.4	36.6	50													
5	0.915	6	36.6	63.4				63.4	36.6												
6	0.804	6	26.8	46.4	26.8		26.8	46.4	26.8												
7	0.912	8	54.2	45.8					45.8	54.2											
8	0.827	8	41.1	35.1	23.8			23.8	35.1	41.1											
9	0.950	8	35.2	64.8						64.8	35.2										
10	0.870	8	23.5	43.4	33.1				33.1	43.4	23.5										
11	0.796	8	19.9	36.8	28	15.3		15.3	28	36.8	19.9										
12	0.960	9	34.7	65.3							65.3	34.7									
13	0.893	9	22.7	42.6	34.7					34.7	42.6	22.7									
14	0.820	9	18.5	34.7	28.3	18.5			18.5	28.3	34.7	18.5									
15	0.928	9	52.2	47.8						47.8	52.2										
16	0.856	9	39.5	34.8	25.7				25.7	34.8	39.5										
17	0.793	9	34.6	30.6	22.7	12.1		12.1	22.7	30.6	34.6										
18	0.959	12	51.8	48.2									48.2	51.8							
19	0.910	12	36.6	34.1	29.3							29.3	34.1	36.6							
20	0.855	12	29.9	27.8	24	18.3					18.3	24	27.8	29.9							
21	0.806	12	26.8	25	21.4	16.5	10.3			10.3	16.5	21.4	25	26.8							
22	0.783	12	25.9	24.1	20.7	15.9	10.0	3.4	3.4	10	15.9	20.7	24.1	25.9							
23	0.978	12	34.1	65.9										65.9	34.1						
24	0.936	12	21.4	41.4	37.2								37.2	41.4	21.4						

续表

序号	绕组系数	每极槽数	每极绕组分布																		
			槽号																		
			1	2	3	4	5	6	7	8	9	10	11	12	13	14	15	16	17	18	19
25	0.883	12	16.4	31.8	28.5	23.3							28.5	31.8	16.4						
26	0.829	12	14.1	27.3	24.5	20	14.1				14.1	20	24.5	27.3	14.1						
27	0.790	12	13.2	25.4	22.8	18.6	13.2	6.8		6.8	13.2	18.6	22.8	25.4	13.2						
28	0.947	16	35.1	33.8	31.1											31.1	33.8	35.1			
29	0.910	16	27.6	26.5	24.5	21.4									21.4	24.5	26.5	27.6			
30	0.869	16	23.5	22.6	20.8	18.2	14.9							14.9	18.2	20.8	22.6	23.5			
31	0.829	16	21.1	20.4	18.7	16.4	13.4	10					13.4	16.4	18.7	20.4	21.1				
32	0.798	16	19.9	19.12	66	15.4	12.7	9.4	5.8			5.8	9.4	12.7	15.4	17.6	19.2	19.9			
33	0.963	16	20.8	40.8	38.4												38.4	40.8	20.8		
34	0.929	16	15.5	30.3	28.5	25.7										25.7	28.5	30.3	15.5		
35	0.889	16	12.7	24.9	23.4	21.1	17.9								17.9	21.1	23.4	24.9	12.7		
36	0.848	16	11.1	21.8	20.5	18.5	15.7	12.4					12.4	15.7	18.5	20.5	21.8	11.1			
37	0.812	16	10.3	20	18.9	17.2	14.4	11.3	7.9				7.9	11.3	14.4	17.2	18.9	20	10.3		
38	0.927	18	27	26.2	24.6	22.2											22.2	21.6	26.2	27	
39	0.892	18	22.7	22	20.6	18.6	16.1									16.1	18.6	20.6	22.2	27	
40	0.355	18	20.1	19.5	18.2	16.5	14.2	11.5							11.5	14.2	16.5	18.2	19.5	20.1	
41	0.821	18	18.5	17.9	16.8	15.2	13.2	10.6	7.8					7.8	10.6	13.2	15.2	16.8	17.9	18.5	
42	0.795	18	17.6	17.1	16	14.5	12.5	10.2	7.5	4.6			4.6	7.5	10.2	12.5	14.5	14.5	16	17.1	17.6
43	0.943	18	15.2	29.9	28.6	26.3												26.3	28.6	29.9	15.2
44	0.910	18	12.3	24.3	23.2	21.3	18.9										18.9	21.3	23.2	24.3	12.3
45	0.873	18	10.6	20.9	20	18.4	16.4	13.7								13.7	16.4	18.4	20	20.9	10.6
46	0.837	18	9.6	18.9	18.1	16.7	14.7	12.4	9.6						9.6	12.4	14.7	16.7	18.1	18.9	9.6
47	0.806	18	9.0	17.8	17	15.7	13.8	11.6	9.9	6.1				6.1	9.0	11.6	13.8	15.7	17	17.8	9.0

第 3 节　单相电动机绕组的联接

单相电动机的各类绕组均由若干个线圈构成。这些线圈根据不同的分布规律嵌入铁芯的槽中，然后再按规定的接法联接起来，现将单相电动机绕组的常见接法分述如下。

一、显极与庶极接法

单相电动机绕组其极相组之间的联接分为显极接法和庶极接法两类。显极接法时，电动机绕组的极相组数等于极数 $2p$。庶极接法时，电动机绕组的极相组数等于极对数 p，如图 3－22 所示。

1. 显极接法

在定子铁芯内所产生的磁极数明显地等于该相绕组所包含的极相组数。也就是说，每相内各极组产生 N 极与 S 极相互交替的磁场极性。这种接法就是通常所说的“头与头相接、尾与尾相连”的接法。图 3－23 所示为 4 极 16 槽单层叠绕组采用显极接法的展开图。

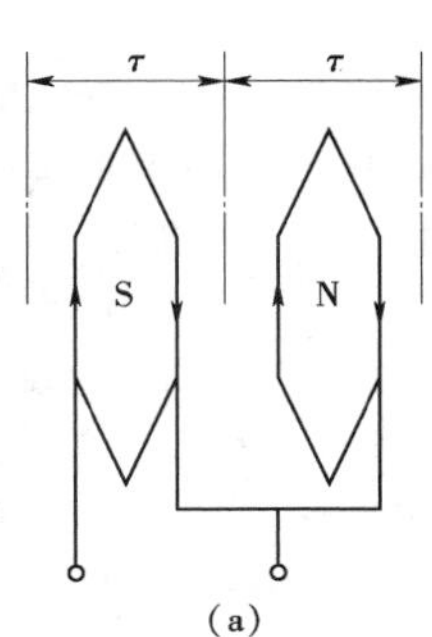

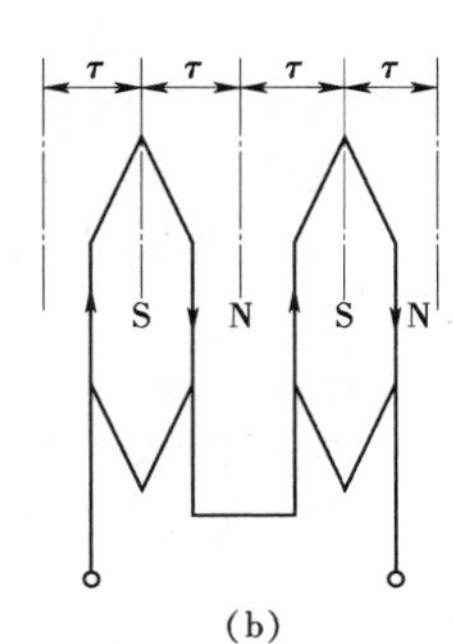

图 3－22　单相绕组显、庶极两种接法示意图

(a) 显极接法；(b) 庶极接法

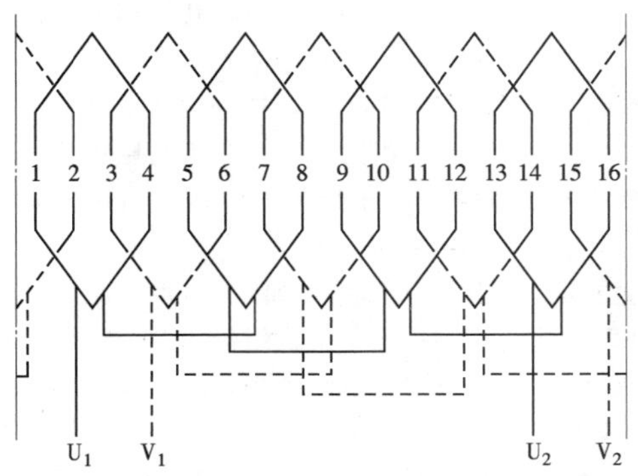

图 3－23　4 极 16 槽单层叠绕组显极接法展开图

2. 庶极接法

如图 3－22（b）所示，将极相组间按头、尾串接起来，使它们所产生的磁极均为同极性磁极，绕组的这种联接方法叫做庶极接法。这时，同一相内各极相组的电流方向都是相同的。由于电流方向相同，根据右手定则可知，这将使同一组中各极相组在定子铁芯内产生相同的磁极极性。然而，磁极总是要构成回路的，仅有单一的同极性磁极是不能共存于定子铁芯中的，这样就势必在两个相同磁极的中间强制出现和它们极性相反的磁极，从而构成了新的磁通路。图 3－24 所示为 4 极 12 槽单层叠绕组的庶极接法。这时，定子铁芯内产生的磁极数为极相组数的 1 倍。从图中可以看出它虽然有两个极相组，但却具有 4 极。这种联接就是常说的“头与尾相接、尾与头相连”的庶极接法。由于采用庶极接法的绕组其电气性能较差，现已较少使用，仅与显极接法混合应用于变极调速的电动机绕组中，或在单层同心绕组内偶有采用。

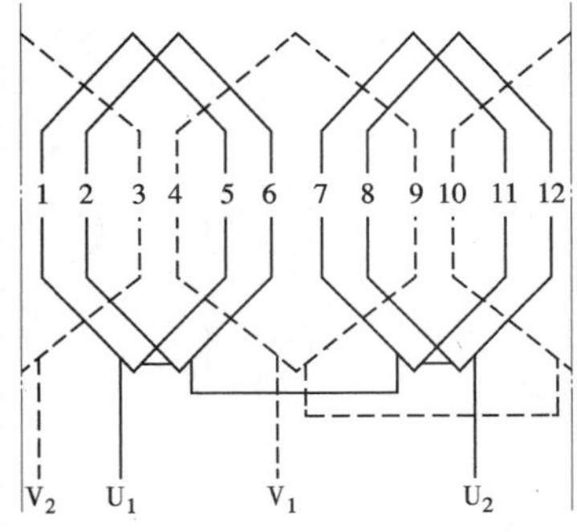

图 3－24　4 极 12 槽单层叠绕组庶极接法展开图

二、单层叠绕组的接法

单层叠绕组的联接方法随其嵌线方式的不同分为三种，现以一台 4 极 24 槽分相电动机为例来说明这几种接法。

1. 全节距绕组的接法

即电动机绕组的节距 $Y=24\div4=6$ 槽（为偶数），采用显极接法后，图 3－25 所示即为其绕组接线展开图。从图中可以看出，主绕组共有 8 个线圈，被分成 4 个极相组，每极相组由 2 个线圈串接组成。它们分布

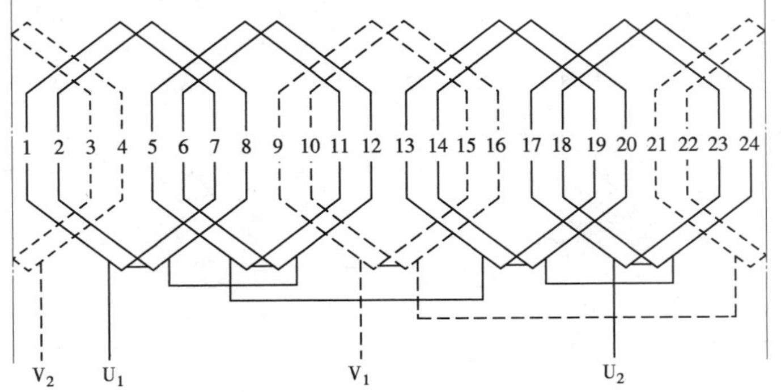

图 3－25　4 极 24 槽全节距单层叠绕组展开图

在定子铁芯 2/3 的槽中（即 16 槽）。其极相组间是按照“头与头相接、尾与尾相连”的显极接法进行联接，产生一个 4 极磁场。

辅助绕组则共有 4 个线圈，被分成 2 个极相组，每极相组也由 2 个线圈组成。它们分布在定子铁芯 1/3 的槽内。这时，其极相组间是按照“头与尾相接、尾与头相连”的庶极接法进行联接的。因庶极接法所产生的磁极数为绕组极相组数的 2 倍。所以，辅助绕组的这 2 个极相组仍将产生一个 4 极磁场。

2. 短节距绕组的接法

即电动机绕组的节距为短节距。今取节距 $Y=5$ 槽（为奇数），也采用显极接法，图 3-26 所示为绕组接线展开图。从图可以看出，主绕组仍为 8 个线圈，被分成 4 个极相组，每极相组由 2 个线圈组成，它们分布在定子铁芯 2/3 的槽中。不同的是，由于采用短节距，线圈只能按嵌 1 个线圈后空隔 1 槽，再嵌 1 个线圈后又空隔 1 槽这样交替嵌放的方式来布置整个绕组，否则将无法安放全部线圈。这时，主绕组各极相组是由 2 个隔开 1 槽的相邻线圈串接而成。其极相组间依旧是按照“头与头相接、尾与尾相连”的显极接法进行联接，从而产生 1 个 4 极磁场。

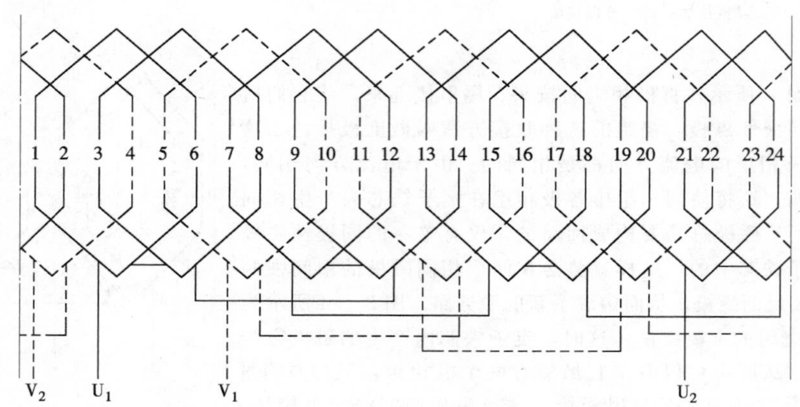

图 3-26　4 极 24 槽短节距单层叠绕组展开图

辅助绕组也有 4 个线圈，每极相位由 1 个线圈组成，它们分布在定子铁芯 1/3 的槽内。这时，其极相组间同样按显极接法进行联接。

3. 分离式绕组的接法

该绕组采用全节距，图 3-27 所示为其绕组接线展开图。从图中我们可以看出，主、辅绕组均只有 2 个极相组，全部绕组被明显地布置成可分离的两部分。主、辅绕组的极相组联接均为“头与尾相接、尾与头相连”的庶极接法。

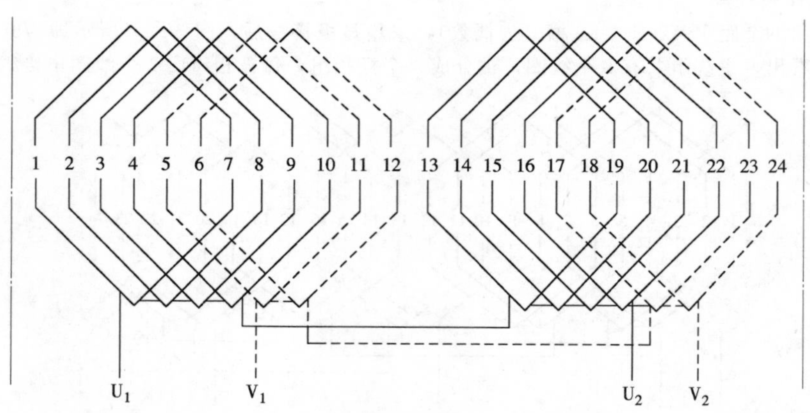

图 3-27　4 极分离式叠绕组展开图

三、单层同心式绕组的接法

单层同心式绕组的接法分为两种，一种为采用显极接法；另一种则采用庶极接法。现仍以一台 4 极 24 槽分相电动机为例说明这两种接法。

1. 同心式绕组的显极接法

图 3－28 所示为绕组接线展开图。从图中我们可以看出，主绕组分为 4 个极相组，每极相组包含 2 个线圈。辅助绕组也分为 4 个极相组，每个极相组则只有 1 个线圈。这样主绕组正好占定子铁芯总槽数的 2/3，辅助绕组占定子总槽数的 1/3。

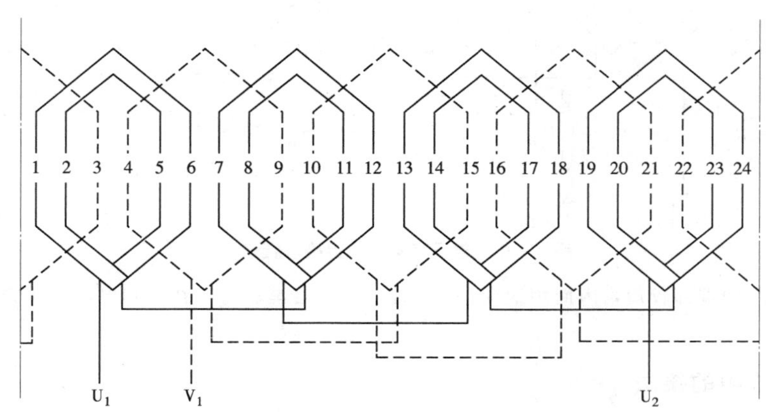

图 3－28　同心式绕组显极接法展开图

2. 同心式绕组的庶极接法

图 3－29 所示为其绕组接线展开图。从图中我们可以看出，主绕组被分为两个极相组，每极相组包含 4 个线圈。辅助绕组也分为两个极相组，每极相组则只有 2 个线圈。这样主绕组仍然占定子铁芯总槽数的 2/3，辅助绕组占定子总槽数的 1/3。

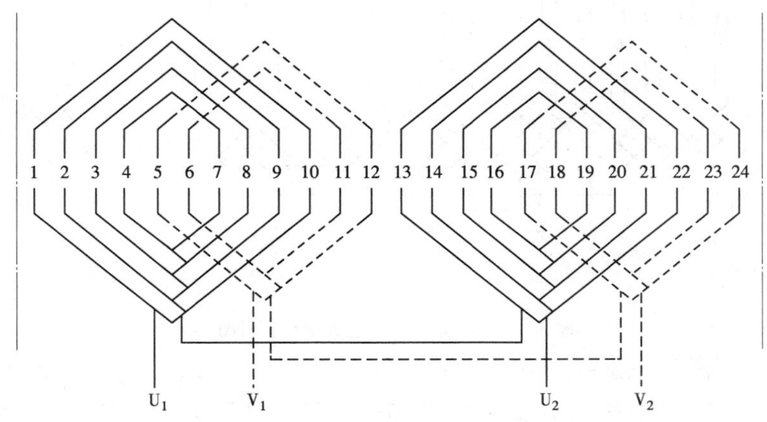

图 3－29　同心式绕组庶极接法展开图

由于显极接法的同心式绕组比庶极接法同心式绕组端部大为缩短，因而具有用铜省、铜耗小和电气性能得到改善等许多优点，故在单相电动机定子绕组中得到日益广泛地使用。

四、单层交叉式绕组的接法

图 3－30 所示为单层交叉式绕组的接法，从图中可以看出，主、辅绕组都是按照 2 个线圈的极相组和 1 个线圈的极相组交叉分布的。其极相组间的联接都是采用“头与头相接、尾与尾相连”的显极接法，主、辅

绕组各占定子铁芯总槽数的 1/2。

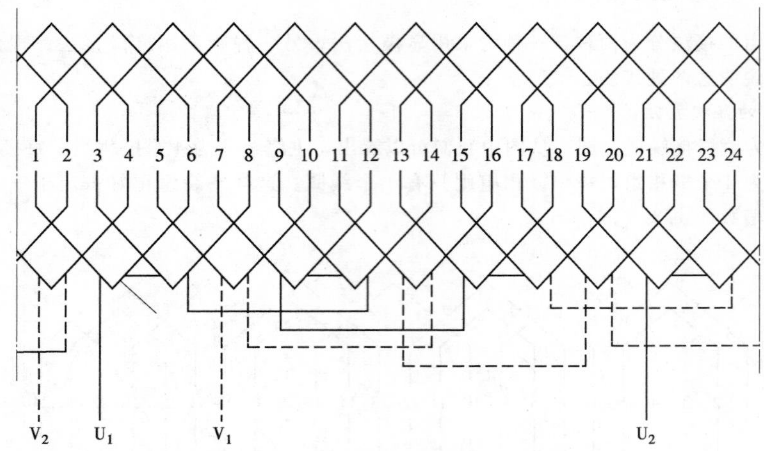

图 3－30　单层交叉式绕组接法展开图

单层交叉式绕组的端部较短，因而用铜少、铜损小、电气性能较好，在单相电动机各类绕组中日益受到重视。

五、双层叠绕组的接法

单相电动机也可以采用双层叠绕组，如图 3－31 所示。双层叠绕组的最大优势是可以通过采用缩短极距的短距绕组，来有效地消除电动机主、辅绕组中存在的三次谐波和高次谐波，以及削弱磁场中的高次谐波，并减小绕组端接部分的漏抗。因此，双层叠绕组往往具有比单层叠绕组较大的起动转矩和较高的满载功率因数。

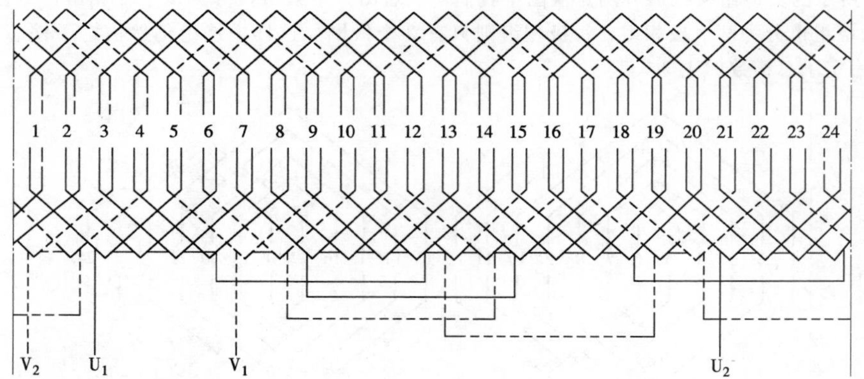

图 3－31　4 极 24 槽双层叠绕组展开图

从图中可以看出，定子铁芯各槽中均嵌放有上、下层线圈元件边。主绕组共有 16 个线圈，被分成 4 个极相组。每极相组由 4 个线圈串联组成，它们均匀分布在定子铁芯 2/3 的槽中。其极相组间的联接采用显极接法，以产生 1 个 4 极磁场。

辅助绕组则共有 8 个线圈，分成 4 个极相组，每极相组由 2 个线圈组成，它们分布在定子铁芯 1/3 的槽内。其极相组间的联接也采用显极接法，以产生与主绕组相同的 4 极磁场。

由于单相电动机的容量都比较小，因而铁芯尺寸也很小，采用双层叠绕组使嵌线较困难，所以双层叠绕组在单相电机的绕组中使用日渐减少。

六、正弦绕组的接法

正弦绕组的线圈形状和绕组布置均与单层同心式绕组极其相似。因此，从绕组布置和联接的特点来说，正弦绕组也可以是单层同心式绕组的一种。根据电动机主、辅绕组所占槽数比例的不同，正弦绕组有着多种类型的布置和接法，现将它们简要介绍如下。

1. 2：2 正弦绕组接法

图 3－32 所示为 2 极 18 槽正弦绕组接线展开图。从图中可以看出，主绕组共有 4 个线圈，被分成 2 个极相组，每极相组由 2 个线圈串联而成。它们嵌置在定子铁芯的 8 个槽中，其极相组间按照显极接法进行联接，以产生 1 个 2 极磁场。

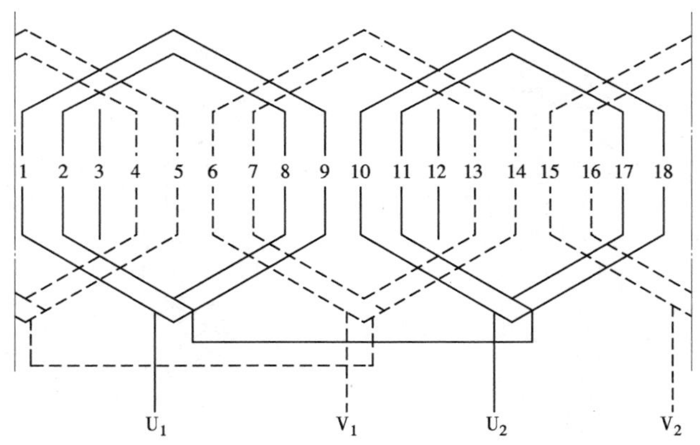

图 3－32　2 极 18 槽正弦绕组接线展开图

辅助绕组同为 4 个线圈，也分成 2 个极相组，每个极相组包含 2 个线圈。它们也布置在定子铁芯的 8 个槽中，其极相组间的联接也同为显极接法，以产生 1 个 2 极磁场。铁芯的槽 3 和槽 12 则空置不嵌线圈。

2. 3：3 正弦绕组接法

图 3－33 所示为 2 极 12 槽正弦绕组接线展开图，从图中我们可以看出，绕组为双层同心式。主绕组共有 6 个线圈，被分成 2 个极相组，每极相组由 3 个线圈串联而成。它们均匀分布在定子铁芯的所有槽中，占据着槽内的 1 层。其极相组间的联接采用显极接法，以产生 1 个 2 极磁场。

辅助绕组也具有 6 个线圈，同样分成 2 个极相组，每极相组由 3 个线圈串联而成。它们也分布在定子铁芯的所有槽中并占据着槽内另 1 层。其极相组间的联接也采用显极接法，以产生 1 个 2 极磁场。

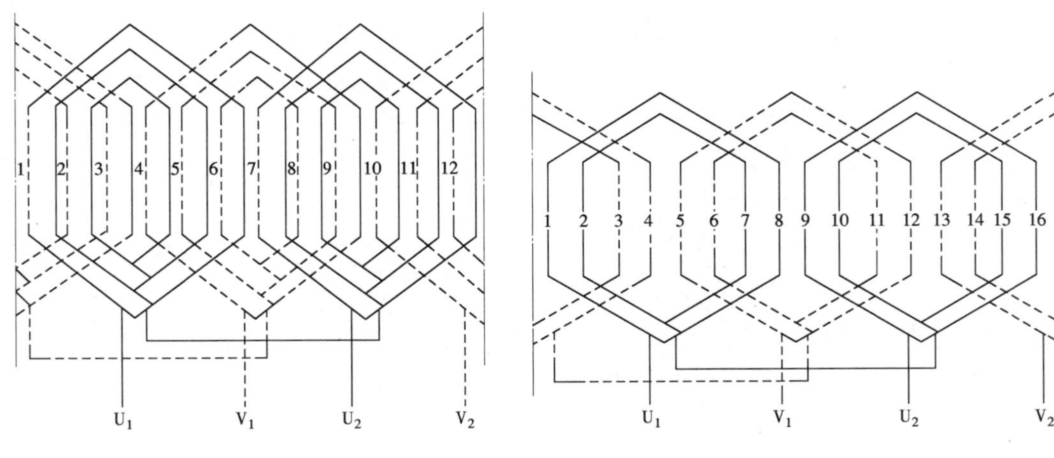

图 3－33　3：3 正弦绕组接线展开图

图 3－34　4：4 正弦绕组接线展开图

3. 4：4 正弦绕组接法

图 3－34 所示为 2 极 16 槽正弦绕组接线展开图。从图中我们可以看出，主绕组共有 4 个线圈，分成 2 个极相组，每极相组由 2 个线圈串接而成。它们分布在定子铁芯的 1/2 槽中，其极相组间的联接采用显极接法。

辅助绕组也有 4 个线圈，被分成 2 个极相组，每极相组由 2 个线圈串联组成。它们也分布在定子铁芯另 1 个 1/2 槽内，其极相组间的联接采用显极接法。

4. 5：5 正弦绕组接法

图 3－35 所示为 2 极 24 槽正弦绕组接线展开图。从图中可以看出，绕组为单、双层混合形式。即在定子铁芯 2/3 的槽中嵌置的是双层绕组，1/3 的槽中嵌置的是单层绕组。其主、辅绕组的极相组间均采用显极接法。

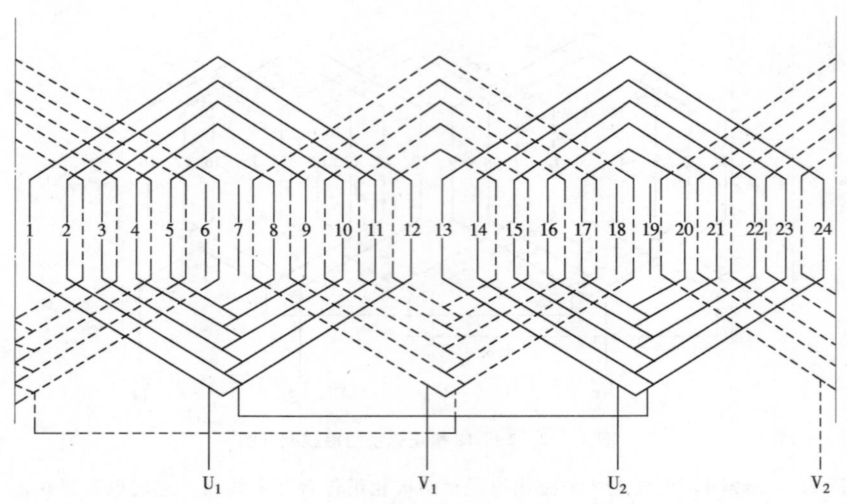

图 3－35　5：5 正弦绕组接线展开图

5. 6：4 正弦绕组接法

图 3－36 所示为 2 极 24 槽正弦绕组接线展开图。从图中可以看出，绕组为单、双层混合形式。即在定子铁芯 2/3 槽中嵌置的是双层绕组，1/3 槽中嵌置的是单层绕组，其主、辅绕组的极相组间均采用显极接法。

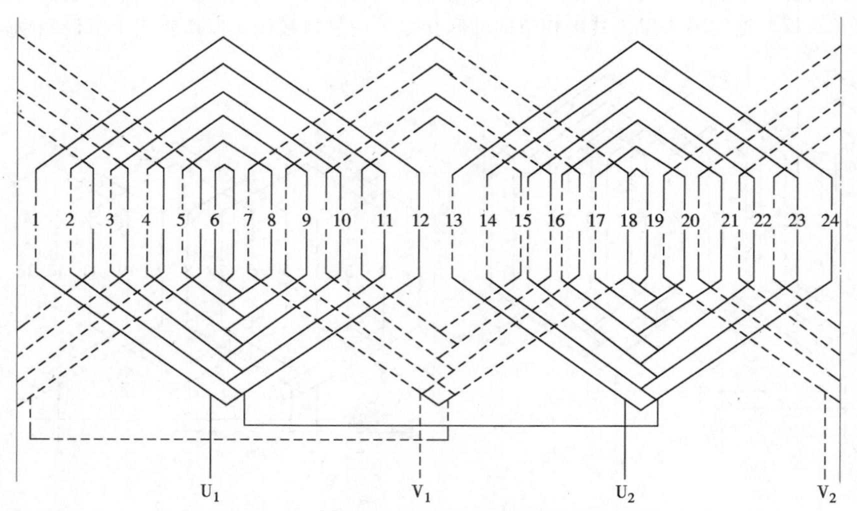

图 3－36　6：4 正弦绕组接线展开图

6. 6：6 正弦绕组接法

图 3－37 所示为 2 极 24 槽正弦绕组接线展开图。从图中可以看出，绕组为双层同心式。其主、辅绕组的极相组间均采用显极接法。

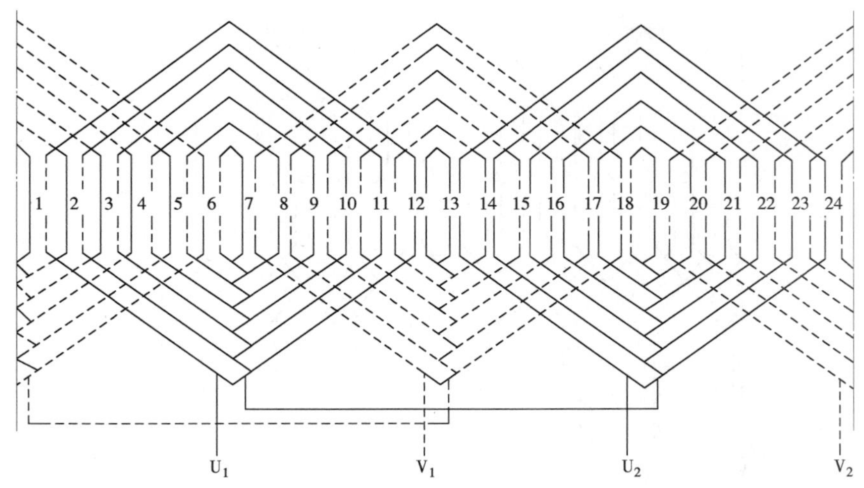

图 3-37　6∶6 正弦绕组接线展开图

7. 2∶2 分离式正弦绕组接法

图 3-38 所示为 4 极 12 槽分离式正弦绕组接线展开图，其主、辅绕组均分成 4 个极相组，每极相组包含 2～1 个线圈。其主、辅绕组极相组间的联接均采用显极接法。

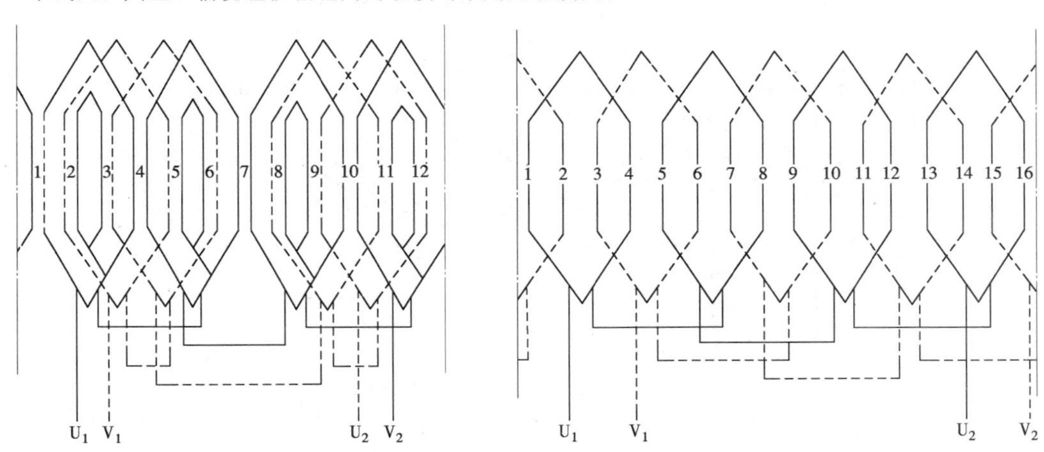

图 3-38　2∶2 分离式绕组接线展开图

图 3-39　2∶2 正弦绕组接线展开图（1）

8. 2∶2 正弦绕组接法（1）

图 3-39 所示为 4 极 16 槽正弦绕组接线展开图。从图中可以看出，绕组为单层链形绕组。主、辅绕组都分为 4 个极相组，每极相组包含 1 个线圈。其主、辅绕组极相组间的联接均采用显极接法。

9. 2∶2 正弦绕组接法（2）

图 3-40 所示为 4 极 16 槽正弦绕组接线展开图。从图中可以看出，绕组为双层同心式。主、辅绕组均具有 4 个极相组，每极相组包含 2 个线圈。其主、辅绕组极相组间的联接都采用显极接法。

10. 3∶2 正弦绕组接法

图 3-41 所示为 4 极 24 槽正弦绕组接线展开图。从图中可以看出，绕组为单双层混合式绕组。从图中可以看出，主绕组共有 12 个线圈，被分成 4 个极相组，每极相组由 3 个线圈串联而成。它们分布在定子铁芯所有各槽中，其极相组间按照显极接法进行联接，建立 1 个 4 极磁场。

辅助绕组则共有 8 个线圈，被分成 4 个极相组。每极相组由 2 个线圈串接而成，其极相组间的联接采用显极接法。

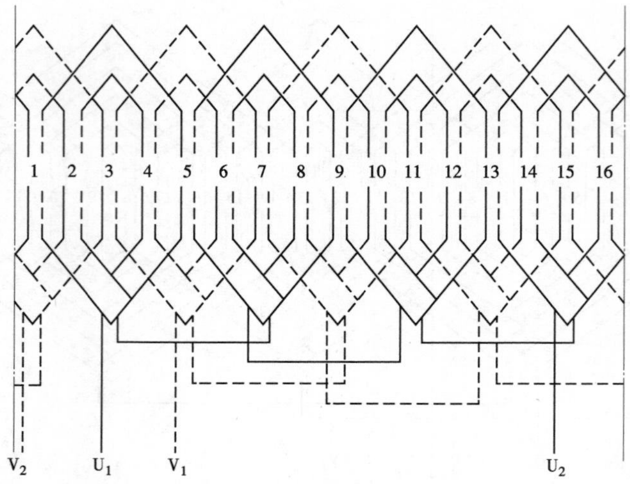

图 3-40　2：2 正弦绕组接线展开图（2）

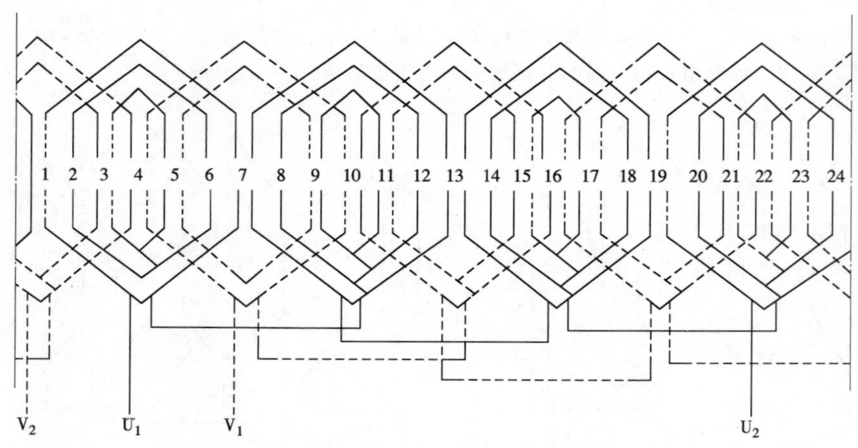

图 3-41　3：2 正弦绕组接线展开图

11. 3：3 正弦绕组接法

图 3-42 所示为 4 极 24 槽正弦绕组接线展开图。从图中可以看出，绕组为双层同心式。主绕组共有 12

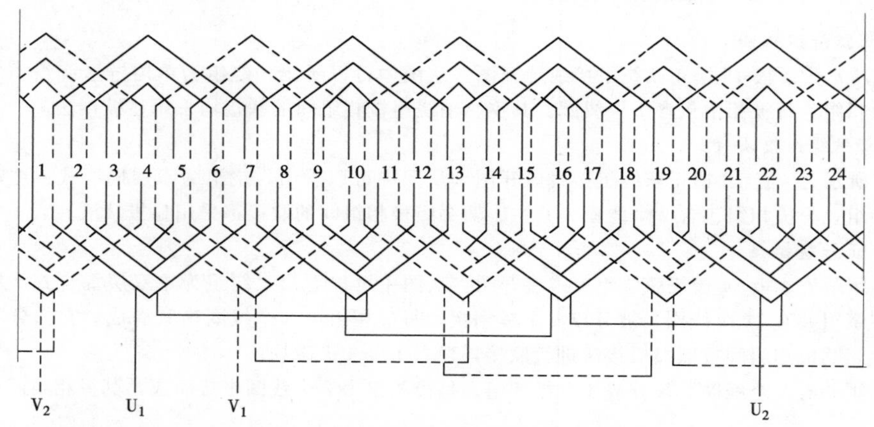

图 3-42　3：3 正弦绕组接线展开图

个线圈，分成 4 个极相组，每极相组由 3 个线圈串联组成。它们分布在定子铁芯全部槽中的一层，其极相组间的联接采用显极接法。

辅助绕组则也有 12 个线圈，被分成 4 个极相组，每极相组同样由 3 个线圈串联而成。它们则分布在定子铁芯全部槽中的另一层，其极相组间的联接也采用显极接法。

12. 4∶2 正弦绕组接法

图 3-43 所示为 4 极 36 槽正弦绕组接线展开图。从图中可以看出，绕组为单双层混合形式。主绕组共有 16 个线圈，分成 4 个极相组。每极相组由 4 个线圈串联而成，它们均匀分布在定子铁芯各槽中。其极相组间的联接采用显极接法。

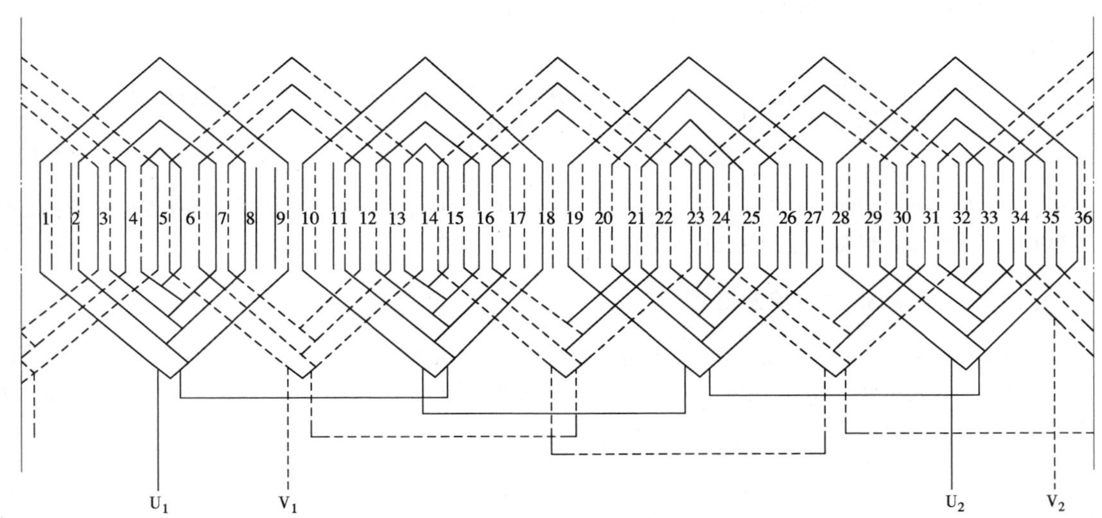

图 3-43　4∶2 正弦绕组接线展开图

辅助绕组则共有 12 个线圈，也分成 4 个极相组。每极相组由 3 个线圈串联组成，其极相组间的联接仍采用显极接法。

13. 4∶2 正弦绕组接法

图 3-44 所示为 4 极 36 槽正弦绕组接线展开图。从图中可以看出，绕组为单双层混合形式。主绕组有 16 个线圈，被分成 4 个极相组。每极相组由 4 个线圈串联而成，其极相组间的联接采用显极接法。

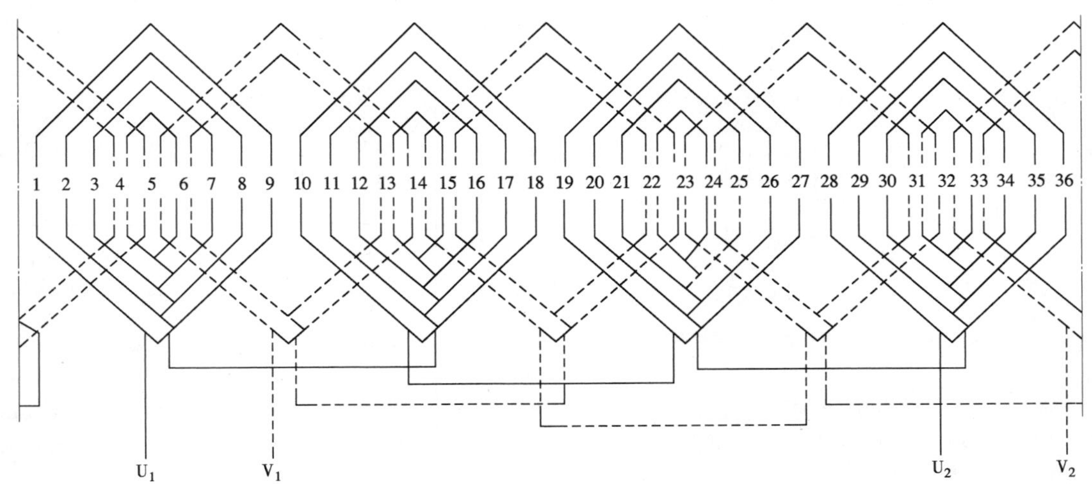

图 3-44　4∶2 正弦绕组接线展开图

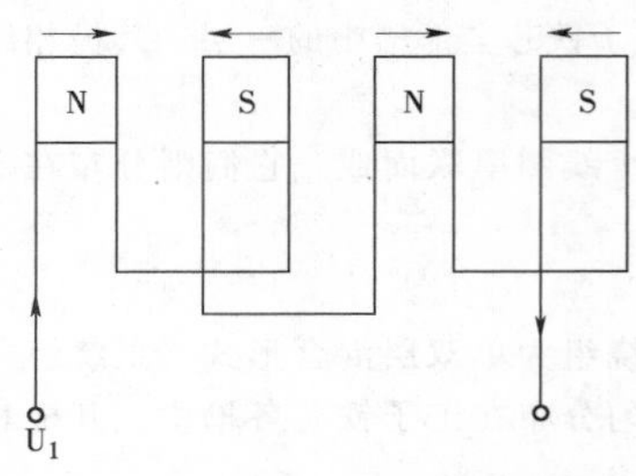

图 3-45　4 极集中式绕组接线展开图

辅助绕组共有 8 个线圈，分成 4 个极相组。每极相组由 2 个线圈串联组成，其极相组间的联接采用显极接法。

七、集中式绕组的接法

集中式绕组主要用在罩极式单相电动机定子绕组的凸极磁极线圈上。它的一半线圈内流过正向电流，另一半线圈则流过反向电流，用以产生 N、S、N、S 交替变化的磁极。图 3-45 所示为 4 极集中式绕组的接线展开图，其磁极线圈间的联接采用"头与头相接、尾与尾相连"的显极接法。

第 4 节　电风扇、空调器、洗衣机、电冰箱用单相异步电动机的绕组及其联接

在这些家用电器所用的电动机中，单相电容分相式电动机的应用最为普遍。其主、辅绕组则多采用正弦绕组和单层链式绕组，现简述它们的绕组及其联接。

一、电风扇电动机的绕组及其联接

电风扇所用的电动机基本上都是单相电容分相式电动机。台扇和落地扇所用电动机的结构均为普通的内转子式电动机，其定子铁芯多为 8 槽和 16 槽，极数多为 4 极，转速为 1460r/min。吊扇所用电动机的结构为外转子式电动机，定子铁芯多为 36 槽，极数为 16 极，转速为 233r/min。

电风扇电动机的定子绕组多采用单层链式绕组，绕组的联接均为显极接法。

图 3-46 所示为 4 极 8 槽电风扇电动机定子绕组接线展开图。从图中可以看出，主、辅绕组各有 4 个线圈，都分成 4 个极相组，每极相组包含 1 个线圈。其主、辅绕组极相组间的联接均采用显极接法。绕组为双层叠绕，节距 $Y_1=2$。

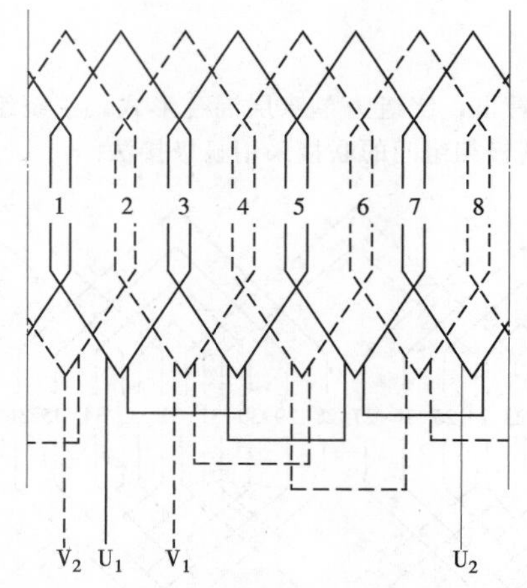

图 3-46　4 极 8 槽电风扇电动机绕组接线展开图

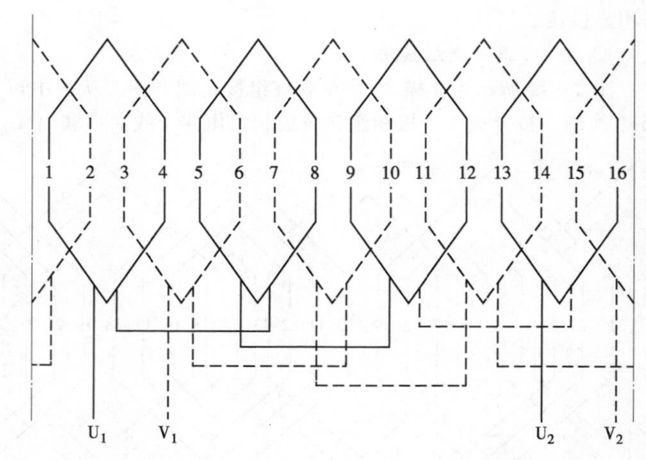

图 3-47　4 极 16 槽电风扇电动机绕组接线展开图

图 3-47 所示为 4 极 16 槽电风扇电动机定子绕组接线展开图。从图中可以看出，主绕组和辅助绕组各有 4 个线圈，均被分成 4 个极相组，每极相组含 1 个线圈。其主、辅绕组极相组间的联接均采用显极接法。绕组为单层链式，节距 $Y_1=3$。

台扇、落地扇用电动机技术数据如表 3-2 所示。

吊扇用电动机技术数据如表 3-3 所示。

表 3-2　台扇、落地扇用电动机技术数据表

规格 (mm)	电压 (V)	频率 (Hz)	叠厚 (mm)	铁芯槽数	电容 (μF) (耐压值) (V)	主绕组		副绕组	
						线径 (mm)	匝数	线径 (mm)	匝数
400	200/220	50	32	8	1.35 (400)	φ0.25	475×4	φ0.19	790×4
400	220	50	28	16	1.2 (400)	φ0.21	700×4	φ0.17	980×4
350	220	50	32	8	1.2 (400)	φ0.23	560×4	φ0.19	790×4
300	220	50	20	16	1.2 (400)	φ0.18	880×4	φ0.18	380×4
300	200/220	50	26	8	1 (500)	φ0.21	650×4	φ0.17	900×4
250	110	50	20	8	2.5 (250)	φ0.25	455×4	φ0.19	710×4
250	190/200	50	20	8	1.2 (400)	φ0.19	825×4	φ0.19	710×4
250	220	50	20	8	1 (600)	φ0.17	935×4	φ0.17	980×4
250	220	50	20	8	1 (500)	φ0.17	935×4	φ0.15	1020×4
200 (230)	200/220	50	28	8	1 (500)	φ0.17	840×4	φ0.15	1020×4
200	190～230	50	22	8	1 (500)	φ0.15	960×4	φ0.15	1160×4

表 3-3　吊扇用电动机技术数据表

规格 (mm)	电压 (V)	频率 (Hz)	叠厚 (mm)	铁芯槽数	电容 (μF) (耐压值) (V)	主绕组		副绕组	
						线径 (mm)	匝数	线径 (mm)	匝数
900	220	50	23	36	1.2 (400)	φ0.27	295×18	φ0.23	400×18
1050	220	50	23	36	1.2 (400)	φ0.27	295×18	φ0.23	400×18
1200	220	50	28	36	1.5 (400)	φ0.29	240×18	φ0.27	300×18
1400	220	50	28	36	2.4 (400)	φ0.29	240×18	φ0.27	300×18

二、窗式空调器用单相电动机的绕组及其联接

窗式空调器都配置有压缩机电动机和风扇电动机各 1 台。为适应工作环境的需要，压缩机与电动机被设计成一个全封闭的整体。对压缩机电动机的技术要求非常高，通常它应能满足下列特殊要求：

(1) 耐腐蚀、耐振动、耐冲击和耐热性能好。其绝缘材料一般选为 F 极，可以长期在 120℃的环境下工作。

(2) 要求起动转矩大，起动性能好。因制冷系统的冷凝压力随外界工作状态而变化，所以要求压缩机电动机在较高负荷下也能起动，并能在额定电压±10%的范围内正常起动。

(3) 要求效率和功率因数均要高，一般要求效率在 80%以上，功率因数接近 1。并且电动机应能在过负荷条件下运转。

压缩机电动机通常采用电容运转式电动机或电容起动运转式电动机。极数多为 2 极，转速为 2880r/min 左右，功率有 0.75kW、1.1kW、1.5kW、2.2kW 等几种。表3-4 所示为一种压缩机电动机的主要技术数据。

表 3-4　压缩机电动机主要技术数据

额定电压 (V)	频率 (Hz)	起动电流 (A)	额定电流 (A)	消耗功率 (W)	转速 (r/min)	电容 (μF)
200～220	50	>25	5	1030	2860	15

压缩机电动机的定子铁芯槽中嵌有主绕组和辅助绕组这两套互差90°电角度的绕组。图3－48所示为2极24槽压缩机电动机的绕组接线图。

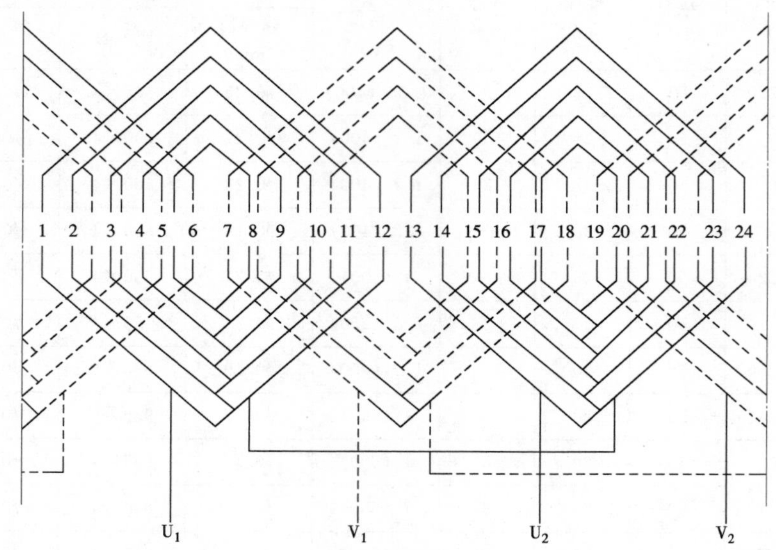

图3－48　2极24槽压缩机电动机绕组展开图

从图中可以看出，绕组为单双层混合式。主绕组共有10个线圈，分成两个极相组。每极相组由5个线圈串联而成，其极相组间采用显极接法。辅助绕组则有8个线圈，也分成两个极相组。每极相组由4个线圈串联组成，其极相组间的联接也采用是显极接法。

窗式空调器的风扇电动机用来驱动离心风扇和轴流风扇。风扇电动机多为单相电容运转电动机，一般为4或6极，常用的规格有0.18kW、0.25kW、0.3kW、0.37kW等几种。

三、洗衣机用电动机的绕组及其联接

洗衣机电动机多为单相电容运转式电动机。图3－49所示为4极24槽洗衣机用电动机绕组接线图。从图中我们可以看出，绕组为单双层混合式。主绕组共有8个线圈，分成4个极相组。每极相组由2个线圈串联而成，其极相组间的联接采用显极接法。

辅助绕组也有8个线圈，被分成4个极相组，每极相组同样由2个线圈串联组成。其极相组间的联接也采用显极接法。

由于洗衣机工作特性的要求，其电动机的主、辅绕组在绕组线径、匝数、分布和接法上均相同。

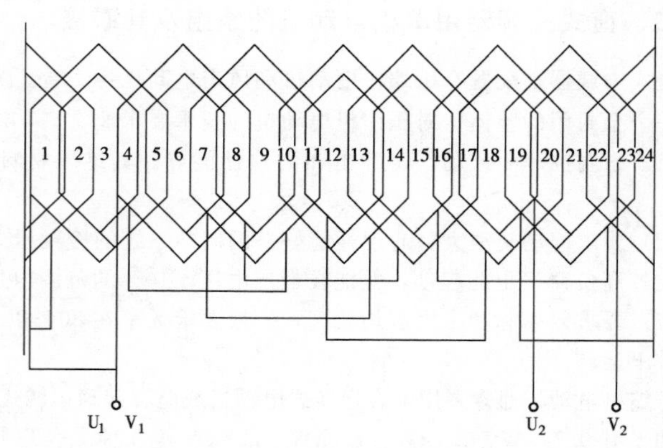

图3－49　洗衣机用电动机绕组接线展开图

四、电冰箱压缩机电动机的绕组

图3－50所示为4极32槽电冰箱压缩机电动机的绕组接线图。从图中我们可以看出，绕组为单双层混合式。主绕组共有16个线圈，被均分为4个极相组。每极相组由4个线圈串联而成，其极相组间的联接采用显极接法。

辅助绕组有12个线圈，分成4个极相组。每极相组由3个线圈串联组成，其极相组间的联接采用显极接法。

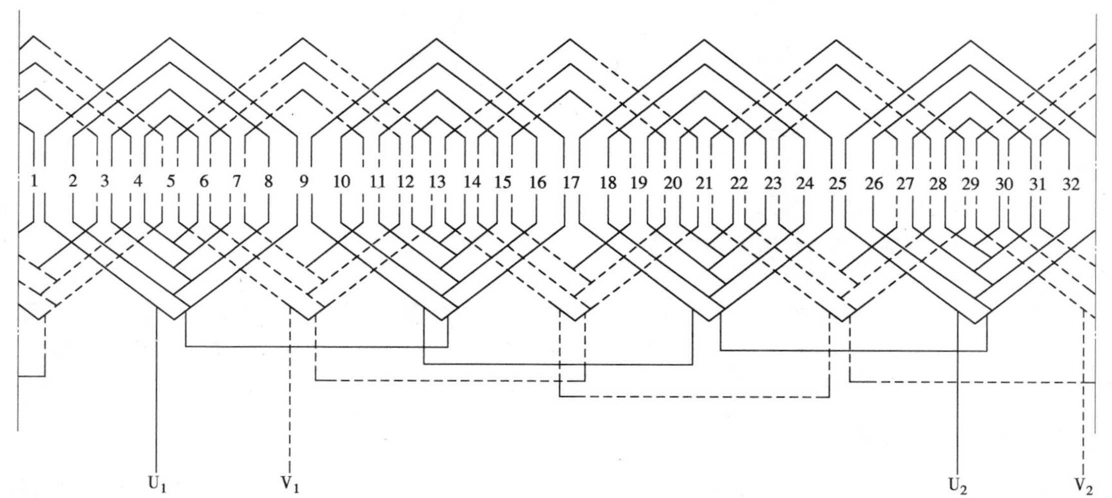

图 3-50　电冰箱压缩机电动机绕组接线展开图

第 5 节　三相异步电动机单相运行的联接

在某些只有单相电源的地方，可以将小功率三相异步电动机的接线方式加以改变后，来作为单相电动机使用。在三相异步电动机作单相运行时，这时电动机本身不可能具有起动转矩，因而需要采取适当的措施，使电动机定子形成旋转磁场，从而产生起动转矩。与此同时还应尽可能提高电动机功率的利用率，并使电动机有较好的工作特性和较高的功率因数。

从前面单相异步电动机的工作原理中可以知道，在空间互差 90°电角度的两套绕组中通以电流时，它们所产生磁场的轴线在空间也互差 90°电角度。如通过这两套绕组的电流也具有时间上一定的相位差，这时就能在定子铁芯上形成一个两相旋转磁场。继而产生起动转矩，使电动机转动起来。因此，如将三相异步电动机中的任意两相绕组串接起来作为主绕组，另一相绕组中串接适当的电容、电感或电阻而作辅助绕组，将主、辅绕组并接到同一单相电源上面，它就会和正规单相异步电动机一样，形成一个两相定子旋转磁场，接着产生起动转矩，使电动机起动并正常运行。三相异步电动机改单相运行有多种接法，现分述如下。

一、电感电容移相接法

电感电容移相接法的实质就是在电动机外部经过电感 L 和电容 C 的移相作用，将单相电源变换成三相对称电源后，再加于三相电动机上。因此，这时电动机产生的仍将是一个三相旋转磁场。它的工作原理也与三相供电时完全相同，只不过是以 220V 的单相电源取代了 380V 的三相电源而已。图 3-51 所示为采用电感电容移相 Y 形联接的原理接线图。

图 3-52 所示为采用电感电容移相△形联接的原理接线图。

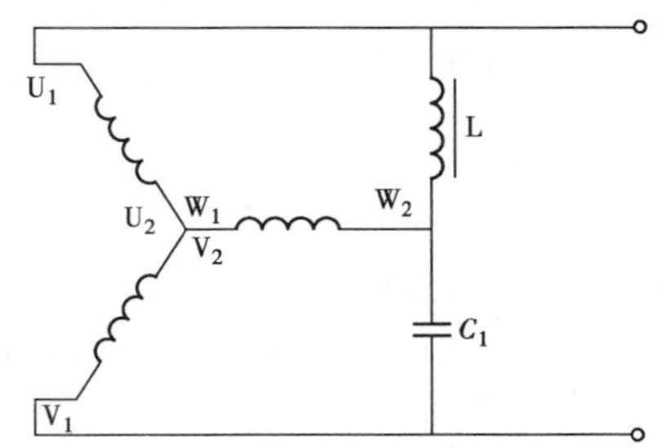

图 3-51　电感电容移相 Y 形联接原理接线图

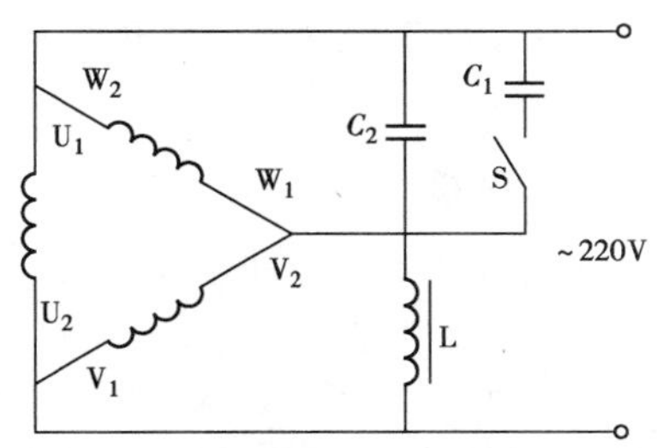

图 3-52　电感电容移相△形联接原理接线图

采用电感电容移相接法时，其最佳电感量 L 和最佳电容量 C_2 可按下式计算：

$$L=\frac{1}{\omega C_p}=\frac{1.5U_e\times10^3}{S\omega\sin(60^\circ+\varphi)}(\mathrm{mH})$$

$$C_2=\frac{0.67S\times\sin(60^\circ+\varphi)\times10^6}{\omega U_e^2}(\mu\mathrm{F})$$

式中　U_e——单相电源电压，V；

φ——电动机功率因数角；

S——电动机输入端三相视在功率，VA；

ω——角频率，$\omega=2\pi f$。

电感电容移相时只要电感值 L 和电容量 C_2 选配得当，就能维持电压的对称，获得 220V 的三相对称电源，从而能使电动机在单相运行时得到和三相运行时同等的功率输出。电感电容移相接法的缺点是需要配置电容器和带铁芯电感，因而增加了成本和运行的维护工作量。

二、电容移相接法

电容移相接法是三相异步电动机单相运行的最简便实用的方法，它不仅适用于定子绕组为 Y 形联接的三相异步电动机，也适用于定子绕组为△形联接的三相异步电动机。图 3-53 所示为采用电容移相 Y 形联接的原理接线图。图 3-54 所示为采用电容移相△形联接的原理接线图。图中的 C_2 为电动机的工作电容，C_1 则为电动机的起动电容，C_1 的作用是为了增大电动机的起动转矩。

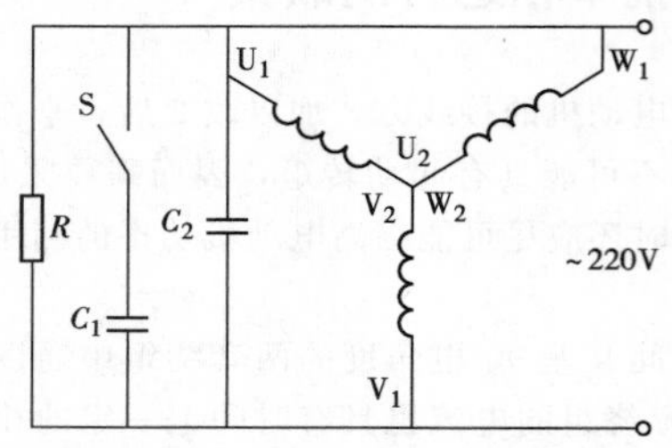

图 3-53　电容移相 Y 形联接原理接线图

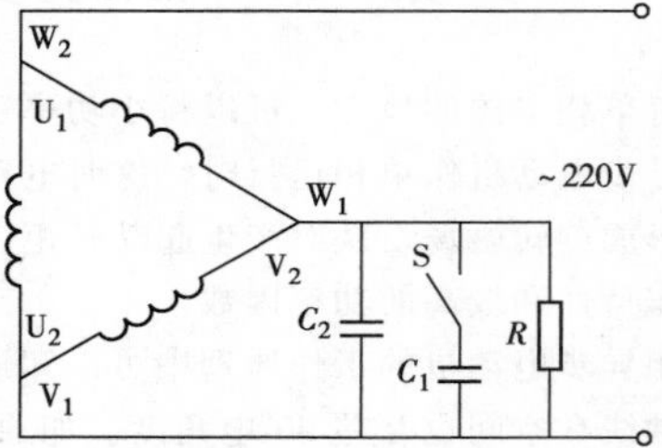

图 3-54　电容移相△形联接原理接线图

电动机起动时，起动电容 C_1 和工作电容 C_2 同时并联接入电路。当电动机起动至接近额定转速时，自动开关 S 将起动电容 C_1 从电路中切除。为减小起动电容 C_1 的电容量，在 C_1 的两端并联了电阻 R。同时，在 C_1 从电源中切除后使其能迅速地向电阻 R 放电，以便电动机可以进行频繁的再起动。其工作电容 C_2 的电容量可按以下经验公式计算：

$$C_p=\frac{1950\times I_N}{U_H\cos\varphi}\ (\mu\mathrm{F})$$

式中　I_N——电动机铭牌上的额定电流，A；

U_H——电动机铭牌上的额定电压，V；

$\cos\varphi$——电动机的功率因数。

为保证电容器正常可靠地运行，其工作电压不得小于电动机额定电压的 1.25 倍，并须采用纸介电容器和油浸纸介电容器。

三、拉开 Y 形联接

拉开 Y 形联接只能用于 380V 的单相电源，这对于某些远离三相电源的边远农村来说，是很具实际意义的。当农忙季节抗旱、排渍时，将 220V 照明线路中的零线改接在电力变压器的另一相线上，则得到 380V 电源。图 3-55 所示为采用拉开 Y 形联接的原理接线图。图中 V 和 W 两相绕组串接构成主绕组，U 相与电容器 C_2 串接作为辅助绕组。为了提高电动机的起动转矩，线路中还并联一只起动电容器 C_1。当电动机起动后转速达到接近额定转速时，自动开关 S 即将起动电容器 C_1 从线路中切除出去，仅留下工作电容 C_2 参与长期运行。

拉开 Y 形联接时，其电容器的电容量可按下面经验公式计算。

$$C_1=\frac{I_N\times10^6}{44\times314}\ (\mu F)$$

式中　I_N——三相电动机的额定电流，A；

C_1——起动电容器，其电容量可按 $C_1=(0.8\sim0.9)C_2$ 估算。

采用拉开 Y 形联接用于单相电源时，能使电动机的输出功率达到三相运行时额定功率的 85%～95%。其使用的电容器应选近似值的标准电容器，工作电压要选取 630V 的纸介或油浸纸介电容器。

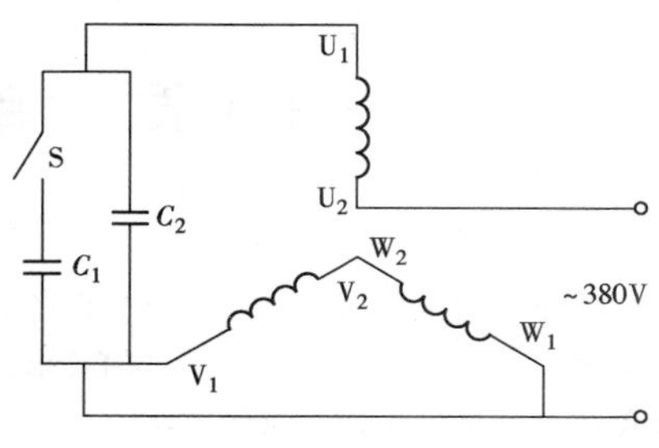

图 3-55　拉开 Y 联结原理接线图

四、拉开△形联接

拉开△形联接可适用于 220V 或 380V 的单相电源，图 3-56 所示为拉开△形联接原理接线图。这种接法与拉开 Y 形联接的基本原理是相同的，但与拉开 Y 形联接比较则有如下一些不同特点。

(1) 从图 3-56 中可见，电动机绕组中只有 U 相一相绕组作为主绕组，而 V 相和 W 相绕组串接后作为辅助绕组。但在图 3-55 的拉开 Y 形联接中则是由 V 相和 U 相串联后构成主绕组，仅由 W 相一相绕组作为辅助绕组。

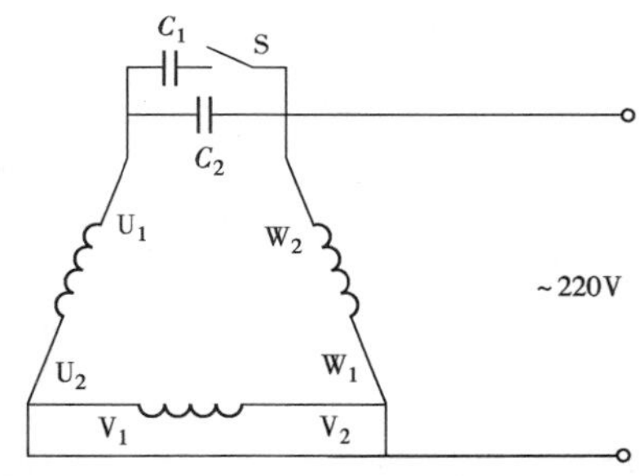

图 3-56　拉开△形联接原理接线图

(2) 在图 3-56 中，绕组 U_1 与绕组 V_1W_1 构成一个自耦变压器。由于自耦变压器的升压作用，使得电容器 C_1 和 C_2 所承受的电压约为单相电源电压的 3 倍，因此需要选用比图 3-55 拉开 Y 形联接具有更高工作电压的电容器。

(3) 如果要使电动机反转，则只需将图 3-56 中辅助绕组的两端 W_2、V_1 对换，或者将主绕组的端头 U_1、U_2 对调即可。

(4) 图 3-55 所示拉开 Y 形联接与图 3-56 所示拉开△形联接比较，两种接法所需工作电容 C_2 的电容量大小相近。但拉开 Y 形联接所需起动电容 C_1 的电容量，却要比拉开△形联接时大得多，达到 $C_1=(2\sim4)C_2$。

五、电容器的类型及结构

三相异步电动机单相运行时，必须采用电容移相接法或电感电容移相接法才能成功地运行在单相交流电源上。单相异步电动机常用电容器有以下几种。

1. 纸介电容器

纸介电容器是采用两条或两条以上金属箔片，中间各隔一层或数层蜡纸作为介质，把金属箔片卷成或折成很小的体积，盛入一个金属容器内。其外表形状可制成圆柱形或长方形的，从金属箔上引出两个接线端以供接线用，这就是一个纸介电容器的典型结构及型式。

2. 油浸电容器

油浸电容器实质也是一个纸介电容器，只不过它所用的绝缘纸预先放在绝缘油中浸过。与金属箔片制成后放入盛有绝缘油的容器内，这样可增加它的绝缘强度并减少发热。

3. 电解电容器

电解电容器内有两条或数条铝箔，中间隔一层或数层纱布，在制作过程中，纱白用化学药品（即电解液）完全浸透。将铝箔和纱布卷在一起装入一个铝制管内，在其上面标注“+”、“-”极性，电解电容器只能作断续负载，工作时间不得超过数秒钟。

第 4 章　单相电动机的调速与反转

单相电动机在医疗器械、办公设备、家用电器中得到日益广泛地应用，众多的这些电器设备均对电动机的调速、反转性能有着愈来愈高的要求。例如，多种速度、正转、反转、控制简便、节约电能等。下面将简介单相电动机的调速与反转方法。

第 1 节　单相电动机的调速方法

单相电动机的调速方法主要有以下几种：变极调速法；电抗器调速法；自耦变压器调速法；绕组抽头调速法；以及其他一些调速法。这些调速方法中，除变极调速是通过绕组显、庶极接法的变换，来改变电动机磁极对数进行调速外，其他各种方法都是利用单相电动机在负载转矩不变的情况下，调节定子绕组电压即能得到不同转速的特性，经过降低电压来实现调速。或者是调节进入定子绕组的电源频率的变频法进行调速。近年来绕组抽头调速方法更是日益普遍地应用于各类单相电动机，下面将逐一介绍单相电动机的各种调速方法。

一、变极调速接法

我们知道单相异步电动机的转速公式为：

$$n=n_1(1-S)=\frac{60f_1}{p}(1-S)$$

式中　n——单相异步电动机转速；

n_1——同步转速；

S——单相异步电动机的转差率；

f_1——电源频率；

p——电动机极对数。

由此可见，只要设法改变绕组的极对数 p，就可以改变单相异步电动机的转速 n。极对数 p 愈多，则电动机转速愈低。反之，p 愈少则 n 愈高。

从前面我们知道，对于同一绕组，采用庶极接法时比显极接法的极对数要多一倍。因此，在定子的一套绕组中应用显、庶极两种接法的变换，即可以得到极数成倍的两种转速。图 4－1 所示为显、庶极接法双速分相式电动机绕组接线示意图。从图中可以看出，当转换开关 S_1 接到图中实线位置时，电流经过主绕组后，相邻两极相组内的电流方向各不相同，这时电动机作为 4 极运行。电动机绕组磁场极性的排列如图 4－2 所示。

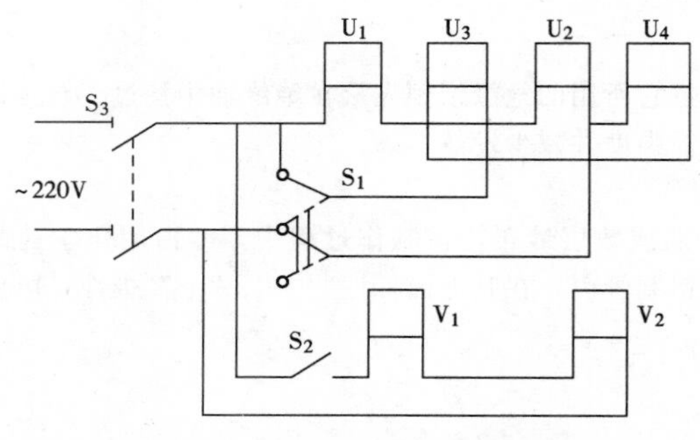

图 4－1　单相显、庶极双速接法接线示意图

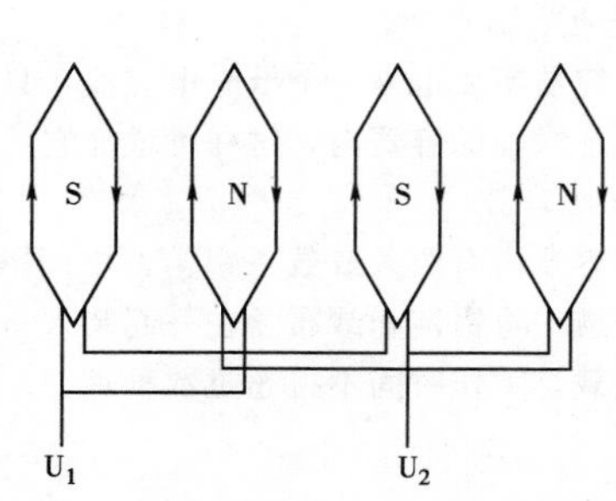

图 4－2　4 极运行时的磁场极性

如将转换开关 S_1 转换到虚线位置时，则主绕组的各极相组将具有相同的极性。这样，原来的两对磁极便由于庶极接法的作用而成为了 4 对磁极。电动机便按 8 极的速度运行，其磁场极性将如图 4－3 所示。

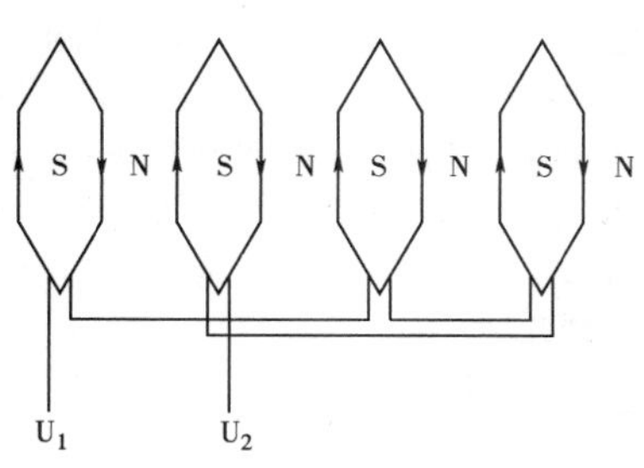

图 4－3　8 极运行时的磁场极性

二、自耦变压器调速接法

利用自耦变压器的调压特性来直接降低主、辅绕组的电压，或者只降低主绕组的电压，均能对电动机进行调速。具体接线方法有以下三种。图 4－4 所示为主绕组降压调速接线图。从图中可以看出，自耦变压器是通过对主绕组的电压调控来进行调速的。

图 4－5 所示为主、辅绕组同电压降压调速接线图。

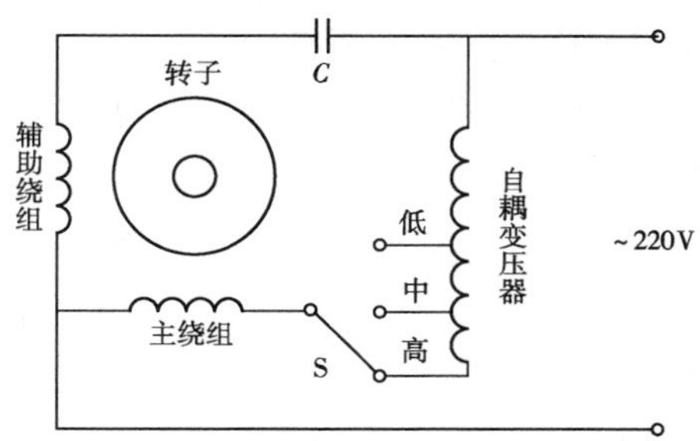

图 4－4　主绕组降压调速

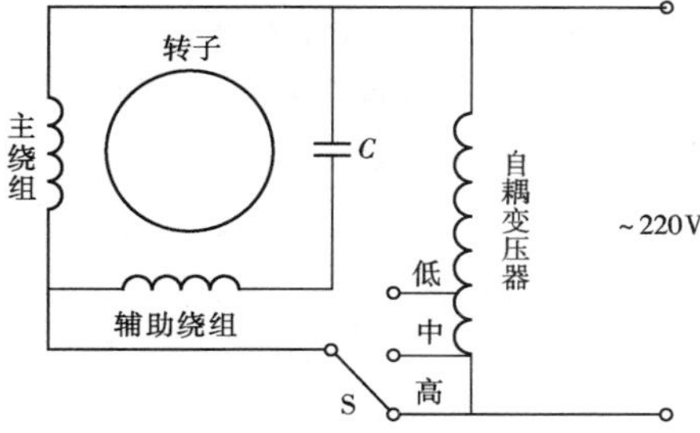

图 4－5　主、辅绕组同电压调速接线图

从图中可以看出，自耦变压器以同一电压对电动机的主、辅绕组作电压调控来进行调速。

图 4－6 所示为主、辅绕组异电压降压调速接线图。

从图中可以看出，自耦变压器是分别以不同电压施加到主、辅绕组来进行降压调速。

采用自耦变压器降压调速方法，能使电动机的起动性能和电能消耗均有较大改善，其缺点是增加自耦变压器后使整体成本增加。

三、电抗器调速接法

将电抗器串接到电动机单相电源电路中，通过变换电抗器的线圈抽头来实现降压调速。图 4－7 所示为电抗器调速原理接线图。当调速开关 S 转到 c 点时，主绕组与电抗器 L 串接到电源上，电源电压的一部分将降落在电抗器 L 的 cd 段上。因而主绕组的工作电压降低了，主绕组产生的磁场将减弱，电动机的转差率就增大，转速随着显著降低。当调速开关 S 转到 a 点时，主绕组在额定电压下运行，转速达到最高速。调速开关转到 b 点时，此时主绕组和辅助绕组的工作电压介于高速和低速之间，因而作中速运行。

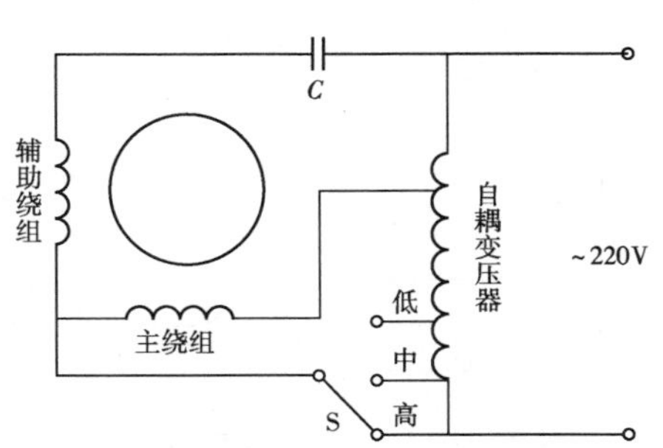

图 4－6　主、辅绕组异电压调速接线图

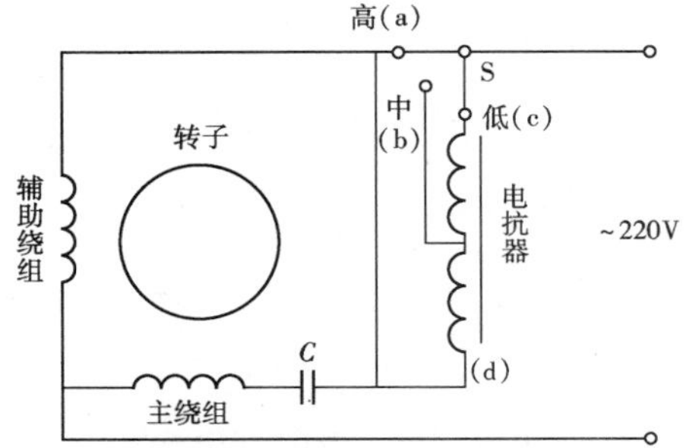

图 4－7　电抗器调速原理接线图

四、绕组抽头调速接法

电容运转电动机现已普遍采用定子绕组抽头调速的方法。这种调速方法具有不同于自耦变压器或电抗器调速，只需改变定子绕组接线的特点。所以它用料省、重量轻、耗电少。其缺点是工艺性较差，绕组、嵌线、接线较为麻烦，从而使其应用范围受到某些限制。应用这种接法的电动机，其定子除嵌放有主绕组和辅助绕组外，还嵌有一套调速绕组。调速绕组可嵌于主绕组或辅助绕组同一槽中，其作用与效果均没有差别。但由于辅助绕组一般线径较细，槽满率较低，故调速绕组多嵌于辅助绕组同一槽内。通过改变调速绕组抽头的方法以改变主绕组的电压降及磁场强度，从而实现电动机的调速。绕组抽头调速的接线方法很多，常用的有下列几种：

1. L－1 型接法

图 4－8 所示为 L－1 型 2 速接法原理接线图。在这种接法中，调速绕组与主绕组串联后直接接于电源电压上。主绕组与调速绕组为同槽分布，因此，两套绕组在空间上是同相位的。一般调速绕组均嵌在主绕组的上面，其线径要比主绕组小 20%～30%。从图 4－8 中可以看出，当调速开关 S 转至 1 号位置时，电动机作高速运行。这时，调速绕组全部串接于辅助绕组中，主绕组直接接入全部电源电压，从而满足了两相对称运行的条件，磁场也基本为圆形，运行性能较好。开关转至 2 号位置时，调速绕组全部改串接入主绕组，至使主绕组匝数增加，电压与磁通相继降低，磁场的椭圆度变大，使转矩与转速降低，因而达到调速的要求，电动机进入低速运行。

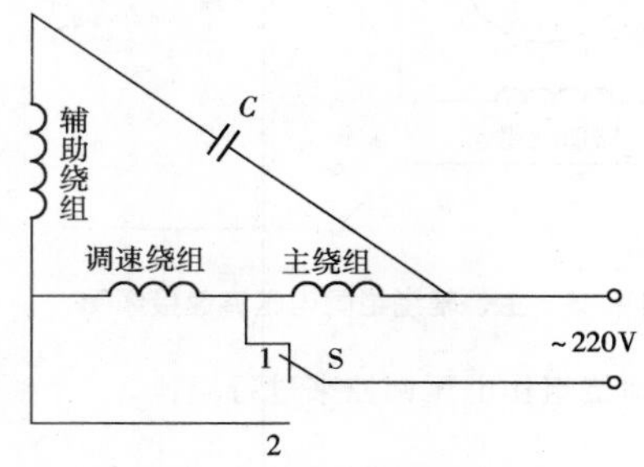

图 4－8 L－1 型 2 速接法原理接线图

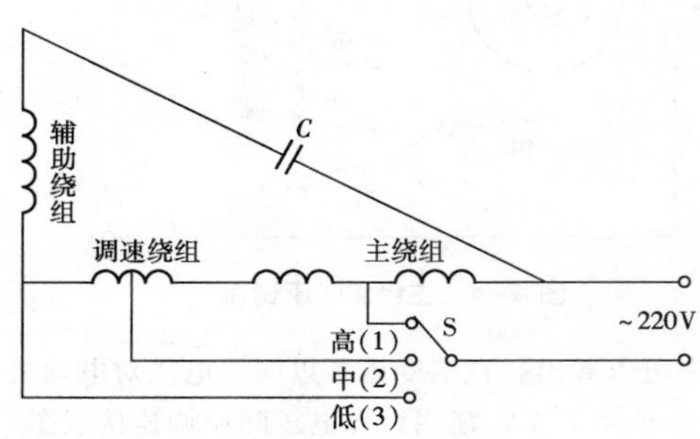

图 4－9 L－1 型 3 速接法原理接线图

图 4－9 所示为 L－1 型 3 速接法原理接线图。从图中可以看出，开关 S 增加了一个中速挡。这时调速绕组的一部分线匝串接入辅助绕组，另一部分线匝则串接入主绕组，从而使电动机得以中速运行。

L－1 型这种接法的优点是，电动机的全部绕组在高、中、低三速运行中均参与工作，故其用铜省。其缺点是低速时效率低，不利于电能的充分利用。

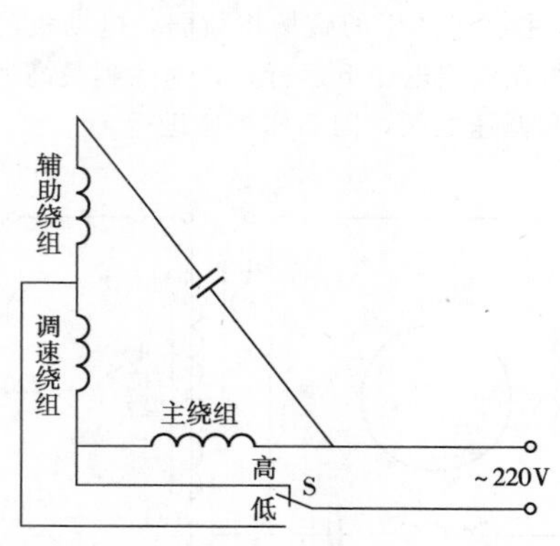

图 4－10 L－2 型 2 速接法原理接线图

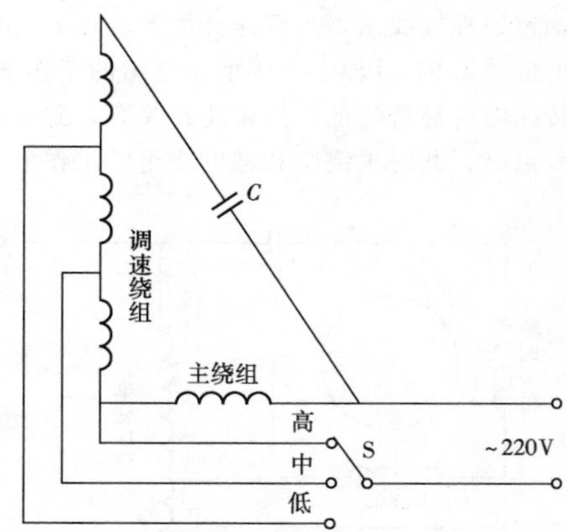

图 4－11 L－2 型 3 速接法原理接线图

2. L－2 型接法

接线原理如图 4－10 所示。在这种接法中，调速绕组与辅助绕组同槽分布，故它们在空间上同相位。同一槽中调速绕组嵌放在辅助绕组的上面，其线径一般与辅助绕组相同。图 4－11 所示为 L－2 型 3 速接法原理接线图。

这种 L－2 型接法的调速原理、运行性能及优、缺点，与 L－1 型接法均大体相同。

3. T 型接法

接线原理如图 4－12 所示，调速绕组串接在主、辅绕组并联的电路外面，对主、辅绕组同时调压。通常是调速绕组与主绕组同槽分布，它们在空间上同相位。这种调速方法是以降低磁场强度为主，改变磁场椭圆度为辅的办法。与 L 型接法相比，T 型接法时电动机性能较好，电能利用合理。

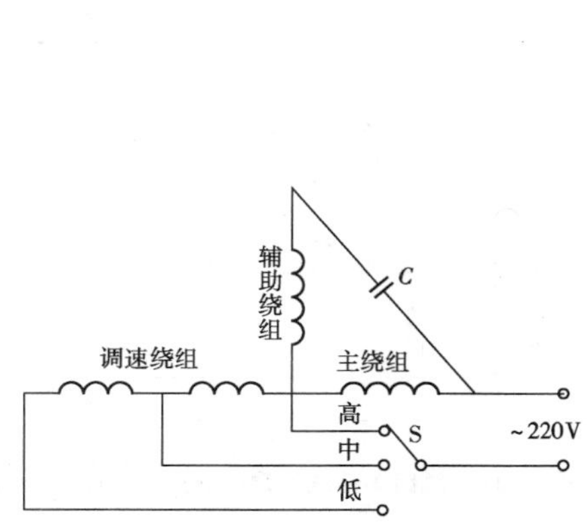

图 4－12　T 型接法接线原理图

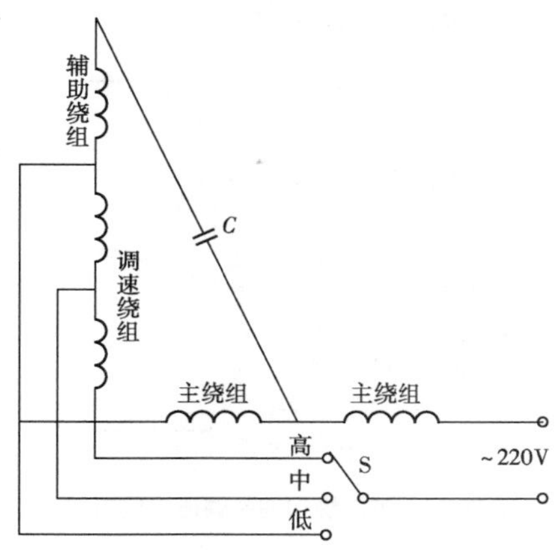

图 4－13　H 型接法接线原理图

4. H 型接法

接线原理如图 4－13 所示。从图中可以看出，这种接法是将调速绕组与辅助绕组串接后，再并接在主绕组的抽头和电源之间。调速绕组与辅助绕组同槽分布，它们在空间上同相位。这种接法的调速原理是，使主绕组的上半部分、下半部分和辅助绕组这部分绕组之间，形成相位不一致的三个非对称相位差。当改变调速绕组的抽头位置，就改变了三个绕组间三个非对称相位差，也就相对地改变了电动机的旋转磁场强度，从而实现了电动机的调速。

第 2 节　绕组抽头调速接法的性能对比

几种绕组抽头调速接法的性能对比如下：

(1) 调速性能：以 L 型接法为最差；T 型接法变速效果较好，但在低速时，主、辅绕组电流之和的过大电流通过调速绕组，将使其温升增加。

(2) 起动性能：L 型接法的低速起动性能较差，而 H 型接法的低速起动性能比较好，T 型接法则介于上述两种接法之间。H 型接法起动性能较好的原因有两点，其一是形成了三个非对称相位差，使单相电动机具有了三相电动机易于起动的特点；其次是主绕组的上半部分中的电流，总是等于流过其抽头上并联两绕组电流之和。因此，当改变电动机速度时，上半部主绕组中的电流变化较小。

(3) 电容器耐压值：T 型和 H 型接法其电容上的电压降比 L 型接法电容上的电压降低。其中以 H 型接法电容上的电压降最低，由于电容是与辅助绕组串接后再串接上主绕组这一部分的，所以这种电容上的压降最低。L 型接法的电容器耐压值至少应选 400V 以上，而 H 型接法的电容器耐压值只需选 200V 的就可以了。电容器耐压值的高低对其价格有较大的影响。

第 3 节　其他几种调速方法

单相电动机的调速方法除以上一些接法外，还有其他几种调速方法，现简介如下。

一、辅助绕组直接抽头调速法

有时为进一步简化结构，也有采用在定子辅助绕组上直接抽头的方法来进行调速的。图 4－14 所示即为这种调速方法的原理接线图，从图中可以看出，该电动机内没有设置调速绕组。

二、绕组串并联调速接法

这种接法是调速方法中新近出现的一种接法。它的优点是调速范围广、低速起动转矩较大、电动机效率较高，而且它还省去了一只电抗器，使电动机成本大为降低。将采用这种调速接法的电动机装置在电风扇上，就是平时所称的节能风扇。

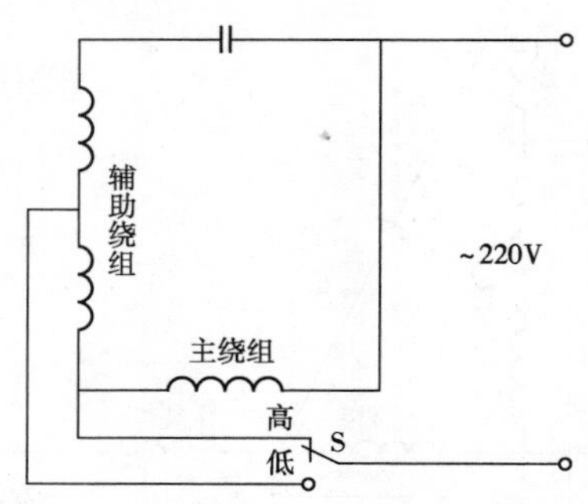

图 4－14　辅助绕组抽头调速接线原理图

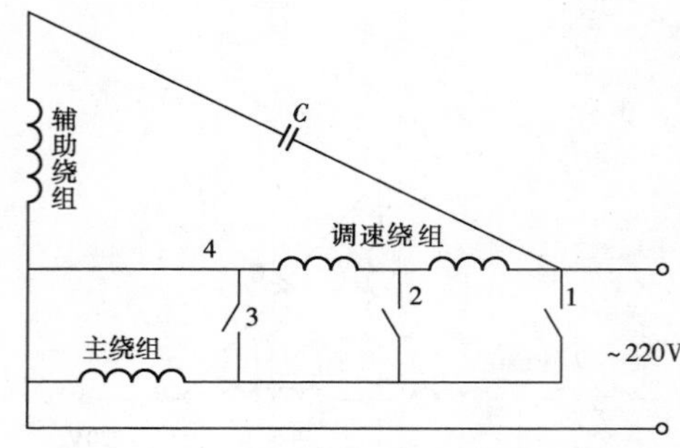

图 4－15　绕组串并联调速接法接线原理图

图 4－15 所示即为这种接法的原理接线图。从图中我们可以看到，它是一种类似 L－1 型的主绕组调速接法。不过它们主绕组和调速绕组的构成略有不同，当开关 1 和 4 闭合时，主绕组和调速绕组接成两条并联支路，这时电动机高速运行。而当开关 2 闭合时，调速绕组的一半串接入主绕组，这时电动机作中速运行。当开关 3 闭合时，调速绕组和主绕组串联，这时电动机作低速运行。可以看出，从高速到低速挡，辅助绕组始终不变，外加电压也不变。

三、电容器串、并联调速接法

图 4－16 所示为这种接法的原理接线图，其高速时和一般接法相同。调速时，可将主、辅绕组串联，以达到降压调速的作用。如将电容器并联在辅助绕组两端，就会对辅助绕组内电流起到移相作用，改变不同的电容量即可得到不同的转速。从图中可以看出，高速时，开关 S_1 与 S_2 处于图中位置；中速时，S_1 与 2 接通，S_2 转到 4 的位置；低速时，S_1 与 2 接通，S_5 转到 5 的位置。该线路中的电容器 C_1 的电容量应小于电容器 C_2。

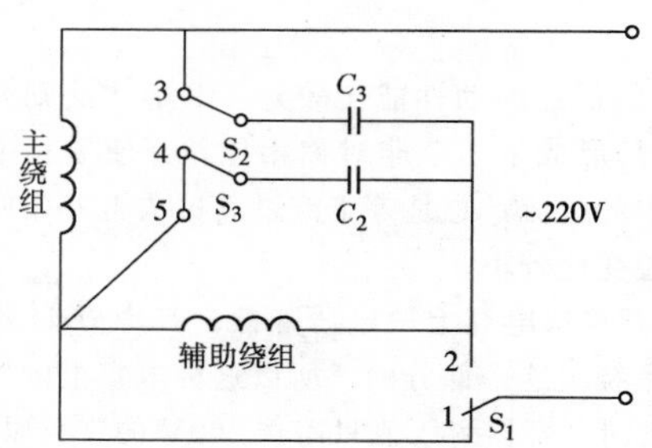

图 4－16　电容器串并联调速接线原理图

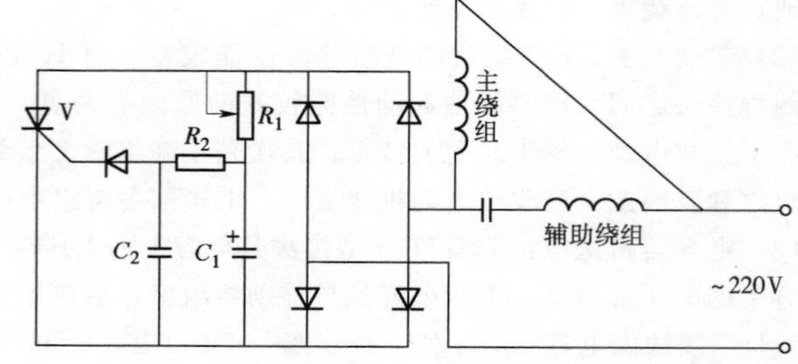

图 4－17　晶闸管电子调速线路图

四、晶闸管电子调速接法

晶闸管电子调速线路很多，有的调频有的调压等。图 4－17 所示为较简单经济的一种。从图中可以看出，通过调节移相元件 R_1 来调节 V 的导通角来控制整流器的输出电压，以达到调节电动机的转速。当 R_1 阻值小时，晶闸管 V 的导通角大，线路输出电压高，电动机转速就高。反之，当 R_1 的阻值大时则结果相反。

第 4 节　单相电动机的反转方法

从前面所述可知，如果要改变单相电动机的旋转方向，只需将辅助绕组或主绕组的两根线端互换之后，单相分相式电动机和电容式电动机的旋转方向就可以反转过来。罩极式单相电动机的反转则要麻烦些，下面将分述几种常用单相电动机的反转接法。

一、分相式电动机的反转

图 4－18 所示为分相式电动机反转的接线原理图。从图中可以看出，当转换开关 Q 在图中的实线位置时，辅助绕组中的电流 i_A 超前主绕组中的电流 i_C 一个角度。这时，电动机作正向旋转。当转换开关 Q 投到图中虚线位置时，辅助绕组电流 i_A 方向改变了 180°，使主绕组电流 i_C 超前于辅助绕组电流 i_A，从而电动机反方向旋转。其电流向量图如图 4－19 所示。同理，如果改变主绕组的接线，也可以实现电动机的反方向旋转。

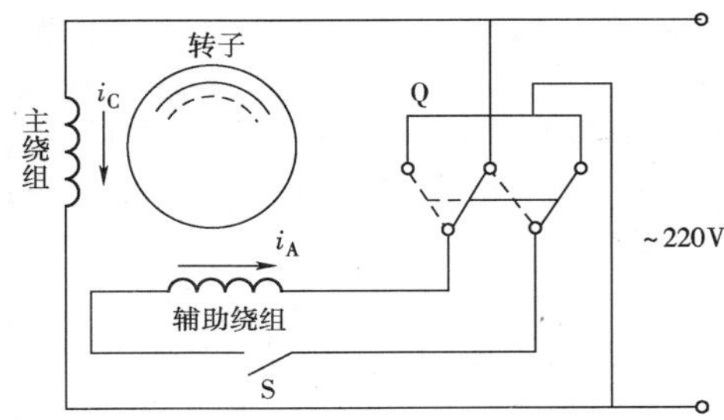

图 4－18　分相式电动机反转的接线原理图

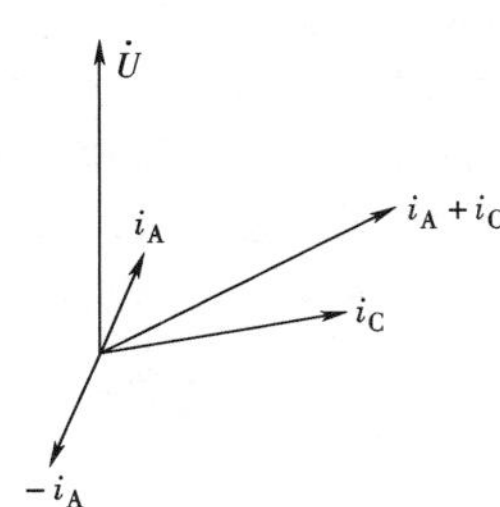

图 4－19　分相式电动机反转的电流向量图

二、电容式电动机的反转

图 4－20 所示为电容运转式电动机正、反向旋转的原理接线图。从图中可以看出，当开关 Q 在图中实线位置时，辅助绕组 i_A 超前于主绕组电流 i_C。此时，电动机正方向旋转。当转换开关 Q 投至图中虚线位置时，辅助绕组电流 i_A 的方向改变了 180°，致使主绕组电流 i_C 超前于辅助绕组 i_A，因而使电动机作反方向旋转，其电流向量图见图 4－19。

三、罩极式电动机的反转

罩极式电动机由于其定子结构和工作原理的不同，互换绕组接线端不能改变电动机的旋转方向。这是因为在罩极电动机中，是由于罩极的裂相作用，才使原来不具旋转性质的磁场变成了一个近似的旋转磁场。其旋转磁场轴线的移动方向是由磁极的未罩部分转向罩极部分，它不以电流进入绕组的方向来决定其转向。如要改变罩极电动机的转向，通常有以下几种方法。

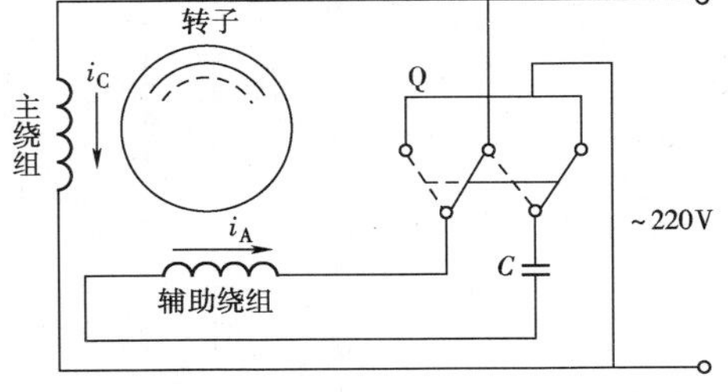

图 4－20　电容运转式电动机反转接线原理图

1. 集中磁极罩极式电动机的反转

对这种罩极式电动机的反转，要将电动机定子调头后再装进转子才能达到。这时因调头而使定子反转了 180°，磁极的未罩部分与罩极部分的相对位置改变了，如图 4－21 所示。由于电动机转子的旋转方向始终是由未罩部分转向罩极部分的，所以，当罩极电动机定子调头重装后，就可以改变它的旋转方向。

2. 分布绕组罩极式电动机的反转

如图 4－22 所示，在电动机的定子槽中嵌放有一套分布式主绕组和两套分布式罩极绕组。罩极绕组和主

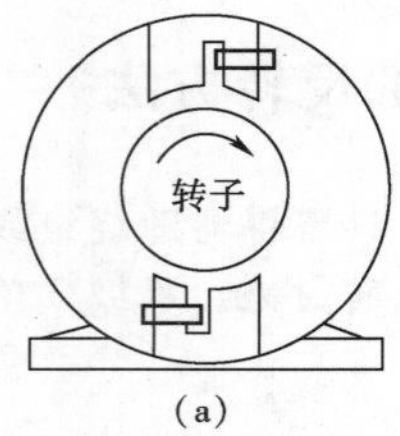

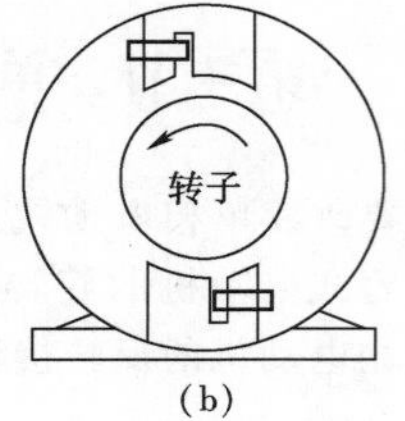

图 4－21　将定子调头装配来改变罩极电动机转向

(a) 调头前为顺时针方向旋转；(b) 调头装配后为反时针方向旋转

绕组具有相同的极数。利用转换开关 Q 的转换作用，让两套罩极绕组交替地运用其中一套，就能使电动机作正、反向旋转。

3．双主绕组罩极电动机的反转

如图 4－23 所示，在电动机定子槽中嵌放有两套主绕组和一套罩极绕组。罩极绕组可以是短路铜环式，也可以是线绕短路线圈。需要电动机作顺时针方向的正向旋转时，只需将一套主绕组接入电路，另一套主绕组断开不用；当需要电动机反向旋转时，则将第二套主绕组接入电路并使第一套主绕组断开不用。图 4－24 所示为一台 4 极 12 槽罩极电动机采用双主绕组和一套罩极绕组的绕组布置图。从图中可以看出，两套主绕组与罩极绕组在定子铁芯内的相互位置。

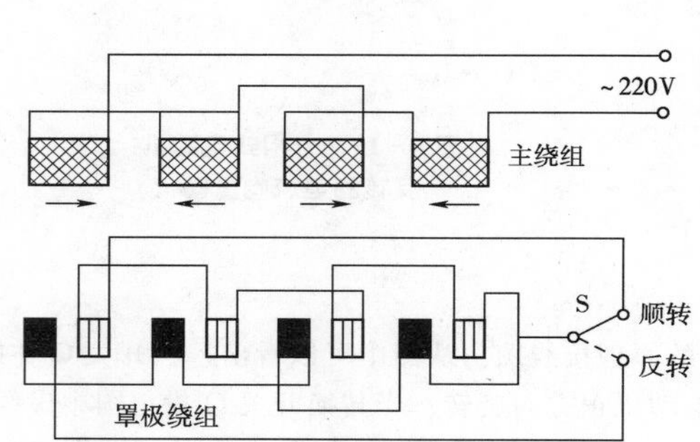

图 4－22　双罩极绕组正反转接线原理图

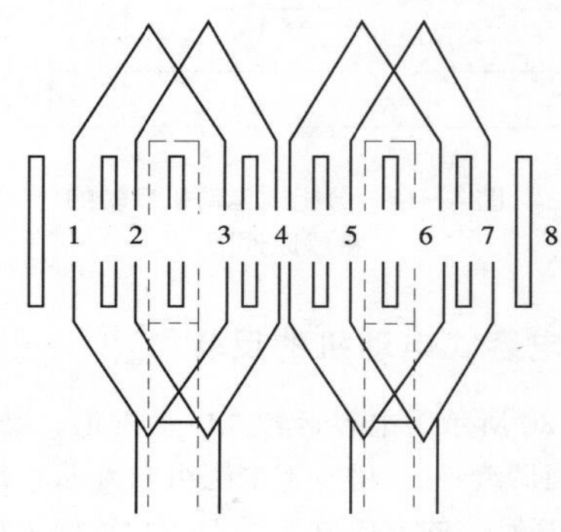

图 4－23　双主绕组在一个磁极内的分布图

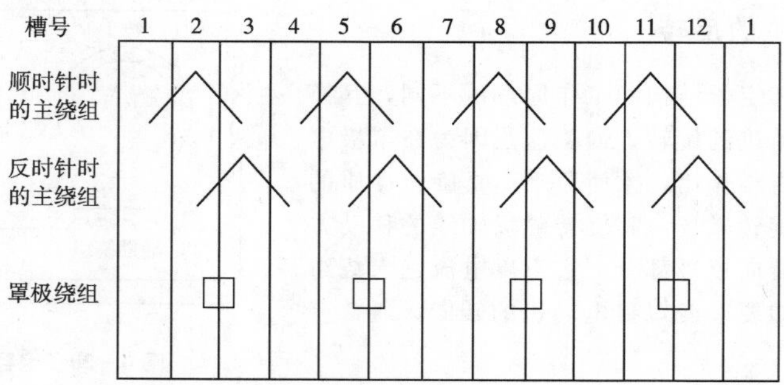

图 4－24　4 极 12 槽双主绕组的绕组分布图

第5章 单相串励电动机绕组及其联接

单相串励电动机具有转速高、体积小、重量轻、效率高、起动转矩大、过载能力强和调速方便等一系列优点，因而大量地应用于电动工具、家用电器、小型机床、化工、医疗等方面。如电锤、手电钻、电动扳手、电刨、电动缝纫机、吸尘器、地板打蜡机、高速离心机、电吹风、电动剃须刀等，均使用功率大小不一的单相串励电动机作动力。

单相串励电动机的主要缺点是噪声和振动较大。由于换向困难致使电刷容易产生火花，从而对无线电带来较大的电磁干扰。

第1节 单相串励电动机的工作原理

单相串励电动机的工作原理与直流串励电动机的工作原理完全相同。为了更容易理解单相串励电动机的工作原理，我们先简要地概述直流串励电动机的工作原理。

一、直流串励电动机的工作原理

直流串励电动机的工作原理如图5-1所示，从图中我们可以看出直流串励电动机的励磁绕组与电枢绕组是串联的。若按图中所示的直流电源极性接通电动机后，根据励磁绕组产生主磁通Φ的方向和电枢绕组的电流方向，利用电动机左手定则便可确定电枢将按逆时针方向旋转。由于电刷和换向器的换向作用，使电动机在旋转时，其位于一定磁场极性下的电枢导体内流过的电流方向保持不变。因此，电枢的旋转方向也将保持不变，而继续沿着逆时针方向旋转。

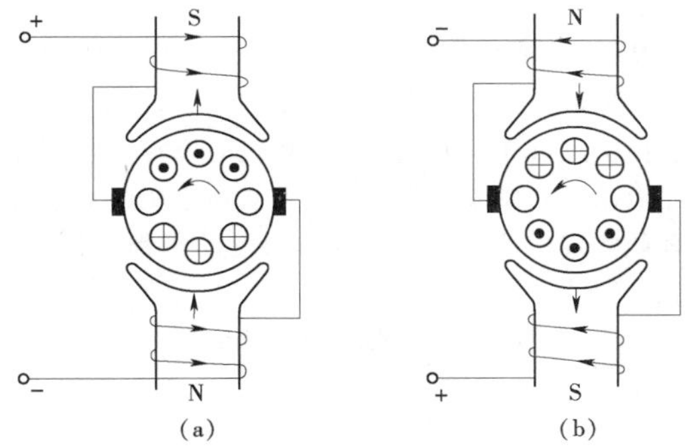

图5-1 直流串励电动机工作原理示意图

如将图5-1(a)所示电动机所接的直流电源极性掉换后，就成为图5-1(b)所示的情形。在直流电源反接以后，虽然进入直流电动机绕组的电源极性已有改变，但由于励磁绕组与电枢绕组是串联的，因而主磁通Φ的方向和电枢绕组内电流同时改变。根据电动机左手定则可知，主磁通与电枢电流同时改变方向时，电枢的旋转方向保持不变。故图5-1(b)中电动机仍将按逆时针方向旋转。

二、单相串励电动机的工作原理

从上面我们已知道，直流串励电动机定子磁极的极性是固定不变的。电动机在运行时，电枢绕组经换向器和电刷的联合作用，保证电枢绕组各单个元件边相对于磁极的电流方向不变，从而使直流电动机的旋转方向也保持不变。若同时将直流电动机磁极的极性和电枢电流方向改变，则直流电动机的旋转方向将不会改变。

如果我们将上述直流串励电动机改接到单相交流电源上。这时，虽然电源的极性在反复不断地变化，但电动机励磁绕组和电枢绕组内的电流也同时改变，因而电枢的旋转方向却能始终保持不变。其情形如图5-2所示。所以，单相串励电动机实质就是运行在单相电源上的直流串励电动机。只不过这两种电动机的设计参数各不相同而已。这也就是单相串励电动机能应用于交、直流两种电源的根本原因。

在图5-2所示的单相串励电动机中，如电流i是按正弦规律变化（即电网交流电源），即$i=I_m\sin\omega t$。这样，定子磁场的磁通也将按正弦规律变化，如图5-3所示。

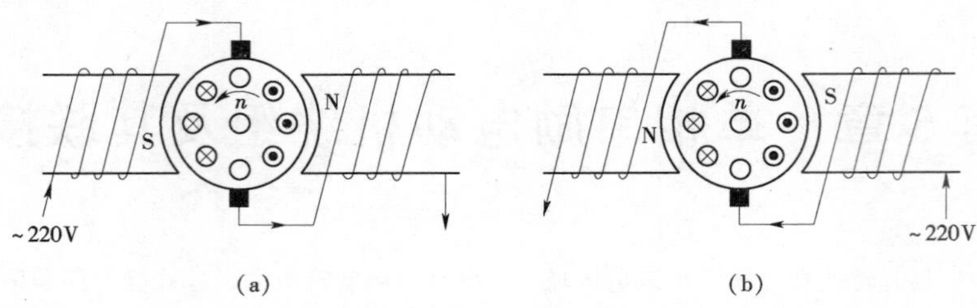

图 5-2　单相串激电动机工作原理示意图

根据电动机电磁力矩公式 $m=CM\Phi i$，电流为正半周时，电磁力矩 $m=CM\Phi i>0$；当电流为负半周时，电磁力矩 $m=CM\Phi i<0$，如图 5-4 所示。

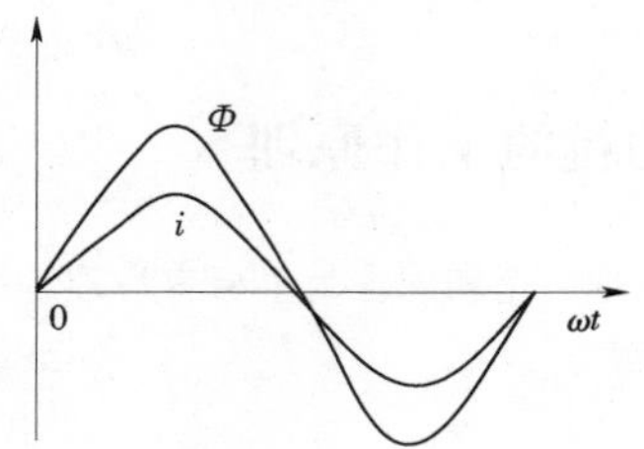

图 5-3　励磁电流与磁通关系

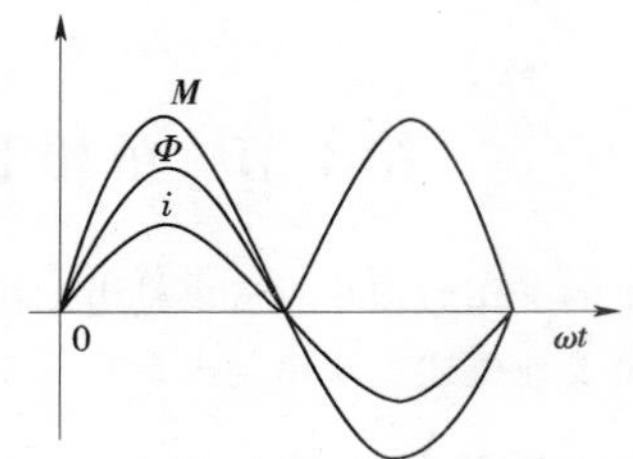

图 5-4　电流、磁通、电磁力矩的关系

从图 5-4 可以看出，电磁力矩总是正值，因而能保证电动机旋转方向与电流方向的交变无关。电磁力矩以 2 倍电源频率变化，它的平均值 M_p 为最大值的 1/2。

由上述可知，单相串励电动机的旋转方向是由定子主磁通方向和电枢电流方向共同决定的。因此，单相串励电动机如要改变旋转方向，必须改变产生主磁通的定子励磁绕组内电流方向，或改变电枢绕组内电流方向才能实现。不过绝大多数单相电动机都是设计成单向运转的，因为被其拖动的机械负载大多不用双向运行。

由于单相串励电动机均制成 2 极，因而其转速 n 为：

$$n=\frac{60E}{\Phi w}\ (\mathrm{r/min})$$

式中　E——感应电动势，V；

Φ——磁通，Wb；

w——电枢绕组总导体数。

根据上式可知，可以通过改变磁通或导体数来获得所需的转速。例如 Φ 越大、w 越多则转速 n 越低，反之则转速 n 越高。

单相串励电动机的转速每分钟可以高达 20000 转以上。一般均在 4000～10000 转，当转速低于 4000 转以下时，电动机的各项性能就比较差了。

单相串励电动机可以采用交流电源，也可以用于直流电源。当交流电压有效值在与直流电源电压值相等时，电动机的转速、转矩、机械特性相同。

第 2 节　单相串励电动机的结构

单相串励电动机的构造与小功率直流电机相似，它主要由定子、电枢、换向器、电刷、电刷架等部件组成。现分别简介如下。

一、定子部分

单相串励电动机的定子由定子铁芯和励磁绕组（简称磁极线圈）构成。为减小涡流损耗，定子铁芯由

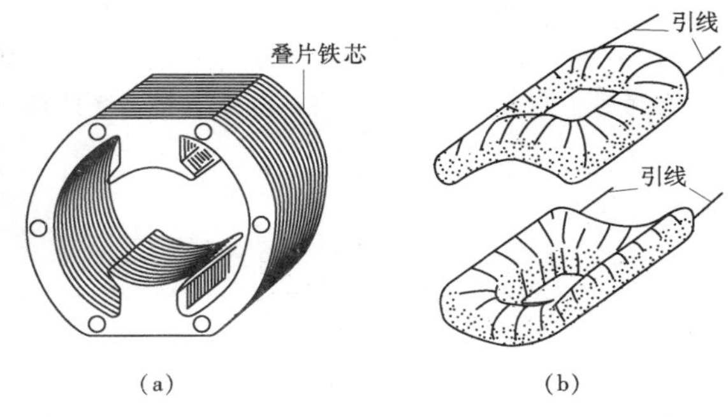

图 5-5　串励电机定子铁芯和线圈
(a) 定子铁芯；(b) 定子线圈

0.5～0.35mm 厚的硅钢片叠装而成。小功率单相串励电动机定子铁芯、线圈如图 5-5 所示。定子铁芯和线圈安装如图 5-6 所示，铁芯为凸极式，绕组为集中式。

单相串励电动机的定子上装有励磁绕组，功率大于几百瓦的电动机还另装有换向绕组和补偿绕组。图 5-6 所示这种小功率单相串励电动机的特点是既没有换向极，也没有补偿极。它的最大功率不超过几百瓦，主要用于各种电动工具，如手电钻、电锤及家用电器中。单相串励电动机的功率小于 200W，一般制成 2 极，功率大于 200W 时一般制成 4 极。

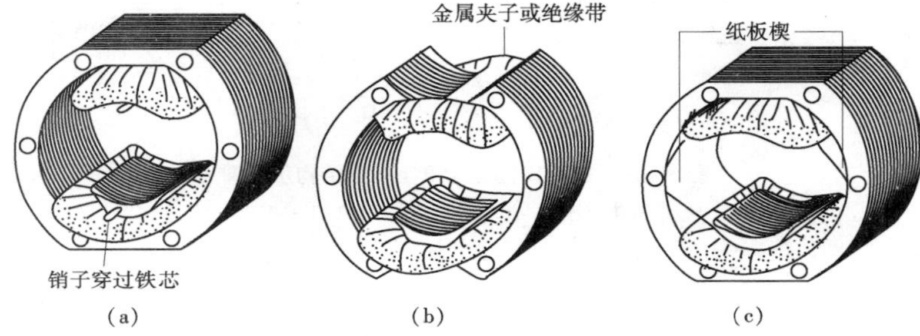

图 5-6　串励电动机定子励磁线圈的安装
(a) 铁芯中穿入销子固定；(b) 用金属或绝缘带固定；(c) 用纸板楔固定

二、电枢部分

电枢是单相串励电动机的旋转部分，它由电动机转轴、电枢铁芯、电枢绕组和换向器组成。通常冷却风扇也固定在电枢转轴上。电枢铁芯用 0.5mm 厚硅钢片沿轴向叠装后，将转轴压入其中。电枢铁芯冲片的槽形一般均为半闭口槽，在槽内嵌有电枢绕组。电枢绕组内各线圈元件的首、尾端与换向器的换向片相焊接，构成一个闭合的整体绕组。单相串励电动机的电枢冲片如图 5-7 所示。为了简化工艺，电枢铁芯的槽一般制成与转轴的轴线平行，如图 5-8 所示。但也可以叠装成斜槽形式，即槽与转轴轴线间有一个夹角，如图 5-9 所示。斜槽结构虽然在工艺上较为复杂，但它可以使磁极极面与电枢铁芯间的磁阻变化较小，从而起到减弱电动机运行时噪声的作用。

图 5-7　单相串励电动机的电枢冲片

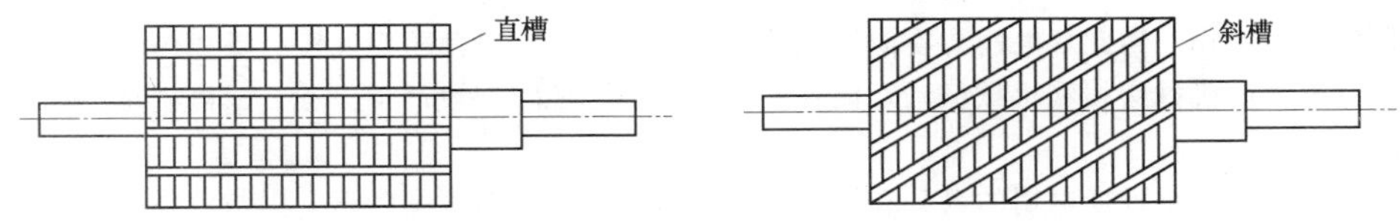

图 5-8　电枢铁芯槽式结构示意图　　图 5-9　电枢铁芯斜槽式结构示意图

三、换向器部分

单相串励电动机电枢上的换向器结构与直流电动机中的换向器结构相同。它是由许多换向片围抱在一个绝缘圆筒面上制成的，各换向片间则用云母片相互绝缘。换向片加工成楔形，各换向铜片下部的两端有 V

形槽。在这两端的槽里压制塑料，使各换向片紧固成一整体，并使转轴与换向器相互绝缘。这样的机械和绝缘结构，可以承受高速旋转时所产生的离心力而不变形。在电动工具中，单相串励电动机采用的换向器一般有半塑料换向器和全塑料换向器两种结构。全塑料换向器就是在换向片间全部采用耐电弧塑料绝缘的换向器。图 5－10 所示为单相串励电动机的换向器。

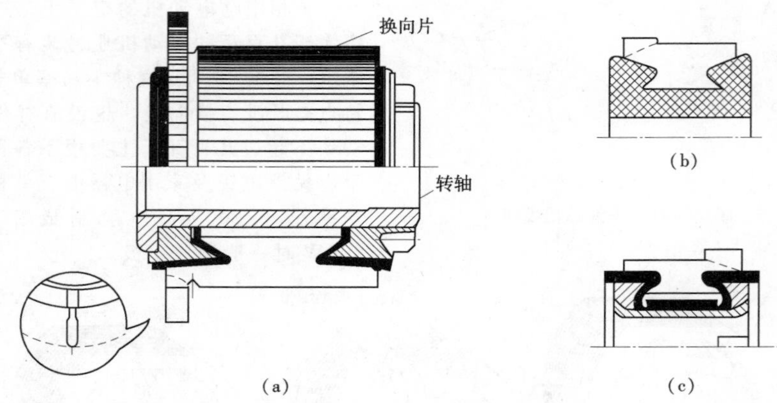

图 5－10　单相串励电动机换向器结构示意图

(a) 换向器结构；(b) 塑料换向器；(c) 用套筒固定

四、电刷架部分

电刷架一般用胶木粉压制底板，它由刷握和盘式弹簧组成。单相串励电动机的刷握按其结构型式，可分为管式和盒式两大类。目前，国内单相串励电动机的刷握结构大部分都采用图 5－11 所示的盒式结构。盒式结构的刷握具有结构简单、加工容易和调节方便等许多优点，故特别适合于需要移动电刷位置以改善换向的场合。盒式刷握的缺点是刚性差、变形大，不适应于转速高、振动大的电动机中。

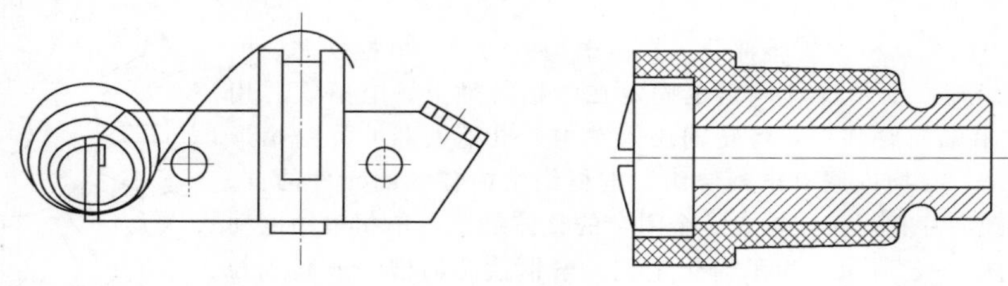

图 5－11　盒式刷握结构图　　**图 5－12　管式刷握结构图**

图 5－12 所示为管式结构刷握，管式结构具有可靠耐用等优点，它恰好能弥补盒式结构的不足之处。但是管式结构刷握的加工工艺要求较高，而且外形也较难安排。

电刷也是单相串励电动机的一个重要附件，它不但担负电枢与外电路的连通，而且还与换向器配合共同完成电动机的换向工作。因此，电刷与换向器组成了单相串励电动机薄弱而又极为重要的环节。电刷与换向器之间不但有较大的机械磨损和机械振动，而且在配合不当时还将产生严重火花。故电刷是单相串励电动机良好运行的保证。

电刷的选择，主要是根据电刷的温升和换向器圆周速度而定。而电刷的温升则与电刷的电流密度、电刷与换向器的接触电压降、机械损耗以及电刷的导热性有关。而圆周速度过高则容易引起电刷和换向器发热，使火花增大。此外，在选择电刷时，还应考虑电刷的硬度和磨损性能等因素的影响。电动工具中的单相串励电动机采用的电刷多为 DS 型电化石墨电刷，表 5－1 所示为 DS 型电化石墨电刷的技术性能及工作条件。

五、绝缘结构

单相串励电动机的绝缘结构与一般中小型电机大体相似，表 5－2 所示即为单相串励电动机常用的绝缘结构。

表 5-1　**DS 型电化石墨电刷的技术性能及工作条件**

型　　号		DS-4	DS-8	DS-52	DS-72
电阻系数（分接触法）（Ω·mm）		6～16	31～50	12～52	10～16
压入法硬度（N/mm²）		30～90	220～240	120～240	50～100
一对电刷的接触电压降（V）		1.6～2.4	1.9～2.9	2～3.2	2.4～3.4
摩擦系数不大于		0.2	0.25	0.23	0.25
50h 磨损不大于（mm）		0.25	0.15	0.15	0.2
工作条件	额定电流密度（A/cm²）	12	10	12	12
	允许圆周速度（r/min）	40	40	50	70
	电刷压力（N/cm²）	1.5～2.0	2.0～4.0	2.0～2.5	1.5～2.0

表 5-2　**单相串励电动机绝缘结构**

名　　称	材　料　型　号	名　　称	材　料　型　号
电磁线	QZ2 高强度聚酯漆包线	浸渍漆	环氧无溶剂漆
槽绝缘	0.15 聚酯薄膜青壳纸复合绝缘	浸渍次数	滴浸或浸渍两次

如没有环氧无溶剂漆，则可用 6440 环氧聚酯酚醛漆代替浸渍转子绕组，定子绕组则可用 1032 三聚氰胺醇酸漆代替。

用在电动工具中的单相串励电动机，为了确保操作安全，则必须采用双重绝缘结构，用符号“回”表示。所谓双重绝缘就是除了有一层工作绝缘之外，定子和转子还需要加上一层保护性绝缘，以加倍防止因漏电而导致人身触电的安全事故。采用热塑性聚碳酸酯塑料制成的机壳，就可以作为定子的保护性绝缘。如果机壳是采用铝合金制成，则可在机壳与铁芯之间加一个 3mm 的塑料绝缘衬套，来作定子的保护性绝缘。至于转子，则可在转子铁芯轴孔与转轴之间注入 4330 玻璃纤维塑料，来作为转子的保护性绝缘。也可用增强尼龙 1010 塑料，或塑料风扇将轴齿段与铁芯轴段接在一起，以阻断电枢与工作部分的电气联接，来构成转子的保护性绝缘。

第 3 节　单相串励电动机的型号及铭牌数据

单相串励电动机的外壳上都有一块铭牌，它是我们识别这台电机基本性能的依据，也是正确使用和操控该电动机的技术指南。下面将分别介绍单相串励电动机的产品型号及其铭牌数据。

一、产品型号

单相串励电动机按照其所用电源的不同，可分为单相交流串励电动机（它适用单相交流电源的地方），以及交直流两用串励电动机（也称为通用式电动机）。后一种串励电动机既能用于单相交流电源，也能用于直流电源。

U 型及 G 型属于单相串励电动机的老产品，由于它使用的量大面广，所以尚难全面停止生产。新系列单相串励电动机为 G 系列，它是根据原一机部部颁标准 JB 1135-70G 而生产的新系列标准产品，已替代以前使用的 U 型及 G 型产品。

G 系列单相串励电动机为开启扇冷式，机壳用钢板拉制而成。功率有 8W、15W、25W、40W、60W、90W、120W、180W、250W、370W、550W、750W 共 12 个等级。转速分为 4000r/min、6000r/min、8000r/min、12000r/min 4 个级别。由这 12 个功率等级和 4 级转速，组成 38 个不同规格的电动机。G 系列电动机是以电机转轴中心到底脚平面的距离，即中心高来表示机座号的，它共分为 4 个不同的机座号，这 4 个机座号的具体代号是 36、45、56、71。在每一个机座号内，均有三种不同长度的铁芯，用铁芯代号 1、2、3 表示。

U 型、G 型和 G 系列单相串励电动机，主要是为单相交流电源设计的。当用于直流电源时，其输出功率及额定转速均会有所提高。此外，还有一种专门设计成交、直流两用的 SU 型单相串励电动机。这种型号的电动机在结构上与单相串励电动机类似，但设计成无论在交流或直流电压下运行，它都具有相同的额定转速和相近的性能。

二、电动工具用交、直两用串励电动机

大多数电动工具都是采用交、直流两用串励电动机来作为动力头的。因此，下面对电动工具用交、直流两用串励电动机作一简要介绍。

JIZ 系列电钻是一代老产品，该类产品成熟、质量稳定。我国 1966 年对电动工具用单相串励电动机开始进行统一设计，定型生产了 DT 系列电动工具用单相串励电动机。1974 年我国又对电动工具用交、直流两用串励电动机再次进行统一设计，该设计仅以 3～5 种类型的标准冲片，就能经过多种组合而制出各种规格的单相串励电动机。而绝大多数电动工具都将以这些规格的电动机来作为它们的动力头。因而大大加强了单相串励电动机的通用性，方便了制造、维护和修理。

三、铭牌数据

电动机设计时根据技术条件的要求，规定了电动机正常运转时的工作条件。如正常运行时所能承受的工作电压、电流、温升等，这些数值称为额定值，均标示在电动机的铭牌上。单相串励电动机的额定值主要有额定功率、额定电压、额定电流、额定转速、额定温升、额定频率等，这些额定值与单相电动机均大同小异，下面仅简介几个具有不同特点的额定值。

1. 额定功率

一般用途的单相串励电动机铭牌上标明的额定功率，与其他电动机一样，都是指其转轴上所输出的机械功率。

不过电动工具却不同，电动工具的铭牌上有时虽也标明电动机的额定功率。但这时铭牌上的额定功率却并不是指电动机所输出的机械功率，而是指电动机的输入功率。之所以这样是因为电动工具用单相串励电动机与单一的串励电动机不同。此时，电动机已经被整体设计在电动工具中，电动机已成为电动工具的一个部件，并且其负载已经被固定。因此，把电动机所能输出的功率标在铭牌上已没有多大意义。而将输入的电功率作为额定值标明在铭牌上，则可以说明电动工具耗电量的大小，这却是用户较为关心的主要性能之一。

2. 额定转速

同其他电动机一样，对一般的单相串励电动机来说，铭牌上所标明的额定转速是指电动机的满载转速。我们知道单相串励电动机的空载转速要远比满载转速高。因此，在一般情况下，单相串励电动机是不允许在额定电压下空载运行的。否则，电动机转速将上升到极高的危险值，导致电动机因此而损坏。对于在几十瓦以下的小容量单相串励电动机则又当别论，因为这时由于电动机本身的损耗相对较大，相当于电动机已经带上了一个负载，因而可以在额定电压下空载运行。对电动工具而言，铭牌上标明的额定转速，则可能是满载转速，也可能是空载转速，属哪种转速要视产品而异。故我们在看产品铭牌时对这一点必须特别注意。在一般情况下电动工具都是断续使用的，电动机将经常在空载下运行，为了防止转速过高、噪声过大，空载转速应严格加以限制。

3. 额定温升

单相串励电动机多采用 E 级绝缘。按照标准，E 级绝缘容许温升为 75℃。即在此温升下正常运行，E 级绝缘的使用年限为 15～20 年，一般电机均遵守这个规定。但电动工具用单相串励电动机却是个例外，因为电动工具的损坏主要是由于机械、振动、冲击、制动等因素所引起。它的使用寿命通常都比较短，一般在断续运行条件下，使用时间累计相加有 1500h 左右就很满意了。此指标远低于通用电机的使用寿命。因此，适当提高单相串励电动机的绕组温升，从绝缘老化的角度来看使用寿命则是完全允许的。

第 4 节　单相串励电动机的电枢绕组及其联接

单相串励电动机的电枢绕组与直流电动机电枢绕组相同。它也有两种不同接法的绕组，即叠绕组和波绕组。

由于单相串励电动机的换向比较困难，为了解决这一问题，单相串励电动机电枢采取了让换向片比铁芯槽数多的特殊措施，来使电枢换向情况得以改善。单相串励电动机通常取换向片数为电枢槽数的 2～3 倍。从而使单相串励电动机电枢绕组的线圈元件与换向片的联接具有它自己的特点。

一、电枢绕组的联接

图 5－13 所示为单叠绕组的联接。这种绕组的特点是每一个线圈元件的首端和尾端分别接在相邻两换向片上，各线圈元件的首、尾端顺序串联相互重叠，故称为叠绕组。图 5－14 所示为单波绕组的联接，从图中我们可以看出，该绕组相邻联接的两个线圈元件成波浪形状，所以称为波绕组。这两种绕组性能上最大区别是并联支路数的不同，叠绕组的并联支路数等于磁极数，而波绕组的并联支路数则不论电动机极数多少都永远等于 2。对 2 极电动机而言，不论是叠绕组或波绕组，其并联支路数均为 2，故无论采用哪种绕组其性能都会一样。但在实用中，2 极单相串励电动机都采用叠绕组，而小功率单相串励电动机绝大多数又为 2 极，因此，单相串励电动机的电枢绕组主要采用的也就是单叠绕组。

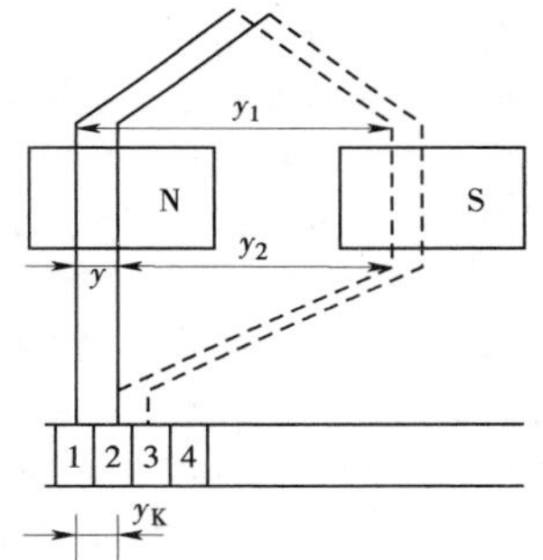

图 5－13　电枢单叠绕组的联接

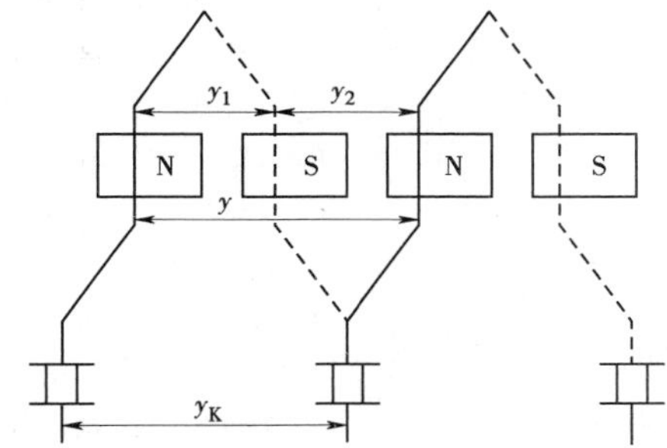

图 5－14　电枢单波绕组的联接

二、电枢绕组的节距

如能认识和理解电枢绕组几种绕组节距的特征和意义，我们就能较容易地掌握电枢叠绕组和波绕组的联接。从图 5－13 和图 5－14 中可以看出，单叠绕组和单波绕组存在有以下 4 种绕组节距。

1. 第一节距

也称后节距，一般用 y_1 来表示。它是指一个线圈元件两条元件边之间的距离。根据 y_1 的大小，可以将绕组元件分为全节距元件及短节距元件。

2. 第二节距

也称前节距，一般用 y_2 来表示，它是指某一个线圈元件的第二线圈元件边和相邻联接线圈元件的第一元件边之间的距离。

3. 合成节距

一般用 y 来表示，它是指两个相邻联接线圈元件对应边间的距离。

4. 换向器节距

一般用 y_K 来表示，它是指绕组线圈元件的首端与尾端所联接的两换向片之间的距离，该节距以换向片数计。

单叠绕组的线圈元件数等于换向片数，而换向片数则可与电枢槽数相等，也可为电枢槽数的 2 倍或 3 倍。例如 9 槽 9 换向片、9 槽 18 换向片、9 槽 27 换向片、12 槽 24 换向片等。单相串励电动机通常取换向片数为电枢槽数的 2～3 倍。图 5－15 所示即为一台 $2P=2$、$Z=12$ 槽、$K=24$ 换向片、$y_2=5$，即线圈元件跨距为 1～6 槽的电枢绕组接线展开图。

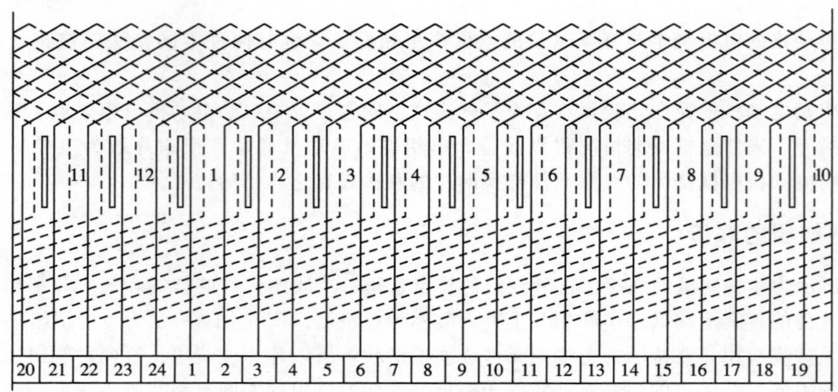

图 5－15　2 极 12 槽电枢单叠绕组展开图

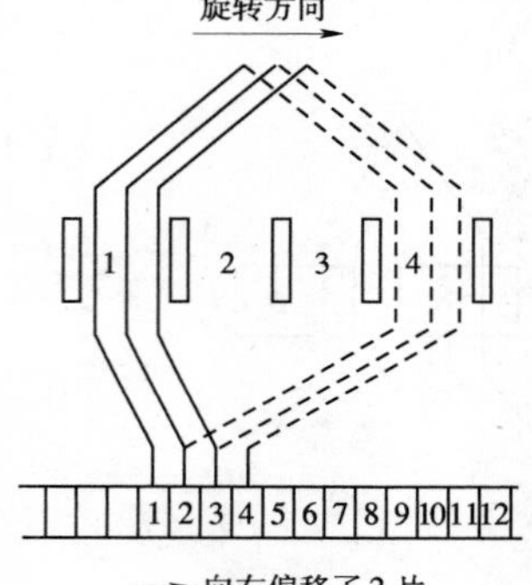

图 5－16　顺时针旋转方向时线端的起始位置

三、单叠绕组联接的起始位置

单相串励电动机的电枢绕组在采用单叠绕组时，其第一个线圈元件边的首、尾端接到主换向器上的位置极为重要。它直接影响到单相串励电动机换向性能的好坏，严重时甚至使电动机在运转中换向器产生极大的火花，致使电动机无法正常使用。由于设计的不同，单相串励电动机电刷与磁极的相互位置不可能完全相同。因此，线圈元件首尾端接至换向器上的位置也就不会一致。单相串励电动机通常是根据电枢的旋转方向，来确定线圈元件线端接至换向器的位置。一般将线圈元件线端依据电枢槽中心线顺电枢旋转方向偏移 1～3 个换向片，来作为线圈元件线端接线的起始位置。如图 5－16 所示为电枢顺时针方向旋转时，线圈元件线端在换向器上的起始位置。图 5－17 所示为电枢逆时针方向旋转时，线圈元件线端在换向器上的起始位置。图 5－18 所示则为可逆转单相串励电动机其线圈元件线端在换向器上的起始位置。

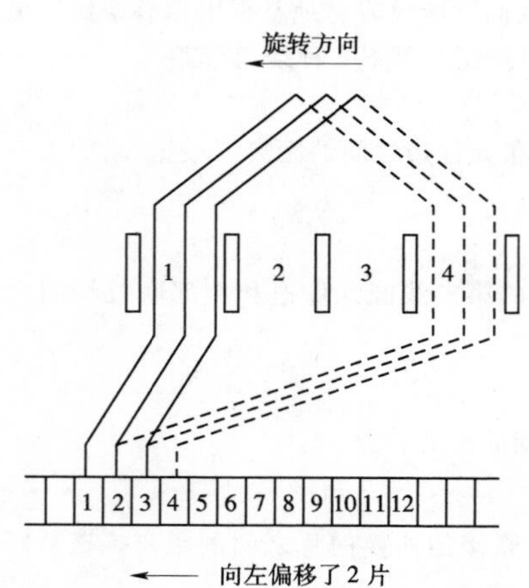

图 5－17　逆时针旋转方向时线端的起始位置

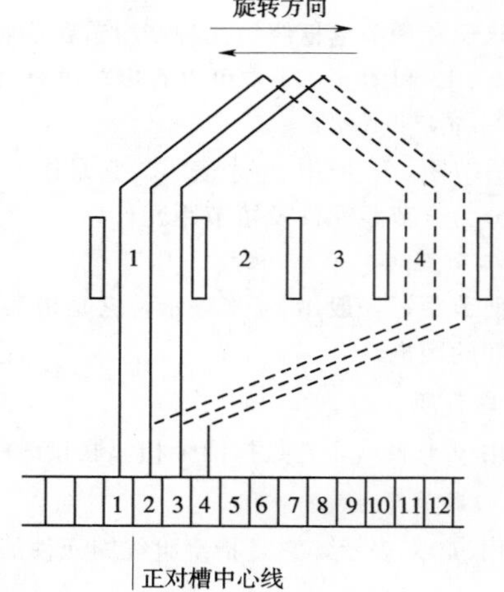

图 5－18　可逆转电动机线端的起始位置

第 5 节　单相串励电动机励磁绕组及整机联接

单相串励电动机的励磁绕组嵌置在定子铁芯上，它们按照规定的接法先联接起来，然后再将定子励磁绕组与电枢绕组串接起来，进行整机联接后接入电源。下面将简介这些接法。

一、单相串励电动机励磁绕组的联接

单相串励电动机的励磁绕组均嵌置在定子磁极铁芯上面，功率较大的电动机还加装有换向绕组和补偿绕组。励磁绕组用来产生主磁场，它大多采用集中式磁极线圈形式。换向绕组嵌装在换向极上，它主要用来改善电动机的换向。补偿绕组则用来抵消电枢反应，以改善电动机的换向条件和运行性能。在电动工具和家用电器中使用的单相串励电动机一般都只设置励磁绕组，这主要是因为它们的功率都比较小的缘故。图 5－19 所示为一台 2 极单相串励电动机励磁绕组的联接，从图中可以看出，其联接也是采取显极接法。图 5－20 所示为带换向极绕组单相串励电动机的绕组联接。

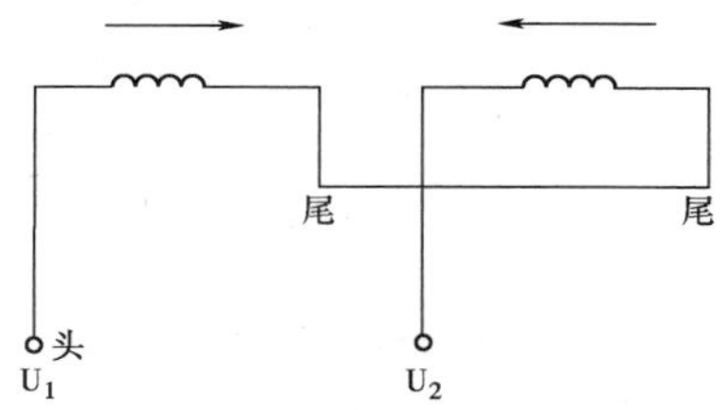

图 5－19　励磁绕组接线示意图

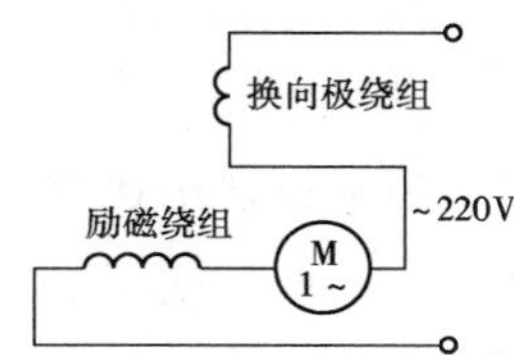

图 5－20　带换向极绕组的接线示意图

二、单相串励电动机的整机联接

单相串励电动机定子励磁绕组与电枢绕组的整机联接均采用串联接法。其串联方式分为两种，一种为两个磁极的励磁线圈分别串接在电枢绕组两端，图 5－21 所示即为这种接法。另外一种为定子励磁绕组的两个磁极线圈，先按照显极接法联接起来，然后再与电枢绕组串联起来。图 5－22 所示即为这种接法。

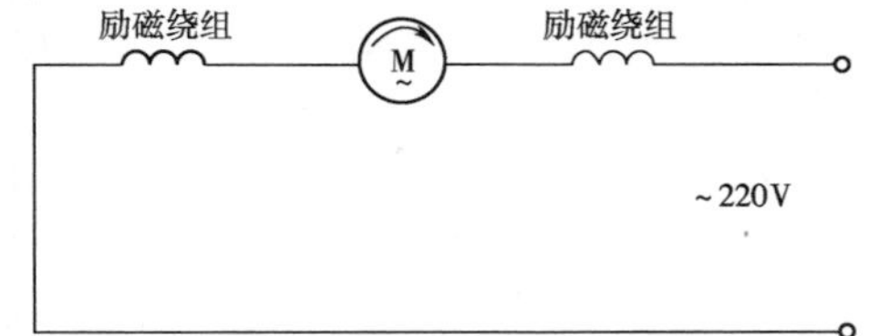

图 5－21　励磁绕组串接在电枢两端的接法

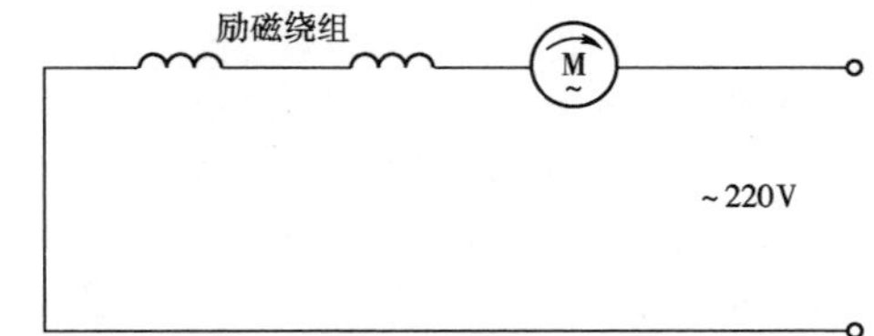

图 5－22　励磁绕组串接在电枢一端的接法

单相串励电动机的整机联接中，上述励磁绕组与电枢绕组的两种串联接法其原理均相同，在实际应用中图 5－21 所示接法用得较普遍。

三、交、直流两用串励电动机的接法

当单相串励电动机在交、直流两种不同电源下运行时，其机械特性将发生不同的变化。图 5－23 所示为单相串励电动机在交、直流电源下运行时的机械特性曲线。图中的实线是在直流电源下运行时的机械特性，虚线则是在交流电源下运行时的机械特性。从这两条曲线可以看出，当电动机的转速越低，则交流转速 $n_{\sim}$ 低于直流转速 n_{-} 的数值也越大。之所以出现这种的情况，是因为单相串励电动机的转速降低后，其功率因数也会随之降低。而功率因数越低，交流转速 $n_{\sim}$ 低于直流转速 n_{-} 的数值将越大。所以，单相串励电动机在交流电源下运行，比在直流电源

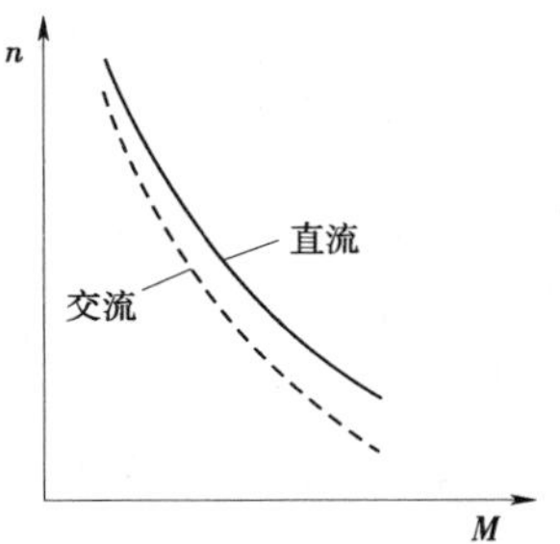

图 5－23　运行在两种电源下的机械特性

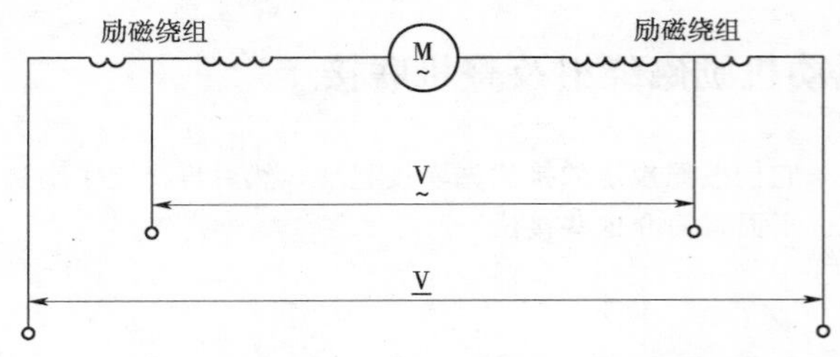

图 5-24　运行在交直流两种电源的绕组图

下运行时的机械特性要软，其机械特性的下降也更快。因此，从单相串励电动机的实用情况来看，如果串励电动机的额定转速比较高，那么它的功率因数也就会比较高，其交流转速 $n_{\sim}$ 与直流转速 n_{-} 就会比较接近。例如电动工具用单相串励电动机，其转速高达 9900～14300r/min。这样，使用时就无须采取特殊措施即可在交流、直流两种电源下运行，其电气、机械性能也基本上一样。

如果单相串励电动机的额定转速比较低，它的功率因数也就会比较低，这时交流转速 $n_{\sim}$ 低于直流转速 n_{-} 的数值就会比较大。为了保证单相串励电动机在两种电源下工作时；其转速和各项性能较为接近。则电动机接在直流电源上时，需增加励磁绕组的匝数，以便增大磁通。使单相串励电动机在直流电源下运行的转速降低，从而达到在两种电源下电动机的转速和性能相近。通常增加的线匝串在励磁绕组的两端，如图 5-24 所示。SU 型交、直流两用串励电动机的额定转速只有 2500r/min，由于转速低因而功率因数也就低，使得交流转速 $n_{\sim}$ 低于直流转速 n_{-} 的数值比较大。为了保证在两种电源下运行时具有相同的转速和性能，就增加了在直流电源下运行时单相串励电动机励磁绕组的匝数。

四、单相串励电动机防干扰电路的接法

当电动机工作时，它将产生高频电能。高频电能通过电动机的电源线或者辐射，可能会进入无线电接收机，干扰接收质量，严重时甚至无法收视或收听。因此，防止电动机产生的高频电能对无线电的干扰，是一个极为重要的问题。

在各类电动机中，单相串励电动机是产生无线电干扰最为严重的电机之一。

因为换向过程中所产生的火花及电弧，是产生无线电干扰的主要原因。而单相串励电动机的换向情况比较恶劣，火花也较严重，以致它产生的无线电干扰比其他电机更为厉害。

要减小单相串励电动机对无线电的严重干扰，除了应改善换向过程、对干扰源进行屏蔽、机壳可靠接地等方法外，还可以采取定子励磁绕组对称联接和增加滤波电路的办法，来抑制和削弱单相串励电动机对无线电的干扰。图 5-21 所示即为采取将定子两个磁极的励磁绕组分接在电枢两端的对称接法。这种接法对抑制无线电的干扰效果比较好，因为电动机的两根电源线都接有励磁绕组，它们都有一个很大的阻抗，不论干扰从哪根电源线传导出来，它都将受到很大的抑制而削弱。

对于由电源线向外传播的干扰，也可以用图 5-25 所示的方法，接入电容式滤波器来进行抑制。由于两根电源线都可以向外传播，故每根电源线都接有电容。如电枢绕组的一端已接在机壳上，则干扰只能从另一个线端向外传播。这时，就只需要在这个线端接上滤波电容即可，如图 5-26 所示。该滤波电容器的电容量一般在 0.1～1μF 之间，具体数值须经试验而定。所用电容器应优先选用电感系数较小的穿心电容。如果电容滤波仍达不到所需的干扰抑制程度，可附加一个电感量约为 50～500μH 的高频扼流圈，它与电容器一道组成电感一电容滤波器，如图 5-27 所示。

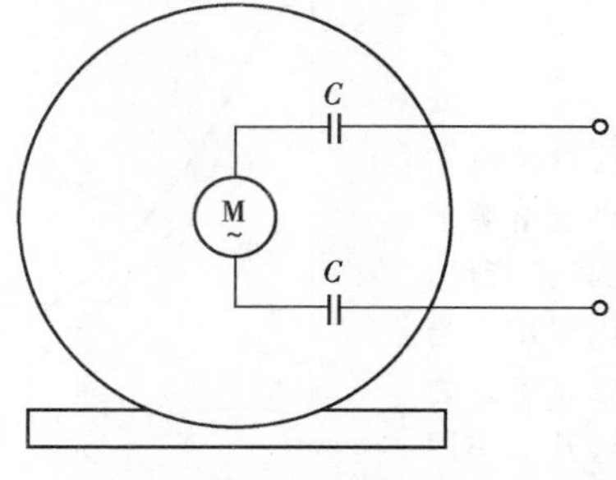

图 5-25　电容器双端滤波电路图

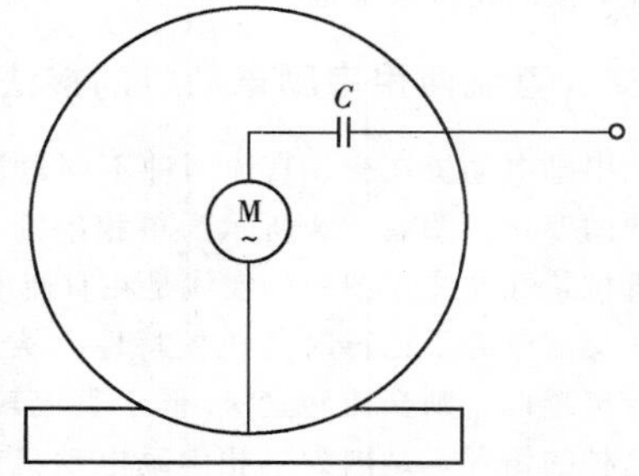

图 5-26　电容器单端滤波电路图

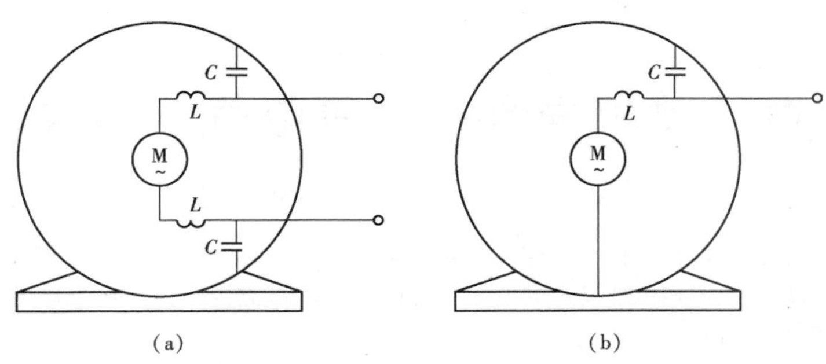

图5-27　电感—电容器滤波电路图

(a) 双端滤波；(b) 单端滤波

单相串励电动机工作时不仅对无线电广播、电视、通信产生干扰，而且对在其附近工作的电子仪器也会产生严重干扰。因此，必须采取有效方法进行抑制和削弱。

五、单相串励电动机降低噪声的方法

单相串励电动机运行时的噪声通常都要比直流电动机大很多。这主要与其极高的转速有关，高转速必然增大电动机轴承以及内部气流等的噪声。电动机噪声来源主要由电磁噪声、机械噪声、通风噪声这三部分组成。

1. 电磁噪声

由于单相串励电动机是高速运行在交流电源上，它的定子磁场和气隙磁场都在作周期性变化。因此，磁极受到交变磁力的作用、电枢也受到交变磁场影响，使电动机部件发生周期性交变的变形及振动，导致电动机发出的噪声。降低噪声的方法主要有：①若电动机使用日久，产生逐渐增大的"嗡嗡"声，则电动机轴承可能磨损，使定转子气隙不匀，应更换轴承或检修。②如电动机突然产生较大的"嗡嗡"声，则可能是定子绕组或电枢绕组出现故障，应及时检修。③若电动经拆装后，"嗡嗡"声增大，应重装。

2. 机械噪声

单相串励电动机的转速都很高，如果电动机制造中转子（电枢）动平衡或静平衡不好，运行时产生强烈振动是必然的。轴承缺油、轴承间隙过大、轴承稍有损坏及装配稍有偏差等，都会使电动机产生振动、发出噪声。降低机械噪声的方法主要有：①对电动机转子应作精密的平试验，尽量提高转子的平衡精度。②精磨换向器、提高其圆度、降低换向器表面的粗糙度、保持其表面清洁。同时还应精磨电刷端面，使之与换向器表面吻合，以减小电刷振动，从而降低电动机噪声。③选用高精度等级的轴承及时更换。

3. 通风噪声

通风噪声是在电动机运行时，其附属风扇产生高速气流用以冷却电动机。由于风扇的扇叶高速与空气摩擦，高速气流冲击电动机时都会产生噪声。降低通风噪声的主要方法有：①使电动机冷却风扇的叶片数为奇数，例如7片、9片、11片等；②提高叶片的刚度，并尽可能使风扇叶片平衡；③风扇的扇叶稍有变形应立即予以修正；④将扇叶的尖锐边缘磨成圆形，并使通风道成流线型，以减风扇扇叶对空气流动的阻力。

第6章　单相异步电动机电气控制线路图

单相异步电动机具有结构简单、成本低廉、振动和噪声较小、只需单相交流电源供电等一系列优点，因而在工农业生产、科学研究、家用电器及小型电动工具中得到广泛应用。例如在电风扇、洗衣机、电冰箱、电锤、医疗器械等电器和设备中，需要大量使用单相异步电动机。

从电机学中我们知道单相异步电动机没有起动转矩，因而不能自行起动。为了产生起动转矩，单相异步电动机定子上必须安置两套绕组，即主绕组和辅助绕组，二者共同产生旋转磁场及其转矩，用以起动电机。单相异步电动机根据其所采用起动方式的不同而分为多种类型，常见的型式有：单相电阻分相式电动机、电容分相式电动机、单相罩极式电动机和单相串励式电动机等。

由于单相异步电动机多样的类型，这就给它带来在绕组构成、绕组联接和外部控制线路接法的复杂变化。另外，小功率三相异步电动机采用某些特殊接法后，也可以正常地运行在单相电源上。本章绘制有常用单相异步电动机及三相异步电动机单相运行的部分控制线路。

单向运转是单相异步电动机最基本的电气控制线路，图6-1～图6-6所示为单相电阻分相式、电容分相式、罩极式电动机的控制线路图。

单相异步电动机旋转方向的改变，在单相电阻式和电容分相式电动机中，只需将主绕组和辅绕组两根接线端互换后，即可改换电动机旋转方向，从而使单相电动机能进行正、反转的控制。对于单相罩极式电动机，则必须在其定子铁芯中安置一套主绕组和两套分布式罩极绕组，利用转换开关才能进行正、反转控制。图6-7～图6-11所示为单相异步电动机的正、反转控制线路。

单相异步电动机常见调速方法主要有电抗器调速、自耦变压器调速、绕组抽头调速、晶闸管电子调速等几种类型。图6-12～图6-33所示为单相异步电动机的多种调速控制线路和制动控制线路。

三相异步电动机在某些特殊情况下，经接后也可以像单相异步电动机那样运行于单相电源上。这时原三相绕组中的一相绕组串接起电容器而作为辅助的起动绕组，另两相绕组则串联起来作为工作的主绕组。采用这种接法后，单相运行时的功率约为三相时功率的70%。图6-34～图6-51所示为三相异步电动机单相运行各种接法的控制线路。

图6-52～图6-55所示为单相串励电动机整机接线图。

图6-56～图6-61所示为单相交流电路及电动机测量电气线路。

第1节　基本控制线路图

图 6－1 所示为单相电阻起动异步电动机电气控制线路。定子主、辅绕组的轴线在空间相差 90°电角度。利用两绕组电阻差大、电流相位差裂相产生旋转磁场，辅绕组选用较细的导线以增大电阻而扩大相位差。一般主绕组占定子总槽数的 2/3，辅绕组则占 1/3。主绕组长期工作在电源电路中，而辅绕组却只在起动过程中接入电路，待电动机起动后达到额定转速的 70%～80%时，离心开关就将辅绕组从电源断开，电动机即正常运行。

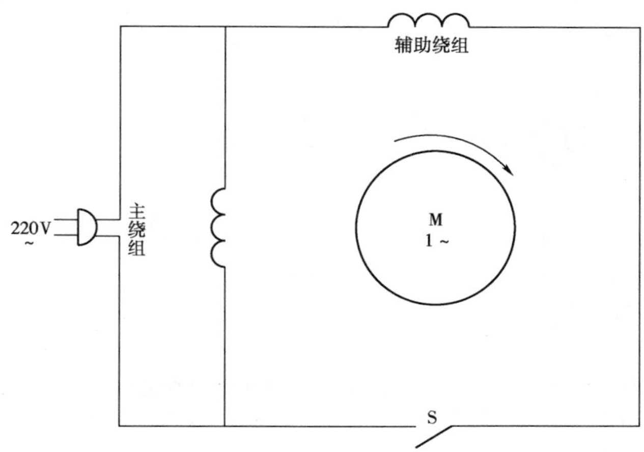

图 6－1　单相电阻起动异步电动机电气控制线路

图 6－2 所示为单相电容起动异步电动机电气控制线路。电容起动式电动机的结构与电阻起动式电动机基本相同，但在其辅绕组中串入了一个适量的电容器 C，使辅绕组的电流超前电源电压而形成一个两相磁场。单相电容起动电动机也是在转速达到额定转速的 70%～80%时，离心开关动作，切断辅绕组的电源，只留下主绕组继续工作在电源电路上。由于电容器只在极短的几秒钟起动时间内工作，故可采用电容量较大，价格便宜的电解电容器。

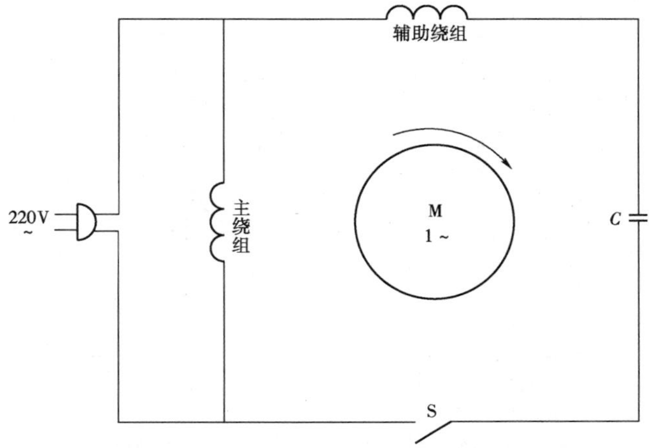

图 6－2　单相电容起动异步电动机电气控制线路

图 6-3 所示为单相电容运转异步电动机电气控制线路。该电动机无起动装置，电容器 C 在起动与运转时均通电工作，因此要求电容器采用耐压较高的纸介质或油浸纸介质电容器，以保证电动机安全运行。单相电容运转式电动机因省去了起动装置，从而简化了电动机的整体结构，降低了综合成本，并且提高了运行的可靠性。同时由于辅绕组长期运行，也就实际增加了功率输出。

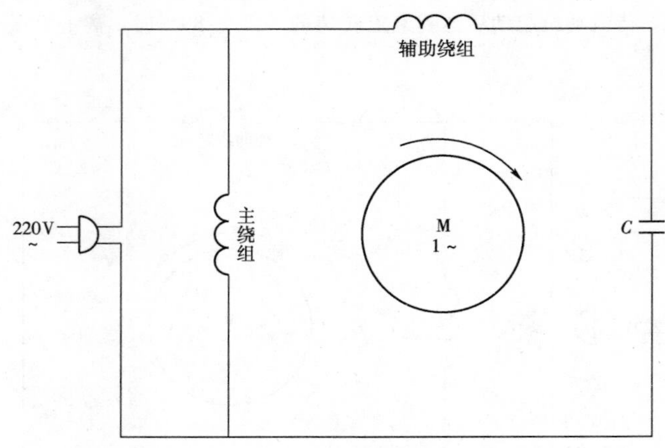

图 6-3　单相电容运转异步电动机电气控制线路

图 6-4 所示为单相电容起动与运转电动机电气控制线路。该电动机具有运转电容 $C1$ 和起动电容 $C2$ 两只电容器，起动时两只电容器均通电工作，起动过程结束后 $C2$ 由起动开关 S 将其从电路切除，$C1$ 则留于线路。这种电动机具有优良的起动与运转特性，是其他型式单相异步电动机所无法达到的。但由于使用两只电容器，且需设置起动装置，因而结构复杂成本增加是其最大缺点。

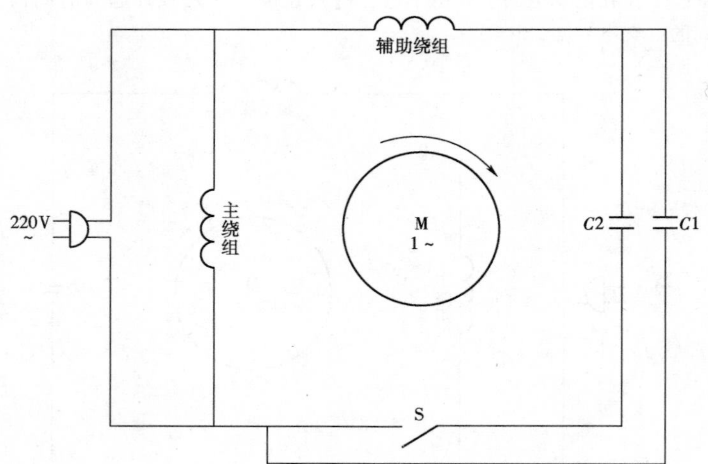

图 6-4　单相电容起动与运转电动机电气控制线路

图 6-5 所示为单相罩极式异步电动机电气控制线路。该电动机是单相异步电动机中结构最简单的一种，它分为凸极式和隐极式两种形式。凸极式的定子绕组为集中式绕组，在定子磁极铁芯上嵌放有短路罩极。在磁极间还装有一种导磁的薄钢片，它称为漏磁片，是用来减少气隙中磁场分布曲线畸变的。容量较小的罩极电动机大多采用这种凸极形式的定子，在凸出的磁极上装有集中式磁场线圈，每个磁极的极掌上面开有小槽，在小槽内嵌放有一个短路铜环，它罩住磁极的 1/2～1/3，故称为罩极。

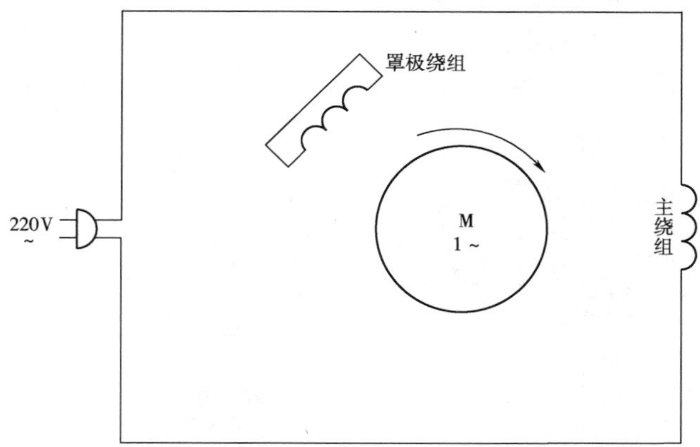

图 6-5　单相罩极式异步电动机电气控制线路

图 6-6 所示为单相罩极分布绕组电动机电气控制线路。功率较大的罩极电动机常采用齿槽式定子铁芯，上面除嵌放有分布式主绕组外，还嵌放有一套由单匝粗导线组成、自行短接、分布在定子槽内的罩极绕组。在一些老式风扇和鼓风机中就采用这种结构。罩极电动机具有结构简单、制造方便、造价低廉、使用可靠、故障率低的特点。其缺点主要是效率低、起动转矩小和反转比较困难等。罩极电动机多用于轻载起动的负荷。其中，凸极式常用于电风扇音响设备，隐极式则多用于小型鼓风机及油泵配套中。

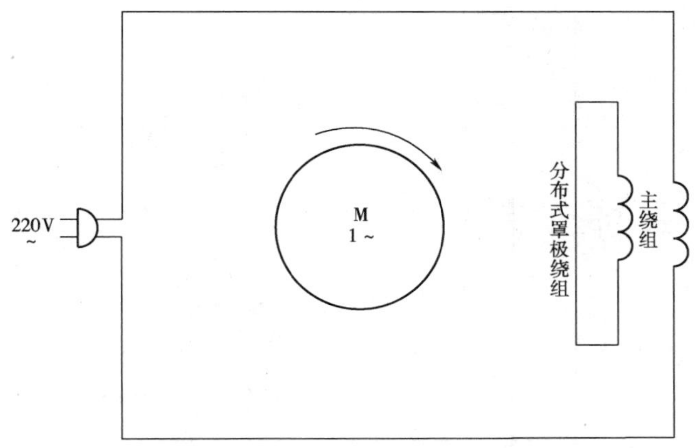

图 6-6　单相罩极分布绕组电动机电气控制线路

第 2 节　正、反转控制线路图

图 6-7 所示为单相电阻起动电动机正、反转控制线路。从单相异步电动机的工作原理可以知道，要改变电动机的旋转方向，只需将主绕组或辅绕组的两根接线端互换即可，图中就是采用这种方法。当图中转换开关 Q 处于实线位置时，电动机作正向运转；若转换开关投到图中虚线位置时，电动机即作反方向运转。这是因为转换开关 Q 两次分投到实线、虚线位置时已改变了辅绕组中电流方向，从而使单相电动机反方向旋转。

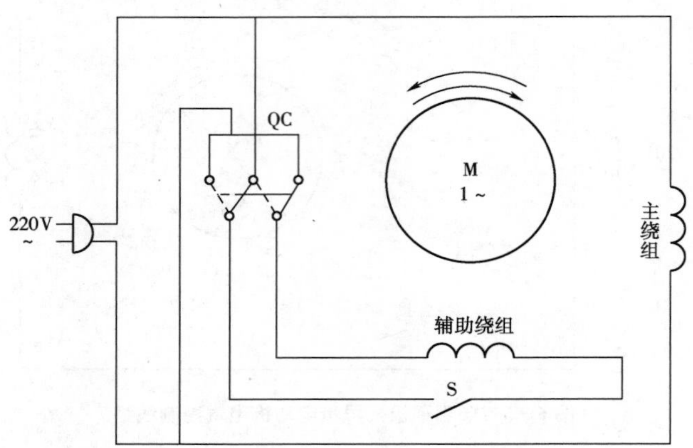

图 6-7　单相电阻起动电动机正、反转控制线路

图 6-8 所示为单相电容起动电动机正、反转控制线路。从图中可以看出，当转换开关 QC 处在图中实线位置时，辅助绕组电流 i_A 超前于主绕组电流 i_C，这时电动机正向运转，当转动 QC 后即改变了电流方向。这时，辅助绕组电流 i_A 的方向改变了 180°，使主绕组电流 i_A 超前于辅助绕组电流 i_A，从而电动机作反方向旋转。同样的道理，如果我们主绕组的接线，也可以实现单相电容电动机的反方向旋转。单相电阻起动电动机也相同。

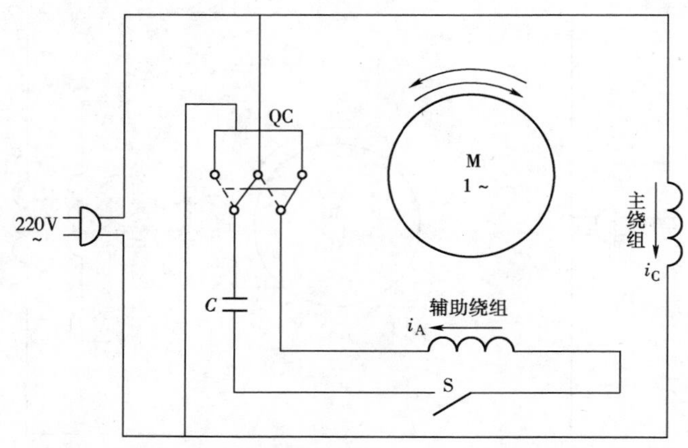

图 6-8　单相电容起动电动机正、反转控制线路

图 6－9 所示为单相电容运转电动机正、反转控制线路。该线路中辅助绕组内串接的电容，在起动过程完成后仍留在线路上工作。当转换开关 QC 扳至实线位置时，电动机正向运转；处于虚线位置时，电动机反向运转。这是因为在实线位置时，辅绕组电流 i_A 超前主绕组 i_C，因此电动机作正方向旋转。而转换开关 Q 在虚线位置时，辅绕组中电流 i_A 的方向改变了 180°，致使主绕组电流 i_C 超前于辅绕组 i_A，因而使电动机作反向旋转。

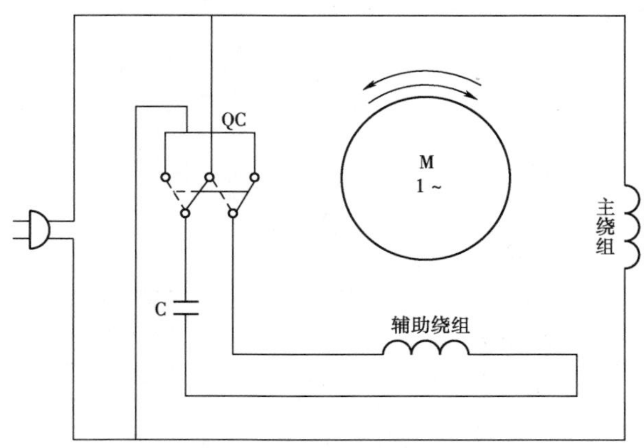

图 6－9　单相电容运转电动机正、反转控制线路

图 6－10 所示为单相电容起动与运转电动机正、反转控制线路。该线路中在电动机的主、辅绕组内串有起动电容器 C1 和运转电容器 C2。电动机起动过程完成后，电容器 C1 与辅助绕组退出运行，只有 C2 仍参与运转。单相电容起动与运转电动机主要应用于要求起动转矩大的机械，以及要求功率因数高的场合。其缺点则主要为电气附件多、结构较复杂，致使整体价格较高，同时其起动电流较大。总之，单相电容起动与运转电动机性能较好。

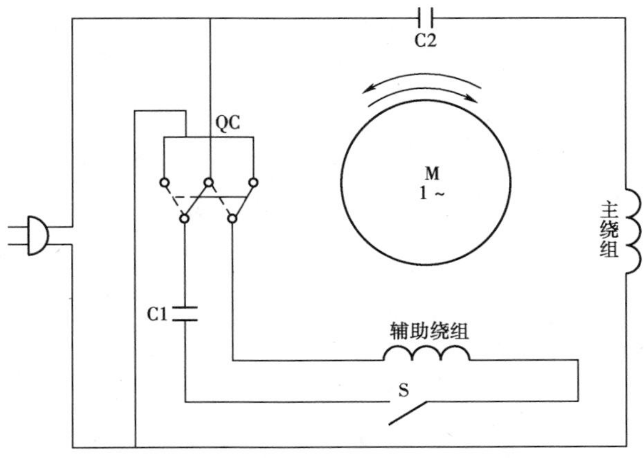

图 6－10　单相电容起动与运转电动机正、反转控制线路

第 3 节　调速控制线路图

图 6－11 所示为单相罩极式电动机正、反转控制线路。该电动机采用两套分布式罩极绕组，一套作为正向起动用，另一套则用于反向运转，正、反转的转换通过开关 S 来进行。分布式罩极绕组嵌在定子槽中。分布式罩极绕组和主绕组具有相同的极数，让两套罩极绕组交替地使用其中一套，以使电动机作正、反方向运转。罩极绕组可以是短路粗铜线式，也可以是绕线式短路线圈。罩极电动机多用于要求功率小、起动转矩小的场合，如电风扇、仪器仪表等。该电动机结构最简单、价格低、工作非常可靠。

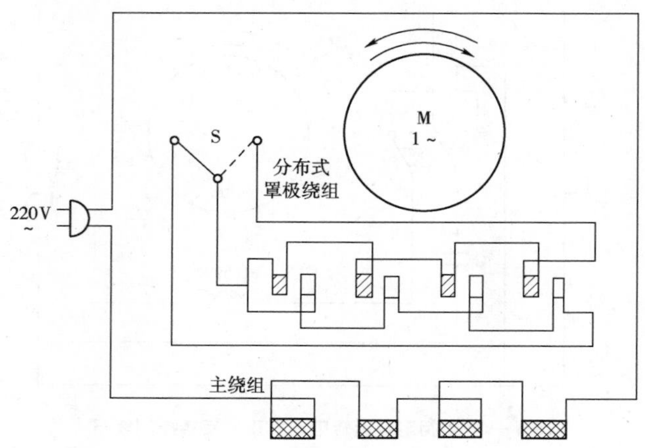

图 6－11　单相罩极式电动机正、反转控制线路

图 6－12 所示为单相罩极式电动机电抗调速控制线路。该线路是通过电抗器 L 的作用，使加于电动机上的电压降低、电流减小，让电动机转速减慢，经开关 S 的控制，该罩极电动机可得三种转速。由于电源电压的一部分被电抗器分担，因而主绕组的工作电压降低了，主绕组所产生的磁场将会减弱，电动机的转差率就增大，转速随之显著降低。当调速开关转到高点时，主绕组在额定电压下运行，转速达到最高速；开关 S 接到中点时，电动机主绕组接入了部分电抗器，故作中速运行；低点则作低速运行。

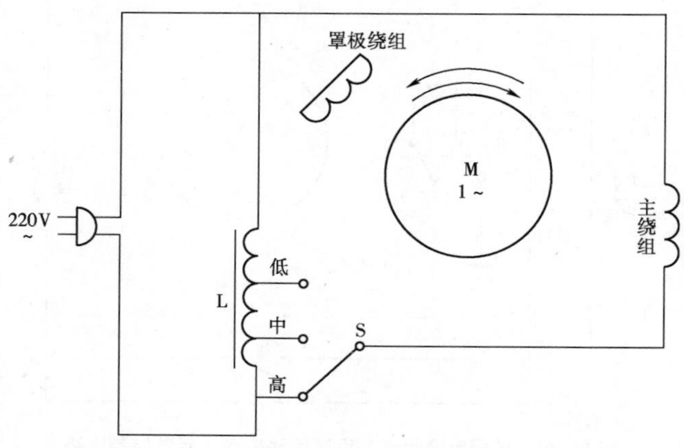

图 6－12　单相罩极式电动机电抗调速控制线路

图6-13所示为单相罩极式电动机电抗调速带指示灯控制线路。电动机为裂极短路线圈式罩极，经电抗器进行主绕组三级降压调速，调节开关S即可得到高、中、低三档转速，同时带有指示灯HL。当调速开关S转到高点时，主绕组在额定电压下运行，这时转速达到最高速；调速开关转到中点时，主绕组接入了部分电抗器使其工作电压下降，主绕组产生的磁场减弱，转速随之明显减低；开关S转到低点，电动机进入最低速运行。

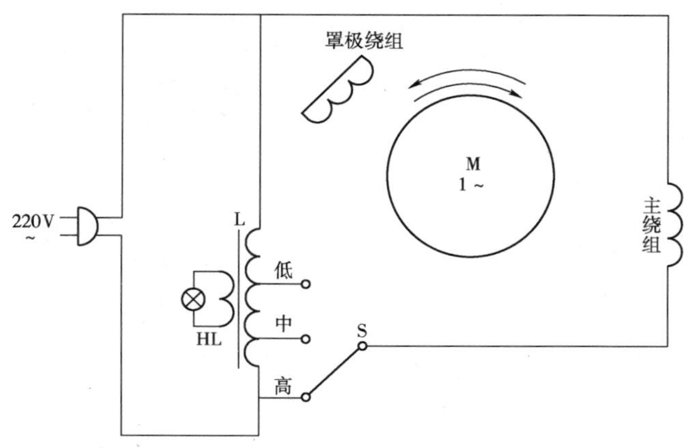

图6-13 单相罩极式电动机电抗调速带指示灯控制线路

图6-14所示为单相电容运转电动机主绕组降压调速控制线路。该线路为电动机主绕组经自耦变压器TA降压进行三级调速，在调速时，辅助绕组电压保持不变，而只对主绕组进行三级降压调速。采用自耦变压器降压调速方法，能使单相电动机的起动性能和电能消耗均有较大改善，其缺点则是在增加自耦变压器后使整体成本明显增加。单相电容运转电动机具有无起动装置、结构简单、功因数高的特点。但缺点是其起动转矩较小。

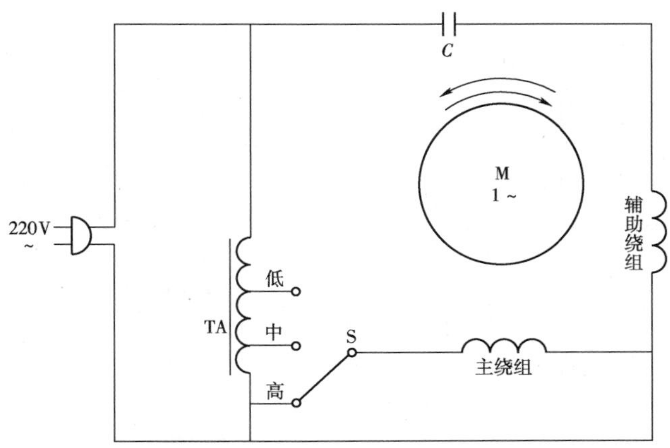

图6-14 单相电容运转电动机主绕组降压调速控制线路

图 6－15 所示为单相电容电动机主、辅绕组异电压调速控制线路。利用自耦变压器的调压特性来直接降低主、辅绕组的电压，均能对电动机进行调速。本图中调速前后主绕组电压变化比例较辅助绕组要大。从图中可以看出，自耦变压器是分别以不同电压施加到主、辅绕组上来进行降压调速的。采用自耦变压器调速方法，能使单相电动机的起动性能得到较大提高，电能消耗也有较大的改善。其缺点是增加变压器后使整体成本增加。

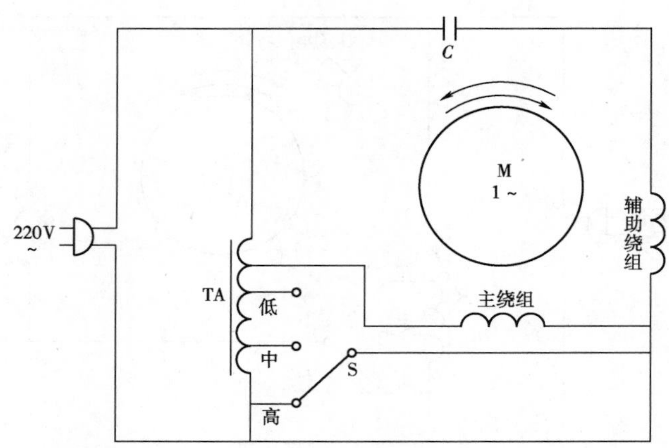

图 6－15　单相电容电动机主、辅绕组异电压调速控制线路

图 6－16 所示为单相电容电动机主、辅绕组同电压调速控制线路。该线路中主、辅绕组是并接在一起后，再经自耦变压器去降压调速的，因而电动机不论在哪档转速下，主、辅绕组的电压均是相等的。从图中可以看出，自耦变压器是以同一电压对单相电动机的主、辅绕组作电压调控来进行调速的。采用自耦变压器降压调速方法，能够使单相电动机的起动性能有较大提高，电能消耗明显改善，其缺点是电动机整体成本将增加。

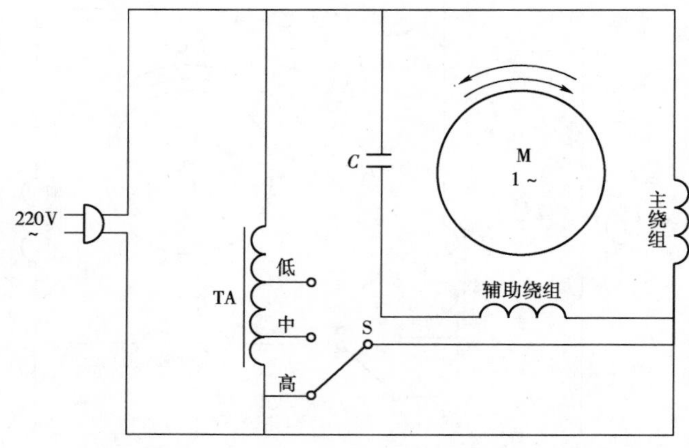

图 6－16　单相电容电动机主、辅绕组同电压调速控制线路

图 6－17 所示为单相电容电动机电抗调速带指示灯控制线路。该线路是将起降压作用的电抗器串接在电动机内，用改变电抗器的线圈抽头来进行调速。线路配置有指示灯，通过开关 S 的换档作速度变换。从图中可以看出，当调速开关 S 转到低点时，主绕组与电抗器 L 串接到电源上，电源电压将全部通过电抗器 L 上。因而主绕组的工作电压被降低了，主绕组产生的磁场将减弱，转速随即显著降低。调速开关的中点、高点则分别为中速、高速段。

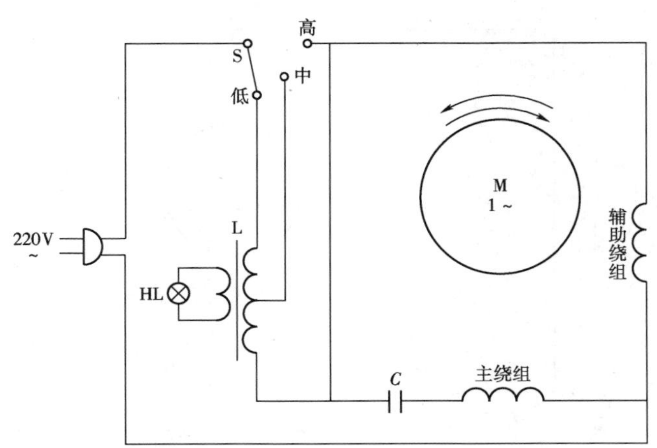

图 6－17　单相电容电动机电抗调速带指示灯控制线路

图 6－18 所示为单相异步电动机变极调速控制线路。从电机学中我们知道，采用庶极接法的绕组比显极接法时的极对数要多一倍，因此在一套绕组中应用显、庶极两种接法的变换，就可以得到两种不同的转速。从图中可以看出，当转换开关 S1 接到图中实线位置时，电流经过主绕组后电动机作为 4 极运行。如将转换开关 S1 转换到虚线位置时，原来的两对磁极由于庶极接法而变成了 4 对磁级。此时，电动机便按 8 极而运行。

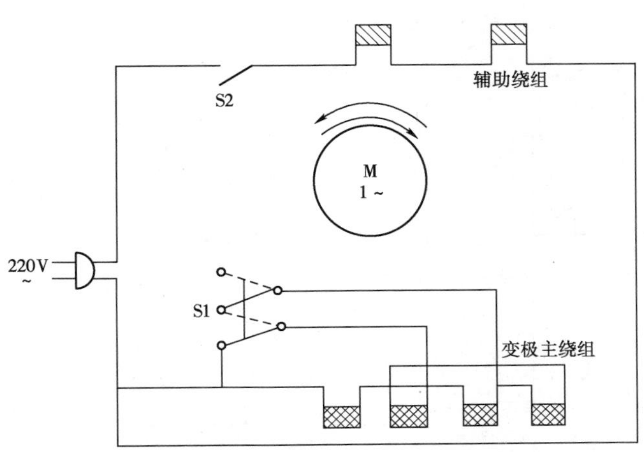

图 6－18　单相异步电动机变极调速控制线路

图 6－19 所示为单相电容电动机辅助绕组抽头调速控制线路。该线路具有电动机绕组结构简单的特点。它采用从定子辅助绕组上直接抽头来进行调速，因而没有其他附加措施，通过开关 S 即可调速。从图中可以看出，该单相电动机内没有设置调速组或其他调速设施，调速是从辅绕组上直接抽头的方法来进行的。当调速开关转到低点时，其联接的仅为辅绕组抽头的部分绕组，因而作低速运行；而转到高点时则为全部辅绕组。

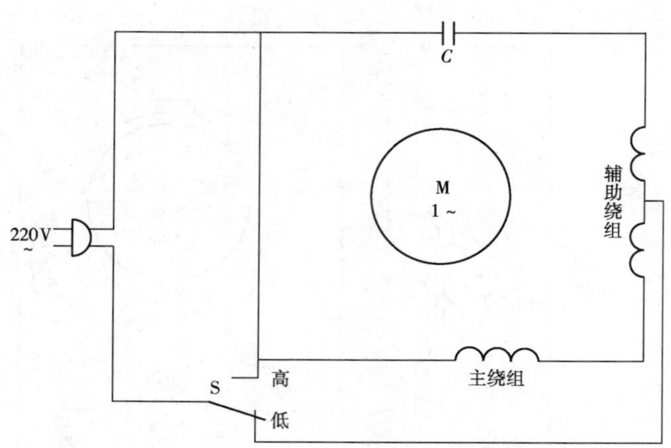

图 6－19　单相电容电动机辅助绕组抽头调速控制线路

图 6－20 所示为单相电容电动机 L－1 型抽头调速两速控制线路。该电动机增加了一套调速绕组，它与主绕组串联后直接接于电源上。主、调绕组嵌置在同一槽中，故两绕组在空间上是同相位的，其运行性能比较好。从图中我们可以看出，这种电动机的主绕组、调速绕组、辅助绕组在高、低速运行中均全程参与工作，因而该种单相电动机用铜省效益高。但其最大缺点则是低速时效率低下，故而不利于电能的充分利用。

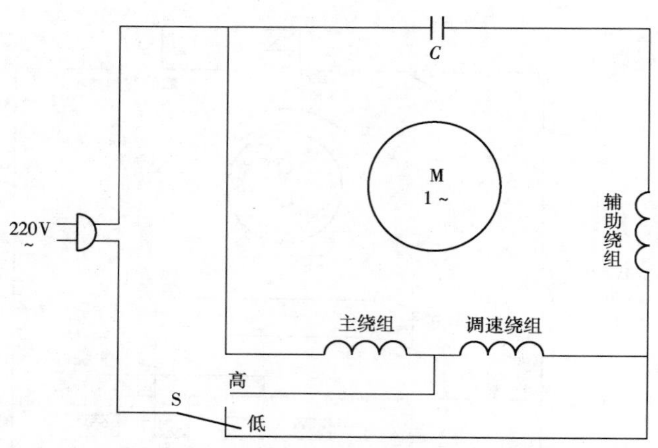

图 6－20　单相电容电动机 L－1 型抽头调速两速控制线路

图6-21所示为单相电容电动机L-1型抽头调速三速控制线路。当调速开关S转至1号位置时，电动机高速运行；开关转至2号位置时，电动机作中速运转；S转至3号位置时，因调速绕组全部串入主绕组，故转速最低。从图中我们可以看出，调速开关S增加了一个中速档。此时调速绕组被分为两段，一部分串接入主绕组、一部分串接入辅助绕组。该种接法的优点是，电动机的全部绕组均参与高、中、低的三速运行。

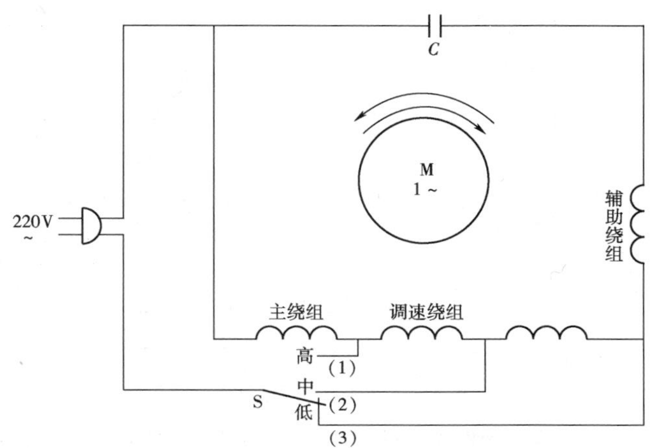

图6-21　单相电容电动机L-1型抽头调速三速控制线路

图6-22所示为单相电容电动机L-2型抽头调速两速控制线路。这种接法中，调速绕组与辅助绕组同槽分布，故它们在空间上同相位。其线径一般均与辅助绕组相同，采用该种接法的电动机具有用铜省的优点，但低速效率低。在同一槽中调速绕组都嵌放在辅助绕组的上面。单相电容电动机这种L-2型接法的调速原理、运行特性及其优、缺点，均与L-1型接法大体相同。由于其接线简便、性能尚好，故在实际中多有采用。

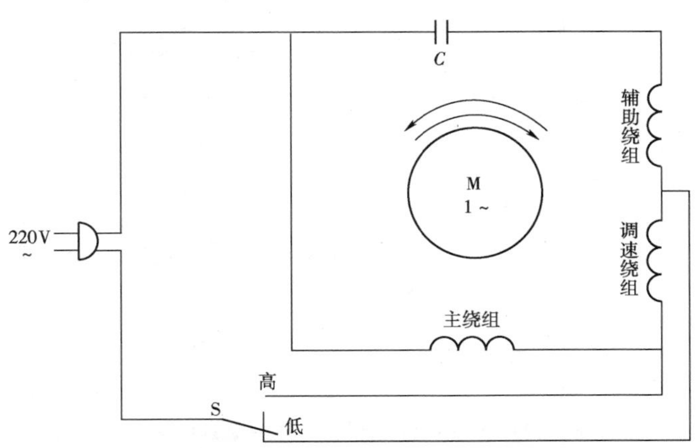

图6-22　单相电容电动机L-2型抽头调速两速控制线路

图 6－23 所示为单相电容电动机 L－2 型抽头调速三速控制线路。当调速开关 S 处于高速档时，调速绕组全部串接于辅助绕组中，主绕组直接承受电源电压，磁场基本为圆形，运行性能较好，中、低速时较差。在这种接法中，调速绕组与辅助绕组为同槽分布，因而它们在空间同相位。同一槽中调速绕组嵌放在辅助绕组的上面，其绕径一般均与辅助绕组的相同。单相电容电动机 L－2 接法均与 L－1 型接法大致相同。

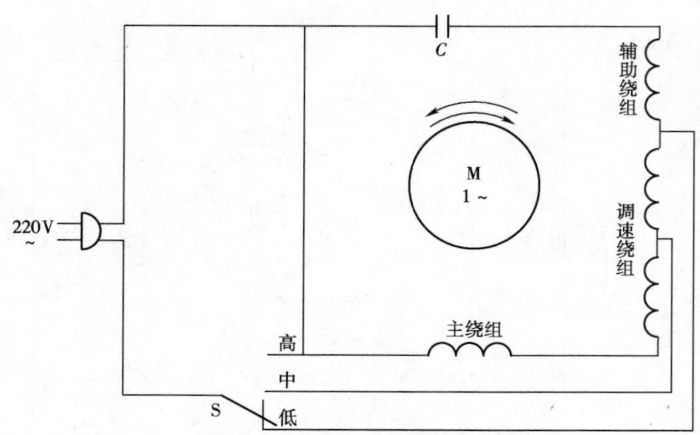

图 6－23　单相电容电动机 L－2 型抽头调速三速控制线路

图 6－24 所示为单相电容电动机 T 型抽头调速控制线路。该种接法为调速绕组串接在主、辅绕组并联的外面，对主、辅绕组同时进行调压。这种调速方法主要靠降低磁场强度，故电动机性能好，电能利用合理。在这种接法中，通常是调速绕组与主绕组同槽分布，它们在空间上同相位。这种调速方法是以降低磁场强度为主，改变磁场椭圆度为辅的办法。与 L 型接法相比，采用 T 型接法时单相电容电动机性能较好，电能合理。

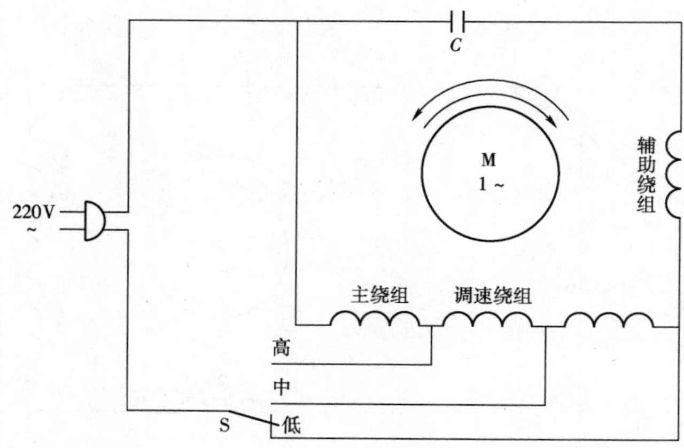

图 6－24　单相电容电动机 T 型抽头调速控制线路

图6-25所示为单相电容电动机H型绕组抽头调速控制线路。这种接法是在将调速绕组与辅助绕组串接后，再并接在主绕组和电源之间，改变调速绕组的抽头位置，就改变磁场强度，从而实现调速。该种接法的调速绕组与辅助绕组同槽分布，它们在空间分布上同相位。这种接法的调速原理是使主绕组的上、下两部分和辅助绕组形成相位差，而改变调速绕组抽头位置就改变了三绕组间三个非对称相位差，从而实现电动机调速。

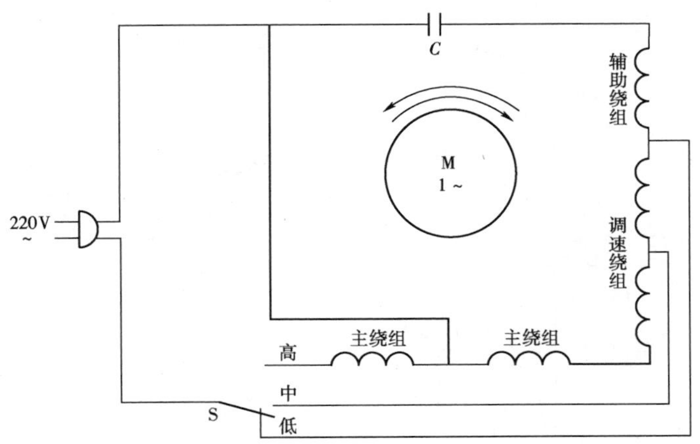

图6-25 单相电容电动机H型绕组抽头调速控制线路

图6-26所示为单相电容电动机绕组串、并联接法调速控制线路。该线路调速范围广，低速起动转矩大，电动机效率较高，并且省去了一只电抗器，是新近出现的一种接法。将其用在风扇上就是平时所称节能风扇。从图中我们可以看到，它是一种类似L-1型的主绕组调速接法。不过它们主绕组和调速绕组的构成略有不同。利用主绕组与调速绕组的串、并联接法，使电动机作高、中、低三速运行。而辅绕组及外加电压则始终不变。

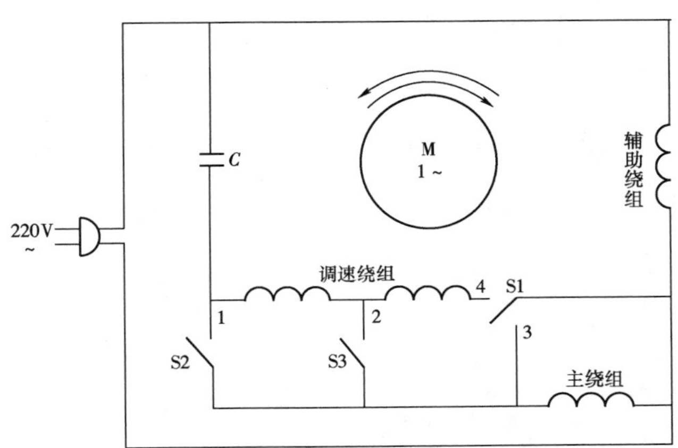

图6-26 单相电容电动机绕组串、并联接法调速控制线路

图 6－27 所示为单相电容电动机双主绕组调速控制线路。这种接法是利用在定子槽中嵌置的双主绕组进行调速，它可获得任何极比的双速，但电动机的体积大、成本高、效率低，目前已较少应用。从图中可以看出，双主绕组均安置在定子铁芯槽中，势必增大定子铁芯外形尺寸，重量以双主绕组增加了铜重。

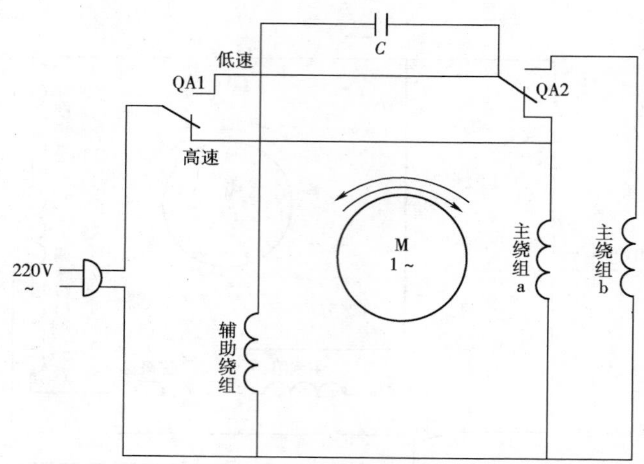

图 6－27　单相电容电动机双主绕组调速控制线路

图 6－28 所示为电容器串、并联调速三速接法控制线路，该线路在高速时和一般接法相同。调速时，可将主、辅绕组串联，以达到降压的作用。如将电容器并联在辅助绕组两端，即可得到不同转速。改变不同的电容量即可得到不同的转速。从图中开关 QA1、QA2、QA3 的开、闭，即可得到高、中、低三种不同的转速。

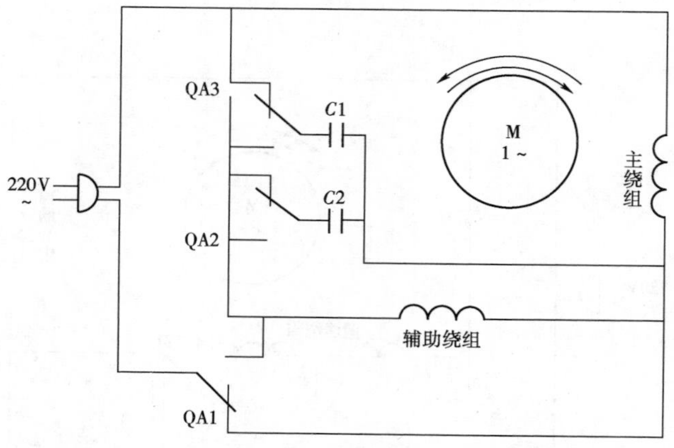

图 6－28　电容器串、并联调速三速接法控制线路

图6－29所示为单相电容电动机电容调速两速控制线路。该线路除辅助绕组中长期串联了一只运行电容C1外，另外增加了一只调速电容C2，通过调速开关S可对电动机作两级调速。从图中我们可以看出，主绕组与辅助绕组为并联联接，在辅助绕组中串接了一只运行电容器C1，该电容器C1是长期串联在电动机线路上的。而在调速开关S上面增加的电容器C2则作为单相电容电动机的调速用，该电动机具有两级调速。

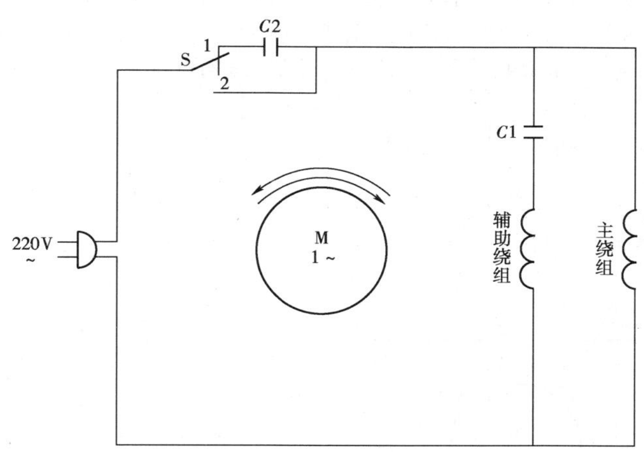

图6－29 单相电容电动机电容调速两速控制线路

图6－30所示为单相电容电动机电容调速三速控制线路。该线路在电动机辅助绕组中串接有一个运行电容C1，同时还在电源端串接了开关S和电容C2、C3，当开关分别接通1、2、3时即可调速。从图中我们可以看出，主绕组与辅助绕组为并联联接，在辅助绕组中亦串联了运行电容器C1，该电容器C1是长期串联在电动机线路上的。接在调速开关S上面的电容器C2、C3则作为单相电容电动机的调速用，该电动机具有3级调速。

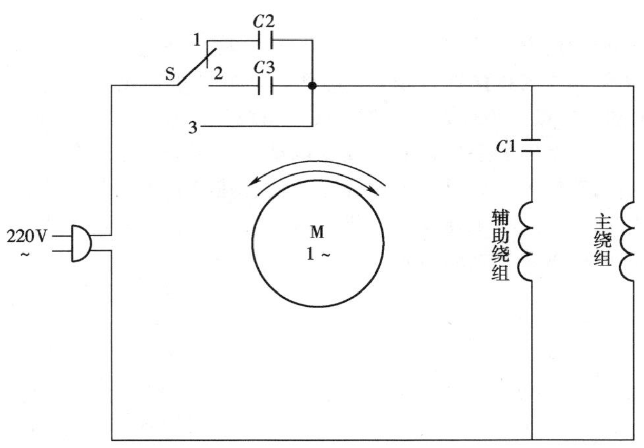

图6－30 单相电容电动机电容调速三速控制线路

图 6－31 所示为单相电容电动机晶闸管电子调速控制线路。晶闸管电子调速线路很多，本图为较简单经济的一种，它是一种电压调速型控制线路。从图中可以看出，通过调节移相元件 R1 来调节晶闸管 V 的导通角来控制整流器的输出电压去进行调压，从而达到以调节单相电容电动机转速的目标。当 R1 的阻值较小时，晶闸管 V 的导通角大，这时该线路的输出电压高，其电动机的转速相应地也就会高。反之，当 R1 的阻值比较大时则其结果将会相反。晶闸管调速有多种型式和方法，主要有调压调速、调频调速和调压调频调速。这些调速方法各有优劣，可根据具体需要综合分析后去选取。总之，工业生产中的调速，可以采用机械的方法，也可以采用电气的方法。相对而言，采用电气方法对生产机械进行调速所具有的优点还是多些。

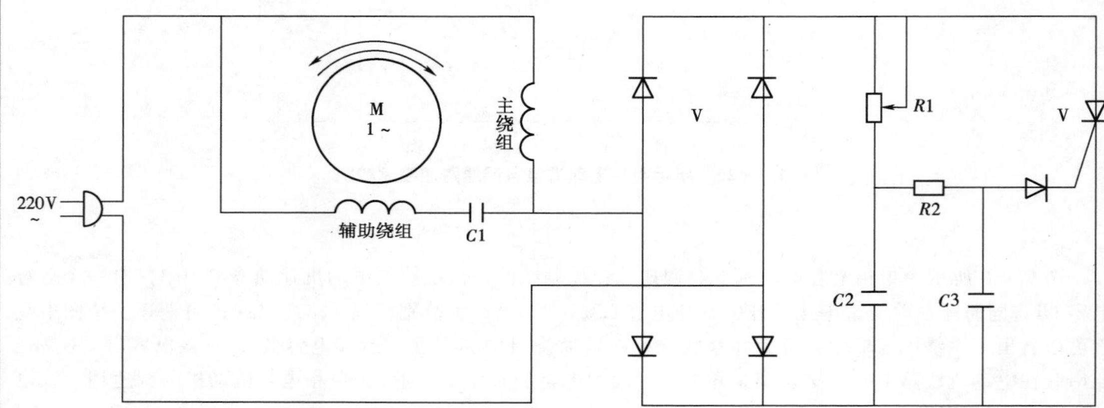

图 6－31　单相电容电动机晶闸管电子调速控制线路

单相电容电动机的各种调速方法，究其实质都是与对电动机绕组所加电压有直接关系。即电动机绕组上加的电压越高，定子旋转磁场越接近圆形旋转磁场，则电动机转速就越高（在定子磁极数不变的情况下）。如果单相异步电动机的极数不变，电动机的转速与绕组所加电压成正比关系。实际上单相异步电动机的各种调速方法都是采用不同的手段，通过改变电动机定子绕组电压的大小来实现调速。在许多较小容量的小功率单相异步电动机中，需要用调速的方法使转速符合使用的要求。当有调速要求的单相异步电动机。它们的机械特性与一般单相异步电动机有所不同时，也即要求最大转差率比一般单相异步电动机要大些，以使得调速的范围要尽可能的大一些。

图6-32所示为单相电动机辅助绕组串外接电阻调速线路。该线路在辅助绕组中串接了一个外接电阻，当这外接电阻 R 的值增大或减小时，电动机主、辅绕组电流的相位差相应增大或减小，故达到调速的目的。这种调速线路结构简单、经济实用，操作容易、维修方便。因此在单相电动机早期调速线路得到较多采用。其最大缺点则是调速电阻将增加线路额外的电能消耗，已不符合当今节能减耗的潮流，逐渐被新调速线路代替。

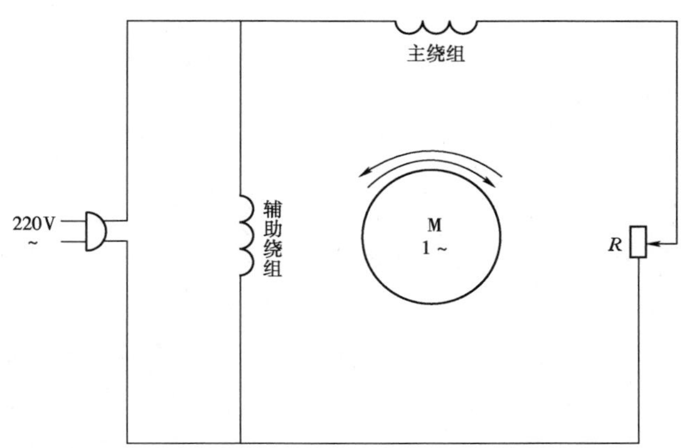

图6-32　单相电动机辅助绕组串外接电阻调速线路

图6-33所示为单相电容电动机快速制动控制线路。该线路装有一个专用制动控制线路，它经整流元件V把交流电变为直流电送入电机绕组，实现快速制动。它通过触摸开关经控制线路使S动作。由于电动机在断开电源后，其惯性作用不会马上停止运动，而是需要转动一段时间后才会完全停止下来。这种情况对于某些生产机械是不适宜的，严重时甚至会造成被拖动机械及加工物的损害。因此，这就需要对单相电动机进行制动。

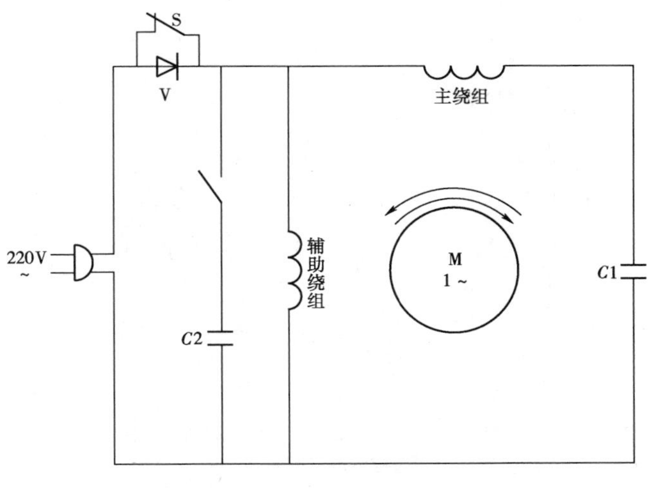

图6-33　单相电容电动机快速制动控制线路

第 4 节　三相异步电动机单相运行控制线路图

图 6－34 所示为三相异步电动机电阻移相起动 Y 形接法单相运行控制线路。该线路中，将三相异步电动机经起动电阻 R、离心开关或起动继电器组成可以在单相电源上运行的单相电机。从图中可以看出，由于电阻 R 串入一相绕组而使其成为辅绕组，当主、辅绕组并联在同一电源时，将产生两相旋转磁场。

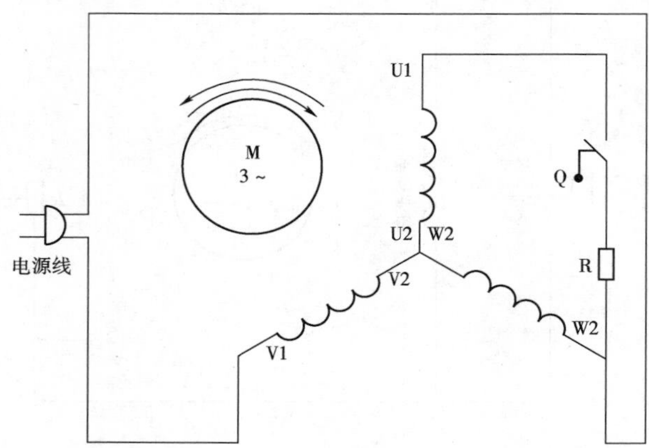

图 6－34　三相异步电动机电阻移相起动 Y 形接法单相运行控制线路

图 6－35 所示为三相异步电动机电阻移相起动△形接法单相运行控制线路。三相异步电动机经起动电阻 R、离心开关或起动继电器，也可结成△形接法而成功地运行在单相电源上。因串入辅助绕组中的电阻 R 所起的移相作用，这时就能在定子铁芯上形成一个两相旋转磁场，继而使转子转起来。

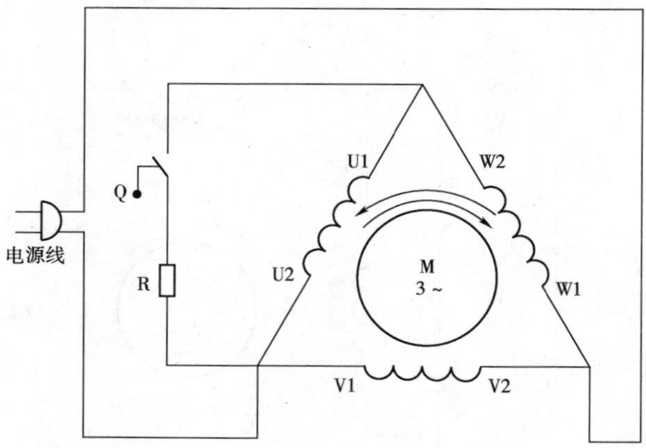

图 6－35　三相异步电动机电阻移相起动△形接法单相运行控制线路

图 6-36 所示为三相异步电动机电容移相起动 Y 形接法单相运行控制线路。该线路中将三相异步电动机经电容 C、离心开关或起动继电器组成可在单相电源上运行。因在辅绕组中串入了电容器 C，并将主、辅绕组并联在同一单相电源上，这时就能在定子铁芯上形成一个两相旋转磁场，继而使转子转起来。

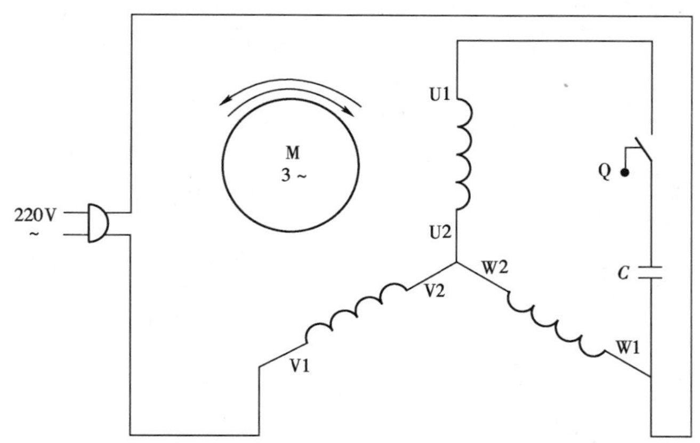

图 6-36　三相异步电动机电容移相起动 Y 形接法单相运行控制线路

图 6-37 所示为三相异步电动机电容移相起动△形接法单相运行控制线路。该线路将三相异步电动机结成△形接法，经起动电容 C 和离心开关 Q 而运行于单相电源上。从图中可以看出，由于串入辅绕组电容器的移相作用，使主、辅绕组在时间上有一定的相位差，从而形成一个两相旋转磁场至转子转起来。

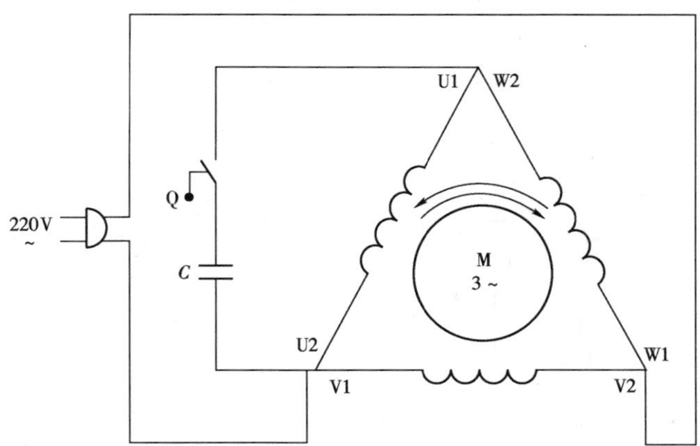

图 6-37　三相异步电动机电容移相起动△形接法单相运行控制线路

图 6－38 所示为三相异步电动机电容移相运转 Y 形接法单相运行控制线路。该线路将三相异步电动机接成 Y 形，经电容 C 使其用于单相电源。从图中我们可以看出，电容器是长期接在绕组电路中。三相异步电动机和电容器 C 始终共同运行在单相电源线路上，其性能与单相电容电动机同。

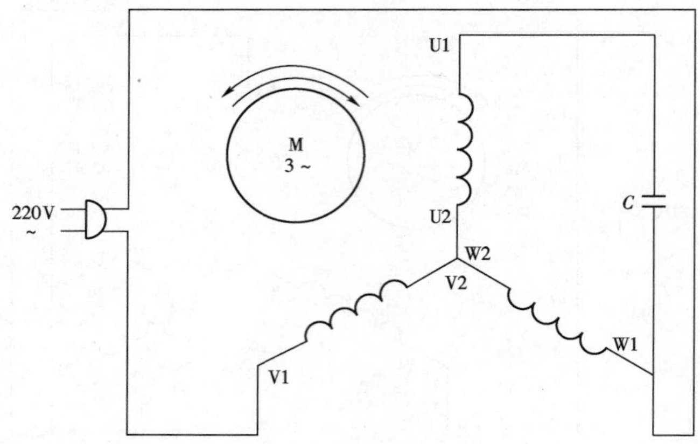

图 6－38　三相异步电动机电容移相运转 Y 形接法单相运行控制线路

图 6－39 所示为三相异步电动机电容移相运转△形接法单相运行控制线路。该线路将三相异步电动机接成△形，经电容 C 移相后用于单相电源。从图中我们可以看出，运转电容器并联接在作为辅绕组 U1～U2 相绕组上，该电容器与电动机主、辅绕组始终共同运行于单相电源线路上。

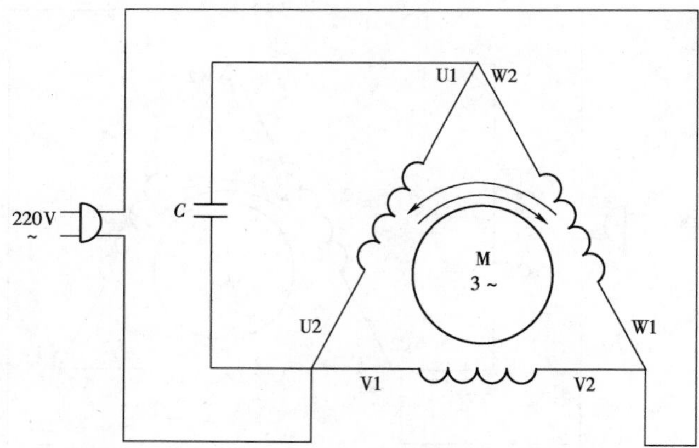

图 6－39　三相异步电动机电容移相运转△形接法单相运行控制线路

图 6－40 所示为三相异步电动机电容移相起动、运转 Y 形接法单相运行控制线路。该线路配置有运行电容 C1 和起动电容 C2，使电动机运行在单相电源上。从图中我们可以看出，该线路既配置有运转电容器 C1，同时还配有起动电容器 C2。运转电容器将长期运行于线路，起动电容起动后断开。

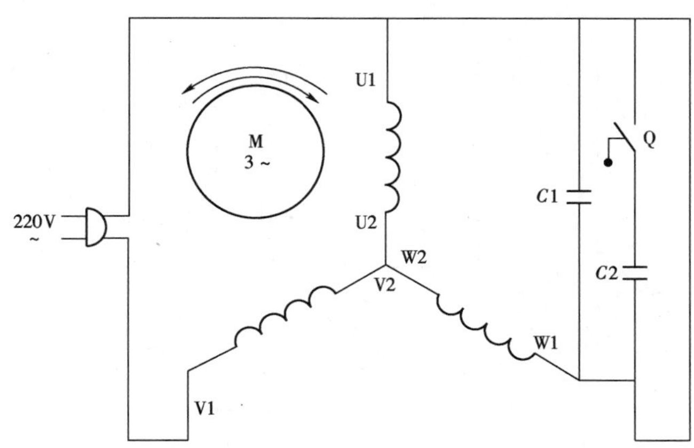

图 6－40　三相异步电动机电容移相起动、运转 Y 形接法单相运行控制线路

图 6－41 所示为三相异步电动机电容移相起动、运转△形接法单相运行控制线路。该线路将电动机三相绕组接成△形，经电容 C1、C2 移相后应用于单相电源。从图中我们可以看出，运转电容器 C1 将随电动机始终运行在单相电源线路上，而起动电容器 C2 则只在起动时用，起动过后则从线路断开。

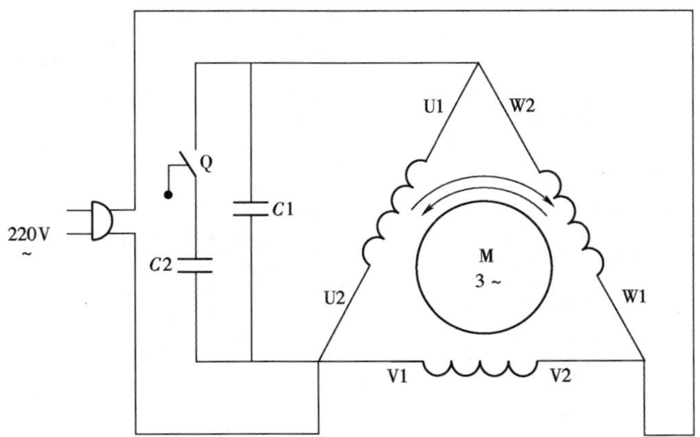

图 6－41　三相异步电动机电容移相起动、运转△形接法单相运行控制线路

图 6-42 所示为拉开 Y 形电阻移相起动控制线路。该线路中的三相异步电动机具有 6 根出线端，图中 V、W 两相绕组串联构成主绕组，U 相与起动电阻 R 串联成辅助绕组。从图中我们可以看到，U 相绕组成为该电动机的辅绕组，并且它还串接了起动开关和起动电阻，起动完成后，起动开将断开辅绕组。

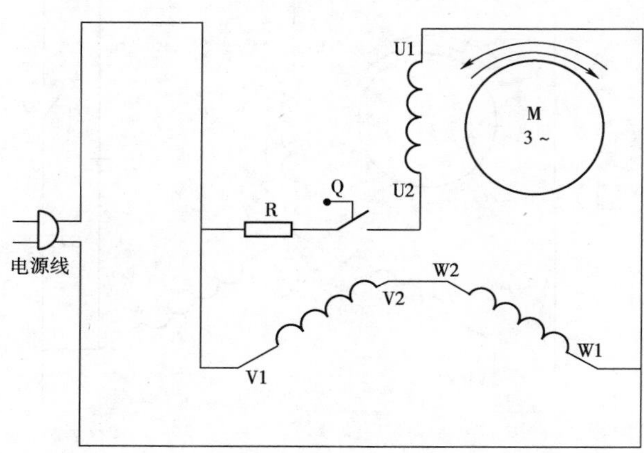

图 6-42　拉开 Y 形电阻移相起动控制线路

图 6-43 所示为拉开△形电阻移相起动控制线路。该线路中三相异步电动机绕组的 V、W 两相绕组构成为主绕组，U 相则成为辅助绕组。起动过程结束，Q 将 U 相切除。从图中可以看出，作为辅助绕组的 U 相中则串接有起动开关 Q 和起动电阻 R，当起动过程结束转入运行后，Q 即将 U 相从电源断开。

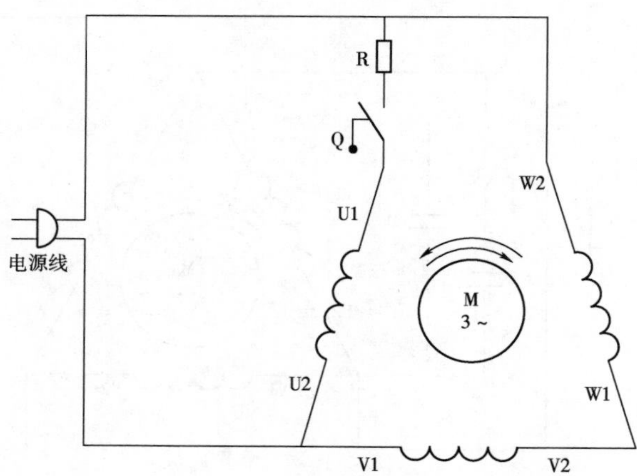

图 6-43　拉开△形电阻移相起动控制线路

图 6-44 所示为三相异步电动机电容移相起动拉开 Y 形接法单相运行控制线路。该线路中 U 相与电容器 C 串联作为辅助绕组，由 V、W 相作主绕组。从图中可以看出，在辅助绕组 U 相中串接了起动开关 Q 和起动电容器 C，主、辅绕组并联接在单相电源线路上。当起动过程结束，将由起动开关把 U 相切除。

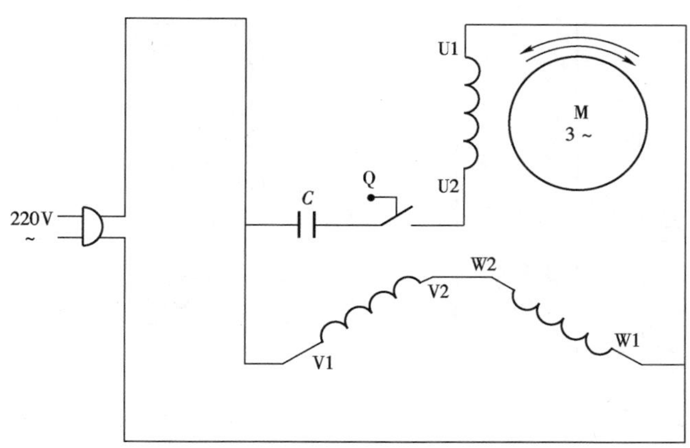

图 6-44　三相异步电动机电容移相起动拉开 Y 形接法单相运行控制线路

图 6-45 所示为三相异步电动机电容移相拉开△形接法单相运行控制线路。该线路在拉开绕组后，在 U 相中串接了电容器 C 和离心开关 Q。从图中我们可以看到，作为辅助绕组的 U 相中串接了起动开关 Q 和起动电容器 C，主、辅绕组则并接在单相电源线路。起动过程完成后，由起动开关将 U 相予以切除。

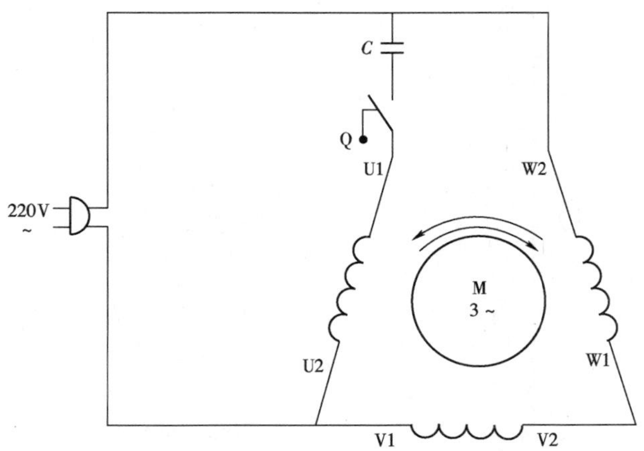

图 6-45　三相异步电动机电容移相拉开△形接法单相运行控制线路

图 6－46 所示为三相异步电动机电容移相拉开 Y 形接法单相运行控制线路。该线路在 U 相绕组中串接有电容 C，起动后 C 不脱离电源长期运行。从图中我们可以看出，在辅助绕组 U 相中串接有一只运行电容器 C，线路内没有串起动开关，因此该电容器 C 将要与电动机绕组始终共同运行于线路上。

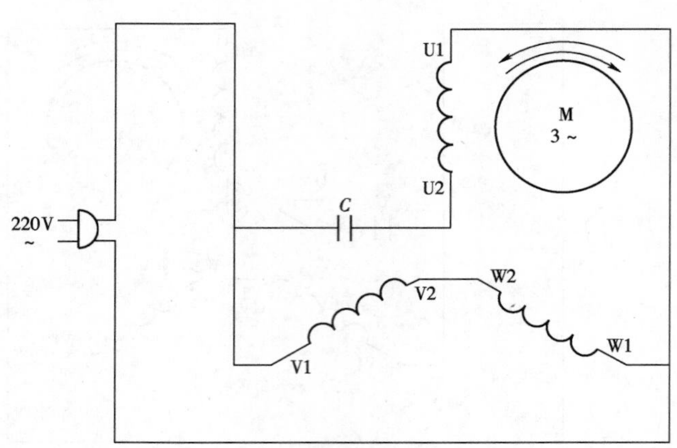

图 6－46　三相异步电动机电容移相拉开 Y 形接法单相运行控制线路

图 6－47 所示为三相异步电动机电容移相拉开△形接法单相运行控制线路。该线路在拉开后的 U 相绕组中串接有电容 C 作为辅助绕组。从图中我们可以看出，作为辅助绕组的 U 相绕组中串接了运行电容器 C，线路内没有串接起动开关，因而该电容器 C 将与电动机绕组始终共同运行在线路上。

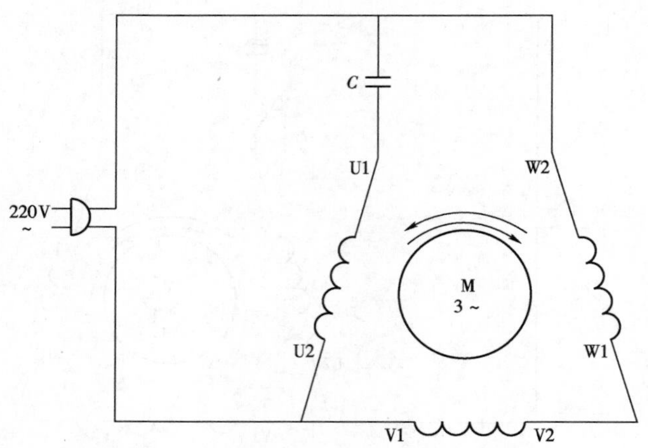

图 6－47　三相异步电动机电容移相拉开△形接法单相运行控制线路

图 6－48 所示为三相异步电动机电容移相起动、运转拉开 Y 形接法单相运行控制线路。当电动机起动后达到额定转速时，离心开关 Q 将电容 $C2$ 切除，留下 $C1$ 参与运行。从图中我们可以看到，在辅助绕组 U 相中分别串接有运行电容器 $C1$、起动电容器 $C2$ 及起动开关 Q，起动过程结束后，电容器 $C1$ 将留线路运行。

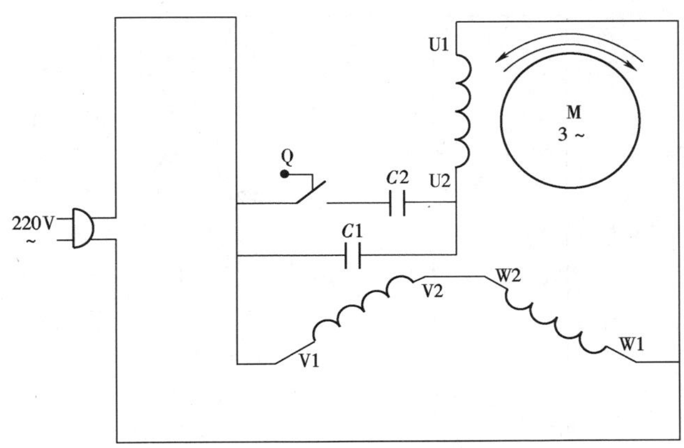

图 6－48　三相异步电动机电容移相起动、运转拉开 Y 形接法单相运行控制线路

图 6－49 所示为三相异步电动机电容移相起动、运转拉开△形接法单相运行控制线路。该线路由 V、W 相组成辅助绕组，U 相作为主绕组，其电容器耐压应高于电源电压三倍以上。从图中我们可以看到，这次 U 相被作为主绕组，而 V、W 相则作为辅绕组，起动过程结束后，主、辅绕组将并联运行在线路上。

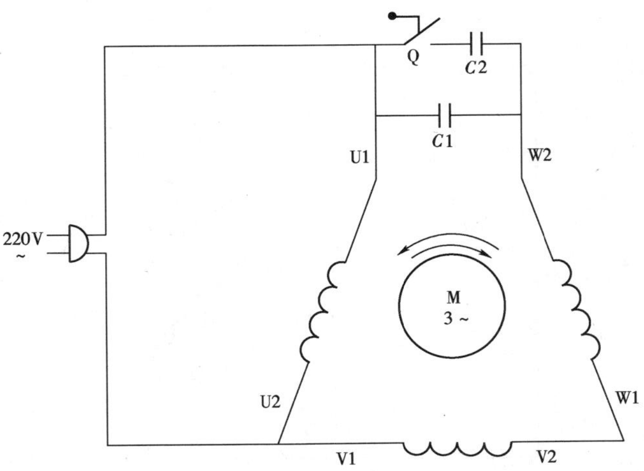

图 6－49　三相异步电动机电容移相起动、运转拉开△形接法单相运行控制线路

图 6－50 所示为三相异步电动机电抗、电容移相Y形接法单相运行控制线路。电抗、电容移相的实质就是在电动机外部经 L 和 C 移相来达到。从图中我们可以看到，电抗器 L 和电容器 C 均并接在电动机三相绕组以外的单相电源线路上。电抗器 L 和电容器 C 都将与电动机绕组始终共同运行在单相电源线路中。这种控制线路简便易行、价格太贵。

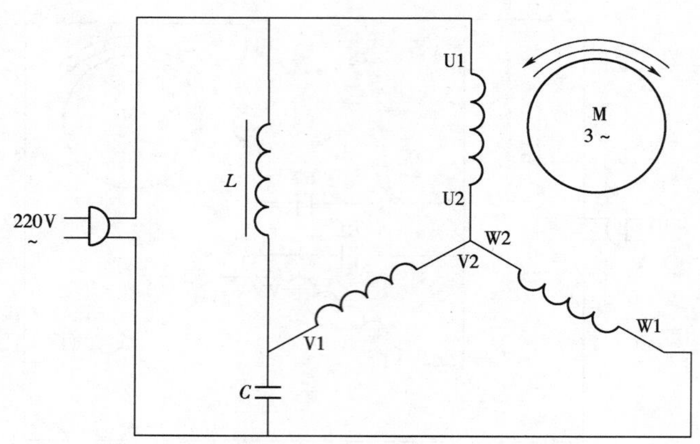

图 6－50　三相异步电动机电抗、电容移相Y形接法单相运行控制线路

图 6－51 所示为三相异步电动机电容移相起动、运转△形接法单相运行控制线路。该线路以 W 相作为辅助绕组，并在其上接有 $C1$、$C2$ 两只电容，经离心开关 Q 将 $C2$ 在起动后从线路中断开，$C1$ 则留在线路中长期运行。从图中我们可以看到，作为辅助绕组的 W 相在其上面串接有运转电容 $C1$、起动电容器 $C2$，分别作为起动及运行用，该线路得到较多采用。

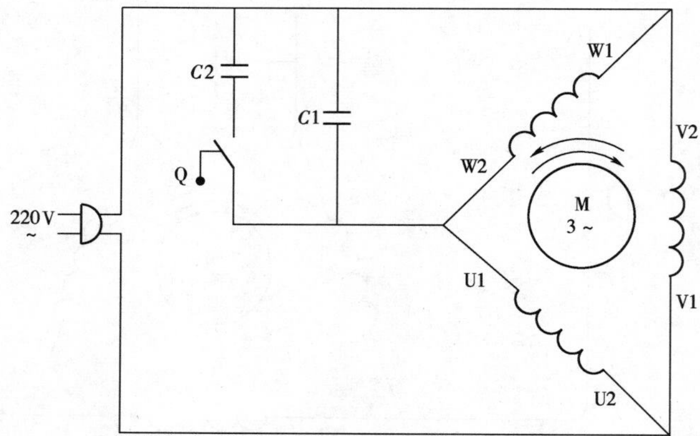

图 6－51　三相异步电动机电容移相起动、运转△形接法单相运行控制线路

第 5 节　单相串励电动机整机接线图

图 6－52 所示为单相交流串励电动机电气控制线路。单相交流串励电动机由于具有转速高、体积小、效率高、重量轻、起动转矩大、调速方便等一系列优点，因而近年得到日益广泛的应用。单相交流串励电动机按其励磁绕组的不同接法分为：①励磁绕组串在电枢一侧；②分串于电枢两侧。

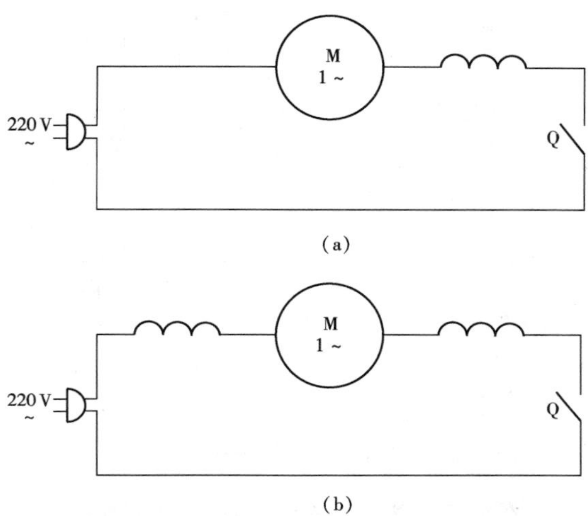

图 6－52　单相交流串励电动机电气控制线路

图 6－53 所示为交、直流两用串励电动机接线原理。单相串励电动机经特殊设计后，它可以在交、直流两种电源下运行。为保证在两种电源下运行时均具有相同的转速和良好性能，就必须增加电动机在直流电源运行时励磁绕组的匝数，所加匝数串于交流绕组两端。

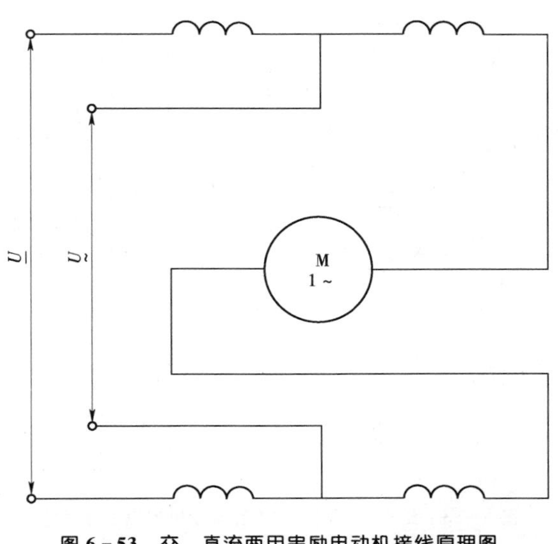

图 6－53　交、直流两用串励电动机接线原理图

图 6－54 所示为单相交流串励电动机电气控制线路。该类电动机的容量通常都比较小，功率小于 200W 的单相交流串励电动机一般制成两极；功率大于 200W 时，一般制成四极。

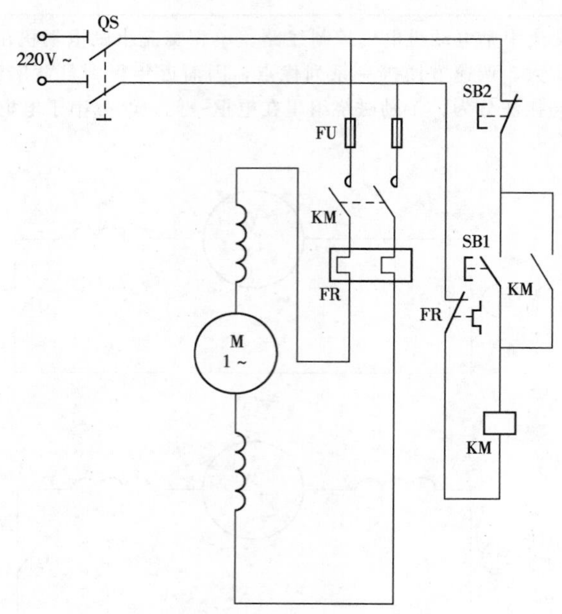

图 6－54　单相交流串励电动机电气控制线路

图 6－55 所示为单相交直流两用串励电动机电气控制线路。这种电动机既可在单相交流电源上使用，也可在直流电源上运行，但在直流电源上时需增加励磁绕组匝数，从而能增大磁通。

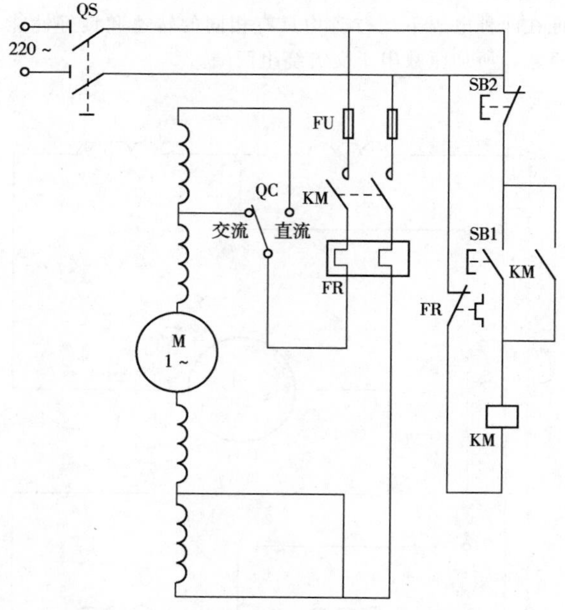

图 6－55　单相交直流两用串励电动机电气控制线路

第 6 节　单相交流测量电气线路图

图 6-56 所示为交流单相电流测量的电气线路。直接测量交流电流时，首先就要注意检查所选表的量程要大于被测电流的值，以免过量电流的冲击而损坏电流表。为减小测量误差，在选择量程时还应注意使指针尽可能接近于表的满刻度。如果电流表带互感器测量时，还必须注意以下几点：①电流互感器的二次侧线圈和线芯都要可靠接地；②二次电路中的连接线，必须使用多股绝缘线；③二次电路绝对不允许开路和安装熔断器。

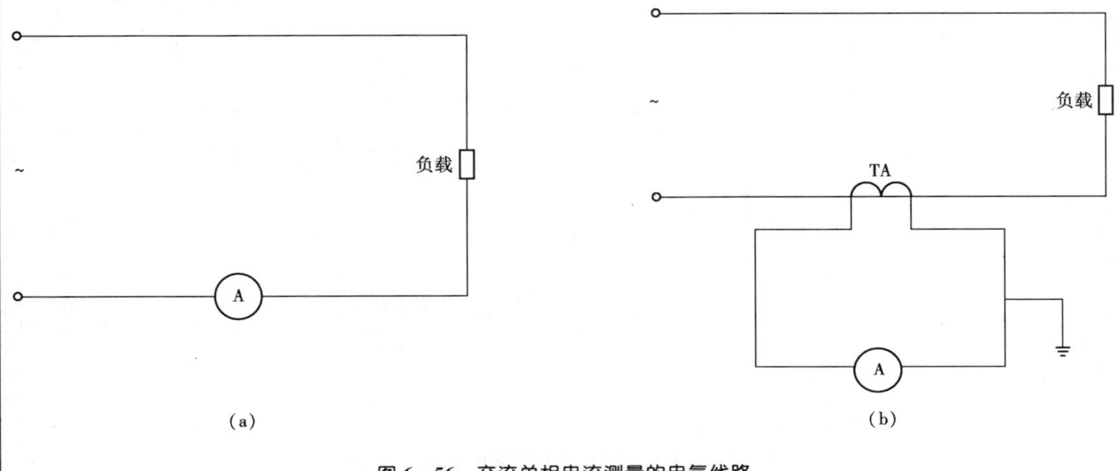

图 6-56　交流单相电流测量的电气线路

(a) 电流表直接测量电气线路；(b) 电流表带互感器测量的电气线路

图 6-57 所示为单相交流电压测量的电气线路。测量低电压线路的电压比较简单，它只需按图 6-57 (a) 中用相应量程的电压表直接接入，进行测量即可。但在高电压电路中，则要如图 6-57 (b) 所示去利用电压互感器将高压转变为一定数值的电压（通常为 100V），以供给电压测量、继电保护及指示用。测量时，电压互感器的一次侧绕组并接在高压电路中，测量仪表则与二次侧绕组并接，互感器二次侧绝对不允许短路并且必须接地。

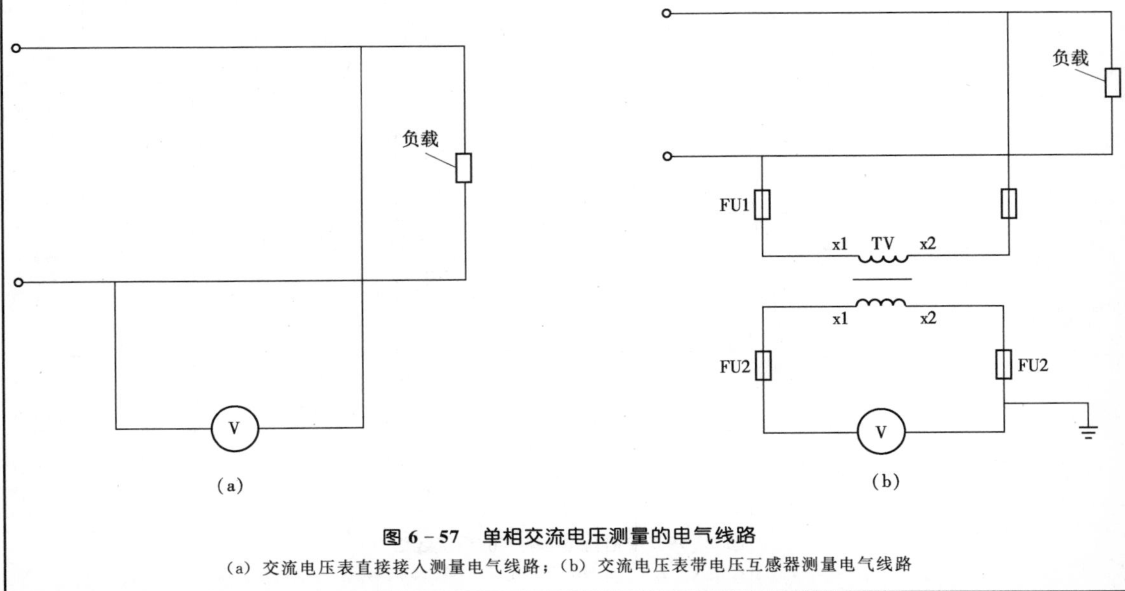

图 6-57　单相交流电压测量的电气线路

(a) 交流电压表直接接入测量电气线路；(b) 交流电压表带电压互感器测量电气线路

图 6－58 所示为单相交流电路电功率的测量电气线路。因电动系测量机构的仪表，其仪表的转动力矩能简便、直观地反映电压、电流的乘积及功率因数，所以功率表多采用电动系测量机构。测量单相交流电路电功率时，功率表的电流线圈（固定线圈）串联投入被测电路，其流过的电流即为负载电流；电压线圈（活动线圈）侧与电路并联，电压线圈两端的电压就是负载电压。图 6－58（a）为直接测量线路，图 6－58（b）为应用电流互感器，电压互感器的测量线路。

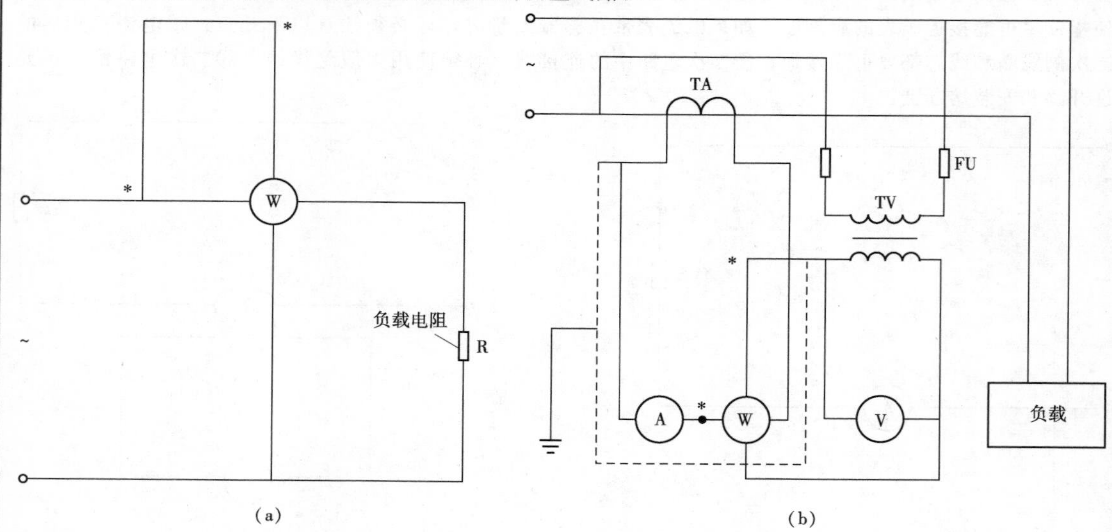

图 6－58　单相交流电路电功率的测量电气线路

（a）直接测量电功率的电气线路（＊为电源接线端，余同）；（b）用电流、电压互感器测量电功率的电气线路

图 6－59 所示为单相有功电能表的测量线路。单相有功电能表又称有功电度表，可用来测量单相交流电路的有功电能。它是一种感应式仪表，主要由一个可旋转的铝盘和分别绕在铁芯上的一个电压线圈及一个电流线圈所组成。由于涡流与磁通作用的结果使铝盘产生的一定方向的转动力矩，因而铝盘以匀速转动于磁铁间隙中，通过铝盘上的蜗杆带动计数器，就能计量电路中消耗的有功电能，测量大功率时可带电流互感器接入。

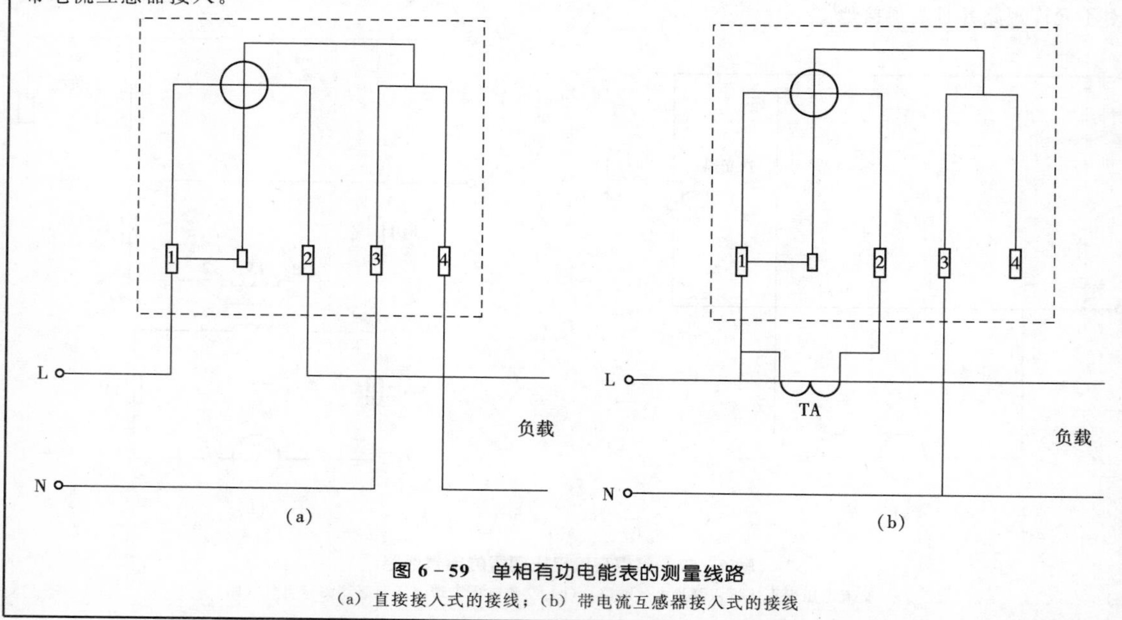

图 6－59　单相有功电能表的测量线路

（a）直接接入式的接线；（b）带电流互感器接入式的接线

图 6－60 所示为单相电动机试验电气线路，单相电动机均为小功率电动机和驱动微电机，广泛用于家用电器和电动工具等方面。对不同用途及不同使用场合，要进行不同项目的测试。本线路可进行单相电动机电压、电流、功率、效率等测量。

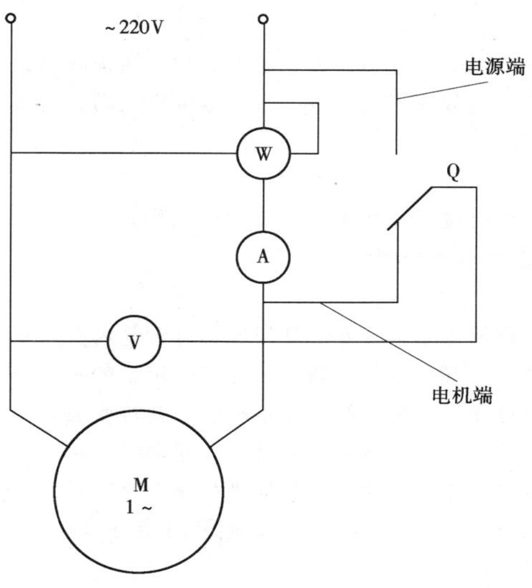

图 6－60　单相电动机试验电气线路

图 6－61 所示为电风扇泄漏电流测量电气线路，电风扇电动机都是专用电动机，它与风扇装在一起进行试验。由于电风扇广泛用在家庭和办公室，因此安全要求较高，除一般耐压试验外，还要让电风扇在 1.1 倍额定电压运转，测试其泄漏电流。

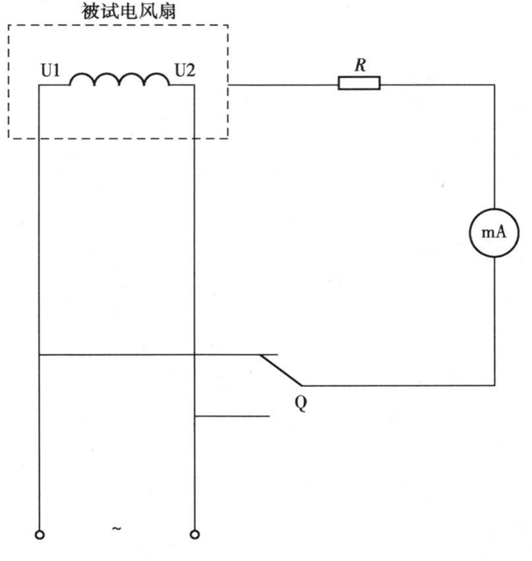

图 6－61　电风扇泄漏电流测量电气线路

第7章　家用照明电气控制线路图

常用的照明灯具主要有白炽灯和荧光灯两大类。白炽灯具有结构简单、使用方便的优点，缺点是发光效率低。荧光灯则具有光色柔和及发光效率高的优点，缺点是价格较高、接线较为复杂。本章选绘了这两类和其他几种照明灯具的部分电气线路。

1. 白炽灯电气控制线路图

白炽灯广泛适用于工矿企业，机关学校和家庭作普通照明用，配用合适电源也可用作信号指示。图7-1～图7-20所示为白炽灯等的多种电气控制线路。

2. 荧光灯电气控制线路图

荧光灯由灯管、镇流器、起辉器等三个主要部件组成。灯管是内壁涂有一层荧光粉的玻璃管，玻璃管两端各有一个钨丝灯极用以发射电子，管内在真空情况下充有一定量的氩气和少量水银。当管内产生弧光放电时，即发出一种波长极短的不可见光，这种光被荧光粉吸收后就转换成近似日光的可见光，因而这种灯又叫日光灯。其镇流器是一只绕在铁芯上的电感线圈，它具有在起动时与起辉器配合产生瞬时高压，促使灯管放电以及在荧光灯工作时限制灯管中电流的作用。起辉器则是一个充有氖气的玻璃泡，其中装有一个固定的静触片和用双金属片制成的U形动触片。起辉器的作用是使电路接通和自动断开。图7-21～图7-34所示为荧光灯多种接法的电气线路。

3. 白炽灯、荧光灯的节电线路图

从节约用电的角度考虑，选用高效光源和灯具是照明节电的主要措施。另外，充分利用自然光和环境反射光，以及调压节电、自动断电等都是照明灯具节约用电的有效方法。图7-35～图7-38所示为白炽灯、荧光灯的几种节电线路。

图 7-1 所示为一只单联开关控制一盏灯的电气线路。本线路是白炽灯安装中最简单、最基本、应用最多的一种接法。灯具的安装一定要注意位置适当，光照均匀明亮。同时应使灯泡的额定电压符合电源电压，开关则应安装在相线上，以确保使用安全。

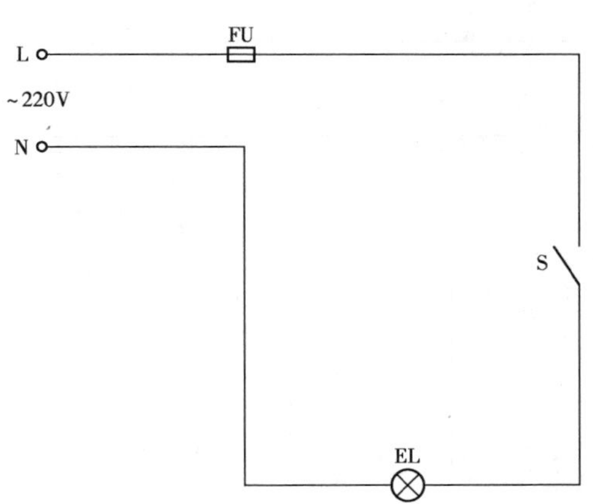

图 7-1　一只单联开关控制一盏灯的电气线路

图 7-2 所示为一只单联开关控制一盏灯并另接一插座的线路之一。该线路是在图 7-1 的线路基础上加装一只插座而组成的。加接的插座应并接在电源上，要不经开关 S 的控制直接与电源联接。一般开关离地高度不应低于 1.3m，插座离地至少要 15cm。

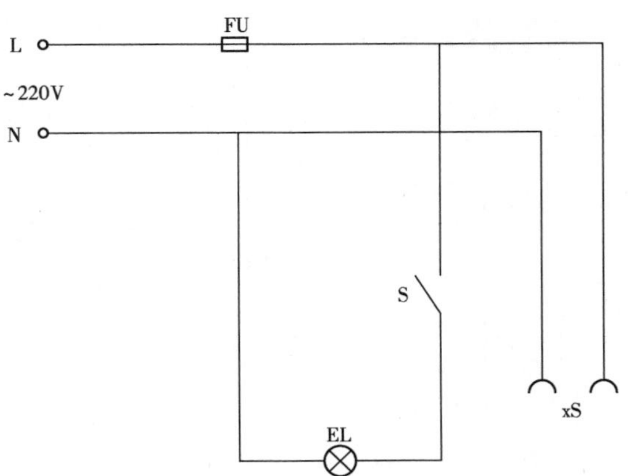

图 7-2　一只单联开关控制一盏灯并另接一插座的线路（1）

图 7－3 所示为一只单联开关控制一盏灯并另接一插座的线路之二。该线路中的接头全部直接接在开关、灯泡等处，电路中没有接头因而可以避免线路上的接头松动、产生高热、引发火灾等危险，但用线较多。

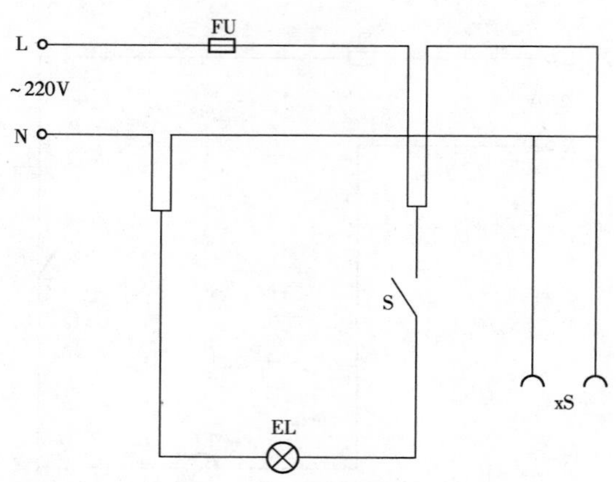

图 7－3　一只单联开关控制一盏灯并另接一插座的线路（2）

图 7－4 所示为一只单联开关控制两盏灯的电气线路。一只单联开关控制两盏或更多盏灯泡时，应注意所接灯泡的总电流值要在开关和线路的额定电流值允许的范围内，否则将产生过载故障。

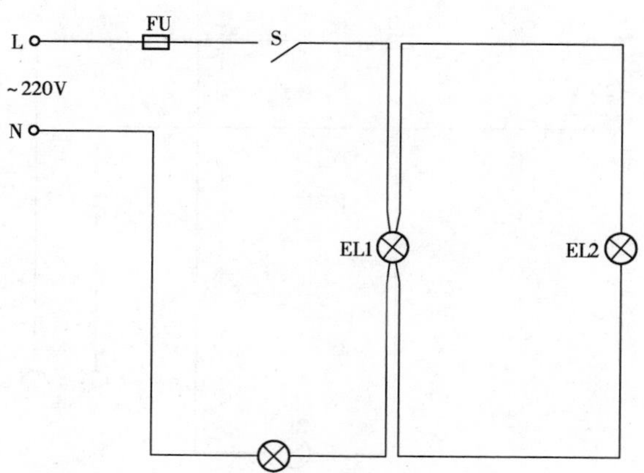

图 7－4　一只单联开关控制两盏灯的电气线路

图 7－5 所示为两只单联开关控制两盏灯的电气线路。有时需要用两只开关分别控制两盏灯，这时就可以按图 7－5 进行接线。如果还要求用更多只开关控制更多的灯时，则可参照该线路在后面添加。

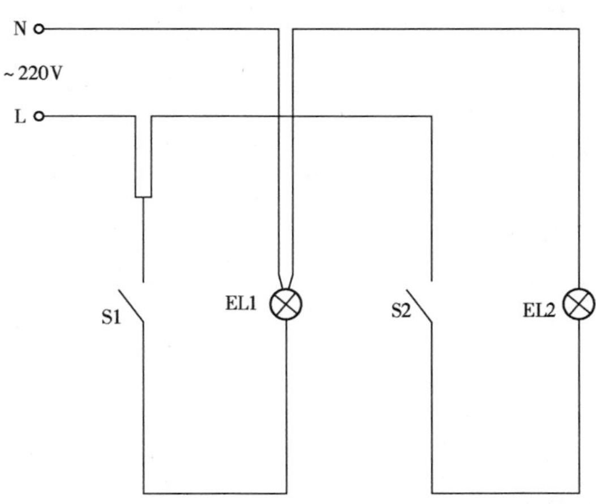

图 7－5　两只单联开关控制两盏灯的电气线路

图 7－6 所示为两只双联开关在两地控制一盏灯的电气线路。在楼梯、走道等地方需要能在两地均能同时控制一盏灯时，则可按照本线路进行联接，该线路可实现楼上、楼下、走道两端等的同时控制。

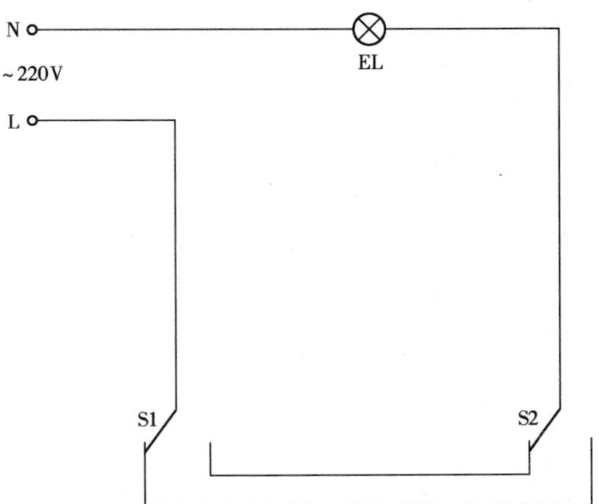

图 7－6　两只双联开关在两地控制一盏灯的电气线路

图 7－7 所示为三只开关控制一盏灯的电气线路。有时为了方便，需要用两只或多只开关来控制一盏灯，如楼梯间的灯就是这样。为使上、下楼梯均能开、关灯，这就需要一灯多控，本图中开、关 S1、S2、S3 都可控制灯。

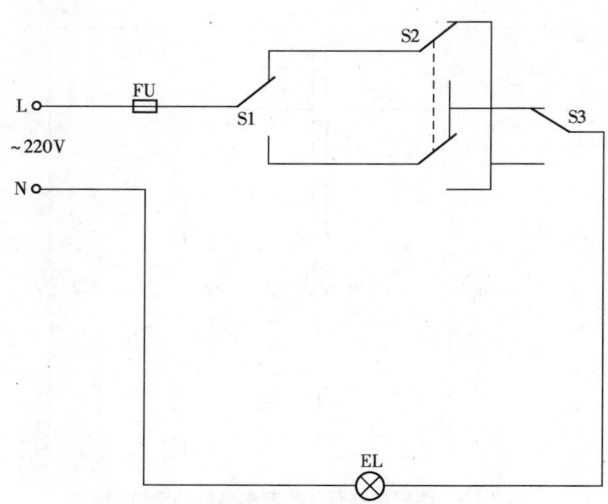

图 7－7　三只开关控制一盏灯的电气线路

图 7－8 所示为两只 220V 灯泡串接在 380V 电源上的电气线路。在工矿企业中车间、工场的路灯，因长时使用和受过电压冲击极易损坏，调换灯泡也比较困难，如将两只 220V 灯泡串接于 380V 上，则可提高灯泡使用寿命。

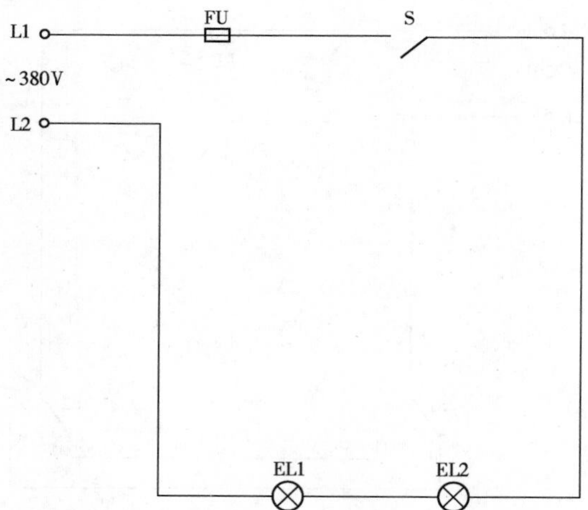

图 7－8　两只 220V 灯泡串接在 380V 电源上的电气线路

图 7-9 所示为用二极管延长白炽灯寿命的线路。为延长厕所、走道、楼梯等照明亮度要求不高场所的灯泡寿命，可在拉线开关内加装一只耐压高于 400V、电流为 1A 的二极管，这时亮度会小一点，但寿命可延长。

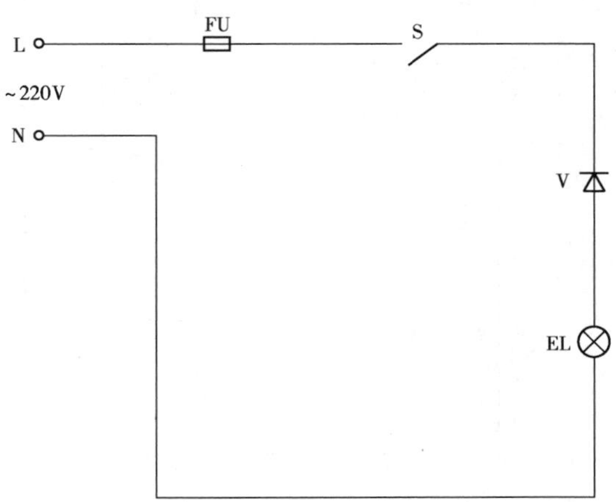

图 7-9　用二极管延长白炽灯寿命的线路

图 7-10 所示为用电容器降压使用低压灯泡的线路。要将低压灯泡接到 220V 交流照明电源上通常都要用一个变压器，这会增加体积，提高费用。如让灯泡与一容量适当的电容串接，则可以直接接入 220V 电源。

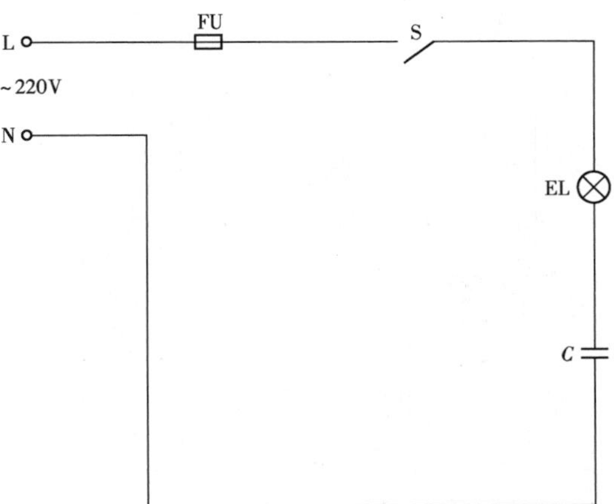

图 7-10　用电容器降压使用低压灯泡的线路

图 7－11 所示为简易调光灯电气线路。该灯光线的调节经由四档开关 Q 来进行控制，Q 在零位时电源断开灯不亮；当 Q 在位置 1 时灯泡在额定电压下工作亮度最强，经过位置 2、3 时灯光依次减弱。

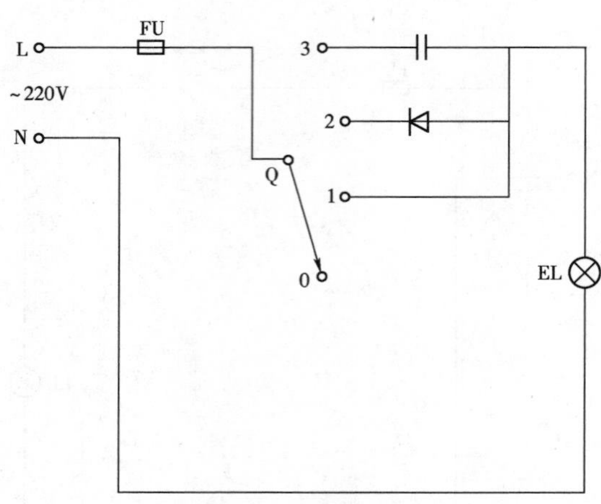

图 7－11　简易调光灯电气线路

图 7－12 所示为简单的晶闸管调光电气线路，本线路通过调节晶闸管导通角进行调压。当将线路中的电位器 RP 的阻值调小时，晶闸管导通角增大，灯泡亮度增强；阻值增大时，晶闸管导通角减小，亮度减弱。

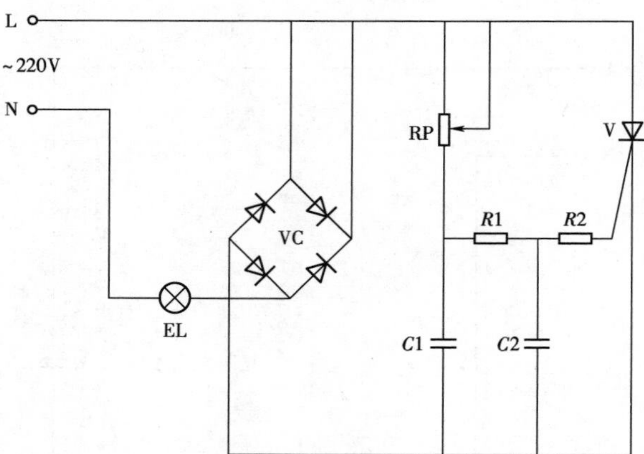

图 7－12　简单的晶闸管调光电气线路

图 7-13 所示为晶闸管无级调光台灯电气线路。调节线路中的电位器 RP 即可改变晶闸管 V2 的导通角，从而改变灯泡两端的电压，达到无级调光的要求。本线路可将电压由 0V 调到 220V，它具有调光范围广、线路简单、体积小等优点，常用于台灯线路中。

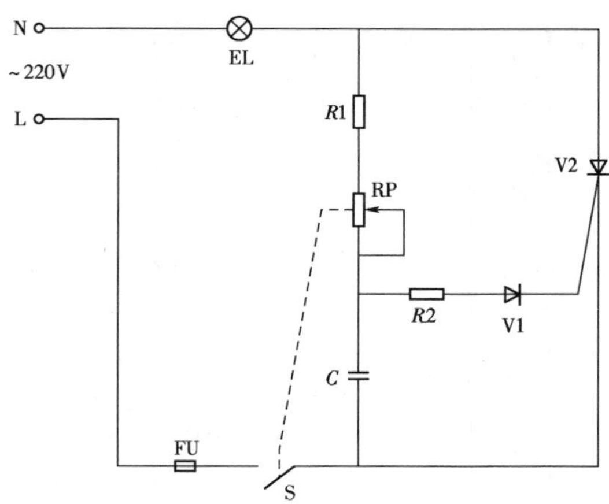

图 7-13　晶闸管无级调光台灯电气线路

图 7-14 所示为晶闸管延时开关控制的电气线路之一。延时开关是指被控灯泡接通后，经过预定的时间能自动切断电源，将灯泡熄灭，这种开关装置就称为延时开关。它常用于楼梯间、走道等地方，能起到自动关灯节约用电的作用，本线路为用晶闸管组成的线路。

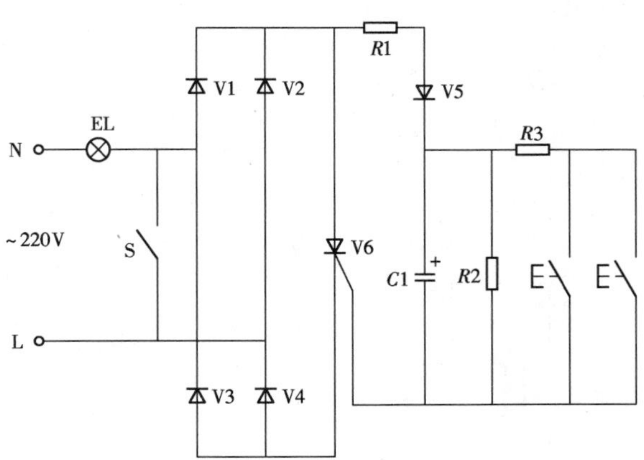

图 7-14　晶闸管延时开关控制的电气线路（1）

图 7－15 所示为晶体管延时开关控制的电气线路之二。该电路主要由二极管、三极管、电流继电器、电阻、电容、按钮等元件组成。一般延时时间约为 1～5min，可以通过调节电位 RP 的电阻值来获得需要的延时时间。该电路可以实行多点控制，只需在按钮 SB 两端多并联几只按钮即可，开关 S 为照明灯的普通开关，它与 KA 并联，当不需要作延时控制时，只要用 S 来控制，即无延时作用。

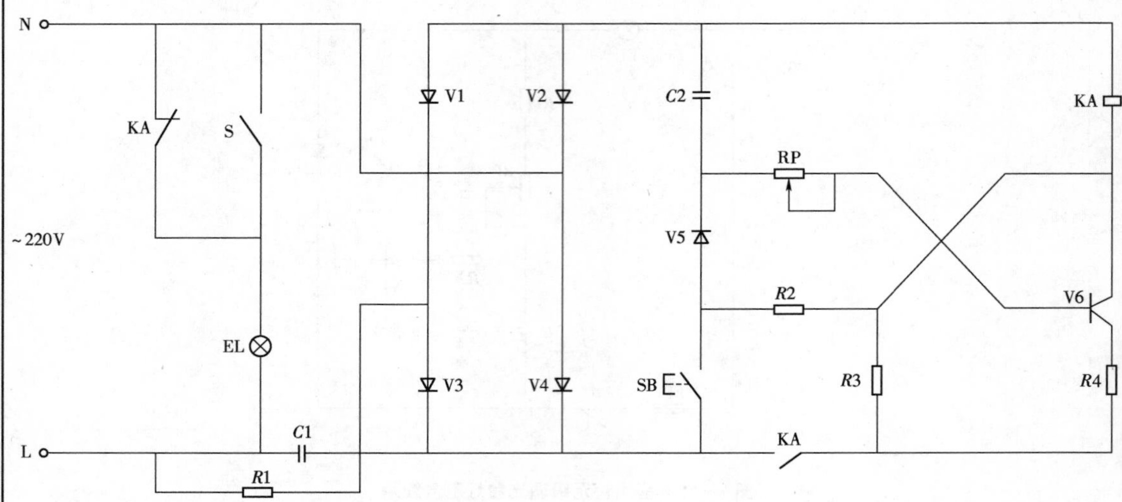

图 7－15　晶体管延时开关控制的电气线路（2）

图 7－16 所示为触摸开关控制的电气线路。触摸开关是指当我们用手去接触开关时，就能将电灯点亮或熄灭的一种开关。根据它的这一特点多用于台灯、门灯等的开关线路，这将给我们的日常生活带来莫大的方便。如图中所示，当手触摸到金属片 b 时，由于人体感应，V8、V9 导通，V7 截止，继电器 KA 的线圈得电吸合，其常开触点 KA 闭合，灯泡 EL 点燃；当手触摸金属片 a 时，人体感应产生电压，V7 导通，使 V8、V9 截止而灯灭。

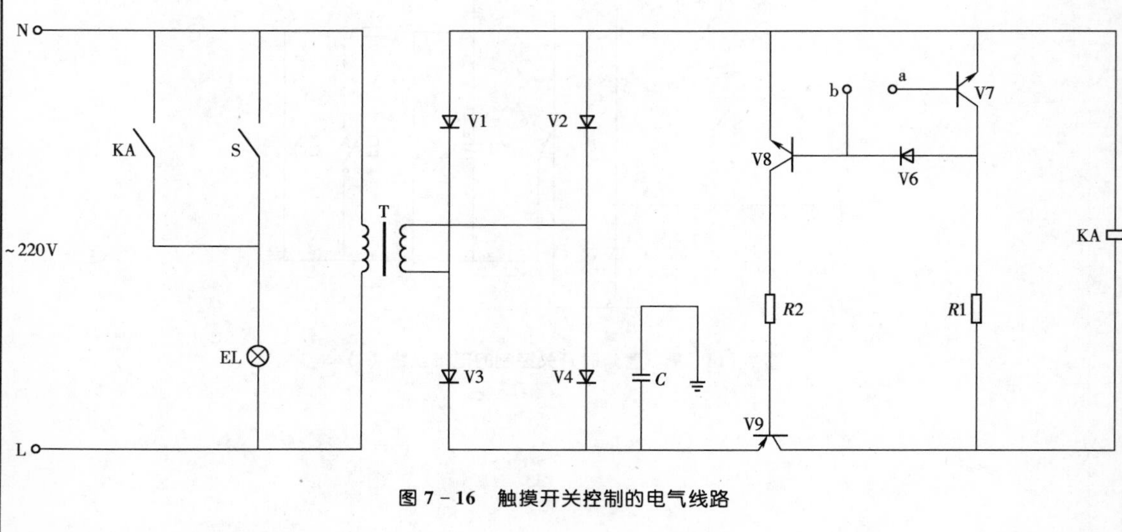

图 7－16　触摸开关控制的电气线路

图 7-17 所示为声控延时开关控制的电气线路。该开关线路是由一个声控开关和一个延时组合而成的。如将这种开关安装在楼梯间、走道里，人经过时只要拍一下手，灯即自动点亮，过段时间又会自动熄灭。图中的 B 为一种炭精受话器，当它受到外界声压作用时，流过它的电流会产生变化，电流经电容器 $C2$，电阻器 RP 使晶闸管 V8 导通，再经 V1～V5 整流后，至 $R6$、V5、V8、V9 的控制极，使 V9 导通，这时灯泡点亮。

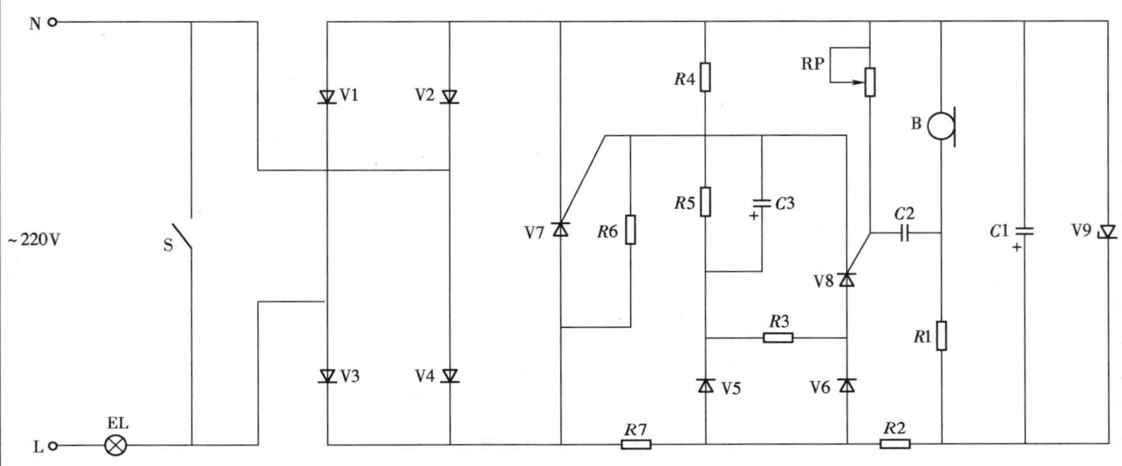

图 7-17　声控延时开关控制的电气线路

图 7-18 所示为光控开关控制的电气线路，光控开关是指能根据外界光线的变化，自动控制灯泡点亮或熄灭的装置，光控开关可用于门灯、路灯等的自动控制。图中的 V9 为光电二极管，简称光敏管，光敏管在无光照或光线弱时，显现出很大内阻。在光照射时，内阻变得很小，故光敏管是光控开关的关键部件。利用其内阻变化经电子线路去控制灯。

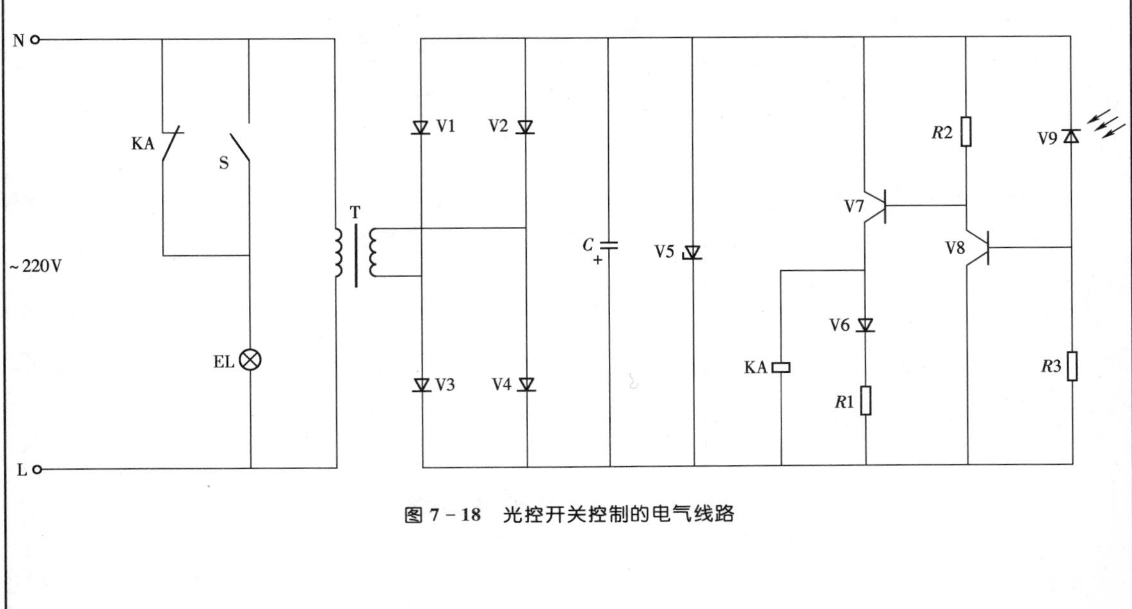

图 7-18　光控开关控制的电气线路

图 7－19 所示为高压水银灯的电气控制线路。高压水银灯具有发光效率高、节能省电、寿命长及安装接线简单等一系列优点，因而广泛应用于对照度要求较高的城市道路、广场、厂房、仓库等。

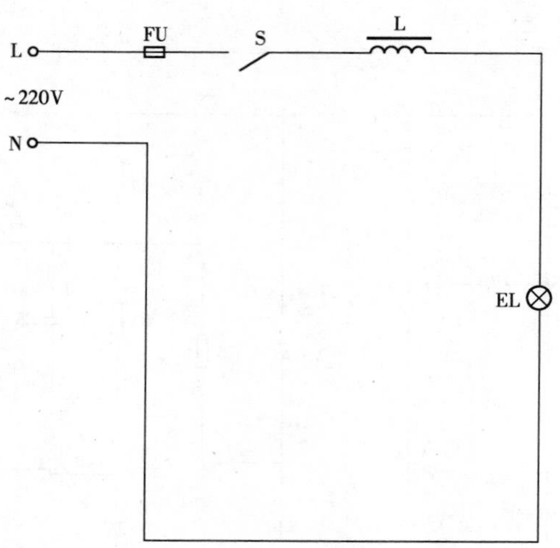

图 7－19　高压水银灯的电气控制线路

图 7－20 所示为高压钠灯的电气控制线路，高压钠灯具有省电节能寿命长、光效很高并且透雾好等许多优点。故广泛用于对照度要求高但对光色无特别要求的高大厂房及有振动和多烟尘场所。

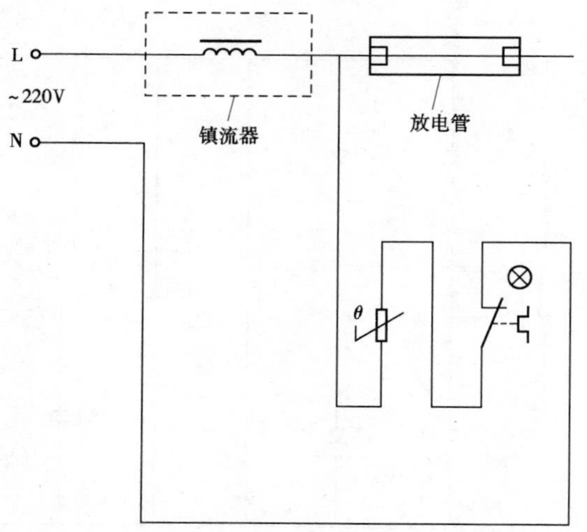

图 7－20　高压钠灯的电气控制线路

图 7-21 所示为荧光灯普通接线的电气线路。荧光灯由灯管、镇流器、启辉器等三个主要部分组成。灯管内壁涂有一层荧光粉，灯管两端均有一个灯丝，用以发射电子，管内在真空情况下充有氩气和少量水银。当管内产生弧光放电后，就发出一种近似日光的可见光，故又叫日光灯。镇流器在起动时配合产生瞬时高压，工作时起限流作用，启辉器使电路接通和自动断开，图 7-21（a）、(b）两种接法灯都亮，但图 7-21（b）接法起动性能好，灯管寿命长。

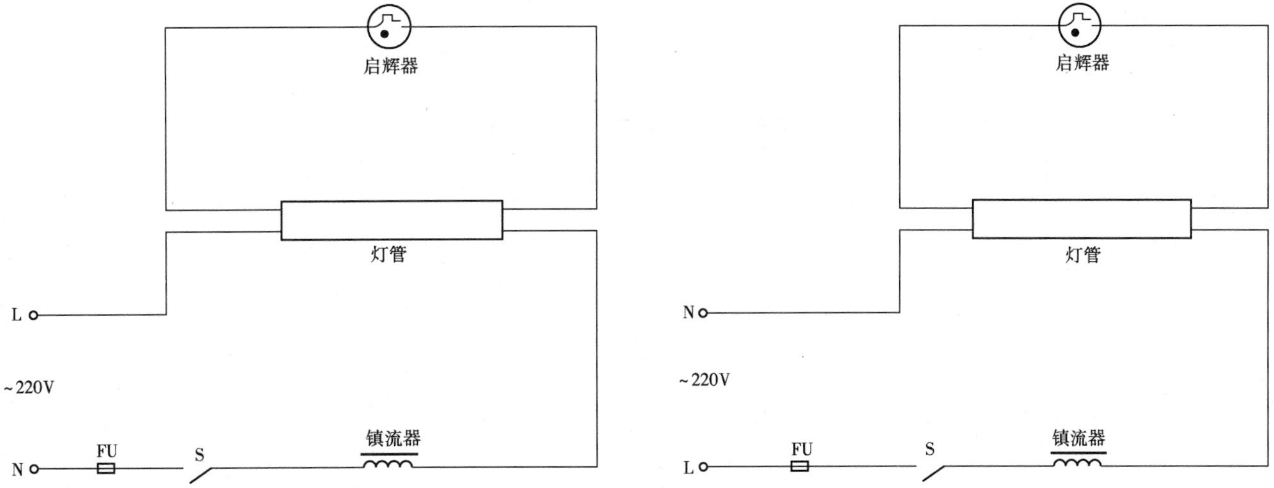

图 7-21　荧光灯普通接线的电气线路

（a）相线直接接荧光灯管的接法；(b）零线直接接入荧光灯管的接法

该线路为荧光灯普通接线的电气线路。接线时应注意接线极性的正确，是否正确可以从灯管亮度和启辉情况判断。

图 7－22 所示为具有无功功率补偿的荧光灯电气线路。由于镇流器为电感性负载，它要消耗一定的无功功率，致使整个日光灯装置的功率因数降低，为提高功率因数，可在电源侧并联一电容器。

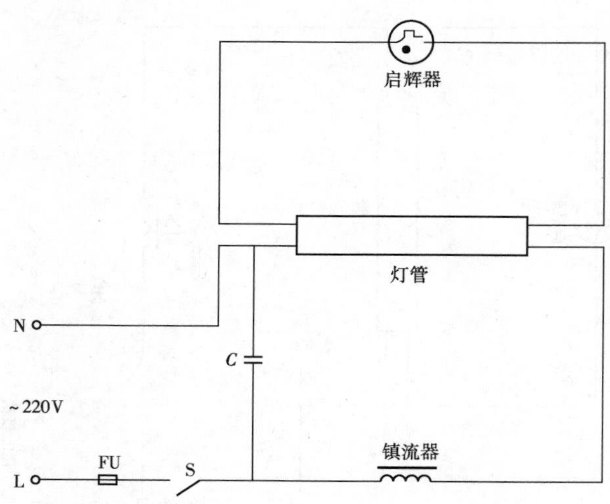

图 7－22　具有无功功率补偿的荧光灯电气线路

图 7－23 所示为具有四线镇流器的荧光灯电气线路。该镇流器分主、副线圈，主线圈的两引线与普通镇流器接法相同，副线圈的两根引线则串接在启辉器与灯管之间，帮助启动用。此种接法一定要正确接线，切勿搞错。

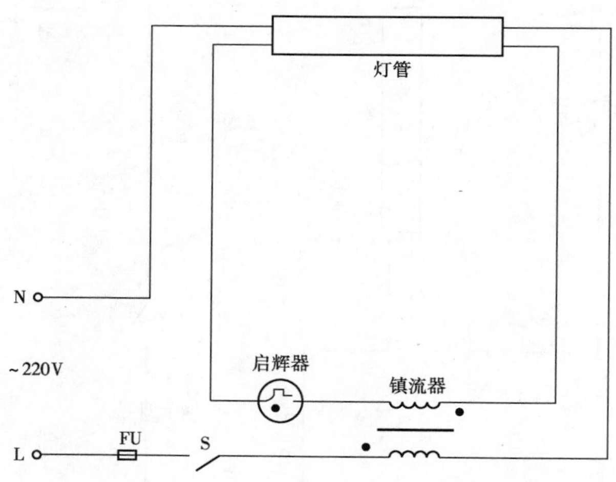

图 7－23　具有四线镇流器的荧光灯电气线路

图 7 - 24 所示为荧光灯低温低压下启动的电气线路。该线路是为荧光灯在气温低、电源电压也低，从而导致启动困难的情况设计的。实际上也就是在原日光灯的启辉器回路串接一只二极管就构成了低温启辉器线路。它的工作原理是这样的，当启辉器接通时，二极管将交流整为脉动直流，因而镇流器的阻抗减小，使流过灯丝的瞬时电流加大，增加了电子发射能力，同时启辉器断开瞬间自感电动势也较高，故易点燃。图 7 - 24（a）、（b）为两种不同接法。

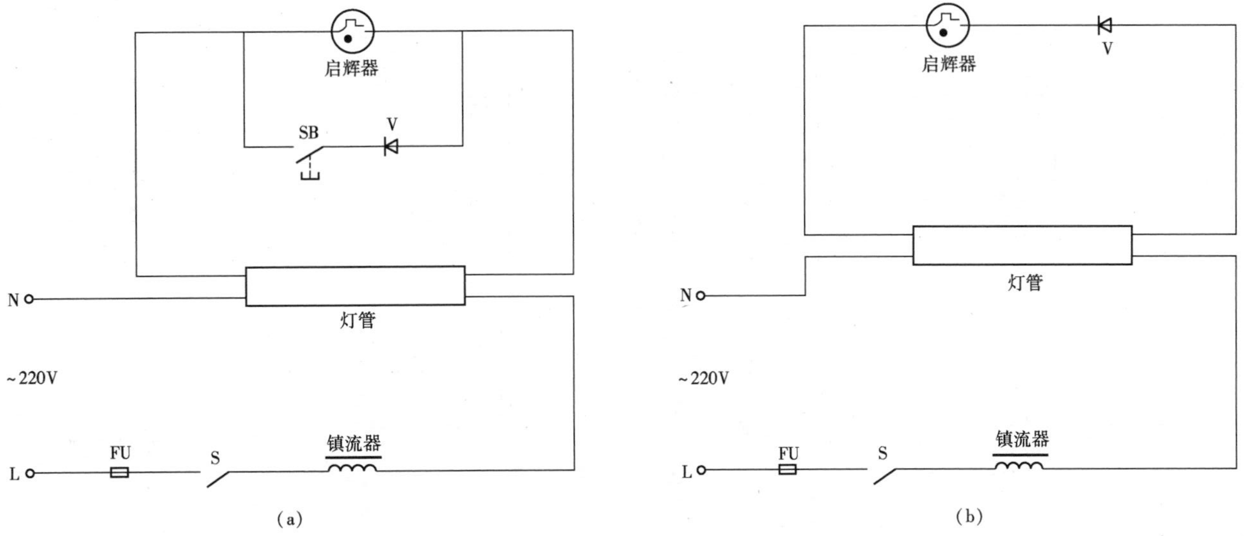

图 7 - 24　荧光灯低温低压下启动的电气线路

（a）带按钮开关的二极管低温起动线路；（b）二极管直接串入的低温起动线路

图 7 - 24 的电气线路为改进接线电路，解决了荧光灯低温、低压下启辉困难的问题。

图 7－25 所示为电子快速启辉器电气线路。该线路用一只二极管和一只电容器即组成一个简易的电子启辉器，它的启辉速度快，灯管预热时间短，故使用寿命延长，这种启辉器在冬季也可一次快速启动。

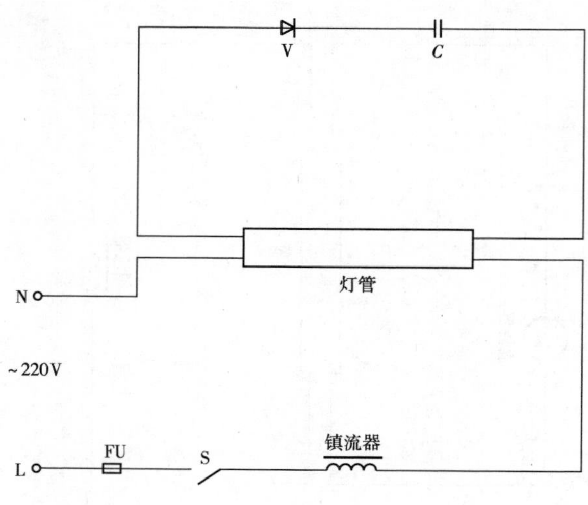

图 7－25　电子快速启辉器电气线路

图 7－26 所示为无触点启辉器电气线路。普通日光灯都要配置启辉器才能使用，但启辉器启动时会产生接触火花，因而不适宜石油、化工、矿山等工业部门使用，而这种无触点启辉器电气线路能解决这一问题。

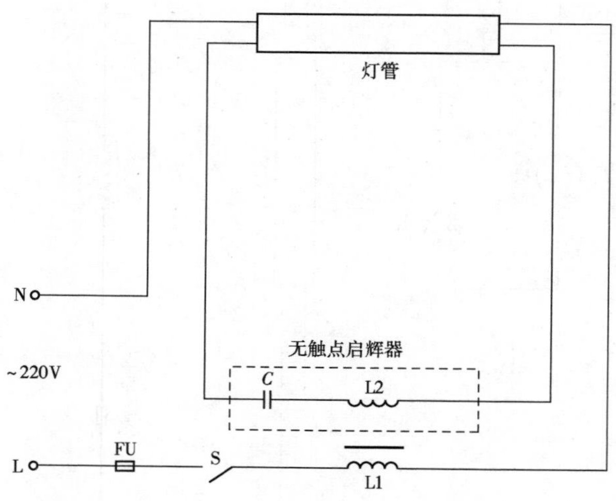

图 7－26　无触点启辉器电气线路

图 7－27 所示为荧光灯快速、延寿启动的电气线路，将晶闸管或二极管串接在启辉器中，能起到整流作用，电容并接在晶闸管或二极管两端，可以分流一部分交流电流，但整流电流将大于分流电流。起动时，因二极管的作用使镇流器内主要流过直流电流，这时镇流器的直流电阻小于交流阻抗，启动电流要大于未用二极管时的启动电流，使灯丝温度增加。电容在此又起倍压作用而增加灯管电压，故能快速启动。

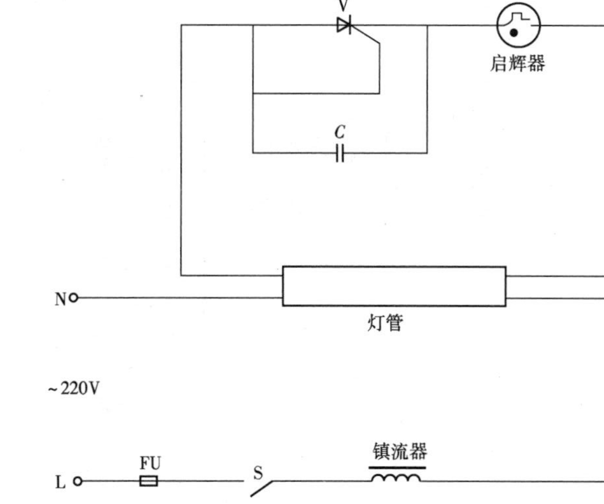

图 7－27　荧光灯快速、延寿启动的电气线路

（a）用晶闸管、电容器组成的启辉线路；（b）用二极管、电容器组成的启辉线路

在图 7－27 线路中接入晶闸管或二极管后提升了荧光灯管电压，因而得以快速启动。

图 7－28 所示为荧光灯双管并联接线的电气线路。由于荧光灯存在频闪效应，在这种灯光下看运动的物体会有抖动的感觉，如采用荧光灯双管并联，并在其中一盏灯用电阻、电容移相就可解决问题。

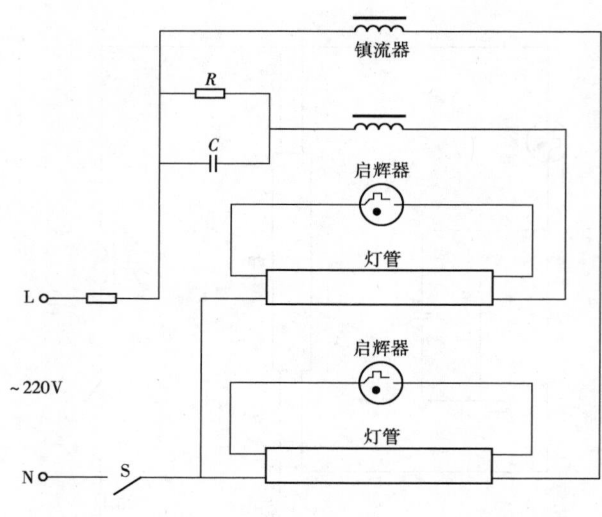

图 7－28　荧光灯双管并联接线的电气线路

图 7－29 所示为荧光灯使用直流电源的电气线路。该线路可用来直接点亮 6～8W 的小功率日光灯管，线路是由一个三极管 V 组成的共发射极间歇振荡器，通过变压器 T 在次极感应出间歇高压点亮灯管。

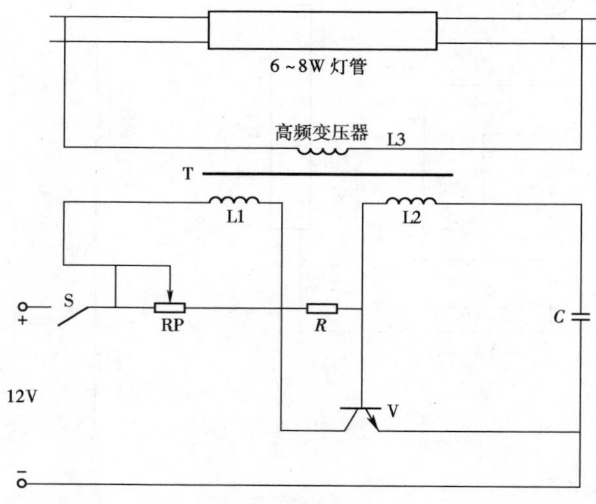

图 7－29　荧光灯使用直流电源的电气线路

图 7－30 所示为一只镇流器启动两支不同容量荧光灯的线路，该线路只用一只 40W 镇流器就可连接 40W 和 8W 日光灯各一支，当双联开关接通 0a 时，40W 灯管亮；接通 0b 时电容器 C 接入线路，40W 灯灭，8W 灯亮；0F 为空挡，灯全灭。

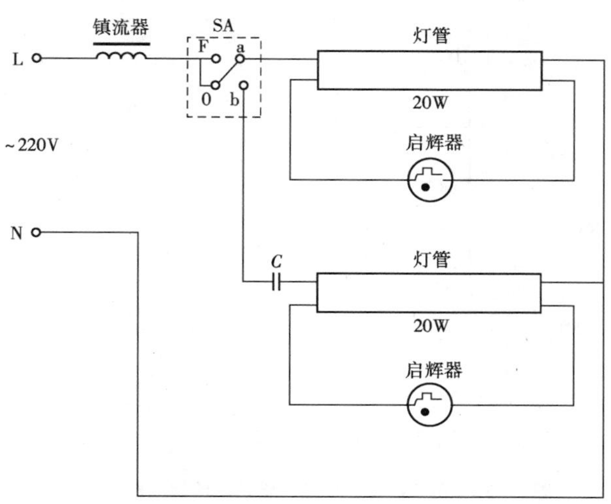

图 7－30　一只镇流器启动两支不同容量荧光灯的线路

图 7－31 所示为两只双联开关两地控制一支荧光灯的线路。日常生活中有时为了方便，需要在两地同时控制一盏灯，这种控制方式，通常用于走道与楼梯间上的荧光灯。

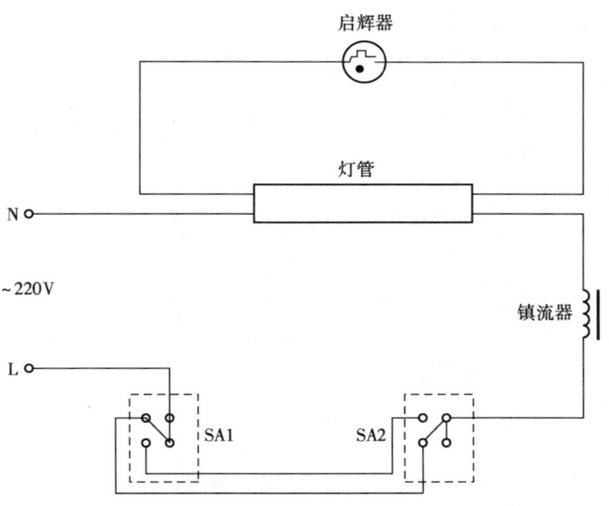

图 7－31　两只双联开关两地控制一支荧光灯的线路

图 7－32 所示为用二极管、电阻、电容取代镇流器的线路。当接通电源后，二极管 V1、V2 分别导通，对 $C1$、$C2$ 分别充电到电源峰值电压 308V，从而建立起一个很高的激励电压，使灯管连续发光。

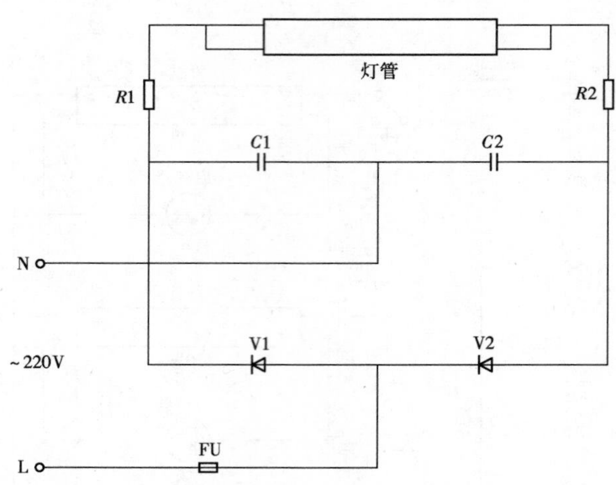

图 7－32　用二极管、电阻、电容取代镇流器的线路

图 7－33 所示为用电阻、电容取代镇流器的线路，该线路用一只无极性电容器 C，一只电阻 R 和两只开关 Q1、Q2 取代镇流器，开灯时，一定要同时按下 Q1、Q2，接点 1、2 及 3、4 接通，4s 后灯管亮，灯亮时松开 Q1 即可。

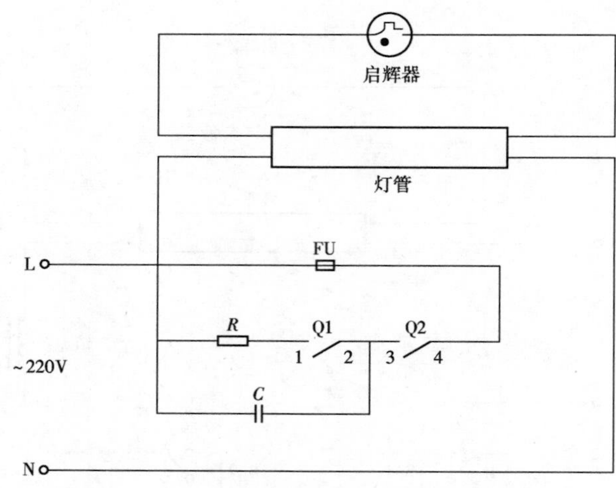

图 7－33　用电阻、电容取代镇流器的线路

图 7－34 所示为荧光灯调光器的电气线路。采用串接电容的方法能方便地控制荧光灯的亮度，以适应不同的照明要求，当开关与 1 接通时，灯管发出正常亮度，与 2、3 依次接通时，亮度逐渐减弱。

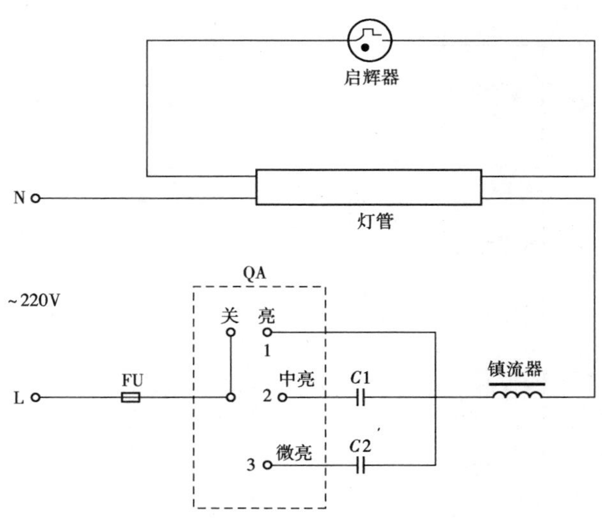

图 7－34　荧光灯调光器的电气线路

图 7－35 所示为荧光灯串接电容器的节电线路，选用适当容量的电容器 C 串接入荧光灯线路时，就可使荧光灯的工作电流接近于最佳发光效率时的数值，这样既提高日光灯发光效率，又使镇流器损失减少。

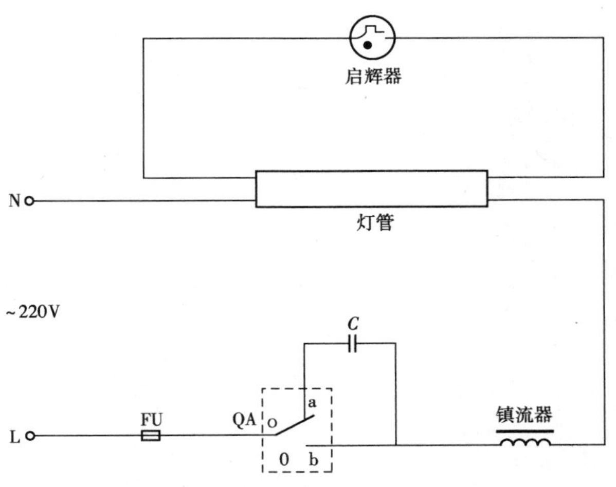

图 7－35　荧光灯串接电容器的节电线路

图 7－36 所示为使断丝荧光灯管复明的电气线路。当荧光灯管一端或两端灯丝已断，但管壁荧光粉仍好时，报废很可惜，因为这种灯管的灯丝仍有电子发射能力，荧光粉也能正常发光，只是因灯丝断后不能启辉而已。如灯管只有一端断丝，则按图 7－36（a）的接法即可重新复明。当两端灯丝都断了时，则须按图 7－36（b）的接法连接。线路中使用双控开关 SA，首先将开关接通 0～a，然后接通 0～b，电容器 C 串入电路。

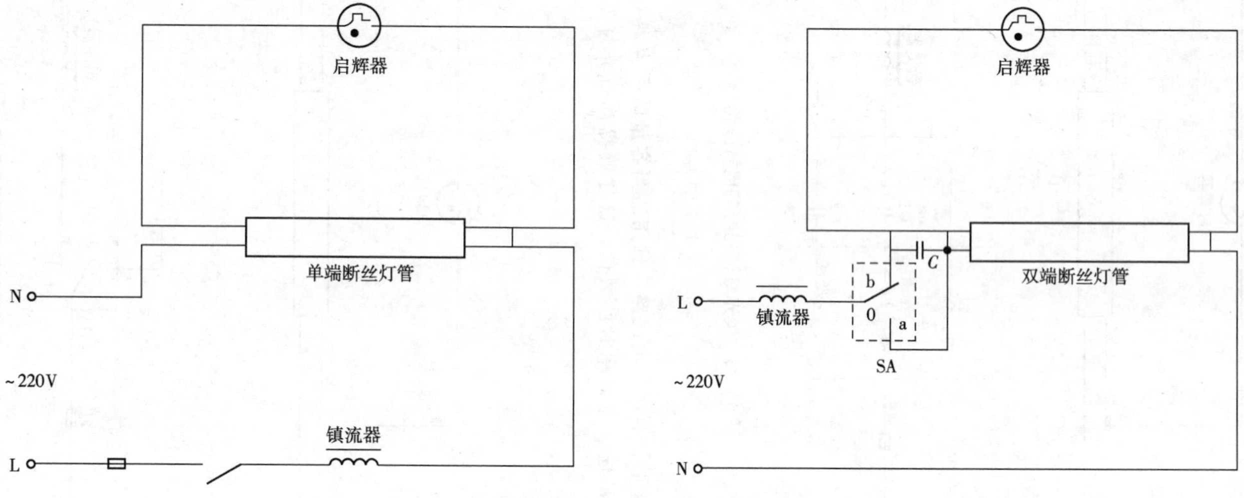

图 7－36　使断丝荧光灯管复明的电气线路

（a）单端断丝荧光灯管利用的电气线路；（b）双端断丝荧光灯管利用的电气线路

图 7－36 线路能将单端断丝或双端断丝的荧光管重新发光，从而延长了荧光灯使用寿命。

图 7－37 所示为白炽灯电容调压节电的电气线路。白炽灯发光效率低，但价廉、维修方便，因而现在仍得到广泛使用。因为白炽灯的功率与电压的平方成正比，所以降压后能节约用电和延长灯泡的使用寿命。本线路采用电容器降压节电，为了安全，在电容器 C 两端可并接泄放电阻 R。电容器可用金属膜电容器或油浸纸质电容器，其电压值应大于电源电压 2 倍，图 7－37（a）、（b）分别为一档和多档调压。

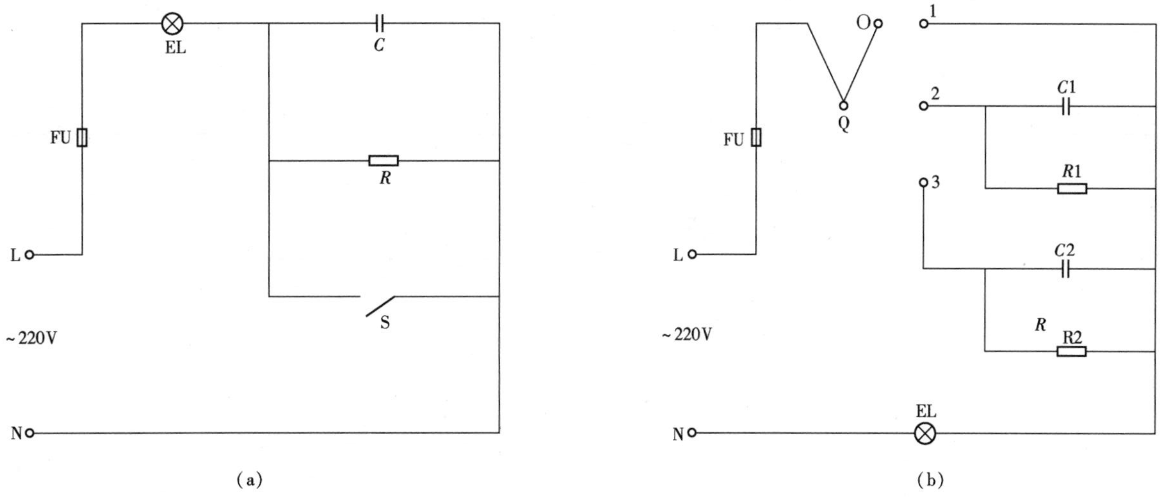

(a)　　(b)

图 7－37　白炽灯电容调压节电的电气线路

（a）电容器调压节电的电气线路；（b）电容器多档调压节电的电气线路

图 7－37 的电气线路在采用电容器调压后能明显节电，并有效延长灯泡的使用寿命。

图 7－38 所示为白炽灯二极管、电容器降压节电的电气线路。该线路为两档调压线路，当开关 S1 置于闭合位置时，电源额定电压经二极管 V 整流后，白炽灯承受的是半波整流后的电压有效值，该值约为全波交流电压有效值的 0.707 倍，同理，通过白炽灯 EL 的半波电流有效值也是原交流电流有效值的 0.707 倍。当接通开关 S2 时，因接入了电容 *C* 后再次降压。图 7－38（a）、（b）分别为正、反向接线。

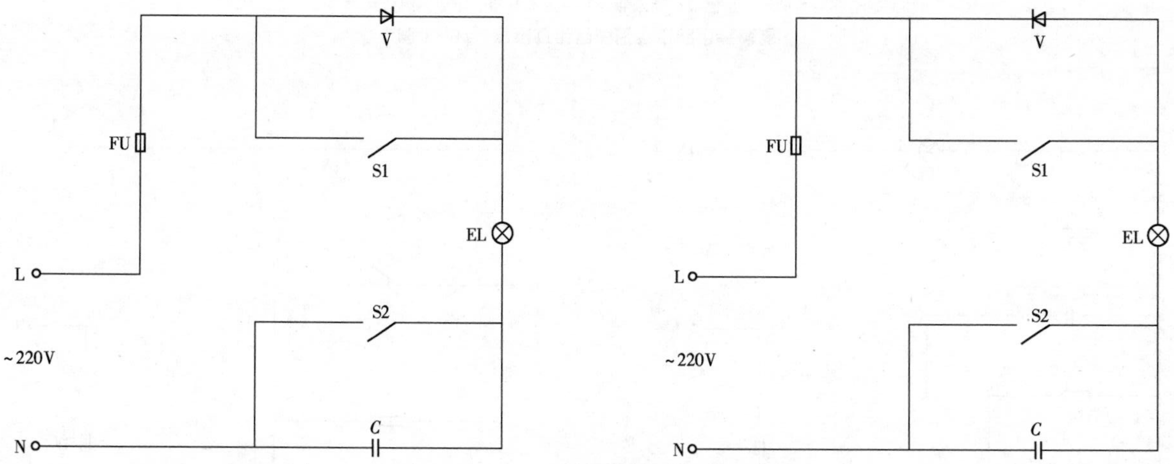

图 7－38　白炽灯二极管、电容器降压节电的电气线路

（a）正向接线的电气线路；（b）反向接线的电气线路

图 7－38 的电气线路在经过二极管、电容器的两次降压后达到了二极发光及节电效果。

第 8 章　家用电器控制线路图

随着人民生活水平的日益提高，家用电器的使用也越来越普及，家用电器的维修量也随之剧增。其多品种、多品牌给维修工作带来了极大的困难，为方便家电修理工作。本章选绘了部分品牌的电风扇、空调器、电冰箱、洗衣机等用量较大的家用电器的电气控制线路图。

1. 电风扇电气控制线路

电风扇多采用单相异步电动机，其中罩极式和电容式电动机应用最多，调速方法则主要有电抗器调速、自耦变压器调速、绕组抽头调速和晶闸管调速等，图 8-1～图 8-14 所示即为电风扇部分电气线路。

2. 空调器电气控制线路

空调器种类繁多，按安装形式分，有窗式、分体式、柜式；按功能分，则有单冷型、冷暖型；按冷却方式分，有水冷式和气冷式，但不论是哪种型式，其内部的电气控制原理基本上都是相同的，图 8-15～图 8-28 所示即为部分品牌空调器的电气线路图。

3. 电冰箱电气控制线路

家用电冰箱均为电机压缩式冰箱，其结构有单门、双门、三门、对开门等多种型式，除箱方式则有手动、半自动和全自动除霜三种，图 8-29～图 8-42 所示为部分品牌电冰箱的电气控制线路。

4. 洗衣机电气控制线路

当前家用洗衣机主要有单桶、双桶波轮式和滚筒式两大类，它们又分为普通、半自动和全自动三种型式，其电气控制线路如图 8-43～图 8-59 所示。

第 1 节　电风扇电气控制线路

图 8-1、图 8-2 所示罩极式单相异步电动机具有结构简单、价格便宜、使用方便等优点。但它有启动转矩小、过载能力差、效率低、噪声较大和不易反转等缺点，所以它仅适用于不需反转和容量较小的电风扇、电吹风、电唱机等小型家用电器中。

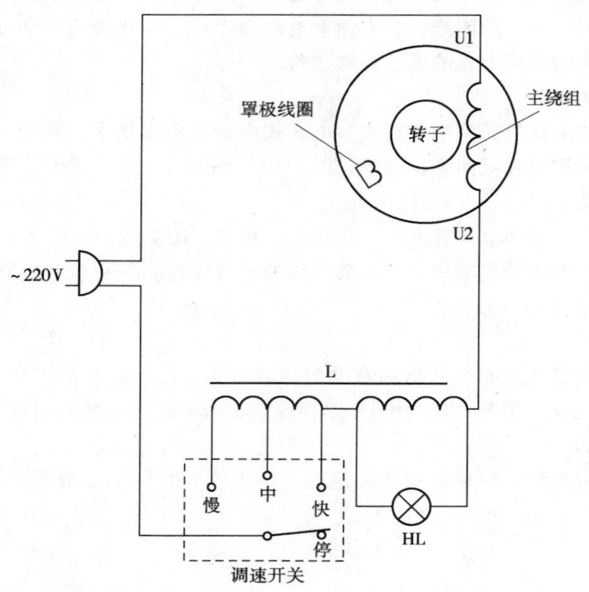

图 8-1　罩极式电动机电抗调速带指示灯电风扇电气线路

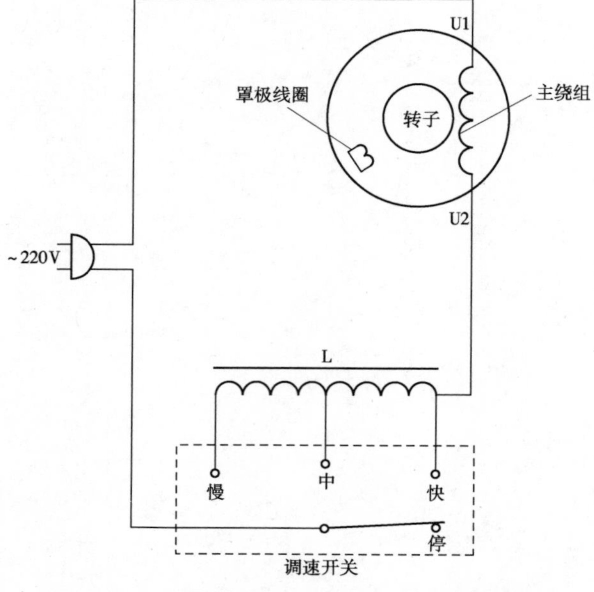

图 8-2　罩极式电动机电抗调速电风扇电气线路

图8-3、图8-4所示电容式单相异步电动机具有功率因数和效率较高，体积小、重量轻、运行平稳、噪声小等一系列优点，它被广泛应用于电风扇、通风机、录音机等小型电器中。电容起动式的单相异步电动机，还因具有较高的起动转矩而用于电冰箱，空压机等。

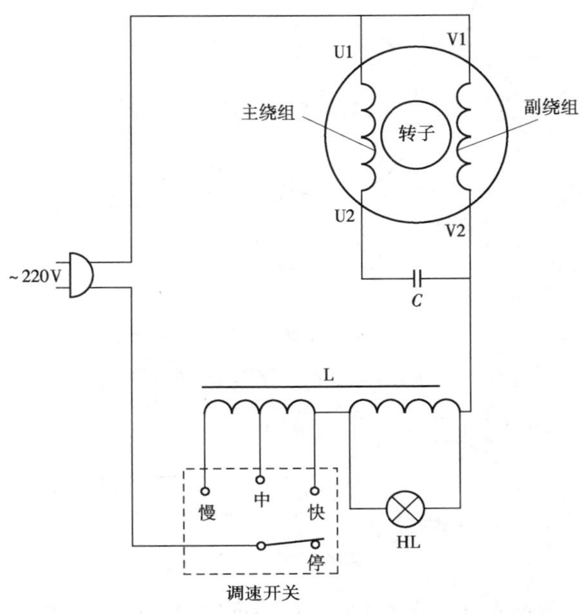

图8-3　电容式电动机电抗调速带指示灯电风扇电气线路

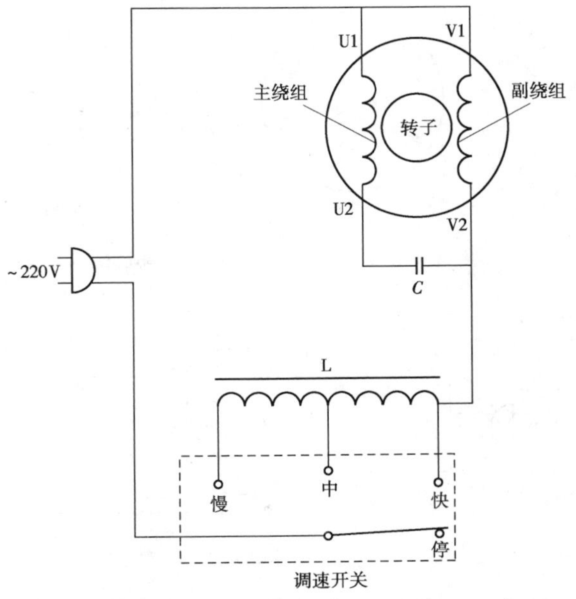

图8-4　电容式电动机电抗调速电风扇电气线路

图 8－5、图 8－6 所示风扇电动机和其他小容量单相电动机，一般多用电抗调速。这样就须多用一只电抗器，除增加成本外还要消耗一定功率。用绕组抽头法进行调速则可节省一只电抗器，致使生产费用降低，电动机效率提高，缺点是接线工艺要复杂些。

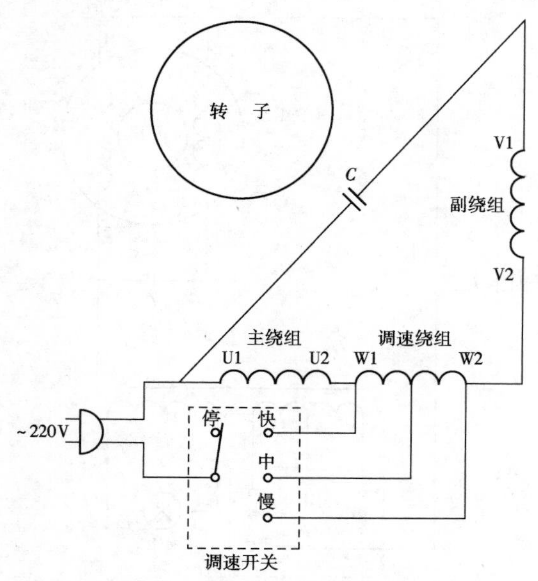

图 8－5　L1 型电容式电动机抽头法调速电风扇电气线路

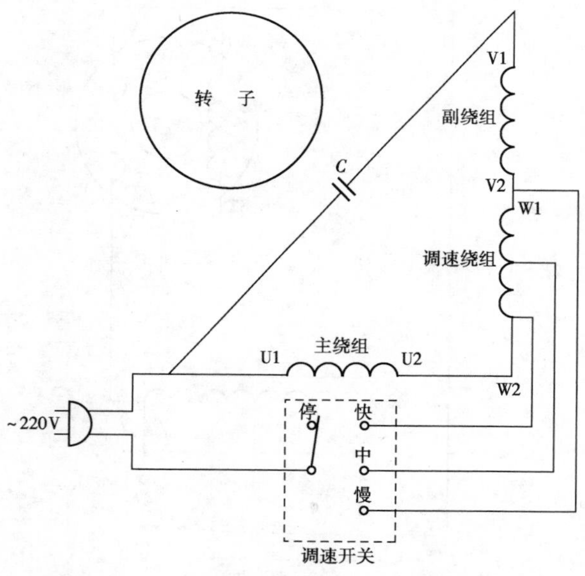

图 8－6　L2 型电容式电动机抽头法调速电风扇电气线路

图 8-7 所示接法是将调速绕组的一端接于主、副绕组一端的连接处，另一端则与电源相连，调速绕组的中间抽出一个线端。

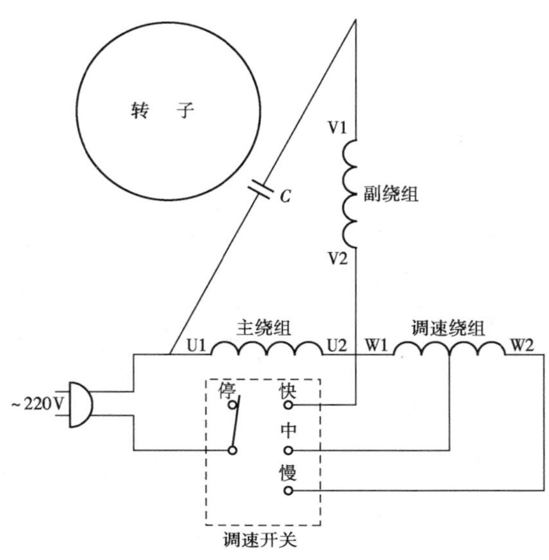

图 8-7　T 型电容式电动机抽头法调速电风扇电气线路

图 8-8 所示接法是将调速绕组与副绕组先串接起来，再并接在主绕组的抽头与电源之间，副绕组与调速用的调速绕组为同槽分布。

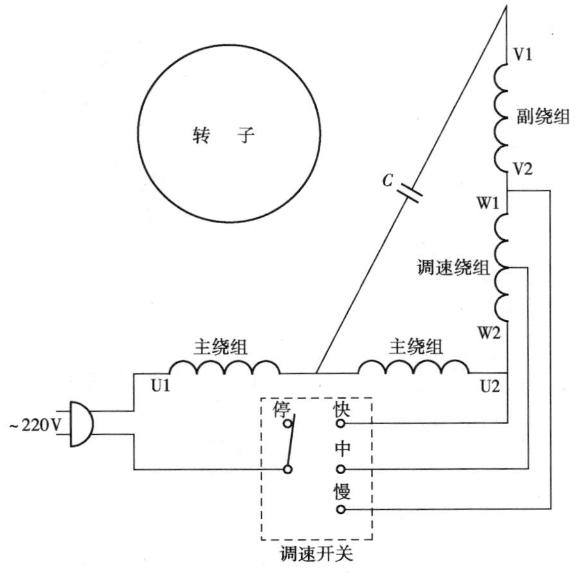

图 8-8　H 型电容式电动机抽头法调速电风扇电气线路

图 8-9 所示接法是将调速绕组分成两部分，再与主绕组分别串、并联接成一条支路或两条支路来进行调速，因省电，又称节能风扇。

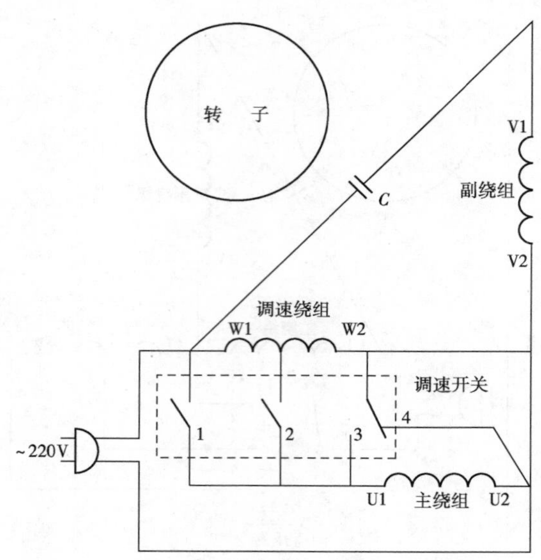

图 8-9　电容式电动机串、并联接法调速电风扇电气线路

图 8-10 所示电动机为采用分布式罩极绕组，主绕组抽头调速的罩极式单相电动机，其分布式罩极绕组与主绕组同槽嵌置。

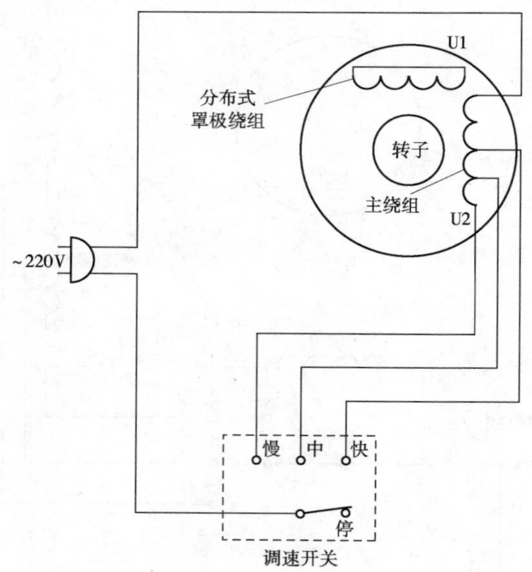

图 8-10　罩极式电动机抽头法调速电风扇电气线路

应用自耦变压器降低主、副绕组的电压，或者只降低主绕组电压，均能进行调速。图 8－11 为主、副绕组等值变压调速法。

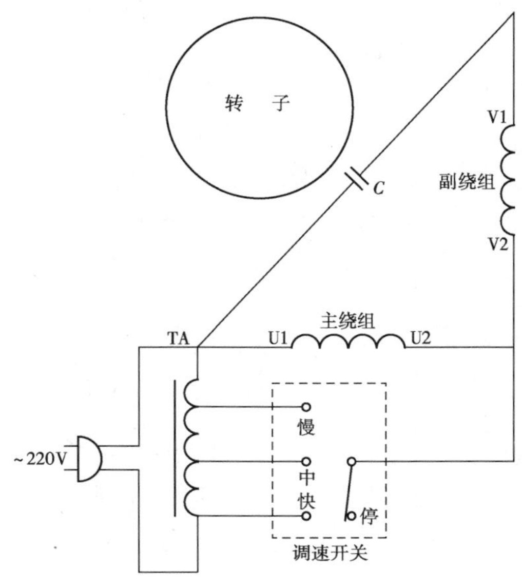

图 8－11　A 型电容式电动机自耦变压器调速电风扇电气线路

图 8－12 所示为采用主绕组变压调速的接法，该接法在调节转速时只改变主绕组的电压，副绕组的电压保持不变。

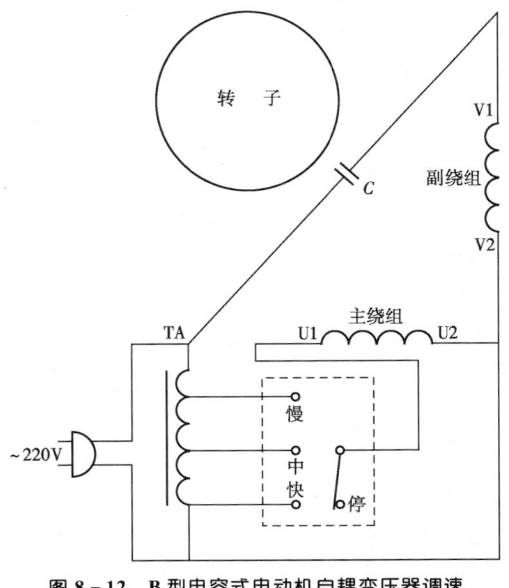

图 8－12　B 型电容式电动机自耦变压器调速电风扇电气线路

有些电风扇、鼓风机只具有一种速度，这时可采取加装电容器的方法，将其改制成能调速的电风扇，图 8－13 为三速电风扇。

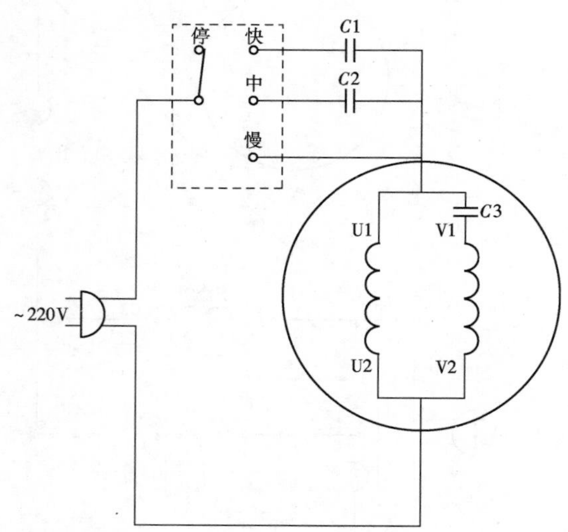

图 8－13　串接电容器调速的三速电动机电气线路

图 8－14 所示为串接电容器调速的二速电动机电风扇电气线路，增减电容器 C1 的电容量即可加快或减慢转速。

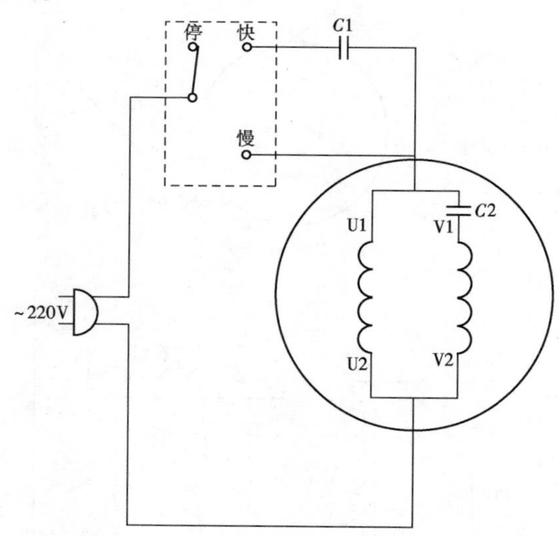

图 8－14　串接电容器调速的二速电动机电气线路

第 2 节　空调器电气控制线路图

图 8－15 所示为华丽牌 KC－18 窗式空调器电气线路，该线路主要由压缩机电动机、风扇电动机、过电流继电器、温控器、过电流继电器 KA、选择开关、电容器 C 等电气元件所组成。

图 8－16 所示为沈阳牌 KC－30DA 窗式空调器电气线路，该线路主要由压缩机电动机、风扇电动机，温控器、电加热器、转换开关、电容器 C 等电气元件所共同组合而成。

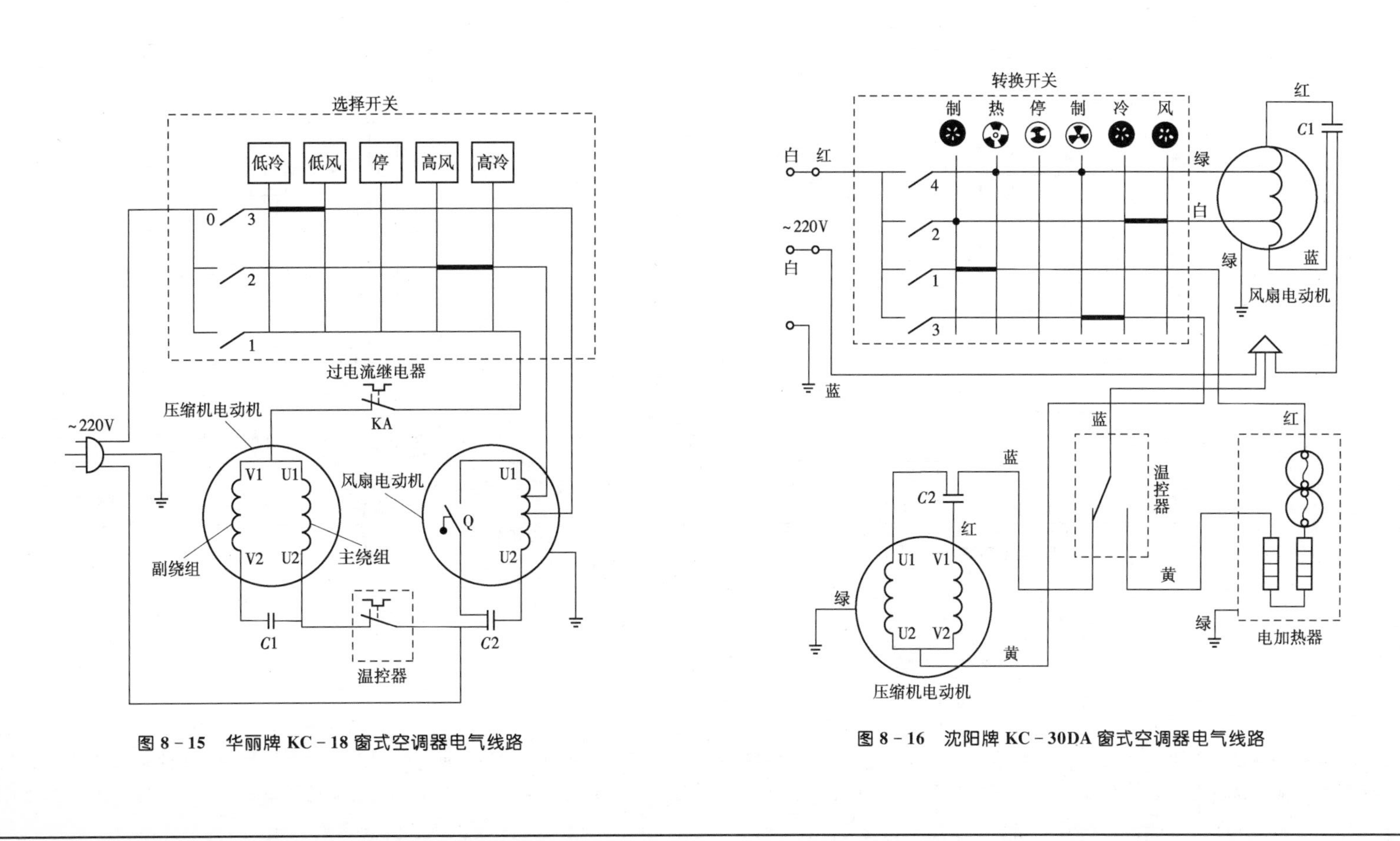

图 8－15　华丽牌 KC－18 窗式空调器电气线路

图 8－16　沈阳牌 KC－30DA 窗式空调器电气线路

图 8-17 所示为华宝牌窗式空调器电气原理接线图，该线路主要由压缩机电动机 M1、风扇电动机 M1、过电流继电器 KA、除霜温控器、温度继电器、四通阀、接线端子、电容器等电气元件所共同组成。线路结构合理，制冷效果比较好。操作简便、自动控温灵敏可靠，故此线路得到同类电冰箱较多的采用。

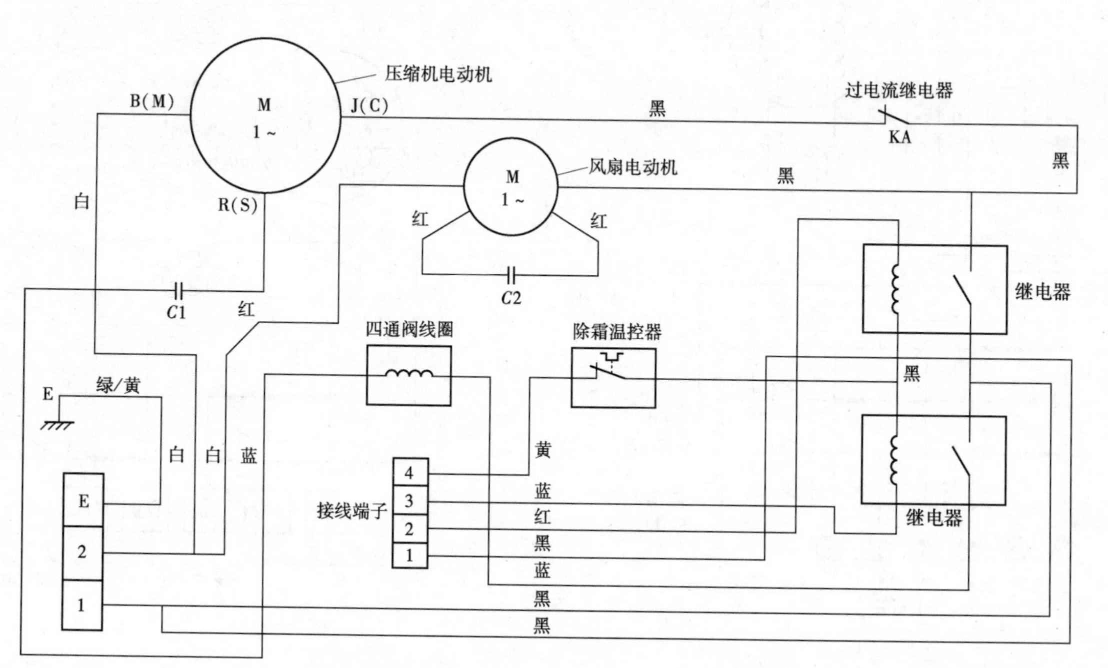

图 8-17　华宝牌窗式空调器电气原理接线图

图 8－18 所示为华宝牌 27 型分体式冷暖空调器电气原理接线图，该线路主要由压缩机电动机 M1、风扇电动机 M1，过电流继电器 KA、除霜温控器、四通阀、温控继电器、电容器 C，接线端子等电气元件所共同组成。线路结构合理，制冷效果非常好，操作简便、自动控温灵敏可靠，故此线路得到同类冰箱较多的采用。

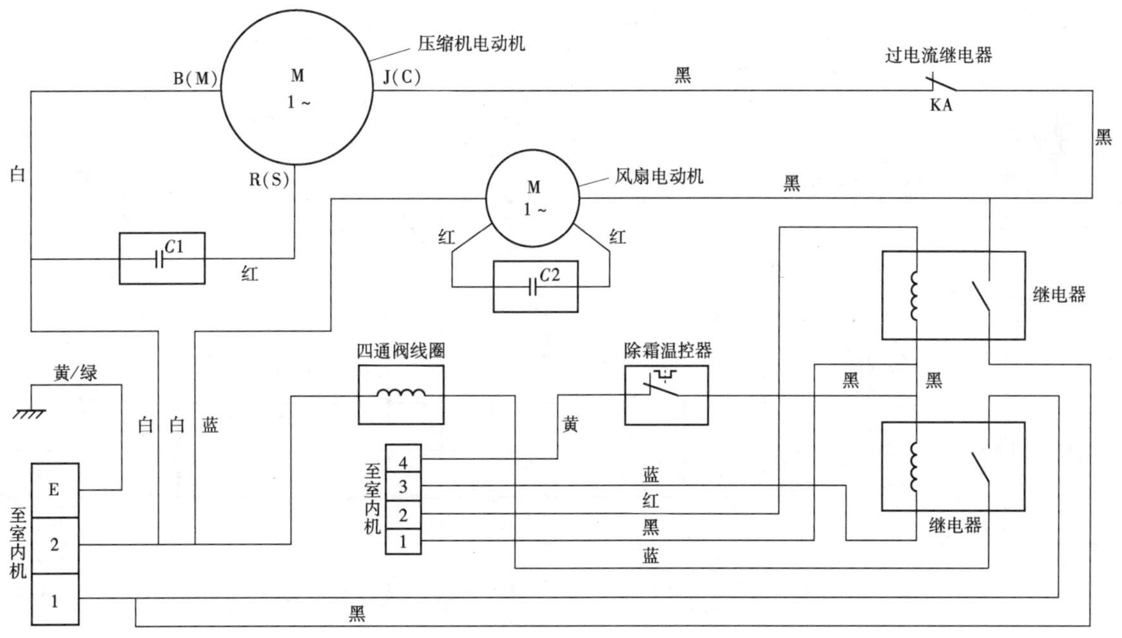

图 8－18　华宝牌 27 型分体式冷暖空调器电气原理接线图

图 8-19 所示为天鹅牌 KCD-35F 窗式空调器电气原理接线图。该线路主要由压缩机电动机，风扇电动机、负离子发生器、过电流继电器 KA、温控器、温度继电器、温度保护器、电加热器、交流接触器 KM、电容器等电气元件所共同组成。线路结构合理，制冷效果好，操作简便、自动控温灵敏可靠，得到同类冰箱较多的采用。

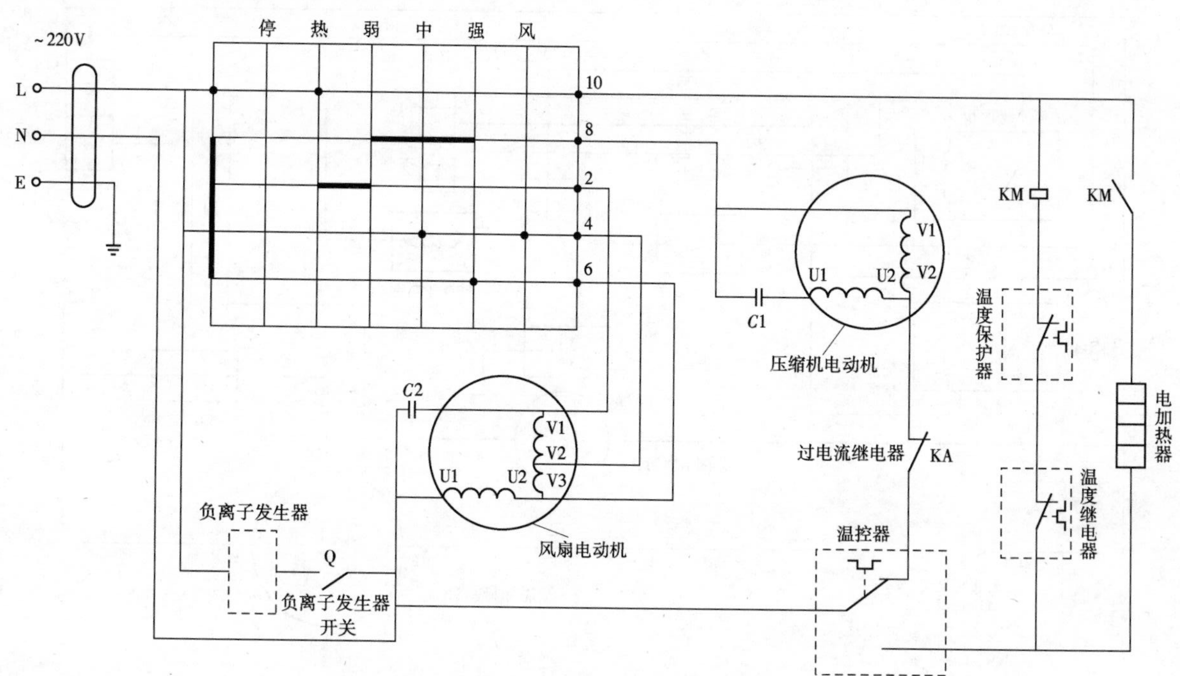

图 8-19　天鹅牌 KCD-35F 窗式空调器电气原理接线图

图 8-20 所示为天鹅牌 KCRD-35F 窗式空调器电气原理接线图。该线路主要由压缩机电动机 M1、风扇电动机 M1、过电流保护器、温控器、负离子发生器、温度继电器、温度保护器、电加热器、电加热开关、负离子开关、主控开关、电容器 C 等电气元件所共同组成。线路结构合理操作简便、自动控温灵敏可靠。

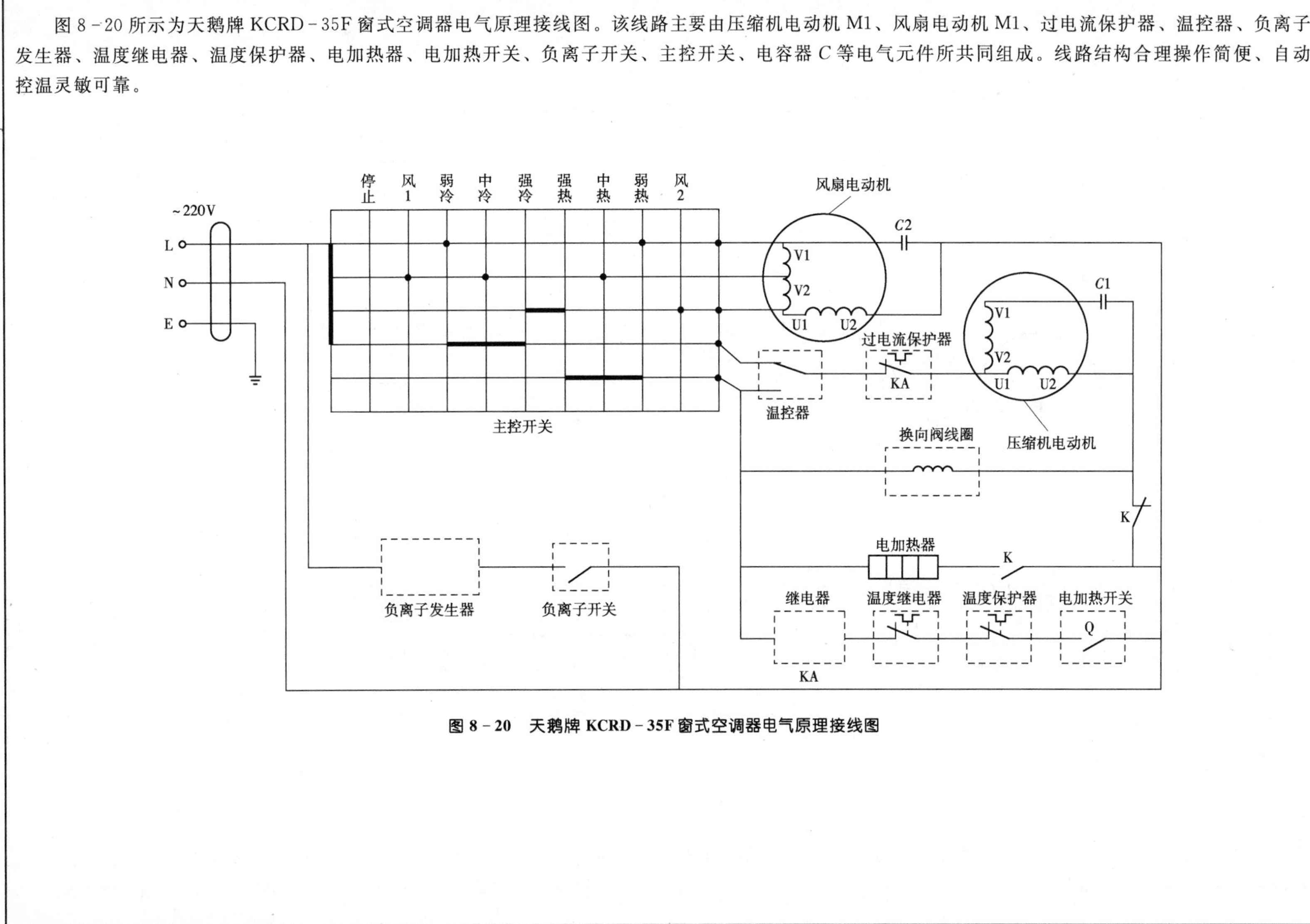

图 8-20　天鹅牌 KCRD-35F 窗式空调器电气原理接线图

图 8－21 所示为春兰牌 KCD－31A 窗式空调器电气原理接线图，该线路主要压缩机电动机 M1、风扇电动机 M1。过电流继电器 KA、时间继电器 KT、电加热器、主控开关及电容器 $C1$、$C2$ 等电气元件所组成。线路结构设计合理，制冷效果好、操作简便、自动控温灵敏可靠，得到同类电冰箱的较多采用。

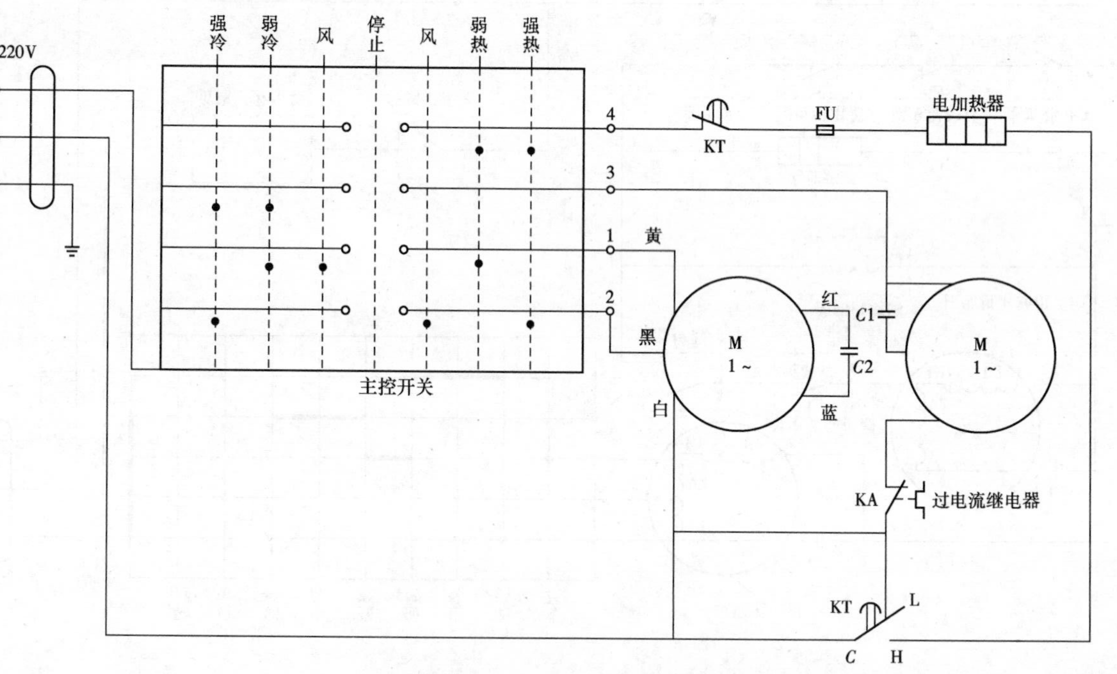

图 8－21　春兰牌 KCD－31A 窗式空调器电气原理接线图

图 8 - 22 所示为春兰牌分体式空调器电气原理接线图。该线路压缩机三相电动机 M、风扇电动机 M，交流接触器 KM1 和 KM2、电流继电器 KA、压力继电器 KP、温控器、电加热器、主控开关、热继电器 FR 及电容器 C1～C4、电阻 FU1～FU4 等电气元件所共同组成。线路结构合理、操作简便，自动控温灵便可靠。

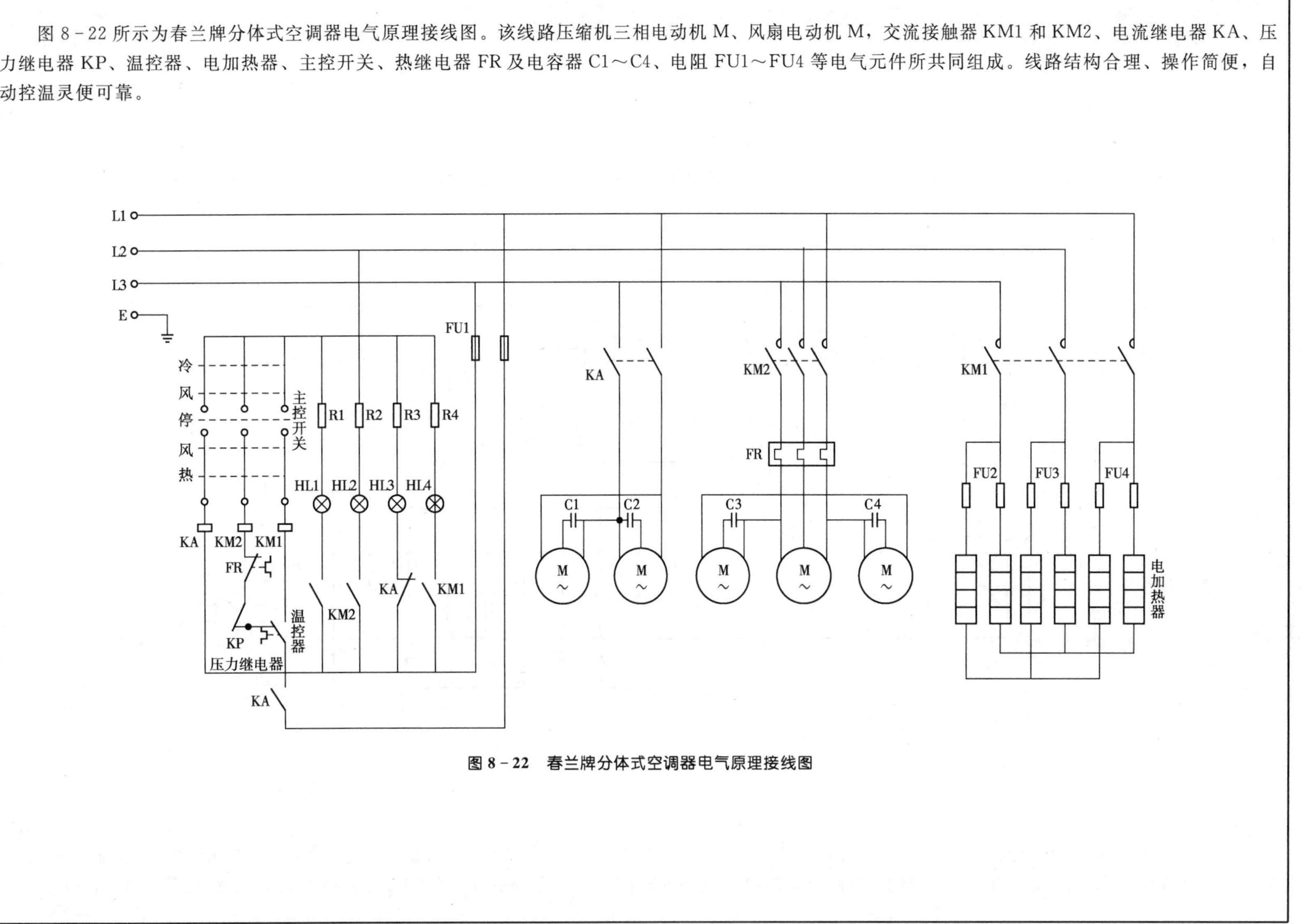

图 8 - 22　春兰牌分体式空调器电气原理接线图

图 8-23 所示为胜风牌 PTC 加热器冷暖空调器电气原理接线图，该线路主要由压缩机电动机、风扇电动机、温度保护器、温控器、电加热器、主令开关及电容器 C1、C2 等电气元件所共同组成。该线路结构设计合理，制冷效果非常好，操作十分简便，自动控温灵敏可靠，得到同类电冰箱较多的采用。

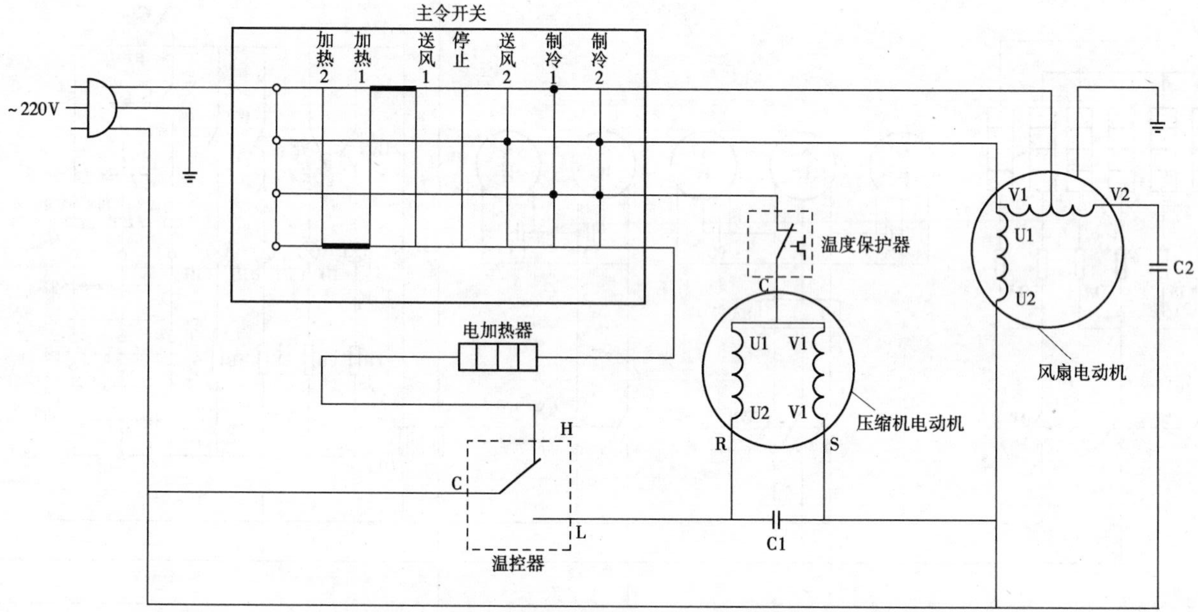

图 8-23　胜风牌 PTC 加热器冷暖空调器电气原理接线图

图 8-24 所示为日本三菱牌窗式空调器电气原理接线图，该线路主要由压缩机电动机 M1、风扇电动机 M1、过电流继电器、温度开关、温控器、杠杆式开关、定时器及电容器 $C1$、$C2$ 等电气元件等所共同组成。该线路结构设计合理、制冷效果好，操作简便，自动控温灵敏可靠，得到同类电冰箱的较多采用。

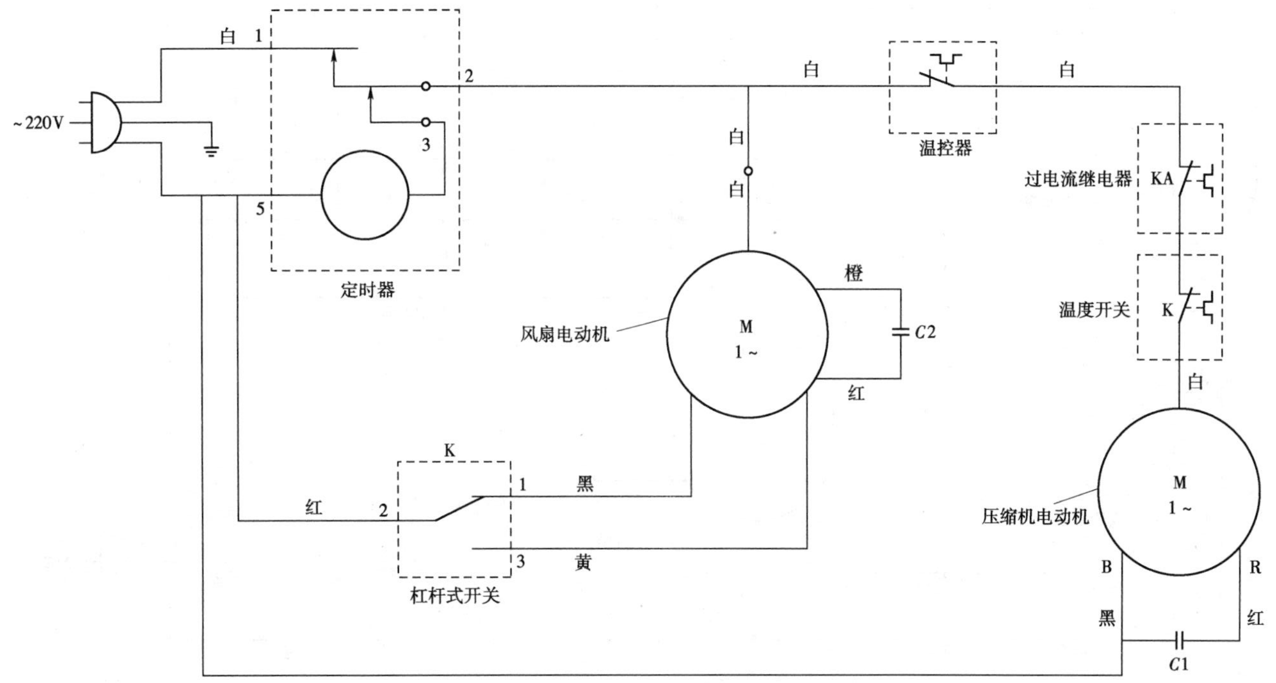

图 8-24　日本三菱牌窗式空调器电气原理接线图（1）

图 8-25 所示为日本三菱牌窗式空调器电气原理接线图，该线路主要由压缩机电动机 M1、风扇电动机 M1、过电流继电器、温度开关、温控器、旋转式开关及电容 $C1$、$C2$ 等电气元件所共同组成。该线路结构设计合理、制冷效果非常好、操作十分简便、自动控温灵敏可靠，得到同类电冰箱的广泛采用。

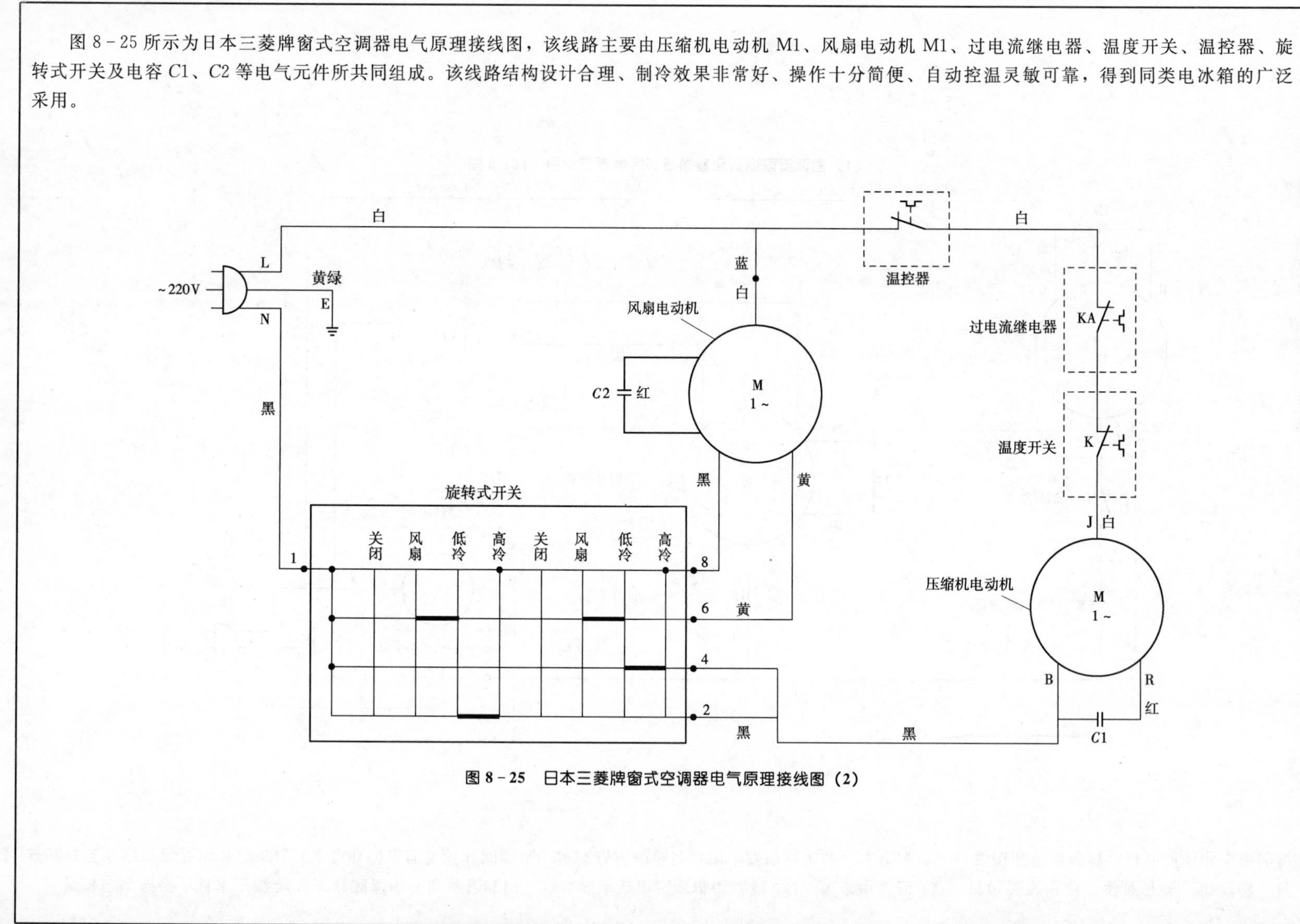

图 8-25　日本三菱牌窗式空调器电气原理接线图（2）

图 8－26 所示为 KCD－20 窗式空调器电气原理接线图。该线路主要由压缩机电动机、风扇电动机、温控器、热保护器、电加热器、主控开关及电容器 $C1$、$C2$ 等电气元件所共同组成。该机操控灵敏、方便。

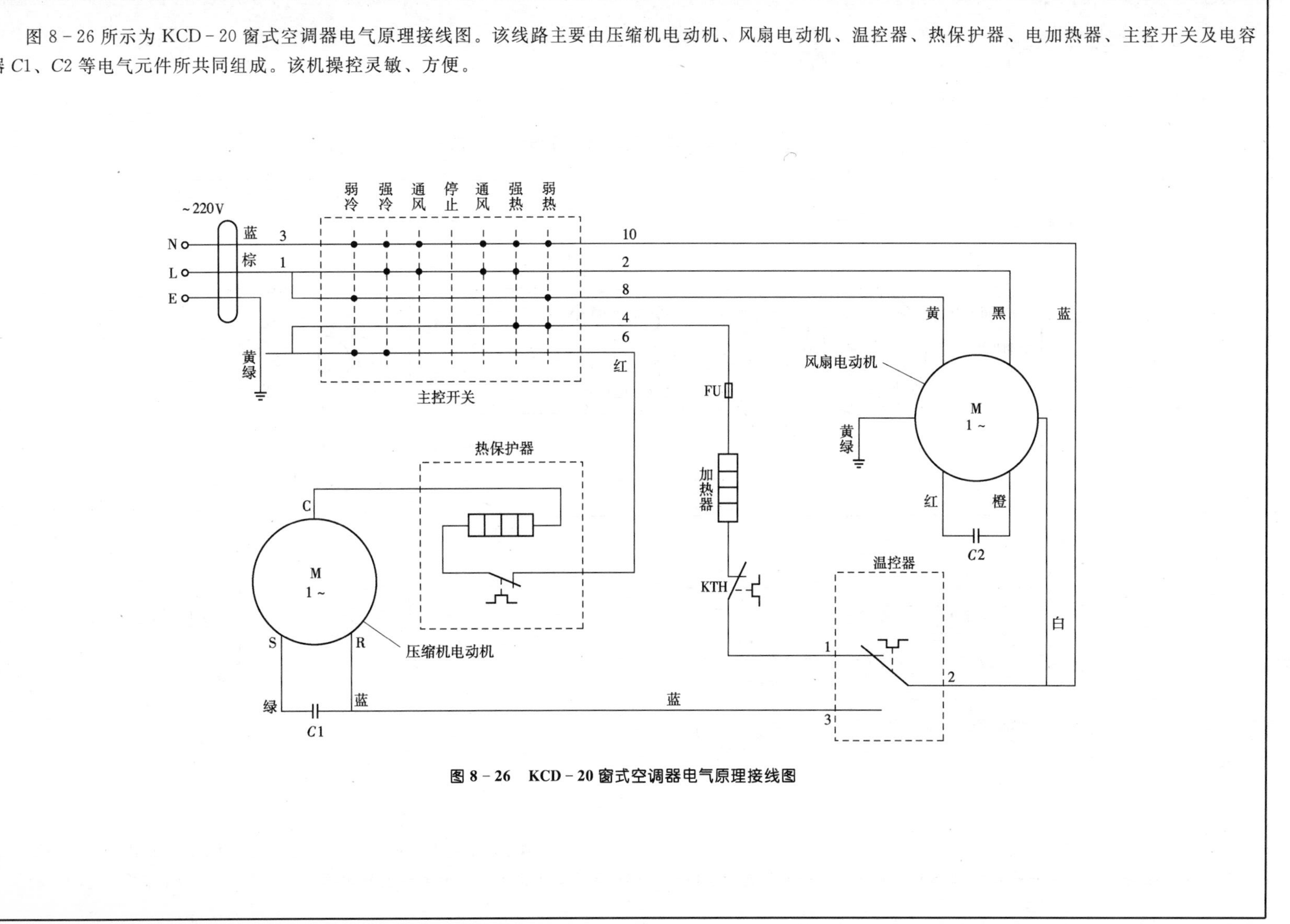

图 8－26　KCD－20 窗式空调器电气原理接线图

图 8-27 所示为 KCD-31 窗式空调器电气原理接线图。该线路主要由压缩机电动机、风扇电动机，过电流继电器、温控继电器、中间继电器、温控器、主控开关、定时器以及电容器 $C1$、$C2$ 等电气元件所共同组成。

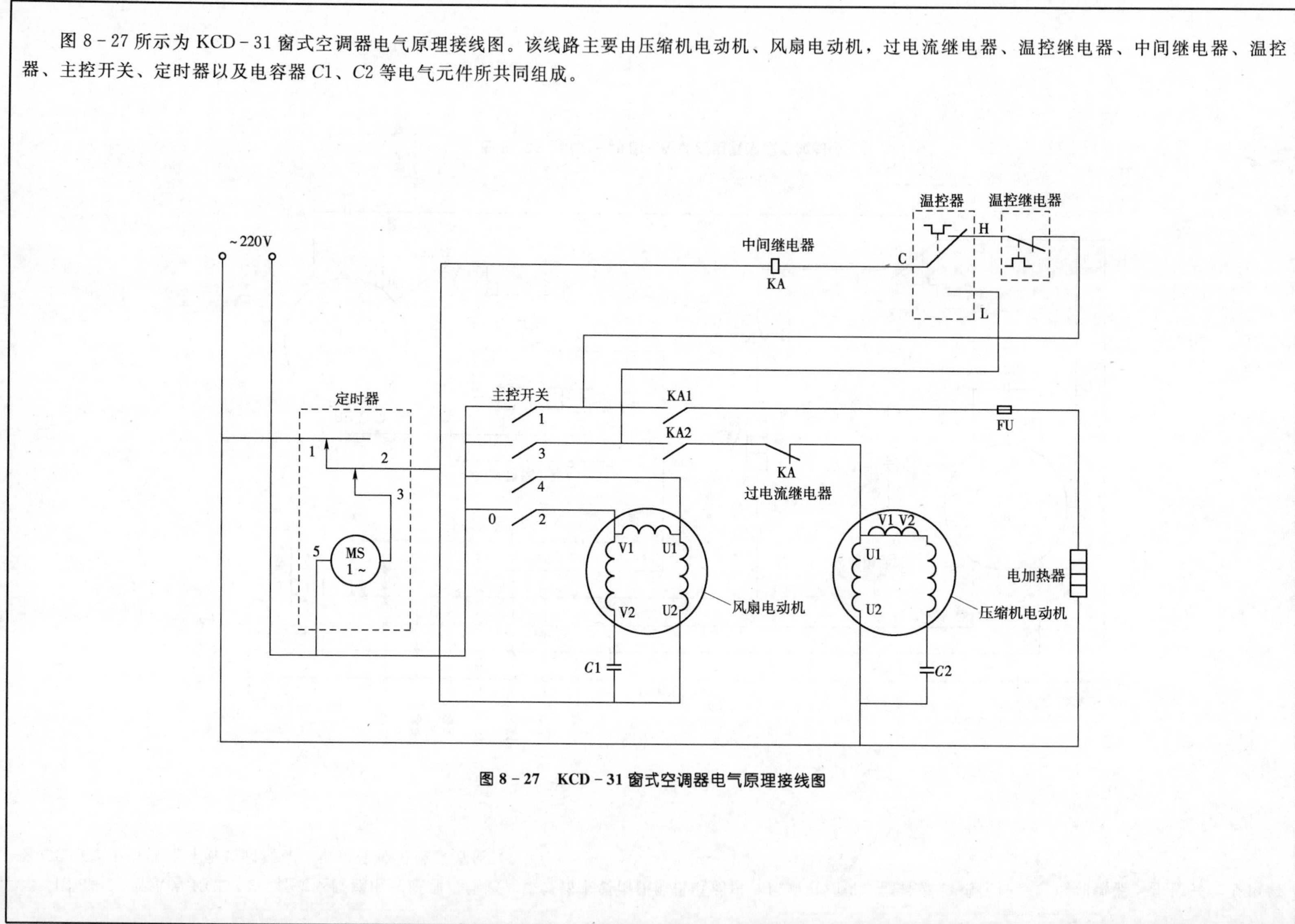

图 8-27　KCD-31 窗式空调器电气原理接线图

图 8-28 所示为 KCR-40 三相窗式空调器电气线路。该线路主要由压缩机电动机 M3、风扇电动机、交流接触器 KM、热继电器 KTH、定时器、温控器、主控开关、换向阀等电气元件所共同组合而成。

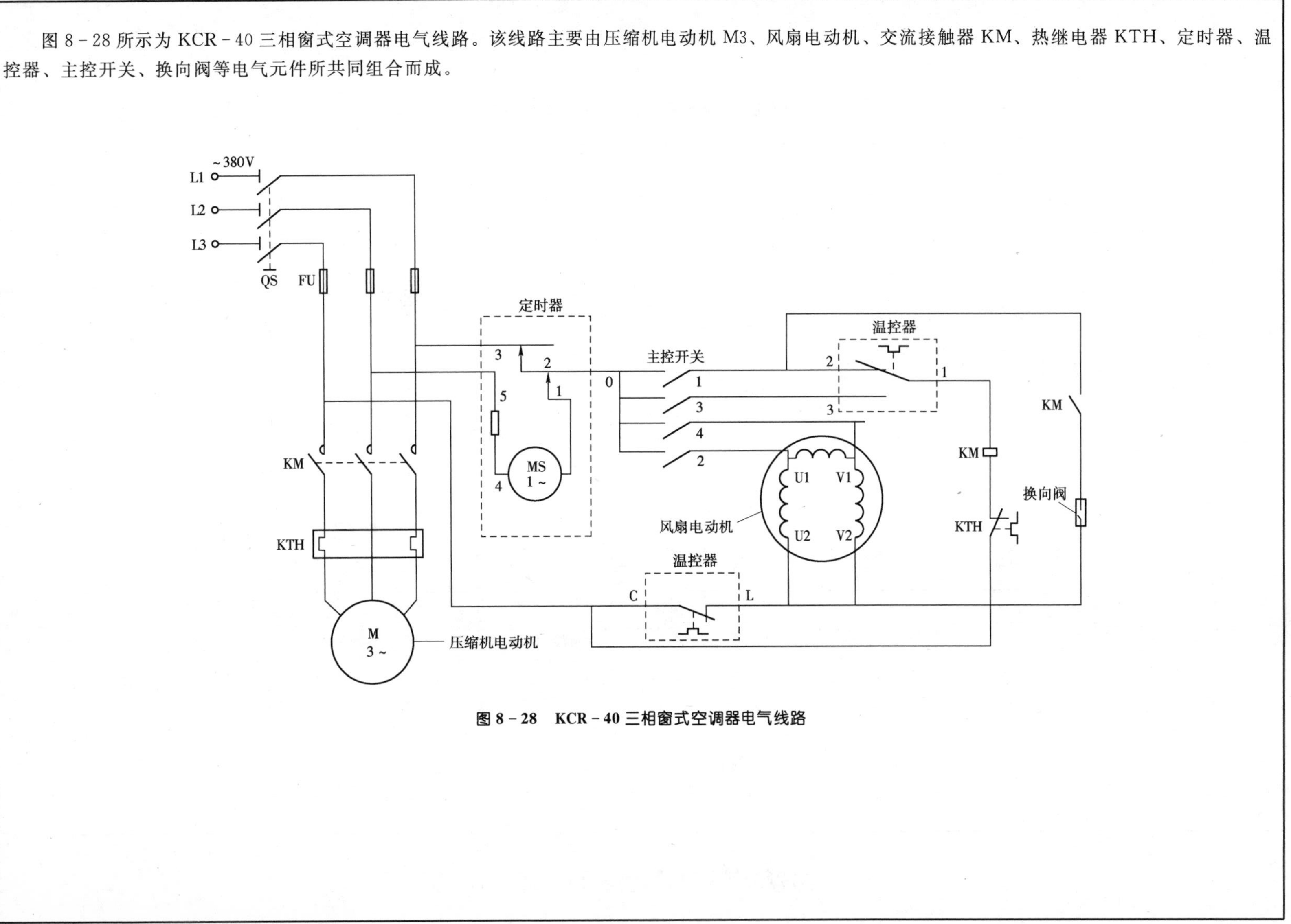

图 8-28　KCR-40 三相窗式空调器电气线路

第 3 节 电冰箱电气控制线路图

图 8-29 所示为 BCD-158A 直冷式电冰箱电气原理接线图。该线路主要由压缩机电动机、PTC 起动器、过载保护器、温控器、电加热器、电加热器开关、门灯开关等电气元件所共同组合而成。该线路结构设计合理，简单而又实用功能也很齐全，操控非常灵敏，使用极其方便，因而在同类电冰箱中被广泛采用。

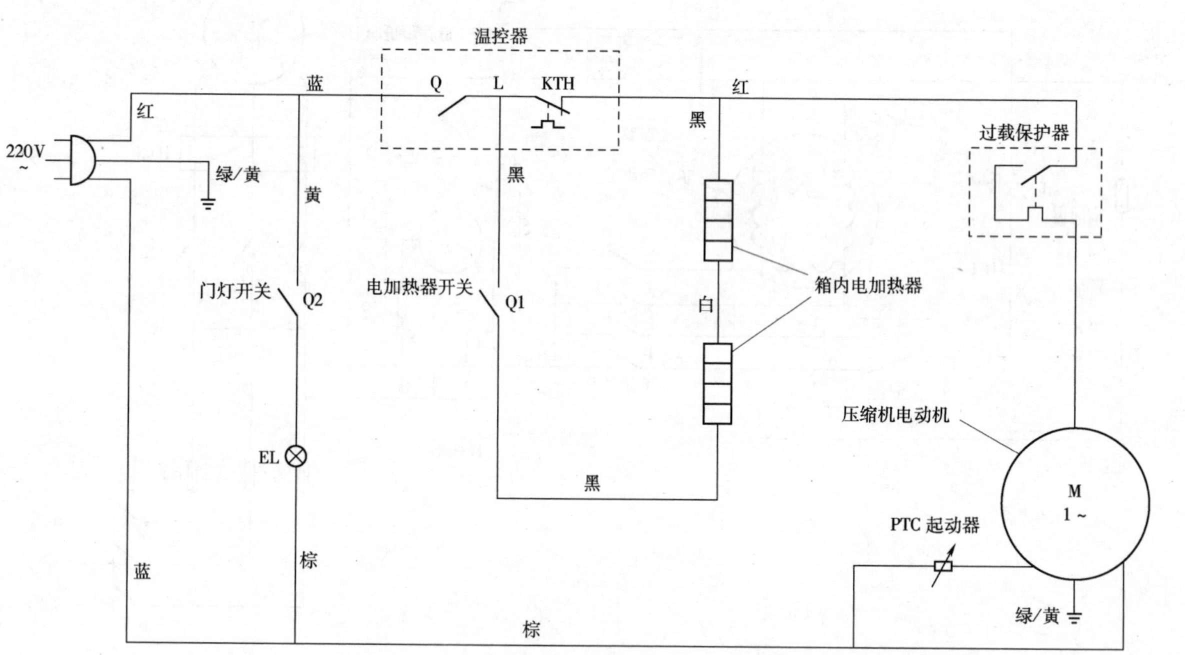

图 8-29 BCD-158A 直冷式电冰箱电气原理接线图

图 8-30 所示为 BCD-180D 电冰箱电气原理接线图。该线路结构设计合理、简单而又实用，功能也很齐全，操控十分灵敏并且使用方便。该线路主要由压缩机电动机、起动器、过载保护器、温控器、电加热器、电加热开关、灯开关等电气元件等所共同组合而成。由于该线路简单实用的优，故被同类冰箱广泛采用。

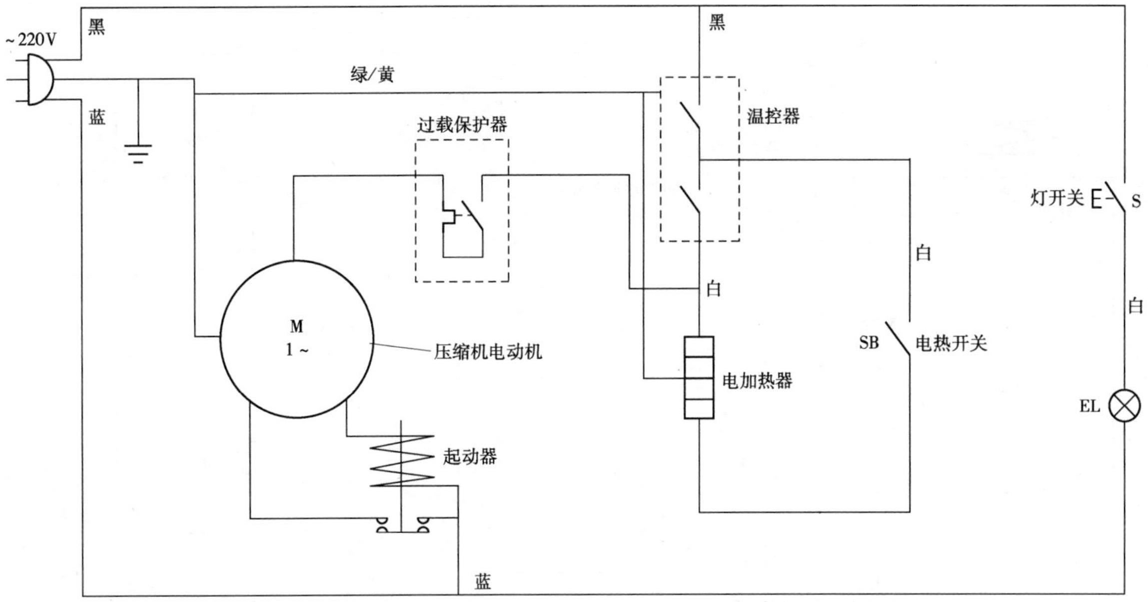

图 8-30　BCD-180D 电冰箱电气原理接线图

图 8－31 所示为 BCD－191 电冰箱电气原理接线图。该线路主要由压缩机电动机、起动继电器、过载保护器、温控器、化霜电加热器、灯开关等电气元件所共同组合而成。该线路设计合理、使用很方便。

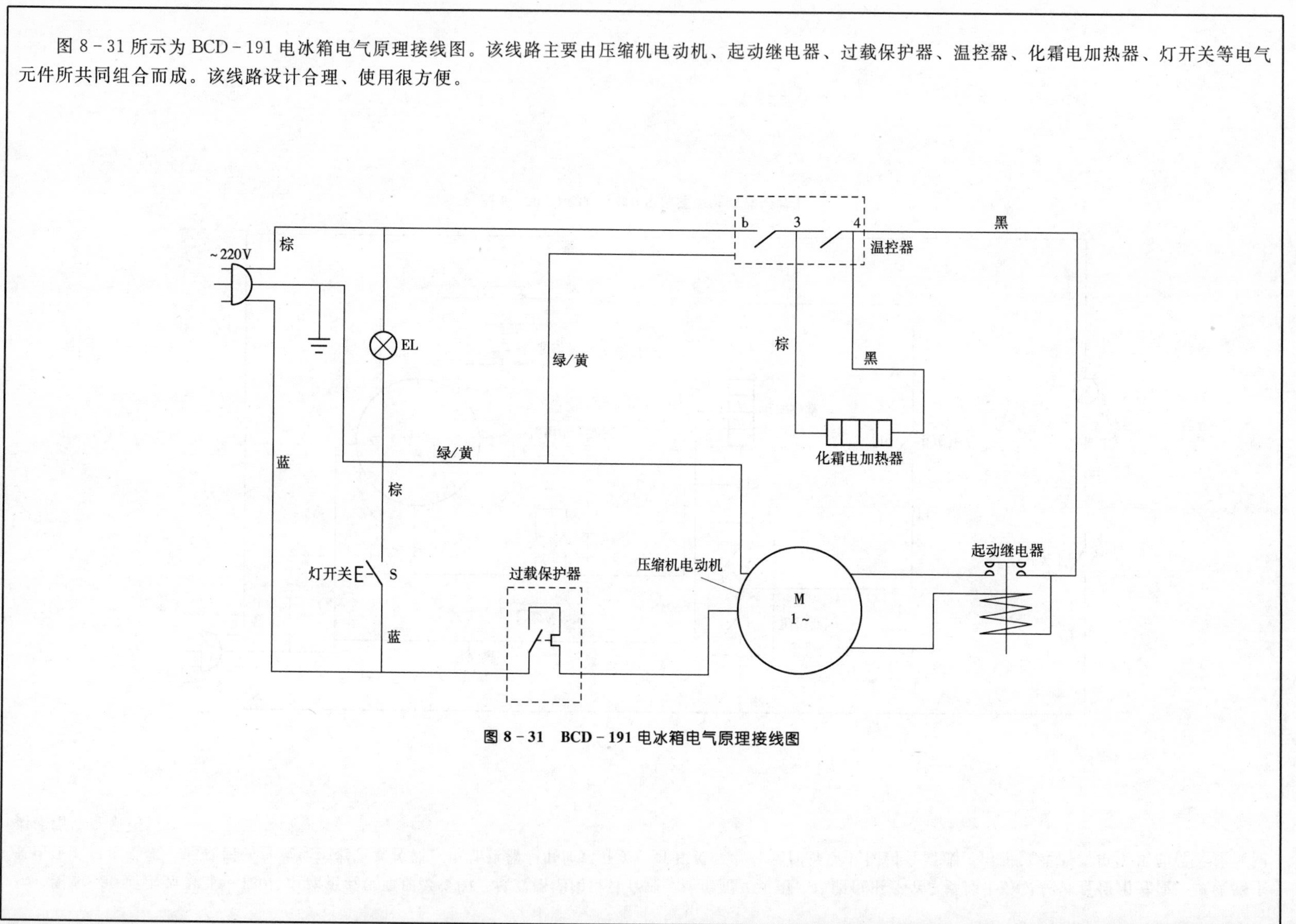

图 8－31　BCD－191 电冰箱电气原理接线图

图 8－32 所示为上菱牌 BCD－216W 电冰箱电气原理接线图，该线路主要由压缩机电动机 M1、风扇电动机 M1、过电流继电器、温度开关、温控器、过载保护器、化霜定时器、化霜加热器、热敏电阻 RT，按钮开关等电气元件所共同组成。线路结构设计合理，制冷效果好，自动控温灵敏可靠，获广泛好评。

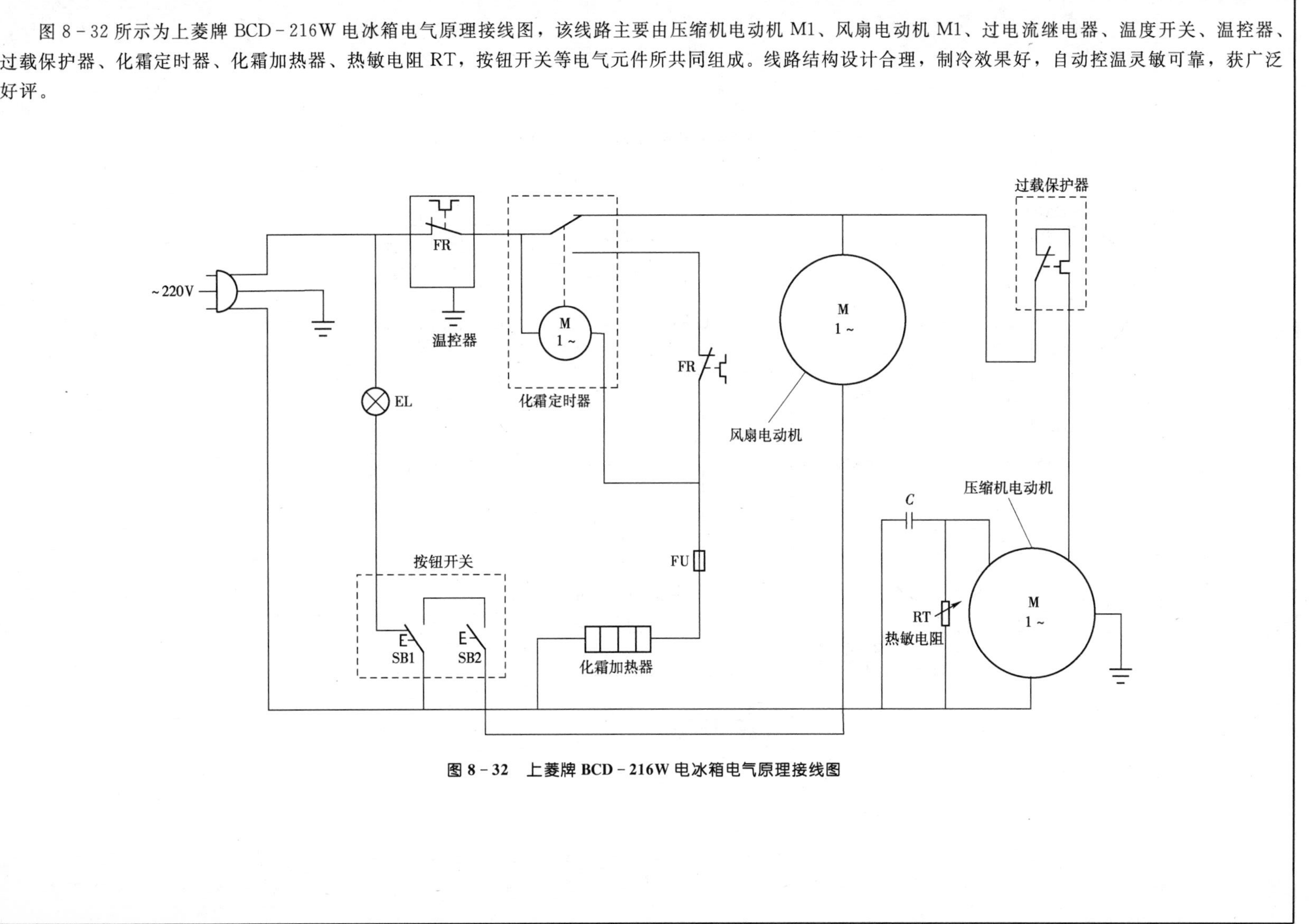

图 8－32　上菱牌 BCD－216W 电冰箱电气原理接线图

图 8-33 所示为万宝牌 BYD-155 间冷式电冰箱电气原理接线图。该线路主要由压缩机电动机 M1、风扇电动机 M1、过载保护器、热敏电阻器、压敏电阻器、温控器、温控加热器、冬用电加热器、化霜电加热器、整流二极管、按钮开关、切换开关等电气元件所共同组成。线路结构合理，制冷效果非常好。

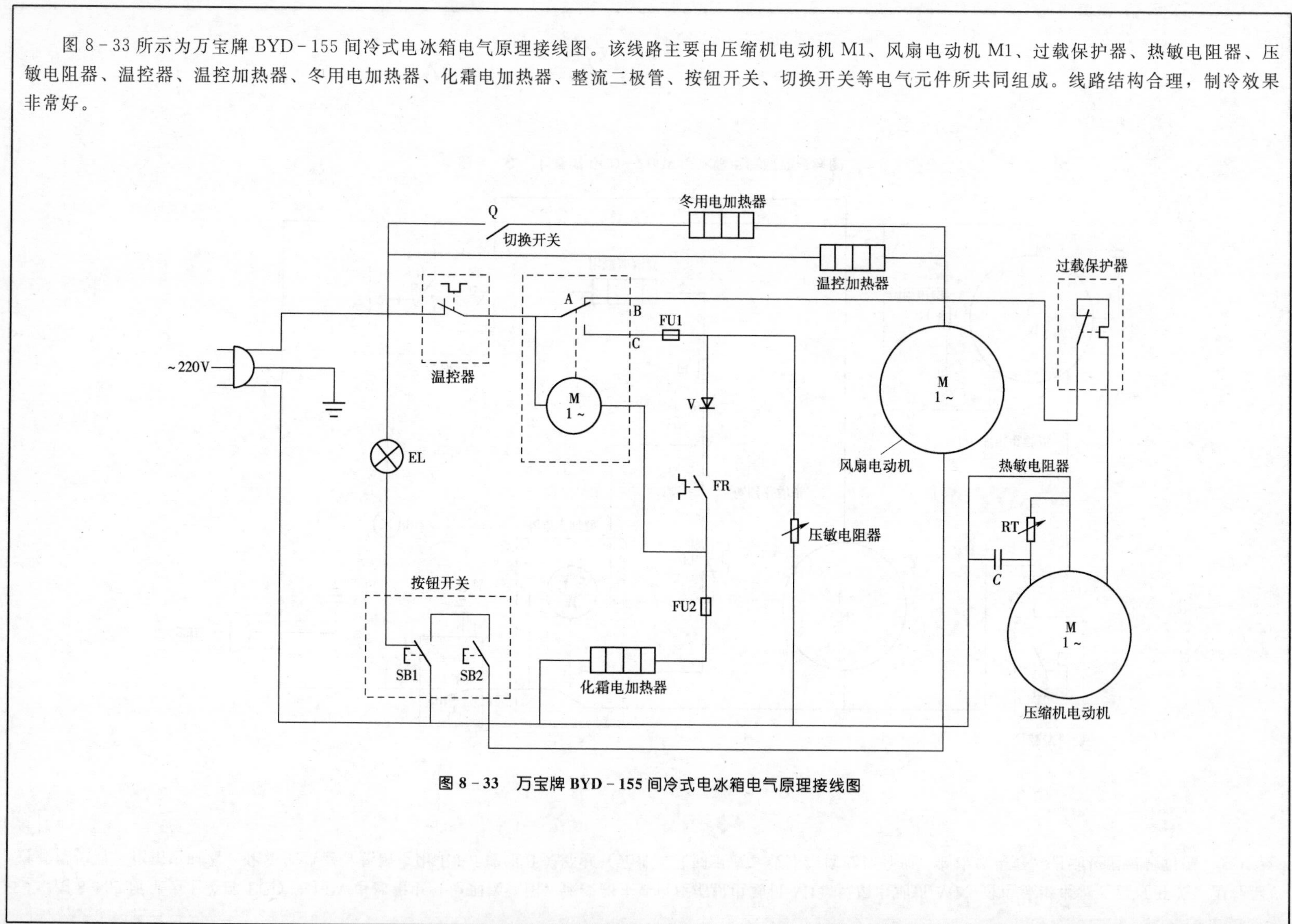

图 8-33　万宝牌 BYD-155 间冷式电冰箱电气原理接线图

图 8－34 所示为西冷牌 BC－176 电冰箱电气原理接线图。该线路主要由压缩机电动机、过载保护器、温控器、PTC 起动器等电气元件所共同组合而成。

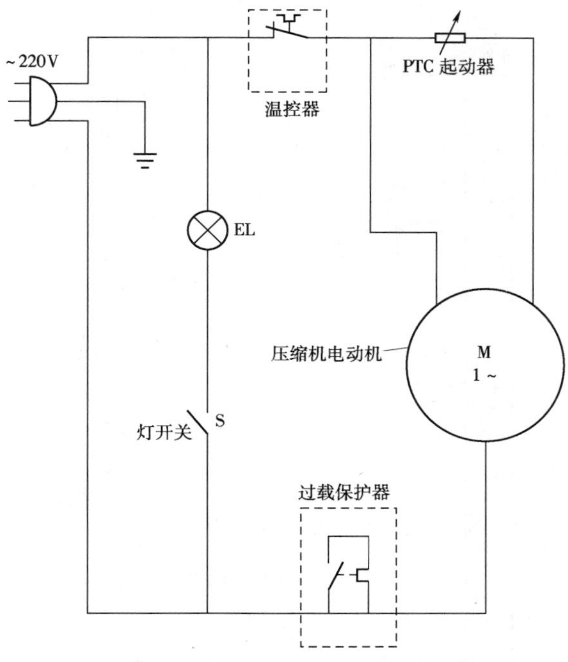

图 8－34　西冷牌 BC－176 电冰箱电气原理接线图

图 8－35 所示为容声牌 BCD－103 电冰箱电气原理接线图。该线路主要由压缩机电动机 M1 过载保护器、温控器、PTC 起动器、电加热器等所共同组成。

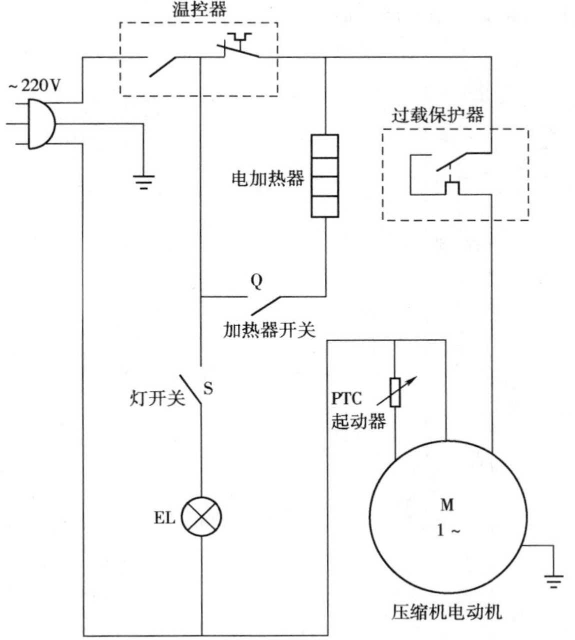

图 8－35　容声牌 BCD－103 电冰箱电气原理接线图

图8－36所示为华意—阿里斯顿牌BCD－151电冰箱电气原理接线图。线路主要由压缩机电动机、起动继电器、过载保护器、温控器、电加热器等组成。

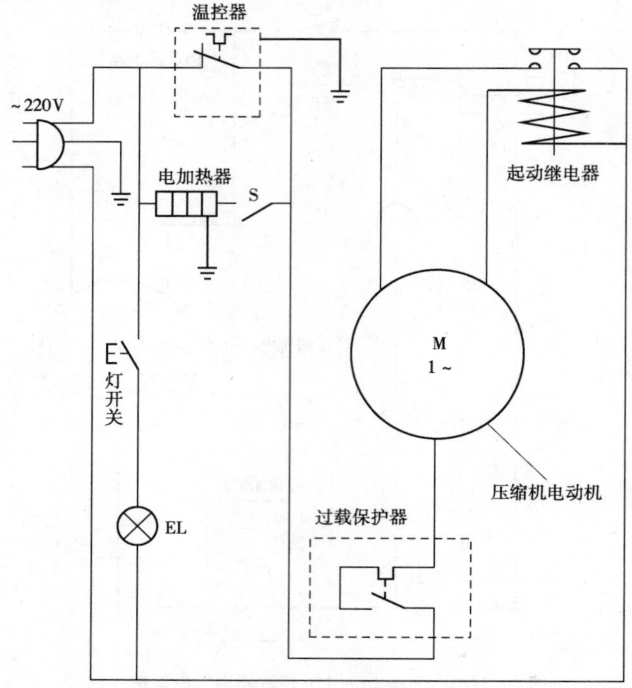

图8－36　华意—阿里斯顿牌BCD－151电冰箱电气原理接线图

图8－37所示为扬子牌BCD－188直冷式电冰箱电气原理图。线路主要由起动继电器、过载保护器、温控器、电加热器、电加热器开关等所共同组成。

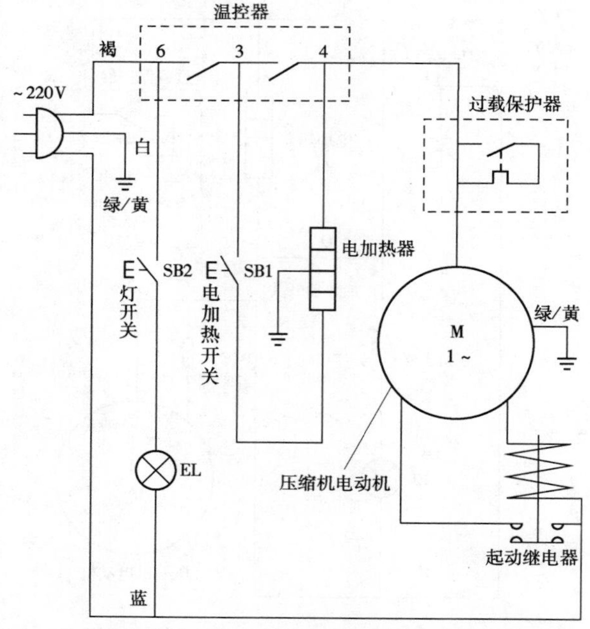

图8－37　扬子牌BCD－188直冷式电冰箱电气原理接线图

图 8 - 38 所示为琴岛—利勃海尔 BYD - 230 电冰箱电气原理接线图。该线路主要由压缩机电动机 M1、起动继电器、过载保护器、冷冻温控器、速冻开关、冷藏温控器、门开关、电磁阀线圈及电容器 C、电阻 R 等电气元件所共同组成。线路设计结构合理、冷藏、冷冻、速冻层次分明，效果突出。

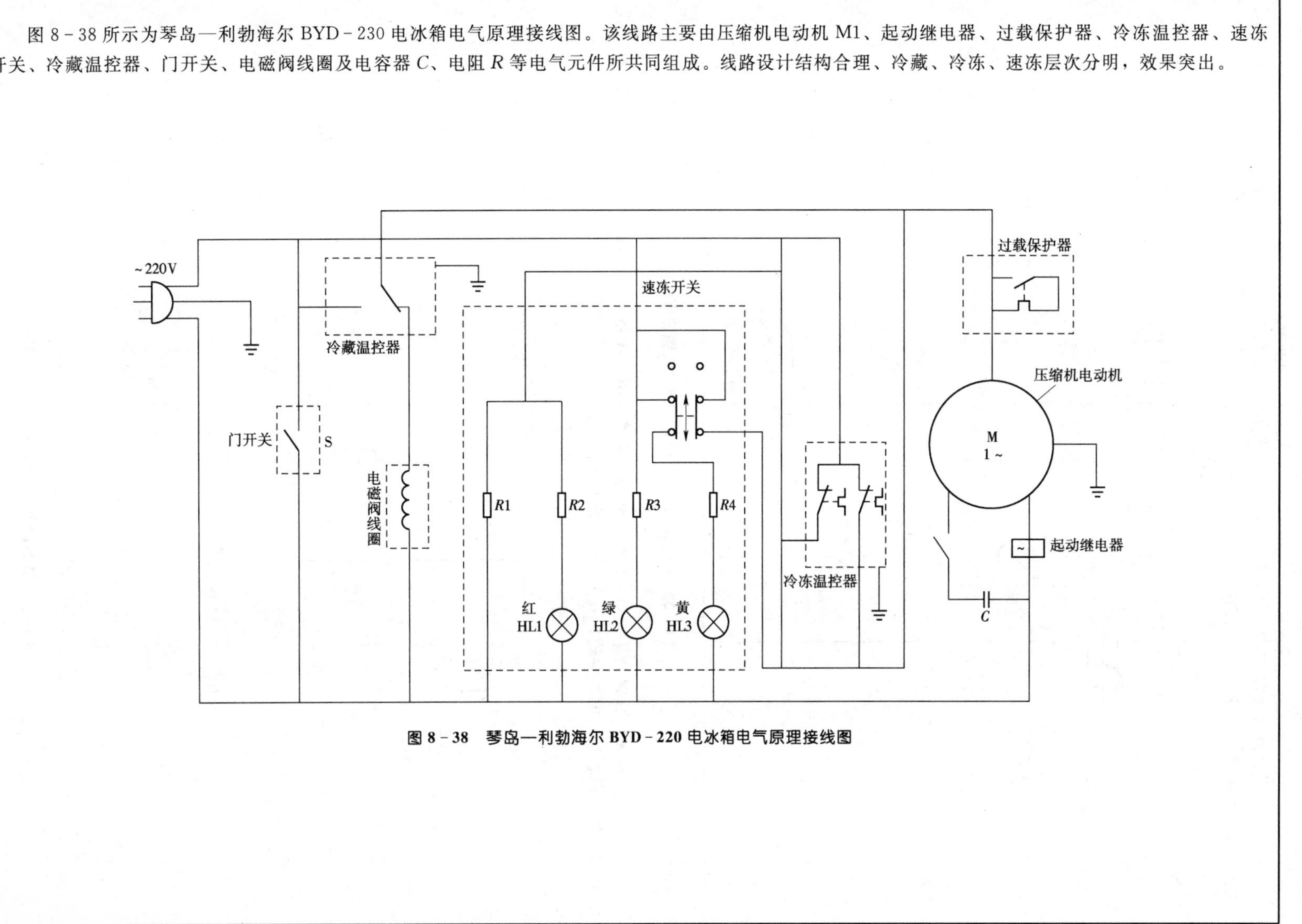

图 8 - 38　琴岛—利勃海尔 BYD - 220 电冰箱电气原理接线图

图 8－39 所示为白云牌 BCD－180 电冰箱电气原理接线图。线路主要由 PTC 起动器、过载保护器、电加热器、温控器以及开关 SB1、SB2 等电气元件所共同组成。

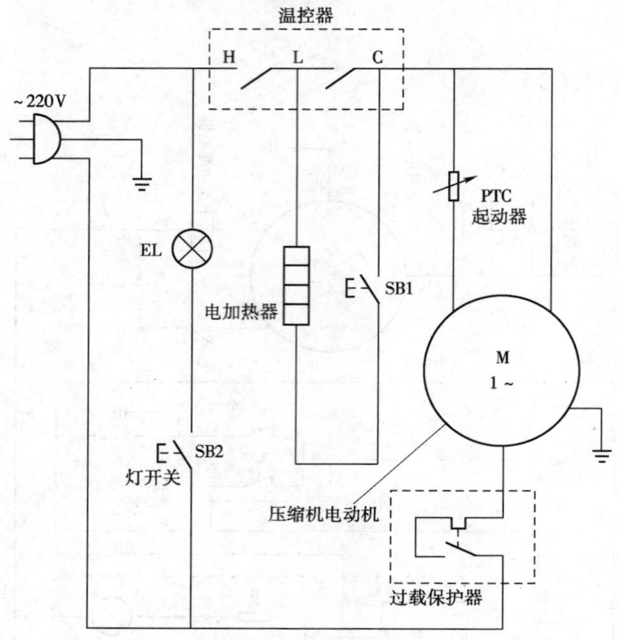

图 8－39　白云牌 BCD－180 电冰箱电气原理接线图

图 8－40 所示为中意牌 BCD－215 电冰箱电气原理接线图。线路由压缩机电动机 M1、起动继电器、过载保护器、温控器、电加热器、开关 SB 等所共同组成。

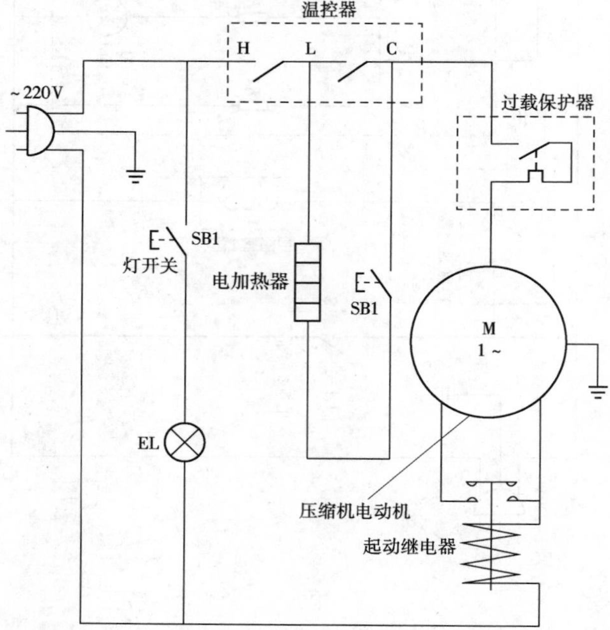

图 8－40　中意牌 BCD－215 电冰箱电气原理接线图

图 8－41 所示为日本松下 NR－143KJ－G 电冰箱电气原理接线图。线路主要由起动电器、过载保护器、温控器、电加热器、化霜电加热器、化霜开关、灯开关 SB、定时器等电气元件所共同组成。该线路设计结构合理、制冷效果非常好、保护完善操作方便、定时准确。在同类电冰箱中该线路得到较多采用。

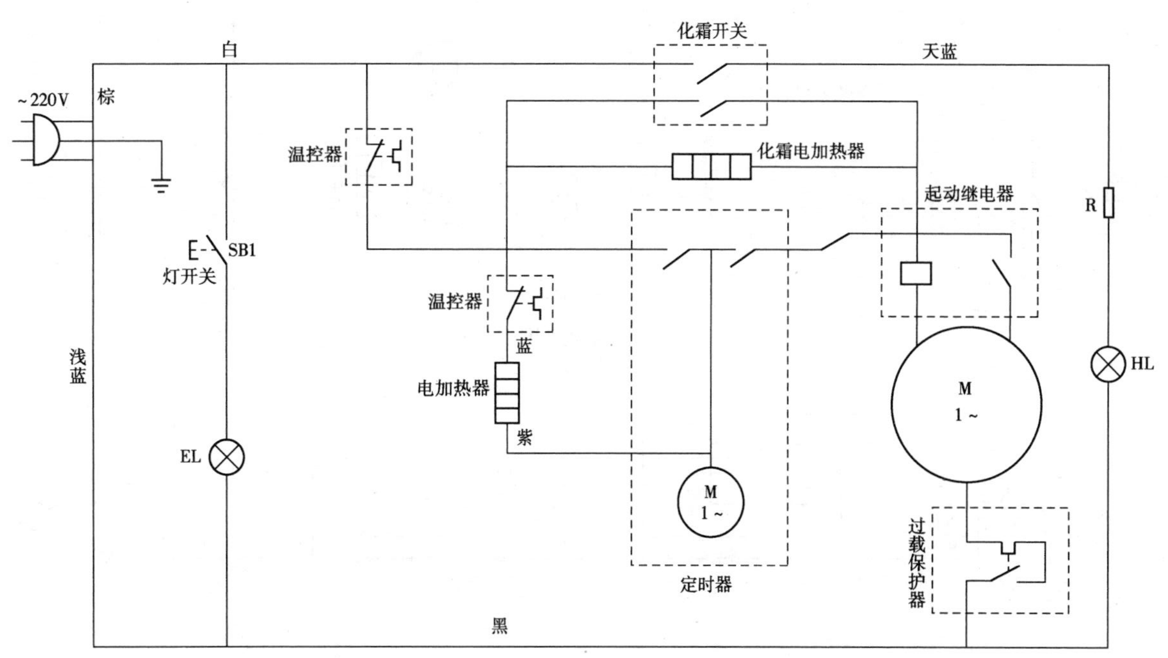

图 8－41　日本松下 NR－143KJ－G 电冰箱电气原理接线图

图 8-42 所示为日本东芝 GR-180G 电冰箱电气原理接线图。该线路主要由压缩机电动机 M1、起动过载保护继电器、温控器、加热器、化霜加热器、防霜加热器、化霜开关板、电容器 C 以及开关 SB1、SB2 等电气元件所共同组成。线路结构设计合理，制冷效果非常好，使用功能完善操控也十分的灵便。

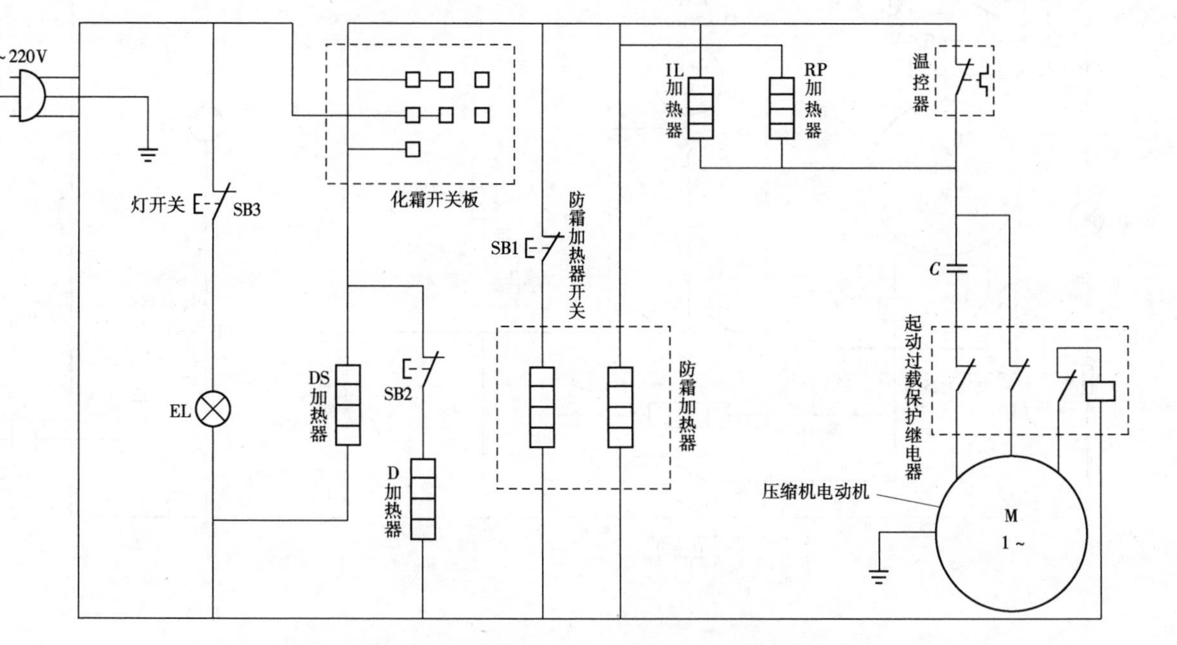

图 8-42　日本东芝 GR-180G 电冰箱电气原理接线图

第 4 节　洗衣机电气控制线路图

图 8-43 所示为带强、中、弱洗的波轮式单桶洗衣机电气原理接线图，国产单桶洗衣机绝大多数均采用这种电路，电动机为 90W、120W 两种，洗涤容量分别为 1.5kg、2.5kg，转速为 1300r/min。采用双凸轮 15min 机械定时器。该线路被广泛采用。

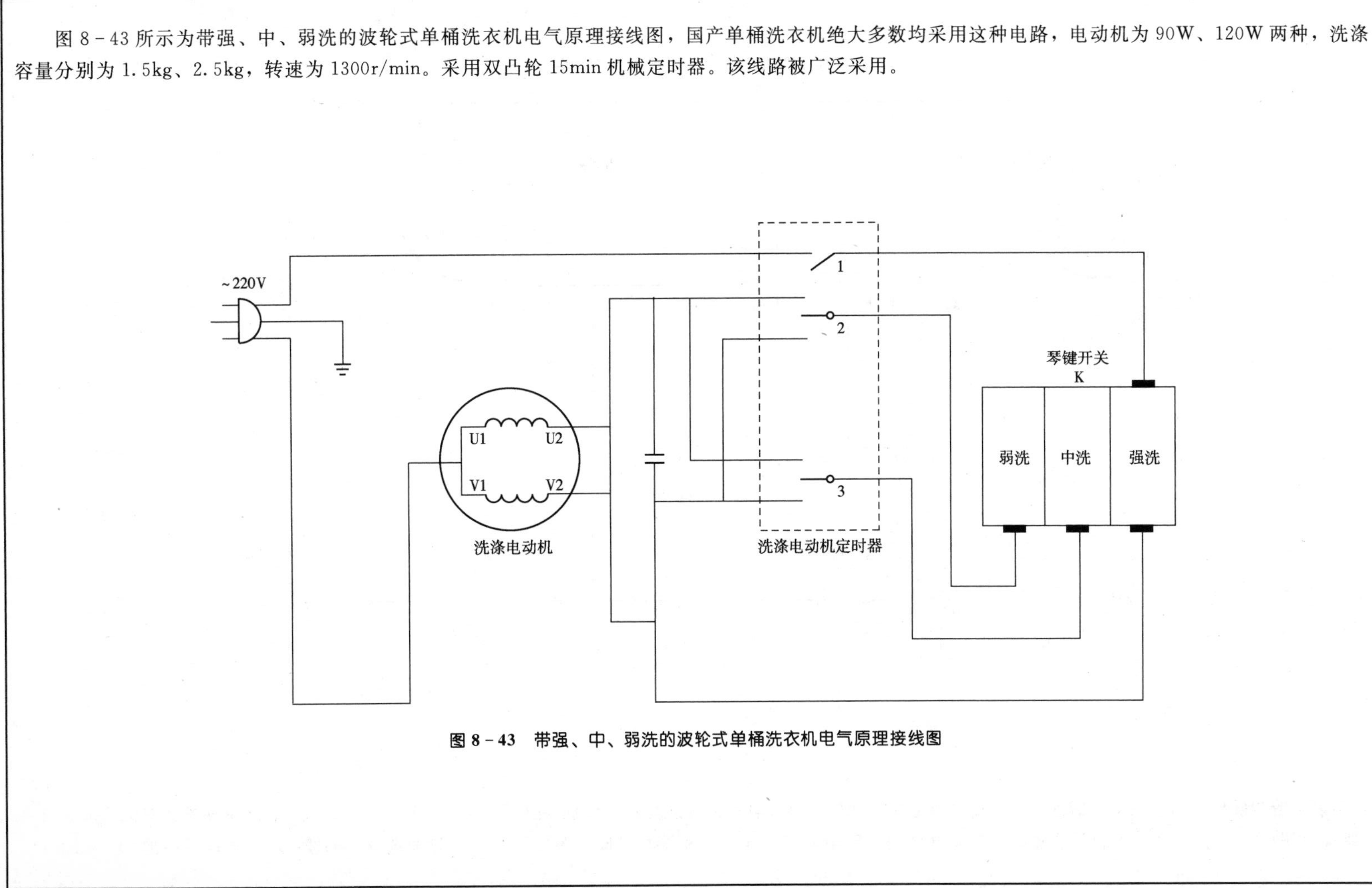

图 8-43　带强、中、弱洗的波轮式单桶洗衣机电气原理接线图

图 8-44 所示为带强、中、弱洗的双桶洗衣机电气原理接线图。该线路主要由洗涤电动机、脱水电动机、洗涤电动机定时器、脱水电动机定时器、琴键开关、微动开关及电容器 $C1$、$C2$ 等电气元件所共同组合而成。该线路结构设计合理、功能分工清楚、强、中、弱洗能适应不同衣料的洗涤，使用较方便。

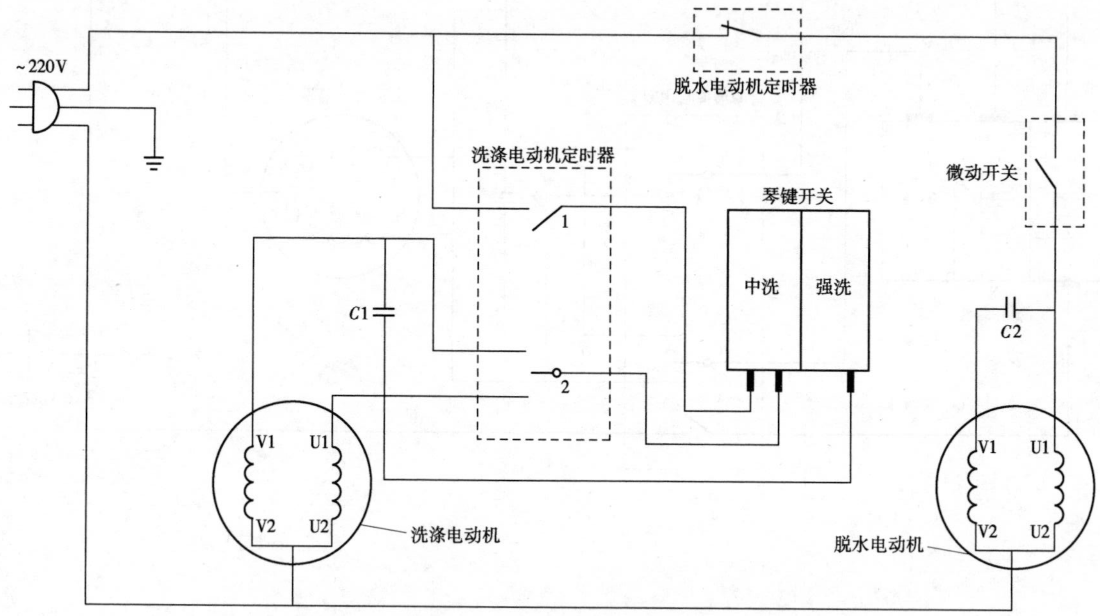

图 8-44　带强、中、弱洗的双桶洗衣机电气原理接线图

图 8-45 所示为带蜂鸣器和指示灯显示的波轮式双桶洗衣机电气原理接线图。该线路主要由洗涤电动机、脱水电动机、洗涤定时器、脱水定时器、电源指示灯、洗涤指示灯、脱水指示灯、蜂鸣器、琴键开关及电容器 $C1$、$C2$ 等电气元件所共同组合而成。此线路结构设计合理，功能分工十分清楚。

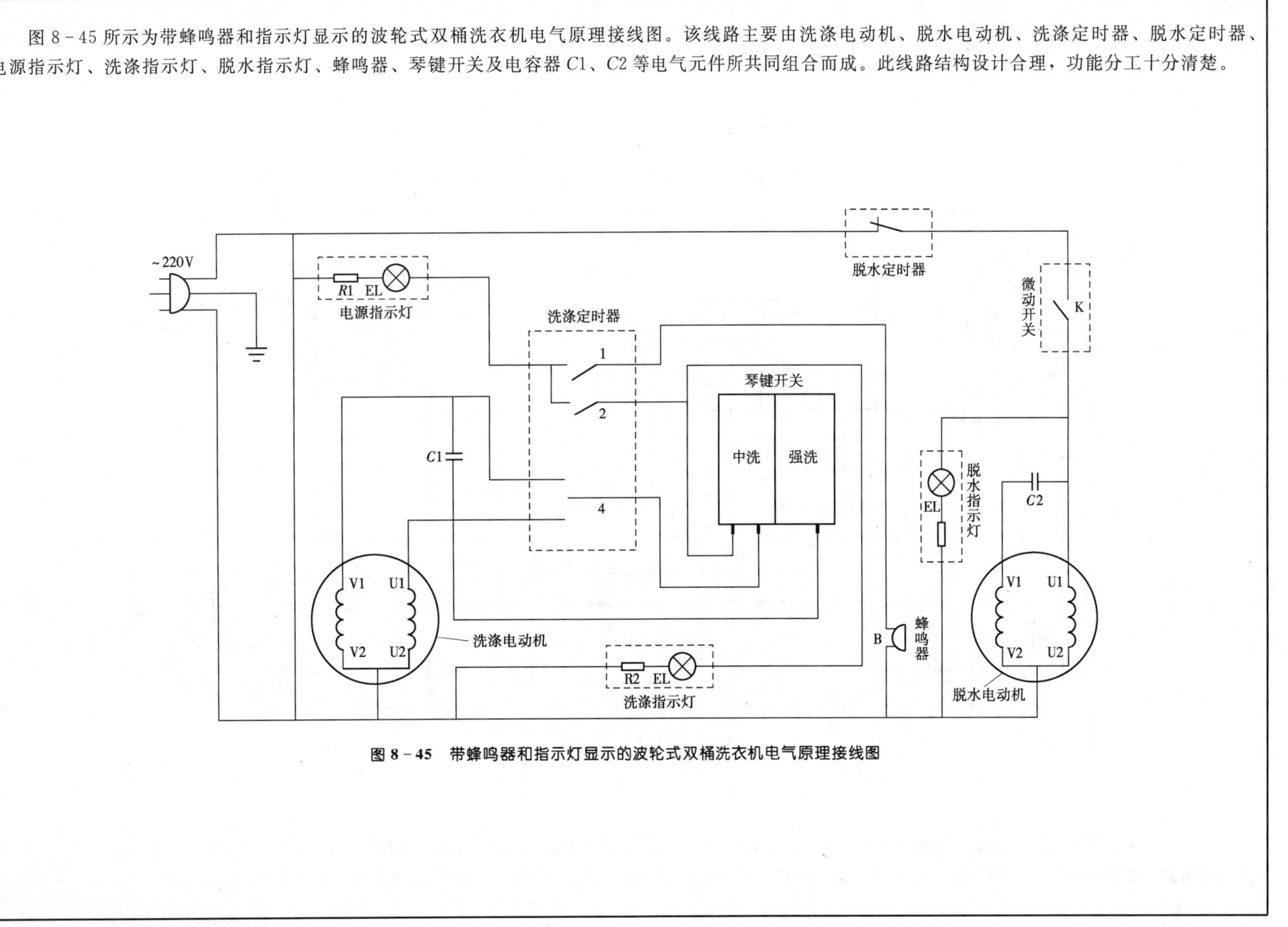

图 8-45　带蜂鸣器和指示灯显示的波轮式双桶洗衣机电气原理接线图

图 8 - 46 所示为带上排水功能的双桶洗衣机电气原理接线图。该线路主要由洗涤电动机、脱水电动机、上排水泵电动机、脱水定时器、蜂鸣器、微动开关、琴键开关及电容器 $C1$、$C2$ 等电气元件所共同组合而成。该线路结构设计合理、功能分工十分清楚，能适应不同衣料的洗涤要求。

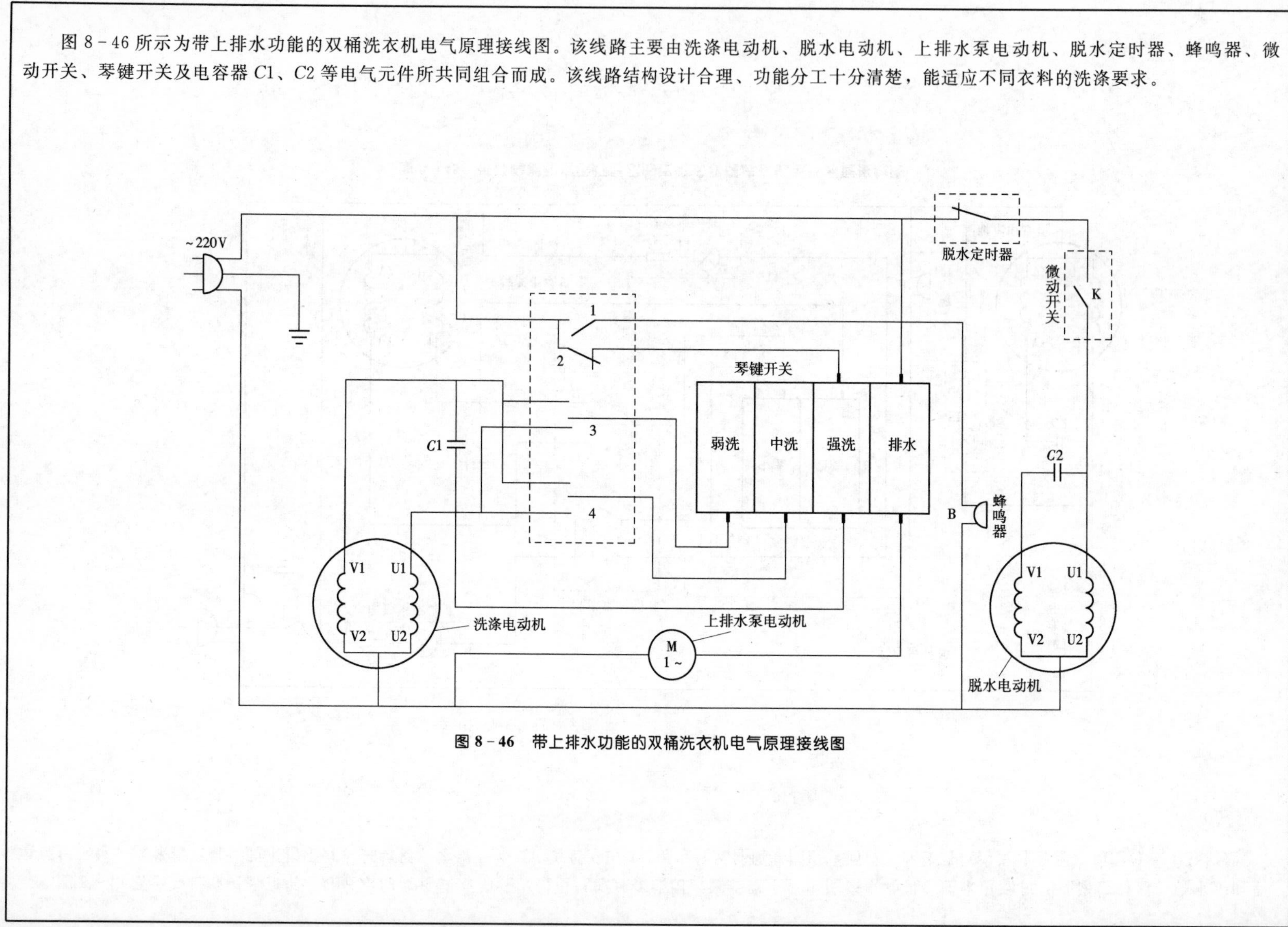

图 8 - 46　带上排水功能的双桶洗衣机电气原理接线图

图 8-47 所示为大波轮新水流双桶洗衣机电气原理接线图。该线路主要由洗涤电动机、脱水电动机、洗涤定时器、脱水定时器、蜂鸣器、微动开关及电容器 C1、C2 等电气元件所共同组合而成。该线路简单实用，功能基本齐全，使用也十分方便、能够适应各种不同衣料的洗涤要求。

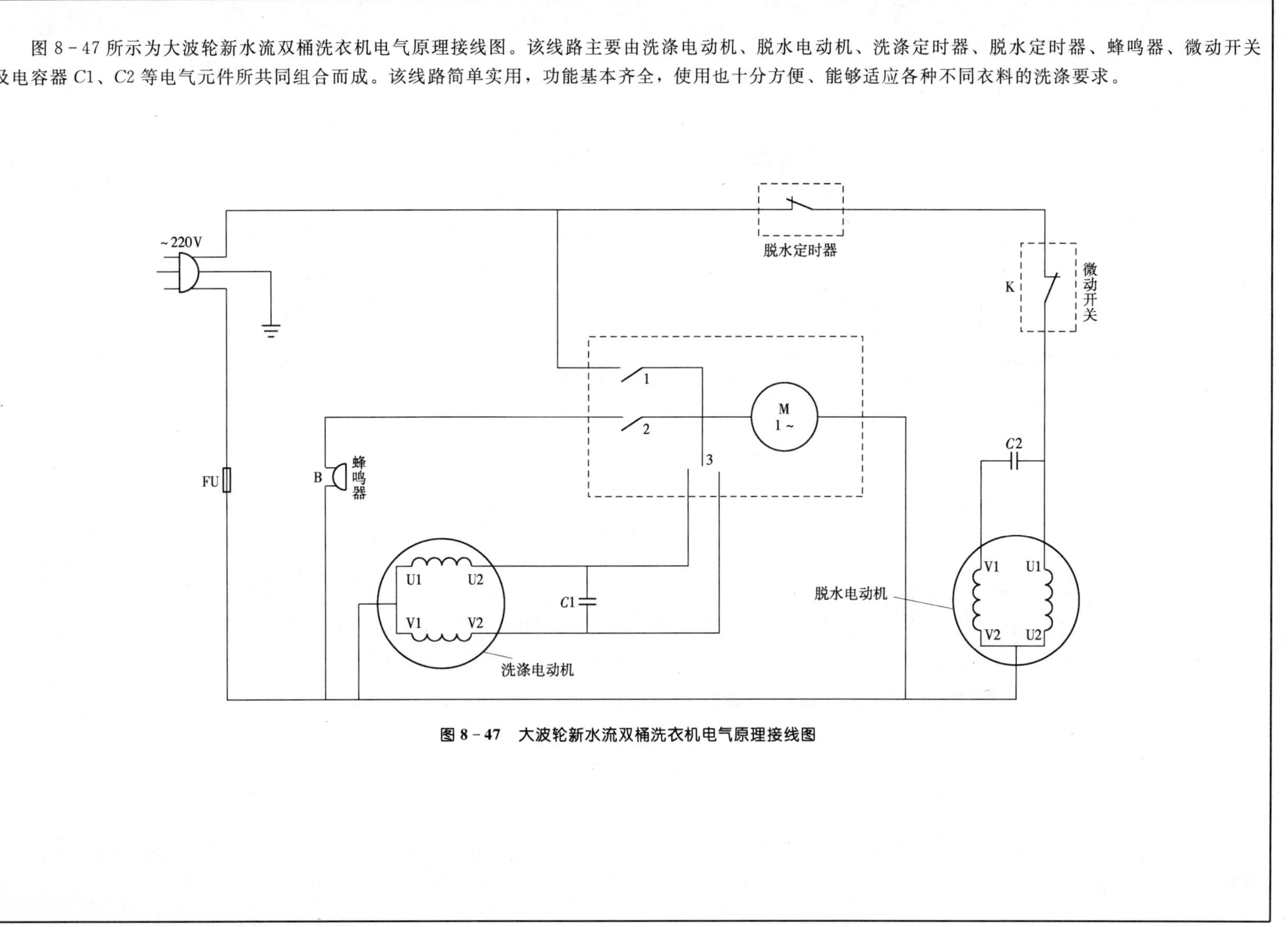

图 8-47　大波轮新水流双桶洗衣机电气原理接线图

图 8-48 所示为喷淋式双桶洗衣机电气原理接线图。该线路主要由洗涤电动机、脱水电动机、洗涤定时器、喷淋定时器、蜂鸣器、微动开关、琴键开关及电容器 $C1$、$C2$ 等电气元件所共同组合而成。该线路设计结构合理、功能分工非常清楚，能适应不同衣料的洗涤，使用较为方便。

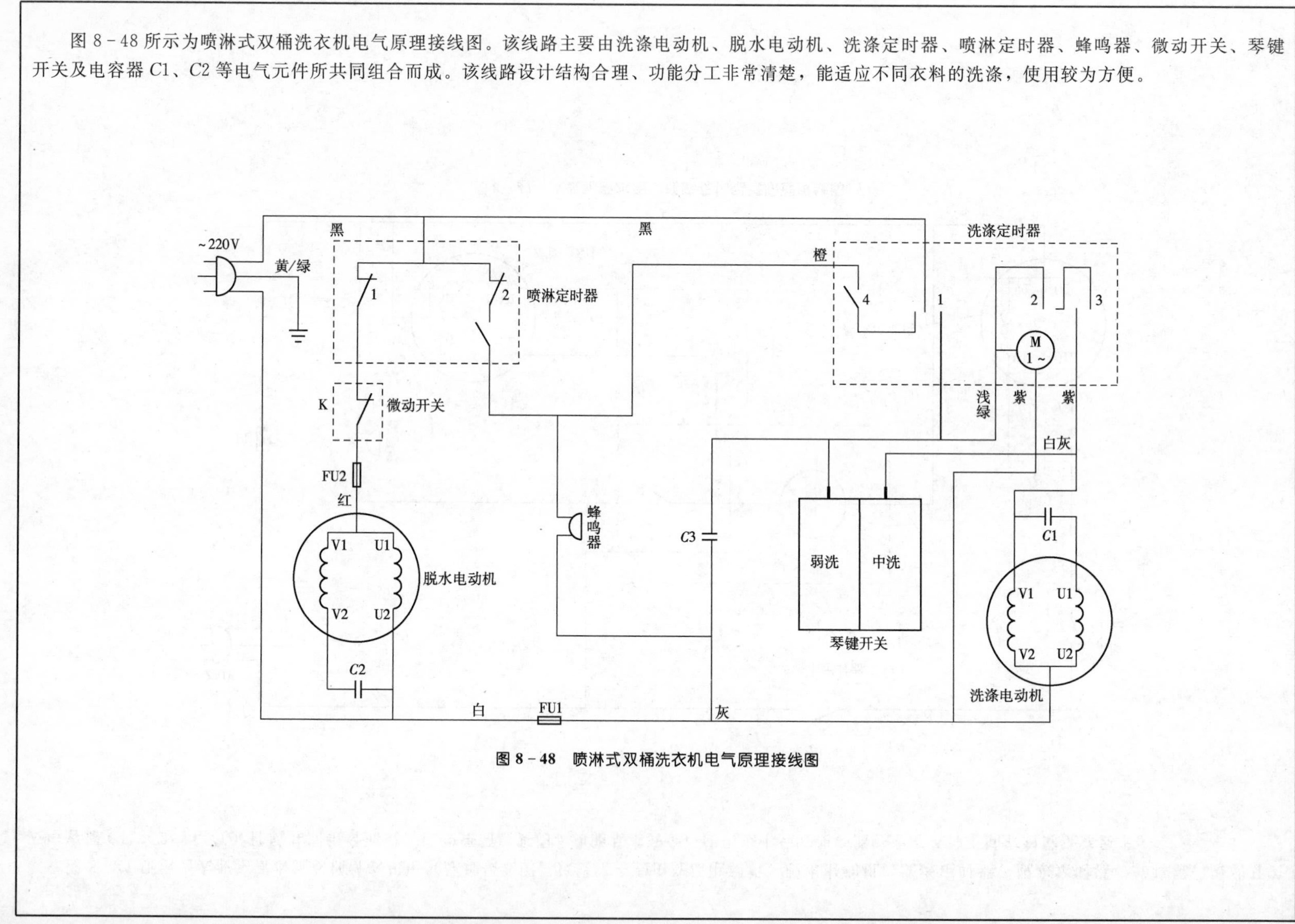

图 8-48　喷淋式双桶洗衣机电气原理接线图

图 8－49 所示为半自动双桶洗衣机电气原理接线图。该线路主要由洗涤电动机、脱水电动机、漂洗脱水定时器、洗涤定时器、安全开关、洗涤注水开关 K2、安全开关 K3、选择开关 K1 及电容器 $C1$、$C2$ 等电气元件所共同组合而成。线路结构设计合理，功能齐全够用，使用较为方便，能适应不同衣料的洗涤。

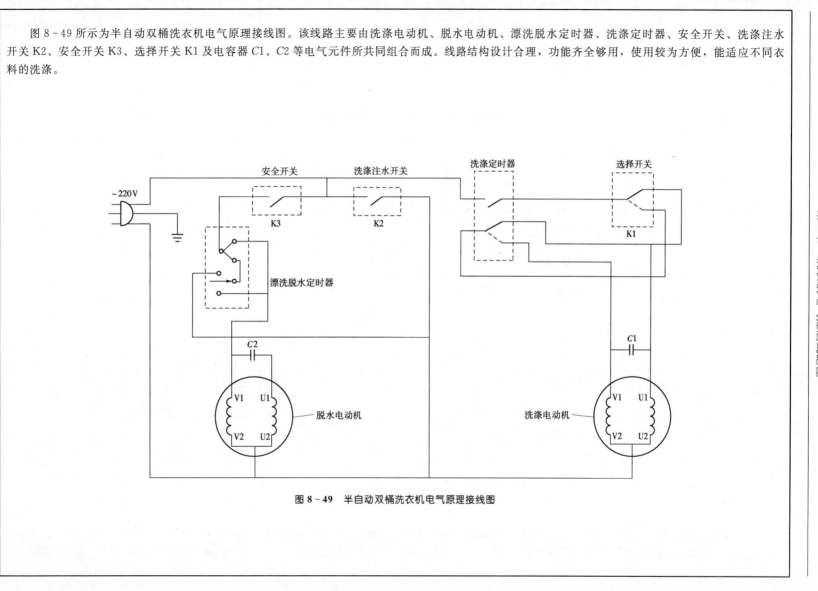

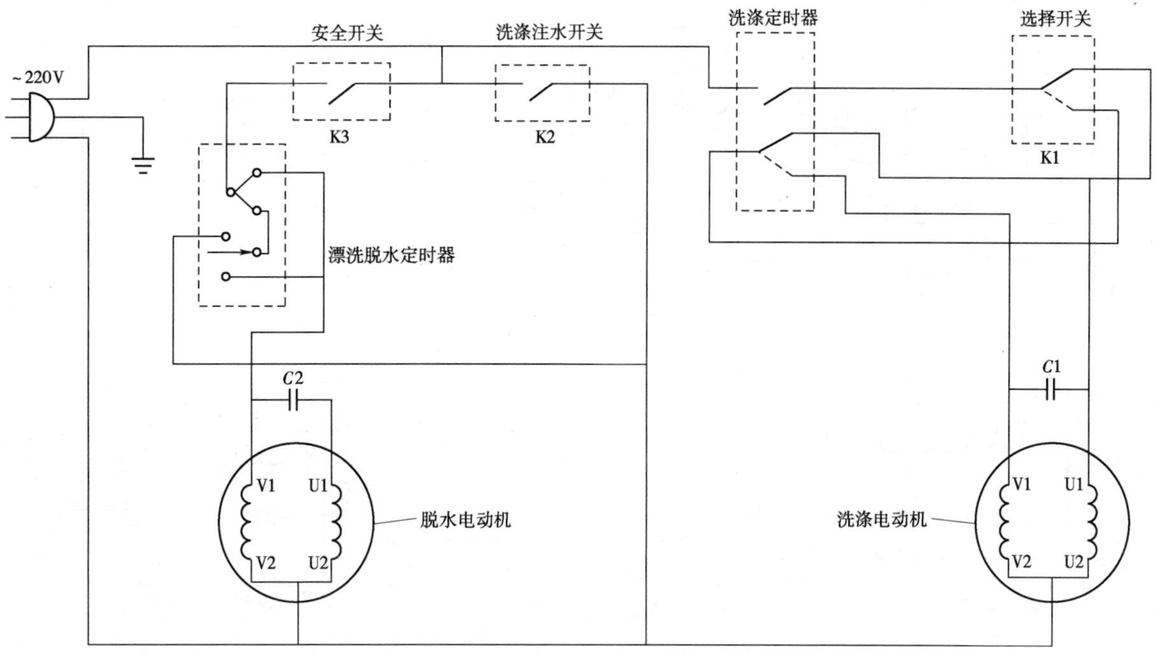

图 8－49　半自动双桶洗衣机电气原理接线图

图 8－50 所示为波轮搅拌式套桶全自动洗衣机电气原理接线图。该线路主要由洗涤脱水电动机、进水阀、排水电磁铁、蜂鸣器、程序控制器 K、程序转换开关 K1、盖开关 K2、水位开关 K3 及电容器 C 等电气元件所共同组合而成。该线路结构设计非常合理，功能十分齐全，操控极为方便。

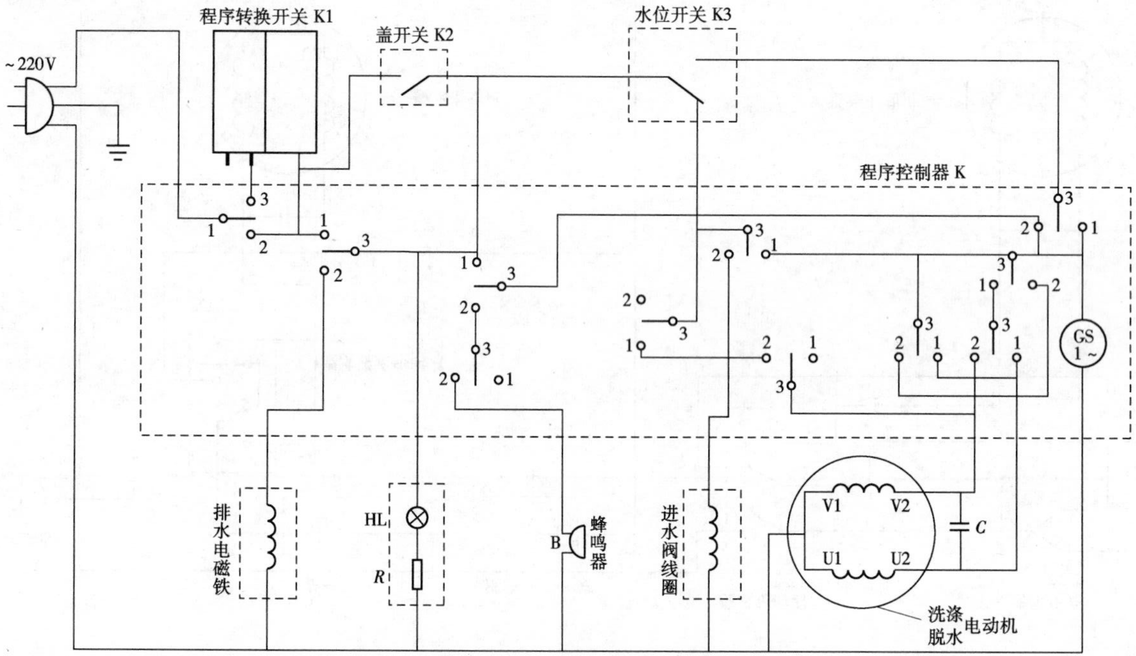

图 8－50　波轮搅拌式套桶全自动洗衣机电气原理接线图

图 8-51 所示为微电脑套桶全自动洗衣机电气控制原理接线图。该线路主要由洗涤脱水电动机、电子控制板（微电脑板）、进水阀、电源开关 S1、水位开关 S2、盖开关 S3 以及电容器 C、电抗线圈 L 等电气、电子元器件所共同组成。该线路结构设计先进，由于使用微电脑芯片，故功能很齐全。

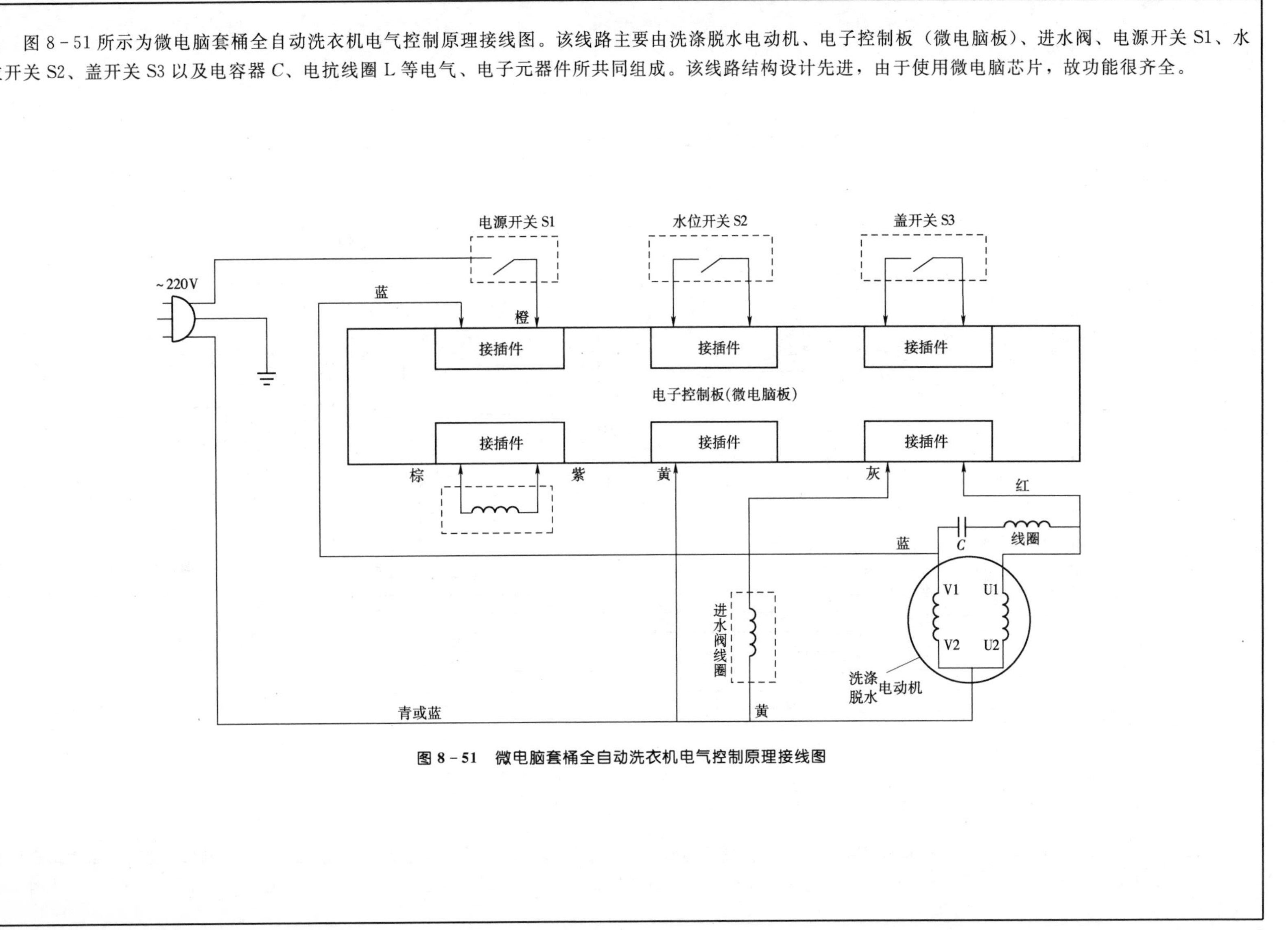

图 8-51　微电脑套桶全自动洗衣机电气控制原理接线图

图 8－52 所示为小鸭牌 TEMA831－A 型滚筒式全自动洗衣机电气原理接线图。该线路设计非常先进，功能十分完善。线路主要由双速洗涤电动机、排水泵电动机、程序控制器、水位继电器、噪声滤清器、门开关、电源开关、电容器 C 等电气、电子等元件所共同组成。该洗衣机操控灵敏使用方便。

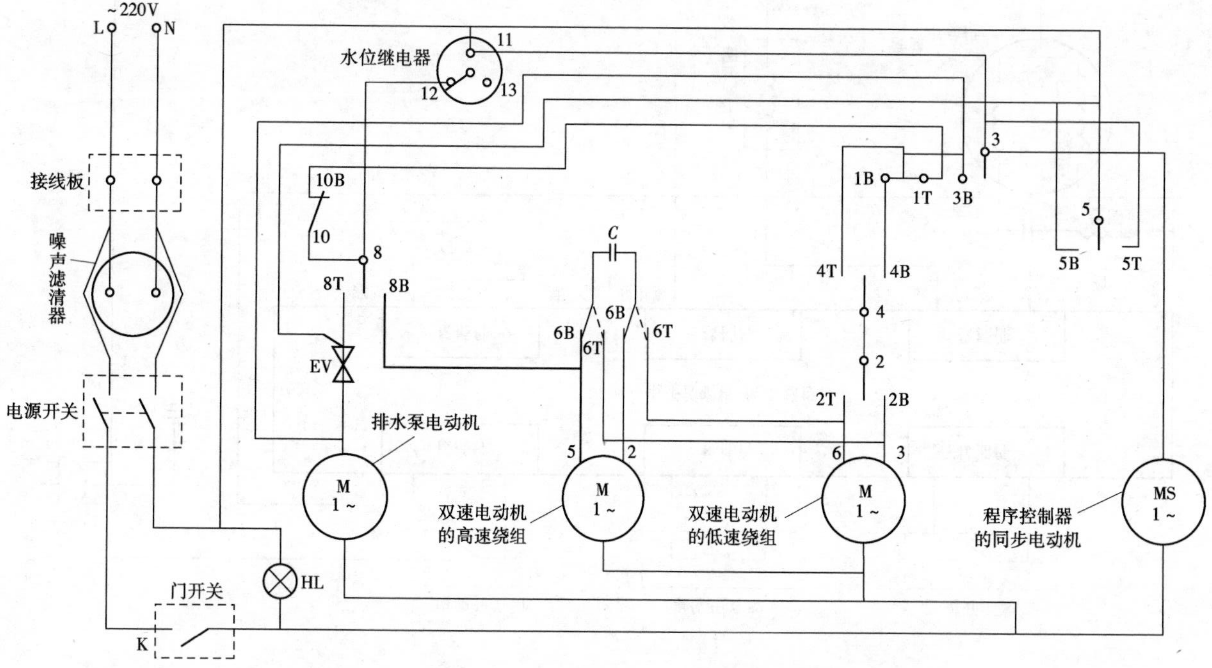

图 8－52　小鸭牌 TEMA831－A 型滚筒式全自动洗衣机电气原理接线图

图 8－53 为小鸭牌 TEMA831－A 型自动滚筒式洗衣机电气线路。该线路主要由电源开关 P1、门安全开关 2P、噪声滤清器 FL、进水电磁阀 EV、水位继电器 L1、电容器 C、洗衣机双速电动机 W1 和 W2、排水泵 PS、程序控制器的同步电动机 TM 及程序控制器等电机、电气元件组合而成。

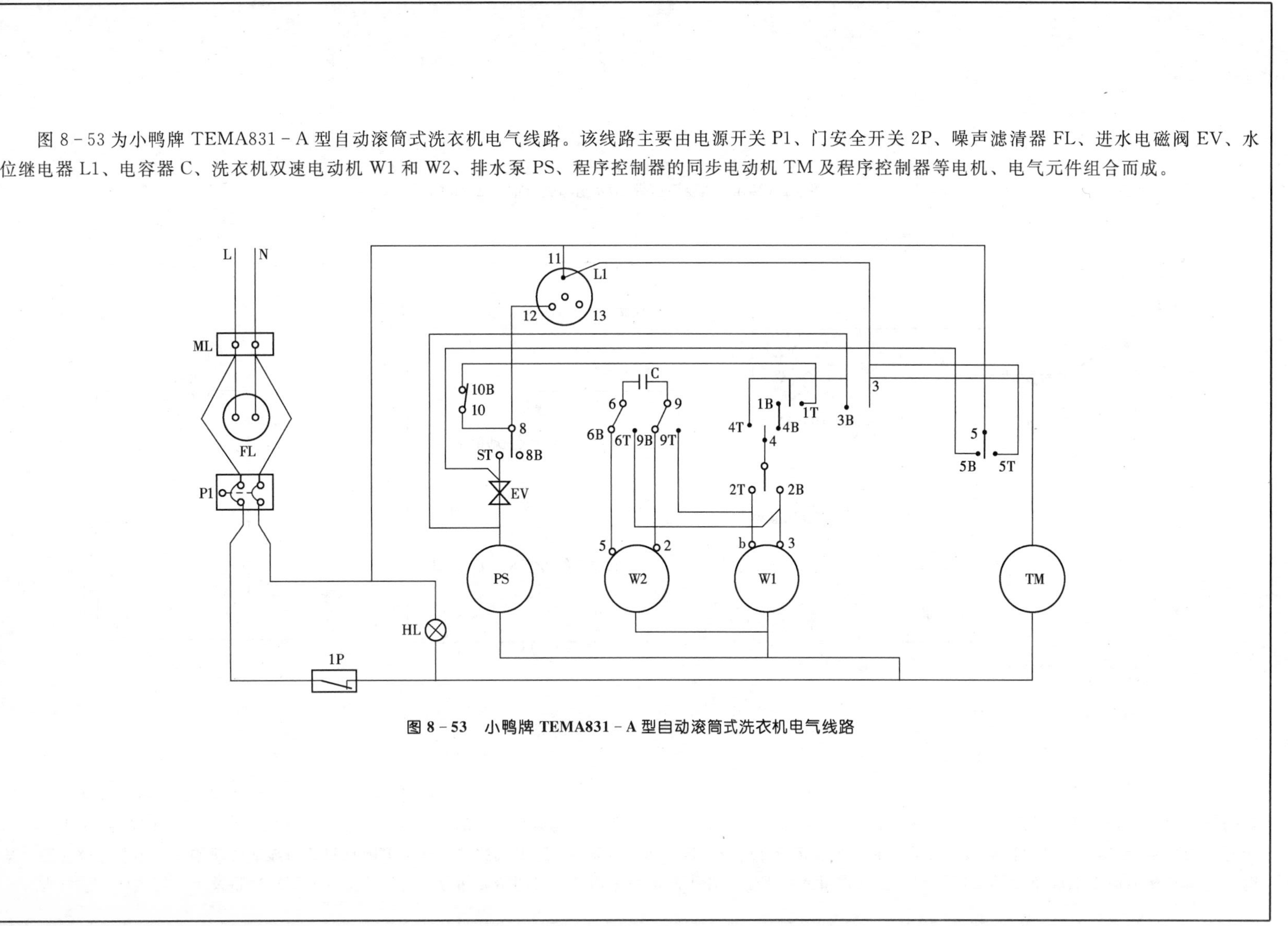

图 8－53　小鸭牌 TEMA831－A 型自动滚筒式洗衣机电气线路

小鸭牌自动滚筒式洗衣机采取洗涤和脱水共用一台电动机的设计。由于这两种工况下所需速度相差甚远，因此双速电动机的速比和功率也将相差很大，这就难以采用单绕组抽头或变极法进行调速，而只有采取在定子铁芯内安放两套绕组的办法去解决，即一套为 2 极绕组，另一套为 12 极绕组。其中 2 极绕组还应包括主、辅绕组，12 极绕组为不对称联接的三相星形绕组。电动机绕组内、外接线如图 8－54 所示。洗涤和脱水共用一台电动机最大好处是缩小了电动机的体积，使洗衣机整体更为紧凑实用。

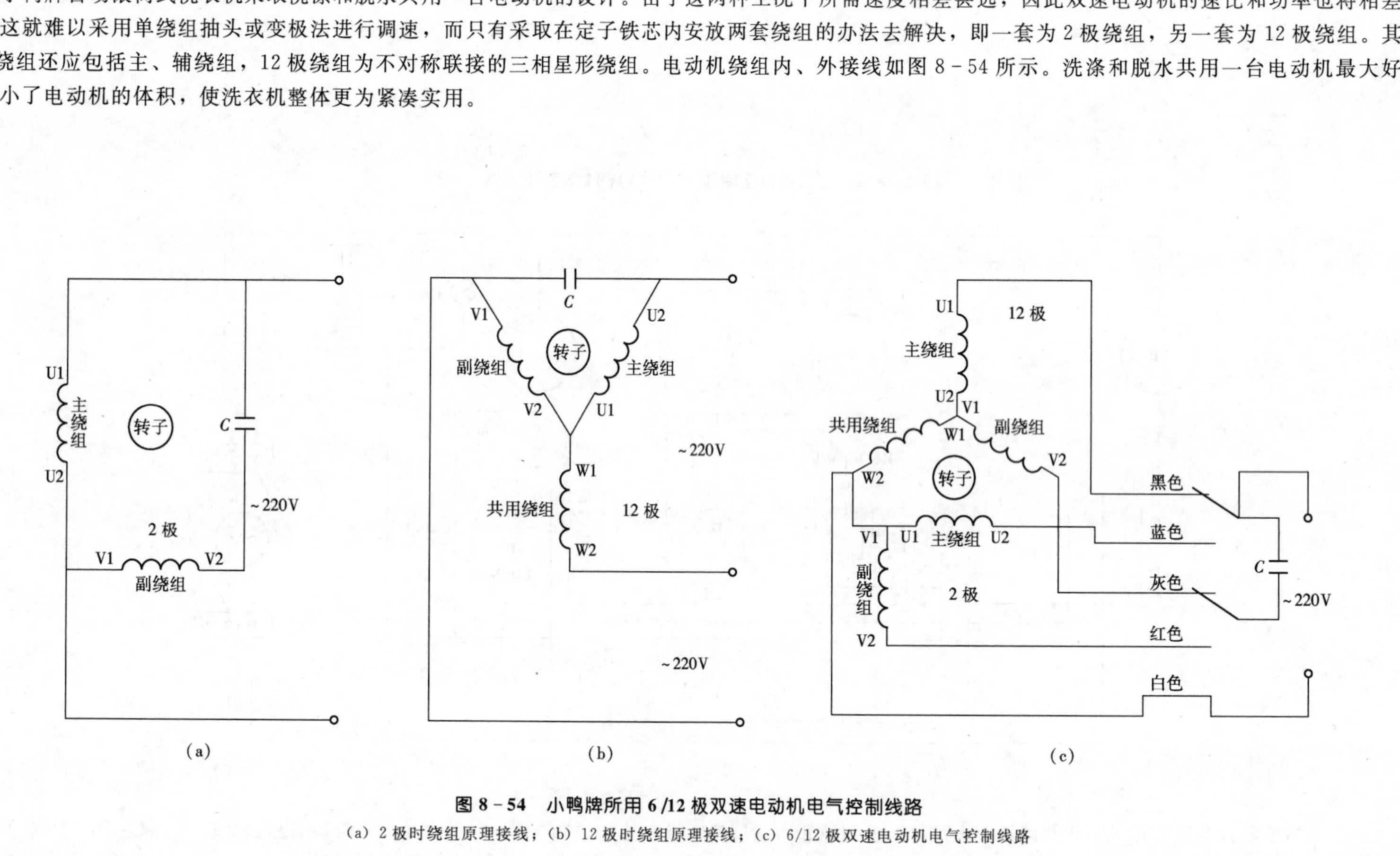

图 8－54　小鸭牌所用 6/12 极双速电动机电气控制线路

(a) 2 极时绕组原理接线；(b) 12 极时绕组原理接线；(c) 6/12 极双速电动机电气控制线路

图 8-55 所示线路使用的洗涤电机 M1 为单相电容式异步电动机，其型号为 XPD-90，输出功率 90W，额定电压 220V，工作电流小于 0.9A。洗衣机的洗涤容量为 2～2.5kg 时，电机采用型号 XPD-120，输出功率 120W。

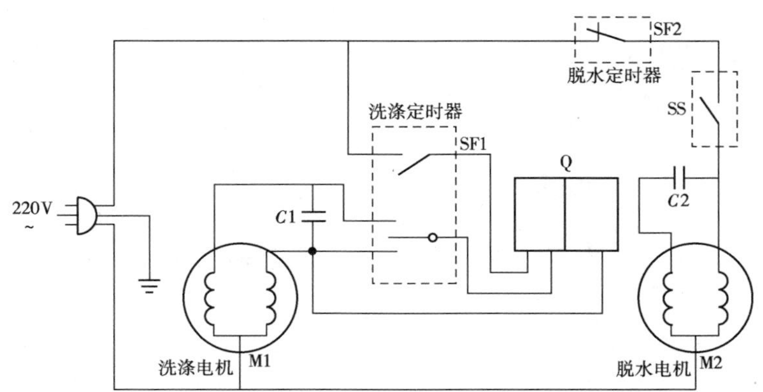

图 8-55　带强、中洗功能的双桶洗衣机电气线路

图 8-56 所示线路为带有洗涤结束有蜂鸣器发蜂鸣声和信号指示灯显示的双桶洗衣机电气线路。蜂鸣器多采用 FA-E 型电子音乐器，也有使用型号为 FM-1 或 FM-2 调电磁式的蜂鸣器，并用氖灯来作为指示。

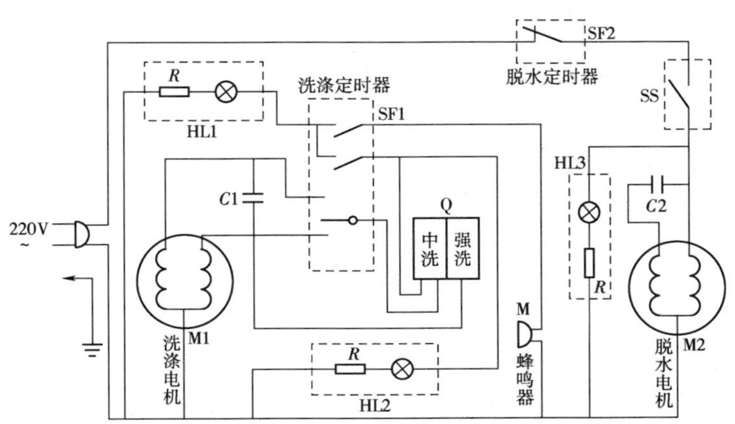

图 8-56　带蜂鸣器的双桶洗衣机电气线路

图 8－57 所示为有上排水的双桶洗衣机电气线路，该洗衣机中设置有一排水泵，为单相罩极电动机，功率小于 60W，扬程 2m，流量每分钟 25L，其定子绕组采用塑料密封方式，因而具有极好的防水性能，并且在线圈中安置有温度保护装置，对电机进行自动保护。具有上排水功能的洗衣机，给无下水道的用户带来极大方便。该机线路结构设计合理，简单实用故得到使用欢迎。

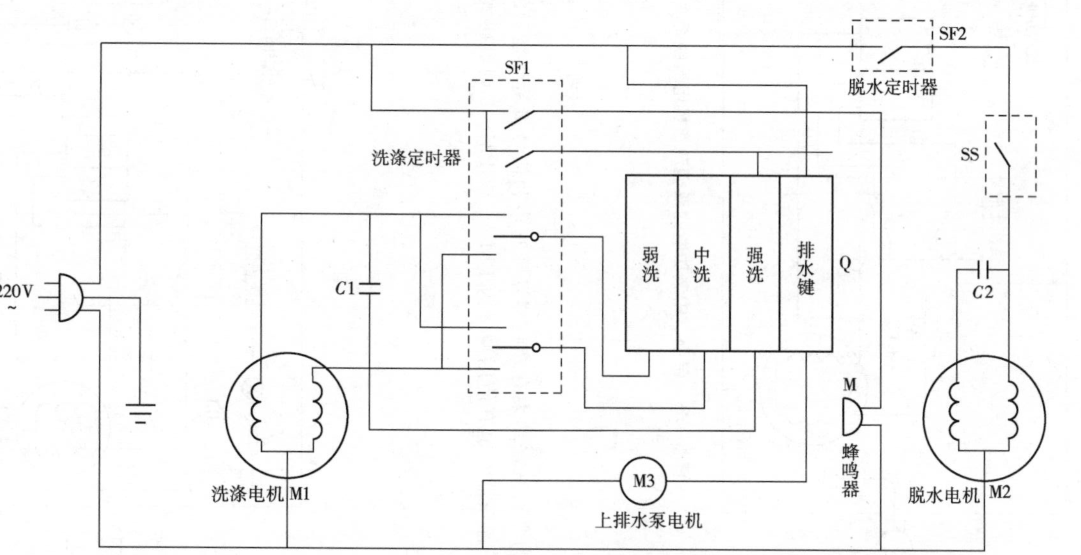

图 8－57　有上排水的双桶洗衣机电气线路

图 5-58 所示洗衣机电气线路采用型号 YY-XT2-150 或 XPD-150 的单相电容式电动机，输出功率为 150W，运转电流小于 1.3A，电容器的容量为 10～12μF，电压为 400V。该机大部分采用机械式程控器，用永磁同步电动机作程控器的动力。进水阀型号为 2F-A，交流排水电磁铁型号为 XQB3-2。该机线路结构设计合理、既简单而又实用，功能非常完善，操控十分灵便，故得到较多的采用。

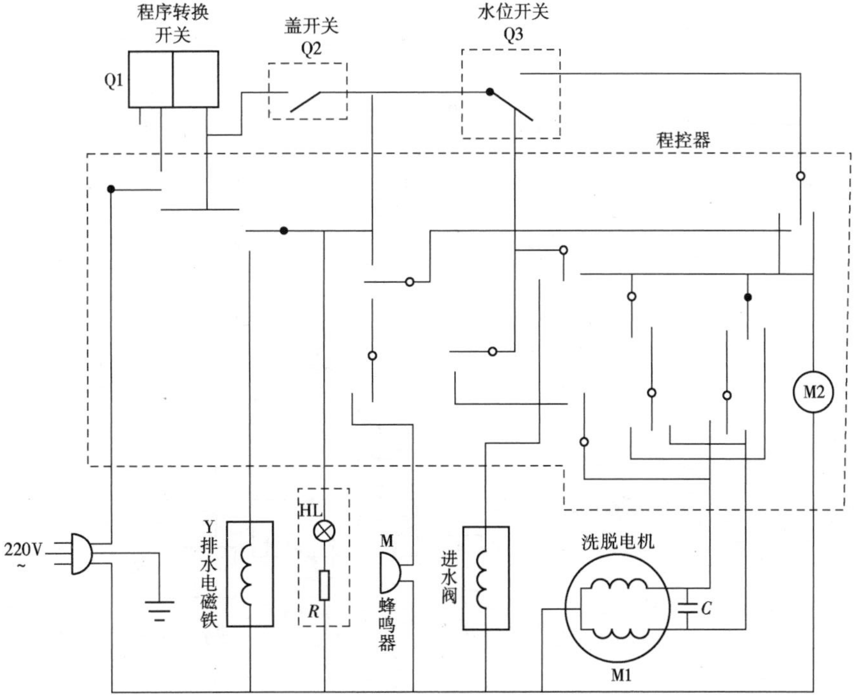

图 8-58　波轮搅拌式套桶全自动洗衣机电气线路

图8-59所示洗衣机电气线路采用型号CXD-Q2或CK-Ⅲ（910）的机械式程控器，该程控器由7个主凸轮和三个副凸轮及永磁爪极同步电动机等组成。进水阀型号为SJN-8031或DCF-1，其4档水位开关型号则为XSW-4A，该机增加了柔洗和强漂洗的功能。

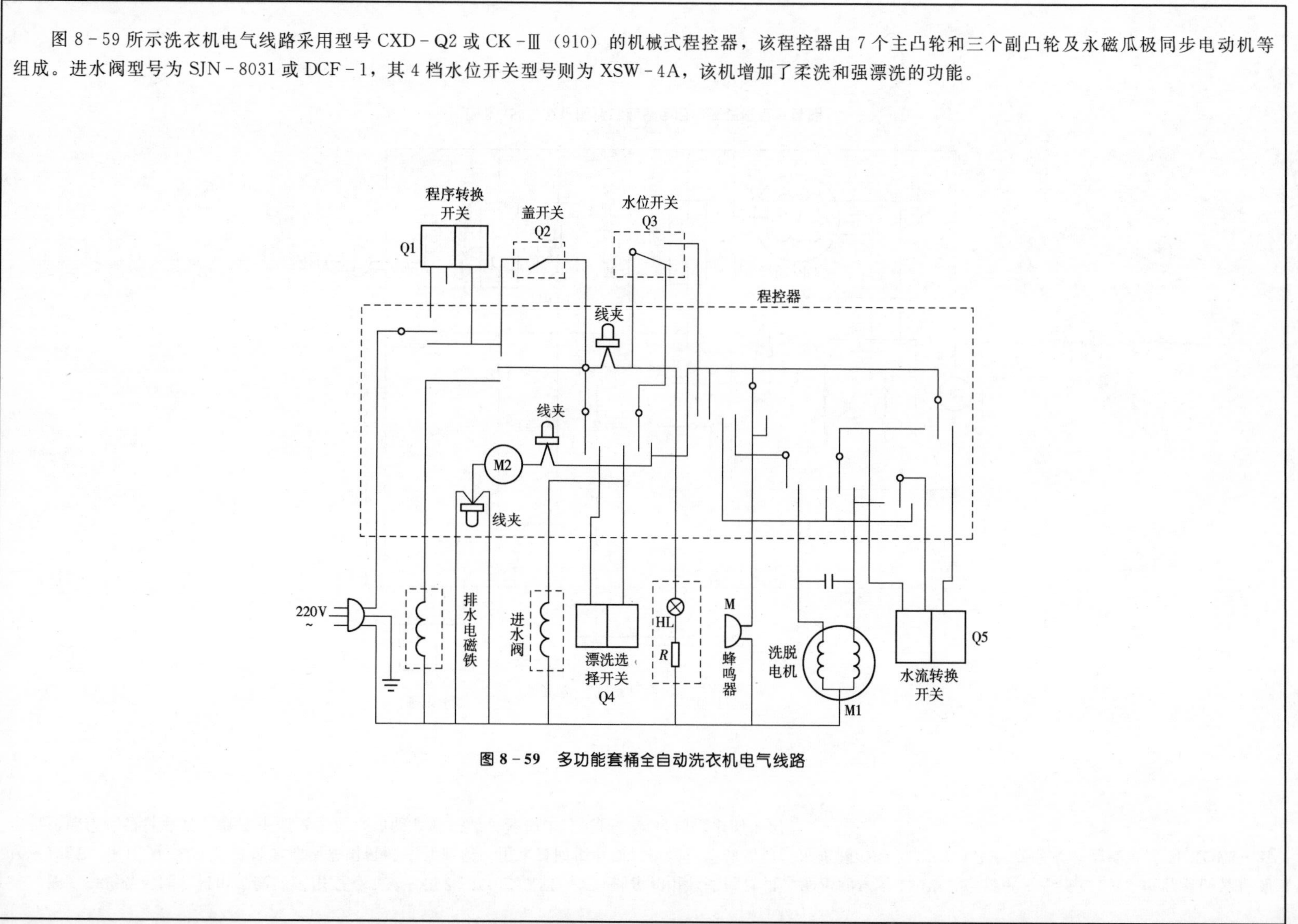

图8-59　多功能套桶全自动洗衣机电气线路

第 9 章　单相电动机绕组接线图

单相电动机（含异步、同步）的定子铁芯上，通常均安置有两套绕组（罩极式、串励式电动机除外），一套为运行用的主绕组，另一套为起动用的辅助绕组，它们都称为定子绕组。接入电源后，定子上的主、辅两套绕组共同在定、转子气隙中建立起一个旋转磁场，并在转子绕组中感应产生电势和电流，定子旋转磁场与转子作用后再产生电磁转矩，这时单相电动机就将旋转起来以完成电能与机械能的转换。因此，绕组是单相电动机中最复杂且最易损坏的部件，故对其一定要搞懂。

单相电动机的定子绕组除罩极式和串励式电动机多采用集中式磁极绕组外，其他类型的单相异步电动机、单相同步电动机均使用分布式绕组。常用的绕组型式主要有单层绕组、双层绕组、单、双层混合绕组以及高精度的正弦绕组等。

单相异步电动机的转子绕组一般有两种型式，即笼型绕组和电枢型绕组。笼型绕组是用铝或铝合金一次铸造而成，它被广泛应用于各种单相异步电动机的转子中。电枢型绕组则采用与直流电机相同的分布式绕组，这种转子绕组主要用于单相串励电动机的转子，它也被制成与直流电机相似的叠绕组和波绕组。

单相同步电动机的转子绕组主要也是采用铝或铝合金一次铸成笼形绕组，以及用磁滞材料、永磁材料制成磁极等。

本章编绘了单相电动机（含异步、同步）定、转子绕组的接线原理图、接线展开图以供参考。其中图 9-1～图 9-14 为单相电动机定子绕组接线原理图；图9-15～图 9～41 为单相电动机定子绕组接线展开图；图 9-42～图 9-73 为单相串励电动机绕组接线图；图 9-74 则为单相交直流两用串励式电动机绕组接线图；图 9-75 为单相串励式电动机绕组接线图；图 9-76 为电动工具用单相串励式电动机几种滤波电路的接线图；图 9-77～图 9-78 为单相串励电动机电枢绕组的联接。

第 1 节　单相电动机定子绕组接线图

单相电动机的定、转子绕组及其接法，更是型式多样、复杂多变。其定子绕组一般均采取主绕组、辅助绕组这样两套绕组的布置方式。近年来在需要调速的单相电动机中，亦有加装第三套调速绕组的设计。定子绕组的型式则在继续采用传统的集中式磁极绕组和单层同心式、链式、双层叠绕组的同时，性能优良的正弦绕组也日益广泛地用于普通单相电动机的定子绕组。单相串励电动机的电枢绕组则仍多采用单叠绕组，其定子绕组与异步电动机相同。

一、单相电动机定子绕组接线原理图

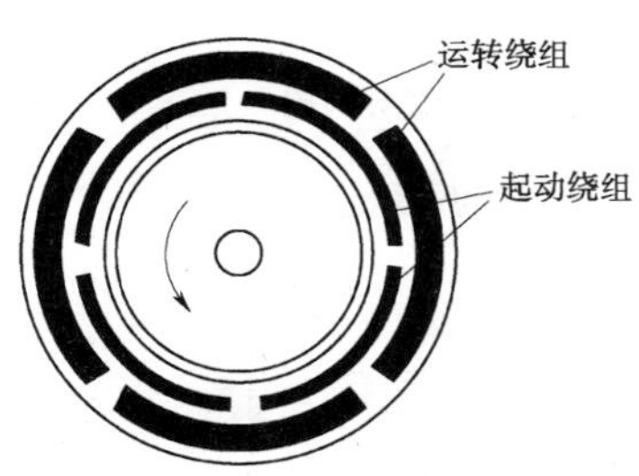

图 9-1　4 极分相式绕组排列图

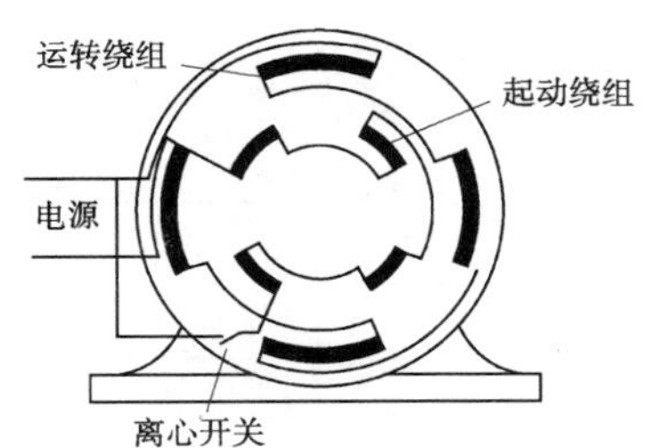

图 9-2　4 极分相式绕组接线原理图

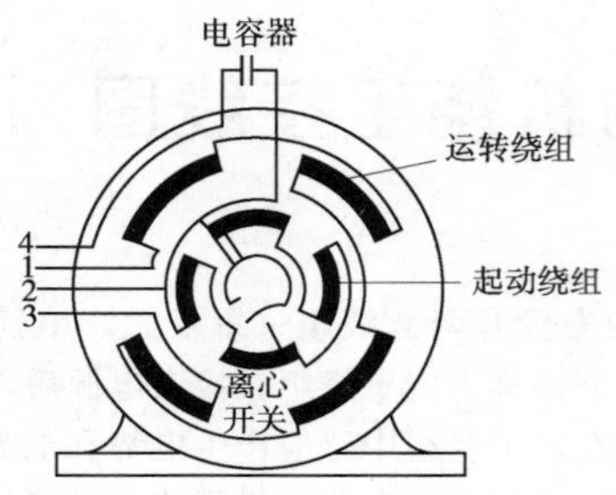

图 9-3　4 极电容起动式绕组接线原理图

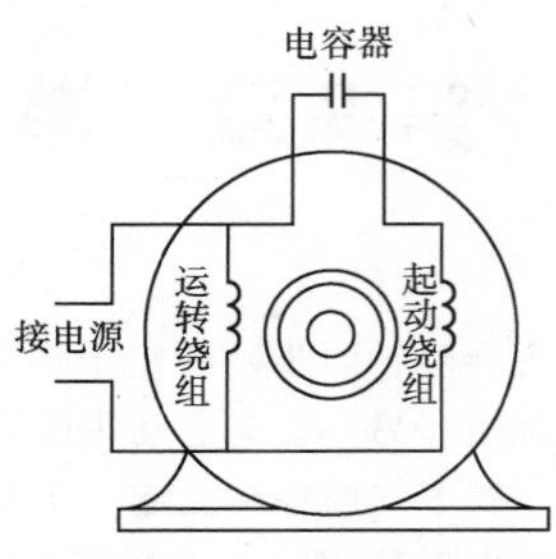

图 9-4　电容运转式绕组接线原理图

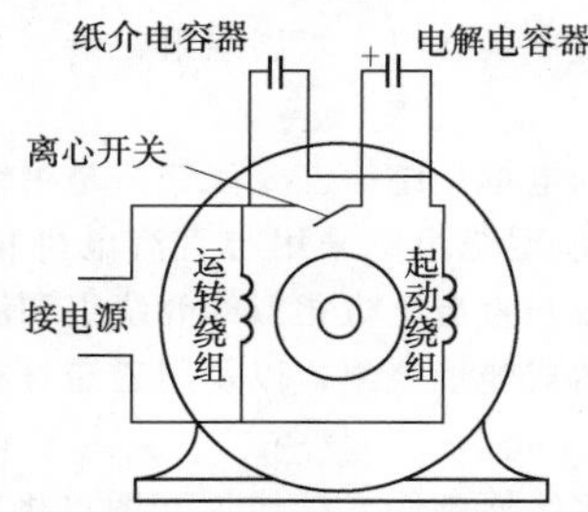

图 9-5　电容起动运转式绕组接线原理图

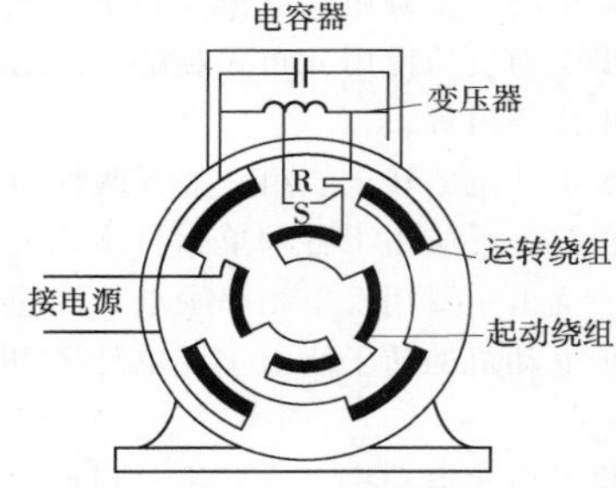

图 9-6　电容变压器式绕组接线原理图

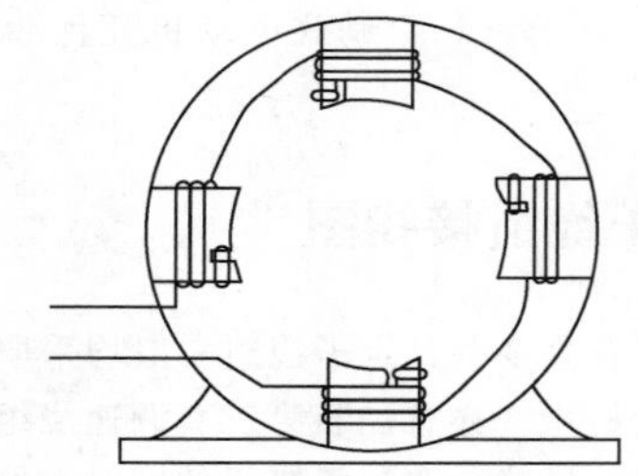

图 9-7　4 极集中罩极式绕组接线原理图

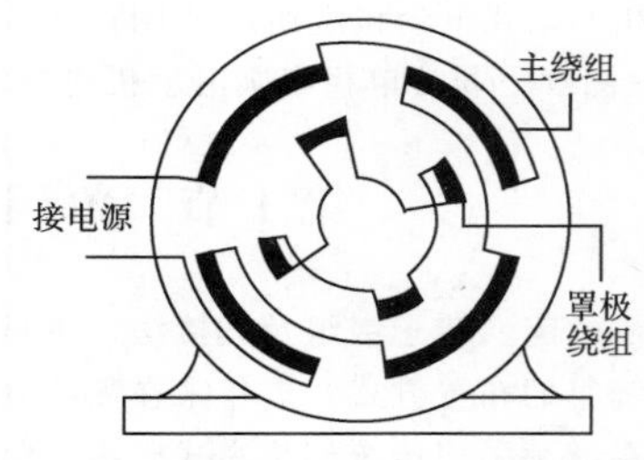

图 9-8　4 极分布罩极式绕组接线原理图

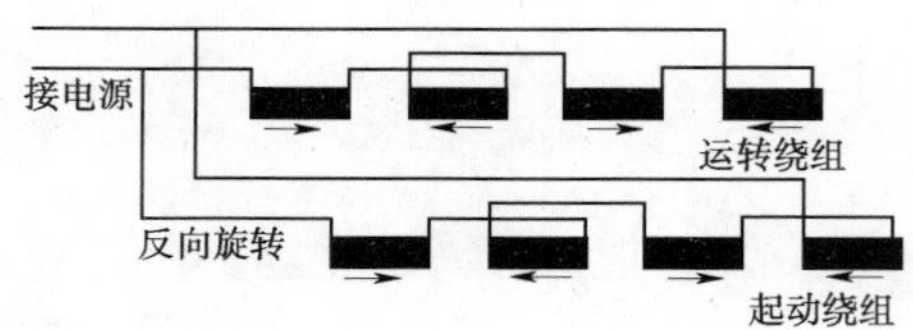

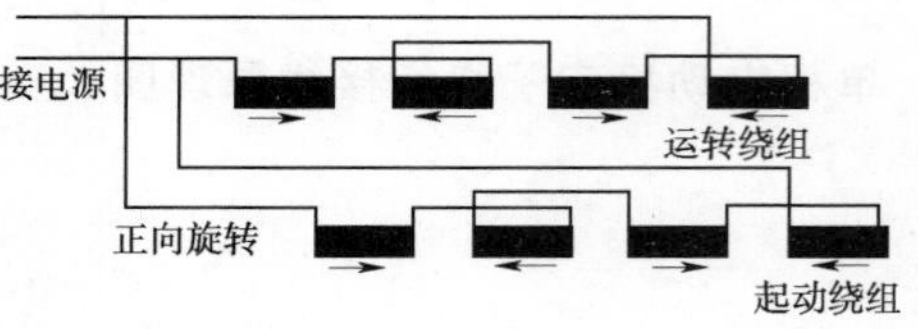

图 9-9　互换起动绕组的两根线端即可改变旋转方向

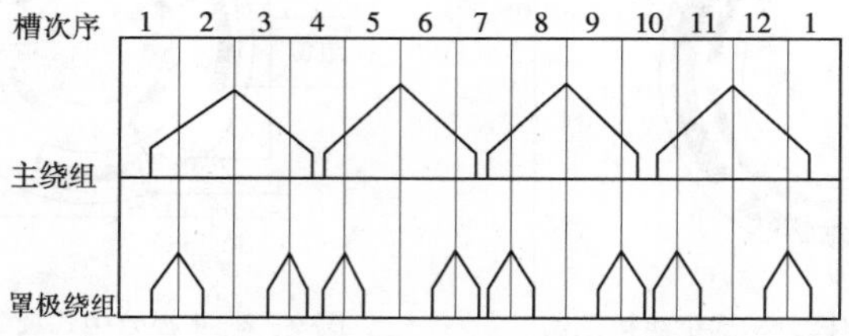

图 9-10　4 极 12 槽可逆转罩极式绕组布置图

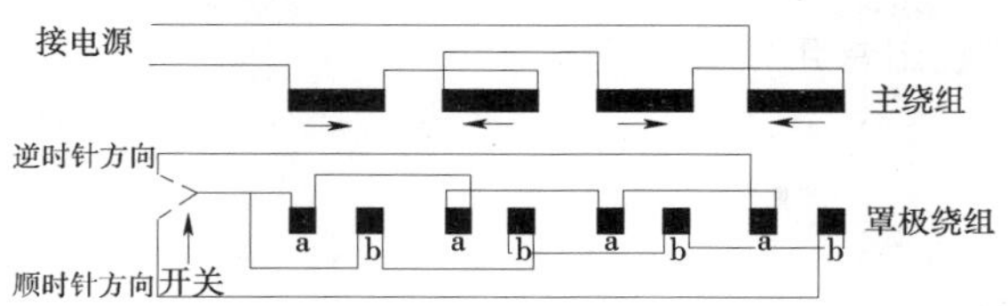

图 9－11 4 极可逆转罩极式绕组接线原理图

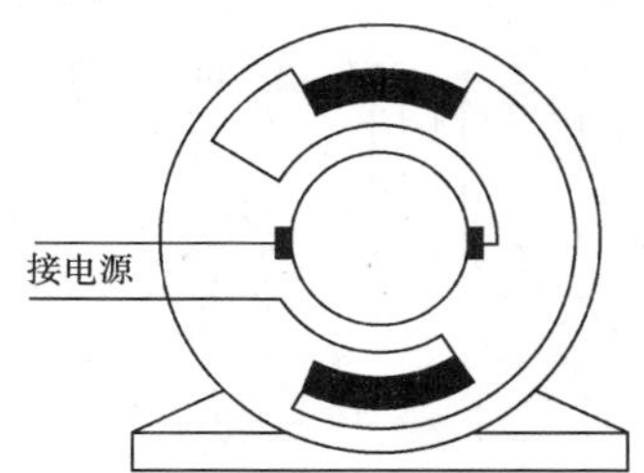

图 9－12 2 极整流子式绕组接线原理图

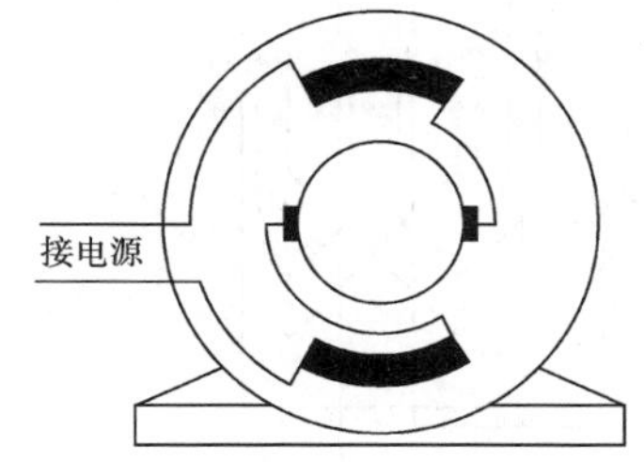

图 9－13 2 极整流子式电枢绕组串接在两磁极绕组之间的接法

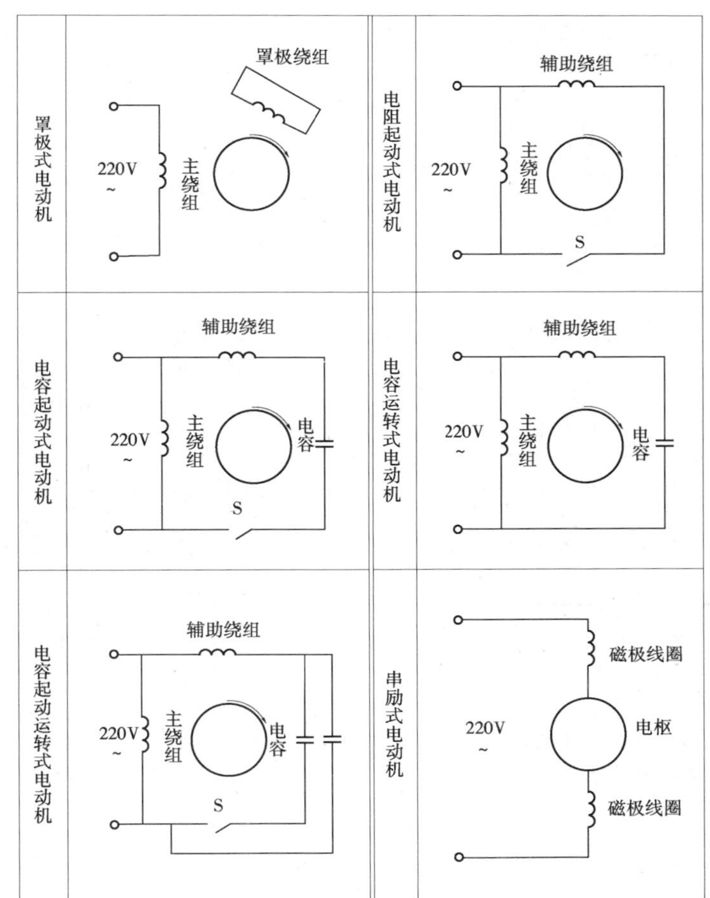

图 9－14 单相电动机绕组原理接线图

二、单相电动机定子绕组常用接线展开图

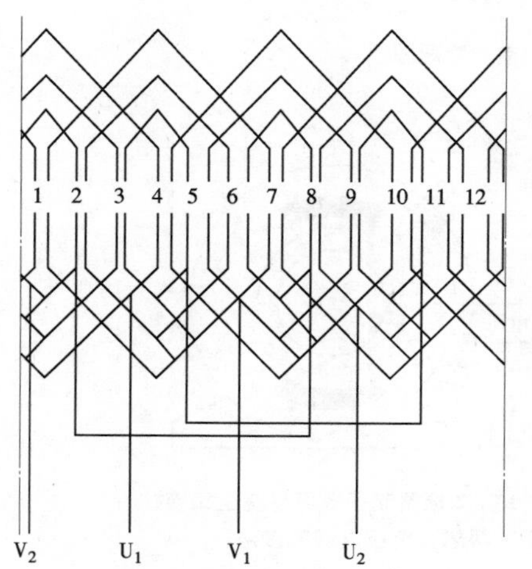

图 9－15 2 极 12 槽单相同心绕组接线展开图

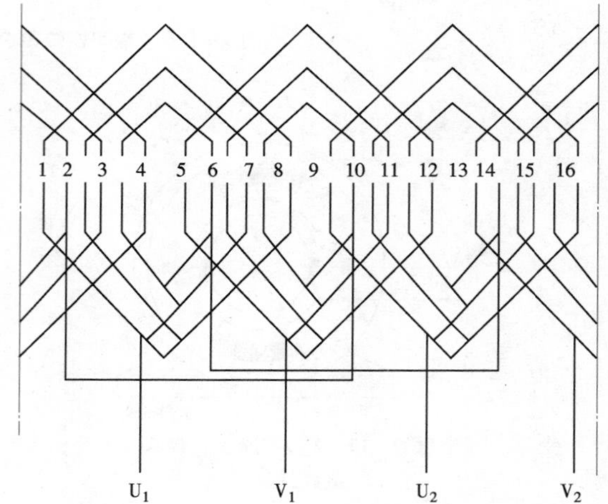

图 9－16 2 极 16 槽单相同心绕组接线展开图（1）

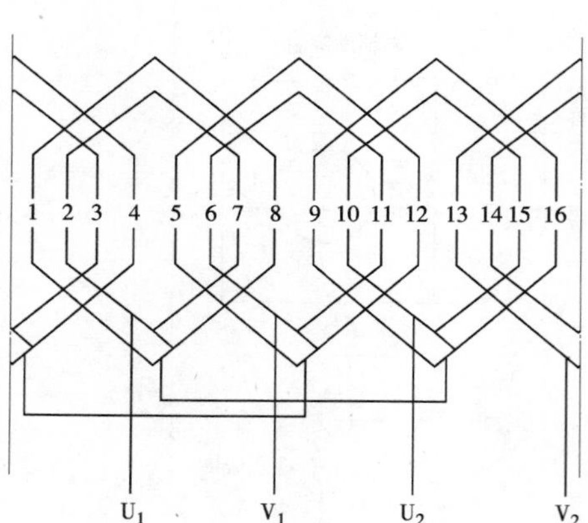

图 9－17 2 极 16 槽单相同心绕组接线展开图（2）

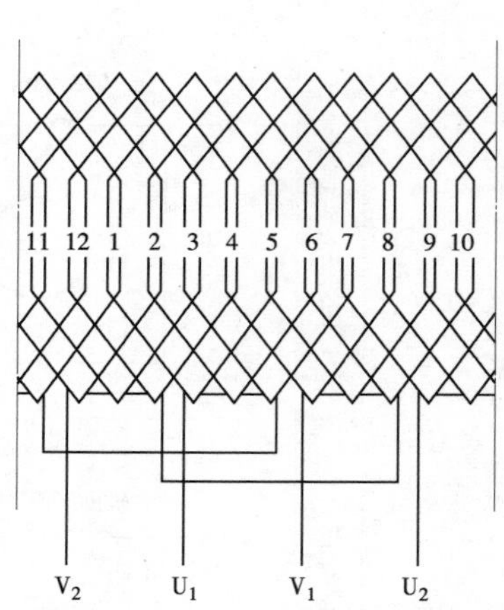

图 9－18 2 极 12 槽单相双层叠绕组接线展开图

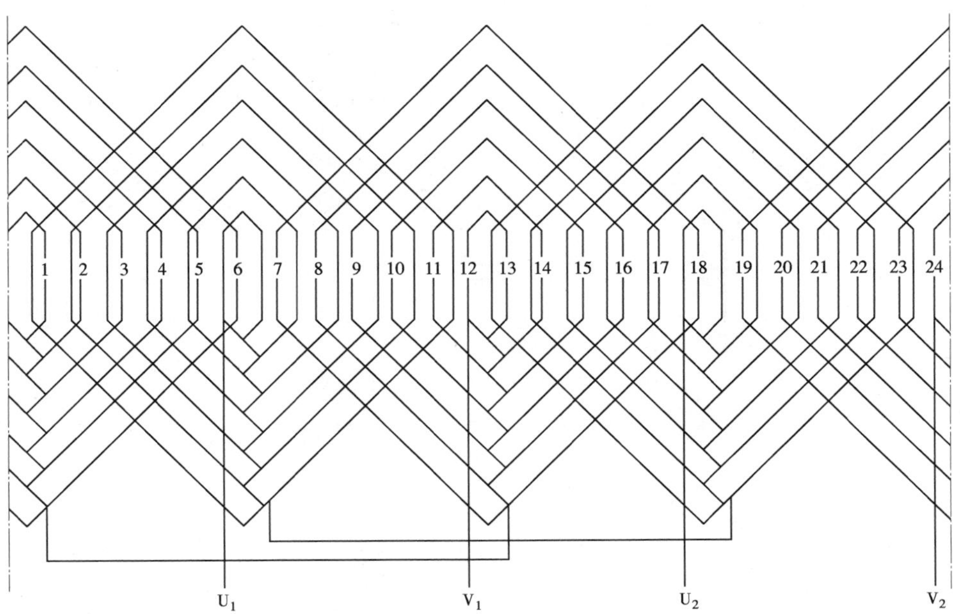

图 9－19　2 极 24 槽单相同心绕组接线展开图

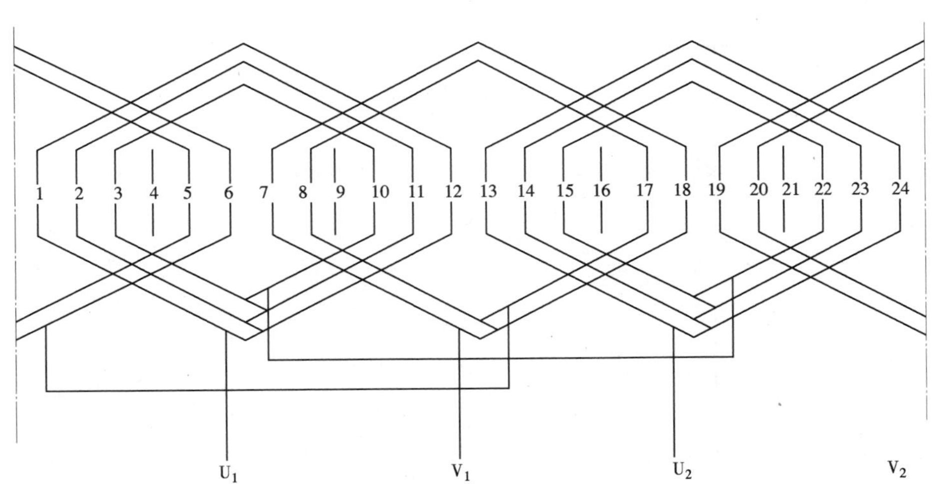

图 9－20　2 极 24 槽单相同心绕组接线展开图（1）

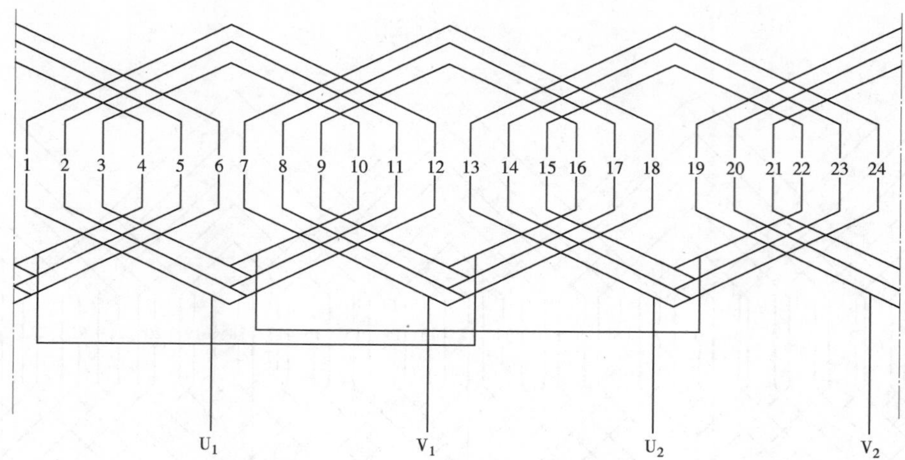

图 9－21　2 极 24 槽单相同心绕组接线展开图（2）

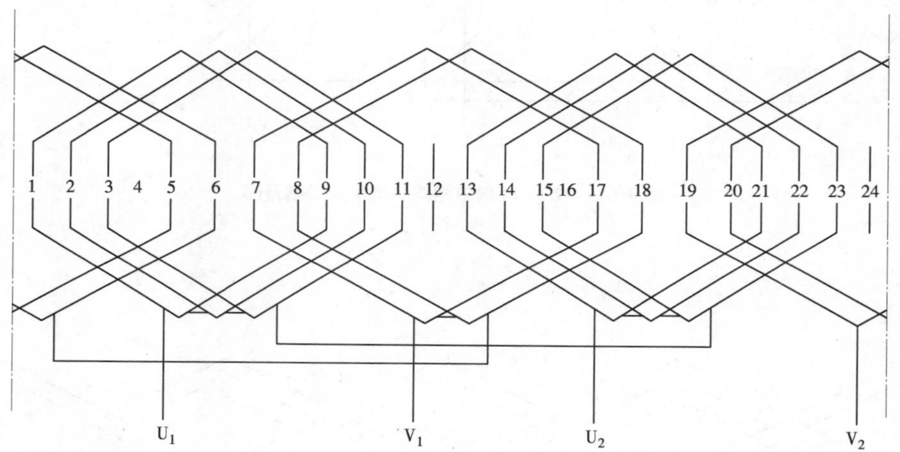

图 9－22　2 极 24 槽单相单层链式绕组接线展开图（1）

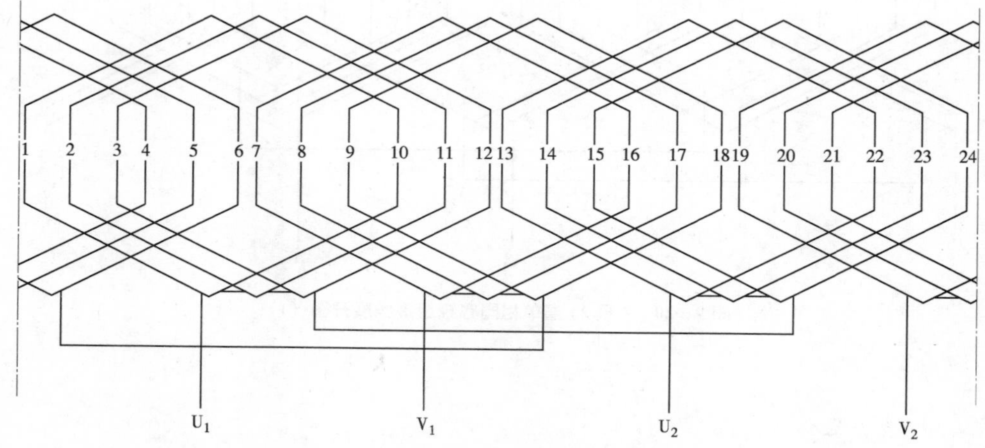

图 9－23　2 极 24 槽单相单层链式绕组接线展开图（2）

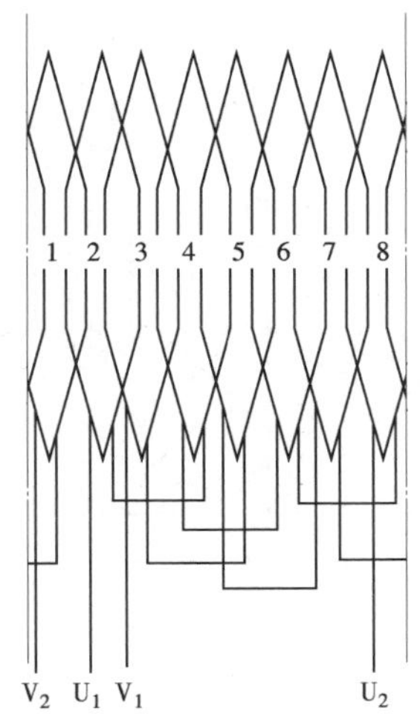

图 9－24　4 极 8 槽单相双层叠绕组接线展开图

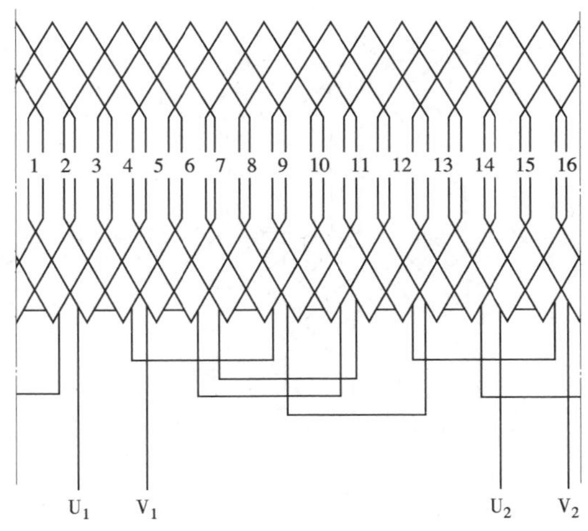

图 9－25　4 极 16 槽单相双层叠绕组接线展开图

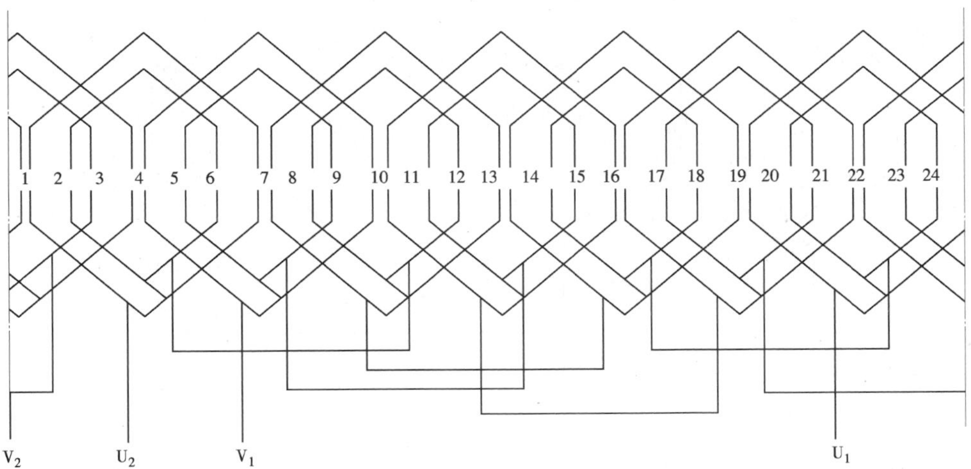

图 9－26　4 极 24 槽单相同心绕组接线展开图（1）

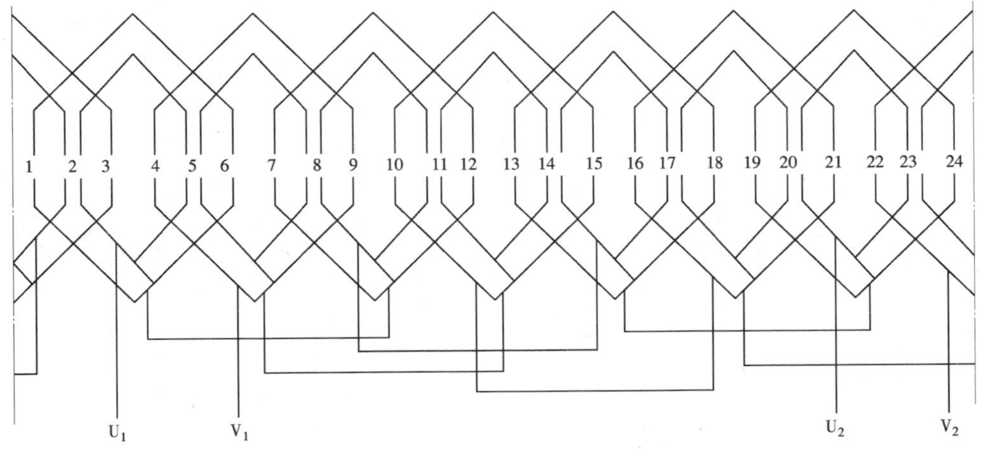

图 9－27　4 极 24 槽单相同心绕组接线展开图（2）

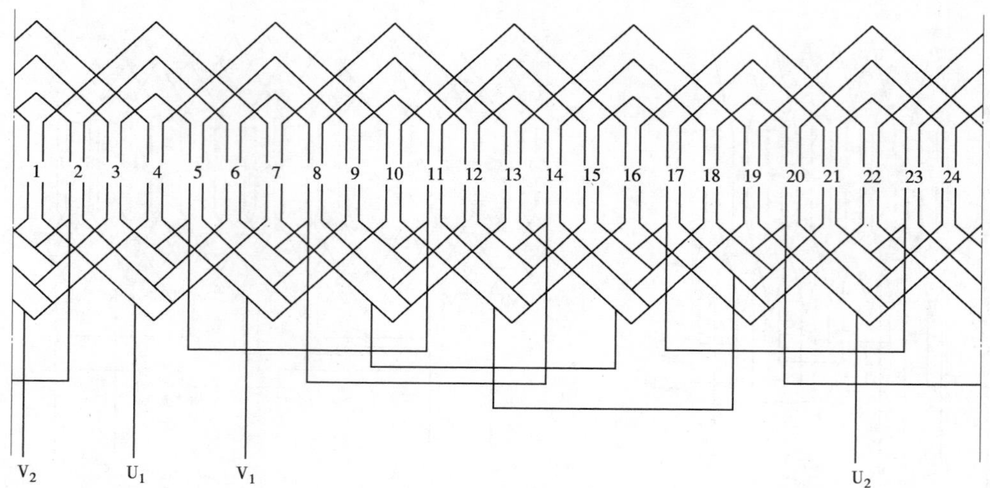

图 9-28　4 极 24 槽单相同心绕组接线展开图（3）

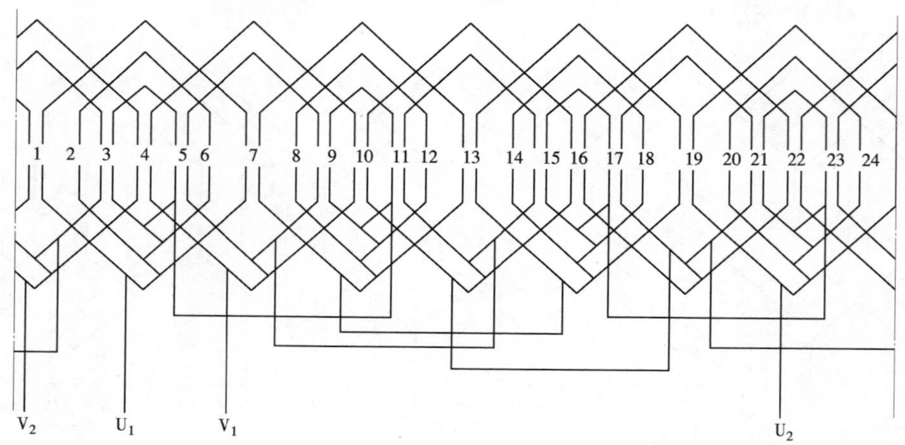

图 9-29　4 极 24 槽单相同心绕组接线展开图（4）

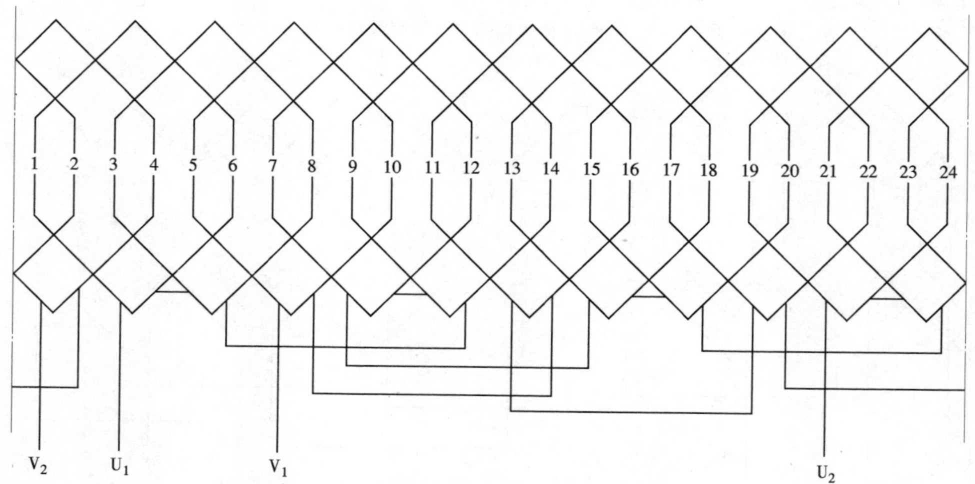

图 9-30　4 极 24 槽单相单层链式绕组接线展开图

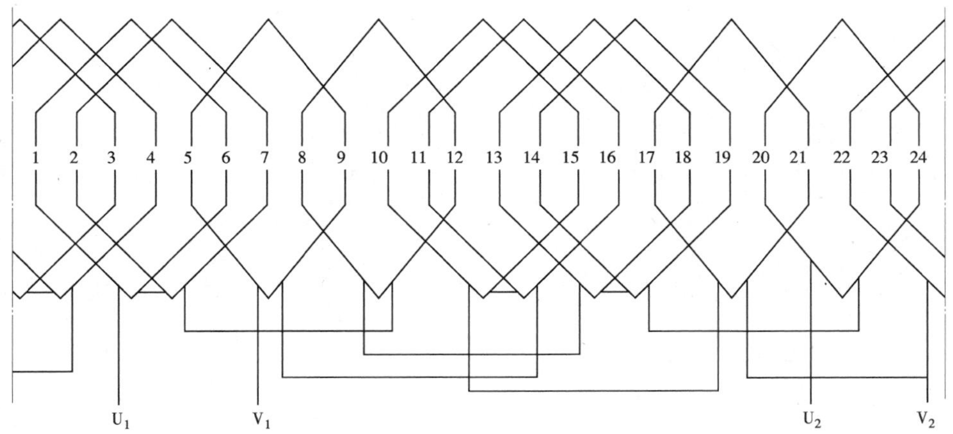

图 9－31　4 极 24 槽单相单层交叉式绕组接线展开图

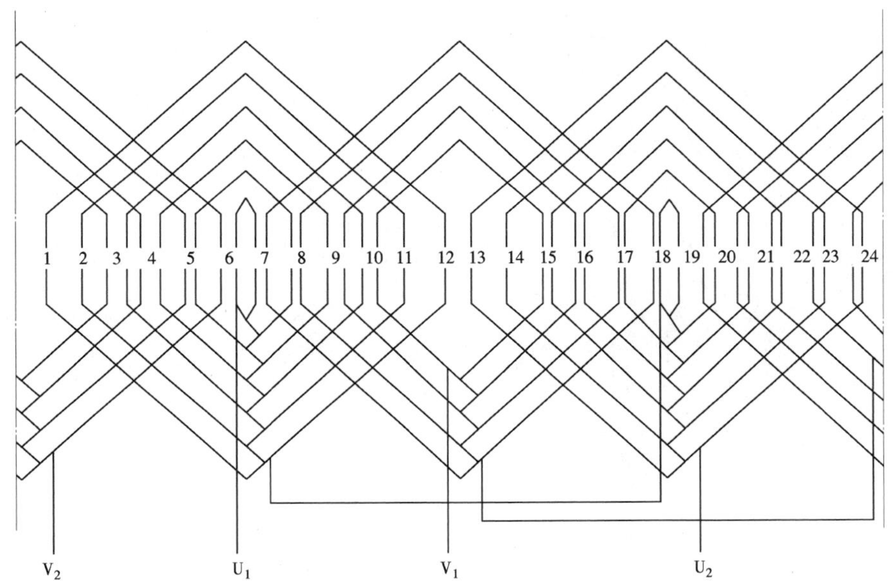

图 9－32　4 极 24 槽单相同心绕组庶极接法接线展开图

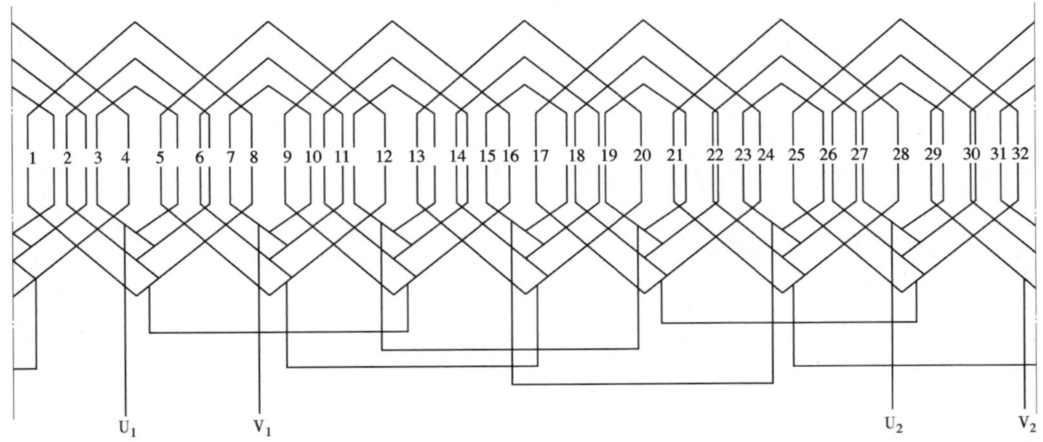

图 9－33　4 极 32 槽单相同心绕组接线展开图

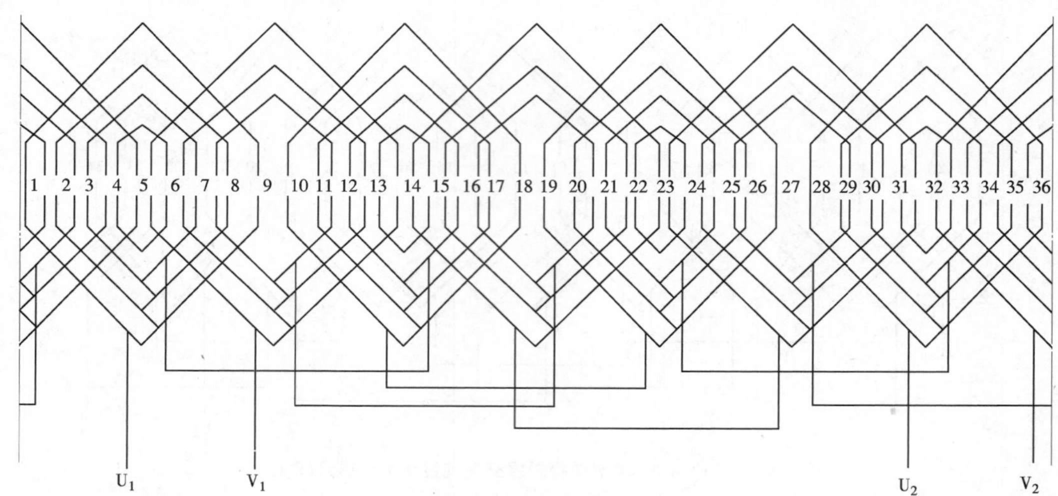

图 9－34　4 极 36 槽单相同心绕组接线展开图

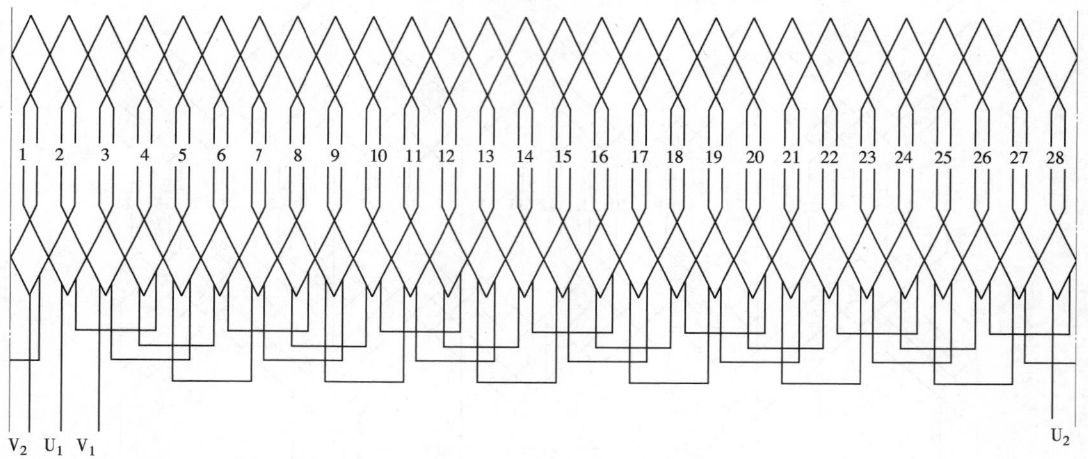

图 9－35　4 极 28 槽单相双层叠绕组接线展开图（用于吊扇电动机）

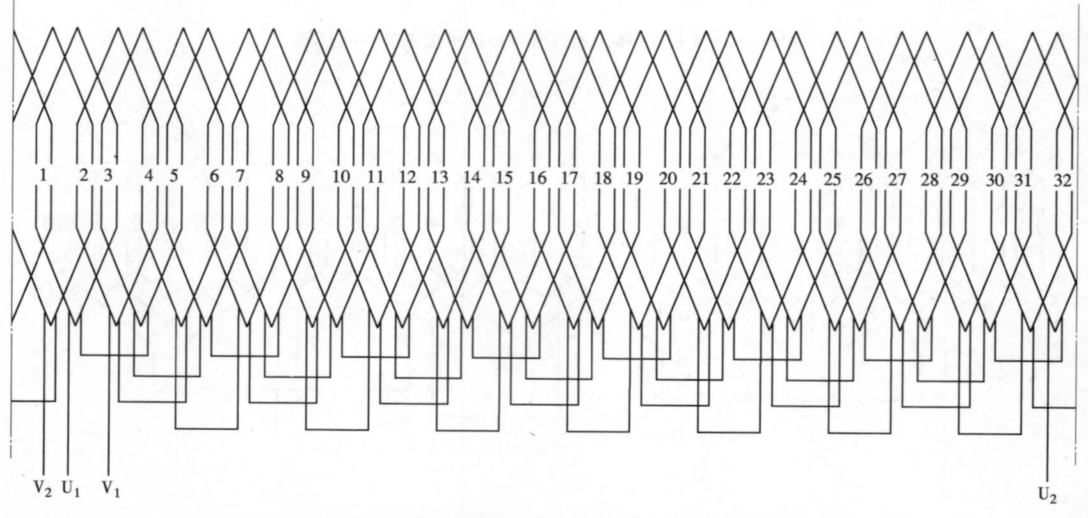

图 9－36　16 极 32 槽单相双层叠绕组接线展开图（用于吊扇电动机）

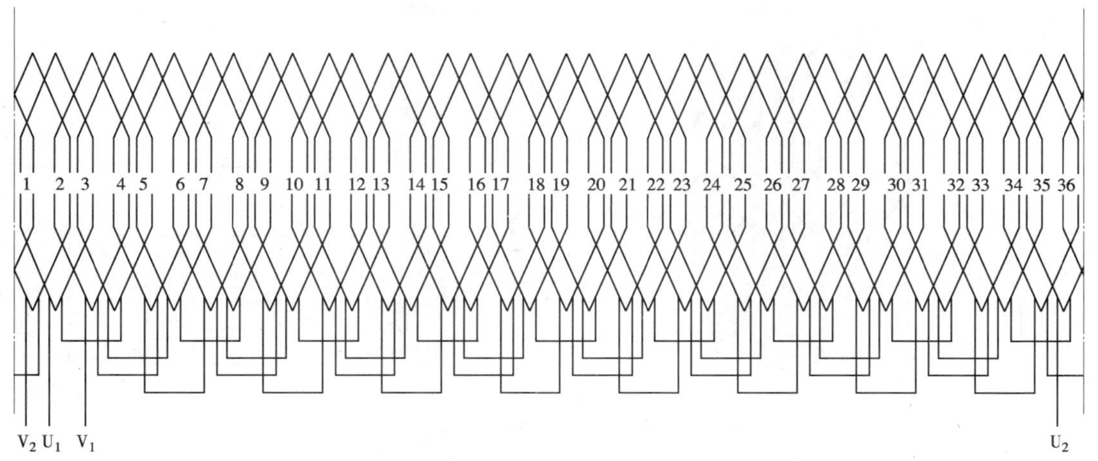

图 9－37　18 极 36 槽单相双层叠绕组接线展开图（用于吊扇电动机）

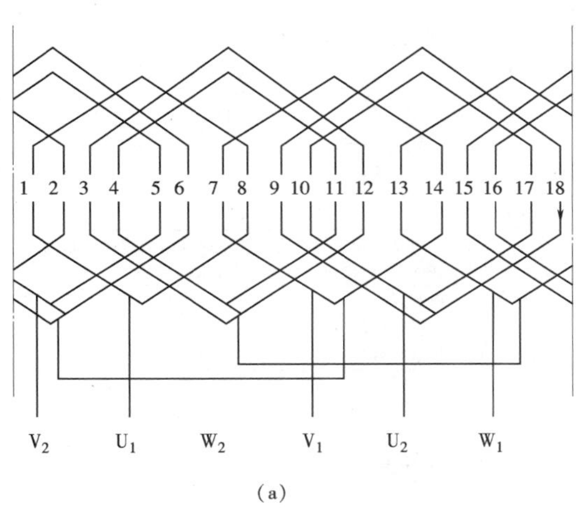

(a)

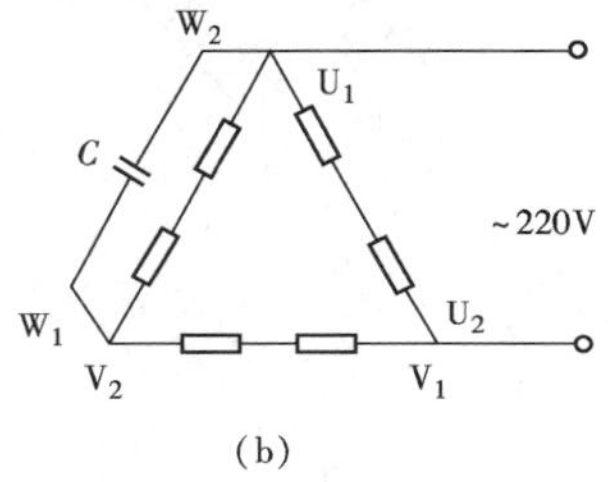

(b)

电动机定子绕组按三相电机绕组的规律分布与联接,然后再作三相电机单相运行联接	
极数:$2p=2$	槽数:$Z=18$
每极每相槽数:$q=3$	节距:$Y=$ 1/1－8；2/1－9、2－8
每槽匝数＝300	接法:3 相绕组单相运行

图 9－38　JX07A－2　90W 绕组接线展开图

(a) 按三相绕组布置时的联接；(b) 接入单相电源时的联接

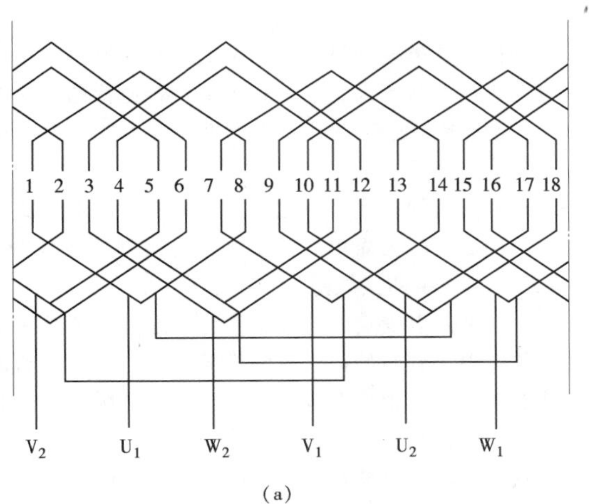

(a)

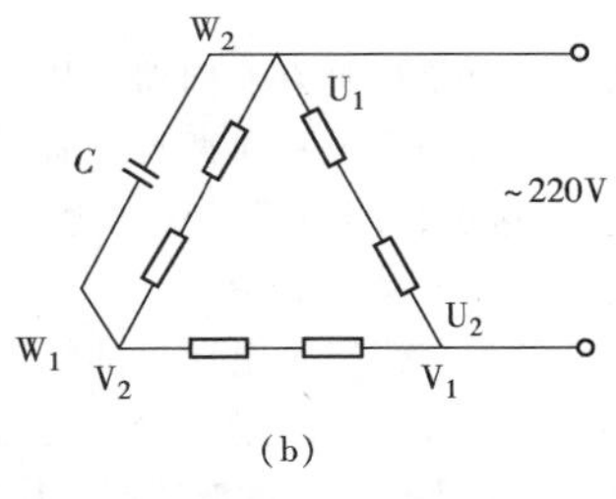

(b)

电动机定子绕组按三相电机绕组的规律分布与联接,然后再作三相电机单相运行联接	
极数:$2p=2$	槽数:$Z=18$
每极每相槽数:$q=3$	节距:$Y=$ 1/1－8；2/1－9、2－8
每槽匝数＝364	接法:3 相绕组单相运行

图 9－39　JX07B－2　60W 绕组接线展开图

(a) 按三相绕组布置时的联接；(b) 接入单相电源时的联接

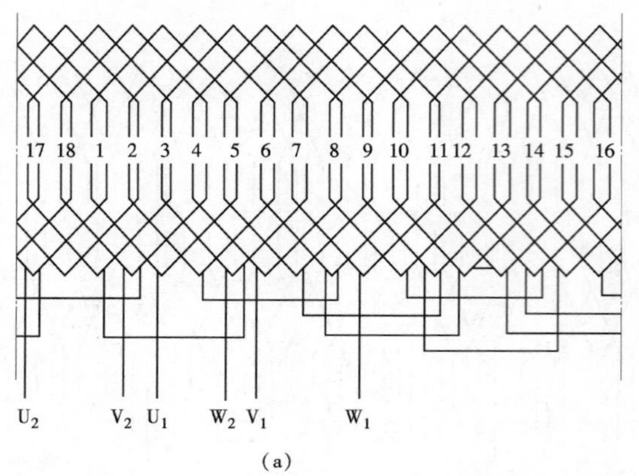

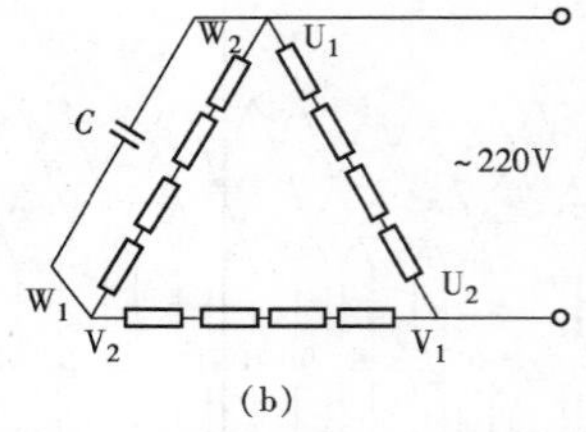

电动机定子绕组按三相电机绕组的规律分布与联接，然后再作三相电机单相运行联接	
极数：$2p=4$	槽数：$Z=18$
每极每相槽数：$q=3$	节距：$Y=1-5$
每槽匝数＝235	接法：3 相绕组单相运行

图 9－40　JX07A－4　60W 绕组接线展开图

（a）按三相绕组布置时的联接；（b）接入单相电源时的联接

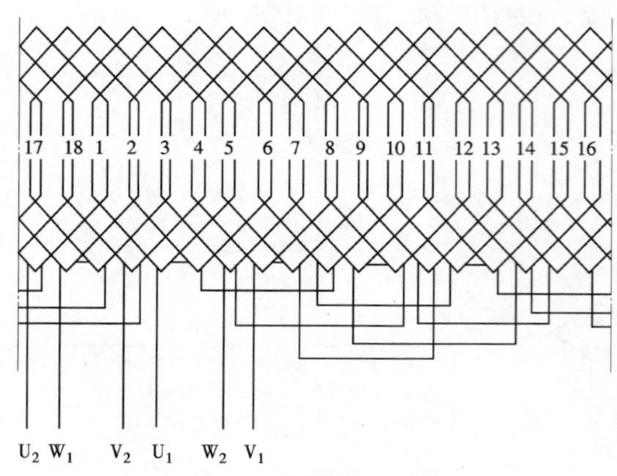

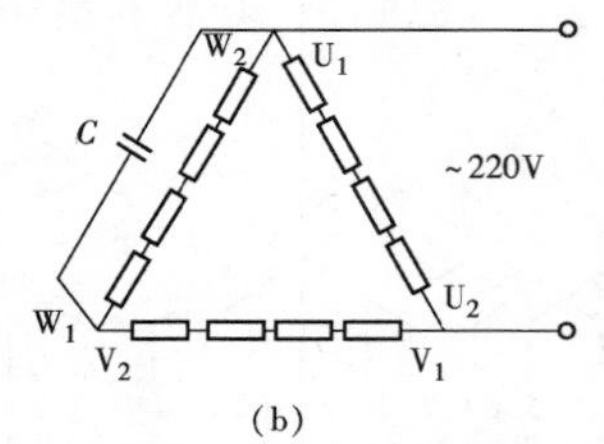

电动机定子绕组按三相电机绕组的规律分布与联接，然后再作三相电机单相运行联接	
极数：$2p=4$	槽数：$Z=18$
每极每相槽数：$q=3$	节距：$Y=1-5$
每槽匝数＝292	接法：3 相绕组单相运行

图 9－41　JX07B－4　40W 绕组接线展开图

（a）按三相绕组布置时的联接；（b）接入单相电源时的联接

第 2 节　单相串励电动机绕组接线图

单相串励电动机是指具有换向器结构的单相异步电动机。这类电动机在小功率范围时主要有单相交流串励式电动机和交直流两用电动机两种型式。由于这类电动机具有效率高、起动转矩大、转速特别高（可高达每分钟几万转）、速度易调整等一系列优点，因而被广泛应用于高速离心机、搅拌机、吸尘器、手电钻、电动扳手等家用电器和电动工具中。

（1）小功率单相交流串励电动机的绕组与直流串励式电动机的绕组极为近似。它主要分为定子励磁绕组和转子电枢绕组两部分。定子励磁绕组均为集中式绕组，接法也较为简单。转子电枢绕组则比较复杂，2 极时采用单叠绕组，4 极时则为单波绕组。附录将主要介绍电枢绕组的接线图。

（2）电枢绕组线圈与换向器的连接有两种绕组形式。一种是以确定后的开始槽为基准偏移接线的左行绕组，即线圈另一有效边在相距一个节距槽的出线端由右往左引接到与始槽对应的换向片上。另一种则是以节距槽为基准偏移接线的右行绕组，即始槽出线端从左往右接到与节距槽对应的换向片上。这两种形式的绕组不论从工作原理和运行性能来看都没有什么不同。

（3）电枢铁芯与换向器在轴上装配的相对位置也有两种情况，一种是铁芯的槽中心线与换向片中心线相对应；另一种则是铁芯槽中心线与换向器云母片中心线相对应。

（4）不论是左行或右行绕组其线圈出线端接入换向器时的偏移片数，均为对铁芯槽中心线而言。

(5) 附录编绘了 31 幅 U 型、SU 型、G 系列等几个系列、型号的单相交流串励电动机和交、直流两用串励电动机的电枢绕组常用接线展开图。

一、单相串励电动机电枢绕组接线展图

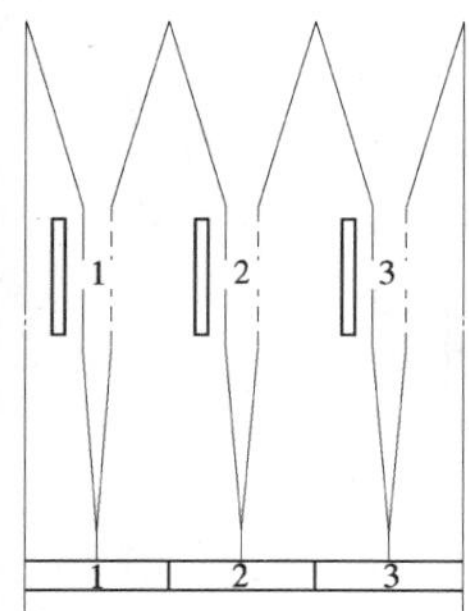

本图为单相交流换向器电动机电枢绕组最简单的结构形式,主要用于电吹风、电动剃须刀	
极数:$2p=2$	槽数:$Z=3$
换向片数:$K=3$	每槽元件数:$u=1$
换向器节距:$Y_K=1-2$	槽节距:$Y=1-2$

图 9-42　2 极 3 槽电枢绕组接线展开图

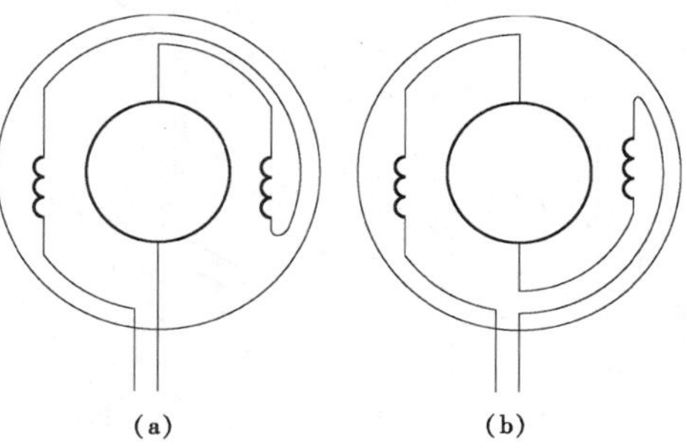

图 9-43　定子绕组与电枢绕组的两种联接
(a) 定子绕组联接后再与电枢绕组串接;
(b) 定子绕组串接在电枢绕组两端的接法

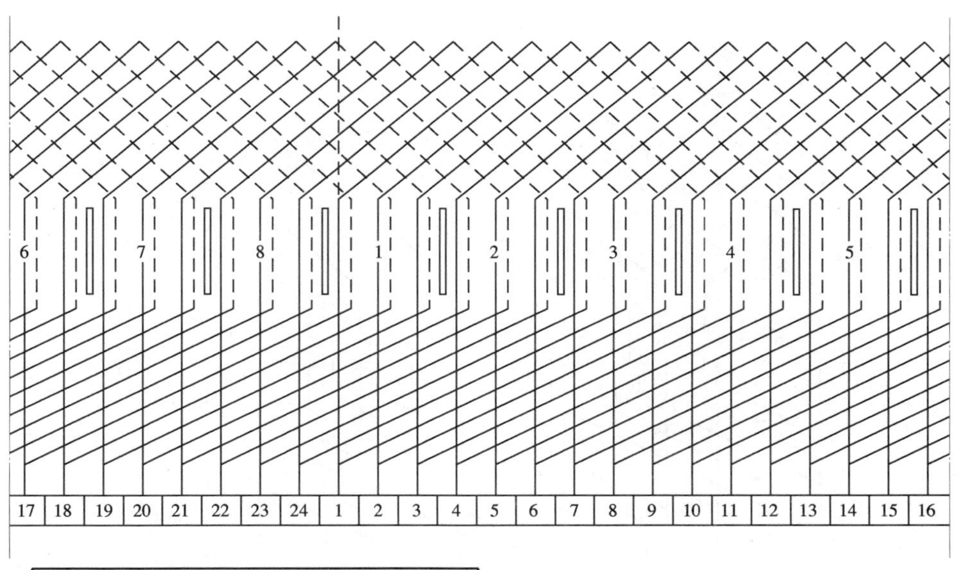

绕组元件以始槽为基准,1 号元件的线端正对槽中心线接入换向器	
极数:$2p=2$	槽数:$Z=8$
换向片数:$K=24$	每槽元件数:$u=3$
换向器节距:$Y_K=1-2$	槽节距:$Y=1-4$

图 9-44　2 极 8 槽电枢绕组接线展开图

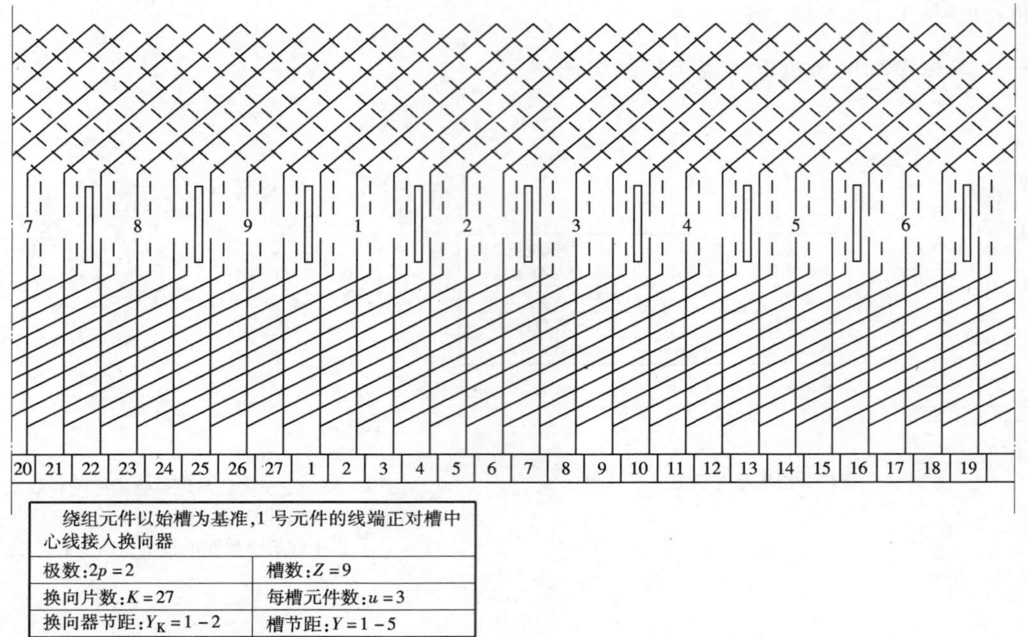

绕组元件以始槽为基准,1 号元件的线端正对槽中心线接入换向器	
极数:$2p=2$	槽数:$Z=9$
换向片数:$K=27$	每槽元件数:$u=3$
换向器节距:$Y_K=1-2$	槽节距:$Y=1-5$

图 9-45　2 极 9 槽电枢绕组接线展开图

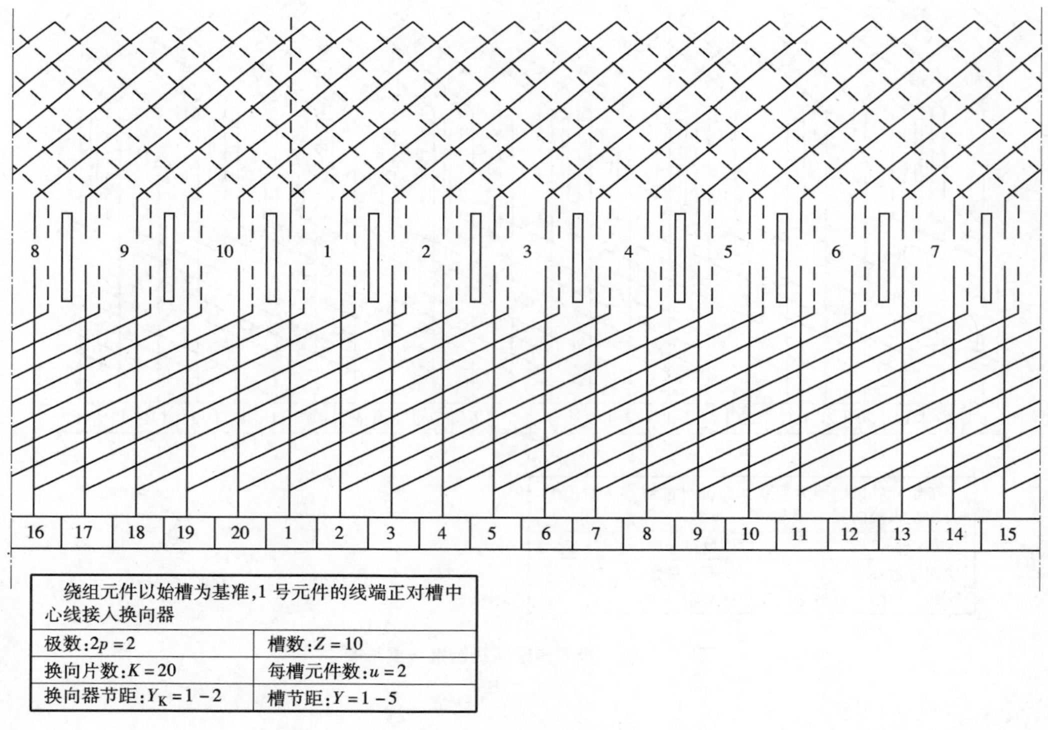

绕组元件以始槽为基准,1 号元件的线端正对槽中心线接入换向器	
极数:$2p=2$	槽数:$Z=10$
换向片数:$K=20$	每槽元件数:$u=2$
换向器节距:$Y_K=1-2$	槽节距:$Y=1-5$

图 9-46　2 极 10 槽电枢绕组接线展开图（1）

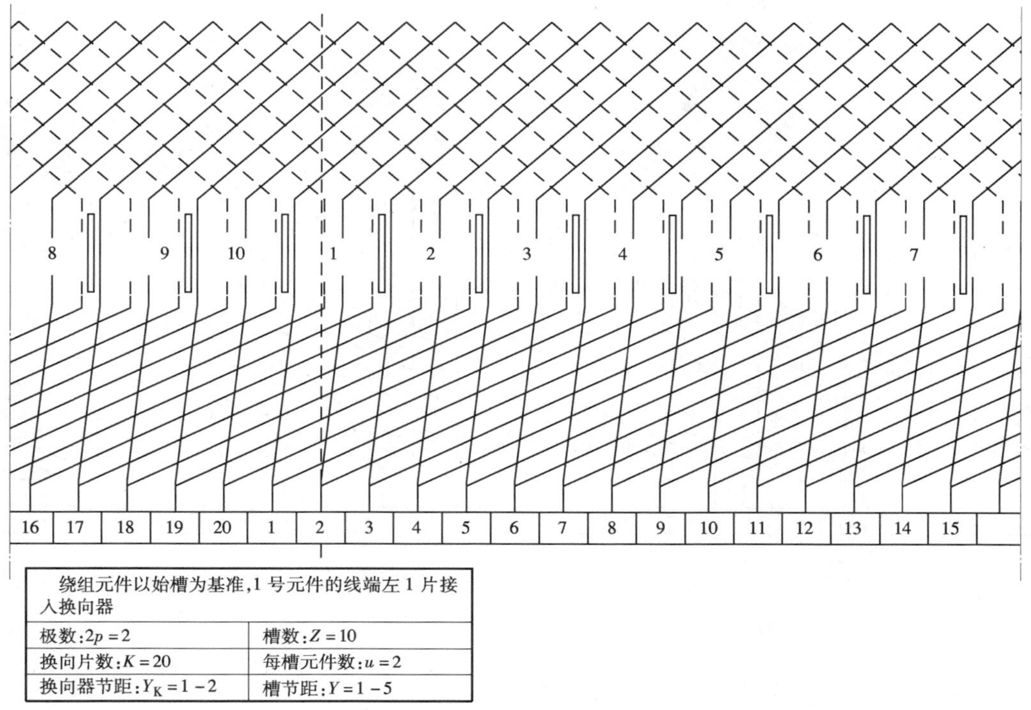

绕组元件以始槽为基准,1 号元件的线端左 1 片接入换向器	
极数:$2p=2$	槽数:$Z=10$
换向片数:$K=20$	每槽元件数:$u=2$
换向器节距:$Y_K=1-2$	槽节距:$Y=1-5$

图 9－47　2 极 10 槽电枢绕组接线展开图（2）

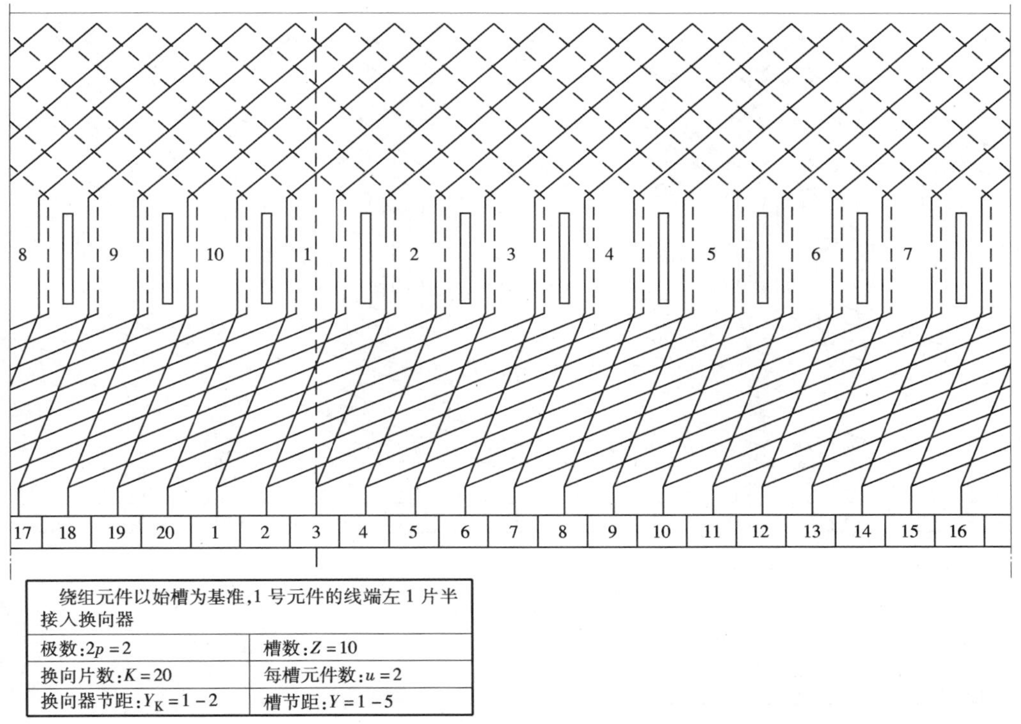

绕组元件以始槽为基准,1 号元件的线端左 1 片半接入换向器	
极数:$2p=2$	槽数:$Z=10$
换向片数:$K=20$	每槽元件数:$u=2$
换向器节距:$Y_K=1-2$	槽节距:$Y=1-5$

图 9－48　2 极 10 槽电枢绕组接线展开图（3）

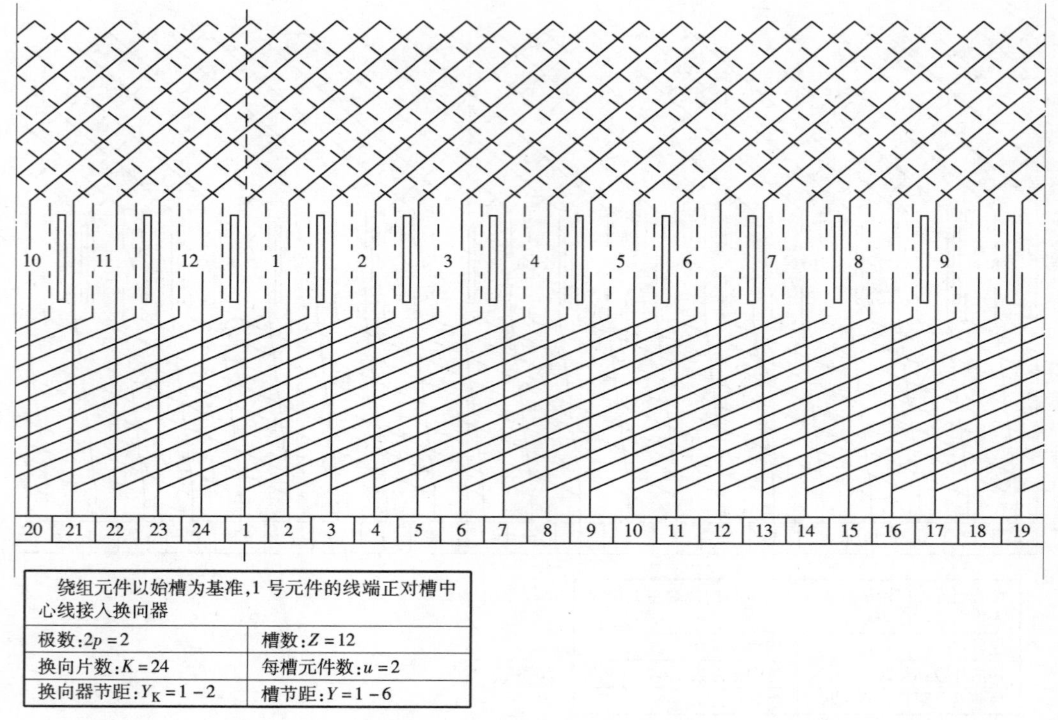

绕组元件以始槽为基准,1 号元件的线端正对槽中心线接入换向器	
极数:$2p=2$	槽数:$Z=12$
换向片数:$K=24$	每槽元件数:$u=2$
换向器节距:$Y_K=1-2$	槽节距:$Y=1-6$

图 9－49　2 极 12 槽电枢绕组接线展开图（1）

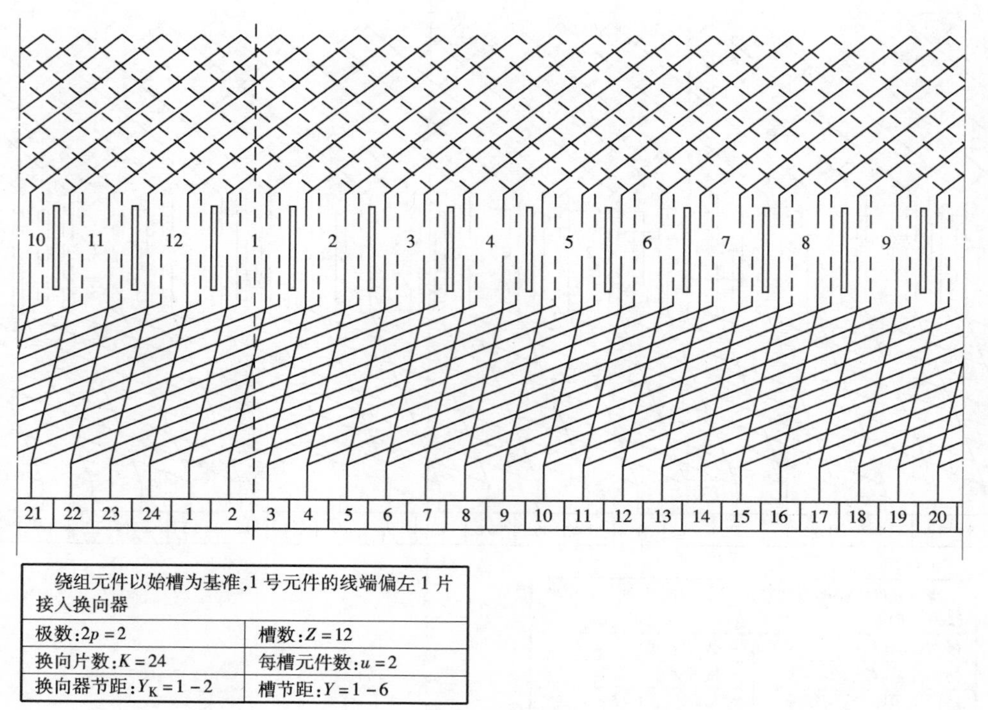

绕组元件以始槽为基准,1 号元件的线端偏左 1 片接入换向器	
极数:$2p=2$	槽数:$Z=12$
换向片数:$K=24$	每槽元件数:$u=2$
换向器节距:$Y_K=1-2$	槽节距:$Y=1-6$

图 9－50　2 极 12 槽电枢绕组接线展开图（2）

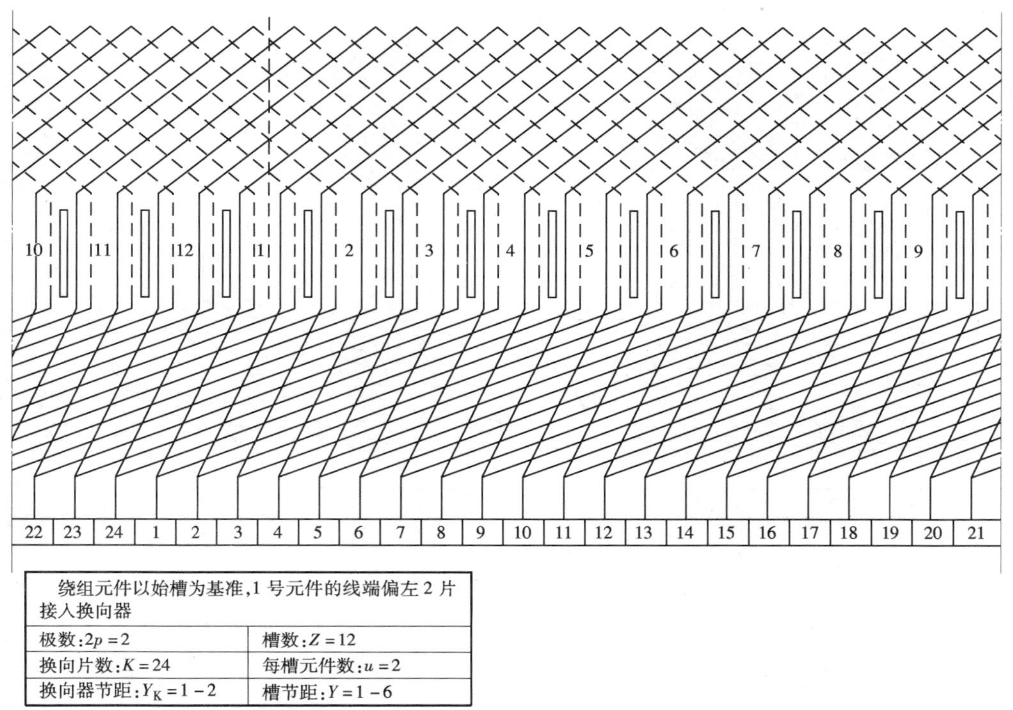

绕组元件以始槽为基准,1 号元件的线端偏左 2 片接入换向器	
极数:$2p=2$	槽数:$Z=12$
换向片数:$K=24$	每槽元件数:$u=2$
换向器节距:$Y_K=1-2$	槽节距:$Y=1-6$

图 9－51　2 极 12 槽电枢绕组接线展开图（3）

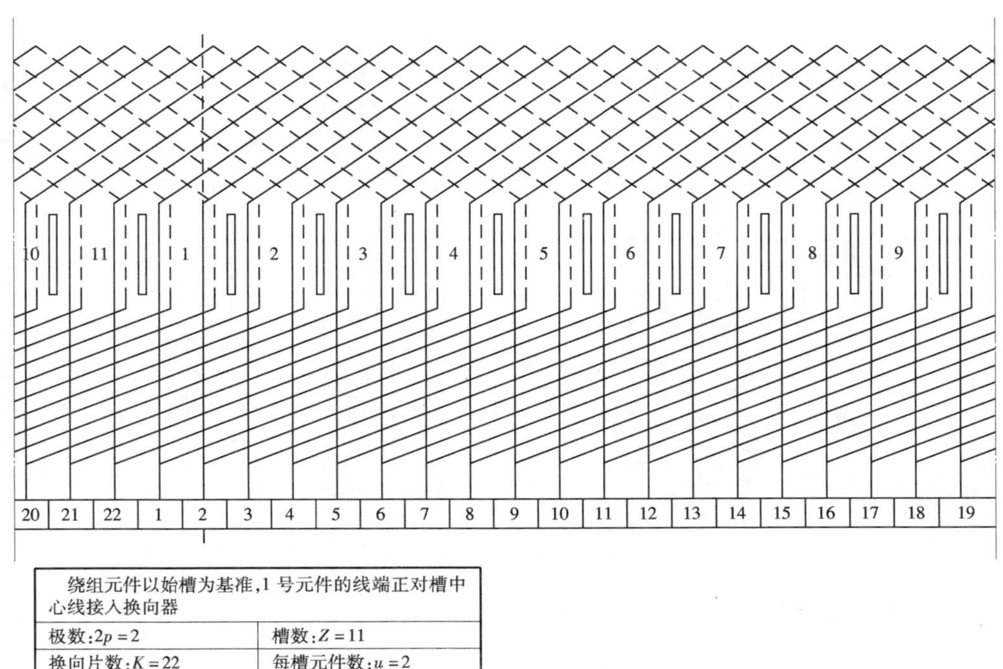

绕组元件以始槽为基准,1 号元件的线端正对槽中心线接入换向器	
极数:$2p=2$	槽数:$Z=11$
换向片数:$K=22$	每槽元件数:$u=2$
换向器节距:$Y_K=1-2$	槽节距:$Y=1-6$

图 9－52　2 极 11 槽电枢绕组接线展开图（1－1）

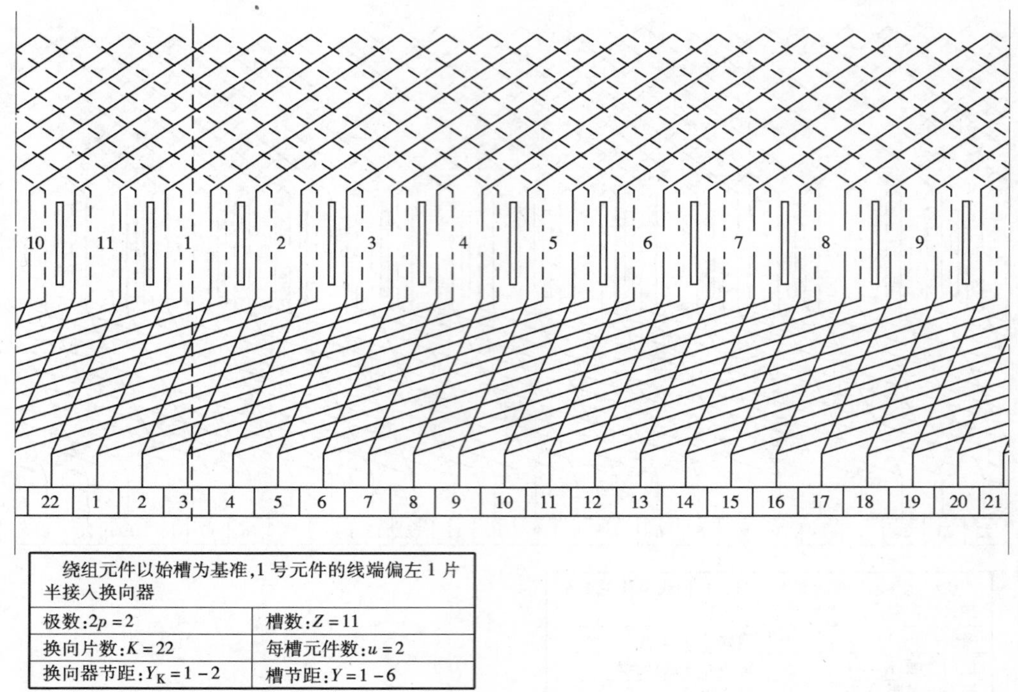

绕组元件以始槽为基准,1 号元件的线端偏左 1 片半接入换向器	
极数:$2p=2$	槽数:$Z=11$
换向片数:$K=22$	每槽元件数:$u=2$
换向器节距:$Y_K=1-2$	槽节距:$Y=1-6$

图 9－53　2 极 11 槽电枢绕组接线展开图（1－2）

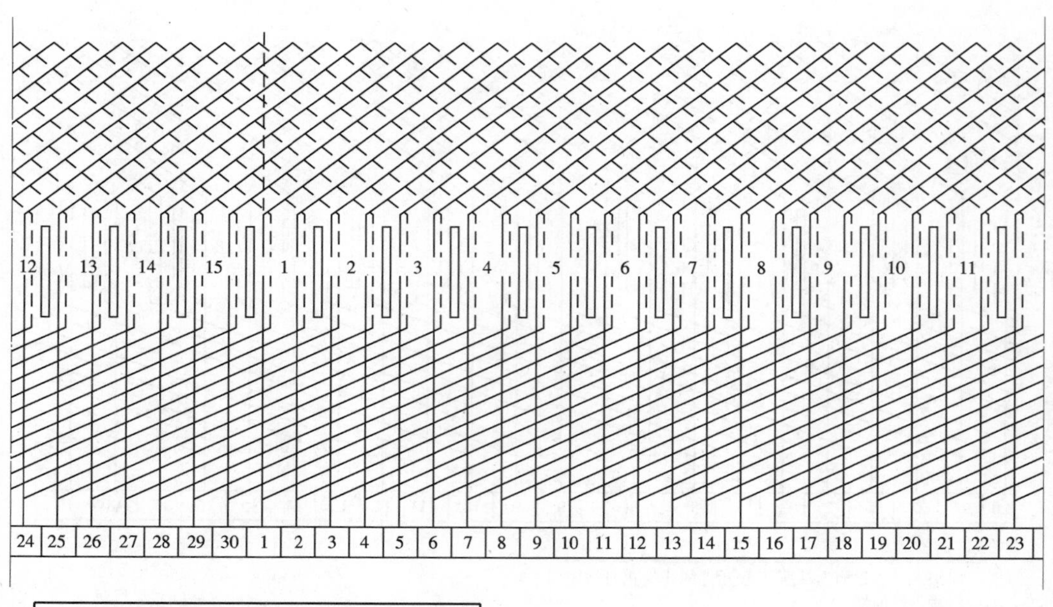

绕组元件以始槽为基准,1 号元件的线端正对槽中心线接入换向器	
极数:$2p=2$	槽数:$Z=11$
换向片数:$K=30$	每槽元件数:$u=2$
换向器节距:$Y_K=1-2$	槽节距:$Y=1-6$

图 9－54　2 极 11 槽电枢绕组接线展开图（2－1）

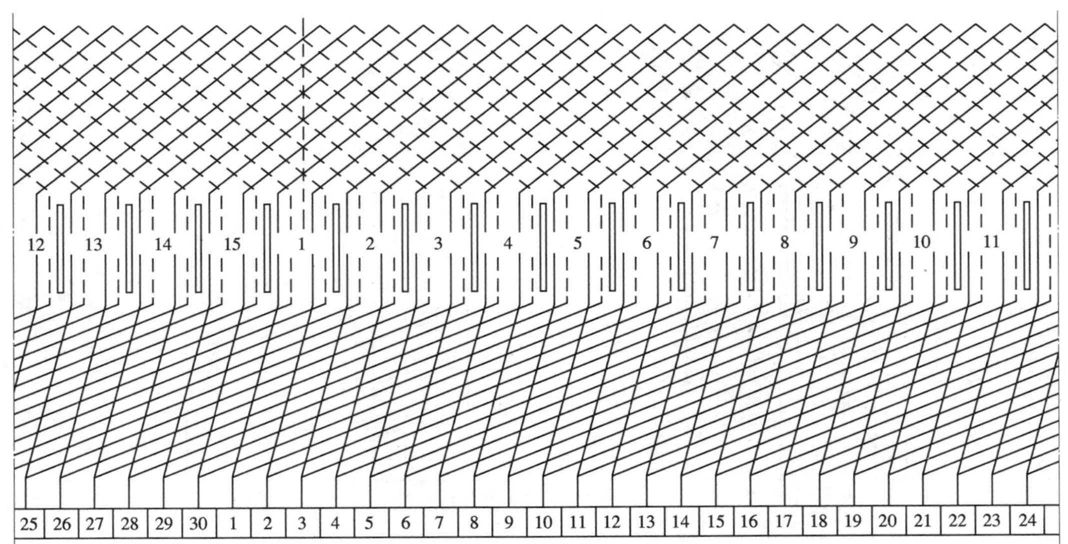

绕组元件以始槽为基准,1 号元件的线端偏左 2 片接入换向器	
极数:$2p=2$	槽数:$Z=11$
换向片数:$K=30$	每槽元件数:$u=2$
换向器节距:$Y_K=1-2$	槽节距:$Y=1-6$

图 9－55　2 极 11 槽电枢绕组接线展开图（2－2）

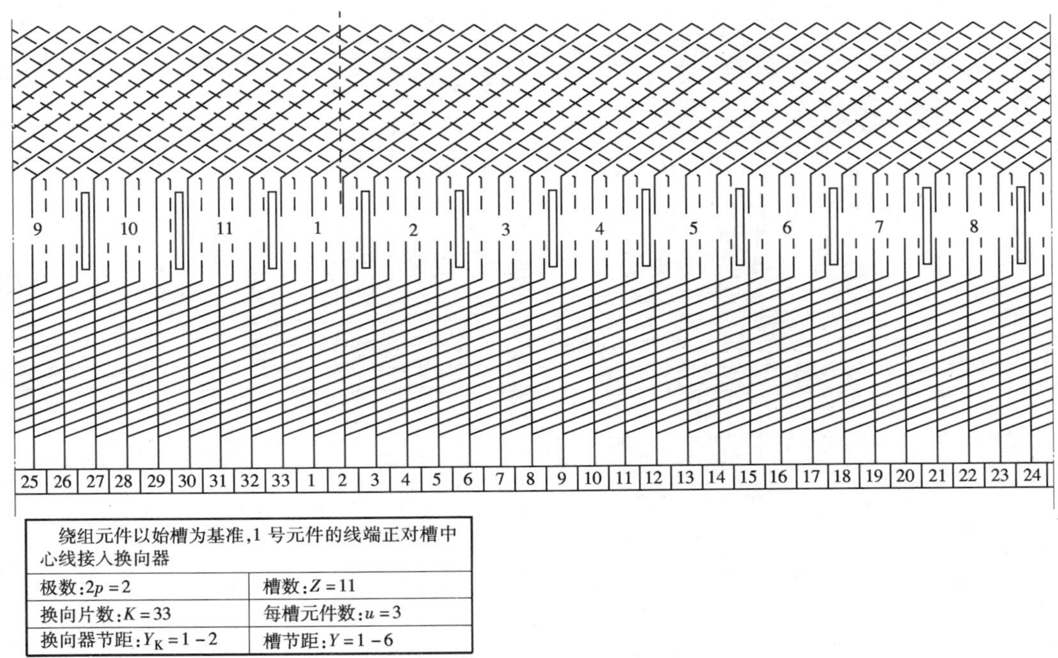

绕组元件以始槽为基准,1 号元件的线端正对槽中心线接入换向器	
极数:$2p=2$	槽数:$Z=11$
换向片数:$K=33$	每槽元件数:$u=3$
换向器节距:$Y_K=1-2$	槽节距:$Y=1-6$

图 9－56　2 极 11 槽电枢绕组接线展开图（3－1）

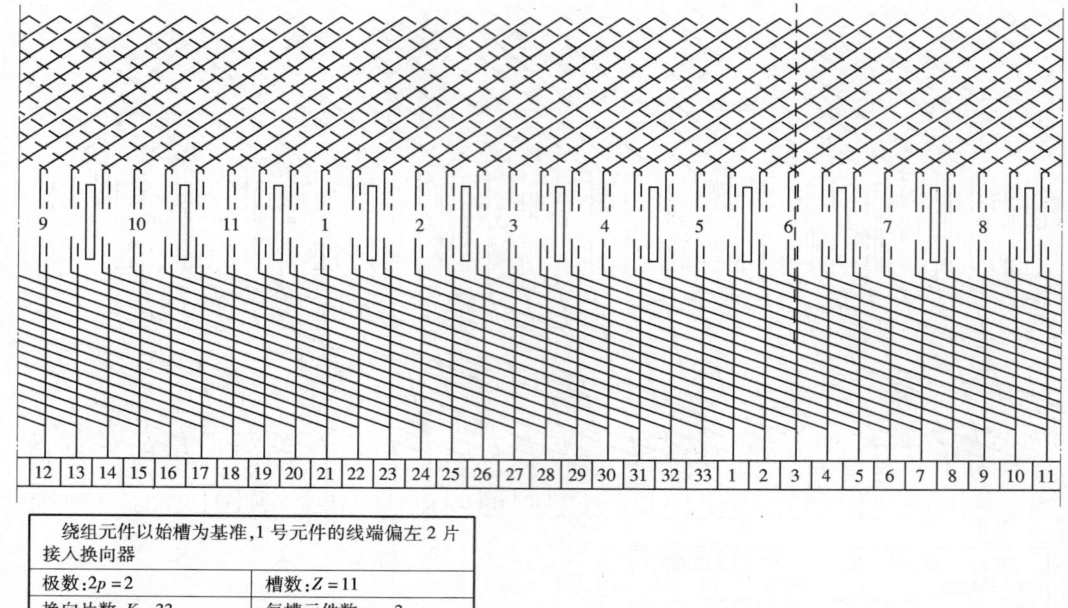

绕组元件以始槽为基准,1 号元件的线端偏左 2 片接入换向器	
极数:$2p=2$	槽数:$Z=11$
换向片数:$K=33$	每槽元件数:$u=3$
换向器节距:$Y_K=1-2$	槽节距:$Y=1-6$

图 9－57　2 极 11 槽电枢绕组接线展开图（3－2）

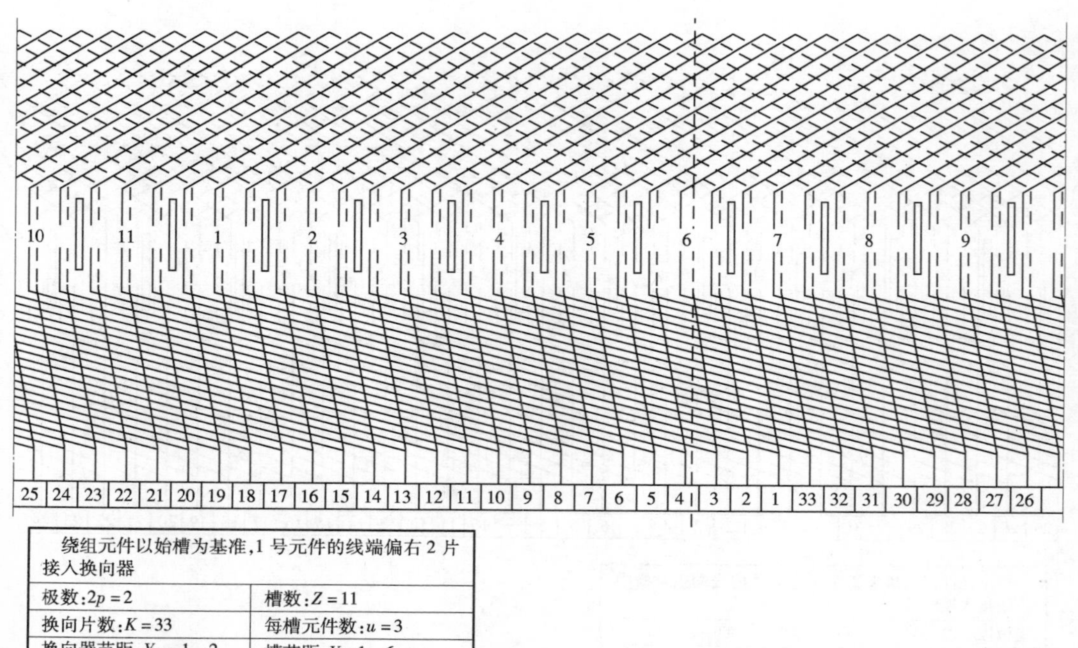

绕组元件以始槽为基准,1 号元件的线端偏右 2 片接入换向器	
极数:$2p=2$	槽数:$Z=11$
换向片数:$K=33$	每槽元件数:$u=3$
换向器节距:$Y_K=1-2$	槽节距:$Y=1-6$

图 9－58　2 极 11 槽电枢绕组接线展开图（3－3）

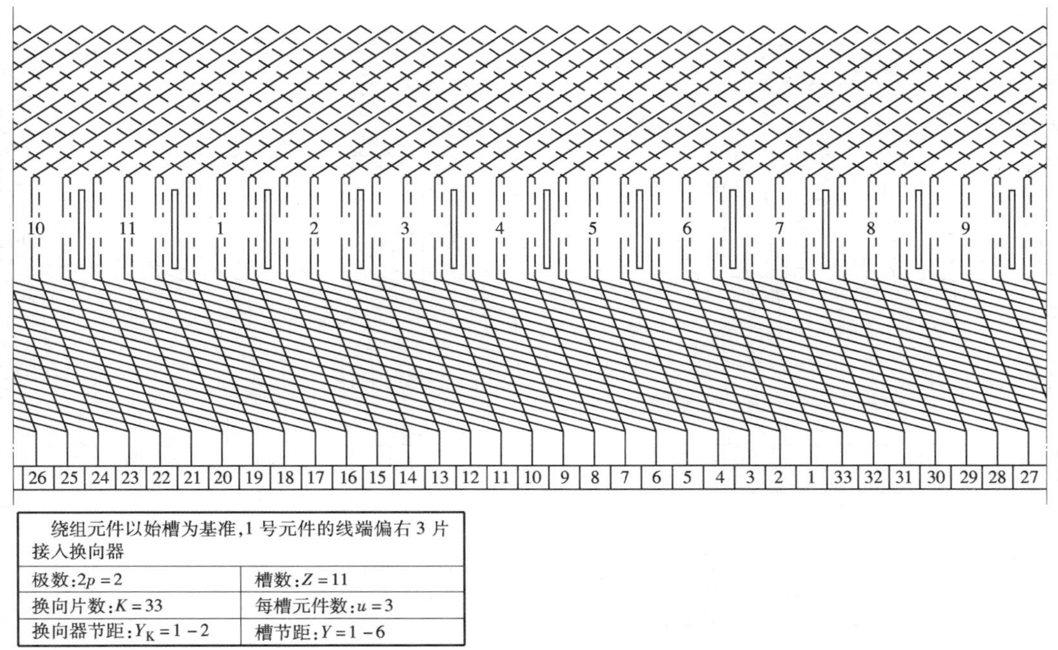

绕组元件以始槽为基准,1 号元件的线端偏右 3 片接入换向器	
极数:$2p=2$	槽数:$Z=11$
换向片数:$K=33$	每槽元件数:$u=3$
换向器节距:$Y_K=1-2$	槽节距:$Y=1-6$

图 9-59　2 极 11 槽电枢绕组接线展开图（3-4）

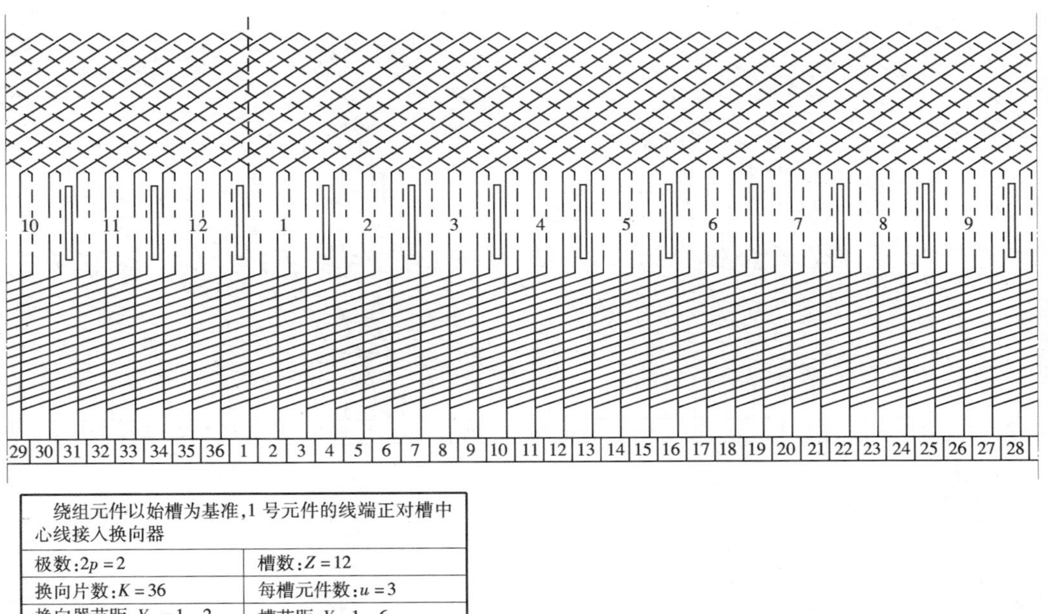

绕组元件以始槽为基准,1 号元件的线端正对槽中心线接入换向器	
极数:$2p=2$	槽数:$Z=12$
换向片数:$K=36$	每槽元件数:$u=3$
换向器节距:$Y_K=1-2$	槽节距:$Y=1-6$

图 9-60　2 极 12 槽电枢绕组接线展开图（1）

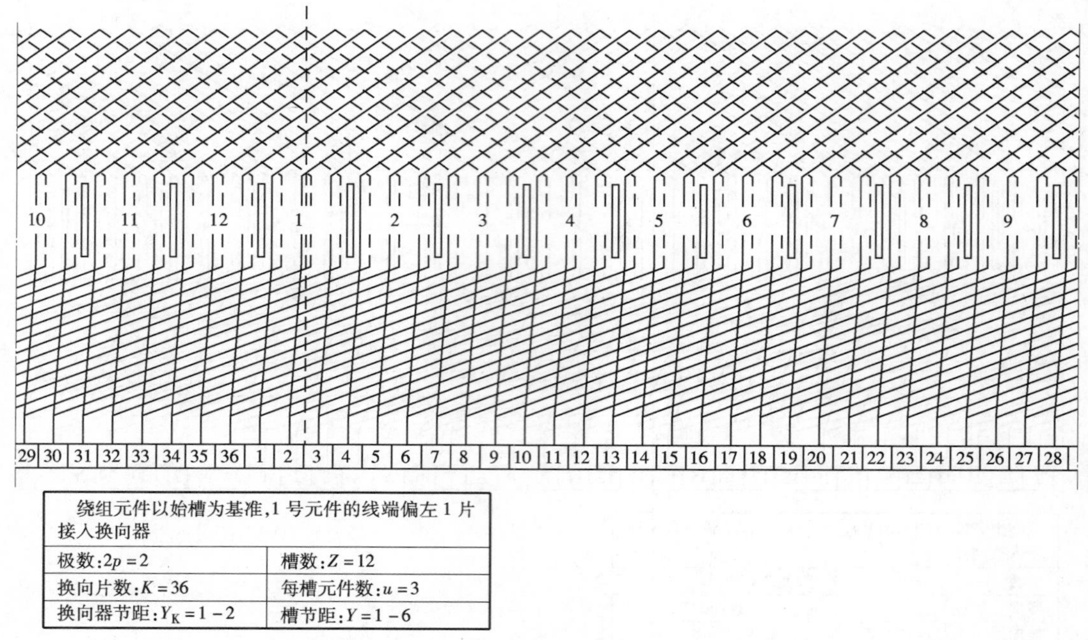

绕组元件以始槽为基准,1 号元件的线端偏左 1 片接入换向器	
极数:$2p=2$	槽数:$Z=12$
换向片数:$K=36$	每槽元件数:$u=3$
换向器节距:$Y_K=1-2$	槽节距:$Y=1-6$

图 9-61　2 极 12 槽电枢绕组接线展开图（2）

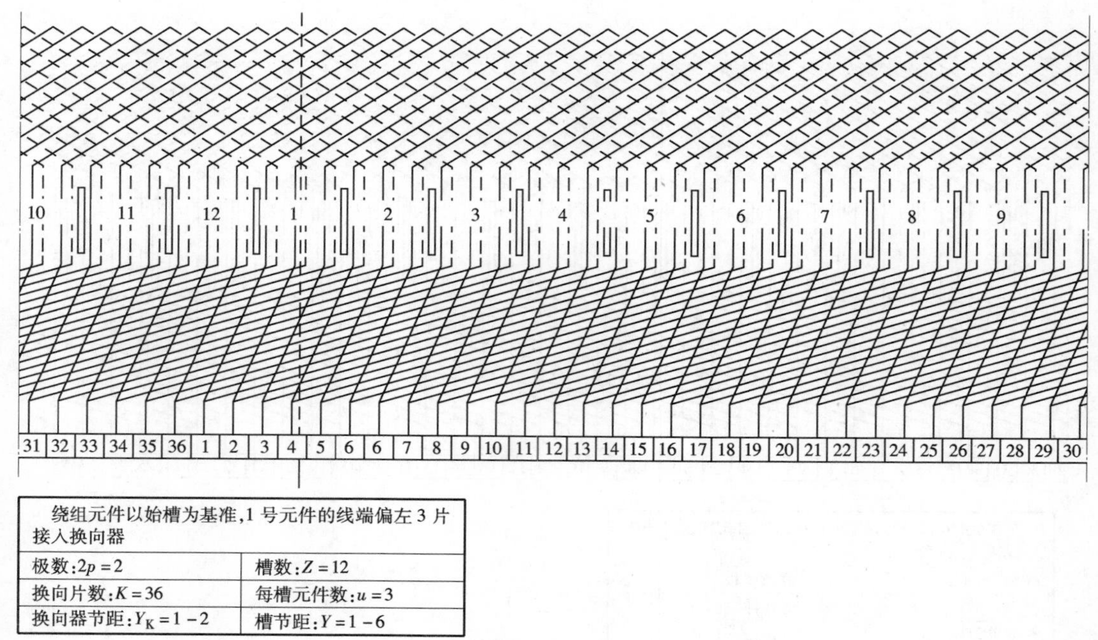

绕组元件以始槽为基准,1 号元件的线端偏左 3 片接入换向器	
极数:$2p=2$	槽数:$Z=12$
换向片数:$K=36$	每槽元件数:$u=3$
换向器节距:$Y_K=1-2$	槽节距:$Y=1-6$

图 9-62　2 极 12 槽电枢绕组接线展开图（3）

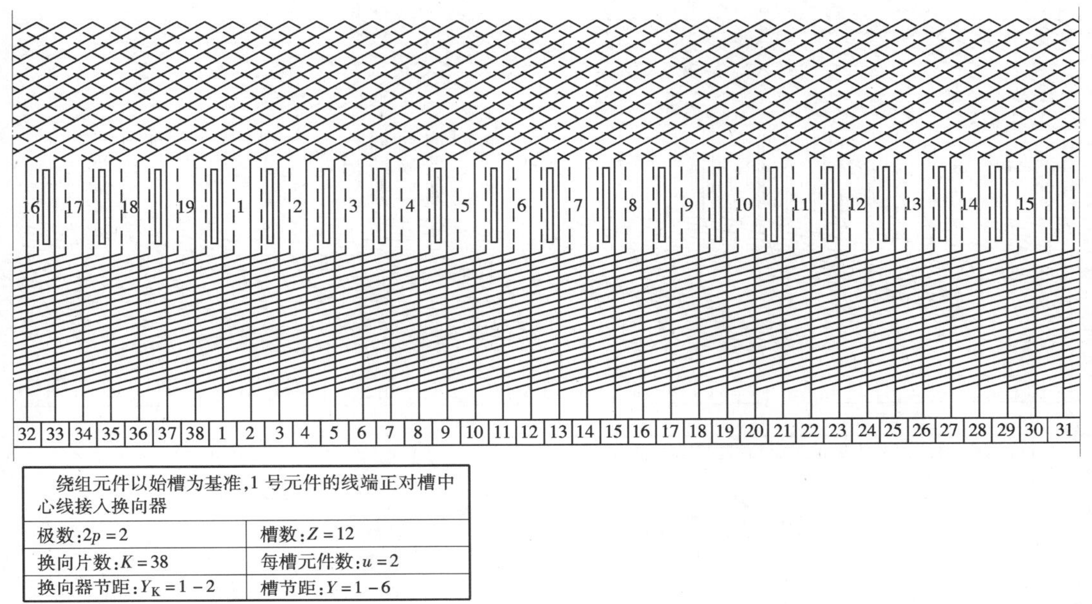

绕组元件以始槽为基准,1 号元件的线端正对槽中心线接入换向器	
极数:$2p=2$	槽数:$Z=12$
换向片数:$K=38$	每槽元件数:$u=2$
换向器节距:$Y_K=1-2$	槽节距:$Y=1-6$

图 9-63　2 极 19 槽电枢绕组接线展开图（1）

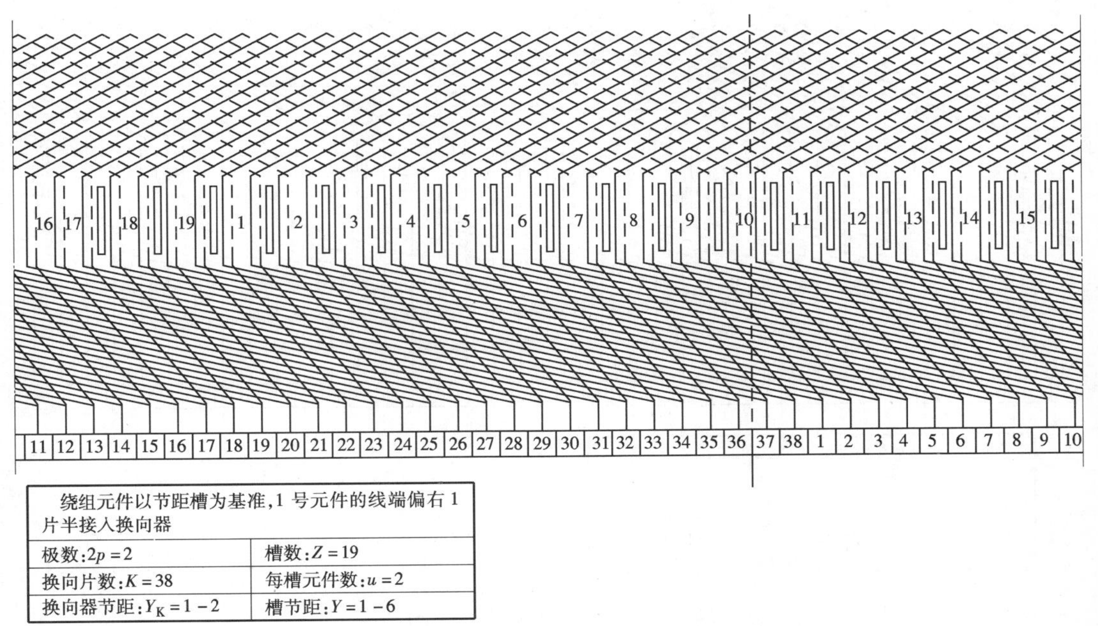

绕组元件以节距槽为基准,1 号元件的线端偏右 1 片半接入换向器	
极数:$2p=2$	槽数:$Z=19$
换向片数:$K=38$	每槽元件数:$u=2$
换向器节距:$Y_K=1-2$	槽节距:$Y=1-6$

图 9-64　2 极 19 槽电枢绕组接线展开图（2）

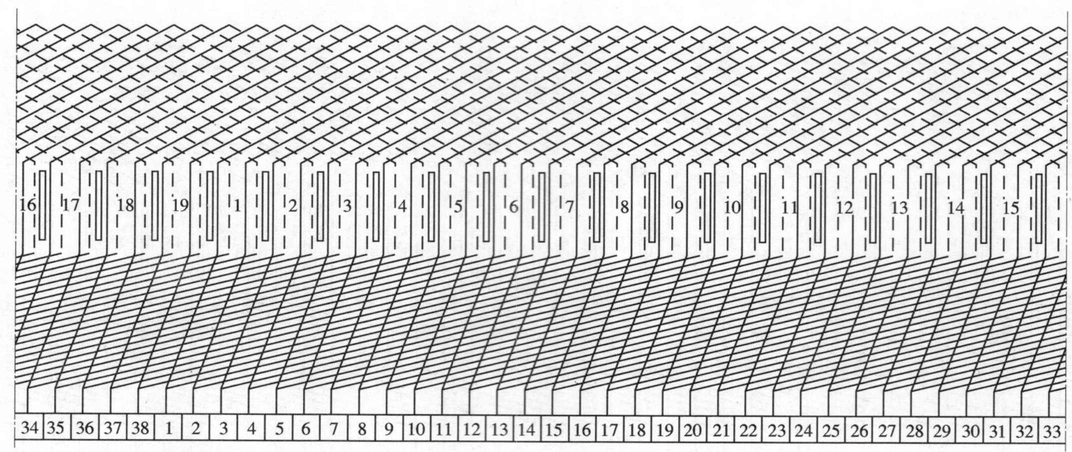

绕组元件以始槽为基准,1 号元件的线端偏左 1 片半接入换向器	
极数:$2p=2$	槽数:$Z=19$
换向片数:$K=38$	每槽元件数:$u=2$
换向器节距:$Y_K=1-2$	槽节距:$Y=1-6$

图 9-65　2 极 19 槽电枢绕组接线展开图(3)

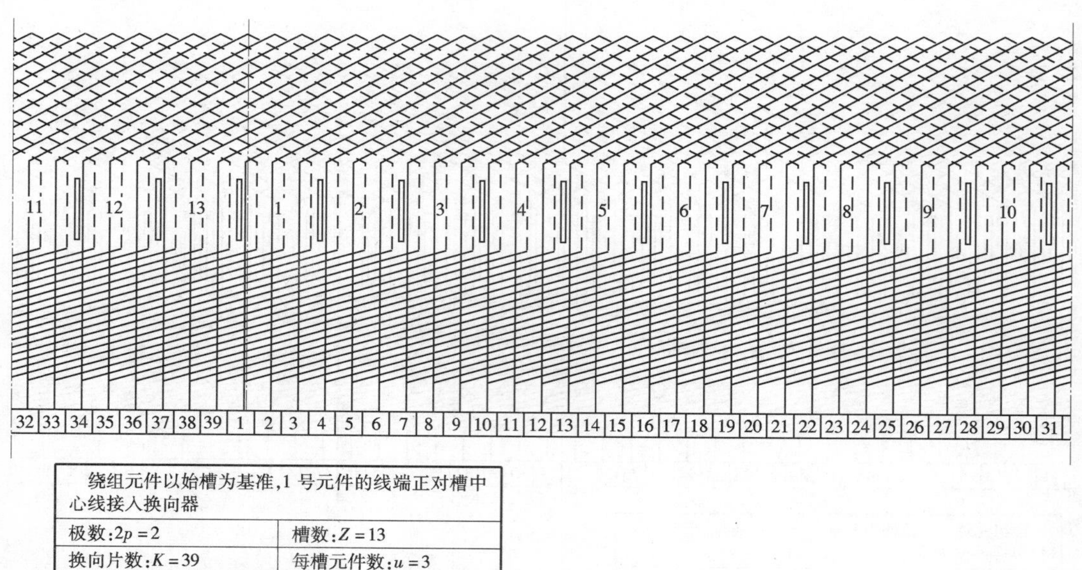

绕组元件以始槽为基准,1 号元件的线端正对槽中心线接入换向器	
极数:$2p=2$	槽数:$Z=13$
换向片数:$K=39$	每槽元件数:$u=3$
换向器节距:$Y_K=1-2$	槽节距:$Y=1-6$

图 9-66　2 极 13 槽电枢绕组接线展开图(1)

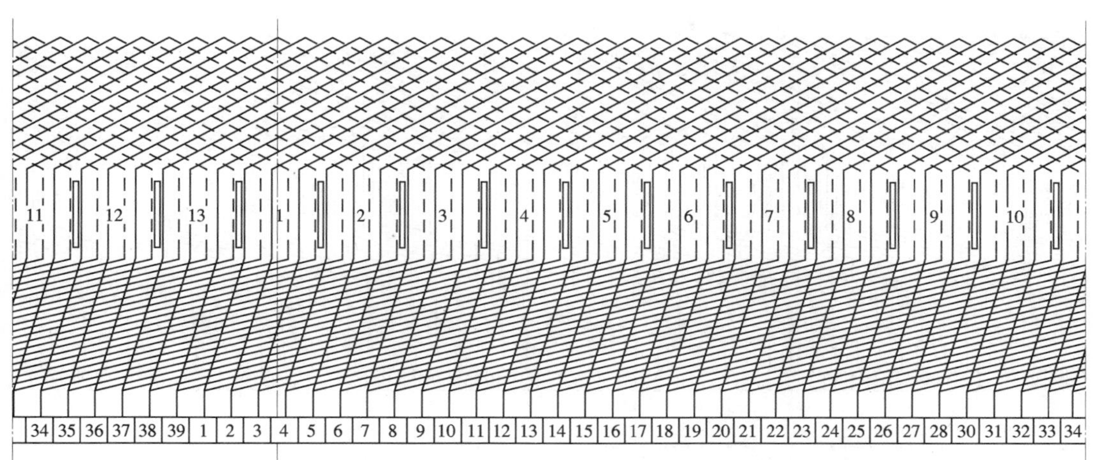

绕组元件以始槽为基准,1 号元件的线端偏左 2 片接入换向器	
极数:$2p=2$	槽数:$Z=13$
换向片数:$K=39$	每槽元件数:$u=3$
换向器节距:$Y_K=1-2$	槽节距:$Y=1-6$

图 9－67　2 极 13 槽电枢绕组接线展开图（2）

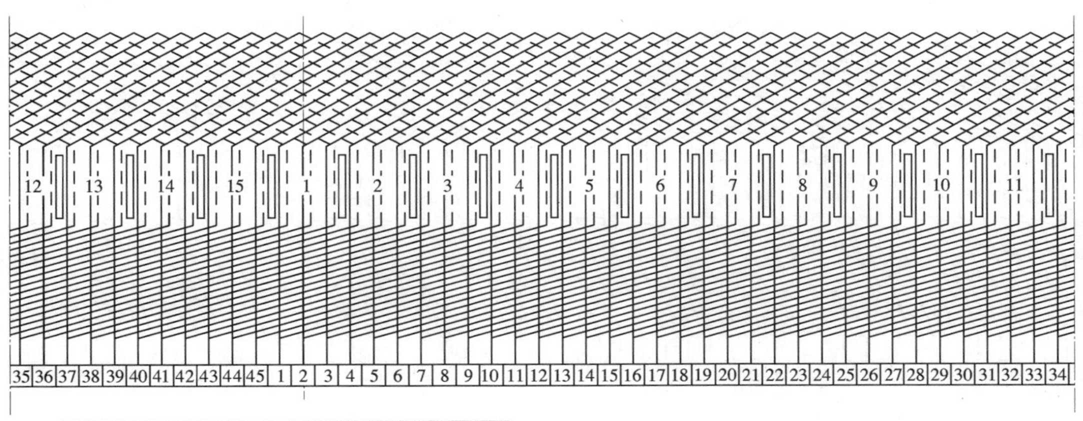

绕组元件以始槽为基准,1 号元件的线端正对槽中心线接入换向器	
极数:$2p=2$	槽数:$Z=15$
换向片数:$K=45$	每槽元件数:$u=3$
换向器节距:$Y_K=1-2$	槽节距:$Y=1-7$

图 9－68　2 极 15 槽电枢绕组接线展开图

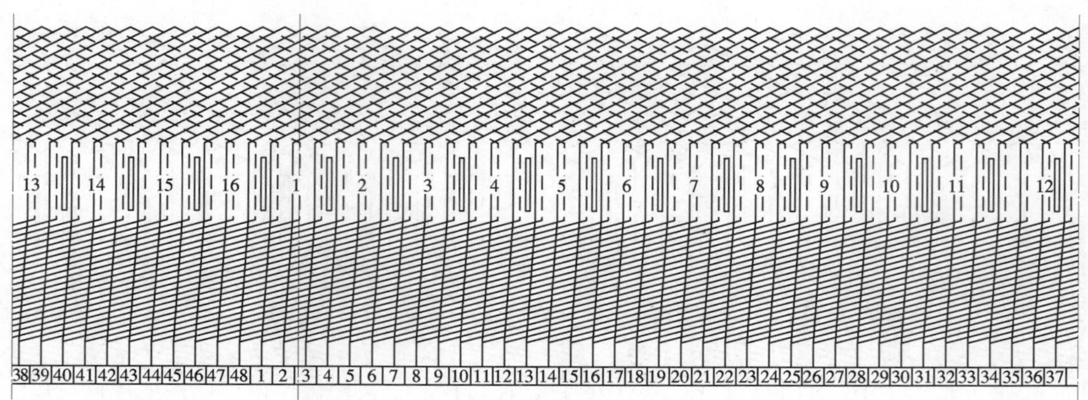

电枢为斜槽铁心，绕组元件以始槽为基准，1 号元件的线端偏左 1 片接入换向器	
极数：$2p=2$	槽数：$Z=16$
换向片数：$K=48$	每槽元件数：$u=3$
换向器节距：$Y_K=1-2$	槽节距：$Y=1-8$

图 9－69　2 极 16 槽电枢绕组接线展开图（1）

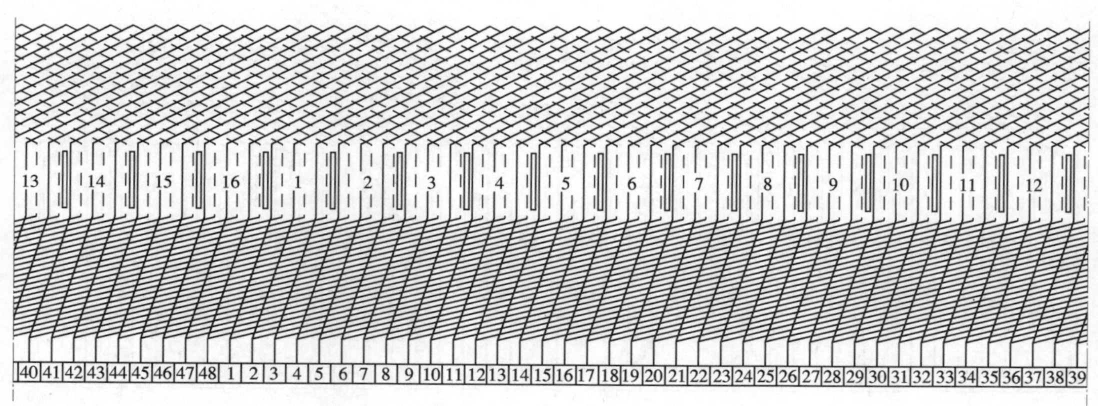

电枢为斜槽铁心，绕组元件以始槽为基准，1 号元件的线端偏左 3 片接入换向器	
极数：$2p=2$	槽数：$Z=16$
换向片数：$K=48$	每槽元件数：$u=3$
换向器节距：$Y_K=1-2$	槽节距：$Y=1-8$

图 9－70　2 极 16 槽电枢绕组接线展开图（2）

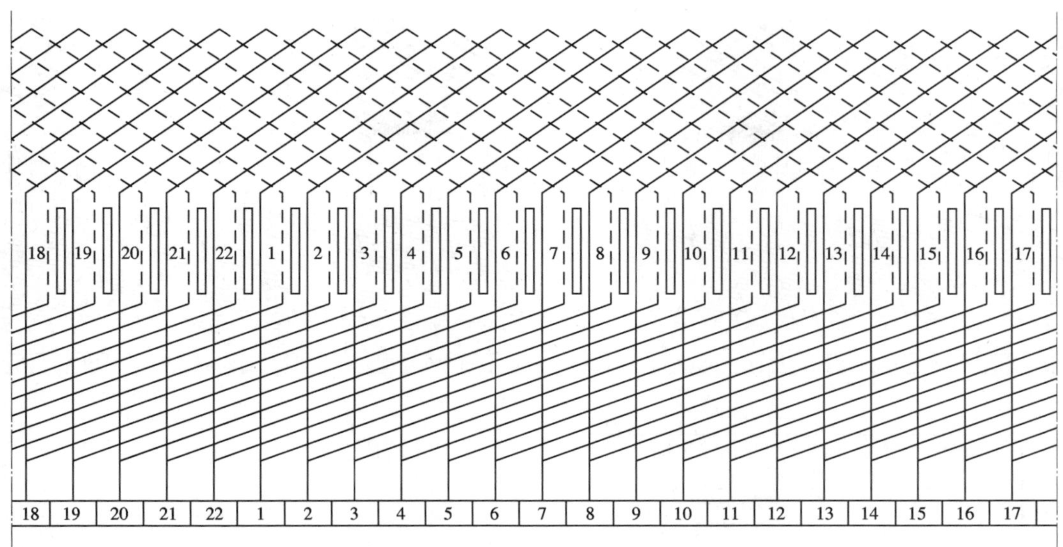

绕组元件以始槽为基准,1 号元件的线端正对槽中心线接入换向器	
极数:$2p=2$	槽数:$Z=22$
换向片数:$K=22$	每槽元件数:$u=1$
换向器节距:$Y_K=1-2$	槽节距:$Y=1-11$

图 9 - 71　2 极 22 槽电枢绕组接线展开图（1）

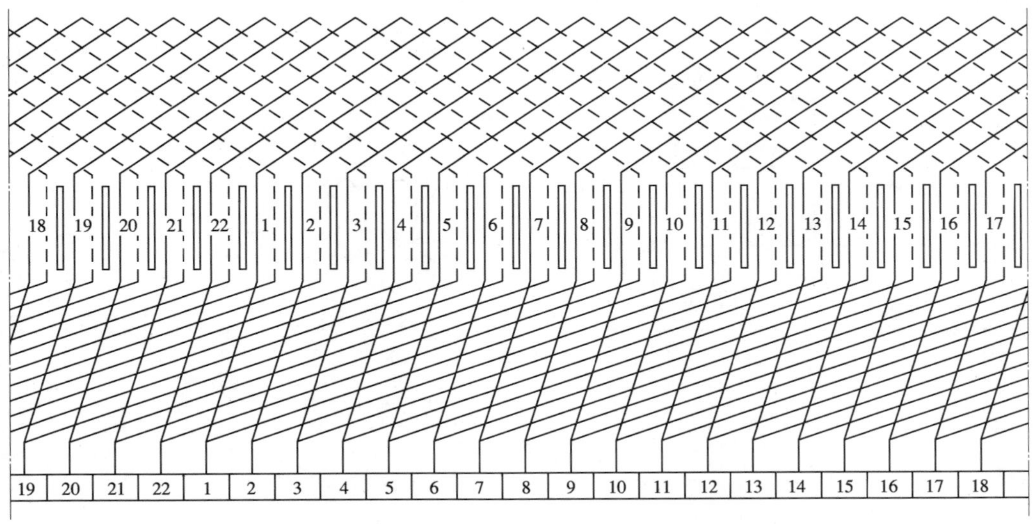

绕组元件以始槽为基准,1 号元件的线端偏左 1 片接入换向器	
极数:$2p=2$	槽数:$Z=22$
换向片数:$K=32$	每槽元件数:$u=1$
换向器节距:$Y_K=1-2$	槽节距:$Y=1-11$

图 9 - 72　2 极 22 槽电枢绕组接线展开图（2）

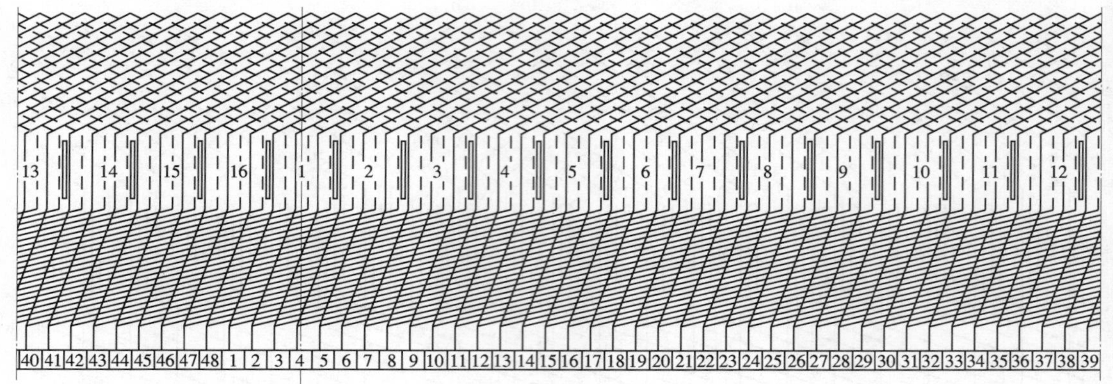

电枢为斜槽铁心，绕组元件以始槽为基准，1 号元件的线端偏左 3 片接入换向器	
极数：$2p=2$	槽数：$Z=16$
换向片数：$K=48$	每槽元件数：$u=3$
换向器节距：$Y_K=1-2$	槽节距：$Y=1-8$

图 9－73　2 极 16 槽电枢绕组接线展开图

二、单相串励电动机绕组整机接线图

单相交直流两用串励式电动机的结构与直流串激式电动机基本相同。为了使交直流两用电动机在使用直流电源和交流电源时转速近似相等，则电动机在直流电源上时需增加励磁绕组匝数，以便增加磁通。通常增加的匝数串在交流绕组两侧线端，如图 9－74（a）所示。

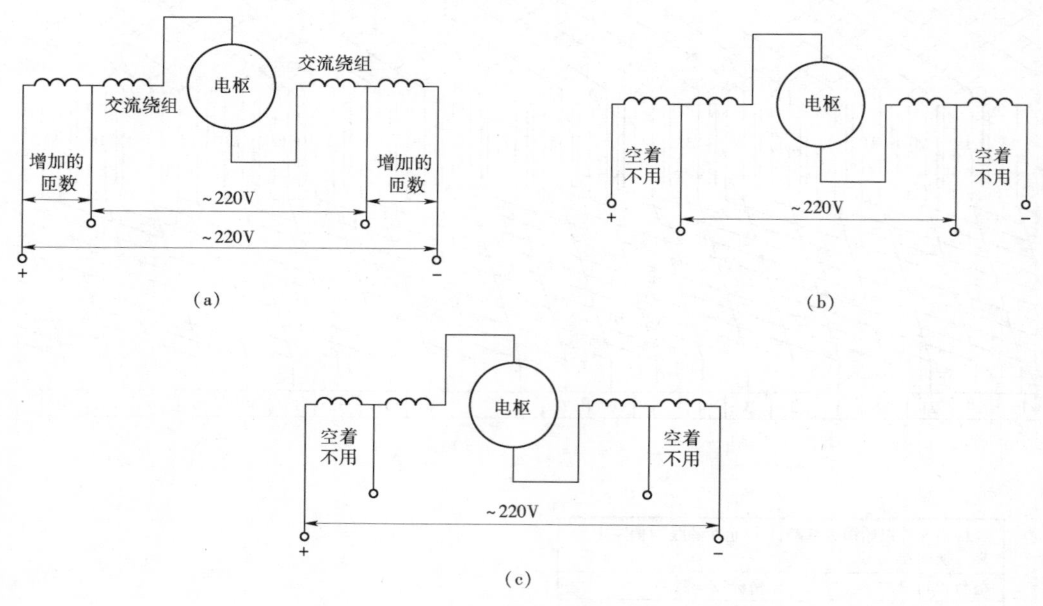

图 9－74　单相交直流两用串励式电动机绕组接线图

（a）增加的匝数通常串在交流绕组出线端；（b）用于交流电源时的接线图；（c）用于直流电源时的接线图

图 9－75（a）接法产生较大干扰信号，图 9－75（b）则由于两个定子绕组分别接在两个电刷边，干扰信号受到控制，故传播出去的信号就大为减小了。

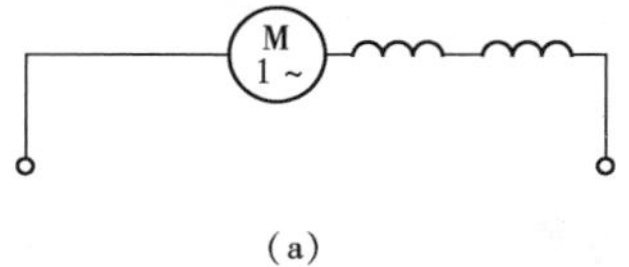

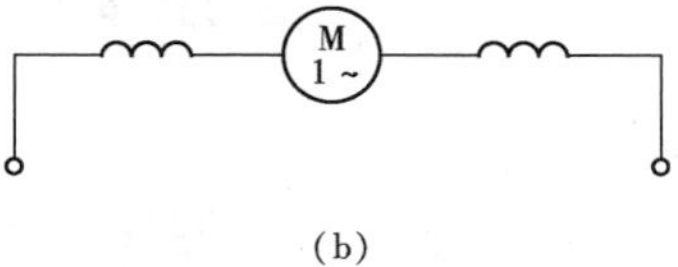

图 9－75　单相串励式电动机绕组接线原理图

（a）长串励接法；（b）短串励接法

单相串励式电动机运行中产生很多高频电能，频率较低部分经电源线向外传播，形成对无线电源的干扰。图中所示为几种滤波电路，滤波电容 C 的容量一般约在 0.1～1μF 之间。图 9－76（c）、（d）两图是采用电器、电容混合滤波的方式，其滤波效果更好，通常电感 L 的电感量约为 50～500H。

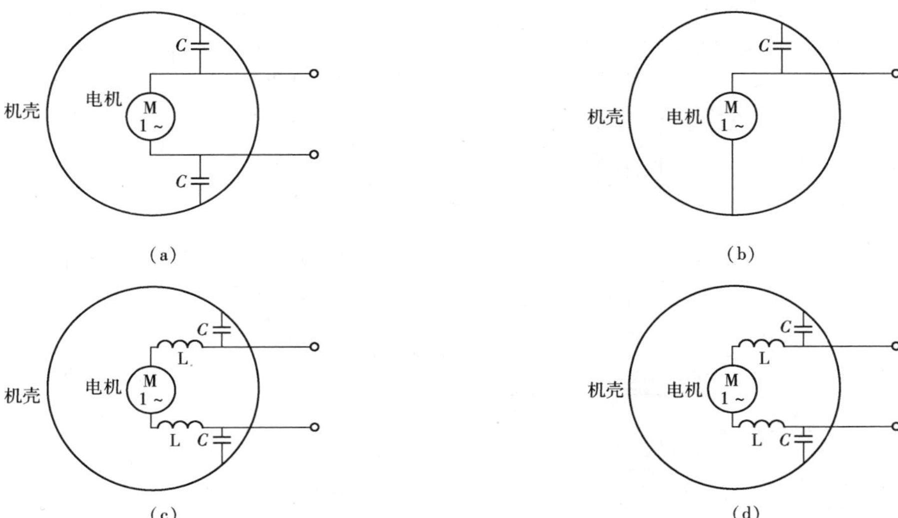

图 9－76　电动工具用单相串励式电动机几种滤波电路的接线图

（a）接法 1；（b）接法 2；（c）接法 3；（d）接法 4

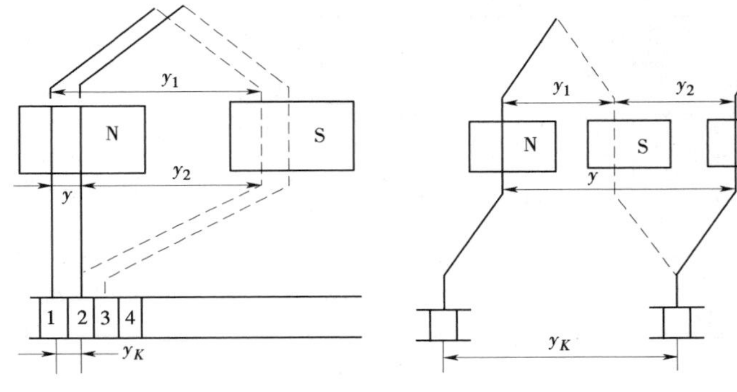

图 9－77　电枢单叠绕组的联接

图 9－78　电枢单波绕组的联接

附录　各系列单相异步电动机技术数据

单相电动机由于品种复杂、规格繁多，以及我国电机更新换代速度的加快，致使在电机修理过程中一旦丢失原始技术数据后，再去查找有关技术数据时存在极大的困难，因而电机的修理质量也难以得到可靠保证。为此，本附录汇集了单相异步电动机20多个常用系列，以及洗衣机、电冰箱、电风扇、电锤、电钻用单相电动机的铁芯和绕组技术数据，并重点突出了电机维修中必不可少的绕组型式、线圈线径、并绕根数、匝数、节距、接法、铁芯尺寸等关键技术数据，以供读者查阅。见附表1-1～附表1-45。

附表1-1　　JX老系列单相电容运转异步电动机技术数据

型号	功率(W)	电压(V)	满载时		极数	额定转速(r/min)	定子铁芯(mm)			定转子槽数 Z_1/Z_2	气隙(mm)	主绕组			辅助绕组			电容器容量(μF)	电容器耐压(V)
			主绕组电流(A)	辅助绕组电流(A)			外径	内径	长度			线规(mm)	总串联匝数	线重(kg)	线规(mm)	总串联匝数	线重(kg)		
JX-07A-2	90	220	0.7	—	2	2850	94	48	45	48/	0.28	0.13	2400	—	0.31	2400	—	10	—
JX-07B-2	60	220	0.45	—	2	2850	94	48	36	18/	0.28	0.27	2912	—	0.27	2912	—	6	—
JX-07A-4	60	220	0.48	—	4	1400	94	48	45	48/	0.23	0.29	7520	—	0.29	7520	—	8	—
JX-07B-4	40	220	0.38	—	4	1400	94	48	36	18/	0.23	0.29	9344	—	0.29	9344	—	6	—
JX-06A-2	40	220	0.226	0.198	2	2820	84	42	45	16/10	0.25	0.27	2320	0.15	0.27	2320	0.15	2	240
JX-06B-2	25	220	0.162	0.149	2	2820	84	42	35	16/10	0.25	0.23	2980	0.128	0.23	2980	0.128	1.5	245
JX-06A-4	25	220	0.447	0.252	4	1350	84	42	45	16/10	0.25	0.23	3300	0.117	0.23	3300	0.117	2.5	265
JX-06B-4	15	220	0.225	0.1573	4	1350	84	42	35	16/10	0.25	0.20	4800	0.109	0.20	4800	0.109	1.5	275
JX-05A-2	15	220	0.197	0.159	2	2750	71	36	42	16/10	0.25	0.20	2824	0.0985	0.20	2824	0.0985	1	234
JX-05B-2	8	220	0.1052	0.0731	2	2750	71	36	30	16/10	0.25	0.15	4280	0.0676	0.15	4280	0.0676	0.75	237
JX-05A-4	8	220	0.207	0.115	4	1300	71	36	42	16/10	0.25	0.18	4560	0.096	0.18	5250	0.11	1	262
JX-05B-4	4	220	0.1492	0.1117	4	1300	71	36	30	16/10	0.25	0.16	6400	0.0806	0.16	6400	0.0908	1	262

附表1-2　　JY老系列单相电容起动异步电动机技术数据

型号	功率(W)	电压(V)	满载电流(A)	空载电流(A)	极数	额定转速(r/min)	定子铁芯(mm)			定转子槽数 Z_1/Z_2	气隙(mm)	主绕组			辅助绕组			电容器容量(μF)	电容器耐压(V)
							外径	内径	长度			线规(mm)	总串联匝数	线重(kg)	线规(mm)	总串联匝数	线重(kg)		
JY-2A-4	800	110/ 220	6.85 6.70	4.65 4.35	4	1440	160	95	88	36/42	0.315 0.325	1.25	768	1.48	0.90	480	0.492	400	122
JY-2B-4	600	110/ 220	4.87 4.88	3.72 3.84	4	1440	160	95	78	36/42	0.3	1.08	928	1.27	0.83	576	0.51	400	100
JY-1A-2	600	110/ 220	—	—	2	2900	145	75	65	—	—	1.0	—	—	0.62	—	—	—	—
JY-1B-2	400	110/ 220	3.32 3.42	2.02 2.38	2	2900	145	75	48	24/30	0.35	0.93	928	1.04	0.90	744	0.72	200	115
JY-1A-4	400	110/ 220	3.64 3.69	2.35 2.60	4	1440	145	85	65	36/42	0.265 0.3	0.93	1200	1.04	0.64	820	0.348	200	110

续表

型号	功率(W)	电压(V)	满载电流(A)	空载电流(A)	极数	额定转速(r/min)	定子铁芯(mm)			定转子槽数 Z_1/Z_2	气隙(mm)	主绕组			辅助绕组			电容器容量(μF)	电容器耐压(V)
							外径	内径	长度			线规(mm)	总串联匝数	线重(kg)	线规(mm)	总串联匝数	线重(kg)		
JY-1B-4	250	110/ 220	2.90 2.80	2.45 2.40	4	1440	145	85	48	36/42	0.30	0.80	1472	0.825	0.80	744	0.355	200	114
JY-09A-2	250	110/ 220	2.40	1.65 1.70	2	2900	120	60	56	24/18	0.29 0.30	0.69	992	0.56	0.69	744	0.392	150	110
JY-09B-2	180	110/ 220	1.80 1.82	1.30 1.36	2	2900	120	60	43	24/18	0.30	0.68	1208	0.625	0.64	716	0.308	150	107
JY-09A-4	180	110/ 220	2.25 2.50	2.00 2.20	4	1440	120	71	62	24/22	0.25	0.64	1392	0.52	0.59	816	0.246	150	105

附表 1-3　　JZ 老系列单相电阻起动异步电动机技术数据

型号	功率(W)	电压(V)	满载电流(A)	空载电流(A)	极数	额定转速(r/min)	定子铁芯(mm)			定转子槽数 Z_1/Z_2	气隙(mm)	主绕组			辅助绕组			起动电流(A)	起动转矩/额定转矩
							外径	内径	长度			线规(mm)	总串联匝数	线重(kg)	线规(mm)	总串联匝数	线重(kg)		
JZ-1B-2	400	220	1.39	3.02	2	2900	145	75	48	24/30	0.35	0.90	1072	1.12	0.44	532	0.124	28	1.25
JZ-1A-4	400	220	2.25	3.45	4	1440	145	85	65	36/42	0.30	0.93	1208	1.06	0.44	592	0.12	28	1.25
JZ-1B-4	250	220	2.0	2.65	4	1440	145	85	48	36/42	0.30	0.80	1520	0.85	0.35	896	0.10	28	1.25
JZ-09A-2	250	220	1.4	2.27	2	2900	120	60	56	24/18	0.30	0.69	1100	0.62	0.38	638	0.11	19	1.25
JZ-09B-2	180	220	1.3	1.81	2	2900	120	60	48	24/18	0.30	0.68	1208	0.628	0.31	792	0.08	14	1.4
JZ-09A-4	180	220	1.52	2.07	4	1440	120	71	62	24/22	0.25	0.64	1488	0.556	0.33	976	0.0922	14	1.4
JZ-09B-4	120	220	1.25	1.55	4	1440	120	71	48	24/22	0.25	0.55	1900	0.462	0.31	920	0.0675	12	1.5
JZ-08A-2	120	220	0.785	1.20	2	2820	102	58	60	24/18	0.25	0.55	1360	0.444	0.33	700	0.087	12	1.6
JZ-08B-2	90	220	0.555	0.93	2	2920	102	58	46	24/18	0.25	0.51	1765	0.45	0.31	724	0.086	9	1.6
JZ-08A-4	90	220	1.05	1.3	4	1400	102	58	60	24/22	0.25	0.51	2000	0.428	0.27	1072	0.0617	9	1.6
JZ-08B-4	60	220	0.76	0.92	4	1400	102	58	46	24/22	0.25	0.44	2688	0.376	0.27	1192	0.0595	7	1.6

附表 1-4　　JX 新系列单相电容运转异步电动机技术数据

型号	功率(W)	额定电压(V)	额定电流(A)	极数	定子铁芯(mm)			定转子槽数 Z_1/Z_2	气隙(mm)	主绕组线规(mm)	辅助绕组线规(mm)	电容器容量(μF)	电容器耐压(V)
					外径	内径	长度						
JX-5622	120	220	1.2	2	90	48	48	24/18	0.25	0.44	0.27	4	630
JX-5612	90	220	1.0	2	90	48	40	24/18	0.25	0.38	0.25	4	630
JX-5624	90	220	1.0	4	90	52	48	24/22	0.2	0.31	0.29	4	630
JX-5614	60	220	0.8	4	90	52	40	24/22	0.2	0.29	0.27	4	630
JX-5022	60	220	0.6	2	80	42	50	12/15	0.2	0.33	0.21	2	630
JX-5012	40	220	0.5	2	80	42	50	12/15	0.2	0.33	0.21	2	630
JX-5624	40	220	0.6	4	80	42	50	12/15	0.2	0.33	0.21	2	630
JX-5014	25	220	0.5	4	80	42	50	12/15	0.2	0.31	0.21	2	630
JX-4522	25	220	0.4	2	71	38	45	12/15	0.2	0.25	0.21	2	630
JX-4512	15	220	0.25	2	71	38	45	12/15	0.2	0.23	0.19	1	630
JX-4524	15	200	0.35	4	71	38	45	12/15	0.2	0.21	0.17	1	630
JX-4514	8	220	0.25	4	71	38	45	12/15	0.2	0.20	0.16	1	630

附表 1-5　　JY 新系列单相电容起动异步电动机技术数据

型号	功率(W)	额定电压(V)	额定电流(A)	极数	定子铁芯(mm)			定转子槽数 Z_1/Z_2	气隙(mm)	主绕组线规(mm)	辅助绕组线规(mm)	电容器容量(μF)	电容器耐压(V)
					外径	内径	长度						
JY-7132	550	220	5	2	120	62	80	24/18	0.25	0.86	0.53	100	220
JY-7112	250	220	2.5	2	120	62	48	24/18	0.25	0.62	0.47	100	220
JY-7124	250	220	3.5	4	120	71	62	24/22	0.2	0.72	0.47	100	220
JY-7114	180	220	2.5	4	120	71	48	24/22	0.2	0.64	0.41	100	220
JY-7134	370	220	5	4	120	71	80	24/22	0.2	0.83	0.49	100	220

附表 1-6　　JZ 新系列单相电阻起动异步电动机技术数据

型号	功率(W)	额定电压(V)	额定电流(A)	极数	定子铁芯(mm)			转子外径(mm)	定转子槽数 Z_1/Z_2	气隙(mm)	主绕组线规(mm)	辅助绕组线规(mm)
					外径	内径	长度					
JZ-7122	370	220	4	2	120	62	62	61.5	24/18	0.25	0.72	0.44
JZ-7112	250	220	3	2	120	62	48	61.5	24/18	0.25	0.62	0.38
JZ-7134	370	220	4.5	4	120	71	80	70.6	24/22	0.2	0.83	0.44
JZ-7124	250	220	3.5	4	120	71	62	70.6	24/22	0.2	0.72	0.41
JZ-7114	180	220	2.5	4	120	71	48	70.6	24/22	0.2	0.64	0.38
JZ-6322	180	220	2	2	102	52	56	51.5	24/18	0.25	0.59	0.38
JZ-6312	120	220	2	2	102	52	48	51.5	24/18	0.25	0.53	0.35
JZ-6324	20	220	2	4	102	58	56	57.6	24/22	0.2	0.57	0.33
JZ-6314	90	220	2	4	102	58	48	57.6	24/22	0.2	0.53	0.31
JZ-5622	90	220	1.2	2	90	48	48	47.5	24/18	0.25	0.47	0.35
JZ-5612	60	220	1	2	90	48	40	47.5	24/18	0.25	0.41	0.31
JZ-5624	60	220	1.5	4	90	52	48	51.6	24/22	0.2	0.41	0.29
JZ-5614	40	220	1	4	90	52	40	51.6	24/22	0.2	0.38	0.27

附表 1-7　　BO 系列单相电阻起动异步电动机技术数据

型号	功率(W)	额定电压(V)	额定电流(A)	极数	转速(r/min)	定子铁芯(mm)			定转子槽数 Z_1/Z_2	气隙(mm)	主绕组		辅助绕组		备注
						外径	内径	长度			线规(mm)	每极匝数	线规(mm)	每极匝数	
BO-5612	60	220	1.01	2	2800	90	48	40	24/18	0.25	1-ϕ0.41	560	1-ϕ0.31	229	
BO-5622	90	220	1.19	2	2800	90	48	48	24/18	0.25	1-ϕ0.47	473	1-ϕ0.35	179	
BO-5614	40	220	1.05	4	1400	90	52	40	24/22	0.20	1-ϕ0.38	374	1-ϕ0.27	150	
BO-5624	60	220	1.19	4	1400	90	52	48	24/22	0.20	1-ϕ0.41	321	1-ϕ0.29	127	
BO-6312	120	220	1.43	2	2800	102	52	48	24/18	0.25	1-ϕ0.53	406	1-ϕ0.35	203	
BO-6322	180	220	1.95	2	2800	102	52	56	24/18	0.25	1-ϕ0.59	352	1-ϕ0.38	174	
BO-6332	250	220	2.5	2	2800	102	54	62	24/18	0.25	1-ϕ0.62	247	1-ϕ0.44	127	反串 160 匝
BO-6314	90	220	1.6	4	1400	102	58	48	24/22	0.20	1-ϕ0.53	288	1-ϕ0.31	128	
BO-6324	120	220	1.85	4	1400	102	58	56	24/22	0.20	1-ϕ0.57	248	1-ϕ0.33	109	反串 208 匝
BO-6334	180	220	2.6	4	1400	102	60	68	24/22	0.25	1-ϕ0.62	180	1-ϕ0.41	86	
BO-7102	250	220	2.5	2	2800	120	62	48	24/18	0.25	1-ϕ0.62	260	1-ϕ0.38	159	
BO-7112	370	220	3.5	2	2800	120	62	62	24/18	0.25	1-ϕ0.72	212	1-ϕ0.44	124	
BO-7104	180	220	2.44	4	1400	120	71	48	24/22	0.20	1-ϕ0.64	209	1-ϕ0.38	89	
BO-7114	250	220	3.05	4	1400	120	71	62	24/22	0.20	1-ϕ0.72	165	1-ϕ0.41	95	
BO-7124	370	220	4.17	4	1400	120	71	80	24/22	0.20	1-ϕ0.83	126	1-ϕ0.44	71	

附表 1-8　　CO 系列单相电容起动异步电动机技术数据

型号	功率(W)	额定电压(V)	额定电流(A)	极数	转速(r/min)	定子铁芯(mm)			定转子槽数 Z_1/Z_2	气隙(mm)	主绕组		辅助绕组		电容器容量(μF)
						外径	内径	长度			线规(mm)	每极匝数	线规(mm)	每极匝数	
CO-6322	180	220	1.95	2	2800	102	52	52	24/18	0.20	1-ϕ0.57	301	1-ϕ0.41	273	75
CO-6332	250	220	2.5	2	2800	102	52	68	24/18	0.20	1-ϕ0.62	232	1-ϕ0.44	200	100
CO-6334	180	220	2.6	4	1400	102	58	70	24/22	0.20	1-ϕ0.57	200	1-ϕ0.41	114	100
CO-6324	120	220	1.95	4	1400	102	58	60	24/30	0.20	1-ϕ0.57	231	1-ϕ0.35	102	100
CO-7102	250	220	2.5	2	2800	120	62	48	24/18	0.25	1-ϕ0.62	261	1-ϕ0.47	191	100
CO-7112	370	220	3.5	2	2800	120	62	62	24/18	0.25	1-ϕ0.72	212	1-ϕ0.49	182	100
CO-7122	550	220	4.84	2	2800	120	62	80	24/18	0.25	1-ϕ0.86	153	1-ϕ0.53	185	150
CO-7104	180	220	2.44	4	1400	120	71	48	24/22	0.20	1-ϕ0.64	209	1-ϕ0.41	128	100
CO-7114	250	220	3.05	4	1400	120	71	62	24/22	0.20	1-ϕ0.72	167	1-ϕ0.47	149	100
CO-7124	370	220	4.17	4	1400	120	71	80	24/22	0.20	1-ϕ0.83	126	1-ϕ0.49	131	100
CO-8012	750	220	6.25	2	2800	138	71.6	70	24/30	0.30	1-ϕ1.00	149	1-ϕ0.55	185	200
CO-8024	750	220	7.05	4	1400	138	81.6	90	24/26	0.25	1-ϕ1.08	93	1-ϕ0.59	92	150
CO-8014	550	220	5.65	4	1400	138	81.6	70	24/26	0.25	1-ϕ0.96	120	1-ϕ0.55	113	200

附表 1-9　　DO 系列单相电容运转异步电动机技术数据

型号	功率(W)	额定电压(V)	额定电流(A)	极数	转速(r/min)	定子铁芯(mm)			定转子槽数 Z_1/Z_2	气隙(mm)	主绕组		辅助绕组		空载电流(A)	电容器容量(μF)
						外径	内径	长度			线规(mm)	每极匝数	线规(mm)	每极匝数		
DO-4512	15	220	0.23	2	2800	71	38	45	12/15	0.20	1-ϕ0.23	823	1-ϕ0.19	1259	0.249	1.8
DO-4522	25	220	0.32	2	2800	71	38	45	12/15	0.20	1-ϕ0.25	698	1-ϕ0.2	1369	0.373	2.0
DO-5012	40	220	0.45	2	2800	80	43	35	24/18	0.25	1-ϕ0.25	700	1-ϕ0.19	920	0.38	2.4
DO-5022	60	220	0.55	2	2800	80	43	46	24/18	0.25	1-ϕ0.29	550	1-ϕ0.23	778	0.474	2.7
DO-5612	90	220	0.82	2	2800	90	48	38	24/18	0.25	1-ϕ0.33	500	1-ϕ0.27	650	0.63	3.4
DO-5622	120	220	1.0	2	2800	90	48	48	24/18	0.25	1-ϕ0.41	400	1-ϕ0.27	640	0.66	3.7
DO-6312	180	220	1.42	2	2800	102	54	44	24/18	0.25	1-ϕ0.44	341	1-ϕ0.33	510	1.29	4.8
DO-4514	8	220	0.20	4	1400	71	38	45	12/15	0.20	1-ϕ0.2	575	1-ϕ0.16	650	0.275	1.8
DO-4524	15	220	0.28	4	1400	71	38	45	12/15	0.20	1-ϕ0.21	523	1-ϕ0.17	670	0.388	2.0
DO-5014	25	220	0.35	4	1400	80	42	34	24/18	0.15	1-ϕ0.25	504	1-ϕ0.18	523	0.382	2.4
DO-5024	40	220	0.52	4	1400	80	42	44	24/18	0.15	1-ϕ0.27	373	1-ϕ0.2	598	0.565	2.7
DO-5614	60	220	0.72	4	1400	90	52	38	24/18	0.20	1-ϕ0.29	350	1-ϕ0.27	460	0.84	3.4
DO-5624	90	220	0.97	4	1400	90	52	48	24/18	0.20	1-ϕ0.31	260	1-ϕ0.29	420	1.23	3.7
DO-6314	120	220	1.2	4	1400	102	60	44	24/22	0.25	1-ϕ0.38	265	1-ϕ0.29	460	1.28	4.8
DO-6324	180	220	1.67	4	1400	102	60	55	24/22	0.25	1-ϕ0.44	213	1-ϕ0.33	355	1.73	5.6

附表 1-10　　BO_2 系列单相电阻起动异步电动机技术数据

型号	功率(W)	额定电压(V)	额定电流(A)	极数	转速(r/min)	定子铁芯(mm)			定转子槽数 Z_1/Z_2	气隙(mm)	主绕组		辅助绕组		堵转转矩/额定转矩	最大转矩/额定转矩
						外径	内径	长度			线规(mm)	每极匝数	线规(mm)	每极匝数		
BO_2-6312	90	220	1.02	2	2800	96	50	45	24/18	0.25	1-ϕ0.45	436	1-ϕ0.33	92	1.5	1.8
BO_2-6322	120	220	1.36	2	2800	96	50	54	24/18	0.25	1-ϕ0.50	357	1-ϕ0.35	182	1.4	1.8
BO_2-7112	180	220	1.89	2	2800	110	58	50	24/18	0.25	1-ϕ0.56	297	1-ϕ0.38	167	1.3	1.8
BO_2-7122	250	220	2.40	2	2800	110	58	62	24/18	0.25	1-ϕ0.63	235	1-ϕ0.40	156	1.1	1.8
BO_2-8012	370	220	3.36	2	2800	128	67	58	24/18	0.25	1-ϕ0.71	206	1-ϕ0.45	136	1.1	1.8
BO_2-6314	60	220	1.23	4	1400	96	58	45	24/30	0.25	1-ϕ0.42	315	1-ϕ0.31	127	1.7	1.8

续表

型号	功率(W)	额定电压(V)	额定电流(A)	极数	转速(r/min)	定子铁芯(mm)			定转子槽数 Z_1/Z_2	气隙(mm)	主绕组		辅助绕组		堵转转矩/额定转矩	最大转矩/额定转矩
						外径	内径	长度			线规(mm)	每极匝数	线规(mm)	每极匝数		
BO_2-6324	90	220	1.64	4	1400	96	58	54	24/30	0.25	1-ϕ0.45	270	1-ϕ0.35	117	1.5	1.8
BO_2-7114	120	220	1.88	4	1400	110	67	50	24/30	0.25	1-ϕ0.53	224	1-ϕ0.33	124	1.5	1.8
BO_2-7124	180	220	2.49	4	1400	110	67	62	24/30	0.25	1-ϕ0.60	183	1-ϕ0.35	102	0.4	1.8
BO_2-8014	250	220	3.11	4	1400	128	77	58	24/30	0.25	1-ϕ0.71	158	1-ϕ0.40	104	1.2	1.8
BO_2-8024	370	220	4.24	4	1400	128	77	75	24/30	0.25	1-ϕ0.85	124	1-ϕ0.47	89	1.2	1.8

附表 1-11　CO_2 系列单相电容起动异步电动机技术数据

型号	功率(W)	额定电压(V)	额定电流(A)	极数	转速(r/min)	定子铁芯(mm)			定转子槽数 Z_1/Z_2	气隙(mm)	主绕组		辅助绕组		电容器容量(μF)
						外径	内径	长度			线规(mm)	每极匝数	线规(mm)	每极匝数	
CO_2-7112	180	220	1.89	2	2800	110	58	50	24/18	0.25	1-ϕ0.56	297	1-ϕ0.38	247	75
CO_2-7122	250	220	2.40	2	2800	110	58	62	24/18	0.25	1-ϕ0.63	235	1-ϕ0.47	204	75
CO_2-8012	370	220	3.36	2	2800	128	67	58	24/18	0.25	1-ϕ0.71	206	1-ϕ0.53	206	100
CO_2-8022	550	220	4.65	2	2800	128	67	75	24/18	0.25	1-ϕ0.85	159	1-ϕ0.56	154	150
CO_2-90S2	750	220	5.94	2	2800	145	77	70	24/18	0.30	1-ϕ1.0	147	1-ϕ0.63	133	200
CO_2-7114	120	220	1.88	4	1400	110	67	50	24/30	0.25	1-ϕ0.53	224	1-ϕ0.35	145	75
CO_2-7124	180	220	2.49	4	1400	110	67	62	24/30	0.25	1-ϕ0.60	183	1-ϕ0.38	124	75
CO_2-8014	250	220	3.11	4	1400	128	77	58	24/30	0.25	1-ϕ0.71	158	1-ϕ0.47	133	100
CO_2-8024	370	220	4.24	4	1400	128	77	75	24/30	0.25	1-ϕ0.85	124	1-ϕ0.50	134	100
CO_2-90S4	550	220	5.57	4	1400	145	87	70	36/42	0.25	1-ϕ0.95	127	1-ϕ0.60	108	150
CO_2-90L4	750	220	6.77	4	1400	145	87	90	36/42	0.25	1-ϕ1.05	96	1-ϕ0.63	120	150

附表 1-12　DO_2 系列单相电容运转异步电动机技术数据

型号	功率(W)	额定电压(V)	额定电流(A)	极数	转速(r/min)	定子铁芯(mm)			定转子槽数 Z_1/Z_2	气隙(mm)	主绕组		辅助绕组		电容器容量(μF)	电容器耐压(V)
						外径	内径	长度			线规(mm)	每极匝数	线规(mm)	每极匝数		
DO_2-4512	10	220	0.20	2	2800	71	38	45	12/18	0.20	1-ϕ0.18	868	1-ϕ0.16	971	1	630
DO_2-4522	16	220	0.26	2	2800	71	38	45	12/18	0.20	1-ϕ0.20	750	1-ϕ0.19	796	1	630
DO_2-5012	25	220	0.33	2	2800	80	44	45	12/18	0.20	1-ϕ0.25	519	1-ϕ0.25	698	2	630
DO_2-5612	60	220	0.57	2	2800	90	48	50	24/18	0.25	1-ϕ0.28	454	1-ϕ0.31	527	4	630
DO_2-5622	90	220	0.81	2	2800	90	48	50	24/18	0.25	1-ϕ0.33	363	1-ϕ0.31	467	4	630
DO_2-6312	120	220	0.91	2	2800	96	50	45	24/18	0.25	1-ϕ0.40	415	1-ϕ0.31	593	4	630
DO_2-6322	180	220	1.29	2	2800	96	50	54	24/18	0.25	1-ϕ0.45	320	1-ϕ0.33	427	6	630
DO_2-7112	250	220	1.73	2	2800	110	58	50	24/18	0.25	1-ϕ0.50	271	1-ϕ0.45	382	8	430
DO_2-4514	6	220	0.20	4	1400	71	38	45	12/18	0.20	1-ϕ0.18	700	1-ϕ0.16	675	1	630
DO_2-4524	10	220	0.26	4	1400	71	38	45	12/18	0.20	1-ϕ0.20	600	1-ϕ0.16	620	1	630
DO_2-5014	16	220	0.28	4	1400	80	44	45	12/18	0.20	1-ϕ0.21	560	1-ϕ0.21	455	2	630
DO_2-5024	25	220	0.36	4	1400	80	44	45	12/18	0.20	1-ϕ0.25	436	1-ϕ0.21	435	2	630
DO_2-5614	40	220	0.49	4	1400	90	54	50	24/18	0.25	1-ϕ0.28	356	1-ϕ0.23	508	2	630
DO_2-5624	60	220	0.64	4	1400	90	54	50	24/18	0.25	1-ϕ0.31	348	1-ϕ0.28	339	4	630
DO_2-6314	90	220	0.94	4	1400	96	58	45	24/18	0.25	1-ϕ0.35	302	1-ϕ0.31	374	4	630
DO_2-6324	120	220	1.17	4	1400	96	58	54	24/18	0.25	1-ϕ40	259	1-ϕ0.31	365	4	630
DO_2-7114	180	220	1.58	4	1400	110	67	50	24/30	0.25	1-ϕ0.42	206	1-ϕ0.38	330	6	430
DO_2-7124	250	220	2.04	4	1400	110	67	62	24/30	0.25	1-ϕ0.47	165	1-ϕ0.42	268	8	430

附表 1-13　　YC 系列单相电容起动异步电动机技术数据

型号	极数	功率(kW)	电压(V)	额定电流(A)	起动电流(A)	转速(r/min)	效率(%)	功率因数	堵转转矩/额定转矩	最大转矩/额定转矩	噪声			振动
											N	R	S	
YC-90S-2	2	0.75	220	5.94	37	2900	70	0.82	2.5	1.8	75	70	65	1.8
YC-90L-2	2	1.1	220	8.47	60	2900	72	0.82	2.5	1.8	75	70	65	1.8
YC-100L1-2	2	1.5	220	11.24	80	2900	74	0.82	2.5	2.8	78	73	68	1.8
YC-100L2-2	2	2.2	220	16.1	120	2900	75	0.83	2.5	1.8	78	73	68	1.8
YC-112M-2	2	3	220	21.6	150	2900	76	0.83	2.2	1.8	80	75	70	1.8
YC-132S-2	2	3.7	220	26.3	175	2900	77	0.83	2.2	1.8	83	78	73	1.8
YC-90S-4	4	0.55	220	5.57	29	1450	65	0.69	2.5	1.8	70	65	60	1.8
YC-90L-4	4	0.75	220	6.77	37	1450	69	0.73	2.5	1.8	70	65	60	1.8
YC-100L1-4	4	1.1	220	9.52	60	1450	71	0.74	2.5	1.8	73	68	63	1.8
YC-100L2-4	4	1.5	220	12.5	80	1450	73	0.75	2.5	1.8	73	68	63	1.8
YC-112M-4	4	2.2	220	17.5	120	1450	75	0.76	2.5	1.8	75	70	65	1.8
YC-132S-4	4	3	220	23.5	150	1450	75.5	0.77	2.2	1.8	78	73	68	1.8
YC-132M-4	4	3.7	220	28	175	1450	76	0.79	2.2	1.8	78	73	68	1.8
YC-90S-6	6	0.25	220	4.21	20	950	54	0.50	2.5	1.8	66	61	56	1.8
YC-90L-6	6	0.37	220	5.27	25	950	58	0.56	2.5	1.8	66	61	56	1.8
YC-100L1-6	6	0.55	220	6.94	35	950	60	0.60	2.5	1.8	67	62	57	1.8
YC-100L2-6	6	0.75	220	9.01	45	950	61	0.62	2.2	1.8	67	62	57	1.8
YC-112M-6	6	1.1	220	12.2	65	950	63	0.65	2.2	1.8	70	65	60	1.8
YC-132S-6	6	1.5	220	14.7	85	950	68	0.68	2.0	1.8	73	68	63	1.8
YC-132M-6	6	2.2	220	20.4	125	950	70	0.70	2.0	1.8	73	68	63	1.8

附表 1-14　　G 系列单相串励电动机技术数据

型号	功率(W)	电压(V)	额定电流(A)	转速(r/min)	定子铁芯(mm)			气隙(mm)	转子槽数	磁极绕组		转子绕组					堵转电流/额定电流	堵转转矩/额定转矩
					外径	内径	长度			线规(mm)	线圈匝数	线规(mm)	线圈匝数	线圈节距	换向片数	换向器节距		
G-3614	8	220	0.14	4000	56	30	18	0.3	8	0.14	1010	0.09	214	1-4	24	1-2	2.5	1.5
G-3624	15	220	0.22	4000	56	30	30	0.3	8	0.18	685	0.12	137	1-4	24	1-2	2.5	1.5
G-3634	25	220	0.32	4000	56	30	38	0.3	8	0.23	536	0.15	104	1-4	24	1-2	2.5	1.5
G-3616	15	220	0.20	6000	56	30	18	0.3	8	—	—	—	—	—	24	1-2	3.5	1.8
G-3626	25	220	0.29	6000	56	30	30	0.3	8	—	—	—	—	—	24	1-2	3.5	1.8
G-3636	40	220	0.42	6000	56	30	38	0.3	8	0.25	470	0.17	77	1-4	24	1-2	3.5	1.8
G-3618	25	220	0.28	8000	56	30	18	0.3	8	—	—	—	—	—	24	1-2	4.5	3.0
G-3628	40	220	0.40	8000	56	30	30	0.3	8	—	—	—	—	—	24	1-2	4.5	3.0
G-3638	60	220	0.57	8000	56	30	38	0.3	8	0.29	445	0.20	62	1-4	24	1-2	4.5	3.0
G-36112	40	220	0.37	12000	56	30	18	0.3	8	—	—	—	—	—	24	1-2	6.0	4.5
G-36212	60	220	0.53	12000	56	30	30	0.3	8	—	—	—	—	—	24	1-2	6.0	4.5
G-36312	90	220	0.77	12000	56	30	38	0.3	8	0.33	366	0.23	47	1-4	24	1-2	6.0	4.5
G-4514	40	220	0.45	4000	71	39		0.35	12	—	—	—	—	—	36	1-2	2.5	1.7
G-4524	60	220	0.64	4000	71	39	40	0.35	12	0.31	362	0.21	51	1-6	36	1-2	2.5	1.7
G-4534	90	220	0.91	4000	71	39	50	0.35	12	0.38	290	0.25	39	1-6	36	1-2	2.5	1.7
G-4516	60	220	0.59	6000	71	39		0.35	12	—	—	—	—	—	36	1-2	3.5	2.5
G-4526	90	220	0.85	6000	71	39	40	0.35	12	—	—	—	—	—	36	1-2	3.5	2.5
G-4536	120	220	1.08	6000	71	39	50	0.35	12	0.41	240	0.27	33	1-6	36	1-2	3.5	2.5
G-4518	90	220	0.82	8000	71	39		0.35	12	—	—	—	—	1-6	36	1-2	4.5	4.0
G-4528	120	220	1.03	8000	71	39	40	0.35	12	—	—	—	—	1-6	36	1-2	4.5	4.0
G-4538	180	220	1.50	8000	71	39	50	0.35	12	0.44	195	0.31	26	1-6	36	1-2	4.5	4.0

续表

型号	功率(W)	电压(V)	额定电流(A)	转速(r/min)	定子铁芯(mm)			气隙(mm)	转子槽数	磁极绕组		转子绕组					堵转电流额定电流	堵转转矩额定转矩
					外径	内径	长度			线规(mm)	线圈匝数	线规(mm)	线圈匝数	线圈节距	换向片数	换向器节距		
G-45112	120	220	0.99	12000	71	39		0.35	12	—	—	—	—	1-6	36	1-2	6.0	6.0
G-45212	180	220	1.43	12000	71	39	40	0.35	12	0.44	192	0.31	25	1-6	36	1-2	6.0	6.0
G-5614	120	220	1.15	4000	90	50	35	0.50	13	0.44	266	0.29	42	1-7	39	1-2	6.0	2.0
G-5624	180	220	1.70	4000	90	50	50	0.50	13	0.53	195	0.35	29	1-7	39	1-2	2.5	2.0
G-5634	250	220	2.32	4000	90	50	65	0.50	13	0.59	152	0.41	22	1-7	39	1-2	2.5	2.0
G-5616	180	220	1.60	6000	90	50	35	0.50	13	0.49	243	0.33	31	1-7	39	1-2	3.5	3.0
G-5626	250	220	2.15	6000	90	50	50	0.50	13	0.57	179	0.41	22	1-7	39	1-2	3.5	3.0
G-5636	370	220	3.08	6000	90	50	65	0.50	13	0.67	144	0.47	16	1-7	39	1-2	3.5	3.0
G-5618	250	220	2.08	8000	90	50	35	0.50	13	0.55	226	0.38	24	1-7	39	1-2	4.5	5.0
G-5628	370	220	2.90	8000	90	50	50	0.50	13	0.64	166	0.47	17	1-7	39	1-2	4.5	5.0
G-5638	550	220	4.18	8000	90	50	65	0.50	13	0.77	123	0.55	12	1-7	39	1-2	4.5	5.0
G-7114	370	220	3.32	4000	120	69	42	0.9	19	0.69	156	0.49	17	1-10	57	1-2	2.5	2.0
G-7124	550	220	4.92	4000	120	69	60	0.9	19	0.83	112	0.59	12	1-10	57	1-2	2.5	2.0
G-7134	750	220	6.70	4000	120	69	—	0.9	19	—	—	—	—	—	—	1-2	2.5	2.0
G-7116	550	220	4.45	6000	120	69	42	0.9	19	0.77	132	0.55	13	1-10	57	1-2	3.5	3.5
G-7126	750	220	6.0	6000	120	69	60	0.9	19	0.93	100	0.64	9	1-10	57	1-2	3.5	3.5
G-45132	250	220	1.93	12000	71	39	50	0.35	12	0.51	167	0.38	19	1-6	36	1-2	6.0	6.0

附表 1-15　G型单相串励电动机技术数据

型号	功率(W)	电压(V)	额定电流(A)	转速(r/min)	定子铁芯(mm)			气隙(mm)	转子槽数	磁极绕组		转子绕组					堵转电流额定电流	堵转转矩额定转矩
					外径	内径	长度			线规(mm)	线圈匝数	线规(mm)	线圈匝数	线圈节距	换向片数	换向器节距		
G-25-40	25	220	—	4000	71.3	39.3	20	0.4	11	0.21	690	0.14	84	1-6	33	1-1	—	—
G-30-40	30	220	—	4000	71.3	39.3	25	0.4	11	0.27	486	0.17	74	1-6	33	1-2	—	—
G-40-40	40	220	—	4000	71.3	39.3	25	0.4	11	0.27	486	0.17	76	1-6	33	1-2	—	—
G-60-40	60	220	—	4000	71.3	39.3	36	0.4	11	0.29	358	0.21	53	1-6	33	1-2	—	—
G-80-40	80	220	—	4000	71.3	39.3	33	0.4	11	0.33	310	0.23	46	1-6	33	1-2	—	—
G-90-40	90	220	—	4000	71.3	39.3	53	0.4	11	0.35	286	0.25	39	1-6	33	1-2	—	—
G-120-40	120	220	—	4000	90	51.3	40	0.45	19	0.41	282	0.29	37	1-10	38	1-2	—	—
G-180-40	180	220	—	4000	90	51.3	55	0.45	19	0.53	182	0.38	29	1-10	38	1-2	—	—
G-250-40	250	220	—	4000	90	51.3	68	0.45	19	0.59	146	0.41	18	1-10	38	1-2	—	—

附表 1－16　　U 型单相串励电动机技术数据

型号	功率(W)	电压(V)	转速(r/min)	定子铁芯(mm)			气隙(mm)	转子槽数	磁极绕组		转子绕组				
				外径	内径	长度			线规(mm)	每极匝数	线规(mm)	线圈匝数	线圈节距	换向片数	换向器节距
U15/40－220	15	220	4000	65	33.5	36	0.45	10	0.2	740	0.15	110	1－5	20	1－2
U15/56－220D	15	220	5600	55	29	22	0.45	10	0.19	600	0.13	110	1－5	20	1－2
U30/40－220	30	220	4000	84	45.3	25	0.45	12	0.25	575	0.18	62	1－6	36	1－2
U40/36－24D	40	24	3600	84	45.3	38	0.45	12	0.86	76	0.64	7	1－6	24	1－2
U40/36－110D	40	110	3600	84	45.3	38	0.45	12	0.41	350	0.33	34	1－6	24	1－2
U55/45－220D	55	220	4500	84	45.3	38	0.45	12	0.38	360	0.25	50	1－6	24	1－2
U80/50－110D	80	110	5000	84	45.3	60	0.45	12	0.49	220	0.41	13	1－6	36	1－2
U80/50－220D	80	220	5000	84	45.3	60	0.45	12	0.35	435	0.29	27	1－6	36	1－2
U180/40－220	180	220	4000	94	51.6	75	0.55	16	0.53	160	0.35	20	1－8	48	1－2

附表 1－17　　SU 型交直流两用单相串励电动机技术数据

型号	功率(W)		电压(V)		转速(r/min)	定子铁芯(mm)			气隙(mm)	转子槽数	磁极绕组			转子绕组				
	交流	直流	交流	直流		外径	内径	长度			线规(mm)交流	线规(mm)直流	每极匝数	线规(mm)	线圈匝数	线圈节距	换向片数	换向器节距
SU－1	80	100	110	110	2500	94	51.6	60	0.55	16	ϕ0.62	ϕ0.49	交流111	ϕ0.47	12	1－8	48	1－2
SU－1C	80	100	110	110	2500	94	51.6	60	0.55	16	ϕ0.62	ϕ0.49	直流增加209	ϕ0.47	12	1－8	48	1－2
SU－2	80	100	220	220	2500	94	51.6	60	0.55	16	ϕ0.44	ϕ0.35	交流219	ϕ0.33	25	1－8	48	1－2
SU－2C	80	100	220	220	2500	94	51.6	60	0.55	16	ϕ0.44	ϕ0.35	直流增加441	ϕ0.33	25	1－8	48	1－2

附表 1－18　　JIZ 型单相电钻串励电动机技术数据（老系列）

钻头直径(mm)	型号	功率(W)	电压(V)	额定电流(A)	转速(r/min)	定子铁芯(mm)			气隙(mm)	转子槽数	磁极绕组		转子绕组				
						外径	内径	长度			线规(mm)	每极匝数	线规(mm)	线圈匝数	线圈节距	换向片数	换向器节距
ϕ6	J1Z－6	—	36	5.6	10000	61	35.3	34	0.35	9	2－0.55	42	2－0.41	7	1－5	27	1－2
			110	2.2	13500	61	35.3	34	0.35	9	1－0.47	128	1－0.33	19	1－5	27	1－2
			220	1.1	13500	61	35.3	34	0.35	9	1－0.33	255	1－0.23	38	1－5	27	1－2
ϕ10	J1Z－10	—	24	12	9900	73	41	40	0.35	12	3－0.69	22	1－0.41 1－0.69	45	1－6	24	1－2
			36	7.3	9900	73	41	40	0.35	12	2－0.69	35	1－0.69	6.5	1－6	24	1－2
			110	2.5	10300	73	41	40	0.35	12	1－0.55	96	1－0.38	13	1－6	36	1－2
			220	1.2	10300	73	41	40	0.35	12	1－0.38	198	1－0.27	16	1－6	36	1－2
ϕ13	J1Z－13	—	36	11	7000	85	46.3	45	0.4	12	3－0.72	25	1－0.53 1－0.67	6	1－6	24	1－2
			110	4.4	10000	85	46.3	45	0.4	12	1－0.67	95	1－0.53	9	1－6	36	1－2
			220	2.2	10000	85	46.3	45	0.4	12	1－0.51	190	1－0.38	18	1－6	36	1－2
			240	2.1	10000	85	46.3	45	0.4	12	1－0.51	190	1－0.38	20	1－6	36	1－2
ϕ19	J1Z－19	—	110	7.2	9000	102	58.7	46	0.5	15	3－0.62	60	2－0.47	9	1－7	30	1－2
			220	3.6	9000	102	58.7	46	0.5	15	2－0.55	120	1－0.47	12	1－7	45	1－2
ϕ23	J1Z－23	—	220	5.1	810	102	58.7	46	0.5	15	2－0.57	120	1－0.53	12	1－7	45	1－2

附表 1-19　　DT 系列电动工具用单相串励电动机技术数据

型号	功率(W)	电压(V)	额定电流(A)	转速(r/min)	定子铁芯(mm)			气隙(mm)	转子槽数	磁极绕组		转子绕组				
					外径	内径	长度			线规(mm)	每极匝数	线规(mm)	线圈匝数	线圈节距	换向片数	换向器节距
DT-21	60	220	0.679	14000	50	28.3	28	0.35	9	0.27	323	0.18	50	1-5	27	1-2
DT-22	90	220	0.879	14000	50	28.3	34	0.35	9	0.31	286	0.21	41	1-5	27	1-2
DT-23	120	220	1.07	14000	50	28.3	42	0.35	9	0.33	239	0.23	33	1-5	27	1-2
DT-23S	120	220	1.07	14000	50	28.1	42	0.45	9	0.33	222	0.23	33	1-5	27	1-2
DT-31	120	220	1.073	13000	56	30.3	38	0.35	9	0.33	237	0.23	36	1-5	27	1-2
DT-32	150	220	1.232	13000	56	30.3	42	0.35	9	0.38	218	0.25	32	1-5	27	1-2
DT-31S	120	220	1.05	13000	56	30.1	38	0.45	9	0.33	224	0.23	36	1-5	27	1-2
DT-41	150	220	1.242	12000	62	34.2	32	0.4	9	0.38	252	0.25	37	1-5	27	1-2
DT-42	180	220	1.421	12000	62	34.2	36	0.4	9	0.41	227	0.27	33	1-5	27	1-2
DT-42S	180	220	1.403	12000	62	34	36	0.5	9	0.41	224	0.27	33	1-5	27	1-2
DT-51	210	220	1.569	11000	71	38.1	38	0.45	11	0.47	191	0.31	24	1-6	33	1-2
DT-52	250	220	1.95	11000	71	38.1	44	0.45	11	0.49	167	0.35	21	1-6	33	1-2
DT-61	300	220	2.318	10000	80	44	38	0.5	11	0.55	168	0.38	22	1-6	33	1-2
DT-62	350	220	2.62	10000	80	44	42	0.5	11	0.57	154	0.41	20	1-6	33	1-2
DT-61S	300	220	2.3	10000	80	43.7	38	0.65	11	0.55	165	0.38	22	1-6	33	1-2
DT-71	400	220	3.03	9000	90	49.8	44	0.6	11	0.62	144	0.44	16	1-10	38	1-2
DT-72	500	220	3.72	9000	90	49.8	52	0.66	19	2-0.44	133	1-0.49	13	1-10	38	1-2
DT-71S	400	220	3.06	9000	90	49.5	44	0.75	19	1-0.62	144	1-0.44	16	1-10	38	1-2
DT-81	600	220	5.95	8000	102	56.6	64	0.7	19	2-0.62	96	2-0.47	10	1-10	38	1-2
DT-81S	600	220	4.39	8000	102	56.6	48	0.85	19	2-0.55	112	1-0.57	14	1-10	38	1-2

附表 1-20　　电动工具用单相交、直流两用串励电动机技术数据

定子冲片外径(mm)	功率(W)	电压(V)	额定电流(A)	转速(r/min)	定子铁芯(mm)			气隙(mm)	转子槽数	磁极绕组		转子绕组				
					外径	内径	长度			线规(mm)	每极匝数	线规(mm)	线圈匝数	线圈节距	换向片数	换向器节距
ϕ56	140	220	1	14000	56	31	38	0.35	9	1-0.33	247	0.23	36	1-5	27	1-2
	204	220	1.57	14300	56	31	50	0.35	9	1-0.38	197	0.27	27	1-5	27	1-2
ϕ71	275	220	2.1	12100	71	39	44	0.45	11	1-0.49	185	0.33	20	1-6	33	1-2
	385	220	2.71	13200	71	39	52	0.45	11	1-0.55	1.38	0.38	17	1-6	33	1-2
ϕ9	550	220	4.1	9900	90	51	52	0.6	19	2-0.49	134	0.49	13	1-10	38	1-2
	770	220	5.42	13200	90	51	52	0.6	19	2-0.55	116	0.57	10	1-10	38	1-2
	1250	220	8.05	12500	90	51	76	0.6	19	2-0.64	80	0.64	8	1-9	38	1-2

附表 1-21　电动工具用单相串励电动机技术数据

定子冲片外径 (mm)	额定电压 (V)	额定电流 (A)	输入功率 (W)	输出功率 (W)	转速 (r/min)	铁芯长度 (mm)	气隙 (mm)	定子绕组		转子绕组				电刷尺寸			轴承型号	
								线规 (mm)	每极匝数	线规 (mm)	线圈匝数	换向片数	换向器节距	长 (mm)	宽 (mm)	高 (mm)	轴伸端	后罩端
φ56	220	0.78	165	90	10000	38	0.35	0.33/0.28	310	0.25/0.21	46	27	1-2	6.5	4	12.5	60027	60026
	220	1.10	230	120	13000	38	0.35	0.38/0.33	248	0.28/0.23	36	27	1-2	6.5	4	12.5	60028	60026
	36	5.60	185	92	10000	38	0.35	2-0.63/2-0.56	40	0.63/0.56	—	27	1-2	6.5	4	12.5	60028	60026
	220	1.20	250	140	14000	38	0.35	0.38/0.33	247	0.28/0.23	36	27	1-2	6.5	4	10	60028	60026
	220	1.75	370	220	14000	55	0.35	0.47/0.41	175	0.34/0.29	25	27	1-2	6.5	4	13	60029	60027
	220	1.40	280	160	15000	38	0.35	0.41/0.35	240	0.30/0.25	31	27	1-2	6.5	4	12.5	60028	60026
	220	1.10	250	140	14000	38	0.35	0.38/0.33	247	0.28/0.23	36	27	1-2	6.5	4	12.5	60028	60026
	220	0.80	140	80	8000	38	0.35	0.34/0.29	315	0.23/0.19	53	27	1-2	6.5	4	12.5	60027	60027
	220	1.78	380	230	14300	55	0.35	0.47/0.41	175	0.34/0.29	25	27	1-2	6.5	4	12.5	60029	60027
	220	1.10	240	140	14000	38	0.35	0.38/0.33	247	0.28/0.23	36	27	1-2	6.5	4	12.5	60028	60026
	220	0.79	140	80	8000	38	0.35	0.34/0.29	315	0.23/0.19	53	27	1-2	6.5	4	12.5	60102	60027
	220	1.10	250	140	14000	38	0.35	0.38/0.33	247	0.28/0.23	36	27	1-2	6.5	4	12.5	60028	60026
	220	1.10	220	130	13500	34	0.35	0.36/0.31	255	0.28/0.23	38	27	1-2	6.5	4.3	12.5	60029	60027
	220	1.10	210	120	12000	34	0.35	0.36/0.31	265	0.28/0.23	42	27	1-2	6.5	4.3	14	60029	60027
φ62	36	9.6	328	164	8900	38	0.40	3-0.63/3-0.56	36	2-0.53/2-0.47	5	27	1-2	6.5	4.3	14	60029	60027
	220	1.6	334	184	12600	38	0.40	0.48/0.42	216	0.32/0.27	32	27	1-2	6.5	4.3	14	60029	60027
	220	1.6	320	210	12600	41	0.40	0.47/0.41	210	0.34/0.29	32	27	1-2	6.5	4.3	12	60029	60027
	220	1.6	340	220	13040	36	0.40	0.47/0.41	204	0.34/0.29	32	27	1-2	6.5	4.3	12.5	60029	60029
φ71	220	2.1	430	275	12100	44	0.45	0.56/0.50	185	0.38/0.33	20	33	1-2	8	5	16	60200	60027
	220	2.1	430	275	12100	44	0.45	0.55/0.49	185	0.39/0.33	20	33	1-2	8	5	17	60200	60027
	220	1.51	305	195	8500	44	0.45	0.47/0.41	212	0.34/0.29	27	33	1-2	8	4.5	17	60200	60027
	220	2.1	430	275	12100	44	0.45	0.55/0.49	185	0.38/0.33	20	33	1-2	8	15	17	60200	60027
φ80	220	2.4	485	310	13000	38	0.50	0.63/0.57	152	0.48/0.42	19	33	1-2	8	6.3	16	60029	60028
	220	2.5	520	360	13300	42	0.45	0.63/0.57	160	0.47/0.41	18	33	1-2	8	5	16	80501	60018
	220	2.5	550	350	8900	42	0.55	0.62/0.55	173	0.44/0.36	24	33	1-2	10.5	4	18	60201	60028
	220	3.7	780	375	14500	42	0.45	0.63/0.57	115	0.53/0.40	14	33	1-2	8	5	16	60201	60028
	220	3.2	630	450	11000	48	0.55	0.66/0.59	148	0.50/0.44	16	33	1-2	10	4.5	18	60201	60028
	220	3.2	630	450	11300	48	0.50	0.66/0.59	144	0.50/0.44	17	33	1-2	8	6.3	16	60200	60028
	220	4.1	700	600	11000	60	0.55	0.50/0.44	136	0.53/0.47	16	33	1-2	10.5	4.5	18	60201	60025
φ90	220	4.1	830	470	9900	52	0.60	2-0.56/1-0.50	134	0.56/0.50	13	38	1-2	12.5	8	20	60201	60029
	220	4.0	820	500	11000	52	0.65	0.55/0.50	132	0.59/0.52	12	38	1-2	12.5	8	22	60201	60029
	220	4.1	810	550	9900	52	0.60	2-0.55/2-0.49	134	0.55/0.49	13	38	1-2	12.5	8	19	60201	60029
	220	4.5	920	630	11000	52	0.60	2-0.56/2-0.50	126	0.60/0.53	12	38	1-2	12.5	8	19	60201	60029
	220	4.9	1000	660	12100	52	0.60	0.60/0.55	110	0.62/0.57	11	38	1-2	12.5	8	16	60201	60029
	220	7.7	1800	1200	12000	76	0.66	2-0.72/2-0.64	76	0.72/0.64	8	38	1-2	12.5	8	16	60029	60029

附表 1-22　**电风扇、排气扇用单相电容起动电动机技术数据**

风扇类型	规格(mm)	额定功率(W)	额定电压(V)	极数	定子铁芯(mm)			定转子槽数 Z_1/Z_2	气隙(mm)	主　绕　组						线圈节距	绕组型式	电容器容量(μF)	调速方法
					外径	内径	长度			线规(mm)	匝数	线圈数	线规(mm)	匝数	线圈数				
台扇	250	31	220	4	88	44.7	20	8/17	0.35	ϕ0.17	935 850	4 4	ϕ0.15 ϕ0.15	1020 1020 500+300	4 2	1-3 1-3	双层链式 双层链式 L、Ⅱ型	1 1	电抗器 2 抽头法
	300	45	220	4	88 78 85.5	44.7 44.5 46.5	26 24 20	8/17 16/22	0.35 0.35 0.35	ϕ0.17 ϕ0.17 ϕ0.17	634 800 800	4 4 4	ϕ0.19 ϕ0.15 ϕ0.15	620 500+500 1000	4 4 4	1-3 1-4 1-4	单层链式 单层链式 L、Ⅱ型	1、5 1 1	电抗器 4 抽头法
		44	220	4	78	44.5	22	16/22	0.35	ϕ0.17	800	4	ϕ0.15	1000	4	1-4		1	抽头法
		46	220	4	82	44.56	24	16/22	0.38	ϕ0.38	800	4	ϕ0.15	1000	4	1-4		1、2	抽头法
		42	220	4	80	44.5	26	16/22	0.30	ϕ0.19	800	4	ϕ0.15	960	4	1-4			抽头法
		44	220	4	73	40.3	26.5	16/22	0.35	ϕ0.15	840	4	ϕ0.15	900	4	1-4			抽头法
		45	220	4	88	49	22	16/22	0.35	ϕ0.17	800	4	ϕ0.15	1000	4	1-4			抽头法
	350	54	220	4	88.5	49	25	16/22	0.35	ϕ0.21	720	4	ϕ0.17	930	4	1-4	单层链式		电抗器 5
										ϕ0.19	760 650+110	3 1		480+480	4	1-4	单层 T 型		抽头法
		52	220	4	88	44.7	32	8/17	0.35	ϕ0.23	560	4	ϕ0.19	790	4	1-3	双层链式	1、2	电抗器
		50	220	4	88 78	49 44.5	20 15	16/22	0.35 0.35	ϕ0.21 ϕ0.17	720 750	4 4	ϕ0.17 ϕ0.15	930 600+500	4 4	1-4 1-4	双层链式 双层链式	1 1	电抗器 抽头法
		54	220	4	88	49	25	16/22	0.35	ϕ0.21	720	4	ϕ0.17	930	4	1-4	双层链式	1	电抗器
		60	220	4	88.5	49	35	16/22	0.35	ϕ0.23	570	4	ϕ0.19	720	4	1-4	单层链式	—	电抗器 7
	400	61	220	4	88.4	49	32	16/22	0.35	ϕ0.21	550	4	ϕ0.19	350+350	4	1-4	单层链式 L、Ⅱ型	— —	抽头法
		66	220	4	88	44.7	32	8/17	0.35	ϕ0.23	530	4	ϕ0.17	890	4	1-3	双层链式	—	电抗器
		58	220	4	88	49	35	16/22	0.35	ϕ0.23	570	4	ϕ0.19	720	4	1-4	双层链式	—	电抗器
顶扇	350		220	4	88	49	25	16/22	0.35	ϕ0.21	720	4	ϕ0.17	930	4	1-4	单层链式	1、2	电抗器 8
	400		220	4	88	49	35	16/22	0.35	ϕ0.23	570	4	ϕ0.19	720	4	1-4	单层链式	1、2	电抗器 9
吊扇	900	47	220	14	118	23	23	28/45	0.25	ϕ0.23	382	14	ϕ0.19	506	14	1-3	双层链式	1	无
	1200	63	220	18	134.75	25	25	36/48	0.25	ϕ0.27	280	18	ϕ0.25	328	8	1-3	双层链式	2	电抗器 11
	1400	77	220	18	138.8 136.6	28 32	28 32	36/48 36/48	0.25 0.50	ϕ0.29 ϕ0.31	236 440	18 18	ϕ0.25 ϕ0.25	323 620	18 18	1-3 1-4 1-3	双层链式 双层链式	4 2	电抗器 12 无
排气扇	400	150	220	4	102	60	36	24/18	0.35	ϕ0.31	260	6	ϕ0.31	260	6	1-3 1-5/4	单层 交叉式	4	无
	500	350	220	4	120	72	40 56	24/20 24/18	0.30 0.25	ϕ0.29 ϕ0.47	295 105	6 6	ϕ0.23 ϕ0.35	510 170	6 6	1-4 2-5 1-6	单层链式 单层链式	2 6	无 无

附表 1-23　**电风扇调速用电抗器技术数据**

风扇类型	规格 (mm)	电动机类型	铁芯尺寸				调速线圈		电枢线圈		
			形式	外形尺寸 (mm)	窗口尺寸 (mm)	厚度 (mm)	线规 (mm)	线圈匝数	线规 (mm)	线圈匝数	电压 (V)
台扇	260	罩极式	U	ϕ10	—	—	ϕ0.17	1600	—	—	—
	250	电容运转	E	—	—	—	ϕ0.17	1400+200+200	ϕ0.17	72+600	6.3
	300	罩极式	E	63.4×60.3	38.1×12.7	13	ϕ0.27	750+100	—	—	—
	300	电容运转	E	—	—	—	ϕ0.17	1100+250+200	ϕ0.17	70+300	6.3
	350	电容运转	E	ϕ57	12	18	ϕ0.21	800+350+250	ϕ0.19	70	4
	400	罩极式	E	63.4×60.3	38.1×12.7	17	ϕ0.41	380+70	—	—	—
	400	电容运转	E	ϕ57	12	18	ϕ0.23	640+300+200	ϕ0.19	65	4
顶扇	350 400	罩极式 罩极式	E E	ϕ57	12	18	ϕ0.23 ϕ0.23	200+850+350 190+520+220	ϕ0.19	70 65	4
吊扇	900	罩极式	E	63.4×60.3	38.1×12.7	18	ϕ0.38	250+100+100 +100+100+100	— —	— —	— —
	1200	电容运转	E	63.4×60.3	38.1×12.7	18	ϕ0.27	380+120+110 +100+100+100	— —	— —	— —
	1400	电容运转	全封闭	—	—	20	ϕ0.38	414+69+81 +43+73+88	— —	— —	— —

附表 1-24　**电风扇用单相罩极异步电动机技术数据**

风扇类型	规格 (mm)	电动机类型	额定功率 (W)	额定电压 (V)	极数	定子铁芯 (mm)			定转子槽数 Z_1/Z_2	气隙 (mm)	定子绕组					调速方法
						外径	内径	长度			绕组型式	线规 (mm)	每极匝数	线圈数	线圈节距	
台扇		单相罩极异步电动机				60	30	25	/15	0.35	集中式	ϕ0.17	1270	2	—	电抗器 1
	200		32	220	2	59	28	32	/15	0.35	集中式	ϕ0.19	800+500	2	—	抽头法
	300		52	220	4	88	44.7	32	/17	0.35	集中式	ϕ0.27	510	4	—	电抗器 3
	400		80	220	4	108/95.7	51	32	/22	0.35	集中式	ϕ0.47	450	4	—	电抗器 6
吊扇	900		70	220	4	123.6	51	30	/57	0.3	集中式	ϕ0.38	550	6	—	电抗器 10

附表 1-25　**轴流扇、转页扇用单相异步电动机技术数据**

规格型号(mm)	电压(V)	频率(Hz)	极数	定子铁芯		主绕组			辅助绕组			电动机转向	电容器容量(μF)
				长度(mm)	槽数	线规(mm)	线圈匝数	线圈数	线规(mm)	线圈匝数	线圈数		
400 轴流风扇	220	50	6	55	24	ϕ0.38	205	12	ϕ0.38	205	12	双向转	6
400 轴流风扇	220	50	6	55	24	ϕ0.38	205	12	ϕ0.27	416	12	单向转	2.5
400 轴流风扇	220	60	6	55	24	ϕ0.38	200	12	ϕ0.38	205	12	双向转	6
300 转页扇主电机	220	50	4	20	10	ϕ0.18	800	4	ϕ0.18	880	4	单向转	—

附表 1-26　**XDC、JXX、XD 型洗衣机用单相异步电动机技术数据**

电动机型号	额定功率(W)	定子铁芯(mm)			定转子槽数 Z_1/Z_2	气隙(mm)	主绕组				辅助绕组				电容器容量(μF)
		外径	内径	长度			线径(mm)	线圈匝数	线圈节距	20℃电阻值(Ω)	线径(mm)	线圈匝数	线圈节距	20℃电阻值(Ω)	
XDC-X-2	85	方形 101×101	68	39	24/34	0.35	ϕ0.38	170 80	1-6 2-5	33.7	ϕ0.35	170 80	4-9 5-8	38.8	8.5
XDC-T-2	20	方形 101×101	68	19	24/34	0.35	ϕ0.25	310 150	1-6 2-5	109.2	ϕ0.19	455 225	4-9 5-8	27.6	3
JXX-90B	90	方形 124×124	80	25	24/34	0.20	ϕ0.41	107 214	1-7 2-6	37	ϕ0.41	107 214	4-10 5-9	37	8
XD-90	90	方形 120×120	70	30	24/22	0.30	ϕ0.42	220 110	1-6 2-5	32	ϕ0.42	220 110	4-9 5-8	32	6
XD-120	120	方形 120×120	70	35	24/22	0.30	ϕ0.45	161 118	1-6 2-5	24.8	ϕ0.45	161 118	4-9 5-8	24.8	10
XD-180	180	方形 120×120	70	45	24/22	0.30	ϕ0.53	160 80	1-6 2-5	18.5	ϕ0.53	160 80	4-9 5-8	18.5	12
XD-250	250	方形 120×120	70	60	24/22	0.30	ϕ0.56	96 69	1-6 2-5	12.5	ϕ0.56	96 69	4-9 5-8	12.5	16
XD-90	90	方形 107×107	65	35	24/30	0.30	ϕ0.38	200 100	1-6 2-5	38.4	ϕ0.38	200 100	4-9 5-8	38.4	8
XD-120	120	方形 107×107	65	40	24/30	0.30	ϕ0.41	176 88	1-6 2-5	27	ϕ0.41	176 88	4-9 5-8	27	10

附表 1-27　XDL、XDS 型洗衣机用单相电容电动机技术数据

电动机型号	额定功率(W)	额定电压(V)	额定电流(A)	转速(r/min)	定子铁芯(mm)			定转子槽数 Z_1/Z_2	气隙(mm)	正转定子绕组			反转定子绕组			堵转电流(A)	电容器容量(μF)
					外径	内径	长度			线径(mm)	每极匝数	线圈节距	线径(mm)	每极匝数	线圈节距		
XDL-90	90	220	0.88	1370	107	68	34	24/34	0.35	φ296	296	1-7 2-6	φ0.35	296	1-7 2-6	2.0	8
XDS-90	90	220	0.88	1370	107	68	34	24/34	0.35	φ0.35	296	1-7 2-6	φ0.35	296	1-7 2-6	2.0	8
XDL-120	120	220	1.1	1370	107	68	40	24/34	0.35	φ0.38	253	1-7 2-6	φ0.38	253	1-7 2-6	2.5	9
XDS-120	120	220	1.1	1370	107	68	40	24/34	0.35	φ0.38	253	1-7 2-6	φ0.38	253	1-7 2-6	2.5	9
XDL-180	180	220	1.54	1370	107	68	50	24/34	0.35	φ0.45	195	1-7 2-6	φ0.45	195	1-7 2-6	4.0	12
XDS-180	180	220	1.54	1370	107	68	50	24/34	0.35	φ0.45	195	1-7 2-6	φ0.45	195	1-7 2-6	4.0	12
XDL-250	250	220	2.0	1370	107	68	62	24/34	0.35	φ0.50	156	1-7 2-6	φ0.50	156	1-7 2-6	5.5	16
XDS-250	250	220	2.0	1370	107	68	62	24/34	0.35	φ0.50	156	1-7 2-6	φ0.50	156	1-7 2-6	5.5	16

附表 1-28　YYKF 型空调器风扇单相电容运转电动机技术数据

型号	输出功率(W)	额定电压(V)	转速(r/min)		铁芯数据(mm)		定转子槽数 Z_1/Z_2	气隙(mm)	主绕组			辅助绕组Ⅰ			辅助绕组Ⅱ			调速绕组			电容器规格(μF/V)
			高速	低速	外径	长度			线径(mm)	线圈匝数	线圈节距	线径(mm)	线圈匝数	线圈节距	线径(mm)	线圈匝数	线圈节距	线径(mm)	线圈匝数	线圈节距	
YYKF120-4	120	220	1200	1000	139.8	40	36/44	0.3	φ0.42	139 123 88	1-9 2-8 3-7	φ0.31	88 220 280	1-10 2-9 3-8	φ0.31	220 88	2-9 3-8	φ0.42	35 31 24	1-9 2-8 3-7	6/450
YYKF120-4	120	380	1200	1000	139.8	40	36/44	0.3	φ0.33	227 198 143	1-9 2-8 3-7	φ0.29	175 207 218	1-10 2-9 3-8	φ0.29	207 175	2-9 3-8	φ0.29	58 50 36	1-9 2-8 3-7	3/450

附表 1-29 电动剃须刀直流串励电动机技术数据

电动机型式	额定电压(V)	空载电流(mA)	额定转速(r/min)	额定电流(mA)		电源种类	电枢					磁钢			
				剃刀工作	轧刀工作		直径 D_a (mm)	长度 L_a (mm)	槽数	线圈线径(mm)	线圈匝数	外径(mm)	内径(mm)	间隙(mm)	表面磁感应强度(Gs)
卧式	3	140	5500～6500	<220	<280	5号干电池或交流整流器	23.5	6.5	3	0.25	120	34.5	0.5	1.0	700～800
直筒式	1.5	200	4500～5500	<400		1号干电池	21.5	9.0	3	0.35	86	30	23	1.5	750左右

附表 1-30 吸尘器用单相串励电动机技术数据

型号	额定功率(W)	额定电压(V)	定子铁芯(mm)			定子绕组			电枢							真空度(PZ)	风量(m^3/min)
			外径	内径	长度	线径(mm)	每极匝数	线圈数	线径(mm)	线圈匝数	线圈节距	线圈数	槽数	换向片数	换向器节距		
WX-4A	170	220	56	31	35	φ0.31	297	2	φ0.21	44	1-5	4	9	27	1-2	3500	0.7
WX-4A	200	220	—	—	—	φ0.31	330	2	φ0.21	50	1-5	4	10	20	1-2	4000	0.8
BTX-11B	370	220	63	34	16	φ0.44	192	2	φ0.31	25	1-6	4	12	24	1-2	8000	1.1
BTX	400	220	—	—	—	φ0.53	190	2	φ0.38	22	1-6	6	12	36	1-2	9000	1.25
BTX	600	220	—	—	—	φ0.53	160	2	φ0.38	23	1-6	4	12	24	1-2	14000	1.6
TX8A-62	620	220	88	47	21	φ0.50	160	2	φ0.35	24	—	4	22	22	1-2	14000	1.8
VC6ZO	620	220	88	47	21	φ0.50	160	2	φ0.35	24	—	4	22	22	1-2	14000	1.8
TX8A-80	800	220	95	48	28	φ0.60	200	2	φ0.40	18	—	4	12	24	1-2	18000	1.9
TX8A-80	800	220	—	—	—	φ0.67	136	2	φ0.47	17	1-6	4	12	24	1-2	18000	1.9
TX8A-80	1000	220	95	48	34	φ0.70	160	2	φ0.50	18	1-6	4	12	24	1-2	19000	2.0
WX-10A	1000	220	95	48	34	φ0.70	160	2	φ0.50	18	1-6	4	12	24	1-2	19000	2.0

附表 1-31　**家用电动缝纫机用单相串励电动机技术数据**

型号	输入功率（W）	电压（V）	电流（A）	转速（r/min）	定子铁芯（mm）			定子绕组		电枢						调速方式
					外径	内径	长度	线径（mm）	每极匝数	线径（mm）	线圈匝数	线圈节距	槽数	换向片数	换向器节距	
JF-6028	60	220	0.3	8000	—	—	27	ϕ0.23	480	ϕ0.15	100	1-11	11	22	1-2	电阻
JF-8025	80	220	0.4	5000	—	—	27	ϕ0.23	480	ϕ0.15	100	1-11	11	22	1-2	电阻
JF-1025	100	220	0.5	7000	—	—	27	ϕ0.25	450	ϕ0.17	90	1-11	11	22	1-2	电阻
79-40Y75	75	220	0.37	6000	63	35.8	29	ϕ0.23	620	ϕ0.17	70	1-6	12	24	1-2	电阻
79-40Y100	100	220	0.49	5000	63	35.8	29	ϕ0.25	460	ϕ0.18	75	1-6	12	24	1-2	电阻
79-40Y130	130	220	0.63	7200	63	35.8	1	ϕ0.27	360	ϕ0.19	65	1-6	12	24	1-2	电阻

附表 1-32　**电吹风用电动机及电热元件技术数据**

电动机型式	额定功率（W）	额定电压（V）	电热丝		电动机			定子			气隙（mm）	转子		
			线径（mm）	电阻（Ω）	功率（W）	电流（A）	转速（r/min）	线径（mm）	匝数×线圈数	铁芯叠厚（mm）		线径（mm）	匝数×线圈数	线圈节距
串励式	450	220	ϕ0.25	120	22.5	0.11	4500	ϕ0.10	1800×2	16	0.25	ϕ0.08	450×8	1-4
	550	220	ϕ0.27	105	29	0.15	3500	ϕ0.11	1300×2	24	0.30	ϕ0.09	300×8	1-4
	550	220	ϕ0.27	105	28	0.15	3500	ϕ0.12	1200×2	20	0.30	ϕ0.09	250×8	1-4
罩极式	450	220	ϕ0.27	115	24	0.15	2800	ϕ0.14	1700×2	20.5	0.25	ϕ2.8	罩极	—
	450	220	ϕ0.27	105	25	0.16	2500	ϕ0.15	1600×2	19	0.30	ϕ2.64	罩极	—
	550	220	ϕ0.31	100	24	0.26	2800	ϕ0.21	2100×2	18	0.30	ϕ2.34	罩极	—
	550	220	ϕ0.31	98	24	0.26	2500	ϕ0.21	2300×2	18	0.30	ϕ2.34	罩极	—

附表 1-33

国产压缩机用单相电阻起动异步电动机技术数据（1）

生产厂	压缩机组（冰箱）型号	额定电压（V）	额定电流（A）	输出功率（W）	额定转速（r/min）	定子绕组（采用QF漆包线）	导线直径（mm）	线圈匝数					绕组总匝数	绕组电阻值（Ω）	线圈节距					定子铁芯槽数	定子铁芯叠厚（mm）
								最小圈	小圈	中圈	大圈	最大圈			最小圈	小圈	中圈	大圈	最大圈		
北京电冰箱厂	LD-5801	220	1.4	93	1450	运行	0.64	71	96	125	65	—	375×4	17.32	3	5	7	9	—	32	28
						起动	0.35	—	30	40	50	—	123×4	20.8	—	5	7	9	—		
	QF-21-75	220	0.9	75	2850	运行	0.59	45	87	101	117	120	470×2	16.3	3	5	7	9	11	24	25
						起动	0.31	—	40	60	70	200^{+140}_{-60}	370×2	45.36	—	5	7	9	11		
	QF-21-93	220	1.2	93	2850	运行	0.64	43	62	80	93	101	379×2	—	3	5	7	9	11	24	36
						起动	0.35	—	33	41	45	101^{+76}_{-25}	220×2	—	5	7	9	11	11		
北京冰箱压缩机厂（北京第二轻工机械厂）	QF-21-65	220	0.7	65	2850	运行	0.30	59 (64)	79 (84)	95 (101)	105 (113)	105 (113)	443×2 (445)	—	3	5	5	9	11	24	30±0.5
						起动	0.29 (0.33)	—	57 (39)	64 (45)	74 (50)	87 (152^{+107}_{-54})	242×2 (286)	—	—	5	7	9	11		
	QF-21-100	220	0.8	100	2850	运行	0.6	53	72	88	114	114	441×2	—	3	5	7	9	11	24	30±0.5
						起动	0.32	—	45	55	59	195^{+127}_{-68}	354×2	—	—	5	7	9	11		
常熟机械总厂	QZD-3.4	220	0.6	75 （输入）	2850	运行	0.45	—	88	112	137	137	474×2	30.13	—	5	7	9	11	24	30±0.5
						起动	0.31	—	36	48	188^{+124}_{-64}	141^{+100}_{-41}	413×2	53.9	—	5	7	9	11		

附表 1-34

国产压缩机用单相电阻起动异步电动机技术数据（2）

生产厂	压缩机组（冰箱）型号	额定电压（V）	额定电流（A）	输出功率（W）	额定转速（r/min）	定子绕组（采用QF漆包线）	导线直径（mm）	线圈匝数					绕组总匝数	绕组电阻值（Ω）	线圈节距					定子铁芯槽数	定子铁芯叠厚（mm）
								最小圈	小圈	中圈	大圈	最大圈			最小圈	小圈	中圈	大圈	最大圈		
天津医疗器械厂	LD-1-6	220	1.1	93	2850	运行	0.64	—	65	85	113	113	376×2	12	—	5	7	9	11	24	35
						起动	0.35	—	41	50	120^{+95}_{-20}	117^{+97}_{-20}	323×2	33	—	5	7	9	11		
	5608-Ⅰ	220	1.6	125	1450	运行	0.7	62	91	101	—	—	363×4	14	3	5	7	—	—	32	—
						起动	0.37	33	54	65	—	—	157×4	27.2	3	5	7	—	—		
	5608-Ⅱ	220	1.6	125	1450	运行	0.72	59	61	81	46	—	247×4	10.44	3	5	7	9	—	32	—
						起动	0.35	—	34	46	50	—	130×1	23.25	—	5	7	9	—		
沈阳医疗器械厂	FB-515	220	1.2～1.5	93	1450	运行	0.60	—	90	118	122	—	330×4	19～20	—	3	5	7	—	32	28
						起动	0.38	—	—	41	102	—	143×4	24～25	—	—	5	7	—		
	FB-516 517（Ⅰ）	220	1.3～1.7	65	2860	运行	0.64	—	90	110	137	—	337×4	14～16	—	3	5	7	—	32	28
						起动	0.38	—	18	95	—	—	148×4	—	—	3	5	7	—		
	FB-505	220	0.7	65	2860	运行	0.51	88	53	131	131	175	618×2	—	3	5	7	9	11	24	30
						起动	0.31	53	53	79	79	104	368×2	—	3	5	7	9	11		

附表 1-35　　部分进口电冰箱用压缩机单相电动机技术数据

生产厂	压缩机组（冰箱）型号	额定电压（V）	额定电流（A）	输出功率（W）	额定转速（r/min）	定子绕组（采用QF耐氟漆包线）	导线直径（mm）	线圈匝数					绕组总匝数	绕组电阻值（Ω）	定子槽数	线圈节距					电动机类型
								最小圈	小圈	中圈	大圈	最大圈				最小圈	小圈	中圈	大圈	最大圈	
日本日立公司	HQ-651-BR	220～242	1.0	62	2850	运行	0.62	—	58	76	102	108	344×2	15	24	—	5	7	9	11	电阻（分相）起动
						起动	0.31	—	—	64	72	82	218×2	37	—	—	—	7	9	11	
日本日立公司	V110R	220	0.91	93	2850	运行	0.62	71	81	99	116	104	471×2	19.15	24	3	5	7	9	11	电阻（分相）起动
						起动	0.38	—	43	52	60	66	221×2	24	—	—	5	—	—	—	
日本东芝公司	KL-12M	—	—	—	—	运行	0.57	—	80	106	110	118	414×2	8.5+8.5	24	—	5	7	9	11	电容起动
						起动	0.41	—	—	—	128	130	258×2	20.5	—	—	—	—	9	11	
原苏联“波留沙—10”	JIXK-240	—	—	—	—	运行	0.61	—	64	92	108	120	384×2	15	24	—	5	7	9	11	—
						起动	0.38	—	34	43	139^{+98}_{-41}	140^{+98}_{-42}	356×2	44	—	—	5	7	9	11	

附表 1-36　　单相罩极式电动吹风机技术数据

功率（W）	额定电压（V）	额定电流（A）	转速（r/min）	定子铁芯（mm）			槽数	主绕组					辅助绕组				
				外径	内径	长度		线径（mm）	线圈匝数	线圈节距	绕组型式	线圈数	线径（mm）	线圈匝数	线圈节距	绕组型式	线圈数
92	220/110	0.65/1.3	2800	100	48	38	16	ϕ0.31	100	1-5	单层链式	4	ϕ0.93	3	{8-13 9-14　{16-5 1-6	单层链式	2
184	220/110	2.4/4.8	2800	120	63	55	20	ϕ0.66	76	1-6	单层链式	5	ϕ1.12	3	{10-16 11-17　{20-6 1-7	单层链式	2
184	220/110	2.4/4.8	2800	120	63	55	18	ϕ0.66	93	1-9 2-8 3-7	单层同心	3	ϕ0.72	10	—	单层链式	4

续表

功率(W)	额定电压(V)	额定电流(A)	转速(r/min)	定子铁芯(mm)			槽数	主绕组					辅助绕组				
				外径	内径	长度		线径(mm)	线圈匝数	线圈节距	绕组型式	线圈数	线径(mm)	线圈匝数	线圈节距	绕组型式	线圈数
368	220/110	3.5/6.1	2800	140	76	55	24	ϕ0.62	—	1-9	单层链式	5	ϕ1.82	2	{4-15, 5-14} {16-3, 17-2}	单层同心	2
368	220/110	3.5/7	2800	135	76	55	24	ϕ0.62	—	1-8	单层链式	6	ϕ1.75	2	{6-13, 7-14} {18-1, 19-2}	单层链式	2
368	220/110	3.5/7	2800	132	76	47	24	ϕ0.62	70	1-8	单层链式	5	ϕ1.85	2	{6-14, 7-15} {18-2, 19-3}	单层链式	2
220	220/110	1.5/3	2800	130	68	62	16	ϕ0.44	140	1-8 2-7 3-6	单层同心	3	1.82	2	—	单层链式	1
200	220/110	1.2/2.4	2800	100	60	50	24	ϕ0.51	78	1-8	单层链式	5	ϕ1.2	5	—	单层链式	1
200	220/110	2.5/5	2850	120	66	45	24	ϕ0.62	70	1-8	单层链式	6	ϕ1.35	3	{12-20, 13-21} {24-8, 1-9}	单层链式	2
249	220/110	3/6	2800		86	55	24	ϕ0.67	—	—	单层同心	5	ϕ1.48	2	{12-18, 13-19} {24-6, 1-7}	单层链式	2
270	220/110	3/6	2800	105	75	54	24	ϕ0.69	80	1-8	单层链式	5	ϕ1.88	3	{6-13, 7-14} {18-1, 19-2}	单层链式	2
368	220/100	3/6	2800	140	75	50	24	ϕ0.62	—	1-9	单层链式	5	ϕ1.86	2	{3-13, 4-14} {5-1, 16-2}	单层链式	2

附表 1-37　　**圆电磁线常用数据**

铜导线规格		直流电阻 20℃不大于 (Ω/m)	聚酯漆包线		双丝包线最大外径	丝漆包线最大外径（mm）				玻璃丝包线最大外径（mm）	
线径 (mm)	标称截面积 (mm^2)		最大外径 (mm)	近似重量 (kg/km)		单丝包油性漆包线	双丝包油性漆包线	单丝包聚酯漆包线	双丝包聚酯漆包线	单玻璃丝包漆包线	双玻璃丝包漆包线
0.05	0.001964	10.08	0.065	0.0180	0.16	0.14	0.18	0.14	0.18	—	—
0.06	0.00283	6.851	0.080	0.0280	0.17	0.15	0.19	0.16	0.20	—	—
0.07	0.00385	4.958	0.090	0.0380	0.18	0.16	0.20	0.17	0.21	—	—
0.08	0.00503	3.754	0.100	0.0490	0.19	0.17	0.21	0.18	0.22	—	—
0.09	0.00636	2.940	0.110	0.0620	0.20	0.18	0.22	0.19	0.23	—	—
0.10	0.00785	2.466	0.125	0.0750	0.21	0.19	0.23	0.20	0.24	—	—
0.11	0.0950	2.019	0.135	0.0910	0.22	0.20	0.24	0.21	0.25	—	—
0.12	0.01131	1.683	0.145	0.1073	0.23	0.21	0.25	0.22	0.26	—	—
0.13	0.01327	1.424	0.155	0.1253	0.24	0.22	0.26	0.23	0.27	—	—
0.14	0.01539	1.221	0.165	0.145	0.25	0.23	0.27	0.24	0.28	—	—
0.15	0.01767	1.059	0.180	0.166	0.26	0.24	0.28	0.25	0.29	—	—
0.16	0.0201	0.9264	0.190	0.188	0.28	0.26	0.30	0.28	0.32	—	—
0.17	0.0227	0.8175	0.200	0.212	0.29	0.27	0.31	0.29	0.33	—	—
0.18	0.0254	0.7267	0.210	0.237	0.30	0.28	0.32	0.30	0.34	—	—
0.19	0.0284	0.6503	0.220	0.263	0.31	0.29	0.33	0.31	0.35	—	—
0.20	0.0314	0.5853	0.230	0.290	0.32	0.30	0.35	0.32	0.36	—	—
0.21	0.0346	0.5296	0.240	0.320	0.33	0.32	0.36	0.33	0.37	—	—
0.23	0.0415	0.4396	0.265	0.383	0.36	0.35	0.39	0.36	0.41	—	—
0.25	0.0491	0.3708	0.290	0.452	0.38	0.37	0.42	0.38	0.43	—	—
0.28	0.0616	0.3052	0.320	0.564	0.41	0.40	0.45	0.41	0.46	—	—
0.31	0.0755	0.2473	0.35	0.690	0.44	0.43	0.48	0.44	0.49	—	—
0.33	0.0855	0.2173	0.37	0.780	0.47	0.46	0.51	0.48	0.53	—	—
0.35	0.0962	0.1925	0.39	0.876	0.49	0.48	0.53	0.51	0.55	—	—
0.38	0.1134	0.1626	0.42	1.030	0.52	0.51	0.56	0.53	0.58	—	—
0.40	0.1257	0.1463	0.44	1.165	0.54	0.53	0.58	0.55	0.60	—	—
0.42	0.1835	0.1324	0.46	1.290	0.56	0.56	0.60	0.57	0.62	—	—
0.45	0.1590	0.1150	0.49	1.415	0.59	0.58	0.63	0.60	0.65	—	—
0.47	0.1735	0.1052	0.51	1.570	0.61	0.60	0.65	0.62	0.67	—	—
0.50	0.1964	0.09269	0.54	1.834	0.64	0.63	0.68	0.65	0.70	—	—
0.53	0.221	0.08231	0.58	2.010	0.67	0.67	0.72	0.69	0.74	0.73	0.79
0.56	0.246	0.07357	0.61	2.269	0.70	0.70	0.75	0.72	0.77	0.76	0.82
0.60	0.283	0.06394	0.65	2.581	0.74	0.74	0.79	0.76	0.81	0.80	0.86
0.63	0.312	0.05790	0.68	2.813	0.77	0.77	0.83	0.79	0.84	0.83	0.89
0.67	0.353	0.05109	0.72	3.199	0.82	0.82	0.87	0.85	0.90	0.88	0.93
0.71	0.396	0.04608	0.73	3.575	0.86	0.86	0.91	0.89	0.94	0.93	0.98
0.75	0.442	0.03904	0.81	3.998	0.91	0.91	0.97	0.94	1.00	0.97	1.02
0.80	0.503	0.03351	0.86	4.569	0.96	0.96	1.02	0.99	1.05	1.02	1.07
0.85	0.567	0.03192	0.91	5.189	1.01	1.01	1.07	1.04	1.10	1.07	1.12
0.90	0.636	0.02842	0.96	5.865	1.06	1.06	1.12	1.09	1.15	1.12	1.17
0.95	0.700	0.02546	1.01	6.711	1.11	1.11	1.17	1.14	1.20	1.17	1.22
1.00	0.785	0.02294	1.07	7.156	1.18	1.24	1.22	1.28	1.29	—	—
1.06	0.882	0.02058	1.14	8.245	1.25	1.25	1.31	1.28	1.34	1.31	1.35
1.12	0.958	0.01839	1.20	8.910	1.31	1.31	1.37	1.34	1.40	1.37	1.41
1.18	1.094	0.01654	1.26	9.782	1.37	1.37	1.43	1.40	1.46	1.43	1.47
1.25	1.227	0.01471	1.33	11.10	1.44	1.44	1.50	1.47	1.53	1.50	1.54

续表

铜导线规格		直流电阻20℃不大于(Ω/m)	聚酯漆包线		双丝包线最大外径	丝漆包线最大外径(mm)				玻璃丝包线最大外径(mm)	
线径(mm)	标称截面积(mm^2)		最大外径(mm)	近似重量(kg/km)		单丝包油性漆包线	双丝包油性漆包线	单丝包聚酯漆包线	双丝包聚酯漆包线	单玻璃丝包漆包线	双玻璃丝包漆包线
1.30	1.327	0.01358	1.38	12.00	1.49	1.49	1.55	1.52	1.58	1.55	1.59
1.35	1431	0.01282	1.43	12.90	1.59	1.65	1.62	1.68	1.65	1.69	—
1.40	1.539	0.01169	1.48	13.90	1.69	1.69	1.75	1.72	1.78	1.75	1.81
1.50	1.767	0.01016	1.58	15.99	1.80	1.80	1.87	1.83	1.90	1.87	1.91
1.60	2.01	0.008915	1.69	18.40	1.90	1.90	1.97	1.93	2.00	1.97	2.01
1.70	2.27	0.007933	1.79	20.37	2.00	2.00	2.07	2.03	2.10	2.07	2.11
1.80	2.54	0.007064	1.89	22.81	1.98	2.00	2.07	2.03	2.10	2.07	2.11
1.90	2.84	0.006331	1.99	25.40	2.08	2.10	2.17	2.13	2.20	2.17	2.21
2.00	3.14	0.005706	2.09	28.20	2.18	2.20	2.27	2.23	2.30	2.27	2.31
2.12	3.53	0.005071	2.21	31.40	2.30	2.32	2.39	2.35	2.42	2.39	2.48
2.24	3.94	0.004057	2.33	36.00	2.42	2.44	2.51	2.47	2.54	2.51	2.60
2.36	4.37	0.004100	2.45	41.23	2.54	2.56	2.63	2.50	2.66	2.63	2.72
2.50	4.91	0.003648	2.59	44.51	2.68	2.70	2.77	2.73	2.80	2.77	2.86

附表 1-38　　常用电磁线的选用表

耐热等级	电磁线名称型号	用　途
B	双玻璃丝包聚酯漆包线 SBEQZB 单、双玻璃丝包单层聚酯薄膜绕包线 MBB-1 单、双玻璃丝包双层聚酯薄膜绕包线 MBB-2	适用于脉冲过电压＜500V 适用于脉冲过电压＜1000V 适用于脉冲过电压＞1000V
F	双玻璃丝包聚酯亚胺漆包线 SBEQZYB	适用于脉冲过电压 500～1000V

附表 1-39　　漆包圆铜线常用数据

裸导线直径(mm)	允许公差(mm)	裸导线截面积(mm^2)	20℃时直流电阻计算值(Ω/km)	漆包线最大外径(mm)		漆包线近似重量(kg/km)	
				Q	QZ、QQ、QY、QXY、QQS	Q	QZ、QQ、QY、QXY、QQS
0.020	±0.002	0.00031	55587	—	0.035	—	—
0.025	±0.002	0.00049	35574	—	0.040	—	—
0.030	±0.003	0.00071	24704	—	0.045	—	—
0.040	±0.003	0.00126	13920	—	0.055	—	—
0.050	±0.003	0.00196	8949	0.065	0.065	0.019	0.022
0.060	±0.003	0.0283	6198	0.075	0.090	0.027	0.029
0.070	±0.003	0.0385	4556	0.085	0.100	0.036	0.039
0.080	±0.003	0.00503	3487	0.095	0.110	0.047	0.050
0.090	±0.003	0.00636	2758	0.105	0.120	0.059	0.063
0.100	±0.005	0.00785	2237	0.120	0.130	0.073	0.076
0.110	±0.005	0.00950	1846	0.130	0.140	0.088	0.092
0.120	±0.005	0.01131	1551	0.140	0.150	0.104	0.108
0.130	±0.005	0.01327	1322	0.150	0.160	0.122	0.126
0.140	±0.005	0.01539	1139	0.160	0.170	0.141	0.145
0.150	±0.005	0.01767	993	0.170	0.190	0.162	0.167
0.160	±0.005	0.0201	872	0.180	0.200	0.184	0.189
0.170	±0.005	0.0227	773	0.190	0.208	0.213	—

续表

裸导线直径(mm)	允许公差(mm)	裸导线截面积(mm^2)	20℃时直流电阻计算值(Ω/km)	漆包线最大外径(mm)		漆包线近似重量(kg/km)	
				Q	QZ、QQ、QY、QXY、QQS	Q	QZ、QQ、QY、QXY、QQS
0.180	±0.005	0.0255	689	0.200	0.220	0.233	0.237
0.190	±0.005	0.0284	618	0.210	0.230	0.259	0.264
0.200	±0.005	0.0314	558	0.225	0.240	0.287	0.292
0.210	±0.005	0.0346	506	0.235	0.250	0.316	0.321
0.230	±0.005	0.0415	422	0.255	0.280	0.378	0.386
0.250	±0.005	0.0491	357	0.275	0.300	0.446	0.454
0.270	±0.010	0.0573	306	0.31	0.32	0.522	0.529
0.290	±0.010	0.661	265	0.33	0.43	0.601	0.608
0.31	±0.010	0.0755	232	0.35	0.36	0.689	0.693
0.33	±0.010	0.0855	205	0.37	0.38	0.780	0.784
0.35	±0.010	0.0962	182	0.39	0.41	0.876	0.884
0.38	±0.010	0.1134	155	0.42	0.44	1.03	1.04
0.41	±0.010	0.1320	133	0.45	0.47	1.20	1.21
0.44	±0.010	0.1521	115	0.49	0.50	1.38	1.39
0.47	±0.010	0.1735	101	0.52	0.53	1.57	1.58
0.49	±0.010	0.1886	93	0.54	0.55	1.71	1.72
0.51	±0.010	0.204	85.9	0.56	0.58	1.86	1.87
0.53	±0.010	0.221	79.5	0.58	0.60	2.00	2.02
0.55	±0.010	0.238	73.7	0.60	0.62	2.16	2.17
0.57	±0.010	0.255	68.7	0.62	0.64	2.32	2.34
0.59	±0.010	0.273	64.1	0.64	0.66	2.48	2.50
0.62	±0.010	0.302	58.0	0.67	0.69	2.73	2.76
0.64	±0.010	0.322	54.5	0.69	0.72	2.91	2.94
0.67	±0.010	0.353	49.7	0.72	0.75	3.19	3.21
0.69	±0.010	0.734	46.9	0.74	0.77	3.38	3.41
0.72	±0.015	0.401	43.0	0.78	0.80	3.67	3.70
0.74	±0.015	0.430	40.7	0.80	0.83	3.89	3.92
0.77	±0.015	0.466	37.6	0.83	0.86	4.21	4.24
0.80	±0.015	0.503	34.8	0.86	0.89	4.55	4.58
0.83	±0.015	0.541	32.4	0.89	0.92	4.89	4.92
0.86	±0.015	0.581	30.1	0.92	0.95	5.25	5.27
0.93	±0.015	0.636	27.5	0.96	0.99	5.75	5.78
0.93	±0.015	0.679	25.8	0.99	1.02	6.13	6.16
0.96	±0.015	0.724	24.2	1.02	1.05	6.53	6.56
1.00	±0.015	0.785	22.4	1.05	1.11	7.10	7.14
1.04	±0.020	0.850	20.6	1.12	1.15	7.67	7.72
1.08	±0.020	0.916	19.1	1.16	1.19	8.27	8.32
1.12	±0.020	0.985	17.8	1.20	1.23	8.89	8.94
1.16	±0.020	1.057	16.6	1.24	1.27	9.53	9.59
1.20	±0.020	1.131	15.5	1.28	1.31	10.2	10.4
1.25	±0.020	1.227	14.3	1.33	1.36	11.1	11.2
1.30	±0.020	1.327	13.2	1.38	1.41	12.0	12.1
1.35	±0.020	1.431	12.3	1.43	1.46	12.9	13.0
1.40	±0.020	1.539	11.3	1.48	1.51	13.9	14.0
1.45	±0.020	1.651	10.6	1.53	1.56	14.9	15.0
1.50	±0.020	1.767	9.93	1.58	1.61	15.9	16.0

续表

裸导线直径(mm)	允许公差(mm)	裸导线截面积(mm^2)	20℃时直流电阻计算值(Ω/km)	漆包线最大外径(mm)		漆包线近似重量(kg/km)	
				Q	QZ、QQ、QY、QXY、QQS	Q	QZ、QQ、QY、QXY、QQS
1.56	±0.020	1.911	9.17	1.64	1.67	17.2	17.3
1.62	±0.020	2.06	8.50	1.71	1.73	18.5	18.6
1.68	±0.025	2.22	7.91	1.77	1.79	19.9	20.0
1.74	±0.025	2.38	7.37	1.83	1.85	21.4	21.4
1.81	±0.025	2.57	6.81	1.90	1.93	23.1	23.3
1.88	±0.025	2.78	6.31	1.97	2.00	25.0	25.2
1.95	±0.025	2.99	5.87	2.04	2.07	26.8	27.0
2.02	±0.025	3.21	5.47	2.12	2.14	28.9	29.0
2.10	±0.025	3.46	5.06	2.20	2.23	31.2	31.3
2.26	±0.030	4.01	4.37	2.36	2.39	36.2	36.3
2.44	±0.030	4.68	3.75	2.54	2.57	42.1	42.2

附表 1-40　　常用电动机引出线的型号和主要用途

标准号	型号	产品名称	主要用途
Q/SL-232-65	JACL-2 JACL-4 JACL-6 JACL-8	二层漆绸，纤维编织腊克电线 四层漆绸，纤维编织腊克电线 六层漆绸，纤维编织腊克电线 八层漆绸，纤维编织腊克电线	适用于交流 380V 及以下的电机，电器线圈用于温度为 100℃以下
	JBV	耐热聚氯乙烯绝缘电线	适于交流额定电压 380V 及以下的电机、电器、电表作引出线用，使用温度为 90℃及以下
Q/SL-02-65	JBX	丁基橡胶绝缘电机引出线	适于交流额定电压 500V 及以下电机引出线用，使用温度 80℃及以下
	JBXHF	丁基橡胶绝缘耐燃护套电机引出线	适于交流额定电压 500V 及以下耐燃电机引出线用，使用温度为 80℃及以下
	JHX	硅橡胶绝缘电机引出线	适于交流额定电压 380V 及以下电机引出线用，使用温度为 180℃及以下

附表 1-41　　电机引出线截面积数据表

额定电流(A)	引出线截面积(mm^2)	额定电流(A)	引出线截面积(mm^2)	额定电流(A)	引出线截面积(mm^2)	额定电流(A)	引出线截面积(mm^2)
6 以下	1	21～30	4	61～90	16	151～190	50
6～10	1.5	31～45	6	91～120	25	191～240	70
11～20	2.5	40～60	10	121～150	35	241～290	95

附表 1-42　　常用有溶剂绝缘浸渍漆型号、特性及用途

名称	型号	耐热等级	主要成分	特点及用途
沥青漆	L30-9 1010 1011	A	石油沥青、干性植物油等，溶剂为 200 号溶剂汽油和二甲苯	耐潮，耐温度变化，适用于不要求耐油的电机、电器线圈的浸渍
甲酚清漆	1014	A～E	甲酚甲醛树脂、亚麻油、桐油等，溶剂为二甲苯、甲苯和部分松节油	易于干燥，具有良好的介电和耐油性，但对油性漆包线有侵蚀作用，适用于电机、电器线圈浸渍
醇酸绝缘漆	1030	B	桐油、亚麻油、松香改性醇酸树脂，溶剂为 200 号溶剂汽油	耐油性和弹性好，漆膜平滑有光泽，适用于要求耐油的电机线圈浸渍，也可作覆盖漆用

续表

名称	型号	耐热等级	主　要　成　分	特　点　及　用　途
丁基酚醛醇酸漆	1031	B	蓖麻油改性醇酸树脂、丁醇改性酚醛树脂，溶剂为二甲苯和200号溶剂汽油	耐热、耐潮、耐霉、介电性能较高，干透性较好，适用于湿热带地区用电机线圈的浸渍
三聚氰胺醇酸漆	1032 A30－1	B	油改性醇酸树脂、丁醇改性三聚氰胺树脂，溶剂为二甲苯和200号溶剂汽油	有较好的耐热、耐潮和介电性能，热固化性好，耐电弧，供湿热带地区电机、电器线圈浸渍用
环氧醇酸漆	8340 H30－6	B	三聚氰胺树脂，酸性醇酸树脂与环氧树脂共聚物	黏结力强，耐潮性、内干性好，机械强度高，适用于湿热带地区电机线圈的浸渍
聚酯浸渍漆	155 Z30－2	F	干性植物油改性对苯二甲酸聚酯树脂，溶剂为二甲苯和丁醇	耐热性、电气性能较好，黏结力强，供浸渍F级电机、电器线圈用
有机硅浸渍漆	1053 W30－1	H	有机硅树脂，溶剂为二甲苯	耐热性和电气性能较好，烘干温度较高，供浸渍H级电机、电器线圈用
低热干燥有机硅漆	9111	H	有机硅树脂，固化剂、溶剂为甲苯	耐热性比1053稍差，烘干温度低、干燥快，用途与1053相同
聚酯改性有机硅漆	931 W30－P	H	聚酯改性有机硅树脂，溶剂为二甲苯	耐潮性和电气性能好，黏结力较强，烘干温度较1053低，如加入固化剂则150℃固化，用途同1053
有机硅玻璃丝包漆	1152	H	有机硅树脂，溶剂为甲苯和二甲苯	耐潮性和电气性能好，漆膜柔软，机械强度高，供浸涂H级玻璃丝包线
聚酰胺酰亚胺浸渍漆	FAI－Z	H	聚酰胺酰亚胺树脂，溶剂为二甲基乙栈胺，稀释剂为二甲苯	耐热性优于有机硅漆，电气性能优良，耐辐照性好，黏结力强，供浸渍耐高温电机线圈用

附表1－43　　常用无溶剂浸渍绝缘漆型号、特性及用途

名称	型号	耐热等级	主　要　成　分	特　点　及　用　途
环氧无溶剂漆	110	B	6101环氧树脂，桐油酸酐，松节油酸酐，苯乙烯	黏度低，击穿强度高，储存稳定性好，可用于沉浸小型低压电机，电器线圈
	672－1	B	672环氧树脂，桐油酸肝，苄基二甲胺，70酸酐	挥发物少、固化快，体积电阻高，适于滴浸小型低压电机，电器线圈
	9102	B	618或6101环氧树脂，桐油酸酐，70酸酐，903或901固化剂，环氧丙烷丁基醚	挥发物少，固化较快，可用于滴浸小型低压电机电器线圈
	111	B	6101环氧树脂，桐油酸酐，松节油酸酐，苯乙烯，二甲基咪唑乙酸盐	黏度低，固化快，击穿强度高，可用于滴浸小型低压电机，电器线圈
	H30－5	B	苯基苯酚环氧树脂，桐油酸酐，二甲基咪唑	特点及用途与111相同
	594型	B	618环氧树脂，594固化剂，环氧丙烷丁基醚	黏度低、固化较快，储存稳定性好，可用于整浸中型高压电机，电器线圈
环氧聚酯无溶剂漆	1034	B	618环氧树脂，甲基丙烯酸聚酯，不饱和聚酯正钛酸丁酯，过氧化二苯甲酰，萘酸钴，苯乙烯	挥发物较少，固化快，耐霉性较差，用于滴浸小型低压电机，电器线圈
聚丁二烯环氧聚酯无溶剂漆		B	聚丁二烯环氧树脂，甲基丙烯酸聚酯，不饱和聚酯，邻苯二甲酸，二丙烯酯，过氧化二苯甲酰，萘酸钴	黏度较低，挥发物较少，固化较快，储存稳定性好，用于沉浸小型低压电机，电器线圈
环氧聚酯酚醛无溶剂漆	5152－2	F	6101环氧树脂，丁醇改性甲酚甲醛树脂，不饱和聚酯，桐油酸酐，过氧化二苯甲酰，苯乙烯	黏度低，击穿强度高，储存稳定性好，用于沉浸小型低压电机，电器线圈
环氧聚酯无溶剂漆	EIU	F	不饱和聚酯亚胺树脂，618和6101环氧酯，桐油酸酐，过氧化二苯甲酰，苯乙烯，对苯二酚	黏度低，挥发物较少，击穿强度高，储存稳定性好，用于沉浸小型F级电机电器线圈
不饱和聚酯无溶剂漆	319－2	F	二甲苯树脂，改性间苯二甲酸不饱和聚树脂，苯乙烯，过氧化二异丙苯	黏度较低，电气性能较好，储存稳定，可用于沉浸小型F级电机、电器线圈

附表 1-44　　薄膜复合材料的型号、规格及用途

名称	型号	规格（mm）	耐热等级	击穿电压（kV）	所有薄膜	所用底材	主要用途
聚酯薄膜复合纸板	2920 西 290	0.15、0.20、0.25、0.30	A～E	6.5	聚酯薄膜	绝缘纸板（QB342/63）	供 A、E 级电机作槽衬及线圈的匝间、相间绝缘用
聚酯薄膜复合布箔		0.15、0.17、0.20、0.24、0.25、0.30	A～E	8.0	聚酯薄膜	黄漆布、（或黄漆绸）	
聚酯薄膜复合玻璃漆布箔	2930 西 292 哈 2921 上 2252	0.17 0.20 0.24	B	8.0	聚酯薄膜	2432 醇酸玻璃漆布	供 E、B 级和热带电机作槽衬及线圈层间、相间绝缘用
聚四氟乙烯玻璃漆布箔			C		聚四氟乙烯薄膜	经处理的玻璃布	供 C 级电机作槽绝缘，线圈匝间、相间绝缘用
芳香聚酰亚胺粉云母板玻璃箔	云 702-1 云 702-2	0.20 0.25	B～H		芳香聚酰亚胺薄膜	玻璃布粉云母纸	用于 B～F 级电机作槽绝缘，线圈匝间、相间绝缘

附表 1-45　　各种电刷的技术特性及工作条件

电刷类型	牌号	电阻系数（Ω·mm²/m）	一对电刷上的接触电压降（V）	摩擦系数不大于	50h 磨损率不大于（mm）	工作条件			代号型号
						电流密度（A/cm²）	圆周速度（m/s）	电刷压力（N/cm²）	
碳一石墨电刷	T-2	33～58	1.5～2.5	0.30	0.10	6	10	2.0～2.5	—
	T2S-2	15～30	1.6～2.4	0.25	0.30	8	15	2.0～2.5	—
石墨电刷	S-1	27～46	1.7～2.7	0.30	0.20	7	12	2.0～2.5	—
	S-3	8～20	1.5～2.3	0.25	0.20	11	25	2.0～2.5	—
	S-4	10～30	1.8～2.6	0.25	0.20	12	50	2.0～2.5	T3
电化石墨电刷	DS-22	14～35	2.0～3.2	0.23	0.15	10	45	2.0～2.5	S3
	DS-4	6～16	1.6～2.4	0.20	0.25	12	40	1.5～2.0	S3
	DS-8	31～50	1.9～2.9	0.25	0.15	10	40	2.0～4.0	S3
	DS-13	22～40	2.5～3.5	0.25	0.15	10	40	2.0～4.0	S3
	DS-14	22～36	2.0～3.0	0.25	0.15	10	40	2.0～4.0	DS-4
	DS-51	25～50	2.4～3.8	0.20	0.15	12	60	2.0～4.0	DS-8
	DS-52	10～20	2.0～3.2	0.23	0.15	12	50	2.0～2.5	DS-22
	DS-72	10～16	2.4～3.4	0.25	0.20	12	75	1.5～2.2	DS-4
	DS-74	35～80	3.2～4.4	0.25	0.30	12	50	2.0～4.0	DS-14
	DS-79	20～43	1.6～2.6	0.25	0.25	12	40	2.0～4.0	DS-8
金属石墨电刷	T-1	1～6	1.0～2.0	0.25		15	25	1.5～2.0	T-6
	T-3	2～5	1.4～2.2	0.25	0.18	12	20	1.5～2.0	T-6
	T-6	1～6	1.0～2.0	0.20	0.15	15	25	1.5～2.0	—
	T-16	2～6	1.0～2.0	0.25	0.30	15	25	1.5～2.2	T-6
	T-20	4～12	1.0～1.8	0.26	0.20	12	20	1.5～2.2	—
	TS	0.03～0.15	0.1～0.3	0.20	0.80	20	20	1.8～2.3	—
	TS-2	0.10～0.35	0.3～0.7	0.20	0.40	20	20	1.8～2.3	—
	TS-4	0.20～1.0	0.6～1.6	0.20	0.30	15	20	2.0～2.5	—
	TS-51	0.04～0.12	0.15～0.35	0.20	0.60	25	20	1.8～2.3	TS TS-2
	TS-64	0.05～0.15	0.1～0.3	0.20	0.70	20	20	1.8～2.3	TS TS-2
	TSQ-5	1～12	<2.0	0.25	0.50	15	35	1.5～2.0	—
	TSQ-15	1～12	<1.6	0.25	0.15	15	35	1.5～2.0	TSQ-5 T-1
	TSQ-17	1～12	<1.9	0.25	0.40	15	35	1.5～2.3	TS-4 TSQ-5
	TSQA	<0.25	<0.4	0.25	0.80	20	20	1.8～2.3	

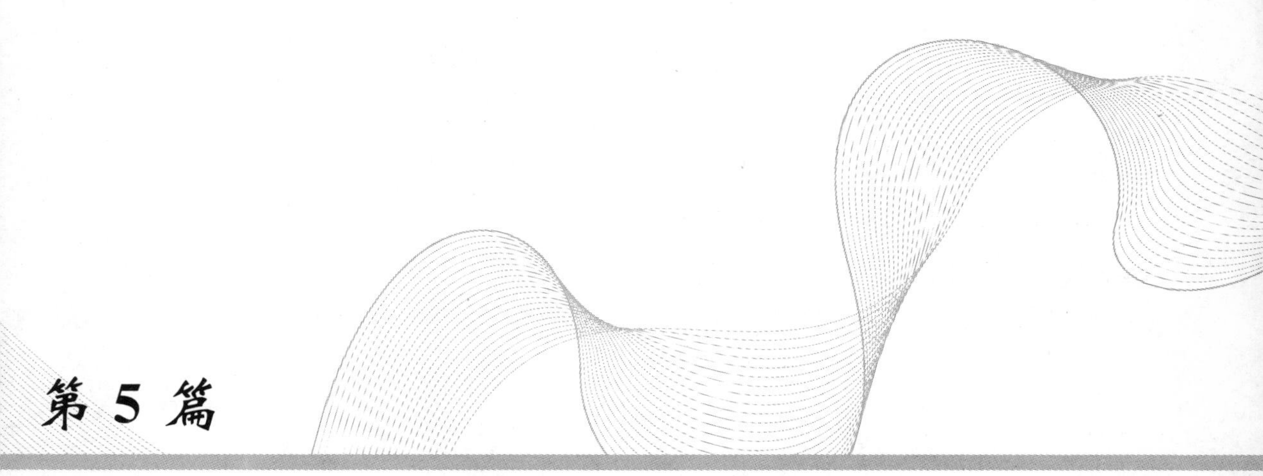

第 5 篇

直流电机及交直流电焊机电气控制线路

第1章 直流电机概述

将机械能转换为直流电能的电机称为直流发电机；而由直流电能转换为机械能的电机则称为直流电动机。

直流发电机是用来提供无脉动电源的设备，其输出电压可以精确地调节和控制，以满足不同控制系统所要求的电源特性，并且有较大的过载能力。不过近年来，随着高压、大功率电力晶体管的质量提高和日益完善，使可控硅整流电源得到越来越广泛的应用，直流发电机已逐步被可控硅整流电源所取代。但在某些特殊场合，如在真空冶炼等需要直流电源的地方仍将使用直流发电机。

直流电动机则具有优良的调速特性，它能在宽广范围内平滑地无级调速，其过载能力大且能承受频繁的冲击负载，可以实现快速起动、反转和制动，能满足生产过程自动化系统各种不同的特殊运行要求等，因而直流电动机在需要宽广调速的场合和要求有特殊运行性能的自动控制系统中，仍占有显著的一席之地。

第1节 直流电机的工作原理

图1-1所示为最简单直流发电机的原理图。在定子上固定有磁极N及S，称为电枢的转子上有一圆柱形铁芯，铁芯上安放有线圈 ab—cd，线圈两端分别与相互绝缘的两铜片（即换向片）相连。当该直流发电机电枢被原动机拖动旋转时，线圈和换向片能同时旋转。两个固定不动的电刷 A 和 B 紧压在两个换向片上，它们分别与外电路相连以输出电能。

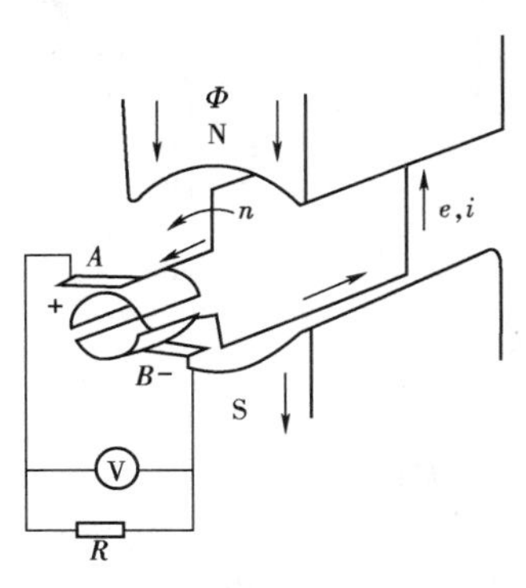

图1-1 直流发电机原理图

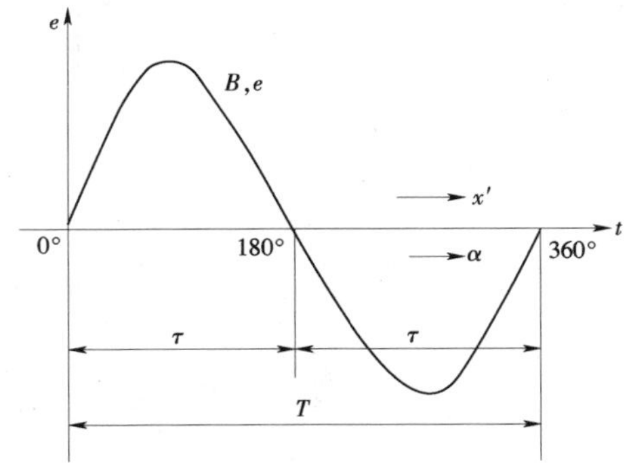

图1-2 线圈中的交变电势

在电枢转动方向不变时，则将切割不同极性磁极下的磁通，便产生不同方向的电势。而当电枢在均匀磁场以等速绕轴线逆时针方向旋转时，线圈 ab—cd 切割磁力线而产生感应电势，其电势方向可根据发电机右手定则来确定。这时，上边导体 ab 的感应电势方向朝外，使固定于上方的电刷 A 为正极；下边导体 cd 的感应电势方向朝内，使固定在下方的电刷 B 为负极。当导体 ab 和与它联接的半圆换向片一起转到下边时，它的感应电势方向与在上边时相反。但由于换向片与电刷的滑动转换，使导体 ab 通过换向片与电刷 B 相接触，故仍保持电刷 B 为负极；导体 cd 的情况则与此相反。因此，无论在什么时候，电刷 A 总是与上边在N极下的导体相连而仍为正极；电刷 B 则总是与下边在S极下的导体相连而为负极。当线圈 ab—cd 转到水平位置时，它则位于磁场的中性位置，故其感应电势为零。此时正好是换向片由一个电刷滑到另一个电刷的临界时刻，换向片虽被电刷短路而并没有短路电流。从上述情形可以看出导体中的感应电势是交变电势，其波形如图1-2所示。而在电刷 AB 间的电压则是一个波动较大的脉动直流，其波形如图1-3所示。但在实用的发电机中，电枢绕组的导体和换向片数量都很多，它们均匀分布在电枢圆周的不同位置，这些不同位置线圈的脉动峰值出现于不同时间，诸多线圈电势的合成结果，就构成了大体上平稳的直流电。

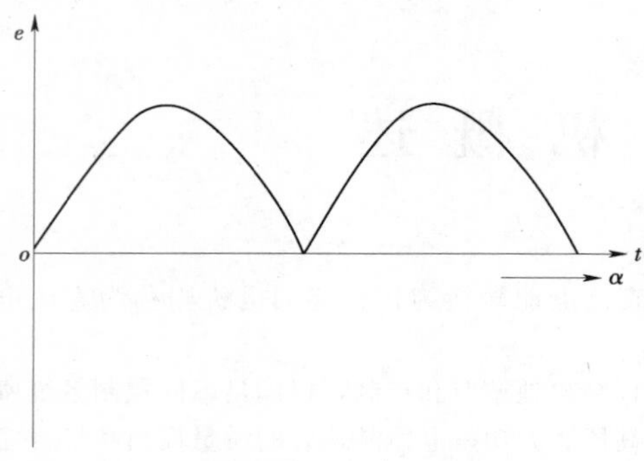

图1-3 电刷 *AB* 间的脉动电势

图1-4所示为最简单直流电动机的原理图。在主磁场内随轴旋转的线圈 *ab*—*cd*（即电枢绕组），经换向片及电刷与直流电源相连构成电流的通路。当线圈在图1-4（a）所示的位置时，右侧导体 *ab* 中的电流方向朝内。按照电动机左手定则，它将受到向上的电磁力。左侧导体 *cd* 中的电流方向则朝外，它则受到向下的电磁力。电枢受此力偶的作用而朝逆时针方向转动。当转到图1-4（b）所示的位置时，正值换向片由一个电刷滑到另一个电刷的瞬间，导体 *ab* 及 *cd* 处在磁场的中性位置，故没有力偶作用，电枢是依靠惯性继续旋转经过中性位置的。这时换向片调换了它所接触的电刷，转到了图1-4（c）所示的位置，于是线圈中的电流方向也随着改变。导体 *ab* 转到了左侧，电流方向变为朝外，受到向下的力；导线 *cd* 转到了右侧，受到向上的力。在此力偶的作用下，电枢继续旋转。在实用的电动机中，电枢绕组的导体和换向片都很多，它们均匀分布在电枢圆周的不同位置，除了个别处于中性位置的导体外，其余导体都将受到电磁力的作用，使电枢无论在什么位置，都能产生一个基本恒定的转矩。电动机的导体 *ab* 与 *cd* 在磁场中转动以后，它也像在发电机时一样因切割磁力线而产生感应电势，其方向则与电源电势相反，称反电势。同样，当直流发电机有了负载电流以后，它的导体也和在电动机时一样在磁场中将受力而产生力矩，其方向则与原动机力矩方向相反，称为制动力矩。由此可见直流发电机与直流电动机是直流电机的两种运行方式，以理论上讲它们是可逆运行的。

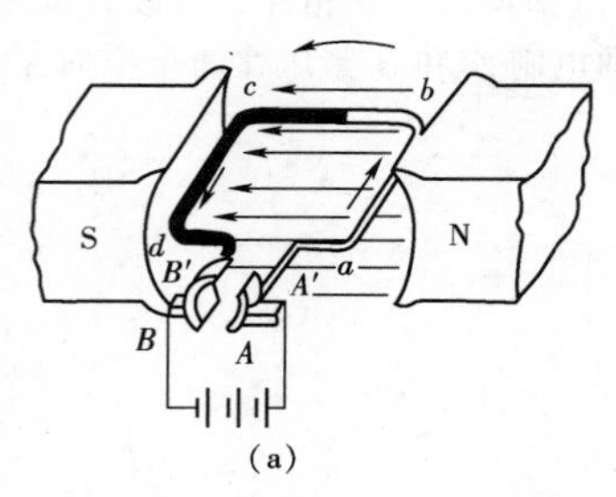

（a）

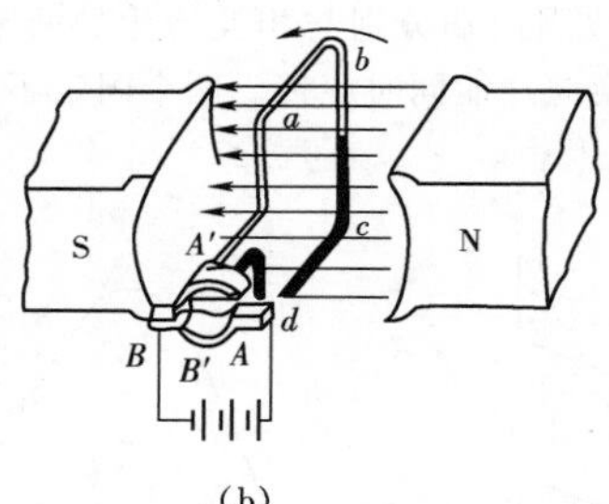

（b）

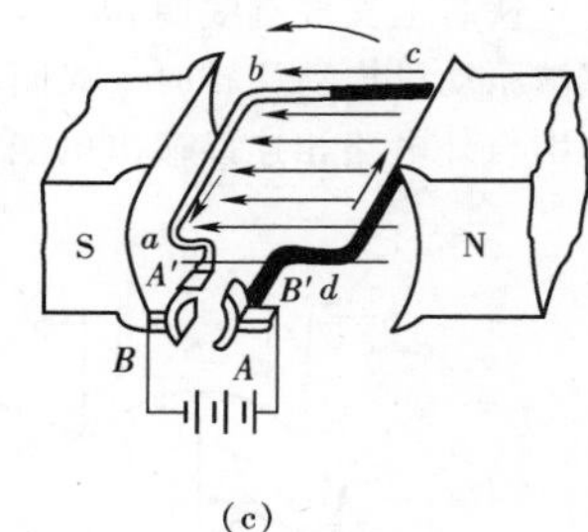

（c）

图1-4 直流电动机原理图

第2节 直流电机的结构

直流电机主要由定子（固定不动）和转子（旋转运动）两大部分组成，其结构如图1-5所示。对直流电机结构的基本要求是：能承受额定电压和电流并保持良好的绝缘性能；能产生需要的磁通；有一定的机械强度和起动、运转灵活正常；电机温升不许超过额定值；所需材料应力求节省；制造工艺应力求简单等。

一、定子

直流电机的定子主要由机座，前、后端盖，主磁极，换向极，电刷装置等组成。

1. 机座

机座通常用铸铁或铸钢件制成，它支持着整个电机的所有零部件。主磁极及换向极是用螺钉直接固定在机座上的，而转子部分则通过前、后端盖支持于机

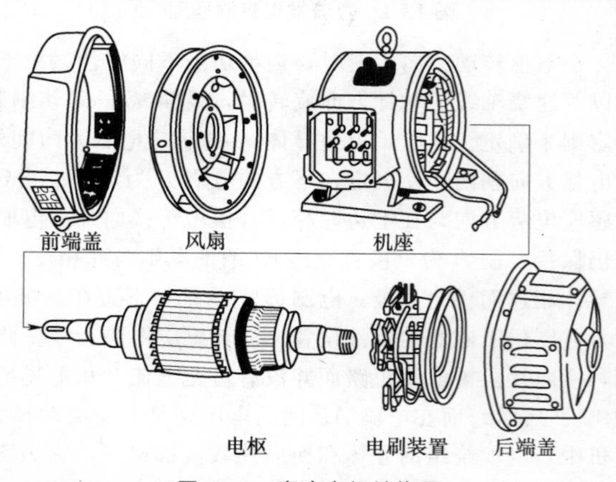

图1-5 直流电机结构图

座上。同时机座还是电机磁路的一部分，其用作传导主磁极和换向极磁通的部分，称为磁轭。机座与磁极铁芯之间设置有一些铁垫片，它们是用来调整电机定、转子间气隙的。

2. 主磁极

简称主极，它由主磁极铁芯和主磁极绕组两部分组成。通常为减小主磁极磁通变化而产生的涡流损耗，主磁极铁芯多采用0.5～1.5mm厚的硅钢片或普通钢板的叠片结构，而不是用块钢来制造。主磁极绕组则套装在主磁极铁芯极身处，小型直流电机的主磁极绕组用圆铜线绕制，中、大型直流电机则多用扁铜线制造而成。主磁极结构如图1-6所示。

3. 换向极

也称附加极或间极，它大都用整块锻钢制成，但也有用0.5～1.5mm厚的硅钢片或普通钢板制造。其极身和极靴都比较窄，极身处套装有换向极绕组，与主磁极绕组一样也是用圆铜线或扁铜线绕制而成。换向极是用以产生换向磁场，改善直流电机的换向条件。换向极结构如图1-7所示。

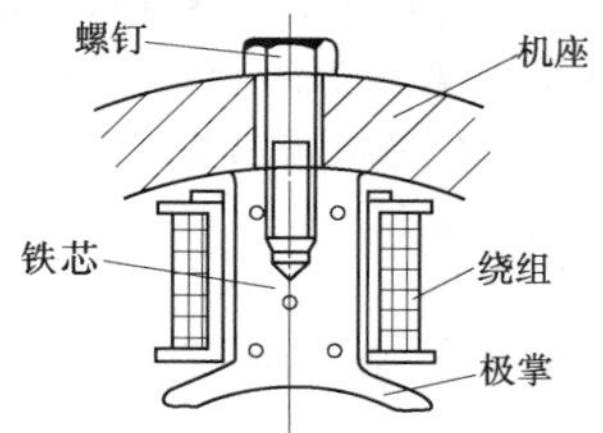

图1-6 主磁极结构示意图

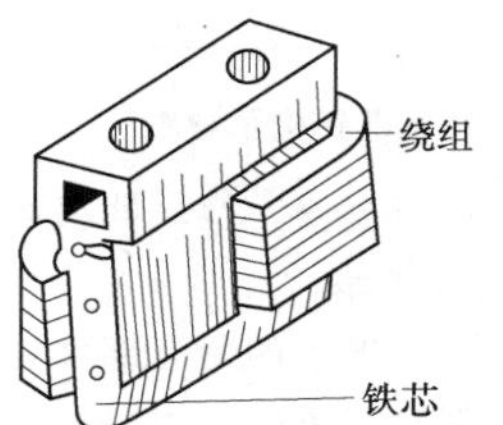

图1-7 换向极结构示意图

4. 电刷装置

电刷装置由电刷、刷握、刷杆、刷杆座等部分组成。电刷放在刷握空框内，并借助弹簧的压力压在换向器上，刷握则固定在刷杆上面，刷杆装至刷杆座，它们之间垫有绝缘材料，刷杆座则固定在端盖或轴承内盖上。电刷装置通过电刷与换向器表面之间的滑动接触，把转子电枢绕组中的电流引出（发电机时）或将电流引入转子电枢绕组内（电动机中）。目前常用的一种电刷装置如图1-8所示。

5. 端盖、轴承盖

前后端盖用来支撑整个转子，它借助正口结构与机座固定，转轴通过端盖中心孔安装的轴承而直接得到支撑，而轴承中心与端盖止口外圆同心，这就使电枢的旋转中心线与机座中心线重合以保证电枢与磁极间的气隙均匀。同时端盖也是电机的防护盖。

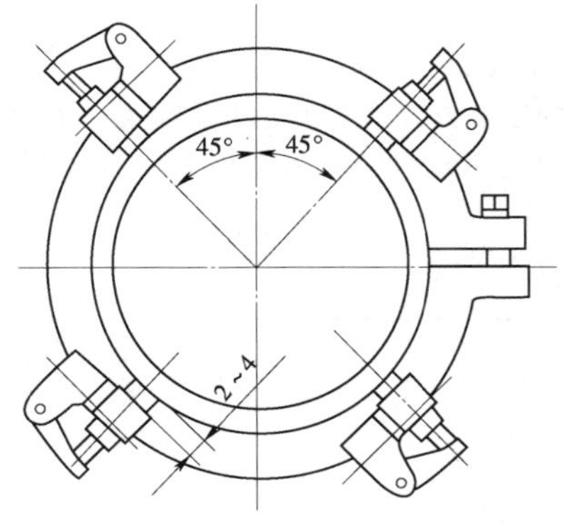

图1-8 电刷装置示意图

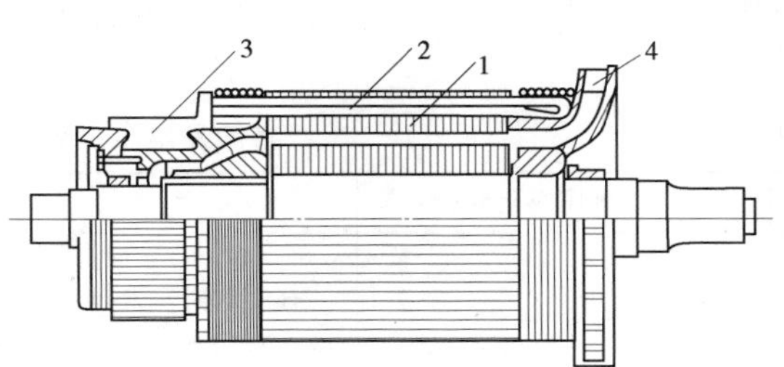

图1-9 电枢结构示意图

1—铁芯；2—绕组；3—换向器；4—风翅

二、电枢

如图1-9所示，电枢主要由铁芯、绕组及换向器等组成。

1. 电枢铁芯及绕组

电枢铁芯均用0.5mm厚硅钢片冲制叠成，两端用线圈支架或压环夹紧固定，铁芯中部有直径25mm左右的轴向通风孔，较大电机的电枢铁芯则在轴向分段，段间为宽度约10mm的径向通风沟，通风孔和通风沟均为冷却空气的通道，用以增加整个电枢的散热能力。在电枢铁芯圆周按轴向分布着许多槽，槽内嵌放有与铁芯绝缘的电枢绕组。槽口处用槽楔封紧，绕组端部则用绑线捆住，以防止电枢高速旋转时绕组受离心力而甩出损坏。

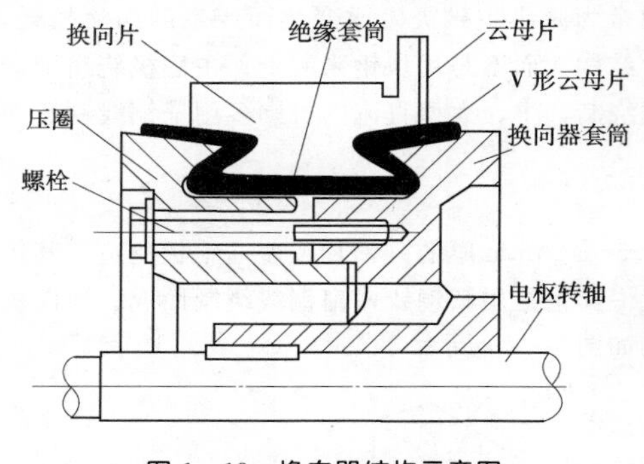

图1-10 换向器结构示意图

2. 换向器

如图1-10所示，换向器是由许多片带燕尾的梯形紫铜板及形状相同的云母片间隔组成的圆柱体，其两端用V形云母环及V形钢压环经螺帽或拉紧螺栓压紧。换向器上换向片的竖板或升高片用作电枢绕组端接引线的联接，端接引线与升高片之间一般用焊锡焊接，H级的用氩弧焊焊接。汽车电机及小型直流电机采用整体压铸而成的塑料换向器，这种换向器则不能够进行拆修，换向器损坏后只能整体更换新的。

3. 电枢轴、轴承及风扇

电枢轴用以支撑整个电枢的所有部件，在轴的两端各紧密配置有一只轴承，使电枢能平稳运行于定子铁芯内。电枢轴上通常都装有风扇，用以加快电机的内部散热。

三、空气隙

在静止不动的定子磁极和旋转的电枢之间存在一段间隙，这段间隙就叫定转子间气隙，它的大小和形状直接影响电机的运行特性，不宜轻易改动。

第3节 直流电机的用途及类型

直流电机在近代工业的电力拖动中，是一种很重要的电机。因为直流发电机能提供无脉动的电力，其输出电压便于精确地调节和控制，它主要用作某些重要直流电动机的电源和交流同步发电机的励磁电源；以及在化学工业方面用作电解、电镀的低压大电流电源。但随着电子整流技术的迅速发展与成熟，可控硅整流电源的广泛采用使直流发电机有被取代的趋势。

直流电动机则由于具有宽广的调速范围、平滑的调速特性、较高的过载能力和较大的起动、制动转矩等，因而被广泛应用于冶金矿山、交通运输、纺织印染、造纸印刷以及化工和机床等工业部门。

直流电机的特性与其励磁方式有着密切的联系，根据不同的励磁方式，它可分为并励式、串励式、复励式、他励式和永磁式等五种。不同励磁方式的直流发电机和直流电动机的特性与用途分别见表1-1和表1-2。

表1-1 直流发电机的特性与用途

励磁方式	电压变化率	特　性	用　途
串励	—	有负载时，发电机才能输出端电压，输出电压随负载电流增大而上升	用作升压机
并励	20%～40%	输出端电压随负载电流增加而降低，降低的幅度较他励时为大，其外特性稍软	充电、电镀、电解、冶炼等用直流电源

续表

励磁方式	电压变化率		特　　性	用　　途
复励	积复励	不超过 6%	输出端电压在负载变动时变化较小，电压变化率由复励程度即串、并励的安匝比决定	直流电源，如起重机械和用柴油机带动的独立电源等
	差复励	电压变化率较大	输出端电压随负载电流增加而迅速下降，甚至降为零	如用于自动控制系统中作为直流电动机的电源
他励	5%～10%		输出端电压随负载电流增加而降低，并能调节励磁电流使输出端电压有较大幅度的变化	常用于电动机—发电机—电动机系统中，实现直流电动机的恒转矩宽广调速
永磁	1%～10%		输出端电压与转速呈线性关系	用作测速发电机

表 1-2　　直流电动机的特性与用途

励磁方式	串　　励	复　　励	永　　磁
励磁特征图	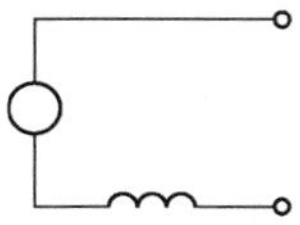	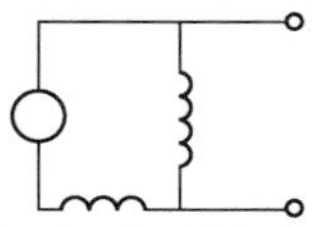	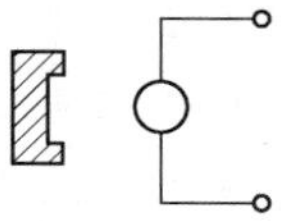
起动转矩	起动转矩很大，约可达额定转矩的 5 倍	起动转矩较大，约可达额定转矩的 4 倍，系由复励程度来决定	起动转矩约为额定转矩的 2 倍，也可制成为额定转矩的 4～5 倍
短时过载转矩	可达额定转矩的 4 倍左右	比并励电动机要大，约可达额定转矩的 3.5 倍	一般为额定转矩的 1.5 倍，也可制成为额定转矩的 3.5～4 倍
调速范围	用外接电阻与串励绕组串联或并联，或将串励绕组串联或并联连接来实现调速。其调速范围较宽	采用削弱磁场调速，可达额定转速的 2 倍	转速与电枢电压是线性关系，有较好的调速特调速特性，调速范围较大
转速变化率	转速变化率很大，空载转速极高	由复励程度来决定，可达 25%～30%	3%～15%
用途	用于要求很大的起动转矩，转速允许有较大变化的负载，如蓄电池供电车、起货机、起锚机、电车、电力传动机车等	用于要求起动转矩较大，转速变化不大的负载，如拖动空气压缩机、冶金辅助传动机械等	自动控制系统中作为执行元件及一般传动动力用，如力矩电动机

励磁方式	并　　励	稳　定　并　动	他　　励
励磁特征图	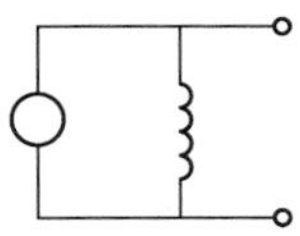	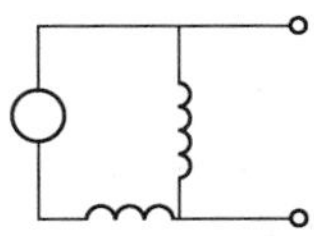	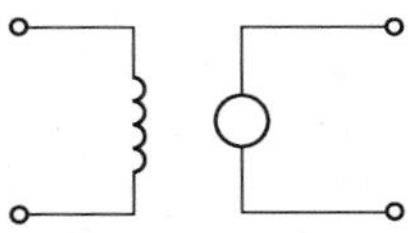
起动转矩	由于起动电流一般均限制在额定电流的 2.5 倍以内，故起动转矩则约为额定转矩的 2～2.5 倍		
短时过载转矩	一般情况约为额定转矩的 1.5 倍，带补偿绕组时，可达额定转矩的 2.5～2.8 倍		
调速范围	采用削弱磁场的恒功率调速时，其转速比可达 1∶2～1∶4，特殊设计则可达 1∶8，他励时，可调节电枢电压，恒转矩时向下调速则范围较宽广		
转速变化率	5%～20%		
用途	用于起动转矩稍大的恒速负载，以及要求调速的传动系统，如离心泵、风机、金属切削机床、纺织印染、造纸和印刷机械等		

直流电机及其派生系列产品的用途和类型如表1-3所示。

表1-3　　直流电机及其派生系列产品的用途和类型

序号	产品名称	主要用途	产品代号	老产品代号
1	直流发电机	基本系列标准通用，一般用途	ZF	Z、ZJF
2	直流电动机	基本系列标准通用，一般用途	Z	ZD、ZJD
3	精密机床用直流电动机	磨床、坐标镗床等精密机床用	ZJ	ZTD
4	冶金用直流发电机	轧钢机及提升机等用	ZJF	
5	冶金用直流电动机	轧钢机及提升机等用	ZJD	
6	船用直流发电机	用作船舶电源	ZFH	Z_2C
7	船用直流电动机	船舶上各种辅助机械拖动用	ZH	Z_2C、ZH
8	电梯用直流电动机	中速电梯用	ZTD	
9	电梯用直流电动机	低速电梯用	ZTDD	ZTD
10	广调速直流电动机	用于恒功率调速范围广的传动机械	ZT	
11	充电用直流发电机	蓄电池充电用	ZFHC	ZHC
12	试验用直流电动机	试验用	ZS	Z、ZD
13	试验用直流发电机	试验用	ZFS	Z、ZF
14	汽车发电机	汽车供电电源用	F	
15	汽车起动机	汽车、拖拉机起动用	ST	
16	冶金起重用直流电动机	冶金起重辅助传动机械等用	ZZJ	ZZ、ZZK、ZZY
17	电铲用起重直流发电机	电铲用	ZC	ZZC、ZDW
18	电铲用起重直流电动机	电铲用	ZFC	ZZF、ZFW
19	龙门刨床用直流发电机	龙门刨床拖动电动机的电源	ZU	ZBD
20	龙门刨床用直流电动机	龙门刨床拖动用	ZFU	ZBF
21	直空冶炼炉用直流发电机	作为冶炼电源	ZFD	
22	电解用直流发电机	电解槽电源用	ZJ	ZFD
23	直流牵引电动机	电力机车主传动电动机	ZQ	
24	直流牵引辅助电动机	电力机车辅助电动机	ZQD	
25	直流牵引辅助发电机	电力机车辅助电源	ZQF	
26	内燃机车用牵引电动机	电传动内燃机车主电动机	ZQDR	
27	内燃机车用牵引发电机	电驱动内燃机车电源	ZQFR	
28	防爆安全型直流电动机	矿井用	ZA	
29	隔爆型直流电动机	矿井用	ZB	
30	防爆通风型直流电动机	矿井用	ZDF	
31	脉冲直流发电机	脉冲电源用	ZFM	ZMF
32	高速直流电动机	高速拖动用	ZG	ZKD
33	无槽直流电动机	用于快速动作的伺服系统中	ZW	ZWC
34	直流测功机	测定原动机效率和输出功率	CZ	ZC
35	力矩直流电动机	用于位置或速度伺服系统中	ZLJ	

第 4 节　直流电机的铭牌数据及出线标志

电机的机座上都有一块铭牌，上面标注着正确使用该电机的各项技术数据。用户应遵照铭牌的规定和要求来使用电机，否则电机将达不到应有的使用效率，操作错误还有可能导致损坏电机。直流电动机的铭牌如图 1-11 所示。

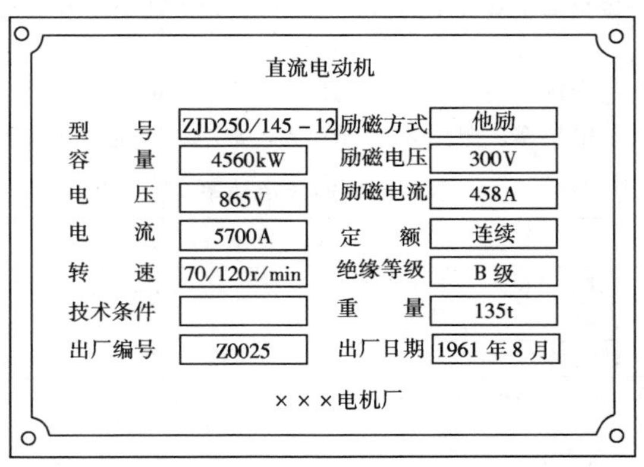

图 1-11　直流电动机铭牌

一、型号的含义

直流电机型号分为三节，其含义如下：

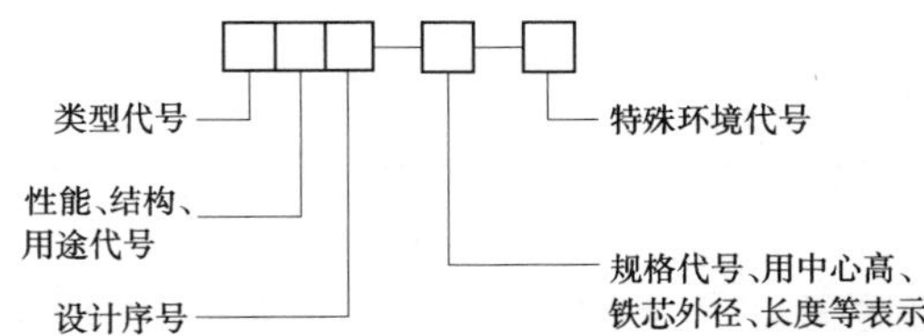

型号中的代号均用汉语拼音字母来表示，直流电机型号中常见汉语拼音字母的含义如表 1-4 所示。

表 1-4　直流电机型号中常见汉语拼音字母的含义

字母	代表意义	字母	代表意义
Z	直流、直流电机、起重	M	中机座、脉冲
F	发电、化工防腐	X	蓄电池
D	电动	G	高原用、高速
C	测功机、测速、机床、船用、槽	R	内燃
W	户外、卧式、挖掘、无	S	短机座、试验
L	立式、长机座	T	热带用、广调、镗床、通风、电梯
O	封闭	TH	湿热带用
K	高速、控制	TA	干热带用
Q	牵引	J	冶金、精密、电解
Y	冶金	A	安全
B	隔爆、刨床	H	船舶用

二、额定技术数据

铭牌上标注的功率、电压、电流、转速等技术数据，均为额定值。额定值是一台电机设计制造时，在达到国家标准规定条件下的正常允许值。各个额定值是使用或选用电机时要认真考虑的，因为电机在运行时，其各数值可能与额定值有所不同，它们将由负载的大小来确定。一般不能允许电机较长时间作超额定值的运行，因为过负载将会降低电机的使用寿命，甚至损坏电机。但如电机长期处于低负载运行，则设备没有得到充分利用，其经济性较差，所以根据负载大小的需要按电机铭牌上的额定值去选用电机是比较经济合理的。

1. 额定功率

直流电动机的额定功率是指在额定条件下电动机轴身上输出的机械功率；直流发电机的额定功率则是指在额定条件下发电机供给负载的电功率。单位为 W 或 kW，常用的额定功率如表 1-5 所示。

表 1-5　直流电机的额定功率

电机类别		额定功率（kW）
小型	电动机	0.4、0.6、0.8、1.1、1.5、2.2、3、4、5.5、7.5、10、13、17、22、30、40、55、75、100、125
	发电机	0.7、1、1.4、1.9、2.5、3.5、4.8、6.5、9、11.5、14、19、26、35、48、67、90、115、145、185
中型	电动机	55、75、100、125、160、200、250、320、400、500、630、800、1000、1250
	发电机	180、240、300、350、470、580、730、920、1150、1450
大型	电动机	1250、1600、2050、2600、3300、4300、5350、6700
	发电机	1900、2400、3000、3600、4600、5700

2. 额定电压

直流电机的额定电压是指电机在额定条件下的工作电压，直流电机常用额定电压如表 1-6 所示。

表 1-6　直流电机的额定电压

电机类别	额定电压（V）
电动机	110、220、(330) 440、630、(660)、800、1000、1500
发电机	6、12、24、48、115、230、(330)、460、630、(660)、800、1000

3. 额定转速

直流电机的额定转速是指在额定条件下电机的转速，直流电机常用额定转速如表 1-7 所示。

表 1-7　直流电机的额定转速

电机类别	额定转速（r/min）
电动机	25、32、40、50、63、80、100、125、160、200、250、300、400、500、600、750、1000、1500、3000
发电机	300、330、375、427、500、600、750、1000、1500、3000

三、直流电机的线端标志

直流电机在其每个绕组的引出线端上都有用汉语拼音字母标的标志，以便对电机各绕组进行正确地联接，直流电机常用线端标志的含义如表 1-8 所示。

表 1-8　直流电机常用线端标志的含义

绕组名称	线端标志		绕组名称	线端标志	
	始端	末端		始端	末端
串励绕组	D1	D2	起动绕组	Q1	Q2
并励绕组	E1	E2	限流绕组	X1	X2
他励绕组	F1	F2	去磁绕组	QC1	QC2
换向绕组	B1	B2	调整绕组	D1	D2
补偿绕组	C1	C2	平衡绕组	P1	P2
差励绕组	CH1	CH2	电枢绕组	A1	A2

第5节　几种基本系列直流电机概况

一、Z2系列直流电机

Z2系列直流电机是我国20世纪50年代设计、制造的基本系列直流电机。该系列直流电机主要包括直流电动机和直流发电机两大类，但它们的结构相近，只是随功率、转速、防护类型、冷却方式、运行特性、安装型式及运输要求等的不同而有些差异。它采取连续工作方式，适用于正常负载条件的使用环境。其分类与用途则如表1-9所示。

表1-9　Z2系列直流电机的分类与用途

名　　称	直流发电机	直流电动机
功率范围（kW）	0.8～180	0.4～200
额定电压（V）	115、230	110、220
额定转速（r/min）	2850、1450、960	3000、1500、1000、750、600
励磁方式	复励、他励	并励、他励（带少量串励绕组）
他励电压（V）	110、220	110、220
工作方式	连续	连续
用途	用作照明，动力电源或作其他恒压供电之用	用于压缩机、吹风机、离心泵及金属切削机床、造纸、染织、印刷、水泥等工业

Z2系列直流电机为防护式电机，整机具有与垂直线成45°的防滴角。通风方式则有自通风与外通风两种，后者自带鼓风机仅在7～11号机座电机中使用。

该系列直流电动机能够可逆运行，被广泛应用于冶金、水泥、轻工、造纸、印刷及纺织等各种机械设备上。

1. 型号含义

型号说明如下：

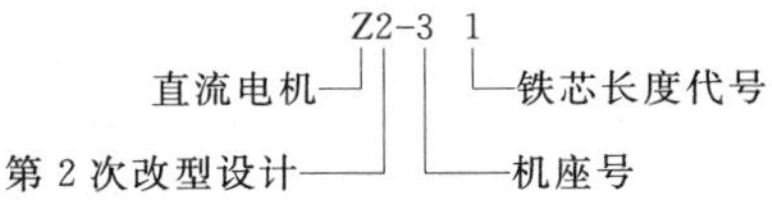

2. Z2系列直流电机主要技术特点

Z2系列直流发电机的容量从1.1～180kW；额定电压仅有230V一种，调压直流发电机则仅有220/320V一种。直流电动机的功率范围为0.4～200kW；额定电压为110V及220V，派生系列的额定电压则有180V、340V及440V。

其励磁方式有他励和并励两种型式，在有些特定情况下也采用串励，但通常均制成并励方式。他励的励磁电压有110V和220V两种。

Z2系列直流电动机的调速有两种方法：一种是靠削弱磁场磁通来提高转速；另一种则是下调电枢电压来降低转速。外通风直流他励电动机的调速特性具有向上和向下两种，当采取削弱磁场磁通提高转速时即为恒功率运行；而当下调电压来降低转速时则为恒转矩运行。

Z2系列直流电机的绝缘等级为：1～3号机座其转子为E级绝缘，但按A级绝缘使用和考核；定子采用B级绝缘，但按E级绝缘使用和考核。4～11号机座，则其定、转子均采用B级绝缘。

Z2系列直流发电机在额定转速时，如果其电压与额定值相差不超过±5%时，则输出功率仍可以维持额定值。当Z2系列直流电动机在电源电压与额定值相差不超过±5%时，则其输出功率仍可以维持额定值（但此时直流发电机或直流电动机性能允许与标准规定的不同，允许温升超过标准的数值不大于10K）。

Z2系列直流发电机在额定功率时的效率如表1-10所示；Z2系列直流电动机在额定功率时的效率如表

1－11所示，Z2系列他励直流电动机的转速转矩如表1－12所示。

表1－10　　Z2系列直流发电机在额定功率时的效率

发电机					调压发电机			
功率（kW）	电压（V）	效率（%）			功率（kW）	电压（V）	效率（%）	
		2850r/min	1450r/min	960r/min			2850r/min	1450r/min
0.8	115	—	74	—	0.6	135	—	69
	230	—	75	—		270	—	69.5
1.1	115	76	75.5	—	0.8	135	—	74
	230	76.5	76.5	—		270	—	75
1.7	115	79.5	78	—	1.1	135	77	75
	230	80.5	79	—		270	78	76
2.4	115	81	76.5	—	1.5	135	79.5	78.5
	230	82	77.5	—		270	80	79
3.2	115	82.5	79	—	2.2	135	81.5	76.5
	230	83.5	80	—		270	82	77
4.2	115	79.5	80	—	3	135	84	78.5
	230	81.5	81	—		270	84.5	79
6	115	82	82	—	4	135	80	79.5
	230	83	83	—		270	81	80.5
8.5	115	83.5	83	—	5.5	135	82	82
	230	84.5	84	—		270	83	83
11	115	—	85	—	7.5	135	83.5	82.5
	230	85.5	85.5	—		270	84	83
14	115	—	85	81.5	10	135	85	84
	230	86	85.5	82.5		270	85.5	84.5
19	115	—	85.5	82.5	13	135	—	84.5
	230	87.5	86	83.5		270	86	85
26	115	—	86	84.5	17	135	—	85.5
	230	—	86.5	85.5		270	87	86
35	115	—	—	86	22	135	—	86
	230	—	87	87		270	—	86.5
48	115	—	—	86.5	30	135	—	86.5
	230	—	87.5	87.5		270	—	87
67	115	—	—	87	40	135	—	87
	230	—	88	88		270	—	87.5
90	115	—	—	—	55	135	—	87.5
	230	—	88.5	88.5		270	—	88
115	—	—	—	—	75	—	—	—
	230	—	89	89		270	—	88
145	—	—	—	—	100	—	—	—
	230	—	89	—		270	—	88.5
180	—	—	—	—	125	—	—	—
	230	—	89.5	—		270	—	89
—	—	—	—	—	160	—	—	—
	—	—	—	—		270	—	89.5

表 1-11　　Z2 系列直流电动机在额定功率时的效率

功率 (kW)	电压 (V)	效率 (%)				
		3000r/min	1500r/min	1000r/min	750r/min	600r/min
0.4	110	—	66.5	65	—	—
	220	—	67	65	—	—
0.6	110	—	70.5	71	69	—
	220	—	71	71.5	70	—
0.8	110	74	73	72.5	72.5	—
	220	75	73.5	73.5	73.5	—
1.1	110	75.5	76	75	70.5	—
	220	76.5	76.5	76	71.5	—
1.5	110	77	77.5	75.5	72.5	—
	220	78	78.5	76.5	73.5	—
2.2	110	79	80	77.5	76.5	—
	220	80	81	78.5	77	—
3	110	78.5	79.5	79	77.5	—
	220	79.5	80	79.5	78.5	—
4	110	80	81	80.5	78	—
	220	81	81.5	81.5	79	—
5.5	110	81.5	82	81.5	79.5	—
	220	82	82.5	82.5	80	—
7.5	110	82	83	82	80	—
	220	82.5	83.5	82.5	81	—
10	110	—	84	82.5	81	—
	220	83	84.5	83	81.5	—
13	110	—	84.5	83	81.5	—
	220	83.5	85	83.5	82	—
17	110	—	85.5	83.5	82.5	80
	220	84	86	84	83	81
22	110	—	86	84	83.5	82.5
	220	85	86.5	84.5	84	83.5
30	110	—	86.5	85.5	84.5	84
	220	85.5	87	86	85	84.5
40	110	—	—	86	85.5	84.5
	220	86.5	87.5	86.5	86	85
55	—	—	—	—	—	—
	220	—	88	87.5	86.5	86.5
75	—	—	—	—	—	—
	220	—	88.5	88.5	88	—
100	—	—	—	—	—	—
	220	—	89	89	—	—
125	—	—	—	—	—	—
	220	—	89.5	89.5	—	—
160	—	—	—	—	—	—
	220	—	90	—	—	—
200	—	—	—	—	—	—
	220	—	90	—	—	—

表 1－12　　Z2 系列他励直流电动机（自通风式）的转速转矩

型号	功率 (kW)	电压 (V)	转速 (r/min)	转矩 (N·m)	转　矩　(N·m)				
					1500r/min	1000r/min	600r/min	300r/min	100r/min
Z2－11	0.4	110	1700	2.31	2.28	2.28	2.12	1.92	1.66
Z2－12	0.6	220	1700	3.37	3.3	3.23	2.96	2.56	2.02
Z2－21	0.8	220	1700	4.5	4.43	4.36	4.14	3.8	3.47
Z2－22	1.1	220	1700	6.17	5.94	5.73	5.19	4.86	4.21
Z2－31	1.5	110	1700	8.04	7.84	7.64	7.35	6.66	6.17
Z2－32	2.2	220	1700	12.3	11.8	11.5	10.9	10.2	8.8
Z2－41	3	110	1700	17.9	17.2	16.6	14.7	12.8	11.5
Z2－42	4	220	1700	21.2	20.6	19.4	18.6	17.2	12.3
Z2－51	5.5	220	1700	32	30.4	29.4	25.7	21.1	16.5
Z2－52	7.5	220	1700	40.8	38.8	46.5	40.5	32.7	18.5
Z2－61	10	110	1700	56.3	51.7	50	44.7	33.5	28.6
Z2－62	13	110	1700	69.1	68.6	64.1	62.2	49	30
Z2－71	17	220	1700	95.6	95.6	95.6	80	58.8	41.4
Z2－72	22	110	1700	123.5	123.5	123.5	101.9	76	53.7
Z2－81	30	220	1700	168.6	168.6	168.6	110.9	96.6	68.9
Z2－82	40	220	1700	224.4	224.4	224.4	157.8	137.2	97.8
Z2－91	30	220	1200	239.1		239.1	239.1	185.7	126.4
Z2－92	40	110	1200	316.5		316.5	316.5	235.2	166.6
Z2－101	55	220	1200	437.1		437.1	437.1	341	245
Z2－102	75	220	1200	597.8		597.8	597.8	475.3	339
Z2－111	100	220	1200	795.8		764.4	713.4	578.2	392
Z2－112	125	220	1200	994.8		970.2	891.8	725.2	488

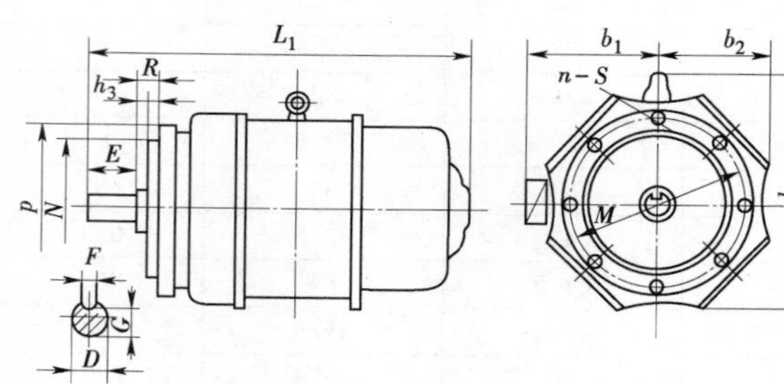

图 1－12　Z2－1～6 号机座直流电机（B5）安装及外形图

3. Z2 系列直流电动机的安装及外形尺寸

图 1－12 为 1～6 号机座直流电机（B5）安装及外形图，表 1－13 所示则为 1～6 号机座直流电机（B5）安装及外形尺寸。图 1－13 为 1～8 号机座直流电机（B35）安装及外形图，表 1－14 所示则为 1～8 号机座直流电机（B35）安装及外形尺寸。图 1－14 为 1～11 号机座直流电机（B3）安装及外形图，表 1－15 所示则为 1～11 号机座直流电机（B3）安装及外形尺寸。图 1－15 为 1～8 号机座直流电机（V15）安装及外形图，表 1－16 所示则为 1～8 号机座直流电机（V15）安装及外形尺寸。图 1－16 为 1～11 号机座直流电机（V1）安装及外形图，表 1－17 所示则为 1～11 号机座直流电机（V1）安装及外形尺寸。

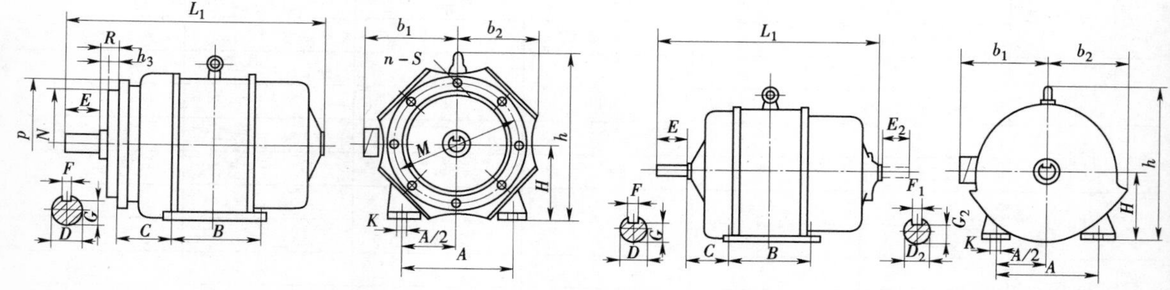

图 1－13　Z2－1～8 号机座直流电机（B35）安装及外形图　　图 1－14　Z2－1～11 号机座直流电机（B3）安装及外形图

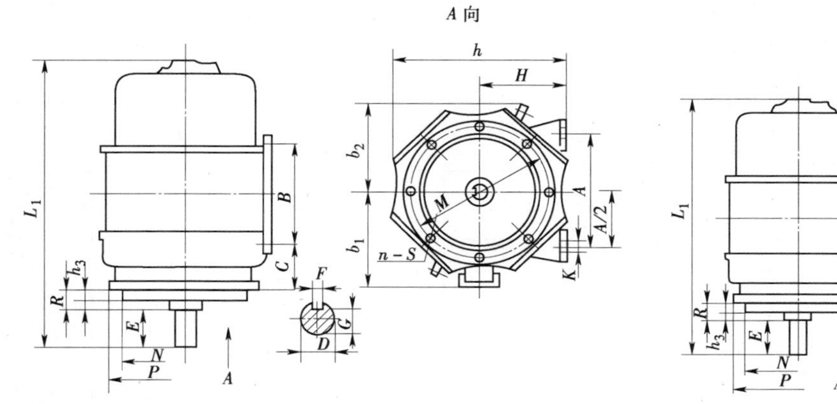

图1-15　Z2-1~8号机座直流电机（V15）安装及外形图

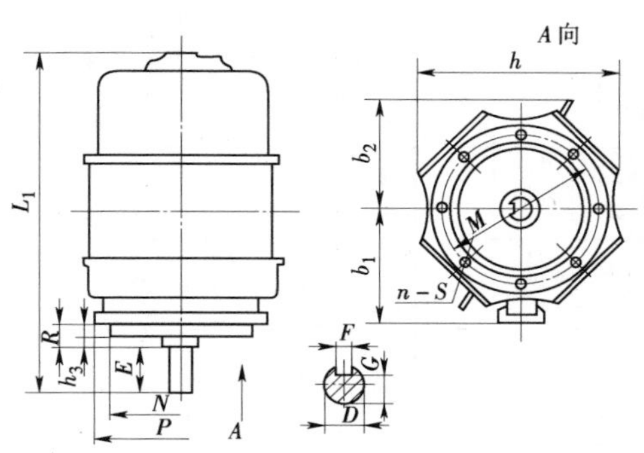

图1-16　Z2-1~11号机座直流电机（V1）安装及外形图

表1-13　　Z2-1~6号机座直流电机（B5）安装及外形尺寸　　(mm)

机座号	安装尺寸											外形尺寸				
	M	N	S	S孔对公称位置偏差	D	E	F	G	R	h_3	凸缘孔数 n	p	b_1	b_2	h	L_1
11 12	115	95	10	0.5	16	40	5	12.8	0	4	4	140	165	109	236	395.5 415.5
21 22	165	130	12	0.7	18	40	5	14.8	0	4	4	200	194	147	294.5	412 437
31 32	165	130	12	0.7	22	50	6	18.2	4	4	4	200	206.5	157	319.5	480 515
41 42	265	230	15	0.7	28	60	8	23.5	11	5	4	300	239.5	176	342.5	519 549
51 52	300	250	19	0.7	32	80	10	26.8	19.5	5	4	350	261	197	393	600.5 640.5
61 62	350	300	19	0.7	38	80	12	32.8	17	5	4	400	288.5	225	448	631 666

表1-14　　Z2-1~8号机座直流电机（B35）安装及外形尺寸　　(mm)

机座号	安装尺寸																外形尺寸				
	A	$A/2$	B	C	D	E	H	K	F	G	N	R	M	S	S孔对公称位置偏差	h_3	凸缘孔数 n	p	b_1	b_2	h	L_1
11 12	145	72.5	155 175	80	16	40	112	12	5	12.8	95	0	115	10	0.5	4	4	140	165	117	249	395.5 415.5
21 22	200	100	180 205	73	18	40	140	15	5	14.8	130	0	165	12	0.7	4	4	200	194	158	314.5	412 437
31 32	225	112.5	225 260	70	22	50	150	15	6	18.2	130	4	165	12	0.7	4	4	200	206.5	173	337.5	480 515
41 42	240	120	195 225	92	28	60	160	16	8	23.5	230	11	265	15	0.7	5	4	300	239.5	170	359.5	519 549
51 52	264	132	225 265	95.5	32	80	180	19	10	26.8	250	19.5	300	19	0.7	5	4	350	261	197	410	600.5 640.5
61 62	300	150	265 300	89	38	80	225	19	12	32.8	300	17	350	19	0.7	5	4	400	288.5	225	483	631 666
71 72	410	205	315 355	91.5	42	110	250	24	12	36.8	350	3.5	400	19	1.0	5	8	450	363.5	240	533.5	768 806
81 82	460	230	355 395	101.5	48	110	280	24	14	42.2	400	3.5	450	19	1.0	5	8	500	398.5	280	598.5	851.5 891.5

表 1－15　　Z2－1～11 号机座直流电机（B3）安装及外形尺寸　　（mm）

机座号	安装尺寸													外形尺寸				
	A	$A/2$	B	C	D	D_2	E	E_2	H	K	F	F_1	G	G_2	b_1	b_2	h	L_1
11 12	145	72.5	155 175	80	16	16	40	40	112	12	5	5	12.8	12.8	165	117	249	395.5 415.5
21 22	200	100	180 205	73	18	18	40	40	140	15	5	5	14.8	14.8	194	158	314.5	412 437
31 32	225	112.5	225 260	74	22	22	50	50	150	15	6	6	18.2	18.2	206.5	173	337.5	480 515
41 42	240	120	195 225	103	28	28	60	60	160	15	8	8	23.5	23.5	239.5	170	359.5	519 549
51 52	264	132	225 265	115	32	32	80	80	180	19	10	10	26.8	26.8	261	195	410	600.5 640.5
61 62	300	150	265 300	106	38	38	80	80	225	19	12	12	32.8	32.8	288.5	225	483	631.5 666
71 72	410	205	315 355	95	42	38	110	80	250	24	12	12	36.8	32.8	363.5	240	533.5	757.5 797.5
81 82	460	230	355 395	105	48	42	110	110	280	24	14	12	42.2	36.8	398.5	280	598.5	844.5 884.5
91 92	550	275	400 455	149	65	60	140	140	315	24	18	18	57.9	52.9	453.5	335	696	1000 1055
101 102	600	300	460 510	171	75	70	140	140	355	28	20	20	67.2	62.2	483.5	370	780	1151 1201
111 112	650	325	535 585	164	90	85	170	170	400	35	24	24	81	76	516	405	879	1250.5 1300.5

表 1－16　　Z2－1～8 号机座直流电机（V15）安装及外形尺寸　　（mm）

机座号	安装尺寸																外形尺寸				
	M	N	S	S孔对公称位置偏差	A	$A/2$	B	C	D	E	H	R	F	G	K	h_3	凸缘孔数 n	p	b_1	b_2	h	L_1
11 12	115	95	10	0.5	145	72.5	155 175	80	16	40	112	0	5	12.8	12	4	4	140	165	109	249	395.5 415.5
21 22	165	130	12	0.7	200	100	180 205	73	18	40	140	0	5	14.2	15	4	4	200	194	147	314.5	412 437
31 32	165	130	12	0.7	225	112.5	225 260	70	22	50	150	4	6	18.2	15	4	4	200	206.5	157	337.5	480 515
41 42	265	230	15	0.7	240	120	195 225	92	28	60	160	11	8	23.5	15	5	4	300	239.5	176	325	519 549
51 52	300	250	19	0.7	264	132	225 265	95.5	32	80	180	19.5	10	26.8	19	5	4	350	261	197	380	600.5 640.5
61 62	350	300	19	0.7	300	150	265 300	89	38	80	225	17	12	32.8	19	5	4	400	288.5	225	460	631 666
71 72	400	350	19	1.0	410	205	315 355	91.5	42	110	250	3.5	12	36.8	24	5	8	450	363.5	232.5	482	766 806
81 82	450	400	19	1.0	460	230	355 395	101.5	48	110	280	3.5	14	42.2	24	5	8	500	398.5	262	542	851.5 891.5

注　本系列产品轴伸尺寸为老标准 GB 756—1965，新标准为 GB 756—1979。

表 1-17　　Z2-1～11 号机座直流电机（V1）安装及外形尺寸　　（mm）

机座号	安装尺寸												外形尺寸			
	M	N	S	S孔对公称位置偏差	D	E	F	G	R	h_3	凸缘孔数 n	p	b_1	b_2	h	L_1
11 12	115	95	10	0.5	16	40	5	12.8	0	4	4	140	165	109	200	395.5 415.5
21 22	165	130	12	0.7	18	40	5	14.8	0	4	4	200	194	147	260	412 437
31 32	165	130	12	0.7	22	50	6	18.2	4	4	4	200	206.5	157	285	480 515
41 42	265	230	15	0.7	28	60	8	23.5	11	5	4	300	239.5	176	315	519 549
51 52	300	250	19	0.7	32	80	10	26.8	19.5	5	4	350	261	197	358	600.5 640.5
61 62	350	300	19	0.7	38	80	12	32.8	17	5	4	400	288.5	225	415	631 666
71 72	400	350	19	1.0	42	110	12	36.8	3.5	5	8	450	363.5	232.5	464	766 806
81 82	450	400	19	1.0	48	110	14	42.2	3.5	5	8	500	398.5	262	524	851.5 891.5
91 92	740	680	24	1.0	65	140	18	57.9	4	6	8	800	453.5	400	800	1004 1059
101 102	740	680	24	1.0	75	140	20	67.2	6	6	8	800	483.5	400	800	1165 1215
111 112	830	770	28	1.25	90	170	24	81	6.5	6	8	890	516	445	890	1260.5 1310.5

二、Z3 系列直流电机

Z3 系列直流电机是取代 Z2 系列的基本系列小型直流电机，与 Z2 系列直流电机相比 Z3 系列直流电机在使用可靠性、技术性能方面有明显的提高和改善外，其各项技术经济指标也有显著的提高。如 Z3 直流电机所用的铜、铁等主要材料均有较大的节约，电机重量得以减轻体积得到缩小，中心高基本达到降低一挡，并且电机总长也基本未增加。故 Z3 系列直流电机具有体积小、重量轻、调速范围广及转动惯量小等诸多优点，Z3 直流电动机还能适用于整流电源供电系统。该系列直流电机是目前应用较为普遍的基本系列小型直流电机。

表 1-18 所示为 Z3 系列直流电机的分类和用途。

表 1-18　　Z3 系列直流电机的分类和用途

名　称	直流发电机	直流电动机
功率范围（kW）	2.2～180	0.25～200
额定电压（V）	115、230	110、160、220、440
额定转速（r/min）	1450	3000、1500、1000、750、600
励磁方式	复励、他励	并励和他励两种（1～5 号机座不带串励绕组，6～10 号机座带有少量串励绕组）。但额定电压为 160V 及 440V 的电动机仅有他励（励磁电压为 180V）
他励电压（V）	110、220	110、220
工作方式	连续	连续
用途	用作照明、动力电源或作其他恒压供电电源	用于压缩机、吹风机、离心泵及金属切削机床、造纸、染织、印刷、水泥等工业

1. 型号含义

型号说明如下：

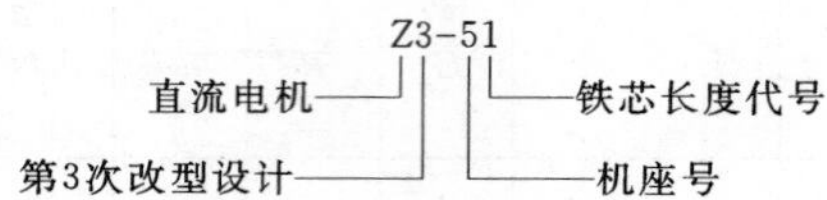

2. Z3 系列直流电机主要技术特点

Z3 系列直流发电机在额定转速时，若输出电压与额定值相差不超过±5%时，其输出功率仍可维持在额定值；Z3 系列直流电动机若电源电压与额定值相差不超过±5%时，其输出功率也可维持额定值。这时电机的性能允许与标准规定不同，允许电压温升超过标准规定的数值不大于 10K。

Z3 系列直流电机的绝缘采用 B 级，若采用 F 级绝缘则其温升限值仍按 B 级绝缘对待。

Z3 系列直流电动机既可由直流发电机组供电，但也可以在静止整流器电源下工作。当由单相桥式半控或全控整流电源供电时，额定电压 160V 的直流电动机必须带电抗器工作；若由三相桥式全控整流电源供电时，则 220V（1500r/min 及以下转速）、440V 直流电动机可不带电抗器工作。

Z3 系列他励直流电动机(外通风式)的调速特性有两种：一种是削弱磁场磁通向上调速时的恒功率调速；另一种则为降低电枢电压向下调速时的恒转矩调速。

Z3 系列直流发电机的效率为，若其功率、电压及转速均为额定值时，效率即如表 1－19 所示；Z3 系列直流电动机的效率为，当其功率、电压及转速为额定值时，效率则如表 1－20 所示。

表 1－19　　Z3 系列直流发电机的效率

额定功率（kW）	额定电压（V）	效率（%）
2.2	115	76
	230	76.5
3	115	78.5
	230	79
4.2	115	79
	230	79.5
6	115	80.5
	230	81
8.5	115	83
	230	84
11	115	85
	230	85.5
14	115	85
	230	85.5
19	115	85.5
	230	86.5
26	230	86.5
35	230	87
48	230	87.5
67	230	88
90	230	88.5
115	230	89
145	230	89.5
180	230	90

表 1-20　　Z3 系列直流电动机的效率

额定功率 (kW)	额定电压 (V)	效率 (%)				
		3000r/min	1500r/min	1000r/min	750r/min	600r/min
0.25	110	—	61.5	—	—	—
	220	—	61.5	—	—	—
0.37	110	—	66.5	65	—	—
	220	—	67	66	—	—
0.55	110	70	70.5	71	69	—
	220	71	71	71.5	70	—
0.75	110	74	73	72.5	72.5	—
	220	75	73.5	73.5	73.5	—
1.1	110	75.5	76	75	70.5	—
	220	76.5	76.5	76	71.5	—
1.5	110	77	77.5	75.5	72.5	—
	220	78	78.5	76.5	73.5	—
2.2	110	79	80	77.5	76.5	75
	220	80	81	78.5	77	75.5
3	110	78.5	79.5	79	77.5	76
	220	79.5	80	79.5	78.5	76.5
4	110	80	81	80.5	78	76.5
	220	81	81.5	81.5	79	77
5.5	110	81.5	82	81.5	79.5	77.5
	220	82	82.5	82.5	80	78.5
7.5	110	82	83	82	80	78.5
	220	82.5	83.5	82.5	81	79.5
10	110	—	84	82.5	81	79.5
	220	83	84.5	83	81.5	80
13	110	—	84.5	83	81.5	—
	220	83.5	85	83.5	82	80.5
17	220	84	86	84	83	81
22	220	85	86.5	84.5	84	83.5
30	220	—	87	86	85	84.5
40	220	—	87.5	86.5	86	85
55	220	—	88	87.5	86.5	86.5
75	220	—	88.5	88.5	88	—
100	220	—	89	89	—	—
125	220	—	89.5	89.5	—	—
160	220	—	90	—	—	—
200	220	—	90	—	—	—

注　1. 160V 电动机的效率与 110V 电动机相同。
2. 440V 电动机的效率与 220V 电动机相同。

3. Z3 系列直流电动机的安装及外形尺寸

图 1-17 为 4～7 号机座直流电机（B5、V1）安装及外形图，表 1-21 所示则为 4～7 号机座直流电机（B5、V1）安装及外形尺寸。图 1-18 为 8～10 号机座直流电机（V1）安装及外形图，表 1-22 所示则为 8～10 号机座直流电机（V1）安装及外形尺寸。图 1-19 为 1～3 号机座直流电机（B34、V15）安装及外形图，表 1～23 所示则为 1～3 号机座直流电机（B34、V15）安装及外形尺寸。图 1-20 为 8～10 号机座直流电机（B3）安装及外形图，表 1-24 所示则为 8～10 号机座直流电机（B3）安装及外形尺寸。图 1-21 为 1～3号机座直流电机（B14、V18）安装及外形图，表 1～25 所示则为 1～3 号机座直流电机（B14、V18）安装及外形尺寸。图 1-22 为 4～7 号机座（B35、V15）安装及外形图，表 1-26 所示则为 4～7 号机座（B35、V15）安装及外形尺寸。

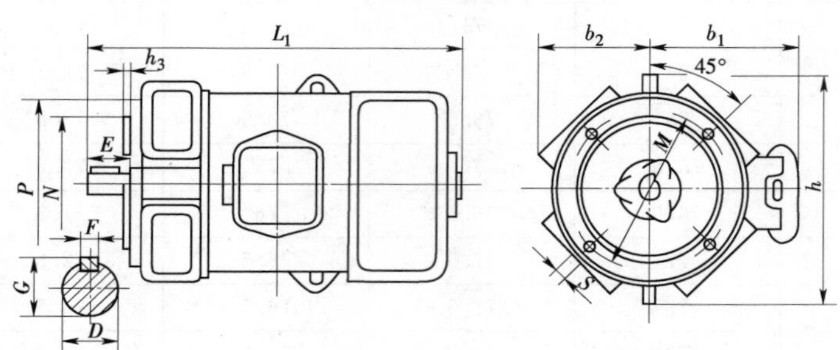

图 1-17　Z3-4～7 号机座直流电机（B5、V1）安装及外形图

表 1-21　Z3-4～7 号机座直流电机（B5、V1）安装及外形尺寸　(mm)

机座号	安装尺寸及外形尺寸													
	M	N	S	n	h_3	D	E	F	G	P	b_1	b_2	h	L_1
41	215	180	15	4	4	28	60	8	31	250	215	150	360	520
42														550
51	265	230	15	4	4	32	80	10	35	300	230	170	395	580
52														620
61	300	250	19	4	5	38	80	10	41	350	295	195	455	665
62														705
71	350	300	19	4	5	48	110	14	51.5	400	325	220	520	790
72														815
73														860

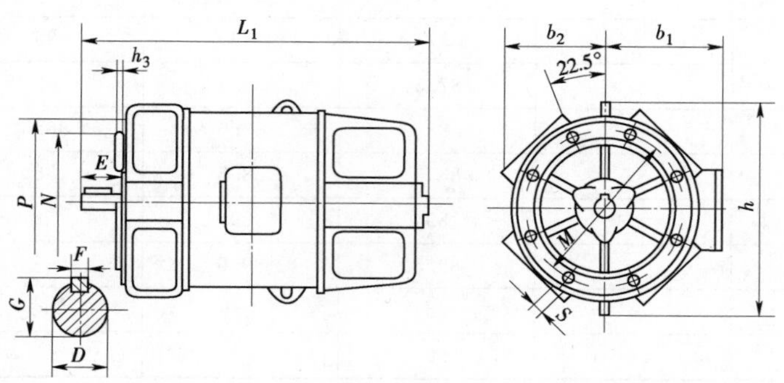

图 1-18　Z3-8～10 号机座直流电机（V1）安装及外形图

表 1-22　　Z3-8～10 号机座直流电机（V1）安装及外形尺寸　　(mm)

机座号	安装及外形尺寸													
	M	N	S	n	h_3	D	E	F	G	P	b_1	b_2	h	L_1
81														985
82	400	350	19	8	5	55	110	16	59	450	410	275	660	1040
83														1075
91	500	450	19	8	5	65	140	18	69	550	445	310	740	1150
92														1200
101	600	550	24	8	6	80	170	22	85	660	485	350	865	1360
102														1420

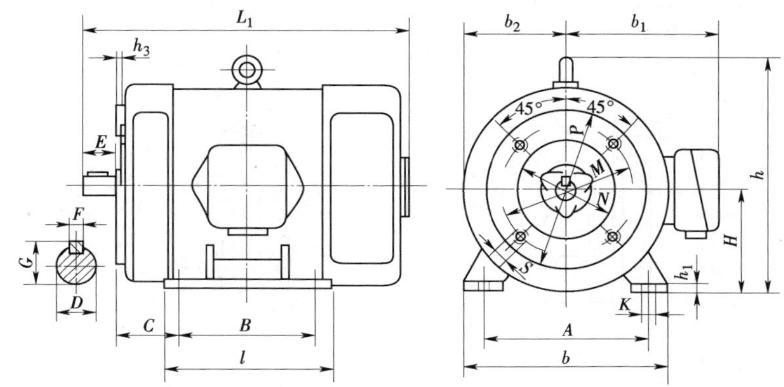

图 1-19　Z3-1～3 号机座直流电机（B34、V15）安装及外形图

表 1-23　　Z3-1～3 号机座直流电机（B34、V15）安装及外形尺寸　　(mm)

机座号	安装及外形尺寸																					
	A	B	C	D	E	F	G	H	K	M	N	S_1	n	h_3	h_1	b	l	P	b_1	b_2	h	L_1
11	160	112	63	14	30	5	16	100	12	100	80	M6	4	3.5	8	200	142	120	150	100	225	320
12		140															170					360
21	190	140	70	16	40	5	18	112	12	115	95	M8	4	3.5	10	235	180	140	170	115	255	380
22		159															199					400
31		140															185					455
32	216	178	89	22	50	6	24.5	132	12	130	110	M8	4	4.5	12	266	223	160	190	135	305	490
33		203															248					515

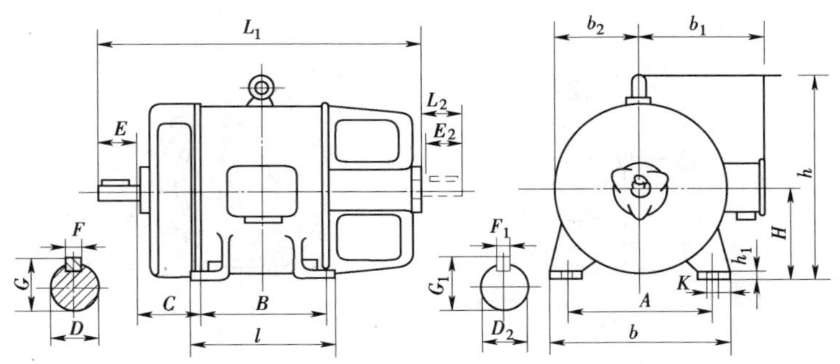

图 1-20　Z3-8～10 号机座直流电机（B3）安装及外形图

表 1-24 Z3-8～10 号机座直流电机（B3）安装及外形尺寸 (mm)

机座号	安装及外形尺寸																
	A	B	C	D (D_2)	E (E_2)	F (F_1)	G (G_1)	H	K	h_1	b	L	b_1	b_2	h	L_1	L_{12}
81		368										440				985	
82	457	419	190	55	110	16	59	280	24	35	555	490	410	280	635	1040	117
83		457										530				1075	
91	508	406	216	65	140	18	69	315	28	40	650	470	445	320	730	1150	148
92		457										520				1200	
101	610	500	254	80	170	22	85	355	28	40	740	560	485	365	835	1360	177
102		560										620				1420	

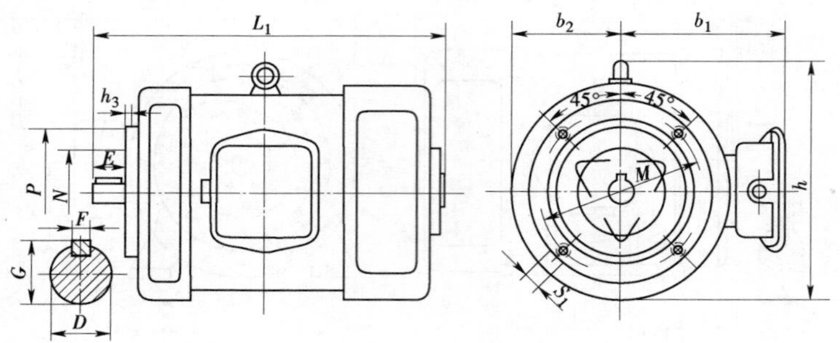

图 1-21 Z3-1～3 号机座直流电机（B14、V18）安装及外形图

表 1-25 Z3-1～3 号机座直流电机（B14、V18）安装及外形尺寸 (mm)

机座号	安装及外形尺寸													
	M	N	S_1	n	h_3	D	E	F	G	P	b_1	b_2	h	L_1
11	100	80	M6	4	3.5	14	30	5	16	120	150	100	220	320
12														360
21	115	95	M8	4	3.5	16	40	5	18	140	170	115	250	380
22														400
31														455
32	130	110	M8	4	4.5	22	50	6	24.5	160	190	135	300	490
33														515

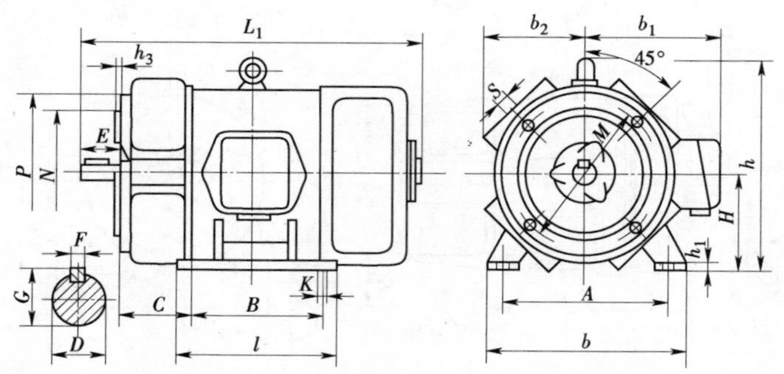

图 1-22 Z3-4～7 号机座直流电机（B35、V15）安装及外形图

表 1-26　　Z3-4～7 号机座（B35、V15）安装及外形尺寸　　（mm）

机座号	安装及外形尺寸																					
	A	B	C	D	E	F	G	H	K	M	N	S	n	h_3	h_1	b	l	P	b_1	b_2	h	L_1
41	254	178	108	28	60	8	31	160	15	215	180	15	4	4	12	200	223	250	215	150	360	520
42		210															255					550
51	279	203	121	32	80	10	35	180	15	265	230	15	4	4	15	235	253	300	230	170	395	580
52		241															291					620
61	318	267	133	38	80	10	41	200	19	300	250	19	4	5	18	266	330	350	295	195	455	665
62		305															368					705
71		286															350					790
72	356	311	149	48	110	14	51.5	225	19	350	300	19	4	5	20	309	375	400	325	220	520	815
73		356															420					860

三、Z4 系列直流电动机

Z4 系列直流电动机是第 4 代小型直流电动机，该系列电动机以其优异的高经济指标和高可靠性能取代了 Z2 和 Z3 系列电机。现已广泛应用于各类企业中要求高质量调速的自动控制传动系统，如冶金、机械、水泥、造纸、印刷、轻工和纺织等重要行业。

1. 型号含义

型号说明如下：

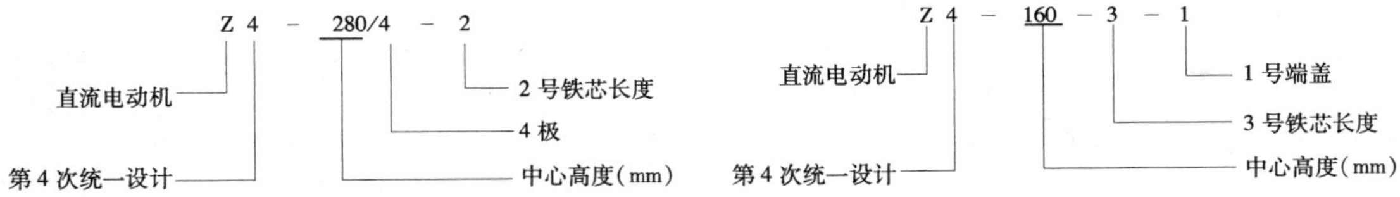

2. Z4 系列直流电动机主要技术特点

Z4 系列直流电动机的功率从 1.5～450kW，共计有 28 个容量等级；电动机的标准额定电压有 160V 和 440V 两种，励磁电压则为 180V，与国家电网的交流电源电压基本相匹配，故可省去整流变压器而减少整体成本；该系列直流电动机的额定转速有 3000r/min、1500r/min、1000r/min、750r/min、600r/min、500r/min、400r/min 共 7 挡；调速方式则有磁场调速和调压调速两种；电动机的过载能力较好，在额定转速情况下可承受 15s 内 1.6 倍额定转矩的过载；该系列直流电动机的绝缘等级为 F 级，比 Z3 系列直流电动机有很大提高。

3. Z4 系列直流电动机的安装及外形尺寸

图 1-23 为 Z4 系列直流电动机的安装及外形尺寸图；表 1-27 所示则为 Z4 系列直流电动机安装及外形尺寸。

表 1-27　　Z4 系列直流电动机安装及外形尺寸　　（mm）

型　号	安装尺寸									外形尺寸					
	A	B	C	D	E	F	GE	H	K	AB	AC	AD	HD	L	L_1
Z4-100-1	160	318	63	24	50	8	4	100	12	197	234	179	398	500	580
Z4-112/2-1	190	337	70	23	60	8	4	112	12	221	255	202	452	544	612
Z4-112/2-2	190	367	70	23	60	8	4	112	12	221	255	202	452	574	642
Z4-112/4-1	216	347	70	32	80	10	5	112	12	221	255	202	452	573	642

续表

型号	安装尺寸									外形尺寸					
	A	*B*	*C*	*D*	*E*	*F*	*GE*	*H*	*K*	*AB*	*AC*	*AD*	*HD*	*L*	L_1
Z4-112/4-2	216	387	70	32	80	10	5	112	12	221	255	202	452	613	682
Z4-132-1	216	355	89	38	80	10	5	132	12	260	295	240	527	619	814
Z4-132-2	254	405	89	38	80	10	5	132	12	260	295	240	527	669	834
Z4-132-3	254	465	89	38	80	10	5	132	12	260	295	240	527	729	924
Z4-160-11	254	411	108	48	110	14	5.5	160	15	315	346	283	625	744	953
Z4-160-12	254	476	108	48	110	14	5.5	160	15	315	346	283	625	809	983
Z4-160-21	254	451	108	48	110	14	5.5	160	15	315	346	283	625	784	993
Z4-160-22	254	516	108	48	110	14	5.5	160	15	315	346	283	625	849	1026
Z4-160-31	279	501	108	48	110	14	5.5	160	15	316	346	283	625	834	1043
Z4-160-32	279	566	108	48	110	14	5.5	160	15	316	346	283	625	899	1076
Z4-180-11	279	436	121	55	110	16	6	130	15	356	390	305	731	794	1022
Z4-180-12	279	501	121	55	110	16	6	130	15	356	390	305	731	859	1087
Z4-180-21	279	476	121	55	110	16	6	130	15	356	390	305	731	834	1032
Z4-180-22	279	541	121	55	110	16	6	130	15	356	390	305	731	899	1127
Z4-180-31	279	523	121	55	110	16	6	130	15	356	390	305	731	884	1112
Z4-180-32	279	591	121	55	110	16	6	130	15	356	390	305	731	949	1177
Z4-180-41	318	586	121	55	110	16	6	130	15	356	390	305	731	944	1172
Z4-180-42	318	651	121	55	110	16	6	130	15	356	390	305	731	1009	1287
Z4-200-11	318	566	133	65	140	18	7	200	19	396	430	355	779	977	1158
Z4-200-12	318	614	133	65	140	18	7	200	19	396	430	355	779	1025	1206
Z4-200-21	318	606	133	65	140	18	7	200	19	396	430	355	779	1017	1198
Z4-200-22	318	654	133	65	140	18	7	200	19	396	430	355	779	1065	1246
Z4-200-31	318	686	133	65	140	18	7	200	19	396	430	355	779	1097	1278
Z4-200-32	318	734	133	65	140	18	7	200	19	396	430	355	779	1145	1326
Z4-225-11	356	701	149	75	140	20	7.5	225	19	440	474	308	981	1140	1605
Z4-225-12	356	761	149	75	140	20	7.5	225	19	440	474	308	981	1200	1665
Z4-225-21	356	751	149	75	140	20	7.5	225	19	440	474	308	981	1190	1655
Z4-225-22	356	811	149	75	140	20	7.5	225	19	440	474	308	981	1250	1715
Z4-225-31	356	811	149	75	140	20	7.5	225	19	440	474	308	981	1250	1715
Z4-225-32	356	871	149	75	140	20	7.5	225	19	440	474	308	981	1310	1775
Z4-250-11	406	715	168	85	170	22	9	250	24	490	430	355	779	1225	1657
Z4-250-12	406	775	168	85	170	22	9	250	24	490	430	355	779	1285	1717
Z4-250-21	406	765	168	85	170	22	9	250	24	490	524	432	1031	1275	1707
Z4-250-22	406	825	168	85	170	22	9	250	24	490	524	432	1031	1335	1767
Z4-250-31	406	825	168	85	170	22	9	250	24	490	524	432	1031	1335	1767
Z4-250-32	406	885	168	85	170	22	9	250	24	490	524	432	1031	1395	1827
Z4-250-41	406	895	168	85	170	22	9	250	24	490	524	432	1031	1405	1837
Z4-250-42	406	955	168	85	170	22	9	250	24	490	524	432	1031	1465	1897
Z4-280-11	457	762	190	95	170	25	9	280	24	550	584	462	1130	1315	1748
Z4-280-12	457	852	190	95	170	25	9	280	24	550	584	462	1130	1405	1838
Z4-280-21	457	822	190	95	170	25	9	280	24	550	584	462	1130	1375	1806
Z4-280-22	457	912	190	95	170	25	9	280	24	550	584	462	1130	1465	1898
Z4-280-31	457	892	190	95	170	25	9	280	24	550	584	462	1130	1455	1878

续表

型号	安装尺寸									外形尺寸					
	A	B	C	D	E	F	GE	H	K	AB	AC	AD	HD	L	L_1
Z4－280－32	457	982	190	95	170	25	9	280	24	550	584	462	1130	1585	1968
Z4－280－41	457	972	190	95	170	25	9	280	24	550	584	462	1130	1525	1958
Z4－280－42	457	1062	190	95	170	25	9	280	24	550	584	462	1130	1615	2048
Z4－315－11	508	887	216	100	210	28	10	315	28	620	654	497	1221	1532	1897
Z4－315－12	508	977	216	100	210	28	10	315	28	620	654	497	1221	1622	1987
Z4－315－21	508	967	216	100	210	28	10	315	28	620	654	497	1221	1612	1977
Z4－315－22	508	1057	216	100	210	28	10	315	28	620	654	497	1221	1702	2067
Z4－315－31	508	1057	216	100	210	28	10	315	28	620	654	497	1221	1702	2067
Z4－315－32	508	1147	216	100	210	28	10	315	28	620	654	497	1221	1972	2157
Z4－315－41	508	1157	216	100	210	28	10	315	28	620	654	497	1221	1802	2167
Z4－315－42	508	1247	216	100	210	28	10	315	28	620	654	497	1221	1892	2257
Z4－355－11	610	968	254	110	210	28	10	355	28	700	734	701	1301	1689	2110
Z4－355－12	610	1058	254	110	210	28	10	355	28	700	734	701	1301	1779	2100
Z4－355－21	610	1058	254	110	210	28	10	355	28	700	734	701	1301	1779	2100
Z4－355－22	610	1148	254	110	210	28	10	355	28	700	734	701	1301	1869	2190
Z4－355－31	610	1158	254	110	210	28	10	355	28	700	734	701	1301	1879	2200
Z4－355－32	610	1248	254	110	210	28	10	355	28	700	734	701	1301	1969	2290
Z4－355－41	610	1268	254	110	210	28	10	355	28	700	734	701	1301	1989	2310
Z4－355－42	610	1358	254	110	210	28	10	355	28	700	734	701	1301	2079	2400

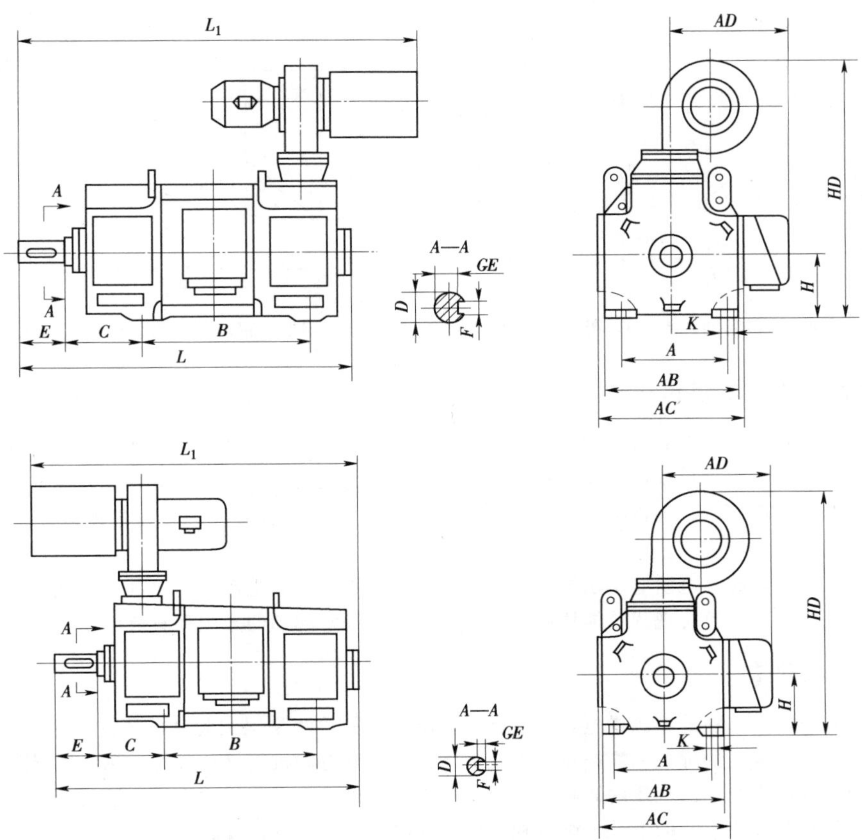

图 1－23 Z4 系列直流电动机安装及外形尺寸图

第6节 直流电动机的起动

直流电动机在起动过程中，它的电枢电流、电磁转矩及转速均将随着时间而变化。通常衡量直流电动机起动性能的，主要是起动电流倍数 I_{st}/I_N 和起动转矩倍数 T_{st}/T_N 这两项重要指标。因为当直流电动机起动时，它必须具有足够的起动转矩，否则将无法拖动其负载机械。但起动电流又不宜过大，应限制在起动设备及电动机自身容许的范围内。最好是在起动电流不超过容许值的情况下，能及时获取尽可能大的起动转矩。他、并励直流电动机起动时，应该先予以励磁并使磁通 Φ 达到最大，然后加入电枢电压。

串励直流电动机比并励直流电动机具有更为优良的起动特性，复励直流电动机的起动特性则位于并励直流电动机和串励直流电动机之间。

通常，直流电动机的起动方法有以下三种。

一、直接起动法

直流电动机在采取直接起动法起动时，它的电枢电流 I_a、电磁转矩 T_{em} 和转速 n 的变化情况将如图 1-24 所示。因为电枢回路的电感一般都比较小，而在电枢回路进入电网的瞬间，整个电枢仍为静止状态故其电动势为零，电枢电流则将迅速上升到最大值并产生相应的转矩，此时机组将开始转动并加速。随着转速的不断升高，仅电动势也随着增大而使电枢电流和电磁转矩相应减小而到平衡，直至电动机转速稳定为止。

直流电动机直接起动的最大优点是无需附加起动设备，因而整体成本较低，且操作也比较简便。但其主要缺点是起动电流太大，它最大冲击电流可达电动机额定电流的 15～20 倍，致使直流电动机换向恶化、机组受到机械冲击、电网则受到大电流冲击。故直接起动只适用于 4kW 以下的小功率直流电动机。

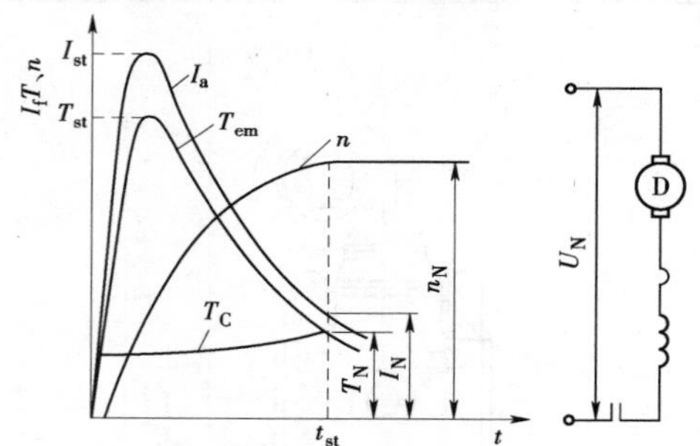

图 1-24 直接起动时 I_a、T_{em}和 n 的变化

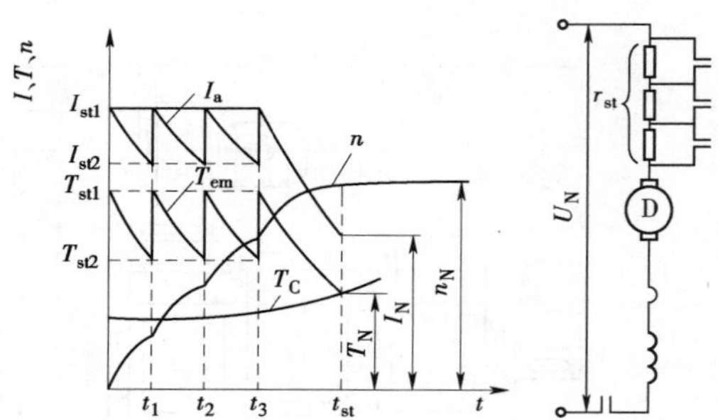

图 1-25 电枢回路串电阻起动时 I_a、T_{em}和 n 的变化

二、电枢回路串电阻起动法

直流电动机起动时，可在其电枢回路内串入起动电阻，用以限制起动电流。如图 1-25 所示，起动电阻为一分级可变电阻，在起动过程中及时逐级短接以减少串入的电阻，使电动机最终进入额定运行。在起动过程中当电枢回路加入电网时，即串入全部电阻以使起动电流不超过其允许值。在起动过程中，I_a、T_{em} 及 n 的变化情况亦如图 1-25 所示。

直流电动机电枢回路串电阻起动法被广泛应用于各种中小型直流电动机的起动。但该种起动法在起动过程中能量消耗比较大，不符合现代节能原则，故不适宜用于经常起动的大中型直流电动机。

三、降压起动法

这种起动方法须由单独的电源供电，采取降低电源电压的方法来限制起动电流的大小。在降压起动时，其起动电流将随电枢电压的降低幅度按正比地减少。为使直流电动机能够在最大磁场的情况下起动，应在起动过程中使励磁强弱不受电源电压的影响，因而降压起动最好是采用他励式直流电动机。当直流电动机起动过程完成后，随着其转速不断的上升，则可相应地提高电源电压，以连续获得所需要的加速转矩。

用这种降压法起动时，起动过程中能量消耗最少，起动时也很平滑。不过，该起动方法需专用电源设备，且多用于需要经常起动的电动机和中、大型直流电动机。

第7节　直流电动机的制动

直流电动机有两种运行状态：

(1) 电动机运行状态，其特点为直流电动机的电磁转矩 T 与转速 n 方向相同，即此时直流电动机吸收电网电能并转换为机械能去带动机械负载。

(2) 制动运行状态，它此时的特点为其电磁转矩 T 与转速 n 的方向相反，电动机则吸收机械能并转化为部分电能，也即为发电机状况。

直流电动机的制动与三相异步电动机的制动比较相似，其制动方法也有机械制动与电力制动两大类。机械制动方法常见的是电磁抱闸制动；电力制动方法常用的有反接制动、能耗制动及回馈制动三种方法。下面将分别介绍直流电动机这三种电力制动方法。

一、直流电动机的反接制动

直流电动机的反接制动原理其实与反转情况基本相同，所不同的则是，它反接制动过程是至转速为零时结束。

1. 并励直流电动机的反接制动

反接制动对并励直流电动机而言，通常是将正在作电动机运行的电动机电枢绕组反接。但此时要特别注意两点，其一是在电枢绕组进行反接时，一定要将电枢串接外加电阻，用以防止因为电枢电流过大而对电动机的换向产生不利影响；再有一点就是，当电动机转速接近零时，应能够准确可靠地使电枢迅速地脱离电源，以防止直流电动机发生真正反转。图 1-26 所示即为并励直流电动机的反接制动原理接线图，从图中我们可以看出该制动方式为：保持励磁不变，电枢回路与电源经限流电阻作反极性串联，致使电枢电流反向，因其电磁转矩与电动机的转向相反而达到制动效果。

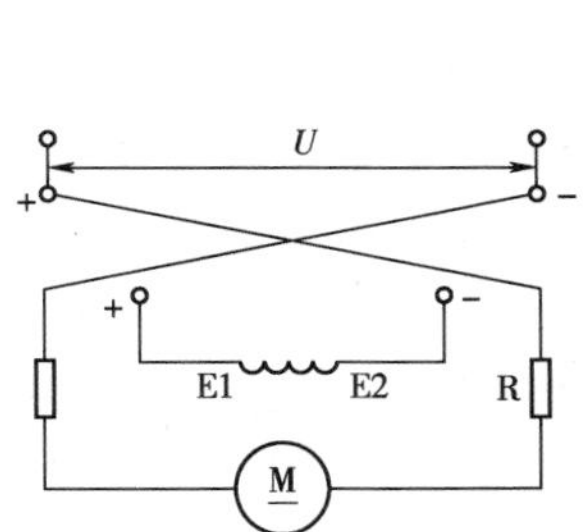

图 1-26　并励直流电动机的反接制动原理接线图

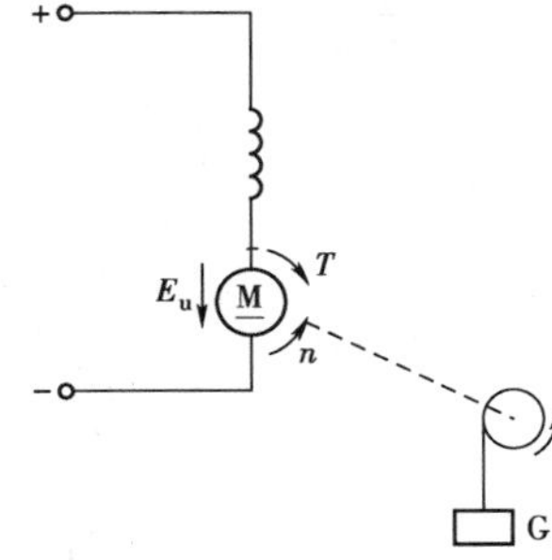

图 1-27　串励电动机转速反向法反接制动原理图

2. 串励直流电动机的反接制动

串励直流电动机的反接制动有两种方法，一种是在位能负载状态时，可采用转速反向的方法；另一种则为电枢直接反接法。

转速反向制动法就是强迫串励直流电动机的转速反向，从而使串励直流电动机的转速 n 的方向与其电磁转矩 T 的方向相反。如提升机下放重物时，电动机在重物位能负载的作用下，其转速 n 与电磁转矩 T 为相反方向，即此串励直流电动机正处于制动状态，如图 1-27 所示即为串励电动机转速反向法反接制动原理图。由于这种转速反向制动法对于转速 n 的反向而言，则如电枢已被反接，故而也称之为反接制动。

若电枢直接反接来进行制动，就只需将电枢绕组反接，并串入阻值较大的电阻来实现反接制动。串励电动机的电枢反接制动原理及控制线路与并励和他励直流电动机相似，可予参看。但在采用电枢反接制动时，不可能用改变电源极性的方法来实现。因为串励直流电动机的励磁绕组与电枢绕组是串联的，若仅改变电源极性是改变不了其电磁转矩方向的。

二、直流电动机的能耗制动

直流电动机的能耗制动是采取保持励磁不变，让电枢回路从电源切断，接入制动电阻并使电枢电流反向，致使电动机转向与电磁转矩相反。即在制动时，电动机将成发电机运行且向制动电阻供电。这时，机组产生的惯性动能将转化为制动电阻与机组本身的损耗。

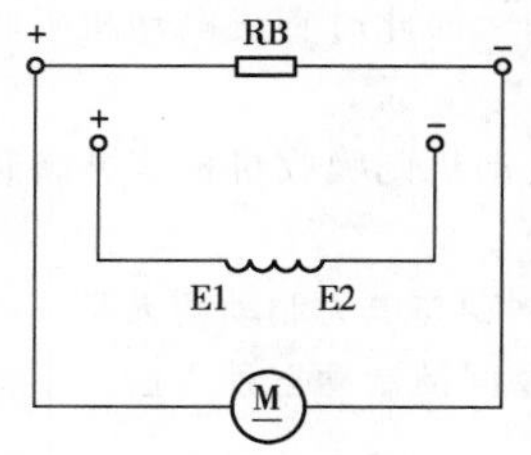

图 1-28 直流电动机能耗制动的原理接线电气线路

1. 并励直流电动机的能耗制动

图 1-28 所示为并励直流电动机能耗制动的原理接线电气线路。该线路是将正在作为电动机运行的并励直流电动机电枢从电源上断开，然后串接一个外加制动电阻以组成制动电阻回路，以让机械动能变为电能后去消耗在电枢和制动电阻上。由于直流电动机的惯性运转，此时直流电动机将成为发电机运行状况，即产生的电磁转矩与转速的方向相反，因而实现了电动机的制动。

2. 串励直流电动机的能耗制动

串励直流电动机的能耗制动，同样也是使电动机从电动机状态去变为发电机状态，以产生与转速相反方向的制动转矩。串励直流电动机的能耗制动方法有自励式和他励式两种方式。

(1) 串励直流电动机自励式能耗制动。

串励直流电动机的自励式能耗制动就是在切断电源后，将励磁绕组进行反接并与电枢绕组和附加电阻 R（制动电阻）串联，用以构成闭合电路。这时，由于惯性运转，使得电动机变成发电机状态，并产生与转速相反方向的制动转矩，去实现电动机的制动。图 1-29 所示即为串励直流电动机自励式能耗制动控制线路。

串励直流电动机的自励式能耗制动具有设备简单、在高速时制动效果好，但在低速时其制动则比较慢。因此，这种制动方法只适用于要求准确停车的场合。

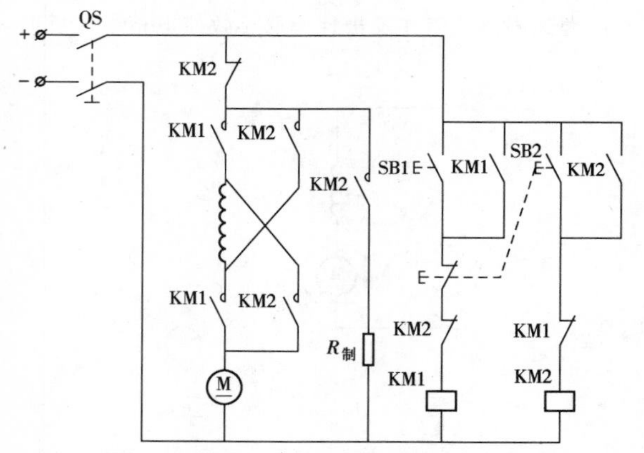

图 1-29 串励电动机自励式能耗制动控制线路

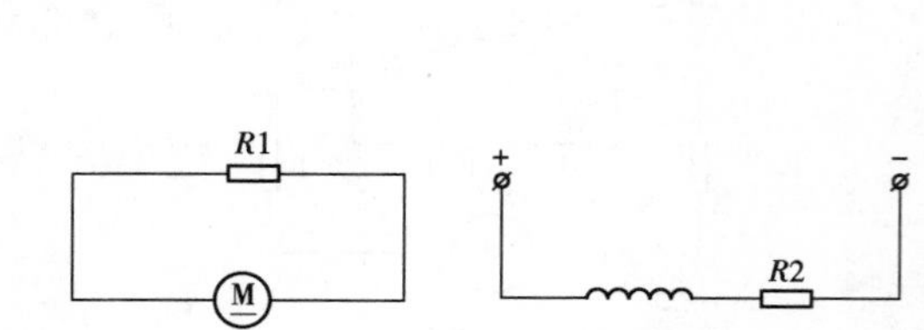

图 1-30 串励电动机他励式能耗制动控制线路

(2) 串励直流电动机他励式能耗制动。

串励直流电动机他励式能耗制动的方法，需要额外的电源设备给励磁绕组进行单独供电，其制动原理图如图 1-30 所示。制动时需断开电源，将电枢绕组与放电电阻 $R1$ 接通；然后把励磁绕组与电枢绕组断开并串入分压电阻 $R2$，再接入外加直流电源，这样他励式能耗制动就能得以实现。

串励直流电动机的他励式能耗制动，因需要额外的直流电源给电动机供电，故增加了设备。同时，励磁电路所消耗的功率比较大，所以经济性也比较差。由此可见，串励直流电动机的能耗制动，仅适用于要求准确停车或小功率直流电动机的场合。因此，串励直流电动机的制动，一般多采用反接制动法。

第 8 节 直流电动机的调速

直流电动机的调速都是在其机械负载不变的情况下，去改变电动机转速的。一般，调速可以采用电气方法、机械方法或电气与机械相配合的方法。在此将只介绍电气调速方法。直流电动机的电气调速主要有以下 3 种方式，即电枢回路串电阻调速；改变励磁电流调速；改变电枢电压调速。下面将简述这几种电气调速方法。

一、并励直流电动机调节电枢回路电阻进行调速

如图 1－31 所示即为调节电枢回路电阻的并励直流电动机调速原理接线图。这种调速方法具有以下特点：在电压等于常值时，直流电动机的转速将随电枢回路电阻的增加而降低，转速越低则机械特性越软；当电枢电流保持额定值不变时，可作为恒转矩调速。但低速时其输出功率则随转速的降低而减小，其输入功率则不变，故电动机效率将随转速的降低而下降。该种调速控制线路适用于并励直流电动机额定转速以下，不需经常调速并且机械特性较软的调速场合。

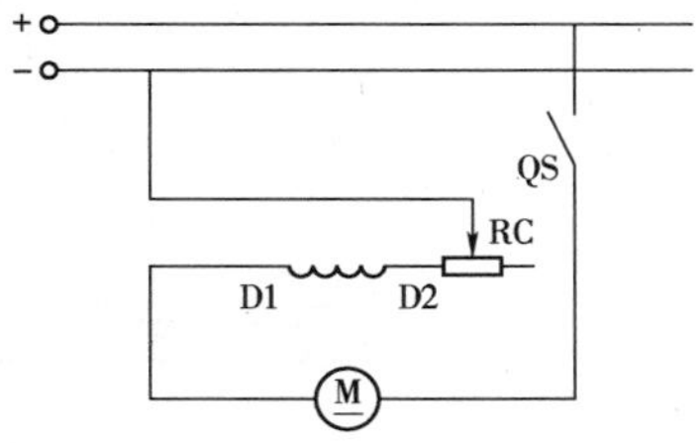

图 1－31　调节电枢回路电阻并励直流电动机进行调速的原理接线图

二、并励直流电动机调节励磁电流进行调速

如图 1－32 所示即为并励直流电动机调节励磁电流进行调速的控制线路。该线路中为限制起动电流，则在电枢回路中串入了起动电阻 R，起动过程结束后则由接触器 KM3 将其切除。此外，该电阻 R 还在电动机制动过程中作为限流电阻使用。直流电动机的并励绕组中串入了调速电阻器 RC，用以实现该电动机的调速。

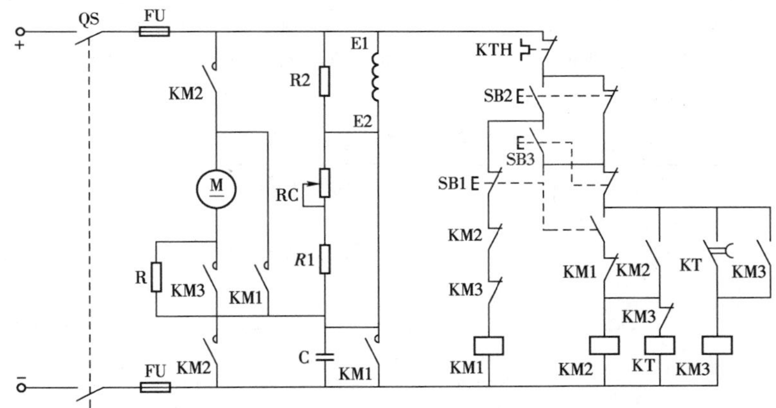

图 1－32　并励直流电动机调节励磁电流进行调速的控制线路

三、他励直流电动机调节励磁电压进行调速

如图 1－33 所示即为他励直流电动机调节励磁电压进行调速的原理图。该调速方法具有以下特点：在磁通等于常值时，转速将随电枢端电压的减少而降低，最低转速受发电机的剩磁限制；当电枢电流保持额定值不变时，其输入、输出功率随电压和转速的降低而减小，效率则将基本不变。这种调节励磁电压的调速方法适用于直流电动机额定转速以下的恒转矩调速。

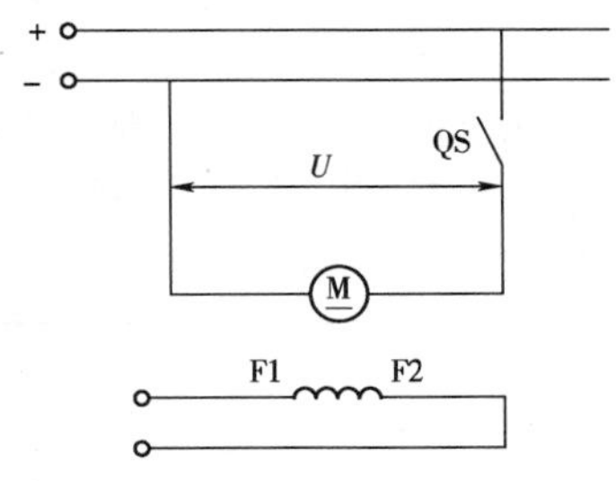

图 1－33　调节励磁电压他励直流电动机进行调速的原理图

图 1－34 所示为发电机—电动机组拖动系统简称为 G－M 系统，该系统即是以调节电枢电压进行调速的。整个系统有交流异步电动机 $M_{3\sim}$、GE为并励直流发电机，它为直流电动机M和直流发电机G提供励磁电压，同时也为控制电路提供电压；G为他励直流发电机，它为直流电动机M提供电枢电压。

当直流电动机M需要进行调速时，即可调节磁场电阻 RC2，以改变

直流发电机G和励磁电流，从而使发电机G输出的电压得以改变；进而使直流电动机M因电枢电压改变而得以调速。但应注意的是，增大直流电动机M的电枢电压时，不得超过其额定值。故通过调节 RC2 调速时，只可在电动机额定转速以下范围内进行。

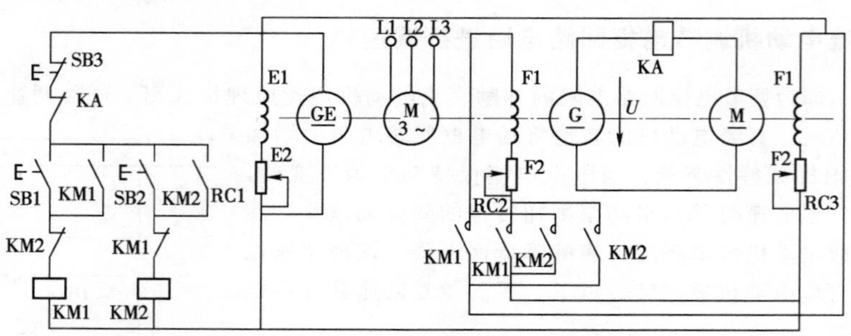

图 1-34　G-M 拖动系统控制线路

四、直流电机换向火花的等级及允许运行方式

直流电动机在进行调速时，通过改变电枢回路电阻，调节励磁电流及调节励磁电压进行调速的过程，必将引起电机的电枢电阻、电流、电压及磁通的强烈变化，从而使换向器与电刷间的火花也将不正常。火花在一定程度内并不会影响电动机的正常工作，若无法消除可允许存在。如果所发生火花大于某一规定限度，尤其是放电性的红色电弧火花，则会产生破坏性作用，必须检查纠正。通常可按表 1-28 鉴别火花等级，以确定电动机进行调速后是否能正常的继续工作。观察火花时，须遮住外来的光线，对于不易接看到的电刷，可用镜反照察看。

表 1-28　　直流电机换向火花的等级及允许运行方式

火花等级	电刷下的火花程度	换向器及电刷的状态	允许的运行方式
1	无火花	换向器上没有黑痕及电刷上没有灼痕	允许长期连续运行
$1_{1/4}$	电刷边缘仅小部分约（1/5～1/4 刷边长）有断续的几点点状火花		
$1_{1/2}$	电刷边缘大部分（大于 1/2 刷边长）有断续的较稀的颗粒状火花	换向器上有黑痕，但不发展，用汽油擦其表面即能除去，同时在电刷上有轻微灼痕	
2	电刷边缘大部分或全部有连续的较密的颗粒状火花，开始有断续的舌状火花	换向器上有黑痕，用汽油不能擦除，同时电刷上有灼痕。如短时出现这一级火花，换向器上不出现灼痕，电刷不烧焦或损坏	仅在短时过载或短时冲击负载时允许出现
3	电刷整个边缘有强烈的舌状火花，伴有爆裂声音	换向器上黑痕相当严重，用汽油不能擦除，同时电刷上有灼痕。如在这一火花等级下短时运行，则换向器上将出现灼痕，同时电刷将被烧焦或损坏	仅在直接起动或逆转的瞬间允许存在，但不得损坏换向器及电刷

第 2 章　直流电机绕组及其联接

直流电机是借换向器和电刷以实现外电路的直流电与电枢绕组内交流电之间相互变换，并同时供静止气隙磁场以实现电枢绕组内交流电与转轴上机械转矩之间相互交换的电机。直流电机的定子磁轭、主极铁芯、气隙和电枢铁芯构成磁路，励磁绕组与电枢绕组的合成磁通势在气隙中形成气隙磁场。当电枢绕组相对气隙磁场旋转感应产生电枢电动势时，电机则为发电机状态；而当载流电枢绕组与气隙磁场相互作用产生电磁转矩时，电机则为电动机状态。直流电机机械功率及电功率分别通过转轴和电刷输入或输出，以实现电机内部机电能量的转换。由于直流电机的这种可逆性，致使直流发电机和直流电动机的基本结构及内部绕组均完全相同。

绕组是直流电机的心脏，它是直流电机所有结构部件中工作最繁重而结构又最薄弱的地方。因为除绕组外电机的许多其他部件多为钢质材料制造，如正常使用一般均较少损坏。而电机绕组则有所不同，它是由绝缘导线绕制并经多层绝缘后嵌置于铁芯槽内的，当通电运行时将会因产生旋转磁场而引起绕组电磁振动及发热，致使绕组成为最易受损的部件。同时由于对电机的选型不当、操作失误和保护失灵等诸多因素，均极易造成电机绕组损坏，严重时甚至会烧毁绕组。因此，电机的故障与修理除少部分机械原因外，多数均为绕组故障的处理和绕组的重绕修理。

直流电机绕组的种类繁多性能各异，要真正理解和掌握直流电机绕组的绕线、嵌线和接线等修理技术，就必须对直流电机绕组的类型、基本参数、结构型式和接线方法等有清楚、正确的了解，下面将对直流电机各类常用绕组逐一进行介绍。

第 1 节　直流电机绕组的分类

直流电机绕组的型式及分类方法很多，现将使用较多的部分绕组的绕组型式分类如表 2－1 所示。

直流电机电枢绕组的主要特点及其应用范围如表 2－2 所示。

表 2－1　直流电机绕组型式分类表

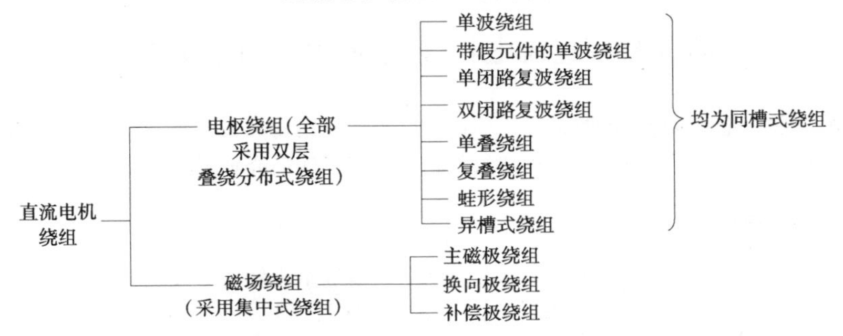

表 2－2　电枢绕组的特点和应用范围

绕组型式	叠绕组		波绕组		蛙绕组	
	单	复	单	复	单	复
线圈元件布置特征	组成一条支路的各个串联线圈元件，其对应边处于同一主极下，线圈元件前后相叠，槽内各元件边按双层布置		组成一条支路的各个串联线圈元件，其对应边处于所有相同极性的主极下，线圈元件展开呈波浪形。槽内各线圈元件边按双层布置		叠绕组和波绕组的线圈元件数相等，相隔 K/P 片的两换向片为等位点，当其节距满足下栏所列的关系式时，叠、波绕组的支路数相等，与两等电位换向片相连的叠、波两线圈元件的合成电动势为零，互起均压线作用，槽内线圈元件；边按四层布置，由上而下依次第 1、4 层为波绕组，2、3 层为叠绕组	

续表

绕组型式	叠绕组		波绕组		蛙绕组	
	单	复	单	复	单	复
重复路数与并联支路数	对应线圈元件边处于同一主极下的$\frac{S}{2P}$个线圈元件组成 mL 条并联支路，mL 称为叠绕组的重复路数。单、双叠绕组的 mL 分别为 1 和 2 绕组的并联支路数 $2a$ 与极数有关 $2a=2mLP$		对应线圈元件边处于相同极性下的$\frac{S}{2}$个线圈元件组成 mW 条并联支路，mW 称为波绕组的重复路数，单、双、三复波绕组的 mW 分别为 1、2、3 绕组的并联支路数 $2a$ 与极数无关 $2a=2mW$		蛙绕组中叠绕组的重复路数为 mL，波绕组重复路数为 $mW=P\cdot mL$，蛙绕组重复路数由其叠绕组决定，支路数为其叠绕组与波绕组支路数之和 $2a=2mLP+2mW=4mLP$	
闭路数	绕组所有线圈元件与换向片连接后所形成的独立闭合回路数称为绕组的闭合路数。闭路数 t 为换向片 k 与 y_k 的最大公约数。单闭路绕组时，$t=1$；双闭路绕组时，$t=2$，依此类推				组成蛙绕组的叠、波绕组闭路数 tL 或 tW 分别为换向片数 k 和换向器节距 ykL 和 ykW 的最大公约数	
电刷宽度	$b_b>(mL+1)\ tk$，tk 为换向片距		$b_b>(mW+1)tk$		$b_b>(mL+1)\ tk$	
刷杆数 N_b	$N_b=2P$		$N_b=2P$ 但也可只用一对电刷		$N_b=2P$	
电刷位置	为使正、负电刷间的支路电动势最大、被电刷短接的线圈元件内感应电动势最小，电刷应安置在几何中性线上，即被电刷短接的元件的轴线应与主极中心线重合，在端部对称弯折的电机中，电刷置于正对主极中心线的换向片上					
绕组特点及应用范围	支路数较波绕组多，用于正常电压和转速的各种功率下的电机	支路数比单叠绕组多，适用于大功率或低电压，大电流的电机	支路数量少，每支路线圈元件串联数较多，不需连均压线，制造方便，用于小功率以及电压较高或低转速电机	支路数比单波多，较单叠少，可用于多极数的低速中、大型电机中	应用范围与单叠绕组相同，可以不另接均压线	支路数比单蛙的多，应用范围基本上与复叠绕组相同

第 2 节　直流电机绕组的构成及图示法

绕组是直流电机进行机电能量转换时最关键的部件，因而其结构也最为复杂，型式也多种多样。为深入了解和掌握电机绕组的本质，现对交直流电机绕组的构成及图示法简介如下。

一、直流电机绕组的构成

直流电机主要有电枢绕组和磁场绕组这两部分绕组。磁场绕组为绕在凸极磁极上的集中式绕组，它的原理、结构、绕制和嵌放等均较为简单，在此暂不谈，待下面有关章节再予介绍，现着重介绍直流电机电枢绕组构成情况。

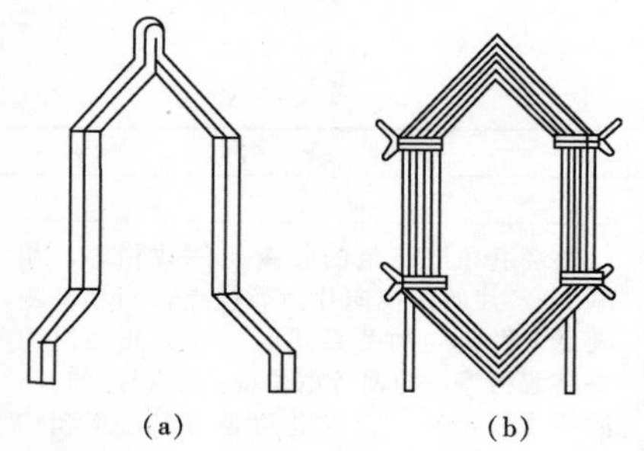

图 2-1　单匝与多匝绕组元件
(a) 单匝元件；(b) 多匝元件

直流电机的电枢绕组是由多个绕组元件构成，绕组元件均安放在电枢槽内，并以一定的规律与换向片联接以形成闭合回路。由绕组元件所组成的闭合回路通过换向器被正、负电刷分成若干条并联支路，并通过正、负电刷去与外电路相联。每一支路各绕组元件的对应边于叠绕组时应在同一主磁极下；而波绕组时则应处于所有相同极性的主磁极下，以获得最大的支路电动势和电磁转矩。

电枢绕组每个绕组元件的匝数可以是单匝或多匝，如图 2-1 所示。

绕组元件的两个边分别置于不同槽的上、下层内，每槽每层并列的元件边数 u（又称为虚槽数）通常为 1～5 个，如图 2-2 所示。

当绕组元件边大于 1 时，并列的绕组元件可以布置成同槽式或异槽式绕组，如图 2-3 所示。

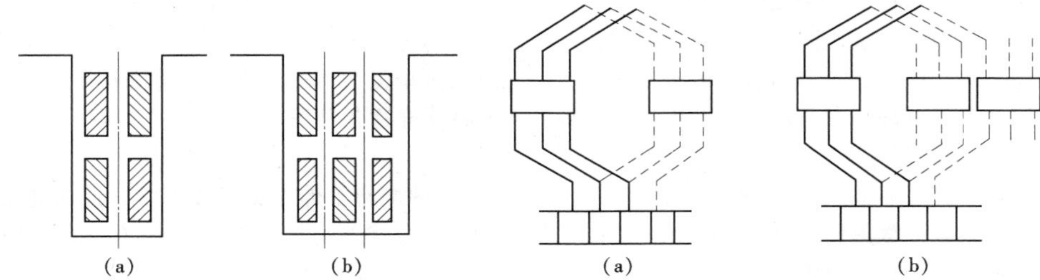

图 2-2　电枢绕组槽内各元件边的安置

图 2-3　绕组元件在槽内的布置

(a) 同槽式；(b) 异槽式

为使直流电机空载时绕组不产生环流，电机负载时各并联支路内电流必须均匀分配，电枢绕组内各对支路的绕组元件数应该相等，其对应绕组元件或元件边应处于相同的磁场位置，使电机运行时绕组各并联支路具有相同的电阻和电动势。为此就必须满足以下条件：

(1) u=整数。

(2) $\frac{Z}{a}$=整数。

(3) $\frac{p}{a}$=整数。

式中　u——每槽并列的绕组元件边数；

Z——电枢铁芯槽数；

a——并联支路数；

p——电机极对数。

对于电机为双叠绕组或极对数 p 为奇数的双波绕组，因为 $\frac{p}{a}$ 不是整数，故必须满足下列条件才能构成完整的电枢绕组：

(1) u=整数。

(2) $\frac{Z}{a}$=整数。

(3) $\frac{2p}{a}$=整数。

除蛙绕组外所有 $a>1$ 的电枢绕组，采用均压线时均可获得满意的换向条件。

二、电枢的绕组节距

直流电机的电枢绕组主要有叠绕组、波绕组和蛙形绕组等几种，其中单叠绕组和单波绕组是最基本和常用的绕组型式。这些绕组型式的差别则主要在于联接方式的不同，而电枢绕组联接方式又取决于绕组节距 y、y_1、y_2 和 y_k。电枢绕组的槽节距 y 则如图 2-4 所示。

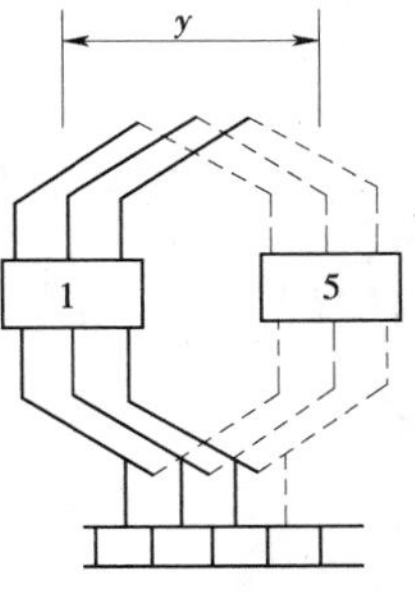

图 2-4　电枢绕组的槽节距

电枢绕组的槽节距 y 则是指绕组元件的两个元件边在电枢圆周上的跨距，以槽数表示。y_s 的数值应等于或接近于一个极距内的槽数。

$$y=\frac{Z}{2p}\mp\varepsilon_s$$

式中　Z——电枢铁芯槽数；

p——极对数；

ε_s——调整数。

当 $\varepsilon_s<1$ 时，$\varepsilon_s=0$ 则为全距绕组；取"－"号时为短距绕组；取"＋"号时则为长距绕组。

三、直流电机绕组的图示法

电机绕组图主要是用来表示线圈在铁芯槽内嵌放的位置、次序及其联接的，因而电机绕组图不同于平时我们所看到的机械图。通常在绕组图上只是用形状与线圈近似的直线来表示绕组，图中除绕组导线以外的其他物体一般均不画，这样就不会因表示的东西太多而使绕组图过于复杂。电机绕组图使用展开图和示意图的比较多，而展开图又分环形展开图和平面展开图两种，下面将简介这几种图。

1. 电枢绕组环形展开图

电枢绕组环形展开图如图 2－5 所示，它是将电枢绕组的一端翻转平伸布置于图面上，此时整个圆筒形电枢绕组已变换成圆形放射图，绕组所有元件的嵌放位置、联接方式等均清晰而详尽地展示了出来。因此，它是电机绕组图中最形象和直观的一种图，但却也是最费时、费力难以绘置的图。

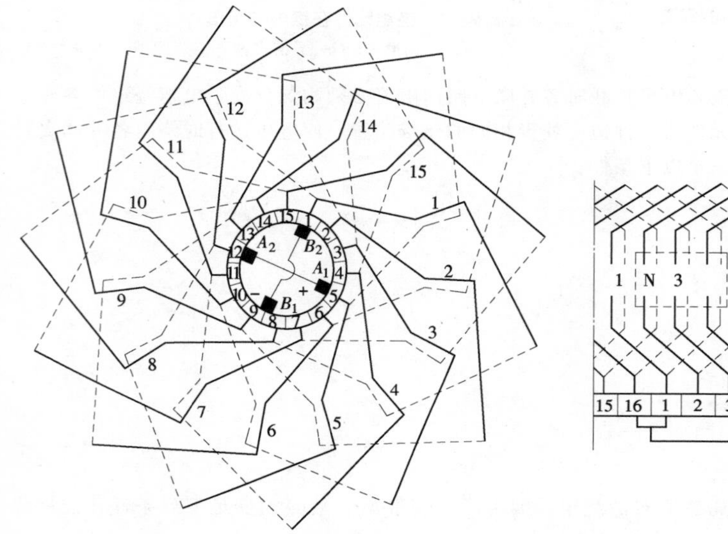

图 2－5　电枢绕组环形展开图

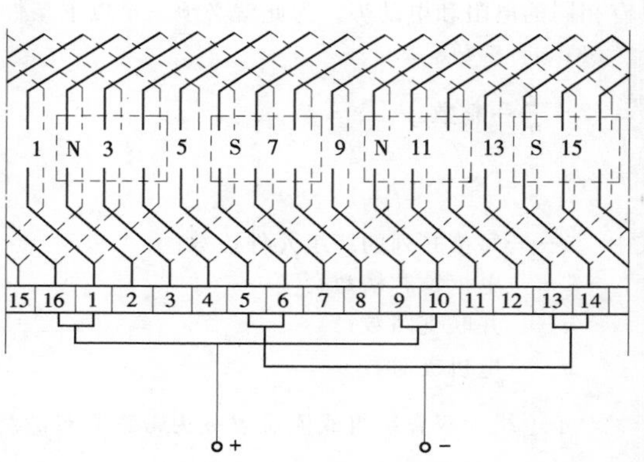

图 2－6　电枢绕组平面展开图

2. 电枢绕组平面展开图

电枢绕组平面展开图如图 2－6 所示，这种图是假定将电枢铁芯和绕组在某处位置切开拉平，把整个电枢绕组平摊在图面上。此图也能基本看清全部绕组的情况，但切开的那部分线圈的联接却给看图带来许多困难。不过由于其绘置时较环形展开图要容易些，因而它是一种在实际中应用最为普遍的绕组图。

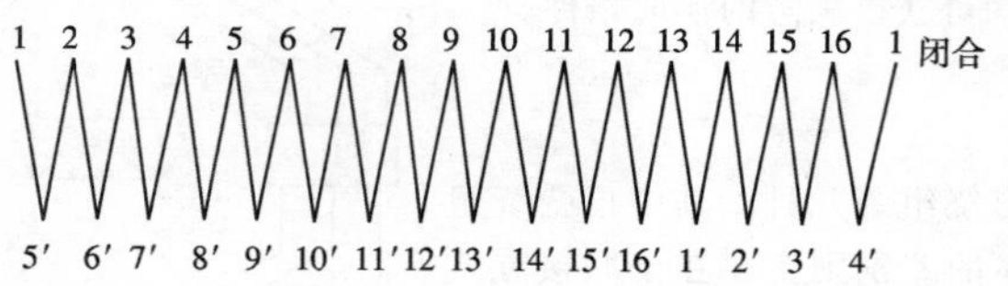

图 2－7　4 极 16 槽单叠绕组接线示意图

3. 电枢绕组的示意图

电枢绕组的示意图如图 2－7 所示，从图中可以看出该种绕组图是根据电枢绕组类型所规定的 y、y_k 等节距布置的，示意图上面一排数字是按换向器节距 y_k 顺序排列的，因该例电机为 4 极 16 槽单叠绕组，故其节距 y_k 为 1；y 则为 $y=\frac{Z}{2p}\mp\varepsilon_s=\frac{16}{4}=4$，即为 1～5 槽，示意图中的下排数字就是按槽节距 y 排列的。从图 2－7 中不难看出，示意图以其极为简单方便的形式同样准确完整地反映出电枢绕组的基本情况。

第 3 节　电枢绕组及其联接

直流电机的电枢绕组复杂多样，常用的电枢绕组均采用双层叠绕组，其每个绕组元件的首尾线端按一定规律相互联接于换向器上，以形成一个完整而闭合的绕组。小容量直流电机的电枢绕组其线圈一般用多匝圆铜线绕组。中大容量直流电机则采用较大截面的绝缘扁铜线或裸扁线，先制成半匝或单匝绕组元件，经绝缘后分别嵌置于电枢铁芯槽中，然后将这些半匝或单匝绕组元件联接成线圈和绕组。通常情况下，电枢绕组的绕组元件（或线圈）数一般均不多，因而可在电枢铁芯每槽各嵌置上、下两层有效边，这时其电枢铁芯槽数将等于绕组元件数或线圈数；如果绕组元件数或线圈数多于电枢铁芯槽数时，则需在每槽的上、下层分别并列放置多个绕组元件有效边。这样，可以将这些绕组元件边用假设的“虚槽”数来看待，也就是说一个实槽是由若干个“虚槽”(即并列放置的多个绕组元件边）组成，如图 2-8 所示。而虚槽数则等于绕组元件数或线圈数，即

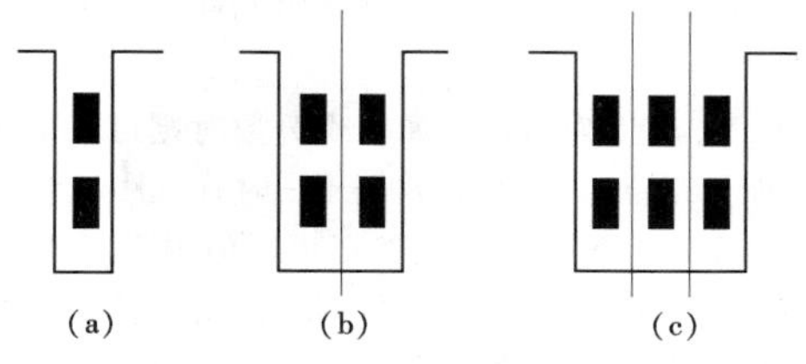

图 2-8　实槽与虚槽

(a) 1 个虚槽等于 1 个实槽；(b) 2 个虚槽等于 1 个实槽；(c) 3 个虚槽等于 1 个实槽

$$Z_0 = S = K = uZ$$

式中　Z_0——虚槽数；

S——电枢绕组元件数或线圈数；

K——换向器的换向片数；

Z——电枢铁芯的实际槽数；

u——每实槽内包含的虚槽数。

一、电枢绕组的类型、节距和绕向

1. 电枢绕组的类型

常用电枢绕组主要有以下几种类型：

(1) 单叠绕组。

(2) 复叠绕组。

(3) 单波绕组。

(4) 复波绕组。

(5) 带假元件单波绕组。

(6) 蛙形绕组。

在这些绕组类型中，单叠绕组和单波绕组则是最基本、最常用的绕组型式，其余几种类型均是在这种型式上的演变与综合。

2. 电枢绕组的节距

电枢绕组类型的差异主要在于绕组联接方式的不同，而联接方式则是由电枢绕组以下四个节距来决定的，其节距如图 2-9 所示，现分别介绍如下。

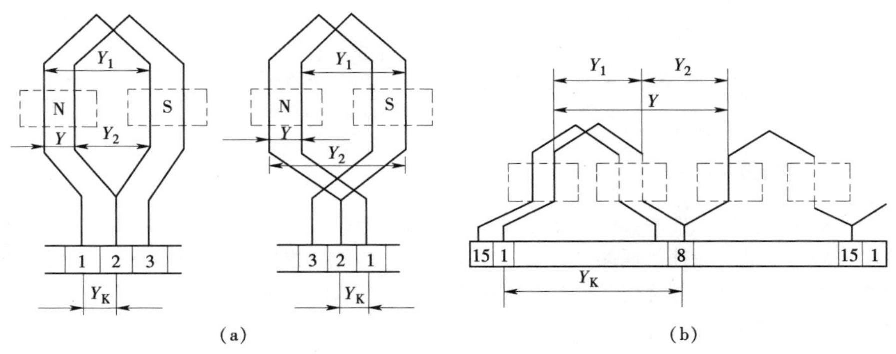

图 2-9　电枢绕组的节距

(a) 叠绕组；(b) 波绕组

(1) 第一节距 Y_1。是绕组元件（线圈）两有效边之间的跨距，均以实槽表示，它等于绕组元件（线圈）的宽度。

Y_1 应该为整数，如出现分数时则可采取增、减一个分数的办法将其凑成整数。当 Y_1 的数大于极距 τ 时则称长距绕组；Y_1 的数等于 τ 时称全距绕组；Y_1 小于 τ 时则称短距绕组。长距和短距绕组均能改善换向性能，全距绕组则感应电势最大，但因短距绕组还具有所用导线较少的优点，故第一节距 Y_1 大多采用短距。

(2) 第二节距 Y_2。是第一绕组元件（线圈）的下层有效边到与其联接的第二绕组元件的上层有效边之间的距离，用槽数表示。

(3) 合成节距 Y。是第一绕组元件（线圈）的上层有效边到与其串联的第二绕组元件的上层有效边之间的距离，它是区别电枢绕组接线方式的重要数据。

(4) 换向器节距 Y_K。是指一个绕组元件（线圈）的首、尾端在换向器上所联接的换向片之间的距离，以换向片数表示。

3. 电枢绕组的绕向

电枢绕组线圈的绕行方向分为左行与右行两种，如图 2-10 所示。其分别是以面对换向器来决定的，绕组向右绕行为右行，反之则为左行。

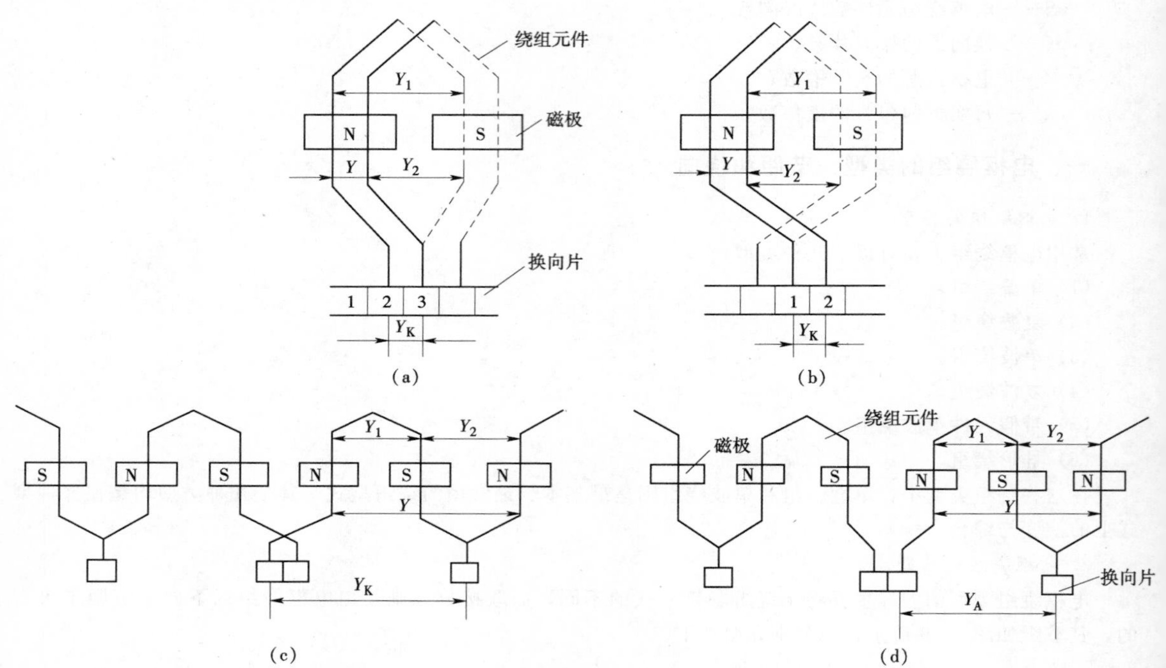

图 2-10　电枢绕组的绕向

(a) 右行（开口式）绕组，叠绕组；(b) 左行（交叉式）绕组，叠绕组；(c) 右行（开口式）绕组，波绕组；(d) 左行（开口式）绕组，波绕组

二、单叠绕组的联接

单叠绕组是将每个绕组元件的首端和尾端接到相邻的两个换向片上，第一个绕组元件的尾端与第二个绕组元件的首端、第二个绕组元件的尾端又与第三个元件的首端依次相接，直到最后一个绕组元件的尾端与第一个绕组的首端相接，这时全部绕组元件就被联接成一个完整的闭合绕组。由于 $Y_K=\pm1$，合成节距 Y 也等于 ±1，因此，单叠绕组的节距为

$$Y_K=Y=\pm1$$

当 $Y_K=Y=1$ 时，为右行式（也称后退式）单叠绕组；而当 $Y_K=Y=-1$ 时，则为左行式（也称前进式）单叠绕组。因左行绕组的端接线相互严重交叉，绕组极易产生短路故障，所以在实用中一般均不采用左

行绕组。现以一台 $2p=4$，$Z=Z_0=S=K=16$ 的直流电机电枢绕组为例，来说明单叠绕组的联接。

其绕组节距为

$$Y=Y_K=1 \qquad (\text{采用右行绕组})$$

$$Y_1=\frac{Z_0}{2p}\pm\varepsilon=\frac{16}{4}=4 \qquad (1\sim5\text{ 槽})$$

$$Y_2=Y_1-Y=4-1=3$$

式中　ε——使 Y_1 凑成整数的分数值。

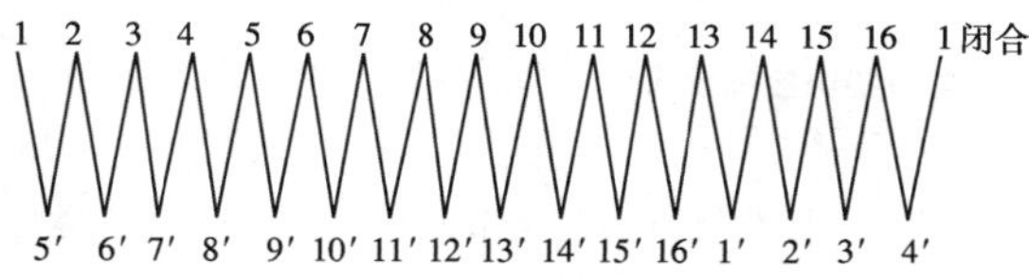

图 2-11　4 极 16 槽单叠绕组接线示意图

根据计算得出的各节距数据从第 1 号绕组元件和换向片开始，将绕组元件的上层有效边嵌置于第 1 槽，下层有效边则放在 $1+Y_1=1+4=5$，即第 5 槽内。第 2 号绕组元件的放在 $1+Y=1+1=2$，即第 2 槽内，下层有效边则放于 $2+Y_1=2+4=6$，即第 6 槽内，接着顺序嵌完全部绕组元件。然后将嵌置在第 5 槽的第 1 号绕组元件的下层尾端接到换向片 1 上，处于第 1 槽的第 1 号绕组元件的上层首端则接到相邻的换向片 2 上。第 6 槽的第 2 号绕组元件的下层尾端接到换向片 2 上，处于第 2 槽的第 2 号绕组元件的上层首端则接到换向片 3 上。依此类推，把各绕组元件依次联接起来，最后一个绕组元件的尾端接到 1 号换向片，使全部绕组元件构成一个自行闭合的绕组。图 2-11 所示为单叠绕组接线示意图，图 2-12 所示则为绕组展开图。

从单叠绕组接线展开图可以看出，电枢绕组共形成四条支路，分别由 A_1、A_2 两个正极性电刷联接成为对外电路的正极；B_1、B_2 两个负极性电刷则联接成为对外电路的负极。如果把图 2-12 予以简化，则得到图 2-13 所示并联支路图。

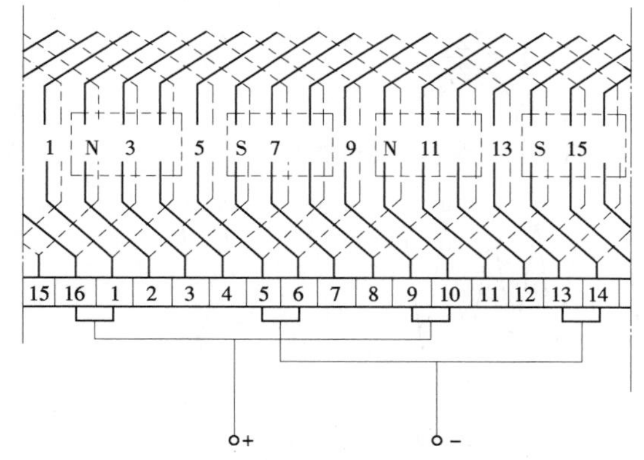

图 2-12　4 极 16 槽单叠绕组接线展开图

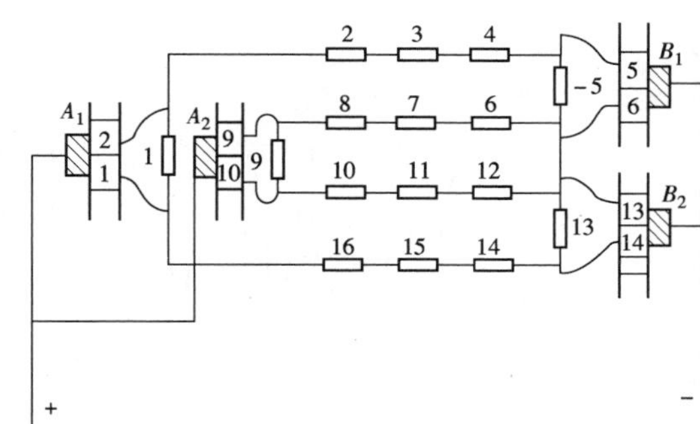

图 2-13　4 极 16 槽单叠绕组并联支路图

由此可知，单叠绕组的支路就是在相邻两异性电刷之间的若干绕组元件（线圈）组成的部分绕组，并且在直流电机中单叠绕组的并联支路数等于磁极数。

三、复叠绕组的联接

在大容量、高转速或大电流、低电压的直流电机中，常采用复叠绕组。复叠绕组与单叠绕组的区别就在于换向器节距 Y_K，复叠绕组的换向器节距 $Y_K=\pm m$，m 称为复倍系数。这时可把复叠绕组看成是由嵌放在电枢铁芯上的 m 个单叠绕组所组成。不过，实用中通常只采用 $m=2$ 的复叠绕组，也称为双叠绕组。图 2-14 为 4 极 18 槽双闭路复叠绕组的接线示意图，从图中可以看出，复叠绕组的每一个绕组元件的首尾端不是像单叠绕组那样接在相邻两换向片上。而是将第 1 绕组元件的尾端越过绕组元件 2 去与绕组元件 3 的首端联接，绕组元件 3 的尾端则跳过绕组元件 4 去与绕组 5 的首端联接，依此类推。复叠绕组就这样有规律地隔一个绕组元件去接一个地进行联接，将奇数绕组元件和换向片联接成一个自成回路的单叠绕组。余下的偶数绕组元件和换向片按相同方法接成另一个单叠绕组，图 2-15 为 4 极 18 槽双闭路复叠绕组接线展开图。由于该复叠绕组中的两套单叠绕组均安置在同一个电枢上，而且各自形成一个闭合绕组，因此称为双闭路双叠绕组。

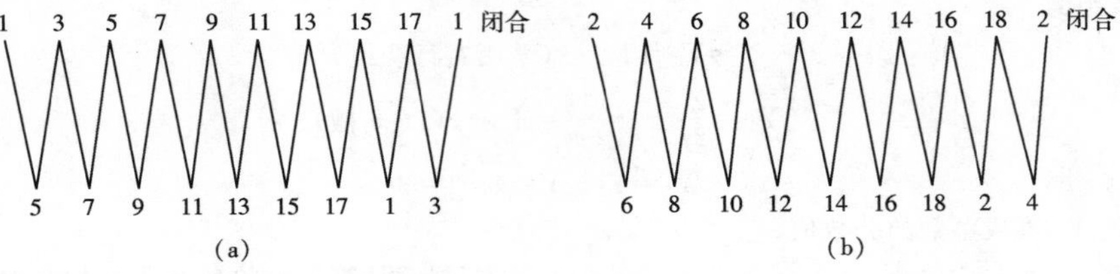

图 2－14　4 极 18 槽双闭路复叠绕组接线示意图

(a) 奇数元件回路；(b) 偶数元件回路

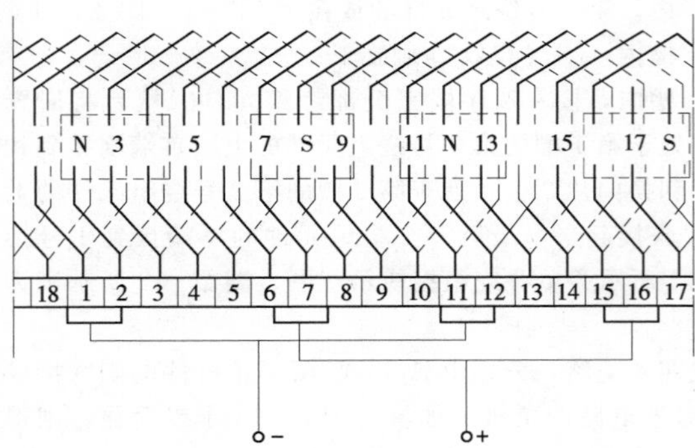

图 2－15　4 极 18 槽双闭路复叠绕组接线展开图

复叠绕组的绕组节距可由下列公式求得

$$Y=Y_K=\pm m$$

$$Y_1=\frac{Z_0}{2p}\pm\varepsilon=\text{整数}$$

$$Y_2=Y_1-Y$$

复叠绕组中如 $m=2$，$K=$偶数时，称为双闭路复叠绕组，当 $m=2$，$K=$奇数时，则称为单闭路复叠绕组。

现以一台 $2p=4$，$m=2$，$Z_0=S=K=23$ 的直流电机为例来说明单闭路复叠绕组的接法。

这时，其绕组节距为

$$Y=Y_K=m=2$$

$$Y_1=\frac{Z_0}{2p}\pm\varepsilon=\frac{23}{4}+\frac{1}{4}=6(\text{即 }1\sim7\text{ 槽})$$

$$Y_2=Y_1-Y=6-2=4$$

图 2－16 为 4 极 23 槽单闭路复叠绕组的接线示意图，图 2－17 则为其绕组展开图。

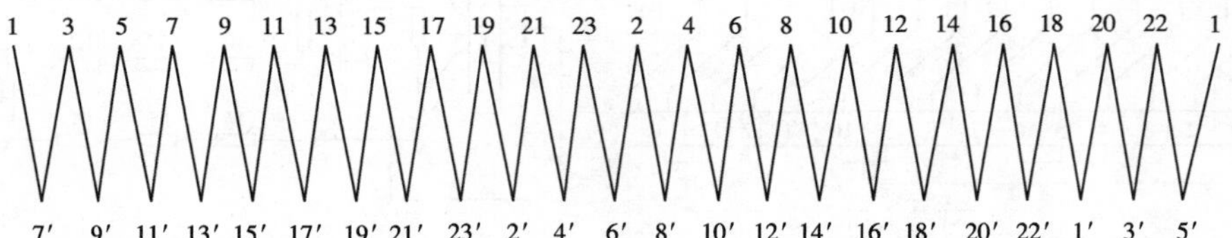

图 2－16　4 极 23 槽单闭路复叠绕组接线示意图

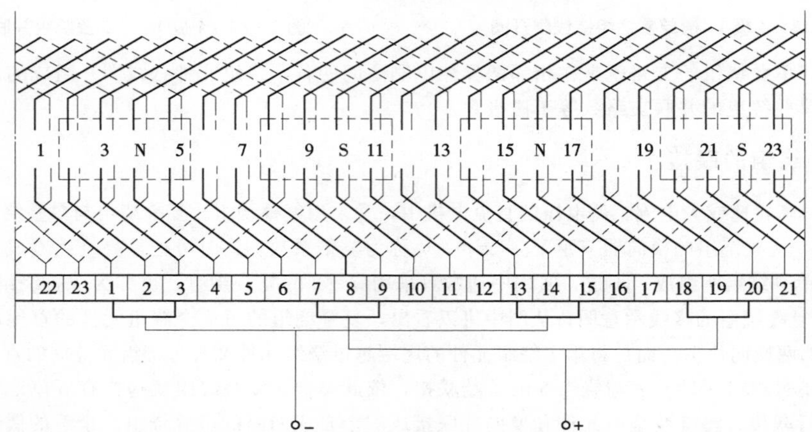

图 2－17　4 极 23 槽单闭路复叠绕组接线展开图

四、单波绕组的联接

单波绕组的接线方法虽然也是前一个绕组元件的尾端与后一个绕组元件的首端焊接在同一个换向片上，但是绕组元件的合成节距、换向器节距和联接顺序却与叠绕组完全不同。它是将同极性下的绕组元件依次全部串联起来，绕组元件的首尾端则接在相距约2倍于极距的换向片上；当顺着串联的绕组元件绕行电枢一周后，就回到起始换向片相邻的一片换向片上；接着开始第二周的同样接线，直至接完全部绕组。综上所述，单波绕组的主要特点是，其绕组元件的首尾端要接到相隔约两倍极距的两换向片上，而且相互联接的两个绕组元件也相隔较远；串联绕组元件在绕换向器一周后，应回到与起始换向片相邻的换向片上；绕组的换向器节距 Y_K 应等于 $Y_K=\frac{K\pm 1}{p}$＝整数。

单波绕组的绕组节距可按下式计算

$$Y=Y_K$$

$$Y_1=\frac{Z_0}{2p}\pm\varepsilon=\text{整数}$$

$$Y_2=Y-Y_1$$

现以一台 $2p=4$，$Z_0=S=K=15$ 的直流电机为例来说明单波绕组的接法。该绕组节距为

$$Y_K=Y=\frac{K\pm 1}{p}=\frac{15-1}{2}=7$$

$$Y_1=\frac{Z_0}{2p}\pm\varepsilon=\frac{15}{4}-\frac{3}{4}=3$$

$$Y_2=Y-Y_1=7-3=4$$

图2-18所示为4极15槽单波绕组接线示意图，图2-19所示则为其绕组展开图。

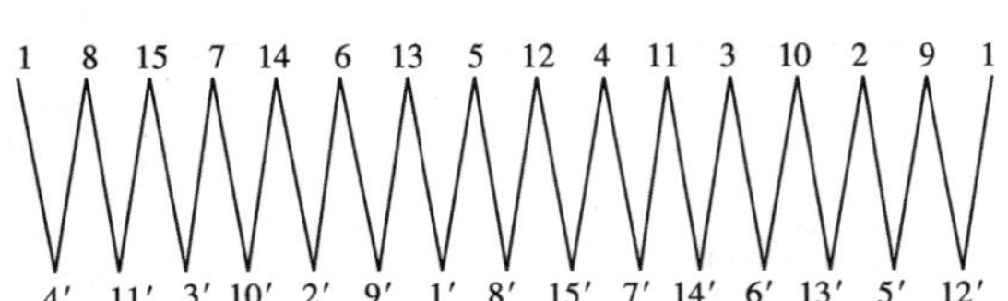

图2-18　4极15槽单波绕组接线示意图

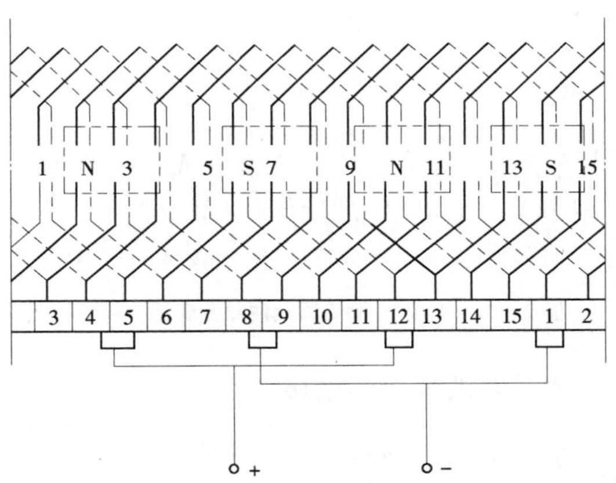

图2-19　4极15槽单波绕组接线展开图

单波绕组的并联支路如图2-20所示，从图中可以看出，单波绕组的接线是先串联所有N极下的上层绕组元件边和S极下的下层绕组元件边，它们组成一条支路，该支路中各绕组元件的电势是相加的。然后再串联所有S极下的上层绕组元件边和N极下的下层绕组元件边，它们组成另一条支路，支路中各绕组元件的电势也是相加的。沿绕组绕线方向看，第二支路的电势方向与第一支路的电势方向正相反；而从与外电路联接的电刷来看，其电势方向却是相同的。

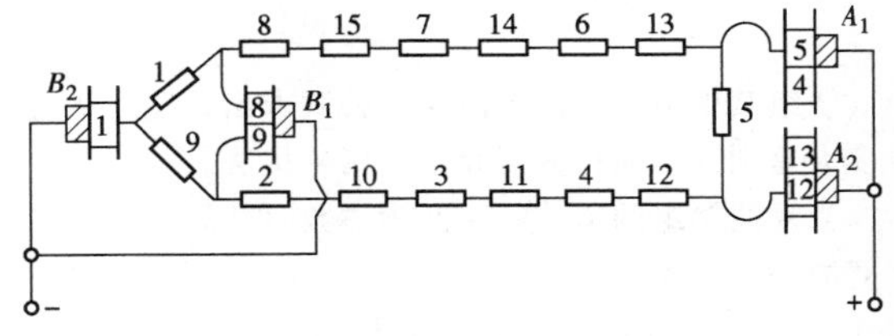

图2-20　4极15槽单波绕组并联支路图

单波绕组无论其磁极对数为多少，它都只有两条支路，即支路对数 $a=1$。故从理论上讲，电机只需装一对电刷就可以了。但在实用中却仍按电刷数等于磁极数来装置电刷，因为这样可以使每组电刷的负载电流

减小，从而可使用截面较小的电刷或减少每组电刷数量，相应地可缩小换向器的尺寸。

五、带假元件单波绕组的联接

单波绕组换向器节距 Y_K 的公式为

$$Y_K=\frac{K\pm 1}{p}=\text{整数}$$

从单波绕组 Y_K 的公式可以看出，为保证 Y_K 为整数，对 K 和 p 数值间的匹配就有一定的限制。例如当 $p=2$，K 就必须为奇数，相应地绕组元件 S 和电枢槽数 Z_0 也必是奇数。但在实际生产中有时需要利用现存的偶数槽铁芯冲片，这时虚槽数 u 必须取为偶数，于是 $Z_0=uZ$ 也为偶数，$S=Z_0$ 也为偶数。在这种情况下 $K=Z_0-1=S-1$，即绕组元件数不等于换向片数 K，也就是将会有一个绕组元件不与换向器相接，这个空置下来的绕组元件就称为假元件。下面以一台：$2p=4$，$Z=Z_0=uZ=S=20$，$K=19$，采用单波绕组的直流电机为例来说明这种接法。这时，其绕组节距为

$$Y=Y_K=\frac{K\pm 1}{p}=\frac{19-1}{2}=9$$

$$Y_1=\frac{Z_0}{2p}=\frac{20}{4}=5$$

$$Y_2=Y-Y_1=9-5=4$$

图 2-21 为 4 极 20 槽带假元件单波绕组接线示意图，图 2-22 为 4 极 20 槽带假元件单波绕组接线展开图。

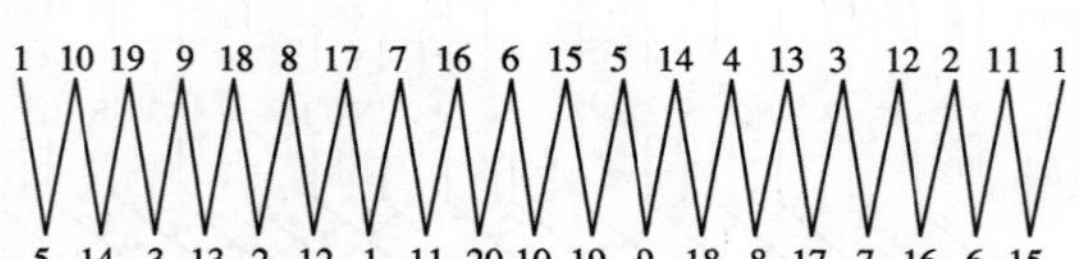

图 2-21　4 极 20 槽带假元件单波绕组接线示意图

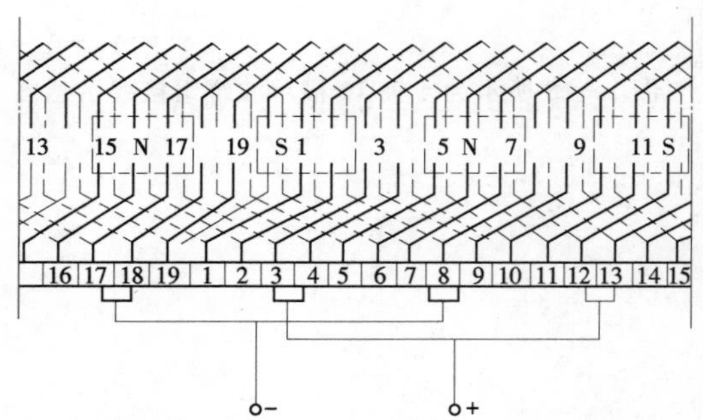

图 2-22　4 极 20 槽带假元件单波绕组接线展开图

六、复波绕组的联接

复波绕组是绕组元件绕接换向器一周后，不回到原起始换向片的相邻片上，而是回到相隔 2 片或 m 片上。这时实际上等于将两个或 m 个独立的单波绕组互相交叠在一起，再经电刷并联接起来。

因单波绕组只有一对支路（$a=1$ 或 $2a=2$），故复波绕组的并联支路数为 $2a=2m$。这时，换向器节距为

$$Y_K=\frac{K\pm m}{p}$$

绕组其他节距可由单波绕组公式求出。复波绕组也分为单闭路和双闭路两种接法，两者在运行性能上没有多大差别。下面将分别介绍这两种接法。

当复波绕组的 K 与 Y_K 互为质数时就属于单闭路绕组，它的两套各自联接的绕组将互相串联而成为单闭路复波绕组。现以一台 $2p=4$，$Z_0=Z=S=K=16$，$m=2$ 的直流电机为例来说明这种接法。其绕组节距为

$$Y=Y_K=\frac{K\pm m}{p}=\frac{16-2}{2}=7$$

$$Y_1=\frac{Z_0}{2p}-\varepsilon=\frac{16}{4}=4$$

$$Y_2=Y-Y_1=7-4=3$$

图 2-23 为 4 极 16 槽单闭路复波绕组接线示意图，图 2-24 为 4 极 16 槽单闭路复波绕组接线展开图。

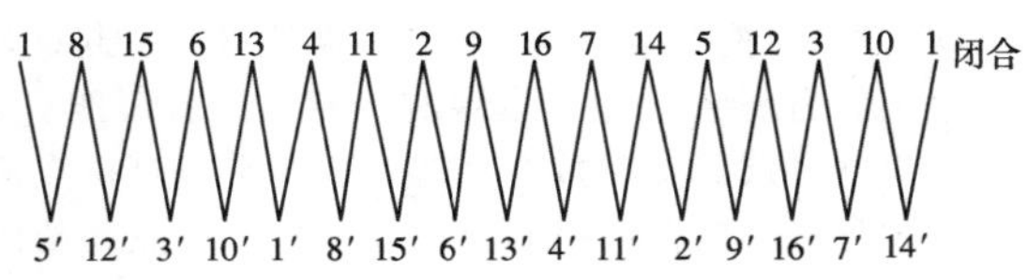

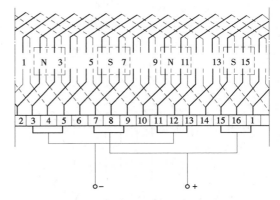

图 2-23　4 极 16 槽单闭路复波绕组示意图

图 2-24　4 极 16 槽单闭路复波绕组展开图

如复波绕组的 K 与 Y_K 之间有公约数 2 时则属于双闭路绕组。现以一台 $2p=4$，$Z_0=Z=S=K=18$，$m=2$ 的直流电机为例来说明这种接法。其绕组节距为

$$Y=Y_K=\frac{K\pm m}{p}=\frac{18-2}{2}=8$$

$$Y_1=\frac{Z_0}{2p}\pm\varepsilon=\frac{18}{4}-\frac{1}{2}=4$$

$$Y_2=Y-Y_1=8-4=4$$

图 2-25 为 4 极 18 槽双闭路复波绕组接线示意图，图 2-26 为 4 极 18 槽双闭路复波绕组接线展开图。

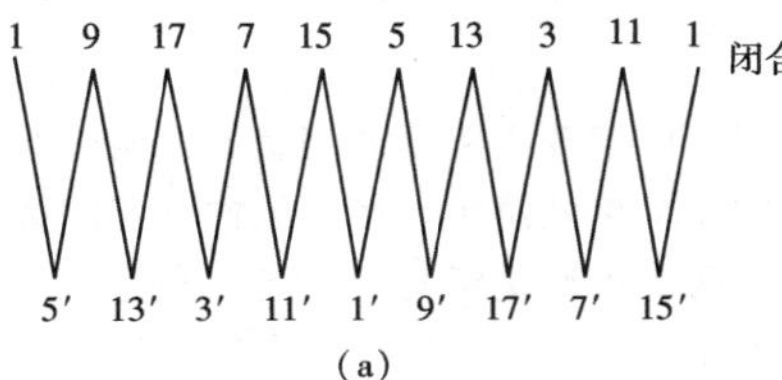

(a)

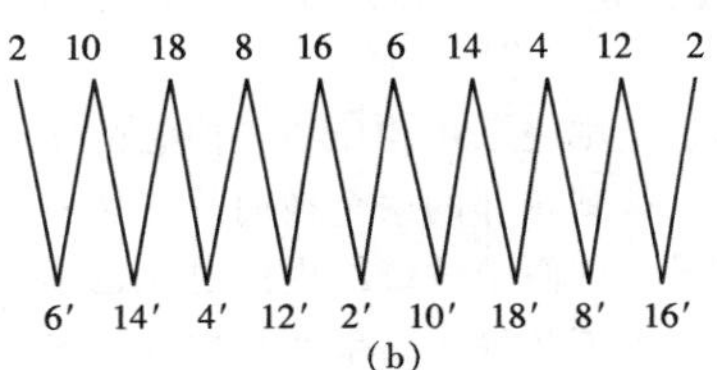

(b)

图 2-25　4 极 18 槽双闭路复波绕组接线示意图

(a) 奇数元件回路；(b) 偶数元件回路

由图可见，联接奇数换向片的绕组元件和联接偶数换向片的绕组元件，它们分别形成各自的闭合回路，然后通过电刷将两套独立绕组并联起来。因为这种绕组在电枢铁芯及换向器上具有自成闭合回路的两套绕组，所以就称为双闭路复波绕组。

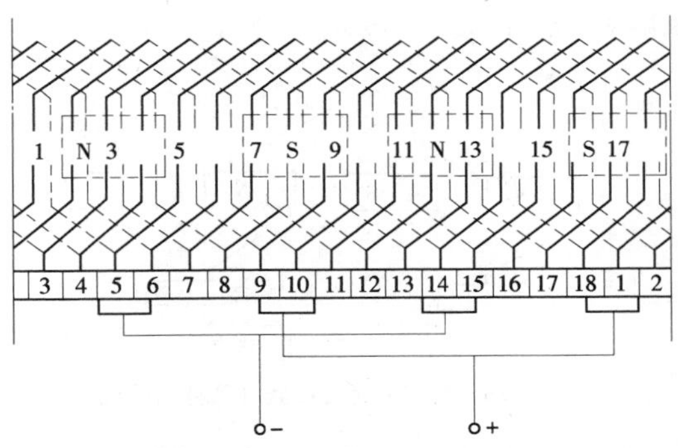

图 2-26　4 极 18 槽双闭路复波绕组接线展开图

七、电枢绕组的均压接线

直流电机因零部件的加工误差或装配不够精确，以及经长期运转后轴承磨损等诸多原因，使得电枢与各主辅磁极间的气隙不均匀，就会导致各磁极下的磁通和绕组内各并联支路的电势不相等。同时又因电枢绕组本身电阻值很低，这一微小的电势差异，就足以产生经同极性电刷环流于绕组内的均压电流，致使电枢绕组和电刷过热而增加电机损耗。为了消除这种不利现象，容量较大的直流电机电枢绕组可在几点相等电位上用均压线加以联接，使均压电流不经电刷而是经均压线通过。因流经均压线的电流是交流，所以该电流将产生交变磁通，并将作用于主磁通，其结果是既消除了磁场中因气隙不均匀而造成的不对称现象，又使磁场恢复了对称与平衡，从而提高了电机的各项运行性能。下面将电枢绕组常用的几种均压线的应用与接线介绍如下。

1. 单叠绕组均压线

图 2-27 为单叠绕组均压线的接线实例，其有关参数为：$2p=4$，$Z=16$，$Y_1=4$，$Y_2=3$，$Y=Y_K=1$。

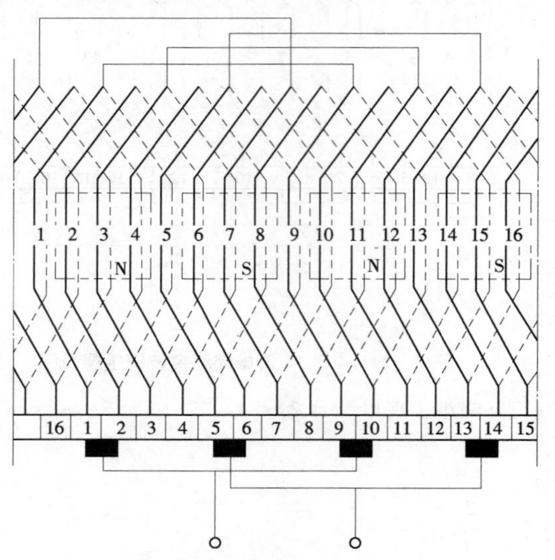

图 2-27　单叠绕组均压线（甲种均压线）

从图中可以看出，各均压线把电枢绕组内电位相等的两点接了起来。单叠绕组由于其每一对磁极下的绕组元件组成一对支路，对于每对支路中的某一电位点，均可以在另一对磁极下的支路中找到一个相等的电位点。因此，如果极对数为 p，这就可能有 p 个等电位点需要联接在一起；并且还因为 $p=a$，也可以说有 a 对支路就可能有 a 个等电位点需要联接在一起。这 a 个等电位点应均匀分布在电枢绕组和换向器上，每两点间的距离 Y_p 等于两个整极距，即 $Y_p=K/p=K/a$。但是，不是所有单叠绕组中都能找到等电位点，要能联接均压线则必须满足 $Y_p=K/a=$整数的条件，否则就会找不到等电位点，也就不可能进行均压线联接。单叠绕组的均压线通常习惯上称为甲种均压线。

2. 复波绕组均压线

单波绕组的每一支路是全部由同磁极极性下的绕组串接而成的。电机各磁极磁通即使不相等，而两支路中的电势却总是相等的。所以单波绕组中要求 $Y_K=(K\pm1)/p$ 必须是整数，而 K/p 就不可能为整数，也就是说在单波绕组中不存在等电位点，因而也就不能接均压线。

双闭路复波绕组则应采用均压线，但它的作用却不同。由于双闭路复波绕组是由两个互相独立的单波绕组经电刷并联而成，其相邻的两个换向片必然属于不同的两个单波绕组，如果电刷与不同绕组所接换向片间的接触电阻不相等，则两个波绕组内的电流也不会相等，两个单波绕组间的电流分布也将会不均匀，于是将引起绕组内的电压也不相等，结果使相邻各换向片间的电压急剧增高。为此，必须将组成复波绕组的全部单波绕组彼此用均压线联接起来。这种均压线习惯上称为乙种均压线。

复波绕组的均压线其节距不同，并且接线也不同。如果 $2p/a=$偶数，其均压线节距则为 $Y_p=K/p$，其均压线的实际接线如图 2-28 所示；如果 $2p/a=$奇数，则必须用均压线联接电枢两端绕组各点，其均压线的实际接线如图 2-29 所示。

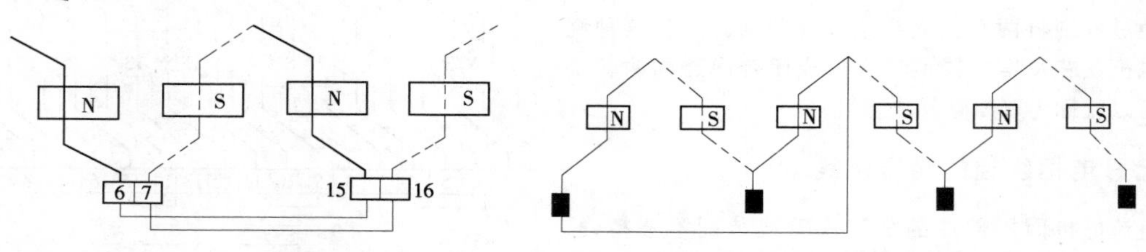

图 2-28　复波绕组均压线（乙种均压线）　　**图 2-29　6 极电枢复波绕组均压线**

复波绕组内的均压线数通常约为每极两路，均匀分布于绕组上。单闭路复波绕组为消除负载时由于支路电流不等而引起的等电位点间的电势，也要采用乙种均压线。

3. 复叠绕组均压线

复叠绕组中的每个单叠绕组都应采用甲种均压线；双闭路接法的两个单叠绕组间则应采用乙种均压线。但复叠绕组均压线的接法和波绕组则不同，因为在换向器上每隔两个极距的等电位点都属同一个绕组，再者两个单叠绕组本身均是对称的，所以在换向器端就不可能存在两个绕组间的等电位点。因此，双闭路复叠绕组的均压线联接就只能采取如图 2-30 所示，在图 2-30 中的 A 点和换向片 2 这两个绕组间的等电位点，用导线穿过电枢铁芯内部把这两点联接。

4. 均压线的安置

各种均压线可以安置在电枢的换向器，也可安置在另一端，应视具体情况而定；均压线的形状可与绕组相同，端接部分则用导线跨接，也可用圆环把几十个等电位点联接起来；均压线的截面约为绕组元件导线截面的20%～50%。

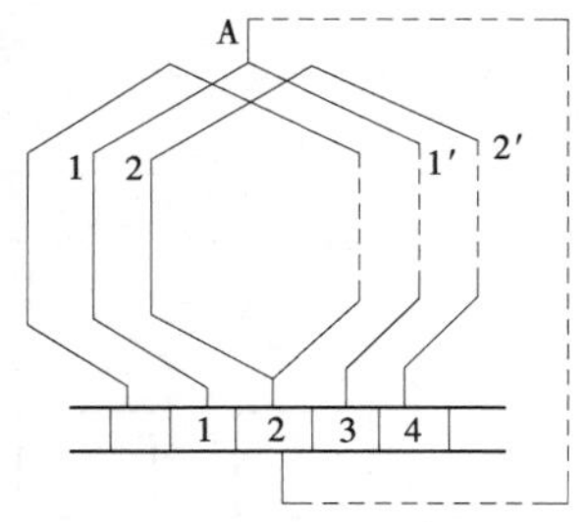

图 2-30　复叠绕组的乙种均压线

均压线应按接线图或原始记录进行联接，务必不要接错。均压线的联接方式如图2-31所示，一般有：4极电机对半接；6极电机三角接；8极电机四角接。均压线可制成与电枢绕组端部相同的形状；包绕绝缘材料也应与电枢绕组相同；均压线可单独或和电枢绕组绑扎在一起。

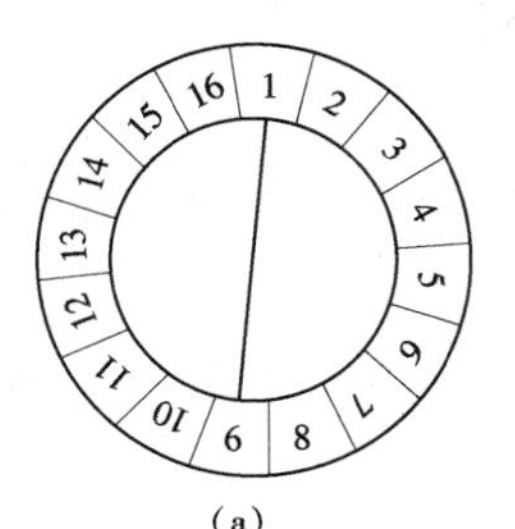
(a)

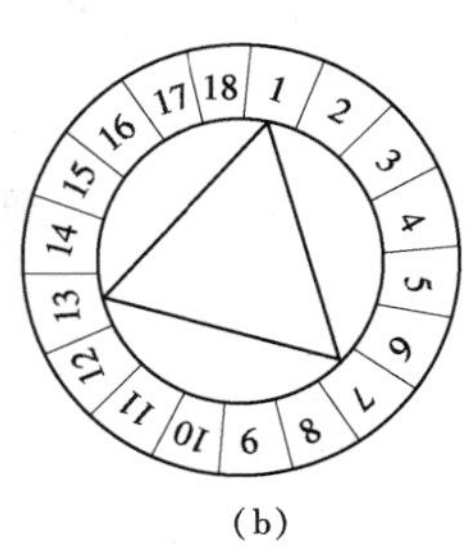
(b)

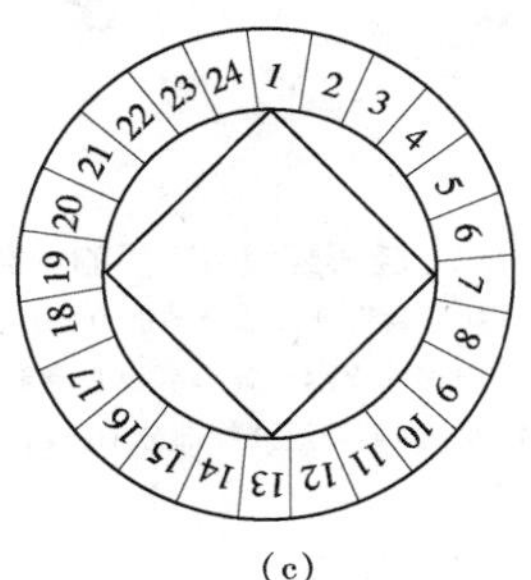
(c)

图 2-31　电枢绕组均压线的联接方式

(a) 4极对半接；(b) 6极三角接；(c) 8极四角接

八、蛙形绕组的联接

蛙形绕组又称混合绕组，它是将叠绕组和波绕组同嵌在一个电枢上而组成。叠、波两套绕组在每一个换向片上并联焊接起来，每换向片均焊有绕组元件的四个线端，即两个线端属于叠绕组和两个线端属于波绕组。由于叠、波两种绕组合在一起时极似蛙形，故称为蛙形绕组。

蛙形绕组要使两套绕组能并联起来，必须符合感应电势相等的条件，这就要求两套绕组的绕组元件数和并联支路数相等，并且每套绕组均应对称，即 Z/p 和 K/p 都应为整数。

蛙形绕组总的支路对数是两套绕组支路对数之和。根据叠绕组和波绕组支路对数的公式可知，如果用单叠绕组其支路对数将等于 p，而波绕组就必须采用 p 个的复波绕组。这是因为波绕组的支路对数 $a=p$，也就是要求 $m=p$。

此外，蛙形绕组的各节距也必须符合一定的规律。图2-32所示为蛙形绕组各节距的示意图，它们的计算公式为

$$Y_{1A}+Y_{1B}=\frac{K}{p}$$

$$Y_{KA}+Y_{KB}=\frac{K}{p}$$

$$Y_{ZA}=Y_{ZB}$$

如果先根据叠绕组节距公式求出叠绕组节距，则相应的波绕组节距就可由上式求出。

蛙形绕组最明显的优点就是，它每一个换向片都有相应的换向片作为其均压点，每两个均压点都有一个叠绕组元件和一个波绕组元件组成作为均压线。对叠绕组而言，这种均压线起甲种均压线作用，而对波绕组则起乙种均压线作用，这些作用又是利用绕组本身的绕组元件而组成，所以也就不再需要另接均压线。

蛙形绕组的具体布置方式通常为，绕组元件在电枢铁芯槽内按四层分布，由上而下，一般第1、4层为波绕组；第2、3层为叠绕组。图2-33所示为一台 $2p=4$，$Z=18$ 槽的蛙形绕组展开图，该绕组由单叠和双波两套绕组共同组成。

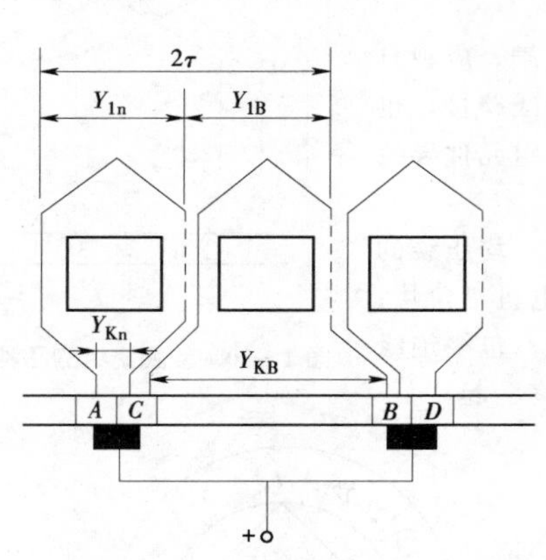

图2-32　蛙形绕组各节距的示意图

τ—极距；Y_{1n}—蛙形绕组叠绕部分的前节距；Y_{1B}—蛙形绕组波绕部分的前节距；Y_{Kn}—蛙形绕组叠绕部分的换相片节距；Y_{KB}—蛙形绕组波绕部分的换向片节距

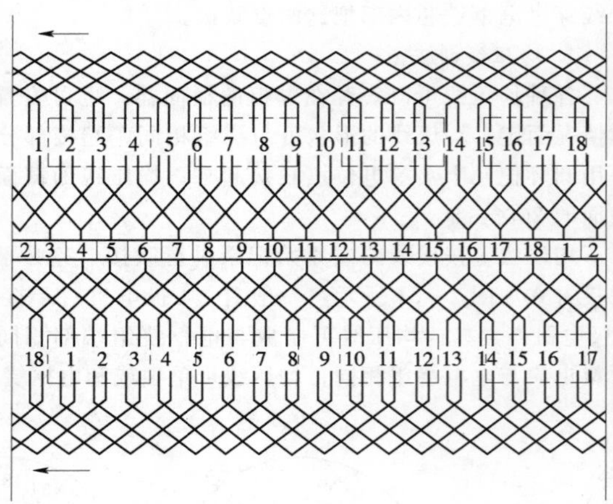

图2-33　4极18槽蛙形绕组展开图

第4节　磁场绕组整机联接、特性及用途

直流电机的磁场绕组包括：主磁极磁场线圈、换向极线圈、补偿极线圈等，它们统称为定子磁场绕组。这些绕组均绕成集中式矩形线圈，经绝缘后整体嵌装在定子凸极磁极上，然后将单个线圈根据绕组接线图依序联接起来。

直流电机的整机联接是指其定子磁场绕组和转子电枢绕组间的接线，两者间不同的接线组合，实际上也就决定了不同励磁方式和类型的直流电机，下面将分述定子磁场绕组及其整机的联接。

一、磁场绕组的联接

磁场绕组各线圈的接线主要根据磁极的极性而定，由于磁场绕组各线圈在绕制时其首、尾端已留在相同一侧，故只要分清线圈首、尾端后分别按极性予以联接即可。

1. 主磁极磁场线圈的接线

主磁极磁场线圈的接线有以下两种分别：

（1）各线圈的首、尾端都用相同的形式引出，接线时分别将各线圈首、尾端按相邻磁极线圈“尾与尾相接，头与头相联”，这样进行交替联接，如图2-34（a）所示。这种方法的各个线圈可以任意互换，其缺点是联接线长而乱。

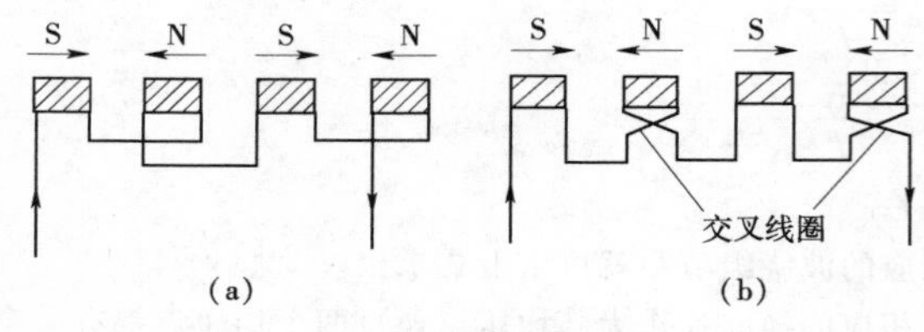

图2-34　主磁极磁场线圈的接线

（a）各线圈出线端相同；（b）半数线圈出线端已预作交叉

（2）如各线圈中将一半数量线圈的首、尾端在内部交叉和经包扎后引出，并可在线圈外层标上记号。接线时则可顺次将相邻线圈的线端用最短距离的导线进行联接，如图2-34（b）所示。这种接线方式整齐、牢固，其缺点是交叉与不交叉这两种线圈在安装时必须交替安放，否则容易搞错。但只要稍加注意，这种方法还是可取些。此外，有些直流电机的并励磁场线圈被分成两组，其目的则是为了便于绕组作串联或并联接法的改换，以适应两种不同励磁电压。

2. 换向极线圈的接线

换向极线圈的首、尾端引出线如安排在线圈的同一侧，则线圈也分交叉与不交叉两种引出形式，其联接方法与主磁极线圈联接相同。因换向极线圈为扁线绕制，其首、尾端一般均安置在线圈的两侧引出，因而就可能使线圈出现半匝的情况，这时线圈首、尾端的联接线将分别处于定子的前、后两端。当具有半匝线圈的磁极极性不对时，只需翻转线圈再予嵌放即能改变极性，而线端间的联接线位置则可以不必调换。

换向极线圈与电枢的联接方式通常有下列两种：

(1) 换向极各线圈全部串接后再与电枢绕组串联起来，如图 2-35 所示。当直流电机的电源正负线端有一端接地时，电枢绕组应接在地电位的一端。这样，可使电枢绕组的对地电位较低，从而改善电枢绕组的绝缘状况。

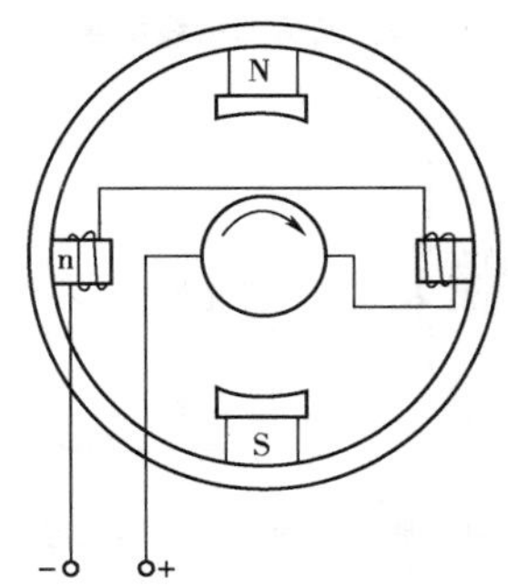

图 2-35　换向极线圈串接后再与电枢联接

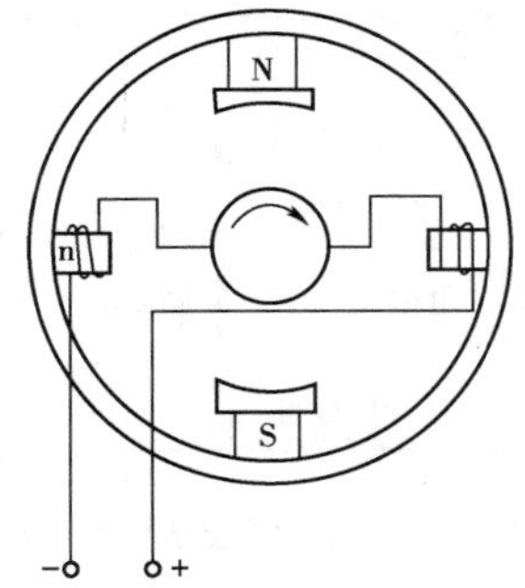

图 2-36　换向极线圈分两组串接在电枢两端

(2) 换向极线圈分成两组，分别接于电枢绕组的两端，如图 2-36 所示。这种接法能改善高频分布电压对电枢绕组绝缘的影响，并且还能抑制电机运行时对无线电设备的严重干扰。

换向极线圈与主磁极线圈的极性顺序有着极为重要的关系，绝对不能接错，否则非但不能改善电枢的换向情况，反而使换向更加困难，火花更大更严重。因此，直流电机换向极与主磁极间正确的极性安排应为，作为电动机时，面对电机前侧（即轴伸端）顺旋转方向依次为 N、s、S、n，其情况如图 2-37 (a) 所示；而作为发电机时，则应依次为 N、n、S、s，两者布置的极性则完全相反，情况如图 2-37 (b) 所示。图 2-37 中的 N、S 为主磁极极性；n、s 为换向极极性。

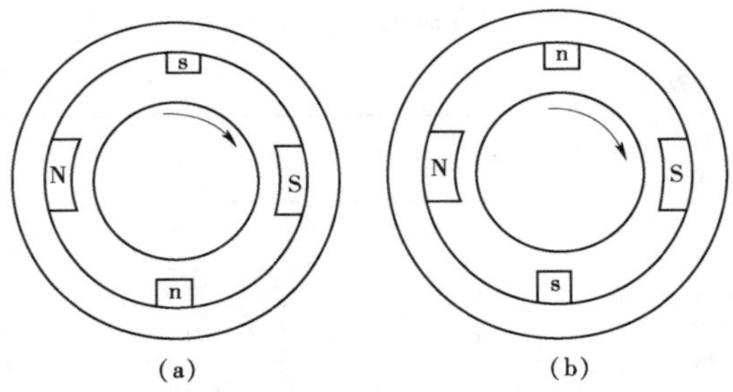

图 2-37　换向极与主磁极的极性顺序

(a) 电动机时；(b) 发电机时

3. 补偿极线圈的接线

补偿极线圈的接线方式有以下三种：

(1) 每极补偿绕组的线圈与同极性换向极绕组的线圈串联，再与邻极或越极的线圈串联。

(2) 将补偿绕组的全部线圈串联后，再去与整体的换向绕组串联。

(3) 全部补偿线圈接成绕组后再串联在电枢一端，换向极绕组则接在电枢的另一端。

二、直流电机的整机联接

直流电机的整机联接是指其电枢绕组与磁极绕组间的接线方法。实际上它是按磁场励磁方式不同的各种联接，同时也是直流电机不同型式分类的区别，直流电机的整机联接一般有以下几种接法：

(1) 并励式接法。并励式直流电机的电枢绕组与定子磁极绕组间采用并联联接，其接线如图 2-38 所示。

(2) 串励式接法。串励式直流电机的电枢绕组与定子磁极绕组间采用串联联接，其接线如图 2-39 所示。

(3) 复励式接法。复励式直流电机有两套主磁极绕组，其并励绕组与串励绕组安置在同一个磁极上，故两种励磁方式同时存在，其接线如图 2-40 所示。

(4) 他励式接法。他励式直流电机的励磁功率来自外部其他的直流电源，其接线如图 2-41 所示。

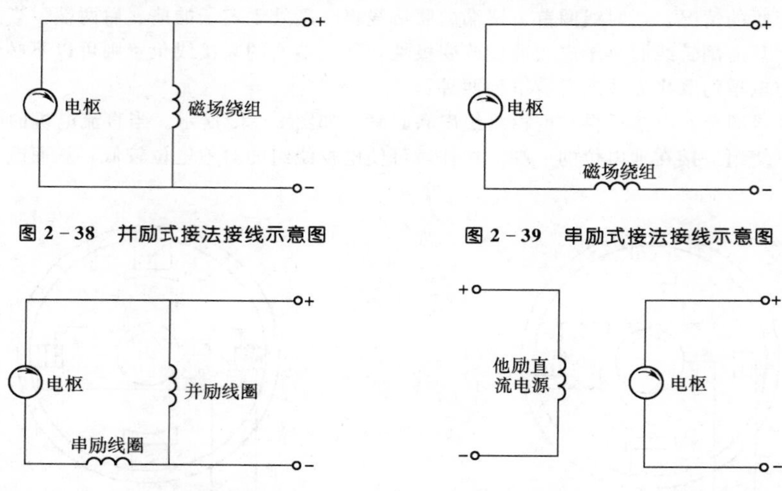

图 2-38　并励式接法接线示意图

图 2-39　串励式接法接线示意图

图 2-40　复励式接法接线示意图

图 2-41　他励式接法接线示意图

三、直流电机励磁方式、特性及用途

表 2-3 所示为直流电动机励磁方式、特性及用途。

表 2-3　　直流电动机励磁方式、特性及用途

励磁方式	永磁励磁	他励	并励	串励	复励
励磁线路原理	M (a)	+, +, I_a, U_f, M, U, I_f, −, − (b)	+, I_a, M, I_f, − (c)	+, I_a, M, − (d)	+, −, I_a, M, I_f (e)
起动转矩	起动转矩约为额定转矩的 2 倍，也可制成额定转矩的 4～5 倍	由于起动电流一般限制在额定电流的 2.5 倍以内，起动转矩约为额定转矩的 2～2.5 倍，但特殊设计的电机可达 3 倍		起动转矩很大，约为额定转矩的 5 倍	起动转矩较大，约为额定转矩的 4 倍，特殊的可达 4.5 倍，由复励程度而定
短时过载转矩	通常为额定转矩的 1.5 倍，也可制成额定转矩的 3.5～4 倍	一般为额定转矩的 1.5 倍，当带补偿绕组时，将达到额定转矩的 2.5～2.8 倍		将达到额定转矩的 4～4.5 倍	较他励、并励电机为大，约为额定转矩的 3.5 倍左右
调速范围	转速与电枢电压是线性关系，有较好的调速特性，调速范围较大	弱磁磁场恒功率调速，转速比可达 1∶2 或 1∶4，特殊设计可达 1∶8；他励时可调节电枢电压，恒转矩向下调速范围较宽广		用外接电阻和串励绕组串联或并联，或将串联绕组串、并联后进行调速，调速范围较广	弱磁磁场调速，可达额定转速的 2 倍
应用范围	自动系统中用作执行元件，也可作一般传动动力用，如力矩电动机	用于起动转矩稍大的恒速负载，或要求调速的传动系统，如离心泵、风机、金属切削机床、纺织印染、造纸和印刷机械等		用于起动转矩较大、转速允许变化较大负载，如蓄电池供电车、电车及电力传动机械等	用于起动转矩较大、转速变化不大的负载，如空气压缩机、冶金辅助传动机械

第3章　交、直流电焊机概述

金属焊接，作为一种金属加工的基本方法，它已经在国民经济各个领域，如矿山、冶金；电力、能源；桥梁、建筑；石油、化工；电子、仪器；纺织、轻工；航天航空；机械制造等工业部门中得到广泛应用，几乎所有行业都离不开金属焊接技术。也可以说，没有现代金属焊接技术的发展，就不会有今天的科学技术与现代工业。

第1节　金属焊接与焊机

随着工业飞速发展和技术长足进步，金属焊接方法现已发展到几十种。若按焊接接头形成的本质来分，可将焊接方法分为熔焊、压焊和钎焊三大类，而在每类里又有若干细类之分，如表3-1所示。

表3-1　　基本焊接方法及分类

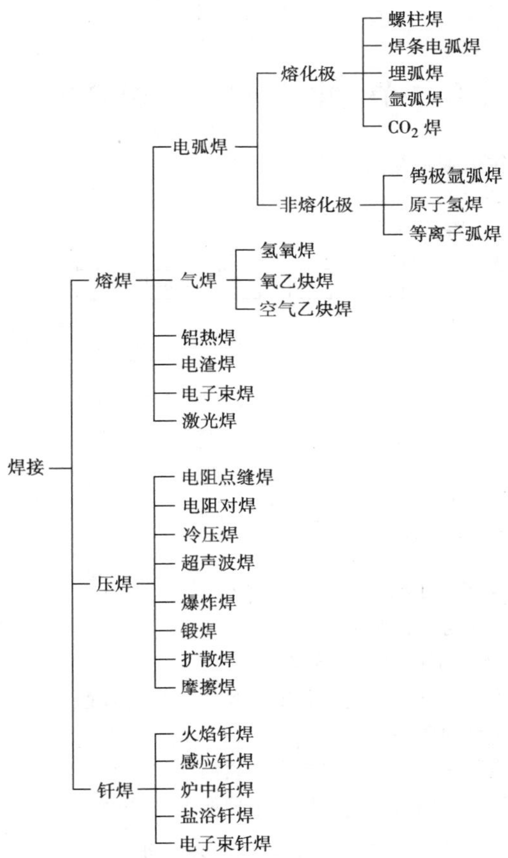

在工业生产过程中，要实现某一种金属焊接方法均需要使用专门的设备、装置和专用工具。为此，将完成这种金属焊接而应用的这些专门设备、装置及专用工具，则统称为焊机（或焊接设备）。

采用任何方式的焊接，焊机都会要消耗能量。如按焊接时所使用能量形式，焊机可以分为电焊机（就是直接利用电能进行焊接的装置或设备）及特种焊机（不用电能或不直接利用电能进行焊接的装置或设备）。

电焊机里若按利用电能的形式来分，则又可分为电弧焊机、电阻焊机和其他电焊机。钎焊机中，将耗用电能的归为其他电焊机里面，而把火焰钎焊机归列到特种焊机之中。如表 3-2 所示即为焊机的系统分类图。

表 3-2　　焊机的系统分类图

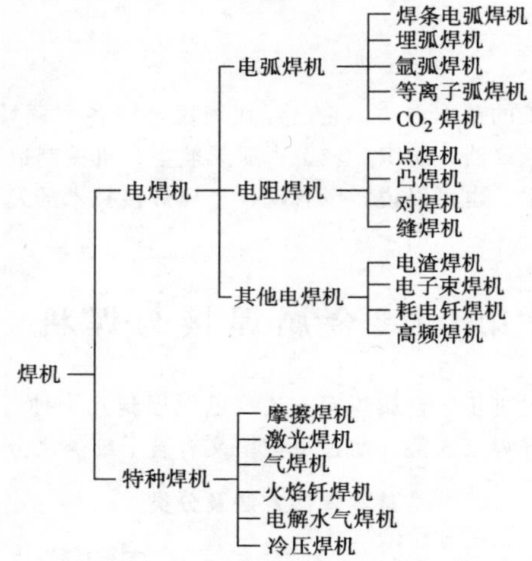

第 2 节　电焊机型号及其含义

产品型号以汉语拼音及阿拉伯数字共同组成。

1. 产品型号的编排顺序

(1) 产品型号的编排秩序：

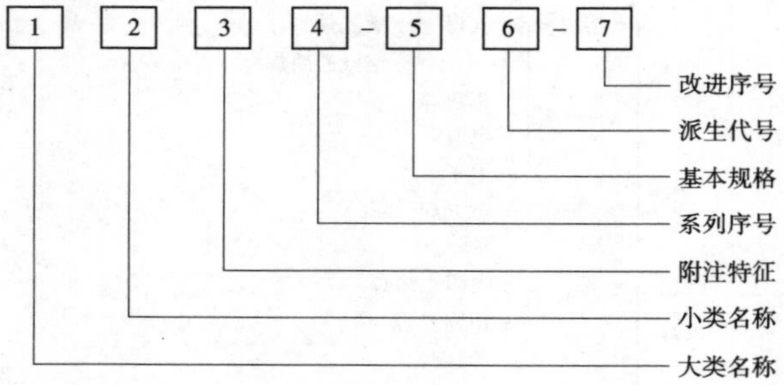

(2) 型号中的 1、2、3、6 各项采用汉语拼音字母表示。

(3) 型号中的 4、5、7 项采用阿拉伯数字表示。

(4) 型号中的 3、4、6、7 项若不用时，其他各项可排紧。

(5) 附注特征和系列序号用于区别同小类的各系列和品种，包括通用和专用产品。

(6) 派生代号按汉语拼音字母的顺序排列。

(7) 改进序号则按生产改进程序采用阿拉伯数字连续编号。

(8) 特殊环境用产品则在型号末尾加注，其代表字母如表 3-3 所示。

表 3-3　　特殊环境名称代表字母

特殊环境名称	代表字母	特殊环境名称	代表字母
热带	T	高原	G
湿热带	TH	水下	S
干热带	TA		

(9) 可同时兼作两大类焊机使用时，其大类名称的代表字母则按主要用途去选取。

2. 电焊机型号代表字母及序号

电焊机型号代表字母及序号如表 3-4 所示。

表 3-4　　电焊机型号代表字母及序号

序号	第一字位		第二字位		第三字位		第四字位		第五字位	
	代表字母	大类名称	代表字母	小类名称	代表字母	附注特征	数字序号	系列序号	单位	基本规格
1	A	弧焊发电机			省略	电动机驱动	省略	直流	A	额定焊接电流
			X	下降特性	D	单纯弧焊发电机	1	交流发电机整流		
			P	平特性	Q	汽油机驱动	2	交流		
					C	柴油机驱动				
			D	多特性	T	拖拉机驱动				
					H	汽车驱动				
2	Z	弧焊整流器	X	下降特性	省略	一般电源	省略	磁放大器或饱和电抗器式	A	额定焊接电流
					M	脉冲电源	1	动铁心式		
			P	平特性	L	高空载电压	3	动圈式		
							4	晶体管式		
							5	晶闸管式		
			D	多特性	E	交直流两用电源	6	变换抽头式		
							7	变频式		
3	B	弧焊变压器	X	下降特性	L	高空载电压	省略	磁放大器或饱和电抗器式	A	额定焊接电流
			P	平特性			1	动铁心式		
							2	串联电抗器式		
							3	动圈式		
							4			
							5	晶闸管式		
							6	变换抽头式		
4	M	埋弧焊机	Z	自动焊	省略	直流	省略	焊车式	A	额定焊接电流
							1			
			B	半自动焊	J	交流	2	横臂式		
			U	堆焊	E	交直流	3	机床式		
					M	脉冲	9	焊头悬挂式		
			D	多用						
5	W	TIG 焊机	Z	自动焊	省略	直流	省略	焊车式	A	额定焊接电流
							1	全位置焊车式		
			S	手工焊	J	交流	2	横臂式		
			D	点焊	E	交直流	3	机床式		
							4	旋转焊头式		
							5	台式		
			Q	其他	M	脉冲	6	焊接机器人		
							7	变位式		
							8	真空充气式		

续表

序号	第一字位		第二字位		第三字位		第四字位		第五字位	
	代表字母	大类名称	代表字母	小类名称	代表字母	附注特征	数字序号	系列序号	单位	基本规格
			Z	自动焊	省略	氩气及混合气体保护焊	省略	焊车式		
							1	全位置焊车式		
			B	半自动焊		直流	2	横臂式		
6	N	MIG/MAG焊机			M	氩气及混合气体保护焊	3	机床式	A	额定焊接电流
			D	点焊			4	旋转焊头式		
			U	堆焊		脉冲	5	台式		
			G	切割	C	二氧化碳保护焊	6	焊接机器人变位式		
			S	丝极						
			B	板极						
7	H	电渣焊机	D	多用极					A	额定焊接电流
			R	熔嘴						
			N	工频	省略	一般点焊	省略	垂直运动式	kVA	额定容量
					K	快速点焊	1	圆弧运动式		
							2	手提式	J	最大储能量
			R	电熔储能			3	悬式	kVA	额定容量
8	D	点焊机	J	直流冲击波	W	网状点焊				
			Z	二次整流					kVA	额定容量
			D	低频			6	焊接机器人	kVA	额定容量
			B	交频					kVA	额定容量
			N	工频			省略	垂直运动式	kVA	额定容量
			R	电熔储量					J	最大储能量
9	T	凸焊机	J	直流冲击波					kVA	额定容量
			Z	二次整流					kVA	额定容量
			D	低频					kVA	额定容量
			B	变频					kVA	额定容量
			N	工频	省略	一般缝焊	省略	垂直运动式	kVA	额定容量
							1	圆弧运动式	J	最大储能量
			R	电容储能	Y	挤压缝焊				
10	F	缝焊机	J	直流冲击波	P	垫片缝焊	2	手提式	kVA	额定容量
			Z	二次整流					kVA	额定容量
			D	低频			3	悬挂式	kVA	额定容量
			B	变频					kVA	额定容量
			N	工频	省略	一般对焊				
			R	电容储能	B	薄板对焊	省略	固定式	kVA	额定容量
					Y	异型截面对焊	1	弹簧加压式	J	最大储能量
11	U	对焊机	J	直流冲击波		钢窗闪光对焊	2	杠杆加压式	kVA	额定容量
			Z	二次整流			3	悬挂式	kVA	额定容量
			D	低频					kVA	额定容量
			B	变频	C	自行车轮圈对焊				
					T	链条对焊			kVA	额定容量

续表

序号	第一字位		第二字位		第三字位		第四字位		第五字位	
	代表字母	大类名称	代表字母	小类名称	代表字母	附注特征	数字序号	系列序号	单位	基本规格
12	L	等离子弧焊机和切割机	C	切割	省略	直流等离子	省略	焊车式	A	额定焊接电流
					R	熔化极等离子	1	全位置焊车式		
			H	焊接	M	脉冲等离子	2	横臂式		
					J	交流等离子	3	机床式		
			U	堆焊	S	水下等离子	4	旋转焊头式		
					F	粉末等离子	5	台式		
					E	热丝等离子	8	手工等离子		
			D	多用	K	空气等离子				
13	S	超声波焊机	D	点焊			省略	固定式	kW	发生器输入功率
			F	缝焊			2	手提式		
14	E	电子束焊枪	Z	高真空	省略	静止式电子枪	省略	二级枪	kV	加速电压
			D	低真空	Y	移动式电子枪	1	三级枪	mA	电子束流
			B	局部真空						
			W	真空外						
15	G	光束焊机	D	固体激光			1	单管	J	输出能量
			Q	气体激光			2	组合式	kW	输出功率
			Y	液体激光			3	折叠式		
			S	光束			4	横向流动式		
16	Y	冷压焊机	D	点焊			省略	固定式	kN	顶锻压力
			U	对焊			2	手提式		
17	C	摩擦焊机	省略	一般旋转式	省略	单头	省略	卧式	kN	顶锻压力
			C	惯性式	S	双头	1	立式		
			Z	振动式	D	多头	2	倾斜式	kN	顶锻压力
18	Q	钎焊机	省略	电阻钎焊					kVA	额定容量
			Z	真空钎焊						
19	P	高频焊机	省略	接触加热					kVA	振荡功率
			C	感应加热						
20	R	螺柱焊机	Z	自动	M	埋弧			A	额定电流
					N	明弧				
			S	手工	R	电容			J	储能量
21	J	其他焊机	K	真空扩散	省略	单头	省略	卧式	m^3	真空室容积
			X	旋弧焊机	D	多头	1	立式	kN	最大顶锻力
22	K	控制器	D	点焊	省略	同步控制	1	分立元件	kVA	额定容量
			F	缝焊						
			T	凸焊	F	非同步控制	2	集成电路		
			U	对焊	Z	质量控制	3	微机		

第 3 节　弧焊电源的工作特性

弧焊电源是指为焊接电弧供电的系统，就是在焊接电路上除去电源以外的电器，它包括提供电能的焊接发电机、弧焊变压器及焊接电流调节部分等。

一、弧焊电源的外特性

通常将在稳定状态下弧焊电源的输出电压与输出电流的关系曲线，称作弧焊电源的外特性，也称为弧焊电源静特性。弧焊电源外特性又可分为平特性以及下降特性两大类。平特性也称为恒压特性，如图 3-1 (a)

所示。下降特性又分为缓降外特性、陡降外特性和垂降外特性三种，如图 3-1（b）～（e）所示。其中垂降特性又称之为恒流特性。

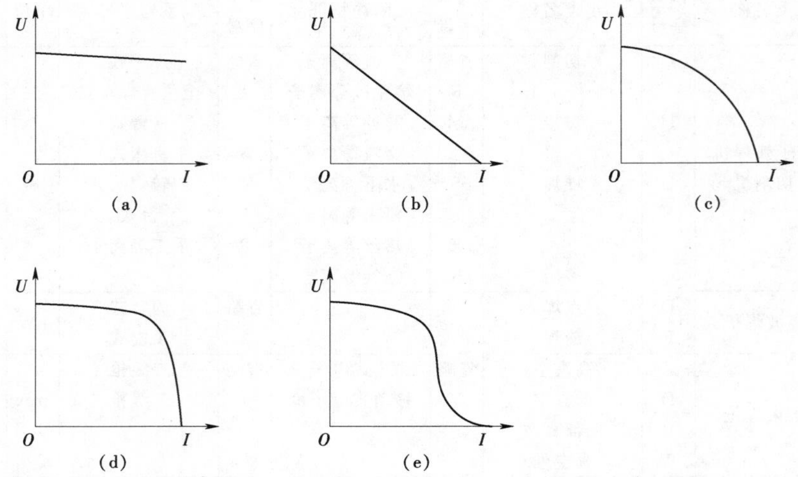

图 3-1　各种常见弧焊电源外特性

（a）平特性；（b）缓降外特性；（c）陡降外特性；（d）垂降外特性；（e）垂降带外拖的外特性

二、负载持续率

负载持续率是在设计焊机时用以表明某种服务类型的重要参数，它介于 0～1 之间，用百分数来表示。按规定分为 20%、35%、60%、80%、100%五种。弧焊电源的额定电流就是该负载持续率条件下允许的最大输出电流。而实际工作时间与工作周期之比称为实际负载持续率。

三、约定焊接工作制

约定焊接工作制是指具有某负载持续率的周期工作制。它以约定时间作为一循环，而整个循环则由约定的焊接工作时间及随后相应的空载运行时间所组成。

四、约定负载电压与约定焊接电流

对于不同的焊接方法，包括回路电缆电压降在内的，符合某种约定关系的负载电压与负载电流，称为约定负载电压与约定焊接电流。并且约定负载电压与约定焊接电流必须是在无感电阻情况下测定的。

五、额定电流与额定电流等级

当在约定焊接工作制、约定负载电压下，约定焊接电流最大值，称为额定电流。按一定规律将焊接电源设备的额定电流分成不同的等级。根据我国有关规定，100A 以上按 R10 优先数系分等；100A 以下按 R5 优先数系分等；2000A 以上则不作规定。它们的分档为：10A、16A、25A、40A、63A、100A、125A、160A、200A、250A、315A、400A、500A、630A、800A、1000A、1250A、1600A、2000A。

六、弧焊电源的空载电压

弧焊电源空载电压 U_0 的大小是焊接时一个极为重要的技术指标，它对弧焊的引弧与电弧的稳定燃烧有着很大影响。空载电压 U_0 高的焊接电源则容易引弧，交流弧焊电源的空载电压高时则电弧燃烧很稳定。但弧焊电源空载电压高则设备体积较大、重量也大且功率因数低、很不经济。而且空载电压高也不利于焊工的人身安全。因此，只要在确保容易引弧及电弧稳定的条件下，弧焊电源的空载电压尽可能低些为好。

七、弧焊电源的稳态短路电流

焊条（或焊丝）与工件直接接触时的稳态电流，称为稳态短路电流。该稳态短路电流 I_{SS} 应略大于焊接电流 I，这将有助于焊接时引弧。但是 I_{SS} 也不宜过大，过大则会增大焊接飞溅。一般情况下可按下式掌握为宜。

$$1.25<\frac{I_{SS}}{I}<2$$

八、弧焊电源调节范围的要求

进行焊接时应根据焊件材料、厚度、几何形状及焊接位置的不同，去选用不同直径的焊条或焊丝，同时还要选用适宜该焊接工程的焊接规范。

实际在进行焊条电弧焊时是依靠调节电源外特性的方法去调节弧焊电流大小的，而外特性位置的不同则与电弧静特性的交点也在移动，从而由交点决定的焊接电流也随之增减，如图 3－2 所示即为弧焊电源的调节特性。弧焊电流的调节范围应为

$$\frac{I_1}{I_2}\geqslant 4$$

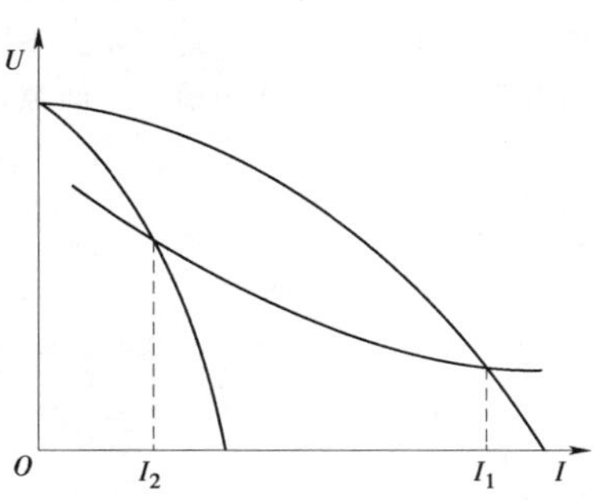

图 3－2　弧焊电源调节特性

在实际的焊接工作中都会要求能够灵活地调节焊接电流，通常情况下，焊接电流能调出的最大电流应能达到最小电流的 4～5 倍以上。焊接电流较大的调节范围能确保焊接质量。

第 4 节　交流弧焊变压器电焊机

交流弧焊变压器电焊机也称为交流弧焊电源，它是一种具有下降特性的电源，该弧焊电源是通过增大主回路电感量来获取下降特性的。交流弧焊变压器电焊机有两种基本结构形式：①串联电抗器式弧焊变压器电焊机；②增强漏磁式弧焊变压器电焊机。交流弧焊变压器中可调感抗的作用是，它不仅用来获取下降特性，而且还用来稳定焊接电弧和调节焊接电流。下面将简介这两种交流弧焊变压器电焊机。

一、串联电抗器式弧焊变压器电焊机

串联电抗器式弧焊变压器电焊机有两种结构形式，即分体式弧焊变压器和同体式弧焊变压器。

1. 分体式弧焊变压器

分体式弧焊变压器的变压器与电抗器是各自独立的，这种弧焊变压器现在有两种。

一种是所用的电抗器是磁饱和式电抗器，在电抗器铁芯的中间心柱上安置有直流控制绕组 W_d，调节控制绕组中的控制电流 I_c，就可细调焊接电流。

另一种分体式弧焊变压器的主变压器是一台正常漏磁三相变压器，并配置有若干台电抗器，电抗器的中间为活动铁芯，活动铁芯下部与磁轭之间的间隙可调，间隙 δ 增大则电流增大，反之则电流减小。

2. 同体式弧焊变压器

同体式弧焊变压器的电抗路与变压器共用一个磁轭，电抗器则具有一个活动铁芯，调节活动铁芯的气隙 δ 就可调节焊接电流，图 3－3 所示即为同体式弧焊变压器的结构图。

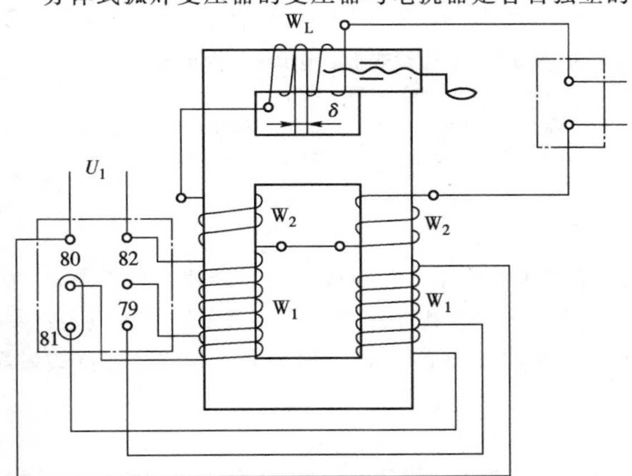

图 3－3　同体式弧焊变压器

W_L—电抗器绕组；δ—空气隙

二、漏磁式弧焊变压器

漏磁式弧焊变压器电焊机具有三种结构形式，即动圈式弧焊变压器、动铁芯式弧焊变压器及抽头式弧焊变压器。

1. 动圈式弧焊变压器

动圈式弧焊变压器所具有的下降外特性是由于动绕组（二次绕组）与静绕组（一次绕组）之间有距离 l，从而产生了漏抗作用而形成的。故电焊机的电流调节，就是用摇动手柄去调节动、静绕组间的距离 l，以改变电焊机漏抗的大小，由此而得到不同大小的焊接电流。电焊机的调节特性如图 3-4 所示，从图中可以看出这种弧焊变压器输出电流 I 与间隙 l 之间的关系，也即调节特性。

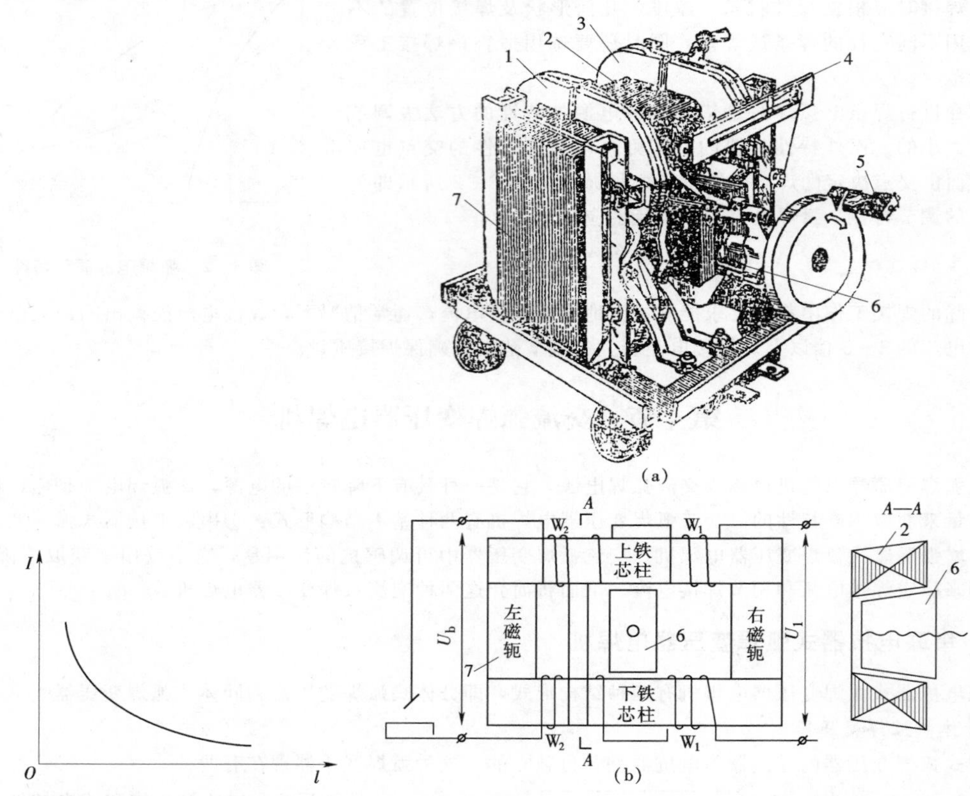

图 3-4 动圈式弧焊变压器调节特性

图 3-5 斜形动铁芯漏抗式弧焊变压器电焊机结构和原理图

(a) 结构图；(b) 电路原理图

1—二次绕组；2—静铁芯（上铁心柱部分）；3——次绕组；4—电流指示指针；5—调节手柄；6—动铁芯；7—静铁芯（左磁轭部分）；U_b—空载电压；U_1——次电压

2. 动铁芯式弧焊变压器

动铁芯式弧焊变压器的一、二次绕组 W_1、W_2 都是采用固定绕组，其间放一个活动铁芯作为 W_1、W_2 间的漏磁分路，移动该活动铁芯就可以进行焊接电流的调节。这种弧焊变压器的结构紧凑，节省电工材料；电流变化与动铁芯的移动距离呈线性关系，因而电流调节均匀。如图 3-5 所示即为斜形动铁芯漏抗式弧焊变压器电焊机结构和原理图。

3. 抽头式弧焊变压器

抽头式弧焊变压器的一、二次绕组均分为两部分，即 W_1 分为 W_{11} 与 W_{12} 和 W_2 也分为 W_{21} 与 W_{22}。通过改变开关位置来增加与减少绕组圈数去调节焊接电流的大小。抽头式弧焊变压器的结构紧凑，因无活动部分故而无振动，电流则是有级调节而不能细调。它的重量比较轻故便于移动，因而适合维修工作中使用。

第 5 节　直流弧焊发电机电焊机

直流弧焊发电机电焊机是一种由三相异步电动机拖动的直流焊接发电机，它的优点是易于引燃、电弧稳定、质量可靠，而且对于三相电网来说其负载均匀、可以提高线路功率因数。但由于其效率低、电能消耗大、材料耗用多和噪声大等缺点，目前在国内正处于逐渐淘汰之中。

现行使用的直流弧焊发电机电焊机按其结构的不同，主要有差复励式弧焊发电机、裂极式弧焊发电机、换向极去磁式弧焊发电机三种。图 3 - 6 所示即为直流弧焊发电机的结构示意图。

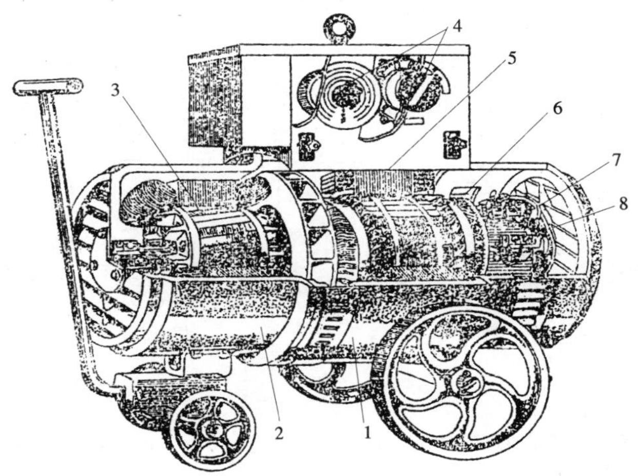

图 3 - 6　直流弧焊发电机结构示意图

1—直流发电机部分；2—三相异步电动机部分；3—电动机转子；4—焊机电流粗调节换档开关和细调节电位器旋钮；5—发电机定子；6—发电机转子；7—发电机换向器；8—发电机电刷组

一、差复励式弧焊发电机

采用差复励式弧焊发电机的电焊机型号主要有 Ax - 250、Ax1 - 500、Ax7 - 500 等。该种直流弧焊机具有陡削下降的外特性，当其负载增加（起弧）后，电压即会迅速下降，并维持一定的短路电流供焊接使用。此直流弧焊机具有粗、细两种调节，粗调是靠改变串励绕组匝数，即从接线板的出线位置来改接；细调则用变阻器去改变直流弧焊机磁场电流的大小来进行调节。

二、裂极式弧焊发电机

裂极式直流弧焊发电机具有 4 个磁极，但其南北磁极不是按互相交替排列，而是按相邻 2 个磁极为同极性分布，即按 N_1、N_2 和 S_1、S_2 的极性排列分布。因此，它实质为一台两极直流发电机。该裂极式弧焊发电机具有三个电刷，a、b 为主电刷即为焊机的输出端；c 为辅助电刷。移动 a、b 电刷位置即可分三档粗调电流。改变励磁回路的可调电阻 R 即可以均匀地细调电流。

三、换向极去磁式弧焊发电机

这种换向极去磁式直流弧焊机的电刷也可以移动三个位置，以用来分三档粗调电流。此外，再用可调电阻器 RP 调制励磁电流，从而去均匀调节焊接电流。

换向极去磁式直流弧焊发电机因具有体积小、重量轻、移动十分方便，故其应为较为广泛。

第 6 节　静止整流器式直流弧焊机

静止整流器式直流弧焊机是一种将交流电经过硅整流二极管或晶闸管整流的直流弧焊机。利用硅整流二极管或晶闸管来整流，可得到焊接所需的外特性及均匀调节的电压和电流，因而完全可用电子电路来实现弧焊机的所有控制功能。图 3－7 所示即为 ZXG－300 型整流器式直流弧焊机电气线路；图 3－8 所示则为晶闸管弧焊整流器构成方框图。

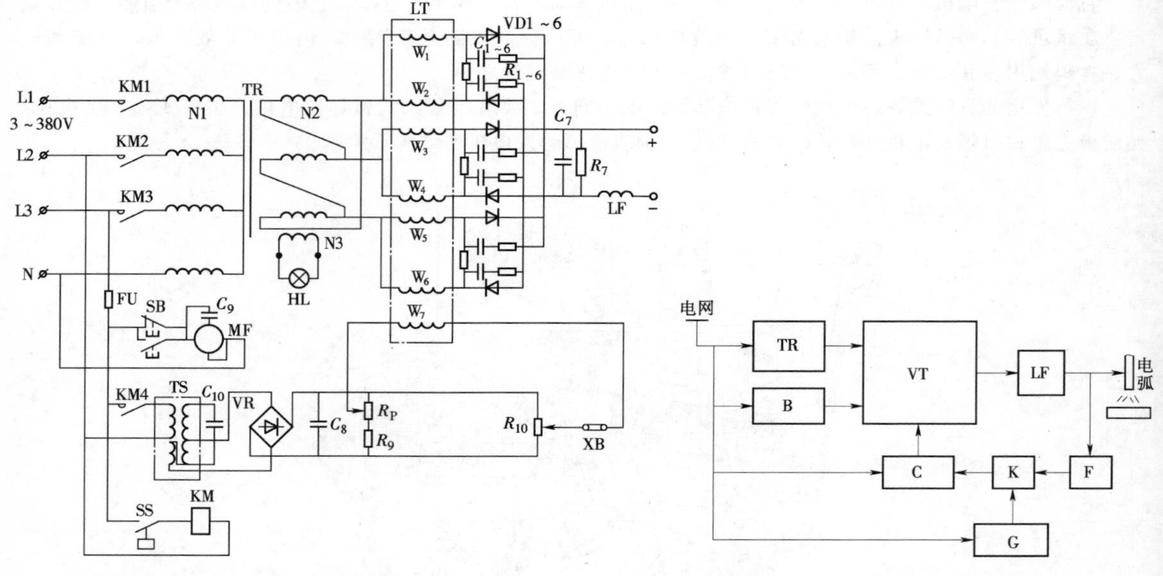

图 3－7　ZXG－300 型整流器式直流弧焊机电气线路

图 3－8　晶闸管弧焊整流器构成方框图

TR—整流变压器；VT—晶闸管整流电路；LF—滤波电抗器；B—保护电路；C—触发电路；K—控制电路；F—反馈电路；G—给定电路

第 7 节　几种常见交、直流弧焊机技术数据

表 3－5～表 3－20 所示为几种常见交直流弧焊机的技术数据。

表 3－5　　Bx 系列弧焊变压器技术数据

结构形式	动铁式								
型号	BX－330	BX－500	BX1－120	BX1－135	BX1－160	BX1－200	BX1－250	BX1－330	BX1－330－1
额定焊接电流（A）	330	500	120	135	160	200	250	330	330
一次电压（V）	380	220/380	220	220/380	380	220/380	380		220/380
二次空载电压（V）	60～70	60	50	接 Ⅰ75 Ⅱ60	80	80	78	接 Ⅰ70 Ⅱ60	接 Ⅰ78 Ⅱ66
额定工作电压（V）	30	30	—	30	21.6～27.8	21.6～27.8	22.5～32	22～37	30
额定一次电流（A）	—	142/82	29.8	40/23	35.4	—	54	96/57	104/60
焊接电流调节范围（A）	接 Ⅰ50～180 Ⅱ160～450	150～700	60～120	接 Ⅰ25～85 Ⅱ50～150	40～192	40～200	62.5～300	接 Ⅰ50～185 Ⅱ175～430	接 Ⅰ50～180 Ⅱ160～450
额定负载持续率（%）	65	65	20	65	60	40	60	60	65
相数	1	1	1	1	1	1	1	1	1
频率（Hz）	50	50	50	50	50		50	50	50
额定输入容量（kVA）	21	32	6	8.7	13.5	16.9	20.5	21	22.8

续表

结构形式		动铁式								
型号		BX-330	BX-500	BX1-120	BX1-135	BX1-160	BX1-200	BX1-250	BX1-330	BX1-330-1
各负载持续率时容量（kVA）	100%	17	26	2.7		10.4	10.7	15.9	17	18.4
	额定负载持续率	21	32	6	8.7	13.5	16.9	20.5	21	22.8
各负载持续率时焊接电流（A）	100%	266	400	54	110	124	126	194	255	265
	额定负载持续率	330	500	120	135	160	200	250	330	330
效率（%）		—	86	—	78	77	—	80	82.5	80
功率因数		—	0.52	—	0.58	0.45	—	0.46	0.51	0.50
质量（kg）		185	290	32	98	93	93	116	178	155
外形尺寸（mm）	长	866	840	360	680	587	587	600	870	820
	宽	552	430	245	480	325	325	360	525	542
	高	784	860	305	580	665	645	720	785	675
用途		焊条电弧焊及电弧切割电源		手提轻便弧焊电源	焊条电弧焊及电弧切割电源		焊条电弧焊电源			

表 3-6　　BX_1 系列弧焊变压器技术数据

结构形式		动铁式						
型号		BX1-300		BX1-400	BX1-500		BX1K-500	BX1-630
额定焊接电流（A）		300	300	400	500	500	500	630
一次电压（V）		380	220/380	380	220/380	380	380	380
二次空载电压（V）		70	78	77	77	—	80	80
额定工作电压（V）		22.34	22.5～32	24～36	24～36	20～44	40	22～44
额定一次电流（A）		—	—	83	142/82	83	110	147.5
焊接电流调节范围（A）		50～380	62.5～300	100～480	100～500	—	125～600	110～760
额定负载持续率（%）		60	40	60	40	60	60	60
相数		1	1	1	1	1	1	1
频率（Hz）		—	—	50	50	50	50	50
额定输入容量（kVA）		21	25	31.4	39.5	42	42	56
各负载持续率时容量（kVA）	100%	16.3	15.8	24.4	25	32.5	32.5	43.4
	额定负载持续率	21	25	31.4	39.5	42	42	56
各负载持续率时焊接电流（A）	100%	232	190	310	316	387	388	488
	额定负载持续率	300	300	400	500	500	500	630
效率（%）		—	—	84.5	86	80	87	—
功率因数		—	—	0.55	0.52	0.65	—	—
质量（kg）		160	116	144	144	310	310	270
外形尺寸（mm）	长	670	600	640	640	820	926	760
	宽	400	360	390	390	500	520	460
	高	660	700	764	754	790	880	890
用途		焊条电弧焊电源			焊条电弧焊电源，也可作切割电源		焊条电弧焊电源，也可作钨极氩弧焊和重力焊电源	单人焊条电弧焊电源及切割电源，对较厚板材尤为适用

表 3－7　　**BX2 系列弧焊变压器技术数据**

结构形式		同体式				分体式（饱和式）		
型号		BX2－500	BX2－700	BX2－1000	BX2－2000	BX9－300	BX10－100	BX10－500
额定焊接电流（A）		500	700	1000	2000	300	100	500
一次电压（V）		220/380	380	220/380	380	380	380	380
二次空载电压（V）		80	75	69～78	72～84	80	80	81
额定工作电压（V）		45	28～56	42	50	35	15	30
额定一次电流（A）		—	147	340/196	450	—	21	—
焊接电流调节范围（A）		200～600	200～600	400～1200	800～2200	40～375	15～100	50～500
额定负载持续率（%）		60	60	60	50	60	60	60
相数		1	1	1	1	1	1	1
频率（Hz）		50	—	50		50	50	50
额定输入容量（kVA）		42	56	76	170	24	8	40.5
各负载持续率时容量（kVA）	100%	32.5	44	59	120	18.6	6	31
	额定负载持续率	42	56	76	170	24	8	40.5
各负载持续率时焊接电流（A）	100%	388	542	775	1400	230	77.5	387
	额定负载持续率	500	700	1000	2000	300	100	500
效率（%）		85	89	90	89	84	—	—
功率因数		0.6	0.5	0.62	0.69	0.52	—	—
质量（kg）		445	340	560	890	150	183	650
外形尺寸（mm）	长	950	840	741	1020	550	614	570
	宽	744	430	950	818	464	340	810
	高	1215	880	1220	1260	645	470	1100
用途		自动与半自动埋弧焊电源				焊条电弧焊电源	小电流钨极氩弧焊电源	钨极氩弧焊电源

表 3－8　　**BX3 系列弧焊变压器技术数据（1）**

结构形式	动圈式					
型号	BX3－120	BX3－300	BX3－500	BX3－1－400	BX3－1－500	BX3－400
额定焊接电流（A）	120	300	500	400	500	400
一次电压（V）	380	380	220/380	220/380	220/380	380
二次空载电压（V）	80/70	75/60	接 Ⅰ 70 Ⅱ 60	接 Ⅰ 88 Ⅱ 80	接 Ⅰ 88 Ⅱ 80	接 Ⅰ 75 Ⅱ 70
额定工作电压（V）	25	22～35	40	20	20	36
额定一次电流（A）	24.15	54	148/85.5	/93.4	/119	78
焊接电流调节范围（A）	接 Ⅰ 25～60 Ⅱ 60～160	40～150/ 120～380	接 Ⅰ 60～200 Ⅱ 180～655	接 Ⅰ 60～180 Ⅱ 175～500	接 Ⅰ 50～200 Ⅱ 200～600	接 Ⅰ 42～163 Ⅱ 63～510
额定负载持续率（%）	60	60	60	60	60	60

续表

结构形式		动圈式					
型号		BX3－120	BX3－300	BX3－500	BX3－1－400	BX3－1－500	BX3－400
相数		1	1	1	1	1	1
频率（Hz）		50	50	50	50	50	50
额定输入容量（kVA）		9	20.5	32.5	35.6	45	29.1
各负载持续率时容量（kVA）	100%	7	16	25	28	35	22.6
	额定负载持续率	9	20.5	32.5	35.6	45	29.1
各负载持续率时焊接电流（A）	100%	93	232	388	310	387	310
	额定负载持续率	120	300	500	400	500	400
效率（%）		77	82.5	87	70	—	87.5
功率因数		—	0.53	0.52	—	—	0.56
质量（kg）		93	190	167	225	225	200
外形尺寸（mm）	长	485	580	520	730	890	695
	宽	480	565	525	540	350	530
	高	631	900	800	900	550	905
用途		焊条电弧焊电源	焊条电弧焊电源，也可作电弧切割用电源	焊条电弧焊电源	手工氩弧焊电源，也可供焊条电弧焊及电弧切割用	手工氩弧焊电源，也可供焊条电弧焊及电弧切割用	手弧焊电源，也可作电弧切割用电源

表 3－9　BX3 系列弧焊机技术数据（2）

结构形式		动圈式						
型号		BX3－120－1	BX3－160	BX3－200		BX3－250	BX3－300－1	BX3－300－2
额定焊接电流（A）		120	160	200		250	300	300
一次电压（V）		220/380	380	380	220/380	380	220/380	220/380
二次空载电压（V）		接 Ⅰ 75 Ⅱ 70	接 Ⅰ 78 Ⅱ 70	80/65	70/70	接 Ⅰ 78 Ⅱ 70	75/60	接 Ⅰ 78 Ⅱ 70
额定工作电压（V）		25	26.4	30		30	30	32
额定一次电流（A）		41/23.5	31	36.5	67.5/39.5	48.5	54	105/61.9
焊接电流调节范围（A）		接 Ⅰ 20～65 Ⅱ 60～160	接 Ⅰ 23～80 Ⅱ 79～252	30～90/95～265	35～100/95～250	接 Ⅰ 36～121 Ⅱ 120～376	40～400	接 Ⅰ 40～125 Ⅱ 120～400
额定负载持续率（%）		60	60	60	60	60	60	60
相数		1	1	1	1	1	1	1
频率（Hz）		50	50	50	50	50	50	50
额定输入容量（kVA）		9	11.8	14	15	18.4	20.5	23.4
各负载持续率时容量（kVA）	100%	7	9.15	11	9.4	14.25	15.9	18.5
	额定负载持续率	9	11.8	14	15	18.4	20.5	23.4

续表

结构形式		动圈式						
型号		BX3-120-1	BX3-160	BX3-200		BX3-250	BX3-300-1	BX3-300-2
各负载持续率时焊接电流（A）	100%	93	124	155	125	194	232	232
	额定负载持续率	120	160	200	200	250	300	300
效率（%）		80	80	81.5	80	85	83	82.5
功率因数		—	0.44		0.43	0.48	0.53	0.53
质量（kg）		100	100	122	100	150	190	183
外形尺寸（mm）	长	485	580	525	445	630	580	730
	宽	470	430	460	410	480	600	540
	高	680	710	690	750	810	880	900
用途		焊条电弧焊电源		焊条电弧焊电源，也可作电弧切割用电源		焊条电弧焊电源	焊条电弧焊电源，也可作电弧切割用电源	

表 3-10　　BX6 系列弧焊机技术数据

结构形式		抽头式						
型号		BX6-120-2	BXD6-120	BX-120	BX-200	BX5-120	BX6-120	BX6-120-1
额定焊接电流（A）		120	120	120	120	120	120	120
一次电压（V）		220/380	380	220	380	220	380	220/380
二次空载电压（V）		52	—	50～55	48～70	35～60（六档）	50	50
额定工作电压（V）		22～26	25	22～26	22～28	25	25	22～26
额定一次电流（A）		28.4/16.4	14.5/20.5	38	40	18	6	—
焊接电流调节范围（A）		50～160	接 Ⅰ 98～115 Ⅱ 110～130	50～160	60～200	50～160	45～160	45～160
额定负载持续率（%）		20	60	20	20	30	20	20
相数		1	1	1	1	1	1	1
频率（Hz）		50	50	50	50	50	50	50
额定输入容量（kVA）		6.24	8.4	8	15	6.6	6	6
各负载持续率时容量（kVA）	100%	2.8	—	—	—	3	—	2.7
	额定负载持续率	6.24	8.4	8	15	6.6	—	6
各负载持续率时焊接电流（A）	100%	54	—	—	—	74	54	54
	额定负载持续率	—	—	—	—	120	120	120
效率（%）		—	—	—	—	78.5	—	—
功率因数		—	—	—	—	0.55	0.75	—
质量（kg）		22	35	24	49	28	20	25
外形尺寸（mm）	长	345	320	390	270	290	445	400
	宽	246	225	285	351	220	240	252
	高	188	280	190	474	240	190	193
用途		手提式焊条电弧焊电源						

表 3-11　　BX 及 BX1 系列弧焊变压器绕组的技术数据

项目		BX-500		BX1-135		BX1-330		BX1-500
一次线圈	电压（V）	220	380	220	380	220	380	380
	导线名称	双玻璃丝包线		双玻璃丝包线		双玻璃丝包线		双纱包扁铜线
	导线尺寸（mm）	4.4×11.6	4.7×6.4	2.83×6.4	2.83×3.53	4.1×10	2.26×5.5	4.7×6.4
	并绕根数	2	2	1	1	1	2	2
	匝数	24	48	132	232	80	138	每个线圈 48
	导线质量（kg）	36.5	36.5	13	11	36.5	36.5	36.5
二次线圈	导线名称	裸扁铜线		裸扁铜线		裸扁铜线		裸扁铜线
	导线尺寸（mm）	4.7×16.8		3.8×8		5.1×13.5		4.7×16.8
	并绕根数	2		1		1		2
	匝数	8		13		10		每个线圈 8
	导线质量（kg）	20.5		3		5		20.5
电抗线圈	导线名称	裸扁铜线		裸扁铜线		裸扁铜线		裸扁铜线
	导线尺寸$\frac{A}{mm}\times\frac{B}{mm}$	3.28×22		3.8×8		5.1×13.5		3.28×22
	并绕根数	2		1		1		2
	匝数	16		40		23		16
	导线质量（kg）	12.8		5.5		11.5		12.8

表 3-12　　BX6—120 型弧焊变压器绕组的技术数据

项目	Ⅰ号一次线圈		Ⅱ号一次线圈		二次线圈
	220V	380V	220V	380V	
线圈形式	筒式线圈				
导线名称和牌号	SBECB 型玻璃丝包扁铜线				
导线尺寸$\frac{A}{mm}\times\frac{B}{mm}$	1.0×5.1	1.35×2.1	1.81×3.28	1.16×3.28	2.83×9.3
并绕根数	1	1	1	1	1
匝数	318	550	145	250	70

表 3-13　　BX2 系列弧焊变压器绕组的技术数据

项目		BX2-500 型							
一次线圈	电压（V）	220				380			
	导线截面尺寸$\frac{A}{mm}\times\frac{B}{mm}$	3.53×10.8				3.53×6.4			
	导线种类	双玻璃丝包线				双玻璃丝包线			
	并联根数	2				2			
	导线质量（kg）	23.5				23.5			
	线圈编号	Ⅰ		Ⅱ		Ⅰ		Ⅱ	
	线圈匝数	25		25		43		43	
	抽头标号	78	0	76	0	78	0	76	0
	抽头匝数	0	25	0	25	0	43	0	43

项目		BX2-1000 型											
一次线圈	电压（V）	220						380					
	导线截面尺寸$\frac{A}{mm}\times\frac{B}{mm}$	4.4×14.5						4.4×8.6					
	导线种类	双玻璃丝包线						双玻璃丝包线					
	并联根数	2						2					
	导线质量（kg）	35.8						35.8					
	线圈编号	Ⅰ			Ⅱ			Ⅰ			Ⅱ		
	线圈匝数	19			19			33			33		
	抽头标号	78	79	80	76	82	81	78	79	80	76	82	81
	抽头匝数	0	17	19	0	17	19	0	29	83	0	29	83

项目		BX2-2000 型					
一次线圈	电压（V）	380					
	导线截面尺寸$\frac{A}{mm}\times\frac{B}{mm}$	3.28×10					
	导线种类	双玻璃丝包线					
	并联根数	2					
	导线质量（kg）						
	线圈编号	Ⅰ			Ⅱ		
	线圈匝数	30			30		
	抽头标号	78	79	80	76	82	81
	抽头匝数	0	27	30	0	27	30

续表

项目		BX2－500型								BX2－1000型								BX2－2000型			
二次线圈	导线截面尺寸 $\frac{A}{mm}\times\frac{B}{mm}$	4.1×12.5				4.1×12.5				4.4×22				4.4×22				12×8.5×2.5			
	导线种类	裸铜线				裸铜线				裸铜线				裸铜线				空心裸铜线			
	并联根数	2				2				2				2				1			
	导线质量（kg）	13.5				13.5				22				22							
	线圈编号	Ⅰ		Ⅱ		Ⅰ		Ⅱ		Ⅰ		Ⅱ		Ⅰ		Ⅱ		Ⅰ		Ⅱ	
	线圈匝数	9		9		9		9		6		6		6		6		12		12	
	抽头标号	0	45	0	46	0	45	0	46	0	45	0	46	0	45	0	46	45	46	45′	46′
	抽头匝数	0	9	0	9	0	9	0	9	0	6	0	6	0	6	0	6	0	12	0	12

表3－14　直流弧焊发电机技术数据（1）

结构形式			差复励式					
型号			AX－160	AX－165	AX－250	AX－300	AX1－165	AX1－500
弧焊发电机	额定焊接电流（A）		160	165	250	300	165	500
	焊接电流调节范围（A）		30～230	40～200	50～300	60～360	40～200	120～600
	空载电压（V）		60～85	45～70	50～70	50～75	40～75	60～90
	工作电压（V）		21～29.4	21～28	22～32	22～34	25～30	40
	额定负载持续率（%）		60	60	60	60	60	65
	各负载持续率时功率（kW）	100%	3.3	3.9	—	—	3.9	16
		额定负载持续率	4.2	5	—	—	5	20
	各负载持续率时焊接电流（A）	100%	124	130	195	230	130	400
		额定负载持续率	160	165	250	300	165	500
使用焊条直径（mm）			1～5	1～6	1～6	1～6	1～5	2～8
电动机	功率（kW）		6	6	10	10	6	26
	电压（V）		380	220/380	220/380	220/380	220/380 380/660	220/380 380/660
	电流（A）		12	12.4	19.4	19.4	21.3/12.3 21.3/7.1	88.2/50.9 50.9/29.4
	频率（Hz）		50	50	50	50	50	50
	转速（r/min）		2900	2900	2900	2900	2900	1450
	功率因数		—	0.88	0.9	0.9	0.87	0.88
机组效率（%）			—	49	52	52	52	54
质量（kg）			180	200	220	250	200	960
外形尺寸（mm）	长		838	759	770	830	775（840）	1300
	宽		450	400	418	470	420	738
	高		673	662	715	685	700	1110
用途			焊条电弧焊电源，适宜焊接薄板结构		焊条电弧焊电源，使用小电流时可焊接薄板结构		焊条电弧焊电源，适宜焊接薄板结构	焊条电弧焊电源，也可作埋弧自动焊和半自动焊电源

表 3－15　　　　直流弧焊发电机技术数据（2）

结构形式			差复励式				
型号			AX5－500	AX7－250	AX7－500	AX8－500	AX9－500
弧焊发电机	额定焊接电流（A）		500	250	500	500	500
弧焊发电机	焊接电流调节范围（A）		60～600	60～300	120～600	125～600	100～600
弧焊发电机	空载电压（V）		65～92	60～90	40～90	50～85	70～90
弧焊发电机	工作电压（V）		25～40	22～32	25～40	25～40	24～44
弧焊发电机	额定负载持续率（%）		60	60	60	60	60
弧焊发电机	各负载持续率时功率（kW）	100%	15.4	5.4	13.5	15.5	13.5
弧焊发电机	各负载持续率时功率（kW）	额定负载持续率	20	7.5	20	20	20
弧焊发电机	各负载持续率时焊接电流（A）	100%	385	194	385	385	385
弧焊发电机	各负载持续率时焊接电流（A）	额定负载持续率	500	250	500	500	500
使用焊条直径（mm）			2～8	1.6～6	2.5～10	2～8	2～8
电动机	功率（kW）		26	10	26	30	30
电动机	电压（V）		380	380	380	380	380
电动机	电流（A）		50.9	20.8	50.5	53.5	60
电动机	频率（Hz）		50	50	50	50	50
电动机	转速（r/min）		1450	2900	2900	2950	1450
电动机	功率因数		—	0.9	0.89	0.9	0.88
机组效率（%）			—	50.5	—	—	54
质量（kg）			700	290	480	520	700
外形尺寸（mm）	长		1180	900	1100	1024	1162
外形尺寸（mm）	宽		590	540	650	610	1000
外形尺寸（mm）	高		1000	840	950	896	—
用途			焊条电弧焊电源，亦可作为埋弧自动焊和半自动焊电源	焊条电弧焊电源，使用小电流时可焊接薄板结构	焊条电弧焊电源，可焊接厚钢板。也可供埋弧自动焊或半自动焊接电源或碳弧气刨电源		

表 3－16　　　　直流弧焊发电机技术数据（3）

结构形式			裂极式				换向极式			
型号			AX－320	AX－320－1		AXD－320	AX3－300	AX3－300－1	AX4－300	AX4－300－1
弧焊发电机	额定焊接电流（A）		320	320	320	320	300	300	300	300
弧焊发电机	焊接电流调节范围（A）		45～320	45～320	45～320	45～320	50～375	45～375	45～375	45～375
弧焊发电机	空载电压（V）		50～80	50～85	50～80	50～80	55～70	55～70	55～80	55～80
弧焊发电机	工作电压（V）		30	25～30	30	30	22～35	25～35	25～35	22～35
弧焊发电机	额定负载持续率（%）		50	50	50	50	60	60	60	60
弧焊发电机	各负载持续率时功率（kW）	100%	7.5	7.5	—	7.5	6.72	6.9	6.9	6.7
弧焊发电机	各负载持续率时功率（kW）	额定负载持续率	9.6	9.6	—	9.6	9.6	9	9	9.6
弧焊发电机	各负载持续率时焊接电流（A）	100%	250	250	250	250	230	230	230	230
弧焊发电机	各负载持续率时焊接电流（A）	额定负载持续率	320	320	320	320	300	300	300	300

续表

结构形式		裂极式				换向极式			
型号		AX-320	AX-320-1		AXD-320	AX3-300	AX3-300-1	AX4-300	AX4-300-1
使用焊条直径（mm）		3～7	3～7	3～7	2～6	2～7	3～7	2～7	2～7
电动机	功率（kW）	14	12	14	—	10	10	10	10
	电压（V）	220/380 380/660	220/380 380/660	380/440	—	380	220/380 380/660	380	380
	电流（A）	47.8/27.6 27.6/15.95	47/24 24/13.9	—	—	20.8	26/20.8 20.8/12	20.8	20.8
	频率（Hz）	50	50	50/60	—	50	50	50	50
	转速（r/min）	1450	1430	1450/1750	1450	2900	2900	2900	2900
	功率因数	0.87	0.87	—	—	0.88	0.87	0.86	0.88
机组效率（%）		53	53	—	62	52	52	52	52
质量（kg）		560	560	560	365	250	200	250	250
外形尺寸（mm）	长	1202	1202	1255	940	875	810	1040	800
	宽	600	600	640	475	500	460	580	390
	高	992	992	1125	665	763	700	800	555
用途		焊条电弧焊电源，使用小电流时可焊接薄板结构			用途同 AX-320 型，适用于无电源地区，由其他原动机驱动	焊条电弧焊电源，使用小电流时可焊接薄板结构			

表 3-17　　直流弧焊发电机电枢的技术数据（1）

型号	AX-320 AX-320-1	AX1-165	AX1-500	AX3-300	AX3-500
铁芯外径（mm）	240	150	290	177	220
铁芯长度（mm）	168+10×3①	126	270+10×2②	75	90
槽数	37	25	50	29	21
铜线截面尺寸 $\frac{A}{\text{mm}}\times\frac{B}{\text{mm}}$	2.44×10.8	2×ϕ2.95③	2.63×11.6	1.81×8 加 1.81×8	3.28×11.6 加 3.28×11.6
铜线绝缘层	玻璃丝带半叠包一层	双玻璃丝包线	玻璃丝带半叠包一层	裸扁铜线加双玻璃丝包线	裸扁铜线加双玻璃丝包线
每台电机线圈数	73	25	100	87	63
每槽线圈数	2	2	2	3	3
每个线圈匝数	1	1	1	1	1
每槽导线数	4	4	4	6	6

续表

型　　号	AX－320 AX－320－1	AX1－165	AX1－500	AX3－300	AX3－500
线圈形式	叠绕前进	叠绕前进	叠绕前进	单波滞后	单波滞后
线圈槽距	1～19	1～13　1～14	1～13	1～8	1～6
换向片数	73	50	100	87	63
换向片节距	1～2	1～2	1～2	1～44	1～32

① 有三个轴向通风道，每个长度为 10mm。

② 有两个轴向通风道，每个长度为 10mm。

③ 2×ϕ2.95 表示 2 根直径为 2.95mm 的铜线。

表 3－18　　直流弧焊发电机电枢的技术数据（2）

型　　号	AX4－300	AP1－350	AX7－250	AX7－400	AX7－500
铁芯外径（mm）	177	177	195	220	240
铁芯长度（mm）	90	140	120	115	145
槽数	29	41	23	27	55
铜线截面积（mm^2）	2.1×8	3.53×6.4	2.36×8	2.44×10.8	2.44×8.6 加 2.44×8.6
铜线绝缘层	聚酯高强漆包扁铜线	双玻璃丝包扁铜线	双玻璃丝包扁铜线	双玻璃丝包扁铜线	双玻璃丝包扁铜线
每台电机线圈数	87	41	69	81	55
每槽线圈数	3	1	3	3	2
每个线圈匝数	1	1	1	1	1
每槽导线数	6	2	6	6	4
线圈形式	单波滞后	单波滞后	单波滞后	单波滞后	单波滞后
线圈槽距	1～8	1～11	1～7	1～8	1～15
换向片数	87	41	69	81	55
换向片节距	1～44	1～21	1～35	1～41	1～28

表 3－19　　与直流弧焊发电机同轴的三相异步电动机技术数据

型　　号	AX－320	AX－320－1	AX1－165	AX1－500	AX3－300	AX3－500
功率（kW）	14	12	6	26	10	26
转速（r/min）	1450	1450	2900	1470	2900	2900
定子铁芯外径（mm）	333	333	246	368	246	327
定子铁芯内径（mm）	200	200	130	230	137.2	180
定子铁芯长度（mm）	108	88	100	130	144	170
定子槽数	36	36	24	36	24	36
气隙（mm）	0.5	0.5	0.5	0.55	0.6	0.8

续表

型　　号	AX-320	AX-320-1		AX1-165	AX1-500		AX3-300		AX3-500	
电压（V）	220/380	220/380	380/660	220/380	220/380	380/660	220/380	380/660	220/380	380/660
电流（A）	47.8/27.6	41.6/24	24/13.9	21.4/12.4	88.2/50.9	50.9/29.4	36/20.8	20.8/12	89/51.5	51.5/29.8
电磁线直径（mm）	1.68	1.56	1.68	1.3	1.62	1.74	1.35	1.25	1.81	1.56
并绕根数	2	1	1	2	2	2	3	2	4	3
每个线圈匝数	9	21	18	27	14	24	22	38	8	14
并联支路数	1	2	1	1	1	1	1	1	1	1
联结法	△/Y	△/Y		△/Y	△/Y		△/Y		△/Y	
电磁线种类	高强度漆包线	高强度漆包线		单玻璃丝包线	双玻璃丝包线		高强度漆包线		高强度漆包线	
线圈节距	1～8	1～8		1～12 2～11	1～8		1～12 2～11		1～18 2～17	
线圈形式	双层叠绕	双层叠绕		单层同心	双层叠绕		单层同心		单层同心	
线圈个数	36	36		12	36		12		18	
定子一相抽头匝数	—	—		—	—		11		6	

表3-20　　ZXG系列直流焊机变压器技术数据

型号	绕组类别		电压（V）	绕组形式	数量	导线规格（mm）	并联绕组	匝数	抽头	
									匝数	线规
ZXG-300	变压器	一次	220	筒形	3	2.1×4.1	1	127	0～127	用原绕组线
		二次	52	筒形	3	4.1×9.3	1	30	0～30	用原绕组线
	电抗器	工作	52	筒形	6	3.28×8.6	1	33	0～33	用原绕组线
		控制	25	筒形	1	ϕ1.12	1	300	0～33	用原绕组线
				筒形	2	2.1×11.6	2	20	0～10	用原绕组线
ZXG-500	变压器	一次	200	筒形	3	2.44×6.4	1	96	0～96	用原绕组线
		二次	50	筒形	3	4.4×14.5	1	22	0～22	用原绕组线
	电抗器	工作	50	筒形	6	3.05×9.3	2	26	0～26	用原绕组线
		控制	25	筒形	1	ϕ1.2	1	300	0～300	用原绕组线
		电抗		筒形	2	2.1×11.8	4	20	0～10	用原绕组线
		控制		筒形	2	ϕ1.2	1	320	0～106	用原绕组线
ZXG-300或ZXG-500	稳压器	Ⅰ	380		1	ϕ0.47	1	1600	0～1600	
		Ⅱ			1	ϕ1.3	1	70	0～5～60～70	
		Ⅲ			1	ϕ0.64	1	1250	0～1250	
		Ⅳ			1	ϕ1.3	1	172	0～10～152～172	

第 4 章　直流电机电气控制线路

直流电动机由于具有良好的起动、调速、制动、过载性能，以及适宜频繁快速起动等优点而在要求大范围无级调速或要求大起动转矩的机械设备中得到采用。直流发电机则能提供无脉动的电力，并能方便、精确地调节和控制其输出电压，满足不同控制系统所要求的电源特性。它主要用作直流电动机的电源。本章选绘了直流电机部分控制线路图。

直流电动机按励磁方式可分为他励式和自励式两大类。自励式则分串励、并励、复励这三种主要型式，他励和并励直流电动机的控制线路非常接近，串励和复励直流电动机的控制线路则不相同。图 4-1～图 4-11 即为原理接线和几种电气控制线路图。

直流电动机的调速都是在机械负载不变的情况下进行的。直流电动机的电气调速主要有以下三种，即电枢回路串电阻调速；改变励磁电流调速；改变电枢电压调速。图 4-12～图 4-14 所示即为直流电动机这几种调速方法电气控制线路。

直流电动机的制动与异步电动机相似，制动方法也有机械制动和电气制动两大类。机械制动就是采用电磁抱闸制动，电气制动常采用能耗制动和反接制动。图 4-15～图 4-27 所示即为直流电动机采用这两种制动方法的电气控制线路。

直流电动机的起动与调速控制、可逆运行控制、电机扩大机自动调速系统，以及晶闸管—直流电动机自动调速系统等，如图 4-28～图 4-53 所示。

直流发电机根据励磁方式也分为他励式和自励式两大类，自励式也分为串励、并励和复励三种主要型式。图 4-54～图 4-61 所示即为直流发电机的几种原理接线电气线路图。

直流电机换向极极性测量线路，无火花换向区域试验电气线路，能耗法负载试验电气线路，反馈法负载试验电气线路等，图 4-62～图 4-69 所示即为直流电机这几种接法的电气线路图。

第 1 节　直流电动机基本电气控制线路图

图 4－1 所示他励直流电动机的电枢电源与励磁电源分别由两个独立的直流电源供电，并且在电动机起动时，必须先接上或至少同时接上额定励磁电压，以保证较大的起动转矩和加速起动过程，同时也可防止转速过高的“飞车”事故。它具有硬转速特性。他励直流电动机（或并励），由于它具有良好的起动性能和调速性能，所以曾经被广泛应用在起动和调速方面，但电子电器的快速发展使直流电动机应用日渐减少，已逐步被交流异步电动机所取代。

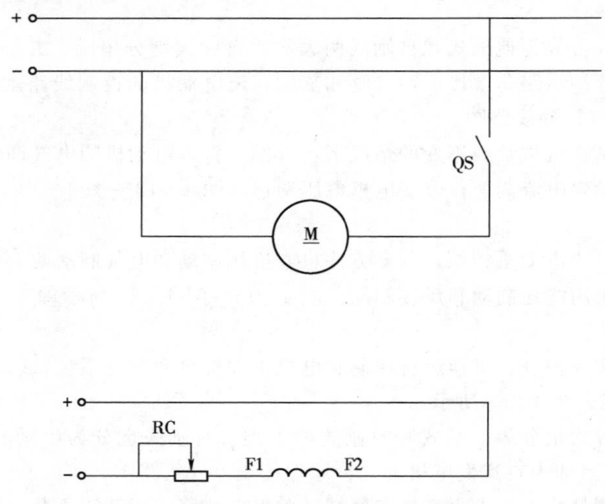

图 4－1　他励直流电动机原理接线电气线路

图 4－2 所示并励直流电动机的励磁绕组与电枢绕组都并接在同一直流电源上，由于直流电源电压恒定不变，这就和励磁绕组单独接在另一电源的效果完全一样，因此并励电动机与他励电动机的运行性能都是相同的。并励是自励式励磁的一种。并励直流电动机虽然不如三相交流异步电动机那样结构简单、价格便宜、制造方便、维护容易，但它具有起动性能好、适宜于频繁起动及调速性能好等许多优点。因此，在要无级调速和大起动转矩场合仍得到采用。

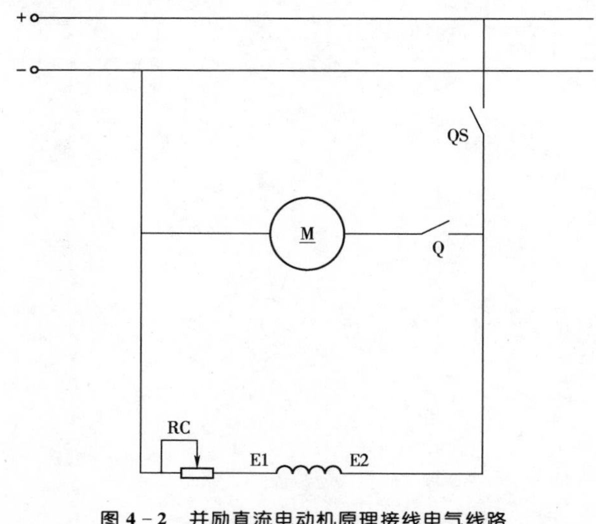

图 4－2　并励直流电动机原理接线电气线路

图 4－3 所示串励电动机的励磁绕组与电枢绕组为串联接法，因而其电枢电流即等于励磁电流，串励直流电动机为软机械特性，电动机在空载和轻载时，其转速会上升到危险数值。因此，串励电动机不允许在空载或小于 20％～30％额定负载下运行。以免因严重超速而损坏电动机及所拖动的负载设备。串励直流电动机具有很大的起动转矩，约达额定转矩的 5 倍。主要用于要求大起动转矩的负载机械。

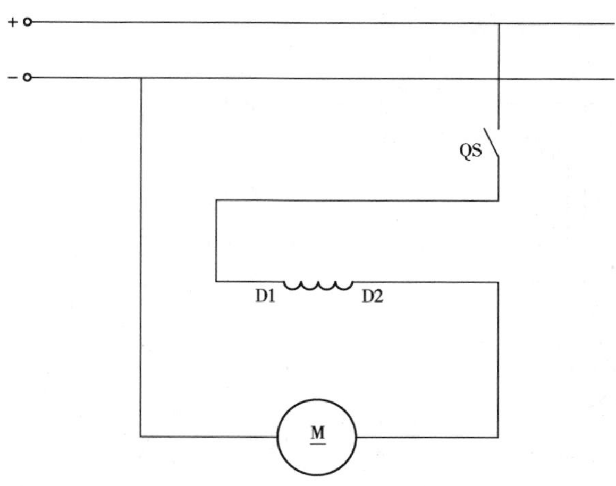

图 4－3　串励直流电动机原理接线电气线路

图 4－4 所示复励直流电动机的励磁绕组分为两部分，其中一部分与电枢绕组并联，是主要部分，另一部分则与电枢绕组串联。通用的复励电动机多为并励绕组与串励绕组的磁化作用相加的积复励形式。复励直流电动机转速特性介于并、串励两者之间。该电动机的起动转矩较大，约可达额定转矩的 4 倍。短时过载转矩比并励电动机大。多被用于要求起动转矩较大及转速变化又不大的负载设备。

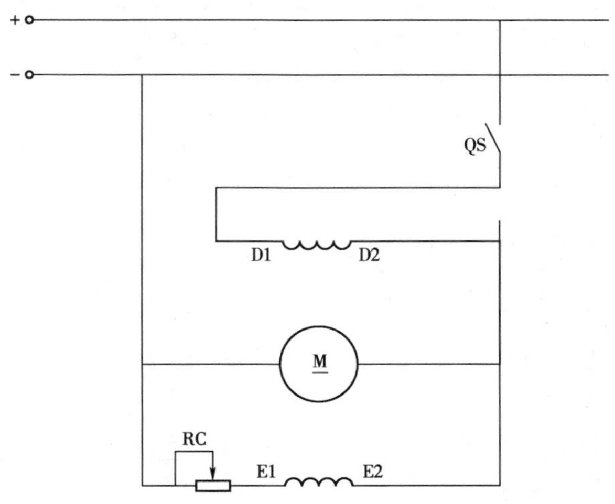

图 4－4　复励直流电动机原理接线电气线路

复励直流电动机中，电枢绕组与励磁绕组先串后并者，称为长复励；先并后串者，称为短复励。两部分励磁绕组磁势方向相同时称为积复励；方向相反则称为差复励。

图 4-5 所示为用按钮操作以时间继电器自动控制的他励直流电动机起动线路，该线路在他励直流电动机电枢电路中串有三级起动电阻 R1、R2、R3，经三只时间继电器 KT1、KT2、KT3 依次切除起动电阻。起动时，首先要将励磁绕组和主电路、控制电路均接上直流电源。用按钮操作利用时间继电器自动起动的方法，因线路简单、可靠，故得到广泛应用。如离心泵、风机等机械。

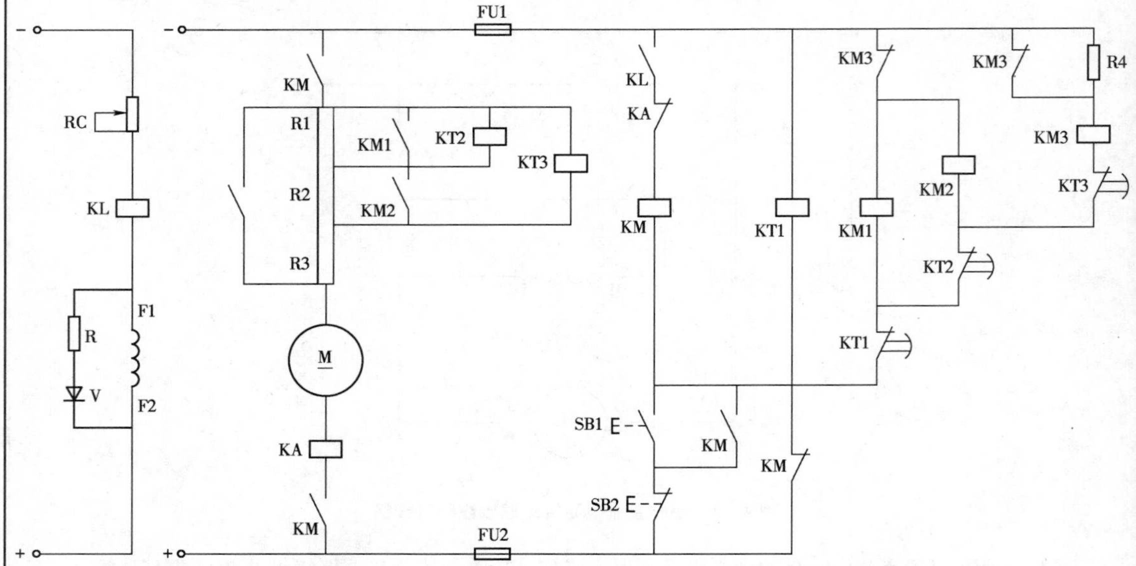

图 4-5　他励直流电动机用按钮操作的自动起动控制线路

图 4-6 所示为他励直流电动机三级电阻起动控制线路，该线路在他励直流电动机的电枢电路串有三级起动电阻 R1、R2、R3，利用三只时间继电器 KT1、KT2、KT3 依次切除起动电阻。准备起动时，励磁绕组和主电路、控制电路均加上直流电源。起动时，操作主令控制器 LK 接通即可，停止时将 LK 置于零位。该线路多用于起动转矩稍大的恒速负载和要求调速的传动系统之中。

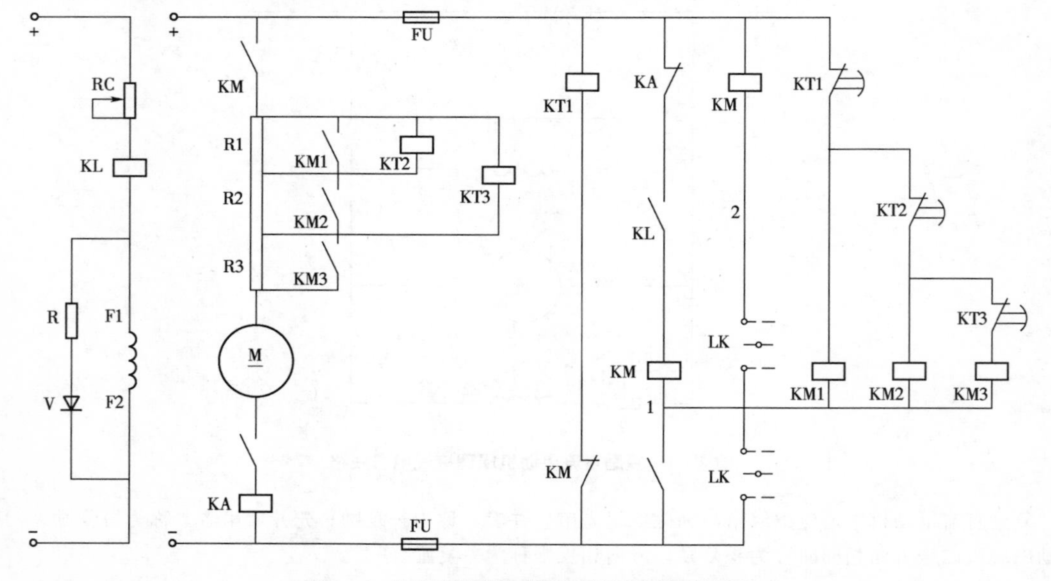

图 4-6　他励直流电动机三级电阻起动控制线路

图 4－7 所示为他励直流电动机可逆运行控制线路，实用中他励直流电动机的反转一般都采用改变电枢电流的方法，如图 4－7（a）的原理接线图所示，经过正、反向接触器 KM1、KM2 的通断控制，去改变电枢电流的方向，从而改变转向。

图 4－7（b）为可逆运行的他励直流电动机的控制线路图，该线路采用改变电枢电流方向来使电动机反转。当按下 SB1 时，接触器 KM1 动作，电枢绕组 A1 接到电源正端，电动机正向旋转。按下 SB2 时，则 KM2 动作，这时电枢绕组 A2 改接电源正端而电机反转。线路多用于要求恒速或调速的传动系统，如离心泵、风机、金属切削机床、纺织印染设备、造纸机械和印刷机械设备等。

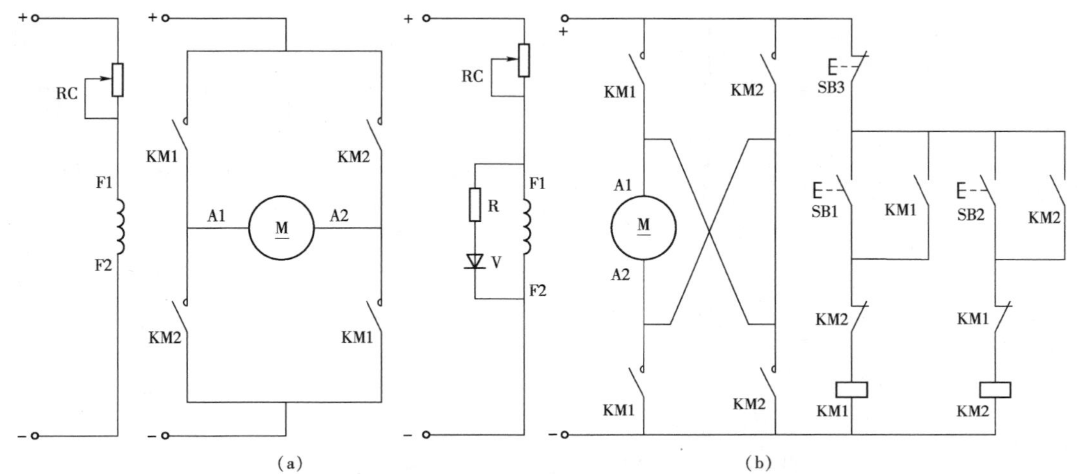

图 4－7　他励直流电动机可逆运行控制线路

（a）原理接线图；（b）控制线路图

图 4－8 所示为并励直流电动机起动控制线路，由于直流电动机电枢绕组的电阻一般都很小，如直接起动将产生较大的起动电流，从而对换向不利，同时较大的起动转矩也会使被拖动机械受到很大冲击，因此，电机起动时必须限制起动电流。常用限制起动电流的方法，主要有降低电枢电压和在电枢回路增加电阻两种。本图为并励直流电动机电枢回路串电阻，两级起动控制线路，该线路经时间继电器 KT1、KT2 按延时顺序，依次短接电阻，完成逐级起动。并励直流电动机常用于风机、离心泵及造纸机械等。

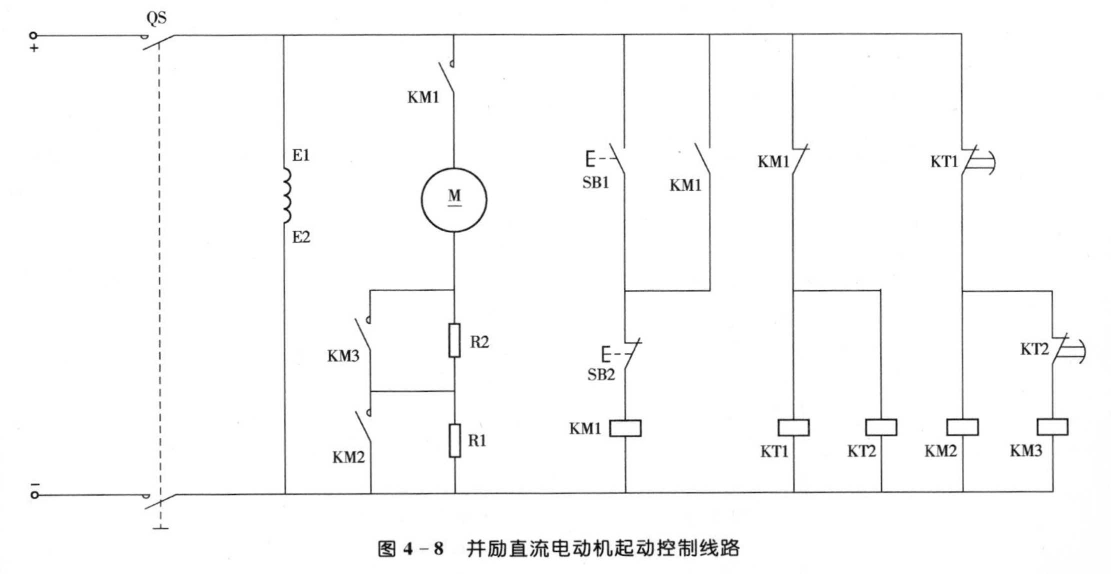

图 4－8　并励直流电动机起动控制线路

直流电动机的反转方法有改变电枢电流方向和励磁绕组电流方向两种。通常使用前一种方法，因为后一种方法中，由于励磁绕组匝数多，实现反转时，在励磁绕组中将产生瞬时数值极大的感应电势，从而击穿自身绝缘，故较少使用。图 4－9 所示为采用电枢反接法可逆运行的并励直流电动机控制线路。当按下起动按钮 SB1 时，接触器 KM1 获电动作，电枢绕组接通电源，电动机作正向运转。如要电动机反转，先按下 SB3 使电动机停转，再按下 SB2 使 KM2 接通，电机反向运行。该电动机可用于风机、离心泵拖动。

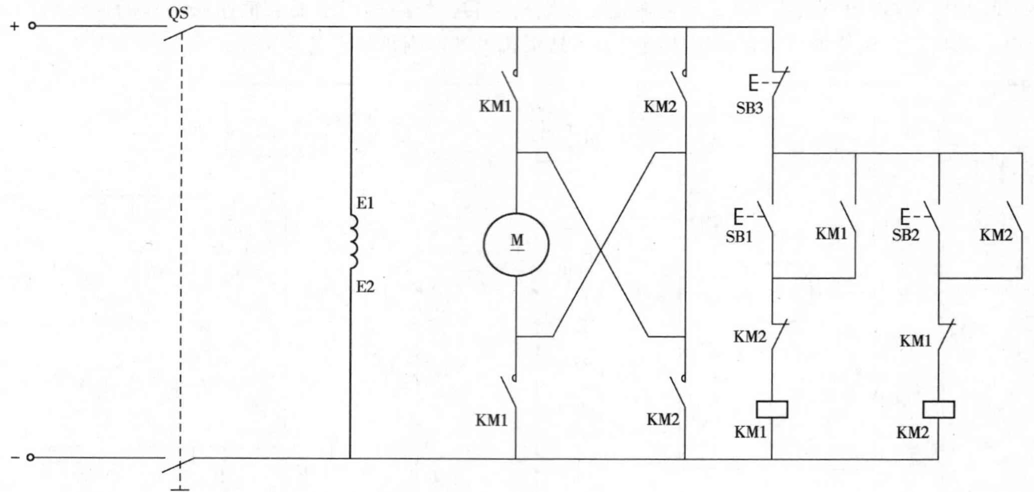

图 4－9　并励直流电动机电枢反接法可逆运行控制线路

图 4－10 所示串励直流电动机具有良好的起动性能，比他励和并励直流电动机有较大的起动转矩。串励直流电动机的机械特性较软，如电动机转矩增大时，转速则自动下降，因而能自动调整功率的稳定。由于串励直流电动机的转速随其负载转矩的大小而增减，故在空载和轻载时，将产生过高甚至危险的转速，使电机性能恶化或甩坏，故不允许空、轻载起动和运行。该电动机可用于电力传动机车等。

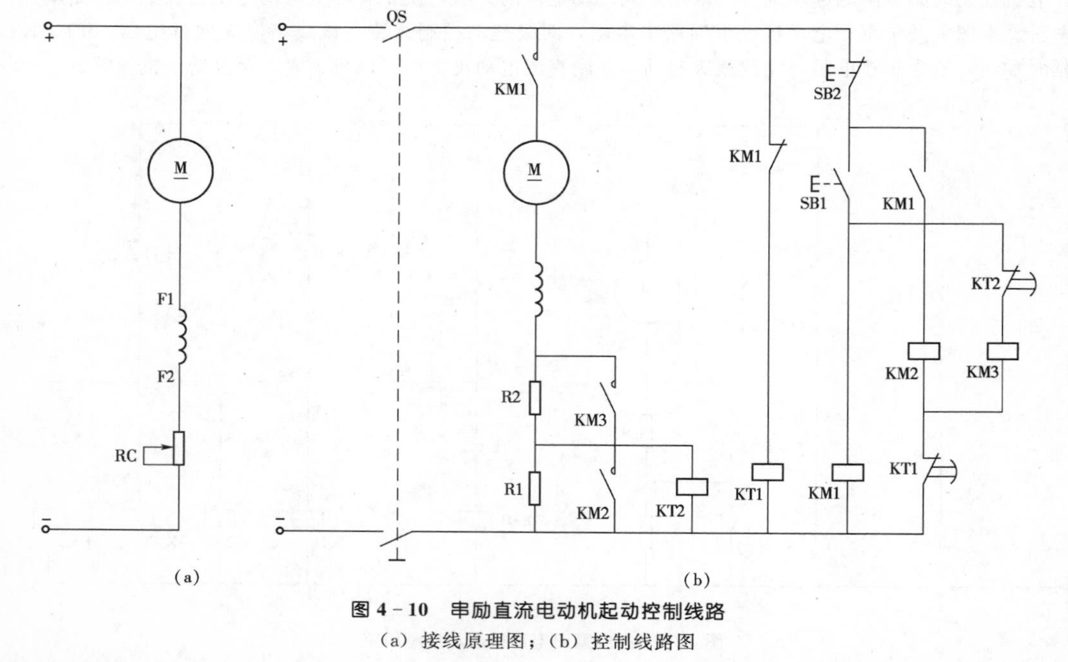

图 4－10　串励直流电动机起动控制线路

（a）接线原理图；（b）控制线路图

串励电动机的反转方法宜采用励磁绕组反接法，这是因为串励电动机的电枢两端电压很高，而励磁绕组两端电压很低，反接则比较容易，如用于内燃机车、电动机车中的直流电机常采用这种方法。图 4 - 11 即为按这种反转方法联接的串励直流电动机可逆运行控制线路，SB1 为正转起动按钮，KM1 为正转接触器。当按下 SB1 后，则 KM1 得电动作，接通电源使电动机作正向运转。需要电动机反转时，顺序按下按钮 SB3、SB2 即可对电动机进行控制。串励电动机主要用于要求起动转很大且转速允许有较大变化的负载设备。

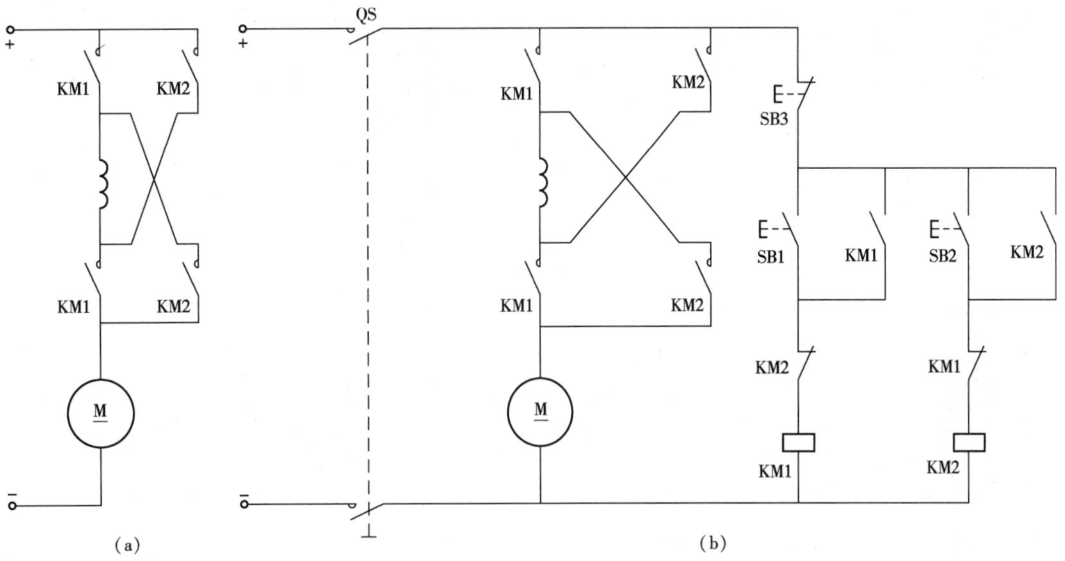

(a)　　(b)

图 4 - 11　串励直流电动机可逆运行控制线路

(a) 原理接线图；(b) 控制线路图

第 2 节　直流电动机的调速控制线路图

图 4－12 所示调速方法具有以下特点：在电压等于常值时，其转速随励磁电流和磁通的减小而升高；电动机最高转速受机械因数、换向和运行稳定性的限制；电枢电流保持额定值不变时，其输入、输出功率及效率基本不变。这种调节励磁电流进行调节调速的方法，主要适用于电动机额定转速以上的恒功率调速的许多场合。

图 4－13 所示调速方法具有以下特点：在磁通等于常值时，转速随电枢端电压的减少而降低；低速时机械特性的斜率不变，由发电机组供电时，最低转速受发电机剩磁的限制；电枢电流保持额定值不变时，其输入、输出功率随电压和转速的降低而减小，效率则基本不变。它适用于额定转速以下的恒转矩调速的许多场合。

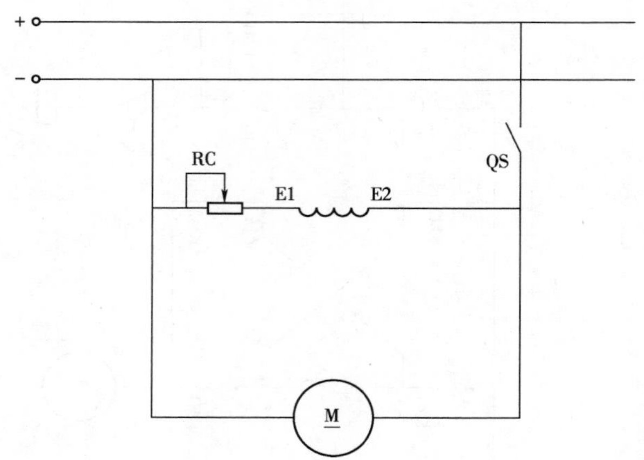

图 4－12　调节励磁电流并励直流电动机进行调速的原理接线图

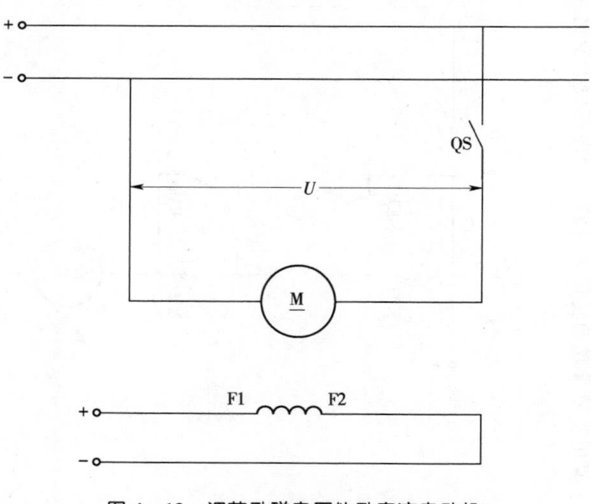

图 4－13　调节励磁电压他励直流电动机进行调速的原理接线图

图 4－14 所示调速方法具有以下特点：在电压等于常值时，转速随电枢回路电阻的增加而降低；转速越低，机械特性越软，电枢电流保持额定值不变时，可作恒转矩调速，但低速时，输出功率随转速的降低而减小，输入功率则不变，效率随转速而降低。它适于额定转速以下，不需经常调速且机械特性软的调速要求及设备。

图 4－15 所示制动方式为：保持励磁不变，电枢回路从电源切断，接入制动电阻，从而电枢电流反向，电磁转矩与电机转向相反。制动时，电机作发电机运行，向制动电阻供电，机组的惯性动能转化为制动电阻与机组本身的损耗，其转速越低，制动效果越差，有时还配合机械制动来加强整体制动效果。它适用于使机械停转。

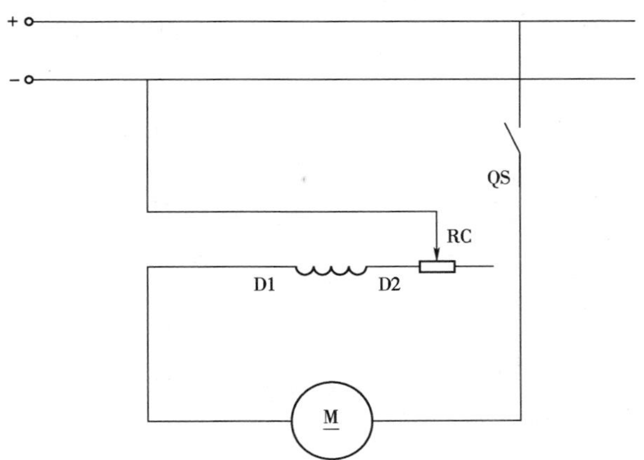

图 4－14 调节电枢回路电阻并励直流电动机进行调速的原理接线图

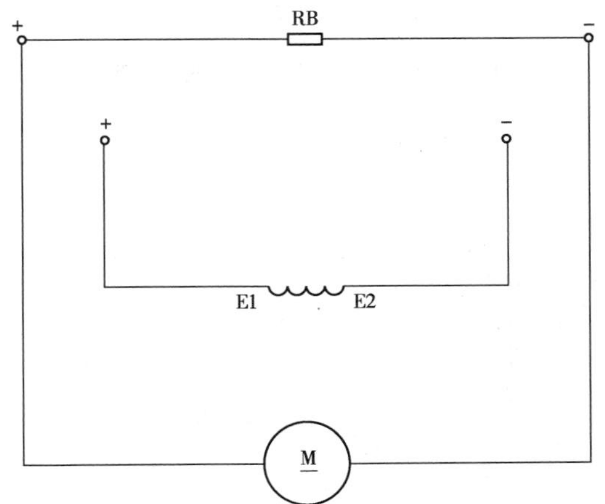

图 4－15 直流电动机能耗制功的原理接线电气线路

当电动机在运行状态中时，若电枢反接，则电枢内的电流将反向流动，从而使电磁转矩反向为“－T”，在“－T”与 TL 共同作用下，使得转速急速下降，电动机即进入电枢反接制动运行。

第 3 节　直流电动机制动控制线路图

图 4－16 所示制动方式为：保持励磁不变，电枢回路与电源经限流电阻作反极性串接，使电枢电流反向，电磁转矩与转向相反；制动时，电动机作发电机运行，与电源串接向限流电阻供电；转速降低后，仍有良好的制动效果。采用此法使机组制动时，应及时切断电源，防止发生反向再起动，可用于要求迅速停转与反转的场合。

图 4－17 所示制动方式为：在保持励磁不变，而转速升高到一定程度时，电枢电流反向，电磁转矩与转向相反；制动时电动机作发电机运行，使电机加速的位能转化为电能向电网回馈，制动过程中，不消耗电网能量，还可回收制动产生的电能。该种制动方法只能用于限制电动机转速过分升高，如升降机下降等某些特定场合。

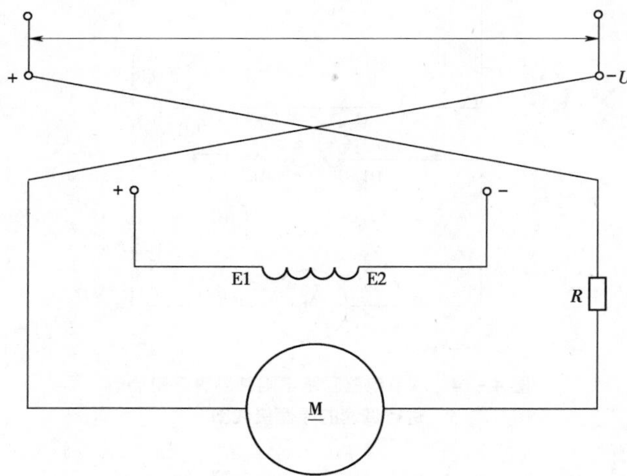

图 4－16　直流电动机反接制动原理接线电气线路

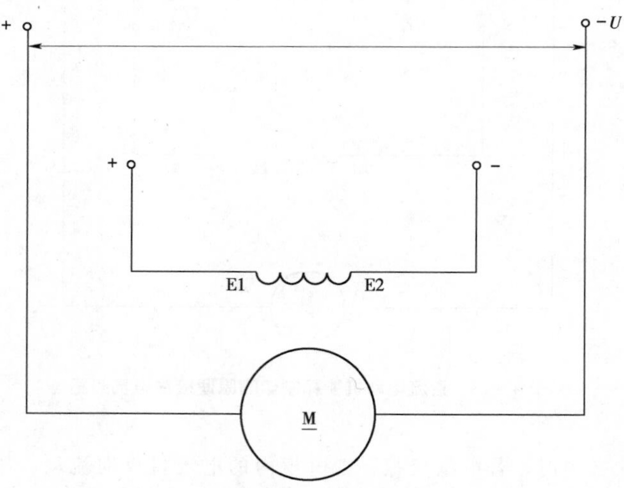

图 4－17　直流电动机回馈制动原理接线电气线路

图 4-18 所示为他励直流电动机能耗制动自动控制线路，该线路采用速度控制原则，用一级起动电阻 R，依靠接触器 KM1、KM2、KM3 和电压继电器进行电动机的起动、制动控制。起动时，先合上电源开关 QS，按下起动按钮 SB1，接触器 KM1 接通电源，电枢串入起动电阻 R 起动，以后电阻 R 自动切除，按下停止按钮 SB2 即自动进行制动。他励直流电动机多用于要求恒速和调速的机械。

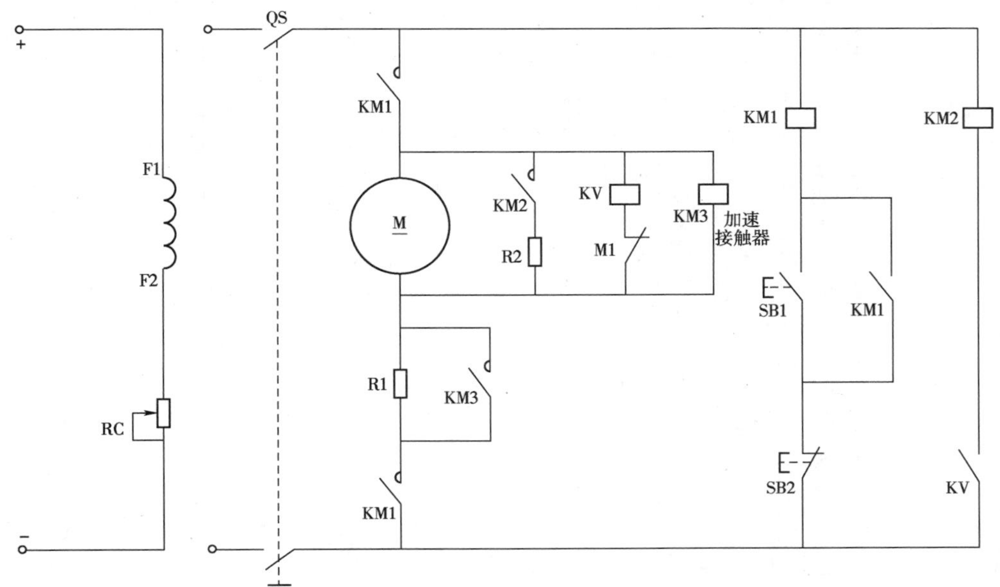

图 4-18　他励直流电动机能耗制动自动控制线路

电动机从断开电源时起至完全停止转动，由于惯性作用总要经过一段时间，但许多机械设备需要缩短这一时间，因而就要进行制动。图 4-19 所示为并励直流电动机能耗制动控制线路，起动时，按下起动按钮 SB1，接触器 KM1 得电接通主电源，电动机获电运转。停车时，按下停止按钮 SB2，接触器 KM1 失电、KM2 获电，电动机的电枢切除电源，并接上制动电阻 R，此时励磁绕组仍接在电源上继续通电，这样电枢在惯性作用下成发电机运行，从而产生制动力矩。并励直流电动机多用于造纸机械、印刷设备等。

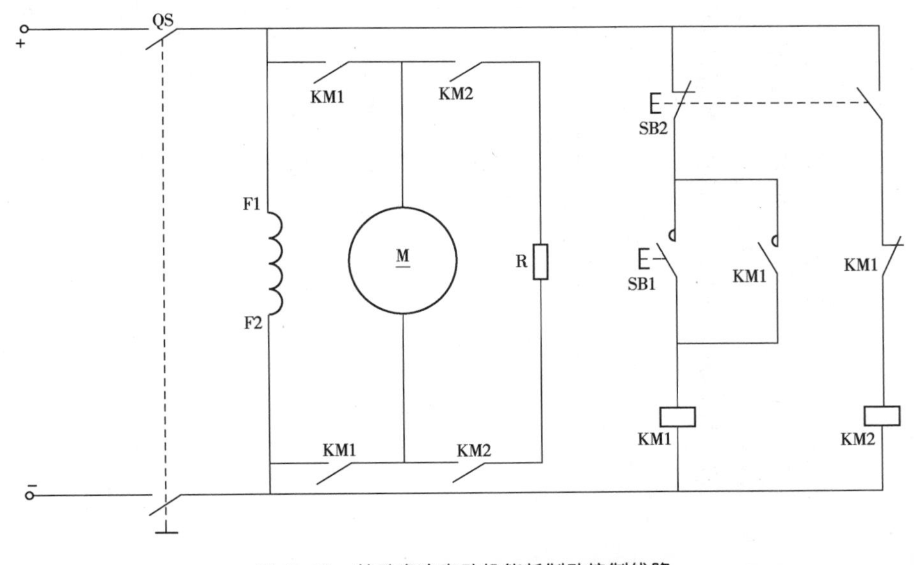

图 4-19　并励直流电动机能耗制动控制线路

能耗制动是在电动机具有较高转速时，切断其电枢电源而保持其励磁为额定状态不变，这时电动机因惯性而继续旋转，成为直流发电机，因而电流方向、电磁转矩的方向均与原来的方向相反，即与转子旋转方向相反而成为制动转矩。这种制动方式是将转动的机械能转换成电能，再让这部分电能消耗在制动电阻 R 上面。由于能耗制动较为平稳，因而应用较广泛。图 4－20 所示为并励直流电动机能耗制动自动控制线路，由时间继电器进行自控。并励直流电动机常用于要求起动转矩大和恒速、调速的传动机械。

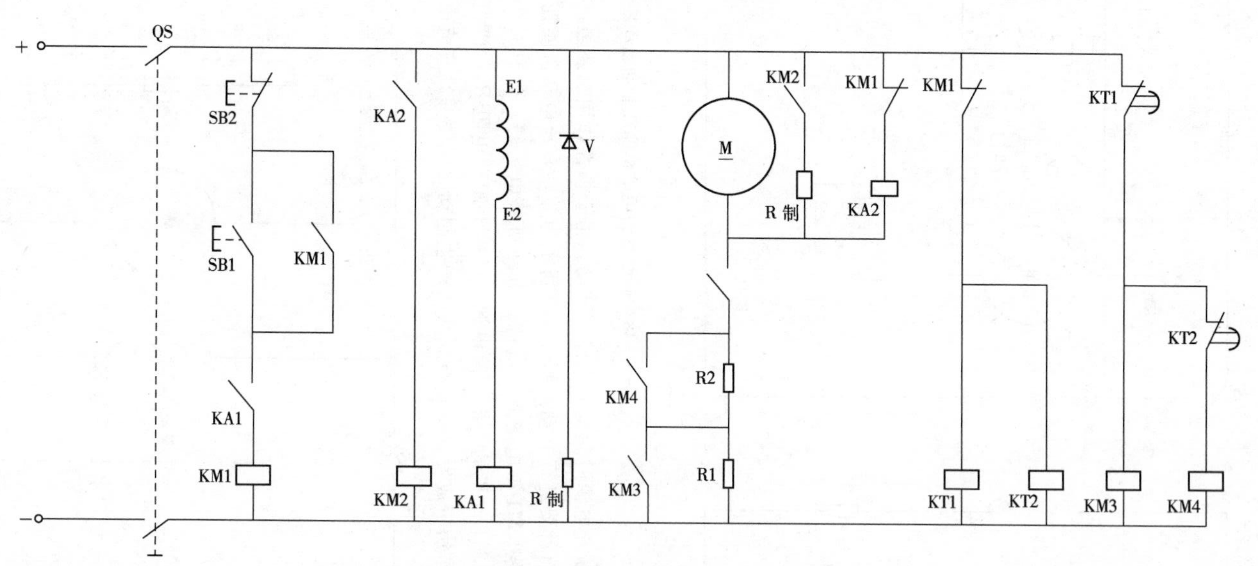

图 4－20　并励直流电动机能耗制动自动控制线路

图 4－21 所示为并励直流电动机反接制动控制线路，该线路中的 R 制为反接制动电阻，R 为停止运行时励磁绕组的放电电阻。起动时，合上电源开关，励磁绕组得电开始励磁，时间继电器 KT1、KT2 线圈得电吸合，电路处于准备工作状态。按下正向按钮 SB2，接触器、时间继电器得电依次动作，自动完成起动过程。停止运行时，按下停止按钮 SB3。该电动机多用于金属切削机床、风机等。

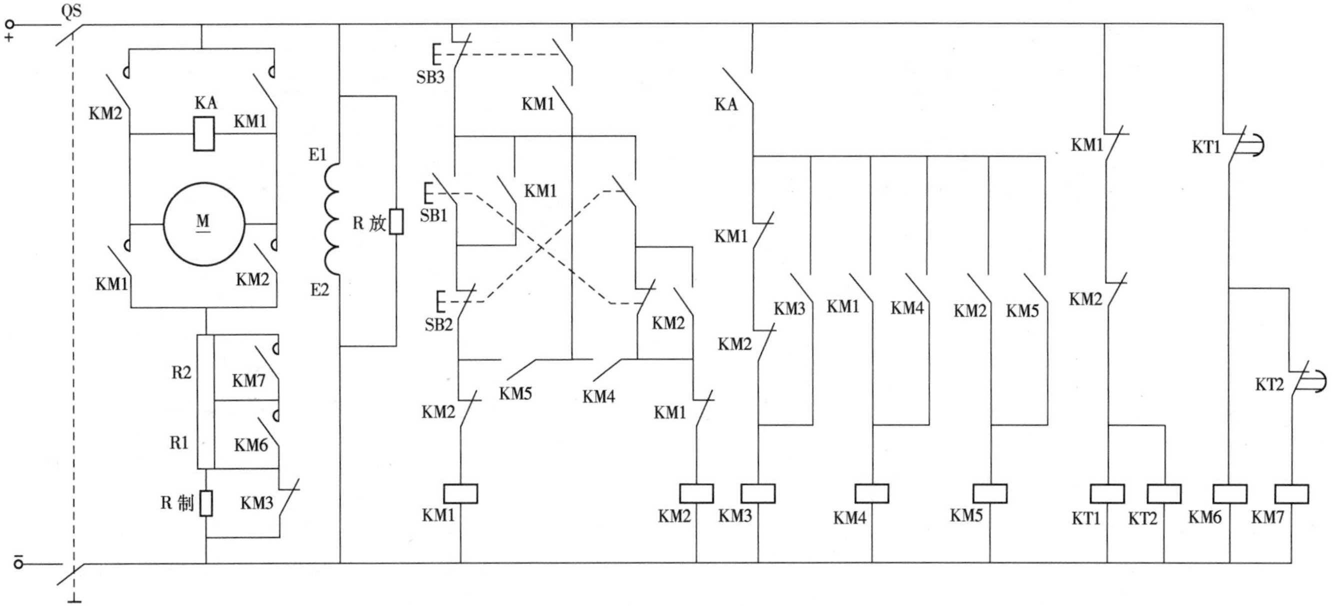

图 4－21　并励直流电动机反接制动控制线路

图 4 - 22 所示为并励直流电动机可逆运行和制动控制线路。起动时，合上电源开关 QS，励磁绕组获电开始励磁，同时时间继电器 KT1、KT2 得电动作，接触器 KM6、KM7 处于分断状态，按下正向起动按钮 SB1，接触器 KM1 获电动作，使电阻 R1、R2 串入进行两级起动。这时，因时间继电器 KT1、KT2 断电并延时闭合，使接触器 KM6、KM7 逐级动作，先后切除 R1、R2，电机正常运行。并励直流电动机主要用于起动转矩较大的恒速负载和要求调速的传动系统，如风机、离心泵、金属切削机床、纺织机械。

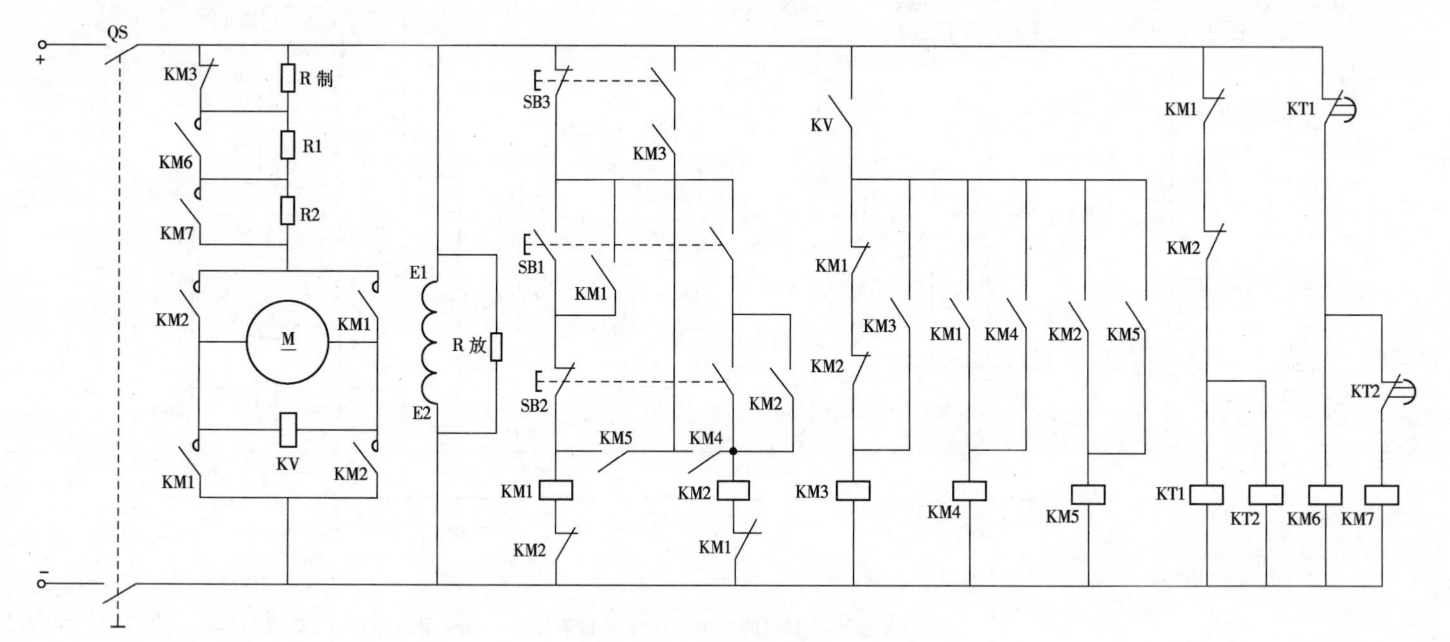

图 4 - 22　并励直流电动机可逆运行和制动控制线路

图 4－23 为串励直流电动机自励能耗制动原理图，制动时，电动机的电枢和串励绕组在脱离电源时要同时接到一个制动电阻上，因电机剩磁的原因使得成为串励发电机，从而产生制动转矩。制动时，必须将电枢绕组或励磁绕组的首、尾端调换一下，使励磁绕组电流方向不变，才能自励发电产生能耗制动。

图 4－24 所示串励直流电动机他励能耗制动的工作状况，与他励直流电动机能耗制动一样，可以得到较好的制动效果。为了适应串励绕组电阻很小的需要，应特设一组电源。如果与电枢共用电源时，需在串励绕组回路串入较大的降压电阻 R，以避免串励绕组出现过大电流。

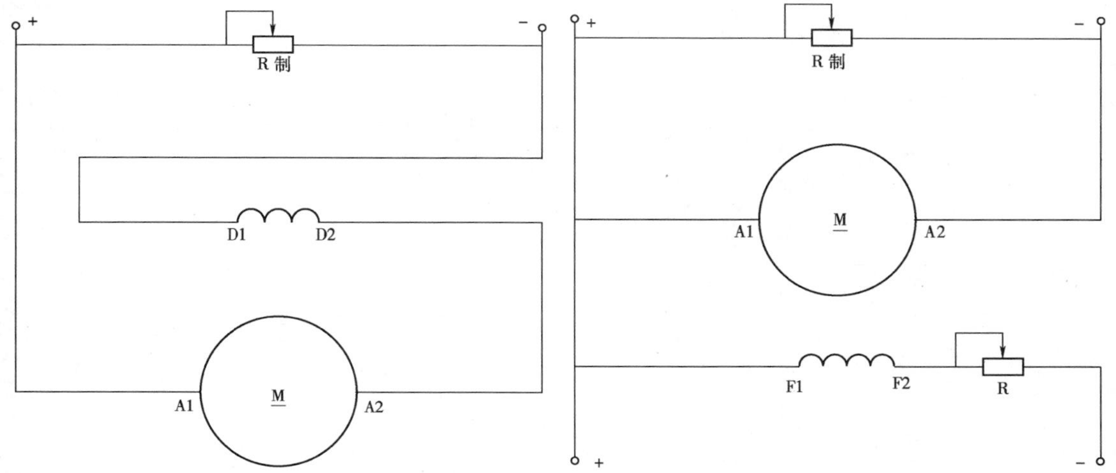

图 4－23　串励直流电动机自励能耗制动原理图　　**图 4－24　串励直流电动机他励能耗制动原理图**

图 4－25 所示为串励直流电动机自励能耗制动控制线路，该线路就是使电动机由电动机工作状态变为发电机工作状态，产生与转速反向的制动转矩。串励直流电动机自励能耗制动就是切断电源后，将励磁绕组反接并与电枢绕组和附加制动电阻 R 制串联，构成闭合电路，这时由于惯性运转，使电动机变为发电机状态，并产生与转速反向的制动转矩。自励式能耗制动设备简单，高速时其制动效果好，但在低速时制动较慢，故只适于准确停车处。串励直流电动机多用于要求起动转矩很大，且转速允许有较大变化的负载。

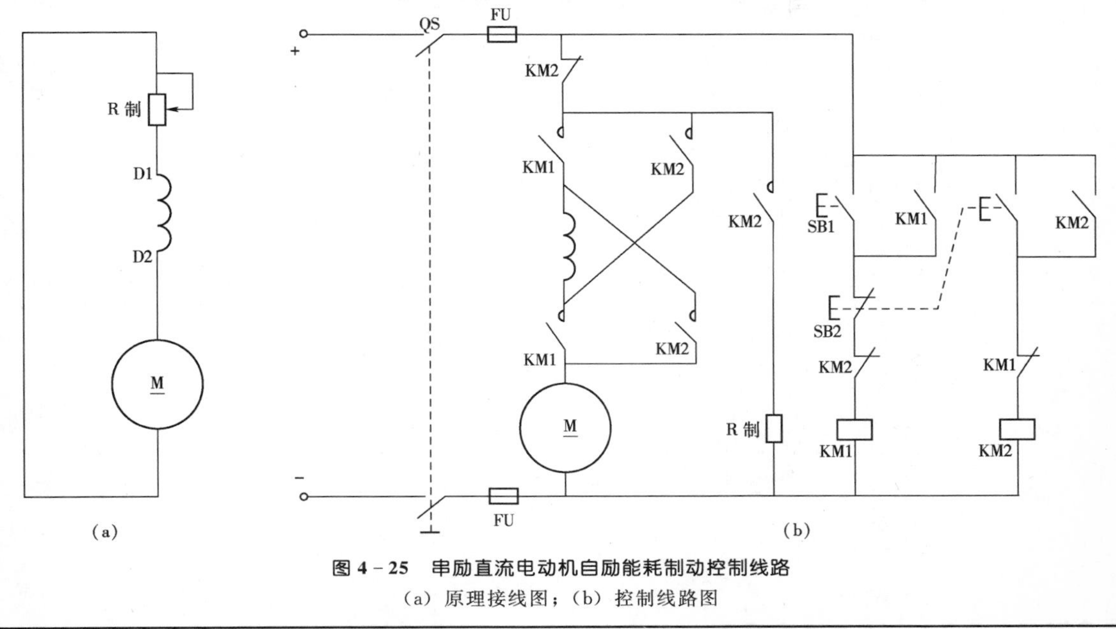

图 4－25　串励直流电动机自励能耗制动控制线路

(a) 原理接线图；(b) 控制线路图

图 4-26 所示为小型串励直流电动机能耗制动控制线路，该线路由按钮控制接触器进行控制。松开按钮时，电动机停止运转，接触器的常闭触点闭合，接通能耗制动电阻 R1、R2 进行能耗制动。如要使制动转矩大一些，可减小 R1 或 R2 的数值；如要防止起动电流太大，可将电阻 R3 的数值加大。线路中的 SL1、SL2 为限位开关，R 为电枢的限流电阻。该线路在小型串励直流电动机应用较多。

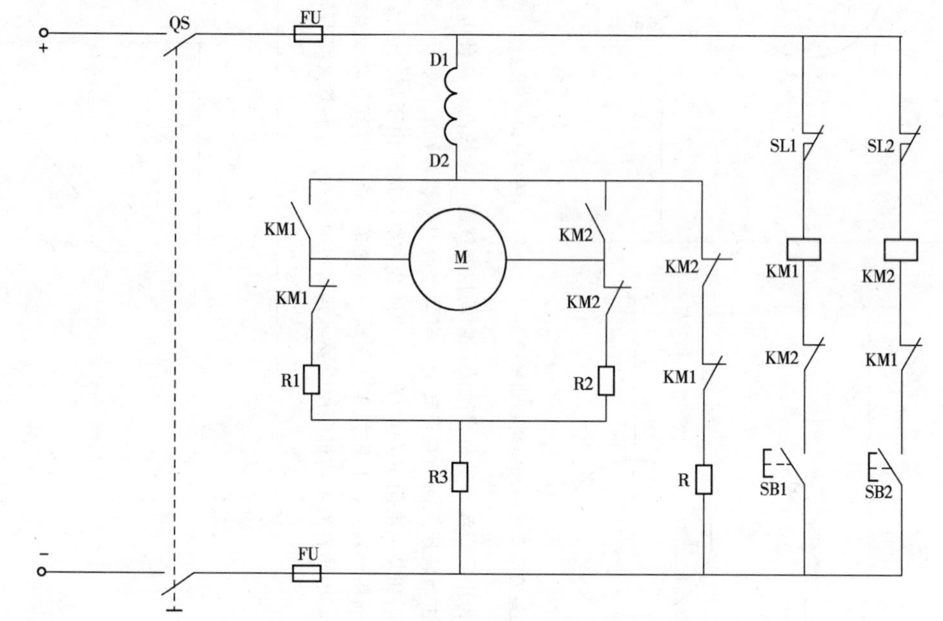

图 4-26　小型串励直流电动机能耗制动控制线路

图 4－27 所示为串励直流电动机带反接制动的自动控制线路，在该线路中用主令控制器控制电动机的正、反转，用时间继电器来自动切除起动电阻，反接制动时，自动将反接电阻串入电路。反接制动时可用转速反向或电枢直接反向的方法，这时电枢电路应串入限流电阻，反接电源则不产生制动转矩。

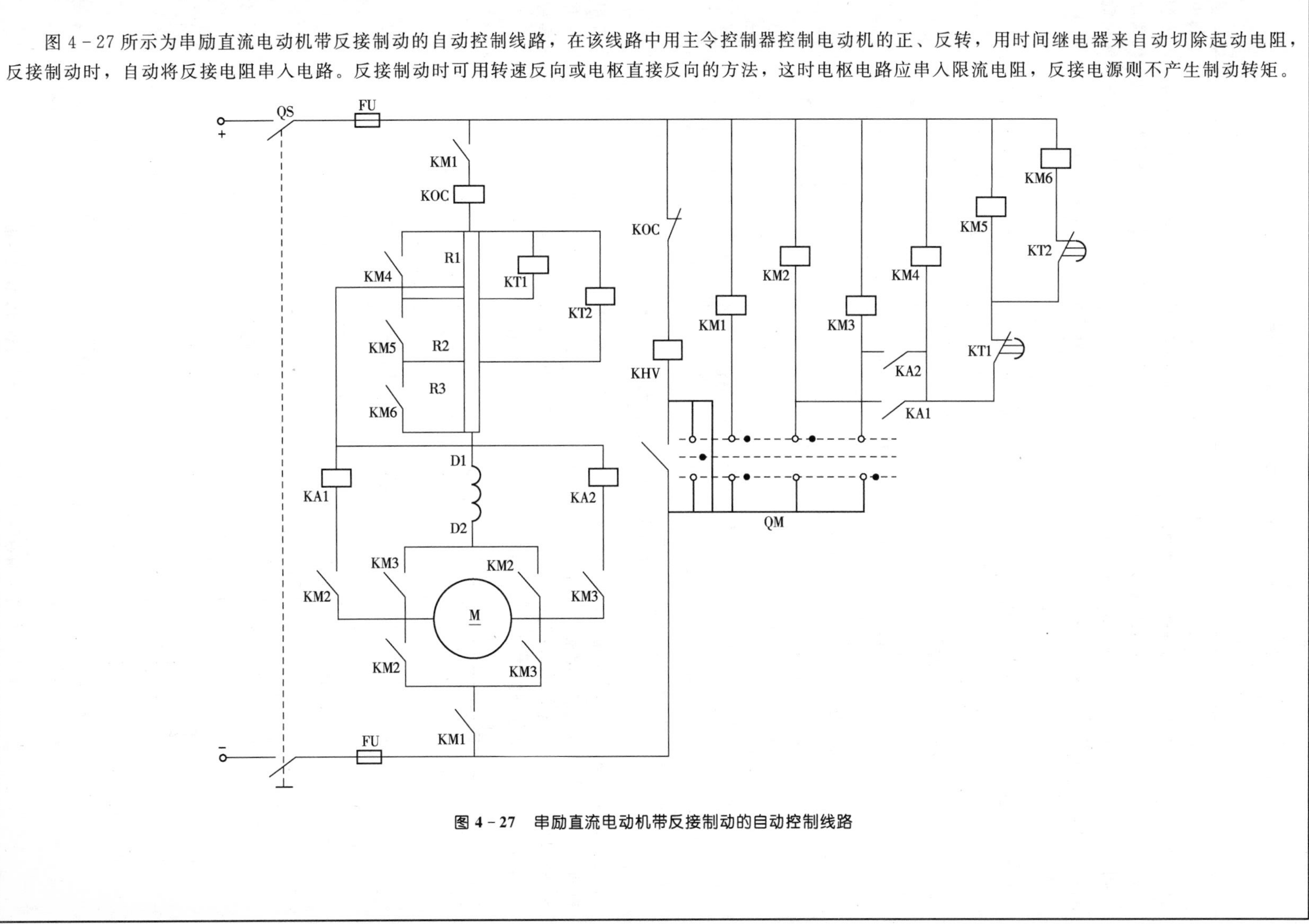

图 4－27　串励直流电动机带反接制动的自动控制线路

第 4 节　直流电动机自动控制线路图

串励直流电动机常应用于电力牵引设备中，如蓄电池搬运车。图 4－28 所示即为蓄电池搬运车的电路，该线路中的串励直流电动机有两组串励绕组，其改变转向的方法是保持磁场电流方向不变，以改变电枢电流方向来实现正、反转。蓄电池车的前进与后退，由控制开关 SA2 的倒、顺来控制，电动机调速则由 SA3 来进行，计有快、中、慢三速。停车时，将开关 SA3 扳回到“0”位置，电动机因惯性继续旋转，利用磁场剩磁而变为发电机运行，产生制动转矩。该串励直流电动机多用于起货机、起锚机、电车、电力机车等。

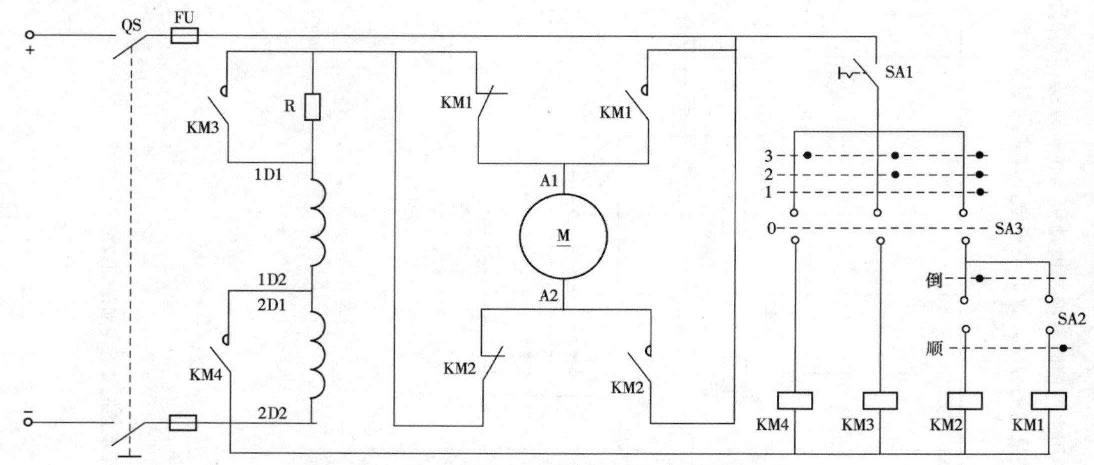

图 4－28　串励直流电动机的控制线路（蓄电池车电路）

图 4－29 所示为并励直流电动机调节励磁电流进行调速的控制线路，该线路中为限制起动电流，在电枢回路串入了起动电阻 R，起动过程结束后，由 KM3 切除，同时该电阻还在制动时作限流电阻之用。并励绕组串入了调速电阻器 RC 以实现电动机调速，按下起动按钮 SB1、停止按钮 SB2，电动机即自动完成起动和制动过程，调速则调节 RC。该调速线路在并励直流电动机控制中应用较多。

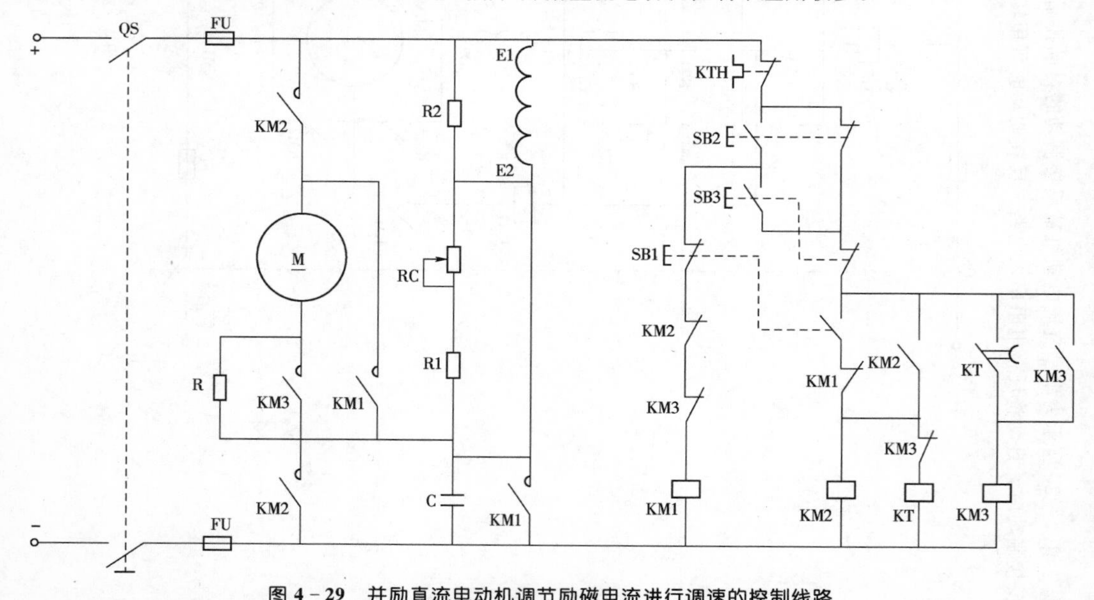

图 4－29　并励直流电动机调节励磁电流进行调速的控制线路

图 4-30 所示为并励直流电动机起动与调速控制线路，该线路是在电动机电枢回路串电阻来进行起动和调速的。起动电阻分为两级，采用两只时间继电器 KT1、KT2 作两级自动起动，并由主令控制器来实现起动、调速及停车控制。起动前须将主令开关 SA 的手柄放在零位，分别合上主、控电路的断路器。起动时可将 SA 由零位扳到 3 倍，接触器、时间继电器依次动作，完成起动过程。如要使电动机运行于低速段时，只须将 SA 扳到“1”或“2”即可。该并励直流电动机控制线路多用于金属切削机床、纺织印染机械。

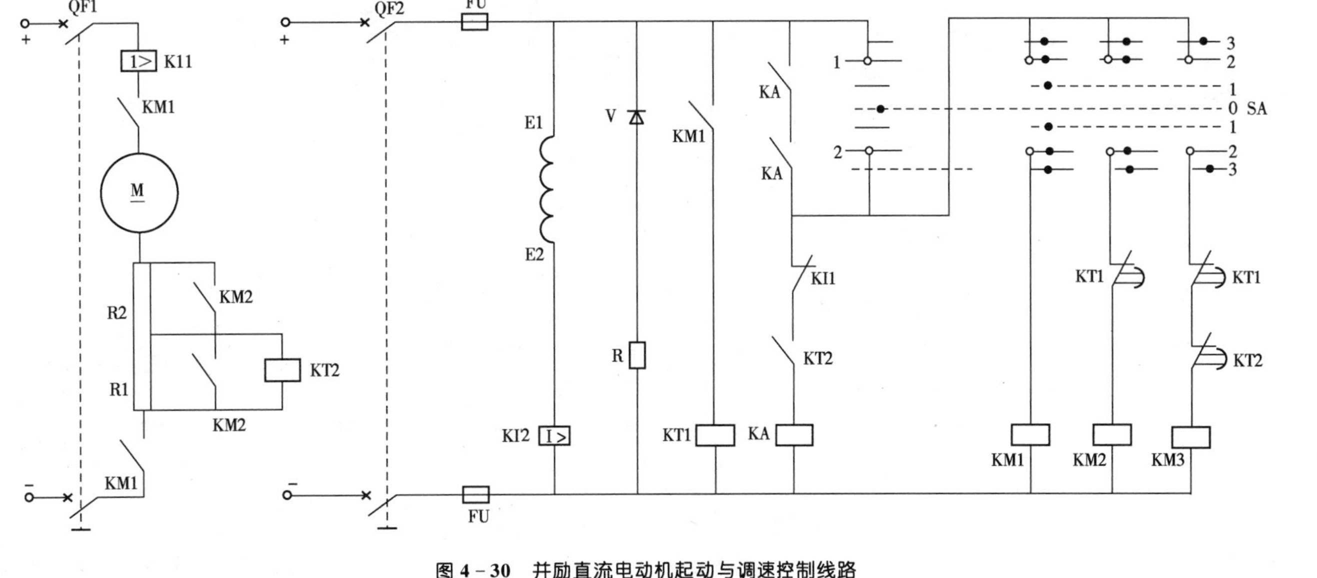

图 4-30　并励直流电动机起动与调速控制线路

图 4－31 所示线路仍采用起动时在电动机电枢回路中串入电阻的起动方法，转速调节则应用改变励磁电流的方式，电动机的直流电源采用两相零式整流电路。电枢回路中的起动电阻 R，限制起动电流，起动结束后由 KM3 切除。按下起动按钮 SB2，接触器 KM2 接通主电路，电动机经起动后进入正常运行。调节电阻 RC 即可调节转速，停机即按 SB1。该控制线路在并励直流电动机控制中应用较多。

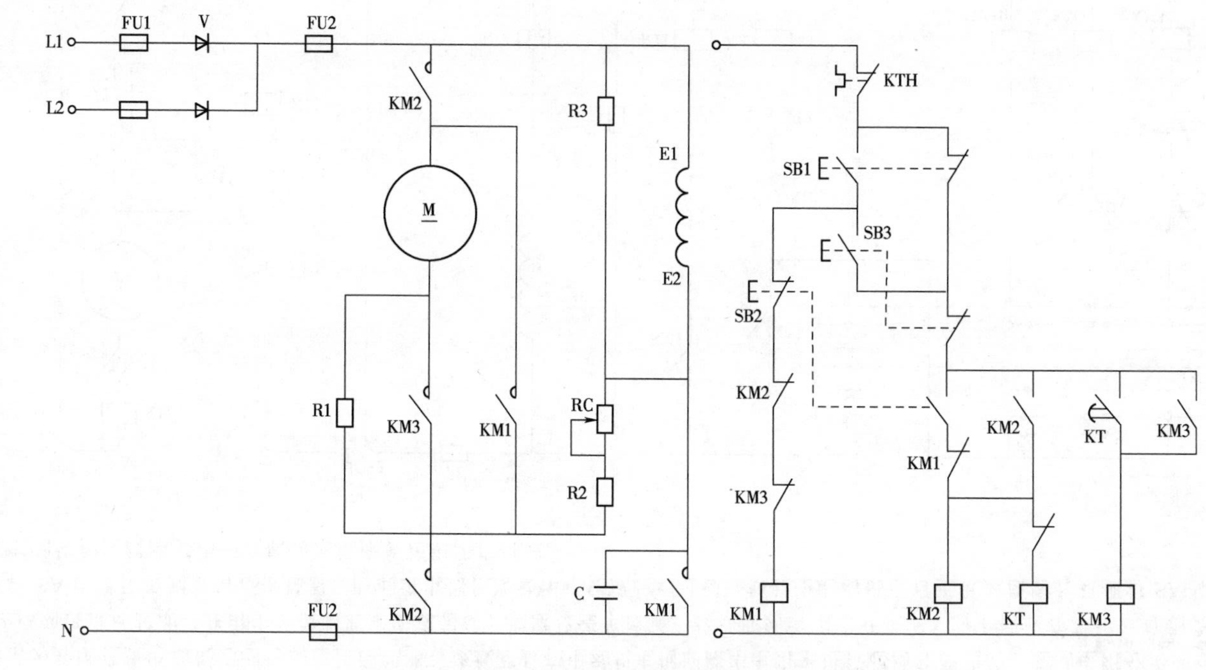

图 4－31　并励直流电动机改变励磁电流进行调速的控制线路

图 4－32 所示为并励直流电动机改变励磁电压极性的可逆运行控制线路，该线路由于电动机未设置专门制动环节，而是在正、反转时，利用时间继电器 KT 的延时，来保证电动机停止后才能反向起动。现线路图中，电动机正处于正转位置，此时接触器 KM1、KM2 闭合，给电动机供电。停车时，该线路必须先停车，然后才能起动反转电路，按下 SB1 先使电动机电枢脱离电源，同时接通时间继电器 KT，经整定的延时后，再按下 SB3，电动机即作反向运转。该线路在并励直流电动机可逆运行控制中，是采用较多的一种。

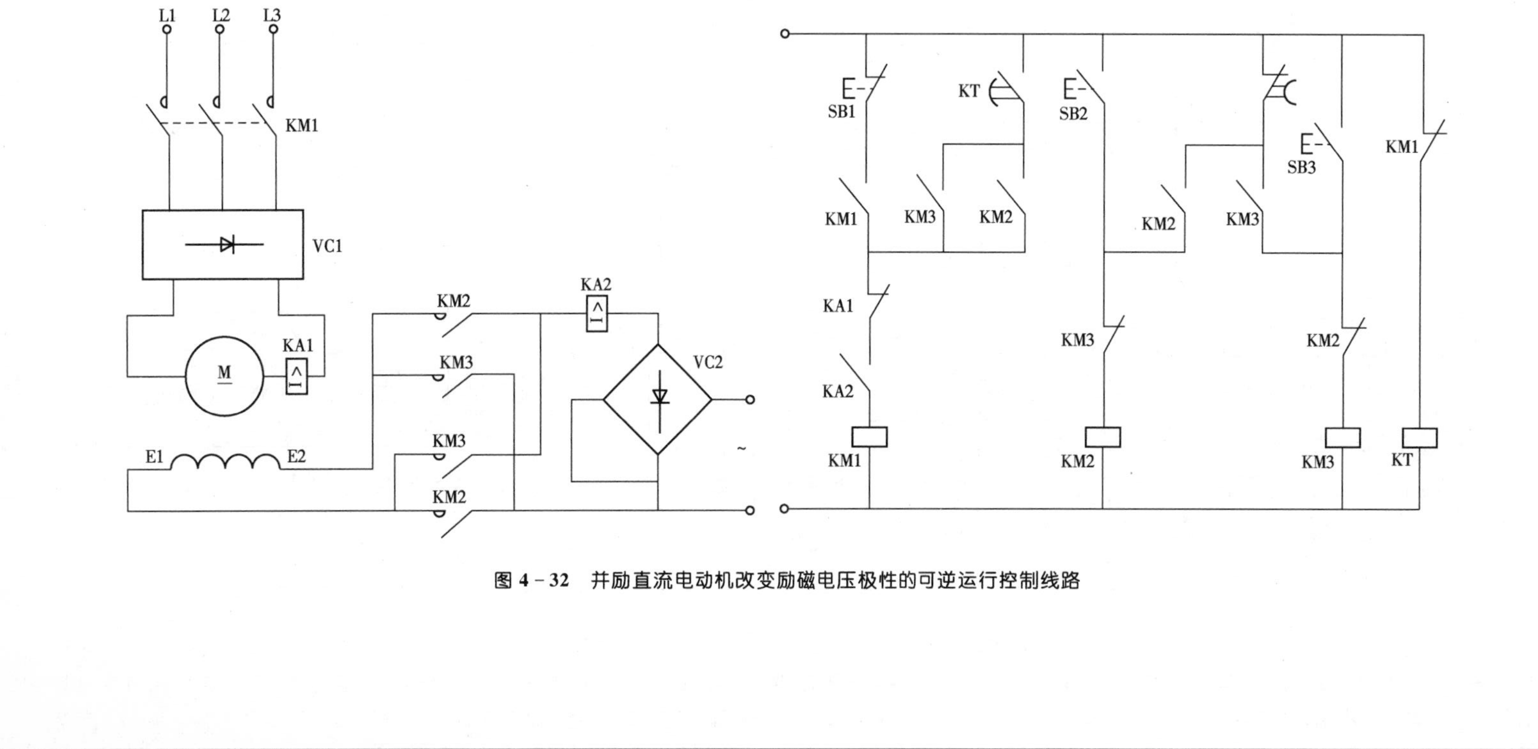

图 4－32　并励直流电动机改变励磁电压极性的可逆运行控制线路

图 4－33 所示线路为并励直流电动机可逆运行的一种，它利用改变电枢电压极性来进行反向运转。线路中包括有两级起动电阻 R1、R2，起动电阻同时还作电动机调速用。电动机的正、反转采用主令控制器 SA 进行控制，手柄向左为正转位置，向右则为反转位置，手柄扳到停位，电机停车，并立即进行能耗制动。并励直流电动机主要用于起动转稍大的恒速负载，及要求调速的传动系统等机械设备中。

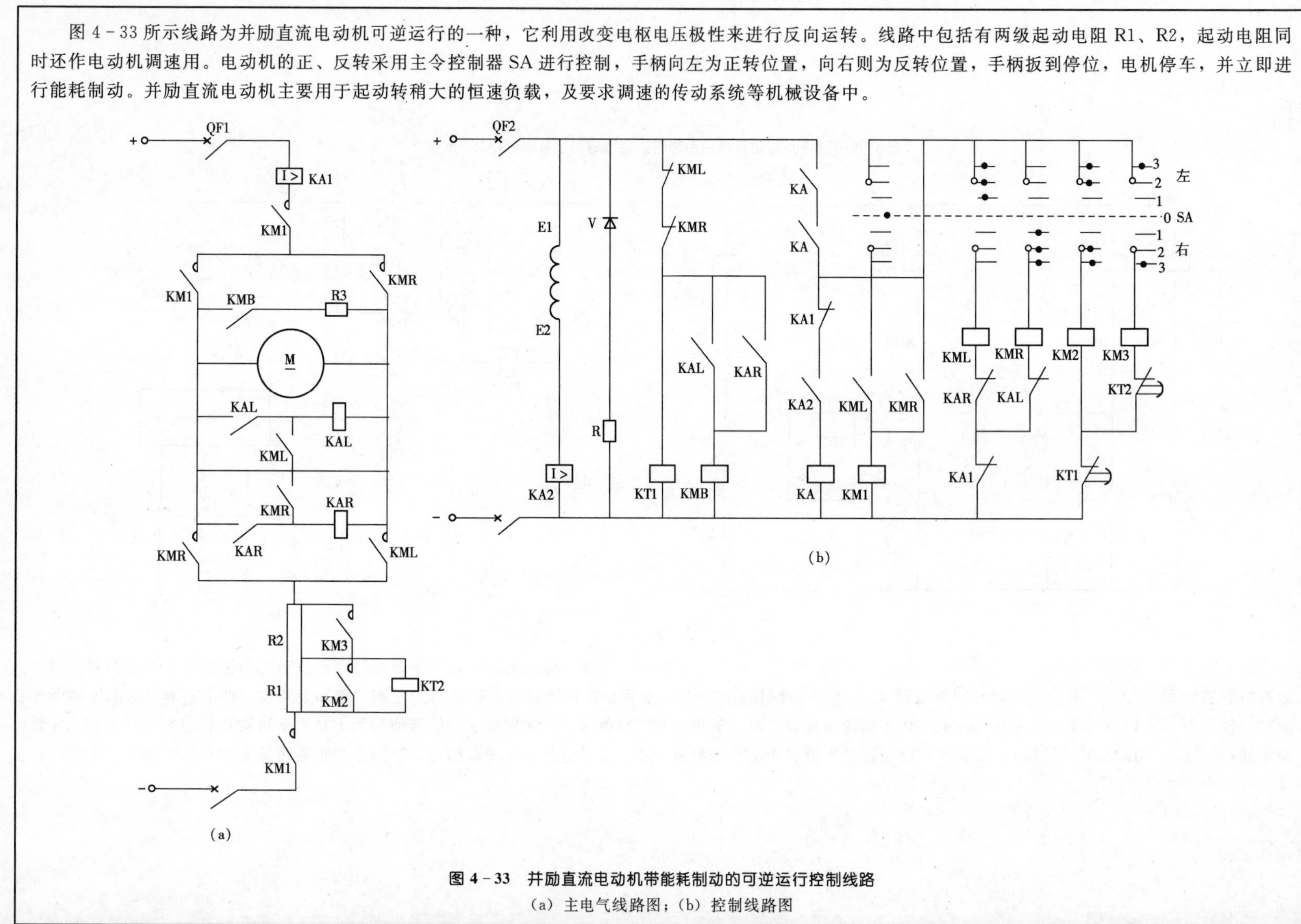

图 4－33　并励直流电动机带能耗制动的可逆运行控制线路

（a）主电气线路图；（b）控制线路图

图 4-34 所示 G—M 拖动系统是发电机—电动机组拖动系统的简称，该系统由交流异步电动机、直流发电机、直流电动机及励磁机组成。线路中M是他励直流电动机，用来拖动生产机械；G 为他励直流发电机，它为直流电动机M 提供电枢电压；GE 为并励直流发电机，它为G、M 提供励磁电流，同时为控制电路提供电压；三相异步电动机则用来拖动同轴联接的GE、G 两台直流发电机。系统具有调速范围广、能实现起动、制动和可逆运行等。采用G—M 拖动系统控制线路可将交流拖动变为可无级、精细、平滑的直流调速系统。

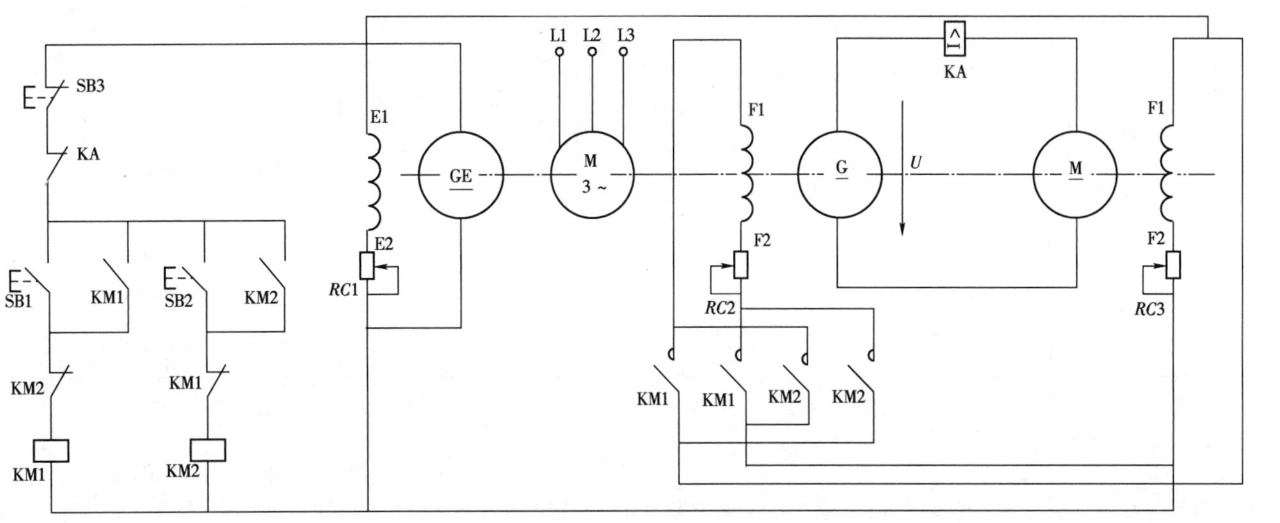

图 4-34　G—M 拖动系统控制线路

图 4－35 所示为直流发电机—电动机拖动系统的一种控制线路，该线路利用改变直流发电机励磁电流的方向，来控制直流电动机的旋转方向。当按下起动按钮 SB1 或 SB2 时，接触器 KM1 或 KM2 通电动作，接通发电机磁场，其辅助触点使能耗制动接触器 KM3 和线路接触器 KM4 得电动作，从而断开能耗制动电路及接通电动机主电路，使电动机起动。时间继电器控制励磁调节接触器 KM5，及调节 RC 的数值，进行速度调节。该直流发电机—电动机拖动系统控制线路，能对直流电动机作精细、平滑无级调速。

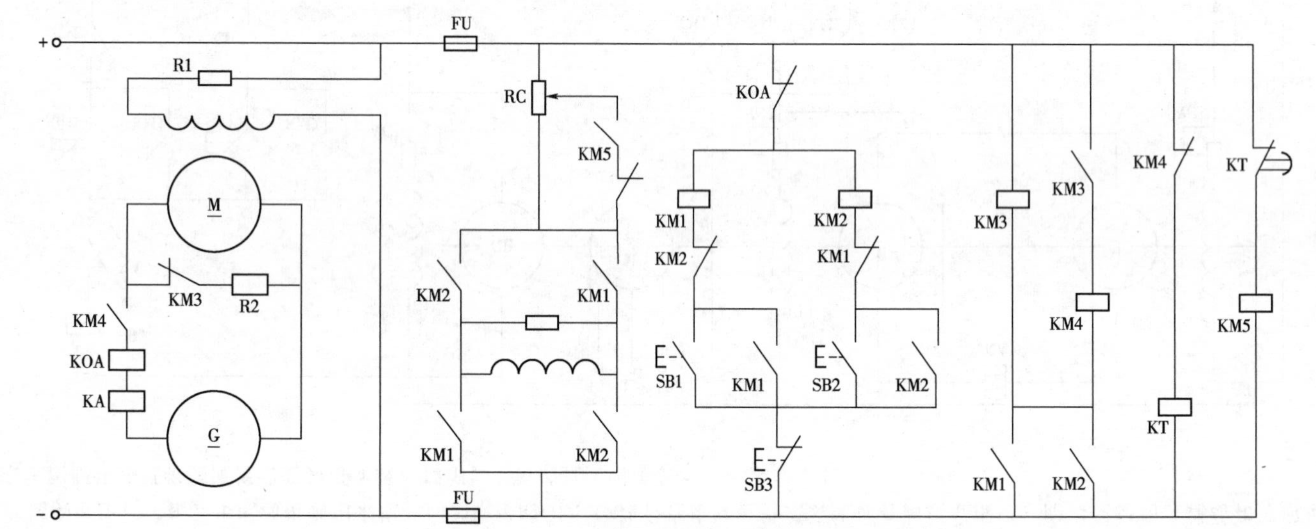

图 4－35　直流发电机—电动机拖动系统控制线路

图 4－36 为电机扩大机自动控制系统方框图。控制输入量的大小，即可达到控制输出量的目的，而输出量与输入量之间没有任何联系，这样的系统称为开环系统。能将负载变化所产生的电动机转速变化反映到输入端，并进行适当调整，这种系统称为闭环系统。图 4－36（b）为扩大机闭环控制框图，从图 4－36（b）可以看出，为提高转速稳定性，线路中增加了一个测量机构，用以对输入做相应地修正。从而组成自动闭环调速系统，简称自动调速系统。

为清楚地说明控制系统中各环节间的相互关系，常用方框图来表示系统，其中方框表示环节，箭头表示信号的传递、方向，进入方框的箭头表示输入信号，离开方框的箭头表示输出信号，将各方框图按信号联接就成为方框图。图 4－37 为晶闸管—电动机框图。该晶闸管—电动机调速系统方框图主要由放大器、触发器、整流器、电动机几部分所组成，闭环调速系统增加了检测元件。

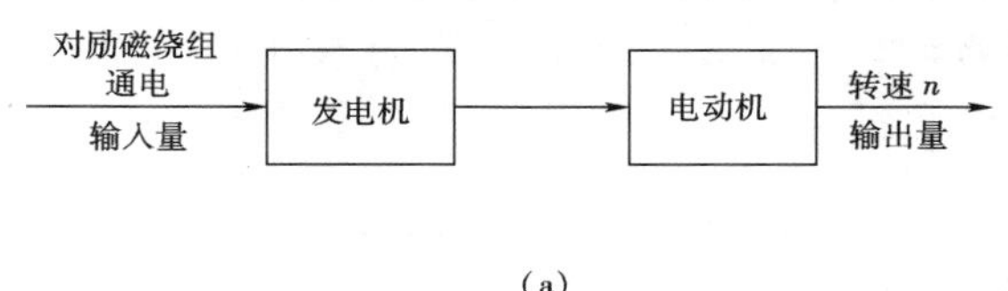

(a)

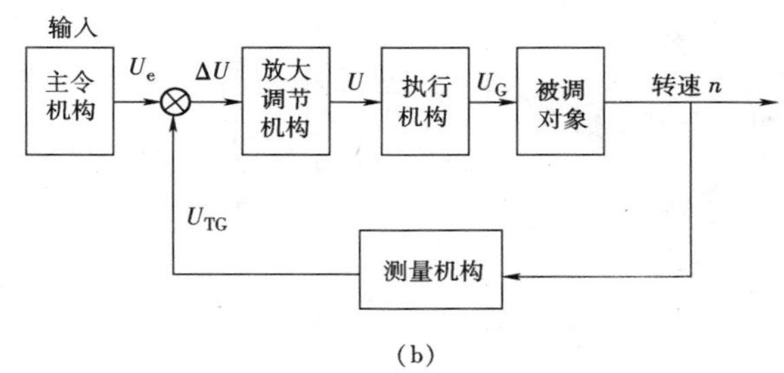

(b)

图 4－36　电机扩大机自动控制系统方框图

(a) 直流电机开环控制系统方框图；(b) 电机扩大机闭环控制系统方框图

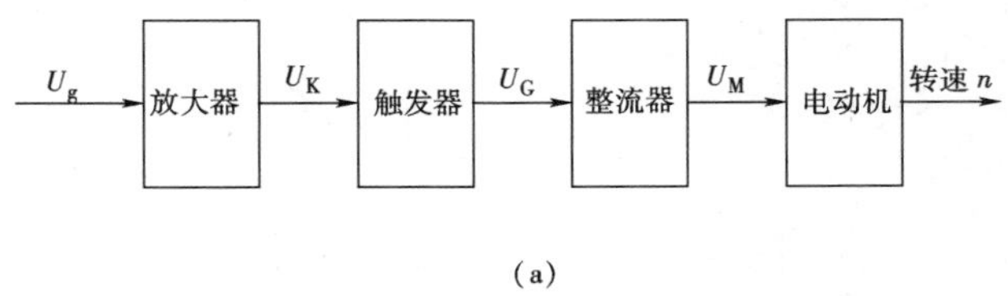

(a)

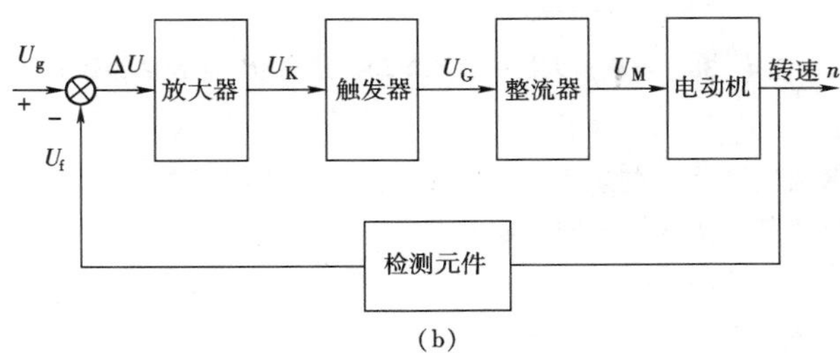

(b)

图 4－37　晶闸管—电动机调速系统方框图

(a) 晶闸管—电动机开环调速系统方框图；(b) 晶闸管—电动机闭环调速系统方框图

在调速系统中，为改善系统的机械特性，加大调速范围，及加速起动、制动和反向的过渡过程等动、静态特性，将输出的某一物理量（电压、电流和转速）以一定方式送回到系统的输入端，并通过比较环节与给定信号进行比较，这种联系的方式就称为反馈。如果反馈信号与系统的输入端所加的给定信号的极性相反，或者说在反馈信号的作用下，系统的输出量减小，这种反馈称为负反馈，反之则称为正反馈。反馈的性质（即正反馈或负反馈）和反馈信号的形式（即反馈信号是与系统中哪一个输出量保持怎样的函数关系），对于调速系统的性能均有重要影响。图 4-38 所示为放大机—直流电动机系统的电压负反馈原理图，反馈电压从放大机电枢两端并联电阻 R 取出 T 部分，并接至反馈绕组 KQ2 上，绕组 KQ2 中的磁通 ϕ_U 与控制绕组 KQ1 中的磁通 ϕ_K 方向相反，因而称为负反馈。该种电机扩大机—直流电动机系统电压负反馈线路，它是将电枢电压作为被调节量，而把电动机转速作为间接被调节量，则同样可以对电动机进行自动调速，只是精度差些。

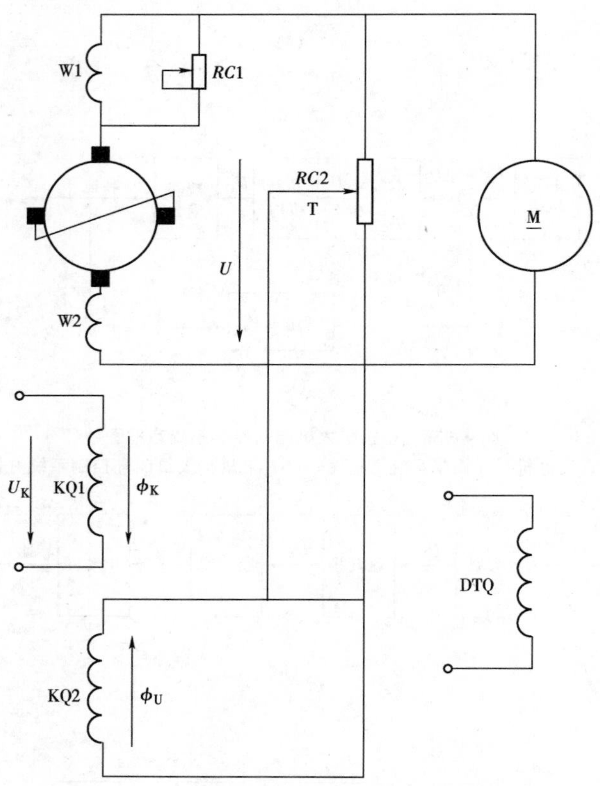

图 4-38　电机扩大机—直流电动机系统电压负反馈原理图

为了检修方便及考虑到经济性，在某些生产机械的控制系统中通常不采用转速负反馈环节，而是采用电压负反馈或电流负反馈环节来实现转速的自动调节。

图 4－39 所示为电机扩大机—直流电动机系统带转速负反馈原理图。线路中 TG 为测速发电机，与电动机同轴相连，其输出电压的大小与电动机转速成正比。测速发电机的输出电压用电阻 $RC2$ 分压供给反馈绕组电流，产生磁通 ϕ_{SF}，ϕ_{SF} 与给定绕组磁通 ϕ_K 方向相反，构成转速负反馈环节。当系统中的某些因数改变，例如负载增加时，电动机的转速降低，测速发电机的输出电压也随着降低，使转速负反馈绕组中的磁通 ϕ_{SF} 减小，这时放大机的总励磁磁通增加，因此输出电压增高，使电动机转速增加。相反，当负载减小时，电动机的转速提高，测速发电机输出电压随着增高，转速负反馈磁通增大，使总的励磁磁通减小，使放大机输出电压降低，从而使电动机转速下降，达到自动调节的目的。该电机扩大机—直流电动机系统带转速负反馈原理图，其线路结构合理，技术成熟可靠，速度调节精准、平滑，电动机运行性能非常优异。因而被广泛用于要求平稳调速的设备中，如龙门刨拖动中。

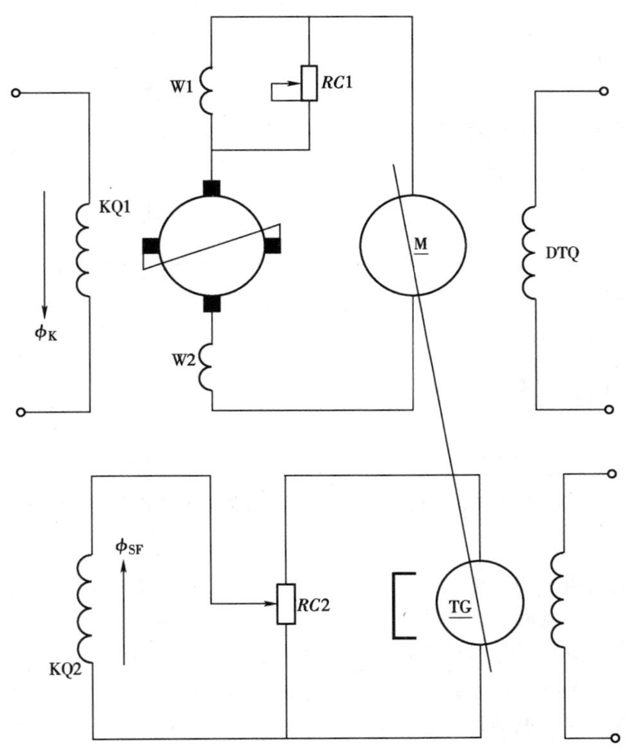

图 4－39　电机扩大机—直流电动机系统带转速负反馈原理图

从上述自动调速过程可以看出，转速负反馈与调压系统中的电压负反馈基本相似，只是用测速发电机将电动机的转速变化转化为电压信号变化，去达到自动控制的目的。

具有转速负反馈的自动调速系统的原理图如图 4-40 所示。在机械联接上，测速发电机 TG 与电动机 M 同轴，测速发电机的输出电压 U_{TG} 与电动机的转速 n 成正比，U_O 为输入控制电压（给定电压）。U_{TG} 反极性 U_C 在电位器 RB 上综合成为负反馈联接形式，两者的差值即为电机扩大机控制绕组的输入信号电压，所以，流经电机扩大机控制绕组的电流 I_1 与差值电压 $\Delta U=U_C-U_{TG}$ 有关。在调速系统中加入转速负反馈后，提高了机械特性硬度，扩大了允许的调速范围。

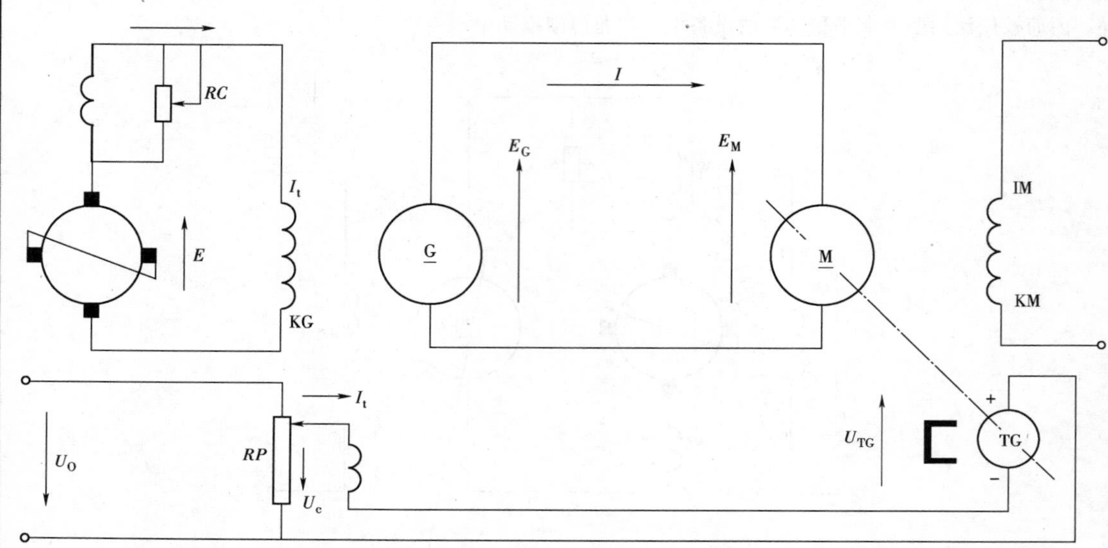

图 4-40　电机扩大机—直流电动机带转速负反馈自动调速系统

在系统工作时，我们可以利用调节电阻调整给定绕组磁势，将发电机电压调整到某一值，从而使电动机在所要求的转速下运转。当某些因数改变，例如当负载增加时，电动机的转速将会降低，电动机带动的测速发电机输出电压也随着降低，使转速负反馈绕组中的磁势减小，这时电机扩大机的总励磁磁势增加，因此输出电压增高，加大了发电机的励磁，使发电机输出电压即电动机的端电压升高，从而使电动机的转速增高。相反，当负载减小时，电动机的转速会提高，此时测速发电机输出电压随着增高，转速负反馈磁势加大，使扩大机的输出电压下降，减小了发电机励磁，使发电机输出电压降低，从而使电动机转速下降，这样在负载改变时，电动机转速就能自动进行调节。

自动调速系统中采用转速负反馈或电流正反馈、电压负反馈后，产生强迫励磁，使过渡过程加快。但在起动、反向或调速等情况下，会产生过大的电流，促使电机换向恶化，使它们的寿命缩短，并且对机械传动部分也产生很大的冲击，这是不允许的。为了防止上述现象的发生，通常采用电流截止负反馈环节来进行电流的自动调节。图 4-41 为电机扩大机—直流电动机系统带电流截止负反馈原理图。当电流超过某一规定的数值时，就把该电流产生的电压降反馈到控制绕组，使扩大机的总磁通减小，降低扩大机电压，把主回路电流降低到最大容许值，而在电流小于规定数值时，它则不起作用。这样，既保护了电机，又不影响电机的正常运行。调速截止电压 U_Z 的大小，即可改变最大允许的电枢电流大小。应用电流截止负反馈保护电机后，就可加强强迫励磁作用，使主回路电流始终保持较大数值，缩短了过渡过程。该电机扩大机—直流电动机系统带电流截止负反馈原理图在生产实际中多有采用。

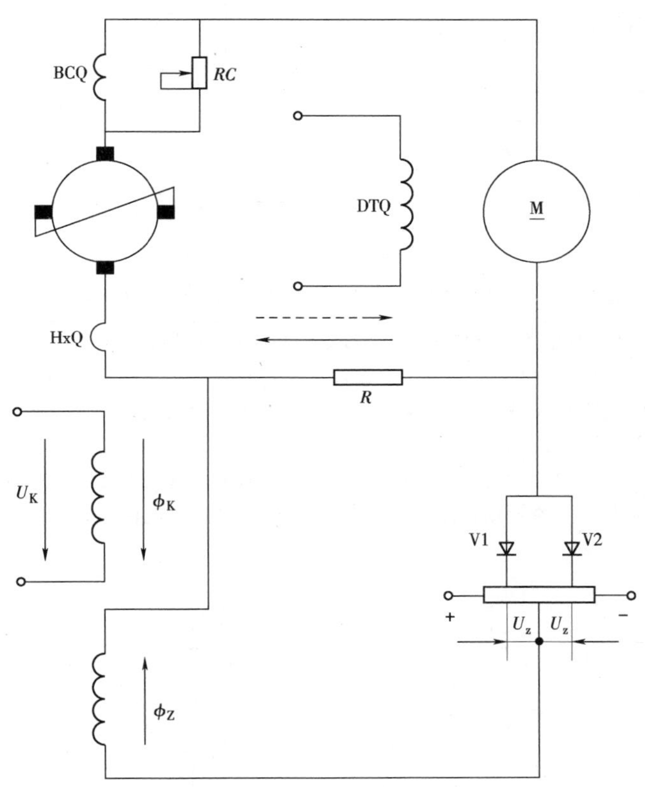

图 4-41　电机扩大机—直流电动机系统带电流截止负反馈原理图

总之，该电机扩大机—直流电动机系统带电流截止负反馈能使系统电压保持稳定，也使电动机转速得以稳定。

对于某些要求不太高的电力拖动，常采用电压负反馈的调速电路。这主要是因为电动机的转速近似正比于其电枢端电压，因而用电动机端电压的变化来反映其转速的变化，从而以电压负反馈取代转速负反馈。图 4－42 为带电压负反馈的自动调速系统，此电路的调速性能与工作过程同转速负反馈时相似，同样能起到提高系统的静特性和动特性的作用。其调节作用的差别仅在于所取的偏差信号是发电机的端电压，而不是转速负反馈电路中电动机的转速。这种间接调节虽然同样可以进行自动调速，只是精度要差些。

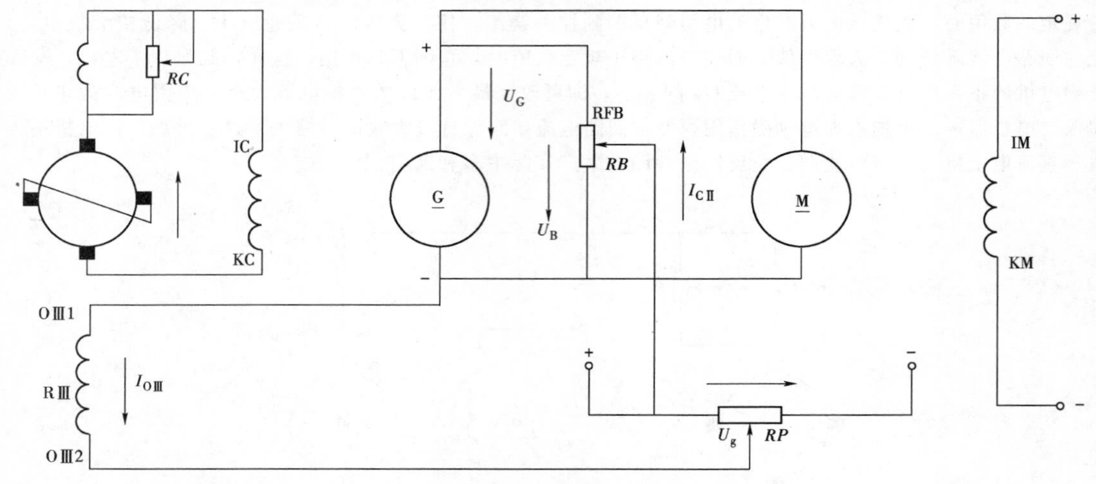

图 4－42　电机扩大机—直流电动机带电压负反馈自动调速系统

电机扩大机作为调节放大元件，其输入的给定信号电压同负反馈信号电压（转速或电压负反馈）的综合方式分有差接法与磁差接法两种。图 4－43 为磁差接法，它是将给定电压接入电机扩大机控制绕组 OⅢ中，反馈电压接到控制绕组 OⅡ，只有线路联系。该电机扩大机信号电压的磁差接法性能较好常有采用。

电压负反馈虽能改善系统的特性，但只能在一定限度内稳速。因此，为进一步提高系统性能，就在有电压负反馈的系统中，再加入电流正反馈环节。图 4－44 为具有电流正反馈的自动调速系统，图中略去了电压负反馈部分，*RP* 为调节电流反馈深度电位器。如图所示的具有电流负反馈的自动调速系统性能良好多有采用。

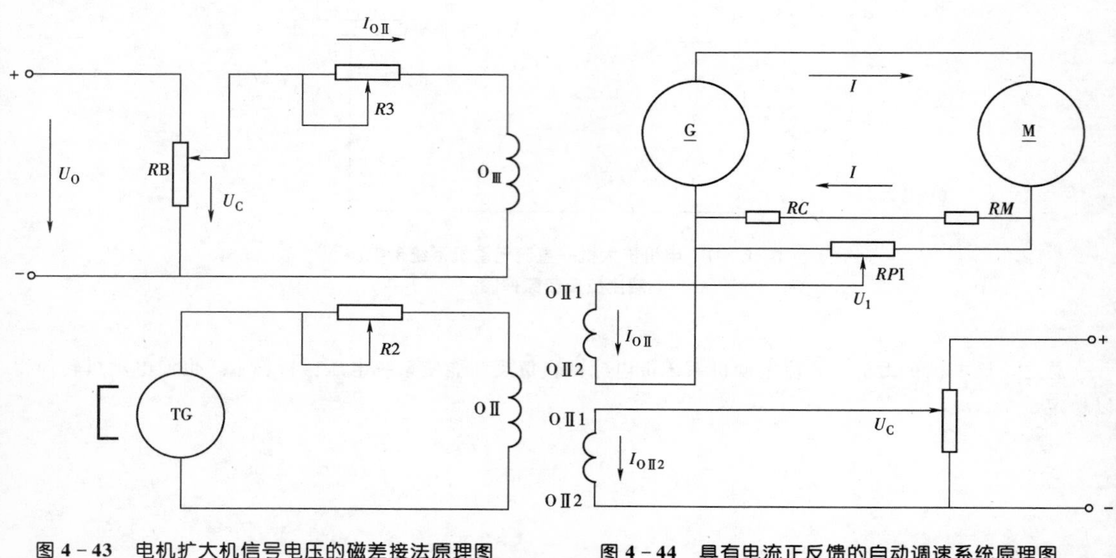

图 4－43　电机扩大机信号电压的磁差接法原理图

图 4－44　具有电流正反馈的自动调速系统原理图

图 4－45 所示阻容稳定环节电路主要由 RC 阻容元件与扩大机控制绕组 OⅠ串联组成，电路中 OⅡ为给定信号控制绕组。应用阻容稳定环节后，可以起到减少振荡或消除振荡的作用，通常用调整电阻 R 或电容 C 的数值为调节稳定环节的作用强度，从而加强了线路稳定。

当电机扩大机的负载为感性负载时，常采用图 4－46 所示桥形稳定环节。桥形稳定环节是利用发电机励磁绕组的电感作用，而设置扩大机输出电压的动态负反馈，它能阻止扩大机输出电压的强烈变化，有效地消除振荡，使系统运行稳定，显现出桥形稳定环节的重要性。

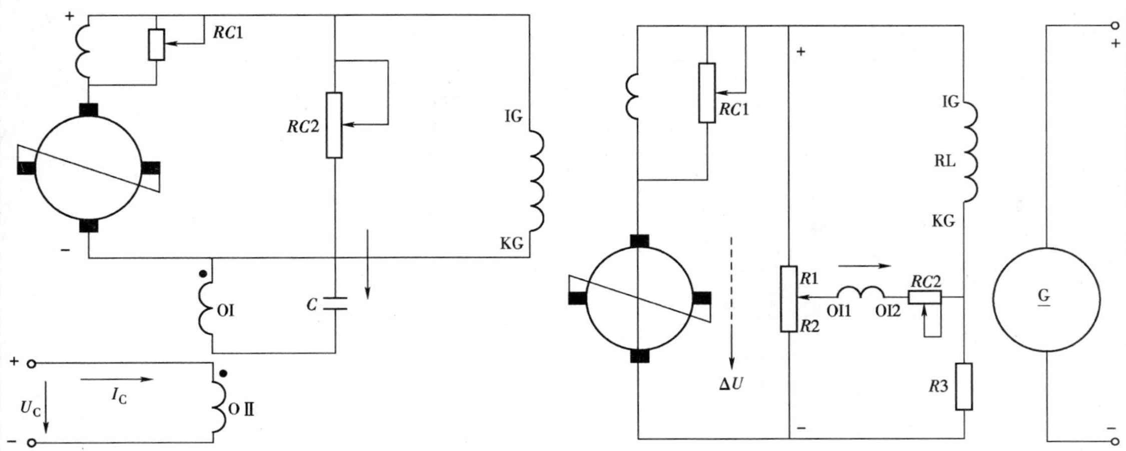

图 4－45　阻容稳定环节电气线路图　　**图 4－46　桥形稳定环节电气线路图**

图 4－47 所示稳定环节是利用稳定变压器来实现动态负反馈作用的，稳定变压器由于具有可调气隙，因而可以平滑地调节一、二次绕组的电感量，以满足不同时间常数的要求。图 4－47（a）接法时，因稳定变压器铁芯不饱和，故输出电流 i_2 与扩大机输出电压的变化成正比，从而起到稳定作用。图 4－47（b）接法时，稳定变压器的一次绕组接在主电路中，当主回路电流不变时，二次绕组无感应电势，并流过 i_2，力图减小主回路电流的变化，使主回路电流稳定，加强了系统的稳定性，调节 R 可调节稳定强弱。该变压器稳定环节实际中多有采用。

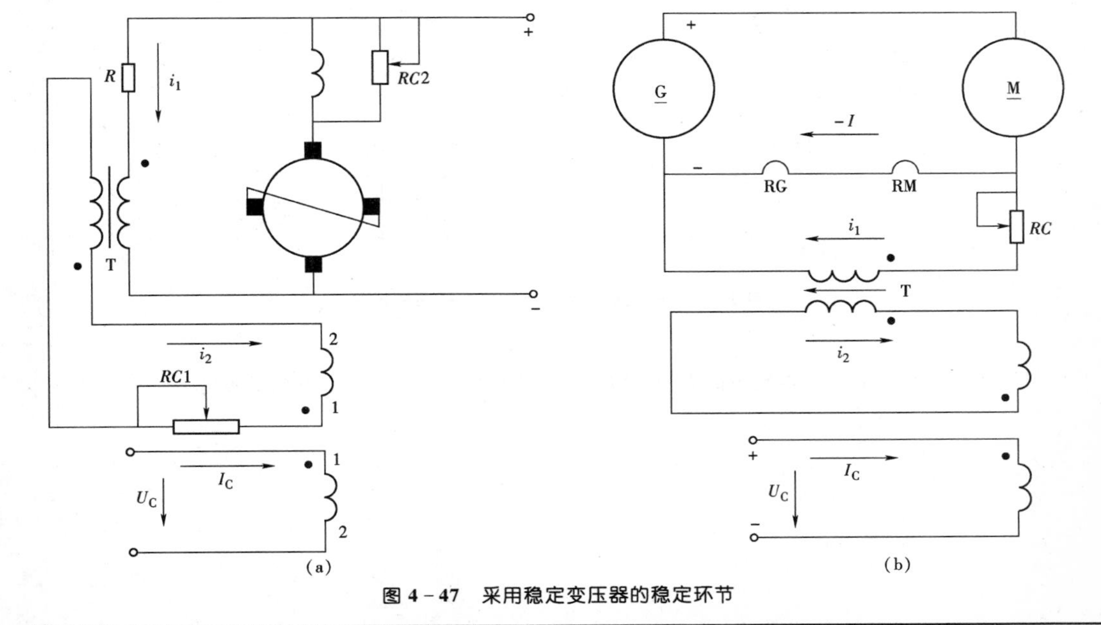

图 4－47　采用稳定变压器的稳定环节

图 4-48 所示为常见的电机扩大机自动调速电路 B2012A、B2016A 型龙门刨床工作台拖动系统的简化线路图。图中将励磁机、继电一接触器控制线路，以及调速系统的辅助功能部分均已省略。电路的核心部分仍然由给定控制信号、电压负反馈、电流正反馈、电流截止负反馈和桥式稳定等环节组成。电动机能进行可逆运行，并具有调整和连续工作的两种工作方式。这种自动调速系统的动特性及静特性都较好，完全可以满足一般龙门刨床工作台拖动的要求，故得到广泛应用。

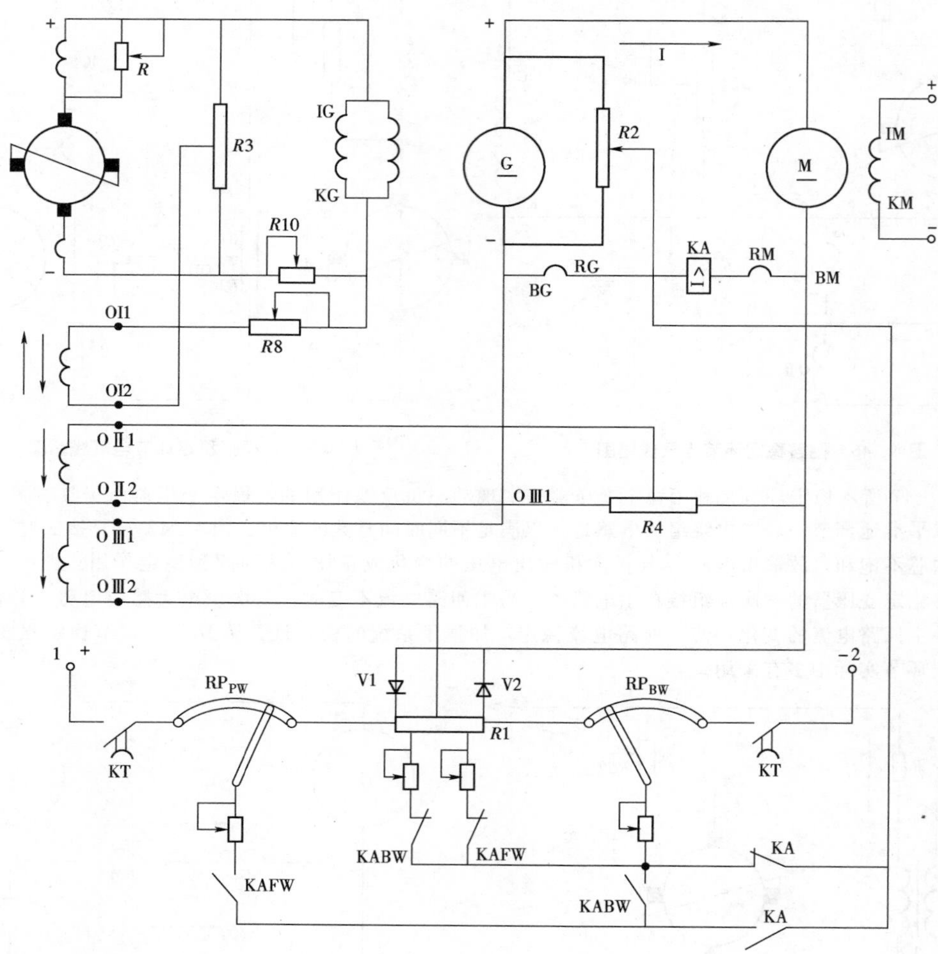

图 4-48　电机扩大机自动调速系统电气线路

电机扩大机是利用直流发电机中的交轴电枢反应磁场，从而可用一套电枢绕组实现两极放大的作用。

图 4－49 所示线路由单相桥式整流器 VC1 供给的可调给定电压 U_g 值。测速发电机 TG 和直流电动机 M 同轴联接，组成转速负反馈环节；三极管 V1、电阻 R7、R8 组成放大器，三极管 V2、电阻 R9、R10、R11 和电容 C9、C10 及单结晶体管 VS 共同组成脉冲发生器，整流器 VC2 则提供直流电源；单相半控桥（V12、V13、V9、V10），平波电抗器 L 及直流电动机 M 组成主电路，它受脉冲发生器控制。该晶闸管—直流电动机自动调速系统控制线路，它具有优良的调速性能，被广泛用于要求起动转矩大的恒速、调速电动机中。

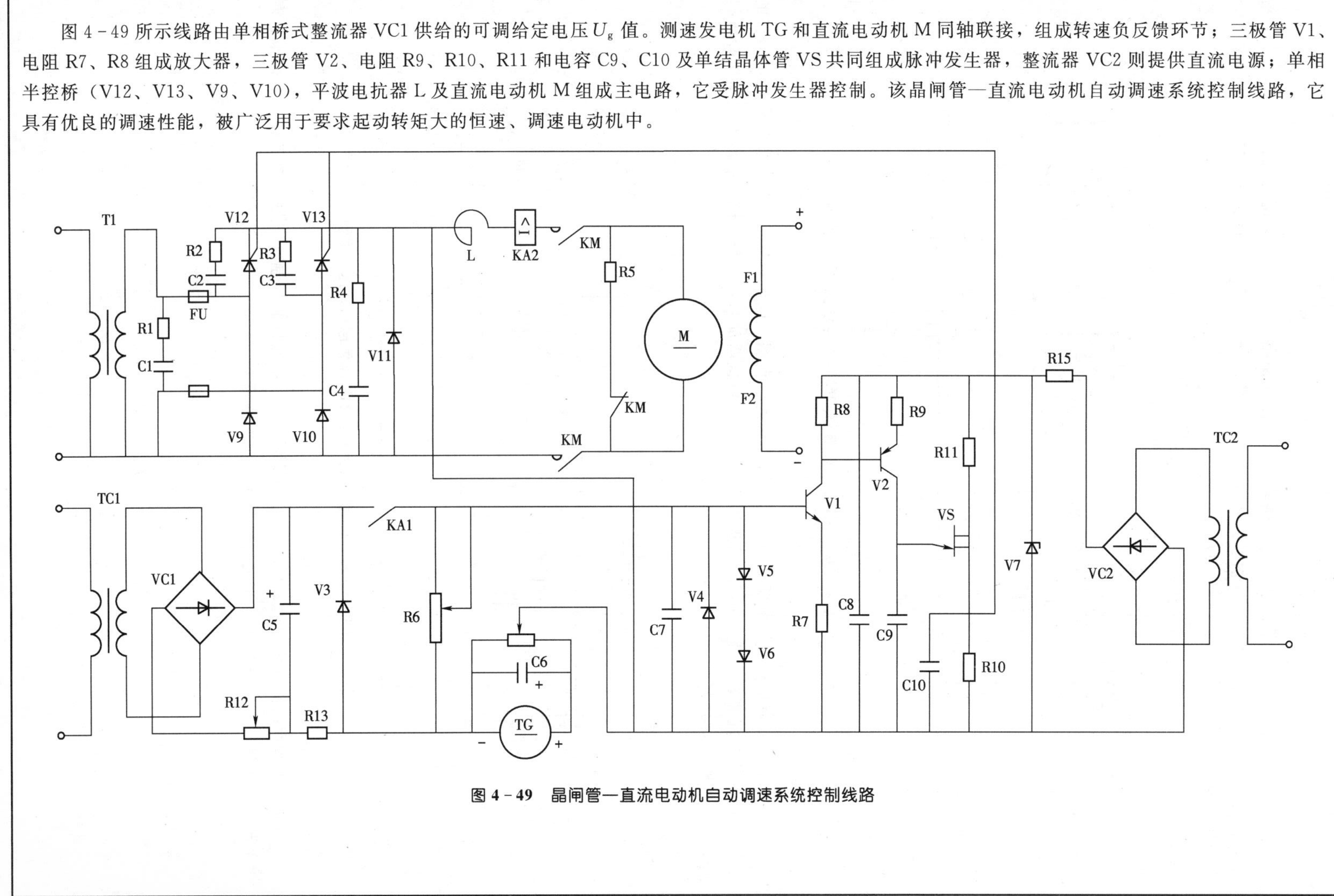

图 4－49　晶闸管—直流电动机自动调速系统控制线路

图 4-50 所示为采用比例调节器的晶闸管自动调速线路原理图。由于采用比例调节器对几个共地的输入信号进行组合，实现了几个输入信号共地并联接入，从而避免了信号串联输入不能有公共接地端，易引进干扰的缺点。

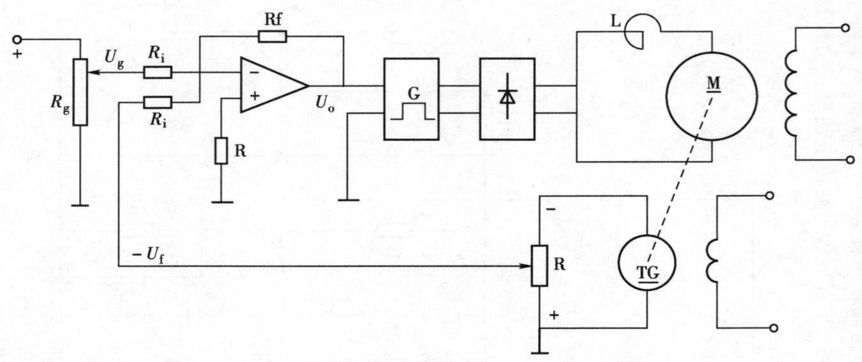

图 4-50　采用比例调节器的晶闸管自动调速原理图

图 4-51 所示为具有电压负反馈的晶闸管自动调速原理图。电压负反馈系统的被调量是电动机的端电压 U_a，因而它只能维持电枢电压 U_a 接近不变。所以当负载增加时，因负载电流引起的电枢压降未得到补偿，故调节性能稍差。

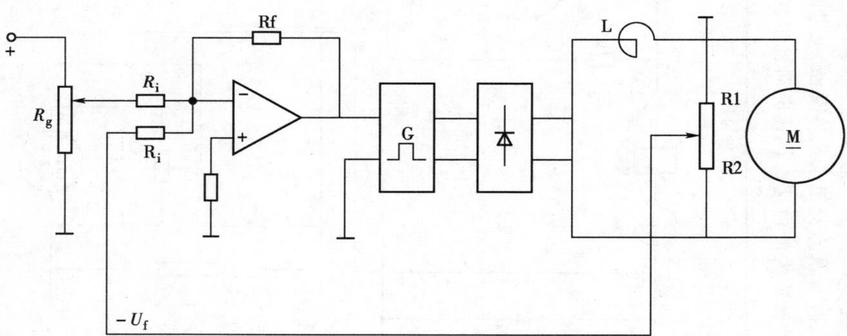

图 4-51　具有电压负反馈的晶闸管自动调速原理图

图 4-51 所示的晶闸管整流器由于具有功率增益高、快速性和控制性能好、效率高、体积小、寿命长和无转动部分等优点，正成为直流电动机调速系统的主流。

由于电压负反馈系统的转速降落较大，即静特性不够理想，是电动机电枢电阻压降所引起的转速降落未得到补偿的结果。因此，为了补偿电枢电阻压降，就在电压负反馈的基础上增加一个电流正反馈环节，这样就成了如图 4-52 所示具有电压负反馈及电流正反馈的自动调速线路。增加电流正反馈，就是将一个反映电动机电枢电流大小的量取出，也加到比例调节器的输入端去，电流正反馈实质是根据负载变化大小而进行的补偿环节。图 4-52 所示的具有电压负反馈及电流正反馈的自动调速原理图线路在实际中多有采用。

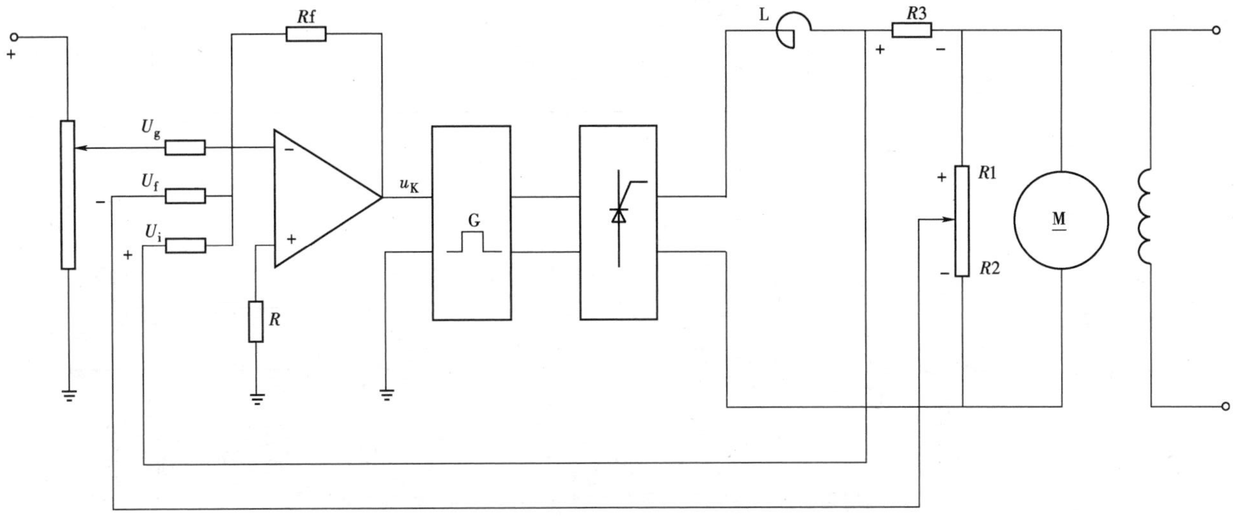

图 4-52　具有电压负反馈及电流正反馈的自动调速原理图

因直流电动机在起动过程中，起动电流均超过最大允许电流值，特别在转速负反馈的系统中，起动电流就更大。这种过大的冲击电流对电动机的换向不利，更容易造成晶闸管损坏。这种现象在电动机运行中，负载有较大变化时，也可能发生。因而，必须对主回路中的电流加以限制，确保电动机、晶闸管的安全运行。采用如图 4 - 53 所示电流截止负反馈就能达到这一点，当电流还没有达到规定值时，该环节在系统中不工作；一旦电流达到和超过规定值时，该环节立即起作用，使电流的增加受到限制。该线路实际中多有采用。

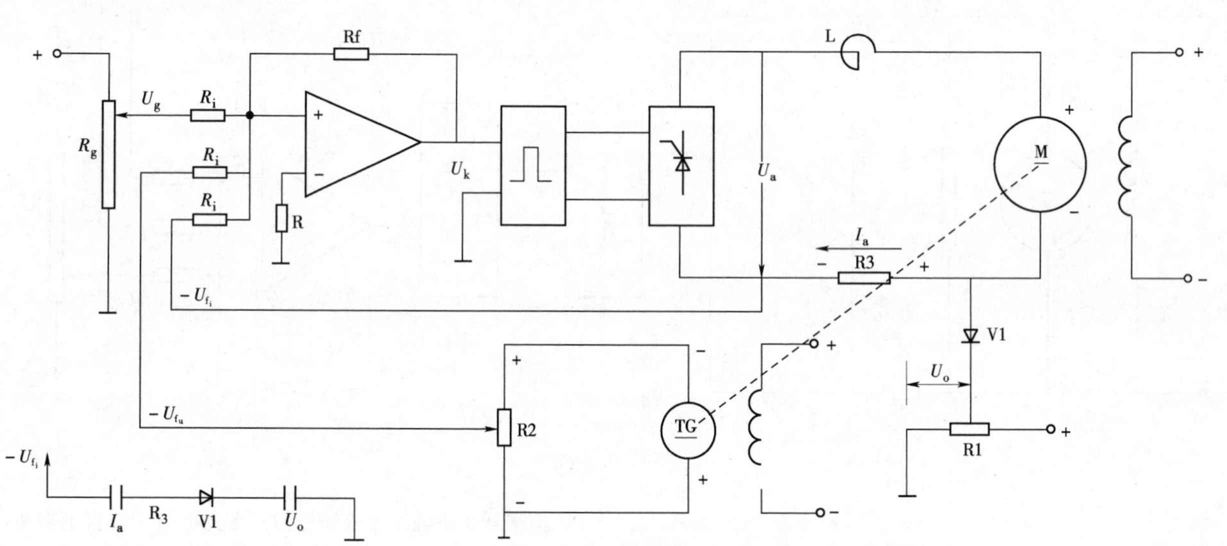

图 4 - 53　具有转速负反馈和电流截止负反馈的调速系统原理图

第 5 节　直流发电机原理接线电气线路图

直流发电机的端电压 U，电枢电流 I_a 和励磁电流 I_f 三者之间的关系，表现着它的工作特性。图4－54所示为他励直流发电机原理接线，该发电机在负载电流增加时，电枢反应的去磁效应与电枢回路电阻压降增大，端电压随负载电流增加而导致明显降低。

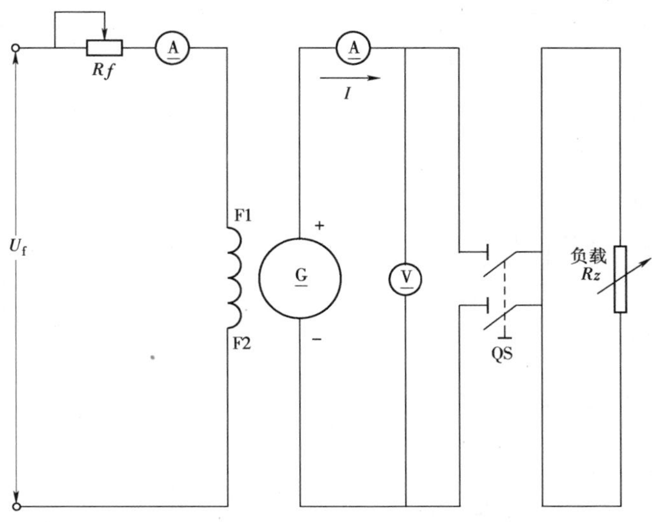

图 4－54　他励直流发电机原理接线电气线路

图 4－55 所示为并励直流发电机原理接线电气线路，由于励磁绕组和电枢两端并联，当并励直流发电机的负载增加时，电枢回路电阻压降、电枢反应去磁效应和主磁极磁通 ϕ 减少而使电枢电势 E_a 降低，从而使其端电压比他励式下降更大。该线路实际中多有采用。

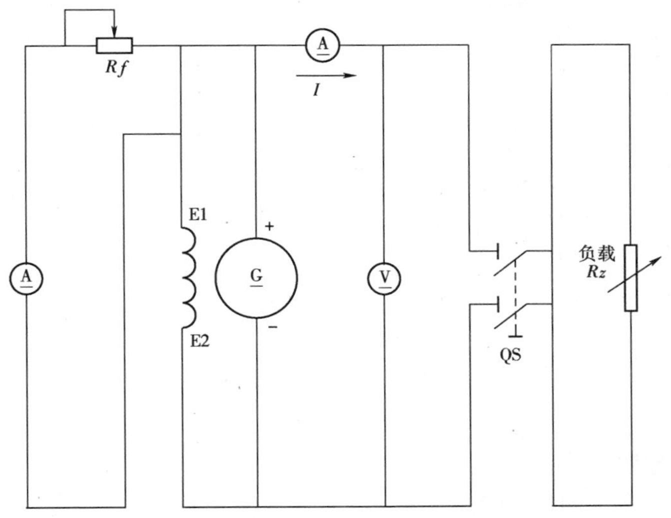

图 4－55　并励直流发电机原理接线电气线路

图 4－56 所示为复励直流发电机原理接线电气线路。从并励直流发电机的外特性中我们知道，当负载电流增加时，如励磁电路的 Rf 保持不变，则其端电压的下降将是不可避免的。而复励直流发电机就有所不同，当负载电流 I 增加时，串励绕组起着自动增加励磁磁势的作用，可以补偿负载时电枢回路电阻压降和电枢反应去磁作用的影响，因而发电机的端电压获得一定的调整。复励直流发电机又分加复励和差复励两种。加复励的输出端电压在负载变动时变化较小，一般不超过 6%；差复励输出端电压随负载电流增加而下降。

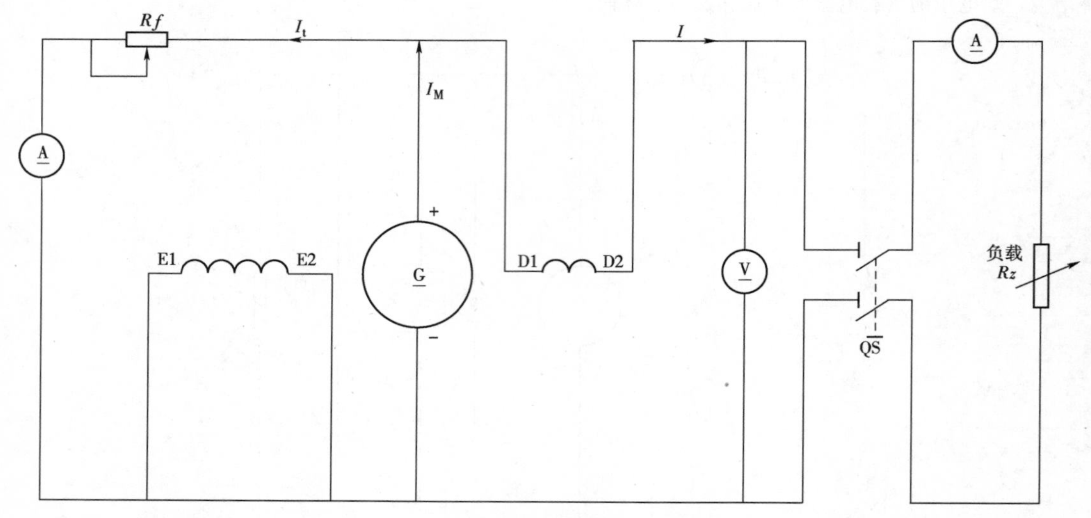

图 4－56　复励直流发电机原理接线电气线路

图 4－57 所示为直流并励式主励磁机电气线路，磁场电阻 RC 用来调节励磁电压，同时自动励磁调节器还可对励磁进行自动控制。它适用于中容量发电机、调相机，作为主励磁机配套使用。

图 4－58 所示为直流他励式主、副励磁机电气线路，由于采用主、副直流发电机励磁，因而对励磁可作较精细的调整。它主要用于大容量发电机、调相机，作为主励磁机配套使用。

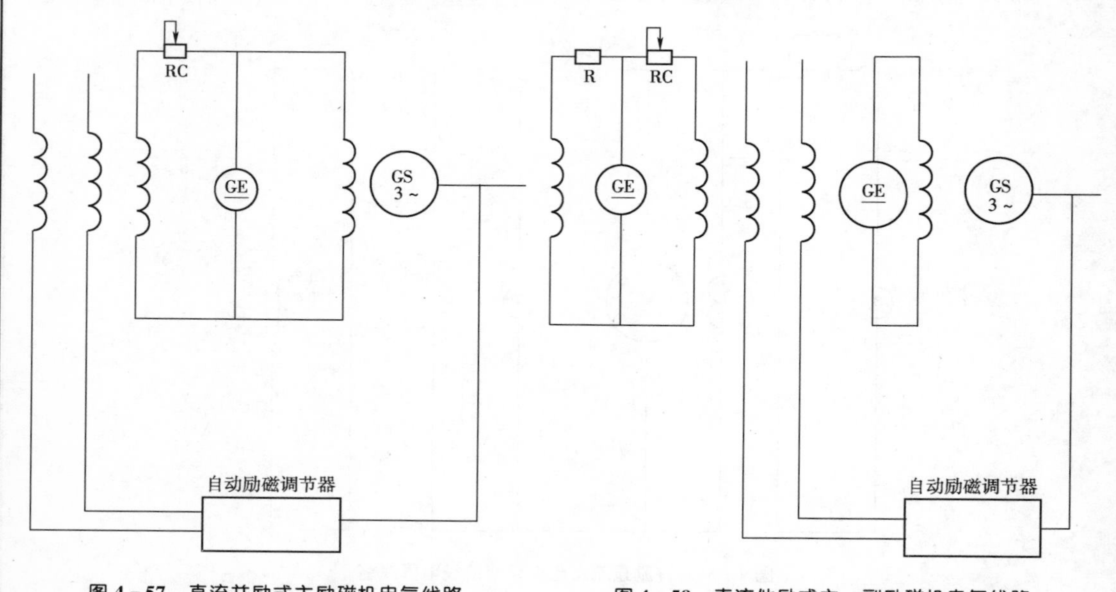

图 4－57　直流并励式主励磁机电气线路　　**图 4－58　直流他励式主、副励磁机电气线路**

图 4－59 所示为直流发电机并励式励磁机电气线路，并励式励磁机在负载增加时，端电压下降较大，故仅用于小容量发电机，励磁电压可用磁场变阻器 RC 调节。该类励磁机在实际中日益减少。

图 4－60 所示为直流发电机复励式主励磁机电气线路，复励式主励磁机的励磁机恒压特性较好，在负载变化时端电压较平稳，多用于中大容量发电机中。该类励磁机以其稳定的性能仍有使用。

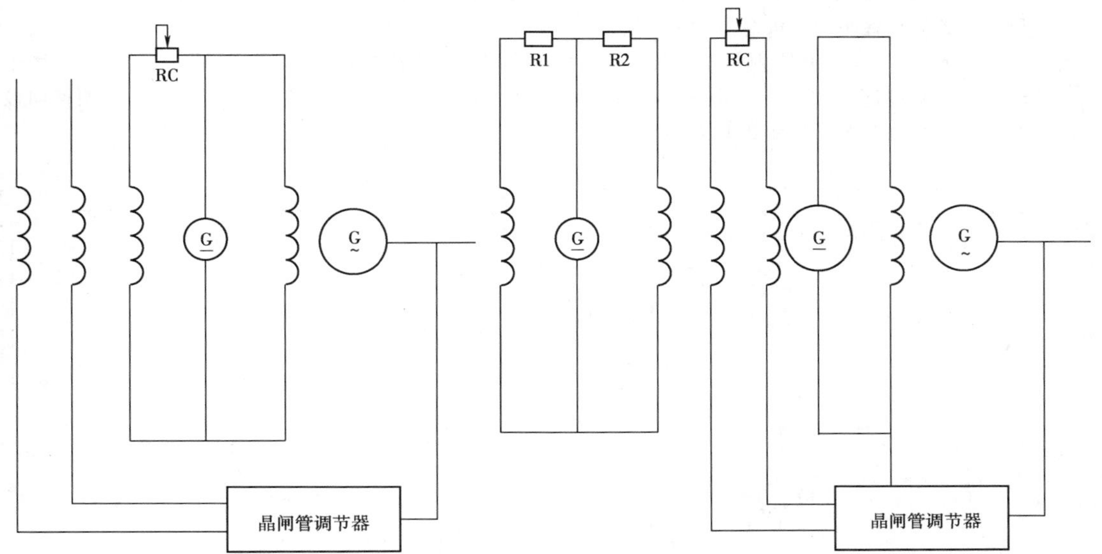

图 4－59　直流发电机并励式励磁机电气线路　　　　图 4－60　直流发电机复励式主励磁机电气线路

图 4－61 所示为直流励磁机与整流器的混合励磁系统电气线路，图 4－61（a）为带功率电流互感器的混合励磁系统，图 4－61（b）则为带励磁变压器的混合励磁系统。这种混合励磁系统多用于改善老式直流励磁机的恒压特性。该类励磁机形式，在某些特定环境仍有使用。

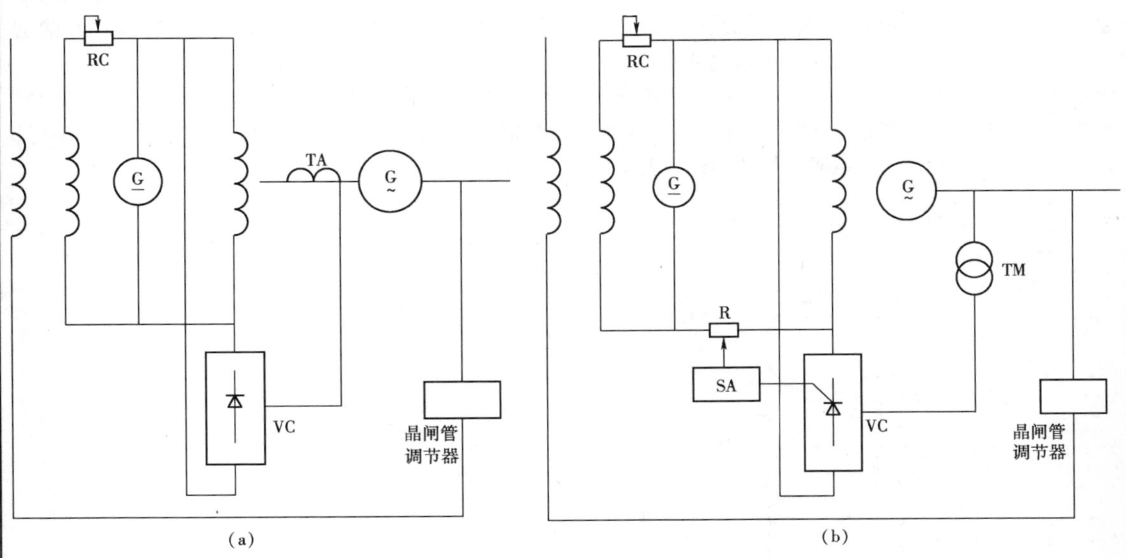

图 4－61　直流励磁机与整流器的混合励磁系统电气线路

（a）直流励磁机带功率电流互感器的混合励磁系统；（b）直流励磁机带励磁变压器混合励磁系统

第 6 节 直流电机检测线路图

图 4-62 所示为用交流电源测量换向极极性的电气线路，测试时，在换向极绕组两端施加交流电压 U_1，其值约为电机额定电压 10%，此时如测得 $U_3=U_1-U_2$，则说明换向极极性正确；如为 $U_3=U_1+U_2$，则表明这时极性错误。极性错误时更换以后即可。

图 4-63 所示为用直流电源测量换向极极性的电气线路，将直流电源 GB 及毫伏表 mV 的极性按图中所示联接。当开关 Q 闭合的瞬间，mV 往正方向偏转，开关断开的瞬间，mV 往反方向偏，则说明换向极极性正确，否则错。极性错误时更换以后即可。

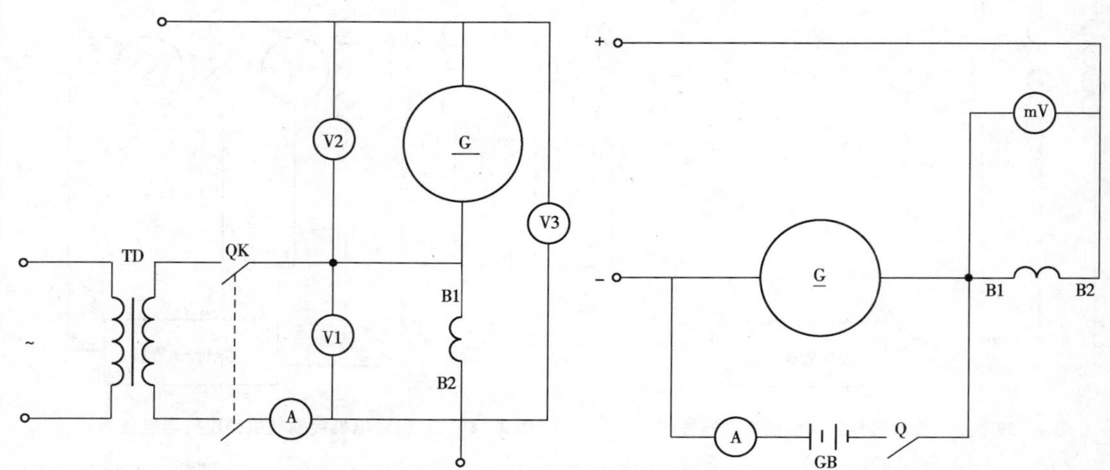

图 4-62 用交流电源测量换向极极性的电气线路　　图 4-63 用直流电源测量换向极极性的电气线路

图 4-64 所示为直流电机无火花换向区域试验电气线路，无火花换向区域就是使直流电机从空载到额定负载，对每一负载值求出换向极绕组中电流的上下限，在这个电流的界限内能保证无火花换向，就是测定无火花运行时换向极绕组的极限电流状况。

图 4-65 所示为小型直流发电机能耗法负载试验电气线路，试验时，当发电机被原动机拖动运转，发电机建立电压，调节转速 n，端电压 U、负载电流 I 达到预定试验值，其所产生的电功率直接消耗于电阻 R 中，如用水或食盐水作电阻也能达到试验要求。

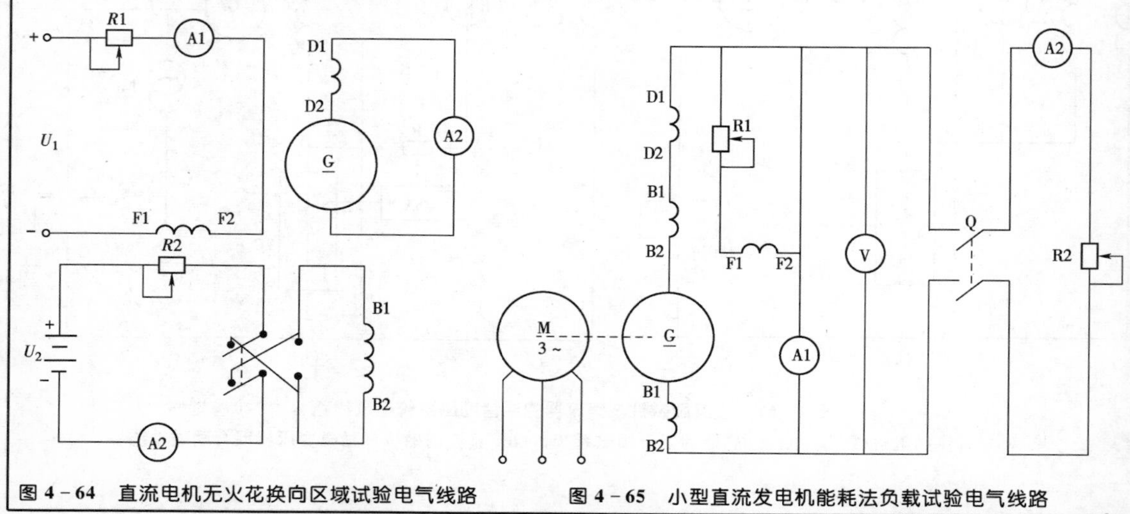

图 4-64 直流电机无火花换向区域试验电气线路　　图 4-65 小型直流发电机能耗法负载试验电气线路

图 4-66 所示为小型直流电动机能耗法负载试验电气线路，电动机要经负载试验来检验其是否达到额定容量，并检查各部温升和换向状态。试验时，小型直流电动机 M 拖动一台直流发电机 G 作为它的负载进行负载试验，而发电机 G 的电功率直接消耗于电阻 R3 中。调节转速 n，电压 U、电流 I 可达到预定的试验值，直流发电机的输入功率（包括传动损耗在内），就是被试电动机的输出功率。另外还采用直接制动负载试验。该小型直流电动机能耗法负载试验电气线路，在直流电动机的负载试验中多有采用。

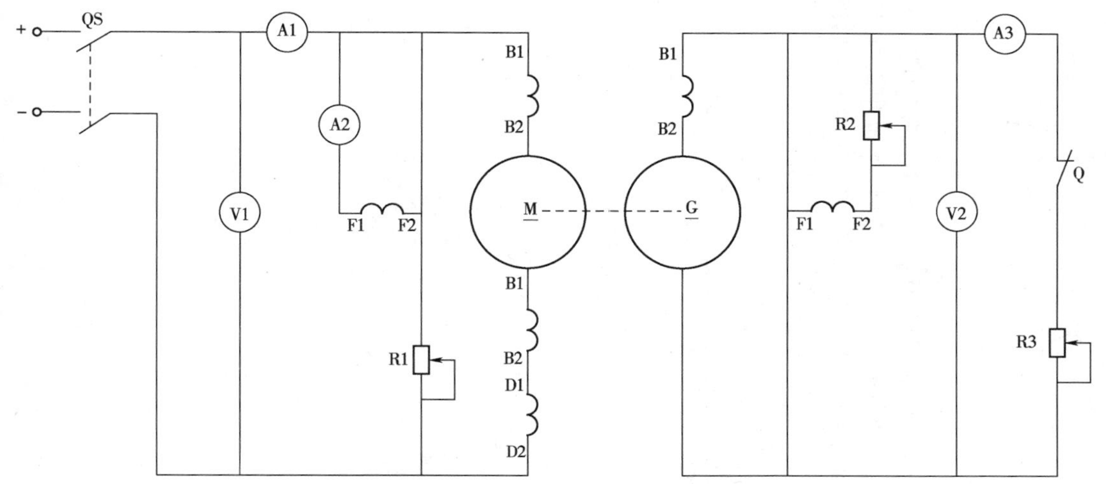

图 4-66　小型直流电动机能耗法负载试验电气线路

图 4-67 所示为并励直流电机反馈法负载试验电气线路，大中型电机因其设备庞大，电能消耗也大，因此其负载试验不允许采用能耗法，而均应用反馈法。反馈法的基本原理是将两台同型号或相类似的电机耦合在一起，其中一台作电动机运行，拖动另一台电机作发电机运行，其产生的电功率反馈到电动机，它们的损耗由电源或线路电机及升压机补给。图 4-67 中，G1 为线路发电机，它供给陪试电动机 M 的电源；G2 为被试电机，它作为发电机运行将电能反馈给 M。该种直流电机反馈法负载试验实际中多有采用。

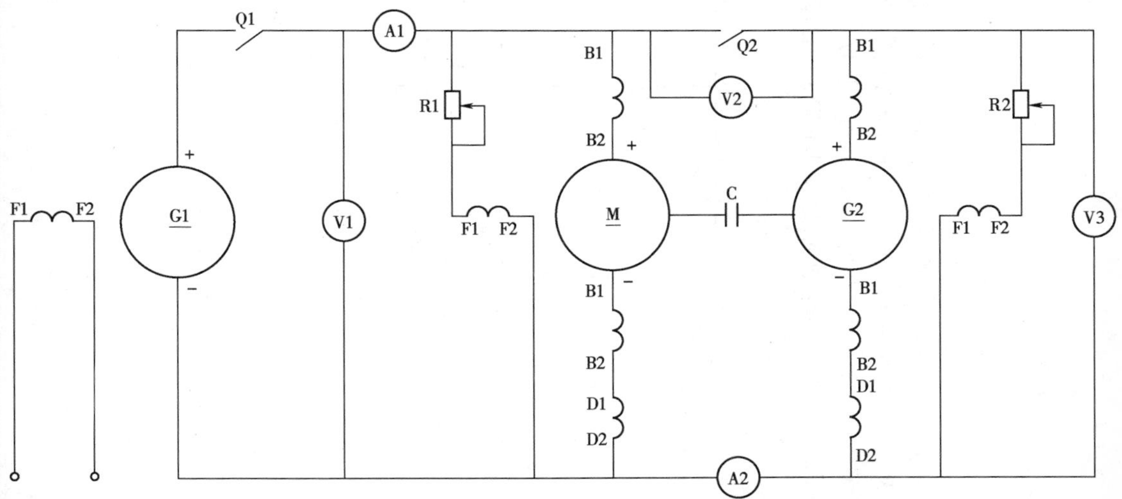

图 4-67　并励直流电机反馈法负载试验电气线路

图 4-68 所示为串励直流电机反馈法负载试验电气线路，用两台同型号电机耦合，一台作电动机 M 运行，另一台作发电机 G2 运行，它们的损耗由线路发电机 F1 及升压发电机 G3 供给。试验时，先开动升压发电机，闭合 Q2，就有电流 I_2 流经发电机 G2 及电动机 M。调节升压发电机 G3 的电压 U，可使 I_2 达到预定的任意值。开动线路发电机 G1，闭合开并 Q1，逐渐提高某电压 U，调整线路发电机电压 U，即可获得所需要的转速及负载电流。发电机 G2 所发电则反馈给 M。串励直流电机反馈法负载试验也多有采用。

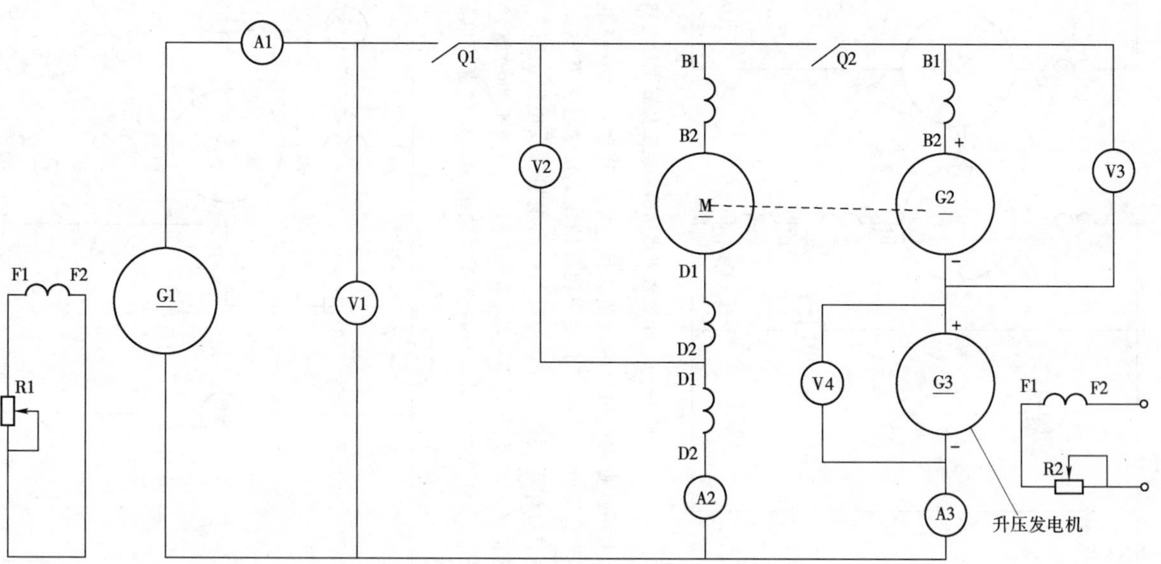

图 4-68　串励直流电机反馈法负载试验电气线路

图 4－69 所示为串励直流电动机反馈法负载试验电气线路，本图为其实际接线。图中可以看到另增加一台低压大电流直流发电机 G3 作为直流励磁机，提供他励电源。当被试电机作超速及匝间试验时，则将串励直流电动机改为他励直流电动机运行，这时低压大电流直流发电机 G3 供给他励电动机的励磁电流。该串励直流电动机反馈法负载试验台电气线路，其设计合理、功能齐全、测试方便。

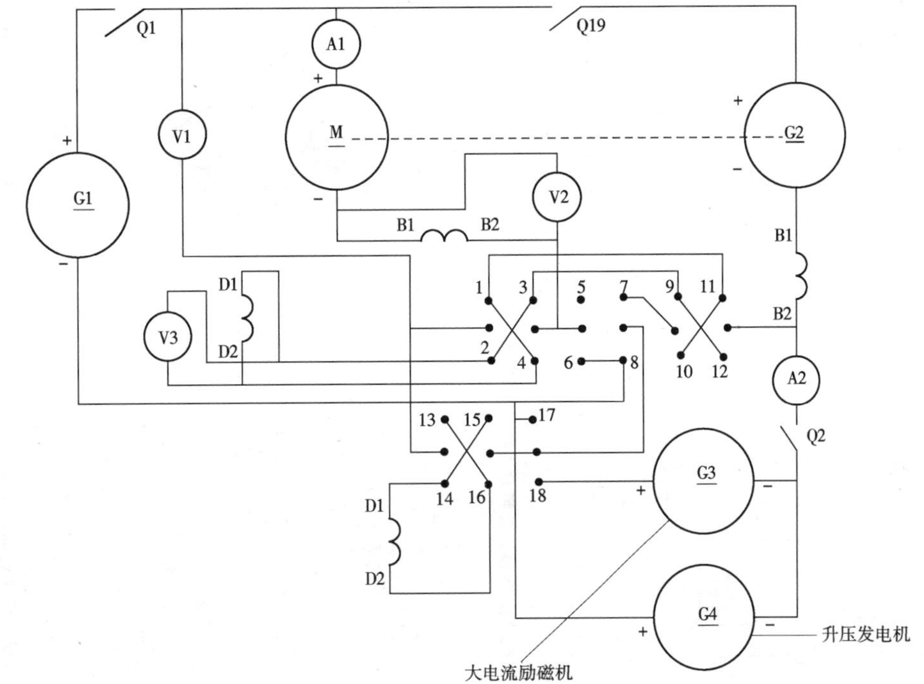

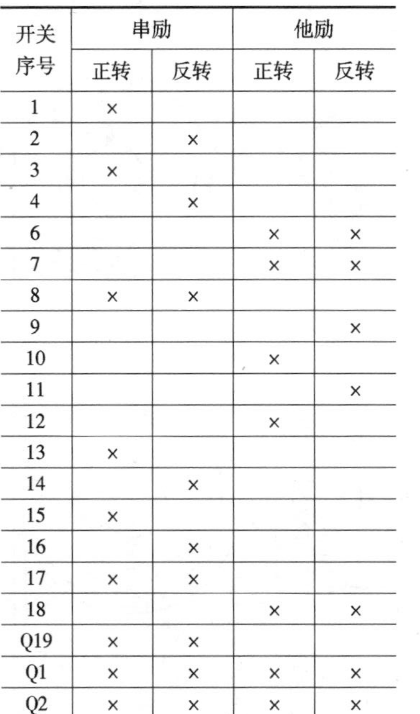

开关序号	串励		他励	
	正转	反转	正转	反转
1	×			
2		×		
3	×			
4		×		
6			×	×
7			×	×
8	×	×		
9				×
10			×	
11				×
12			×	
13	×			
14		×		
15	×			
16		×		
17	×	×		
18			×	×
Q19	×	×		
Q1	×	×	×	×
Q2	×	×	×	×

图 4－69　串励直流电动机反馈法负载试验台电气线路

第 7 节　直流电机电枢绕组、励磁绕组接线图

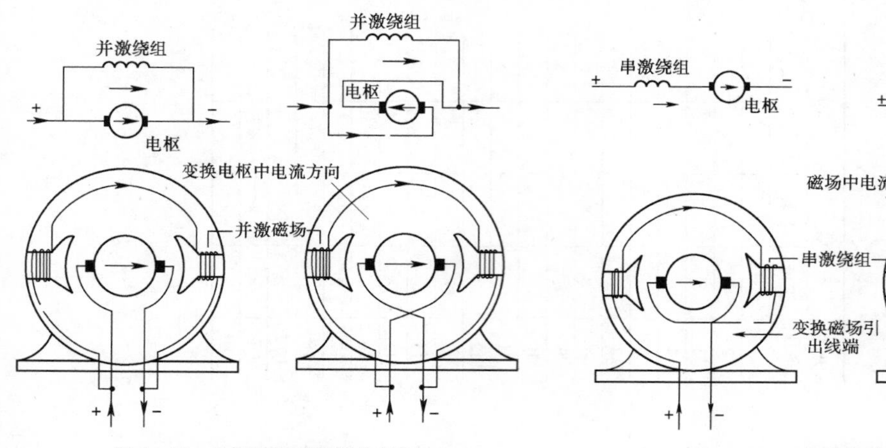

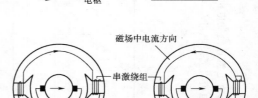

图 4-70　2 极并激式绕组接线图
（变换电枢引线即能改变旋转方向）

图 4-71　2 极串激式绕组接线图
（变换磁场引线即能改变旋转方向）

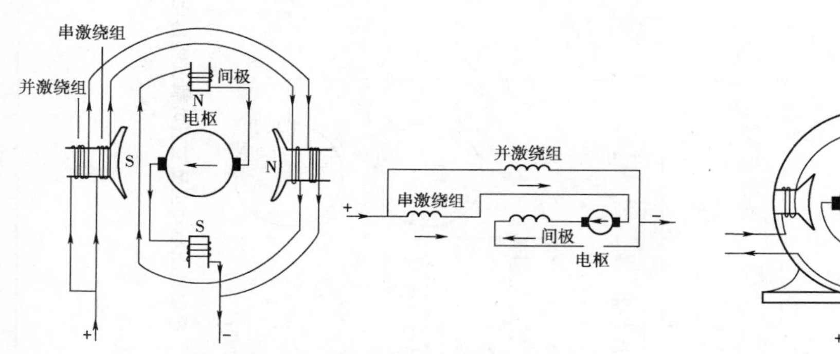

图 4-72　具有换向极的 2 极复激式绕组接线图

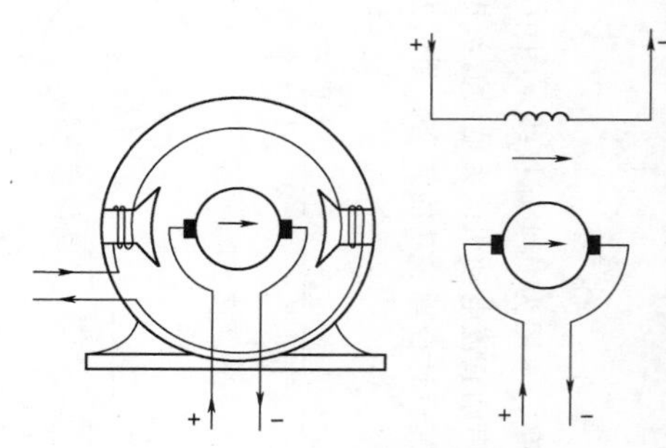

图 4-73　它激式绕组接线图

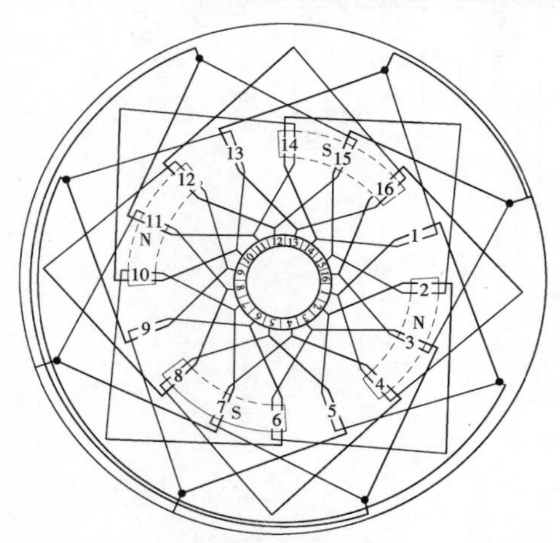

图 4-74　4 极 16 槽单叠绕组均压线端部接线图

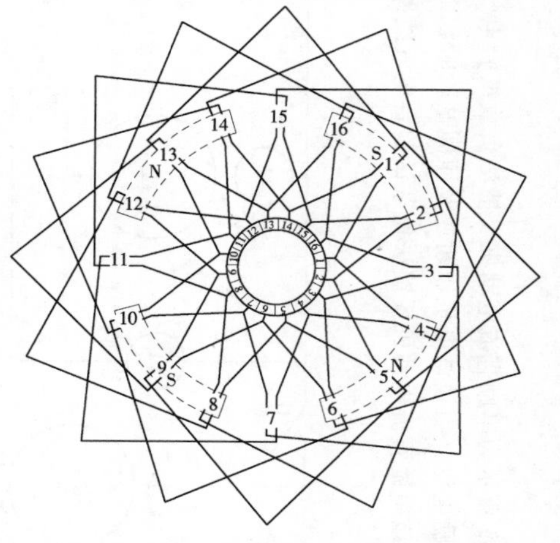

图 4-75　4 极 16 槽单闭路复波绕组端部接线图

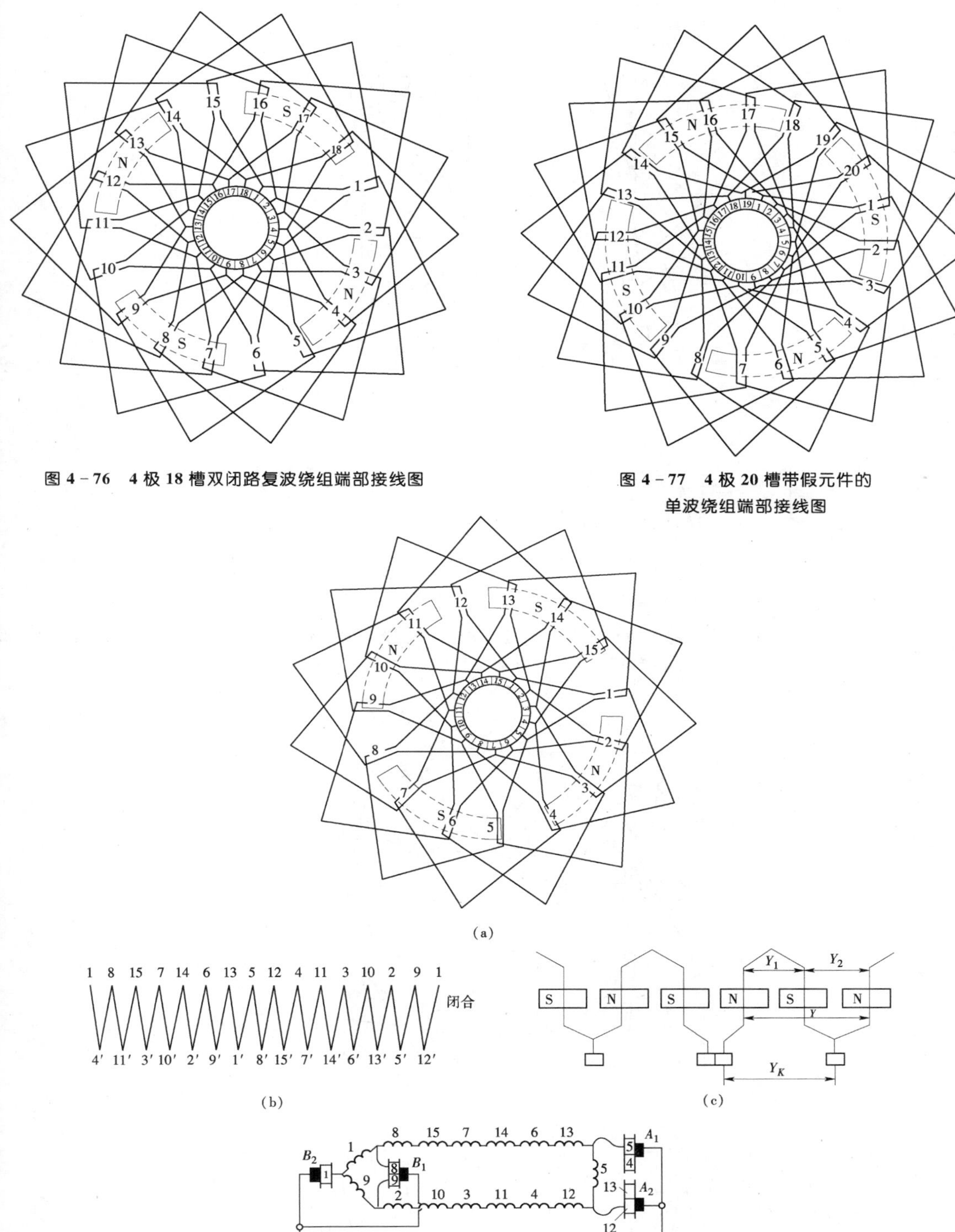

图 4-76　4 极 18 槽双闭路复波绕组端部接线图

图 4-77　4 极 20 槽带假元件的单波绕组端部接线图

(a)

(b)

(c)

(d)

图 4-78　4 极 15 槽单波绕组端部接线图

(a) 绕组接线图；(b) 连接顺序图；(c) 在换向器上的连接；(d) 电路图

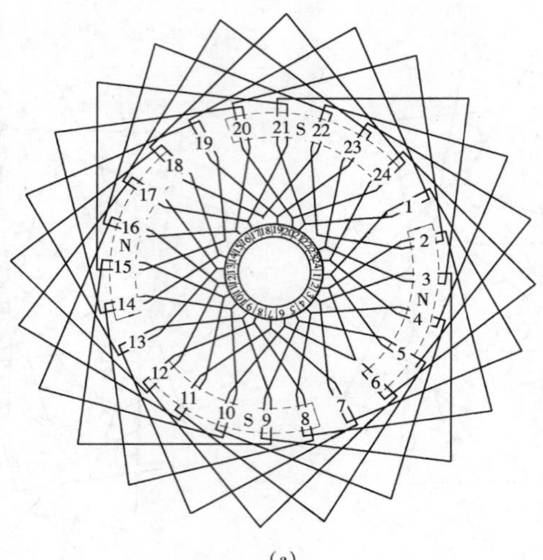

(a)

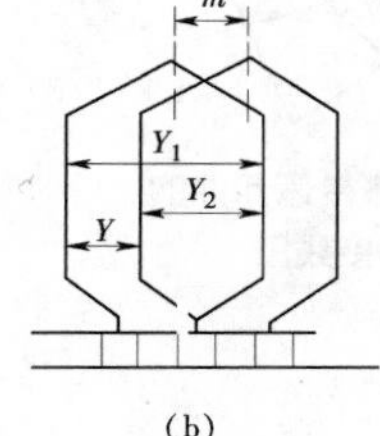

(b)

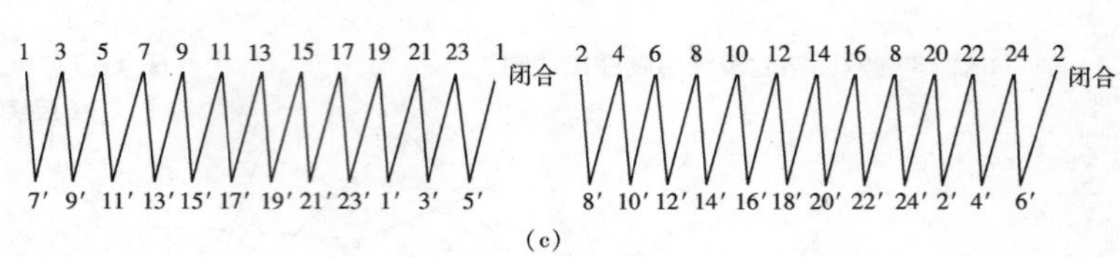

(c)

图 4－79　4 极 24 槽双闭路复叠绕组端部接线图

(a) 绕组接线图；(b) 在换向器上的连接；(c) 连接顺序图

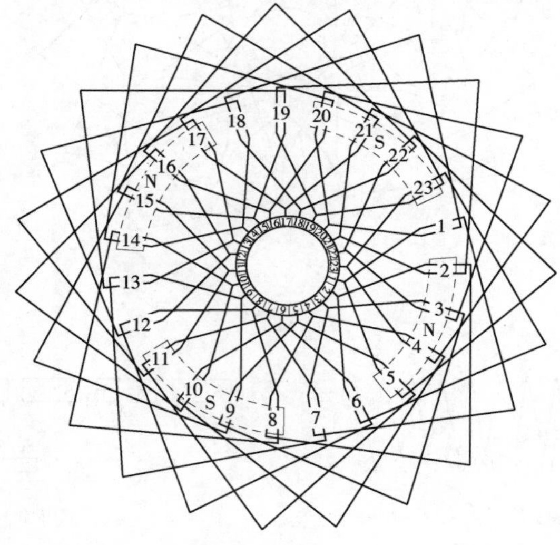

(a)

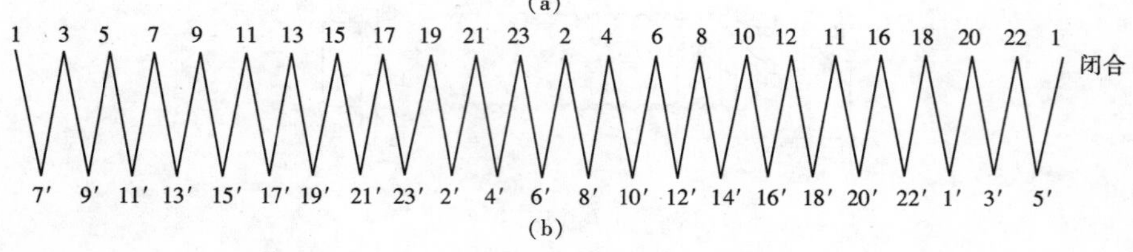

(b)

图 4－80　4 极 23 槽单闭路复叠绕组端部接线图

(a) 绕组接线图；(b) 连接顺序图

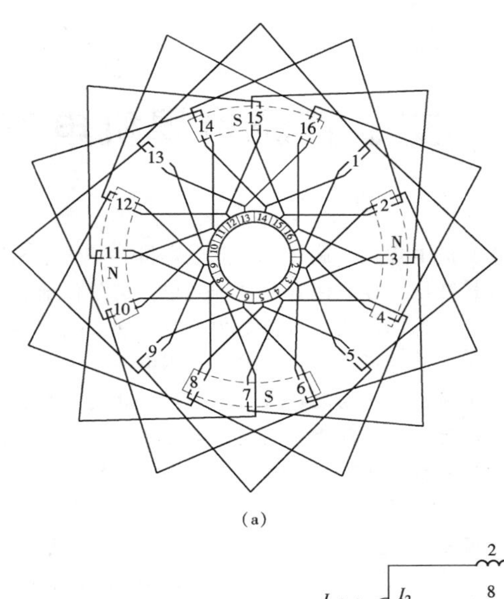

(a)

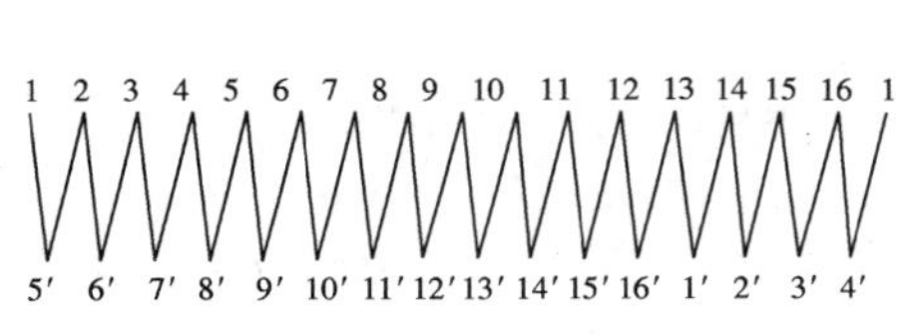

(b)

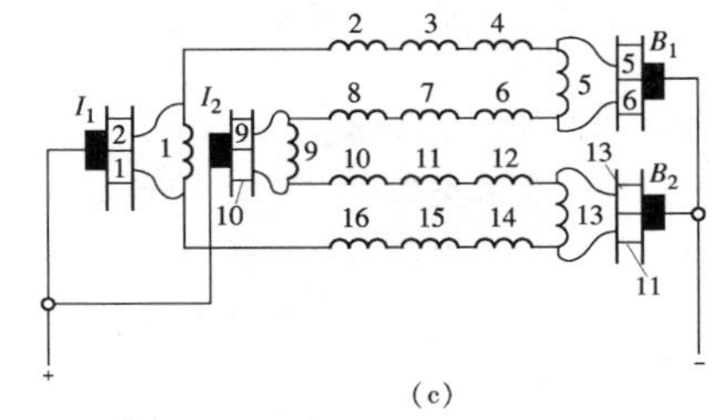

(c)

图 4-81　4 极 16 槽单叠绕组端部接线图

(a) 绕组接线图；(b) 连接顺序图；(c) 电路图

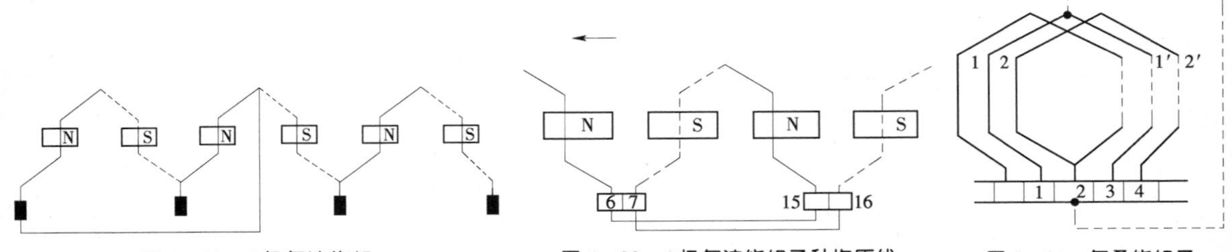

图 4-82　6 极复波绕组

图 4-83　4 极复波绕组乙种均压线

图 4-84　复叠绕组乙种均压线

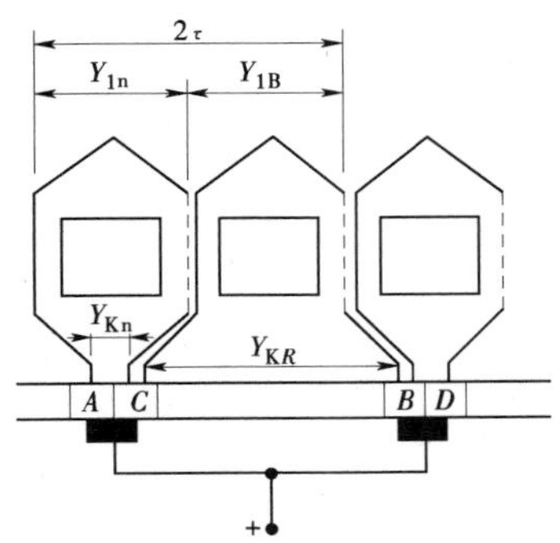

图 4-85　蛙形绕组在换向器上的连接

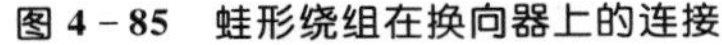

τ—极距；Y_{1n}—蛙形绕组叠绕部分的前节距；Y_{1B}—蛙形绕组波绕部分的前节距；Y_{Kn}—蛙形绕组叠绕部分的换相片节距；Y_{KR}—蛙形绕组波绕部分的换向片节距

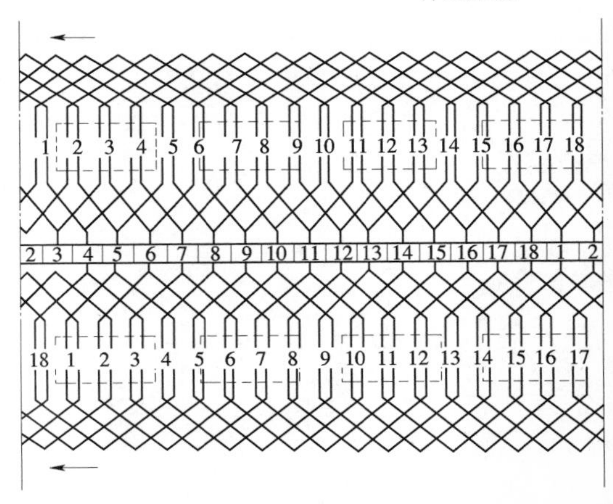

图 4-86　4 极 18 槽蛙形绕组展开图

第 5 章 交、直流电焊机电气控制线路

交、直流电焊机可以分为交流电焊机、旋转式直流电焊机和静止整流器式直流电焊机三大类型。交流电焊机是一种特殊设计的单相焊接变压器，它因具有结构简单、造价低廉、工作可靠、维修方便等优点，在各工业部门的单人焊接操作中得到普遍的应用。直流电焊机是一种由三相异步电动机拖动的直流焊接发电机，它的优点是易于引燃、电弧稳定、质量可靠，而且对于三相电网来说其负载均匀，可以提高功率因数。另一种直流电焊机则采用静止式硅整流器，它与旋转式直流电焊机相比，具有体积小、效率高、工作可靠、维护简单、使用年限长等优点。本章选绘了这几类交、直流电焊机的部分电气控制线路。

交流电焊机的用途和结构是多种多样的，但其基本原理则大致相同。常见的有 BX1、BX2、BX3 三个系列的交流电焊机，图 5-1～图 5-19 所示即为几个 BX 系列交流电焊机的电气控制线路图。

旋转式直流电焊机是由一台直流焊接发电机与一台三相异步电动机同轴组成的变流机组。根据直流电焊机不同结构，常见的分为 AX、AX1、AX3、AX4、AX8 和 AR 等几种型式，图 5-20～图 5-36 所示即为这些直流电焊机的电气控制线路。

静止整流器式直流类焊机主要有 ZXG 系列整流式直流电焊机，它是一种将交流电经过硅二极管整流变成直流的电焊机。全系列包括有 ZXG-200、ZXG-300、ZXG-500 三个规格，其中 ZXG-500 型焊机除用作手工操作电焊外，还可用作自动或半自动埋弧机电源。图 5-37～图 5-47 所示即为 ZXG 及其他几个系列焊机的电气控制线路图。

交、直流电焊机在其工作中有大量的时候处于空载状况，因此要浪费不少电能。为了节约用电，可以对交、直流电焊机的控制线路进行一些改接改造，使之达到空载自停节电，如图 5-48～图 5-61 所示。

第 1 节　交流变压器式电焊机电气线路图

图 5-1 所示为交流电焊机的原理电气线路，该焊机由变压器 T、电抗器 L、引线电缆及焊钳组成。变压器是用来将电源电压降到 60～70V 的低工作电压，供安全操作用。电抗器 L 用来调节和限制工作电流。工作时，当焊条接触工件后，电压由 60～70V 迅速下降到零。该交流电焊机结构简单、性能成熟、操作容易。

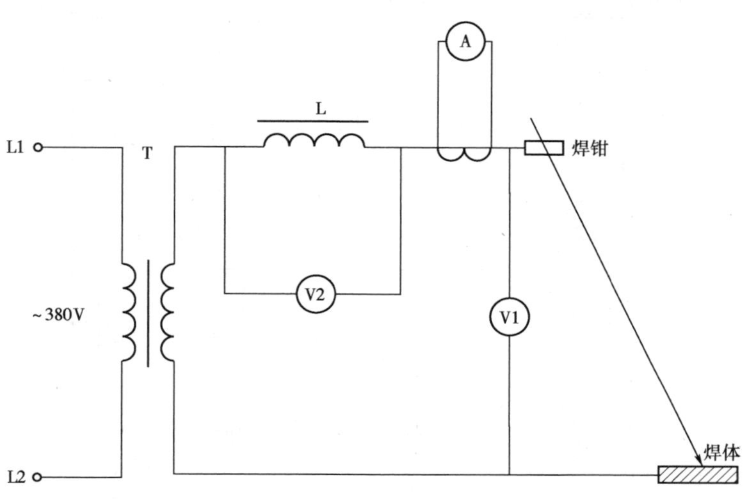

图 5-1　交流电焊机的原理电气线路

图 5-2 所示为交流电焊机出线板联接片接法。交流电焊机电流的调节有粗调和细调两种，粗调可更换输出接线板上的联接片，如图中的两种接法；细调则移动铁芯。该交流电焊机电流的调节即为粗调采用接线板上换联接片来进行，细电流的调节则用移动焊接变压器铁芯来实行。

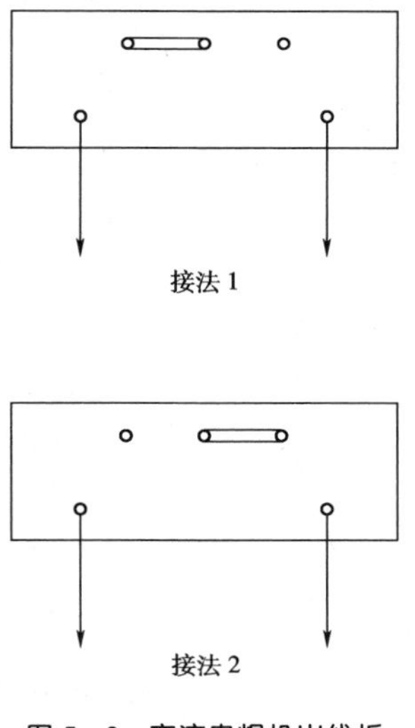

图 5-2　交流电焊机出线板联接片接法

图 5－3 所示 BX1 系列电焊变压器的窗口特别高和宽，以增大变压器漏抗，提高焊接特性。其一次侧为筒形绕组，它绕在一个主铁芯柱上；二次侧绕组分成两部分，一部分绕在一次侧绕组外面，另一部分兼作电抗线圈绕在另一铁芯上。该型电焊机为动铁式结构。

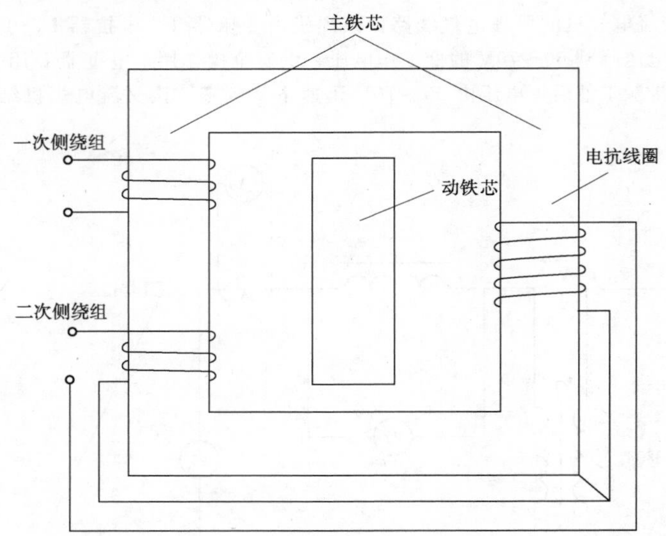

图 5－3　BX1 系列磁分路动铁式电焊变压器原理图

图 5－4 所示为 BX1 系列电焊变压器电气线路，该变压器电流调节的方式有两种，大范围的调节可通过更换接线板上的出线端进行，如图 5－4 所示。细调则须转动电焊机中部的手柄，以调整动铁芯的位置来进行。该型电焊机均为动铁式结构型式。

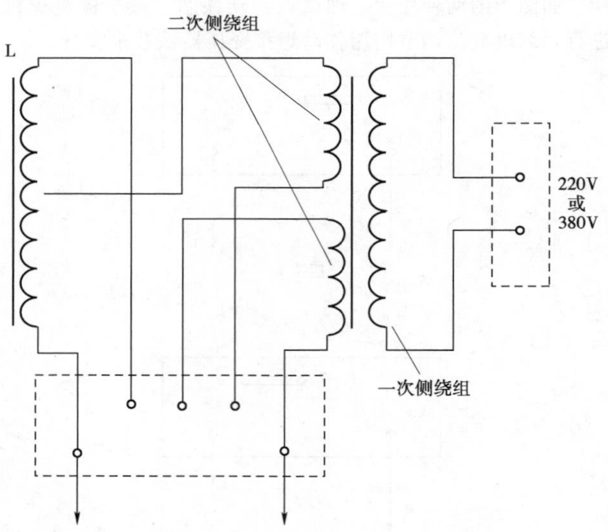

图 5－4　BX1 系列电焊变压器电气线路

图 5－4 电焊机的电流调节是采用粗调和细调相配合的方法来实现的，其电流细调节是用移动活动铁芯来改变动、静芯的相对位置来获得的。

BX2 系列电焊机是同体组合电抗式结构，如图 5-5 所示。它的铁心有上、下两个窗口，“上口”为电抗器铁芯，“下口”为变压器铁芯。电抗器的下轭和变压器的上轭是公用的磁路部分。一次侧绕组分成两部分，分别绕于“下口”两个铁芯上，另一半则固定在“上口”铁芯动铁轭外。电流的调节靠移动电抗铁芯上轭的可动部分以改变气隙距离，从而改变变压器的漏抗大小，使电流随之而改变其大小。BX2 系列焊机结构示意、电气线路如图 5-5、图 5-6 所示。该 BX2 系列焊机为电焊机、电抗器同体组合、性能成熟。

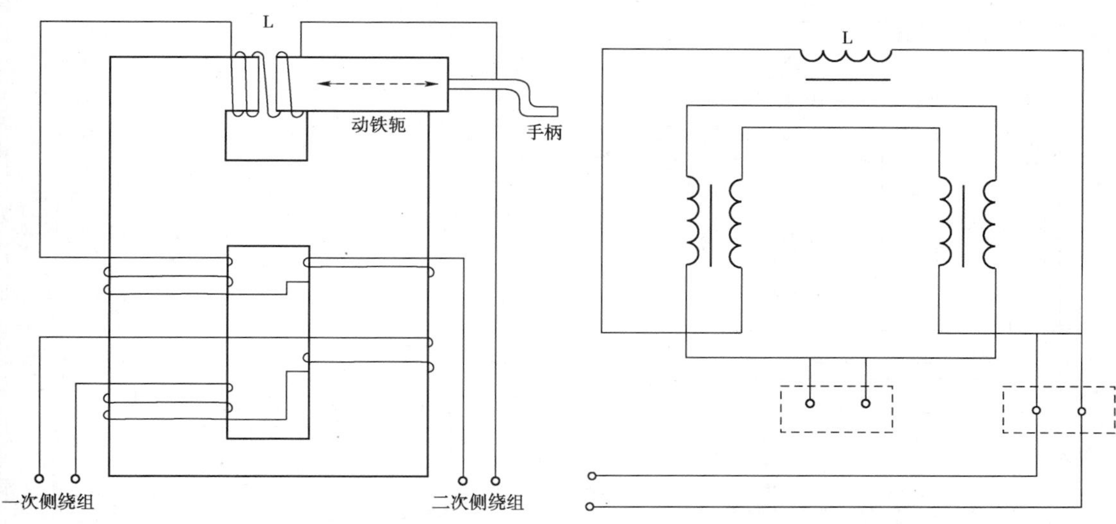

图 5-5　BX2 系列电焊机结构示意图　　**图 5-6　BX2 系列电焊机部分电气线路**

图 5-7 所示为 BX2 系列交流弧焊机部分电气线路图。该系列焊接变压器为同体组合电抗式，其铁芯结构有上下两个窗口，上窗口为电抗器铁芯，下窗口为变压器铁芯。电抗器的下轭和变压器的上轭为公用磁路。一次侧绕组分成两部分绕在下窗口的两个铁芯柱上，二次侧绕组同样分成两部分而绕在主绕组外层。移动电抗铁芯上轭的动铁芯以改变其漏抗的大小，就可调节焊接电流。图 5-7（a）所示为 BX2-700、BX2-1000 型部分电路。图 5-7（b）所示为 BX2-2000 型部分电路，均为同体组合式。

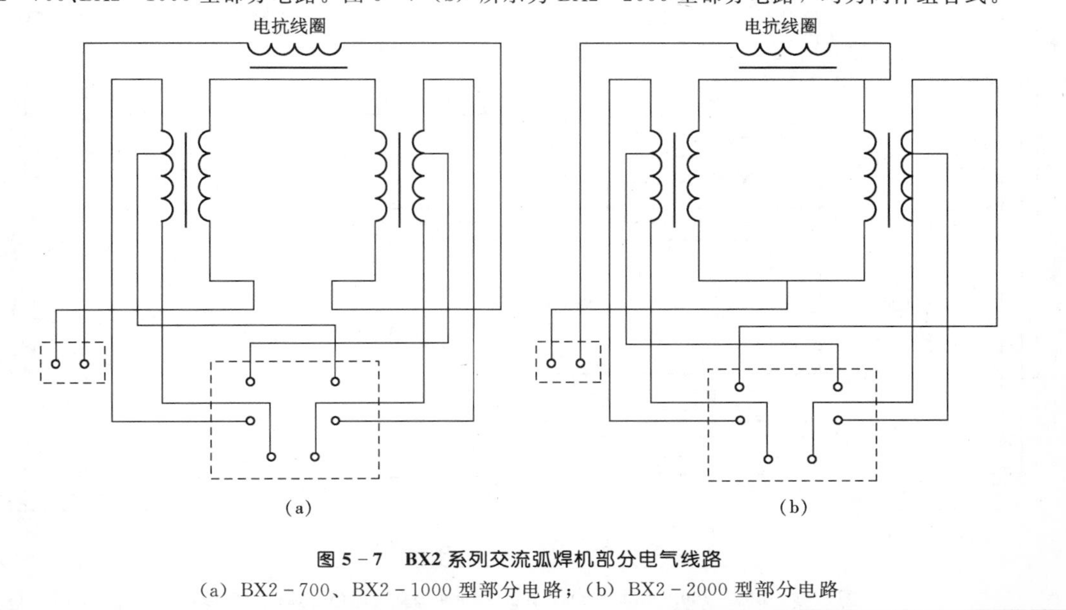

图 5-7　BX2 系列交流弧焊机部分电气线路

（a）BX2-700、BX2-1000 型部分电路；（b）BX2-2000 型部分电路

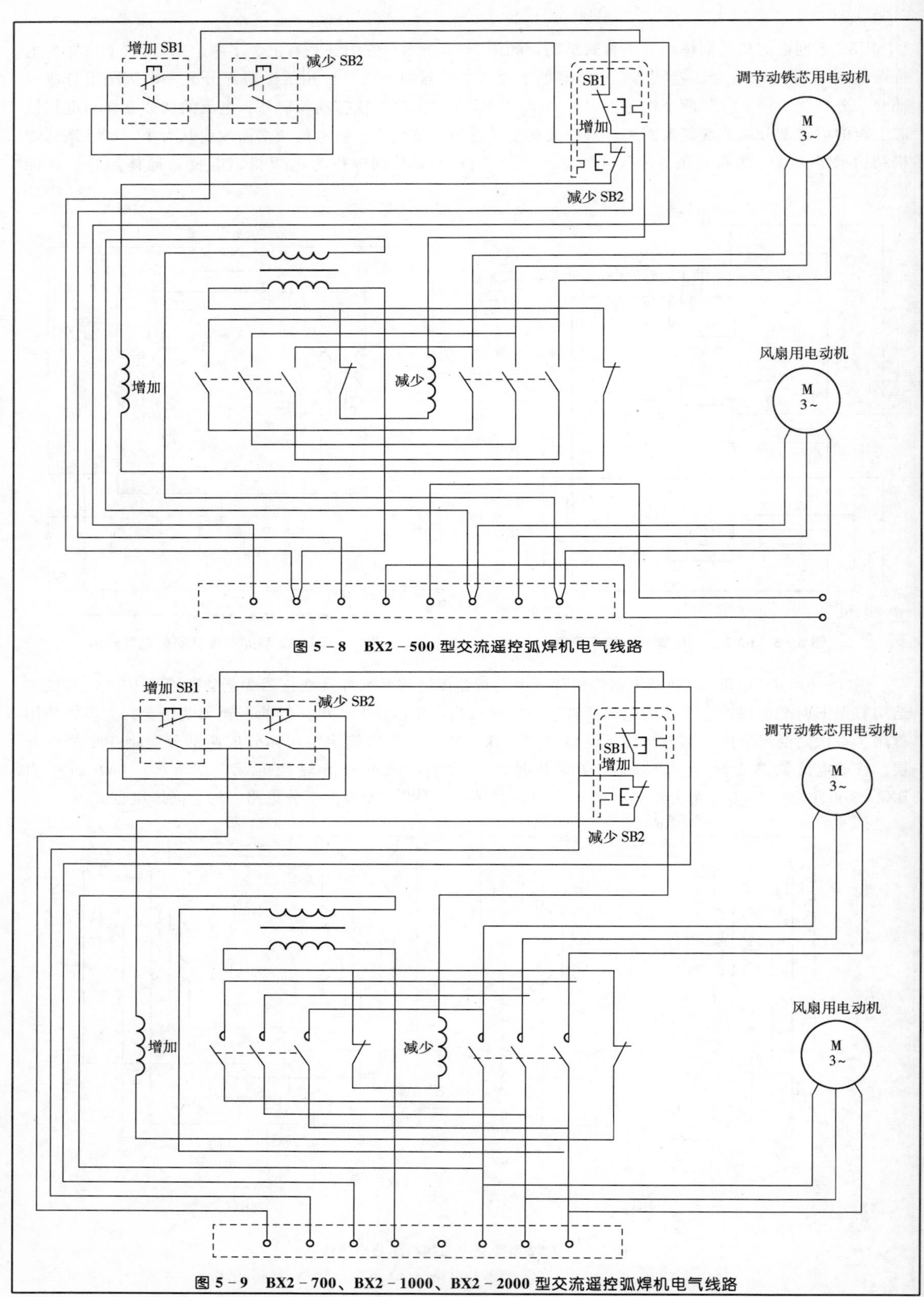

图 5－8　BX2－500 型交流遥控弧焊机电气线路

图 5－9　BX2－700、BX2－1000、BX2－2000 型交流遥控弧焊机电气线路

图 5－10 所示 BX3 系列动圈式电焊机的铁芯采用口字形，一次侧绕组分成两部分固定在两铁芯柱的底部，二次侧也分成两部分，装在铁芯柱上非导磁材料做成的活动架上。可借手柄转动螺杆，使二次侧绕组沿铁芯柱作上下移动而进行调节。该型电焊机电流调节简便。

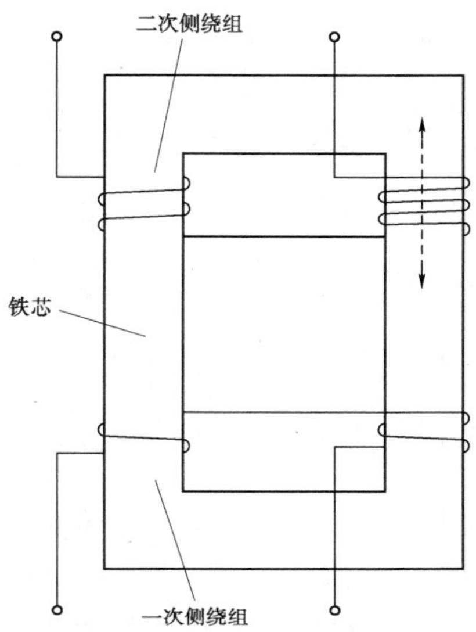

图 5－10 BX3 系列电焊机结构示意图

图 5－11 所示 BX3 系列电焊机为动圈式，其焊接电流调节是在大、小（即Ⅰ、Ⅱ）两档中先选定一档作为粗调，再由手摇动绕组移动（调节动、静绕组间距）的细调来实现。该类焊机的粗调节分为老式的两步换档法和新式的一步到位。该 BX3 系列电焊机性能成熟可靠。

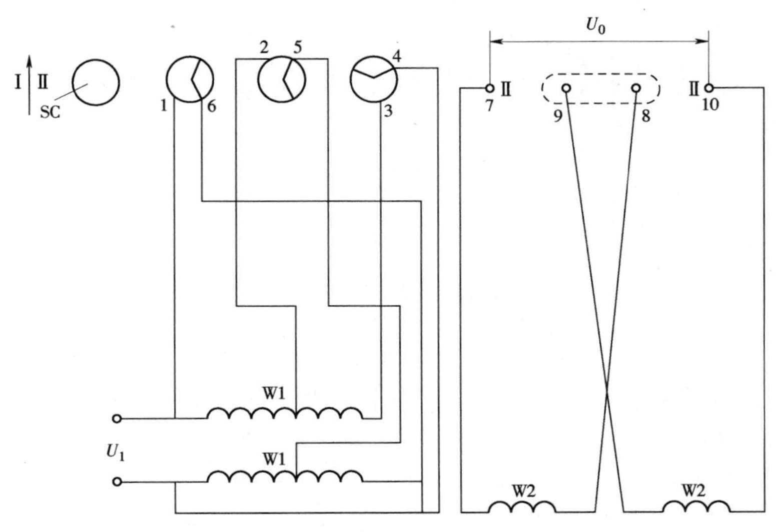

图 5－11 BX3 系列电焊机电气线路

W1—一次绕组；W2—二次绕组；U_1—一次电压；U_0—空载电压；

SC—一次转换开关；J—二次转换接线板

由于换档转换开关结构的改进，容量增大，使 BX3 系列电焊机的接线方式也有改进。新型式的 BX3 系列电焊机，其大、小档的转换是利用一个转换开关来进行的，新式 BX3 电焊机配置 KDH 转换开关的接线如图 5－12 所示。该型焊机性能成熟可靠。

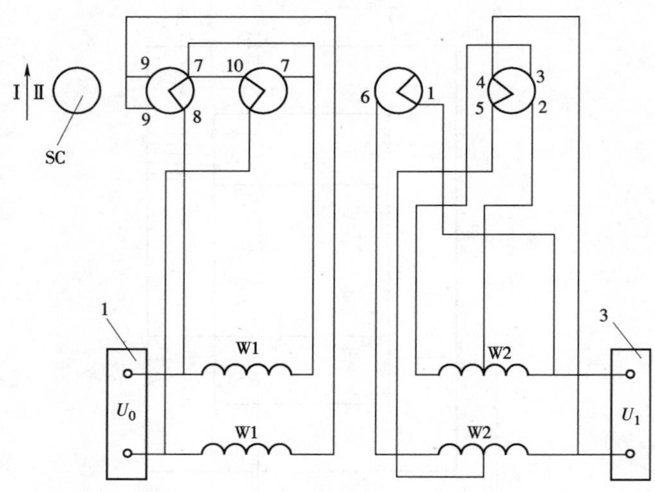

图 5－12　带 KDH 开关的 BX3 电焊机电气线路

图 5－13 所示为带 E119 型开关的 BX3 电焊机电气线路。老式的 BX3 系列电焊机焊接电流的粗调，须采用两步换档法，操作较为麻烦。采用 E119、KDH 等新型转换开关后，换档能够一步到位，故使用极为方便。该带 E119 型开关的 BX3 电焊机性能可靠换档便利。

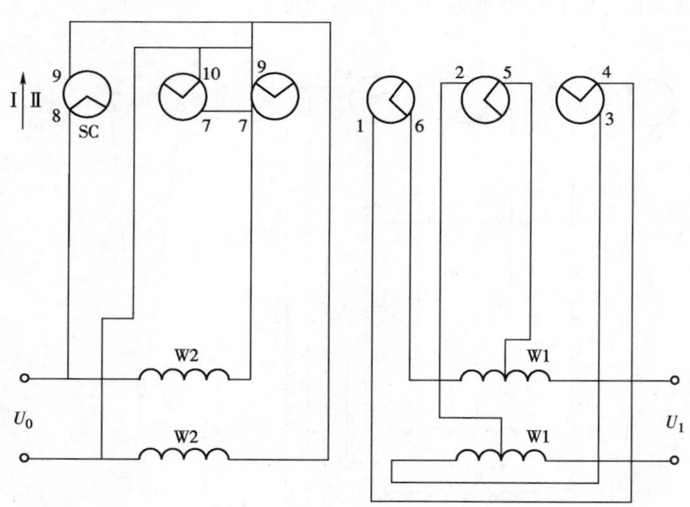

图 5－13　带 E119 型开关的 BX3 电焊机电气线路

U_1—一次电压；U_0—空载电压；W1—一次绕组；
W2—二次绕组；SC—转换开关

图 5－14 为 BX6－120 型电焊机电气原理图，该机是一种结构简单，重量轻，便于移动，适合于维修工作使用的便携手提式焊机。该机的电流调节采用抽头式有级调节，在焊机的一次电路里串接了温度继电器 ST，它放在焊机的绕组处作过载保护。该 BX6－120 型电焊机性能可靠操作方便。

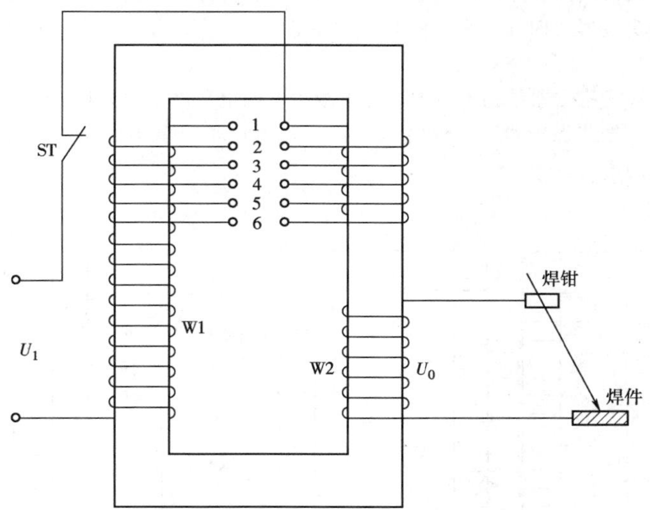

图 5－14　BX6－120 型电焊机电气原理图

图 5－15 为磁饱和磁分路式电焊机电气原理图，该焊机以其中间铁芯柱作磁分路，控制绕组中直流电流的大小决定其饱和程度，控制电流是从与一次侧绕组耦合的辅助绕组取得交流电，由电阻 RC 调节焊接电流的大小。该型电焊机性能成熟、可靠。

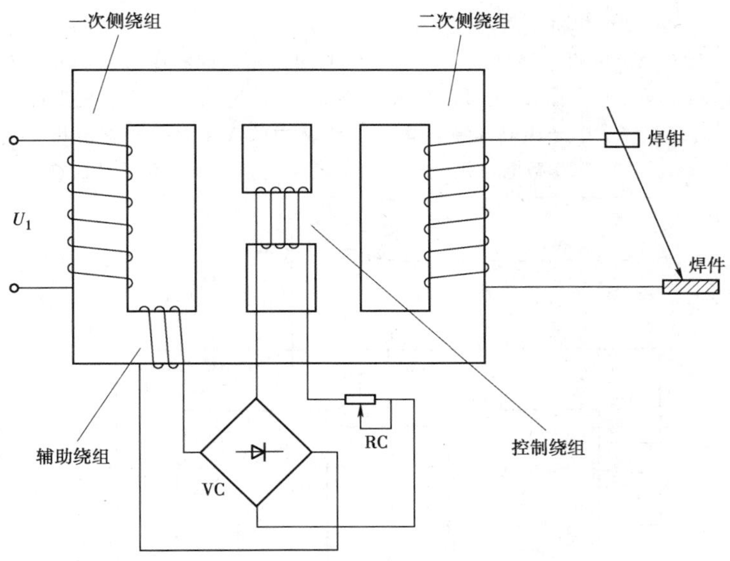

图 5－15　磁饱和磁分路式电焊机电气原理图

图 5－15 所示电焊机是利用可调电阻器来改变焊机励磁系统的直流控制电流，继而调节焊机的输出电流。

图 5－16 为自饱和电抗器结构示意图，它由三只铁芯柱组成，每只铁芯柱上均绕有交流绕组，铁芯两侧芯柱上的两部分交流绕组串联起来，使该相内反馈电流产生的磁通与直流控制绕组相叠加，直流控制绕组则绕在铁芯中间芯柱。

图 5－17 为输出电抗器结构示意图，该输出电抗器串接在焊接回路内作滤波之用。它除使整流后的直流电更平直外，还可减少金属的四处飞溅，使电弧能够稳定。从而能使焊接电流更为平稳，以提高交流电焊机的焊接质量。

图 5－18 为铁磁谐振式稳压器结构示意图，为了减少电网电压波动对焊接电流的影响，磁放大器的控制绕组的电源采用铁磁谐振式稳压器，它输出 25V 的交流电压，经单相桥式整流后供给控制绕组，作直流励磁用，以使有稳定的电流。

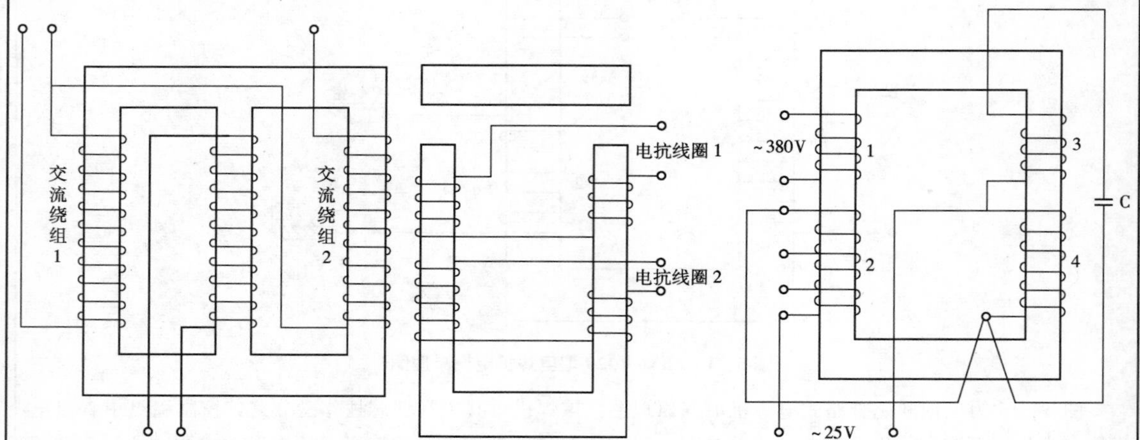

图 5－16　自饱和电抗器结构示意图　　图 5－17　输出电抗器结构示意图　　图 5－18　铁磁谐振式稳压器结构示意图

图 5－19 为 BX10－500 型电焊机变压器电气原理图，该焊机是由变压器 T 和饱和电抗器 L 组成。L 串接在 T 与电弧之间，起着稳定电弧、降低电压、调节电流的作用。饱和电抗器的左、右两侧的交流绕组 W_{f1}、W_{f2} 是对称的，并且联接时要保证 W_{f1} 和 W_{f2} 所产生的 ϕ_{f1}、ϕ_{f2} 在中间铁芯柱上因方向相反而得以抵消，这样才不会在直流绕组 W_K 中产生高压感应电势。线路中的 VR 为单相整流桥，其两臂均有整流元件，RK 为可调电阻。该 BX10－500 型电焊机变压器为传统实用、安全可靠的交流变压器电焊机。

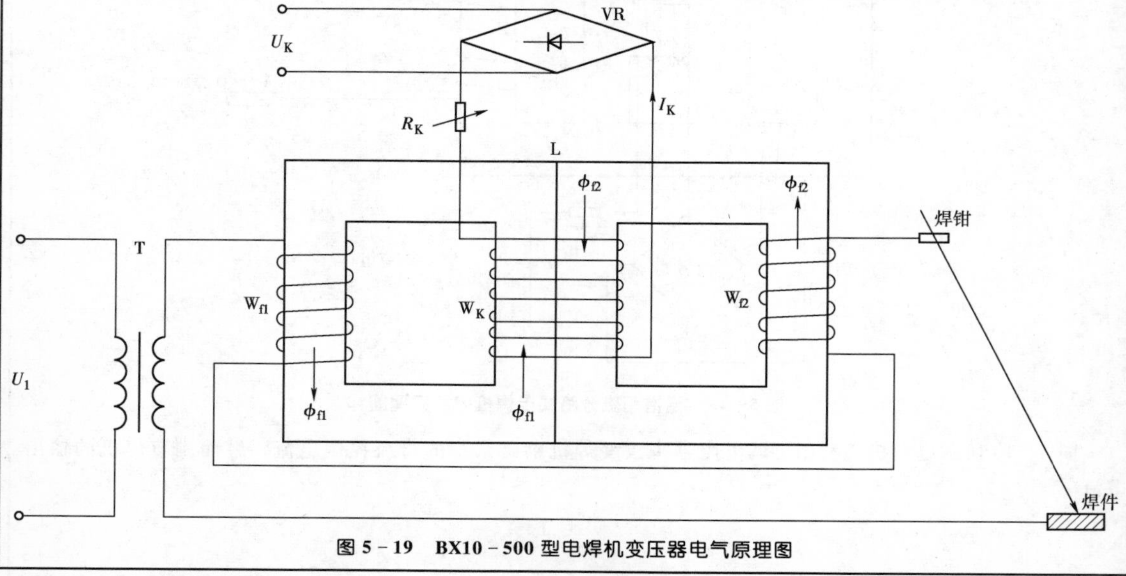

图 5－19　BX10－500 型电焊机变压器电气原理图

第 2 节　直流电焊发电机电气线路图

AX－320 型直流电焊发电机系列极式电焊发电机，如图 5－20 所示，电焊发电机的 4 个磁极不是按 N、S 交替分布的，而是以两个北极 N1、N2 和两个南极 S1、S2 相邻地分布着，因此它实质上是一台三电刷两极直流发电机。该型电焊发电机性能实用方便可靠。

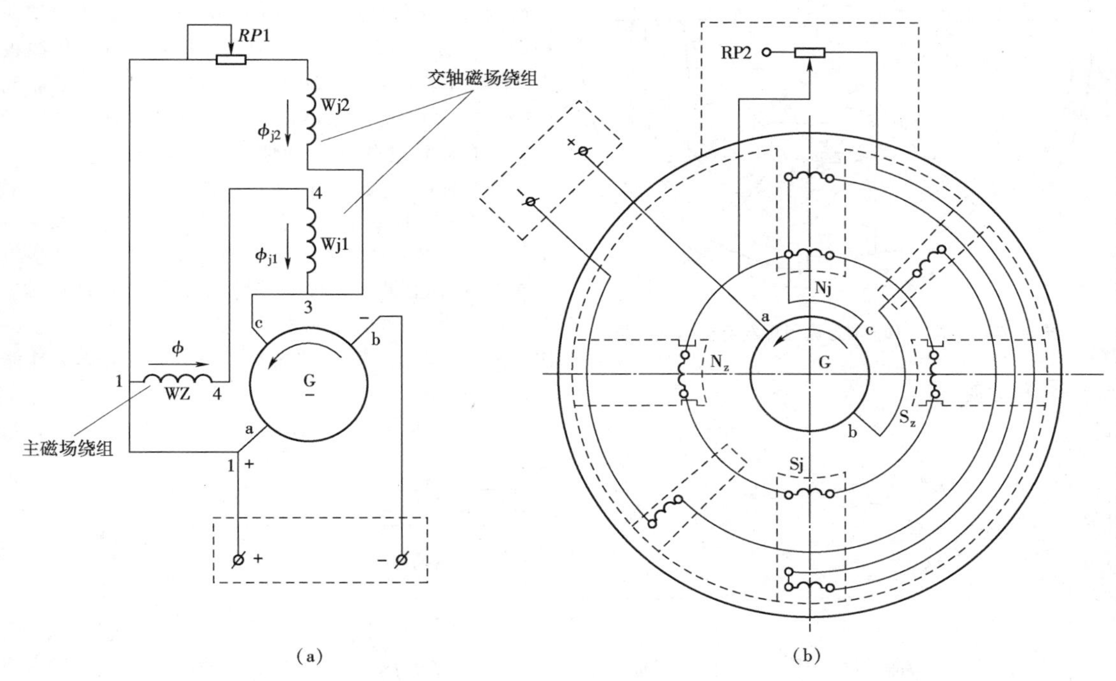

图 5－20　AX－320 型直流电焊发电机电气线路

（a）电气原理图；（b）绕组接线图

该 AX－320 型直流电焊发电机在电磁系统上有 N2－S2 与 N1－S1 两对磁极，相当于一对空间总磁极 N—S（假想磁极）在 X、Y 坐标轴上的分裂。所以，此类焊机归类为裂极式。但是从发电机定子磁极的励磁角度来说，它仍然是并励励磁式的，所以它的空载电压的建立都是要从发电机磁极开始，经自励过程建立起来的。

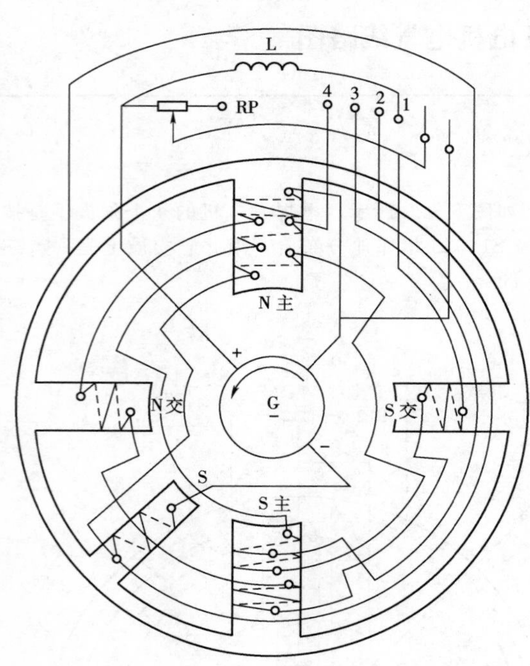

图 5－21　AX1－165 型直流电焊发电机电气线路

图 5－21 所示为 AX1－165 型直流电焊发电机电气线路。旋转式直流电焊机是由一台三相异步电动机与一台直流焊接发电机组成的，两台电机共装于同一轴上，构成直流电焊机组。与一般直流发电机不同的是，直流焊接发电机具有陡削下降的外特性，当负载增加（起弧）后，电压迅速下降，并维持一定的短路电流供焊接使用。现有各种焊接发电机，都具有这一陡降的外特性。AX1 型为三电刷差复励混合式直流焊接发电机。当发电机空载时，利用剩磁进行自励，这时空载电压上升，也不产生电枢反应及去磁作用，因而能获得足够的引弧电压。该发电机具有粗、细两种调节方法，粗调是改变串励绕组匝数，即从接线板上 1、2、3、4 号位置改变接法；细调则用变阻器改变磁场电流大小。该 AX1－165 型直流电焊机电气线路，具有良好的陡降外特性、有足够的引弧电压和粗、细两种电流调节，因而焊接性能非常优异。

图 5－22 所示直流焊接发电机共有 4 个主极和 4 个换向极，并有串励和并励两组绕组，其中并励绕组分布在 4 个主极上，接到工作电刷 a 及辅助电刷 c 上；串励绕组分布在两个主极上，与电枢绕组（a 刷）串接。电机亦具陡降特性。该型直流电焊机性能优异操作方便。

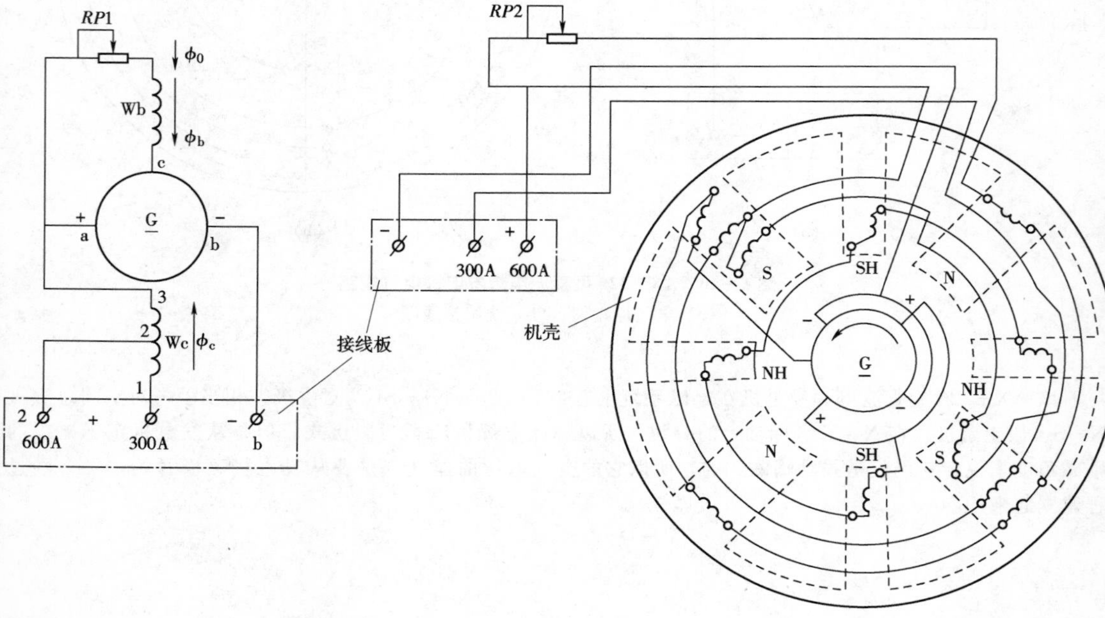

(a)　　(b)

图 5－22　AX1－500 型直流电焊发电机电气线路

（a）电气原理图；（b）绕组接线图

图 5－23 所示为 AX1－500 型差复励直流焊接发电机电气线路，该发电机具有 4 个主极和 4 个换向极，并有串励和并励二套绕组，并励绕组分布在 4 个主极上，串励分布在 2 极上。

图 5－24 所示为 AX3－300－2 型直流焊接发电机电气线路，该发电机具有 4 个主极和 4 个换向极，与一般发电机不同的是，它的磁极极靴两边不对称，其一边突出，另一边较短。

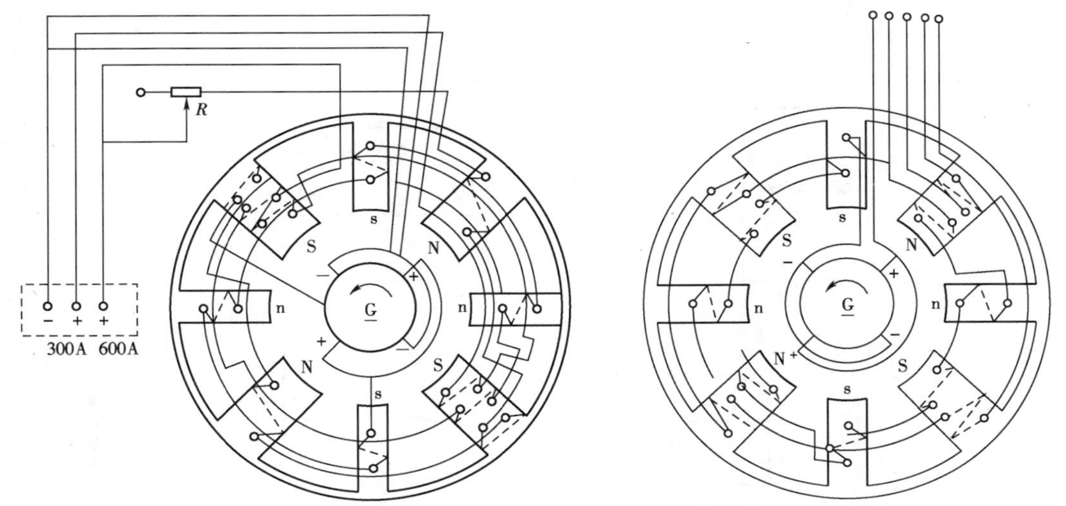

图 5－23　AX1－500 型差复励直流焊接发电机电气线路　　**图 5－24　AX3－300－2 型直流焊接发电机电气线路**

图 5－25 所示为 AX3－300 型直流电焊机电气线路，该发电机共有 4 个主磁极和 4 个换向极。在 3 个主磁极上绕有并励绕组，在余下的一个主磁极上则绕有他励绕组，另外在 4 个主磁极上都绕有串励绕组，串励绕组接成加复励接法。当负载增大时，串励绕组的作用是使主磁极迅速饱和，主磁极的部分磁通成为漏磁，而且发电机负载越大，其漏磁就越多，因此通过主磁极与电枢的磁通将大为减少，从而获得陡降外特性。该 AX3－300 型直流电焊机电气线路，具有良好的调节特性和优异的焊接性能且操作方便。

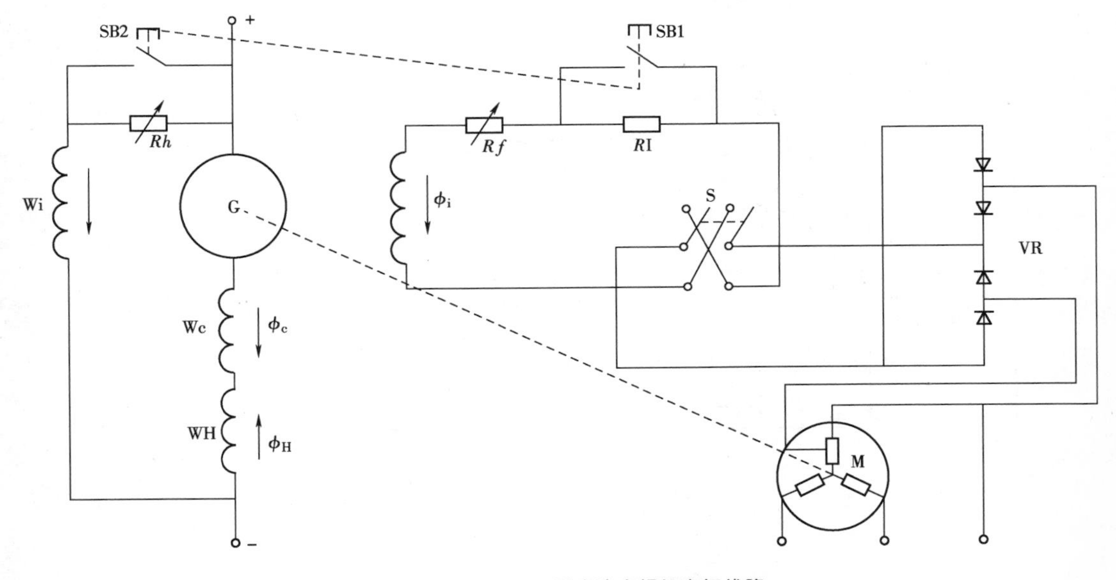

图 5－25　AX3－300 型直流电焊机电气线路

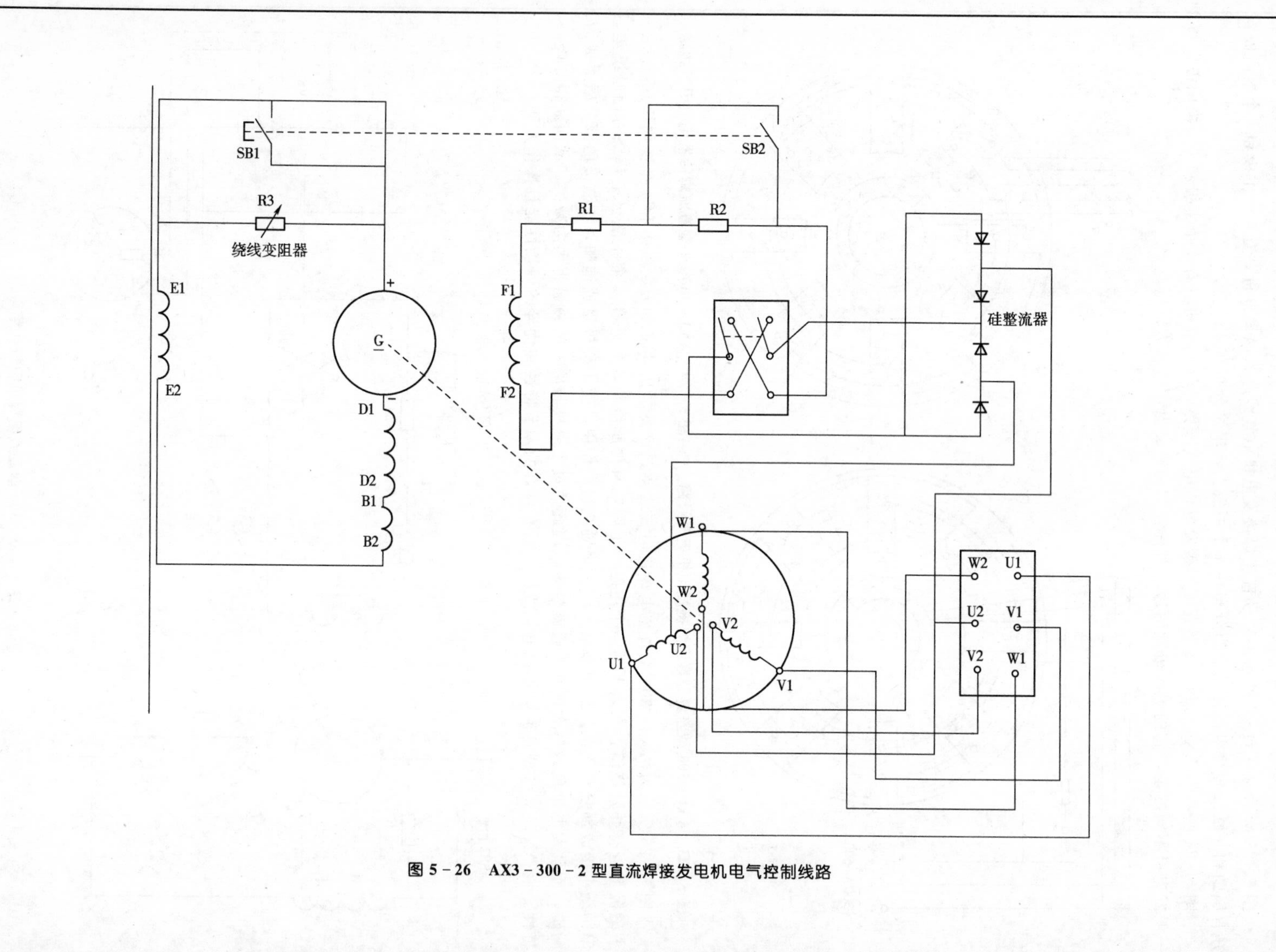

图5-26　AX3-300-2型直流焊接发电机电气控制线路

图 5－27 所示为 AX4－300 型直流电焊发电机电气线路，从电气接线图及绕组接线图中均可以看出，该焊机是一台他励串联换向极去磁式直流发电机，焊机空载电压是由他励磁场所提供，并保持其励磁。该 AX4－300 型直流电焊发电机性能十分优异操作很方便。

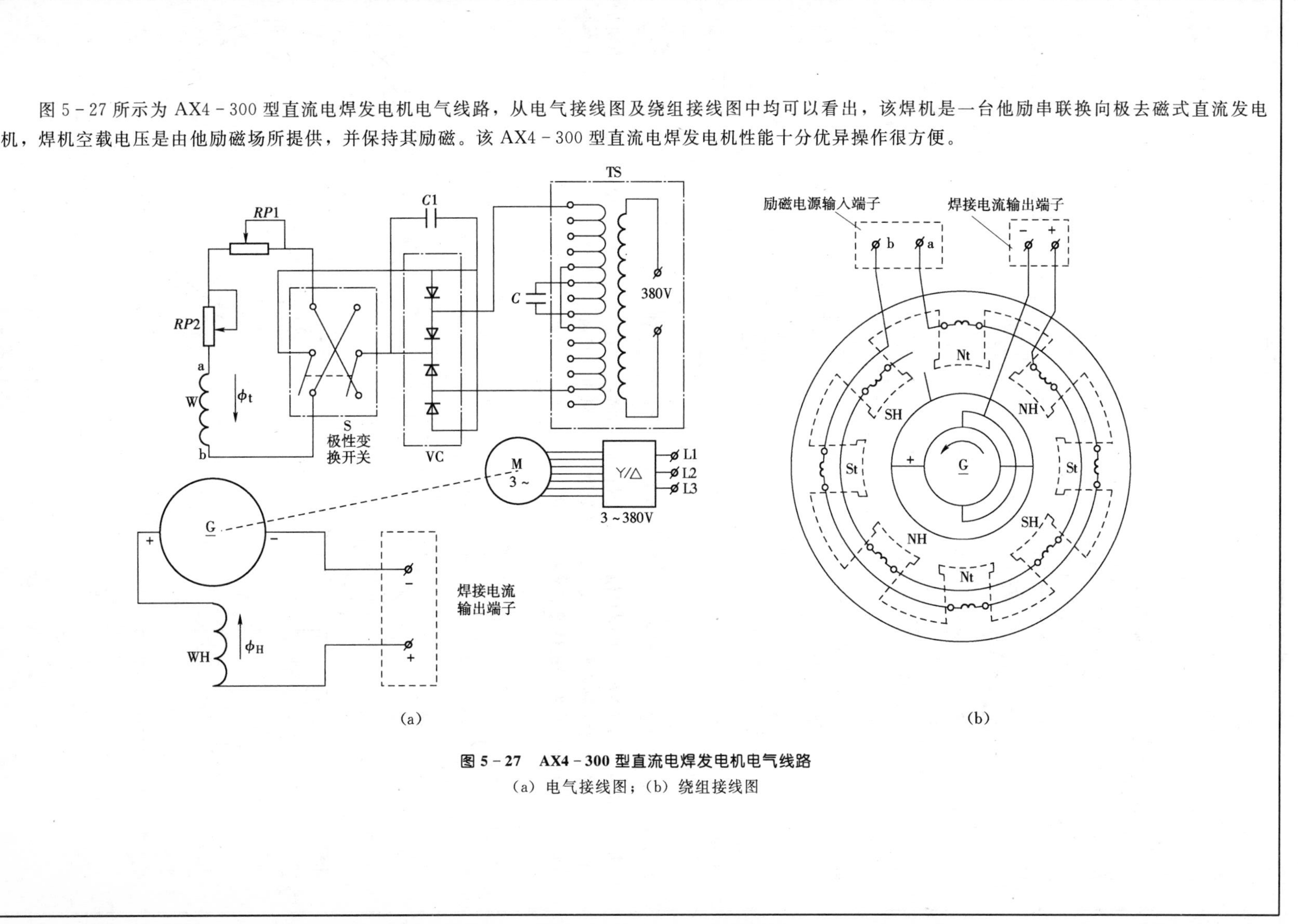

图 5－27　AX4－300 型直流电焊发电机电气线路

（a）电气接线图；（b）绕组接线图

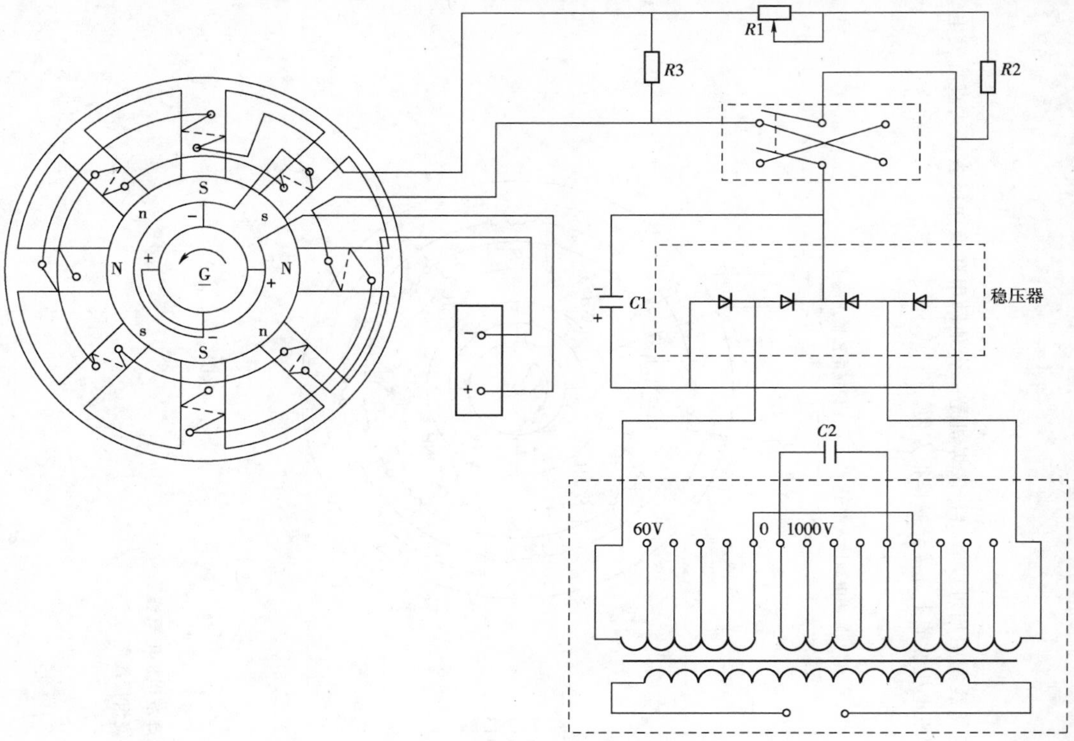

图 5－28　AX4－300 型直流焊接发电机电气控制线路

图 5－29 所示为 AX7－500 型直流电焊发电机电气线路，AX7－500 型焊接发电机根据直流发电机的励磁方式来看是属于他励串联去磁式，该焊接发电机的空载电压是由转子导体逆时针旋转切割他励主磁极产生的。该型直流电焊发电机性能优异操作方便。

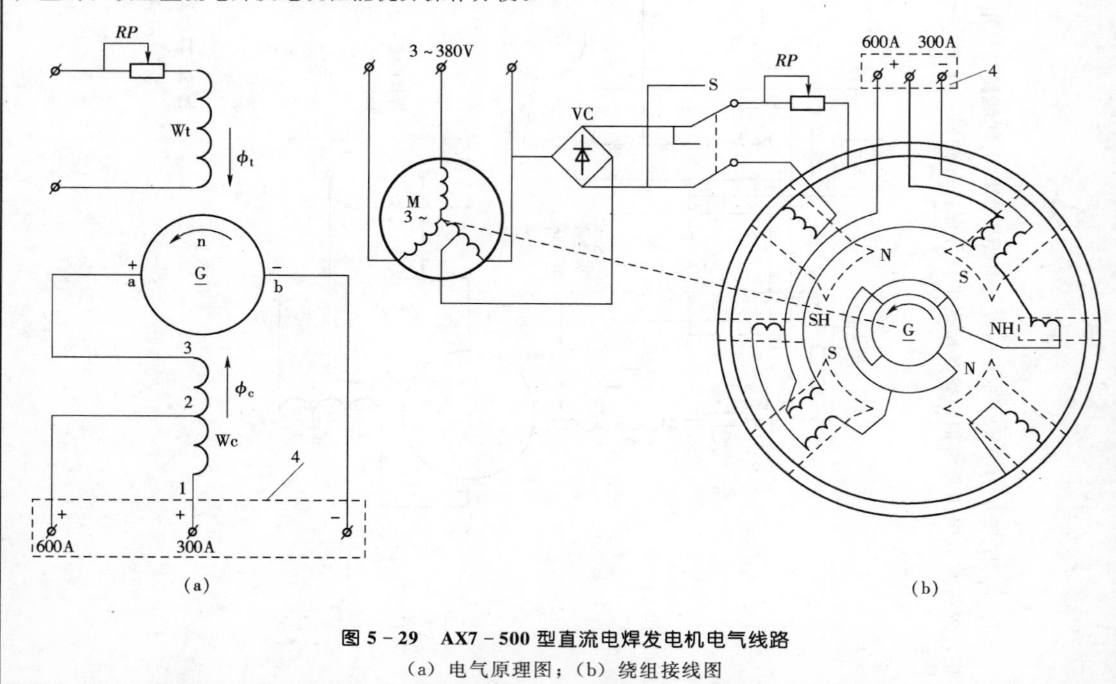

图 5－29　AX7－500 型直流电焊发电机电气线路

（a）电气原理图；（b）绕组接线图

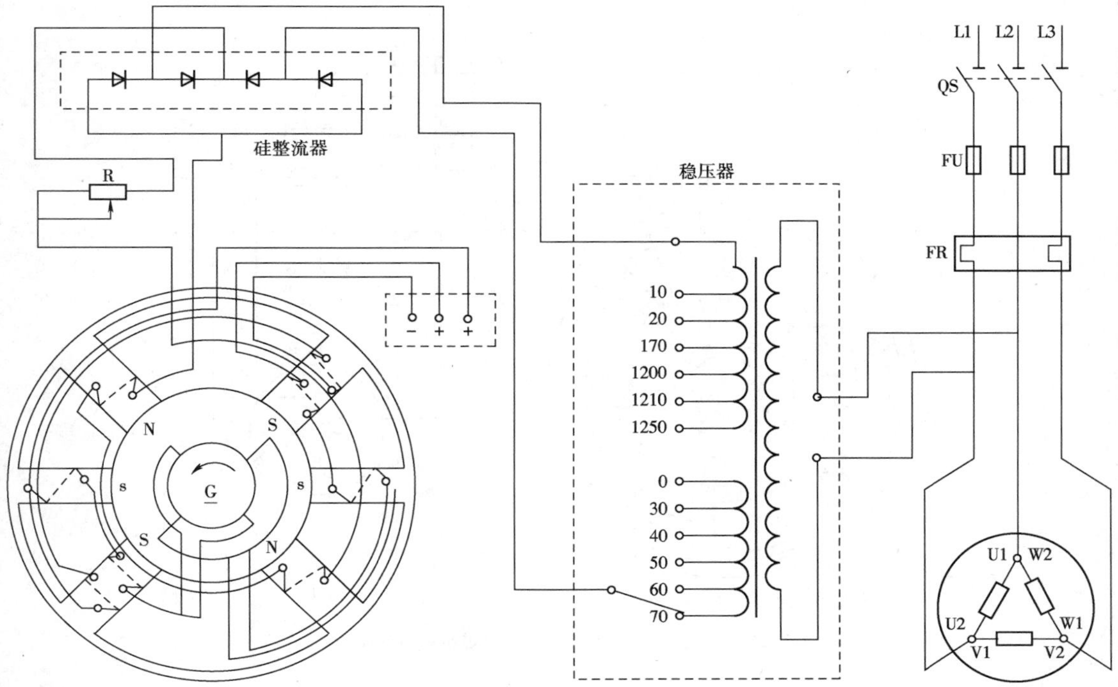

硅整流器
R
稳压器
L1 L2 L3
QS
FU
FR
10
20
170
1200
1210
1250
0
30
40
50
60
70
− + +
N S s s S N
G
U1 W2
U2 W1
V1 V2

图 5－30　AX8－500 型直流焊接发电机电气控制线路

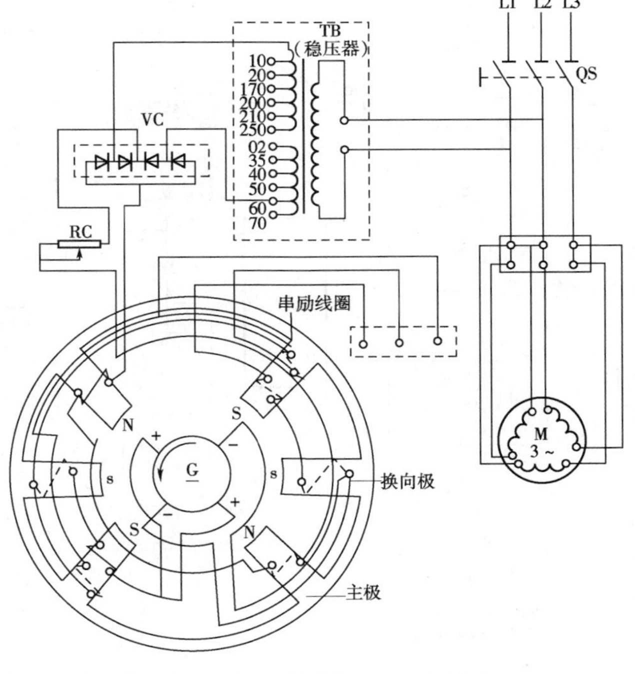

图 5－31　AX8－500 型直流电焊机电气线路

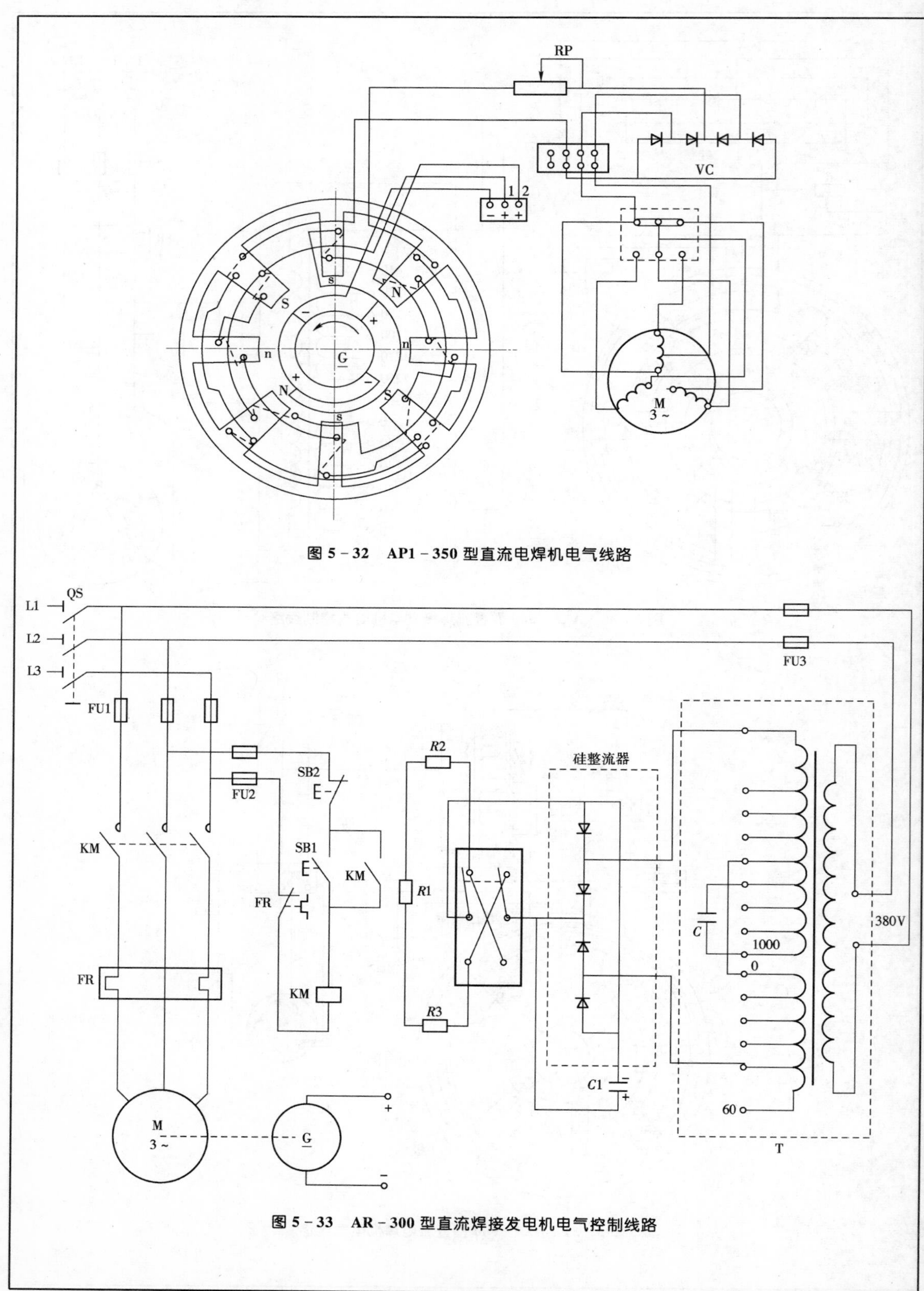

图 5－32　AP1－350 型直流电焊机电气线路

图 5－33　AR－300 型直流焊接发电机电气控制线路

图 5－34 所示为两电刷直流焊接发电机并联运行电气线路，当焊接电流超过单机容量最大范围时，两电刷直流焊接发电机亦可按图中所示并联运行。并联时，可先用电压表检查两发电机的极性是否正确，如发电机两正极间电压为零，则表示极性相同，其极性就正确。用 $70mm^2$ 截面积的导线将两电焊机的出线柱同极性线端并联起来，即“＋”与“＋”相接、“－”与“－”相连。同名极性线端两方之间经过闸刀开关 S1、S2 相接。起动前，闸刀开关应于开路状况，否则将有可能产生安全事故。

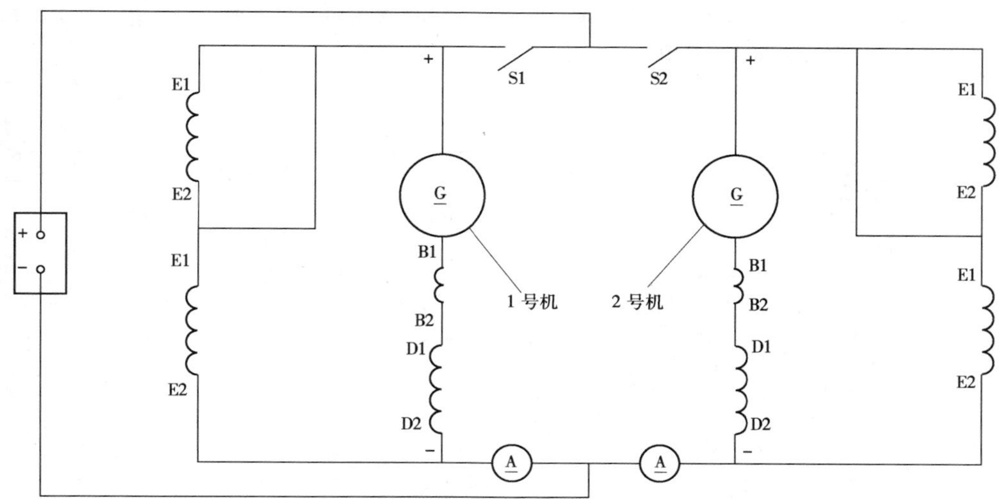

图 5－34 两电刷直流焊接发电机并联运行电气线路

图 5－35 所示为三电刷直流焊接发电机并联运行电气线路。当焊接电流超过单机容量最大范围时，可以按图中所示将两台直流焊接发电机并联起来运行。为了获得最大的稳定性，可利用互换励磁绕组的办法。即分别拆下接到辅助电刷 C 的并励绕组接线，交换接到对方发电机的辅助电刷 C 上。用截面积为 $70mm^2$ 的导线将两焊接发电机的出线柱同极性线端并联起来，即“＋”与“＋”相接、“－”与“－”相连。同极性两方之间经闸刀开关 S1、S2 相接，起动前，闸刀开关应开路以免发生安全事故。

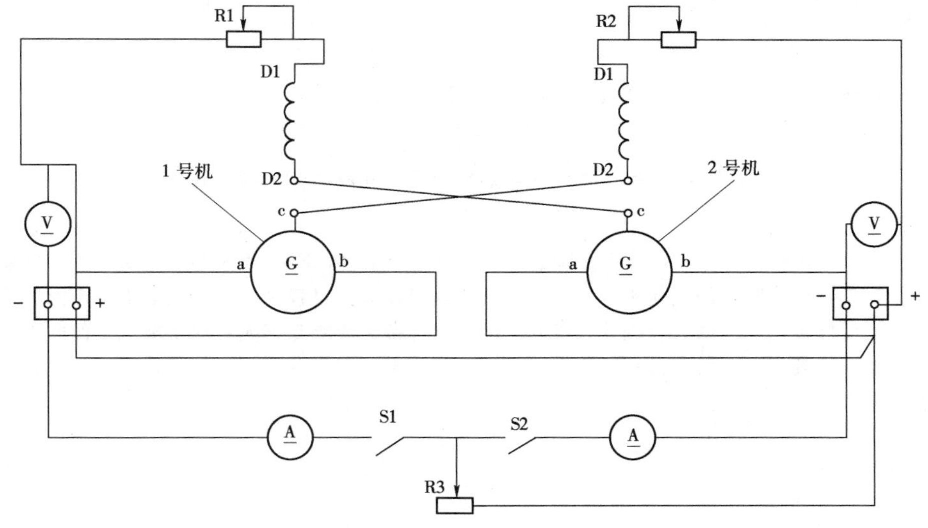

图 5－35 三电刷直流焊接发电机并联运行电气线路

图 5－36 为用两台 AX1－500 型直流弧焊发电机并联接线原理图。由于工程实际需要进行直流自动埋弧焊，因而将两台 AX1－500 型直流弧焊发电机去代替一台 MZ1－1000 型交流自动埋弧焊机，用以实现直流埋弧自动焊。该线路主要由埋弧小车电动机 M，弧焊发电机的拖动电动机 M1、M2，弧焊发电机 G1、G2，电网刀开关 QK、QK_1，弧焊发电机电流调节可调电阻 R_{b1}、R_{b2}，分流器 RS，交流接触器 KM，电流继电器 KA1～KA3，控制变压器 TC，双层结构按钮 SB1～SB4 等电机，电器等电气元器件所共同组成。线路常用于需要增加焊接功率的工程中。

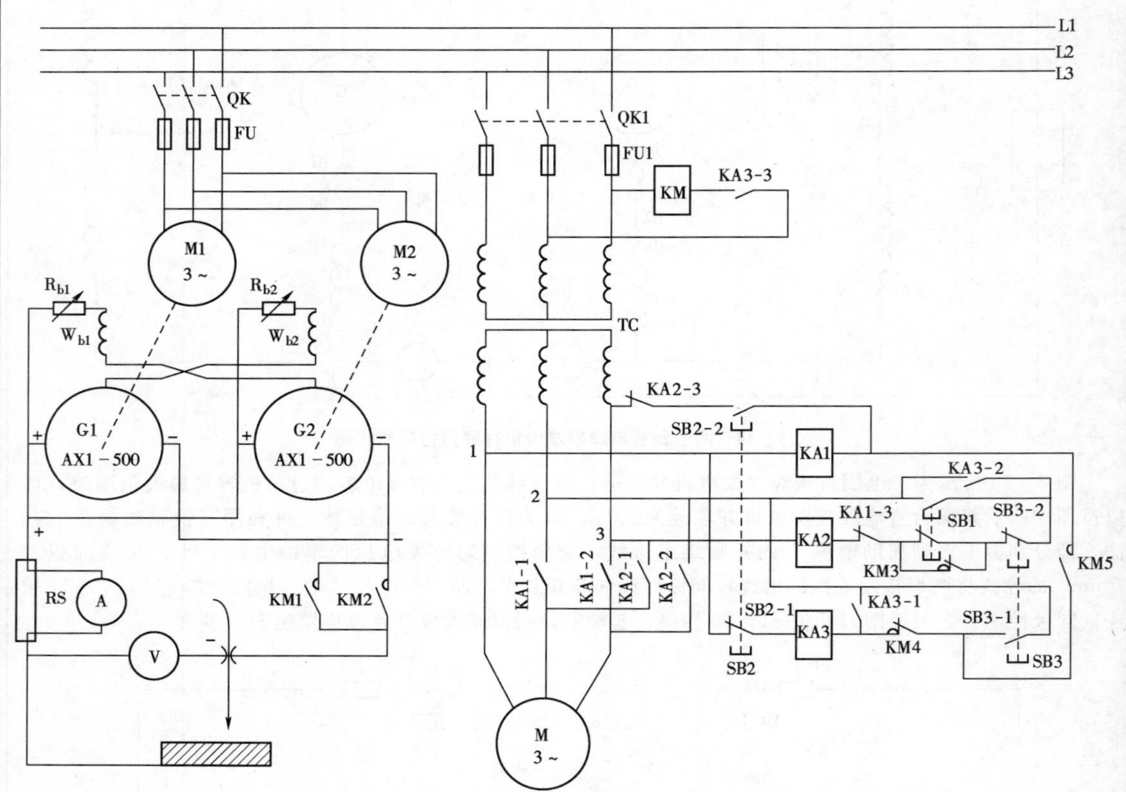

图 5－36　用两台 AX1－500 型直流弧焊发电机并联接线原理图

用两台 AX1－500 型直流弧焊发电机并联运行，从理论上来讲，同型号直流弧焊发电机，只要其空载电压调整相等，就可以并联使用。但实际上并联直流弧焊机在运转过程中存在着很多不稳定因数，如电网电压的波动、电动机转速的波动、焊机发电机内阻的变化等都会影响到直流弧焊发电机工作的稳定，有的严重时还有可能导致直流弧焊发电机并联工作被破坏，这些都是焊机并联工作中应特别引起注意的，以免造成严重损失。

第 3 节　整流器式直流电焊机电气线路图

硅弧焊整流器是以大功率硅二极管作为整流元件，把交流电转换成直流电的一种直流弧焊电源，也称为整流器式直流电焊机。该种电焊机的主电路主要由整流变压器、硅整流器、输出电抗器和外特性调节结构等几部分组成。其中的整流变压器将电源电压从 380/220V 将为几十伏的工作电压；硅整流器则用于把交流电转变为直流电；输出电抗器是接在直流电路中起滤波和改善动特性的作用；外特性调节机构则用来获得所需外特性及焊接电压和电流的调节。

图 5－37 所示 ZXG－300 型焊接整流器是一种饱和电抗器式硅整流电焊机，该焊机从三相四线制电网引入电源，然后经三相整流变压器 TR 将电网电压降至所需的空载电压值，再利用三相饱和电抗器 LT 的降压作用而获得下降特性，三相全波整流器 VC 将交流转变成直流，最后经阻容和滤波电抗器 LF 的双重滤波而输出。该焊机的焊接电流调节是由稳压器 TS 提供的交流，经单相整流桥 VR 整流后向饱和电抗器的直流控制绕组 W7 进行励磁供电。该直流电焊机起动后无空载电流，但风机仍正常转动。

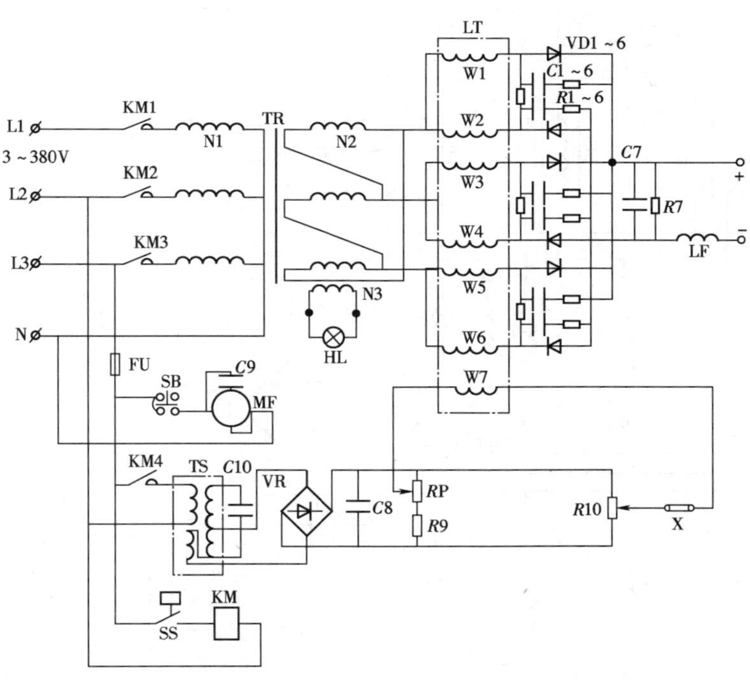

图 5－37　ZXG－300 型整流器式直流电焊机电气线路

该 ZXG－300 型整流器式直流电焊机起动时，先按动开关 SB 后冷却风机 MF 转动，冷却风吹动风力微动开关 SS 使接触器 K 得电动作，将整流变压器 TR 的一次绕组接入电网，焊机带有空载电压，同时稳压器 T 也已有电，单向整流桥 UR 向饱和电抗器供电，此时，焊机将按预先调整的焊接电流值输出供电。

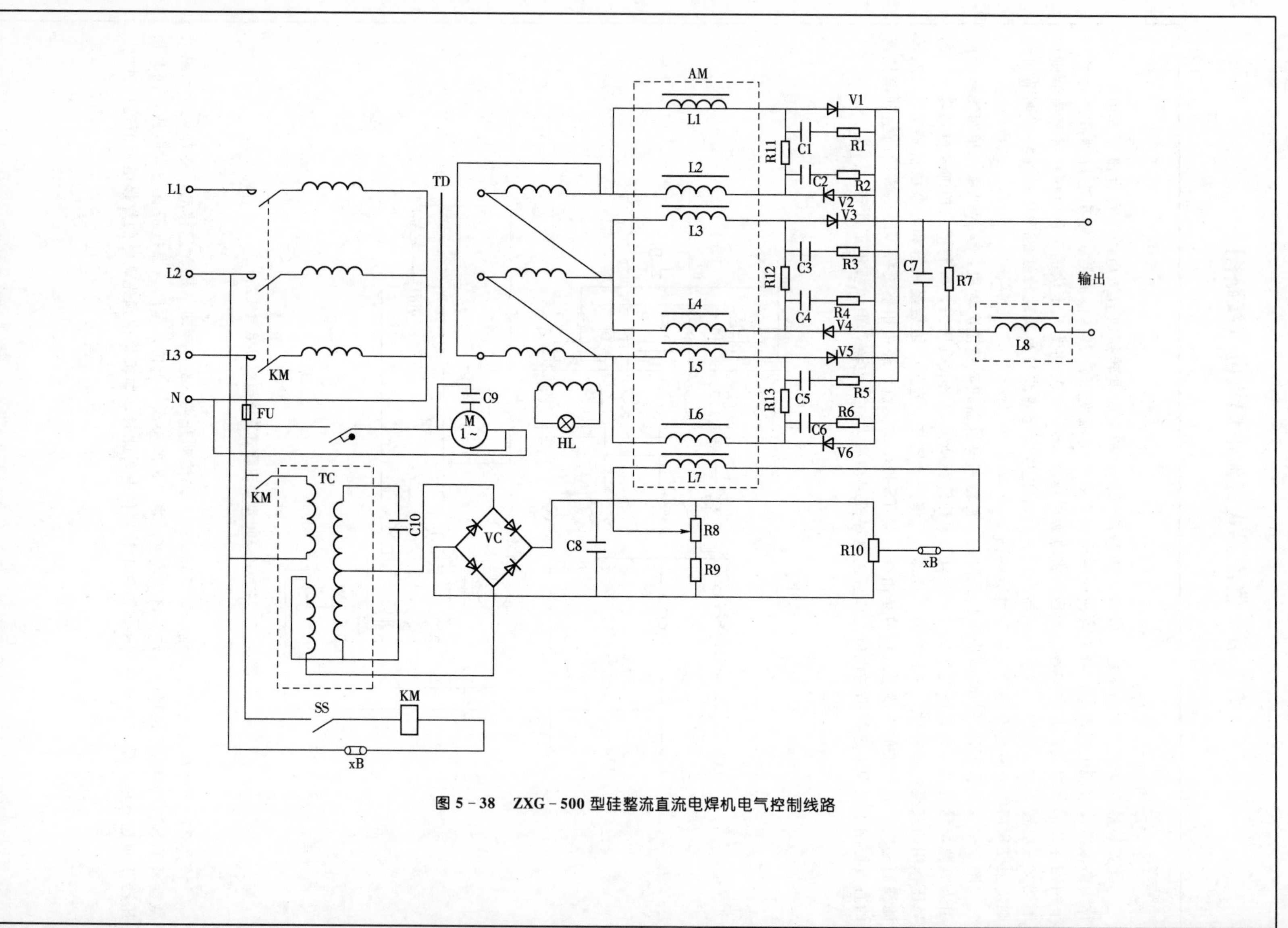

图 5－38　ZXG－500 型硅整流直流电焊机电气控制线路

图 5 - 39 所示为 NBC - 250 型 CO_2 半自动直流焊机电气线路图。该机是一种 CO_2 气体作保护介质的自动给送焊丝、手工移动焊枪的电弧焊机。由于手工焊接的灵活性，该种电弧焊机的适应性很强，并且应用也很广。CO_2 半自动焊机主要由弧焊电源、电气控制箱、送丝机、电焊枪和气瓶等五大部分组成。如按送丝方式的不同，这类弧焊机可分为两类：推线式和拉丝式。推丝式用于粗焊丝的大功率焊机；拉丝式用于细焊丝的小功率焊机。CO_2 半自动电焊机的电源要求为自流、平特性，以及有相应程度的电压调节。

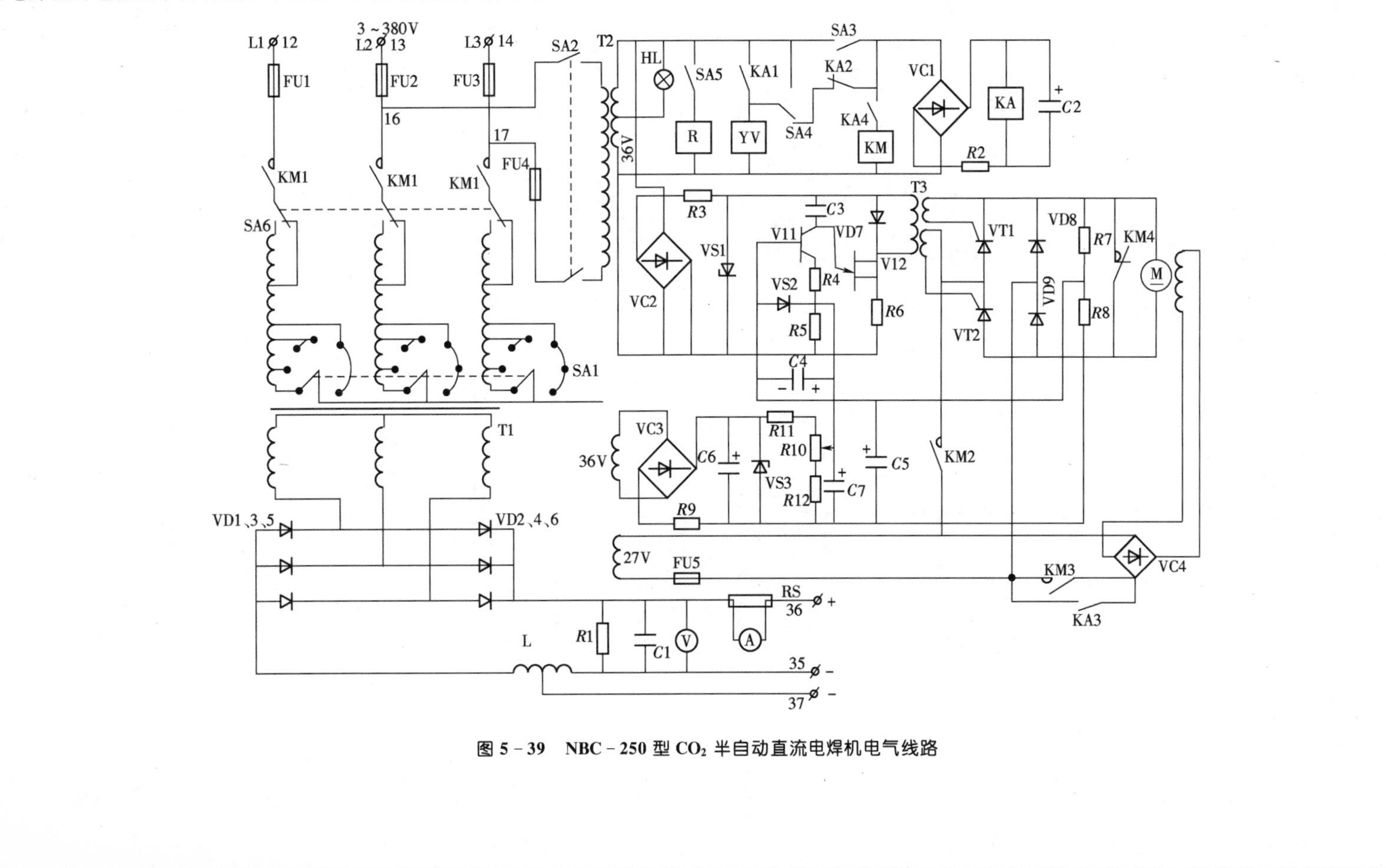

图 5 - 39　NBC - 250 型 CO_2 半自动直流电焊机电气线路

图 5-40 所示为 QD-200 型 CO_2 半自动电焊机电气线路。该焊机是以 CO_2 气体作为保护介质的自动送丝、手工移动焊枪的电弧焊机。由于手工焊接所具有的是活性，故这种焊机适应性强、应用面广。按其送丝方式来分，这类焊机可分为推丝式和拉丝式两种。推丝式适于焊丝较粗的大功率焊机；拉丝式则宜用于焊丝较细的小功率焊机。CO_2 焊机的电源只要求直流，具平特性并有相应的电压调节能力就可以了。QD-200 型半自动电焊机主要由整流变压器 T_1，控制变压器 T_2，三相整流器 VD1～6，拉丝电动机 M，接触器 KM，继电器 KA_1、KA_2，电磁气阀 YV，分流器 RS，预热器 R，单相整流桥 UR，按钮开关 SB_1、SB_2，晶闸管 VT，三极管 VU 等电子、电器及电动机所共同组成。

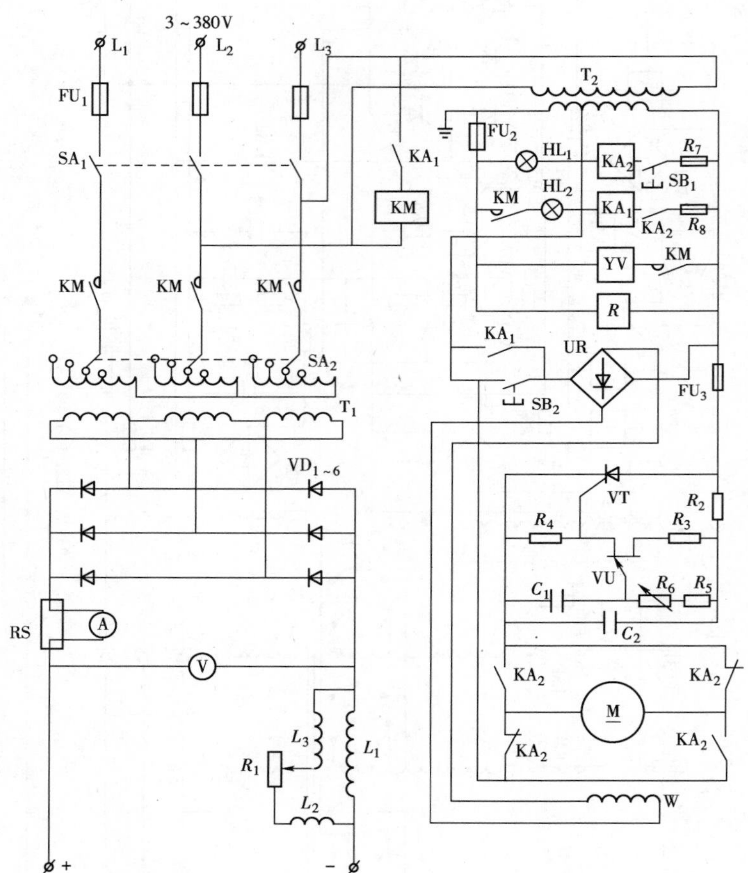

图 5-40　QD-200 型 CO_2 半自动电焊机电气线路图

该半自动电焊机的控制电路是由继电器 KA 和接触器 KM 来实现焊接程序控制，单相整流桥 UR 向拉丝电动机 M 的他励绕组 W 供电，由控制变压器 T_2 次级经晶闸管 VT 的单相半波可控整流供电，以控制拉丝电动机 M 稳定的速度调节。

图 5-41 所示为 NSA4-300 型手工直流钨极氩弧焊机电气控制线路图。钨极氩弧焊是一种以钨棒作为电极，并以氩气作为保护气体的电弧焊接方法。如果以氦气为保护气体，则称为钨极氦弧焊。这两种焊接方法统称为惰性气体保护焊，也称“TIG”焊。

该焊机主要由电源开关 QK，熔断器 FU，控制变压器 TC1，电磁气阀 YV，升压变压器 TU，耦合变压器 TC2，焊把微动开关 SM，水位微动开关 SS，继电器 K1～K5 等电子电器共同组成。

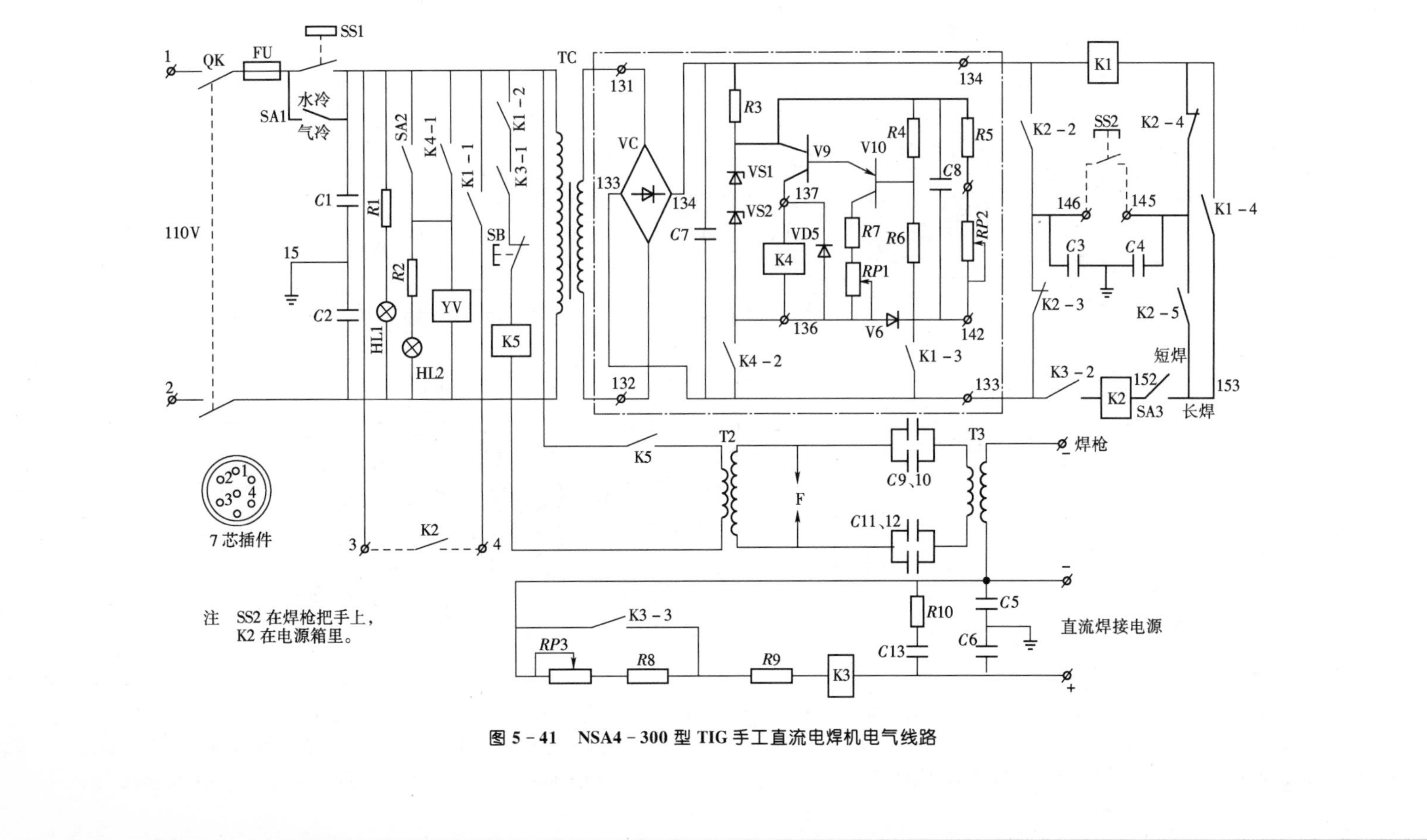

图 5-41　NSA4-300 型 TIG 手工直流电焊机电气线路

图 5-42 所示为 NSA-500-1 型直流电焊机的电气控制线路。该类焊机是一种以钨极作为电极，用氩气作为保护气体的钨极氩弧焊方法。如以氦气作为保护气体，则称为钨极氦弧焊。这两种方法统称为钨极惰性气体保护焊，亦称“TIG”焊。线路主要由刀开关 Q，控制变压器 T1、弧引脉冲变压器 T2、触发脉冲变压器 T3、晶闸管 VT、电流继电器 AK，电磁气阀 YV、稳压管 VS1～VS6、水流开关 SL 等电子、电器元器件等共同组合而成，用以完成该电焊机的各种功能，实现钨极保护焊接。

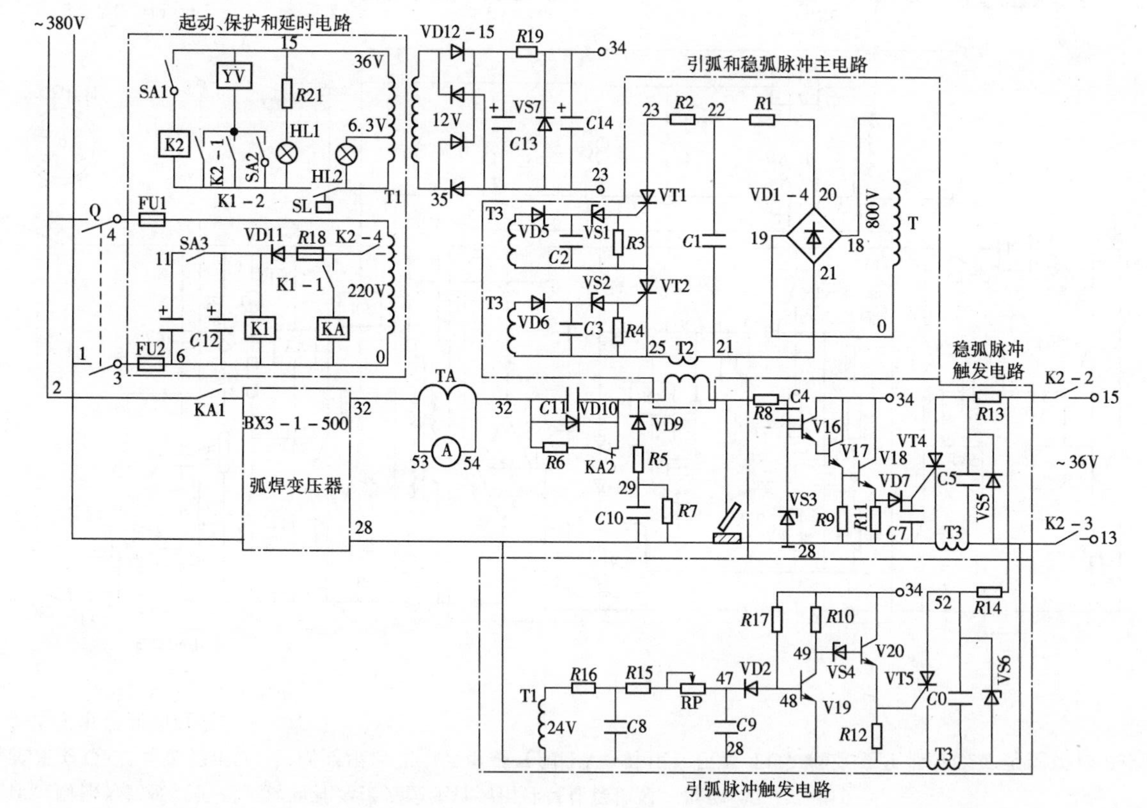

图 5-42　NSA-500-1 型直流电焊机电气线路

图 5－43 所示为 MZ1－1000 型交流埋弧自动电焊机电气线路。该线路主要由弧焊变压器 T、控制变压器 TC、接触器 KM、继电器—KA、电动机—M、电流互感器 TA，可调电抗器 L—T，刀开关 QK，按钮 SB 等共同组成。

图 5－44 所示为 MB－500 型埋弧半自动电焊机电气线路。该线路主要由弧焊变压器 T，电抗器 L，刀开关 QK，接触器 KM，控制变压器 TC，继电器 KA，刀开关 QK，微型开关 SA 等开关电器共同组成。

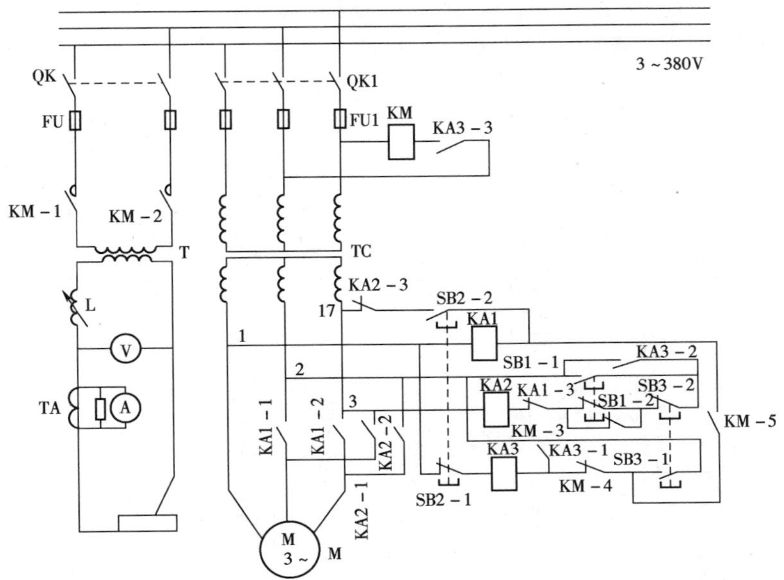

图 5－43　MZ1－1000 型交流埋弧自动电焊机电气线路

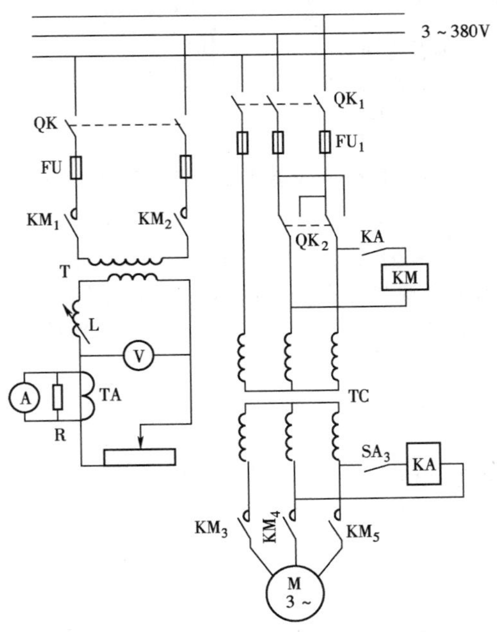

图 5－44　MB－500 型埋弧半自动电焊机电气线路

图 5－45 为 MZ－1000 型交流埋弧电焊机电气原理图。该焊机整机电路主要由焊接电源控制回路、焊丝拖动电路、及焊接小车拖动电路三部分构成。

（1）焊接电源控制回路。该埋弧焊机的焊接电源为 BX2－1000 型弧焊变压器，它通电动机 M5 减速后带动电抗器 L 铁芯移动，用以调节 BX2－1000 型弧焊变压器的外特性也即焊接电流的调节。

（2）送丝拖动电路。弧焊机的焊丝是由发电机 G_1 一电动机 M_1 系统进行拖动，控制和调节发电机 G_1 的励磁电压及电动机 M_1 的转速即可控制焊丝的进给速度和电弧长度（即电弧电压）的调节。

（3）焊接小车拖动电路。该弧焊机的焊接小车则由发电机 G_2 一电动机 M_2 系统拖动。

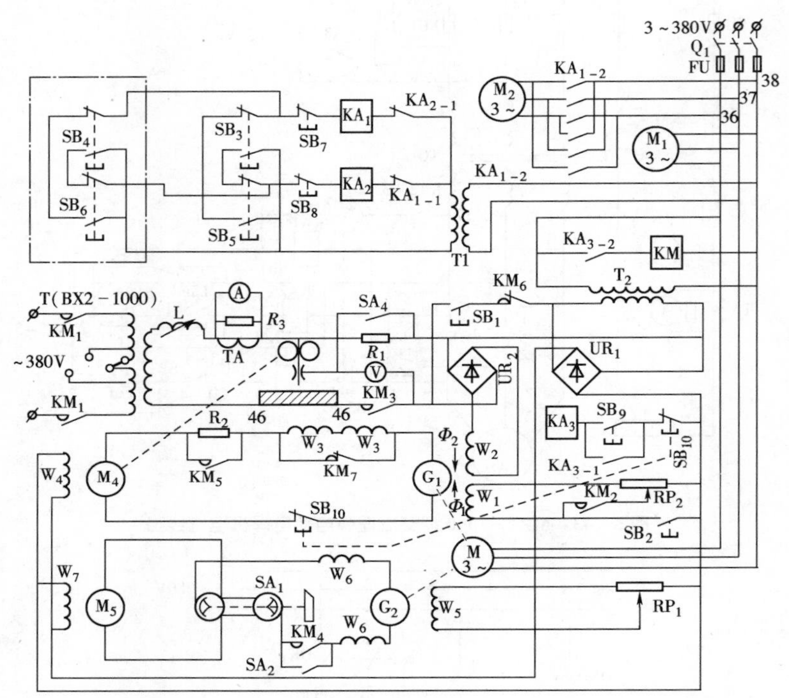

图 5－45　MZ－1000 型交流埋弧电焊机电气原理图

MZ－1000 型交流埋弧电焊机是我们国家生产历史最久的焊机，是应用最为广泛的一种焊剂层下自动埋弧焊机，它采用的是电弧电压自动调节的变速送给焊丝原理而进行设计的，该焊机进行空载调试时，若出现焊丝“向上”或“向下”颠倒现象，则将电动机 M_2 的三相电源线任意换接二根即可。

图 5-46 所示为 DN1-75 型点焊机电气线路。它是一种应用较多的点焊机，主要由电源开关 QK_2，接触器 K，电动机 M，电阻焊变压器 T，脚踏开关 SF，行程开关 ST，扇形压板 b 等共同组成。

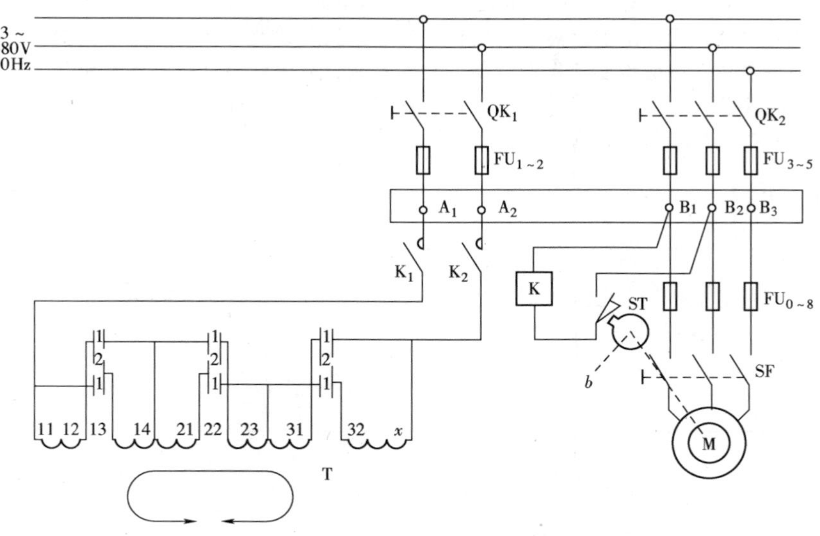

图 5-46　DN1-75 型点焊机电气线路

图 5-47 所示为 UN1-25 型对焊机电气线路。它是一种较为普及的对焊机，主要由电阻焊变压器 T，控制变压器 TC，接触器 K_1，继电器 K_2，微动开关 SM，限位开关 SQ 等电子电器所共同组成。

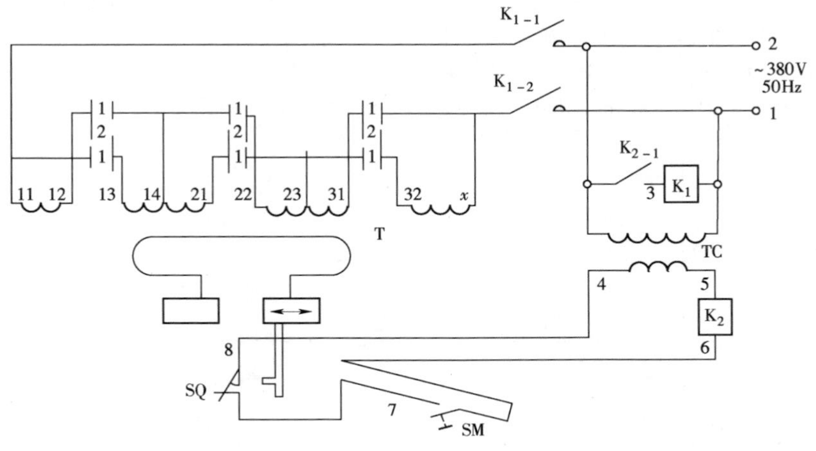

图 5-47　UN1-25 型对焊机电气线路

第 4 节　交直流电焊机节电线路图

图 5－48 所示为交流电焊机空载自停电气线路。电焊机使用的特点是间断性工作，很大一部分时间是空载运行。特别是高空作用，由于距离远引线长，难以做到空载及时断电，从而浪费了大量电能。电焊机采用的空载自停装置，一般均要求操作方便、准确易调、灵敏度高、开关状态稳定等。本线路由交流接触器 KM、时间继电器 KT、变压器 T2 等组成空载自停线路，从而实现空载自停、节约用电要求。该交流电焊机空载自停电气线路，具有线路简单、节电明显、准确易调、操作方便。

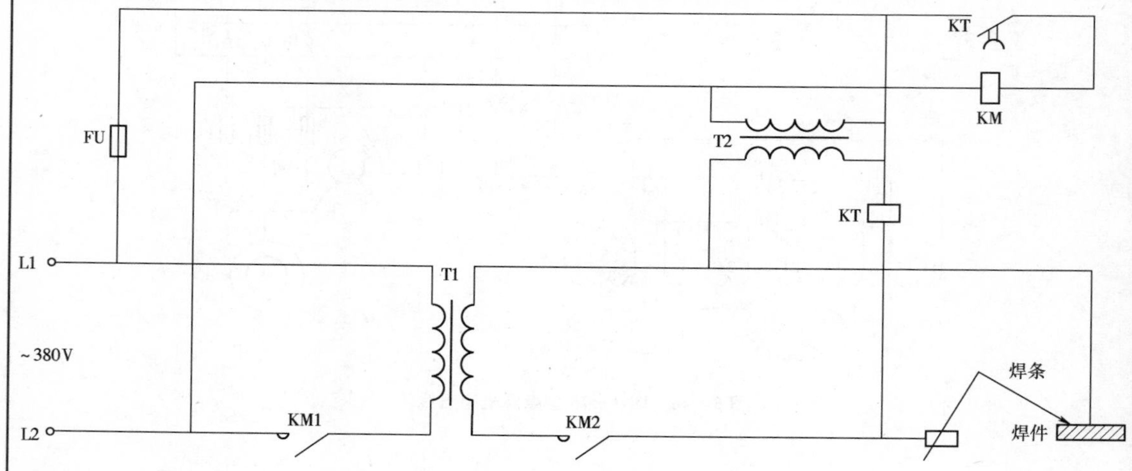

图 5－48　交流电焊机空载自停电气线路

图 5－49 所示为交流电焊机手控节电的电气线路。该线路通过变压器 T2 和中间继电器 KA 进行隔离，以微动开关 SS 手控切断电焊机电源的空载节电线路。由图可见，它是在原有电焊机上增加了一只交流接触器 KM、中间继电器 KA、微动开关 SS、指示灯 HL 等组成的。微动开关 SS 则安装在焊钳绝缘胶木手柄上，操作极为方便。指示灯 HL 是用来指示电焊机变压器 T1 接通与断开的，其上串有降压电阻。该交流电焊机手控节电的电气线路，具有线路简单、节电明显、操作十分方便。

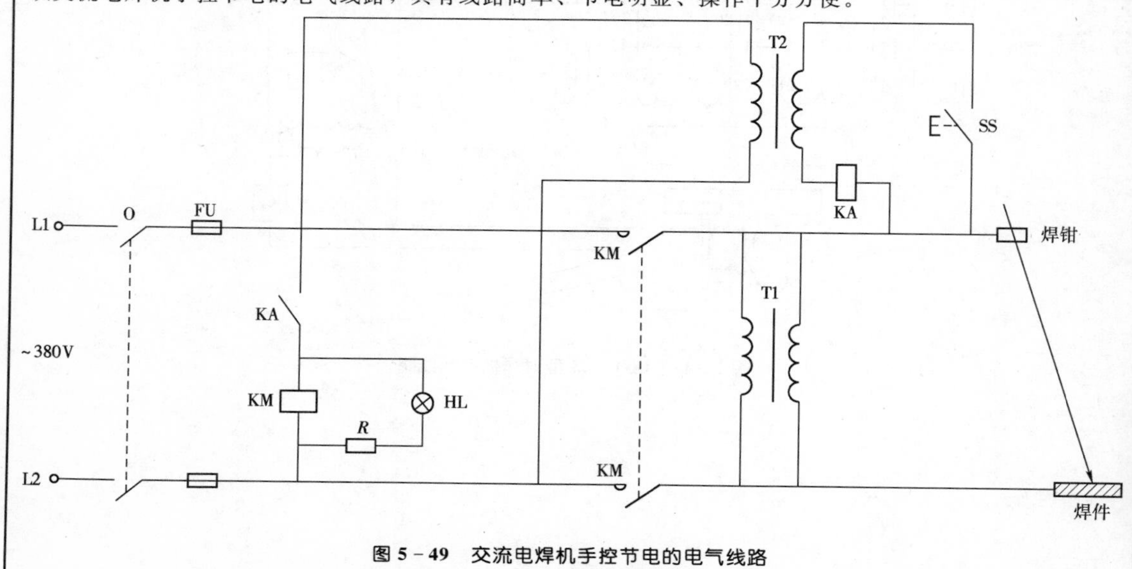

图 5－49　交流电焊机手控节电的电气线路

电焊机采用的空载自停装置，要求灵敏度高，开关状态稳定，比较准确和可调，并要求维修方便等。图 5－50 所示为交流电焊机空载自停电气线路，当接通电源后，焊条接触焊件，时间继电器 KT 通电，接通常开触点 KT，接触器 KM 获电动作，主触点 KM1、KM2 同时接通，供给焊接变压器 T1 电流并开始焊接。当焊条脱离焊件时，由于 KT 延时 15～25s 断开，在此时间内可以正常焊接；当超过延时时，则 KT 将断开电源，实现空载自停。该交流电焊机空载自停电气线路，具有设计合理、节电明显、操作方便。

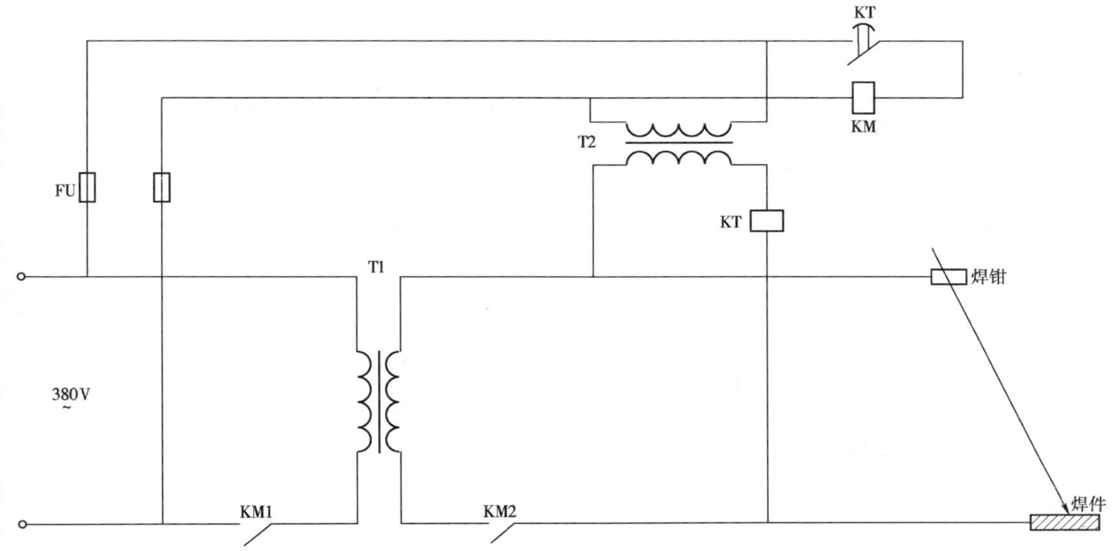

图 5－50　交流电焊机空载自停电气线路（1）

图 5－51 所示为交流电焊机空载自停电气线路，它是另一种简易的电焊机空载自停线路。当推上双刀开关 QK 将电源接通时，电焊变压器 T 一次侧通过电容器 C 获电，其二次侧输出约为 6V 的电压（调节 C 的容量可调节电压的高低）。因继电器 KA1 比接触器灵敏，故其线圈先动作，常闭触点 KA1 断开接触器 KM1 线圈电路，为焊接做好准备。进行焊接时，T 的二次侧电压下降，于是 KA1 闭合，接触 KM1、KA2、T 等，得电焊接。该交流电焊机空载自停电气线路结构设计合理，且节电明显操作也很方便。

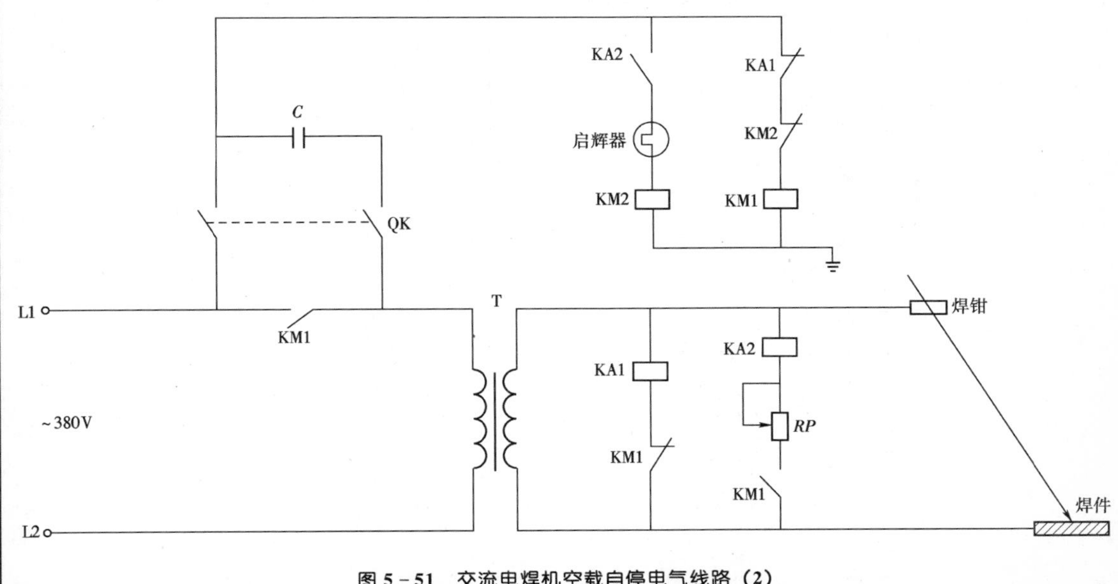

图 5－51　交流电焊机空载自停电气线路（2）

图 5 - 52 所示为交流电焊机直流手控节电的电气线路，该线路是将变压器 T2 的次级电压经整流器 VC 整流成直流作为控制电源，微动开关 SS 安装在电焊钳的胶木手柄上，操作极为便利。开始焊接时，先推上闸刀开关 QK，手握焊钳胶木柄，姆指按下微动开关 SS，小型继电器 KA 得到低压直流电而动作，于是触点 KA 闭合，交流接触器 KM 得电吸合，触点 KM 接通，焊接开始，松开 SS 即停止焊接。该种交流电焊机直流手控节电的电气线路，其线路结构设计简单合理，节电效果明显且操作十分方便。

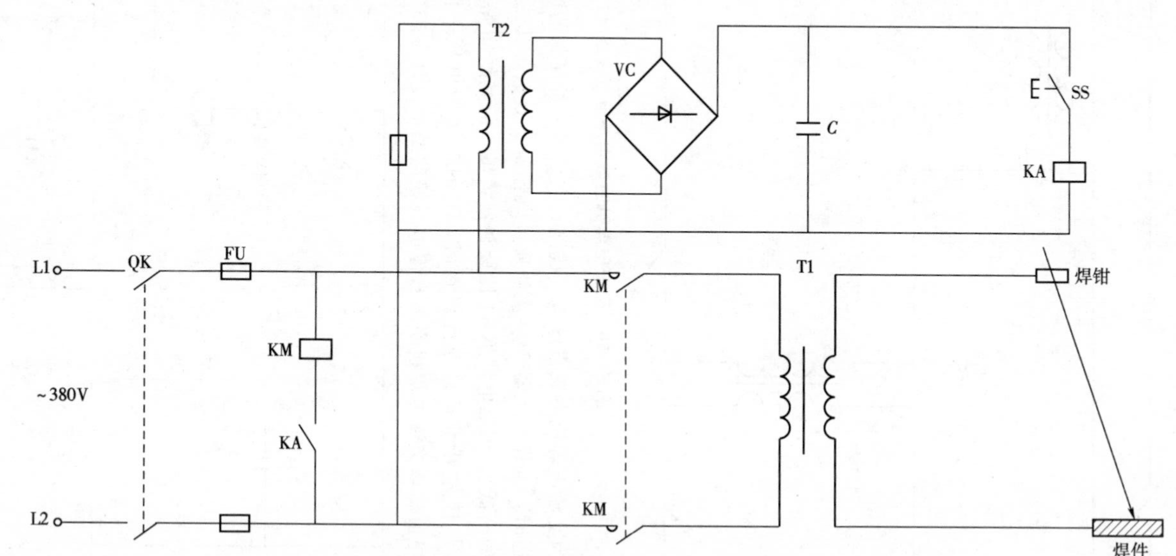

图 5 - 52　交流电焊机直流手控节电的电气线路

图 5－53 所示为直流电焊发电机空载自停节电线路，该线路工作时，合上电源开关 QS 和开关 S，小型变压器 T 初级得电，次级控制电焊机的起动电压加到焊钳和焊件之间，当需要起动拖动焊机的电动机时，只要将焊钳上的焊条同焊件碰一下，36V 的继电器 KA1 便吸合。其常开触点 KA1 闭合，使交流接触器 KM1、KM2 同时得电吸合，并接通焊机回路，辅助触点则继开起动回路，KM1 主触点闭合，M 拖动 G 发电。该种直流电焊发电机采用这种空载自停线路以后，节电效果非常显著且操作也很方便。

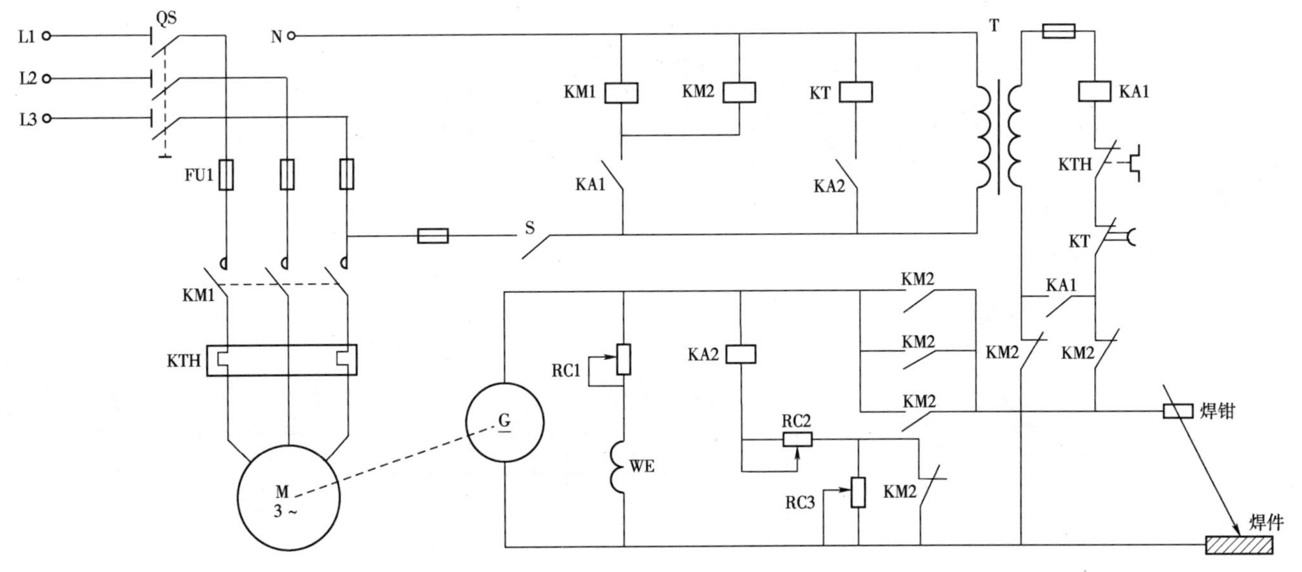

图 5－53　直流电焊发电机空载自停节电线路

图 5－53 所示线路主要由隔离开关 QS，交流接触器 KM1、KM2，电流继电器 KA1、KA2，时间继电器 KT，热继电器 KTH 及开关 S 等电气元件组成。

图 5-54 所示为电动式直流弧焊机手控星-角转换节电线路。在直流弧焊机中的拖动电动机，它们绝大多数均为三角形连接，并且都没有设置星-角转换抽头。这时可在原弧焊机中增加一个三极 QQ 位转换开关 QC，在电焊机启动和使用小焊接电流时，可按本图中所示，将转换开关 QC 放在 2 的位置，即星形连接，这样就可提高电焊机的效率和功率因数，节约用电，需要大电流焊接时则接位置 1。该电动式直流弧焊机手控星-角转换节电线路具有线路简单，节电效果明显且操作也很方便。

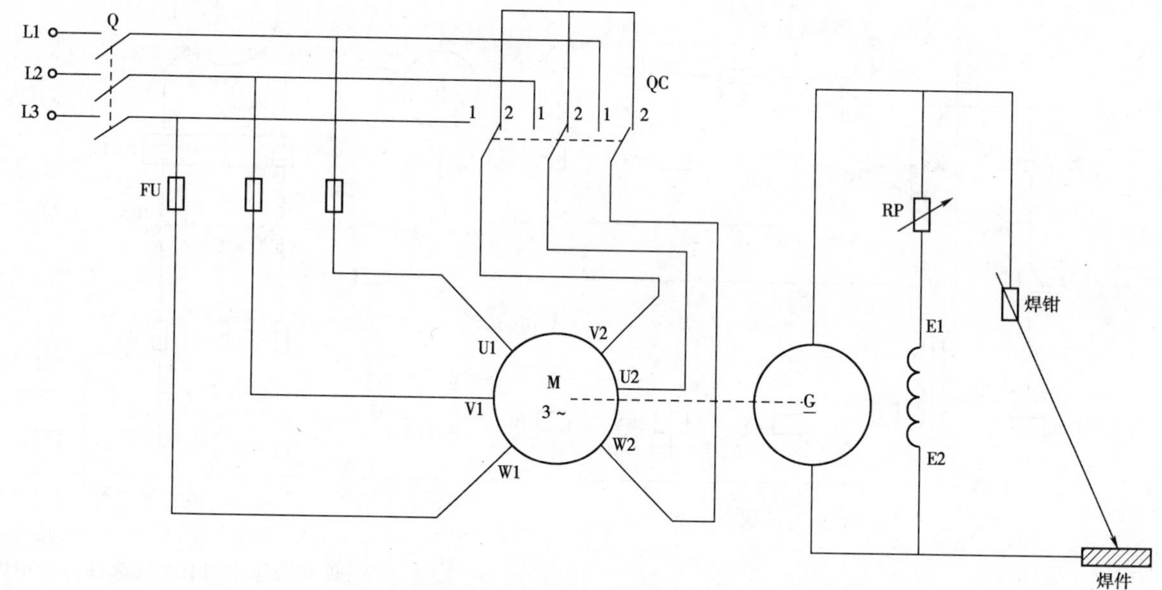

图 5-54　电动式直流弧焊机手控星-角转换节电线路

图 5-54 所示线路主要由隔离开关 QS，三极 QQ 位转换开关 QC 及熔断器等电器元件共同组成。通过星-角两种接法的转换来节电运行。

图 5－55 所示为直流弧焊机电压控制星-角自动转换节电线路。工作时，先推上闸刀开关 Q，按下启动按钮 SB1 之后，交流接触器 KM1 和 KM3 同时获电吸合，接通主电路，将电动机 M 接成三角形起动运行。KM1 的辅助触点闭合自锁。经 1.5s 之后，电动机 M 达到额定转速，发电机 G 输出额定空载直流电压，使继电器 KV 吸合动作，其转换触点 KV2 断开 KM3 之后，再接通 KM2 将电动机转换成星形接法，达到节电运行目的。该直流弧焊机电压控制星-角自动转节电线路节电明显操作方便。

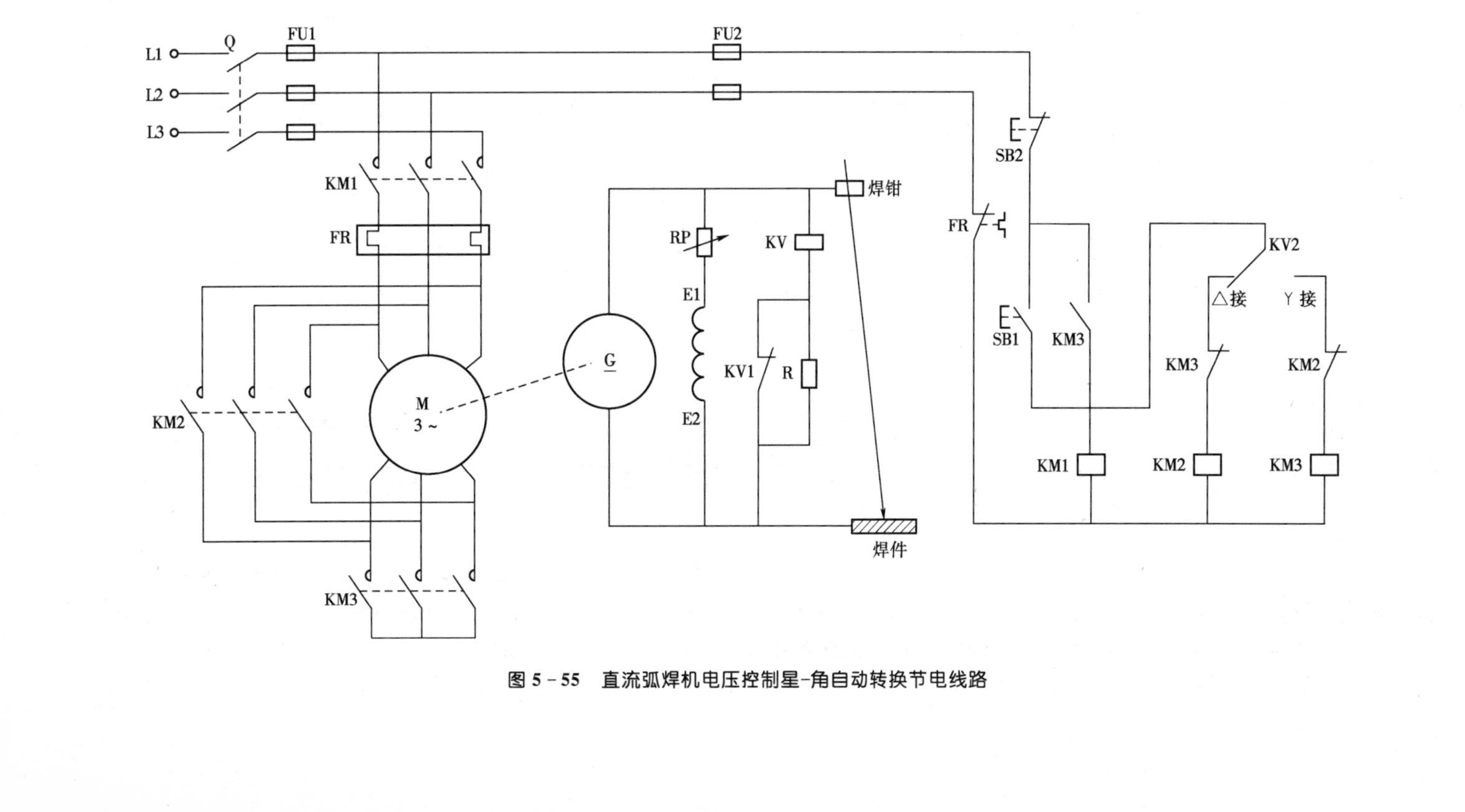

图 5－55　直流弧焊机电压控制星-角自动转换节电线路

图 5-56 所示为直流电焊发电机电流控制星-角自动转换节电线路，它是使用电流继电器 KA 测量拖动电动机 M 的线电流作控制信号、全继电器式的星-角自动转换节电线路。工作时，合上闸刀开关 QK，按下启动按钮 SB1 后，接触器 KM1 和 KM2 同时得电吸合，电动机 M 开始启动。由于 M 启动电流大，故 KM2 刚接通，电流继电器 KA 即动作，切断 KM2 电源而释放，同时 KA 常开触点闭合，使 KM3 得电吸合，M 转换成角形运行，从而保持节电运行。该种星-角自动转换线路，节电非常明显操作也很方便。

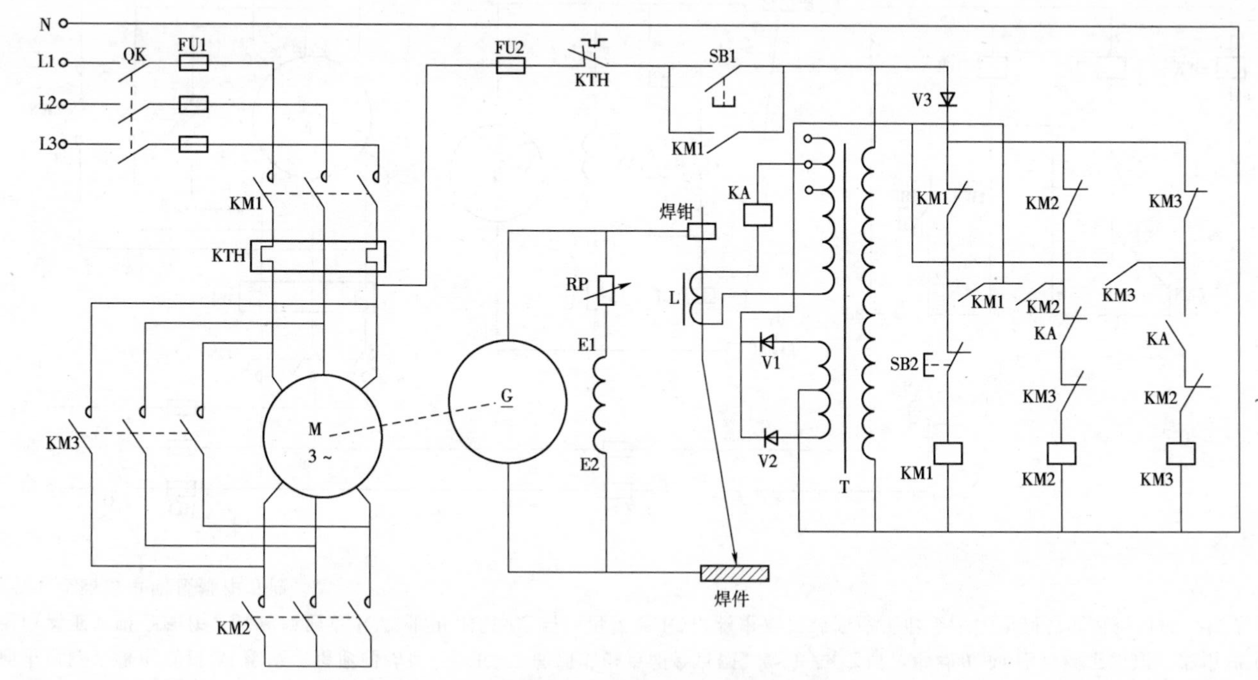

图 5-56　直流电焊发电机电流控制星-角自动转换节电线路

自励励磁的直流电焊发电机的励磁绕组，是和发电机输出端相并联的。为了调节励磁电流的大小，一般都在励磁回路中串接可调电阻。自励式空载降压节电线路有多种形式，图 5-57 所示为励磁电阻降压节电线路，该线路是以发电机输出电压为控制信号，电阻为降压元件的空载励磁节电线路，电阻 RC 为原有的励磁电流调节电阻，WE 为直流电焊发电机的励磁绕组，虚线内的电阻 R1、R2 和 KA 是附加元件。该种自励式励磁电阻空载降压节电线路，其输出电流均匀平稳，励磁电压调节细微和可靠。

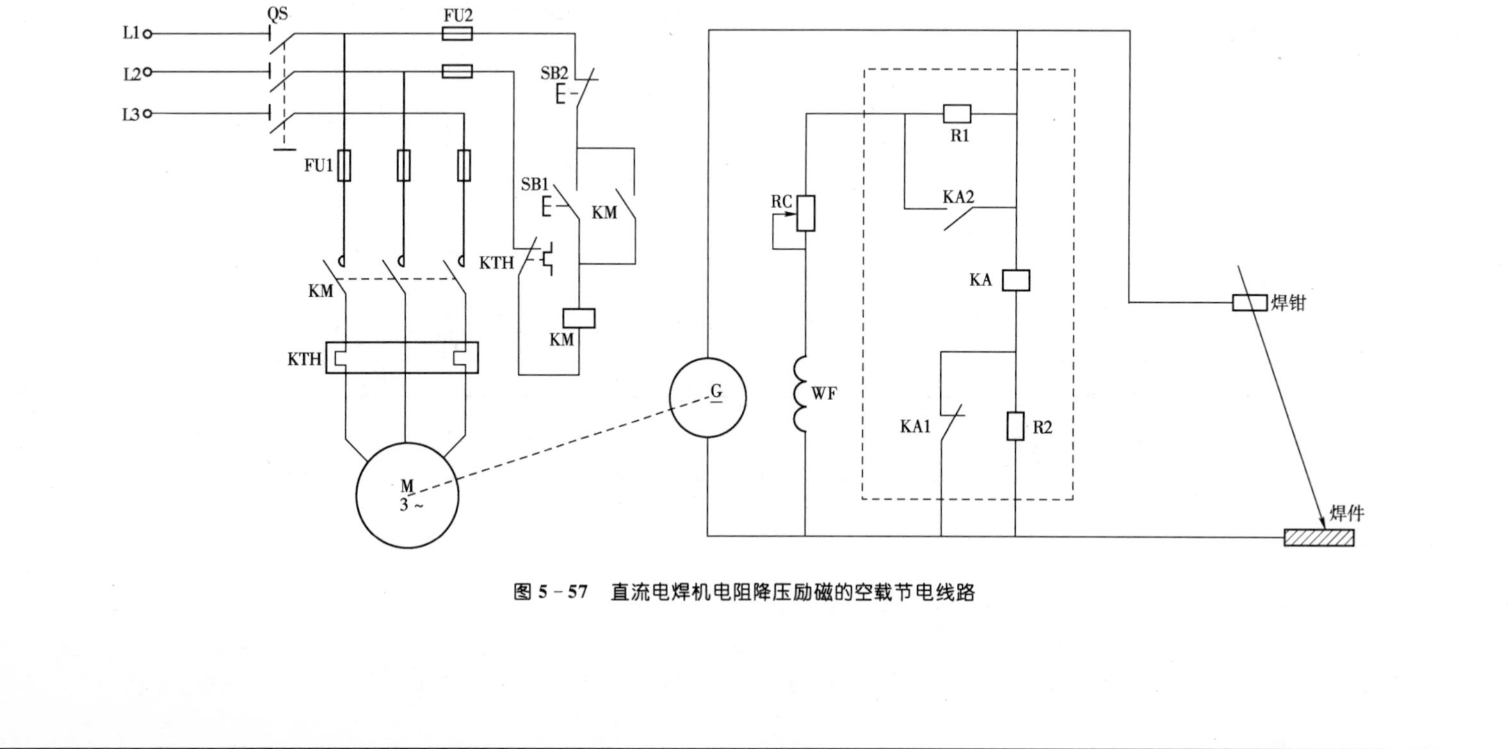

图 5-57　直流电焊机电阻降压励磁的空载节电线路

图 5－58 所示为三相硅整流直流电焊机空载自动节电线路。工作时，先合上闸刀开关 Q，电源 L1 相经直流电压继电器 KV 的常闭触点接通时间继电器 KT 线圈的电路，KT 常开触点闭合，同时控制变压器 TC 通电工作。焊接时，电源由 TR 二次侧经焊条、焊件、KA 线圈、KM 常闭触点及二极管 V 回到 TC 另一端，于是 KM 动作，进行焊接。停止焊接时，电压继电器 KV 因电压升高而动作，如停用时间超过 KT 整定时间，则 KT 自动切断电源。该三相硅整流直流电焊机节电明显操作方便。

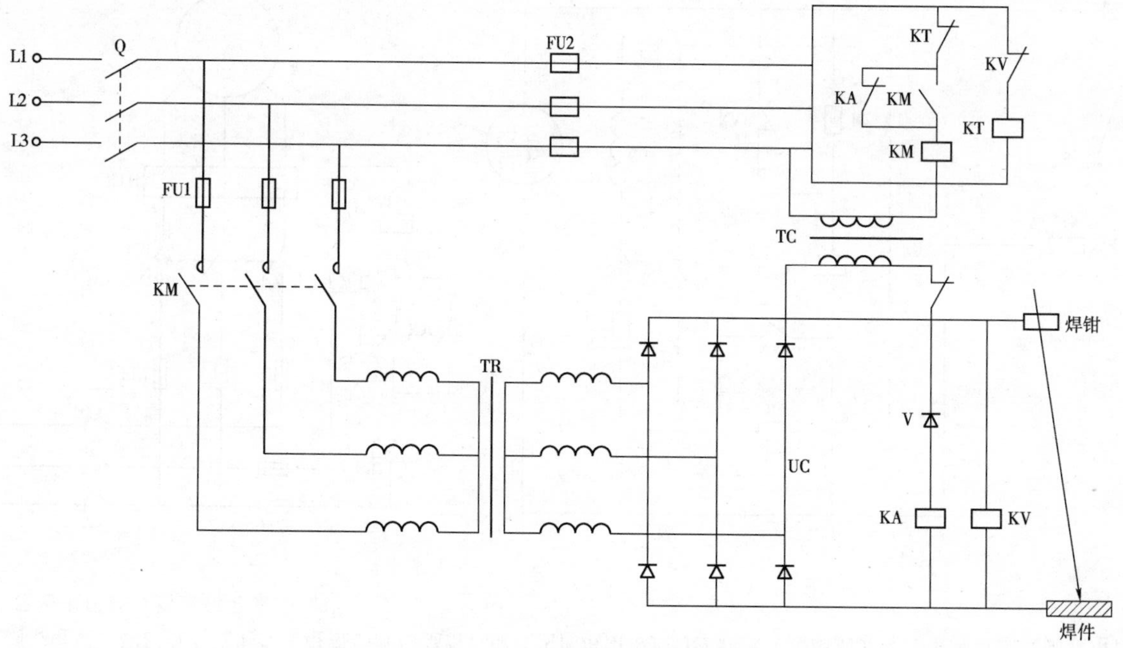

图 5－58　三相硅整流直流电焊机空载自动节电线路（1）

图 5－58 所示线路主要由闸刀开关、交流接触器 KM、时间继电器 KT、电压继电器 KV、电流继电器 KA、控制变压器 TC、三相硅整流器 TR 等电器元、器件共同组成。

图 5－59 所示为三相硅整流直流电焊机空载自动节电线路，该线路接入三相电源后，L1 相常闭触点接通时间继电器 KT 线圈电路，KT 常开触点闭合作好起动 KM 的准备，同时控制变压器 TC 一次侧通电，二次侧产生 36V 电压。当焊接开始时，电源由 TC 二次侧经电焊条、焊件、中间继电器 KA 线圈、接触器常闭触点及二极管 V 回到 TC 另一端，至使 KA 动作，其常开触点 KA 闭合，接通 KM 主触点闭合，焊机得电工作。该三相硅整流直流电焊机空载自动节电线路具有线路设计简单节电明显操作方便。

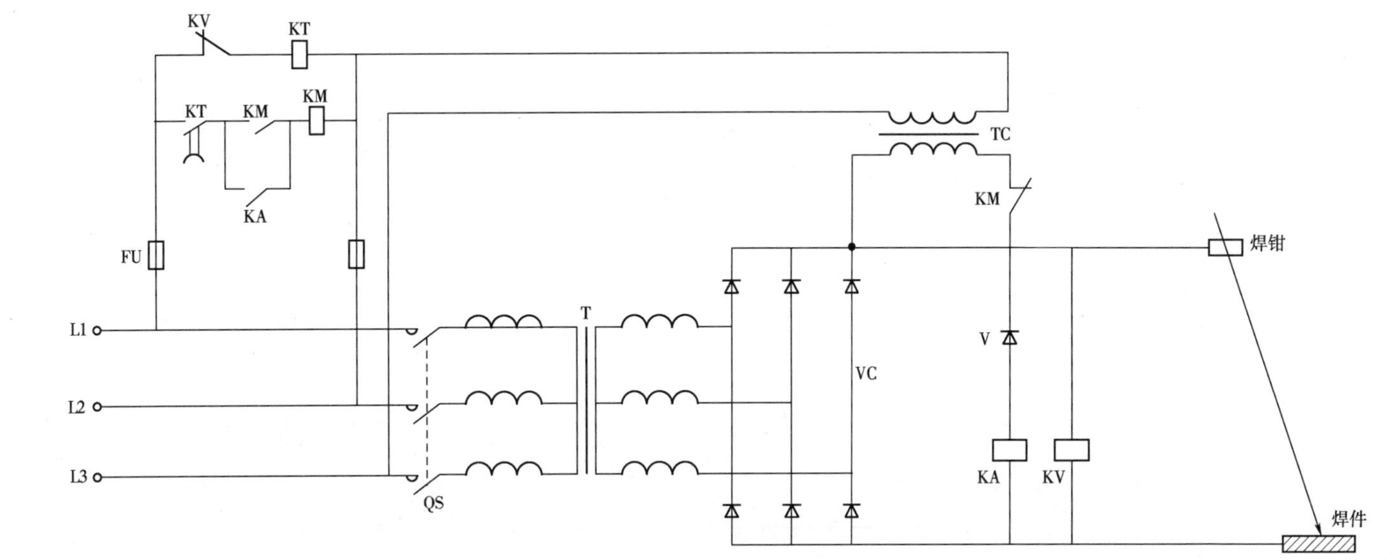

图 5－59　三相硅整流直流电焊机空载自动节电线路（2）

图 5－59 所示线路主要由隔离开关 QS、交流接触器 KM、时间继电器 KT、电压继电器 KV、电流继电器 KA、控制变压器 TC、三相硅整流器 T 等电器元、器件共同组成。

图 5－60 所示为单相硅整流电焊机空载自动节电线路。工作时，先合上闸刀开关，接通电源电焊变压器 TR 的一次侧并串接电容器 $C1$，二次侧经桥式整流器 VC 输出直流电压。由于直流电压继电器 KV 比接触器 KM 灵敏，因此 KV 线圈通电后先动作。焊接时，TR 输出端电压下降，KV 则释放，其常闭触点闭合，使 KM 获电动作，TR 一次侧接通 380V 电源而开始焊接。空载时，输出直流电压升高，KV 动作而恢复待焊状态。该单相硅整流直流电焊机空载自动节电线路，且节电明显操作方便。

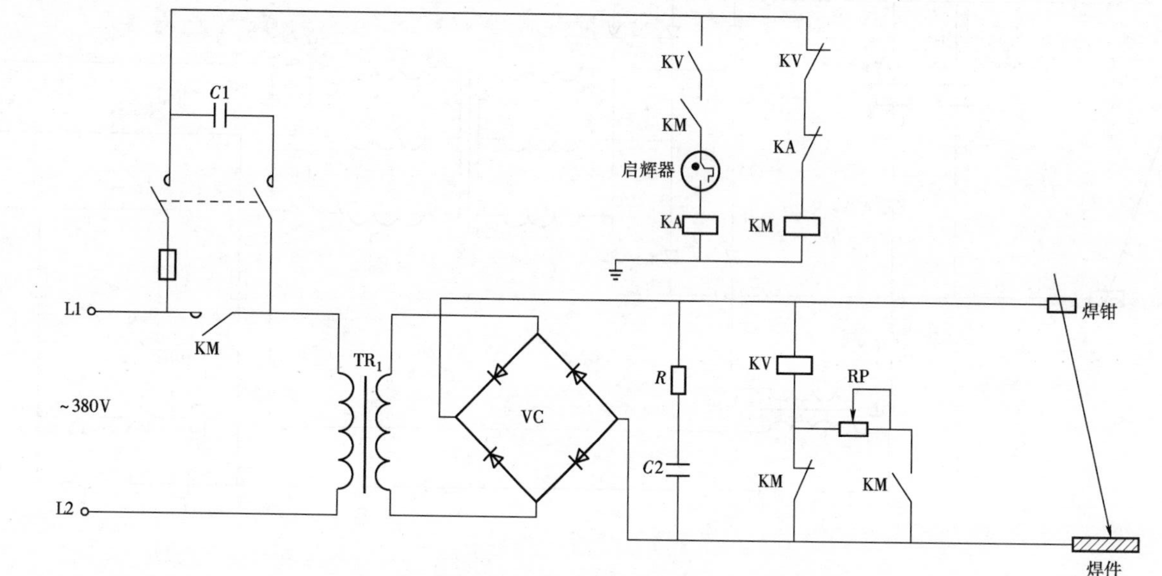

图 5－60　单相硅整流直流电焊机空载自动节电线路

图 5－60 所示线路主要由闸刀开关、交流接触器 KM、电焊变压器 TR、电压继电器 KV、桥式整流器 VC 等电器元、器件共同组成。

图 5－61 所示为单相硅整流自动切断初、次级电源的空载节电线路，该线路以市电 220V 作控制信号电源。在电焊机处于空载时，其焊接变压器 T1 的初、次级两侧全部被交流接触器 KM 主触点切断，而另外用一只 380V/36V 的小型变压器 T2，通过 KM 的辅助触点接在焊钳和焊件之间，以 36V 安全电压作为焊机的起动电源，这样就可以用一只容量仅为几个伏安的小型变压器去取代焊接变压器的空载损耗，达到节能的目的。该种空载节电线路结构设计合理，节电效果也十分明显并且操作起来也方便可靠。

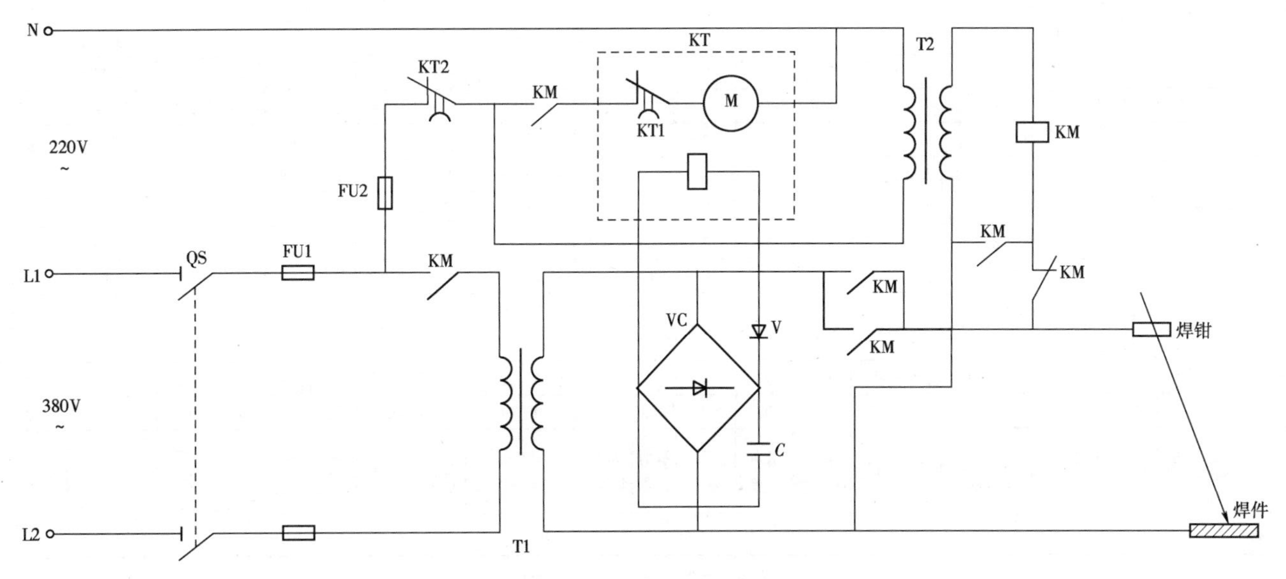

图 5－61　单相硅整流自动切断初、次级电源的空载节电线路

图 5－61 所示线路主要由隔离开关 QS、交流接触器 KM、单相硅整流器 VC、焊接变压器 T1、小型变压器 T2 等电器元、器件共同组成。

附录 直流电机技术数据

附表 1-1 Z2 系列直流电机技术数据

型号	功率(kW)	电压(V)	电流(A)	转速(r/min)	励磁方式	电枢 外径(mm)	电枢 长度(mm)	电枢 槽数	电枢 槽节距	电枢 线规(mm)	电枢 每元件匝数	电枢 总导体数	电枢 支路数	电枢 换向片数	电枢 换向器节距	主极 极数	主极 气隙	主极 每极匝数 串	主极 每极匝数 并	主极 线规(mm) 串	主极 线规(mm) 并	换向极 极数	换向极 气隙	换向极 线规(mm)	换向极 每极匝数	励磁功率(W)
Z2-11	0.8	110	9.82	3000	并	83	65	14	1-8	ϕ0.96	6	672	2	56	±1	2	0.7	12	1650	与换向极相同	ϕ0.38	1	1.5	1.16×2.44	127	52
	0.8	220	4.85	3000	并	83	65	14	1-8	ϕ0.69	12	1344	2	56	±1	2	0.7	24	3450		ϕ0.27	1	1.5	ϕ1.25	258	52
	0.4	110	5.47	1500	并	83	65	14	1-8	ϕ0.74	11	1232	2	56	±1	2	0.7	36	2040		ϕ0.35	1	1.5	ϕ1.35	240	39
	0.4	220	2.72	1500	并	83	65	14	1-8	ϕ0.53	22	2464	2	56	±1	2	0.7	72	3800		ϕ0.27	1	1.5	ϕ0.96	480	43
Z2-12	1.1	110	13	3000	并	83	90	14	1-8	ϕ1.16	18/4	504	2	56	±1	2	0.7	10	1350		ϕ0.41	1	1.5	1.25×3.05	93	63
	1.1	220	6.41	3000	并	83	90	14	1-8	ϕ0.80	9	1008	2	56	±1	2	0.7	20	2750		ϕ0.29	1	1.5	ϕ1.45	192	62
	0.6	110	7.74	1500	并	83	90	14	1-8	ϕ0.90	8	896	2	56	±1	2	0.7	20	1600		ϕ0.44	1	1.5	ϕ1.56	172	60
	0.6	220	3.84	1500	并	83	90	14	1-8	ϕ0.62	16	1792	2	56	±1	2	0.7	34	3140		ϕ0.31	1	1.5	ϕ1.08	345	62
Z2-21	1.5	110	17.5	3000	并	106	65	18	1-10	ϕ1.35	14/4	504	2	72	±1	2	0.8	8	1800		ϕ0.41	1	1.5	1.25×4.1	98	61
	1.5	220	8.64	3000	并	106	65	18	1-10	ϕ1.0	7	1008	2	72	±1	2	0.8	16	3700		ϕ0.31	1	1.5	1.16×2.44	196	62
	0.8	110	9.96	1500	并	106	65	18	1-10	ϕ1.08	25/4	900	2	72	±1	2	0.8	18	1940		ϕ0.47	1	1.5	1.0×ϕ3.05	176	65
	0.8	220	4.94	1500	并	106	65	18	1-10	ϕ0.74	50/4	1800	2	72	±1	2	0.8	40	3700		ϕ0.33	1	1.5	ϕ1.35	352	68
	0.4	110	5.59	1000	并	106	65	18	1-10	ϕ0.86	9	1296	2	72	±1	2	0.8	32	2050		ϕ0.44	1	1.5	ϕ1.35	256	60
	0.4	220	2.75	1000	并	106	65	18	1-10	ϕ0.62	18	2592	2	72	±1	2	0.8	64	3850		ϕ0.33	1	1.5	ϕ1.0	505	67
	1.1	115	9.57	2850	复	106	65	18	1-10	ϕ1.08	19/4	684	2	72	±1	2	0.8	38	1820		ϕ0.38	1	1.5	1.0×3.05	132	45
	1.1	230	4.78	2850	复	106	65	18	1-10	ϕ0.74	38/4	1368	2	72	±1	2	0.8	72	3200		ϕ0.27	1	1.5	ϕ1.35	264	50
	1.1	110/160	8.15/6.87	2850	并	106	65	18	1-10	2-ϕ0.74	6	864	2	72	±1	2	0.8	—	2500		ϕ0.41	1	1.5	1.08×2.44	166	47
	1.1	220/320	4.07/3.44	2850	并	100	65	18	1-10	ϕ0.74	12	1728	2	72	±1	2	0.8	—	4500		ϕ0.29	1	1.5	ϕ1.25	332	50
	0.6	110/160	4.44/3.75	1450	并	100	65	18	1-10	ϕ0.74	12	1728	2	72	±1	2	0.8	—	2450		ϕ0.51	1	1.5	ϕ1.25	332	63
	0.6	220/320	2.22/1.88	1450	并	100	65	18	1-10	ϕ0.53	24	3456	2	72	±1	2	0.8	—	4350		ϕ0.35	1	1.5	ϕ0.93	665	63
Z2-22	2.2	110	24.5	3000	并	106	90	18	1-10	2-ϕ1.16	10/4	360	2	72	±1	2	0.8	8	1500		ϕ0.47	1	1.5	1.35×4.7	64	77
	2.2	220	12.2	3000	并	106	90	18	1-10	ϕ1.16	5	720	2	72	±1	2	0.8	20	3000		ϕ0.33	1	1.5	1.08×3.28	128	77

续表

型号	功率(kW)	电压(V)	电流(A)	转速(r/min)	励磁方式	电枢										主极						换向极				励磁功率(W)
						外径(mm)	长度(mm)	槽数	槽节距	线规(mm)	每元件匝数	总导体数	支路数	换向片数	换向器节距	极数	气隙	每极匝数		线规(mm)		极数	气隙	线规(mm)	每极匝数	
																		串	并	串	并					
Z2-22	1.1	110	13.15	1500	并	106	90	18	1-10	ϕ1.20	18/4	648	2	72	±1	2	0.8	14	1600	与换向极相同	ϕ0.53	1	1.5	1.16×3.28	116	88
	1.1	220	6.53	1500	并	106	90	18	1-10	ϕ0.86	9	1296	2	72	±1	2	0.8	24	3000		ϕ0.41	1	1.5	ϕ1.45	230	101
	0.6	110	7.69	1000	并	106	90	18	1-10	ϕ0.96	27/4	972	2	72	±1	2	0.8	20	1840		ϕ0.49	1	1.5	1.0×2.44	174	64
	0.6	220	3.88	1000	并	106	90	18	1-10	ϕ0.69	54/4	1944	2	72	±1	2	0.8	40	3600		ϕ0.35	1	1.5	ϕ1.16	348	70
	1.7	115	14.8	2850	复	106	90	18	1-10	2-ϕ0.96	14/4	504	2	72	±1	2	0.8	22	1400		ϕ0.41	1	1.5	1.35×3.28	90	58
	1.7	230	7.39	2850	复	106	90	18	1-10	ϕ0.96	27/4	972	2	72	±1	2	0.8	42	2900		ϕ0.29	1	1.5	1.0×2.44	174	62
	0.8	115	6.95	1450	复	106	90	18	1-10	ϕ0.96	29/4	1044	2	72	±1	2	0.8	65	1600		ϕ0.38	1	1.5	1.0×2.44	186	46
	0.8	230	3.48	1450	复	106	90	18	1-10	ϕ0.69	58/4	2088	2	72	±1	2	0.8	125	3000		ϕ0.27	1	1.5	ϕ1.20	370	49
	1.5	110/160	11.1/9.38	2850	并	106	90	18	1-10	ϕ1.16	17/4	612	2	72	±1	2	0.8	—	2050		ϕ0.47	1	1.5	1.0×3.28	108	60
	1.5	220/320	5.56/4.66	2850	并	106	90	18	1-10	ϕ0.86	34/4	1224	2	72	±1	2	0.8	—	4050		ϕ0.31	1	1.5	ϕ1.45	220	60
	0.8	110/160	5.92/5	1450	并	106	90	18	1-10	ϕ0.86	9	1296	2	72	±1	2	0.8	—	2150		ϕ0.47	1	1.5	ϕ1.56	230	60
	0.8	220/320	2.96/2.5	1450	并	106	90	18	1-10	ϕ0.62	18	2592	2	72	±1	2	0.8	—	4800		ϕ0.31	1	1.5	ϕ1.08	460	52
	0.8	230	3.48	1450	他	106	90	18	1-10	ϕ0.69	58/4	2088	2	72	±1	2	0.8	—	3200		ϕ0.33	1	1.5	ϕ1.20	370	49
Z2-31	3	110	33.2	3000	并	120	75	18	1-10	2-ϕ1.35	10/4	360	2	72	±1	2	1.0	11	1560		ϕ0.49	1	1.5	1.81×4.7	67	80
	3	220	16.52	3000	并	120	75	18	1-10	ϕ1.35	5	720	2	72	±1	2	1.0	22	3120		ϕ0.35	1	1.5	1.45×2.83	130	83
	1.5	110	17.6	1500	并	120	75	18	1-10	2-ϕ1.0	18/4	648	2	72	±1	2	1.0	12	1550		ϕ0.57	1	1.5	1.45×2.83	120	103
	1.5	220	8.68	1500	并	120	75	18	1-10	ϕ1.0	37/4	1336	2	72	±1	2	1.0	30	3160		ϕ0.38	1	1.5	1.0×2.44	240	94
	0.8	110	10	1000	并	120	75	18	1-10	ϕ1.16	27/4	972	2	72	±1	2	1.0	16	1630		ϕ0.53	1	1.5	1.25×2.44	1750	88
	0.8	220	4.95	1000	并	120	75	18	1-10	ϕ0.83	55/4	1980	2	72	±1	2	1.0	36	3160		ϕ0.38	1	1.5	ϕ1.35	360	88
	0.6	110	7.9	750	并	120	75	18	1-10	2-ϕ0.74	34/4	1224	2	72	±1	2	1.0	20	1740		ϕ0.55	1	1.5	1.08×2.44	220	90
	0.6	220	3.9	750	并	120	75	18	1-10	ϕ0.74	69/4	2484	2	72	±1	2	1.0	40	3520		ϕ0.38	1	1.5	ϕ1.20	445	85
	2.4	115	20.85	2850	复	120	75	18	1-10	2-ϕ1.20	13/4	468	2	72	±1	2	1.0	24	1310		ϕ0.47	1	1.5	1.16×4.7	84	83
	2.4	230	10.42	2850	复	120	75	18	1-10	ϕ1.20	26/4	936	2	72	±1	2	1.0	40	2940		ϕ0.33	1	1.5	1.25×2.44	168	77
	1.1	115	9.56	1450	复	120	75	18	1-10	ϕ1.20	27/4	972	2	72	±1	2	1.0	64	1600		ϕ0.44	1	1.5	1.25×2.44	175	63
	1.1	230	4.78	1450	复	120	75	18	1-10	ϕ0.86	13	1872	2	72	±1	2	1.0	118	3100		ϕ0.33	1	1.5	ϕ1.35	336	71
	2.2	110/160	16.3/13.8	2850	并	120	75	18	1-10	ϕ1.45	17/4	612	2	72	±1	2	1.0	—	2110		ϕ0.49	1	1.5	1.16×4.7	110	120
	2.2	220/320	8.15/6.8	2850	并	120	75	18	1-10	ϕ1.0	34/4	1224	2	72	±1	2	1.0	—	4050		ϕ0.35	1	1.5	1.08×2.44	220	121
	1.1	110/160	8.15/6.8	1450	并	120	75	18	1-10	ϕ1.04	35/4	1260	2	72	±1	2	1.0	—	2280		ϕ0.49	1	1.5	1.08×2.44	227	115
	1.1	220/320	4.07/3.44	1450	并	120	75	18	1-10	ϕ0.74	17	2448	2	72	±1	2	1.0	—	4200		ϕ0.38	1	1.5	ϕ1.20	445	137
	1.1	230	4.78	1450	他	120	75	18	1-10	ϕ0.86	13	1872	2	72	±1	2	1.0	—	3480		ϕ0.38	1	1.5	ϕ1.35	336	71

续表

型号	功率(kW)	电压(V)	电流(A)	转速(r/min)	励磁方式	电枢										主极						换向极				励磁功率(W)
						外径(mm)	长度(mm)	槽数	槽节距	线规(mm)	每元件匝数	总导体数	支路数	换向片数	换向器节距	极数	气隙	每极匝数		线规(mm)		极数	气隙	线规(mm)	每极匝数	
																		串	并	串	并					
Z2-32	4	110	43.8	3000	并	120	105	18	1-10	2-ϕ1.56	7/4	252	2	72	±1	2	1.0	12	1250	与换向极相同	ϕ0.51	1	1.5	2.44×4.7	46	98
	4	220	21.65	3000	并	120	105	18	1-10	ϕ1.56	14/4	504	2	72	±1	2	1.0	26	2540		ϕ0.35	1	1.5	1.16×4.7	91	94
	2.2	110	25	1500	并	120	105	18	1-10	2-ϕ1.20	13/4	468	2	72	±1	2	1.0	10	1350		ϕ0.64	1	1.5	1.45×4.7	84	131
	2.2	220	12.35	1500	并	120	105	18	1-10	ϕ1.20	27/4	972	2	72	±1	2	1.0	24	2940		ϕ0.41	1	1.5	1.08×3.28	174	105
	1.1	110	13.33	1000	并	120	105	18	1-10	2-ϕ0.96	5	720	2	72	±1	2	1.0	14	1680		ϕ0.57	1	1.5	1.08×3.28	130	83
	1.1	220	6.58	1000	并	120	105	18	1-10	ϕ0.96	39/4	1404	2	72	±1	2	1.0	27	3360		ϕ0.44	1	1.5	ϕ1.56	252	100
	0.8	110	10	750	并	120	105	18	1-10	2-ϕ0.86	26/4	936	2	72	±1	2	1.0	20	1680		ϕ0.57	1	1.5	1.08×3.28	168	83
	0.8	220	4.95	750	并	120	105	18	1-10	ϕ0.86	13	1872	2	72	±1	2	1.0	40	3640		ϕ0.41	1	1.5	ϕ1.56	336	81
	3.2	115	27.8	2850	复	120	105	18	1-10	2-ϕ1.35	9/4	324	2	72	±1	2	1.0	14	1050		ϕ0.55	1	1.5	1.56×4.7	59	125
	3.2	230	13.9	2850	复	120	105	18	1-10	ϕ1.35	18/4	648	2	72	±1	2	1.0	24	2200		ϕ0.38	1	1.5	1.25×3.28	117	120
	1.7	115	14	1450	复	120	105	18	1-10	2-ϕ1.0	19/4	684	2	72	±1	2	1.0	44	1130		ϕ0.49	1	1.5	1.25×3.28	125	94
	1.7	230	7.4	1450	复	120	105	18	1-10	ϕ1.0	38/4	1368	2	72	±1	2	1.0	90	2540		ϕ0.35	1	1.5	ϕ1.56	252	82
	3	110/160	22.2/18.8	2850	并	120	105	18	1-10	2-ϕ1.20	3	432	2	72	±1	2	1.0	—	2000		ϕ0.53	1	1.5	1.35×4.7	77	130
	3	220/320	11.1/9.38	2850	并	120	105	18	1-10	ϕ1.20	6	864	2	72	±1	2	1.0	—	3700		ϕ0.38	1	1.5	1.25×2.44	156	141
	1.5	110/160	11.1/9.38	1450	并	120	105	18	1-10	2-ϕ0.86	6	864	2	72	±1	2	1.0	—	1900		ϕ0.57	1	1.5	1.25×2.44	156	153
	1.5	220/320	5.55/4.69	1450	并	120	105	18	1-10	ϕ0.86	12	1728	2	72	±1	2	1.0	—	3600		ϕ0.41	1	1.5	ϕ1.35	312	157
	1.7	230	7.4	1450	他	120	105	18	1-10	ϕ1.0	38/4	1368	2	72	±1	2	1.0	—	2830		ϕ0.41	1	1.5	ϕ1.20	252	82
Z2-41	5.5	110	61	3000	并	138	85	27	1-8	2-ϕ1.56	5/3	270	2	81	1-41	4	1.0	4	935		ϕ0.53	4	1.5	2.44×6.4	20	97
	5.5	220	30.3	3000	并	138	85	27	1-8	ϕ1.56	10/3	540	2	81	1-41	4	1.0	7	1800		ϕ0.38	4	1.5	1.45×4.7	40	108
	3	110	34.3	1500	并	138	85	27	1-8	2-ϕ1.25	3	486	2	81	1-41	4	1.0	6	1040		ϕ0.62	4	1.5	1.95×4.7	37	116
	3	220	17	1500	并	138	85	27	1-8	ϕ1.25	6	972	2	81	1-41	4	1.0	12	1790		ϕ0.44	4	1.5	1.0×4.7	74	134
	1.5	110	18.65	1000	并	138	85	27	1-8	ϕ1.45	13/3	702	2	81	1-41	4	1.0	4	1100		ϕ0.67	4	1.5	1.16×4.7	54	123
	1.5	220	8.9	1000	并	138	85	27	1-8	ϕ1.0	26/3	1404	2	81	1-41	4	1.0	7	2120		ϕ0.47	4	1.5	1.16×2.44	105	130
	1.1	110	14.18	750	并	138	85	27	1-8	ϕ1.25	17/3	918	2	81	1-41	4	1.0	6	1040		ϕ0.62	4	1.5	1.0×4.7	70	121
	1.1	220	6.99	750	并	138	85	27	1-8	ϕ0.86	34/3	1836	2	81	1-41	4	1.0	10	2120		ϕ0.47	4	1.5	1.0×2.44	138	122
	4.2	115	36.5	2850	复	138	85	27	1-8	2-ϕ1.35	2	324	2	81	1-41	4	1.0	7	780		ϕ0.62	4	1.5	1.95×4.7	25	140
	4.2	230	18.25	2850	复	138	85	27	1-8	ϕ1.45	13/3	702	2	81	1-41	4	1.0	12	1460		ϕ0.38	4	1.5	1.16×4.7	54	118
	2.4	115	20.9	1450	复	138	85	27	1-8	ϕ1.45	13/3	702	2	81	1-41	4	1.0	20	695		ϕ0.57	4	1.5	1.16×4.7	54	115
	2.4	230	10.45	1450	复	138	85	27	1-8	ϕ1.0	26/3	1404	2	81	1-41	4	1.0	42	1460		ϕ0.38	4	1.5	1.16×2.44	105	115
	4	110/160	29.6/25	2850	并	138	85	27	1-8	2-ϕ1.16	8/3	432	2	81	1-41	4	1.0	—	1040		ϕ0.62	4	1.5	1.45×4.7	33	202

续表

型号	功率(kW)	电压(V)	电流(A)	转速(r/min)	励磁方式	电枢										主极						换向极				励磁功率(W)
						外径(mm)	长度(mm)	槽数	槽节距	线规(mm)	每元件匝数	总导体数	支路数	换向片数	换向器节距	极数	气隙	每极匝数		线规(mm)		极数	气隙	线规(mm)	每极匝数	
																		串	并	串	并					
Z2-41	4	220/320	14.8/12.5	2850	并	138	85	27	1-8	ϕ1.25	16/3	864	2	81	1-41	4	1.0	—	2180		ϕ0.41	4	1.5	1.0×4.7	65	185
	2.2	110/160	16.3/13.8	1450	并	138	85	27	1-8	ϕ12.5	16/3	864	2	81	1-41	4	1.0	—	1100		ϕ0.67	4	1.5	1.0×4.7	65	216
	2.2	220/320	8.15/6.88	1450	并	138	85	27	1-8	ϕ0.86	11	1782	2	81	1-41	4	1.0	—	2050		ϕ0.44	4	1.5	1.0×2.44	134	204
	2.4	230	10.45	1450	他	138	85	27	1-8	ϕ1.0	26/3	1404	2	81	1-41	4	1.0	—	1780		ϕ0.47	4	1.5	1.16×2.44	105	115
Z2-42	7.5	110	81.6	3000	并	138	110	27	1-8	3-ϕ1.56	4/3	216	2	81	1-41	4	1.0	2	790		ϕ0.57	4	1.5	2.63×6.4	16	120
	7.5	220	40.3	3000	并	138	110	27	1-8	2-ϕ1.35	8/3	432	2	81	1-41	4	1.0	3	1460		ϕ0.44	4	1.5	2.1×4.7	33	141
	4	110	44.8	1500	并	138	110	27	1-8	2-ϕ1.45	2	378	2	81	1-41	4	1.0	3	760		ϕ0.69	4	1.5	2.44×4.7	29	170
	4	220	22.3	1500	并	138	110	27	1-8	ϕ1.45	4	756	2	81	1-41	4	1.0	6	1570		ϕ0.49	4	1.5	1.16×4.7	58	170
	2.2	110	25.8	1000	并	138	110	27	1-8	2-ϕ1.16	4	540	2	81	1-41	4	1.0	3	825		ϕ0.72	4	1.5	1.68×4.7	41	172
	2.2	220	12.73	1000	并	138	110	27	1-8	ϕ1.16	8	1080	2	81	1-41	4	1.0	8	1770		ϕ0.51	4	1.5	1.45×2.44	82	160
	1.5	110	18.8	750	并	138	110	27	1-8	ϕ1.45	20/3	702	2	81	1-41	4	1.0	3	825		ϕ0.72	4	1.5	1.16×4.7	54	174
	1.5	220	9.28	750	并	138	110	27	1-8	ϕ1.0	2	1404	2	81	1-41	4	1.0	5	1640		ϕ0.53	4	1.5	1.16×2.44	106	180
	6	115	52.2	2850	复	138	110	27	1-8	2-ϕ1.56	2	270	2	81	1-41	4	1.0	5	630		ϕ0.62	4	1.5	2.1×6.4	21	147
	6	230	26.1	2850	复	138	110	27	1-8	2-ϕ1.16	4	540	2	81	1-41	4	1.0	10	1290		ϕ0.41	4	1.5	1.68×4.7	41	135
	3.2	115	27.8	1450	复	138	110	27	1-8	2-ϕ1.16	3	540	2	81	1-41	4	1.0	15	665	与换向极相同	ϕ0.59	4	1.5	1.68×4.7	41	131
	3.2	230	13.9	1450	复	138	110	27	1-8	ϕ1.16	17/3	1080	2	81	1-41	4	1.0	21	1330		ϕ0.41	4	1.5	1.0×4.7	82	128
	5.5	110/160	40.75/34.4	2850	并	138	110	27	1-8	2-ϕ1.35	11/3	324	2	81	1-41	4	1.0	—	900		ϕ0.69	4	1.5	2.1×4.7	25	260
	5.5	220/320	20.35/17.2	2850	并	138	110	27	1-8	ϕ1.45	22/3	648	2	81	1-41	4	1.0	—	1820		ϕ0.47	4	1.5	1.16×4.7	50	245
	3	110/160	22.2/18.8	1450	并	138	110	27	1-8	ϕ1.45	4/3	648	2	81	1-41	4	1.0	—	885		ϕ0.72	4	1.5	1.16×4.7	50	294
	3	220/320	11.1/9.38	1450	并	138	110	27	1-8	ϕ1.0	8/3	1296	2	81	1-41	4	1.0	—	1700		ϕ0.51	4	1.5	1.16×2.44	96	300
	3.2	230	13.9	1450	他	138	110	27	1-8	ϕ1.16	8/3	1.080	2	81	1-41	4	1.0	—	1340		ϕ0.51	4	1.5	1.0×4.7	82	128
Z2-51	10	220	53.5	3000	并	162	90	31	1-9	2-ϕ1.62	2	372	2	93	1-47	4	1.2	5	1460		ϕ0.53	4	1.7	1.68×6.4	28	222
	5.5	110	61	1500	并	162	90	31	1-9	2-ϕ1.62	2	372	2	93	1-47	4	1.2	4	910		ϕ0.69	4	1.7	1.68×6.4	28	154
	5.5	220	30.3	1500	并	162	90	31	1-9	ϕ1.68	4	744	2	93	1-47	4	1.2	8	1780		ϕ0.51	4	1.7	1.25×4.7	57	165
	3	110	34.5	1000	并	162	90	31	1-9	2-ϕ1.35	3	558	2	93	1-47	4	1.2	6	1060		ϕ0.67	4	1.7	1.81×4.7	43	125
	3	220	17.2	1000	并	162	90	31	1-9	ϕ1.35	17/3	1054	2	93	1-47	4	1.2	8	2040		ϕ0.55	4	1.7	1.35×3.28	81	165
	2.2	110	26.15	750	并	162	90	31	1-9	ϕ1.68	11/3	682	2	93	1-47	4	1.2	6	1120		ϕ0.77	4	1.7	1.81×4.7	52	148
	2.2	220	13	750	并	162	90	31	1-9	ϕ1.16	22/3	1364	2	93	1-47	4	1.2	10	2160		ϕ0.57	4	1.7	1.35×3.28	104	162
	8.5	115	74	2850	复	162	90	31	1-9	3-ϕ1.56	4/3	248	2	93	1-47	4	1.2	5	750		ϕ0.67	4	1.7	2.26×6.4	19	163
	8.5	230	37	2850	复	162	90	31	1-9	2-ϕ1.35	8/3	496	2	93	1-47	4	1.2	9	1320		ϕ0.49	4	1.7	1.68×4.7	38	191

续表

型号	功率(kW)	电压(V)	电流(A)	转速(r/min)	励磁方式	电枢										主极						换向极				励磁功率(W)
						外径(mm)	长度(mm)	槽数	槽节距	线规(mm)	每元件匝数	总导体数	支路数	换向片数	换向器节距	极数	气隙	每极匝数 串	每极匝数 并	线规(mm) 串	线规(mm) 并	极数	气隙	线规(mm)	每极匝数	
	4.2	115	36.5	1450	复	162	90	31	1-9	2-ϕ1.35	8/3	496	2	93	1-47	4	1.2	16	750		ϕ0.67	4	1.7	1.68×4.7	38	156
	4.2	230	18.25	1450	复	162	90	31	1-9	ϕ1.35	16/3	992	2	93	1-47	4	1.2	29	1480		ϕ0.47	4	1.7	1.35×3.28	76	157
	7.5	110/160	55.6/46.9	2850	并	162	90	31	1-9	2-ϕ1.68	5/3	310	2	93	1-47	4	1.2	—	1000		ϕ0.74	4	1.7	1.68×6.4	24	286
Z2-51	7.5	220/320	27.8/23.4	2850	并	162	90	31	1-9	ϕ1.68	10/3	620	2	93	1-47	4	1.2	—	1920		ϕ0.53	4	1.7	1.25×4.7	47	294
	4	110/160	29.6/25	1450	并	162	90	31	1-9	ϕ1.68	10/3	620	2	93	1-47	4	1.2	—	1080		ϕ0.80	4	1.7	1.25×4.7	47	300
	4	220/320	14.8/12.5	1450	并	162	90	31	1-9	ϕ1.25	20/3	1240	2	93	1-47	4	1.2	—	2120		ϕ0.55	4	1.7	1.0×3.28	94	286
	4.2	230	18.25	1450	他	162	90	31	1-9	ϕ1.35	16/3	992	2	93	1-47	4	1.2	—	1430		ϕ0.57	4	1.7	1.35×3.28	76	157
	13	220	68.7	3000	并	162	130	31	1-9	3-ϕ1.56	4/3	248	2	93	1-47	4	1.2	2	1180		ϕ0.69	4	1.7	2.44×6.4	19	365
	7.5	110	82.2	1500	并	162	130	31	1-9	3-ϕ1.56	4/3	248	2	93	1-47	4	1.2	2	720		ϕ0.86	4	1.7	2.44×6.4	19	242
	7.5	220	40.8	1500	并	162	130	31	1-9	2-ϕ1.35	8/3	196	2	93	1-47	4	1.2	4	1390		ϕ0.62	4	1.7	1.68×4.7	38	260
	4	110	45.2	1000	并	162	130	31	1-9	2-ϕ1.62	2	372	2	93	1-47	4	1.2	3	720		ϕ0.83	4	1.7	1.68×6.4	28	230
	4	220	22.3	1000	并	162	130	31	1-9	2-ϕ1.62	4	744	2	93	1-47	4	1.2	7	1460		ϕ0.59	4	1.7	1.16×4.7	57	230
	3	110	35.2	750	并	162	130	31	1-9	2-ϕ1.45	8/3	496	2	93	1-47	4	1.2	4	880		ϕ0.80	4	1.7	1.68×4.7	38	172
	3	220	17.5	750	并	162	130	31	1-9	ϕ1.35	16/3	992	2	93	1-47	4	1.2	8	1680		ϕ0.57	4	1.7	1.35×3.28	76	176
Z2-52	11	230	47.8	2850	复	162	130	31	1-9	2-ϕ1.62	2	372	2	93	1-47	4	1.2	4	1100	与换向极相同	ϕ0.49	4	1.7	1.68×6.4	28	196
	6	115	52.2	1450	复	162	130	31	1-9	2-ϕ1.62	2	372	2	93	1-47	4	1.2	7	610		ϕ0.69	4	1.7	1.68×6.4	28	172
	6	230	26.1	1450	复	162	130	31	1-9	2-ϕ1.62	4	744	2	93	1-47	4	1.2	14	1220		ϕ0.49	4	1.7	1.16×4.7	57	197
	10	110/160	74/62.5	2850	并	162	130	31	1-9	3-ϕ1.56	4/3	248	2	93	1-47	4	1.2	—	780		ϕ0.67	4	1.7	2.44×6.4	19	250
	10	220/320	37/31.25	2850	并	162	130	31	1-9	2-ϕ1.45	7/3	434	2	93	1-47	4	1.2	—	1560		ϕ0.55	4	1.7	1.68×4.7	33	341
	5.5	110/160	40.7/34.4	1450	并	162	130	31	1-9	2-ϕ1.45	7/3	434	2	93	1-47	4	1.2	—	880		ϕ0.83	4	1.7	1.68×4.7	33	331
	5.5	220/320	20.4/17.18	1450	并	162	130	31	1-9	ϕ1.45	14/3	868	2	93	1-47	4	1.2	—	1530		ϕ0.59	4	1.7	1.35×3.28	66	374
	6	230	26.1	1450	他	162	130	31	1-9	ϕ1.62	4	744	2	93	1-47	4	1.2	—	1100		ϕ0.57	4	1.7	1.16×4.7	57	197
	17	220	88.9	3000	并	195	95	31	1-9	4-ϕ1.62	5/3	310	2	93	1-47	4	1.5	4	1460		ϕ0.57	4	2.5	1.45×12.5	24	247
	10	110	108.2	1500	并	195	95	31	1-9	4-ϕ1.62	5/3	310	2	93	1-47	4	1.5	4	930		ϕ0.72	4	2.5	1.81×12.5	24	160
	10	220	53.8	1500	并	195	95	31	1-9	2-ϕ1.56	3	558	2	93	1-47	4	1.5	6	1800		ϕ0.67	4	2.5	1.68×6.4	44	260
	5.5	110	61.3	1000	并	195	95	31	1-9	3-ϕ1.56	7/3	434	2	93	1-47	2	1.5	5	950		ϕ0.83	4	2.5	1.95×6.4	33	190
Z2-61	5.5	220	30.3	1000	并	195	95	31	1-9	2-ϕ1.35	13/3	806	2	93	1-47	4	1.5	10	1800		ϕ0.72	4	2.5	1.35×4.7	63	283
	4	110	46.6	750	并	195	95	31	1-9	2-ϕ1.56	2	558	2	93	1-47	4	1.5	7	1000		ϕ0.80	4	2.5	1.68×6.4	44	176
	4	220	23	750	并	195	95	31	1-9	ϕ1.56	6	1116	2	93	1-47	4	1.5	14	1900		ϕ0.59	4	2.5	1.16×4.7	88	190
	14	220	61	2850	复	195	95	31	1-9	3-ϕ1.56	2	372	2	93	1-47	4	1.5	8	1240		ϕ0.59	4	2.5	2.1×6.4	29	272
	8.5	115	74	1450	复	195	95	31	1-9	3-ϕ1.35	2	372	2	93	1-47	4	1.5	10	820		ϕ0.90	4	2.5	2.44×6.4	29	222

续表

型号	功率 (kW)	电压 (V)	电流 (A)	转速 (r/min)	励磁方式	电枢										主极						换向极				励磁功率 (W)
						外径 (mm)	长度 (mm)	槽数	槽节距	线规 (mm)	每元件匝数	总导体数	支路数	换向片数	换向器节距	极数	气隙	每极匝数 串	每极匝数 并	线规 (mm) 串	线规 (mm) 并	极数	气隙	线规 (mm)	每极匝数	
Z2-61	8.5	230	37	1450	复	195	95	31	1-9	2-ϕ1.35	13/3	806	2	93	1-47	4	1.5	18	1630		ϕ0.55	4	2.5	1.25×6.4	63	174
	13	220/320	48.1/40.7	2850	并	195	95	31	1-9	3-ϕ1.35	8/3	496	2	93	1-47	4	1.5	—	1700		ϕ0.59	4	2.5	1.56×6.4	39	394
	7.5	110/160	55.6/46.9	1450	并	195	95	31	1-9	3-ϕ1.35	8/3	496	2	93	1-47	4	1.5	—	1100		ϕ0.90	4	2.5	1.68×6.4	38	346
	7.5	220/320	27.8/23.4	1450	并	195	95	31	1-9	2-ϕ1.16	16/3	992	2	93	1-47	4	1.5	—	2100		ϕ0.64	4	2.5	1.16×4.7	78	363
	8.5	230	37	1450	他	195	95	31	1-9	2-ϕ1.35	13/3	806	2	93	1-47	4	1.5	—	1600		ϕ0.67	4	2.5	1.25×6.4	63	174
Z2-62	22	220	113.7	3000	并	195	125	31	1-9	5-ϕ1.62	4/3	248	2	93	1-47	4	1.5	4	1280		ϕ0.55	4	2.5	1.81×12.5	19	232
	13	110	140	1500	并	195	125	31	1-9	5-ϕ1.62	4/3	248	2	93	1-47	4	1.5	3	830		ϕ0.69	4	2.5	2.26×12.5	20	146
	13	220	68.7	1500	并	195	125	31	1-9	3-ϕ1.56	7/3	434	2	93	1-47	4	1.5	8	1530		ϕ0.69	4	2.5	2.26×6.4	35	264
	7.5	110	82.6	1000	并	195	125	31	1-9	4-ϕ1.62	5/3	310	2	93	1-47	4	1.5	3	790		ϕ1.08	4	2.5	1.45×12.5	24	325
	7.5	220	41.3	1000	并	195	125	31	1-9	2-ϕ1.45	11/3	682	2	93	1-47	4	1.5	10	1670		ϕ0.59	4	2.5	1.81×4.7	54	193
	5.5	110	62.9	750	并	195	125	31	1-9	3-ϕ1.56	7/3	434	2	93	1-47	4	1.5	6	900		ϕ0.90	4	2.5	1.95×6.4	34	197
	5.5	220	31.26	750	并	195	125	31	1-9	2-ϕ1.25	13/3	806	2	93	1-47	4	1.5	6	1730		ϕ0.77	4	2.5	1.35×4.7	64	293
	19	230	82.6	2850	复	195	125	31	1-9	4-ϕ1.62	5/3	310	2	93	1-47	4	1.5	5	1100		ϕ0.55	4	2.5	1.45×12.5	24	241
	11	115	95.6	1450	复	195	125	31	1-9	4-ϕ1.62	5/3	310	2	93	1-47	4	1.5	5	720		ϕ0.83	4	2.5	1.68×12.5	24	198
	11	230	47.8	1450	复	195	125	31	1-9	2-ϕ1.62	10/3	620	2	93	1-47	4	1.5	10	1310	与换向极相同	ϕ0.59	4	2.5	1.56×6.4	49	220
	17	220/320	63/53.2	2850	并	195	125	31	1-9	3-ϕ1.56	2	372	2	93	1-47	4	1.5	—	1450		ϕ0.67	4	2.5	1.95×6.4	29	494
	10	110/160	74/62.5	1450	并	195	125	31	1-9	3-ϕ1.56	2	372	2	93	1-47	4	1.5	—	880		ϕ1.0	4	2.5	2.44×6.4	29	446
	10	220/320	37/31.2	1450	并	195	125	31	1-9	2-ϕ1.35	4	744	2	93	1-47	4	1.5	—	1850		ϕ0.69	4	2.5	1.68×4.7	59	423
	11	230	47.8	1450	他	195	125	31	1-9	2-ϕ1.62	10/3	620	2	93	1-47	4	1.5	—	1450		ϕ0.67	4	2.5	1.56×6.4	49	220
Z2-71	30	220	155	3000	并	210	125	35	1-10	2-1.16×4.7	1	210	2	105	1-53	4	1.5	3	1060		ϕ0.72	4	3.0	3.05×12.5	16	410
	17	110	180.6	1500	并	210	125	33	1-9	2-1.45×4.7	1	198	2	99	1-50	4	1.5	2	520		ϕ1.12	4	3.0	3.05×12.5	16	400
	17	220	90	1500	并	210	125	33	1-9	1.45×4.7	2	396	2	99	1-50	4	1.5	4	1100		ϕ0.80	4	3.0	3.53×6.4	30	430
	10	110	111.5	1000	并	210	125	27	1-8	1.95×4.7	2	324	2	81	1-41	4	1.5	2	600		ϕ0.96	4	3.0	1.95×12.5	25	300
	10	220	54.8	1000	并	210	125	33	1-9	1.35×3.05	3	594	2	99	1-50	4	1.5	4	1320		ϕ0.77	4	3.0	1.95×6.4	45	370
	7.5	110	85.2	750	并	210	125	33	1-9	1.45×4.7	2	395	2	99	1-50	4	1.5	—	670		ϕ1.08	4	3.0	3.53×6.4	30	310
	7.5	220	42.1	750	并	210	125	25	1-7	1.08×3.05	3	750	2	125	1-63	4	1.5	3	1320		ϕ0.80	4	3.0	1.68×6.4	57	350
	14	115	121.7	1450	复	210	125	27	1-8	2-1.08×4.7	1	270	2	135	1-68	4	1.5	5	510		ϕ1.04	4	3.0	2.26×14.5	21	380
	14	230	61	1450	复	210	125	27	1-8	1.08×4.7	2	540	2	135	1-68	4	1.5	9	1020		ϕ0.74	4	3.0	2.26×6.4	40	360
	13	110/160	96.4/81.3	1450	并	210	125	27	1-8	1.81×4.7	2	324	2	81	1-41	4	1.5	—	780		ϕ1.08	4	3.0	1.95×12.5	25	600
	13	220/320	48.1/40.6	1450	并	210	125	35	1-10	1.16×3.05	3	630	2	105	1-53	4	1.5	—	1500		ϕ0.83	4	3.0	1.68×6.4	48	680
	14	115	121.7	1450	他	210	125	27	1-8	2-1.08×4.7	1	270	2	135	1-68	4	1.5	—	540		ϕ1.16	4	3.0	2.26×12.5	21	380

续表

型号	功率 (kW)	电压 (V)	电流 (A)	转速 (r/min)	励磁方式	电枢										主极						换向极				励磁功率 (W)
						外径 (mm)	长度 (mm)	槽数	槽节距	线规 (mm)	每元件匝数	总导体数	支路数	换向片数	换向器节距	极数	气隙	每极匝数		线规（mm）		极数	气隙	线规 (mm)	每极匝数	
																		串	并	串	并					
Z2-71	14	230	61	1450	他	210	125	27	1-8	1.08×4.7	2	540	2	135	1-68	4	1.5	—	1040		ϕ0.83	4	3.0	2.26×6.4	40	360
Z2-72	40	220	205.6	3000	并	210	160	27	1-8	2-1.81×4.7	1	162	2	81	1-41	4	1.5	2	920		ϕ0.80	4	3.0	4.1×12.5	13	500
	22	110	232.6	1500	并	210	160	27	1-8	2-1.81×4.7	1	162	2	81	1-41	4	1.5	1	520		ϕ1.08	4	3.0	4.1×12.5	13	370
	22	220	115.4	1500	并	210	160	27	1-8	1.81×4.7	2	324	2	81	1-41	4	1.5	3	1050		ϕ0.77	4	3.0	1.95×12.5	25	370
	13	110	142.3	1000	并	210	160	25	1-7	2-1.16×4.7	1	250	2	125	1-63	4	1.5	1	520		ϕ1.08	4	3.0	2.63×12.5	19	430
	13	220	70.7	1000	并	210	160	25	1-7	1.16×4.7	2	500	2	125	1-63	4	1.5	2	1050		ϕ0.77	4	3.0	2.63×6.4	37	420
	10	110	112.1	750	并	210	160	27	1-8	1.95×4.7	2	324	2	81	1-41	4	1.5	—	610		ϕ1.16	4	3.0	1.95×12.5	25	340
	10	220	55.8	750	并	210	160	33	1-9	1.35×3.05	3	594	2	99	1-50	4	1.5	—	1130		ϕ0.90	4	3.0	2.26×6.4	45	440
	19	115	165.1	1450	复	210	160	33	1-9	2-1.35×4.7	1	198	2	99	1-50	4	1.5	4	470		ϕ1.20	4	3.0	3.05×12.5	16	500
	19	230	82.55	1450	复	210	160	33	1-9	1.35×4.7	2	396	2	99	1-50	4	1.5	8	850		ϕ0.86	4	3.0	3.05×6.4	30	500
	17	110/160	126/106	1450	并	210	160	27	1-8	2-1.08×4.7	1	270	2	135	1-68	4	1.5	—	610		ϕ1.16	4	3.0	2.26×12.5	21	670
	17	220/320	63/53.1	1450	并	210	160	27	1-8	1.08×4.7	2	540	2	135	1-68	4	1.5	—	1260		ϕ0.80	4	3.0	2.26×6.4	40	700
	19	115	165.1	1450	他	210	160	33	1-9	2-1.35×4.7	1	198	2	99	1-50	4	1.5	—	420		ϕ1.35	4	3.0	3.05×12.5	16	500
	19	230	82.55	1450	他	210	160	33	1-9	1.35×4.7	2	396	2	99	1-50	4	1.5	—	830		ϕ0.93	4	3.0	3.05×6.4	30	500
Z2-81	30	110	315.5	1500	并	245	135	27	1-8	2-2.83×4.7	1	162	2	81	1-41	4	2.0	1	570		ϕ1.30	4	4.0	4.4×14.5	13	450
	30	220	156.9	1500	并	245	135	27	1-8	2.83×4.7	2	324	2	81	1-41	4	2.0	3	1150	与换向极相同	ϕ0.90	4	4.0	2.1×14.5	25	540
	17	110	185	1000	并	245	135	35	1-10	2-1.56×4.7	1	210	2	105	1-53	4	2.0	1	700		ϕ1.40	4	4.0	2.83×14.5	18	460
	17	220	92	1000	并	245	135	35	1-10	1.56×4.7	2	420	2	105	1-53	4	2.0	2	1320		ϕ1.0	4	4.0	3.05×6.4	34	510
	13	110	145	750	并	245	135	27	1-8	2-1.16×4.7	1	270	2	135	1-68	4	2.0	1	700		ϕ1.40	4	4.0	2.26×14.5	23	460
	13	220	72.1	750	并	245	135	27	1-8	1.16×4.7	2	540	2	135	1-68	4	2.0	2	1320		ϕ1.0	4	4.0	2.44×6.4	43	480
	26	115	226	1450	复	245	135	31	1-9	2-1.95×4.7	1	186	2	93	1-47	4	2.0	4	520		ϕ1.30	4	4.0	3.28×14.5	15	530
	26	230	113	1450	复	245	135	31	1-9	1.95×4.7	2	372	2	93	1-47	4	2.0	8	1000		ϕ0.90	4	4.0	1.68×14.5	29	540
	14	115	121.8	960	复	245	135	27	1-8	2-1.08×4.7	1	270	2	135	1-68	4	2.0	9	500		ϕ1.35	4	4.0	2.26×14.5	23	550
	14	230	60.9	960	复	245	135	27	1-8	1.08×4.7	2	540	2	135	1-68	4	2.0	18	1000		ϕ0.93	4	4.0	2.44×6.4	43	540
	22	110/160	163/137.5	1450	并	245	135	27	1-8	2-1.56×4.7	1	270	2	135	1-68	4	2.0	—	700		ϕ1.25	4	4.0	2.44×14.5	22	720
	22	220/320	81.5/68.7	1450	并	245	135	27	1-8	1.56×4.7	2	540	2	135	1-68	4	2.0	—	1480		ϕ0.86	4	4.0	2.83×6.4	42	720
	26	115	226	1450	他	245	135	31	1-9	2-1.95×4.7	1	186	2	93	1-47	4	2.0	—	550		ϕ1.45	4	4.0	3.28×14.5	15	530
	26	230	113	1450	他	245	135	31	1-9	1.95×4.7	2	372	2	93	1-47	4	2.0	—	1150		ϕ1.08	4	4.0	1.68×14.5	29	540
	14	230	60.9	960	他	245	135	27	1-8	1.08×4.7	2	540	2	135	1-68	4	2.0	—	1150		ϕ1.08	4	4.0	2.44×6.4	43	540
Z2-82	40	220	208	1500	并	245	180	35	1-10	2-1.68×4.7	1	210	2	105	1-53	4	2.0	2	1000		ϕ1.16	4	4.0	3.05×14.5	17	770
	22	110	238	1500	并	245	180	27	1-8	1.68×4.7	1	162	2	81	1-41	4	2.0	1	610		ϕ1.45	4	4.0	3.53×14.5	13	460

续表

型号	功率(kW)	电压(V)	电流(A)	转速(r/min)	励磁方式	电枢										主极						换向极				励磁功率(W)
						外径(mm)	长度(mm)	槽数	槽节距	线规(mm)	每元件匝数	总导体数	支路数	换向片数	换向器节距	极数	气隙	每极匝数		线规(mm)		极数	气隙	线规(mm)	每极匝数	
																		串	并	串	并					
Z2-82	22	220	118.2	1000	并	245	180	27	1-8	2.1×4.7	2	324	2	81	1-41	4	2.0	3	1120	与换向极相同	ϕ1.0	4	4.0	1.81×14.5	26	500
	17	110	187.2	750	并	245	180	35	1-10	2-1.56×4.7	1	210	2	105	1-53	4	2.0	1	600		ϕ1.5	4	4.0	3.05×14.5	17	500
	17	220	93.2	750	并	245	180	35	1-10	1.56×4.7	2	420	2	105	1-53	4	2.0	2	1200		ϕ1.08	4	4.0	3.28×6.4	35	560
	35	115	304	1450	复	245	180	27	1-8	2-2.83×4.7	1	162	2	81	1-41	4	2.0	2	550		ϕ1.35	4	4.0	4.4×14.5	13	520
	35	230	152	1450	复	245	180	27	1-8	2.83×4.7	2	324	2	81	1-41	4	2.0	4	850		ϕ0.93	4	4.0	2.26×14.5	26	590
	19	115	165	960	复	245	180	35	1-10	2-1.56×4.7	1	210	2	105	1-53	4	2.0	5	470		ϕ1.45	4	4.0	2.63×14.5	18	600
	19	230	82.5	960	复	245	180	35	1-10	1.56×4.7	2	420	2	105	1-53	4	2.0	10	1000		ϕ1.04	4	4.0	2.83×6.4	34	580
	30	110/160	222/187.5	1450	并	245	180	31	1-9	2-1.95×4.7	1	186	2	93	1-47	4	2.0	—	650		ϕ1.40	4	4.0	3.53×14.5	15	490
	30	220/320	111/93.75	1450	并	245	180	31	1-9	1.95×4.7	2	372	2	93	1-47	4	2.0	—	1380		ϕ1.0	4	4.0	3.8×6.4	30	490
	35	115	304	1450	他	245	180	27	1-8	2-2.83×4.7	1	162	2	81	1-41	4	2.0	—	530		ϕ1.45	4	4.0	4.4×14.5	13	520
	35	230	152	1450	他	245	180	27	1-9	2.83×4.7	2	324	2	81	1-41	4	2.0	—	1000		ϕ1.04	4	4.0	2.26×14.5	26	590
	19	115	165	960	他	245	180	35	1-10	2-1.56×4.7	1	210	2	105	1-53	4	2.0	—	490		ϕ1.68	4	4.0	2.63×14.5	18	600
	19	230	82.5	960	他	245	180	35	1-10	1.56×4.7	2	420	2	105	1-53	4	2.0	—	970		ϕ1.16	4	4.0	2.83×6.4	34	580
Z2-91	55	220	284	1500	并	294	145	37	1-10	2-1.81×6.4	1	222	2	111	1-56	4	2.5	2	920		ϕ1.20	4	5.0	4.4×19.5	17	770
	30	110	314	1000	并	294	145	29	1-8	2-2.44×6.4	1	174	2	87	1-56	4	2.5	1	520		ϕ1.56	4	5.0	5.5×19.5	14	570
	30	220	158.5	1000	并	294	145	29	1-8	2.44×6.4	2	348	2	87	1-44	4	2.5	2	1000		ϕ1.16	4	5.0	2.63×19.5	27	540
	22	110	239.5	750	并	294	145	37	1-10	2-1.81×6.4	1	222	2	111	1-44	4	2.5	1	540		ϕ1.68	4	5.0	4.4×19.5	18	580
	22	220	119	750	并	294	145	37	1-10	1.81×6.4	2	444	2	111	1-56	4	2.5	2	1080		ϕ1.16	4	5.0	2.1×19.5	35	590
	17	110	193	600	并	294	145	29	1-8	2-1.56×6.4	1	290	2	145	1-73	4	2.5	1	620		ϕ1.56	4	5.0	3.28×19.5	23	560
	17	220	95.6	600	并	294	145	29	1-8	1.56×6.4	2	580	2	145	1-73	4	2.5	2	1000		ϕ1.16	4	5.0	1.56×19.5	44	570
	48	115	418	1450	复	294	145	30	1-8	2-1.45×6.4	1	300	4	150	±1	4	2.5	2	470		ϕ1.45	4	5.0	6.5×19.5	11	670
	48	230	209	1450	复	294	145	29	1-8	2-1.45×6.4	1	290	2	145	1-73	4	2.5	4	920		ϕ1.04	4	5.0	3.28×19.5	23	650
	26	115	226	960	复	294	145	37	1-10	2-1.81×6.4	1	222	2	111	1-56	4	2.5	4	960		ϕ1.45	4	5.0	4.4×19.5	18	650
	26	230	113	960	复	294	145	37	1-10	1.81×6.4	2	444	2	111	1-56	4	2.5	7	920		ϕ1.04	4	5.0	2.1×19.5	35	620
	40	110/160	296/250	1450	并	294	145	33	1-9	2-2.1×6.4	1	198	2	99	1-50	4	2.5	—	670		ϕ1.40	4	5.0	4.4×19.5	16	520
	40	220/320	148/125	1450	并	294	145	33	1-9	2.1×6.4	2	396	2	99	1-50	4	2.5	—	1320		ϕ1.0	4	5.0	2.26×19.5	31	520
	48	115	418	1450	他	294	145	30	1-9	2-1.45×6.4	1	300	4	150	±1	4	2.5	—	460		ϕ1.68	4	5.0	6.5×19.5	11	670
	48	230	209	1450	他	294	145	29	1-9	2-1.45×6.4	1	290	2	145	1-73	4	2.5	—	920		ϕ1.20	4	5.0	3.28×19.5	23	650
	26	115	226	960	他	294	145	37	1-10	2-1.81×6.4	1	222	2	111	1-56	4	2.5	—	460		ϕ1.68	4	5.0	4.4×19.5	18	650
	26	230	113	960	他	294	145	37	1-10	1.81×6.4	2	444	2	111	1-56	4	2.5	—	920		ϕ1.20	4	5.0	2.1×19.5	35	620
Z2-92	75	220	385	1500	并	294	185	29	1-8	2-2.63×6.4	1	174	2	87	1-44	4	2.5	2	860		ϕ1.25	4	5.0	5.1×19.5	14	870
	40	110	423	1000	并	294	185	34	1-9	2-1.56×6.4	1	272	4	136	±1	4	2.5	2	520		ϕ1.56	4	5.0	6.5×19.5	11	650

续表

型号	功率 (kW)	电压 (V)	电流 (A)	转速 (r/min)	励磁方式	电枢 外径 (mm)	长度 (mm)	槽数	槽节距	线规 (mm)	每元件匝数	总导体数	支路数	换向片数	换向器节距	主极 极数	气隙	每极匝数 串	每极匝数 并	线规 (mm) 串	线规 (mm) 并	换向极 极数	气隙	线规 (mm)	每极匝数	励磁功率 (W)
Z2-92	40	220	210	1000	并	294	185	29	1-8	2-1.56×6.4	1	290	2	145	1-73	4	2.5	3	900	与换向极相同	ϕ1.08	4	5.0	3.28×19.5	23	620
	30	110	323	750	并	294	185	29	1-8	2-2.63×6.4	1	174	2	87	1-44	4	2.5	2	520		ϕ1.68	4	5.0	5.1×19.5	14	620
	30	220	160	750	并	294	185	29	1-8	2.63×6.4	2	348	2	87	1-44	4	2.5	4	940		ϕ1.20	4	5.0	2.83×19.5	24	770
	22	110	242.5	600	并	294	185	37	1-10	2-1.95×6.4	1	222	2	111	1-56	4	2.5	2	520		ϕ1.68	4	5.0	3.8×19.5	18	610
	22	220	119.7	600	并	294	185	37	1-10	1.95×6.4	2	444	2	111	1-56	4	2.5	4	980		ϕ1.16	4	5.0	2.1×19.5	35	650
	67	230	291	1450	复	294	185	37	1-10	2-1.95×6.4	1	222	2	111	1-56	4	2.5	3	940		ϕ1.20	4	5.0	4.1×19.5	18	700
	35	115	304	960	复	294	185	29	1-8	2-2.44×6.4	1	174	2	87	1-44	4	2.5	3	520		ϕ1.56	4	5.0	5.1×19.5	14	570
	35	230	152	960	复	294	185	29	1-8	2.44×6.4	2	348	2	87	1-44	4	2.5	5	980		ϕ1.16	4	5.0	2.44×19.5	28	650
	55	110/160	407/344	1450	并	294	185	30	1-8	2-1.45×6.4	1	300	4	150	±1	4	2.5	—	580		ϕ1.56	4	5.0	6.5×19.5	12	700
	55	220/320	203.5/172	1450	并	294	185	29	1-8	2-1.45×6.4	1	290	4	145	1-73	4	2.5	—	1240		ϕ1.16	4	5.0	3.28×19.5	23	700
	67	230	291	1450	他	294	185	37	1-10	2-1.95×6.4	1	222	2	111	1-56	4	2.5	—	780		ϕ1.35	4	5.0	4.1×19.5	18	700
	35	115	304	960	他	294	185	29	1-8	2-2.44×6.4	1	174	2	87	1-44	4	2.5	—	460		2-ϕ1.25	4	5.0	5.1×19.5	14	570
	35	230	152	960	他	294	185	29	1-8	2.44×6.4	2	348	2	87	1-44	4	2.5	—	800		ϕ1.20	4	5.0	2.44×19.5	28	650
Z2-101	100	220	511	1500	并	327	195	34	1-9	2-1.68×6.4	1	272	4	136	±1	4	2.5	1.5	760		ϕ1.40	4	5.0	2-3.28×19.5	10	1070
	55	220	285.5	1000	并	327	195	37	1-10	2-1.95×6.4	1	222	2	111	1-56	4	2.5	2	820		ϕ1.16	4	5.0	3.8×19.5	16	670
	40	110	425	750	并	327	195	34	1-9	2-1.68×6.4	1	272	4	136	±1	4	2.5	1	440		2-ϕ1.35	4	5.0	2.3.05×19.5	10	820
	40	220	212	750	并	327	195	34	1-9	2-1.68×6.4	1	270	2	135	1-68	4	2.5	2	880		ϕ1.40	4	5.0	3.05×19.5	20	900
	30	110	324.4	600	并	327	195	31	1-9	2-2.83×6.4	1	186	2	93	1-47	4	2.5	1	480		ϕ1.68	4	5.0	2-2.63×19.5	14	640
	30	220	161.5	600	并	327	195	31	1-9	2.83×6.4	2	372	2	93	1-47	4	2.5	2	950		ϕ1.20	4	5.0	2.63×19.5	27	810
	90	230	391	1450	复	327	195	31	1-9	2-2.83×6.4	1	186	2	93	1-47	4	2.5	2.5	830		ϕ1.16	4	5.0	5.1×19.5	14	690
	48	115	418	960	复	327	195	34	1-9	2-1.68×6.4	1	272	4	136	±1	4	2.5	2	390		ϕ1.68	4	5.0	2-2.83×19.5	10	740
	48	230	209	960	复	327	195	34	1-9	2-1.68×6.4	1	270	2	135	1-68	4	2.5	3.5	780		ϕ1.20	4	5.0	3.05×19.5	20	800
	75	220/320	278/234.5	1450	并	327	195	37	1-10	2-1.95×6.4	1	222	2	111	1-56	4	2.5	—	1060		ϕ1.20	4	5.0	3.53×19.5	16	790
	90	230	391	1450	他	327	195	31	1-9	2-2.83×6.4	1	186	2	93	1-47	4	2.5	—	780		ϕ1.30	4	5.0	5.1×19.5	14	690
	48	115	418	960	他	327	195	34	1-9	2-1.68×6.4	1	272	4	136	±1	4	2.5	—	400		2-ϕ1.35	4	5.0	2-2.83×19.5	10	740
	48	230	209	960	他	327	195	34	1-9	2-1.68×6.4	1	270	2	135	1-68	4	2.5	—	820		ϕ1.30	4	5.0	3.05×19.5	20	800
Z2-102	125	220	635	1500	并	327	240	34	1-9	2-1.95×6.4	1	204	4	102	±1	4	2.5	1	680		2-ϕ1.16	4	5.0	2-3.8×19.5	8	940
	75	220	385	1000	并	327	240	31	1-9	2-2.83×6.4	1	186	2	93	1-47	4	2.5	1.5	740		ϕ1.30	4	5.0	5.1×19.5	14	820
	55	220	289	750	并	327	240	37	1-10	2-1.95×6.4	1	222	2	111	1-56	4	2.5	1.5	810		ϕ1.40	4	5.0	4.1×19.5	16	920
	40	110	431	600	并	327	240	34	1-9	2-1.68×6.4	1	272	4	136	±1	4	2.5	1	418		2-ϕ1.45	4	5.0	2-3.53×19.5	10	930
	40	220	214	600	并	327	240	34	1-9	2-1.68×6.4	1	270	2	135	1-68	4	2.5	2	792		ϕ1.45	4	5.0	3.53×19.5	20	1020
	115	230	500	1450	复	327	240	34	1-9	2-1.68×6.4	1	272	4	136	±1	4	2.5	2.5	648		ϕ1.40	4	5.0	2-3.28×19.5	10	1200

续表

型号	功率(kW)	电压(V)	电流(A)	转速(r/min)	励磁方式	电枢										主极						换向极				励磁功率(W)
						外径(mm)	长度(mm)	槽数	槽节距	线规(mm)	每元件匝数	总导体数	支路数	换向片数	换向器节距	极数	气隙	每极匝数		线规(mm)		极数	气隙	线规(mm)	每极匝数	
																		串	并	串	并					
Z2-102	67	115	582	960	复	327	240	34	1-9	2-1.95×6.4	1	204	4	102	±1	4	2.5	1.5	360		2-ϕ1.35	4	5.0	2-4.1×19.5	8	970
	67	230	291	960	复	327	240	34	1-9	2-1.95×6.4	1	202	2	101	1-51	4	2.5	2.5	720		ϕ1.40	4	5.0	4.1×19.5	15	1000
	100	220/320	370.5/312.5	1450	并	327	240	31	1-9	2-2.83×6.4	1	186	2	93	1-47	4	2.5	—	980		ϕ1.30	4	5.0	4.7×19.5	14	900
	115	230	500	1450	他	327	240	34	1-9	2-1.68×6.4	1	272	4	136	±1	4	2.5	—	660		ϕ1.56	4	5.0	2-3.28×19.5	10	1200
	67	115	582	960	他	327	240	34	1-9	2-1.95×6.4	1	204	4	102	±1	4	2.5	—	370		2-ϕ1.56	4	5.0	2-4.1×19.5	8	970
	67	230	291	960	他	327	240	34	1-9	2-1.95×6.4	1	202	2	101	1-51	4	2.5	—	740		ϕ1.56	4	5.0	4.1×19.5	15	1000
Z2-111	160	220	810	1500	并	368	230	50	1-13	2-2.63×6.4	1	200	4	100	±1	4	3.0	1.5	660		ϕ1.56	4	6.0	2-5.1×19.5	7	1300
	100	220	511	1000	并	368	230	50	1-13	2-1.68×6.4	1	300	4	150	±1	4	3.0	1.5	720		ϕ1.56	4	6.0	2-3.53×19.5	11	1150
	75	220	387	750	并	368	230	35	1-10	2-3.05×6.4	1	210	2	105	1-53	4	3.0	1.5	780		ϕ1.56	4	6.0	5.5×19.5	16	1000
	55	220	289	600	复	368	230	43	1-12	2-2.26×6.4	1	258	2	129	1-65	4	3.0	2	840		ϕ1.56	4	6.0	4.7×19.5	18	980
	145	220	631	1450	复	368	230	42	1-11	2-2.26×6.4	1	252	4	126	±1	4	3.0	1.5	600		ϕ1.56	4	6.0	2-4.1×19.5	9	1300
	90	230	391	960	复	368	230	35	1-10	2-3.05×6.4	1	210	2	105	1-53	4	3.0	2.5	680		ϕ1.35	4	6.0	5.5×19.5	16	990
	125	220/320	463/391	1450	并	368	230	42	1-11	2-1.68×6.4	1	336	4	168	±1	4	3.0	—	940		ϕ1.40	4	6.0	6.0×19.5	12	960
	155	440	392	1500	并	368	230	50	1-13	2-1.25×6.4	1	400	4	200	±1	4	3.0	3.5	1400		ϕ1.08	4	6.0	5.1×19.5	14	—
	100	440	256	1000	并	368	230	49	1-13	2-1.68×6.4	1	294	2	147	1-74	4	3.0	3.5	1360		ϕ1.16	4	6.0	3.53×19.5	21	—
	145	460	315.5	1450	并	368	230	43	1-12	2-2.26×6.4	1	258	2	129	1-65	4	3.0	3.5	1260	与换向极相同	ϕ1.04	4	6.0	4.1×19.5	18	—
	145	230	631	1450	他	368	230	42	1-11	2-2.26×6.4	1	252	4	126	±1	4	3.0	—	660		ϕ1.68	4	6.0	2-4.1×19.5	9	1300
	90	230	391	960	他	368	230	35	1-10	2-3.05×6.4	1	210	2	105	1-53	4	3.0	—	660		ϕ1.56	4	6.0	5.5×19.5	16	—
	145	460	315.5	1450	他	368	230	43	1-12	2-2.26×6.4	1	258	2	129	1-65	4	3.0	—	620		ϕ1.68	4	6.0	4.1×19.5	18	—
Z2-112	200	220	1010	1500	并	368	280	42	1-11-	2-3.53×6.4	1	163	4	84	±1	4	3.0	1	620		ϕ1.68	4	6.0	2-6.5×19.5	6	1620
	125	220	635	1000	并	368	280	42	1-11	2-2.26×6.4	1	252	4	126	±1	4	3.0	1.5	660		ϕ1.68	4	6.0	2-4.4×19.5	9	1380
	180	230	783	1450	复	368	280	50	1-13	2-2.63×6.4	1	200	4	100	±1	4	3.0	1	580		ϕ1.68	4	6.0	2-5.1×19.5	7	1500
	115	230	500	960	复	368	280	50	1-13	2-1.68×6.4	1	300	4	150	±1	4	3.0	2	580		2-ϕ1.25	4	6.0	2-3.53×19.5	11	1500
	160	220/320	593/500	1450	并	368	280	42	1-11	2-1.95×6.4	1	252	4	126	±1	4	3.0	—	860		2-ϕ1.16	4	6.0	2-3.8×19.5	9	1240
	195	440	490	1500	并	368	280	42	1-11	2-1.63×6.4	1	336	4	168	±1	4	3.0	2.5	1260		ϕ1.16	4	6.0	6×19.5	12	—
	125	440	316	1000	并	368	280	43	1-12	2-2.26×6.4	1	258	2	129	1-65	4	3.0	3	1320		ϕ1.16	4	6.0	4.4×19.5	18	—
	175	460	380.5	1450	复	368	280	50	1-13	2-1.25×6.4	1	400	4	200	±1	4	3.0	2.5	1140		ϕ1.16	4	6.0	5.1×19.5	14	—
	115	460	250	960	复	368	280	49	1-13	2-1.68×6.4	1	294	2	147	1-74	4	3.0	4.5	1220		ϕ1.20	4	6.0	3.53×19.5	21	—
	180	230	783	1450	他	368	280	50	1-13	2-2.63×6.4	1	200	4	100	±1	4	3.0	—	600		2-ϕ1.30	4	6.0	2-5.1×19.5	7	1500
	115	230	500	960	他	368	280	50	1-13	2-1.68×6.4	1	300	4	150	±1	4	3.0	—	600		2-ϕ1.35	4	6.0	2-3.53×19.5	11	1500
	175	460	380.5	1450	他	368	280	50	1-13	2-1.25×6.4	1	400	4	200	±1	4	3.0	—	600		2-ϕ1.25	4	6.0	5.1×19.5	14	—
	115	460	250	960	他	368	280	49	1-13	2-1.68×6.4	1	294	2	147	1-47	4	3.0	—	600		2-ϕ1.35	4	6.0	3.53×19.5	21	—

附表 1-2

Z3 系列直流电机技术数据

型号	功率 (kW)	电压 (V)	电流 (A)	转速 (r/min)	励磁方式	电枢										主极						换向极				励磁功率 (W)
						外径 (mm)	长度 (mm)	槽数	槽节距	线规 (mm)	每元件匝数	总导体数	支路数	换向片数	换向器节距	极数	气隙 (mm)	每极匝数		线规 (mm)		极数	气隙 (mm)	线规 (mm)	每极匝数	
																		串	并	串	并					
Z3-11	0.55	110	7.14	3000	并	70	55	14	1-8	φ0.80	30/4	840	2	56	±1	2	0.6/1.8	—	2000	—	φ0.35	1	1.2	φ1.30	152	—
	0.55	160	4.5	3000	他	70	55	14	1-8	φ0.64	11	1232	2	56	±1	2	0.6/1.8	—	3432	—	φ0.27	1	1.2	φ1.08	220	—
	0.55	220	3.52	3000	并	70	55	14	1-8	φ0.55	15	1680	2	56	±1	2	0.6/1.8	—	3800	—	φ0.25	1	1.2	φ0.93	294	—
	0.25	110	3.63	1500	并	70	55	14	1-8	φ0.57	14	1568	2	56	±1	2	0.6/1.8	—	2200	—	φ0.33	1	1.2	φ0.90	292	—
	0.25	160	2.2	1500	他	70	55	14	1-8	φ0.47	21	2352	2	56	±1	2	0.6/1.8	—	3160	—	φ0.25	1	1.2	φ0.80	420	—
	0.25	220	1.85	1500	并	70	55	14	1-8	φ0.41	28	3136	2	56	±1	2	0.6/1.8	—	3800	—	φ0.25	1	1.2	φ0.64	554	—
Z3-12	0.75	110	9.2	3000	并	70	75	14	1-8	φ0.90	23/4	644	2	56	±1	2	0.6/1.8	—	1800	—	φ0.38	1	1.2	φ1.5	116	—
	0.75	160	5.9	3000	他	70	75	14	1-8	φ0.72	33/4	924	2	56	±1	2	0.6/1.8	—	3140	—	φ0.29	1	1.2	φ1.25	164	—
	0.75	220	4.55	3000	并	70	75	14	1-8	φ0.64	46/4	1288	2	56	±1	2	0.6/1.8	—	3600	—	φ0.27	1	1.2	φ1.04	222	—
	0.37	110	5.17	1500	并	70	75	14	1-8	φ0.67	42/4	1176	2	56	±1	2	0.6/1.8	—	1800	—	φ0.38	1	1.2	φ1.08	212	—
	0.37	160	3.08	1500	他	70	75	14	1-8	φ0.53	16	1792	2	56	±1	2	0.6/1.8	—	3120	—	φ0.27	1	1.2	φ0.90	315	—
	0.37	220	2.57	1500	并	70	75	14	1-8	φ0.47	11	2352	2	56	±1	2	0.6/1.8	—	3600	—	φ0.27	1	1.2	φ0.77	410	—
Z3-21	1.1	110	13.2	3000	并	83	70	18	1-10	φ1.12	4	576	2	72	±1	2	0.6/2.4	—	2000	—	φ0.38	1	1.2	φ1.81	100	—
	1.1	160	8.65	3000	他	83	70	18	1-10	φ0.96	23/4	828	2	72	±1	2	0.6/2.4	—	3300	—	φ0.31	1	1.2	φ1.5	141	—
	1.1	220	6.5	3000	并	83	70	18	1-10	φ0.80	8	1152	2	72	±1	2	0.6/2.4	—	4000	—	φ0.27	1	1.2	φ1.25	194	—
	0.55	110	7.1	1500	并	83	70	18	1-10	φ0.83	29/4	1044	2	72	±1	2	0.6/2.4	—	2200	—	φ0.41	1	1.2	φ1.30	183	—
	0.55	160	4.44	1500	他	83	70	18	1-10	φ0.69	11	1584	2	72	±1	2	0.6/2.4	—	3500	—	φ0.29	1	1.2	φ1.12	268	—
	0.55	220	3.52	1500	并	83	70	18	1-10	φ0.59	29/2	2088	2	72	±1	2	0.6/2.4	—	4000	—	φ0.29	1	1.2	φ0.93	352	—
Z3-22	1.5	110	17.7	3000	并	83	95	18	1-10	φ1.3	3	432	2	72	±1	2	0.6/2.4	—	1600	—	φ0.41	1	1.2	φ2.1	74	—
	1.5	160	11.6	3000	他	83	95	18	1-10	φ1.08	18/4	648	2	72	±1	2	0.6/2.4	—	2600	—	φ0.31	1	1.2	φ1.74	109	—
	1.5	220	8.74	3000	并	83	95	18	1-10	φ0.93	6	864	2	72	±1	2	0.6/2.4	—	3000	—	φ0.31	1	1.2	φ1.45	144	—
	0.75	110	9.34	1500	并	83	95	18	1-10	φ0.96	22/4	792	2	72	±1	2	0.6/2.4	—	1600	—	φ0.44	1	1.2	φ1.5	137	—
	0.75	160	5.85	1500	他	83	95	18	1-10	φ0.80	8	1152	2	72	±1	2	0.6/2.4	—	2700	—	φ0.33	1	1.2	φ1.2	195	—
	0.75	220	4.64	1500	并	83	95	18	1-10	φ0.67	11	1584	2	72	±1	2	0.6/2.4	—	3000	—	φ0.31	1	1.2	φ1.04	264	—
	0.37	110	5.17	1000	并	83	95	18	1-10	φ0.77	8	1152	2	72	±1	2	0.6/2.4	—	1700	—	φ0.41	1	1.2	φ1.08	204	—
	0.37	160	3	1000	他	83	95	18	1-10	φ0.62	46/4	1656	2	72	±1	2	0.6/2.4	—	2700	—	φ0.33	1	1.2	φ0.86	286	—
	0.37	220	2.54	1000	并	83	95	18	1-10	φ0.53	16	2304	2	72	±1	2	0.6/2.4	—	3200	—	φ0.31	1	1.2	φ0.77	389	—

续表

型号	功率 (kW)	电压 (V)	电流 (A)	转速 (r/min)	励磁方式	电枢 外径 (mm)	电枢 长度 (mm)	电枢 槽数	电枢 槽节距	电枢 线规 (mm)	电枢 每元件匝数	电枢 总导体数	电枢 支路数	电枢 换向片数	电枢 换向器节距	主极 极数	主极 气隙 (mm)	主极 每极匝数 串	主极 每极匝数 并	主极 线规 (mm) 串	主极 线规 (mm) 并	换向极 极数	换向极 气隙 (mm)	换向极 线规 (mm)	换向极 每极匝数	励磁功率 (W)
Z3-31	2.2	110	25.3	3000	并	106	65	18	1-10	ϕ1.5	3	450	2	75	1-38	4	0.6/2.4	—	1000	—	ϕ0.51	4	1.5	1.56×3.28	33	—
	2.2	160	16.8	3000	他	106	65	25	1-10	ϕ1.25	13/3	650	2	75	1-38	4	0.6/2.4	—	1800	—	ϕ0.41	4	1.5	1.25×3.28	47	—
	2.2	220	12.5	3000	并	106	65	25	1-10	ϕ1.08	19/3	950	2	75	1-38	4	0.6/2.4	—	2000	—	ϕ0.33	4	1.5	ϕ1.74	68	—
	1.1	110	13.15	1500	并	106	65	25	1-10	ϕ1.08	17/3	850	2	75	1-38	4	0.6/2.4	—	1140	—	ϕ0.51	4	1.5	ϕ1.81	63	—
	1.1	160	8.6	1500	他	106	65	25	1-10	ϕ0.93	8	1200	2	75	1-38	4	0.6/2.4	—	1900	—	ϕ0.41	4	1.5	ϕ1.56	86	—
	1.1	220	6.54	1500	并	106	65	18	1-10	ϕ0.80	11	1584	2	72	±1	2	0.6/2.4	—	3650	—	ϕ0.44	4	1.5	ϕ1.74	263	—
	0.55	110	7.04	1000	并	106	65	25	1-10	ϕ0.90	25/3	1250	2	75	1-38	4	0.6/2.4	—	1300	—	ϕ0.49	4	1.5	ϕ1.35	96	—
	0.55	160	4.5	1000	他	106	65	25	1-10	ϕ0.77	35/3	750	2	75	1-38	4	0.6/2.4	—	2200	—	ϕ0.41	4	1.5	ϕ1.2	127	—
	0.55	220	3.5	1000	并	106	65	25	1-10	ϕ0.64	17	2550	2	75	1-38	4	0.6/2.4	—	2700	—	ϕ0.33	4	1.5	ϕ0.96	185	—
Z3-32	3	110	34.7	3000	并	106	90	25	1-10	2-ϕ1.25	7/3	350	2	75	1-38	4	0.6/2.4	—	880	—	ϕ0.53	4	1.5	1.08×6.4	26	—
	3	160	23	3000	他	106	90	25	1-10	ϕ1.45	10/3	500	2	75	1-38	4	0.6/2.4	—	1650	—	ϕ0.41	4	1.5	ϕ2.44	36	—
	3	220	17.1	3000	并	106	90	25	1-10	ϕ1.25	14/3	700	2	75	1-38	4	0.6/2.4	—	1800	—	ϕ0.38	4	1.5	ϕ2.02	50	—
	1.5	110	17.6	1500	并	106	90	25	1-10	ϕ1.30	13/3	650	2	75	1-38	4	0.6/2.4	—	950	—	ϕ0.53	4	1.5	ϕ2.26	48	—
	1.5	160	11.6	1500	他	106	90	18	1-10	ϕ1.08	6	900	2	75	1-38	4	0.6/2.4	—	1650	—	ϕ0.44	2	1.5	ϕ1.95	65	—
	1.5	220	8.68	1500	并	106	90	18	1-10	ϕ0.90	9	1296	2	72	±1	2	0.6/2.4	—	3500	—	ϕ0.41	1	1.5	ϕ1.88	215	—
	0.75	110	9.4	1000	并	106	90	25	1-10	ϕ1.04	19/3	950	2	75	1-38	4	0.6/2.4	—	1100	—	ϕ0.53	4	1.5	ϕ1.56	72	—
	0.75	160	6	1000	他	106	90	25	1-10	ϕ0.86	9	1350	2	75	1-38	4	0.6/2.4	—	1950	—	ϕ0.41	4	1.5	ϕ1.35	98	—
	0.75	220	4.64	1000	并	106	90	25	1-10	ϕ0.74	38/3	1900	2	75	1-38	4	0.6/2.4	—	2200	—	ϕ0.38	4	1.5	ϕ1.08	136	—
	0.55	110	7.25	750	并	106	90	25	1-10	ϕ0.96	8	1200	2	75	1-38	4	0.6/2.4	—	1100	—	ϕ0.53	4	1.5	ϕ1.40	92	—
	0.55	160	4.55	750	他	106	90	25	1-10	ϕ0.77	34/3	1700	2	75	1-38	4	0.6/2.4	—	2000	—	ϕ0.41	4	1.5	ϕ1.16	127	—
	0.55	220	3.57	750	并	106	90	25	1-10	ϕ0.67	49/3	2450	2	75	1-38	4	0.6/2.4	—	2200	—	ϕ0.38	4	1.5	ϕ0.96	177	—
Z3-33	4	110	45.4	3000	并	106	130	25	1-10	2-ϕ1.45	5/3	250	2	75	1-38	4	0.6/2.4	—	720	—	ϕ0.57	4	1.5	1.35×6.4	18	—
	4	160	30.3	3000	他	106	130	25	1-10	2-ϕ1.20	7/3	350	2	75	1-38	4	0.6/2.4	—	1550	—	ϕ0.49	4	1.5	1.03×6.4	24	—
	4	220	22.4	3000	并	106	130	25	1-10	ϕ1.45	10/3	500	2	75	1-38	4	0.6/2.4	—	1400	—	ϕ0.41	4	1.5	1.35×3.28	35	—
	2.2	110	25	1500	并	106	130	25	1-10	ϕ1.56	3	450	2	75	1-38	4	0.6/2.4	—	700	—	ϕ0.62	4	1.5	1.56×3.28	33	—
	2.2	160	16.5	1500	他	106	130	25	1-10	ϕ1.30	13/3	650	2	75	1-38	4	0.6/2.4	—	1300	—	ϕ0.49	4	1.5	1.25×3.28	46	—

续表

型号	功率(kW)	电压(V)	电流(A)	转速(r/min)	励磁方式	电枢 外径(mm)	电枢 长度(mm)	电枢 槽数	电枢 槽节距	电枢 线规(mm)	电枢 每元件匝数	电枢 总导体数	电枢 支路数	电枢 换向片数	电枢 换向器节距	主极 极数	主极 气隙(mm)	主极 每极匝数 串	主极 每极匝数 并	主极 线规(mm) 串	主极 线规(mm) 并	换向极 极数	换向极 气隙(mm)	换向极 线规(mm)	换向极 每极匝数	励磁功率(W)
Z3-33	2.2	220	12.3	1500	并	106	130	18	1-10	ϕ1.08	25/4	900	2	72	±1	2	0.6/2.4	—	2600	—	ϕ0.53	1	1.5	1.35×3.28	148	—
	1.1	110	13.3	1000	并	106	130	25	1-10	ϕ1.25	13/3	650	2	75	1-38	4	0.6/2.4	—	860	—	ϕ0.62	4	1.5	ϕ1.95	49	—
	1.1	160	8.46	1000	他	106	130	25	1-10	ϕ1.04	19/3	950	2	75	1-38	4	0.6/2.4	—	1400	—	ϕ0.49	4	1.5	ϕ1.62	67	—
	1.1	220	6.6	1000	并	106	130	25	1-10	ϕ0.86	9	1350	2	75	1-38	4	0.6/2.4	—	1700	—	ϕ0.41	4	1.5	ϕ1.40	95	—
	0.75	110	9.4	750	并	106	130	25	1-10	ϕ1.08	17/3	850	2	75	1-38	4	0.6/2.4	—	850	—	ϕ0.59	4	1.5	ϕ1.62	65	—
	0.75	160	5.84	750	他	106	130	25	1-10	ϕ0.90	25/3	1250	2	75	1-38	4	0.6/2.4	—	1400	—	ϕ0.47	4	1.5	ϕ1.40	89	—
	0.75	220	4.64	750	并	106	130	25	1-10	ϕ0.77	25/3	1750	2	75	1-38	4	0.6/2.4	—	1650	—	ϕ0.41	4	1.5	ϕ1.16	125	—
Z3-41	5.5	110	61.3	3000	并	120	95	25	1-7	3-ϕ1.40	5/3	250	2	75	1-38	4	0.7/3.5	—	660	—	ϕ0.67	4	2	1.68×6.4	19	—
	5.5	220	30.5	3000	并	120	95	25	1-7	2-ϕ1.20	10/2	500	2	75	1-38	4	0.7/3.5	—	1400	—	ϕ0.47	4	2	1.35×4.1	37	—
	3	110	34.3	1500	并	120	95	25	1-7	2-ϕ1.25	3	450	2	75	1-38	4	0.7/3.5	—	780	—	ϕ0.72	4	2	1.56×4.1	34	—
	3	160	22.1	1500	他	120	95	25	1-7	ϕ1.45	13/3	650	2	75	1-38	4	0.7/3.5	—	1200	—	ϕ0.55	4	2	1.08×4.1	49	—
	3	220	17	1500	并	120	95	25	1-7	ϕ1.25	19/3	950	2	75	1-38	4	0.7/3.5	—	1400	—	ϕ0.47	4	2	ϕ2.02	70	—
	1.5	110	18	1000	并	120	95	25	1-7	ϕ1.40	14/3	700	2	75	1-38	4	0.7/3.5	—	940	—	ϕ0.64	4	2	1.0×4.1	54	—
	1.5	160	11.5	1000	他	120	95	25	1-7	ϕ1.16	7	1050	2	75	1-38	4	0.7/3.5	—	1500	—	ϕ0.47	4	2	ϕ1.81	79	—
	1.5	220	8.9	1000	并	120	95	25	1-7	ϕ1.0	28/3	1400	2	75	1-38	4	0.7/3.5	—	1900	—	ϕ0.47	4	2	ϕ1.62	104	—
	1.1	110	14.2	750	并	120	95	25	1-7	ϕ1.25	6	900	2	75	1-38	4	0.7/3.5	—	900	—	ϕ0.64	4	2	ϕ2.1	69	—
	1.1	160	8.9	750	他	120	95	25	1-7	ϕ1.0	26/3	1300	2	75	1-38	4	0.7/3.5	—	1500	—	ϕ0.49	4	2	ϕ1.68	98	—
	1.1	220	7	750	并	120	95	25	1-7	ϕ0.86	12	1800	2	75	1-38	4	0.7/3.5	—	1840	—	ϕ0.47	4	2	ϕ1.45	134	—
	2.2	115	19.2	1450	复	120	95	25	1-7	ϕ1.45	13/3	650	2	75	1-38	4	0.7/3.5	—	720	1.08×4.1	ϕ0.67	4	2	1.08×4.1	49	—
	2.2	230	9.6	1450	复	120	95	25	1-7	ϕ1.0	26/3	1300	2	75	1-38	4	0.7/3.5	—	1520	ϕ1.68	ϕ0.47	4	2	ϕ1.68	96	—
Z3-42	7.5	110	83	3000	并	120	125	25	1-7	3-ϕ1.56	4/3	200	2	75	1-38	4	0.7/3.5	—	600	—	ϕ0.69	4	2	2.26×6.4	15	—
	7.5	220	41.3	3000	并	120	125	25	1-7	2-ϕ1.35	8/3	400	2	75	1-38	4	0.7/3.5	—	1160	—	ϕ0.49	4	2	1.16×6.4	29	—
	4	110	44.8	1500	并	120	125	25	1-7	2-ϕ1.45	7/3	350	2	75	1-38	4	0.7/3.5	—	620	—	ϕ0.77	4	2	1.25×6.4	26	—
	4	160	29	1500	他	120	125	25	1-7	2-ϕ1.16	10/3	500	2	75	1-38	4	0.7/3.5	—	1120	—	ϕ0.62	4	2	1.45×4.1	37	—
	4	220	22.3	1500	并	120	125	25	1-7	ϕ1.45	14/3	700	2	75	1-38	4	0.7/3.5	—	1300	—	ϕ0.57	4	2	1.08×4.1	52	—
	2.2	110	25.8	1000	并	120	125	25	1-7	ϕ1.62	11/3	550	2	75	1-38	4	0.7/3.5	—	770	—	ϕ0.69	4	2	1.45×4.1	41	—

续表

型号	功率(kW)	电压(V)	电流(A)	转速(r/min)	励磁方式	电枢										主极						换向极				励磁功率(W)
						外径(mm)	长度(mm)	槽数	槽节距	线规(mm)	每元件匝数	总导体数	支路数	换向片数	换向器节距	极数	气隙(mm)	每极匝数		线规(mm)		极数	气隙(mm)	线规(mm)	每极匝数	
																		串	并	串	并					
Z3-42	2.2	160	16.7	1000	他	120	125	25	1-7	ϕ1.35	16/3	800	2	75	1-38	4	0.7/3.5	—	1380	—	ϕ0.53	4	2	1.0×4.1	60	—
	2.2	220	12.8	1000	并	120	125	25	1-7	ϕ1.16	22/3	1100	2	75	1-38	4	0.7/3.5	—	1620	—	ϕ0.51	4	2	ϕ1.95	81	—
	1.5	110	18.8	750	并	120	125	25	1-7	ϕ1.45	14/3	700	2	75	1-38	4	0.7/3.5	—	720	—	ϕ0.72	4	2	1.16×4.1	53	—
	1.5	160	11.8	750	他	120	125	25	1-7	ϕ1.16	20/3	1000	2	75	1-38	4	0.7/3.5	—	1200	—	ϕ0.55	4	2	ϕ1.95	75	—
	1.5	220	9.25	750	并	120	125	25	1-7	ϕ1.0	28/3	1400	2	75	1-38	4	0.7/3.5	—	1400	—	ϕ0.51	4	2	ϕ1.68	103	—
	3	115	26.2	1450	复	120	125	25	1-7	2-ϕ1.16	10/3	500	2	75	1-38	4	0.7/3.5	14	640	1.45×4.1	ϕ0.69	4	2	1.45×4.1	37	—
	3	230	13.1	1450	复	120	120	25	1-7	ϕ1.16	20/3	1000	2	75	1-38	4	0.7/3.5	30	1280	ϕ1.95	ϕ0.49	4	2	ϕ1.95	73	—
Z3-51	10	220	54.8	3000	并	138	100	27	1-8	2-ϕ1.50	7/3	378	2	81	1-41	4	0.8/4	—	1250	—	ϕ0.57	4	2	1.56×5.9	27	—
	5.5	110	61	1500	并	138	100	27	1-8	2-ϕ1.56	7/3	378	2	81	1-41	4	0.8/4	—	670	—	ϕ0.74	4	2	2.1×5.9	28	—
	5.5	220	30.3	1500	并	138	100	27	1-8	ϕ1.56	13/3	702	2	81	1-41	4	0.8/4	—	1300	—	ϕ0.59	4	2	1.16×5.1	51	—
	5.5	440	14.4	1500	他	138	100	27	1-8	ϕ1.12	26/5	1404	2	135	1-68	4	0.8/4	—	1150	—	ϕ0.64	4	2	ϕ1.88	100	—
	3	110	34.5	1000	并	138	100	27	1-8	2-ϕ1.25	10/3	540	2	81	1-41	4	0.8/4	—	980	—	ϕ0.77	4	2	1.35×5.9	40	—
	3	160	22.4	1000	他	138	100	27	1-8	ϕ1.50	5	810	2	81	1-41	4	0.8/4	—	1450	—	ϕ0.55	4	2	1.08×5.1	59	—
	3	220	17.2	1000	并	138	100	27	1-8	ϕ1.25	20/3	1080	2	81	1-41	4	0.8/4	—	1800	—	ϕ0.55	4	2	ϕ2.1	78	—
	2.2	110	26.5	750	并	138	100	27	1-8	ϕ1.56	13/3	702	2	81	1-41	4	0.8/4	—	910	—	ϕ0.74	4	2	1.08×5.9	52	—
	2.2	160	17.2	750	他	138	100	27	1-8	ϕ1.30	19/3	1026	2	81	1-41	4	0.8/4	—	1550	—	ϕ0.57	4	2	ϕ2.26	75	—
	2.2	220	13	750	并	138	100	27	1-8	ϕ1.12	26/3	1404	2	81	1-41	4	0.8/4	—	1800	—	ϕ0.55	4	2	ϕ2.02	102	—
	4.2	115	36.5	1450	复	138	100	27	1-8	2-ϕ1.30	3	486	2	81	1-41	4	0.8/4	14	710	1.35×5.9	ϕ0.77	4	2	1.35×5.9	36	—
	4.2	230	18.3	1450	复	138	100	27	1-8	ϕ1.30	6	972	2	81	1-41	4	0.8/4	28	1380	1.0×4.1	ϕ0.55	4	2	1.0×4.1	70	—
Z3-52	13	220	70.7	3000	并	138	135	27	1-8	3-ϕ1.40	2	324	2	81	1-41	4	0.8/4	—	1000	—	ϕ0.53	4	2	2.1×5.9	23	—
	7.5	110	82.1	1500	并	138	135	27	1-8	3-ϕ1.50	5/3	270	2	81	1-41	4	0.8/4	—	540	—	ϕ0.86	4	2	2.44×5.9	20	—
	7.5	220	40.8	1500	并	138	135	27	1-8	2-ϕ1.30	10/3	540	2	81	1-41	4	0.8/4	—	1100	—	ϕ0.64	4	2	1.56×5.1	39	—
	7.5	440	19.5	1500	他	138	135	27	1-8	2-ϕ0.90	4	1080	2	135	1-68	4	0.8/4	—	960	—	ϕ0.67	4	2	ϕ2.26	77	—
	4	110	45.2	1000	并	138	135	27	1-8	2-ϕ1.45	8/3	432	2	81	1-41	4	0.4/4	—	720	—	ϕ0.77	4	2	1.95~5.1	32	—
	2.2	110	26.7	600	并	138	135	27	1-8	ϕ1.68	4	648	2	81	1-41	4	0.8/4	—	750	—	ϕ0.83	4	2	1.35×5.1	48	—
	2.2	160	16.8	600	他	138	135	27	1-8	ϕ1.40	17/3	918	2	81	1-41	4	0.8/4	—	1240	—	ϕ0.67	4	2	ϕ2.44	67	—

续表

型号	功率(kW)	电压(V)	电流(A)	转速(r/min)	励磁方式	电枢 外径(mm)	电枢 长度(mm)	电枢 槽数	电枢 槽节距	电枢 线规(mm)	电枢 每元件匝数	电枢 总导体数	电枢 支路数	电枢 换向片数	电枢 换向器节距	主极 极数	主极 气隙(mm)	主极 每极匝数 串	主极 每极匝数 并	主极 线规(mm) 串	主极 线规(mm) 并	换向极 极数	换向极 气隙(mm)	换向极 线规(mm)	换向极 每极匝数	励磁功率(W)
Z3-52	2.2	220	13.3	600	并	138	135	27	1-8	ϕ1.16	8	1296	2	81	1-41	4	0.8/4	—	1470	—	ϕ0.59	4	2	ϕ2.02	94	—
	6	115	52.2	1450	复	138	135	27	1-8	2-ϕ1.56	7/3	378	2	81	1-41	4	0.8/4	8	600	1.81×5.9	ϕ0.80	4	2	1.81×5.9	27	—
	6	230	26.1	1450	复	138	135	27	1-8	ϕ1.56	14/3	756	2	81	1-41	4	0.8/4	16	1350	1.08×5.1	ϕ0.57	4	2	1.08×5.1	51	—
Z3-61	17	220	92	3000	并	162	120	31	1-9	3-ϕ1.62	4/3	248	2	93	1-47	4	0.9/3.6	—	990	—	ϕ0.67	4	2.5	1.35×12.5	19	—
	10	110	108.2	1500	并	162	120	31	1-9	4-ϕ1.50	4/3	248	2	93	1-47	4	0.9/3.6	—	720	—	ϕ0.93	4	2.5	1.56×12.5	19	—
	10	220	53.8	1500	并	162	120	31	1-9	2-ϕ1.50	8/3	496	2	93	1-47	4	0.9/3.6	—	1040	—	ϕ0.67	4	2.5	1.68×6.4	37	—
	10	440	25.7	1500	他	162	120	31	1-9	2-ϕ1.12	16/3	992	2	93	1-47	4	0.9/3.6	—	1100	—	ϕ0.77	4	2.5	1.0×5.9	68	—
	5.5	110	61.4	1000	并	162	120	31	1-9	2-ϕ1.74	2	372	2	93	1-47	4	0.9/3.6	—	720	—	ϕ0.90	4	2.5	2.26×6.4	28	—
	5.5	220	30.3	1000	并	162	120	31	1-9	ϕ1.74	4	744	2	93	1-47	4	0.9/3.6	—	1360	—	ϕ0.64	4	2.5	1.25×5.9	56	—
	5.5	440	14.5	1000	他	162	120	31	1-9	ϕ1.20	24/5	1488	2	135	1-66	4	0.9/3.6	—	1100	—	ϕ0.77	4	2.5	ϕ2.26	101	—
	4	110	46.6	750	并	162	120	31	1-9	2-ϕ1.50	8/3	496	2	93	1-47	4	0.9/3.6	—	635	—	ϕ0.86	4	2.5	1.68×6.4	37	—
	4	160	30.2	750	他	162	120	31	1-9	2-ϕ1.25	11/3	682	2	93	1-47	4	0.9/3.6	—	1300	—	ϕ0.69	4	2.5	1.16×5.9	50	—
	4	220	23	750	并	162	120	31	1-9	ϕ1.50	5	930	2	93	1-47	4	0.9/3.6	—	1230	—	ϕ0.69	4	2.5	1.0×5.9	69	—
	3	110	35.9	600	并	162	120	31	1-9	2-ϕ1.35	3	558	2	93	1-47	4	0.9/3.6	—	790	—	ϕ1.0	4	2.5	1.35×6.4	42	—
	3	160	23.3	600	他	162	120	31	1-9	2-ϕ1.12	14/3	868	2	93	1-47	4	0.9/3.6	—	1550	—	ϕ0.69	4	2.5	1.08×5.9	62	—
	3	220	17.8	600	并	162	120	31	1-9	ϕ1.35	19/3	1178	2	93	1-47	4	0.9/3.6	—	1385	—	ϕ0.64	4	2.5	1.0×4.4	88	—
	8.5	115	74	1450	复	162	120	31	1-9	4-ϕ1.30	5/3	310	2	93	1-47	4	0.9/3.6	10	650	1.25×12.5	ϕ0.96	4	2.5	1.25×12.5	23	—
	8.5	230	37	1450	复	162	120	31	1-9	2-ϕ1.30	10/3	620	2	93	1-47	4	0.9/3.6	18	1100	1.35×6.4	ϕ0.64	4	2.5	1.35×6.4	46	—
Z3-62	22	220	117.6	3000	并	162	165	31	1-9	4-ϕ1.62	1	186	2	93	1-47	4	0.9/3.6	—	810	—	ϕ0.74	4	2.5	1.45×12.5	14	—
	13	110	140	1500	并	162	165	31	1-9	4-ϕ1.68	1	186	2	93	1-47	4	0.9/3.6	—	500	—	ϕ1.04	4	2.5	1.95×12.5	14	—
	13	220	69.5	1500	并	162	165	31	1-9	2-ϕ1.68	2	372	2	93	1-47	4	0.9/3.6	—	1000	—	ϕ0.72	4	2.5	1.81×6.4	27	—
	13	440	33.3	1500	复	162	165	31	1-9	2-ϕ1.20	12/5	744	2	155	1-78	4	0.9/3.6	—	780	—	ϕ0.77	4	2.5	1.25×5.5	58	—
	7.5	110	83.2	1000	并	162	165	31	1-9	4-ϕ1.45	4/3	248	2	93	1-47	4	0.9/3.6	—	600	—	ϕ1.20	4	2.5	2.44×6.4	19	—
	7.5	220	41.4	1000	并	162	165	31	1-9	2-ϕ1.40	3	558	2	93	1-47	4	0.9/3.6	—	1060	—	ϕ0.69	4	2.5	1.56×5.5	41	—
	7.5	440	20.7	1000	他	162	165	31	1-9	2-ϕ1.08	18/5	1116	2	155	1-78	4	0.9/3.6	—	900	—	ϕ0.82	4	2.5	1.0×5.9	80	—
	5.5	110	62.8	750	并	162	165	31	1-9	2-ϕ1.74	2	372	2	93	1-47	4	0.9/3.6	—	610	—	ϕ0.93	4	2.5	1.0×12.5	28	—

续表

型号	功率(kW)	电压(V)	电流(A)	转速(r/min)	励磁方式	电枢 外径(mm)	长度(mm)	槽数	槽节距	线规(mm)	每元件匝数	总导体数	支路数	换向片数	换向器节距	主极 极数	气隙(mm)	每极匝数 串	每极匝数 并	线规(mm) 串	线规(mm) 并	换向极 极数	气隙(mm)	线规(mm)	每极匝数	励磁功率(W)
Z3-62	5.5	220	31.25	750	并	162	165	31	1-9	ϕ1.81	11/3	682	2	93	1-47	4	0.9/3.6	—	1050	—	ϕ0.80	4	2.5	1.08×5.5	51	—
	5.5	440	14.8	750	他	162	165	31	1-9	ϕ1.25	23/5	1426	2	155	1-78	4	0.9/3.6	—	920	—	ϕ0.83	4	2.5	ϕ2.02	103	—
	4	110	47.6	600	并	162	165	31	1-9	2-ϕ1.56	7/3	434	2	93	1-47	4	0.9/3.6	—	650	—	ϕ1.04	4	2.5	1.81×6.4	33	—
	4	160	30.8	600	他	162	165	31	1-9	2-ϕ1.35	10/3	620	2	93	1-47	4	0.9/3.6	—	1000	—	ϕ0.86	4	2.5	1.45×5.5	44	—
	4	220	23.6	600	并	162	165	31	1-9	ϕ1.56	14/3	868	2	93	1-47	4	0.9/3.6	—	1240	—	ϕ0.74	4	2.5	1.08×4.4	64	—
	11	115	95.6	1450	复	162	165	31	1-9	4-ϕ1.50	4/3	248	2	93	1-47	4	0.9/3.6	5	620	1.68×12.5	ϕ0.93	4	2.5	1.68×12.5	17	—
	11	230	47.8	1450	复	162	165	31	1-9	2-ϕ1.50	8/3	496	2	93	1-47	4	0.9/3.6	10	850	1.68×6.4	ϕ0.64	4	2.5	1.81×6.4	34	—
Z3-71	17	220	89.8	1500	并	195	125	31	1-9	1.45×4.4	2	372	2	93	1-47	4	1.0/4.0	—	1150	—	ϕ0.80	4	3	2.44×6.4	29	—
	17	440	44.8	1500	他	195	125	31	1-9	2-ϕ1.45	12/5	744	2	155	1-78	4	1.0/4.0	—	980	—	ϕ0.86	4	3	1.16×6.4	53	—
	10	110	110.3	1000	并	195	125	29	1-8	2-1.0×4.4	1	290	2	145	1-73	4	1.0/4.0	—	600	—	ϕ1.04	4	3	1.45×12.5	23	—
	10	220	54.75	1000	并	195	125	29	1-8	1.0×4.4	2	580	2	145	1-73	4	1.0/4.0	—	1000	—	ϕ0.72	4	3	1.68×6.4	45	—
	10	440	26.3	1000	他	195	125	31	1-9	ϕ1.56	19/5	1178	2	155	1-78	4	1.0/4.0	—	1100	—	ϕ0.80	4	3	1.0×5.9	83	—
	7.5	110	85.3	750	并	195	125	31	1-9	1.68×4.4	2	372	2	93	1-47	4	1.0/4.0	—	750	—	ϕ1.08	4	3	2.26×6.4	29	—
	7.5	220	42.1	750	并	195	125	31	1-9	2-ϕ1.40	4	744	2	93	1-47	4	1.0/4.0	—	1000	—	ϕ0.74	4	3	1.25×6.4	52	—
	7.5	440	21.1	750	他	195	125	31	1-9	ϕ1.35	24/5	1488	2	155	1-78	4	1.0/4.0	—	800	—	ϕ0.83	4	3	1.0×4.4	104	—
	5.5	110	64.5	600	并	195	125	31	1-9	3-ϕ1.4	8/3	496	2	93	1-47	4	1.0/4.0	—	550	—	ϕ0.96	4	3	1.95×6.4	33	—
	5.5	220	31.9	600	并	195	125	31	1-9	2-ϕ1.3	5	930	2	93	1-47	4	1.0/4.0	—	1100	—	ϕ0.74	4	3	1.08×6.4	69	—
	14	115	124.7	1450	复	195	125	27	1-8	2-1.16×4.4	1	270	2	135	1-68	4	1.0/4.0	—	495	—	ϕ0.90	4	3	1.68×12.5	20	—
	14	230	60.8	1450	复	195	125	31	1-9	4-ϕ1.25	8/3	496	2	93	1-47	4	1.0/4.0	—	825	—	ϕ0.64	4	3	1.81×6.4	36	—
Z3-72	22	220	115.7	1500	并	195	165	29	1-8	2-1.0×4.4	1	290	2	145	1-73	4	1.0/4.0	—	1020	—	ϕ0.86	4	3	1.56×12.5	22	—
	22	440	57.9	1500	他	195	165	29	1-8	1.0×4.4	2	80	2	145	1-73	4	1.0/4.0	—	850	—	ϕ0.93	4	3	1.68×6.4	42	—
	13	110	142.5	1000	并	195	165	35	—	2-1.35×4.4	1	210	2	105	1-53	4	1.0/4.0	—	816	—	ϕ1.25	4	3	2.1×12.5	16	—
	13	220	70.8	1000	并	195	165	35	—	1.35×4.4	2	420	2	105	1-53	4	1.0/4.0	—	1300	—	ϕ0.90	4	3	2.26×6.4	32	—
	13	440	35.4	1000	他	195	165	31	1-9	2-ϕ1.35	14/5	868	2	155	1-78	4	1.0/4.0	—	1170	—	ϕ0.93	4	3	1.25×5.9	62	—
	10	110	112.2	750	并	195	165	29	1-8	2-1.16×4.4	1	290	2	145	1-73	4	1.0/4.0	—	742	—	ϕ1.16	4	3	1.56×12.5	22	—
	10	220	55.8	750	并	195	165	29	1-8	1.16×4.4	2	580	2	145	1-73	4	1.0/4.0	—	1200	—	ϕ0.90	4	3	1.45×6.4	43	—
	10	440	27.9	750	他	195	165	31	1-9	2-ϕ1.20	18/3	1116	2	155	1-78	4	1.0/4.0	—	1000	—	ϕ0.93	4	3	1.08×4.7	80	—
	7.5	110	86.9	600	并	195	165	29	1-8	1.95×4.4	2	348	2	87	1-44	4	1.0/4.0	—	700	—	ϕ1.16	4	3	2-1.45×5.9	27	—
	7.5	220	42.9	600	并	195	165	31	1-9	3-ϕ1.20	11/3	682	2	93	1-47	4	1.0/4.0	—	1400	—	ϕ0.86	4	3	1.25×6.4	50	—
	19	115	165.2	1450	复	195	165	31	1-9	2-1.45×4.4	1	186	2	93	1-47	4	1.0/4.0	4	450	2.44×12.5	ϕ1.08	4	3	2.44×12.5	14	—
	19	230	82.7	1450	复	195	165	31	1-9	1.45×4.4	2	372	2	93	1-47	4	1.0/4.0	8	890	2.26×6.4	ϕ0.77	4	3	2.83×6.4	28	—

续表

型号	功率(kW)	电压(V)	电流(A)	转速(r/min)	励磁方式	电枢 外径(mm)	长度(mm)	槽数	槽节距	线规(mm)	每元件匝数	总导体数	支路数	换向片数	换向器节距	主极 极数	气隙(mm)	每极匝数 串	每极匝数 并	线规(mm) 串	线规(mm) 并	换向极 极数	气隙(mm)	线规(mm)	每极匝数	励磁功率(W)
Z3-73	30	220	156.6	1500	并	195	235	35	—	2-1.45×4.4	1	210	2	105	1-53	4	1.0/4.0	—	840	—	φ1.0	4	3	2.1×12.5	16	—
	30	440	76	1500	他	195	235	31	1-9	3-φ1.56	7/5	434	2	155	1-78	4	1.0/4.0	—	870	—	φ1.0	4	3	1.35×11.6	32	—
	17	220	92	1000	并	195	235	27	1-8	1.68×4.4	2	324	2	81	1-41	4	1.0/4.0	—	900	—	φ0.86	4	3	1.45×12.5	24	—
	17	440	46	1000	他	195	235	31	1-9	2-φ1.56	2	620	2	155	1-78	4	1.0/4.0	—	820	—	φ1.04	4	3	1.56×6.4	46	—
	13	110	145	750	并	195	235	35	—	2-1.45×4.4	1	210	2	105	1-53	4	1.0/4.0	—	530	—	φ1.30	4	3	2.83×12.5	16	—
	13	220	72.2	750	并	195	235	35	—	1.45×4.4	2	420	2	105	1-53	4	1.0/4.0	—	1090	—	φ0.90	4	3	1.68×8.6	31	—
	13	440	36.1	750	他	195	235	31	1-9	2-φ1.40	13/5	806	2	155	1-78	4	1.0/4.0	—	800	—	φ1.04	4	3	1.35×5.9	58	—
	10	110	114.3	600	并	195	235	31	1-9	4-φ1.74	4/3	248	2	93	1-47	4	1.0/4.0	—	590	—	φ1.35	4	3	3.05×9.3	19	—
	10	220	56.8	600	并	195	235	31	1-9	4-φ1.25	8/3	496	2	93	1-47	4	1.0/4.0	—	1220	—	φ0.96	4	3	2.26×6.4	36	—
	26	230	113	1450	复	195	235	27	1-8	2-1.16×4.4	1	270	2	135	1-68	4	1.0/4.0	4	830	1.56×12.5	φ0.86	4	3	1.56×12.5	20	—
Z3-81	40	220	208	1500	并	245	125	29	1-8	2-1.45×5.5	1	290	2	145	1-73	4	1.4/5.6	2	1000	2.63×14.5	φ1.04	4	4	2.63×14.5	22	—
	40	440	102.2	1500	他	245	125	29	1-8	1.45×5.5	2	580	2	145	1-73	4	1.4/5.6	—	960	—	φ1.25	4	4	1.45×12.5	43	—
	22	220	118.5	1000	并	245	125	37	—	1.81×5.5	2	444	2	111	1-56	4	1.4/5.6	2	1100	1.81×12.5	φ1.0	4	4	1.81×12.5	34	—
	22	440	58.1	1000	他	245	125	29	1-8	4-φ1.20	10/3	928	2	145	1-73	4	1.4/5.6	—	1190	—	φ1.08	4	4	2.1×6.4	66	—
	17	220	93.1	750	并	245	125	29	1-8	1.56×5.5	2	580	2	145	1-73	4	1.4/5.6	3	1140	1.68×12.5	φ1.04	4	4	1.68×12.5	44	—
	17	230	44.5	750	他	243	125	29	1-8	3-φ1.25	4	1160	2	145	1-73	4	1.4/3.6	—	1100	—	φ1.16	4	4	1.56×6.4	87	—
	13	220	73.4	600	并	245	125	37	—	1.08×5.5	2	740	2	185	1-93	4	1.4/5.6	—	1320		φ0.96	4	4	2.44×6.4	54	—
	35	230	152.2	1450	复	245	125	33	—	2.1×5.5	2	396	2	99	1-50	4	1.4/5.6	6	750	2.44×12.5	φ0.86	4	4	2.44×12.5	29	—
Z3-82	55	220	284	1500	并	245	175	35	—	2-1.95×5.5	1	210	2	105	1-53	4	1.4/5.6	2	1000	2.83×18	φ1.16	4	4	2.83×18	16	—
	30	220	158.5	1000	并	245	175	27	1-8	2.44×5.5	2	324	2	81	1-41	4	1.4/5.6	2	950	1.81×18	φ1.04	4	4	1.81×18	25	—
	30	440	77.7	1000	他	245	175	31	1-9	1.25×5.5	2	620	2	155	1-78	4	1.4/5.6	—	1000		φ1.30	4	4	1.16×12.5	47	—
	22	220	119	750	并	245	175	35	—	1.81×5.5	2	420	2	105	1-53	4	1.4/5.6	3	1160	1.95×12.5	φ1.08	4	4	1.95×12.5	32	—
	22	440	58.2	750	他	245	175	29	1-8	4-φ1.20	3	870	2	145	1-73	4	1.4/5.6	—	1080		φ1.04	4	4	1.95×6.4	66	—
	17	220	95.4	600	并	245	175	43	—	1.56×5.5	2	516	2	129	1-65	4	1.4/5.6	—	1150		φ1.16	4	4	1.56×12.5	39	—
	48	230	208.2	1450	复	245	175	43	—	2-1.56×5.5	1	258	2	129	1-65	4	1.4/5.6	4	950	2.26×18	φ1.12	4	4	2.26×18	20	—
Z3-83	75	220	386	1500	并	245	230	27	1-8	2-2.63×5.5	1	162	2	81	1-41	4	1.4/5.6	2	940	4.1×18	φ1.30	4	4	4.1×18	12	—
	75	440	190.7	1500	他	245	230	33	—	2-1.35×55	1	330	2	165	1-83	4	1.4/5.6	—	980		φ1.45	4	4	2.63×18	24	
	40	220	210	1000	并	245	230	41	—	2-1.56×5.5	1	246	2	123	1-62	4	1.4/5.6	—	960		φ1.25	4	4	2.1×18	19	—
	30	220	160.4	750	并	245	230	27	1-8	2.63×5.5	2	324	2	81	1-41	4	1.4/5.6	2	980	1.68×18	φ1.16	4	4	1.68×18	24	
	30	440	78.3	750	他	245	230	31	1-9	1.35×5.5	2	620	2	155	1-78	4	1.4/5.6	—	1120		φ1.45	4	4	1.25×12.5	46	
	22	220	120	600	并	245	230	35	—	2.1×5.5	2	420	2	105	1-53	4	1.4/5.6	3	1050	1.81×12.5	φ1.16	4	4	1.81×12.5	31	—
	67	230	291	1450	复	245	230	33	—	2-2.1×5.5	1	198	2	99	1-50	4	1.4/5.6	2	700	2.63×18	φ1.16	4	4	2.63×18	15	—

续表

型号	功率(kW)	电压(V)	电流(A)	转速(r/min)	励磁方式	电枢 外径(mm)	长度(mm)	槽数	槽节距	线规(mm)	每元件匝数	总导体数	支路数	换向片数	换向器节距	主极 极数	气隙(mm)	每极匝数 串	每极匝数 并	线规(mm) 串	线规(mm) 并	换向极 极数	气隙(mm)	线规(mm)	每极匝数	励磁功率(W)
Z3-91	100	220	510	1500	并	294	190	38	—	2-1.56×5.9	1	304	4	152	±1	4	1.8/7.2	1	1150	5.5×18	ϕ1.40	4	6	5.1×19	11.5 2a=2	—
	100	440	252	1500	他	294	190	31	1-9	2-1.45×5.9	1	310	2	155	1-78	4	1.8/7.2	3	1000	2.83×18	ϕ1.40	4	6	2.63×16.8	23	—
	55	220	286	1000	并	294	190	39	—	2-1.81×5.9	1	234	2	117	1-59	4	1.8/7.2	2	1220	3.53×18	ϕ1.25	4	6	3.53×16.8	18	—
	40	220	211	750	并	294	190	31	1-9	2-1.45×5.9	1	310	2	155	1-78	4	1.8/7.2	3	1250	3.05×18	ϕ1.20	4	6	3.05×16.8	23	—
	40	440	103	750	他	294	190	31	1-9	1.45×5.9	2	620	2	155	1-78	4	1.8/7.2	6	1120	1.95×16.8	ϕ1.35	4	6	1.95×16.8	47	—
	30	220	161	600	并	294	190	33	—	2.44×5.9	2	396	2	99	1-50	4	1.8/7.2	3	1250	2.83×18	ϕ1.20	4	6	2.83×16.8	30	—
	90	230	391	1450	复	294	190	31	1-9	2-2.44×5.9	1	186	2	92	±1	4	1.8/7.2	3	1150	4.1×18	ϕ1.30	4	6	4.1×16.8	14	—
Z3-92	125	220	635	1500	并	294	255	38	—	2-1.95×5.9	1	228	2	114	—	4	1.8/7.2	2	850	5.5×25	ϕ1.35	4	6	3.53×16.8	17 2a=2	—
	75	220	285.2	1000	并	294	255	31	1-9	2-2.83×5.9	1	186	2	93	—	4	1.8/7.2	2	900	3.8×25	ϕ1.25	4	6	4.4×16.8	14	—
	75	440	188	1000	他	294	255	37	—	2-1.25×5.9	1	370	2	185	—	4	1.8/7.2	3	800	2.63×18	ϕ1.35	4	6	2.1×16.8	27	—
	55	220	289	750	并	294	255	37	—	2-1.95×5.9	1	222	2	111	—	4	1.8/7.2	2	850	4.4×18	ϕ1.40	4	6	3.53×16.8	17	—
	55	440	139	750	他	294	255	45	—	2-1.0×5.9	1	450	2	225	—	4	1.8/7.2	4	730	2.1×18	ϕ1.56	4	6	1.68×16.8	34	—
	55	440	139	750	他	294	255	45	—	2-1.0×5.9	1	450	2	225	—	4	1.8/7.2	4	730	2.1×18	ϕ1.56	4	6	1.68×16.8	34	—
	40	220	214	600	并	294	255	31	1-9	2-1.68×5.9	1	310	2	155	1-78	4	1.8/7.2	2	1000	3.53×18	ϕ1.25	4	6	2.63×16.8	23	—
	115	230	500	1450	复	294	255	46	—	2-1.56×5.9	1	276	4	138	—	4	1.8/7.2	2	650	4.7×25	ϕ1.45	4	6	5.1×18	20 2a=2	—
Z3-101	160	220	808	1500	并	327	245	50	—	2.26×6.4	1	400	8	100	—	4	2.0/8.0	1	790	7×25	ϕ1.62	4	8	2-3.8×16.8	8	—
	100	220	511	1000	并	327	245	50	—	2-1.56×6.4	1	300	4	150	—	4	2.0/8.0	2	850	5.1×25	ϕ1.45	4	8	2.83×16.8	23 2a=2	—
	75	220	387	750	并	327	245	35	—	2-2.63×6.4	1	210	2	105	1-53	4	2.0/8.0	2	820	3.8×25	ϕ1.45	4	8	4.4×16.8	16	—
	55	220	289	600	并	327	245	43	—	2-1.95×6.4	1	258	2	129	1-65	4	2.0/8.0	3	910	3.05×25	ϕ1.45	4	8	3.28×16.8	19	—
	145	220	631	1450	复	327	245	42	—	2-1.95×6.4	1	252	4	126	—	4	2.0/8.0	2	630	5.5×25	ϕ1.45	4	8	3.53×16.8	19 2a=2	—
	160	440	402	1500	他	327	245	50	—	2-1.16×6.4	1	400	4	200	—	4	2.0/8.0		740		ϕ1.88	4	8	4.1×16.8	15	—
	100	440	254	1000	他	327	245	49	—	2-1.56×6.4	1	294	2	147	1-74	4	2.0/8.0		860		ϕ1.88	4	8	3.53×16.8	22	—
Z3-102	200	220	1010	1500	并	327	300	42	—	2-1.45×6.4	1	336	8	84	—	4	2.0/8.0	1	730	7×25	ϕ1.56	4	8	5.5×16.8	13 2a=2	—
	125	220	635	1000	并	327	300	42	—	2-1.95×6.4	1	252	4	126	—	4	2.0/8.0	2	820	5.5×25	ϕ1.45	4	8	3.8×16.8	19 2a=2	—
	180	230	783	1450	复	327	300	50	—	2.44×6.4	1	400	8	100	—	4	2.0/8.0	1	690	6×25	ϕ1.81	4	8	4.1×16.8	15 2a=2	—
	200	440	500	1500	他	327	300	42	—	2-1.68×6.4	1	336	4	168	—	4	2.0/8.0	1	550	4.1×25	ϕ1.74	4	8	5.5×16.8	13	—

附表 1-3

Z4 系列直流电机技术数据

型号	功率 (kW)	电压 (V)	电流 (A)	转速 (r/min)	励磁电压 (V)	电枢								换向片数	电刷 宽×高 (mm×mm)	极数	主极			换向极			补偿绕组		轴承 (mm)	
						铁芯外径 (mm)	铁芯长度 (mm)	槽数	每槽线数	绕组形式	节距	线规 (mm)	电阻 (20℃) (Ω)				气隙 (mm)	每极匝数	线规 (mm)	气隙 (mm)	每极匝数	线规 (mm)	匝数	线规 (mm)	前	后
	2.2	160	17.9	1500	180	105	110	17	42	单叠	1-9	φ1.18	0.74	85	12.5×25	2	1.1	2400	φ0.42	2.8	98	φ2.0			305	305
	1.5	160	13.3	1000	180	105	110	17	58	单叠	1-9	φ1.0	1.43	85	12.5×25	2	1.1	1500	φ0.56	2.8	136	φ1.7			305	305
Z4-100-1	4	440	10.7	3000	180	105	110	17	64	单叠	1-9	φ0.95	1.75	85	12.5×25	2	1.1	1500	φ0.56	2.8	150	φ1.5			305	305
	2.2	440	6.7	1500	180	105	110	17	116	单叠	1-9	φ0.71	5.68	85	12.5×25	2	1.1	1500	φ0.56	2.8	271	φ1.12			305	305
	1.5	440	4.8	1000	180	105	110	17	160	单叠	1-9	φ0.63	9.95	85	12.5×25	2	1.1	1500	φ0.56	2.8	374	φ0.95			305	305
	3	160	24	1500	180	120	100	19	34	单叠	1-10	2-φ1.0	0.487	95	16×32	2	1.2	1350	φ0.63	3.0	88	φ2.36			306	306
	2.2	220	14.4	1000	180	120	100	19	68	单叠	1-10	φ1.0	1.95	95	16×32	2	1.2	1700	φ0.56	3.0	175	φ1.7			306	306
	5		14.7	3000	180	120	100	19	54	单叠	1-10	φ1.12	1.23	95	16×32	2	1.2	1500	φ0.6	3.0	139	φ1.8			306	306
	3	440	9.0	1500	180	120	100	19	98	单叠	1-10	φ0.85	3.88	95	16×32	2	1.2	1500	φ0.6	3.0	253	φ1.4			306	306
	2.2	440	7.1	1000	180	120	100	19	134	单叠	1-10	φ0.71	7.61	95	16×32	2	1.2	1500	φ0.6	3.0	345	φ1.18			306	306
Z4-112-2	4	160	31.3	1500	180	120	100	19	28	单叠	1-10	2-φ1.12	0.355	95	16×32	2	1.2	530	φ0.63	3.0	72	φ2.5			306	306
	3	160	24.8	1000	180	120	100	19	36	单叠	1-10	2-φ1.0	0.573	95	16×32	2	1.2	1200	φ0.67	3.0	92	φ2.24			306	306
	7.5	440	19.7	300	180	120	100	19	42	单叠	1-10	φ1.3	0.79	95	16×32	2	1.2	1500	φ0.6	3.0	108	φ2.0			306	306
	4	440	12.8	1500	180	120	100	19	70	单叠	1-10	φ1.0	2.23	95	16×32	2	1.2	1350	φ0.63	3.0	180	φ1.6			306	306
	4	440	11.5	1500	180	120	100	19	76	单叠	1-10	φ0.95	2.68	95	16×32	2	1.2	1350	φ0.63	3.0	195	φ1.5			306	306
	4	440	11.5	1500	220	120	100	19	76	单叠	1-10	φ0.95	2.68	95	16×32	2	1.2	1500	φ0.6	3.0	195				306	306
	3	440	9.1	1000	180	130	100	19	102	单叠	1-10	φ0.8	5.07	95	16×32	2	1.2	1200	φ0.67	3.0	262	φ1.4			306	306
	5.5	160	42.5	1500	180	132	120	30	34	单叠	1-8	2-φ1.0	0.192	120	16×32	2	1.15	700	φ0.67	3.25	81	φ1.9			307	307
	4	160	35.0	1000	180	132	120	30	48	单叠	1-8	φ1.18	0.39	120	16×32	2	1.15	700	φ0.67	3.25	59	φ2.36			307	307
Z4-112-4	11	440	28.8	3000	180	132	120	30	52	单叠	1-8	φ1.12	0.469	120	16×32	4	1.15	700	φ0.67	3.25	66	φ2.24			307	307
	5.5	440	15.4	1500	180	132	120	30	94	单叠	1-8	φ0.85	1.48	120	16×32	4	1.15	600	φ0.75	3.25	110	φ1.6			307	307
	4	440	12.5	1000	180	132	120	30	132	单叠	1-8	φ0.71	2.96	120	16×32	4	1.15	600	φ0.75	3.25	156	φ1.35			307	307

续表

型号	功率(kW)	电压(V)	电流(A)	转速(r/min)	励磁电压(V)	电枢								换向片数	电刷 宽×高(mm×mm)	极数	主极			换向极			补偿绕组		轴承(mm)	
						铁芯外径(mm)	铁芯长度(mm)	槽数	每槽线数	绕组形式	节距	线规(mm)	电阻(20℃)(Ω)				气隙(mm)	每极匝数	线规(mm)	气隙(mm)	每极匝数	线规(mm)	匝数	线规(mm)	前	后
Z4-112-4	5.5	160	43.5	1000	180	132	160	30	34	单叠	1-8	2-φ1.0	0.221	120	16×32	4	1.15	600	φ0.8	3.25	81	φ1.9			307	307
	15	440	38.6	3000	180	132	160	30	38	单叠	1-8	2-φ0.95	0.273	120	16×32	4	1.15	600	φ0.8	3.25	45	φ2.5			307	307
	7.5	440	20.6	1500	180	132	160	30	72	单叠	1-8	φ0.95	1.04	120	16×32	4	1.15	590	φ0.8	3.25	83	φ1.8			307	307
	5.5	440	16	1000	180	132	160	30	98	单叠	1-8	φ0.85	1.15	120	16×32	4	1.2	600	φ0.8	3.0	114	φ1.6			307	307
Z4-132-1	18.5	440	47.1	3000	180	160	130	34	34	单叠	1-9	2-φ1.06	0.222	136	20×32	4	1.25	750	φ0.8	3.75	86	φ2.12			308	308
	11	440	29.6	1500	180	160	130	34	62	单叠	1-9	φ1.18	0.655	136	20×32	4	1.25	600	φ0.9	3.75	79	φ2.12			308	308
	7.5	440	21.6	1000	180	160	130	34	88	单叠	1-9	φ0.95	2φ1.25	136	20×32	4	1.25	600	φ0.9	3.75	112	φ0.9			308	308
		440	21.4	1000	220	160	130	34	88	单叠	1-9		φ1.3	136	20×32	4	1.25	750	φ0.8	3.75	112	φ1.9			308	308
Z4-132-2	22	440	55.3	3000	200	160	180	34	26	单叠	1-9	2-φ1.25	0.142	136	20×32	4	1.25	850	φ0.75	3.75	66	φ2.36			308	308
	15	440	40	1500	180	160	180	34	46	单叠	1-9	φ1.3	0.465	136	16×32	4	1.25	600	φ0.9	3.75	116	φ1.9			308	308
	11	440	30.7	1000	180	160	180	34	64	单叠	1-9	φ1.12	0.87	136	20×32	4	1.25	1070	φ0.67	3.75	80	φ2.24			308	308
Z4-132-3	30	440	75	3000	180	160	240	34	18	单叠	1-9	φ1.18	0.0859	136	20×32	4	1.25	950	φ0.71	3.75	23	2.5×4.5			308	308
	18.5	440	48.5	1500	180	160	240	34	36	单叠	1-9	φ1.06	0.319	136	20×32	4	1.25	490	φ1.0	3.75	90	φ2.12			308	308
	15	440	41.7	1000	180	160	240	34	50	单叠	1-9	φ1.3	0.59	136	20×32	4	1.25	950	φ0.71	3.75	124	φ1.9			308	308
Z4-160-1	37	440	93.4	3000	180	185	190	38	22	单叠	1-10	2-φ1.4	0.0265	152	25×32	4	2.1	600	φ1.06	4.9	63	2×4			310	210
	22	440	58.5	1500	180	185	190	38	40	单叠	1-10	φ1.45	0.373	152	25×32	4	1.9	670	φ1.0	5.0	63	1.8×5			312	220
Z4-160-2	45	440	113	3000	180	185	190	38	18	单叠	1-10	3-φ1.25	0.835	152	25×32	4	2.0	670	φ1.0	5.2	52	1.8×5			310	210
	18.5	440	51	1000	180	185	190	38	46	单叠	1-10	2-φ0.95	0.554	152	25×32	4	2.1	570	φ1.12	5.2	133	φ2.12			310	210
Z4-160-3	55	440	137	3000	180	185	240	38	14	单叠	1-10	3-φ1.35	0.062	152	25×32	4	1.7	600	φ1.06	5.1	40	2.5×5			310	210
	30	440	77.8	1500	180	185	240	38	28	单叠	1-10	φ1.7	0.236	152	25×32	4	2.0	600	φ1.06	5.1	40	2.5×5			310	210
	22	440	59.1	1000	180	185	240	38	38	单叠	1-10	φ1.5	0.412	152	25×32	4	2.1	510	φ1.18	4.9	54	1.8×5			308	308

续表

型号	功率(kW)	电压(V)	电流(A)	转速(r/min)	励磁电压(V)	电枢								换向片数	电刷 宽×高(mm×mm)	极数	主极			换向极			补偿绕组		轴承(mm)	
						铁芯外径(mm)	铁芯长度(mm)	槽数	每槽线数	绕组形式	节距	线规(mm)	电阻(20℃)(Ω)				气隙(mm)	每极匝数	线规(mm)	气隙(mm)	每极匝数	线规(mm)	匝数	线规(mm)	前	后
Z4-180-1	37	440	95	1500	180	185	300	38	22	单叠	1-10	2-ϕ1.4	0.155	152	25×32	4	2.1	490	ϕ1.18	5.0	63	1.6×5			310	210
	18.5	440	51.4	750	180	210	180	38	52	单叠	1-10	2-ϕ1.0	0.552	190	25×32	4	1.8	570	ϕ1.25	5.4	150	ϕ2.12			312	212
	15	440	42.4	600	180	210	220	38	58	单叠	1-10	ϕ1.3	0.8	190	25×40	4	2.6	550	ϕ1.3	5.5	168	ϕ2.0			312	312
Z4-180-2	75	440	185	3000	180	210	220	38	10	单叠	1-10	2-1.25×4	0.0876	152	25×40	4	2.4	600	ϕ1.3	5.0	55	2.5×6.3			312	212
	45	440	115	1500	180	210	220	38	24	单叠	1-10	3-ϕ1.18	0.135	190	25×32	4	2.3	720	ϕ1.3	5.7	35	3.15×5.6			312	312
	30	440	79	1000	180	210	220	38	34	单叠	1-10	2-ϕ1.2s	0.254	190	25×32	4	2.0	550	ϕ1.3	5.3	49	2.5×5.0			312	312
	22	440	60.3	750	180	210	220	38	44	单叠	1-10	2-ϕ1.12	0.409	190	25×32	4	1.8	550	ϕ1.3	5.6	64	2×4.5			312	312
	18.5	440	52	600	180	210	220	38	52	单叠	1-10	ϕ21.0	0.607	190	25×32	4	2.3	510	ϕ1.4	5.4	75	2×4.0			312	312
Z4-180-3	22	440	61.8	600	180	210	270	38	44	单叠	1-10	ϕ21.12	0.456	1.90	25×32	4	2.1	350	ϕ1.9		63	1.8×5.0			312	312
	37	440	94.5	1000	180	210	400	38	20	单叠	1-10	ϕ31.25	0.14	190	25×32	4	2.3	420	ϕ1.5	5.8	40	3.15×5.6			312	312
Z4-180-4	90	440	224	3000	180	210	330	42	8	单叠	1-11	2-1×4	0.082	168	25×32	4	2.8	480	ϕ1.4	6.0	25	2.24×6.3	6	7-ϕ2.2	312	312
	55	440	139	1500	180	210	330	33	10	单叠	1-9	2-1.25×4	0.0876	165	25×32	4	2.4	420	ϕ1.5	5.0	48	2.5×5.0	18	5-ϕ2.0	312	312
	30	440	79.5	750	110	210	330	38	30	单叠	1-10	ϕ1.8	0.27	152	20×32	4	2.3	260	ϕ1.9	5.4	43	3.15×4.5			312	312
Z4-200-1	110	440	270	3000	180	240	240	46	8	单叠	1-12	2-1×50	0.0129	184	25×40	4	2.8	520	ϕ1.4	6.0	26	3.15×5.6			314	214
	45	440	118	1000	180	240	240	42	26	单叠	1-11	3-ϕ125	0.159	210	25×32	4	2.3	520	ϕ1.4	6.7	41	3.55×5.6			314	214
	37	440	99	750	180	240	240	33	20	单叠	1-9	2-1.25×5	0.249	165	25×32	4	2.8	460	ϕ1.5	7.0	50	3.15×5			314	214
Z4-200-2	75	440	188	1500	180	240	280	31	10	单波	1-9	2-1.4×5	0.0561	155	25×32	4	2.3	500	ϕ1.5	6.5	23	2×16			314	214
	30	440	82	600	180	240	280	42	36	单叠	1-11	ϕ18	0.345	168	25×32	4	2.5	460	ϕ1.5		56	2.5×5.6			314	214
	132	440	324	3000	180	240	330	38	8	单叠	1-10	2-1.4×5	0.015	152	25×40	4	3.0	520	ϕ1.4	7.5	43	2.24×5.6			314	214
Z4-200-3	90	440	225	1500	180	240	330	47	6	单叠	1-13	2-1.6×5	0.0485	141	25×32	4	2.6	400	ϕ1.6	6.5	42	3.56×5.6			314	214
	55	440	141	1000	180	240	330	39	10	单叠	1-11	2-1×5	0.109	195	25×32	4	2.1	460	ϕ1.5	6.3	58	2.24×5.6			314	214
	45	440	120	750	180	240	330	42	42	单叠	1-11	3-ϕ1.25	0.189	210	25×32	4	2.7	460	ϕ1.5	7.1	41	3.55×5.6			314	214
	37	440	100	600	180	240	330	31	20	单叠	1-9	1.4×5	0.244	155	25×32	4	2.2	400	ϕ1.6	6.0	45	3.15×5.6			314	214
Z4-225-1	110	440	276	1500	180	260	290	43	6	单叠	1-12	2-1.8×5	0.0406	129	25×40	4	3.1	410	ϕ1.8	8.5	19	2.5×16			316	216
	75	440	193	1000	180	260	290	39	10	单波	1-11	2-1.25×5	0.0978	195	25×40	4	3.0	410	ϕ1.8		28	1.8×6			316	216

续表

型号	功率(kW)	电压(V)	电流(A)	转速(r/min)	励磁电压(V)	电枢								换向片数	电刷宽×高(mm×mm)	极数	主极			换向极			补偿绕组		轴承(mm)	
						铁芯外径(mm)	铁芯长度(mm)	槽数	每槽线数	绕组形式	节距	线规(mm)	电阻(20℃)(Ω)				气隙(mm)	每极匝数	线规(mm)	气隙(mm)	每极匝数	线规(mm)	匝数	线规(mm)	前	后
Z4-225-3	55	440	149	600	180	260	340	43	12	单波	1-12	1.6×5	0.195	129	25×40	4	3.1	390	ϕ1.8	7.0	39	3.55×7.1	6	7-ϕ2.2	316	216
	55	440	161	600	220	260	400	35	10	单叠	1-10	2-1.06×4.5	0.123	175	25×32	4	3.8	420	ϕ1.9		13	1.8×14	18	5-ϕ2.0	318	216
	45	440	123	600	180	260	290	43	12	单波	1-12	1.4×5	0.207	129	25×40	4	3.2	460	ϕ1.8	9.0	22	1.4×14			318	216
	132	440	328	1500	180	260	400	38	10	单叠	1-10	2-1.12×5	0.0282	190	25×40	4	3.0	350	ϕ1.9	8.0	14	3.55×16			316	216
	90	440	229	1000	180	260	400	51	6	单波	1-14	2-1.6×5	0.0629	153	25×32	4	3.8	350	ϕ1.9		23	2.24×16			316	216
	75	440	196	750	180	260	400	39	10	单叠	1-11	2-1.25×5.6	0.092	195	25×40	4	2.6	350	ϕ1.9	7.0	28	1.18×16			316	216
Z4-250-1	160	440	400	1500	180	300	290	54	8	单叠	1-14	2-1.12×5	0.029	216	25×32	4	3.2	370	ϕ1.9	7.5	16	3.35×18			318	216
	110	440	282	1000	180	300	290	53	6	单叠	1-14	2-1.14×5.6	0.0603	159	25×40	4	3.0	390	ϕ1.8	7.0	23	2.24×20			318	216
Z4-250-2	185	440	458	1500	180	300	340	46	8	单叠	1-12	2-1.25×5.6	0.0211	184	25×40	4	2.8	340	ϕ2.0	6.5	13	4×18			318	216
	90	440	234	750	180	300	340	57	6	单叠	1-10	2-1.25×5	0.0882	171	25×40	4	2.5	370	ϕ1.9	7.8	25	2×18			318	216
	75	440	200	600	180	300	340	41	10	单叠	1-11	2-1×5	0.133	205	25×32	4	2.9	330	ϕ2.0	7.5	30	1.7×18			318	216
Z4-250-3	200	440	492	1500	180	300	400	54	6	单叠	1-14	2-1.4×5.6	0.0179	162	25×40	4	3.1	330	ϕ2.0		23	2.24×18			318	216
	132	440	334	1000	180	300	400	46	10	单叠	1-12	2-1×4.5	0.0453	230	25×32	4	3.0	330	ϕ2.0	8.8	17	3.15×18			318	216
Z4-250-4	110	440	283	750	180	300	470	49	6	单波	1-13	2-1.8×5	0.0627	147	25×40	4	4.5	290	ϕ2.12	9.0	21	2.5×18			318	216
	220	440	541	1500	180	300	470	49	6	单波	1-12		0.0147	138	25×40	4	3.1	290	ϕ2.12	8.5	20				318	216
	160	400	400	1000	180	300	470	54	8	单叠	1-14	2-1.25×5.6	0.0293	216	25×40	4	2.7	290	ϕ2.12	6.5	15	3.5×18.5			318	216
	90	140	236	600	180	300	470	53	6	单波	1-14	2-1.25×5	0.0971	159	25×40	4	3.3	290	ϕ2.12	7.5	23	2.24×18			318	216
Z4-280-1	250	440	613	1500	180	340	340	54	6	单叠	1-14	2-1.8×5.6	0.0139	162	25×40	4	3.3	330	ϕ2.12	8.5	23	2.5×20			320	218
Z4-280-2	280	440	685	1500	180	340	400	46	6	单叠	1-12	2-2.5×6	0.0104	139	25×40	4	3.2	310	ϕ2.12	9.5	20	2.8×20			320	218
	200	440	500	1000	180	340	400	50	8	单叠	1-13	2-1.4×5	0.0265	200	25×40	4	3.9	300	ϕ2.12	11.5	15	4×20			320	218
	132	440	334	750	180	340	400	54	10	单叠	1-14	2-1.12×5	0.0451	270	25×40	4	3.1	330	ϕ2.12	11.3	20	2.8×20			320	218
	110	440	284	600	180	340	400	53	6	单叠	1-14	2-1.8×5	0.0662	159	25×40	4	3.1	310	ϕ2.24	10.3	24	2.24×20			320	218
Z4-280-3	315	440	768	1500	180	340	470	62	4	单叠	1-16	2-2.8×5	0.029	124	25×40	4	3.0	300	ϕ2.24	9.8	18	3.15×20			320	218
	220	440	547	1000	180	340	470	46	8	单叠	1-12	2-1.8×5	0.0208	184	25×40	4	3.4	300	ϕ2.24	9.1	13	4.5×20			320	218
	160	440	404	750	180	340	470	58	8	单叠	1-15	2-1.25×5	0.0375	232	25×40	4	3.5	300	ϕ2.24	10.5	17	3.55×20			320	218
	132	440	339	600	180	340	470	49	6	单波	1-15	2-2.24×5	0.0529	147	25×40	4	3.3	300	ϕ2.24	9.0	21	2.8×20			320	218

续表

型号	功率(kW)	电压(V)	电流(A)	转速(r/min)	励磁电压(V)	电枢								换向片数	电刷宽×高(mm×mm)	极数	主极			换向极			补偿绕组		轴承(mm)	
						铁芯外径(mm)	铁芯长度(mm)	槽数	每槽线数	绕组形式	节距	线规(mm)	电阻(20℃)(Ω)				气隙(mm)	每极匝数	线规(mm)	气隙(mm)	每极匝数	线规(mm)	匝数	线规(mm)	前	后
Z4-280-4	250	440	618	1000	180	340	550	50	6	单叠	1-15	2-2×5	0.0166	150	25×40	4	3.0	270	ϕ2.36	11.0	22	2.65×20			320	218
	185	440	466	750	180	340	550	50	8	单叠	1-15	2-1.4×5	0.0313	200	25×40	4	3.5	270	ϕ2.36	8.8	14	4×20			320	218
Z4-315-1	280	440	694	1000	180	340	470	54	6	单叠	1-14	2-2.24×5.0	0.0146	162	25×40	4	3.6	340	ϕ2.36	13.5	11	3.55×18	12	12-ϕ2.12	321	220
	200	440	501	1500	180	340	470	50	8	单叠	1-13	2-1.4×5.6	0.0256	200	25×40	4	4.0	580	ϕ1.8	13.8	18	2.44×18		10-ϕ2.12	321	220
	160	440	407	600	180	340	470	50	10	单叠	1-13	2-1.25×6	0.036	250	25×40	4	3.4	580	ϕ1.8	11.8	9	4.5×18	9	16-ϕ2.12	321	220
Z4-315-2	315	440	865	1000	180	340	470	62	4	单叠	1-16	2-3.15×5.6	0.00708	124	25×40	4	4.0	380	ϕ2.24	13.8	9	4×18			321	220
	250	440	624	750	180	340	550	58	6	单叠	1-15	2-1.8×5.6	0.019	174	25×40	4	3.6	520	ϕ1.9	11.0	13	3.15×18	12	12-ϕ2.12	321	220
	185	440	468	600	180	340	550	54	8	单叠	1-14	2-1.4×5.6	0.0301	216	25×40	4	3.4	580	ϕ1.8	13.5	17	2.5×18	15	12-ϕ21.9	321	220
Z4-315-3	355	440	865	1500	180	340	470	62	4	单叠	1-16	2-3.15×5.6	0.00708	124	25×40	4	4.0	380	ϕ2.24	13.8	9	4×18	9	16-ϕ2.12	321	220
	200	440	502	600	180	340	640	46	8	单叠	1-12	2-1.6×5.0	0.0275	184	25×40	4	3.9	520	ϕ1.9	14.0	15	2.81×8	12	11-ϕ2.12	321	220
Z4-315-4	400	440	972	1000	180	340	740	50	4	单叠	1-13	2-3.15×5.6	0.00744	100	25×40	4	3.0	520	ϕ1.9	10.3	8	2-2.5×18	9	22-ϕ2.12	321	220
	250	440	629	600	180	340	740	58	6	单叠	1-15	2-2×5.6	0.0205	174	25×40	4	4.1	470	ϕ2.0	13.0	25	1.6×18	24	6-ϕ2.12	321	220
	315	440	779	750	180	340	740	46	8	单叠	1-12	2.28×5.0	0.013	138	25×40	4	4.0	420	ϕ2.12	14.0	21	2×18	18	8-ϕ2.12	321	220
Z4-355-1	450	440	1095	1000	180	390	550	58	4	单叠	1-15	2-3.55×5.6	0.00671	116	25×40	4	4.1	590	ϕ1.9	15.5	8	5×20	9	22-ϕ2.12	324	224
	355	440	875	750	180	390	550	50	6	单叠	1-13	2-2.8×5.6	0.011	150	25×40	4	4.0	540	ϕ2.0	15.0	19	2.5×20	24	8-ϕ2.12	324	224
	280	440	696	600	180	390	550	62	6	单叠	1-16	2-2.24×5.6	0.0171	186	25×40	4	3.4	540	ϕ2.0	13.0	14	3.55×20	12	16-ϕ2.12	324	224
	200	440	509	500	180	390	550	58	4	单叠	1-15	2-1.8×5.0	0.03	232	25×40	4	3.5	320	ϕ2.5	13.6	15	2.8×20	18	11-ϕ2.2	324	224
Z4-355-2	400	440	978	750	180	390	640	62	8	单叠	1-16	2-3.15×5.6	0.00883	124	25×10	4	3.5	430	ϕ2.24	15.5	18	2.5×20	18	11-ϕ2.2	324	218
	315	440	783	600	180	390	640	54	6	单叠	1-14	2-5.6×25	0.0147	162	25×40	4	3.8	590	ϕ1.9	13.0	11	4×20	12	16-ϕ2.12	324	224
	250	440	631	500	180	390	640	62	6	单叠	1-16	2-2×5	0.0235	186	25×40	4	4.0	540	ϕ2.0	14.0	12	4×20	15	13-ϕ2.12	324	224
Z4-355-3	400	440	985	600	180	390	850	58	4	单叠	1-15	2-3.15×5.6	0.0098	116	25×40	4	3.7	390	ϕ2.36	15.5	8	5×20	6	24-ϕ2.12	321	220

附表 1-4　　ZF2、ZD2 系列直流电机技术数据

型号	功率 (kW)	电压 (V)	电流 (A)	转速 (r/min)	电枢 铁芯外径 (mm)	电枢 铁芯长度 (mm)	电枢 槽数	电枢 每槽元件数	电枢 支路数	电枢 总导体数	电枢 绕组型式	电枢 线规及牌号 SBECB (mm)	电枢 换向器片数	补偿极 槽数	补偿极 每槽导线数	补偿极 每极匝数	补偿极 支路数	补偿极 线规及牌号 SBECB (mm)	换向极 每极匝数	换向极 线规及牌号 LBR (mm)	主极 每极匝数	主极 线规及牌号 QZLB (mm)	励磁功率 (kW)	风量 (m^3/s)	风压 P_2
ZF2-111-1	190	460	413	1500	368	230	41	3	2	246	单波	2-2.44×7.4	123	—	—	—	—	—	18	4.7×28	690	1.16×4.1	2.1	1.14	1280
ZF2-111-1B	190	460	413	1500	368	230	41	3	2	246	单波	2-2.44×7.4	123	5	4	10	1	3-3.28×9.3	9	6×22	640	1.16×4.1	2	1.08	1170
ZF2-111-1	190	230	826	1500	368	230	42	3	8	504	单蛙	2.44×7.4	126	—	—	—	—	—	18	4.7×28	690	1.16×4.1	2.1	1.32	1680
ZF2-111-1B	190	230	825	1500	368	230	42	3	8	504	单蛙	2.44×7.4	126	5	4	10	2	3-3.28×9.3	9	6×22	640	1.16×4.1	1.9	1.09	1050
ZF2-112-1	145	230	630	1000	368	300	50	3	8	600	单蛙	1.68×7.4	150	—	—	—	—	—	11	7×28	630	1.16×4.1	2.2	1.01	1040
ZF2-112-1B	240	230	1043	1500	368	300	46	2	8	368	单蛙	2-1.35×7.4	92	5	3	7.5	2	6-2.1×9.3	6	7×22	594	1.25×4.1	2.2	1.44	1980
ZF2-112-1	240	230	1043	1500	368	300	46	2	8	368	单蛙	2-1.35×7.4	92	—	—	—	—	—	13	7×28	610	1.25×4.1	2.5	1.4	1920
ZF2-112-1B	240	460	522	1500	368	300	46	4	8	736	单蛙	1.35×7.4	184	5	3	7.5	1	6-2.1×9.3	7	7×22	594	1.25×4.1	2.1	1.24	1520
ZF2-112-1	240	460	522	1500	368	300	46	4	8	736	单蛙	1.35×7.4	184	—	—	—	—	—	13	7×28	610	1.25×4.1	2.5	1.28	1600
ZD2-112-1	75	220	381	500/1200	368	300	41	3	2	246	单波	2-2.44×7.4	123	—	—	—	—	—	18	4.7×28	610	1.25×4.1	2.2	0.68	610
ZD2-112-1	100	220	506	600/1200	368	300	46	4	8	736	单蛙	1.35×7.4	184	—	—	—	—	—	13	7×28	609	1.56×4.1	3	0.87	810
ZD2-112-1	125	220	624	750/1200	368	300	50	3	8	600	单蛙	1.68×7.4	150	—	—	—	—	—	11	7×28	609	1.56×4.1	3.1	1.12	1250
ZD2-112-1	160	220	795	1000/1500	368	300	42	3	8	504	单蛙	2.44×7.4	126	—	—	—	—	—	18	4.7×28	610	1.35×4.1	2.4	1.12	1260
ZF2-121-2B	190	230	826	1000	423	250	46	3	8	552	单蛙	2.26×7.4	138	5	4	10	2	3-3.28×9.3	10	6×22	590	1.56×4.1	2.6	1.28	1150
ZF2-121-2	190	230	826	1000	423	250	46	3	8	552	单蛙	2.26×7.4	138	—	—	—	—	—	20	4.1×32	575	1.81×3.8	2.5	1.55	1545
ZF2-121-1B	190	460	413	1000	423	250	45	3	2	270	单波	2-2.1×7.4	135	5	4	10	1	3-3.28×9.3	10	6×22	590	1.56×4.1	2.6	1.15	910
ZF2-121-1	190	460	413	1000	423	250	45	3	2	270	单波	2-2.1×7.4	135	—	—	—	—	—	20	4.1×32	575	1.81×3.8	2.4	1.13	891
ZF2-122-2	240	230	1042	1000	423	320	54	2	8	432	单蛙	2-1.35×7.4	108	—	—	—	—	—	16	5.1×22	546	1.81×3.8	3.1	1.68	1785
ZF2-122-2B	240	230	1042	1000	423	320	54	2	8	432	单蛙	2-1.35×7.4	108	6	3	9	2	3-3.53×9.3	7	7×22	535	1.81×3.8	3.1	1.47	1405
ZF2-122-1	240	460	522	1000	423	320	54	4	8	864	单蛙	2-1.35×7.4	216	—	—	—	—	—	16	5.1×22	546	1.81×3.8	3.1	1.36	1230
ZF2-122-1B	240	460	522	1000	423	320	54	4	8	864	单蛙	2-1.35×7.4	216	6	3	9	1	3-3.53×9.3	7	7×22	535	1.81×3.8	3.0	1.38	1250
ZF2-121-2	300	230	1304	1500	423	250	42	2	8	336	单蛙	2-1.68×7.4	84	—	—	—	—	—	12	2-3.53×32	610	1.35×5.1	3.0	2.02	2525
ZF2-121-2B	300	230	1304	1500	423	250	42	2	8	336	单蛙	2-1.68×7.4	84	6	2	6	2	6-2.63×9.3	7	2-5.1×22	570	1.35×5.1	2.8	1.58	1595
ZF2-123-2	300	230	1304	1000	423	395	42	2	8	336	单蛙	2-1.68×7.4	84	—	—	—	—	—	12	2-3.53×32	490	1.56×5.1	3.2	2.0	2455
ZF2-123-2B	300	230	1304	1000	423	395	42	2	8	336	单蛙	2-1.68×7.4	84	6	2	6	2	6-2.63×9.3	6	2-5.1×22	470	1.56×5.1	3.1	1.43	1330
ZF2-121-2B	300	330	910	1500	423	250	42	3	8	504	单蛙	2.44×7.4	126	5	4	10	2	3-3.28×9.3	8	7×22	590	1.56×4.1	2.7	1.5	1450
ZF2-123-2B	300	330	910	1000	423	395	42	3	8	504	单蛙	2.44×7.4	126	5	4	10	2	3-3.28×9.3	8	7×22	470	1.56×5.1	3.0	1.5	1450
ZF2-121-2B	300	460	652	1500	423	250	42	4	8	672	单蛙	1.68×7.4	168	6	2	6	1	6-2.63×9.3	6	2-5.1×22	570	1.35×5.1	2.8	1.67	1760
ZF2-121-2	300	460	652	1500	423	250	42	4	8	672	单蛙	1.68×7.4	168	—	—	—	—	—	12	2-3.53×32	610	1.35×5.1	3.0	1.54	1540
ZF2-123-2	300	460	652	1000	423	395	42	4	8	672	单蛙	1.68×7.4	168	—	—	—	—	—	12	2-5.1×22	490	1.56×5.1	3.2	1.55	1420
ZF2-123-2B	300	460	652	1000	423	395	42	4	8	672	单蛙	1.68×7.4	168	6	2	6	1	6-2.63×9.3	6	4.4×22	470	1.56×5.1	3.0	1.48	439
ZD2-121-1B	55	220	292	320/1200	423	250	59	3	2	354	单波	2-1.68×7.4	177	6	5	15	1	3-2.1×9.3	12	6×22	645	1.35×3.8	2.7	0.72	541

续表

型号	功率 (kW)	电压 (V)	电流 (A)	转速 (r/min)	电枢									补偿极					换向极		主极		励磁功率 (kW)	风量 (m^3/s)	风压 P_2
					铁芯外径 (mm)	铁芯长度 (mm)	槽数	每槽元件数	支路数	总导体数	绕组型式	线规及牌号 SBECB (mm)	换向器片数	槽数	每槽导线数	每极匝数	支路数	线规及牌号 SBECB (mm)	每极匝数	线规及牌号 LBR (mm)	每极匝数	线规及牌号 QZLB (mm)			
ZD2-121-1B	75	220	390	400/1200	423	250	45	3	2	270	单波	2-2.1×7.4	135	5	4	10	1	3-3.28×9.3	11	6×22	590	1.56×4.1	2.7	0.83	605
ZD2-122-1B	75	220	392	320/1200	423	320	45	3	2	270	单波	2-2.1×7.4	135	5	4	10	1	3-3.28×9.3	11	7×22	535	1.81×3.8	2.6	0.9	685
ZD2-121-1B	100	220	514	500/1200	423	250	54	4	8	864	单蛙	1.35×7.4	216	6	3	9	1	3-3.53×9.3	7	7×22	590	1.56×4.1	2.8	0.97	685
ZD2-121-1B	100	440	254	500/1200	423	250	45	5	2	450	单波	2-1.45×7.4	225	6	6	18	1	3-1.68×9.3	15	4.1×22	590	1.56×4.1	2.7	0.89	602
ZD2-122-1B	100	220	517	400/1200	423	320	54	4	8	864	单蛙	1.35×7.4	216	6	3	9	1	3-3.53×9.3	7	7×22	535	1.81×3.8	3.3	1.04	771
ZD2-122-1B	100	440	255	400/1200	423	320	45	5	2	450	单波	2-1.45×7.4	225	6	6	18	1	3-1.68×9.3	15	4.1×22	535	1.81×3.8	3.1	0.96	670
ZF2-123-1B	100	220	520	320/1200	423	395	54	4	8	864	单蛙	1.35×7.4	216	6	3	9	1	3-3.53×9.3	7	7×22	470	1.56×5.1	3.3	1.13	885
ZD2-123-1B	100	440	257	320/1200	423	395	45	5	2	450	单波	2-1.45×7.4	225	6	6	18	1	3-1.68×9.3	15	4.1×22	470	1.56×5.1	3.1	1.04	766
ZD2-122-2B	125	220	628	500/1200	423	320	42	4	8	672	单蛙	1.68×7.4	168	6	2	6	1	6-2.63×9.3	7	2-5.1×22	540	1.45×5.1	3.4	0.98	700
ZD2-122-1B	125	440	314	500/1200	423	320	59	3	2	354	单波	2-1.68×7.4	177	6	5	15	1	3-2.1×9.3	11	6×22	535	1.81×5.1	3.3	0.99	711
ZD2-123-2B	125	220	635	400/1200	423	395	42	4	8	672	单蛙	1.68×7.4	168	6	2	6	1	6-2.63×9.3	7	2-5.1×22	470	1.81×5.1	3.8	1.1	855
ZD2-123-1B	125	440	316	400/1200	423	395	59	3	2	354	单波	2-1.68×7.4	177	6	5	15	1	3-2.1×9.3	10	6×22	470	1.56×5.1	3.2	1.07	808
ZD2-123-2B	160	220	800	500/1200	423	395	46	3	8	552	单蛙	2.26×7.4	138	5	4	10	2	3-3.28×9.3	10	6×22	470	1.81×5.1	3.3	1.21	993
ZD2-123-1B	160	440	398	500/1200	423	395	45	3	2	270	单波	2-2.1×7.4	135	5	4	10	1	3-3.28×9.3	10	6×22	470	1.81×5.1	3.5	1.15	910
ZF2-131-3B	370	230	1610	1000	493	340	46	2	8	368	单蛙	2-2.44×7.4	92	7	2	7	2	8-2.26×8.6	6	2-6×2.2	529	1.16×5.5	3.2	1.95	1540
ZF2-131-2B	370	330	1120	1000	493	340	54	2	8	432	单蛙	2-1.56×7.4	108	5	3	7.5	2	6-2.1×10.8	8	2-4.4×22	484	1.45×6.4	3.7	1.86	1410
ZF2-131-2B	370	460	805	1000	493	340	54	3	8	648	单蛙	2.1×7.4	162	7	4	14	2	4-2.26×8.6	9	6×22	510	2.1×4.1	3.3	1.81	1345
ZF2-132-3B	470	330	1425	1000	493	420	50	2	8	400	单蛙	2-2.1×7.4	100	5	3	7.5	2	6-2.1×10.8	7	2-6×22	470	1.35×6.4	3.6	2.18	1885
ZF2-132-2B	470	460	1020	1000	493	420	46	3	8	552	单蛙	1.45×7.4	138	6	4	12	2	4-3.05×8.6	8	2-3.8×22	470	1.35×6.4	3.6	2.1	1770
ZF2-132-2B	470	660	712	1000	493	420	50	4	8	800	单蛙	2.1×7.4	200	5	6	15	2	3-2.1×10.8	13	6×22	470	1.35×6.4	3.6	2.0	16.5
ZD2-131-2B	125	220	656	320/1200	493	340	50	4	8	800	单蛙	1.68×7.4	200	5	6	15	2	3-2.1×10.8	14	5.1×22	470	1.35×6.4	3.5	1.28	740
ZD2-131-1B	125	440	326	320/1200	493	340	43	5	2	430	单波	2-1.68×7.4	215	5	6	15	1	3-2.1×10.8	17	5.1×22	510	2.1×4.1	3.1	1.19	662
ZD2-131-2B	160	220	822	400/1200	493	340	54	3	8	648	单蛙	2.1×7.4	162	7	4	14	2	4-2.26×8.6	9	6×22	510	2.1×4.1	3.6	1.35	805
ZD2-131-1B	160	440	408	400/1200	493	340	55	3	2	330	单波	2-2.1×7.4	165	7	4	14	1	4-4.26×8.6	10	6×22	510	2.1×4.1	3.7	1.26	725
ZD2-131-2B	200	220	1010	500/1200	493	340	46	3	8	552	单蛙	2-1.45×7.4	138	6	4	12	2	4-3.05×8.6	8	7×22	484	1.45×6.4	3.5	1.51	978
ZD2-131-1B	200	440	500	500/1200	493	340	45	3	2	270	单波	4-1.35×7.4	135	6	4	12	1	4-3.05×8.6	8	7×22	484	1.45×6.4	3.6	1.39	845
ZD2-132-2B	160	220	827	320/1200	493	420	54	3	8	648	单蛙	2.1×7.4	162	7	4	14	2	4-4.26×8.6	9	6×22	460	2.26×4.4	3.8	1.49	960
ZD2-132-1B	160	440	410	320/1200	493	420	55	3	2	330	单波	2-2.1×7.4	165	7	4	14	1	4-2.26×8.6	10	6×22	460	2.26×4.4	3.8	1.4	860
ZD2-132-2B	200	220	1012	400/1200	493	420	46	3	8	552	单蛙	2-1.45×7.4	138	6	4	12	2	4-3.05×8.6	8	2-3.8×22	468	2.26×5.1	4.0	1.52	985
ZD2-132-1B	200	440	502	400/1200	493	420	45	3	2	270	单波	4-1.35×7.4	135	6	4	12	1	4-3.05×8.6	8	7×22	468	2.26×5.1	4.0	1.44	905
ZD2-132-2B	250	220	1245	500/1200	493	420	54	2	8	432	单蛙	2-1.56×7.4	108	5	3	7.5	2	6-2.1×10.8	8	2-2.44×22	425	1.68×5.9	4.0	1.67	1165
ZD2-132-2B	250	440	618	500/1200	493	420	54	4	8	864	单蛙	1.68×7.4	216	5	6	15	2	3-2.1×10.8	16	4.4×22	468	2.26×5.1	4.1	1.46	925
ZF2-151-1B	580	330	1755	1000	650	300	81	2	12	648	单蛙	2-1.56×7.4	162	6	2	6	2	5.5×30	5	2-6×22	378	1.25×6.4	3.4	3.17	1760
ZF2-151-1B	580	460	1260	1000	650	300	69	3	12	828	单蛙	2.44×7.4	207	4	2	4	1	8×30	3	2-11×22	378	1.25×6.4	3.9	3.17	1760

续表

型号	功率(kW)	电压(V)	电流(A)	转速(r/min)	电枢									补偿极					换向极		主极		励磁功率(kW)	风量(m^3/s)	风压P_2
					铁芯外径(mm)	铁芯长度(mm)	槽数	每槽元件数	支路数	总导体数	绕组型式	线规及牌号SBECB(mm)	换向器片数	槽数	每槽导线数	每极匝数	支路数	线规及牌号SBECB(mm)	每极匝数	线规及牌号LBR(mm)	每极匝数	线规及牌号QZLB(mm)			
ZF2-151-1B	580	660	879	1000	650	300	81	4	12	1296	单蛙	1.56×7.4	324	6	2	6	1	5.5×30	5	2-6×22	378	1.25×6.4	3.3	2.99	1580
ZF2-152-1B	730	660	1105	1000	650	375	81	3	12	972	单蛙	1.95×7.4.	243	5	2	5	1	6.5×30	3	2-11×22	368	1.56×5.9	3.8	2.6	1230
ZF2-152-2B	730	330	2210	1000	650	375	63	2	12	504	单蛙	2-2.1×7.4	126	5	2	5	2	6.5×30	3	2-11×22	368	1.56×5.9	3.9	2.87	1470
ZD2-151-1B	200	220	1040	320/1000	650	300	69	4	12	1104	单蛙	2-1×7.4	276	5	2	5	1	6.5×30	4	2-7×22	390	1.45×6.4	4.0	1.8	657
ZD2-151-1B	200	440	510	320/1000	650	300	86	2	2	344	单波	4-1.35×7.4	172	5	4	10	1	3.28×30	7	7×22	390	1.45×6.4	4.6	1.55	521
ZD2-151-1B	250	220	1260	100/1000	650	300	69	3	12	828	单蛙	2.26×7.4	207	4	2	4	1	8×30	3	2-11×22	390	1.45×6.4	4.5	1.88	707
ZD2-151-1B	250	330	845	400/1000	650	300	81	4	12	1296	单蛙	1.45×7.4	324	6	2	6	1	5.5×30	5	2-6×22	390	1.45×6.4	4.5	1.77	689
ZD2-152-1B	250	220	1268	320/1000	650	375	69	3	12	828	单蛙	2.26×7.4	207	4	2	4	1	8×30	3	2-11×22	330	1.56×6.4	4.6	2.07	830
ZD2-152-1B	250	330	845	320/1000	650	375	81	4	12	129	单蛙	1.45×7.4	324	6	2	6	1	5.5×30	5	2-6.5×22	330	1.56×6.4	4.3	1.93	739
ZD2-151-1B	320	220	1605	500/1000	650	300	81	2	12	648	单蛙	2-1.35×7.4	162	6	2	6	2	5.5×30	5	2-6×22	384	1.68×6.4	4.9	2.05	815
ZD2-151-1B	320	440	797	500/1000	650	300	81	4	12	1296	单蛙	1.35×7.4	324	6	2	6	1	5.5×30	5	2-6×22	384	1.68×6.4	5.1	1.86	693
ZD2-152-1B	320	220	1610	400/1000	650	375	81	2	12	648	单蛙	2-1.35×7.4	162	6	2	6	2	5.5×30	5	2-5.5×22	352	1.81×6.4	5.6	2.11	856
ZD2-152-1B	320	440	795	400/1000	650	375	81	4	12	1296	单蛙	1.35×7.4	324	6	2	6	1	5.5×30	5	2-5.5×22	352	1.81×6.4	5.7	1.93	739
ZD2-153-1B	320	220	1610	320/1000	650	460	81	2	12	648	单蛙	2-1.35×7.4	162	6	2	6	2	5.5×30	5	2-5.5×22	300	2.63×5.9	6.0	2.3	1015
ZD2-153-1B	320	440	798	320/1000	650	460	81	4	12	1296	单蛙	1.35×7.4	324	6	2	6	1	5.5×30	5	2-5.5×22	300	2.63×5.9	6.0	2.15	883
ZD2-152-1B	400	330	1325	500/1000	650	375	69	3	12	828	单蛙	2.26×7.4	207	4	2	4	1	8×30	3	2-11×22	330	1.56×6.4	4.4	2.36	1033
ZD2-152-1B	400	440	992	500/1000	650	375	69	4	12	1104	单蛙	1.68×7.4	276	5	2	5	1	6.5×30	4	2-7×22	330	1.56×6.4	4.6	2.15	884
ZD2-153-1B	400	330	1320	400/1000	650	460	69	3	12	828	单蛙	2.26×7.4	207	4	2	4	1	8×30	3	2-11×22	296	1.81×6.9	5.5	2.43	1087
ZD2-153-1B	400	440	991	400/1000	650	460	69	4	12	1104	单蛙	1.68×7.4	276	5	2	5	1	6.5×30	4	2-7×22	296	1.81×6.9	5.5	2.43	1087
ZD2-153-1B	500	330	1640	500/1000	650	460	81	2	12	648	单蛙	2-1.45×7.4	162	6	2	6	2	5.5×30	5	2-5.5×22	300	2.63×5.9	5.7	2.47	1123
ZD2-153-1B	500	660	816	500/1000	650	460	81	4	12	1296	单蛙	1.45×7.4	324	6	2	6	1	5.5×30	5	2-5.5×22	300	2.63×5.9	5.9	2.43	1097
ZF2-171-1B	920	660	1394	1000	850	320	75	3	12	900	单蛙	2-1.45×7.4	225	4	2	4	1	11×30	3	2-10×22	312	1.45×7.4	4.1	3.85	1210
ZF2-171-1B	1150	660	1745	1000	850	320	75	3	12	900	单蛙	2-1.68×7.4	225	4	2	4	1	11×30	3	2-10×30	312	1.68×7.4	4.5	4.66	1710
ZD2-172-1B	400	330	1335	320/1000	850	360	87	3	12	1044	单蛙	2.26×7.4	261	5	2	5	1	8×30	4	2-10×25	320	1.56×7.4	6.7	3.03	840
ZD2-172-1B	400	440	1000	320/1000	850	360	81	4	12	1296	单蛙	1.68×7.4	324	6	2	6	1	6.5×30	5	2-7×28	308	1.95×7.4	6.3	2.8	700
ZD2-172-1B	500	330	1660	400/1000	850	360	75	3	12	900	单蛙	2-1.45×7.4	225	4	2	4	1	11×30	3	2-10×30	320	1.56×7.4	4.7	3.23	892
ZD2-172-1B	500	440	1240	400/1000	850	360	87	3	12	1044	单蛙	2.1×7.4	261	5	2	5	1	8×30	4	2-7×28	308	1.95×7.4	6.5	3.17	870
ZD2-173-1B	500	440	1240	320/1000	850	450	87	3	12	1044	单蛙	2.1×7.4	261	5	2	5	1	8×30	4	2-7×28	292	2.26×7.4	7.2	3.25	890
ZD2-172-1B	630	330	2080	500/1000	850	360	81	2	12	648	单蛙	2-1.68×7.4	162	6	2	6	2	6.5×30	5	2-7×28	300	1.81×7.4	5.6	3.58	1070
ZD2-172-1B	630	660	1032	500/1000	850	360	81	4	12	1296	单蛙	1.68×7.4	324	6	2	6	1	6.5×30	5	2-7×28	300	1.81×7.4	5.9	3.39	965
ZD2-173-1B	630	660	1030	400/1000	850	450	81	4	12	1296	单蛙	1.68×7.4	324	6	2	6	1	6.5×30	5	2-7×28	292	2.26×7.4	6.8	3.38	964
ZD2-174-1B	630	600	1035	320/1000	850	545	81	4	12	1296	单蛙	1.68×7.4	324	6	2	6	1	6.5×30	4	2-7×28	250	2.83×7.4	9.8	3.59	1073
ZD2-173-1B	800	600	1300	500/1000	850	450	87	3	12	1044	单蛙	2.1×7.4	261	5	2	5	1	8×30	3	2-10×25	292	2.26×7.4	6.8	3.9	1240
ZD2-174-1B	800	600	1303	400/1000	850	545	87	3	12	1044	单蛙	2.1×7.4	261	5	2	5	1	8×30	3	2-10×25	250	2.83×7.4	10	4.07	1340
ZD2-174-1B	1000	600	1630	500/1000	850	545	75	3	12	900	单蛙	2-1.45×7.4	225	4	2	4	1	11×30	3	2-10×30	258	2.44×7.4	7.8	4.4	1540

附表 1－5

ZZJ2 系列冶金起重用直流电动机技术数据（220V）

型号	励磁方式	持续率（%）	电枢									主极						换向极			换向器			每杆刷数	电刷尺寸（mm）
			铁芯外径（mm）	铁芯长度（mm）	槽数	每槽单元数	每元件匝数	总导体数	支路数	槽节距	线规（mm）	气隙（mm）	他励绕组匝数	串励绕组匝数	他励绕组线规（mm）	串励绕组线规（mm）	他励绕组电流（A）	气隙（mm）	匝数	线规（mm）	外径（mm）	片数	节距		
	串	25														1.18×3.55 SBEGB	—								
ZZJ2－12	复	25	138	130	25	4	5	990	2	1－5	2－ϕ1.06	1.2	—	—	ϕ0.38 QY	1.18×3.55 SBEGB		2.0	—	1.18×3.55 SBEGB	125	99	1－50	1	12.5×20
	他	25													ϕ0.41 QY		0.5								
	串	25														2.24×4.5 SBEGB									
ZZJ2－22	复	25	162	150	29	3	4	696	2	1－8	2－ϕ1.4	1.5	—	—	ϕ0.45 QY	1.8×4.5 SBEGB		2.5	—	1.8×4.5 SBEGB	150	87	1－44	1	12.5×25
	他	25													ϕ0.67 QY		0.797								
	串	25												80	—	2.5×5.6 SBEGB	—		56						
ZZJ2－31	复	25	210	115	27	4	3	642	2	1－8	1.4×3.35	1.5～3.75	1446	32	ϕ0.67 QY	3.15×6.0 SBEGB	0.85	3.5	55	2.5×5.6 SBEGB	180	107	1－54	1	16×32
	他	25											1650		ϕ1.0 QY		1.59		55						
	串	25												62		3.55×6.3 SBEGB			49						
ZZJ2－32	复	25	210	150	31	3	3	558	2	1－9	1.8×3.35	1.5～3.75	1522	27	ϕ0.75 QY	3.55×6.3 SBEGB	0.9	3.5	48	3.55×6.3 SBEGB	180	93	1－47	1	16×32
	他	25											1588		ϕ1.06 QY		1.72		48						

续表

型号	励磁方式	持续率(%)	电枢									主极						换向极			换向器			每杆刷数	电刷尺寸(mm)
			铁芯外径(mm)	铁芯长度(mm)	槽数	每槽单元数	每元件匝数	总导体数	支路数	槽节距	线规(mm)	气隙(mm)	他励绕组匝数	串励绕组匝数	他励绕组线规(mm)	串励绕组线规(mm)	他励绕组电流(A)	气隙(mm)	匝数	线规(mm)	外径(mm)	片数	节距		
ZZJ2-41	串	25	245	180	31	4	2	492	2	1-9	1.76×6.3 SBEGB	1.8～4.5		38		1.08×3.2 TBR		4.5	40	1.56×32 TBR	200	123	1-62	2	16×32
		100												38					40						
	复	25											1158	19	φ0.85 QY	1.35×25 TBR	1.28		40						
		100											1423	16	φ0.83 QY		1.06		41						
	他	25											1301		φ1.12 QY		2.09		40						
		100											1502		φ1.25 QY		2.06		40						
ZZJ2-42	串	25	245	240	33	3	2	396	2	1-9	2.12×6.3 SBEGB	1.8～4.5		28		1.25×32 TBR		4.5	33	1.81×32 TBR	200	99	1-50	2	16×32
		100												31					34						
	复	25											1079	14	φ0.9 QY	1.25×32 TBR	1.24		33						
		100											1315	13			1.12		33						
	他	25											1046		φ1.25 QY		2.46		33						
		100											1272		φ1.30 QY		2.45		33						
ZZJ2-51	串	25	294	225	31	5	1	310	2	1-9	2-1.35×6.9 SBEGB	2～5		28		2.63×25 TDR		5	26	2.26×22 TBR	250	155	1-78	2	16×32
		100												31											
	复	25											1351	14	φ1.03 QY	2.63×28 TDR	1.28								
		100															1.5								
	他	25											1227		φ1.45 QY		2.9								
		100															3.51								

续表

型号	励磁方式	持续率（%）	电枢									主极						换向极			换向器			每杆刷数	电刷尺寸（mm）
			铁芯外径（mm）	铁芯长度（mm）	槽数	每槽单元数	每元件匝数	总导体数	支路数	槽节距	线规（mm）	气隙（mm）	他励绕组匝数	串励绕组匝数	他励绕组线规（mm）	串励绕组线规（mm）	他励绕组电流（A）	气隙（mm）	匝数	线规（mm）	外径（mm）	片数	节距		
ZZJ2－52	串	25	294	300	31	4	1	246	2	1－9	2－1.81×6.9 SBEGB	2～5		23		2.63×30 TDR		5	21	3.28×19.5 TBR	250	123	1－62	3	16×32
		100												24											
	复	25											1125	12	ϕ1.16 QY	2.63×30 TDR	1.79								
		100												11			1.8								
	他	25											1127		ϕ1.63 QY		3.21								
		100															4.55								
ZZJ2－62	串	25	327	330	35	3	1	210	2	1－10	2－2.26×7.4 SBEGB	2.5～6.25		20		3.53×35 TBR		5.5	18	4.7×18 TBR	280	105	1－52	3	20×32
		100												21											
	复	25											1191	9	ϕ1.3 QY	3.53×35 TBR	1.86								
		100															1.95								
	他	25											1022		ϕ1.95 QY		4.07								
		100															5.02								
ZZJ2－71	串	25	327	330	35	3	1	210	2	1－10	2－2.26×7.4 SBEGB	2.5～6.25		16		5×35 TMR		5.5	15	6×18 TBR	305	93	1－47	3	2－12.5×32
		100																							
	复	25											1180	7	ϕ1.35 QY	5×35 TMR	2								
		100															2								
	他	25											1185		ϕ1.95 QY		4								
		100															5								
ZZJ2－72	串	25	368	410	43	2	1	170	2	1－12	2－3.53×7.4 SBEGB	2.5～6.25		13		5×35 TMR		6	13	7×18 TBR	305	85	1－43	4	2－12.5×32
		100																							
	复	25											1015	6	ϕ1.4 QY	5×35 TMR	2.32								
		100															2.21								
	他	25											1003		ϕ2.02 QY		4.88								
		100															5.04								

续表

型号	励磁方式	持续率(%)	电枢									主极						换向极			换向器			每杆刷数	电刷尺寸(mm)
			铁芯外径(mm)	铁芯长度(mm)	槽数	每槽单元数	每元件匝数	总导体数	支路数	槽节距	线规(mm)	气隙(mm)	他励绕组匝数	串励绕组匝数	他励绕组线规(mm)	串励绕组线规(mm)	他励绕组电流(A)	气隙(mm)	匝数	线规(mm)	外径(mm)	片数	节距		
ZZJ2－82	串	25 100	423	430	50	3	1	300	4	1－13	2－2.1×8 SBEGB	3～7.5		13		6×45 TMR		7	12	7×28 TBR	355	150	1－2	5	2－12.5 ×32
	复	25 100											800	6	ϕ1.62 QY	6×40 TMR	3.44 3.36								
	他	25 100											725		1.35 ×3.53 SBEGB		6.5 8.5								
ZZJ2－91	串	25 100	493	420	42	3	1	252	4	1－11	2－2.63×8 SBEGB	3～7.5		11		6×45 TMR		8	10	8×25 TMR	415	126	1－2	6	2－12.5 ×32
	复	25 100											816	5	ϕ1.81 QY	5.5×45 TMR	3.44 4								
	他	25 100											725		1.45 ×3.53 SBEGB		6.85 9.61								
ZZJ2－92	串	25 100	493	510	38	3	1	228	4	1－10	2－3.53×8 SBEGB	3～7.5		9 10		7×45 TMR		8	9	2－5.1×25 TBR	415	114	1－2	6	2－16 ×32
	复	25 100											740	5	ϕ1.95 QY	5.5×45 TMR	3.67 4.32								
	他	25 100											565		1.56 ×4.4 SBEGB		10.14 13.7								

附表 1-6　　ZZJ2 系列冶金起重用直流电动机技术数据（440V）

型号	励磁方式	持续率（%）	电枢 铁芯外径（mm）	电枢 铁芯长度（mm）	电枢 槽数	电枢 每槽单元数	电枢 每元件匝数	电枢 总导体数	电枢 支路数	电枢 槽节距	电枢 线规（mm）	主极 气隙（mm）	主极 他励绕组匝数	主极 串励绕组匝数	主极 他励绕组线规（mm）	主极 串励绕组线规（mm）	主极 他励绕组电流（A）	换向极 气隙（mm）	换向极 匝数	换向极 线规（mm）	换向器 外径（mm）	换向器 片数	换向器 节距	每杆刷数	电刷尺寸（mm）
ZZJ2-41	串	25	245	180	31	4	4	984	2	1-9	SBEGB 1.6×3.0	1.8～4.5		78		SBEGB 2.44×7.5		4.5	81	SBEGB 2.44×7.5	200	123	1-62	2	16×32
		100												83					84						
	复	25											1361	39	QY ϕ0.80	SBEGB 2.24×7.5	1.03		81						
		100											1681	34	QY ϕ0.77		0.894		81						
	他	25											1301		QY ϕ1.12		1.981		81						
		100											1834		QY ϕ1.12		1.711		82						
ZZJ2-42	串	25	245	240	33	3	2	792	2	1-9	SBEGB 2.12×3.15	1.8～4.5		58		SBEGB 2.12×9.0		4.5	65	SBEGB 2.12×9.0	200	99	1-50	2	16×32
		100												64					68						
	复	25											1268	29	QY ϕ0.83	SBEGB 2.12×9.0	1.06		65						
		100											1386	26	QY ϕ0.83		1.12		66						
	他	25											1162		QY ϕ1.18		2.2		65						
		100											1386		QY ϕ1.25		2.4		66						

续表

型号	励磁方式	持续率（%）	电枢 铁芯外径（mm）	电枢 铁芯长度（mm）	电枢 槽数	电枢 每槽单元数	电枢 每元件匝数	电枢 总导体数	电枢 支路数	电枢 槽节距	电枢 线规（mm）	主极 气隙（mm）	主极 他励绕组匝数	主极 串励绕组匝数	主极 他励绕组线规（mm）	主极 串励绕组线规（mm）	主极 他励绕组电流（A）	换向极 气隙（mm）	换向极 匝数	换向极 线规（mm）	换向器 外径（mm）	换向器 片数	换向器 节距	每杆刷数	电刷尺寸（mm）
ZZJ2-51	串	25	294	225	31	5	2	620	2	1-9	SBEGB 1.35×6.9	2～5		61		TDR 1.08×30		5	51	TDR 1.16×18	250	155	1-78	1	16×32
		100												65											
	复	25											1351	29	QY ϕ1.08	TDR 1.08×30	1.28								
		100															1.44								
	他	25											1227		QY ϕ1.45		2.79								
		100															3.25								
ZZJ2-52	串	25	294	300	31	4	2	492	2	1-9	SBEGB 1.81×6.9	2～5		48		TDR 1.35×30		5	40	TDR 1.68×18	250	123	1-62	2	16×32
		100												47											
	复	25											1125	23	QY ϕ1.16	TDR 1.35×30	1.53								
		100												20			1.78								
	他	25											1126		QY ϕ1.68		3								
		100															3.67								

续表

型号	励磁方式	持续率(%)	电枢									主极						换向极			换向器			每杆刷数	电刷尺寸(mm)
			铁芯外径(mm)	铁芯长度(mm)	槽数	每槽单元数	每元件匝数	总导体数	支路数	槽节距	线规(mm)	气隙(mm)	他励绕组匝数	串励绕组匝数	他励绕组线规(mm)	串励绕组线规(mm)	他励绕组电流(A)	气隙(mm)	匝数	线规(mm)	外径(mm)	片数	节距		
ZZJ2-62	串	25	327	330	35	3	2	420	2	1-10	SBEGB 2.26×7.4	2.5~6.25		40		TDR 1.81×35		5.5	35	TDR 2.26×18	280	105	1-53	2	20×32
		100												43											
	复	25											1191	20	QY φ1.3	TDR 1.95×30	1.63								
		100												18			1.91								
	他	25											830		QY φ1.81		4.62								
		100															5.61								
ZZJ2-71	串	25	368	340	47	4	1	374	2	1-13	SBEGB 2-1.25×7.4	2.5~6.25		34		TDR 2.1×40		6	28	TBR 2.83×18	305	187	1-94	2	2-12.5×32
		100												32											
	复	25											1134	16	QY φ1.3	TDR 2.63×35	1.8								
		100												14			2.02								
	他	25											1185		QY φ1.95		3.4								
		100															4.02								

续表

型号	励磁方式	持续率（%）	电枢									主极						换向极			换向器			每杆刷数	电刷尺寸（mm）
			铁芯外径（mm）	铁芯长度（mm）	槽数	每槽单元数	每元件匝数	总导体数	支路数	槽节距	线规（mm）	气隙（mm）	他励绕组匝数	串励绕组匝数	他励绕组线规（mm）	串励绕组线规（mm）	他励绕组电流（A）	气隙（mm）	匝数	线规（mm）	外径（mm）	片数	节距		
ZZJ2-72	串	25	368	410	43	4	1	342	2	1-12	SBEGB 2-1.68×7.4	2.5～6.25		27		TDR 2.83×32		6	26	TBR 3.28×19.5	305	171	1-86	2	2-12.5×32
		100												25											
	复	25											1015	13	QY φ1.4	TDR 2.83×32	2.12								
		100												11			2.29								
	他	25											1003		QY φ2.02		3.8								
		100															4.65								
ZZJ2-82	串	25	423	430	49	3	1	294	2	1-13	SBEGB 2-2.1×8	3～7.5		25		TDR 2.83×45		7	23	TBR 3.28×28	355	147	1-74	2	2-12.5×32
		100																							
	复	25											800	12	QY φ1.62	TDR 2.83×40	3.14								
		100															3.31								
	他	25											725		SBEGB 1.35×3.53		6.26								
		100															8.56								

续表

型号	励磁方式	持续率(%)	电枢									主极						换向极			换向器			每杆刷数	电刷尺寸(mm)
			铁芯外径(mm)	铁芯长度(mm)	槽数	每槽单元数	每元件匝数	总导体数	支路数	槽节距	线规(mm)	气隙(mm)	他励绕组匝数	串励绕组匝数	他励绕组线规(mm)	串励绕组线规(mm)	他励绕组电流(A)	气隙(mm)	匝数	线规(mm)	外径(mm)	片数	节距		
ZZJ2-91	串	25	493	420	43	3	1	258	2	1-12	SBEGB 2-2.63×8	3～7.5		21		TBR 3.8×35		7	19	TBR 4×25	415	129	1-65	3	2-12.5×32
		100																							
	复	25											816	10	QY φ1.81	TBR 4.4×28	3.41								
		100												9			4.01								
	他	25											725		SBEGB 1.45×3.53		7								
		100															8.95								
ZZJ2-92	串	25	493	510	39	3	1	234	2	1-11	SBEGB 2-3.53×8	3～7.5		18		TDR 3.28×45		8	18	TBR 5.1×25	415	117	1-59	3	2-16×32
		100												20											
	复	25											740	9	QY φ1.95	TDR 3.28×45	3.58								
		100															4.52								
	他	25											565		SBEGB 1.56×4.4		9.25								
		100															13.3								

附表 1-7

ZFW、ZDW 型挖掘机用直流电动机技术数据

型号	功率 (kW)	电压 (V)	电流 (A)	转速 (r/min)	持续率 (%)	励磁方式	电枢								换向片数	每杆刷数	电刷尺寸 (mm)	主极				换向极			电机名称
							铁芯外径 (mm)	铁芯长度 (mm)	槽数	每槽元件数	每元件匝数	总导体数	支路数	线规及牌号 (mm)				气隙 (mm)	每极匝数	励磁电流 (A)	线规及牌号 (mm)	气隙 (mm)	每极匝数	线规及牌号 (mm)	
ZFW 49.3/24	220	460	478	1480	100	他	423	240	58	3	1	696	8	2.44×7.4 SBECB	174	5	2~12.5 ×32	3~8	540	11.5	1.81×4.1 SBECB	9	14	6×30 TBR	提升发电机
ZFW 42.3/20	125	450	228	1480	100	他	423	200	41	3	1	246	2	2-3.05×7.4 SBECB	123	3	2~12.5 ×32	6.5	680	9	1.68×3.53 SBECB	10.1	20	4.4×25 TBR	回转发电机
ZFW 42.3/10.5	63	230	274	1480	100	他	423	105	41	3	1	246	2	2-3.05×7.4 SBECB	123	3	2~12.5 ×32	4	750	7.47	1.16×3.8 SBECB	7	20	4.4×25 TBR	推压行走发电机
ZDW-82	175	460	410	740	75	他	423	460	46	4	1	368	4	2-1.56×7.4 SBECB	184	4	2~12.5 ×32	3~6	676	7.88	1.56×3.28 SBECB	4.5	13	6×25 TBR	提升电动机
ZDW-52L3	54	220	270	1150	100	他	294	300	39	2	1	154	2	2-3.05×6.4 SBECB	77	3	2~10 ×22	2~5	1190	3.02	ϕ1.56 QZ	4	12	5.1×19.5 TBR	回转发动机
ZDW-52	54	220	270	1150	100	他	294	300	39	2	1	154	2	2-3.05×6.4 SBECB	77	3	2~10 ×32	2~5	1190	3.02	ϕ1.56 QZ	4	12	5.1×19.5 TBR	推压电动机
ZDW-52	54	220	270	1150	45min	他	294	300	39	2	1	154	2	2-3.05×6.4 SBECB	77	3	2~15 ×32	2~5	1190	3.02	ϕ1.56 QZ	4	12	5.1×19.5 TBR	行动电动机
ZDW-52	4.5	220	24.4	1100	25	复	162	130	31	3	4	744	2	2-ϕ1.25 QZ	93	2	10 ×12.5	1.2	并励 1625 串励 31	0.45	并励 ϕ0.57 串励 2.1×4.1 TBR	1.7	51	2.1×4.1 SBECB	开斗电动机

附表 1-8

ZBD、ZBF 型龙门刨床用直流电动机技术数据

型号	功率 (kW)	电压 (V)	电流 (A)	转速 (r/min)	励磁		电枢							气隙 (mm)		主极			串激			换向极			换向器		
					电压 (V)	电流 (A)	外径 (mm)	长度 (mm)	槽数	线规 (mm)	匝数	节距	绕组型式	主极	换向极	极数	线规 (mm)	匝数	极数	线规 (mm)	匝数	极数	线规 (mm)	匝数	外径 (mm)	片数	节距
ZBF-92	70	230	305	1450	220	4.75	94	165	39	2-1.7 ×6.3	1、1、1	1-11	单波	2	2.5	4	ϕ1.35	950	—	—	—	4	3.75×20	18	200	117	1-59
ZBD-93	60	220	305	1000	220	4.51	94	230	37	2-2.12 ×6.3	1、1、1	1-10	单波	2.5	5	4	ϕ1.3	1000	—	—	—	4	3.75×20	16	200	111	1-56
励磁机	3.5	230	15.2	1450	230	0.61	16.2	70	31	ϕ1.25	7、7、7	1-9	单波	1.2	1.7	4	ϕ0.47	1700	4	ϕ2.12	30	4	ϕ2.12	98	125	93	1-47

附表 1-9　　ZZY 系列起重及冶金用直流电动机技术数据

转速类型	机座号	励磁方式	持续率(%)	主极									主极						换向极			换向器			每杆刷数	电刷尺寸(mm)
				铁芯外径(mm)	铁芯长度(mm)	槽数	每槽单元数	每元件匝数	总导件数	支路数	槽节距	线规(mm)	气隙(mm)	他励绕组匝数	串励绕组匝数	他励绕组线规(mm)	串励绕组线规(mm)	他励绕组电流(A)	气隙(mm)	匝数	线规(mm)	外径(mm)	片数	节距		
低速	31	串												2220	44	ϕ0.41	2.83×6.4 SBEGB	0.273								
		复		210	125	31	4	3	738	2	1-9	1.25×3.05 SBEGB	1.5	2300	11	ϕ0.69	2.44×8 SBEGB	0.685	2	55	2.83×5.5 SBEGB	180	123	1-62	1	12.5×32
		并												1750	4	ϕ0.83	1.56×14.5 SBEGB	1.19								
	32	串												2580	35	ϕ0.41	2.83×6.4 SBEGB	0.195		41						
		复		210	195	31	3	3	558	2	1-9	1.81×3.05 SBEGB	1.5	1530	9	ϕ0.74	2.44×8 SBEGB	1.02	2	43	2.44×8 SBEGB	180	93	1-47	1	16×32
		并												1480	3	ϕ0.90	1.81×14.5 TBR	1.4		44						
	41	串												1550	31	ϕ0.38	2-1.81×8.6 SBEGB	0.227								
		复		245	195	31	4	2	492	2	1-9	1.56×5.9 SBEGB	1.75	1460	10	ϕ0.90	2.44×12.5 TBR	1.34	2.5	36	1.56×19.5 TBR	200	123	1-62	2	16×32
		并												1400	3	ϕ1.04	2.83×22 TBR	1.783								
	42	串												1220	23	ϕ0.41	2-2.83×22 SBEGB	0.264								
		复		245	275	31	3	2	372	2	1-9	2.1×5.9 SBEGB	1.75	1174	8	ϕ1.0	3.8×12.5 TBR	1.66	2.5	27	2.26×14.5 TBR	200	93	1-47	2	16×32
		并												1214	3	ϕ1.12	2.83×22 TBR	2.07								

续表

转速类型	机座号	励磁方式	持续率(%)	主　极									主　极						换向极			换向器			每杆刷数	电刷尺寸(mm)
				铁芯外径(mm)	铁芯长度(mm)	槽数	每槽单元数	每元件匝数	总导件数	支路数	槽节距	线规(mm)	气隙(mm)	他励绕组匝数	串励绕组匝数	他励绕组线规(mm)	串励绕组线规(mm)	他励绕组电流(A)	气隙(mm)	匝数	线规(mm)	外径(mm)	片数	节距		
高速	31	串		210	125	31	4	2	492	2	1-9	1.25×4.7 SBEGB	1.5	3000	41	ϕ0.41	2.83×6.4 SBEGB	0.181	2	36	3.8×5.5 SBEGB	180	123	1-62	1	12.5×32
		复												1820	11	ϕ0.72	2.44×8 SBEGB	0.9		37						
		并												1750	4	ϕ0.83	1.56×14.5 TBR	1.19		37						
	32	串		210	195	31	3	2	372	2	1-9	1.81×4.7 SBEGB	1.5	2300	30	ϕ0.41	3.28×8.6 SBEGB	0.171	2	28	1.81×14.5 TBR	180	93	1-47	1	16×32
		复												1420	8	ϕ0.80	3.28×8 SBEGB	1.1								
		并												1480	3	ϕ0.90	1.81×14.5 TBR	1.4								
	41	串		245	190	31	5	1	310	2	1-9	2-1.16×5.9 SBEGB	1.75	1568	31	ϕ0.44	2-1.81×8.6 SBEGB	0.304	2.5	23	2.63×15.6 TBR	200	155	1-78	2	16×32
		复												1410	8	ϕ1.0	2.83×1.25 TBR	1.385								
		并												1400	3	ϕ1.04	2.83×22 TBR	1.785								
	42	串		245	275	31	4	1	246	2	1-9	2-1.56×5.9 SBEGB	1.75	1230	20	ϕ0.47	2-3.28×8.6 SBEGB	0.347	2.5	18	3.53×14.5 TBR	200	123	1-62	2	16×32
		复												1174	6	ϕ1.0	3.8×12.5 TBR									
		并												1214	3	ϕ1.12	2.83×22 TBR	2.07								

附表 1-10

ZQ型牵引直流电车电动机技术数据

型号	功率(kW)	励磁方式	电压(V)	电流(A)	绝缘等级	转速(r/min)	电枢							主极						换向极				换向器		
							外径(mm)	长度(mm)	槽数	线规(mm)	每元件匝数	槽节距	绕组型式	气隙(mm)	极数	串励匝数	串励绕组线规(mm)	并励匝数	并励绕组线规(mm)	极数	气隙(mm)	每极匝数	线规(mm)	外径(mm)	片数	节距
ZQ-60	60	复	600	113	B	2500	280	310	41	2-1×4.5	1	1-10	单波	1.5~5	4	14	2.5×13.2	1140	ϕ1.0	4	5	29	1.8×16	250	205	1-103
ZQ-60	60	串	600	113	B	2500	280	310	41	2-1×4.5	1	1-10	单波	1.5~5	4	33	2.5×13.2	—	—	4	5	29	1.8×16	250	205	1-103
ZQ-90	90	串	600	166	F	2500	280	310	41	2-1.4×5	1	1-10	单波	1.5~5	4	28	3.55×13.2	—	—	4	6/0.5	30	2×22.4	250	205	1-103
ZQ-120	120	串	600	217	F	2500	327	310	33	2-2.1×5	1	1-10	单波	3~8.5	4	23	1.8×40	—	—	4	9	24	3.15×23.6	280	165	1-83

附表 1-11

蓄电池供电的直流电动机技术数据

型号	功率(kW)	工作定额(min)	电压(V)	电流(A)	励磁方式	转速(r/min)	电枢									并励线圈			串励线圈			换向器			电刷尺寸(mm)
							外径(mm)	长度(mm)	槽数	气隙(mm)	线规(mm)	每元件匝数	线圈总数	槽节距	绕组型式	极数	线规(mm)	匝数	极数	线规(mm)	匝数	外径(mm)	片数	节距	
ZXQ-65/48	6.5	15	48	158	串	1800	138	140	32	1.2	1-1.0×5.6	1-1-1	32×3	1-9	单叠	4	—	—	4	2-1.8×6.0	17	133/115	96	1-2	9×20×25
ZXQ-55/48	5.5	30	48	135	串	1600	138	140	32	1.2	1-1.0×5.0	1-1-1	32×3	1-9	单叠	4	—	—	4	2-1.8×5.0	23	133/115	96	1-2	9×20×25
ZXQ-50/48	5	30	48	124	串	1400	138	140	36	1.2	1-1.0×4.5	1-1-1	36×3	1-10	单叠	4	—	—	4	2-1.4×6.0	27	133/115	108	1-2	9×20×25
ZXQ-45/48	4.5	60	48	112	串	1300/1500	138	160	36	1.2	1-1.0×4.5	1-1-1	36×3	1-10	单叠	4	—	—	4 4 4	2-1.4×6 1-2.8×6 1-2.8×6	26.5 10.5 28	133/115	108	1-2	9×20×25
ZXQ-40/30	4	30	30	168	串	720/960	182	113	29	1.5	2-2.65×5.0	1-1	29×2	1-8	单波	4	—	—	4 4 4	2.8×7.1	12.5 24.5 28	125/170	57	1-29	9×40×50
ZXQ-13.5/30	4	3	30	186	串	920	120	90	25	0.85	1-1.6×6.3	1-1-1	25×3	1-7	单波	4	—	—	4	2.12×8	24	115/80	75	1-38	10×25×32

续表

型号	功率(kW)	工作定额(min)	电压(V)	电流(A)	励磁方式	转速(r/min)	电枢									并励线圈			串励线圈			换向器			电刷尺寸(mm)
							外径(mm)	长度(mm)	槽数	气隙(mm)	线规(mm)	每元件匝数	线圈总数	槽节距	绕组型式	极数	线规(mm)	匝数	极数	线规(mm)	匝数	外径(mm)	片数	节距	
ZXQ-13.5/30	1.35	60	30	62	串	1730	120	90	25	1.2	1.35×6.4	1-1-1	25×3	1-7	单波	4	—	—	4	2.63×8	15	115/80	75	1-38	10×25×32
ZXQ-13.5/30	1.35	60	24	78	串	1300	120	90	25	0.85	1.16×6.3	1-1-1	25×3	1-7	单波	4	—	—	4	2.12×8	24	115/80	75	1-38	10×25×32
ZXQ-25/40	3	60	48	78	串	1500	138	100	27	1.2	1.32×5.0	1-1-1	27×3	1-8	单波	4	—	—	4	2-1.6×6	28	115/135	81	1-41	10×20×32
ZXQ-25/40	2.5	60	40	78	串	1250	138	100	27	1.2	1.32×5.0	1-1-1	27×3	1-8	单波	4	—	—	4	2-1.6×6	28	115/135	81	1-41	10×20×32
ZXQ-12/48	1.2	5	48	34	复	1800	95	80	25	0.8	2-ϕ1.25	1-2-2	25×3	1-7	单波	4	ϕ0.67	230	4	1.0×2.8	24	95/85	75	1-38	8×16×25
ZXQ-12/48	1.5	1	48	42	复	1500	95	80	25	0.8	2-ϕ1.2	2-2-2	25×3	1-7	单波	4	ϕ0.67	260	4	1.18×2.8	12	95/85	75	1-38	8×16×25
ZXQ-8/24	0.8	5	24	48	串	2000	95	80	25	0.8	3-ϕ1.06	1-1-1	25×3	1-7	单波	4	—	—	2 2	1.81×6.4 1.81×6.4	12 11	95/85	75	1-38	8×16×25

附表 1-12　ZK-32 型直流电动机技术数据

型号	功率(kW)	电压(V)	电流(A)	转速(r/min)	励磁		电枢							气隙(mm)		他励线圈			串励线圈			换向极			换向器		
					电压(V)	电流(A)	外径(mm)	长度(mm)	槽数	线规(mm)	匝数	节距	绕组型式	主极	换向极	极数	线规(mm)	匝数	极数	线规(mm)	匝数	极数	线规(mm)	匝数	外径(mm)	长度(mm)	片数
ZK-32	0.37	220	2.2	1000	220	0.193	103	115	29	ϕ0.75	12、11、12	1-8	单波	0.5	1	4	ϕ0.35	3500	4	—	—	—	—	—	85	45	87
ZK-32	0.45	220	2.7	1500	220	0.16	103	115	29	ϕ0.93	8、9、8	1-8	单波	0.5	1	4	ϕ0.31	3500	4	—	—	4	ϕ1.12	115	85	45	87

续表

型号	功率 (kW)	电压 (V)	电流 (A)	转速 (r/min)	励磁		电　枢							气隙（mm）		他励线圈			串励线圈			换向极			换向器		
					电压 (V)	电流 (A)	外径 (mm)	长度 (mm)	槽数	线规 (mm)	匝数	节距	绕组型式	主极	换向极	极数	线规 (mm)	匝数	极数	线规 (mm)	匝数	极数	线规 (mm)	匝数	外径 (mm)	长度 (mm)	片数
ZK－32	0.76	220	4.32	2500	220	0.182	103	115	29	ϕ1.18	5、5、6	1－8	单波	0.5	1	4	ϕ0.33	3300	4	—	—	4	ϕ1.6	65	85	45	87
ZK－32	0.76	220	4.62	2500	220	0.163	103	115	29	ϕ1.18	5、5、5	1－8	单波	0.5	1	4	ϕ0.35	3600	4	ϕ1.56	10	—	—	—	85	45	87
ZK－32	1.3	220	8	1500 /4000	110	0.35	103	116	29	ϕ0.96	7、8、7	1－8	单波	0.9	1.5	2×4	ϕ0.35	2× 875	4	ϕ1.6	16	4	ϕ1.3	95	85	45	87
ZK－32	1.6	220	9.2	2500	220	0.202	103	115	29	ϕ1.18	5、6、5	1－8	单波	0.7	1.2	4	ϕ0.29	2400	4	—	—	4	ϕ1.8	70	85	45	87
ZK－32	0.37	110	4.4	1000	110	0.32	103	115	29	ϕ1.06	6、6、6	1－8	单波	0.5	1	4	ϕ0.45	1740	4	—	—	4	ϕ1.56	81	85	45	87
ZK－32	0.45	110	3.78	1500	110	0.26	103	116	29	ϕ1.3	4、4、4	1－8	单波	0.5	1	4	ϕ0.44	2000	4	ϕ1.74	16	4	ϕ1.74	55	85	45	87
ZK－32	0.45	110	5.5	1500	220	0.16	103	115	29	ϕ1.3	4、5、4	1－8	单波	0.5	1	4	ϕ0.31	3500	4	—	—	4	ϕ1.7	60	85	45	87
ZK－32	1.2	110	14.5	3000	110	0.682	103	130	27	2－ϕ1.4	2、2、2	1－8	单波	0.5	1.5	4	ϕ0.47	920	4	—	—	4	1.12 ×4.0	22	85	35	81
ZK－32	1.7	110	19.5	3000	110	0.69	103	65	29	2－ϕ1.06	3、4、3	1－8	单波	0.5	1	4	ϕ0.42	1150	4	—	—	4	1.18 ×3.15	43	85	32	87

附表 1-13　　**我国生产的大中型直流电动机主要技术数据**

型号	P_N (kW)	U_N (V)	I_N (A)	n (r/min)	U_B (V)	极数	$J\times10^3$ (kg·m²)	过载倍数 基速/高速
ZD-380/64	4600	860	5800	80/160	80	20	240	2.5/1.8
ZD-315/142	5750	1000	6340	50/120	100	16	280	2.5/1.8
ZJD310/150-16	4300	800	5900	40/60	57.1 (压降)	16	249.5	2.5/2.0
ZJD285/155-14	4300	800	5780	55/110	100	14	204.1	2.5/2.0
ZZD-285/64	2×3250	1000	2×3480	90/180	2×90	14	2×110	2.5/2.0
ZD-2800/1400-14	3900	800	5357	50/100	51 (压降)	14	178	2.5/2.0
ZJD250/145-14	4560	865	5700	70/120	100	12	133	2.5/2.0
ZZJD250/145-12	2×2300	1000	2×2560	40/80	55	12	264	2.5/2.0
ZJD250/155-14	4250	860	5470	54/100	70	14	130	2.5/2.0
ZJD250/105-12	2800	750	4000	62/120	100	12	105	2.5/2.0
ZD-250/120	2500	750	3690	40/80	95/47.5	12	140	2.5/2.0
ZD2500/1050-12	3600	800	4910	66/122	55 (压降)	12	178	2.5/2.0
ZZJD215/74-10	2×3000	800	2×4050	180/400	33.7 (压降)	10	45.4	2.5/2.0
ZD-215/40	1000	660	1780	58	55/110	10	26.7	1.8/—
ZJD-180/120-10	1500	630	2670	60/120	55	10	34	2.5/2
ZZ-1800/1300	1800	750	2690	65/130	90	10	36	2.5/2
ZJD-180D/85	1700	660	2790	100/220	100	10	33	2.8/2.2
ZJD150/50-8	2600	750	3690	440/500	220	8	8.8	2/1.6
ZD-150/45	1100	500	2360	230/350	220	8	7.72	1.9/—
ZZJD120/85-6	2×1500	800	2080	220/550	110	6	2×6.05	2.5/2
ZZJD120/84-8	2×1200	2×500	2600	195/540	80	8	2×5.8	2/1.8
ZD-120/71	1100	550	1960	200/360	60/120	6	4.92	2.5/2
ZD-99/40	1500	750	2125	720/1100	110	8	2.03	2/1.5
ZDT710L	1050	750	1500	300/750	110	6	1.91	2.5/2

型号	电枢绕组			励磁绕组		等级 (定子/转子)
	绕组型式	导线尺寸 (mm×mm)	每线圈圈数	导线尺寸 (mm×mm)	每级匝数	
ZD-380/64	单蛙	3.53×8	1	2-3.28×30	26	B/B
ZD-315/142	单叠	3.55×22.4	1	4.5×50	28	F/F
ZJD310/150-16	单蛙	3.28×12.5	1	8×50/20 梯形边	18	B/B
ZJD285/155-14	双蛙	2.1×10	1	4.5×40	35	B/B
ZZD-285/64	单蛙	1.95×12.5	1	4×40	39	B/B
ZD-2800/1400-14	单叠	4×22.4	1	3.8×50	27	F/F

续表

型号	电枢绕组			励磁绕组		等级（定子/转子）
	绕组型式	导线尺寸（mm×mm）	每线圈圈数	导线尺寸（mm×mm）	每级匝数	
ZJD250/145-14	双蛙	2.1×11.6	1	4.5×40	35	B/B
ZZJD250/145-12	单蛙	2.1×11.6	1	8×50	19	B/B
ZJD250/155-14	单叠导槽	3.55×10.6	1	5×40	21	F/F
ZJD250/105-12	单蛙	3.28×10.8	1	4.5×50	35	B/B
ZD-250/120	单蛙	2.8×11.8	1	3.55×45	42	F/F
ZD2500/1050-12	单叠	4×20	1	4.5×50	30	F/F
ZZJD215/74-10	双蛙	2.63×6.9	1	2.44×40	61	B/B
ZD-215/40	双波	3.55×25	1	2×40	75	F/F
ZJD-180/120-10	单蛙	2.44×11.6	1	5×45	32	B/B
ZZ1800-1300	单叠异槽	2.8×10	1	2.36×40	50	F/F
ZJD-1800D/85	单蛙	3×10	1	2×45	60	F/F
ZJD150/50-8	双蛙	2.63×8	1	2.63×8	225	B/B
ZD-150/45	单蛙	3.8×86	1	2.44×5.5	240	B/B
ZZJD120/85-6	单蛙	4.42×8	1	4.4×8	129	B/B
ZZJD120/84-8	单叠异槽	4.1×8	1	3.53×8.6	192	B/B
ZD-120/71	单蛙	2-2×8.5	1	2-2.8×6.3	119	B/B
ZD-99/40	单蛙	3.55×6.3	1	2.8×6	84	F/F
ZDT710L	单叠异槽	3.15×7.1	1	3.15×7.1	145	F/F

型号	电刷			重量（t）	生产厂	槽数	升高片数	效率（%）
	牌号	尺寸（mm×mm）	每杆刷数					
ZD-380/64	DS-14	2-12.5×32	9	105	上机	370	1110	93.2
ZD-315/142	D37413	2-2×10×32	7	210	上机	488	976	90.7
ZJD310/150-16	DS-14	2-16×32	8	210	哈机	424	848	91.0
ZJD285/155-14	DS-14	2-16×32	10	170	哈机	357	1071	92.0
ZZD-285/64	DS-14	2-20×32	5	177	上机	343	1029	93.4
ZD-2800/1400-14	D214	2-16×32	9	175	哈机	399	798	90.9
ZJD250/145-14	DS-14	2-16×32	12	140	哈机	318	954	92.0
ZZJD250/145-12	D104	2-16×32	5	272	东方	318	954	90.6
ZJD250/155-14	D374	2-16×32	9	145	东方	357	714	90.4
ZJD250/105-12	DS-14	2-16×32	12	113	哈机	318	636	92.5
ZD-250/120	D374	2-16×32（双斜）	6	133	上机	270	810	90.36
ZD2500/1050-12	DS-14	2-16×32	8	146	哈机	318	636	91.7
ZZJD215/74-10	DS-14	2-16×32	8	140	哈机	225	675	94
ZD-215/40	D374B	2-2×10×32	3	34.2	上机	280	560	85.0

续表

型号	电刷			重量（t）	生产厂	槽数	升高片数	效率（%）
	牌号	尺寸（mm×mm）	每杆刷数					
ZJD－180/120－10	D214	2－16×32	6	71	东方	195	585	90.2
ZZ1800－1300	D214	2－16×32	6	89	东方	205	615	89.2
ZJD－180D/85	D376N	2－2×8×32	6	64.9	上机	185	555	92.3
ZJD150/50－8	D214	2－16×32	10	28	东方	156	468	94.0
ZD－150/45	DS－74B	2－16×32	6	26	上机	180	360	93.2
ZZJD120/85－6	DS14	2－16×32	8	169	哈机	135	270	94.0
ZZJD120/84－8	D214	2－16×32	8	58	东方	132	264	93.2
ZD－120/71	D374B	2－2×10×32	6	30	上机	129	258	92.9
ZD－99/40	D374B	2－12.5×32	6	17.2	上机	172	344	94.17
ZDT710L	D214	2－16×32	6	10.1	东方	165	330	92.5

附表 1－14　　Z4 系列直流电动机技术数据

型号	额定功率（kW）	额定转速（r/min）			弱磁转速（r/min）	电枢电流（A）	励磁功率（W）	电枢回路电阻（20℃）（Ω）	电枢回路电感（mH）	磁场电感（H）	外接电感（mH）	效率（%）	转动惯量（kg·m²）	重量（kg）
		160V	400V	440V										
Z4－100－1	2.2	1490			3000	17.9	315	1.19	11.2	22	15	67.8	0.044	72
	1.5	955			2000	13.3		2.17	21.4	13	15	58.5		
	4		2630		4000	12		2.82	26	18	—	78.9		
	4			2960	4000	10.7						80.1		
	2		1310		3000	6.6		9.12	86	18		68.4		
	2.2			1480	3000	6.5						70.6		
	1.4		860		2000	5.1		16.76	163	18		60.3		
	1.5			990	2000	4.77						63.2		
Z4－112/2－1	3	1540			3000	24	320	0.785	7.1	14	20	69.1	0.072	100
	2.2	975			2000	19.6		1.498	14.1	13	20	62.1		
	5.5		2630		4000	16.4		1.933	17.9	17	—	79.9		
	5.5			2940	4000	14.7						81.1		
	2.8		1340		3000	9.1		6	59	17		71.2		
	3			1500	3000	8.6						72.8		
	1.9		855		2000	6.9		11.67	110	13		61.1		
	2.2			965	2000	7.1						63.5		
Z4－112/2－2	4	1450			3000	31.3	350	0.567	6.2	14	12	72.6	0.088	107
	3	1070			2000	24.8		0.934	10.3	14	10	66.8		
	7		2660		4000	20.4		1.305	14	19	—	82.4		
	7.5			2980	4000	19.7						83.5		
	3.7		1320		3000	11.7		4.24	48.5	19		74.1		
	4			1500	3000	11.2						76		
	2.6		895		2000	9		7.62	83	14		65.1		
	3			1010	2000	9.1						67.3		

续表

型号	额定功率(kW)	额定转速(r/min)			弱磁转速(r/min)	电枢电流(A)	励磁功率(W)	电枢回路电阻(20℃)(Ω)	电枢回路电感(mH)	磁场电感(H)	外接电感(mH)	效率(%)	转动惯量(kg·m²)	重量(kg)
		160V	400V	440V										
Z4-112/4-1	5.5	1520			3000	42.5	500	0.38	3.85	6.8	6.5	73	0.128	106
	4	990			2000	33.7		0.741	7.7	6.7	4.5	64.9		
	10		2680		3500	29		0.89	9	6.8	—	82.7		
	11			2950	3500	28.8						83.3		
	5		1340		1800	15.7		3.01	30.5	6.8		74.3		
	5.5			1480	1800	15.4						75.7		
	3.7		855		1100	13		5.78	60	6.7		65.2		
	4			980	1100	12.2						68.7		
Z4-112/4-2	5.5	1090			2000	43.5	570	0.441	5.1	7.8	6	69.5	0.156	114
	13		2740		3600	37		0.574	6.4	5.8	—	84.4		
	15			3035	3600	38.6						85.4		
	6.7		1330		1800	20.6		2.12	24.1	7.8		76.8		
	7.5			1480	1800	20.6						78.4		
	5		955		1200	16.1		3.46	40.5	5.8		71.1		
	5.5			1025	1200	15.7						71.9		

型号	额定功率(kW)	额定转速(r/min)			弱磁转速(r/min)	电枢电流(A)	励磁功率(W)	电枢回路电阻(20℃)(Ω)	电枢回路电感(mH)	磁场电感(H)	效率(%)	转动惯量(kg·m²)	重量(kg)
		160V	400V	440V									
Z4-132-1	18.5		2610		4000	52.5	650	0.368	5.3	6.5	85	0.32	140
	18.5			2850	4000	47.1					85.9		
	10		1330		2100	30.1		1.309	18.9	8.9	79.4		
	11			1480	2200	29.6					80.9		
	7		865		1600	22.7		2.56	37.5	6.3	71.9		
	7.5			975	1600	21.4					74.5		
Z4-132-2	20		2800		3600	55.4	730	0.226	3.65	10	87.8	0.4	160
	22			3090	3600	55.3					88.3		
	15		1360		2500	44.5		0.811	13.5	7.7	81.2		
	15			1510	2500	39.5					83.4		
	10		905		1400	31.1		1.565	26	6	75.6		
	11			995	1400	30.5					77.7		
Z4-132-3	27		2720		3600	74.5	800	0.1905	3.4	21	88.2	0.48	180
	30			3000	3600	75					88.6		
	18.5		1390		2100	53.2		0.531	9.8	6.6	83.6		
	18.5			1540	2200	47.6					84.7		
	13.5		945		1600	40.5		0.976	19.4	6.5	79.4		
	15			1050	1600	40.5					80.5		

续表

型号	额定功率(kW)	额定转速(r/min) 160V	400V	440V	弱磁转速(r/min)	电枢电流(A)	励磁功率(W)	电枢回路电阻(20℃)(Ω)	电枢回路电感(mH)	磁场电感(H)	效率(%)	转动惯量(kg·m²)	重量(kg)
Z4-160-11	33		2710		3500	93.4	820	0.1835	3.15	10	87.4	0.64	220
	37			3000							88.5		
	19.5		1350		3000	58.8		0.593	10.4	7.7	80.4		
	22			1500							82.6		
Z4-160-22/21	40.5		2710		3500	113	920	0.1426	2.7	10	88.2	0.76	242
	45			3000							89.1		
	16.5		900		2000	50.5		0.862	17.7	6	77.9		
	18.5			1000							79.4		
32	49.5		2710		3500	137	1050	0.097	2.07	11	89.1	0.88	268
	55			3010							90.2		
Z4-160-31	27		1350		3000	77.8		0.376	8.3	10	84.7		
	30			1500							85.7		
31	19.5		900		2000	59.1		0.675	15.2	6.3	79.1		
	22			1000							81.7		
Z4-180-11	33		1350		3000	95.4	1200	0.29	5.8	7.1	84.7	1.52	326
	37			1500							86.5		
	16.5		670		1900	51.4		0.947	17.6	5.6	75.5		
	18.5			750							78.1		
	13		540		1400	42.1		1.264	25	5.6	73		
	15			600							74.1		
22	67		2710		3400	185	1400	0.0555	1.16	6.9	89.5	1.72	350
	75			3000							90.7		
21	40.5		1350		2800	115		0.2125	4.65	6.6	85.8		
	45			1500							87		
Z4-180-21	27		900		2000	79		0.419	9.3	7.3	82.2		
	30			1000							83.7		
21	19.5		670		1400	61		0.756	15.7	7.1	77.3		
	22			750							79.7		
21	16.5		540		1600	52		1.003	21.9	5	73.8		
	18.5			600							76.8		
Z4-180-31	33		900		2000	97	1500	0.332	7.7	6.6	82.8	1.92	380
	37			1000							83.6		
	19.5		540		1250	62		0.801	19	6.6	74.8		
	22			600							76.6		

续表

型号	额定功率(kW)	额定转速(r/min) 160V	400V	440V	弱磁转速(r/min)	电枢电流(A)	励磁功率(W)	电枢回路电阻(20℃)(Ω)	电枢回路电感(mH)	磁场电感(H)	效率(%)	转动惯量(kg·m²)	重量(kg)
42	81		2710		3200	221	1700	0.051	1.16	12	91	2.2	410
	90			3000							91.3		
Z4－180－41	50		1350		3000	139		0.1417	3.2	5.7	87.5		
	55			1500							87.7		
41	27		670		2000	80		0.459	10.4	6.3	80.4		
	30			750							81.1		
12	99		2710		3000	271	1400	0.0373	0.83	7.62	90.2	3.68	485
	110			3000							91.6		
11	40.5		900		2000	118		0.2653	8.4	7.01	83.4		
	45			1000							85.5		
Z4－200－ 11	33		670		1600	99		0.369	10.6	7.77	80.2		
	37			750							82.9		
11	19.5		450		1000	64		0.93	21.9	7.3	72.2		
	22			500							77.4		
Z4－200－21	67		1350		3000	188	1500	0.0885	2.8	6.78	88.7	4.2	530
	75			1500							89.6		
	27		540		1000	82		0.535	14	9.64	78.8		
	30			600							80.4		
32	119		2710		3200	322	1750	0.0266	0.79	10.9	91.7	4.8	580
	132			3000							92.4		
31	81		1350		2800	224		0.0771	2.6	5.61	88.7		
	90			1500							90		
31	49.5		900		2000	141		0.1751	4.8	8.54	85.6		
	55			1000							87.1		
Z4－200－ 31	40.5		670		1400	119		0.283	8.5	8.35	82.5		
	45			750							84.1		
31	33		540		1200	101		0.42	12.2	8.42	79.6		
	37			600							82		
31	27		450		750	84		0.598	17.1	8.4	77.5		
	30			500							79.5		
Z4－225－11	99		1360		3000	276	2300	0.0664	2.1	4.45	87.9	5	680
	110			1500							89.4		
	67		900		2000	193		0.1406	4.9	4.28	84.4		
	75			1000							86.5		
	49		680		1300	146		0.2433	8.7	5.77	81.2		
	55			750							84		
	40		540		1200	123		0.356	9.5	6.38	78.2		
	45			600							80.8		
	33		450		1000	103		0.476	15.2	6.10	76.5		
	37			500							78.8		

续表

型号	额定功率(kW)	额定转速(r/min)			弱磁转速(r/min)	电枢电流(A)	励磁功率(W)	电枢回路电阻(20℃)(Ω)	电枢回路电感(mH)	磁场电感(H)	效率(%)	转动惯量(kg·m^2)	重量(kg)
		160V	400V	440V									
Z4-225-21	49		540		1000	148	2470	0.2648	9.5	4.14	79.3	5.6	740
	55			600							82.4		
	40		450		1000	125		0.397	13.7	5.41	76.6		
	45			500							78.9		
Z4-225-31	119		1360		2400	327	2580	0.0454	1.5	5.33	89.3	6.2	800
	132			1500							90.5		
	81		900		2000	227		0.093	3.4	5.3	86.9		
	90			1000							88		
	67		680		2250	197		0.167	5.1	5.44	82.5		
	75			750							85.1		
12	144		1360		2100	399	2500	0.0444	1.3	4.29	88.8	8.8	890
Z4-250-	160			1500							89.9		
11	99		900		2000	281		0.0911	2.4	4.55	86.2		
	110			1000							88.1		
Z4-250-21	167		1360		2200	459	2750	0.0325	0.91	4.28	89.8	10	970
	185			1500							90.5		
	81		680		2250	234		0.1306	3.9	5.41	83.2		
	90			750							85.2		
Z4-250-31	180		1360		2400	493	2850	0.0281	0.87	5.32	90.4	11.2	1070
	200			1500							91.5		
	119		900		2000	334		0.0668	1.7	5.46	87.4		
	132			1000							89.1		
	67		540		2000	204		0.202	4.0	4.0	80.8		
	75			600							84.6		
	49		450		1500	152		0.305	7.3	5.1	78.5		
	55			500							82.4		
41	198		1360		2400	539	3000	0.0237	0.93	6.19	91	12.8	1180
	220			1500							91.7		
42	144		900		2000	401		0.0485	1.9	4.53	88.0		
	160			1000							89.2		
Z4-250-41	99		680		1900	283		0.0102	2.6	5.3	85.8		
	110			750							87.4		
41	81		540		1600	236		0.141	4.7	6.36	83.4		
	90			600							85		
41	67		450		1500	201		0.195	5.1	4.97	80		
	75			500							83.4		

续表

型号	额定功率(kW)	额定转速(r/min)			弱磁转速(r/min)	电枢电流(A)	励磁功率(W)	电枢回路电阻(20℃)(Ω)	电枢回路电感(mH)	磁场电感(H)	效率(%)	转动惯量(kg·m^2)	重量(kg)
		160V	400V	440V									
Z4-280-11	226		1355		2000	614	3100	0.02134	0.69	4.58	90.9	16.4	1280
	250			1500							91.6		
22	253		1355		1800	684	3500	0.01796	0.77	5.3	91.5	18.4	1400
	280			1500							92.1		
21	180		900		2000	498		0.0373	1.2	4.46	89.1		
Z4-280-	200			1000							90.1		
21	119		675		1600	333		0.0662	2.3	4.37	87.1		
	132			750							88.6		
21	99		540		1500	281		0.093	3.1	4.57	84.7		
	110			600							86		
32	284		1360		1800	768	3600	0.01493	0.59	6.94	91.7	21.2	1550
	315			1500							92.6		
31	198		900		2000	545		0.0314	1.1	5.54	89.7		
	220			1000							90.6		
Z4-280-32	144		675		1700	402		0.0532	2	5.47	87.8		
	160			750							89.1		
31	118		540		1000	339		0.0839	2.6	5.77	85.4		
	132			600							86.8		
31	80		450		1400	234		0.1377	5.3	9.03	84.1		
	90			500							85.4		
42	225		900		1800	616	4000	0.02545	0.96	5.29	90.2	24	1700
	250			1000							91.1		
Z4-280-41	166		675		1900	464		0.0457	1.7	5.19	88.1		
	185			750							89.4		
41	98		450		1000	282		0.0993	3.7	6.86	85.1		
	110			500							86.9		
Z4-315-12	321		1360		1800	865	3850	0.015	0.39	8.64	92.2	21.2	1890
	355			1500							92.8		
	253		900		1600	690		0.02355	0.46	5.06	90.4		
	280			1000							91.6		
	180		680		1900	500		0.04371	0.83	4.97	88.4		
	200			750							89.4		
Z4-315-11	144		540		1900	409		0.06919	1.3	7.6	86.4		
	160			600							87.4		
	118		450		1600	344		0.1	2.3	9.43	84.4		
	132			500							86.3		
	98		360		1200	294		0.1415	2.9	9.96	81.7		
	110			400							84.3		

续表

型号	额定功率(kW)	额定转速(r/min)			弱磁转速(r/min)	电枢电流(A)	励磁功率(W)	电枢回路电阻(20℃)(Ω)	电枢回路电感(mH)	磁场电感(H)	效率(%)	转动惯量(kg·m^2)	重量(kg)
		160V	400V	440V									
Z4-315-22	284		900		1600	772	4350	0.02034	0.49	5.91	91	24	2080
	315			1000							91.5		
	225		680		1600	624		0.03392	0.74	18.8	88.7		
	250			750							89.6		
Z4-315-21	166		540		1600	468		0.05382	1.2	25	87.2		
	185			600							88.5		
	143		450		1500	413		0.076	1.5	19	84.7		
	160			500							86		
Z4-315-32	320		900		1600	867	4650	0.01658	0.39	23.1	91.0	27.2	2290
	355			1000							92.0		
	252		680		1600	698		0.03043	0.82	21.5	89.1		
	280			750							89.8		
	180		540		150	501		0.04536	0.95	31.6	88.2		
	200			600							89.4		
Z4-315-31	118		360		1200	344		0.1002	2.1	23.3	83.2		
	132			400							85.3		
Z4-315-42	361		900		1400	971	5200	0.01302	0.33	29	92.1	30.8	2520
	400			1000							92.7		
	284		680		1600	778		0.02364	0.67	20.8	90		
	315			750							90.7		
	225		540		1600	626		0.03554	0.87	21.9	88.3		
	250			600							89		
Z4-315-41	166		450		1500	468		0.055	1.4	37.4	87.3		
	185			500							88.3		
	143		360		1200	416		0.0803	1.8	22.2	84		
	160			400							85.3		
Z4-355-12	406		900		1500	1094	4700	0.01259	0.36	37.6	91.8	42	2890
	450			1000							92.8		
	321		680		1500	877		0.02087	0.59	28.1	90.4		
	355			750							91.2		
Z4-355-11	253		540		1500	697		0.02952	0.91	22	89.2		
	280			600							90.2		
	180		450		1500	506		0.0502	1.5	8.91	87.6		
	200			500							88.9		
	166		360		1200	478		0.066	1.8	22.4	84.9		
	185			400							85.9		

续表

型号	额定功率(kW)	额定转速(r/min)			弱磁转速(r/min)	电枢电流(A)	励磁功率(W)	电枢回路电阻(20℃)(Ω)	电枢回路电感(mH)	磁场电感(H)	效率(%)	转动惯量(kg·m²)	重量(kg)
		160V	400V	440V									
Z4-355-22	361		680		1600	978	5600	0.01583	0.44	15.6	90.8	46	3170
	400			750							91.7		
	284		540		1500	783		0.02676	0.81	34.7	89.5		
	315			600							90.5		
	225		450		1600	624		0.03462	1.0	20.5	88.4		
	250			500							89.5		
Z4-355-21	180		360		1200	511		0.05642	1.6	35.5	86.3		
	200			400							87.5		
Z4-355-32	406		680		1100	1098	6000	0.01362	0.39	19	91.3	52	3490
	450			750							92.1		
	320		540		1600	877		0.02153	0.7	24.3	89.9		
	355			600							91		
	284		450		1500	789		0.0293	0.91	18.5	88.3		
	315			500							89.5		
Z4-355-31	197		360		1200	559		0.04957	1.3	34.6	86.6		
	220			400							88.4		
Z4-355-42	361		540		1300	985	6500	0.01836	0.64	29.6	90.5	60	3840
	400			600							91.2		
	320		450		1200	882		0.02361	0.76	17.7	88.9		
	355			500							89.2		
	225		360		1200	627		0.0358	1.2	17.7	87.5		
	250			400							88.8		
22	435		680		1400	1175	5700	0.0139	0.33	7.85	90.8	74	4500
	480			750							92		
Z-400-21	235		360		1200	675		0.0497	1	7.3	84.8		
	260			400							86.3		
21	180		270		900	537		0.0804	1.6	7.44	81.8		
	200			300							83.1		
	500		680		1400	1340	6400	0.0112	0.3	9.57	91.2	84	4900
32	550			750							92.5		
	400		540		1300	1083		0.0162	0.35	4.51	89.9		
32	440			600							91.1		
Z4-400-32	344		450		1300	952		0.0248	0.58	6	88.1		
	380			500							89.5		
31	270		360		1200	768		0.03821	0.82	6.11	86		
	300			400							87.5		
31	208		270		900	611		0.0659	1.5	5.89	82.8		
	230			300							84		

续表

型号	额定功率(kW)	额定转速(r/min)			弱磁转速(r/min)	电枢电流(A)	励磁功率(W)	电枢回路电阻(20℃)(Ω)	电枢回路电感(mH)	磁场电感(H)	效率(%)	转动惯量(kg·m²)	重量(kg)
		160V	400V	440V									
Z4-400-42	435		540		1300	1175	7100	0.0134	0.32	5.54	90.8	94	5300
	480			600							92		
Z4-400-42	390		450		1400	1070		0.0201	0.47	6.86	88.6		
	430			500							90		
Z4-400-41	316		360		1200	880		0.0274	0.73	5.41	87.7		
	350			400							89		
Z4-400-41	235		270		900	676		0.0508	1.2	5.38	84		
	260			300							85.4		
Z4-450-22	472		540		1200	1286	6500	0.0133	0.29	10.2	90.8	138	5600
	520			600							92.1		
Z4-450-22	408		450		1400	1114		0.0159	0.41	7.99	90		
	450			500							91.3		
Z4-450-22	362		360		1200	1010		0.0232	0.61	5.79	88.1		
	400			400							89.4		
Z4-450-21	253		270		900	720		0.0415	1	5.82	85.8		
	280			300							87.1		
Z4-450-32	500		540		1200	1358	7100	0.0134	0.39	19.6	90.8	156	6000
	550			600							92		
Z4-450-32	453		450		1300	1228		0.0145	0.32	7.36	90		
	500			500							91.4		
Z4-450-32	408		360		1200	1130		0.0205	0.53	7.17	88.5		
	450			400							89.7		
Z4-450-32	309		270		900	875		0.0342	0.83	4.8	85.9		
	340			300							87.1		
Z4-450-31	200		180		600	595		0.0751	1.9	9.09	81.3		
	220			200							82.6		
Z4-450-42	545		540		1100	1492	7800	0.0134	0.51	28.2	90.3	174	6700
	600			600							91.5		
Z4-450-42	500		450		1100	1367		0.0145	0.43	18.6	90		
	550			500							91.4		
Z4-450-42	453		360		1200	1254		0.0178	0.42	5.85	88.9		
	500			400							90		
Z4-450-42	345		270		900	972		0.0275	0.81	5.62	86.7		
	380			300							88.1		
Z4-450-41	235		180		600	698		0.0612	1.7	5.73	81.7		
	260			200							83		

附表 1-15　ZZJ-800 系列直流电动机基本参数

机座号	通风式连续工作制（S1）或全封闭式短时工作制（S2）1h定额						全封闭式串励短时工作制（S2）30min定额		全封闭式断续周期性工作制（S3）③ 负载持续率 $FC=30\%$						通风式连续定额时空气流量 (m^3/s)	最大起动转矩④			最大运行转矩④			电枢最大转动惯量 ($kg\cdot m^2$)	最大安全转速 (r/min)
	功率 (kW)	额定电压时的转速							串励		复励		他、并励										
		串励 (r/min)	复励 (r/min)	并励、他励			功率 (kW)	额定电压时的转速 (r/min)	功率 (kW)	转速 (r/min)	功率 (kW)	转速 (r/min)	功率 (kW)	转速 (r/min)		串励 (N·m)	复励 (N·m)	他、并励 (N·m)	串励 (N·m)	复励 (N·m)	他、并励 (N·m)		
				基速 (r/min)	弱磁调速 (r/min)② 220 230 V	弱磁调速 (r/min)② 440 460 550 V																	
802A①	3.75	900	1025	1025	1025/2050	1025/2050	5	750	4.1	840	3.75	1080	3.75	1130	0.052	198	157	126	158	123	102	0.5	3600
802B①	5.6	800	900	900	900/1800	900/1800	7.5	675	6	780	5.6	950	5.6	1000	0.052	330	270	216	268	210	177	0.75	3600
802C①	7.5	800	900	900	900/1800	900/1800	10	675	7.5	800	7.1	940	6.7	1000	0.076	450	360	237	360	280	220	0.75	3600
803	11.2	725	800	800	800/2000	800/1600	14.1	620	11.2	725	10.8	840	10.5	880	0.094	740	610	400	600	470	360	1.8	3300
804	15	650	725	725	725/1800	725/1450	19.5	580	15	650	13.8	775	12.7	800	0.12	1100	880	590	880	685	530	3.0	3000
806	22.4	575	650	650	650/1950	650/1300	29	500	22.4	575	21.2	690	18.6	715	0.16	1870	1500	980	1490	1170	880	5.6	2600
808	37.3	525	575	575	575/1725	575/1150	48.5	450	30	570	28	625	26	630	0.20	3400	2800	1860	2700	2150	1650	11.5	2300
810	52	500	550	550	550/1650	550/1100	67	440	45	550	39	615	33.5	600	0.25	5000	4000	2700	4000	3100	2450	17.5	2200
812	75	475	515	515	515/1300	515/1050	100	420	63.5	525	56	580	45	565	0.35	7450	6250	4150	6000	4900	3750	28	1900
814	112	460	500	500	500/1250	500/1000	149	400	86	515	82	565	63.5	560	0.42	11600	9600	6400	9300	7500	5800	48	1700
816	150	450	480	480	480/1200	480/960	200	400	112	500	104	540	82	535	0.57	16000	13300	8900	12600	10400	8000	75	1600
818	186	410	435	435	435/1100	435/870	243	360	138	485	123	490	97	470	0.75	21700	18400	12300	17400	14400	11000	110	1500

① 802 机座有三种规格，电动机安装尺寸均相同，但电磁设计不同。

② 为获得这些转速范围，允许附加少量的稳定绕组。

③ 断续周期性工作制（S3）指在周期 5min 之内，负载时间 1.5min，不通电停车时间 3.5min，负载持续率 $FC=30\%$ 的反复负载连续使用定额，并励磁场连续励磁。

④ 考虑其他性能规定，可达到的最大数值（最大限值不得用于计算）。

附表 1-16 **ZZJ2 系列起重冶金用直流电动机基本参数（220V）(1)**

机座号	负载持续率 $FC=25\%$											最大安全转速 (r/min)	转动惯量 (kg·m²)	电机重量 (kg)
	他励		复、串励			最大起动转矩（N·m）			最大工作转矩（N·m）					
	功率 (kW)	转速 (r/min)	功率 (kW)	转速（复） (r/min)	转速（串） (r/min)	他励	复励	串励	他励	复励	串励			
12	2.8	1200	2.8	1200	1000	66.9	100.5	133.28	60.3	78.1	106.8	3300	0.05	110
22	5.0	1000	5.0	1000	850	143.1	214.6	281.3	128.9	167.1	235	3000	0.14	195
31	7.5	880	7.5	880	780	240.1	366.5	511.6	219.5	285.2	409.6	2500	0.33	265
32	10	780	10	780	700	368.5	551.7	683	331.2	429.2	545.9	2500	0.43	330
41	15	730	16	720	670	590	968.2	1195.6	531.2	752.6	956.5	2200	0.88	480
42	19	720	20	710	660	835.9	1391.6	1734.6	752.6	1085.8	1391.6	2200	1.1	580
51	25	720	26	710	660	1136.8	1896.3	2234.4	1023.1	1474.9	1788.5	2000	1.85	850
52	32	690	34	670	640	1695.4	2822.4	3341.8	1519	2195.2	2675.4	2000	2.45	1050
62	45	640	48	630	610	2450	4076.8	4860.8	2205	3175.2	3890.6	1800	4	1500
71	55	600	56	590	570	3459.4	5762.4	6889.4	3106.6	4468.8	5507.6	1600	6.5	1820
72	65	570	70	555	540	4374.7	7301	8604.4	3933.7	5684	6879.6	1600	7.9	2380
82	80	520	85	500	490	6321	10505	12495	5684	8183	9996	1400	14.8	2730
91	100	480	105	470	460	8996.4	14994	17914	8094.8	11662	14327	1200	27.5	3420
92	125	440	130	435	430	11593	19325	23226	10437	15043	18571	1200	33	3970

附表 1-17　　ZZJ2 系列起重冶金用直流电动机基本参数（220V）(2)

机座号	连续定额									最大安全转速 (r/min)	转动惯量 (kg·m²)	风量 (m³/min)	风压 (Pa)
	功率 (kW)	他、复励转速 (r/min)	串励转速 (r/min)	最大起动转矩 (N·m)			最大工作转矩 (N·m)						
				他励	复励	串励	他励	复励	串励				
41	18	800	720	644.8	968.2	1195.6	581.1	752.6	956.5	2200	0.88	12	400
42	24	740	660	929	1391.6	1734.6	836.9	1085.8	1391.6	2200	1.1	14	400
51	30	680	630	1264.2	1896.3	2273.6	1136.8	1474.9	1822.8	2000	1.85	16	400
52	42	640	600	1881.6	2822.4	3341.8	1690.5	2195.2	2675.4	2000	2.45	22	500
62	56	590	550	2724.4	4076.8	4860.8	2450	3175.2	3890.6	1800	4	25	500
71	75	560	520	3841.6	5762.4	6889.4	3449.6	4468.8	5507.6	1600	6.5	30	500
72	90	530	500	4860.8	7301	8604.4	4370.8	5684	6879.6	1600	7.9	35	700
82	115	470	440	7016.8	10505	12495	6321	8183	9996	1400	14.8	45	700
91	150	430	400	9996	14994	17914	8996.4	11662	14327	1200	27.5	55	800
92	180	400	370	12877	19326	23226	11593	15043	18571	1200	33	65	1000

附表 1-18　　ZZJ2 系列起重冶金用直流电动机基本参数（220V）(3)

机座号	负载持续率 $FC=25\%$											最大安全转速 (r/min)	转动惯量 (kg·m²)	电机重量 (kg)
	他励		复、串励			最大起动转矩（N·m）			最大工作转矩（N·m）					
	功率 (kW)	转速 (r/min)	功率 (kW)	转速（复）(r/min)	转速（串）(r/min)	他励	复励	串励	他励	复励	串励			
41	14	880	15	830	800	438	730.1	901.6	401.8	568.4	721.3	2200	0.88	480
42	17	830	18	800	770	605.6	1009.4	1254.4	555.7	784	1002.5	2200	1.1	580
51	24	750	25	740	700	825.2	1372	1646.4	756.6	1068.2	1313.2	2000	1.85	830
52	30	710	32	700	660	1254.4	2087.4	2058.8	1146.6	1621.9	1999.2	2000	2.45	1030
62	40	660	42	650	620	1793.4	2989	3616.2	1640.5	2322.6	2891	1800	4	1470
71	50	620	53	610	580	2489.2	4155.2	4949	2283.4	3224.2	3969	1600	6.5	1790
72	60	600	65	570	560	3194.8	5321.4	6370	2930.2	4135.6	5096	1600	7.9	2340
82	80	550	85	520	510	4939.2	8232	9760.8	4547.2	6409.2	7800.8	1400	14.8	2690
91	100	490	105	480	470	7036.4	11711	13965	6458.2	9123.8	11172	1200	27.5	3370
92	125	470	130	460	450	9065	15092	18130	8310.4	11760	14484	1200	33	3920

附表 1-19　　ZZJ2 系列起重冶金用直流电动机基本参数（440V）

机座号	连续定额									最大安全转速 (r/min)	转动惯量 (kg·m²)	风量 (m³/min)	风压 (Pa)
	功率 (kW)	他、复励转速 (r/min)	串励转速 (r/min)	最大起动转矩 (N·m)			最大工作转矩 (N·m)						
				他励	复励	串励	他励	复励	串励				
41	17	800	720	487.1	730.1	901.6	446.9	5684	721.3	2200	0.88	12	400
42	22	750	670	673.2	1009.4	1254.4	617.4	784	1002.5	2200	1.1	14	400
51	28	700	650	916.3	1372	1646.4	840.8	1068.2	1313.2	2000	1.85	16	400
52	40	660	610	1391.6	2087.4	2508.8	1274	1621.9	1999.2	2000	2.45	22	500
62	53	610	560	1989.4	2989	3616.2	1822.8	2322.6	2891	1800	4	25	500
71	70	580	540	2763.6	4155.2	4949	2538.2	3224.2	3969	1600	6.5	30	500
72	85	550	510	3547.6	5321.4	6370	3253.6	4135.6	5096	1600	7.9	35	700
82	115	480	450	5488	8232	9760.8	5047	6409.2	7800.8	1400	14.8	45	700
91	150	440	410	7820.4	11711	13965	7173.6	9114	11172	1200	27.5	55	800
92	180	410	380	10074	15092	18130	9231.6	11760	14484	1200	33	65	1000

注　表中最大安全转速为电动机机械结构强度上允许的最高转速。